Mikrobiologie der Lebensmittel

Fleisch - Fisch Feinkost

Herbert Weber (Hrsg.)

BEHR'S...VERLAG

Bibliographische Information Der Deutschen Bibliothek

Die Deutsche Bibliothek verzeichnet diese Publikation in der Deutschen Nationalbibliografie; detaillierte bibliografische Daten sind im Internet über http://dnb.ddb.de abrufbar.

ISBN 3-89947-107-5

Tel. 00 49/40/22 70 08-0 • Fax 00 49/40/2 20 10 91
e-mail: info@behrs.de • homepage: http://www.behrs.de
1. Auflage 2003

Gesamtherstellung: Kessler Verlagsdruckerei GmbH, 86399 Bobingen

Vorwort zur Neuauflage

„Mikrobiologie der Lebensmittel - Fleisch - Fisch - Feinkost“

Mit dieser Neuauflage wird die ehemals von Dr. Gunther Müller iniziierte Buchreihe „Mikrobiologie der Lebensmittel“ aktualisiert. Die gesamte Buchreihe umfasst derzeit fünf Bände. Es handelt sich um die umfassendste deutschsprachige Darstellung des Gebietes Lebensmittelmikrobiologie.

Der Band „Fleisch - Fisch - Feinkost“ befasst sich ausschließlich mit der Mikrobiologie von Lebensmitteln tierischer Herkunft, und er entstand unter Mitwirkung von 27 Autoren, die in Wissenschaft und Praxis anerkannt sind.

Bei der Neuauflage kam es darauf an, die Gesamtkonzeption der Buchreihe zu überdenken, die Darstellungen zu aktualisieren sowie altbekannte Tatsachen unter neuen Aspekten darzustellen. Die Gliederung des recht heterogenen Gebietes erfolgte dabei nach Lebensmittelgruppen. Etwaige Überschneidungen, die sich beim Zusammenwirken mehrer Autoren nicht immer vermeiden lassen, wurden zum Teil beibehalten, da es interessant sein kann, wenn das Wissen aus unterschiedlichen Blickwinkeln betrachtet wird.

In den einzelnen Kapiteln werden grundlegende mikrobiologische Kenntnisse bei der Veredlung tierischer Rohstoffe zu hochwertigen Lebensmitteln beschrieben. Sofern sinnvoll, werden dabei auch technologische Grundlagen berücksichtigt, denn die Mikrobiologie von Lebensmitteln tierischer Herkunft kann nur in Verbindung mit der entsprechenden Technologie gesehen werden. Herausgestellt wird des Weiteren die Bedeutung der Mikroorganismen bei fermentierten Fleischerzeugnissen. Umfassend und aktuell wird über Starter- und Schutzkulturen bei fermentierten Fleischerzeugnissen informiert. Neben den erwünschten Aktivitäten von Mikroorganismen wird in gesonderten Kapiteln über pathogene und toxinogene Mikroorganismen in Fleisch, Fischen, Muscheln und anderen Lebensmitteln berichtet.

Convenience-Erzeugnisse, Fische, Geflügelfleisch und Feinkosterzeugnisse finden beim Verbraucher immer mehr Anklang. Dieser Tatsache wird in den einzelnen Kapiteln Rechnung getragen. Der Leser erhält aktuelle und fundierte Informationen über Geflügel, Fische und Muscheln, aber auch über spezielle Produkte, wie z.B. Döner Kebab, Gyros, marinierte Erzeugnisse, Carpaccio sowie „Frische Mettwurst“.

Dieses Buch soll aktuelle mikrobiologische Kenntnisse vermitteln und sowohl dem Praktiker als auch dem Wissenschaftler und dem Studenten eine hinreichende Orientierung geben. Möge dieses Buch eine ebenso günstige Aufnahme finden wie die vorausgegangenen Bände dieser Buchreihe.

Allen sei gedankt, die bei der Realisierung dieses Buches mit Rat und Tat zur Seite standen. Von vielen Seiten habe ich Anregungen und Unterstützung erhalten. Mein Dank gilt allen Autoren für ihre Bereitschaft zur Mitarbeit und Akzeptanz der Gesamtkonzeption. Dem Behr´s Verlag danke ich für die angenehme Zusammenarbeit.

Möge sich dieser Band weiterhin als nützlicher Ratgeber erweisen.

Berlin, im Oktober 2003

Herbert Weber

Autoren

Dr. Edda Bartelt	Bundesinstitut für Risikobewertung (BfR), Berlin
Prof. Dr. J. Baumgart	TZL-MiTec GmbH i. d. FH Lipp und Höxter, Detmold
Dr. Z. Bem	Fehring, Österreich
Dr. Leonie Böhmer	Chemisches und Veterinäruntersuchungsamt Sigmaringen
Prof. Dr. M. Bülte	Institut für Tierärztliche Nahrungsmittelkunde Justus-Liebig Universität Gießen, Fachbereich Veterinärmedizin, Gießen
Prof. Dr. R. Fries	Freie Universität Berlin, Fachbereich Veterinärmedizin Institut für Fleischhygiene und -technologie
Dr. M. Gänzle	TU München, Lehrstuhl Technische Mikrobiologie Freising
Dr. K. H. Gehlen	Fa. Herta GmbH, Herten
Dr. Dr. G. Hammer	Bundesanstalt für Fleischforschung, Kulmbach
H. Hechelmann	Bundesanstalt für Fleischforschung, Kulmbach
Prof. Dr. G. Hildebrandt	Freie Universität Berlin, Fachbereich Veterinärmedizin, Institut für Lebensmittelhygiene
Prof. Dr. W. Holzapfel	Bundesforschungsanstalt für Ernährung, Karlsruhe
Dr. J. Jöckel	Berliner Betrieb für Zentrale Gesundheitliche Aufgaben (BBGes)
Prof. Dr. G. Klein	Tierärztliche Hochschule Hannover, Fachbereich Veterinärmedizin, Hannover
Dr. H. Knauf	Fa. Rudolf Müller & Co. GmbH, Pohlheim
Prof. Dr. J. Krämer	Rheinische Friedrichs-Wilhelms-Universität, Abteilung Landwirtschaft und Mikrobiologie, Bonn
Prof. Dr. F.-K. Lücke	Fachhochschule Fulda, Fachbereich Haushalt und Ernährung, Fulda
Dr. K. Priebe	Fuhrmannsweg 1, 27612 Loxstedt
Prof. Dr. G. Reuter	Freie Universität Berlin, Fachbereich Veterinärmedizin, Institut für Fleischhygiene und -technologie, Berlin
Dr. U. Seybold	Deutsche Gelatine Fabriken, STOESS AG, Eberbach
Dr. G. Sipos	Bundesinstitut für Risikobewertung (BfR), Berlin
Dipl.-Ing. R. Stroh	Institut für Lebensmittelhygiene, Stuttgart

Dr. vet. G. Schiefer	Leipzig
Dipl.-Ing P. Timm	Leiter Zentrales Qualitätswesen, NFZ Norddeutsche Fleischzentrale GmbH , Hamburg
Prof. Dr. H. Weber	Technische Fachhochschule Berlin, Fachgebiet Lebensmitteltechnologie
Prof. Dr. E. Weise	Bundesinstitut für Risikobewertung (BfR), Berlin
Dr. W. H. Zens	Institut für Tierärztliche Nahrungsmittelkunde Justus-Liebig Universität Gießen, Fachbereich Veterinärmedizin, Gießen

Inhaltsverzeichnis

3 Mikrobiologie der Fleischprodukte

7 Mikrobiologie der Fische, Weich- und Krustentiere

Inserenten

1 Mikrobiologie des Fleisches

G. Reuter

1.1 Mikrobiologische und technologische Grundlagen

1.1.1 Einleitung

Fleisch und Fleischprodukte von warmblütigen Tieren nehmen in der Ernährung des Menschen eine überragende Stellung ein. Über diese Produkte deckt der Mensch den wesentlichen Teil seines täglichen Bedarfes an Eiweiß sowie wichtiger Mineralsalze, Vitamine und Spurenelemente. Der Mensch ist von seiner Physiologie her auf die Verstoffwechselung tierischer Eiweiße und Fette eingestellt.

Die moderne Fleischerzeugung hat es ermöglicht, jederzeit genügend Fleischeiweiß im Nahrungsangebot verfügbar zu haben. Dabei können die Produkte zu Preisen gehandelt werden, die zu einem leichtfertigen Umgang mit diesem verderblichen Substrat verleiten. Mangelsituationen in der Ernährung aufgrund von Eiweißdefiziten, wie sie noch im 18. und 19. Jahrhundert in der Folge von verheerenden Tierseuchen in Europa auftraten, erscheinen heute in den hochentwickelten Industriestaaten ausgeschlossen. Als entgegengesetzten Effekt haben wir in den mitteleuropäischen Regionen eine Überproduktion zu verzeichnen.

Mit der Massenproduktion von Fleisch sind jedoch auch Qualitätsminderungen einhergegangen. Substantielle Mängel in Aussehen, Konsistenz, Geruch und Geschmack haben sich eingestellt. Rückstandsbelastungen sind bei regelwidriger Gewinnung möglich, Infektionsgefährdungen bei leichtfertigem Umgang mit latenten Tierseuchen (Zoonosen) nicht auszuschließen. Der Verbraucher reagiert auf diese Situation. Er hält sich beim Verzehr von Fleisch und Fleischerzeugnissen zurück oder sucht gezielt nach garantierter Qualität, zumal er aufgrund medizinischer oder ernährungsphysiologischer Aspekte laufend vor zu viel Fleischgenuss gewarnt wird.

Seit einer Reihe von Jahren wird daher von Seiten der Fleischerzeugung versucht, diese Entwicklung zu korrigieren und das Vertrauen des Verbrauchers zurückzugewinnen. Es wird ein sinnvoller Kompromiss zwischen Quantität und Qualität des Fleisches und seiner Produkte gesucht, wobei die hygienische, d.h. die mikrobiologische Unbedenklichkeit, eine ganz entscheidende Rolle spielt.

Da Fleisch ein Naturprodukt ist, das einen Reifungsprozess durchlaufen muss, wenn es direkt zum Genuss verwendet werden soll, muss seine Entwicklung gesteuert werden, damit kein Fehlprodukt und im Endstadium kein Verderb entstehen. Ursachen für den Verderb von Fleisch sind im Wesentlichen Veränderungen durch Mikroorganismen. Diese stammen aus der äußeren und inneren Körperflora der Tiere und aus der Umgebungsflora des Schlacht- und Verarbeitungsbereiches, somit auch mittelbar aus der Umgebung des Menschen.

Die mikrobielle Belastung der Oberflächen des Fleisches nimmt mit der fortschreitenden Bearbeitung ständig zu. Sie ist bisher nicht vermeidbar und kann komplexe Zusammensetzungen und hohe Quantitäten erreichen. Zur Vermeidung ausufernder Entwicklungen können hygienische und technologische Maßnahmen eingesetzt werden. Dazu gehört das alsbaldige und kontinuierliche Kühlen auf Temperaturen, die in die Vermehrungsphase der Mikroorganismen hemmend eingreifen, wobei abgestufte Wirkungen, je nach Kälteempfindlichkeit bestimmter Keimgruppen, eintreten. Das Tiefkühlen (Gefrieren) ist ein weiteres wichtiges Verfahren. Es bewirkt ein Ruhestadium bei fast allen Mikroorganismen. Nach dem üblicherweise langsamen Auftauen ist der Keimgehalt quantitativ jedoch nahezu unverändert vorhanden und mehr oder weniger verzögert vermehrungsfähig. Das Erhitzen beendet das mikrobielle Wachstum. Es führt, je nach Intensität, zur abgestuften Abtötung der meisten Mikroorganismen. Es beseitigt jedoch nicht die Stoffwechselprodukte derselben in dem stark proteinhaltigen Substrat. Einige Metaboliten bleiben unverändert oder in weiteren Abbaustufen zurück, darunter auch gesundheitlich nicht unbedenkliche Substanzen.

Alle bei der Fleischgewinnung und -verarbeitung einsetzbaren technischen und hygienischen Maßnahmen werden letztlich durch ökonomische Vorgaben eingeschränkt. Wie in anderen Bereichen der Lebensmittelindustrie, bestimmt die Wirtschaftlichkeit bei der Fleischproduktion den Prozessablauf. Nur wenn der Verbraucher bereit ist, für ein qualitativ hochwertiges Produkt einen adäquaten Preis zu zahlen, können weitere Fortschritte in der Hygiene erzielt werden. Der Wettbewerb im gemeinsamen Markt der Europäischen Gemeinschaft bietet eine gute Basis für solche Anstrengungen, insbesondere wenn präzise rechtliche Vorgaben vorhanden sind, die es zu verwirklichen gilt.

Da die mikrobiologische Beschaffenheit von Fleisch und Fleischerzeugnissen entscheidend von den technischen Bearbeitungsstufen abhängt, werden in den nun folgenden Kapiteln dieser Abhandlung die technologischen Aspekte jeweils den mikrobiologischen oder hygienischen Erörterungen vorausgeschickt oder gleichlaufend behandelt.

1.1.2 Definitionen für Fleisch und Einteilung nach Angebotsformen

- Fleisch im Sinne des Fleischhygienegesetzes
- Frisches Fleisch
- Zubereitetes Fleisch
- Nebenprodukte der Schlachtung
- Essbare und nicht essbare Nebenprodukte
- Abfall
- Konfiskat

1.1.2.1 Fleisch im Sinne des Fleischhygienegesetzes

Darunter sind nach den rechtlichen Vorschriften für die Gewinnung und Behandlung von Fleisch (Fleischhygienegesetz = FlHG [113] sowie Fleischhygieneverordnung = FlHV [114]) alle für den Genuss des Menschen geeigneten Teile eines Schlachttieres zu verstehen. Folglich gehören dazu auch Organe und alle anderen essbaren Nebenprodukte, wie z.B. die aufbereiteten Därme als Wursthüllen. Diese Definition geht weit über die gewöhnliche Verbrauchervorstellung hinaus, nach der unter „Fleisch“ nur quergestreifte Muskulatur mit anhaftendem Binde- und Fettgewebe verstanden wird.

Der Begriff „Fleisch“ steht außerdem für heterogene Angebotsformen. Für die allgemeine Verständigung und den richtigen Sprachgebrauch in Handel und Konsum sind deshalb weitere Begriffsbestimmungen notwendig:

1.1.2.2 Frisches Fleisch

Darunter ist solches Fleisch zu verstehen, das keiner Behandlung unterworfen ist, bei der die natürliche Struktur verlorenging, d.h. gekühltes oder tiefgekühltes (Gefrier-) Fleisch gelten als frisches Fleisch. Im Handel aufgetautes Fleisch bleibt frisches Fleisch. Gereiftes Fleisch ist ebenfalls frisches Fleisch.

1.1.2.3 Fleischerzeugnis

Fleisch wird zu einem Fleischerzeugnis, wenn es einer Behandlung unterzogen wurde, bei der die natürliche Struktur des Fleisches verlorenging, es also zum Zwecke der Haltbarmachung verändert wurde. Klassische Maßnahmen, die zu einer Haltbarmachung durch Denaturierung führen, sind z.B. Erhitzen (Kochen, Braten, Ausschmelzen), Trocknen (Herabsetzen des Wassergehaltes unter 10 %), Beizen (Säuern unter oder bis zu pH 4,5), Pökeln (Salzen auf einen bestimmten NaCl-Gehalt (z.B. 2 oder 4 %), ohne oder mit Zugabe von Nitrat oder Nitrit) und Räuchern.

Für die Haltbarmachung sind in Rechtsvorschriften Kriterien vorgegeben worden. Diese sind in einer Tabelle orientierend dargestellt worden (Tab. 1.1). Weitere Daten über Temperatur- und Zeitkombinationen für die Hitzekonservierung und Einzelwerte für die übrigen Kriterien müssen aus den Spezialkapiteln dieses Buches entnommen werden. Hier sei nur angeführt, dass die durch die Abtrocknung und/oder durch den Zusatz von Kochsalz herabgesetzten a_w-Werte bei Fleischerzeugnissen eine wichtige Rolle für die Zusammensetzung und den Zustand der Mikroflora spielen. Der als Haltbarkeitskriterium angeführte pH-Wert wird allerdings nicht durch die Glykolyse der Muskulatur, sondern letztlich nur durch den Zusatz organischer Säuren herbeigeführt. Beide Parameter wirken jedoch synergistisch bei der Steuerung der mikrobiellen Besiedlung des Fleisches und bei der Ausprägung einer Mikroflora in Fleischerzeugnissen.

Da in neuerer Zeit vermehrt mit diesen beiden Kriterien, nicht nur in der Produktion, sondern auch in der amtlichen Überwachung operiert wird, erscheint es sinnvoll, einen orientierenden Überblick über die pH- und a_w-Werte-Bereiche bei Fleisch und Fleischerzeugnissen zu vermitteln. Diese wurden deshalb in Tabelle 1.2 nach vorhandenen Daten zusammengestellt. Dabei handelt es sich um Orientierungswerte, die teilweise für eine recht breite Produktpalette stehen, z.B. für die Pökelwaren oder die Brüh- und Leberwürste als Gruppen. Andererseits wird ersichtlich, dass im Fall der a_w-Werte viele Erzeugnisse in einem engen Bereich angesiedelt sind. Dieser Sachverhalt schränkt die Aussagekraft dieses Parameters wesentlich ein, obwohl dieser in den letzten Jahren gerade für die innerbetriebliche Produktkontrolle stark propagiert wurde [40b].

1.1.2.4 Fleischzubereitung

Im Jahre 1987 wurde „zubereitetes Fleisch“ bei einer der Überarbeitungen des Fleischhygienerechtes als besondere Kategorie eingeführt. Hierunter versteht man frisches Fleisch, das durch den Zusatz von Gewürzen und Geschmacksstoffen zum

Tab. 1.1 Vorgegebene Haltbarkeitskriterien für Fleisch und Fleischerzeugnisse

Allgemeine Kennzeichen der Haltbarkeit

a_w-Wert: < 0,97;
Keine Merkmale frischen Fleisches im Kern eines Anschnittes
(„Denaturation" bei mehr als 56 °C)

Vollständig haltbar

Für luftdicht verschlossene Behältnisse

- F_c-Wert: ≥ 3,0 (erhitzt nach bestimmten Temperatur-/Zeitkombinationen)
- unveränderte Beschaffenheit nach Bebrütung bei
  37 °C: 7 Tage, bzw.
  35 °C: 10 Tage

Für nicht luftdicht verschlossene Behältnisse oder locker verpackte Produkte

- pH-Wert: ≤ 4,5 (künstlich gesäuert)
  oder < 5,2 verbunden mit a_w-Wert ≤ 0,95
- a_w-Wert: ≤ 0,91

Bedingt haltbar

- Nichterreichen obiger Werte

Tab. 1.2 pH- und a_w-Bereiche bei Fleisch und Fleischerzeugnissen als Orientierungswerte für die substanzielle Beschaffenheit (nach Wirth et al.[1)] sowie eigenen Daten)

	pH-Werte	a_w-Werte	Ø
Frisches Fleisch			
Rind	6,2 (6,0)-5,6 (5,4)	0,99-0,98	0,99
Schwein	6,0 (5,8)-5,6 (5,4)		
Schaf/Wild	-5,8 (5,6)		
Fleischerzeugnisse			
Gegarte Pökelware		0,98/0,96	0,97
Blutwurst	7,1/6,7	0,97/0,86	0,96
Leberwurst		0,97/0,95	0,96
Brühwurst		0,98/0,93	0,97
Pökellaken	6,4/6,2		
Fleischkonserven	6,2/5,8		0,97
Rohpökelwaren		0,96/0,80	0,92
Rohwurst	5,2/4,8	0,96/0,70	0,91
Sülze	5,2/4,5		
Speck			0,85

1) Richtwerte der Fleischtechnologie, Fach-Verlag, Frankfurt/Main, 1990

Fortsetzung Tab. 1.2

pH-Werte =	Dissoziationsformen der Elektrolyte < 7,0 = sauer > 7,0 = alkalisch
a_w-Werte =	activity of water = frei verfügbares, ungebundenes Wasser in einem Substrat Skala von 0,999 - absteigend (bei Fleischerzeugnissen im Extremfall bis etwa 0,7 bei Rohwurst-Dauerwaren)

Genuss vorbereitet worden ist. Als Beispiel ist „Gyros" (Gewürzfleisch als Spieß oder Geschnetzeltes, nach Gyrosart gewürzt) zu nennen. Hierunter fällt auch frisches Fleisch in Form von vorbereiteten, aber noch nicht erhitzten „Cevapcici", „Bouletten" oder Bratklopsen.

1.1.2.5 Nebenprodukte der Schlachtung

Darunter fallen alle zur wirtschaftlichen Verwertung geeigneten sonstigen Teile eines Schlachttieres, außer Muskulatur, Fett und Bindegewebe. Es handelt sich dabei um genusstaugliche Teile eines Schlachttieres, die nach dem Entfernen der Haut, des Felles, der Gliedmaßenenden und dem Ausweiden noch vorhanden sind. Von diesen sind die „nicht-essbaren Nebenprodukte" abzugrenzen. Essbare Nebenprodukte der Schlachtung werden zusätzlich in die so genannten „roten" und „weißen" Nebenprodukte unterteilt. Im Wesentlichen handelt es sich dabei um die inneren Organe der Schlachttiere.

1.1.2.6 Abfall und Konfiskat

Der „Abfall" bei der Fleischgewinnung besteht aus nicht verwertbaren Teilen, z.B. aus Magen- und Darminhalt und nicht aufgefangenem Blut, die ungenutzt in die Abwässer eingeleitet werden. „Konfiskat" besteht aus Teilen, die bei der „Herrichtung" eines geschlachteten Tieres entfernt werden müssen. Diese werden nach dem TierKBG [121] aus dem Verkehr gezogen. Darunter sind auch Teile, die nach unserer Verbrauchererwartung nicht zum Genuss für den Menschen geeignet sind, weil sie ungenießbar oder ekelerregend sind. Das sind z.B. Augen, Ohrausschnitte, Geschlechtsteile, Nabelausschnitte. Als „Konfiskat" gelten auch alle bei der „amtlichen Fleischuntersuchung" wegen substanzieller Veränderungen und möglicher Gesundheitsgefährdungen für den menschlichen Genuss als „untauglich" beurteilten Teile, ganze Schlachttiere eingeschlossen.

Aber sowohl Abfall als auch Konfiskate können noch einer industriemäßigen Verwertung zugeführt werden. In den Tierkörperbeseitigungsanstalten (TBA) wird aus

Konfiskat eiweißhaltiges Tiermehl für Futterzwecke hergestellt, und selbst aus Magen- und Darminhalt werden neuerdings mit Hilfe besonderer Fermentations- und Extraktionsverfahren Futterkomponenten für die Tierernährung gewonnen.

Unter dem Gesichtspunkt der im Zunehmen befindlichen Verwertung von Schlachtabfällen werden inzwischen auch andere Unterteilungen dieser Produktgruppen vorgenommen [16]. Man unterscheidet danach

- frei handelbare Abfälle
- nicht handelbare Abfälle
- Abfälle im Sinne des Abfallgesetzes.

Die frei handelbaren Schlachtabfälle sind Haut, Fett, Borsten, Haar, Klauen, Hörner, Pansenschabsel, Darmschleim, Gallenblase und Gallenflüssigkeit, die in der Regel über Spezialbetriebe zu Industrieprodukten verarbeitet werden. Die Verwertung findet allerdings nur statt, solange eine solche wirtschaftlichen Gewinn bringt.

Nach wie vor ist die pharmazeutische Industrie Abnehmer diverser Abfälle. Das wohl bedeutendste Produkt ist das Heparin, das aus dem Darmschleim der Schweine gewonnen wird.

Mit Hilfe spezieller Konservierungsverfahren müssen die Haltbarkeit und die mikrobiologische Unbedenklichkeit der Ausgangssubstrate gewährleistet bleiben. Der Fleischanalytiker muss daher auch mit der mikrobiologischen Beschaffenheit und der hygienischen Behandlung derartiger Substrate vertraut sein.

Die nicht handelbaren Schlachtabfälle bestehen im Wesentlichen aus den Konfiskaten auf Grund der amtlichen Untersuchung und den nach Fleischhygienerecht „immer zu beschlagnahmenden Teilen“. Sie unterliegen dem Tierkörperbeseitigungsgesetz und dessen Ausführungsvorschriften.

Die Abfälle im Sinne des Abfallgesetzes setzten sich aus Blut, Magen-Darminhalten, Fettabscheiderrückständen („Flotaten“) sowie Sieb- und Rechengut zusammen. Alternativ können diese Abfälle über die TBA entsorgt werden oder als Rohstoffe für die Futtermittelindustrie benutzt werden.

1.1.2.7 Organisationsstruktur der Fleischgewinnung

Die Verwertung möglichst vieler Teile eines Schlachttieres ist aus ökonomischen Gründen angezeigt, besteht doch bei einem Rind etwa ein Drittel des Lebendgewichtes aus späteren Nebenprodukten und Abfall und beim Schwein etwa ein Viertel.

Jede Gewebeart oder jeder Teil eines Schlachttieres hat einen eigenen Stellenwert im Fließschema eines ökonomischen Produktionsprozesses.

Die Produktionsabläufe bei der Fleischgewinnung-, -behandlung und -bearbeitung sind also äußerst vielschichtig. Je nach Organisationsstruktur eines Betriebes kann relativ wenig oder fast alles einer wirtschaftlichen Nutzung zugeführt werden. Wie zielgerichtet die Verwertung der einzelnen Bestandteile eines Schlachttieres erfolgen kann, sei in einem Organisationsplan für den Gesamtprozess der Fleischgewinnung dargestellt (Abb. 1.1). Dazu sei gesagt, dass diese Übersicht nur eine Grobstruktur aufzeigen kann und Quervernetzungen nicht eingefügt werden konnten. Trotzdem wird daraus ersichtlich, wie vielschichtig sich das Arbeitsfeld eines Fleischhygienikers und -technologen darstellt.

1.1.3 Ursprung einer Fleischmikroflora

Die Fleischmikroflora lässt sich in drei wesentliche, topographisch bestimmte Ursprungsbereiche einteilen:

- Tiefenkeimgehalt
- Oberflächenkeimgehalt
- standortbedingte Prägungen (Habitate)

Grundsätzlich ist zwischen einer Oberflächenmikroflora und einer Tiefenmikroflora zu unterscheiden. Die Mikroflora auf der Oberfläche des Fleisches und das Zustandekommen eines Keimgehaltes in Inneren der Gewebe sind seit Beginn der klassischen Mikrobiologie in einer Vielzahl von Publikationen behandelt worden. Leider sind dabei die beiden unterschiedlichen Standorte der Mikroflora nicht immer genügend strikt getrennt worden.

Die Beschreibung der Herkunft und die Charakterisierung der Fleischmikroflora in den einzelnen Habitaten könnte allein eine Monographie füllen. Eine zusammenfassende Darstellung liegt aus dem Jahre 1982 vor [7]. Einzelne Spezialkapitel in anderen Buchausgaben [82,88] folgten. Je nach Zielstellung der jeweiligen Monographie wurden dabei besondere Schwerpunkte gesetzt.

Die Erkenntnisse haben mit der Verbesserung der mikrobiologischen Analytik und der molekularbiologisch orientierten Taxonomie der Mikrobiologie laufend zugenommen. Deshalb soll versucht werden, eine Einführung und einen systematisierenden Überblick über die Ökologie und Terminologie der Fleischmikroflora zu liefern.

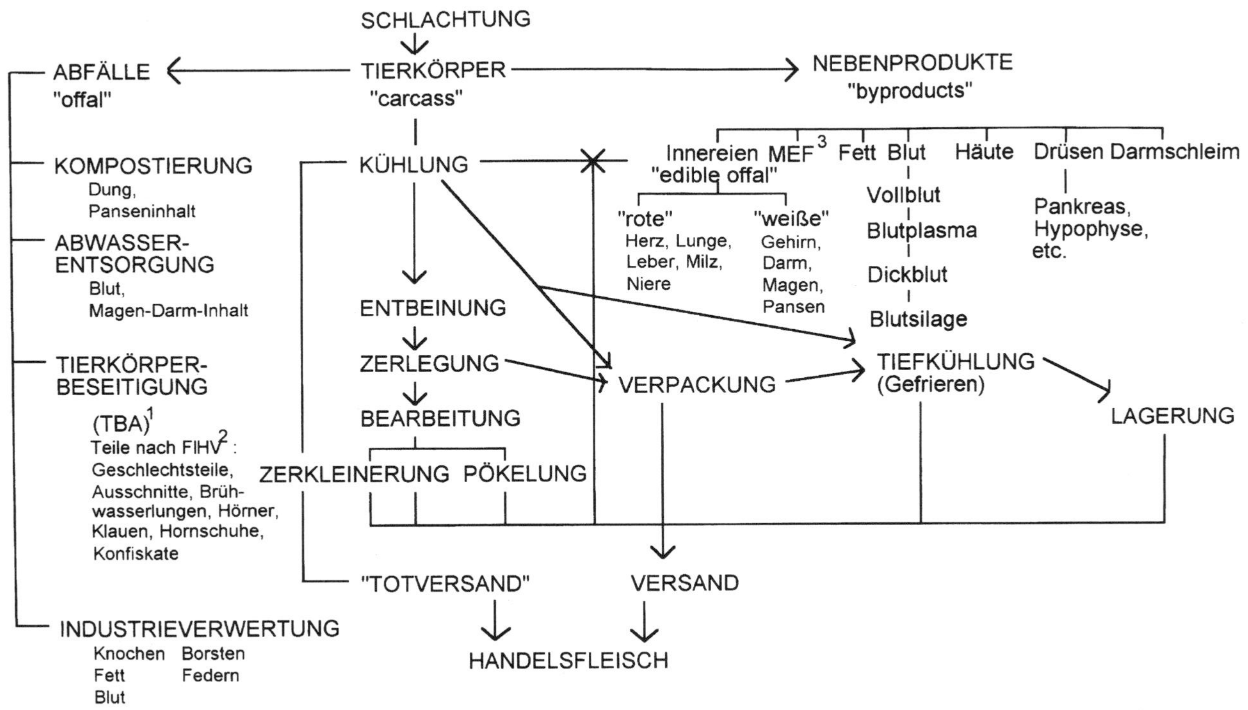

[1]TBA = Tierkörperbeseitigungsanstalt
[2]FlHV = Fleischhygieneverordnung
[3]MEF = mechanisch entbeintes Fleisch

Abb. 1.1 Klassische Organisationsabläufe der Fleischgewinnung (schematisch)

1.1.3.1 Tiefenkeimgehalt

Ein Tiefenkeimgehalt, innerer Keimgehalt oder auch primärer Keimgehalt im Fleisch liegt dann vor, wenn kranke Tiere, d.h. solche mit „Störungen des Allgemeinbefindens“, zur widerrechtlichen Fleischgewinnung herangezogen werden. Hierbei handelt es sich um erhebliche Dysfunktionen der Körperphysiologie, meist verbunden mit erhöhter Körpertemperatur, die nicht transport- oder umgebungsbedingt ist. Bei derartigen Funktionsstörungen können nicht nur die Organe, sondern auch die Muskulatur, die normalerweise keimfrei ist, von Mikroorganismen befallen sein. Das Gleiche kann bei stark gehetzten oder transportgeschädigten Tieren auftreten. Bei diesen ist bereits vor dem Schlachten oder vor dem Erlegen die Darm-Leber-Schranke durchbrochen worden, und die Mikroorganismen sind intra vitam in den großen Körperkreislauf gelangt. Bei erlegtem Wild mit langer „Nachsuche“ kann das gleichermaßen der Fall sein.

Solche Ausnahmezustände dürfen jedoch sowohl aus fleischhygienerechtlichen als auch aus tierschützerischen Gründen nicht mehr vorkommen und müssen gegebenenfalls durch Schlachtverbote oder nachträgliche Konfiszierungen des gesamten Tiermaterials streng verfolgt werden. Bei einer trotzdem widerrechtlich erfolgten Fleischgewinnung besteht die Möglichkeit der mikrobiologischen Beweisführung. Falls diese nicht zu bewerkstelligen ist oder nicht zu sicheren Aussagen führt, können andere Verfahren, z.B. die Proteinanalytik mit elektrophoretischen Verfahren, herangezogen werden [99, 109].

Bei allen regulär zur Schlachtung gelangten Tieren (so genannte Normalschlachtungen unter Beachtung der tierschutz- und fleischhygienerelevanten Vorschriften) kann hingegen davon ausgegangen werden, dass diejenigen Gewebe des Körpers, die der Fleischgewinnung dienen, zum Zeitpunkt der Schlachtung weitgehend keimfrei sind. Das gilt insbesondere für die quergestreifte Muskulatur [46]. Selbst Muskulatur von Tieren, die nach dem plötzlichen Transporttod noch bis zu 2 Stunden post mortem entblutet und hergerichtet wurden („Scheinschlachtung“ beim Schwein), erwies sich als ebenso keimfrei oder keimarm wie die von regulär geschlachteten Tieren [99]. Die fehlende Glykolyse spricht gegen die Verwendung dieses Fleisches als Lebensmittel. Es weist keinen Fleischreifungsgeschmack auf.

Anderslautende Mitteilungen aus der Literatur über Keimgehalte in Geweben von regulär geschlachteten Tieren basieren möglicherweise auf Fehlern in der eingesetzten mikrobiologischen Technik. Es bereitet Schwierigkeiten, den Tiefenkeimgehalt eines Fleisches von dem überall verbreiteten Oberflächenkeimgehalt analytisch sicher zu trennen. Ein oberflächliches Abflammen mit Alkohol oder auch das bekannte „Myokauterisieren“ der Oberfläche zur Vorbereitung einer Probeentnahme für einen Tiefenkeimgehalt eliminieren nicht sicher den immer vorhandenen Oberflächenkeimgehalt. Durch Muskeleinziehungen kann es infolge der plötzlichen Hitzeeinwirkung zu einem Einschluss von lebensfähigen Keimen in koagulierten oberflächlichen Gewebeschichten kommen. Es wird dann kein Tiefenkeimgehalt erfasst, sondern ein eingeschlossener Oberflächenkeimgehalt. Ein mindestens zweimaliges oberflächliches Abtragen der Deckgewebsschichten unter ständigem Abflammen erscheint erforderlich, bevor die eigentliche Probeentnahme vorgenommen werden kann. Bei kleinen und unregelmäßigen Proben (Lymphknoten) empfiehlt sich das direkte Abdruckverfahren auf Nährböden mit sorgfältig freipräparierten Anschnitten, wobei der oberflächliche Keimgehalt an der Randzone erkannt werden kann [46].

Während also die wertbestimmenden Gewebe (Muskulatur und Fettgewebe) eines Schlachttieres als keimarm bis nahezu keimfrei gelten können, trifft das für die parenchymatösen Organe nicht zu. Hier ist fast immer mit einem, wenn auch normalerweise niedrigen, Tiefenkeimgehalt zu rechnen.

1.1.3.2 Oberflächenkeimgehalt und standortbedingte Habitate

Das Entstehen eines Oberflächenkeimgehaltes auf Fleisch ist bisher beim Schlachtprozess unvermeidbar. Damit ist zugleich der Charakter der Mikroflora festgelegt. Es handelt sich überwiegend um eine aerobe Mikroflora. Die vorliegenden mikrobiellen Assoziationen entstehen auf totem Gewebe. Deshalb ist es besser, von standortbedingtem Habitat zu sprechen. Der sonst gebräuchliche Begriff Biotop ist im vorliegenden Falle zur Charakterisierung nicht geeignet, weil es sich um kein Biosystem mehr handelt.

Je nach Behandlungs- oder Bearbeitungsstufe haben wir es mit unterschiedlichen Habitaten zu tun (Tab. 1.3). An die Stelle eines ursprünglichen Oberflächenkeimgehaltes kann ein Tiefenkeimgehalt treten. So entsteht aus dem Oberflächenkeimgehalt eines Fleischstückes der Tiefenkeimgehalt eines Hackfleisches. Als Bezugsgröße tritt dann **g** anstelle von **cm²**. Diese Entwicklungen sollen in der Tab. 1.4 dargestellt werden.

Die prinzipiellen Unterschiede zwischen Oberflächen- und Tiefenkeimgehalt sollten jedem Betroffenen, der Fleisch oder Fleischprodukte untersucht oder entsprechende Befunde interpretiert, immer bewusst sein, wobei stets zu berücksichtigen ist, dass eine einmalige Untersuchung nur eine Momentaufnahme innerhalb eines dynamischen Systems darstellen kann. Aus einer einzelnen mikrobiologischen Analyse dürfen Schlüsse auf die Zustände vor und nach derselben nur unter den Gesichtspunkten fließender Übergänge getroffen werden. Empirische Erfahrungswerte über die Keim-

Tab. 1.3 Technische Behandlungsstufen bei Frischfleisch und Nebenprodukten

I. schlachtfrisch,
gekühlt,
gefroren

II. offen,
verpackt

III. unzerlegt,
zerlegt,
zugeschnitten,
gewürfelt,
gewolft,
gekuttert,
zentrifugiert

Tab. 1.4 Veränderungen der Fleisch-Mikroflora in Abhängigkeit von den Verarbeitungsstufen (Habitat)

Oberflächenflora	**Tiefenflora**
Tierkörper u. Teilstücke gehälftet, geviertelt, entbeint, zerlegt	
Fleischabschnitte u. Hackfleisch gewürfelt, gewolft, gekuttert	
Separatorenfleisch (MEF) u. Blutplasma zentrifugiert	
Organe u. essbare Nebenprodukte unzerlegt, aufbereitet, bearbeitet	
cfu/cm² ↦	**cfu/g oder ml**

cfu = colony forming units = Koloniebildende Einheiten (KbE) = Gesamtkeimzahl floradynamik sind deshalb für einen Lebensmittelmikrobiologen unabdingbar. Diese können nur aus wiederholten Analysen abgeleitet werden (siehe auch Kapitel 1.5.2).

1.1.4 Herkunft und Entwicklung der Fleischmikroflora

Die originäre Mikroflora auf frisch gewonnenen Schlachttierkörpern besteht aus Keimgruppen, die einerseits aus der originären, autochthonen Mikroflora der Tiere, andererseits aus der Mikroflora der Betriebe, einschließlich der Körperflora des Personals, stammen. Somit ist zunächst mit allen Vertretern bekannter aerober und anaerober ubiquitärer Mikroorganismen zu rechnen, die die Tiere und die Menschen mit sich herumtragen und die sich in den Räumen und auf den Einrichtungen angesiedelt haben. Der Vielfalt sind also keine Grenzen gesetzt.

Die originäre Mikroflora der Tiere umfasst unzählige Mikroorganismen, sowohl was die Quantität als auch die Artenvielfalt betrifft. Mikroorganismen finden sich nicht nur im Schmutz der Haut, des Felles, der Klauen, sondern auch in den Körperhohlorganen und in und an den natürlichen Körperöffnungen. Der Inhalt des Dickdarmes stellt eine nahezu unermessliche Ansammlung von lebenden Mikroorganismen dar. Gesamtzahlen bis zu 10^{11}/g können vorliegen. Verständlich ist, dass ein Ausbreiten auch nur eines ganz geringen Teiles einer solchen Mikroorganismenmasse eine flächenmäßig weitreichende Kontamination auf einer ursprünglich keimfreien Oberfläche bewirken kann. Auf der Unterhaut eines frisch enthäuteten Rindes würde theoretisch allein 1 g Kot ausreichen, insbesondere nach einer zusätzlichen Verteilung durch Abbrausen der freigelegten Unterhautfläche, einen durchschnittlichen Keimgehalt von etwa $10^6/cm^2$ zu erzeugen. Ähnliches kann geschehen, wenn der Inhalt aus dem Pansen von Wiederkäuern, in dem kontinuierlich ein mikrobiologischer Fermentationsprozess wie in einer biotechnischen Produktionsanlage abläuft, aus dem Schlund oder aus einer Zusammenhangstrennung beim fehlerhaften Ausweiden austritt. Aber auch Exkrete aus anderen Organen, wie z.B. Milch aus laktierenden oder entzündeten Eutern, Blaseninhalt oder Speichel, führen zur Kontamination der Fleischoberfläche bei der Fleischgewinnung. Diese kurze Schilderung dürfte belegen, dass an eine keimfreie Gewinnung von Fleisch bislang nicht zu denken ist.

Glücklicherweise wird nur ein Bruchteil der Kontaminanten auf der Fleischoberfläche vermehrungsfähig bleiben, da die innere Körperflora eines Schlachttieres überwiegend strikt anaerobe Anteile enthält, die unter der hohen Sauerstoffspannung der Fleischoberfläche schnell absterben oder inaktiviert werden. Es verbleiben daher vorwiegend nur die aeroben und mikroaerophilen Arten. Aus der Gruppe der gramnegativen Bakterien sind es vor allem die mesophilen *Enterobacteriaceae* und die psychrotrophen Spezies aus der *Pseudomonas-Acinetobacter*-Gruppe. Aus der Gruppe der grampositiven dominieren anfangs die Mikrokokken, die im weiteren Verlauf der Bearbeitung von den Milchsäurebakterien und von der Spezies *Brochothrix thermosphacta* abgelöst werden.

Zur Veranschaulichung der Wachstumseigenschaften der betroffenen Mikroorganismen sei eine bekannte und oft dargestellte Abbildung zur Charakterisierung der Mikroflorakomponenten nach Wachstumsoptima und Grenztemperaturen angeführt (Abb. 1.2). Danach haben Psychrophile ein Wachstumsoptimum von etwa 10 bis 20 °C, Mesophile von 20 bis 40 °C sowie Thermophile von 40 bis 55 °C. Die zusätzlichen Begriffe für die jeweiligen unteren und oberen Wachstumstemperaturen erlauben die weitere Einengung nach Untergruppen. Diese Grundprinzipien der Wachstumsphysiologie der Mikroorganismen verdienen in der Fleischmikrobiologie, ähnlich wie in der Milchbakteriologie, eine besondere Beachtung.

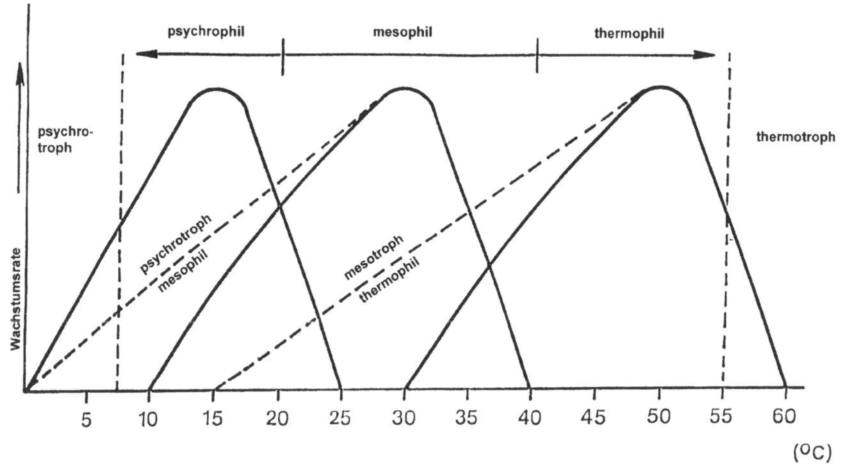

Abb. 1.2 Einteilung der Mikroorganismen nach Wachstumsoptima (-phil) und unteren und oberen Wachstumsgrenztemperaturen (-troph) (nach Kandler, 1966)

Durch äußere Einflüsse kommt es bald zur Umschichtung einzelner Gruppen oder Spezies in der Oberflächenflora. Abtrocknung und Abkühlung haben einen selektierenden Einfluss. Dieser Prozess ist nicht nur temperatur-, sondern auch zeitabhängig. Deshalb ist für die Charakterisierung der Mikroflora des frischen Fleisches immer die Angabe des technologischen Behandlungszustandes hilfreich. Mindestens folgende Zustandsformen sollten bei der Auswertung einer Analyse der Oberflächenflora angegeben werden:

- Der Status am Ende des Schlachtprozesses, vor Beginn der Kühlung;
- der Status nach der Durchkühlung vor dem Abtransport;
- der Status nach dem Transport bei der Ankunft im Verarbeitungsbetrieb.

1.1.5 Komponenten der Fleischmikroflora

Es ist schwer, die Bedeutung der einzelnen Komponenten kennzeichnend zu beschreiben. Einzelne Keimgruppen sind quantitativ stark vertreten, aber unbedenklich im hygienischen und technologischen Sinne, andere sind in geringen Anteilen vorhanden, aber gesundheitlich bedenklich oder von großer Auswirkung in technologischer Hinsicht.

Zum Zwecke einer Orientierung werden deshalb die wesentlichen Einzelkomponenten einer Fleischmikroflora in Tab. 1.5 schematisch aufgeführt. Dabei werden die quantitativen Relationen durch Abstufungen in der Reihung angedeutet. Zur weiteren Abgrenzung untereinander sind einige diagnostische Kurzcharaktika angeführt. Dieser Versuch einer schematischen Darstellung basiert auf eigenen Erfahrungen und auf Angaben aus der klassischen Literatur zu diesem Spezialgebiet der Mikrobiologie, wobei beileibe nicht alle nennenswerten Autoren angeführt werden können [18, 21, 30, 50, 63].

Bei den gramnegativen ist die Unterscheidung zwischen oxidasepositiven und -negativen und bei den grampositiven die Trennung in katalasepositive und -negative Stammformen angebracht. Dieses Vorgehen erscheint sinnvoll, weil in der mikrobiologischen Praxis oft nur eine einfache gruppenweise Identifizierung nach diesen Kriterien möglich ist. Zudem reichen diese Kategorien für die Routinearbeit oft auch aus, insbesondere wenn die Mikroflora durch elektive und selektive Nährmedien bestimmt wird.

Abweichende quantitative Abstufungen in der Mikroflora beim Fleisch einzelner Tierarten, wie sie z.B. bei Wild vorliegen, werden damit allerdings nicht abgedeckt. Genauere Informationen dazu sind aus Spezialpublikationen zu entnehmen, die laufend in den Fachzeitschriften erscheinen, zum Teil aber auch in Spezialkapiteln dieses Buches abgehandelt werden. Eigene Erfahrungen zum Wild wurden bereits mitgeteilt [74]. Einige Mitteilungen über die Oberflächenmikroflora bei Schwein und Lamm enthalten neue taxonomische Gruppierungen und Einstufungen der Hauptkomponenten dieser Fleischflora, d.h. insbesondere der psychrotrophen Anteile [12, 19, 40a, 52].

Tab. 1.5 Bedeutende Bakteriengruppen der Fleischmikroflora (Reihung nach quantitativer Dominanz)

I. **gramnegative**
- oxidasenegativ:
  - *Enterobacteriaceae*
  - *Acinetobacter*
- oxidasepositiv:
  - *Pseudomonas*
  - *Moraxella*
  - *Arthrobacter/Psychrobacter* („Coccobacilli")
  - *Aeromonas*

II. **grampositive**
- A: aerob/fakultativ anaerob
  - katalasenegativ:
    - *Lactobacillus*
    - *Pediococcus*
    - *Leuconostoc*
    - *Streptococcus*
  - katalasepositiv:
    - *Brochothrix thermosphacta*
    - *Micrococcus*
    - *Staphylococcus*
    - *Bacillus*
- B: obligat anaerob
  - *Clostridium*

Bei gekühltem Fleisch dominiert bald die psychrotrophe oxidasepositive und -negative *Pseudomonas-Acinetobacter*-Assoziation. Hinzu treten Mikrokokken und *Brochothrix thermosphacta.* Bei verpacktem Fleisch kommen die katalasenegativen grampositiven Milchsäurebakterien aus der Gattung *Lactobacillus*, *Streptococcus*, *Leuconostoc* und *Pediococcus* hinzu, die sich bald zur dominanten Mikroflora entwickeln. Auf Grund taxonomischer Neuordnungen sind außerdem die neuen Gattungen *Carnobacterium* und *Weissella* bei den grampositiven und *Psychrobacter* bei den gramnegativen zu nennen (siehe auch Abschnitt 1.3.3.2).

Innerhalb der Fleischmikroflora interessieren aber nicht nur die saprophytären Mikroorganismen, sondern auch die potenziell pathogenen und toxinogenen Spezies. Diese wurden in Tab. 1.6 gelistet und ebenfalls mit Hilfe einer Reihung geordnet. Neben eigenen Erfahrungen wurden Angaben aus verfügbaren Arbeiten der Literatur berücksichtigt [5, 13, 14, 20, 36, 43, 44, 45, 49, 68, 71, 72, 77, 83, 88, 104]. Auch diese Platzierung kann nur als informativ gewertet werden. Sie sagt nichts über das mengenmäßige Vorkommen einer einzelnen Keimart in einer Einzelprobe aus. Sie dient lediglich der Veranschaulichung der in Fleisch und Fleischerzeugnissen zu erwartenden Erregerstruktur nach der Häufigkeit oder der Bedeutung ihres Auftretens (qualitative Struktur). Wechselnde Technologien bei der Fleischgewinnung und -behandlung und Veränderungen der Mikroflora der lebenden Tiere können diese Rangordnung beeinflussen.

Tab. 1.6 Potenziell pathogene[1)] und toxinogene[2)] Bakterien-Spezies der Fleischmikroflora

I.	**gramnegative**
	Salmonella spec. [1)]
	Campylobacter jejuni/coli [1)]
	Escherichia coli [1,2)]
	und andere *Enterobacteriaceae* [1,2)]
	Yersinia enterocolitica [1)]
	Pseudomonas spec. [1)]
	Aeromonas spec. [1)]
II.	**grampositive**
	Staphylococcus aureus [2)]
	Listeria monocytogenes [1)]
	Cl. perfringens A [2)]
	Bac. cereus, subtilis licheniformis, pumilus [2)]
	Cl. botulinum A, B [2)]
	Cl. bifermentans [2)]
	Cl. novyi, sordellii [2)]
	Cl. perfringens C [2)]
	Cl. botulinum E,F [2)]
	Streptococcus A [1)]

Bac. = Bacillus *Cl. = Clostridium*

Unter den bisherigen Aufzucht- und Mastbedingungen der Haussäugetiere standen die Vertreter des Genus *Salmonella* sowie der Spezies *Staphylococcus aureus* neben *Listeria monocytogenes* als Problemkeime im Vordergrund. Stammformen der *Campylobacter*-Spezies hatten eine größere Bedeutung lediglich beim Geflügelfleisch, bei dem diese nicht nur häufig vorkamen, sondern sich bei den gegebenen Bearbeitungsbedingungen bei hoher Wasseraktivität auch vermehren konnten. Im so genannten roten Fleisch der Haussäugetiere spielten sie bisher nur eine unbedeutende Rolle. Das hat sich inzwischen etwas verschoben. Die *Campylobacter*-Spezies scheinen auch bei Schweinen häufiger aufzutreten, wohingegen die Salmonellen in ihrer Häufigkeit wesentlich reduziert wurden [55b, 70c].

In einem speziellen Kapitel dieses Bandes (2.6) wird auf die Problematik dieser und weiterer Keimgruppen sowie der Spezies *Yersinia enterocolitica* und der *EHEC*-Keime (*E. coli*) ausführlicher eingegangen.

1.1.6 Technologische Bedeutung der Mikroflora-Komponenten

Je nach Physiologie und Biochemie sind die Mikroorganismen unterschiedlich zum Abbau von Ausgangssubstraten befähigt. Sie können jeweils überwiegend proteolytisch, lipolytisch oder saccharolytisch wirken. Sie können aber auch alle Fähigkeiten gleichermaßen besitzen und diese je nach Angebot und Situation einsetzen.

Ein gesundheitsschädlicher Verderb von Lebensmitteln geht vor allem von den stark proteolytischen und schnell wachsenden mesophilen bis thermophilen Mikroorganismen aus. Langsamer wachsende mesophile psychrotrophe Mikroorganismen sind hingegen saccharolytisch wirksam und führen zu weitaus geringeren sensorischen Veränderungen. Diese wirken sich erst nach längerer Lagerdauer limitierend auf die Verkehrsfähigkeit eines Produktes aus.

Einzelne Gruppen üben mit ihrer Stoffwechseltätigkeit eine Schutzfunktion gegenüber der Vermehrung starker Verderbserreger aus, wiederum andere verhindern das Wachstum potenziell toxinogener und pathogener Mikroorganismen. Diese grundsätzlichen mikrobiellen Interaktionen in mikroökologischen Biotopen oder Habitaten sind auch in der Fleischflora zu verzeichnen und haben eine nicht zu unterschätzende Bedeutung für die Haltbarkeit des Fleisches und seiner Erzeugnisse.

Die Aktivitäten einzelner Mikroflorakomponenten werden durch eine schnell einsetzende und kontinuierliche Kühlung gefördert und gesteuert. Das ist möglich durch die Berücksichtigung der unteren Wachstumstemperaturen einzelner Mikroorganismenarten. Diese erhalten für die Hygiene der Fleischgewinnung und -verarbeitung und damit für die Gewährleistung der Haltbarkeit eine ganz entscheidende Bedeutung. Sie sind deshalb in einer Übersicht zusammenfassend dargestellt (Tab. 1.7).

Die **unteren Wachstumstemperaturen** sowie die **minimalen pH-** und **a_w-Werte**, die synergistisch die hemmende Wirkung der niedrigen Temperaturen unterstützen, können als die wesentliche Grundlage der Mikroökologie der Lebensmittelmikroorganismen angesehen werden. Sie gelten ganz besonders für die Fleischflora und wurden bereits in einer früheren Übersichtsarbeit vorgestellt und besprochen [63] und basieren auf Angaben aus der Literatur, von der wiederum nur einige wichtige Arbeiten zitiert werden sollen [18, 21, 26a, 40b, 42a, 43, 49, 56].

Tab. 1.7 Wachstumskriterien der Mikroflora in Fleisch und Fleischwaren

	Gruppe/Species	**Minimalwerte T(°C)**	**pH**	**a_w**
	Bazillen, mesophil	20/5	4,6/4,2	0,90
	Bac. cereus	12/7	4,9	0,91
	Clostridien, mesophil[1)]	20/10	4,6	0,94
	Cl. perfringens[1)]	15/12	5,0	0,93
10 °C >				
	Escherichia/Proteus	7,0	4,4	0,95
	Staph. aureus	6,7	4,5	0,86/0,83
	Salmonella/Citrobacter	7,0/5,2	4,5	0,95
	Enterococcus	5,0	4,5	0,94
	Micrococcus	5,0	5,6	0,90
4 °C >				
	Micrococcus	2,0	5,6	0,90
	Lactobacillus/Leuconostoc[2)]	2,0	3,0/4,5	0,90/0,94
	Brochothrix	0	5,0/6,0[1)]	0,94
	Enterobacter/Hafnia/Klebsiella	0	4,0	0,95
0 °C >				
	Pseudomonas / *Acinetobacter* / *Flavobacterium*	-0,5	5,3	0,98/0,95
	Hefen	-12,0	1,5/2,3	0,92/0,62
	Schimmelpilze	-0,5/-18,0	1,5/2,0	0,94/0,61

1) anaerob
2) mikroaerob

Zur Aussagekraft der angeführten unteren Wachstumsgrenztemperaturen müssen noch einige Erläuterungen gegeben werden. Die in der Literatur aufgeführten Grenzwerte wurden unter unterschiedlichen Bedingungen ermittelt, zum Teil im Experiment in künstlichen Medien, zum Teil unter praxissimulierten Bedingungen in Modellversuchen. Dabei zeigten sich auch Einflüsse unterschiedlicher Lebensmittel. Dieses hängt mit Hemm- oder Fördereffekten durch das jeweilige Substrat, z.B. durch Ausbildung kolloidaler Schutzhüllen, zusammen.

Für Salmonellen wurde unter künstlichen Milieubedingungen ein unterer Wachstumsgrenzwert von 5,2 °C ermittelt. Aus Arbeiten über das Verhalten in Fleisch und Fleischerzeugnissen ist aber zu ersehen, dass bei 7 °C keine Vermehrung mehr stattfand. Bei experimentell eingemischten Salmonellen in Schweinehackfleisch [80] war eine Vermehrung in Hackfleisch erst bei Temperaturen über 7 °C nachweisbar, und zwar bei 8 °C nach 96, bei 10 °C nach 24 und bei 15 °C nach 6 Stunden. Die Vermehrung um eine Zehnerpotenz erforderte bei 15 °C insgesamt 12 und bei 10 °C 48 Stunden. Bei entsprechenden Überprüfungen auf frischem Rindfleisch waren ähnliche Ergebnisse zu erzielen, und zwar kein Wachstum zwischen 7 und 8 °C und Generationszeiten von 8,1 Stunden bei 10 °C, 5,2 bei 12,5 °C und 2,9 bei 15 °C.

Wie aus den angeführten Einzelwerten hervorgeht, müssen bei der Bewertung unterer Temperatur-Grenzwerte die verlängerten Generationszeiten der Mikroorganismen berücksichtigt werden. Es treten vielfach Generationszeiten von Tagen statt Stunden oder Minuten auf. Entsprechende Prüfungen müssen sich deshalb über längere Zeiten erstrecken. Zusätzlich spielen noch aerobe oder anaerobe Wachstumsbedingungen eine Rolle. Außerdem können innerhalb einer Spezies Biovarietäten auftreten, die sich unterschiedlich verhalten. In jedem Habitat spielt zudem die Zusammensetzung der Gesamtflora eine Rolle. Die gegenseitige Beeinflussung durch Antagonismen und Synergismen einzelner Komponenten ist ebenfalls in Betracht zu ziehen. Somit dürfen insgesamt die angeführten Einzelwerte nicht als absolut gewertet werden. Sie dienen lediglich als Richtwerte. Als solche stellen sie jedoch eine wertvolle Basis dar.

Auch in Rechtsvorschriften für die Behandlung von Fleisch sind entsprechend abgestufte untere Grenztemperaturwerte aufgeführt. Diese sind für die Bearbeitung, Lagerung und den Transport von Fleisch festgelegt. Für „rotes Fleisch" ist eine Kerntemperatur von 7 °C, für die „roten Organe" von 3 °C festgelegt, für Kaninchen- und Geflügelfleisch von 4 °C und für Hackfleisch von 2 °C vorgeschrieben [114, 117]. Die beiden letzteren Werte beziehen sich dabei auf die Umgebungstemperatur. Die „Kerntemperatur" beinhaltet die Messwerte im thermischen Mittelpunkt eines Körpers, also im tiefsten Punkt eines Fleischteiles oder einer Tierkörperhälfte.

Insgesamt lassen sich aus den Einzeldaten der Tabelle 1.7 folgende anzustrebende Kühltemperaturen für die Behandlung, Bearbeitung und Aufbewahrung des Fleisches als Richtwerte ableiten:

Eine Temperatur von **10 °C** stellt eine erste Sicherheitsstufe gegenüber der Vermehrung stark proteolytischer Organismen dar. Sie verhütet oder verzögert das Wachstum der meisten *Clostridien*-Spezies und vieler *Bacillus*-Stämme, auf jeden Fall auch der lebensmittelhygienisch relevanten *Campylobacter*-Spezies.

Eine Temperatur von **4 °C** erscheint als die wesentliche Sicherheitsstufe. Sie schließt die Vermehrung fast aller pathogenen und toxinogenen Keimarten aus (*Salmonella*, *E. coli*, *Staph. aureus* etc.). Außerdem ist die Vermehrungsrate der noch zum Wachstum befähigten psychrotrophen Verderbsflora durch die Verlängerung der Generationszeiten stark herabgesetzt. Der Temperaturbereich bis 4 °C kommt daher für die Aufbewahrung von frischem Fleisch und für verderbnisanfällige Fleischerzeugnisse vorzugsweise in Betracht.

Eine Temperatur von **0 ± 2 °C** bietet eine weitere wesentliche Absicherung gegen Verderb und gegen Gesundheitsgefährdung. Hierdurch sind fast alle mikrobiellen Risiken bei Fleisch auszuschalten. Eine solche Temperaturführung stößt allerdings auf arbeitstechnische und wirtschaftliche Vorbehalte. Der Energieaufwand zur Erreichung dieser Kältewerte ist beträchtlich, und der Aufenthalt des Personals in derartig gekühlten Räumen ist auf die Dauer nicht zumutbar, so dass es letztlich nur Werte für Kühlräume sein werden, in denen wenig oder kein langdauernder Personaleinsatz erforderlich ist.

Grundsätzlich kann also gefolgert werden: Je näher sich die Umgebungstemperatur des Fleisches der 0 °C-Grenze nähert, desto höher ist der hygienische und produktstabilisierende Effekt der Kühlung zu veranschlagen.

Die Rechtfertigung für die Beachtung von Kühlgrenztemperaturen für die Fleischbearbeitung und -lagerung belegen auch die **Wachstumsmerkmale pathogener und potenziell toxinogener Spezies.** Für diese wurden die verfügbaren Temperatur-, die pH- und a_w-Wert-Daten ebenfalls detailliert in einer Tabelle (Tab. 1.8) zusammengestellt. Darin wurden auch orientierende Angaben über die Möglichkeit eines kompetitiven Wachstums, d.h. zur Fähigkeit, sich innerhalb einer komplexen Mischflora zu behaupten und gegebenenfalls eine Dominanz zu erzielen, aufgenommen. Mit dem Vorbehalt der Abweichung einzelner Stämme vom allgemeinen Verhalten einer Spezies kann gefolgert werden, dass erst oberhalb von 10 °C die Vermehrung der potenziell toxinbildenden Spezies der Gattungen *Bacillus* sowie *Clostridium* (speziell *Cl. perfringens A* sowie von *Cl. botulinum A, B, C*) möglich ist, zwischen 10 und 4 °C die von *E. coli, Staph. aureus* und *Salmonella* erfolgen kann und unterhalb von 4 °C lediglich die von *Cl. botulinum E* und *B* (nicht proteolytisch) sowie von *Yersinia enterocolitica* gegeben erscheint. Glücklicherweise haben die zuletzt genannten Spezies in Fleisch und Fleischerzeugnissen unseres Einzugsgebietes nicht die Bedeutung gehabt wie in anderen Lebensmitteln, z.B. in Milch, Wasser und Fisch.

Die Einhaltung unterer Grenztemperaturen erscheint dann nicht mehr zwingend, wenn andere stabilisierende Faktoren voll zur Wirkung kommen. Für einzelne Fleischerzeugnisse sind das die begrenzenden pH-, a_w- und Eh-Werte. Das von LEISTNER vorgestellte „Hürdenkonzept“ [108] fasst diese Zusammenhänge theoretisch bildhaft zusammen, wobei eine zweidimensionale Darstellung dem komplexen interaktiven Geschehen eigentlich nicht gerecht werden kann. Für die Praxis müssten

Tab. 1.8 Wachstumsmerkmale potenziell pathogener und toxinogener Bakterien in Fleisch und Fleischerzeugnissen

Species	°C min	°C opt.	°C max.	pH min.	pH opt.	pH max.	a_w min.	Δ
Cl. perfringens: A	15/6,5[4]	43/47	50	5,0	7,2	9,0	0,95/0,97	-
Bacillus, 7 % NaCl-tolerant[1]	15/5		55/45	4,6		8,5	0,90	(+)
B. cereus	12/7	25/30[5] 32/37[6]	45/35	4,9		9,3	0,95/0,91[10]	(+)
Cl. botulinum: A,B	10	30/40	50/48	4,6		8,5	0,94/0,96	-
C	> 10						0,98	
E. coli [2]	7/3	37	44	4,4/4,0[2]	7,0	9,0	0,94/0,96	-
St. aureus	6,7 1	0/20/40[7]	45	4,5	7,0/7,3	9,3	0,86/0,9[9]	○
Salmonella	7,0		47/45	4,5	6,5/7,5	9,0	0,93	○
Cl. botulinum: E	3,0	35	45	5,0		8,5	0,97	-
B [3]	3,0	25/37		4,7				
Yers. enterocolitica	0	25/30	43	5,4[8]/5,8[9]	7,0	9,0	0,95	-
Listeria spp.	1,0	33	45					
Camp. jejuni/coli [11]	30	43	45,5	5,9	7,0	8,0/9,0		-

1) *subtilis, licheniformis, pumilus*
2) VTEC (Verotoxin-positive *E. coli*) einschließlich EHEC (enterohaemorrhagische *E. coli*)
3) nicht proteolytisch
4) reduziertes Wachstum
5) Emetic Toxin
6) Diarrhoe Toxin
7) Enterotoxin
8) 4,6 bei 25 °C
9) anaerob
10) vegetative Zellen
11) Vermehrung bisher in Geflügelfleisch, kaum in rotem Fleisch

Δ = kompetitives Wachstum:
(+) = mäßig
○ = gering
- = nicht bekannt

für jedes Fleischerzeugnis separat die Kombinationen und die additiven Wirkungen aller dieser Faktoren ermittelt werden. Dieses wäre eine Aufgabe der Betriebslaboratorien bei der Entwicklung neuer Produkte. Aus den ermittelten Daten könnte dann eine Vorhersage für die Haltbarkeit und die gesundheitsbezogene Stabilität der einzelnen Produkte abgeleitet werden. In der Bundesrepublik sind wir derzeit aber noch weit entfernt von einer „Vorhersagenden Mikrobiologie" („predictive microbiology"). In Großbritannien und in den USA wurden hingegen mathematische Berechnungsmodelle für solche Vorhersagen erstellt [100b]. In diesen Ländern ist allerdings die Produktpalette der Fleischerzeugnisse weitaus geringer als in unseren Regionen. Die Bundesrepublik ist das Erzeuger- und Absatzgebiet mit der größten Vielfalt an Fleischerzeugnissen. Deshalb würde sich auch eine „predictive microbiology" weitaus schwieriger gestalten.

In Rechtsvorschriften sind über die Temperaturgrenzwerte hinaus auch andere Parameter, insbesondere für die Haltbarkeit von Fleischerzeugnissen, festgelegt worden (siehe auch Tab. 1.1). Einzelfaktoren reichen nämlich bei Fleisch für einen stabilisierenden oder hemmenden Effekt auf die Mikroflora oft nicht aus. So werden a_w-Werte unter 0,9, bei denen die meisten Bakterien gehemmt werden, und solche unter 0,86, bei denen sich keine pathogenen und toxinogenen Erreger mehr vermehren, bei Fleischerzeugnissen nur selten oder nur in einem recht späten Stadium der Entwicklung erreicht, z.B. bei langsam gereiftem rohem Schinken und ausgereifter Dauerwurst. Das Gleiche gilt für die unteren Grenz-pH-Werte, die allein erst ab etwa pH 4,0 ausreichend wachstumshemmend wirken. Bei kombiniertem Einsatz verschiedener Faktoren gibt es hingegen additive Wirkungen. So kann ein pH-Wert von 5,0 für Salmonellen bereits bei einer Temperatur von 15 °C hemmend wirken oder entsprechend ein pH von 5,2 bei 12 °C sowie ein pH-Wert von 5,4 bei 8 °C [26]. Für *Cl. botulinum* gilt pH = 4,6 allgemein als unterer Wert für eine Wachstumshemmung.

Die Fähigkeit zu einem kompetitiven Wachstum innerhalb einer komplexen Fleischmikroflora trifft offensichtlich nur für wenige *Enterobacteriaceae* zu, entsprechende mesophile Wachstumsbedingungen vorausgesetzt. Bestimmte Spezies sind dabei in der Lage, sich bis auf Werte von 10^8/g oder cm^2 zu entwickeln. Salmonellen sowie pathogene bzw. toxinogene *E. coli*-Stammformen besitzen diese Fähigkeit offensichtlich weniger [68]. Experimentelle Untersuchungen über das Wachstumsverhalten von Verotoxin-bildenden *E. coli*-Stämmen innerhalb einer normalen Fleischmischflora bestätigten dieses ebenfalls [104].

Bei sachgerechter Gewinnung und Behandlung des Fleisches ist danach die Möglichkeit einer Gesundheitsgefährdung des Konsumenten durch pathogene oder toxinogene Erreger aus diesen Gruppen eher als gering zu veranschlagen. Bedenkliche mikrobiologische Zustände treten eigentlich nur dann ein, wenn Rekontaminationen auf zuvor weitgehend entkeimten, z.B. hitzebehandelten Fleischerzeugnissen stattfinden. Dort können sie sich zu dominanten Mikroflorabestandteilen entwickeln.

Literaturangaben über kompetitive Eigenschaften einzelner Fleischmikroflorakomponenten liegen vereinzelt vor. Experimentelle Erfahrungen stammen aus dem eigenen Arbeitsbereich [45, 59]. Weitere Angaben sind in Übersichtstabellen von Monographien zu finden [49, 77] sowie in einer speziellen Arbeit über das Verhalten von Fleischflorakomponenten bei Temperaturen von 20 und 30 °C [21].

1.2 Mikrobieller Verderb von Fleisch

1.2.1 Voraussetzungen für die Vermehrung von Mikroorganismen

- Fleisch als Nährsubstrat
- Der Einfluss der gewebsmäßigen Beschaffenheit
- Der Einfluss des frei verfügbaren Wassers
- Der Einfluss der pH-Wert-Absenkung

1.2.1.1 Fleisch als Nährsubstrat

Muskulatur enthält zu etwa 75 % Wasser, 19 % Eiweiß, 2,5 % Fett, 1,2 % Kohlenhydrate, 1,65 % Reststickstoff und 0,65 % Asche. Die Organe (Nebenprodukte) weisen je nach ihrer Gewebestruktur und Funktion erhöhte oder erniedrigte Anteile der einzelnen Fraktionen auf. Leber enthält zum Beispiel neben reichlich Glykogen zusätzlich Vitamine und Spurenelemente. Aminosäuren sind gelegentlich in Über-, nur selten in Unterbilanz vorhanden. Somit liegen Substrate vor, die als ideale Nährmedien für fast alle Mikroorganismen gelten können. Nicht von ungefähr war die „Bouillon" das flüssige Nährmedium der klassischen Mikrobiologie. Bis heute ist „Fleischextrakt nach LIEBIG" eine wesentliche Komponente vieler Routine-Nährmedien. Er liefert neben den Eiweißabbaustufen die notwendigen Vitamine und Spurenelemente. Lediglich „tryptisch" oder „peptisch verdautes" Fleisch wird heute zum besseren Start des Wachstums von anspruchsvollen Mikroorganismen als „Pepton" den Nährmedien zusätzlich zugegeben.

1.2.1.2 Der Einfluss der gewebsmäßigen Beschaffenheit

Muskulatur und Organe sind in ihrer Gewebestruktur verschieden aufgebaut. Außerdem bestehen Unterschiede von Tierart zu Tierart. Zusätzlich bedingen der Ernährungszustand und das Alter der Tiere sowie der Funktionszustand der Gewebe und Organe vor dem Schlachten die Zustandsformen. Bei der quergestreiften Muskulatur, dem Fleisch im engeren Sinne, finden postmortal erhebliche Strukturveränderungen statt. Diese sind an die biochemischen Entwicklungen gebunden. Im Wesentlichen sind dies Rigor, Glykolyse und Reifung. Dadurch wird gleichzeitig das Wachstum von Mikroorganismen begünstigt oder behindert.

Die geschlossenen Strukturen des Bindegewebes, der Fascien, der Aponeurosen und der Sehnen sowie die Fettumhüllungen stellen natürliche Schutzhüllen gegen das Eindringen von Mikroorganismen in die Gewebe dar. Hingegen bedeutet jeder frische Anschnitt, der diese Schutzabdeckungen zerstört, ein Eröffnen und Beimpfen von Eintrittspforten für Mikroorganismen, die im darunter liegenden Gewebe ein optimales Nährsubstrat mit entsprechendem freien Wasser vorfinden. Oberstes Prinzip für die Substanzerhaltung von Fleisch muss daher sein, Anschnitte nur im technologisch oder untersuchungstechnisch notwendigem Ausmaß vorzunehmen. Das gilt insbesondere für die quer anzuschneidenden Muskelfasern und die freizulegenden Organgewebe von Leber und Niere.

Für bewegungsaktive Mikroorganismen, d.h. für die mit Geißelapparaten ausgestatteten Bakterien, besteht auch die Möglichkeit, auf bestimmten Gleitbahnen in die unzerstörte Gewebestruktur von Fleisch einzudringen. So verläuft die Fäulnis bei der Überlagerung von Fleisch vorzugsweise entlang der Bindegewebsstränge vom Fascienbereich aus in die Tiefe der Muskulatur. Dieses war schon in der vormikrobiellen Ära bekannt. Daraus resultierten z.B. die sensorischen Tests zur Erkennung einer Tiefenfäulnis, in Form der „PAULI-Probe“ bei Wild (umhüllendes Bindegewebe im Nierenbereich) und der „ MAY’schen Haltbarkeitsprobe“ im *Plexus brachialis* (Verbindung zwischen Vordergliedmaße und Rumpf) bei Tierkörpern von Wiederkäuern. Diese bekannten klassischen Untersuchungsverfahren aus der Frühzeit der Fleischhygiene werden auch heute noch zur Orientierung eingesetzt.

Die Frage des Penetrierens von Mikroorganismen in das Fleisch wurde vielfach experimentell bearbeitet. Die Arbeiten stammen überwiegend noch aus der Ära, als die Kühltechnik ungenügend entwickelt und die Schlachttechnik weniger mechanisiert war. Diese Thematik ist im Rahmen unserer hochtechnisierten Fleischgewinnung nicht mehr so aktuell. Zur Information im Bedarfsfall sei auf vorhandene Fundstellen verwiesen [82].

1.2.1.3 Der Einfluss des frei verfügbaren Wassers

Entscheidend für das Fortschreiten des Verderbs ist das freie Wasser auf und in dem Gewebe. Gemeint ist das für die Mikroorganismen direkt verfügbare, nicht das in den Zellen der Gewebe gebundene Wasser. Allgemein gebräuchliche Begriffe wie Feuchtigkeit und Abtrocknung konnten im Laufe der letzten Jahrzehnte durch ein Maßsystem für das frei verfügbare Wasser ersetzt werden. Der Begriff „Wasseraktivität“ (activity of water), ausgedrückt als a_w-Wert, wurde geschaffen. Der a_w-Wert ergibt sich aus dem Wasserdampfdruck des betreffenden Gewebes (P) im Vergleich zu demjenigen von Wasser (P_0). Folglich ist $a_w = P/P_0$. Die Skala verläuft von 0,999 abwärts, bewegt sich aber bei Fleisch im Wesentlichen zwischen 0,995 und 0,985. Frisches Fleisch bietet damit fast allen Mikroorganismen gute Vermehrungsbedingungen, wie aus den Grenzwerten (Tab. 1.7) bereits zu ersehen war.

Die Abtrocknung der Fleischoberflächen führt zu einer Herabsetzung des oberflächlichen a_w-Wertes, der eine Unterbrechung des Wachstums vieler Mikroorganismenarten bewirkt. Dieser Zustand wird aufgehoben, wenn die Oberflächen wieder einer höheren relativen Luftfeuchtigkeit ausgesetzt werden, wie es z.B. beim Verbringen von gut gekühltem Fleisch in feuchtigkeitsangereicherte „wärmere“ (12 °C) Räume durch Bildung von Kondenswasser auf der Oberfläche geschieht. Die Oberflächen-Wasseraktivität ist daher nicht in jedem Fall wünschenswert steuerbar. Eine luft- und gasdichte Verpackung schafft hingegen konstantere Wasseraktivitätsbedingungen, die bei Fleisch zu einer angepassten Mikroflora führen.

Wasseraktivitätsmessungen sind nur mit komplizierten Geräten zuverlässig möglich und zudem zeitaufwendig. Sie sind bei der Haltbarkeitsbewertung von frischem Fleisch nicht routinemäßig einzusetzen. Die Kenntnis der produktspezifischen a_w-Werte hingegen ist nützlich für die grundsätzliche Bewertung von neuen Produktformen und Prozessschritten. Für die in Zukunft vorgesehene *predictive* Mikrobiologie der Lebensmittel, d.h. die vorhergehende Abschätzung einer mikrobiologischen Kinetik, erscheint die Beachtung der a_w-Wert-Skala für einzelne Mikroorganismengruppen von Bedeutung.

1.2.1.4 Der Einfluss der pH-Wert-Absenkung

Mit der Glykolyse des Fleisches gehen pH-Wert-Absenkungen einher. Sie erreichen allerdings allein nicht die erwünschte Hemmwirkung auf das Wachstum von verderbserregenden Mikroorganismen. Die End-pH-Werte der Glykolyse des Fleisches liegen tierartbedingt unter normalen Bedingungen bei den großen schlachtbaren Haustieren zwischen 5,6 (Rind) bis 5,4 (Schwein). Bei Wild und Kaninchen erreichen sie nur

Werte von 6,0 bis 5,8. Das sind Bereiche, in denen die Vermehrung einiger Verderbsorganismen bereits verlangsamt, aber noch nicht unterbunden wird. Die pH-Wert-Absenkung kann also nur als eine von mehreren Sicherungskomponenten gegen das ungehinderte Wachstum proteolytischer Mikroorganismen gesehen werden.

Die Bedeutung der Säuerung der Muskulatur für eine verlängerte Haltbarkeit wird offensichtlich, wenn zum Vergleich die Haltbarkeitsdaten von Nebenprodukten, z.B. roten Organen, betrachtet werden. Muskulatur von Rind verträgt eine Kühllagerung bis zu 10 oder 12 Tagen, in Vakuumverpackung sogar bis zu 6 Wochen - sie benötigt diese sogar bis zur vollen Reifung -, Leber hingegen weist nur eine Haltbarkeit von 1 bis zu maximal 3 Tagen auf. Im Lebergewebe liegen die für das Mikroorganismenwachstum optimalen pH-Werte um den Neutralpunkt (pH = 7,0) vor, und diese verändern sich bei der Kühllagerung kaum.

1.2.2. Formen des mikrobiellen Verderbs von Fleisch

- Abbauwege der Fleischinhaltsstoffe
- Auflagerungen und Bereifen
- Innenfäulnis und Zersetzung
- Stickige Reifung
- Verpackungsbedingte Abweichungen

Die Beschreibung dieser Sachverhalte erfolgt in Anlehnung an die Ausführungen einer vorangegangenen Monographie [82].

1.2.2.1 Abbauwege der Fleischinhaltsstoffe

Die Endstufe des mikrobiellen Verderbs von Fleisch stellt die Fäulnis dar. Je nach überwiegender Beteiligung einer Oberflächen- oder einer Tiefenmikroflora unterscheidet man eine Außen- und eine Innenfäulnis. Verständlicherweise sind fließende Übergänge vorhanden. Beide Formen können zugleich vorliegen.

Bevor die Endstufe des Verderbs erreicht wird, gibt es mehrere Zwischenstufen, die auch als solche bestehen bleiben können. Die bei den Zwischenstufen auftretenden sensorischen Veränderungen sind vielgestaltig. Sie reichen von Geruchs- und Geschmacksabweichungen über Farbveränderungen bis hin zu Abweichungen in der

Konsistenz. Die Abweichungen können mäßig sein, ohne die Genusstauglichkeit des Fleisches auszuschließen, oder erheblich. Im letzteren Fall sind sie zu reglementieren, d.h., das Fleisch ist aus dem Verkehr zu ziehen. Die Entscheidung hierüber hat der erfahrene Sensoriker zu treffen.

Die Ausprägung einzelner sensorischer Abweichungen hängt von der Stoffwechselaktivität dominanter Mikroorganismengruppen oder -arten ab. Diese Dominanz kann sich im Laufe der Lagerung eines Produktes allerdings ändern, so dass die bei einer Untersuchung angetroffenen sensorischen Veränderungen nicht unbedingt mit der nachweisbaren Mikroflora übereinstimmen müssen.

Allgemein ist zu unterscheiden zwischen saccharolytischen, proteolytischen und lipolytischen Abbauprozessen. Einzelne Mikroorganismen-Spezies sind zu allen Abbauwegen befähigt, andere nur oder vorwiegend zu dem einen oder anderen. Selbst zwischen Stammformen innerhalb einer Art gibt es Unterschiede. Manche Mikroorganismen, so z.B. die *Enterobacteriaceae*, sind zunächst, solange leicht abzubauende Kohlenhydrate verfügbar sind, überwiegend saccharolytisch, um anschließend den proteolytischen Stoffwechselweg zu beschreiten. Andere Gruppen, wie die Milchsäurebakterien, sind dominant saccharolytisch, vermögen aber auch vorgespaltenes Eiweiß (Peptone, Polypeptide) weiter zu Aminosäuren abzubauen. Den Variationsmöglichkeiten des mikrobiellen Fleischabbaus durch eine komplexe Mikroflora sind also prinzipiell keine Grenzen gesetzt. Nur die technologischen Faktoren der Fleischbehandlung, wie Kühlung, Abtrocknung oder Verpackung, geben bestimmte Gesetzmäßigkeiten vor.

Da der Vorrat an Kohlenhydraten in der Muskulatur nicht hoch ist, ist die **Saccharolyse** bald beendet. Die dabei entstandenen Stoffwechselprodukte werden von den Mikroorganismen zur Energieverwertung für das weitere Wachstum benutzt.

Der mikrobielle Abbau des Fleischeiweißes, die **Proteolyse**, ist ein Prozess mit etlichen Zwischenstufen. Über Poly-, Tri-, und Dipeptide läuft der Abbau bis zu den Aminosäuren, die entweder als Energiequelle für das Wachstum genutzt werden oder als solche angereichert werden können. Der weitere Abbau der Aminosäuren erfolgt im Wesentlichen auf zwei Wegen, der Desaminierung und der Decarboxylierung. Im ersteren Fall wird Ammoniak, im letzteren Fall CO_2 freigesetzt.

Aus den Aminosäuren entstehen durch Decarboxylierung die biogenen Amine, die als kennzeichnende Fäulniskomponenten angesehen werden müssen. Sie verursachen in der Regel unangenehme Geruchsabweichungen. Einige zerfallen leicht, andere hingegen werden angereichert. Falls es zu einer Anreicherung bestimmter Amine in Fleisch und Fleischprodukten kommt, sind nicht nur eine starke Geruchsbeeinträchtigung, sondern auch eine Gesundheitsschädigung des Konsumenten zu erwarten. Als

Beispiele für gesundheitsschädliche Amine sei Histamin genannt, das aus Histidin entsteht, oder Cadaverin, das aus Lysin gebildet wird. Zwei aus Tryptophan durch gleichlaufende Desaminierung und Decarboxylierung entstehende Amine sind Skatol und Indol. Sie können ebenfalls Begleitsubstanzen von Zersetzungsprozessen in Fleisch sein und zeichnen sich durch entsprechend unangenehme Geruchsnuancen aus. Beide Substanzen können aber auch durch Resorption aus dem Darminhalt in das Fleisch gelangt sein. Abbauprodukte unerwünschter Art entstehen auch aus Proteiden. Das sind zusammengesetzte Eiweißkörper. Bei diesen unterliegt der Lipidanteil einem besonderen Abbauweg. Aus diesem resultiert die Produktion von Trimethylamin und Neurin. Beide sind ebenfalls toxische Stoffe. Zu dieser Thematik liegt eine neuere zusammenfassende Monographie vor [3a].

Der enzymatische Abbau der Fette, die **Lipolyse**, ist eine weitere Ursache für Verderb. Die Ausstattung der Mikroflorakomponenten der Fleischflora mit Lipasen ist unterschiedlich. Unter den Bakterien sind *Proteus*-, *Pseudomonas*-, *Micrococcus*- und *Bacillus*-Arten als starke Lipasebildner bekannt. Aber auch Hefen und Pilze besitzen teilweise diese Fähigkeit. Wenn es im weiteren Verlauf der Lipolyse zur Anreicherung von Ketonen kommt, treten sensorisch die typischen Ranzigkeitsmerkmale auf.

1.2.2.2 Auflagerungen und Bereifen

Die Oberflächenmikroflora auf Fleisch ist im unteren und mittleren Keimzahlbereich (10^3 bis $10^6/cm^2$) visuell und sensorisch nicht wahrzunehmen. Sobald bestimmte Grenzzahlen pro cm^2 Fleischoberfläche erreicht bzw. überschritten wurden, sind Auflagerungen in verschiedener Form und Konsistenz feststellbar. Je nachdem, ob es sich um Vertreter der gramnegativen Bakterien oder um Mikrokokken, Hefen oder Schimmelpilze handelt, entsteht ein charakteristischer Belag. Der erfahrene Technologe und Mikrobiologe vermag diese Veränderungen zu differenzieren. Da jedoch oft eine Mischflora vorliegt, ist zur genauen Erfassung in der Regel eine mikrobiologische Analyse erforderlich.

Aus der Praxis heraus sind Erscheinungsformen bekannt, die kennzeichnend für einzelne Mikroorganismen sein können. Anhaltspunkte dafür sind deshalb in 3 Teiltabellen (Tab. 1.9 a, b, c) zusammengestellt worden. Dabei wurden auch die Geruchsabweichungen skizziert. Eindeutige Abweichungen sind am ehesten noch bei den verschiedenen Hefe- und Schimmelpilz-Arten zu registrieren.

Tab. 1.9 a Verderbserscheinungen durch psychrotrophe Bakterien auf Fleischoberflächen

	cfu/cm² ab etwa	Auflagerungen[1)]	Geruch
gramnegative *Enterobacteriaceae* *Pseudomonas spec.* *Achromobacter spec.*	10^7	verwaschen, grauweiß, klebrig, schleimig	alt, dumpfig, esterartig, käsig
grampositive	10^8		
Micrococcaceae		grauweiß, trocken-krümelig	dumpfig, fruchtig
Brochothrix thermosphacta		schleimig	

[1)] Sonderformen durch spezifische Keimarten, die Rot-, Blau-, Gelbfleckigkeit oder Fluoreszenz erzeugen können *(Serratia, Pseudomonas,* Flavobakterien*, Micrococcus roseus)*

Tab. 1.9 b Verderbserscheinungen durch Hefen und Pilze auf Fleischoberflächen

	cfu/cm² ab etwa	Auflagerungen[1)] „Bereifen“	Geruch
Hefen	10^5	weißlich, trocken, krümelig	fruchtig, hefig
Pilze	10^3	weiß, graublau, rauchfarben, grün, schwarz	dumpfig, muffig

Tab. 1.9c Verderbserscheinungen bei Innenfäulnis oder Stickigkeit von Fleisch

	Farbe	Struktur	Geruch
Fäulnis (mikrobiell)	dunkel-graugrün	weich, brüchig, aufgegast	süßlich, widerlich, aashaft
Stickigkeit (enzymatisch)	kupferrot bis schmutzig-gelb, bräunlich	schlaff, weich	sauer-muffig, widerlich nach H_2S

1.2.2.3 Innenfäulnis und Zersetzung

Die Innenfäulnis wird sowohl durch strikt anaerobe Bakterien als auch durch fakultativ anaerobe Mikroorganismen hervorgerufen. Sie entstammen in der Regel dem Tiefenkeimgehalt. Ursache für ihre Vermehrung sind meist die ungenügende Abführung der Wärme aus dem Inneren des Fleisches sowie eine ungenügende Säuerung im Verlauf der Glykolyse. Da das Bindegewebe an dem eigentlichen Glykolyseprozess nicht teilnimmt und somit keine pH-Wert-Senkung erfährt, ist es verständlich, dass die Proteolyten bevorzugt in diesen Gewebeteilen aktiv werden und an diesen entlang auch in die Tiefe der Gewebe eindringen.

Die Endstufe ist die Zersetzung der Grobstruktur mit Zerfall des Zellgewebes und mit Aufgasung in verschiedenen Formen, je nach dominantem Vorkommen einzelner Erreger. Verbunden ist die Fäulnis oft mit Verfärbungen, meist in Grün- und Graunuancen, besonders im Bindegewebsbereich.

Die Innenfäulnis prägt sich bei einem Schlachttierkörper vorzugsweise im umliegenden Bindegewebe der großen Gefäße aus, z.B. im Axillargeflecht unter der Vordergliedmaße oder im Binde- und Fettgewebe in der Umgebung der Nieren. In der Hinterextremität beginnt sie im Bereich der großen Gelenke zwischen Oberschenkel und Becken. Diese Areale sind in der Regel auch jene Teile eines Tierkörpers, an denen die Auskühlung die erforderliche untere Grenztemperatur zur Wachstumshemmung der Mikroorganismen zuletzt erreicht. Diese Stellen werden deshalb für die Messung der Kerntemperatur vorgesehen. Als Kerntemperatur gilt der thermische Mittelpunkt eines Tierkörpers oder Tierkörperteiles. Das sind in der Regel die Zentren von Keule oder Schinken.

1.2.2.4 Stickige Reifung

Eine mikrobiell bedingte Fäulnis darf nicht verwechselt werden mit einer enzymatisch bedingten besonderen Form einer atypischen Reifung der Muskulatur infolge Überhitzung, d.h. einer ungenügenden Wärmeabfuhr. Diese Verderbsform wird „stickige Reifung" genannt. Sie tritt insbesondere bei Wiederkäuern und Haarwild auf, wenn die Tierkörper nach dem Schlachten oder Erlegen nicht schnell genug ausgeweidet und damit nicht genügend ausgekühlt werden. Die Veränderung tritt relativ schnell ein und ist irreversibel. Die sensorischen Veränderungen sind ebenfalls in Tabelle 1.9 skizziert. Wegen des widerlich-süßlichen Geruches, wegen der Weichheit und der unansehnlichen Farbe ist das Fleisch nicht mehr genusstauglich.

1.2.2.5 Verpackungsbedingte Abweichungen

Verderbserscheinungen treten nicht nur am Tierkörper und am grobzerlegten oder -entbeinten Fleisch auf, sondern in allen weiteren Stufen der Bearbeitung des frischen und des zubereiteten Fleisches. Insbesondere das Verpacken unter teilweisem oder vollständigem Luftabschluss bewirkt besondere Verderbsformen, die sich in spezifischen Geruchsabweichungen und in Konsistenzveränderungen sowie in Saftaustritt und Schleimbildung äußern. Verursacher sind mikroaerobe Bakterienarten, die sich im unteren Temperaturbereich von 6 bis 2 °C weiter zu vermehren vermögen. Kennzeichnend, insbesondere nach Vakuumverpackung, ist ein reichlicher fadenziehender Schleim mit dumpfig-säuerlichem Geruch. Ein Abtrocknenlassen solcher Fleischteile nach Öffnen und Beseitigen der Verpackungen bewirkt großenteils auch das Verschwinden der sensorischen Veränderungen. Im nicht zu sehr fortgeschrittenen Zustand ist der Übergang von Genusstauglichkeit zu Verderb fließend und kann nur durch sachkundige Sensoriker entschieden werden.

1.2.3 Charakterisierung von Verderbsformen nach verursachenden Keimgruppen

Spezifische Formen des Verderbs können entsprechenden Mikroorganismen-Gruppen oder -Spezies zugeordnet werden. Als ein Versuch, kennzeichnende Zusammenhänge aufzuzeigen, kann die Tabelle 1.10 gelten. Die Aufschlüsselung sensorischer Veränderungen erfolgt dabei gleichzeitig nach den Grenztemperaturbereichen, wie sie schon zuvor in den Tabellen 1.7 und 1.8 angeführt wurden. Aus den Einzelangaben der Tabelle 1.10 lassen sich folgende Tendenzen ableiten:

Die markantesten Verderbsformen mit Zersetzungserscheinungen und teilweise mit Gasbildung verursachen die grampositiven Sporenbildner der Gattungen *Clostridium* und *Bacillus*, deren Vertreter sich mesophil bis thermophil verhalten und deren untere Wachstumsgrenztemperatur in der Regel oberhalb von 10 °C liegt. Diese Temperatur wird heutzutage bei der Bearbeitung des Fleisches in der Regel nicht oder nur unwesentlich überschritten. Somit ist das gehäufte Vorkommen von Bazillen und Clostridien in Fleischzubereitungen und -erzeugnissen eigentlich auf grobe Verstöße oder auf grundlegende Fehler bei der Herstellung zurückzuführen. Einige Spezies bewirken nur Verderb, andere sind gesundheitlich bedenklich oder gar gefährlich durch die Bildung von spezifischen Toxinen. Über die besondere Rolle von *Clostridium botulinum* mit seinen Biovarianten wird an anderer Stelle berichtet werden.

Interessant erscheint eine Zusammenstellung der Fallberichte über Clostridien in verschiedenen Lebensmitteln, neben Fleisch und Fleischerzeugnissen, aus den Jahren von 1975 bis 1985 [13, 14], wobei zwischen toxinogenen sowie nicht-toxinogenen und verderbserregenden Spezies unterschieden wurde (Tab. 1.11). Unter den toxinogenen Arten sind es vor allem die *Cl. perfringens Typ A*-Varianten und unter den

Tab. 1.10 Untere Wachstumstemperaturen und Verderbserscheinungen für Mikroorganismen von Fleisch

	Mikroorganismen	°C	Verderbsformen A	F	T	S	Ge	Z	Gs
	Bazillen, mesophil	5/20					+[4]	±	
	Clostridien, mesophil	10/20				±	+[5]	+	+
10 °C >									
	Enterobacteriaceae, mesophil	5/7	+			+	+		
	Staphylokokken	6/7	+						
4 °C >									
	Clostridien, psychrotroph	1/5					+[4, 5]		
	Mikrokokken	2/5	+						
	Enterokokken	0/5	+	+					
	Laktobazillen/*Leuconostoc* spec.	0/2	+	+[1,2]	+	+			±
	Brochothrix thermosphacta	0	+	+[2]			+		
	Enterobacteriaceae, psychrotroph	0	+			+	+		
0 °C >									
	Pseudomonas/Acinetobacter/ Moraxella/Flavobacterium	-5	+				+		
-5 °C >									
	Hefen	–12	+			+	+[6]		
	Schimmelpilze	-5/-18	+	+[3]				+[7]	
-18 °C >									

A = Auflagerungen/Schleim
F = Farbveränderungen: grau[1], grün[2], schwarz[3]
T = Trübung (unter Vakuum)
S = Säuerung
Ge = Geruchsabweichung: dumpfig[3], faulig[5], fruchtig[6]
Z = Zersetzung: Fleisch/Fett [7]
Gs = Gasbildung

nicht-toxinogenen die *Cl. sporogenes*-Stämme, mit denen gerechnet werden muss. Insgesamt sind Clostridien in frischem Fleisch und in Fleischerzeugnissen nur in geringer Zahl (meist unter 10^1/g) vorhanden. Bei sachgerechter, d.h. technologisch und hygienisch vorschriftsmäßiger Fleischgewinnung und -verarbeitung ist somit das Risiko durch Clostridien als gering zu veranschlagen.

Auch Bazillen spielen in Frischfleisch in der Regel keine nennenswerte Rolle. Erst in Fleischzubereitungen oder -erzeugnissen ist mit ihnen verstärkt zu rechnen, insbesondere wenn sie auf dem Weg über Zusätze, wie z.B. Gewürze, oder durch besondere Rohstoffe, wie Blut, in die Wurstmasse gelangt sind. Eine Analyse von Fleischerzeugnissen, unter anderem auch von Hackfleisch, mit verschiedenen Nachweismethoden lieferte insgesamt keine besorgniserregenden Daten [5]. In Hackfleisch und in

Tab. 1.11 Clostridien in Lebensmitteln nach der Literatur ab 1975 bis 1985[1])

Species		Frisch-Fleisch u. Fleisch-Produkte	Fisch u. -produkte	Milch u. -produkte	Gemüse u. Pilze	Kräuter u. Gewürze	Früchte	Honig
C. perfringens[2)]	Typ A	11	2	2	2	2		1
	Typ B	2						
	Typ F	1						
C. botulinum[2)]	Typ A	4	1		4		1	5
	Typ B	5	2		4		1	4
	Typ C	1	1		1			
	Typ D	1	2					
	Typ E	2	6					
	Typ F	2	1					
C. bifermentans[3)]		3		2		2		
C. sordellii		1						1
C. histolyticum		3						
C. novyi, C. chauvei,	2	3						
C. septicum, C. tetani								
C. sporogenes		6	1	4	2			
C. butyricum		2		5	1	1		1
C. tyrobutyricum	3	3		8	1			
C. thermosaccharo-lyticum		2			1	1	2	

Fortsetzung Tab. 1.11 Clostridien in Lebensmitteln nach der Literatur ab 1975 bis 1985[1]

C. carnis, C. fallax		3
C. putrificum		
C. innominatum		
C. tertium		4
C. mucosum		
C. perenne	3	
C. barati		
C. plagarum		2
C. malenominatum (lentoputrescens)		1

[1] Zahlenangaben entsprechen der Anzahl der Literaturquellen (nach EISGRUBER, H., 1986)
[2] Toxinogene Clostridien
[3] Nicht-toxinogene Clostridien

Brühwurstwaren lag der Bazillengehalt fast durchweg unter 10^3/g, lediglich bei Leber- und Blutwurst konnten 10^5/g erreicht werden, in „Gyros" allerdings konnte dieser, durch die Gewürzzusätze bedingt, bis zu 10^6/g betragen. Potenziell toxinogene Anteile, mit Hilfe des Kriteriums der 7 %-NaCl-Toleranz abgegrenzt, lagen um etwa 2 Zehnerpotenzen unter der Zahl der Gesamtbazillen. Die Gefährdung durch toxinbildende Spezies ist also auch bei dieser Sporenbildnergruppe eher als gering zu veranschlagen, sofern gefährdete Fleischerzeugnisse einer Kühllagerung unter 10 °C unterworfen werden.

Im Übergangsbereich zwischen 10 °C und 4 °C (Tab. 1.7 und Tab. 1.10) bleiben vor allem *Enterobacteriaceae* und Mikrokokkenstämme vermehrungsfähig. Eine Kühltemperatur von 4 °C würde die Vermehrung der meisten Vertreter dieser Gruppen unterbinden. Trotzdem gibt es psychrotrophe Spezies, deren Vermehrungsaktivität bei 4 °C nicht endet. Das sind z.B. Vertreter der *Hafnia*- und *Enterobacter*-Spezies.

Im Temperaturbereich zwischen 4 °C und 0 °C bleibt die sogenannte Psychrotrophenflora noch aktiv, die neben den gramnegativen und bestimmten Mikrokokkenstämmen auch Milchsäurebakterien, vor allem *Lactobacillus*- und *Leuconostoc*-Arten sowie *Brochothrix thermosphacta* umfasst. Die letztere Spezies tritt insbesondere auf dem länger gelagerten und luftdurchlässig verpackten Fleisch auf. In diesem Temperaturbereich kommt es insbesondere unter Vakuumverpackung zu Trübung, Säuerung und Schleimbildung. Peroxydbildende Spezies oder Stämme, die in allen Genera, auch bei den Laktobazillen, vertreten sind, führen zur Fettzersetzung und Ranzigkeit oder zu spezifischer Grünverfärbung.

Unterhalb des Wachstumstemperaturbereichs von 0 °C bewirken die oxidasepositiven gramnegativen neben Hefen und Schimmelpilzen Auflagerungen mit Geruchs- und Farbveränderungen. Der typische Kühlhausgeruch (dumpfig-muffig) weist auf diese Floraanteile hin und ist ein Hinweis, dass demnächst eine reinigende und desinfizierende Sanierung der gekühlten Produktionsanlagen vonnöten ist.

Die Angabe „oxidasepositive" Keimarten ist allerdings nicht ganz zutreffend. Es gibt auch oxidasenegative Psychrotrophe, die einen wesentlichen Anteil der Kühlhausflora ausmachen können. Es handelt sich dabei um Vertreter der *Acinetobacter*-Gruppe [6]. Abbildung 1.6 veranschaulicht die Umwälzungen in der psychrotrophen Oberflächenflora im Verlauf des Kühlprozesses von Rinderschlachttierkörpern.

1.3 Die Mikrobiologie des Fleisches in verschiedenen Behandlungsstufen

1.3.1 Die Mikrobiologie des frisch gewonnenen Fleisches

1.3.1.1 Einflüsse der Körperflora der Schlachttiere

Die Körperflora der Schlachttiere bestimmt ganz wesentlich die Zusammensetzung und die Entwicklung der Fleischmikroflora. Da die einzelnen Tierarten vom inneren und äußeren Körperbau und von der Haltungsform grundverschieden sind, unterscheidet sich auch ihre Körperflora. Je nachdem, ob es sich um Pflanzenfresser oder Allesfresser, Wiederkäuer oder monogastrische Tiere handelt, ist die autochthone, d.h. die originäre Mikroflora der inneren Hohlorgane und der Körperhöhlen unterschiedlich. Abhängigkeiten ergeben sich auch aus Jahreszeiten und den Wetterbedingungen zum Zeitpunkt des Antransportes zur Schlachtung. Der Verschmutzungsgrad der äußeren Körperregionen beim Einbringen der Tiere in den Schlachtprozess spielt eine erhebliche Rolle für die Menge und Zusammensetzung der Oberflächenflora des Fleisches [27].

Versuche, die Tiere vor oder während der Schlachtung zwecks Keimzahlreduzierung einer Waschung zu unterziehen, haben sich bisher als unzweckmäßig erwiesen, weil die Zufuhr von Wasser die Vermehrungsbedingungen für Mikroorganismen fördert und im Ruhestadium befindliche Mikroorganismen zum Wachstum anregt. Tiere mit Fell müssten nach einer Waschung vor dem Schlachtprozess wieder abgetrocknet sein. Zu erwägen wäre dieses Vorgehen bei Schweinen, für die inzwischen auch spezielle Waschanlagen bzw. „Dekontaminationsverfahren“ entwickelt wurden [25]. Hierbei handelt es sich um hochtechnische, teure Prozesse, über deren Eignung noch Erfahrungen gesammelt werden müssen.

Vorerst muss der Fleischgewinnungsprozess so gestaltet werden, dass die beiden hygienisch extrem divergierenden Abschnitte, die „unreine“ und die „reine“ Seite, nicht ineinandergreifen. Diese beiden Arbeitsabschnitte im Schlachtprozess müssen so strikt räumlich, einrichtungsmäßig und auch personell getrennt werden, dass der Übergang von äußerem Restschmutz auf die enthäuteten oder entborsteten Schlachttierkörper so gering wie möglich gehalten wird.

„EU-Richtlinien für die hygienische Gewinnung von Fleisch“ [115] und entsprechende „nationale“ Rechtsvorschriften [114] enthalten verbindliche Forderungen für das Auffinden hygienischer Schwachpunkte und für Maßnahmen zur Reduktion mikrobieller Belastungen. Bei der Umsetzung derartiger Forderungen sind erstaunliche Erfolge erzielt worden. Übliche Gesamtkeimzahlbelastungen von 10^5 bis $10^6/cm^2$

Körperoberfläche am Ende des Schlachtbandes, also vor Beginn des Kühlprozesses, konnten auf 10^3 bis 10^4/cm^2 herabgesetzt werden. Mit einer automatischen Enthäutetechnik bei Rindern waren die Werte sogar auf 10^2 bis 10^3/cm^2 herabzufahren. Das sind Fortschritte, die lange nicht für möglich gehalten wurden. Außerhalb unseres nationalen Bereiches wird der Oberflächenkeimgehalt auf Schlachttierkörpern, also auf der Fleischoberfläche, durch Absprühen mit Genusssäurelösung zu reduzieren versucht. Dieses Verfahren ist bei uns rechtlich nicht erlaubt. Es bringt auch nur einen vorübergehenden Erfolg.

Die Reduzierung der Keimzahlbelastung der Schlachttierkörper wird aber nicht nur durch amtliche Hygienevorschriften allein bewirkt, ganz wesentlich erscheinen diesbezügliche Anforderungen der Abnehmerbetriebe. „Spezifikationen" geben definierte Erwartungswerte vor [61]. Sobald sich das Bewusstsein verbreitet hat, dass weniger keimzahlbelastetes Fleisch auch ökonomische Vorteile mit sich bringen kann, wird auch die Hygiene der Fleischgewinnung allgemein verbessert werden können. Das bedeutet für die Fleischwirtschaft einen Gewinn und volkswirtschaftlich bzw. weltwirtschaftlich eine Erhöhung der Eiweißressourcen für die Ernährung, verbunden mit allen umweltbiologischen Vorteilen.

Die lebenden Tiere verbreiten aber nicht nur den allgemeinen Keimgehalt, der überwiegend aus Saprophyten besteht, es werden auch spezifische pathogene Mikroorganismen gestreut, die, ohne dass die Tiere klinisch erkrankt sind, von diesen beherbergt und unter den Stressbedingungen des Transportes aus den Reservoiren des Körperinneren (Darm, Gallenblase) ausgeschwemmt werden. Tiere, in deren Kot vor dem Transport keine Salmonellen nachweisbar sind, können während und nach dem Transport Salmonellen ausscheiden und damit den Schlachtbereich kontaminieren. Meist handelt es sich um Einzeltiere. Diese können jedoch nicht erfasst und ausgesondert werden, denn eine mikrobiologische Untersuchung des Kotes aller Tiere oder eine immunologische (serologische) Untersuchung zur Erkennung von Ausscheidern muss aus zeitlichen und ökonomischen Gründen bisher entfallen. Das Problem des aufflammenden Ausscheidertums konnte in mehrfachen Untersuchungen an verschiedenen Orten, insgesamt mit gleichem Ergebnis, erkannt und auch durch eigene Verfolgungsuntersuchungen bei Schweinen bestätigt werden [98].

Ob die stichprobenweise Untersuchung von Faeces und Darmlymphknoten nach dem Schlachten und die Übermittlung der Ergebnisse an die Herkunftsbetriebe im Rahmen des so genannten integrierten Qualitätskontrollsystems (IQS) nach niederländischem Muster oder das dänische Vorgehen, das in Form einer regelmäßigen Bestandsüberprüfung zur Ermittlung der Ausscheiderrate unter den Tieren sowie der stichprobenweise serologischen Überprüfung von Fleischpresssaftproben eine Reduzierung der Belastungssituation mit Salmonellen in den Beständen herbeiführt, bedarf der biometrisch gesicherten Bestätigung. Diesbezügliche EG-Forschungsprogramme sind in Bearbeitung, z.B. in Dänemark und Norddeutschland. Die Fleischvermarkter drängen die Fleischerzeuger zu Sanierungsmaßnahmen in den Beständen. Sie wünschen ausscheiderfreie Tierbestände. Im Falle eines Erfolges bei der Salmonellenbekämpfung werden derartige Forderungen künftig auch für andere Erreger gestellt werden.

Bestimmungen des EU-Fleischhygienerechtes fordern, dass bei der Rinderschlachtung der Schlund und der Enddarm abgebunden bzw. auf andere Art verschlossen sein müssen, bevor die Ausweidung vorgenommen werden darf. Auch für Schweine gibt es Verfahren, die den Austritt von Darminhalt auf die Körperoberflächen beim Schlachtprozess verhüten sollen. Das Bung-Dropper-System [76] beinhaltet das Freischneiden und Verlagern des Enddarmes maschinell nach Absaugen des Enddarminhalts.

1.3.1.2 Einflüsse der Technik und des Personals

Im Schlachtprozess gibt es Schwachstellen, an denen die vorgeschriebene Hygiene nicht eingehalten werden kann. Bei der Schlachtung der Schweine kommt es in den Stufen des Schlachtprozesses zu einem wechselnden Anstieg und Abfall des oberflächlichen Keimgehaltes. Schuld daran sind überwiegend Maschinen und Einrichtungen, die erhöhte mikrobielle Belastungen verursachen. Sie sind entweder von der Konstruktion her nicht gründlich zu reinigen und zu desinfizieren, oder der Einsatz von ständig erneuertem frischen Wasser, z.B. in der Enthaarungsmaschine, scheidet aus ökonomischen Gründen aus. So muss aufgeheiztes Brühwasser wiederverwendet werden. Filter, die zur Entkeimung dieses wiederzuverwendenden Brühwassers vorgesehen waren, verstopften schnell durch verbliebene Haut- und Borstenbestandteile, so dass sie wieder entfernt werden mussten [101].

Die variierende Keimbelastung auf Schweinekörperoberflächen während des Schlachtprozesses ist in Abbildung 1.3 graphisch dargestellt. Sie resultiert aus zahlreichen Mitteilungen der Literatur [91, 96] und kann als Orientierung gewertet werden. Deutlich ist jedoch die Schwachstelle der Enthaarungsmaschine zu erkennen, deren nachteilige Folgen durch das Abflammen oder Sengen einigermaßen ausgeglichen werden können. Die Keimzahlwerte umfassen die üblichen Parameter, nämlich die des Gesamtkeimgehaltes und der *Enterobacteriaceae*. Entscheidend ist schließlich das Niveau am Ende des Schlachtbandes, das in dieser Darstellung aufgrund der damaligen Technologie zu hoch angesetzt erscheint. Es kann bei moderner Prozessführung zumindest um eine Zehnerpotenz gesenkt werden, wobei die *Enterobacte-*

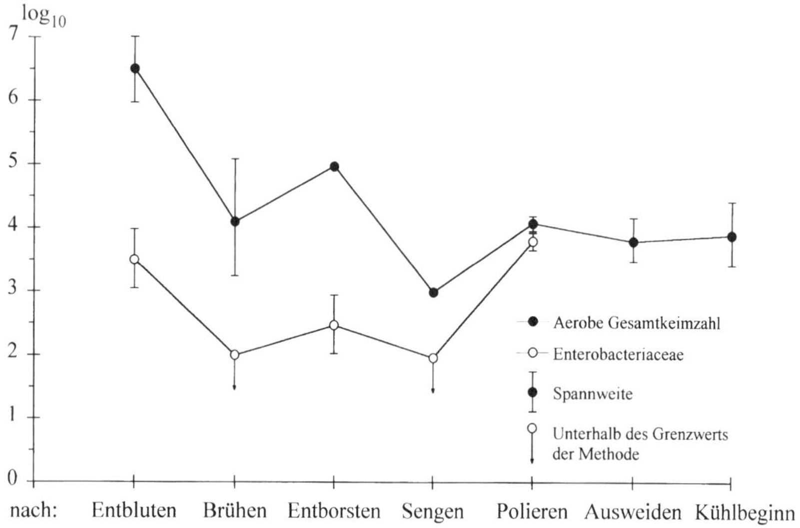

Abb. 1.3 Bakterielle Oberflächenkontamination von Schweineschlachtkörpern (KBE/cm²) (Tendenzen nach zusammengefassten Literaturangaben durch Stolle, 1989)

riaceae unter die Nachweisgrenze der quantitativen Keimzahlbestimmung von $10^2/cm^2$ fallen können.

1.3.2 Die Mikrobiologie des weiterbehandelten Fleisches

1.3.2.1 Technologische Behandlungsstufen

Tierkörper und Nebenprodukte werden in vielfältiger Weise weiterbehandelt, d.h. „bearbeitet", bevor sie zu Fleischerzeugnissen „verarbeitet" werden. Die Übergänge zwischen Fleischbehandlung und -verarbeitung sind fließend. Früher strikt getrennte Arbeitsprozesse überlappen sich und laufen in gemeinsamen Gebäudekomplexen, aber in getrennten Arbeitseinheiten ab.

Die erste wesentliche Stufe besteht aus dem **Grob- und Feinzerlegen**, verbunden mit dem **Entbeinen**. Das **Verpacken** des Frischfleisches zur hygienischen Aufbewahrung und zum Zwecke der Reifung gehört heute als ein fast selbstverständlicher weiterer Schritt dazu. Das **Portionieren** und **Abpacken** in handelsgerechte Angebotsformen sind weitere Stufen der Frischfleischbehandlungen. Nachfolgend soll etwas ausführlicher auf die einzelnen Stufen eingegangen werden.

Das **Entbeinen**, d.h. das Herauslösen der Knochen, geschieht in unserem Produktionsbereich überwiegend nach dem Kühlen. Im Ausland gab es auch Handhabungen, bei denen diese Behandlung unmittelbar nach dem Schlachten „warm von Haken" erfolgte. Es wird in dieser Form kaum noch praktiziert, weil das Problem des „Verziehens" der Teilstücke sowie des schlechten „Handlings" des warmen, klebrigen Fleisches beim Verbringen in Verpackungen besteht. Dabei ist das „Warmentbeinen" ökonomisch vorteilhaft, ermöglicht es doch frühzeitig das Entfernen der Knochen, die volumen- und gewichtsmäßig die weitere Behandlung, z.B. das Kühlen, behindern und verteuern. Dies gilt bevorzugt für die Rindfleischgewinnung, bei der größere Partien zum Versand über weite Entfernungen zusammengestellt werden. Das Warmentbeinen (*Hot boning*) muss überdies mit besonderer hygienischer Sorgfalt erfolgen, weil bei der Zerlegung und Sortierung in Teilstücke das warme, feuchte und nicht gesäuerte Fleisch die besten Startbedingungen für die Vermehrung von Mikroorganismen bietet.

Das **Grobzerlegen** ist das Aufteilen in handelsmäßige Teile, z.B. das „Vierteln" bei Rindern in Anlehnung an die Handelsklassenverordnung sowie das Abtrennen der Schinken (Hinterextremitäten) bei Schweinen. Diese Maßnahmen sind hygienisch nicht als problematisch zu sehen.

Das **Feinzerlegen** ist die hygienisch problematischste Bearbeitungsstufe in den auf 12 °C eingestellten Zerlegeräumen. Das Gewinnen und Sortieren von Teil- und Edelteilstücken sowie das Portionieren in Frischfleischverkaufsverpackungen sollen unter dem Schutzmantel dieser Kühlbedingungen erfolgen, wobei das Fleisch nicht länger als 2 Stunden in den Bearbeitungsräumen verweilen soll.

Das **Zerkleinern** von Fleisch sollte sich möglichst unmittelbar an das Feinzerlegen anschließen, sofern entsprechende Fleischerzeugnisse hergestellt werden sollen. Es erhält eine größere Bedeutung im Zuge der industriellen Herstellung von „Fleisch in Stücken unter 100 g" oder von Hackfleisch. Diese Angebotsformen werden bereits in Portionspackungen abgefüllt und zum Verkauf vorbereitet, d.h. verschlossen und etikettiert. Fleischverkaufsfilialen größerer Handelsketten befassen sich kaum noch mit einer Bearbeitung von Fleisch, sondern überwiegend mit dem Feilhalten vorverpackter Angebotsformen.

Bei vorschriftsmäßiger Produktion von Hackfleisch können annehmbare und teilweise sogar unerwartet niedrige Keimzahlwerte erzielt werden, so dass an eine mehrtägige Lagerfrist auch dieser an sich hygienisch problematischen Erzeugnisse gedacht werden kann. Allerdings muss die strikte Einhaltung einer Transport- und Lagertemperatur von 2 °C, auch im Verkaufsraum, gegeben sein.

Das **Abpacken** von portioniertem Fleisch erfolgt in verbrauchergerechte Frischfleischangebotsformen. Dafür werden saugfähige Kunststoffschalen und sauerstoffdurchlässige Folien verwendet. Für Edelfleischteile, die als Ladenfleisch vorgesehen sind, erfolgt die Verpackung zunächst unter Vakuum, um den Reifeprozess ohne große Gewichtsverluste ablaufen zu lassen. Die Fleischfarbe und der Frischezustand können bei diesen Frischfleischangebotsformen durch Zugabe eines Schutzgases (CO_2 oder N_2 mit einem geringen Anteil an O_2) stabilisiert werden. CO_2 und N_2 bewirken auf Grund ihrer antagonistischen Effekte gegenüber den saprophytären Mikroorganismen eine Haltbarkeitsverlängerung, O_2 verringert die Metmyoglobinbildung, d.h., die Vergrauung der Fleischoberfläche wird verzögert.

Eine Übersicht über einzelne Abschnitte der weiteren Behandlung von Tierkörpern und Nebenprodukten mit Hinweisen auf die Kühlung oder Tiefkühlung ist in der Tabelle 1.12 erstellt worden.

1.3.2.2 Verhalten der Mikroflora

Die mit dem schlachtfrischen oder gekühlten Fleisch in einen Bearbeitungsraum eingebrachte Oberflächenmikroflora bestimmt die mikrobielle Besiedelung aller Einrichtungen dieses Raumes nach verhältnismäßig kurzer Zeit, selbst wenn die Anlagen vor dem Beginn einer Arbeitsschicht einem sachgerechten Reinigungs- und Desinfektionsverfahren unterzogen worden waren. Nach einer Betriebszeit von etwa 1 bis 2 Stunden ist auf allen Einrichtungen mit einer einheitlichen, der Einbringflora des

Tab. 1.12 Stufen der weiteren Behandlung des frischen Fleiches

	Kühlen		Tiefkühlen
	ohne	mit	
Tierkörper			
Grobzerlegen	+	+	
Feinzerlegen		+	
Portionieren		+	
Verpacken		+	+
Nebenprodukte			
Sortieren und Aufbereiten	+	+	
Sammeln im Container		+	
Abpacken in: Sammelverpackung		+	+
Einzelverpackung		+	+

Fleisches vergleichbaren, mikrobiellen Belastung zu rechnen. Frische Anschnitte des Fleisches werden dann mit der dort verbreiteten Mikroflora nahezu flächendeckend beimpft [105a, b]. Diese Erkenntnis ist für den Nichteingeweihten schockierend. Dieser Herausforderung müssen sich die Hygieniker und Techniker jedoch stellen.

Ein Ausweg ist bisher darin zu sehen, dass das in einen Verarbeitungsraum einzubringende Fleisch von vornherein in einem geringen Belastungsgrad zu halten ist. Als weitere Maßnahme kann, ähnlich wie im Schlachtbereich, eine Trennung in einen höher und einen niedriger belasteten Prozessbereich vorgesehen werden. Das bedeutet z.B., dass die hochbelastete Schweinehaut mit einer Spezialapparatur von den größeren Muskelpartien, wie sie am Schinken oder an der Schulter vorliegen, getrennt wird, bevor das weitere Zerlegen erfolgt. Das bedeutet weiterhin, dass Schneidbretter, die mit hochbelasteten Fleischoberflächen in Berührung gekommen sind, von solchen, die mit überwiegend frischen Anschnitten in Kontakt kommen, zu trennen sind. Das bedeutet außerdem, dass Geräte, die zur Oberflächenbehandlung eingesetzt werden, nicht parallel für Schnitte in die Tiefe des Gewebes benutzt werden dürfen. Das beinhaltet zusätzlich, dass große Fleischflächen berührende Sägen und rotierende Messer während der Arbeitsschicht zwischenzeitlich mehrfach oder gar fortlaufend gereinigt werden müssen. Gleiches gilt für das Transportband, für das technische Lösungen einer Reinigung in möglichst kurzen Zeit-Intervallen, zumindest in den Arbeitspausen, angestrebt werden müssen.

So einfach diese Forderungen klingen, so schwer sind sie in der Praxis umzusetzen. Einmal fehlt die notwendige Grundkenntnis der mikrobiologisch-technischen Zusammenhänge bei den Verantwortlichen, andererseits ist das bearbeitende Personal für derartige Maßnahmen nicht sensibilisiert, ganz zu schweigen von den ökonomischen Zwängen eines kontinuierlichen Arbeitsprozesses im Akkordtakt. Unter solchen Gegebenheiten erscheint das vorgeschriebene Tragen eines Mundschutzes während der Arbeitsschicht und das wiederholte maschinelle Waschen der Stiefel geradezu als spitzfindig. Es bedarf der abgestimmten Zusammenarbeit eines routinierten Fleischtechnologen mit einem praxisorientierten Mikrobiologen, um die eigentlichen kritischen Prozessstufen zu erkennen und mikrobiologische Stufenkontrollen einzusetzen. Die im EU-Fleischhygienerecht geschaffene Funktion eines vom Betrieb einzusetzenden Hygienebeauftragten stellt ein erfolgreiches Vorgehen in Aussicht.

Bei vorschriftsmäßig gekühlt angelieferten Tierkörpern und bei entsprechender Temperaturführung im Zerlegebereich ist eine dominant psychrotrophe Mikroflora zu erwarten, bei der die oxidasepositiven gramnegativen, d.h. die *Pseudomonas*-Arten, eindeutig dominieren. Hinzu tritt eine grampositive Mikroflora, die im Wesentlichen aus der Spezies *Brochothrix thermosphacta* sowie den Milchsäurebakterien und Mikrokokken besteht. Über die genaue Zusammensetzung dieser Mikroflora im Zerlegebereich ist aber nicht so viel bekannt wie über die der Vorstufen. Dieser Mangel ist darauf zurückzuführen, dass sich die Untersucher fast durchweg mit der Erfassung der Gesamtkeimzahl begnügten und die Identifizierung der Einzelkomponenten nicht für notwendig erachteten. Die quantitativen Relationen einzelner Mikrofloraanteile wurden wahrscheinlich auch deshalb nur ungenügend bestimmt, weil es sich bei dieser Analyse um ein äußerst aufwendiges Verfahren handelt, bei dem aus jeder nahezu gleichförmigen Primärkultur eine größere Anzahl von Einzelkolonien isoliert, subkultiviert und identifiziert werden muss.

Eine umfassendere Untersuchung der psychrotrophen Mikroflora des Fleisches, speziell des „industriell" hergestellten Hackfleisches, hatte sich dieser Aufgabe gewidmet und lieferte wertvolle Detailkenntnisse [40a]. Danach war die Mikroflora des frisch hergestellten Hackfleisches der des gekühlten Fleisches weitgehend gleichzusetzen, d.h. neben der Dominanz der *Pseudomonas*-Arten *P. fragi, P. fluorescens, P. lundensis* und *P. putida* spielten die grampositiven Milchsäurebakterien, vor allem *Brochothrix thermosphacta*, eine Rolle – unbedeutend an Vorkommen und an Zahl waren hingegen opportunistische Spezies aus den Genera *Aeromonas*, *Acinetobacter*, *Psychrobacter* oder der Familie der *Enterobacteriaceae* gewesen.

1.3.2.3 Rechtliche Vorgaben

Für den nationalen Bereich sind die wesentlichen Hygienebestimmungen für die Fleischgewinnung und -behandlung in der Anlage 2 und seit März 1995 zusätzlich in der Anlage 2a der Fleischhygieneverordnung [114] aufgeführt. Die Anforderungen an die Ausstattung der Zerlegebetriebe sind genau festgelegt, verbunden mit den Vorschriften für das Verhalten des Arbeitspersonals. Diese Anweisungen können hier nicht wiedergegeben werden, zumal die Fassungen von nationalen Einzelvorschriften aufgrund von übergeordneten EG-Richtlinien häufig ergänzt werden müssen. Die zahlreichen Änderungsfassungen legen ein beredtes Zeugnis dafür ab [114, 115, 116, 117].

Kritisch ist anzumerken, dass es sich vielfach um eine Auflistung formaler Einzelsachverhalte handelt, die in keiner direkten Relation zu hygienischen Konsequenzen stehen. So erscheinen die Anforderungen an die räumliche und einrichtungsmäßige Ausstattung der Betriebe übertrieben spezifiziert, die Anforderungen an die richtige hygienische Prozessführung hingegen unzulänglich präzisiert. Die Überwachung der Betriebspraxis durch die Aufsichtsbehörden führt dann konsequenterweise oft zur Verfolgung von Nebensächlichkeiten, die an der Lösung der eigentlichen Problemstellung vorbeigehen. Eine beispielhafte vergleichende Darstellung der Entwicklung der Hygienevorschriften für Einrichtungen und für den Betriebsablauf konnte die kopflastige Ausweitung der formalen Vorschriften für die Raumausstattung aufzeigen [24].

Im Rahmen der vollständigen Angleichung der nationalen Rechtsnormen an verbindliche EU-Normen wird es auch zu einer Neufassung der Hygienevorschriften für die Fleischgewinnung und -behandlung im deutschen Bereich kommen. Es ist zu befürchten, dass noch mehr Formales und weniger Präzises diese neuen Rechtsregulative füllen wird, d.h. die Arbeit der verantwortlichen Sachverständigen wird noch mehr erschwert werden als es in den letzten Jahrzehnten schon der Fall war.

1.3.3 Die Mikrobiologie des gekühlten Fleisches

Gekühltes Fleisch ist ein für eine begrenzte Zeit haltbar gemachtes Fleisch. Die Haltbarkeit ist von der durch die Tierart bedingten Gewebestruktur und von der Temperaturführung abhängig und beträgt ohne Vakuumverpackung bei üblicher Kühlraumtemperatur von etwa 4 °C bei Muskulatur 8 bis 10 Tage, in günstigen Fällen, d.h. bei einem niedrigen Ausgangskeimgehalt auf den Oberflächen, 3 Wochen, bei Organen 1 bis 2 Tage. Zur Sicherheit wird in den amtlichen Hygienevorschriften für die Kühllagerung der Organe eine Kerntemperatur von 3 °C gefordert [114].

1.3.3.1 Technologie des Kühlens

Zur Kühlung großer Fleischpartien, die in modernen Schlachtanlagen mit einer Kapazität bis zu 600 Schweinen oder 80 Rindern pro Stunde anfallen, sind in den letzten Jahrzehnten zahlreiche technische Neuerungen eingeführt worden. Tiefe Temperaturen und gleichzeitig hohe Umwälzgeschwindigkeiten der gekühlten Luft haben die Schnellstkühlung ermöglicht. Diese wird vorzugsweise bei Schweineschlachttierkörpern eingesetzt. Dabei darf es zu keinem Gefrieren der oberflächlichen Gewebeschichten, mit Ausnahme der Ohren, kommen.

Die **Schnellstkühlung**, auch Schockkühlung genannt, erfolgt in speziellen Tunnelanlagen, bei denen die Tierkörper in der Regel am kontinuierlich laufenden Band mäanderförmig durch 2 Kabinen mit unterschiedlichen Kältewerten und Luftgeschwindigkeiten geführt werden. In der ersten Stufe werden die tiefsten Kälte- und die höchsten Luftgeschwindigkeitswerte eingesetzt. Gleichzeitig wird die relative Luftfeuchtigkeit durch die hohe Wasserdampfabgabe der warmen Tierkörperhälften hoch gehalten und damit eine übermäßige Abtrocknung verhindert.

Aus der **Schnellstkühlung** bei -5 bis -8 °C hat sich in neuerer Zeit die **Ultra-Schnellstkühlung** bei -20 bis -30 °C entwickelt. An beide Verfahren müssen sich unterschiedlich lange Nachkühlprozesse in konventionell ausgerüsteten Ausgleichskühlräumen anschließen.

Daneben gibt es verbreitet noch die **Schnellkühlung** mit geringeren Luftgeschwindigkeiten und nicht so tiefen Temperaturen (+1 bis –1°C). Sie erfolgt in kleineren, gut steuerbaren Kühlräumen (Zellenkühlräumen). Diese sind relativ schnell zu beschicken, und der Kälte- und Belüftungsbedarf ist entsprechend dem Fortschritt im Kühlprozess zu regeln.

Die **konventionelle Kühlung**, ebenfalls mit bewegter Luft, findet in den noch weit verbreiteten Großkühlräumen statt. Hier liegen die Temperaturen im Allgemeinen zwischen 0 und 4 °C.

Die tierartlich bedingte Struktur der Körpergewebe bestimmt die Möglichkeit eines unterschiedlich schnellen und intensiven Kühlens. So sind Schweineschlachttierkörper aufgrund ihrer Haut- und Fettabdeckung mit niedrigeren Temperaturen zu behandeln als die enthäuteten Tierkörper von Wiederkäuern.

Einige wichtig erscheinende technologische Daten zu Kühlmodifikationen, auch unter der Berücksichtigung der tierartlich bedingten Unterschiede, sind in der Tab. 1.13 nach Übersichtsangaben [51, 102, 108, 122] zusammengestellt worden. Diese können als Orientierung angesehen werden. Durch andere Kombinationen von Temperatur und Luftumwälzung sowie andere Aufteilungen in Haupt- und Nachkühlphase sind zusätzliche Variationen, je nach technischem Ausrüstungsstand, möglich.

Tab. 1.13 Arbeitswerte für die Schnellstkühlung frischen Fleisches (chilling)

Kühlung	Tierart	Temp. °C	Luftumwälzung mal/h	m/sec	Dauer h
Schnell-	Rind	-2/0	150/100 für 3 bis 4 h,	4/1	18 bis 24
	Schwein	-5/-3	dann 60/40		12 bis 14
Schnellst-	Rind	-6/-2/0	250, 150/100,	8/3	4 und 10[1)]
	Schwein	-12/-6	60/40		1,5 und 8[1)]
Ultra-Schnellst-	Schwein	-30/-20	250, 150/100 60/40	8/6	1 und 11[2)]

[1)] Nachkühlung bei ± 0 °C [2)] Nachkühlung bei +5 °C

Aus der Literatur sind Erfahrungswerte über **Gewichtsverluste** bei unterschiedlichen Kühlverfahren bekannt, von denen einige in einer Übersichtstabelle (Tab. 1.14) aufgeführt sind. Sie sollen dazu dienen, die Einsatzbereiche und -begrenzungen des Kühlprozesses zu veranschaulichen. Es gilt, den durch die oberflächliche Abtrocknung entstehenden Wasserverlust so gering wie möglich zu halten. Deshalb wird auch in den Stufen der Kühlung die relative Luftfeuchtigkeit nach Möglichkeit reguliert. Andere zusammenfassende Daten sind in weiteren Publikationen zu finden [22, 51].

Zu diskutieren ist die hin und wieder zu beobachtende Praxis, die Tierkörper vor dem Einbringen in den Schnellkühlraum mit Wasser zu besprengen. Dieses Vorgehen belastet die Kühlaggregate infolge der beschleunigten Eisbildung und vergrößert dadurch die Energiekosten. Praktiker sind aber der Meinung, dass die Verdunstungskälte die Wärmeabführung wesentlich beschleunigt. Aus hygienischen Gründen, d.h. zur Vermeidung der flächenhaften Ausbreitung mikrobieller Kontaminationen, sollten die Tierkörper jedoch im gesamten Fleischgewinnungsprozess, also auch speziell vor dem Kühlen, so trocken wie möglich gehalten werden. Das gilt ganz besonders für die Gewinnung des Rindfleisches.

1.3.3.2 Die Zusammensetzung der Mikroflora

Die auf schlachtfrischen Tierkörpern vorhandene Mikroflora kann durch den Kühlprozess in ihrer Struktur grundlegend verändert werden. Die Abtrocknung, die niedrigen Temperaturen sowie auch die abgesenkten pH-Werte wirken beeinflussend. Dabei reagieren Tierkörper mit Haut und Fettschicht (Schwein) anders als Wiederkäuer mit freiliegender Muskulatur und Unterhaut.

Die Umschichtung der bestehenden Mikroflora geschieht sowohl qualitativ (Wechsel von Komponenten) als auch quantitativ (Wechsel in der Dominanz einzelner Komponenten). Die Entwicklung ist dabei schwer vorhersehbar. Es soll der Versuch unternommen werden, allgemeine Tendenzen aufzuzeigen. Diese lassen sich wie folgt darstellen:

Thermophile und mesophile Keimarten, die günstige Vermehrungsbedingungen zwischen 50 und 40 °C, bzw. 40 und 30 °C haben, stellen ihre Vermehrung unter dem Einfluss der Kühlung bald ein. Psychrotrophe-Mesophile vermehren sich zunächst langsam weiter, echte Psychrotrophe, das sind überwiegend psychrophile gramnegative, werden dagegen in ihrem Wachstum begünstigt. Somit tritt eine Umschichtung zunächst nach Genera und dann auch nach Spezies ein. Die Entwicklung wird umso deutlicher, je länger der Kühlprozess dauert. Insgesamt wird die Dominanz der Mesotrophen durch die der Psychrotrophen abgelöst.[1)]

Tab. 1.14 Vergleich durchschnittlicher Gewichtsabnahmen durch Verdunstung während der Kühlung von Frischfleisch über unterschiedliche Zeiträume (24 bis 48 h) nach INGRAM (1972)[1)]

Fleischart	Kühlvorgang	Gewichts-abnahme (%)
Rind	Abhängen	2,0 bis 4,0
	Kühlraum	
	2 °C, 70 % rel. L.-F.	4,0
	2 °C, 90 % rel. L.-F.	2,8
	Kühltunnel	
	0 °C, 95 % rel. L.-F.	1,0
Lamm	Abhängen 4h und Kühlraum	2,4
	sofortige Kühlung	1,5
Schwein	Abhängen 6 h (20 °C) und 17 h Kühlung (2 °C)	3,0 bis 4,0
	Kühlraum, konventionell	2,51
	Schnellstkühlung und Nachkühlung Kühlraum (4 °C)	1,67 bis 1,73
	Schnellstkühlung (-7 °C) und Nachkühlung (4 °C)	1,1

[1)] Royal Society of Health J. **92**, 121 - 131 (1972)

Umschichtungen erfolgen auch innerhalb einzelner eng verwandter Keimgruppen. So umfasst die Familie der *Enterobacteriaceae* sowohl mesotrophe als auch psychrotrophe Vertreter. In der Praxis bedeutet das: An Stelle von dominanten coliformen Anteilen aus der Darmflora der Tiere entwickeln sich dominante Anteile der *Enterobacter*- und *Hafnia*-Spezies aus der Umgebungsflora der Tierkörper oder des Verarbeitungsbereiches. Das bedeutet weiterhin, an Stelle von Mikrofloraanteilen mit potenziell pathogenen oder toxinogenen Eigenschaften treten solche mit sapro-

[1)] Eine Übersicht der Einteilung der Mikroorganismen nach ihrem Wachstumsverhalten bei Optimal- und unteren und oberen Grenztemperaturen wurde bereits in Kapitel 1.1.4 gegeben. Die graphische Darstellung in Abbildung 1.2 liefert die Charakteristika für die einzelnen Gruppen.

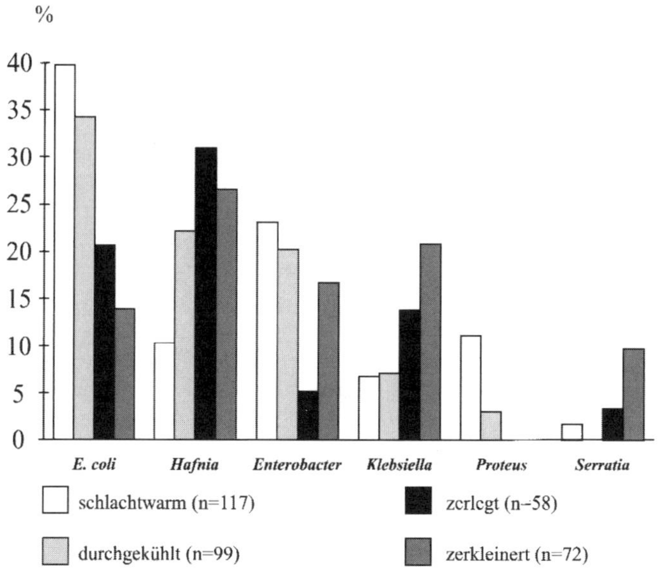

Abb. 1.4 Häufigkeit resistenter *Enterobacteriaceae* in verschiedenen Bearbeitungsstufen des Schweinefleisches (nach REUTER und ÜLGEN, 1977)

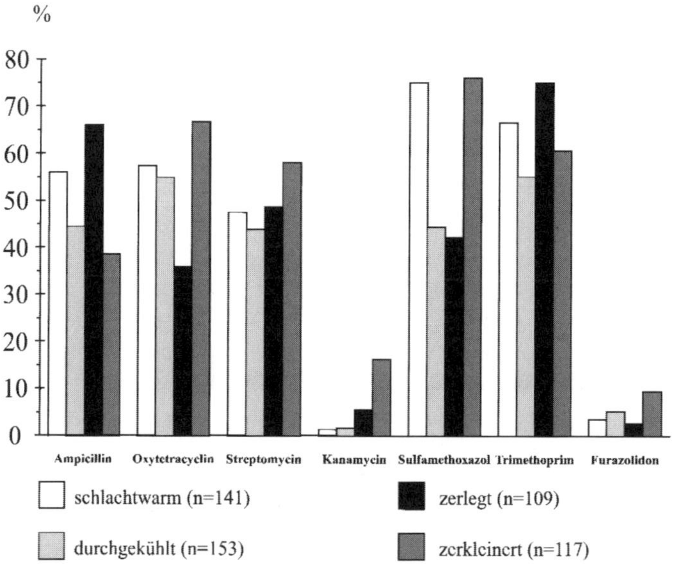

Abb. 1.5 Häufigkeit der Resistenzdeterminanten bei *Enterobacteriaceae* in Schweinefleich in verschiedenen Bearbeitungsstufen (nach REUTER und ÜLGEN, 1977)

phytärem Charakter. Aus zwei Graphiken (Abb. 1.4 und 1.5) können diese Entwicklungen beispielhaft abgelesen werden, wobei zur Charakterisierung dieser schwer nachzuweisenden Umschichtungen auch das seinerzeit bestimmte Resistenzverhalten diente [68, 71, 72].

Innerhalb der Gruppe der Psychrotrophen spielen sowohl Pseudomonas-Arten als auch Acinetobacter- sowie Moraxella-Spezies eine Rolle. Diese Keimassoziationen zu analysieren, erfordert einen großen labortechnischen Aufwand. Handelsübliche

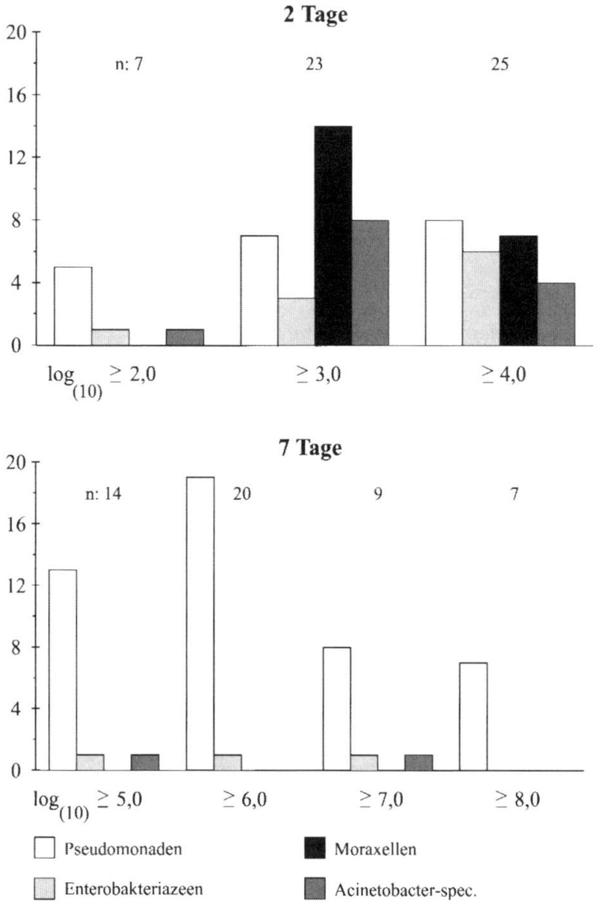

Abb. 1.6 Dominantes Auftreten von gramnegativen Mikroorganismen auf Abtrageproben von Rinderschlachttierkörpern (Mm. adductores/ 4 - 6 °C) (Bläschke und Reuter, 1984)

Testbestecke sind bisher noch auf die Identifizierung der pathogenen Stämme aus dem Hospitalbereich ausgerichtet. Deshalb existieren wenig Angaben, die neben der Spezies-Identifizierung gleichzeitig die quantitativen Relationen einzelner Komponenten erfasst haben. Deshalb sei auf Ergebnisse aus Erhebungen im eigenen Arbeitsbereich verwiesen [6].

Die Analyse erstreckte sich auf die Oberflächenmikroflora von gekühlten Rinderschlachtkörpern am 2. und 7. Tag der Kühlung. Aus 106 Abtrageproben waren insgesamt 4221 Subkulturen gewonnen worden, von denen sich 884 (ca. 21 %) als gramnegative erwiesen. Von diesen stammten 295 von zwei Tage alten sowie 589 von sieben Tagen alten Tierkörpern. Danach nahm die Häufigkeit der Pseudomonaden im Laufe der Kühlung zu, die der *Moraxella*- und *Acinetobacter*-Stämme ab. In quantitativer Hinsicht spielten Pseudomonaden nach 7 Tagen die dominante Rolle. Quantitäten von lg 8/cm^2 wurden erreicht, *Enterobacteriaceae* und *Acinetobacter* erzielten gelegentlich (ca. 11 %) Werte von lg 6. Als Hauptvertreter der Pseudomonaden war vor allem *Ps. taetrolens* anzutreffen. Eine zweite dominierende Spezies war katalasepositiv, oxidasenegativ, unbeweglich und wies keinen Glukoseabbau auf. Es handelte sich um eine *Acinetobacter*-Stammform.

Nach einer weiteren gründlicheren Erhebung nach klassischer Methode [40a] sahen die Tendenzen in frischem Hackfleisch von Rind und Schwein wie folgt aus: Dominant waren *Ps. fragi* und *Ps. fluorescens* und bei den *Enterobacteriaceae* erstaunlicherweise *Serratia liquefaciens*. Unter den *Acinetobacter*-Isolaten war *A. lwoffii* am häufigsten anzutreffen. Abgesehen von den Verderb bewirkenden Aktivitäten dieser Stammformen sind die potenziell pathogenen Eigenschaften dieser Keimgruppen zu beachten. Neben den *Enterobacteriaceae* trifft das besonders für *Acinetobacter*-Spezies zu, so z.B. für *A. lwoffii.* Eine Hilfestellung für die Bewertung derartiger Eigenschaften kann die aktuelle Risikoliste des Merkblattes der BG-Chemie [3] liefern. Danach gelten die *Acinetobacter*-Spezies fast durchweg als opportunistische Erreger, weil es zunehmend Berichte aus dem Hospital-Bereich gibt, die deren Nachweis bei Krankheitsprozessen beinhalten. Zur Taxonomie der *Acinetobacter*-, *Moraxella*- und *Psychrobacter*-Gruppe liegen einige neuere Arbeiten vor [33, 34], ebenso für die Pseudomonas-Gruppe [48].

Erkenntnisse auf der Grundlage der numerischen Taxonomie ermöglichten eine vereinfachte Einteilung der komplexen psychrotrophen Mikroflora im Lebensmittelbereich in insgesamt 3 große Gruppen [86]: Eine Gruppe war, geprägt durch *Acinetobacter johnsonii*, eine zweite durch *Psychrobacter immobilis* und eine dritte durch *Pseudomonas fragi*. Für die Mikroflora des frischen Fleisches erwiesen sich von den *Acinetobacter*-Spezies folgende als bedeutsam: *A. lwoffii*, gefolgt von *A. junii, A. calcoaceticus, A. johnsonii* und *A. haemolyticus.* Die im Hospitalbereich besonders bedenkliche Spezies *A. baumanii* war nicht nachzuweisen [12, 40a].

Von den grampositiven Bakterien wurden hohe Mikrokokken-Anteile bei Wildfleischproben angetroffen [74]. Auch die in der Abbildung 1.7 dargestellten quantitativen Relationen einer Oberflächenflora auf Rinderschlachtkörpern [87] weisen auf die Bedeutung der Mikrokokken hin. Befunde aus der englischsprachigen Literatur bestätigen diese Beobachtungen [20].

Brochothrix thermosphacta stellen den anderen bedeutenden Anteil grampositiver Keime dar. Sie vermehren sich noch bei 1 °C und bilden Milchsäure, weshalb sie mit den Laktobazillen auch vergesellschaftet auftreten und diesen ähneln. Sie weisen eine starke Lipaseaktivität auf. Deshalb führt ihr massenweises Auftreten zu Verderbserscheinungen bei Fleisch, insbesondere unter teilanaeroben Bedingungen.

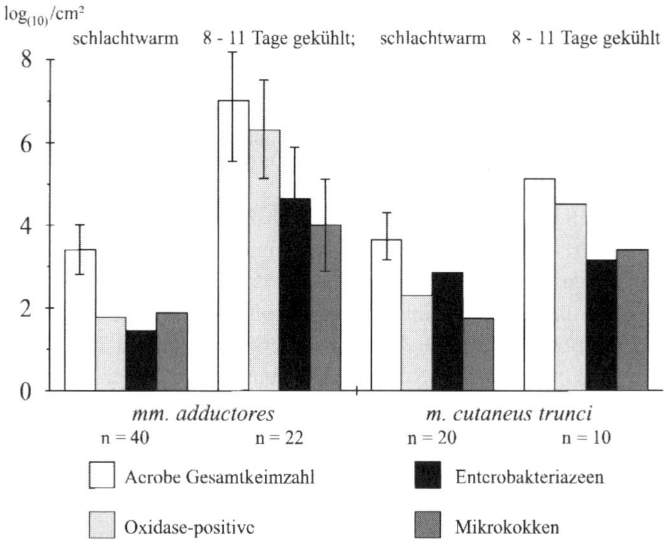

Abb. 1.7 Oberflächenkeimgehalte auf Rinderhälften nach destruktiver Probeentnahme (x_g und s) (nach SIBOMANA, 1980)

Sie wurden bei Analysen vielfach übersehen, weil sie nur mit Selektivmedien von den Milchsäurebakterien abzutrennen und quantitativ zu erfassen sind und auf den für Laktobazillen gebräuchlichen Selektivmedien gar nicht anwachsen [17]. Weil sie empfindlicher gegen Säuren als die Laktobazillen sind, können sie sich in fermentierten Fleischerzeugnissen oder in Vakuumpackungen letztendlich nicht gegenüber den Laktobazillen behaupten. Für weitere Informationen über diese Keimgruppe sei auf einige Übersichtsarbeiten [42b, 90] verwiesen.

Mit einer verbesserten mikrobiologischen Technik wurden weitere grampositive Mikroorganismen als fleischspezifisch erkannt. Diese weisen morphologisch und physiologisch ebenfalls eine Ähnlichkeit mit den Laktobazillen auf. Ihre Nährstoffansprüche sind gleichermaßen hoch. Sie fermentieren jedoch weniger Kohlenhydrate und wachsen nicht auf acetathaltigen Nährmedien. Sie wurden deshalb als *non-aciduric lactobacilli* bezeichnet [85]. Inzwischen wurden sie in dem neuen Genus *Carnobacterium* zusammengefasst, das in dem taxonomischen Grundlagenwerk [23] ausführlich beschrieben wurde. Die dominanten Spezies auf Fleisch sind *C. divergens* und *C. piscicola* [79b]. Inzwischen kommt noch *C. viridans* hinzu.

Einge der für Fleisch mikroökologisch relevanten Laktobazillen, die ursprünglich *L. viridescens* und *L. halotolerans* hießen, sind seit 1993 in dem neuen Genus *Weissella* zusammengefasst worden. Es handelt sich um heterofermentative und Gas bildende Milchsäurebakterien. Die alten Spezies-Bezeichnungen wurden beibehalten. Sie heißen *W. viridescens* und *W. halotolerans*. Inzwischen umfasst deren Genus 8 Spezies, von denen die beiden oben genannten neben *W. hellenica* in Fleisch und Fleischprodukten eine Rolle spielen. Dort führen sie durch Säurebildung und Farbveränderung (Vergrünung) zum Verderb.

Aber auch in der Gruppe der Laktobazillen im engeren Sinne hat es auf Grund der molekularbiologisch ausgerichteten Taxonomie neue Abgrenzungen von Spezies für das Habitat Fleisch gegeben. Neben *L. algidus* ist nunnmehr auch noch *L. fuchuensis* als kennzeichnend für vakuumverpacktes gekühltes Rindfleisch gefunden worden [79b].

Zusätzlich sind noch die neu beschriebenen Spezies *Leuconostoc carnosum* und *L. gelidum* sowie *L. gasicomitatum* als Vertreter der Fleischflora zu nennen [100a]. Alle diese Spezies gehören zur großen Gruppe der *„lactic acid bacteriae"*.

1.3.4 Die Mikrobiologie des Handelsfleisches beim Transport

Das gekühlte Fleisch wird in die Distribution gegeben, entweder als Ladenverkaufs- oder als Verarbeitungsfleisch. Damit stellen sich neue Herausforderungen für die Haltbarkeit.

Das Kühlen ist bei einem Transport, der länger als 2 Stunden dauert, unabdingbar und auch rechtlich vorgeschrieben. Die konventionelle Versandform ist der direkte Abtransport als ganzer Tierkörper (kleine Wiederkäuer, Kälber), als Hälften (Schweine) oder als Viertel (Rinder). Die zuvor im Kühlraum entstandene Oberflächenmikroflora soll sich dabei nur geringfügig verändern. Werte von $10^7/cm^2$ sollen nicht überschritten werden. Ab $10^8/cm^2$ erscheint die Fleischoberfläche als schmierig und klebrig. Sie ist dann meist auch stumpf und glanzlos. Es prägt sich ein dumpfig-muffiger Geruch aus, der typisch für diese oberflächliche Verderbsform ist. Als Richtwert für eine nicht mehr akzeptable Oberflächenbelastung bei der Anlieferung wurde eine Keimzahl von 5 x $10^7/cm^2$ angegeben [108]. Neuere Spezifikationen (Vereinbarungen zwischen Anlieferern und Abnehmern) enthalten weit niedrigere Werte. Nach Empfehlungen der CMA (Centrale Marketing Association) belaufen sich diese auf 10^5 oder gar 5 x 10^4 KBE/cm^2, je nach Tierart und Lieferbedingungen.

Eine im Fleischgewinnungsbetrieb in Grenzen gehaltene Oberflächenbelastung von z.B. 10^4 bis 10^5 KBE/cm^2 kann beim Transport schnell ausufern, wenn noch reichlich Restwärme im Inneren der Tierkörper verblieben ist. Die rechtlich geforderte Kerntemperatur von 7 °C sollte deshalb zum Zeitpunkt der Verladung erreicht sein. In der täglichen Praxis bereitet das jedoch vielfach Schwierigkeiten, weil unterschiedliche Partien eines Schlachttages aus logistischen Gründen zu einer Sendung zusammengestellt werden müssen und Partien mit erhöhter Restwärme die Ausgangssituation verschlechtern. Fleischtransportfahrzeuge mit unabhängig vom Fahrbetrieb arbeitenden Kühlaggregaten können nämlich das Kältepotenzial einer Ladung in der Regel nur erhalten, jedoch nicht verbessern. Das bedeutet, dass die aus dem Kernbereich der Tierkörper zur Oberfläche nachströmende Restwärme nicht kompensiert werden kann. Es kommt daher zu einem unvermeidbaren Ansteigen der Oberflächentemperatur und zur entsprechenden Zunahme der Oberflächenflora des Fleisches.

Inzwischen sollen besser ausgerüstete Fleischtransportfahrzeuge bei nicht zu dichter Beladung in der Lage sein, eine noch übermäßig vorhandene Restwärme aus den Tierkörpern zu kompensieren, wobei die Oberflächentemperatur des Fleisches während des gesamten Transportes auf einem annähernd gleichen Niveau gehalten wird, so z.B. bei 5 °C [75]. In den Niederlanden war es sogar 1985 innerstaatlich erlaubt, die Tierkörper zu den Zerlegebetrieben zu transportieren, ohne dass die Kerntemperatur von 7 °C erreicht war. Folgende Bedingungen mussten dabei erfüllt sein: 70 % der Körperwärme mussten vor dem Transport entzogen sein, die Kühlkette durfte an keiner Stelle unterbrochen werden, und die Zerlegebetriebe mussten über eine entsprechende Schnellkühlkapazität verfügen [47].

Bei einem solchen Vorgehen gilt es zu bedenken, dass die Oberflächentemperatur nicht direkt und keinesfalls laufend zu messen ist. Außerdem kann, je nach Aufhängung der Tierkörper im Wagen, die Oberflächentemperatur an verschiedenen Stellen eines Tierkörpers oder in verschiedenen Bereichen des Wagens völlig unterschiedlich sein. Wenn, wie es die Regel ist, die Stauräume der Wagen voll genutzt werden oder es durch Fahrzeugbewegungen in mehr oder weniger kurzer Zeit zu den so genannten

Fleischwänden, d.h. zu eng aneinander geschobenen Tierkörpern gekommen ist, ist dieses Prinzip nicht realistisch.

Eine besondere Belastung für die Fleischoberflächen tritt auch dann auf, wenn das Beladen der Fahrzeuge nicht unter Ausschluss der Außenluft erfolgt und sich auf den kalten Oberflächen der Tierkörper die Feuchtigkeit aus der Umgebungsluft niederschlägt. Die von innen nachfließende Restwärme schafft in Verbindung mit der feuchten Oberfläche die besten Voraussetzungen für ein mikrobielles Wachstum mit Schmierigkeit und Geruchsabweichung und Oberflächenkeimzahlen von 10^8 bis $10^9/cm^2$. Das Beschlagen erfolgt bevorzugt an den Stellen, die im kalten Luftstrom der Kühlräume bis zum Gefrierpunkt herabgesetzt wurden, bei Schweinen also vorzugsweise an Kopf und Akren (Gliedmaßenenden).

Beim Transport von ungenügend durchgekühltem Fleisch öffnen die Fahrer gelegentlich die Lüftungsklappen der Transportfahrzeuge. Dadurch werden die nachteiligen Veränderungen auf der Fleischoberfläche zwar reduziert, diese Maßnahme führt jedoch zu höheren Gewichtsverlusten, die normalerweise 2 bis 3 % vom Kühlbeginn bis zur Anlieferung betragen. Außerdem werden Staub und Mikroorganismen aus der Umwelt in den Laderaum gesogen und damit das Kühlgut kontaminiert. Ein solches Vorgehen ist somit aus hygienischen Gründen nicht zu verantworten.

1.3.5 Mikrobiologie des tiefgekühlten Fleisches (Gefrierfleisch) mit Auftauen

1.3.5.1 Technologie des Einfrierens

Tiefgekühltes Fleisch ist ein für längere Zeit haltbar gemachtes Fleisch. Die Temperaturen werden in Bereiche abgesenkt, unterhalb derer die Vermehrung der meisten Mikroorganismen aufhört und auch die Aktivität der von den Mikroorganismen präformierten sowie der fleischeigenen Enzyme erlahmt.

Für den **Einfrierprozess** gilt die Maxime: je niedriger die Einfriertemperatur und je schneller der Einfrierprozess, desto besser ist die Erhaltung der Fleischqualität. Dabei ist ein ökonomisch-technologischer Kompromiss zwischen Energieaufwand und verbliebener Restaktivität noch lebensfähiger Mikroorganismen oder noch wirksamer fleischeigener Enzyme anzustreben. Beim Erreichen des Gefrierpunktes, bei etwa -1 bis -2 °C, bilden sich aus dem freien Gewebswasser in den interfibrillären Räumen Eiskristalle. Bei -1 °C werden etwa 19 %, bei -2,5 °C 64 %, bei -10 °C 84 % und bei -20 °C 90 % des freien Wassers ausgefroren [82, 108]. Dadurch erhöht sich die Konzentration der Inhaltsstoffe im restlichen Muskelgewebe. Der a_w-Wert sinkt.

In der Praxis unterscheidet man langsames und schnelles Einfrieren, je nach dem Fortschreiten der „Gefrierfront“ von der Oberfläche hin zum thermischen Mittelpunkt einer Hälfte, eines Viertels oder eines Teilstückes eines Schlachttierkörpers. Die Gefrierfront wird in cm pro h gemessen. Die Kennzeichen für die verschiedenen Formen des Einfrierens sind wie folgt [108]:

Einfrierprozess	:	**Gefrierfront (cm/h)**
sehr schnell	:	5 bis 1
schnell	:	1 bis 0,2
langsam	:	weniger als 0,2.

Die Einfriergeschwindigkeit wird auch von der tierartlich bedingten Struktur des Gefriergutes bestimmt. Bei Schweinefleisch mit starker Fett- und Hautabdeckung sowie mit Fettdurchsetzung ergeben sich schlechtere Werte als bei magerem Rindfleisch. Bei kollagenhaltigem Jungtierfleisch (Lamm oder Kalb) liegen ebenfalls ungünstigere Werte vor.

Das Luftgefrierverfahren wird vor allem bei Tierkörpern und -teilen eingesetzt, das Kontaktgefrierverfahren bei entbeintem Fleisch, vorzugsweise beim Einfrieren in Formen mit anschließender Verpackung in PE (Polyäthylen)-Folie und Lagerung in Stapelkartons.

Beim **Luftgefrierverfahren** wird mit möglichst tiefen Temperaturen und gleichzeitiger starker Luftumwälzung gearbeitet. Die Kombinationswerte variieren in Abhängigkeit von der Fleischart und von der Ausgangskerntemperatur der Tierkörper (Tab. 1.15)

Tab. 1.15 Arbeitswerte für die Tiefkühlung frischen Fleisches (Gefrieren = freezing)

	Einfrierprozess					Gesamtdauer mit Nachfrieren bei −18/-20 °C	Gefrierlagerung °C [7]
	°C [1]	Einfrieren °C	Luftumwälzung m/sec	Dauer h [4]	°C [2]		
Rind	7	-30 [3]	8/4	8 bis 22	-7	30 bis 50 h	-18
Schwein	4	-25 [3]	4/1	14 bis 16	-15	20 bis 30 h	-20 [8]
Rind	40 [5]	-30 bis -40 [6]	3/2				-18

[1] Kerntemperatur zu Beginn [2] Kerntemperatur am Ende [3] unverpackt
[4] Gefrierfront: 2,0 bis 0,6 cm/h [5] schlachtwarm zerlegt und verpackt (Verarbeitungsfleisch) [6] Kontaktplattenverfahren in Formen
[7] verpackt [8] wegen Oxidation des Fettes

Normalerweise wird mit vorgekühltem Fleisch bei Kerntemperaturen von +7 °C beim Rind und +4 °C beim Schwein begonnen. Die Tiefkühltemperaturen variieren zwischen -25 und -30 °C, je nach kältetechnischer Kapazität und räumlicher Konzeption, die Luftgeschwindigkeit umfasst anfangs den Bereich zwischen 8 bis 4 m/sec. Die tiefsten Temperaturen und die höchsten Luftgeschwindigkeiten werden zu Beginn des Prozesses eingesetzt. Die Gefriergeschwindigkeit (Gefrierfront) beträgt dann etwa 0,6 cm/h. Der Gefrierprozess wird beendet, wenn beim Rind Kerntemperaturen von -7 °C, beim Schwein von -15 °C erreicht sind.

Das **Kontaktgefrieren** nutzt die schnelle Wärmeableitung über Metallplatten (Plattenfrosterverfahren). Das zerlegte Fleisch wird in Metallformen in einer Schichthöhe bis zu etwa 10 cm und bis zu einer Menge von 25 kg eingebracht und in Kontaktplattenschränke eingesetzt. Diese enthalten mehrere Etagen. Außer der direkten Kälteübertragung über die Platten kann noch mit einem horizontalen Kälteluftstrom eine zusätzliche Wärmeabführung bewirkt werden. In einer Anlage können mehrere Plattenfroster hintereinander aufgestellt werden. Bei diesem Verfahren kann von sehr schnellem Einfrieren gesprochen werden.

Der größte Nachteil des Gefrierens sind die **Gewichtsverluste durch Ausfrieren von Gewebswasser,** das beim anschließenden Auftauen nicht wieder resorbiert werden kann. Beim Gefrieren vorgekühlter Tierkörper im Ganzen, in Hälften oder Vierteln betragen diese etwa 2 bis 3 %. Bei zerlegtem Fleisch, das folien- und vakuumverpackt gefroren wurde, sind die Verluste bei Rindfleisch auf 1,5 - 1,6 % und beim Schwein auf 0,8 - 1,0 % herabzusetzen, wobei etwa 0,5 % als Eis im Folienbeutel erscheinen. Besondere Vorteile ergeben sich, wenn schlachtwarm entbeintes und zerlegtes Fleisch verpackt und tiefgefroren wird. Außer dem geringeren Gewichtsverlust ergibt sich eine Verlängerung der Lagerzeit um 2 bis 3 Monate für Rind- und 3 bis 4 Monate für Schweinefleisch.

Für die **Gefrierlagerung** gelten als Arbeitswerte -18 °C für „rotes“ Fleisch und -12 °C für „weißes“ Fleisch (Geflügelfleisch). Kurzfristig eingelagertes Geflügelfleisch kann auch bei -8 °C gehalten werden. Durch erhöhten Fettgehalt oxidationsgefährdetes Schweinefleisch sollte möglichst bei -20 °C aufbewahrt werden. Die Gefrierlagerzeiten werden also durch die eingehaltenen Temperaturen und die tierartlich bedingte Gewebestruktur bestimmt. Fettes und kollagenhaltiges Fleisch ist weniger lange lagerfähig als mageres Fleisch. Weitere Informationen sind aus der Tabelle 1.16 zu entnehmen.

Tab. 1.16 Gefrierlagerzeiten verschiedener Fleischarten (verpackt) nach WIRTH et al. (1990)

°C	Art des Fleisches	Monate
-18	Schweinefleisch, fett	4 bis 5
	Schweinefleisch, mager	6 bis 8
	Kalbfleisch	5 bis 6
	Hammelfleisch	6 bis 8
	Rindfleisch	10 bis 12
-24	Schweinefleisch, mager	8 bis 10
	Rindfleisch	bis 18
-30	Schweinefleisch, mager	bis 12
	Rindfleisch	bis 24

1.3.5.2 Verhalten der Mikroflora

Im Fleisch vorhandene Mikroorganismen unterliegen beim Gefrierprozess einem Erlahmen der Lebensfunktionen, ohne dass strukturelle Veränderungen der Zellen der Mikroorganismen einhergehen müssen. Gramnegative Mikroorganismen sind nach ihrer Zellwandzusammensetzung empfindlicher als grampositive. Besonders resistent sind z.B. Kokken. Zellen in der logarithmischen Wachstumsphase sind sensibler als solche in der stationären Phase. Das Gefrierverhalten der Mikroorganismen wird auch durch die Substrate bedingt, in denen sie sich befinden. Eiweißhaltige Suspensionen, Kohlenhydrate und Triglyceride wirken protektiv, bestimmte Ionen und anorganische Salze, Säuren, oberflächenaktive Komponenten, Lysozyme sowie Proteasen wirken destruktiv. Die höchste Absterberate tritt zu Beginn des Einfrierens ein. Beim Schnellgefrieren kann allgemein mit einer Reduzierung der Mikroflora um etwa eine Zehnerpotenz gerechnet werden. Ein wiederholtes Einfrieren und Auftauen hat eine potenzierende Abtötungswirkung. Salmonellen in Fleischgemengen erwiesen sich wie die anderen gramnegativen als gut überlebensfähig [73]. Der Gefrierprozess konserviert also nicht nur die Muskelzellen sondern auch die Mikroflora, insbesondere wenn dieser schnell und mit hohen Kältewerten durchgeführt wird.

Beim Einfrieren kann es zu einer vermeintlichen höheren Absterberate lebensfähiger Mikroorganismen kommen. Dieser Vorgang ist jedoch nicht sicher kalkulierbar, weil nicht erkennbar ist, ob die Mikroorganismen nur sublethal geschädigt oder abgetötet wurden. Unter günstigen Bedingungen können sie wieder lebensfähig werden und erneut in die Vermehrungsphase eintreten. Diese Reaktion tritt insbesondere beim langsamen Auftauen ein. Bei der mikrobiologischen Untersuchung von Gefriergut ist deshalb prinzipiell eine Wiederbelebungsphase („Resuscitation“) der eigentlichen, oft selektiven Kultivierung vorzuschalten. Dieses Vorgehen gehört auch beim Nachweis von Salmonellen aus Gefrierfleisch zur Standardmethode. Eine Unterlassung dieses Schrittes würde einen Kunstfehler bedeuten. Durch einen Gefrierprozess und eine anschließende Gefrierlagerung von Fleisch können also mikrobielle Risiken für die menschliche Gesundheit, die von Bakterien ausgehen, nicht beseitigt und in der Regel auch nicht wesentlich reduziert werden.

Das Gefrieren wird auch als Konservierungsverfahren in Kulturensammlungen und für industriemäßig genutzte Mikroorganismen eingesetzt, zum Teil in Verbindung mit einer Vakuumtrocknung. Dabei müssen möglichst tiefe Temperaturen möglichst schnell erreicht werden, um eine günstige Überlebensrate zu erzielen. Gefriergetrocknete Kulturen unter Vakuum bleiben dann über Jahre oder gar Jahrzehnte lebensfähig.

1.3.5.3 Gefrieren als fleischhygienische Behandlungsmaßnahme

Das Gefrieren wird bei der amtlichen Fleischuntersuchung und -beurteilung als eine Maßnahme zur „Tauglichmachung" eines an sich zu reglementierenden, d.h. nur unter anderen Bedingungen in den Verkehr zu bringenden Fleisches benutzt. Das Verfahren bewirkt das Abtöten von möglicherweise vorhandenen parasitären Vorstufen (Finnen) oder von Trichinen (adulte Erreger). Die beiden Möglichkeiten, die in der Anlage 6 der Fleischhygiene-Verordnung (FlHV) [114]) verfahrensmäßig genau beschrieben werden, sind in der Tabelle 1.17 schematisch dargestellt. Das erste Ver-

Tab. 1.17 Amtliche Gefrierverfahren nach FlHV (Anlage 6)

	Vor Beginn	Einfrieren (°C)	Dauer (d)
Rind 1)	0/2 °C 1 d 3)	-10 -30/-25	6 d 3) -5 °C 10 h 4)
Schwein 2)	0/2 °C 4)	-25	10 d 5) 20 d 6)

1) Tauglichmachung schwachfinniger Rinder und Schweine
2) Befreiung von der Untersuchung auf Trichinen
3) Klassisches Verfahren
4) Erforderliche Kerntemperatur
5) Bis 25 cm Schichtdicke
6) Bis 50 cm Schichtdicke
d = Tage
h = Stunde

fahren gilt vornehmlich für schwachfinnige Rinder. Das sind sol-che, bei denen bis zu 10 Zystizerken des *Cysticercus bovis sive inermis* bei der vorgeschriebenen Untersuchung nachgewiesen wurden. Es hat eine große wirtschaftliche Bedeutung, da die Rate befallener Tiere in unserem Einzugsgebiet im Durchschnitt nach wie vor bei etwa 1 % liegt. Das zweite Verfahren, das der Befreiung von der Pflichtuntersuchung auf Trichinen beim Schwein dient, erhält seine Bedeutung im Rahmen der sonst erforderlichen Nachuntersuchung von Frischfleisch bei der Einfuhr aus Drittländern, in denen die Trichinenuntersuchung nicht nach dem Methodenstand unseres Einzugsgebiets erfolgt.
Beide Gefrierverfahren wirken sich auf die substanzielle Qualität des Fleisches aus, das Erste stärker, das Zweite weniger. Deshalb wurde für das „Finnen-Gefrier-Verfahren“ beim Rind neben dem klassischen Vorgehen bei -10 °C für 6 Tage auch die technisch aktuellere Form mit Anwendung niedriger Temperaturen nach dem Entbeinen, Zerlegen und Verpacken des Fleisches amtlich erlaubt. Allerdings ist dabei die Registrierung der erreichten Kerntemperatur erforderlich.

1.3.5.4 Probleme des Auftauens

Die mikrobiologische Belastung des Fleisches wird durch das Auftauen, den in der Regel unvermeidbaren anschließenden Behandlungsschritt, nicht reduziert, sondern eher erhöht. Eine Ausnahme bildet nur das Verarbeitungsfleisch („Ballenfleisch“), das direkt für die Produktion von Fleischerzeugnissen, z.B. Brühwurst, verwendet werden kann. Es kann mit Spezialmaschinen zerkleinert werden (Gefrierfleischschneider, -hacker und spezielle Gefrierfleischwölfe) und direkt dem Kutter mit anderen Ingredienzien (Fett und anderes Fleisch) zugeführt werden. Der mikrobiologische Status des Gefrierfleisches bleibt in einem solchen Fall unverändert erhalten. Für Rohwurst wird das gefrorene Rohmaterial aufgetaut, entsehnt (Weichseparator) und für die Verarbeitung wieder „angefroren“.

Problematisch wird es, wenn Gefrierfleisch als Frischfleisch und insbesondere als Ladenfleisch angeboten werden soll. Hier ist ein Auftauverfahren zu wählen, welches die entstehenden technologischen und mikrobiologischen Risiken so niedrig wie möglich hält. Die grundsätzliche Maxime für das auszuwählende Auftauverfahren lautet nach technologischen Erfahrungswerten:

- **Schnelles Auftauen nach schnellem Einfrieren.**
- **Langsames Auftauen nach langsamem Einfrieren.**

Als Erklärung wird angeführt: Das schnelle Einfrieren bewirkt ein Ausfrieren des freien Wassers in den interfibrillären Räumen des Muskels in relativ kleinen Eiskristallen. Diese lösen sich beim Auftauen schnell wieder auf und werden bei einer Rehydratisierung der Muskelfibrillen leicht resorbiert. Beim langsamen Gefrieren entstehen größere Eiskristalle, die infolge ihrer physikalischen Struktur das Sarkolemm beschädigen. Die geschädigte Hülle der Sarkomeren ermöglicht beim Auftauen einen zusätzlichen Austritt von Fleischsaft. Die nährstoffreiche Auftauflüssigkeit reichert sich interfibrillär an und fließt nach dem Anschnitt ab. Dieser Zustand bietet für die Mikroorganismen optimale Vermehrungsbedingungen. Der Vorgang hinterlässt zudem ein Muskelgewebe, das beim küchenmäßigen Zubereiten als trocken und strohig erscheint. Nach Erfahrungswerten kann daher ein übermäßiger Auftauverlust nur durch ein langsames Auftauen einigermaßen kompensiert werden.

Tab. 1.18 Kennzeichen für Auftauverfahren

Langsames Auftauen		
technologisch [1]		
0 → 2 → 5 → 10/12 °C		
70 → 90 % rF		
Zeitbedarf	Tage:	
Schweine/Schafe	3-2	[2]
Rind/Vorderviertel	4-2,5	[2]
Rind/Hinterviertel	5-3,5	[2]
Schnelles Auftauen		
technologisch [1]		
5 → 8 °C		
80 → 90 % rF		
Zeitbedarf bei Luft-Umwälzung 100 mal/h	Tage: 1,5-0,75	

[1] Anpassung der relativen Luftfeuchte zur Reduzierung von Gewichtsverlusten
[2] Verkürzung bei Einsatz erhöhter Luftumwälzung von 50 bis 30 mal/h

Maßzahlen, die für das Auftauen unverpackten Fleisches vorgesehen werden können, sind in einer tabellarischen Übersicht (Tab. 1.18) zusammengestellt worden. Handelt es sich um vakuumverpacktes Fleisch, so empfiehlt sich das Auftauen in warmem Wasser, da in diesem die Kälteabführung wesentlich schneller erfolgt. Eine nennenswerte Vermehrung der Mikroorganismen kann in der erforderlichen kurzen Auftauzeit nicht stattfinden. Entbeintes Fleisch in Blockform oder Geflügeltierkörper oder -teile können günstig im Hochfrequenzstrom aufgetaut werden.

1.3.6 Die Mikrobiologie der Fleischreifung

1.3.6.1 Technologische Voraussetzungen

Die Umwandlung der Muskulatur in „Fleisch" ist ein vorwiegend enzymatischer Prozess. Dieser beginnt mit dem Abbau des Adenosintriphosphates (ATP) und führt zum ***Rigor mortis***, sobald das Adenosintriphosphat abgebaut ist. Dieser irreversible Vorgang entsteht durch das Entbluten der Tiere und den dadurch eintretenden Sauerstoffmangel. Parallel zum ATP-Abbau verläuft die anaerobe Glykolyse. Sie stellt einen Ausgleichsversuch zum fortschreitenden ATP-Abbau dar. Die Glykolyse bewirkt eine Anreicherung von Milchsäure. Diese ist beendet, wenn der niedrigste Säuerungswert im Fleisch erreicht ist (pH_{ult}). Diese Erkenntnisse sind Lehrbuchwissen und wurden z.B. in einer Übersichtsarbeit zusammenfassend dargestellt [94].

Mit der Lösung des Rigors beginnt die Reifung des Fleisches. Der Muskel wird durch Proteolyse des Muskelbindegewebes und der Myofibrillen zart und mürbe. Beteiligt sind vor allem muskeleigene Enzyme, Kathepsine. Der Abbau der myofibrillären Strukturen erfolgt insbesondere an den Verbindungen der Z-Scheibe mit der I-Bande. Dieser Abbau kann sich über einen Zeitraum bis zu 3 Wochen erstrecken. Der Prozess wird dabei durch die Umgebungstemperatur beeinflusst. Ist diese höher, verläuft er schneller, liegt sie im unteren Temperaturbereich bei 2 bis 4 °C, muss mit der vollen Zeitspanne des Reifungsprozesses gerechnet werden. Im Fall des Tiefkühlens kommt der Reifungsprozess zum Stillstand. Er wird fortgesetzt, sobald entsprechende Temperaturen für die Aktivität der Enzyme wieder erreicht werden. Das beginnt bereits beim Auftauvorgang.

Das Tiefkühlen kann die Rigor-Ausprägung und die Glykolyse unterbrechen. Dabei können biophysikalische Komplikationen in Form einer irreversiblen Kontraktur der Muskelfibrillen auftreten, ohne dass eine spätere Lösung derselben durch Reifungsprozesse möglich würde. Das Fleisch bleibt zäh. Dieser Vorgang wird als **cold shortening** - Kälteverkürzung der Muskelfibrillen - bezeichnet. Diese Entwicklung tritt ein, wenn die Kerntemperatur im Muskel im Prärigor, also vor dem Eintritt der Muskelstarre, Werte von weniger als 12 °C erreicht. Sie betrifft vorzugsweise das Fleisch der Wiederkäuer (Rind und Schaf). Diese Entwicklung kann vermieden werden, wenn der ATP-Abbau und damit der Rigor durch elektrische Impulse („Elektrostimulierung") unmittelbar nach dem Schlachten herbeigeführt wird. Durch Anlegen einer Elektrode an eine Gliedmaße und durch Einsatz der Aufhängevorrichtung als die zweite Elektrode lässt sich dieser Prozess - natürlich unter Sicherheitsauflagen - bewerkstelligen.

Auch tierartbedingte Strukturen der Muskulatur spielen bei der Reifung eine Rolle. Die Muskulatur des Rindes benötigt eine extrem lange Reifungszeit, und zwar bis zu 4 Wochen bei minus 1 bis 0 °C, die des Schweines nur etwa 2 bis 3 Tage. Der Einfluss tierartlicher Unterschiede und die Temperaturabhängigkeit des Reifungsprozesses sind in einer beigefügten Übersichtstabelle (Tab. 1.19) beispielhaft skizziert.

Tab. 1.19 Dauer der Fleischreifung in Abhängigkeit von der Temperatur

°C	Tage Rind	Kalb/Schaf	Schwein
-1/+1	24/18	4/3	3/2
10	6/5		
15	3		
37 [1]	5 h		

[1] Schnellreifeverfahren USA

Parallel zur Auflösung der inneren Muskelstruktur läuft der Abbau des äußeren Stützgewebes, des Bindegewebes. Es ist schwer, den Abbau dieser extrazellulären Matrix visuell zu erkennen oder zu definieren. Sensorisch äußert sich dieser Prozess in der zunehmenden Zartheit des Fleisches. Spezialgeräte zur Messung der Zartheit wurden entwickelt und werden in der vergleichenden Fleischqualitätsforschung eingesetzt. Das *Warner-Bratzler*-Gerät findet seine Anwendung überwiegend im Laborbereich bei wissenschaftlichen Untersuchungen. Es ist für Routineuntersuchungen zu aufwendig. Letztlich kann nur der erfahrene Fleischtechnologe den Reifungszustand eines Fleisches sicher erkennen.

Die konventionelle Fleischreifung durch das Abhängen im Kühlraum führt zu erheblichen Wasserverlusten, die 2,5 bis 5 % betragen können. Dabei werden die oberflächlichen Schichten, insbesondere bei Rindfleisch, durch Abtrocknung und Dunkelfärbung unansehnlich und müssen abgetragen werden. Das frühzeitige Entbeinen, Zerlegen und Verpacken des Fleisches unter Vakuum ist eine Alternative, die besonders bei Rindfleisch großtechnisch genutzt wird. Die Gewichtsverluste werden dabei um etwa 50 % reduziert.

Die Reifung des Fleisches im Vakuumbeutel schafft ein neues mikrobiologisches Habitat. Fleisch mit DFD-Charakter, d.h. mit unzureichender Glykolyse, darf dazu nicht verwendet werden. Die Vermehrung von anaeroben Sporenbildnern würde dadurch begünstigt werden. Das Fleisch muss auf 2 bis 4 °C herabgekühlt , der Zerlegeraum voll klimatisiert sein. Bei 12 °C darf er nur eine relative Feuchte von 50 bis 55 % aufweisen, um ein Beschlagen des kalten Fleisches zu vermeiden. Die Ausgangsbelastung der Oberflächen der Fleischteile soll dabei so niedrig wie möglich sein (10^2 bis 10^4 KBE/cm^2). Unter diesen Bedingungen ist eine Haltbarkeitsverlängerung um mehrere Wochen nach der Reifung zu erzielen, abhängig von der Lagertemperatur (Tab. 1.20).

Tab. 1.20 Zusätzliche Haltbarkeit von Rindfleisch nach der Reifung in der Vakuumverpackung

°C	Wochen
-1/0	4
0/2	3
4 [1)]	2
6 [1)]	1,5

[1)] bewirkt eine besonders zarte Konsistenz

Die Haltbarkeit kann durch Begasen in der Verpackung oder durch Schnellfrosten um bis zu weitere 6 Monate verlängert werden. Als Gase sind Stickstoff und Kohlendioxid im Gebrauch. Das Erste ist inert und verhütet eine Oxydation, das Zweite wirkt zusätzlich bakterizid. Allerdings entstehen bei alleiniger Anwendung von CO_2 partielle Braunfärbungen an den Oberflächen des Füllgutes, die wiederum zu Verlusten durch das erforderliche Abtragen führen. Eine Mischung aus beiden Gasen ist auch möglich. Oft werden 70 % N_2 und 30 % CO_2 kombiniert eingesetzt. Überwiegend wird das einfache Vakuumverfahren praktiziert.

1.3.6.2 Verhalten der Mikroflora

Mikroorganismen spielen beim Reifungsprozess eine nicht unerhebliche Rolle. Sie sind mit ihrem Enzymsystem an der Lockerung und Auflösung des Bindegewebes beteiligt. Bei der konventionellen Reifung, d.h. dem Abhängen des Fleisches spielen die aeroben Mikroorganismen die Hauptrolle. Es sind dieses vor allem die psychrotrophen gramnegativen, vorzugsweise *Ps. fragi* und *Ps. fluorescens*, daneben in geringerer Quantität auch die *Acinetobacter*-Spezies (siehe auch Abb. 1.4 bis 1.7 in Kap. 1.3.3).

Bei gekühlten Lamm-Tierkörpern [52] waren in der Nachweishäufigkeit die Vertreter der Spezies *Ps. fragi* dominant, gefolgt von *Ps. ludensis.* Nur gelegentlich waren *Ps. fluorescens,* biovar I, und *Ps. putida*, biovar A, nachzuweisen. Die Nachweishäufigkeit der beiden ersteren Spezies wurde durch eine Temperatur von 7 °C begünstigt. Des Weiteren waren Mikrokokken sowie Hefen und Schimmelpilze anzutreffen.

Die beteiligten Mikroorganismen verfügen neben proteolytischen vielfach auch über lipolytische Enzyme, so dass gleichlaufend zur Stromaauflockerung sensorisch erfassbare Abweichungen auftreten, die von Alt-Geruch und -Geschmack über Ranzigkeit bis zur Oberflächenfäulnis reichen. Je nach dominanter Mikroorganismengruppe kommt es zu den Oberflächenveränderungen, die in den Kapiteln 1.2.2 und 1.2.3 beschrieben und in den Tabellen 1.9 und 1.10 dargestellt werden.

Die „Reifung in der Vakuumpackung" bedingt quantitative Umschichtungen in der Fleischoberflächenflora. Die dominante aerobe Flora wird durch eine mikroaerophile bis anaerobe Flora ersetzt. An die Stelle der *Pseudomonas-Acinetobacter*-Assoziation treten zunächst die psychrotrophen *Enterobacteriaceae*, darunter *Hafnia, Enterobacter* und *Klebsiella,* so lange die Temperatur nicht unter 4 °C abfällt. Dabei nimmt die Sauerstoffspannung weiter ab, während sich CO_2 ansammelt. Dadurch und durch eine weitere niedrige Temperaturführung wird die auf Fleischoberflächen ursprünglich vorhandene, aber zunächst kaum nachweisbare Flora aus grampositiven mikroaerophilen Bakterien im Wachstum begünstigt. Es handelt sich dabei um „Milchsäurebakterien". Zu diesen zählen außer den Laktobazillen, den Milchsäurebakterien im engeren Sinne, auch die Streptokokken, einschließlich der *Leuconostoc*-Spezies und der Pediokokken sowie *Brochothrix thermosphacta* und die Vertreter des Genus *Carnobacterium* sowie des Genus *Weissella.* Diese vermehren sich langsam, doch stetig zu bestimmenden Floraanteilen. In einer Vakuumpackung werden bei Kühllagerung innerhalb von 10 bis 14 Tagen Keimzahlen von bis zu 10^8 pro cm^2 Füllgutoberfläche oder pro ml Flüssigkeitsansammlung erreicht. Liegen zwischenzeitlich höhere Umgebungstemperaturen, selbst nur für kurze Zeit, vor, ist diese Entwicklung wesentlich verkürzt. Letztlich bleiben die Laktobazillen aufgrund ihrer höheren Säuretoleranz (bis herab zu pH-Werten von 3.9 oder gar 3.6) als wesentlicher Florabestandteil übrig. Zum Glück werden innerhalb dieser Gruppe proteolytische oder lipolytische Stammvarianten meist unterdrückt, so dass sich die sensorischen Veränderungen in Grenzen halten. Die Mikroflora dieses neuen Habitats ist im Übrigen so vielgestaltig, dass bisher einige weitere [4, 79b, 100a], aber noch nicht alle auftretenden Varianten weder taxonomisch noch stoffwechselmäßig eindeutig definiert werden konnten.

Neben Milchsäure werden auch noch andere Metaboliten, wie Essigsäure, und geringfügig auch Buttersäure sowie CO_2 gebildet. Diese Entwicklung äußert sich in einem stechend sauren Geruch, einem fadenziehenden Schleim und einer dunkelbraunroten Verfärbung der Oberfläche des Füllgutes. Diese sensorischen Erscheinungen sind überwiegend flüchtiger Natur. Relativ kurze Zeit nach dem Öffnen der Verpackung, etwa nach 10 bis 15 min., sind die Geruchsabweichungen weitgehend verflogen, und selbst die Farbe hellt sich wieder auf, so dass im Rahmen der Haltbarkeitsgrenzen das Fleisch als voll verkehrsfähig gelten kann.

1.4 Die Mikrobiologie der essbaren Nebenprodukte

1.4.1 Die Mikrobiologie der Organe

1.4.1.1 Technologische Voraussetzungen

Zu den essbaren Nebenprodukten Leber, Lunge, Zunge, Herz und Nieren gehören eingeschränkt auch Milz, Gehirn, Thymus, Vormagenteile und Euter. Sie werden auch als „Innereien“ bezeichnet. Der Anteil am Lebendgewicht beträgt beim Rind 18 %, beim Schwein etwa 10 %. Der Gesamtanteil der Nebenprodukte einschließlich der nicht essbaren beträgt beim Rind etwa 42 %, beim Schwein 25 %. Der Gesamtanteil der Nebenprodukte beider Tiergruppen beträgt etwa ein Drittel der Lebendmasse eines Schlachttieres (siehe auch Kap. 1.1.2.5 und Abb. 1.1).

Im Vergleich zur Muskulatur sind die Möglichkeiten zum mikrobiellen Verderb bei den Innereien weitaus größer. Dieses hängt mit der Struktur und der Zusammensetzung der Gewebe zusammen. Im Unterschied zur Muskulatur verfügen sie meist über weniger straffes umhüllendes Bindegewebe. Ihre Volumina sind kleiner und somit ihre Oberflächen wesentlich größer. Sie sind fast durchweg blutreicher und auch stärker mit Gewebeflüssigkeit durchsetzt. Die Leber verfügt außerdem über hohe Glykogengehalte. Alle diese Faktoren begünstigen das Wachstum von Mikroorganismen nicht nur auf den Außenflächen, sondern besonders in den tiefen Gewebeschichten. Daher gilt es, mit konservierenden Maßnahmen dem unvermeidlichen Verderbsprozess entgegenzuwirken.

Neben dem Reinigen, z.B. bei Vormägen und Darm, ist das alsbaldige Kühlen das Mittel der Wahl. Damit sollte bereits am Schlachtband durch Einzelaufhängung der Geschlinge oder der einzelnen Organe begonnen werden. Oft werden die Innereien aber zunächst in Behältern gesammelt und anschließend in diesen gekühlt. Besonders im Inneren der Organe ist die Auskühlung ungenügend, und das mikrobielle Wachstum beginnt bereits vor dem Kühlprozess. Insbesondere die roten Organe (Leber, Milz, Nieren) sind davon betroffen. Innerhalb von 8 Stunden sollten im Inneren 10 °C erreicht sein. Bis zum Abtransport muss nach der Fleischhygieneverordnung eine Kerntemperatur von wenigstens 3 °C vorliegen. Die Abhängigkeit der Haltbarkeit der roten Organe von der Lagertemperatur ist aus Tab. 1.21 zu entnehmen.

Tab. 1.21 Haltbarkeit von roten Organen

°C	Tage
18/20	0 bis 1
2/4	2
0/1	4 bis 5
-5	5 bis 8
-18	14 bis 21

1.4.1.2 Die Bestandteile der Mikroflora

Die äußere Keimbelastung der Organe kommt wesentlich durch das Befassen der Oberflächen beim Ausweiden zustande [36]. Sie ist unvermeidlich. Die innere Keimbelastung resultiert aus einem passiven Übertritt aus keimhaltigen Körperhohlorganen über den Portalkreislauf in die stark bluthaltigen inneren Organe in der Agonie. Außerdem lassen die beim Betäuben entstehenden abrupten Gefäßkontraktionen Druck- und Sogwirkungen entstehen.

Beim Schwein sind spezifische retrograde Keimausbreitungen durch schmutzhaltiges Brühwasser beim Brühprozess nachgewiesen worden. Dieses gelangte nicht nur in die Lunge sondern infolge reflektorischer Kompressionen und Erweiterungen der eröffneten großen Gefäße nachweislich bis in den Becken-Schinkenbereich [32].

Unter den eingeschwemmten mesophilen Keimarten aus der Körperflora der Tiere sind auch solche, die zu den Zoonoseerregern zu rechnen sind, z.B. Salmonellen aus dem Darm oder aus den Darmlymphknoten. Aber auch die aus dem Brühwasser der Schweine resultierende Flora ist weitgehend körpereigenen Ursprungs. Darunter befinden sich nicht nur hitzeresistente Kokken, aerobe und anaerobe Sporenbildner, einschließlich der pathogenen und toxinogenen Clostridien, darunter auch *Cl. botulinum*, sondern auch zahlreiche gramnegative, die unter der Schutzwirkung des Eiweißes und des Schmutzes selbst im 58 bis 62 °C warmen Brühwasser, wenn auch kurzfristig, überleben können. Diese mesophilen Keime müssen daher bei der Aufbewahrung der Organe durch Kühlung schnell in ihre Wachstumsgrenzen verwiesen werden.

Je nach Frischegrad oder Behandlungszustand bewegt sich der Tiefenkeimgehalt der Organe in Bereichen zwischen 10^5 bis 10^7/g [54] (Tab. 1.22). Das ist hoch, wenn man bei schlachtfrischem Fleisch von 10^3 bis 10^5 pro cm^2 ausgeht. Damit erreicht die Keimbesiedelung der Organe bedenkliche Dimensionen, die den alsbaldigen Verbrauch bedingen oder eine andere Konservierung erfordern.

Tab. 1.22 Gesamtkeimgehalte auf und in Fleisch, je nach Frischezustand (nach Prost, 1985)

Fleisch-Oberfläche	10^{3-7}/cm^2
Organe	10^{5-7}/g
MEF [1)]	10^{5-7}/g

[1)] = mechanisch entbeintes Fleisch

Eine ähnliche kritische Situation liegt bei dem so genannten Restfleisch vor, eine vor etwa 20 Jahren neugeschaffenen Angebotsform. Es handelt sich um Fleisch, das mit Hilfe von elektromechanischen Separatoren von den bereits grob entfleischten Knochen abgelöst wurde. Die Mikroflora des Restfleisches (MEF) wird dabei in der Zusammensetzung weitgehend von der Vorbehandlung der Knochen bestimmt. Es enthält bestimmende Anteile einer Oberflächenflora, die vom Kühlraum geprägt ist. In einem Spezialkapitel wird auf diese Kategorie detailliert eingegangen [2.4].

Ein rasch fortschreitender Verderb durch Mikroorganismen wird bei den Organen durch einen weiteren biophysikalischen Umstand begünstigt. In den Geweben, auch der roten Organe, findet keine oder nur eine unwesentliche pH-Wert-Absenkung, also keine „Reifung“ statt. Diese Gegebenheit wird meist gar nicht beachtet. Orientierend sind deshalb pH-Werte im frischen Zustand und nach 24 Stunden nach Angaben aus der Literatur [54] in der Tabelle 1.2.3 zusammengestellt worden.

Tab. 1.23 pH-Werte in Muskulatur und Organen nach 24 Std. (nach Prost, 1985)

	pH_0	pH_{24}
Skelettmuskulatur	6,8	5,5
Herz	6,8	6,2
Leber	6,3	6,5
Lunge	6,7	6,9
Niere	6,7	6,9
Euter	6,5	6,6
MEF [1)]	6,2	7,4

[1)] = mechan. entbeintes Fleisch pH_0 = Ausgangs-pH-Wert

1.4.2 Die Mikrobiologie des Blutes und der Blutnebenprodukte

1.4.2.1 Technologische Aspekte

Blut kann als Lebensmittel dienen, wenn es unter entsprechenden hygienischen Bedingungen gewonnen und behandelt wurde. Es enthält hochwertiges Eiweiß, und der Gehalt an einzelnen essentiellen Aminosäuren ist sogar höher als im Muskeleiweiß. Limitierende Faktoren sind lediglich geringere Gehalte an Methionin und Isoleucin. Das nicht als Lebensmittel verwendete Blut wird in der Industrie als Eiweißausgangsstoff benutzt. Das aus technologischen Gründen nicht auffangbare oder nicht verwendbare Blut gilt als Abfall (siehe auch Kap. 1.1.2.6).

Die Zustandsformen des Blutes, die für die Verwendung als Lebensmittel oder als Industrieblut in Betracht kommen, sind, je nach Vorbehandlung, wie folgt zu beschreiben:

Defibriniertes Blut: Blut, das durch einen Rührprozess vor der Koagulation bewahrt wurde. Die mit dem Rühren bewirkte Entfaserung (Defibrinierung) verursacht einen Eiweißverlust von 0,3 bis 0,4 %.

Blutserum: Hauptbestandteil eines defibrinierten Blutes nach Zentrifugation (59 % Serum). Das Restblut stellt im Wesentlichen ein Blutkörperchenkonzentrat dar.

Stabilisiertes Blut: Vollblut, durch Zusatz von Antikoagulantien (Zitrate/Phosphate) flüssig gehalten.

Blutplasma: Hauptbestandteil eines stabilisierten Blutes nach Zentrifugation (67 % Plasma). Das Dickblut stellt im Wesentlichen ein Blutkörperchenkonzentrat dar.

Blutmehl: Mittels Dampf koaguliertes Blut, das durch Dekantieren vorentwässert und anschließend getrocknet wurde (thermische Koagulation und H_2O-Separation).

Blutsilage: Durch Zusatz von Säure auf pH 4,0 eingestelltes Blut (chemische Koagulation und H_2O-Separation).

Texturiertes Bluteiweiß: Chemisch aufbereitetes und versponnenes Bluteiweiß (Fleischersatz = Kunstfleisch).

Einen zusammenfassenden Überblick über die Verteilung der wesentlichen Komponenten der Angebotsformen des industriemäßig bearbeiteten Blutes gibt die Tabelle 1.24.

Die für die Industrie interessanteste Kategorie stellt das Blutplasma dar. Es ist eine aromatische, farbschwache, leicht gelbliche, klare Lösung, die für die Lebensmittel

Tab. 1.24 Wesentliche Komponenten des Blutes und seiner Aufbereitungsformen in %

	Vollblut	Plasma frisch	Plasma getrocknet	Dickblut
Wasser	80,9	90,8	7,0	66,0
Eiweiß (55 % Globuline, 45 % Albumine)	18,0	7,9	72,0	33,0
Fett (essentielle Strukturlipide)	0,1	0,1	1,0	
Sonstiges (Kohlenhydrate, Mineralstoffe/Salze, Antikoagulantia)	1,0	1,2	20,0	1,0

produktion geeignet ist, sofern es vorschriftsmäßig und hygienisch gewonnen und ebenso weiter behandelt wurde. Blutplasma wird auch als „flüssiges Fleisch" bezeichnet. Es kann durch Gefrieren oder durch Trocknung länger haltbar gemacht werden.

Die direkte Verwertung von Vollblut und insbesondere von Dickblut ist eingeschränkt. Vollblut wird in speziellen Fleischerzeugnissen verwendet, Dickblut kann nur nach spezieller chemischer Aufbereitung als Futtermittel genutzt werden. Der entscheidende Nachteil ergibt sich aus dem hohen Eisen- und Farbstoffgehalt der roten Blutkörperchen, der mit einem strengen bitteren Geschmack verbunden ist.

1.4.2.2 Mikrobiologische Anforderungen

Blut ist, ähnlich wie die Muskulatur und die Organe, unter physiologischen Bedingungen weitgehend keimfrei, doch unter den Stressbedingungen des Antransportes, des Aufstallens, des Treibens und des Schlachtens der Tiere kann es zur Einschwemmung einer wechselnden Zahl von Mikroorganismen vom Darmtrakt in den Blutkreislauf kommen. Ob es sich nur um einen Durchbruch aus dem Lymphknotenbereich des Darmtraktes oder ob es sich auch um einen direkten Übertritt aus dem Darmlumen handelt, kann bisher immer noch nicht mit Bestimmtheit gesagt werden. Erkenntnisse aus der experimentellen Forschung besagen, dass die passive Translokation von höhermolekularen Bestandteilen und damit auch von Mikroorganismen durch die Darmschleimhautschranke möglich ist, ohne dass es zuvor zu Entzündungsprozessen oder zu einer krankhaften Durchlässigkeit der Darmwand gekommen sein muss. Die frühere Hypothese, dass der durch das Entbluten entstandene Unterdruck im Gefäßsystem zu einem Ansaugen von Mikroorganismen aus dem Darmbereich führt, wobei die Abwehrreaktionen des Tieres in Form von Muskelkontraktionen noch zu einer Verteilung beitragen können, ist bisher nicht belegt. Glaubwürdig hingegen erscheinen die negativen Folgen einer früher praktizierten Unsitte, am liegenden Tier durch Treten auf die Bauchdecke den Entblutungsprozess zu beschleunigen oder zu verbessern. Die schnelle und wirkungsvolle Betäubung und das Entbluten spätestens 30 Sekunden, bei Schweinen bis zu 20 Sekunden, nach dem Ende des Betäubungsprozesses sind die wichtigsten technischen Vorgaben, um die Keimbelastung des Tierkörpers und der Organe und damit auch des Blutes niedrig zu halten.

Zur wesentlichen Keimzahlbelastung des Blutes kommt es aber erst beim Entblutungsprozess und zwar sowohl durch den Vorgang des Stechens selbst, als auch insbesondere durch das Auffangen und Sammeln des Blutes.

Beim offenen Blutgewinnungsverfahren wird möglichst nur das Stoßblut, d.h., das im Strahl austretende Blut, aufgefangen. Blutrinnsale über Hautpartien oder andere austretende Sekrete, wie Speichel oder Urin, sollten nicht mitgesammelt werden. Entsprechende manuelle oder einrichtungsmäßige Vorrichtungen wurden zum Trennen der Arbeitsschritte entwickelt. Das Ziel ließ sich in der Praxis aber meist nicht in ausreichendem Umfang verwirklichen.

Heute wird nach der gültigen Fleischhygieneverordnung [114] für die Gewinnung von Plasma oder Serum ein geschlossenes Auffangsystem gefordert. Dabei wird ein Hohlmesser mit angeschlossenem Schlauch- und Rohrleitungssystem zum Auffangen und Ableiten des Blutes benutzt. Bei der Entwicklung dieses Entblutungsverfahrens wurde zunächst noch Vakuum eingesetzt. Zur Vermeidung einer möglicherweise eintretenden Hämolyse und damit verbundener rötlicher Verfärbung des später gewonnenen Plasmas benutzt man heute nur die Wirkung des natürlichen Gefälles im Rohrleitungs- und Sammelsystem.

Das geschlossene Entblutesystem verhütet zwar äußere mikrobielle Beeinflussungen, beinhaltet jedoch andere Kontaminationsquellen. Die Stichstelle lässt sich vor dem Ansetzen des Entblutegerätes nicht genügend entkeimen. Alle diesbezüglichen Vorhaben scheiterten bisher an der ökonomisch nicht vertretbaren Vorbereitungszeit für eine Reinigung und Entkeimung der Stichstelle. Bisher bleibt es beim Schwein nur bei den hygienischen Mindestmaßnahmen, den verkrusteten Schmutz an der Stichstelle zuvor mit einem Messer abzukratzen und bei Tieren mit Fell vorher einen Hautschnitt anzulegen und die Fellflächen vor dem Entblutestich auseinanderzuspreizen, wobei eine nachträgliche Fellberührung des Blutes ausgeschlossen werden muss.

Geschlossenene Systeme werden hygienisch kritisch, wenn die Rohrleitungen und Sammelbehälter zwischenzeitlich nicht genügend gereinigt und desinfiziert werden können. Es können sich Nester von Mikroorganismen in Nischen und Verwinkelungen bilden und selbst die Gefahr des Entstehens von „Biofilmen" im Inneren der Schläuche und Gefäße muss in Betracht gezogen werden. Antikoagulantienlösungen, die am Tag zuvor in Vorratsbehältern angesetzt wurden, können bereits einen hohen Eigenkeimgehalt von 10^6 bis 10^7/ml enthalten. Dieser wird dann fortlaufend in das Auffangblut gespritzt. Eine spezielle Untersuchung mit Stufenkontrollen in 10 Betrieben lieferte wertvolle Informationen über die verschiedenen Einflussfaktoren und die erhebliche Schwankungsbreite im Keimgehalt in verschiedenen Prozessstufen [93]. Die mit der Konstruktion solcher Systeme befassten Techniker müssen daher mit den Hygienikern bei der Entwicklung und Wartung zusammenarbeiten und Vorrichtungen schaffen, um Reinigung und Desinfektion mikrobiologisch kontrollieren zu können.

Folgende Angaben für die mikrobiologische Belastung von Blutprodukten können gemacht werden. Im Stoßblut bei Schweinen ist ein durchschnittlicher Keimgehalt von 5 x 10^2/ml zu erwarten. In einer geschlossenen Anlage im Routinebetrieb muss mit einem Keimgehalt von 10^4 bis 10^5 pro ml Sammelblut (stabilisiertes Blut) gerechnet werden. Dieser Keimgehalt kann bei besserer Hygiene noch um mindestens eine Zehnerpotenz gesenkt werden. Bei offen gewonnenem Stoßblut muss hingegen mit Werten von 10^5 bis 10^6 pro ml gerechnet werden. Überwiegend handelt es sich dabei um mesophile aber auch um psychrotrophe saprophytäre Keime. Pathogene und toxinogene Erreger dürfen bei einem den Fleischhygieneregeln gemäßen Gewinnungsprozess nicht oder nur in unbedenklichen Mengen auftreten. Das setzt voraus, dass auf Blut von Tieren, die bei der amtlichen Fleischuntersuchung als bedenklich für den menschlichen Genuss beurteilt wurden, verzichtet wird. Das gilt auch für Verdachtsfälle, bei denen die Tiere vorläufig beschlagnahmt werden. Es muss deshalb ein fraktioniertes Auffangsystem vorhanden sein, das in der Lage ist, nichtgeeignetes Blut wirksam auszusondern. Zu diesem Zweck werden hintereinander geschaltete Sammelgefäße eingesetzt, die jeweils das Blut von 10 bis 20 Tieren bei Rindern und bis zu 50 Tieren bei Schweinen aufnehmen, wobei man davon ausgeht, dass bei Rindern 5 bis 6 l, bei Schweinen ca. 2 bis 2,5 l aufzufangen sind. Diese Batterien müssen durch ein automatisches Beschickungs- und Entleerungssystem so gesteuert werden können, dass sie auch vom Ort der amtlichen Fleischuntersuchung her zu bedienen und zu kontrollieren sind.

Das Sammelblut ist sofort herunterzukühlen, entweder mit einer Eiswasserkühlung oder mit entsprechend leistungsfähigen Luftkühlaggregaten. Bei der geforderten Endtemperatur von 3 °C ändert sich der Keimgehalt im Blut innerhalb von 48 Stunden so gut wie gar nicht, so dass sogar an eine Überführung in eine Blutplasmagewinnungsanlage gedacht werden kann. Das Zentrifugieren dort bewirkt eine Reduzierung des Keimgehaltes um etwa eine Zehnerpotenz, so dass mit einer durchschnittlichen Belastung von 10^3 bis 10^4 Keimen pro ml in frischem Plasma, dem vorläufigen Endprodukt, gerechnet werden kann. Wenn die Zentrifugen allerdings unzureichend gereinigt und desinfiziert wurden, kommt es durch den Zentrifugenschlamm zu einer erheblichen Rekontamination des Blutplasmas.

Eine Schnellkühlung mit Hilfe von Plattenkühlern im Eiswassergegenstromverfahren und eine anschließende Kühllagerung bei 3 °C ermöglicht die Verarbeitung des gewonnenen Blutplasmas bis zu 5 Tagen. Es kann bis zu einem Anteil von 10 % dem Brühwurstbrät direkt zugesetzt werden.

Die Haltbarkeit des Blutplasmas kann durch weitere technische Prozesse verlängert werden. Gebräuchlich sind das Gefrieren mit Hilfe eines Walzengefrierers zu „Scherbeneis-Plasma“ oder die Trocknung, ähnlich wie bei der Milchpulverherstellung, in Form der Sprühtrocknung oder der Walzentrocknung. Das Gefrieren ist das bessere Verfahren, weil es am wenigsten Veränderungen an der Eiweißsubstanz hervorruft. Beim Versprühen wird Ammoniak als technischer Hilfsstoff zugesetzt, der anschließend verdampft. Ammoniak hat zudem noch einen keimzahlreduzierenden Effekt. Der mikrobielle Status kann in einem getrockneten Blutplasma bei $3{,}5 \times 10^4$ Keimen pro g liegen.

Die sensorische Beschaffenheit ist ein Indikator für den mikrobiologischen Status der Blutplasmaprodukte. Frisches Blutplasma und Scherbeneisplasma sind einwandfrei in Geruch und Geschmack und im Aussehen bernsteinfarben und klar. Bei dem pulvrigen Trockenblutplasma kann außer einem leicht brennerigen auch ein weiterer fremdartiger Geruch auftreten, der cerealienartig oder fischig erscheint. Dieser entsteht durch Oxidation der Lipide, weshalb die Zugabe von Antioxidantien sinnvoll ist. Trockenblutplasma findet nicht nur Verwendung in der Fleischindustrie, sondern als Eiweißaustauschstoff auch in verschiedenen Bereichen der Lebensmittelindustrie, so z.B. in der Bäckerei.

Das nach dem Zentrifugieren verbleibende Dickblut enthält nicht nur die Blutzellen, sondern in großer Menge auch die bei der Zentrifugation sedimentierten Mikroorganismen. Es ist somit aus mikrobiologischen Gründen von einer Verwendung als Lebensmittel und möglicherweise auch als Futtermittel auszuschließen. Inzwischen wurden jedoch Verfahren entwickelt, die es ermöglichen, aus Dickblut durch chemische Aufarbeitung (Säurefällung) noch Grundstoffe für die Tierernährung zu gewinnen.

Blut und Blutaufbereitungsmodifikationen finden üblicherweise auch direkte Verwendung bei der Herstellung von industriemäßig hergestellten Futterkonserven für die kleinen Haustiere. Ein Mindestmaß an hygienischer Behandlung muss dabei eingehalten werden. Die Produzenten solcher Erzeugnisse legen durch entsprechende Spezifikationen die Bedingungen für die Abnahme von Blut als Futterausgangsstoff fest. Inwieweit tierartenabhängig auf Blutaufbereitungen verzichtet wird, hängt von der jeweiligen Tierseuchen- und menschlichen Gefährdungssituation ab. Die Verwendungsverbote nach dem Auftreten von BSE veranschaulichen die aktuellen Eingriffe.

1.5 Betriebshygienische Maßnahmen bei der Fleischgewinnung

1.5.1 Die Reinigung und Desinfektion als innerbetriebliche Hygienemaßnahme

1.5.1.1 Grundlagen der Reinigung und Desinfektion

In allen Prozessstufen der Fleischgewinnung und -behandlung haben die Reinigung und die Desinfektion für den hygienischen Zustand der Einrichtungen und die Qualität der Produkte einen ganz entscheidenden Einfluss. Am bedeutendsten sind diese Maßnahmen im Zerlegebereich. Die amtlichen Hygienevorschriften tragen dieser Bedeutung nur pauschal Rechnung. Dort sind nur die Forderungen „Es ist zu reinigen und zu desinfizieren“ aufgeführt. Gelegentlich wird diese Formulierung noch mit dem Zusatz „gründlich“ verstärkt. Eine „Anwendungsvorschrift“, d.h. eine Anweisung mit Einzelheiten für die Durchführung dieser technischen Vorgänge, gibt es jedoch in diesen Fleischhygienevorschriften nicht. Die Lösung bleibt den Anwendern überlassen, die sich hilfesuchend an die Anbieter der Produkte wenden und auf deren Empfehlungen zurückgreifen. Das liegt in der Komplexität dieser Verfahren begründet. Einerseits gibt es viele verschiedenartige Produkte, die eingesetzt werden können, zum anderen wird ihr Gebrauch unter den Gesichtspunkten der Arbeitssicherheit und der Unbedenklichkeit der Wirkstoffe gegenüber Lebewesen, Einrichtungen und Umwelt eingeschränkt. Ein umfangreiches chemisch-analytisches und mikrobiologisches Grundlagenwissen ist daher für den richtigen Einsatz von chemischen Desinfektionsverfahren unumgänglich. Dieser Sachverstand ist in der Regel bei den größeren Produktionsfirmen vorhanden. Sie stehen dabei allerdings unter dem Zwang des gewinnbringenden Vertriebs ihrer Produkte.

In der Bundesrepublik Deutschland gibt es dementsprechend auch keine „amtliche Zulassung“ für Produkte, die einsetzbar sind. Die Desinfektionsmittel für den Lebensmittelbereich sind weder als Arzneimittel registriert noch gelten sie als

„Medizinprodukte“. Sie unterliegen keiner direkten gesetzlichen Reglementierung mit Ausnahme der Bestimmungen des Chemikaliengesetzes. Es bleibt dem Hersteller oder Inverkehrbringer überlassen, für die toxikologische und umweltbiologische Unbedenklichkeit zu garantieren.

Auch für die Wirksamkeitsprüfung gibt es kein amtliches Verfahren. Es bestehen lediglich Listungen der auf ihre Wirksamkeit überprüften gebräuchlichen Desinfektionsmittel. Diese Prüfungen werden in Deutschland von wissenschaftlichen Gesellschaften vorgenommen. Die Deutsche Veterinärmedizinische Gesellschaft (DVG) z.B. gibt eine „Liste der in ihrer Wirksamkeit geprüften Desinfektionsmittel für den Lebensmittelbereich“ heraus. Diese umfasst vornehmlich Produkte für die Bearbeitungsbereiche der Lebensmittel tierischer Herkunft, also für Fleisch, Fisch, Eier, Milch usw., wobei auch die Großküchenbereiche, inklusive der Krankenhausküchen, einbezogen sind.

Hersteller oder Inverkehrbringer von Desinfektionsmitteln unterwerfen sich auf diese Weise freiwillig einem Prüf- und Anerkennungsverfahren, das in einer Richtlinie der DVG festgelegt worden ist [112a]. Eine erste Liste der DVG für Desinfektionsmittel für den Lebensmittelbereich wurde 1987 erstellt. Sie fand großen Anklang, sowohl bei den Anwendern als auch bei den Überwachungsbehörden. Im Jahre 1993 folgte bereits die dritte Ausgabe einer wesentlich erweiterten Liste. Sie enthielt mittlerweile 86 Produkte. Diese basierten allerdings nicht alle auf divergenten originären Rezepturen, sondern stellten auch Lizenzprodukte dar. Dabei hatte sich das Spektrum der Wirkstoffe vergrößert. So kamen als neue Wirkstoffgruppe die Alkylamine hinzu. Ebenso hatten die Peroxyd-, Peressigsäure- und Alkoholpräparate zugenommen. Nach wie vor spielten jedoch die Quaternären Ammoniumverbindungen (QAV) die Hauptrolle. Einen Überblick über die Art und Verteilung der eingesetzten Wirkstoffe in den Desinfektionsmitteln der 3. Liste der DVG gibt die Abbildung 1.8. Inzwischen ist die 6. Liste mit ähnlicher Struktur und noch mehr Handelsprodukten erarbeitet worden [112b].

Ein derartiges Zertifizierungsverfahren erfüllt noch ein weiteres dringendes Anliegen bei einer Desinfektion. Rückstands- und Umweltbelastungen dürfen nicht außer Acht gelassen werden. Der Einsatz der Wirkstoffe darf nur nach dem Prinzip erfolgen: „So viel, wie erforderlich“, doch niemals nach der Devise: „Viel hilft viel“. Die Festlegung variierender Wirkstoffkonzentrationen für unterschiedliche Anwendungen, für stark und weniger stark belastete Bereiche, für Anwendungen im Kühlbereich, ist daher ein ganz entscheidendes Anliegen solcher Listungsverfahren.

Über die umweltbiologische Relevanz der eingesetzten Wirkstoffe wurde 1992 eine vorsichtige Abschätzung vorgenommen [39]. Ein ausführlicher Forschungsbericht ist

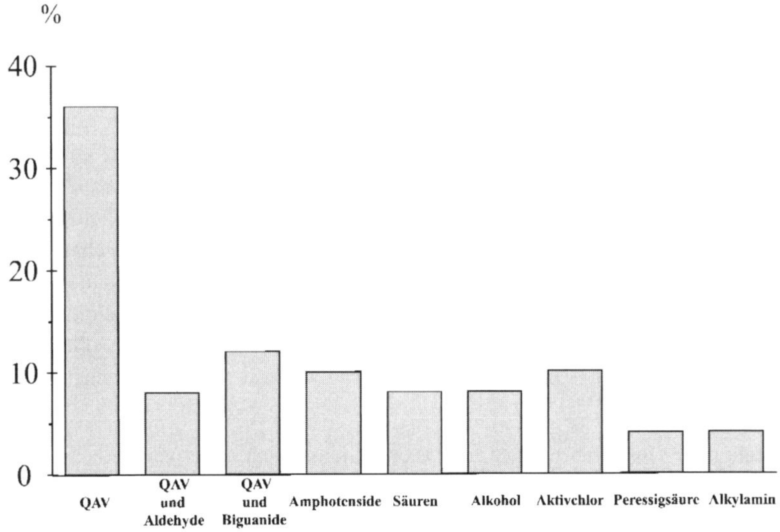

Abb. 1.8 Häufigkeit der Hauptwirkstoffgruppen in 86 DVG-gelisteten Desinfektionsmitteln (nach KNAUER-KRAETZL, 1994)

anschließend an das Gesundheitsministerium übermittelt worden [70b]. Danach ist bei sachgerechter Anwendung der Desinfektionsmittel, die in der *DVG-Liste für den Lebensmittelbereich* enthalten sind, keine Gefährdung der Konsumenten zu befürchten. Unter sachgerechter Anwendung ist die richtige Wahl der Desinfektionsmittel und ihrer Anwendungskonzentrationen und das ausreichende Spülen nach dem Desinfektionsvorgang zu verstehen.

Die jeweiligen Vorteile eines Wirkstoffes zu erkennen und richtig zu gewichten, ist ein schwieriges Unterfangen. Hinweise aus Literaturdaten und Erfahrungswerte sind dabei von großer Bedeutung. Als nützliches Kompendium solcher Erfahrungswerte kann eine Übersichtstabelle dienen [69], die hier wiedergegeben werden soll (Tab. 1.25).

Ein völlig neues Problem der Desinfektion im Fleischgewinnungsprozess ergab sich durch notwendige Schutzmaßnahmen für Beschäftigte gegenüber der Weiterverbreitung von BSE-Erregern (*Bovine Spongiforme Encephalopathie*). Erste Forschungsergebnisse hatten gezeigt, dass die mutmaßlichen Erreger dieser Erkrankung, die Prionen, weitgehend resistent gegenüber den üblichen Desinfektionswirkstoffen waren.

Tab. 1.25 Eigenschaften von DVG-gelisteten Desinfektionsmitteln für den Lebensmittelbereich (Reuter, 1988; 1994 b)

Produkte	Wirksamkeit [1]				Limitierende Faktoren [2] aus der Literatur bekannte Beeinflussungen			
Haupt-wirkstoff Gruppen	Kurzzeit-effekt (30 min)	mit Belastung Eiweiß (10 % Serum)	Kälte (10 °C)	pH-Bereiche	sensorisch	korrosiv	haftend [3]	andere
Peressigsäure	+	+	+	2-8	(x)	(x)	-	aggressiv für Gewebe
Alkohole (± Aldehyde)	+	+	+	5-9	-	-	-	unverdünnt kostspielig
Hypochlorite	(+)	(+)	(+)	≥ 9	(x)	(x)	-	Schwächen gegen gram-positive (Hypochlorite, Organische Säuren)
Organische Säuren	(+)	(+)	+	1-3	-	x	-	
Amphotenside (± QAV)	+	(+)	(+)	7-9	-	-	(x)	Schwächen gegen gram-negative (Amphotenside, QAV ± Aldehyde, QAV ± Biguanide)
QAV (± Aldehyde)	+	(+)	(+)	5-9	-/(x)	-	x	
QAV (± Biguanide)	(+)	(+)	(+)	5-9	(-)	-	x	
Alkylamine	+	+	+	9-11	-/(x)	-	x	statische Effekte

QAV = Quaternäre Ammoniumverbindungen

[1] + = gute Wirkung
(+) = mäßige Wirkung
Ausgleich durch Konzentrations- oder Anwendungszeiterhöhung vielfach möglich

[2] x = einschränkend
(x) = gering einschränkend
(-) = wenig einschränkend

[3] rückstandsbildend

Der Ausschuss für Biologische Arbeitsstoffe (ABAS) hatte zur Erfüllung der Forderungen der Bio-Stoff-V (Verordnung über Sicherheit und Gesundheitsschutz bei Tätigkeiten mit biologischen Arbeitsstoffen) die notwendig erscheinenden und möglichen Maßnahmen in zwei Beschlüssen zusammengefasst (602 und 603), wobei der Zweite im Wesentlichen auf einer Empfehlung der Bundesanstalt für Viruskrankheiten der Tiere beruhte. Hinsichtlich einer möglichen Desinfektion bei Verdacht auf Kontamination durch infektiöses Tiermaterial kommen danach nur folgende Desinfektionsverfahren und -wirkstoffe für die Einrichtungen der Fleischbetriebe, für die benutzten Geräte und für die kontaminierte Haut, sofern sie nicht durch wasserdichte Überzüge geschützt war, in Betracht:

1. Eine 2-molare Lösung von NaOH (Natronlauge), die nach Möglichkeit noch mit einer erhöhten Anwendungstemperatur (z.B. 40 °C) appliziert werden sollte, mit einer Anwendungszeit von 1 Std.
2. Aktivchlorpräparate mit einem erhöhten und stabilen Gehalt an freiem Chlor von mind. 2 %, ebenfalls mit einer Anwendungsdauer von 1 Std. Kontaminierte Haut sollte mit 2,5 %iger Natriumhypochlorit-Lösung für 5 Minuten behandelt werden.
3. Thermische Inaktivierung in Autoklavierungsprozessen von mindestens 136 °C für mindestens 1 Stunde oder fraktioniert 133 °C für 2 x 1 Stunde jeweils in der Dampfphase.
4. In der Prüfphase ist auch die Anwendung von Hochdruckverfahren von etwa 200 bar für bestimmte Materialien möglich.

Schon die Listung dieser Desinfektions- oder Sterilisierungsverfahren zeigt die Problematik der Umsetzung in der Praxis. NaOH-Lösungen sind aggressiv und korrosiv wie stark konzentrierte Chlorlösungen. Für den Einsatz derartiger Lösungen im Fleischgewinnungsbetrieb oder auch im diagnostizierenden Labor ergeben sich erhebliche Anforderungen an die technische Ausstattung einzelner Prozessstufen und der dort tätigen Mitarbeiter. Zumindest müssen Vorsichtsmaßnahmen für die Prozessstufen eingeführt werden, bei denen das Risikomaterial, wie Rückenmark und Gehirn, vom übrigen Tierkörper getrennt werden. In den beiden Beschlüssen des ABAS sind die notwendigen Einzelmaßnahmen beschrieben. An der Weiterentwicklung dieser Maßnahmen wird gearbeitet. Auf künftige Mitteilungen und spezielle Rechtsregulative muss hier hingewiesen werden.

Für Reinigungsmittel gibt es bisher weder ein Prüf- noch ein Registrierungssystem, außer den Bestimmungen des Chemikaliengesetzes und den Vorschriften für die biologische Abbaubarkeit der Wirkstoffe. Hier bestand ein Nachholbedarf für die Auswahl und für den gezielten Einsatz der Wirkstoffe für den Fleischverarbeitungsbereich. Dem ist der Arbeitsausschuss „Lebensmittelhygiene“ innerhalb des DIN-Normenausschusses „Lebensmittelhygiene und landwirtschaftliche Produkte (NAL)“ nachgegangen und hat den Standard DIN 10516 „Reinigung und Desinfektion“ und nachfolgend einen Kommentar zu diesem Standard erarbeitet [111]. Darin sind wertvolle Anregungen für den sinnvollen Einsatz von Reinigungsverfahren enthalten, insbesondere in ihrer Kombination mit Desinfektionsverfahren.

1.5.1.2 Anwendung in der täglichen Praxis

Sowohl bei der Reinigung als auch bei der Desinfektion ist der Anwender neben den Wirksamkeitsempfehlungen aus den Listen der DVG wesentlich auf die Beschreibungen der Hersteller oder Inverkehrbringer der Produkte angewiesen. Verantwortungsbewusste Hersteller haben aufgrund ihrer jahrelangen Erfahrungen umfangreiche und nützliche Anweisungen erstellt. Bei der Beachtung dieser Empfehlungen kann der Anwender zu praxisgerechten Erfolgen gelangen. Er ist jedoch mit der Übernahme der Produkte und der Reinigungspläne an die betreffenden Hersteller gebunden, weil sich alle Angaben im Wesentlichen auf die von diesen angebotenen Produkte beziehen.

Falls nach längerem Einsatz eines einmal gewählten Reinigungs- und Desinfektionskonzeptes in einem Betrieb eine resistente Mikroflora oder eine einseitige Restkeimflora („Hausflora“) entstanden sind, z.B. entweder in Form grampositiver oder gramnegativer Problemkeime, oder wenn es zur Anreicherung von Sporenbildnern oder zum Haften von Pilzen gekommen ist, bedarf es eines Wechsels des Systems und der eingesetzten Mittel. Bei Entscheidungen überwiegend nach Kostengesichtspunkten kann es zu bedenklichen Folgen kommen. Reinigungs- und Desinfektionsmittel können untereinander unverträglich (nicht kompatibel) sein. Sie heben sich in ihrer Wirkung teilweise oder ganz auf oder sie potenzieren sich in ihrer korrosiven Wirkung. Dann können Schäden in der Produktionsanlage entstehen, die letztlich bis zum Lochfraß in der Metalleinrichtung (Aluminium) führen. Insbesondere die Oxidantien, wie Peressigsäure oder die Aktivchlorpräparate, erfordern eine vorsichtige Anwendung. Niemals darf nach Einsatz eines stark sauren Reinigers eine stark alkalische Aktivchlorlösung eingesetzt werden. Deshalb sind die technischen Angaben in den DIN-Sicherheitsdatenblättern für die Produkte genau zu beachten.

Das Reinigen und Desinfizieren in Fleischbearbeitungsbetrieben ist somit kein leichtes Unterfangen. Oft werden diese Aufgaben an Fremdfirmen vergeben, die auch ungenügend geschultes Personal einsetzen. Als Hilfen werden Arbeitspläne vorgegeben. Beispielhaft sei deshalb ein Reinigungsplan vorgestellt, der als Spiegel der Reinigungs- und Desinfektionstechnik im Fleischverarbeitungsbereich angesehen werden kann (Tab. 1.26). In einer weiteren Zusammenstellung sind grundsätzliche Applikationsdaten für Reinigungs- und Desinfektionsverfahren (Tab. 1.27) zusammengestellt. Diese können als Grundlage für innerbetrieblich zu erstellende Hygienepläne dienen.

Die nach einer gründlichen Reinigung und einer sachgerechten Desinfektion erzielte hygienische Ausgangssituation in einer Produktionsanlage für Fleisch hält jedoch beim laufenden Arbeitsbetrieb nicht lange an. Nach etwa einstündiger Produktion sind die Keimzahlwerte auf den Einrichtungsgegenständen stetig angestiegen, und nach ca. 2 Stunden ist in etwa die maximale Dauerbelastung erreicht. Dieser Zustand wird durch die mikrobielle Kontamination des eingebrachten, zur Bearbeitung anstehenden Fleisches verursacht. Die Einrichtungsmikroflora entspricht dann weitgehend der Fleischmikroflora in ihrer Zusammensetzung. Der eingetretene Belastungszustand kann sich allerdings im Verlaufe der Arbeitsschicht etwas reduzieren. Das geschieht insbesondere dann, wenn nachfolgende Fleischpartien geringere Keimbelastungen aufweisen und diese vorhandene Mikroorganismen mit ihren frischen Anschnittsflächen aufnehmen. Sowohl an Schlachtbändern für Rinder und Schweine, als auch an Zerlegeeinrichtungen konnte dieser gegenläufige Effekt nachgewiesen werden [27, 105a und b].

1.5.1.3 Kontrolle der Wirksamkeit

Der Erfolg einer Reinigung und Desinfektion im Fleischgewinnungs- und -verarbeitungsbetrieb muss regelmäßig überprüft werden. Das kann zunächst visuell geschehen. Hierbei kann die optische Sauberkeit, d.h. das Fehlen von erkennbarem Schmutz, festgestellt werden. Trotzdem können auf glatten Oberflächen noch Keimbesiedlungen bis zu etwa 10^7 oder $10^8/cm^2$ vorhanden sein. Auch der Geruch in trockener Umgebung gibt wenig Hinweise auf eine noch vorhandene Belastung. Daher sind mikrobiologische Überprüfungen mit einfachen, dennoch aussagekräftigen Methoden notwendig, die möglichst standardisiert sein sollten. Der auf den Einrichtungen noch verbliebene und nachweisbare Keimgehalt wird dabei am besten in ganzen oder halben Zehnerpotenzstufen erfasst und angegeben, da sich das quantitative Geschehen in den Lebensmittelproduktionsbereichen ohnehin in größeren Dimensionen bewegt. Prozentangaben für eine Zu- oder Abnahme sind bei der Keimdynamik der Fleischmikroflora unangebracht. Sinnvollerweise benutzt man als Keimzahlangabe Logarithmus-Stufen.

Tab. 1.26 Reinigungs- und Desinfektionsplan für einen Zerlege- und Verarbeitungsbetrieb (Beispiel)

Produkt-Typ	Einsatzort	Ziel R (Reinigung) D (Desinfektion)	Einsatzintervall, Konzentration	Temperatur oder kaltes Wasser	Kontaktzeit min	Anwendungen
alkalisch mit Aktivchlor oder alkalisch chlorfrei	alle Geräte, Produktions- u. Kühlräume	R: Fett, Eiweiß, Blut	2 % Mo, Di, Mi, Do [1)] oder täglich		20-30	Schaumgerät
sauer oder alkalisch	alle Geräte, Produktions- u. Kühlräume	D	5 % 2-3 % } Do [1)]		20-30	Schaumgerät
sauer	alle Geräte, Produktions- u. Kühlräume	R: Kalk, Rost, eingebrannte Ablagerungen	Mi + Fr [1)] 0,5 %		20-30	Schaumgerät
alkalisch	Kistenwasch- anlage	R + D	über automatische Dosieranlage	30-55 °C im Laugentank		automatisch
schwach alkalisch oder neutral	LKW's innen außen	R + D R	täglich 0,5 %, wöchentlich		20	Schaumgerät
neutral	Hände	R + D	vor und nach jeder Arbeitsunterbrechung		0,5	einreiben, lauwarm abwaschen
alkalisch	Rauchanlagen, Rauchbeschick- ungsanlagen und Rauchspieße	R	5-8 % wöchentlich, 3-6 % nach Bedarf	auf 80 °C ,auf- heizen; Boden trocken	20	automatisch
neutral (alkoholisch)	Verpackungs- u. Aufschnittma- schine	D	vor jeder Pause sowie bei Arbeitsbeginn u. -ende, konzentriert		5-10	Sprühpistole

[1)] Wochentage, alternierend

Tab. 1.27 Reinigungs- und Desinfektionsmaßnahmen in Fleischwarenbetrieben

	Produkt		Applikations-					Zielort	Häufigkeit pro Woche	Kontrolle	
	l/qm	pH(=)	-form	-druck [bar] [3]	-konz. [%]	-temp. [°C]	-zeit, [min]			vis.	mikrob.
Erhitzen		1,5	MAN		3	60-70	20-30	Desinf. Becken	1 x		
Scheuern		11,0	MAN		50	30-40		Schneidbretter	tgl.		
		2,2	MAN		5	30-40		Handwasch-becken	tgl.		
Ausspritzen	6,0		ND	25-40				Maschinen,			
mit heißem Wasser	2,0		HD	40-60		50-55		Geräte, Maschinenteile	tgl.		
Wegziehen der Grobreste			MAN					Boden u. Flächen oder laufend	tgl.		
Einschäumen[1]											
R: alkalisch } evtl. DR	0,2	12,0	ND	10-20	1-5	50-55	15-30	Flächen	4 x		
R: sauer } evtl. DR	0,2	1,5	ND	10-20	1-5	50-55	15-30	Flächen	1 x		
R: Gel } evtl. DR			ND	2-3	1-5	50-55	15-30	Flächen	4 x		
Spülen mit Trinkwasser	8,0		ND	1-2				Flächen	tgl.	+	
Einsprühen [2]											
DM: alkalisch	0,4	10,0		1	1-2		30-60	Kontaktfl. für LM	tgl.		
DM: neutral	0,4	6,0		1	1-2		30-60	Geräte	laufend		
DM: alkoholisch				1	konz.		0,5	Hände	laufend		
Spülen mit Trinkwasser	8,0			1-2		40-50		Kontaktfl. für LM	tgl. o. vor Wieder-benutzung		+
Trocknen									tgl.		+

R = Reiniger; DM = Desinfektionsmittel; DR = Desinfektionsreiniger; LM = Lebensmittel; tgl. = täglich; vis. = visuell

[1] nach erfolgreicher Vorreinigung; [2] niemals R-sauer mit DM-stark alkalisch oder Aktivchlor kombinieren!; [3] Abstand der Düsen von der Oberfläche 15-20 cm, Flachstrahldüsen 15-40°; mikrob. = mikrobiologisch; MAN = Manuell; ND = Niederdruck; HD = Hochdruck

Tab. 1.28 Reduktionsspann des Oberflächenkeimgehaltes auf Einrichtungen von Fleischverarbeitungsbetrieben bei Reinigung und Desinfektion (nach SCHMIDT, U., 1989)

	$\log_{10}/cm^2$		$\log_{10}/cm^2$
Reinigen	3-5	Reinigen	3-5
Spülen	1-3	Spülen	1-3
Trocknen	1-4	Desinfizieren und Spülen	4-7
Summe	5 [1)]	Summe	8 [2)]

1) ohne Desinfektion; 2) mit Desinfektion: Mindestreduktion

Der Keimzahl-reduzierende Effekt einzelner technischer Schritte während des Reinigungs- und Desinfektionsverfahrens ist abgestuft und unterschiedlich. Dieses lässt sich aus einer Zusammenstellung ablesen (Tab. 1.28). Das Spülen mit ausreichend Wasser nach dem Reinigen und das anschließende Trocknenlassen der Flächen sind dabei entscheidende Schritte für den Entkeimungsprozess. Das Trocknen der Einrichtungen stellt in der Praxis jedoch ein Problem dar, insbesondere in gekühlten Räumen. Die Anwendung von warmem Spülwasser und einer guten Durchlüftung der Räume sind Möglichkeiten, die bedacht werden sollten. Sollte nach einer Reinigung und Spülung jedoch keine baldige Abtrocknung möglich sein, was in Fleischverarbeitungsbetrieben oft der Fall ist, muss auf jeden Fall eine Desinfektion angeschlossen werden. Sonst kann es bis zur nächsten Arbeitsschicht zu einem Wiederaufleben der Keimbesiedelung kommen, die gleiche Dimensionen erreicht, wie sie vor der Reinigung vorgelegen haben.

Eine vorschriftsmäßige Reinigung und Desinfektion vermag den Oberflächenkeimgehalt auf den Einrichtungsgegenständen von etwa 10^{8-9} auf $10^1/cm^2$ herabzusetzen. Eine vollständige Entkeimung auf Produktionseinrichtungen ist aber bei der routinemäßigen Reinigung und Desinfektion nicht zu erwarten.

Die Praxis sieht oft anders aus. Es wird gereinigt und nicht getrocknet, aber auch nicht desinfiziert. Die Befunde aus problembeladenen Prozessstufen sind erschreckend. Eine Untersuchung über den Reinigungs- und Desinfektionseffekt in einem EG-zugelassenen Schlachtbetrieb analysierte den mikrobiologischen Status in einzelnen Bearbeitungsstufen der Schweineschlachtung [26a]. Danach waren im „Entborster“ Keimzahlwerte von 10^6 bis $10^8/cm^2$ bereits vor erneutem Produktionsbeginn am nächsten Tag nachweisbar.

Der Effekt der Reinigung und Desinfektion ist bei glatten Oberflächen mit einfachen Verfahren nachzuweisen. Hierfür stehen die „Rodac“-Nährbodenplatten oder nährbodenbeschichtete Kontaktträger („contact slides“) zur Verfügung. Beim Aufpressen der Nährbodenoberfläche auf die Probeentnahmestelle nehmen sie einen Teil der noch vorhandenen Keime von der Oberfläche auf. Allerdings können diese nur auf trockenen Flächen eingesetzt werden und zudem erfassen sie nur einen variierenden Prozentsatz des wirklichen Oberflächenkeimgehaltes [60]. Trotzdem kann bei regelmäßiger Anwendung und aus Erfahrungswerten ein abgestufter Schlüssel für eine bewertende Aussage erstellt werden. Mit allen Unwägbarkeiten der Wiederholbarkeit der Aussage eines solchen Verfahrens erscheint es dennoch möglich, den guten oder schlechten hygienischen Zustand einer Anlage zu demonstrieren. Aus diesem Grunde erfreuen sich diese „Abklatschverfahren“ bei den Überwachungsbehörden, die für die Überprüfung der Hygiene zuständig sind, großer Beliebtheit. Sind diese doch anhand einer mit Mikroorganismen überwucherten Nährbodenplatte in der Lage, recht eindrucksvoll die ungenügenden Reinigungs- und Desinfektionsmaßnahmen in einem Betrieb zu belegen. Allerdings erwies sich der Einsatz des Rodac-Verfahrens im Fleischgewinnungsbereich als weniger praktikabel als der der „contact slides“ [26b].

Produktionsstätten verfügen aber nicht nur über glatte und gut zu reinigende Oberflächen. Ebenso müssen verwinkelte, poröse, rissige Flächen und Maschinenteile gereinigt und desinfiziert werden. In diesen Problemzonen erfolgt die ungebremste Vermehrung einer Restkeimflora. Zur Erfassung dieser Risikobereiche müssen andere mikrobiologische Kontrollverfahren eingesetzt werden. Hierfür eignen sich Tupferverfahren. Unter diesen gibt es inzwischen etliche Varianten, sowohl was den Aufwand als auch die angestrebte Aussage betrifft. Einige dienen dem orientierenden Nachweis einer verbliebenen geringen Restflora, andere eignen sich zum semi- oder annähernd quantitativen Nachweis einer höheren Restbelastung. Letztere Verfahren dienen auch als Referenzverfahren zur Bewertung der einfacheren Methoden.

Viele praktische Erfahrungen mit durchaus unterschiedlichen Ansätzen wurden in den letzten Jahren an verschiedenen Orten gesammelt. Die Erkenntnisse wurden in Normen des Deutschen Instituts für Normung (DIN) niedergelegt, die nach ihrer Übernahme als Standard auch in die amtliche Methodensammlung nach § 35 LMBG aufgenommen wurden. Zwei der dort beschriebenen Tupferverfahren sind in den Abbildungen 1.9 und 1.10 skizziert. Im ersten Fall handelt es sich um ein Referenzverfahren, im letzteren Fall um ein routinegeeignetes einfaches Verfahren, das bei guter Aussagekraft trotz eines einfachen Ansatzes die Bewährungsprobe in der Praxis bereits bestanden hat [41]. Die Entwicklung geht weiter. So wurde die in den USA entwickelte Schwämmchentechnik mit dem NTT-Verfahren in der Routine verglichen. Es brachte gleichwertige Ergebnisse und war einfacher zu handhaben, nur war die Druckanwendung schlecht zu standardisieren, so dass von diesem Faktor Unsicherheiten ausgingen, sofern verschiedene Personen die Überprüfung vornahmen [55b].

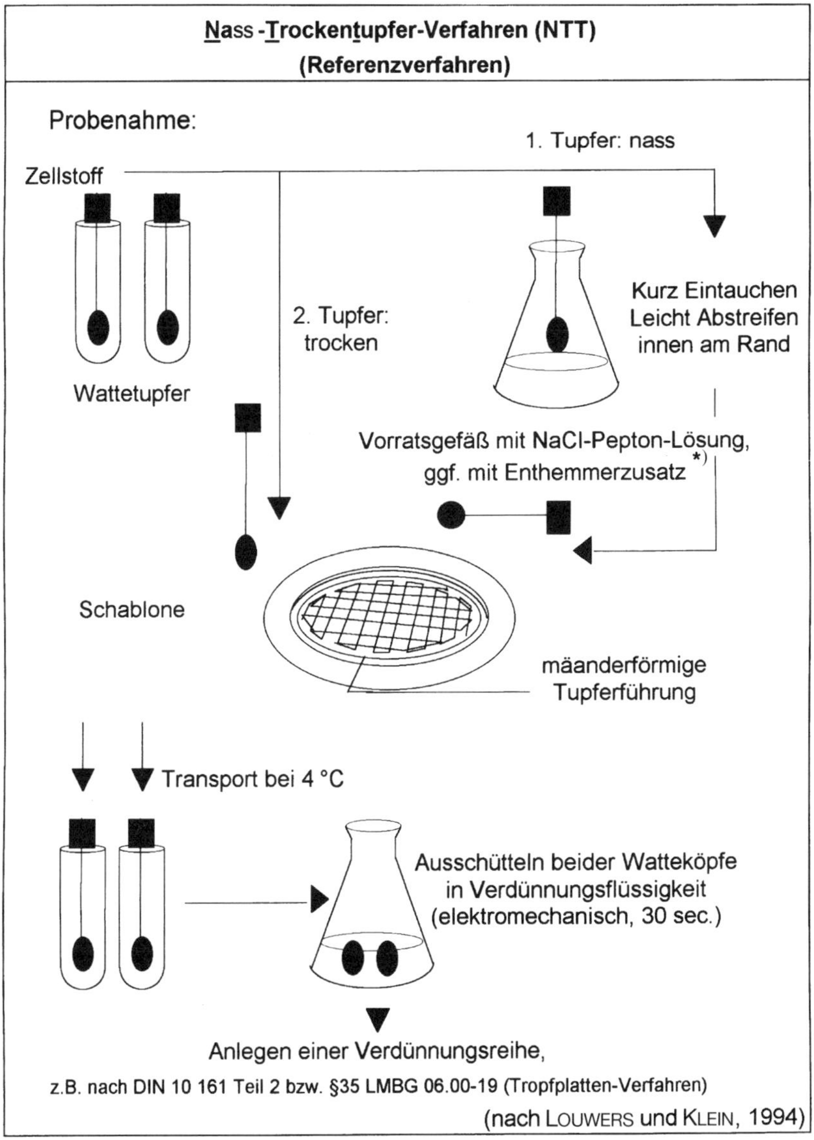

*): einzusetzen, wenn mit Desinfektionswirkstoffen zu rechnen ist

Abb. 1.9 Probenentnahmeverfahren für die quantitative Bestimmung eines erheblichen Oberflächenkeimgehaltes von Einrichtungsgegenständen in der Lebensmittelindustrie

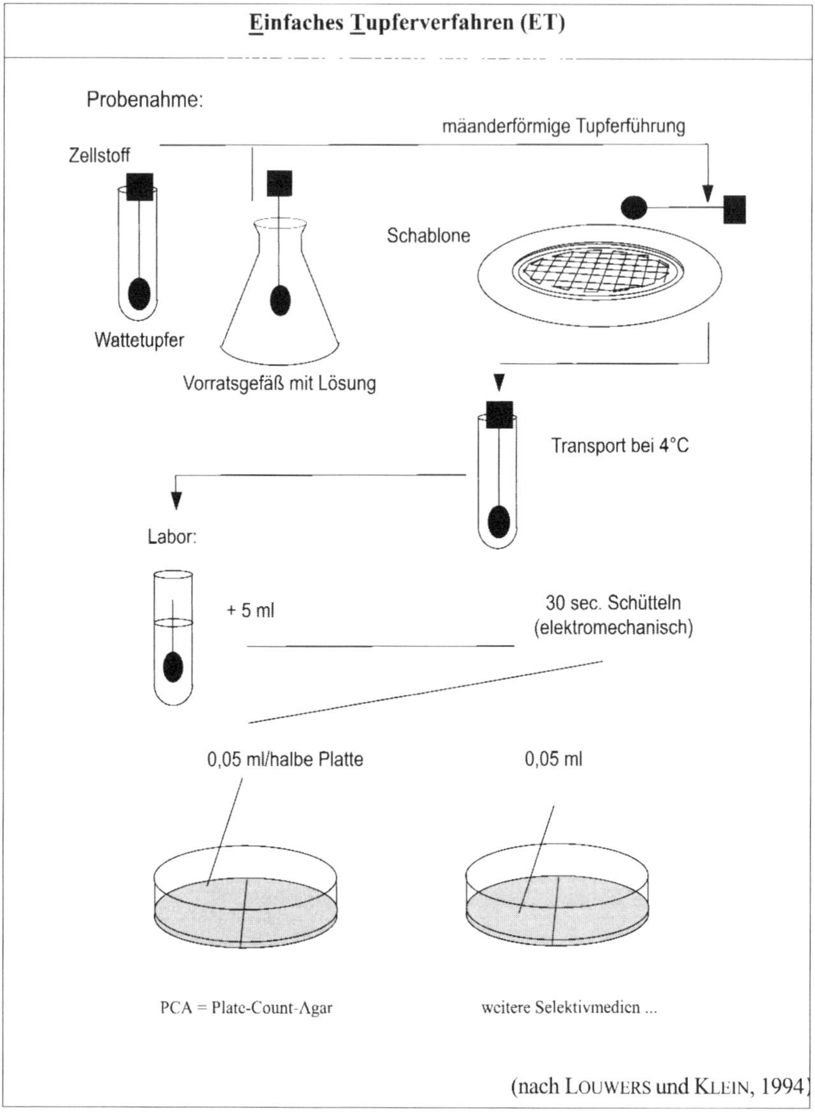

Abb. 1.10 Probenentnahmeverfahren für die semiquantitative Bestimmung eines niedrigen Oberflächenkeimgehaltes von Einrichtungsgegenständen z.B. nach der Reinigung und Desinfektion

Die möglichen Fehlerquellen bei der Probeentnahme, die ein zutreffendes und vergleichbares Resultat beeinträchtigen können, sind beispielhaft für die Anwendung der Abklatsch- und der Tupferverfahren angeführt worden [70a] (Tab. 1.29 und Tab. 1.30).

Tab. 1.29 Fehlerquellen bei mikrobiologischen Prozesskontrollen: Abklatschverfahren

Flächen	Folgen	Aussage
feucht	verlaufende Kolonien	keine
nicht gereinigt	Rasenwachstum	keine
gereinigt, aber nicht desinfiziert	zu viele Kolonien	geringe
desinfiziert, aber nicht gespült	unterdrücktes Wachstum, da statische Effekte nicht ausgeschlossen	falsche (falls kein Enthemmer im Nachweismedium)

Tab. 1.30 Tupferverfahren: Fehlerquellen bei mikrobiologischen Prozesskontrollen

Flächen	Folgen	Aussage
visuell verschmutzt	Rasen	keine
nicht gereinigt (abgedeckte Elektroteile)	Rasen	keine
nicht gespült (Reinigungs- u. Desinfektionsmittelreste)	reduziertes oder kein Wachstum	falsche
Irgendwo/irgendwann (Türgriff: 1 x/Monat)	Zufallsbefunde	ohne Konsequenz

Auf andere neue Verfahren zur Bestimmung der Oberflächenflora sei verwiesen [31], insbesondere auch auf die indirekten Verfahren mit modernen Schnellmethoden [2a, 8, 9a]. Von diesen scheint das Biolumineszenzverfahren auf der Basis des ATP-Nachweises der Mikroorganismen und des Resteiweißes das routinegeeignetste zu sein. In der DIN-Norm 10516 und dem entsprechenden Beuth-Kommentar [111] wurden Kontrollverfahren zur Erfassung einer Oberflächenflora zusammenfassend besprochen. Handelsmäßige neue Testbestecke werden inzwischen in der Fachliteratur anzeigenmäßig angeboten, z.B. RIDA®-count-Testkarten. Über ihre Einsatzfähigkeit und die Aussagekraft der erzielbaren Resultate müssen unabhängige Vergleichsuntersuchungen Bestätigungen liefern.

Bei der Kontrolle einer Desinfektionswirkung muss beachtet werden, dass nicht alle Wirkstoffe mikrobiozid wirken, insbesondere wenn sie unterdosiert werden. Je nach dem eingesetzten Wirkstoff können die Mikroorganismen mehr oder weniger in den Zustand der Stase verfallen, d.h. in eine vorübergehende Vermehrungsunfähigkeit. Fällt die Wirkung des mikrobioziden Stoffes weg, werden sie wieder lebensfähig. Dieses Phänomen wird bei der mikrobiologischen Prozesskontrolle nach der Desinfektion in den Produktionsbetrieben oft nicht beachtet. Um Restwirkungen noch haftender Wirkstoffe auszuschalten, bedarf es des Zusatzes von Inaktivatoren zu den Nährmedien, die der Überprüfung der Wirksamkeit eines Desinfektionsverfahrens dienen, z.B. beim Abklatschverfahren direkt zu den Nährböden oder beim Tupferverfahren in die Suspensionslösungen. Inaktivierungssubstanzen, auch Enthemmer genannt, sind solche Stoffe, welche die desinfizierenden Wirkstoffe neutralisieren. Sie sind gezielt, je nach eingesetzter Wirkstoffgruppe, auszusuchen. Meist benutzt man Kombinationen, die mehrere Wirkstoffgruppen, die im Lebensmittelbereich eingesetzt werden, abdecken, z.B. eine Kombination aus *Tween 80*, *Lezithin, Histidin, Natriumthiosulfat*. Für Abklatschmedien und für Suspensionslösungen für Tupferproben hat sich der Zusatz von 1 % *Tween 80* und 0,3 % *Lezithin* als brauchbar erwiesen [41].

1.5.1.4 Entwicklung eines Hygienekonzeptes

Wie in anderen lebensmittelverarbeitenden Betrieben müssen auch in der Fleischbearbeitung diejenigen Prozessstufen ausfindig gemacht werden, die als Schwachstellen der Hygiene im Produktionsgang gelten. Dieses gilt insbesondere nach dem Erlass von Vorschriften für die obligatorische betriebsinterne Hygienekontrolle [118].

Die Durchführbarkeit eines solchen Vorgehens wurde am Rinderschlachtband erfolgreich erprobt [27, 65]: Zunächst war eine Auflistung aller technologisch bedeutsamen Prozessstufen erforderlich. Daran hatte sich eine Beobachtung des täglichen Prozessablaufes anzuschließen, wobei alle regelwidrigen und auffälligen Ereignisse in einzelnen Stufen zu protokollieren waren. Das musste an verschiedenen Tagen unter unterschiedlichen äußeren (Tierkollektive) und inneren Bedingungen (Personalwechsel) geschehen. Mit Hilfe einer beschreibenden Auswertung konnten dann die wesentlichen Schwachstellen bestimmt und schwerpunktmäßig in die nachfolgenden Erhebungen aufgenommen werden.

Bei den mikrobiologischen Überprüfungen mussten die Probeentnahmestellen repräsentativ für die Gesamteinheit einer Kontrollstufe sein. So mussten z.B. eine oder mehrere ausgewählte Stellen eines Schneidbrettes oder einer Sägeeinrichtung eine zutreffende Aussage für die Gesamtheit des Einrichtungsgegenstandes liefern. Sofern dieses Problem durch Mehrfachuntersuchungen abgeklärt war, konnte aus Rationalisierungsgründen von der Einzelproben-Befunderhebung auch zu Sammelproben übergegangen werden, die eine wesentliche Material- und Arbeitsersparnis bedeuteten. In Voruntersuchungen war auch die Aussagekraft des eingesetzten Verfahrens abgeklärt worden [70].

Bei möglichst von gleichen Personen entnommenen und mit gleicher Methodik bearbeiteten Proben ist somit der Hygienestatus eines Betriebes in wiederkehrenden Zeiträumen treffsicher und vergleichbar darzustellen [70a, 105a, b]. Die Einführung von Qualitätsregelkarten, z.B. für die Medianwerte der feststellbaren Gesamtkeimzahlen, verbessert dabei noch die vergleichende Bewertung des Hygienestatus eines Produktionsganges [55b].

1.5.2 Die mikrobiologische Prozesskontrolle als Qualitätssicherungsmaßnahme

1.5.2.1 Zum Status und zur Dynamik einer Fleischmikroflora

Der Status der Mikroflora ist ein wichtiger Maßstab der Qualität von Fleisch. Er umfasst die qualitative und quantitative Zusammensetzung der Mikroflora. Wegen der Vielgestaltigkeit der Fleischmikroflora ist eine Statuserhebung meist nur mit Hilfe von selektiven Kulturverfahren für verschiedene Keimgruppen möglich. Die Kunst des Analytikers besteht in der gezielten Auswahl geeigneter Testmedien, wobei deren Zahl so moderat wie möglich gehalten werden soll. Auf diese Nährmedien sollten möglichst zutreffend ausgewählte Verdünnungsstufen des aufbereiteten Probematerials aufgetragen werden. Je nach Art und mikrobiologischer Belastung der Proben können einfache und preiswürdige, aber auch zeitaufwendige und teure Analysen notwendig werden. Praxisbezogene Anleitungen für ein rationelles Vorgehen sind dringend erforderlich. Deshalb wurden bereits in den 60er Jahren entsprechende Vorschläge erarbeitet [57, 58]. Sie haben sich als allgemein gültige Anleitung vielerorts bewährt und sind im Prinzip noch heute gültig. Von Zeit zu Zeit müssen sie allerdings an aktuelle Bedürfnisse, bedingt durch neue Techniken oder neue Produkte, angepasst werden. Auch neu entdeckte oder in ihrer Bedeutung anders gewichtete Mikroorganismen-Gruppen müssen berücksichtigt werden.

Die Nährmedien und die Methoden werden vermehrt in Methodensammlungen bzw. Pharmakopöen zusammengestellt, z.B. in der „Sammlung amtlicher Methoden zu § 35 LMBG“ auf der Basis von DIN-, CEN-, oder ISO-Standards [110] oder in der „Pharmakopöe der Kulturmedien für die Lebensmittelmikrobiologie“ der *Internatio-*

nal Working Party on Culture Media [1a, b, 11]. Dabei wird zu viel im Detail geregelt und zu ausführlich beschrieben. Für die tägliche Laborarbeit müssen dann die eigentlich wichtigen Arbeitsschritte wiederum herausgefiltert werden. Dieser Prozess erfordert fachliche Erfahrungen. Für amtliche Untersuchungen oder gerichtliche Auseinandersetzungen ist aber ein Bezug auf vorgegebene Standards oder Normen unabdingbar. Für Routinekontrollen hingegen können auch eigene Methoden eingesetzt werden, sofern sie in ihren Ergebnissen denen der Standards entsprechen [118]. Dieses muss durch laborinterne Vergleichsuntersuchungen belegt und die Präzisionsmaße „Wiederholbarkeit“ und „Reproduzierbarkeit“ müssen dabei beachtet sein (siehe auch Kap. 1.5.2.4).

Jede mikrobiologische Untersuchung eines Lebensmittels kann allerdings nur eine Momentaufnahme sein. Zur Charakterisierung einer Entwicklung bedarf es mehrerer Statuserhebungen in sinnvollen zeitlichen Abständen. Man erfasst damit die Dynamik einer Mikroflora. Diese äußert sich in der Zu- und Abnahme einzelner Komponenten oder in grundsätzlichen Umschichtungen in der Zusammensetzung, verbunden mit dem Verschwinden oder Neuauftauchen ganzer Populationen. Dieses ist allerdings abhängig von der unteren Nachweisgrenze von quantitativen Nachweismethoden, die häufig bei 10^2/g liegt.

Damit der Aufwand für mikrobiologische Untersuchungen im Lebensmittelbereich nicht ins Unermessliche steigt, bedarf es gewisser Einschränkungen. Diese bestehen in der Festlegung geeigneter „Such-“ oder „Leitkeime“, die stellvertretend für einen Status oder eine dynamische Entwicklung stehen können. Die Beachtung einer eindeutigen, gültigen Nomenklatur der als Indikatoren benutzten Mikroorganismen ist dabei eine wesentliche Voraussetzung. Diese sollte wissenschaftlichen Anforderungen genügen, aber dennoch für die Praxis einen allgemein verständlichen Charakter haben. Die Neigung zur Vereinfachung führt zwangsläufig zur Einteilung in Gruppen. Diese Gruppenbildung kann dabei sowohl auf hygienisch-technologischer als auch auf mikrobiologisch-taxonomischer Basis erfolgen. Nachfolgend soll deshalb auf die gebräuchlichen Gruppierungen eingegangen werden:

1.5.2.2 Hygienisch-technologische Gruppierung der Fleischmikroorganismen

Unerwünschte Mikroorganismen

Dazu gehören in erster Linie die pathogenen und toxinogenen Mikroorganismen. Diese können für Mensch und Tier krankmachend sein, und zwar über Infektionen, Invasionen oder eine Toxinbildung. Es handelt sich um grundsätzlich pathogene Spezies mit mehr oder weniger großer Virulenz einzelner Stämme.

Auch „Opportunisten“ gehören zu dieser Kategorie. Die Definition der Opportunisten ist in dem Merkblatt Bakterien [36] neu formuliert worden. Danach sind Opportunisten solche Bakterien, die unter bestimmten Bedingungen Krankheiten auslösen können. Dazu gehört der kompromittierte Wirt, d.h. der Mensch, dessen natürliche Abwehrmechanismen gegen Infektionserreger lokal oder allgemein herabgesetzt sind. Dort ist auch eine Einstufung aller bekannten Bakterien in Risikostufen vorgenommen worden, vornehmlich für den Umgang in der Biotechnologie. Diese Risikoeinstufungen können auch für die Lebensmittelmikrobiologie als richtungsweisend betrachtet werden.

Erreger, die einen schnellen und/oder tiefgreifenden Verderb des Fleisches herbeiführen, gehören ebenfalls dazu. Teilweise reichern sie Stoffwechselprodukte an, die zwar nicht unmittelbar krankmachen, dennoch kumulierend Gesundheitsstörungen verursachen können. Hierzu gehören die biogenen Amine oder Metaboliten von Pilzen oder von Bakterien, die zytotoxisch oder cancerogen oder gar mutagen wirken können.

Tolerierbare Mikroorganismen

Das sind die Mikroorganismen, die weder eine unmittelbare noch eine kumulierende Gesundheitsschädigung und auch keinen gesundheitsschädlichen Verderb herbeiführen. Es sind in der Regel Mikroorganismen, die unter den Bedingungen der Fleischgewinnung und -behandlung als unvermeidbare Kontaminanten auftreten und in dem mikroökologischen Geschehen des Fleisches keine bedeutende Rolle spielen, d.h., sie werden mengenmäßig nicht dominant oder können selbst als dominante Gruppe nichts Bedenkliches ausrichten. Hierzu zählen Spezies aus der vielschichtigen Gruppe der Psychrotrophen, sowohl der grampositiven als auch der gramnegativen Mikroorganismen. Wertvolle Informationen zur Mikroökologie diesers Psychrotrophen in Fleisch lieferte eine neuere Untersuchung [40a]. Dabei gewinnen bisher an sich als harmlos angesehene Psychrotrophe durch Mitteilungen über ihre Auswirkungen im Hospitalbereich neue Aufmerksamkeit. Das gilt bevorzugt für die *Acinetobacter*-Spezies [3b].

Erwünschte Mikroorganismen

Hierunter fallen Mikroorganismen, die durch ihre Stoffwechselleistungen zu einer Verbesserung der Haltbarkeit oder der sensorischen Qualität eines Produktes beitragen. Einige sind dabei zur Sicherung des Herstellungsprozesses von Produkten sogar erforderlich. Im Optimalfall garantieren sie die sensorische und hygienische Stabilität eines Produktes. Neben der Verwendung als Starterkulturen für Fermentierungs- oder

Reifungsprozesse werden sie auch als Schutzkulturen gegen das Aufkommen pathogener oder toxinogener Erreger benutzt, z.B. gegenüber *Listeria-* und *Campylobacter*-Spezies. Es sind überwiegend grampositive Spezies mit kennzeichnender Milchsäurebildung (Milchsäurebakterien im weiteren Sinne). Schutzfunktionen gehen z.B. auch von mikrobioziden Metaboliten, z.B. Bakteriocinen, aus. So ermöglichen Laktobazillen der *L. sake-curvatus*-Gruppe oder Pediokokken die schnelle und sichere Reifung von Rohfleischerzeugnissen (siehe auch Kap. 3.3 und 3.4).

Diese hygienisch-technologische Gruppierung schließt allerdings Überschneidungen zwischen den Gruppen nicht aus. So können Mikroorganismen, die in einem Habitat eine stabilisierende, qualitätssichernde Funktion ausüben, in einem anderen die Ursache für eine verringerte Haltbarkeit oder gar einen massiven Verderb sein. Dieses Phänomen kann wiederum an den Laktobazillen demonstriert werden. Sie sind einerseits für die Herstellung einer guten Rohwurst wichtig, andererseits bei aufgeschnittenen, vorverpackten Brühwursterzeugnissen, sofern sie in großer Zahl vorliegen, die Ursache für Verderb.

1.5.2.3 Mikrobiologisch-taxonomische Gruppierung: „Leitkeime" und ihre Funktion als Indikator- und Indexorganismen

Bei den Leitkeimen wird zwischen Indikator- und Index-Organismen unterschieden (Tab. 1.31).

Indikatorkeime sind Mikroorganismen, die eine nicht sachgerechte Behandlung des Fleisches anzeigen, wobei die Bewertung in der Regel nach der Quantität der kultivierbaren Keime erfolgt. Diese werden als koloniebildende Einheiten (KBE) oder colony forming units (cfu) erfasst.

Die **mesophile aerobe Gesamtkeimzahl**, kultiviert bei 30 °C auf einfach zusammengesetzten Standardnährböden, gilt heute als Gradmesser der mikrobiologischen Belastung eines Fleisch-Habitats. Die Annahme, dass eine nachweisbare Gesamtkeimzahl den allgemeinen hygienischen Status repräsentieren könnte, galt zunächst als Hypothese, weil es in der Fleischflora zu viele Keimgruppen und -arten mit unterschiedlichen Nährstoffansprüchen und Kultivierungsbedingungen gibt. Doch inzwischen erwies sich dieses Bewertungsprinzip für die tägliche Praxis als durchaus brauchbar und sogar methodisch abgleichbar [61, 70a, 77, 78]. Kritisch zu bedenken ist dabei nur, dass in bestimmten Verarbeitungsbereichen auch die psychrotrophen Anteile der Fleischmikroflora quantitativ berücksichtigt werden müssen. Für bestimmte Fragestellungen oder Produktgruppen müssen deshalb Bebrütungstemperaturen von 25 ± 2 °C, oder noch niedrigere, wie z.B. 20 °C, vorgesehen werden, wobei die Bebrütungszeiten auf 3 bis 5 Tage ausgedehnt werden müssen. Bei der Mitteilung der Ergebnisse einer Gesamtkeimzahlbestimmung sollten daher immer auch die Bebrütungstemperaturen und -zeiten als Kriterien für eine richtige Interpretation angegeben werden.

Mesophile Enterobacteriaceae, gramnegative Stäbchen, die bei einer Bebrütungstemperatur von 37 ± 1 °C auf geeigneten Selektivplatten, z.B. Kristallviolett-Galle-salz-Glukose-Medien, anaerob wachsen. Sie können relativ einfach und schnell bestimmt werden und weisen in der Regel auf eine Kontamination aus der Umgebung der Tiere oder des Menschen hin. Der Nachweisversuch ist nur dann sinnvoll, wenn mit einer Mindestbelastung von 10^2 pro g oder pro cm^2 zu rechnen ist. Anderenfalls handelt es sich wegen des negativen Befundes bei einer meist vorhandenen stärkeren Begleitflora um einen vergeblichen Aufwand.

Als gezielter Hinweis auf eine direkt von Mensch und Warmblütern stammende Kontamination kann der klassische Nachweis der Spezies ***E. coli*** des „Typ 1“ angesehen werden, die neben den Spezies- und Gruppenkriterien der *Enterobacteriaceae* zusätzlich noch die so genannten Eijkman-Kriterien erfüllen muss, d.h. die Gasbildung aus Laktose und die Indolbildung , beides bei 44 ± 1,0 °C [49]. Heute gibt es Schnellidentifizierungsverfahren über den Nachweis der Fluoreszenz bei einer Plattenerstkultivierung (MUG), verbunden mit einem Indolkapillartest [9b], ganz abgesehen von Nachweisen mit Gensonden oder Spezial-Primern auf molekularer Ebene [2b, 3b].

Auch **Enterokokken,** im Wesentlichen die Stammformen der Spezies *Ec. faecalis* und *Ec. faecium*, können als Indikatorkeime im klassischen Sinne benutzt werden. Schlussfolgerungen auf einen faekalen Ursprung müssen, ähnlich wie bei *E. coli* „Typ 1“, allerdings mit Zurückhaltung vorgenommen werden. Zur näheren Erläuterung der Aussagekraft und des gezielten Nachweises von Enterokokken sei auf Spezialarbeiten verwiesen [66]. Jedenfalls lässt sich die Spezies *Ec. faecalis* sehr gut mit Selektivmedien (z.B. CATC) bereits in der Erstkultur quantitativ bestimmen [11, 66].

Index-Organismen

Unter *Index*-Organismen versteht man gesundheitlich bedenkliche Mikroorganismen, deren Anwesenheit an sich zu einem Ausschluss eines Produktes von der weiteren Verwendung als Lebensmittel führen muss. Hierunter fallen z.B. *Salmonella*-Spezies bzw. -Serovare und pathogene oder toxinogene Serotypen von *E. coli* sowie von *Yersinia enterocolitica*, *Campylobacter jejuni* und *coli* und *Listeria monocytogenes*, aber auch *Staphylococcus aureus* und *Clostridium perfringens*. Die Besonderheiten dieser pathogenen Mikroorganismen werden in dem nachfolgenden Kapitel 2.6 dieses Buches behandelt.

Tab. 1.31 Leitkeime für die hygienische Bewertung von Fleisch

	Kriterium	Bedeutung
I. **Indikator-Organismen**		
Gesamtkeimzahl		
mesophil aerob	mikrobiologische Gesamtbelastung	Hinweis auf eingeschränkte Verarbeitungsmöglichkeit, verringerte Haltbarkeit
Enterobacteriaceae		
mesophil aerob	schnell wachsende proteolytische Mikroorganismen	Hinweise auf unsachgemäße Prozessführung
***E. coli* Typ I**		
mesophil aerob	fäkale Kontamination	Hinweis auf unsachgemäße Prozessführung
Enterokokken		
mesophil aerob	fäkale Kontamination	Hinweis auf unsachgemäße Prozessführung
Sulfitreduzierende Clostridien		
mesophil anaerob	bedenkliche Umwelt- oder intra vitam-Belastung	Entscheidungshilfe für eingeschränkte Verarbeitung bzw. verwendungsbeschränktes Inverkehrbringen (Aktueller) Regelungsbedarf)
II. **Index-Organismen**		
Salmonellen	Gesundheitsgefährdung [1)]	Reglementierung je nach Ausbreitungsgrad und menge sowie Entstehung: intra vitam (Infektion) post mortem (Kontamination)

[1)] Gleichfalls zutreffend für:

Pathogene Varianten von:

Listeria monocytogenes
Campylobacter jejuni & coli
Yersinia enterocolitica
Escherichia coli

Toxinogene Varianten von:

Escherichia coli
Staphylococcus aureus
Clostridium perfringens
Bacillus cereus

Die Tolerierung einzelner Spezies in geringen Quantitäten oder bei gelegentlichem Auftreten ist Diskussionsstoff in Fachkreisen gewesen und hat zu normativen Regelungen in Rechtsregulativen, z.B. für *Listerien, Staphylokokken* und *Cl. perfringens* geführt [Anlage 2a der FlHV, EG-Entscheidung 2001, 114, 118]. Eine strikte Reglementierung von Produktionschargen beim vereinzelten Auftreten oder bei geringen Nachweiszahlen dieser Mikroorganismen würde beim gegenwärtigen Stand der Technik zum häufigen Erliegen ganzer Produktionen führen. Hygienische Anforderungen müssen sich deshalb auch nach den technologischen Gegebenheiten und deren Entwicklungsstadien richten. Der vereinzelte (sporadische) Salmonellennachweis, der mit einem äußerst empfindlichen Kultivierungsverfahren und einer zielgerichteten Identifizierungstechnik erfolgte, darf im Rahmen von mikrobiologischen Betriebskontrollen kein Anlass sein, den Prozess der Fleischgewinnung und -behandlung sofort und ohne Konzept zu unterbinden. Einzelnachweise in einer regelmäßig mikrobiologisch überwachten, sonst einwandfreien Produktion stellen Warnsignale dar. In solchen Situationen müssen zusätzliche Untersuchungen in Form von Stufenkontrollen erfolgen, um den möglichen Fortbestand und die Intensität der Belastungssituation sowie die epidemiologischen Zusammenhänge zu klären. Betriebsanalysen zeigten, dass es sich bei Salmonellennachweisen im Zerlege- und Verarbeitungsbereich von Frischfleisch, auch von Hackfleisch, in vorschriftsmäßig nach EG-Richtlinien geführten Betrieben in der Regel um Einzelbefunde handelte, die bei konsequenter Betriebshygiene (Reinigung und Desinfektion) mit der nächsten Arbeitsschicht abbrachen. So waren sie durch fahrlässig eingebrachtes belastetes Ausgangsmaterial in den Produktionsgang gelangt, z.B. durch Nachkauf von Frischfleisch aus Überhangbeständen eines Fleischgroßmarktes [70c, 105b].

Einzelne skandinavische Länder bestehen bei Verbringen von Frischfleisch in ihren Hoheitsbereich auf Salmonellenfreiheit der Oberflächenmikroflora. Diese muss mit vorgeschriebenen Methoden geprüft und zertifiziert sein [Anlage 2a, Nr. 11 der FlHV, 114]. Über die Treffsicherheit des Probe- und Nachweisverfahrens bestehen allerdings noch offene Fragen.

Neuere Berichte über die Salmonellenbelastung bei Frischfleisch belegen, dass in EU-zugelassenen und kontrollierten Fleischgewinnungsbetrieben die Salmonellenbelastung des Frischfleisches, insbesondere auch des Schweinefleisches, einen deutlichen Rückgang zu verzeichnen hat. Dabei spielen nicht nur die Betriebshygiene bei der Fleischgewinnung sondern auch die Maßnahmen für die salmonellenfreie Aufzucht und Mast der Tiere eine Rolle. Die entsprechenden Anforderungen der Qualitätsfleischprogramme zeigen ihre Wirkung [55b].

1.5.2.4 Die Aussagekraft von mikrobiologischen Analysen

Bei der Bewertung der Keimzahlbestimmungen müssen biometrische Gesichtspunkte berücksichtigt werden. Die Präzision eines Verfahrens muss bekannt sein. Dazu gehören die Präzisionsmaße „Wiederholbarkeit" und „Vergleichbarkeit". Die **Wiederholbarkeit** (*r*) gibt an, wie weit zwei Analysenergebnisse für eine Probe auseinanderliegen können, die von der gleichen Person im gleichen Laboratorium bei zwei unabhängigen Ansätzen gewonnen wurden. Die **Vergleichbarkeit** (*R*) kennzeichnet die Spanne der Einzelwerte, die sich bei Untersuchungen der gleichen (analogen) Untersuchungsprobe in verschiedenen Laboratorien ergeben kann. Die Werte für *r* und *R* müssen für jeden Labor- und Anwendungsbereich zumindest einmal gründlich ermittelt worden sein, vorzugsweise in Ringversuchen, d.h. in Versuchen unter Beteiligung von mehreren Teilnehmern mit verschlüsselten Proben nach einem festen Plan. Die Präzisionsmaße erhalten insbesondere dann eine besondere Bedeutung, wenn Keimzahlen nach rechtlich vorgegebenen Richtwerten zu Beanstandungen führen müssen. Bei Fleischerzeugnissen trifft dieses z.B. bei der Beurteilung von industriell hergestelltem Hackfleisch zu [114, 117].

Die Präzision eingearbeiteter Fachkräfte sollte von Zeit zu Zeit überprüft werden. Da die Keimzahlangaben in der Lebensmittelmikrobiologie bevorzugt in logarithmischen Werten erfolgen, ein Wert von 1×10^6 KBE/g also als lg 6,0/g geschrieben werden kann, empfiehlt sich die Angabe der Präzisionswerte auch in $\log_{10}$-Stufen. Für *r* ist eine Spanne von 0,2 bis 0,3 $\log_{10}$-Stufen vertretbar, für *R* eine solche von 0,3 bis 0,7 [15, 70a, 106]. Bei gut eingearbeiteten und fortlaufend mit Analysen betrauten Fachkräften kann *r* durchaus nur etwa 0,1 $\log_{10}$-Stufen betragen.

Unter den Voraussetzungen einer standardisierten Probeentnahme und -aufarbeitung sowie einer entsprechend abgesicherten Auswertung der Ergebnisse (GLP = Gute Labor-Praxis) haben die Keimzahlbestimmungen einen nicht erwarteten Stellenwert in der Hygienekontrolle des Fleisches und der Fleischprodukte erlangt, so dass sie inzwischen auch in Rechtssetzungsverfahren für die Bewertung einzelner Erzeugnisse festgeschrieben worden sind (*EG-Hackfleisch-Richtlinie* [117] und entsprechende Passagen in Anlage 2a der *Fleischhygiene-Verordnung* zum *FlHG* [113]).

1.5.2.5 Empfehlungen für hygienische Prozesskontrollen im Fleischgewinnungsbetrieb

Die Umsetzung der Entscheidung 2001/471/EG [118] verpflichtet inzwischen alle Fleischlieferbetriebe zur routinemäßigen Überprüfung der Hygienebedingungen ihrer Produktionen, unter anderem durch mikrobiologische Kontrollen nach den dort fixierten Rahmenbedingungen.

Die Verfahren können unterschiedlich sein, denn sie wurden in den Rechtsvorschriften bewusst nicht bindend ausformuliert. So könnten die in einer Übersicht

(Tab. 1.32) dargestellten Arbeitsschritte eine Hilfe sein, ein brauchbares System für den jeweiligen Arbeitsbereich zu entwickeln. Ein Vorgehen nach einem solchen System erscheint insofern sinnvoll und erfolgversprechend, als es zumindest in speziellen Erhebungen für nützlich befunden wurde [27, 65].

Eine Hilfestellung für das Erkennen kritischer Prozessabschnitte, die bevorzugt zu prüfen oder zu verfolgen sind und die für eine Gewichtung einzelner Hygienemaßnahmen dienen können, kann auch die Tabelle 1.33 liefern. In dieser sind die kritischen Abschnitte *Lebende Tiere, Technische Ausstattung, Technischer Ablauf* und *Arbeitspersonal* in ihrer Bedeutung für die hygienische Fleischgewinnung und -bearbeitung in ihrer Gesamtheit schematisch dargestellt worden.

Tab. 1.32 Prozesskontrollen bei der Fleischgewinnung

Statistisch-administrativ	Betriebskonzeption, Personalverhalten, Betriebsablauf
Sensorisch	Aussehen, Geruch, Konsistenz, Belag
Physikalisch	t = Temperatur, m/sec = Belüftung, rF = relative Feuchtigkeit, pH = Säuerungswert, a_w = verfügbares freies Wasser, LF = veränderte Leitfähigkeit
Mikrobiologisch	**Leitkeime** Indikator-Organismen: Aerobe Gesamtkeimzahl, *Enterobacteriaceae* Index-Organismen: *Salmonella* Spec., *Staph. aureus,* *Clostridium* Spec., *E. coli* (VTEC[1], EHEC[2] etc.) *Campylobacter* Spec. **Verfahren** Abtrageproben: Tierkörper/Organe Abklatschproben: R + D[3]-Kontrolle Tupferproben: Nass-Trocken-Tupfer (NTT): Einrichtungen/Räume Einfach-Tupfer (ET): R + D[3]-Kontrolle

[1] verotoxinogene *E. coli,*
[2] Enterohämorrhagische *E. coli*
[3] R + D = Reinigung und Desinfektion

Tab. 1.33 Hygienische Risikofaktoren bei der Fleischgewinnung (Übersicht)

Erregerausbreitung durch lebende Tiere			
Keine ausreichende Absonderung der kranken Tiere	Übertritt von Erregern aus Darmtrakt in Körperkreislauf durch übermäßigen Transport- und Aufstallungsstress	Erregerausbreitung mit Kot bei Transport und Aufstallung durch Ausschwemmung aus Körperhohlorganen	Manifestation latenter zu apparenter Infektion
Hygienewidrige Konstruktionsmerkmale der technischen Ausstattung			
Keine konstruktive Trennung der Prozessstufen: unrein/rein, Tierkörper/Organe, roh/behandelt	Ungenügende Temperatur-, Belüftungs-, Feuchtigkeits- und Beleuchtungs-Regulierung	Rauhe, rissige, winklige Oberflächen, korrodierendes Metall, Holzausstattung, nicht wartungsgerechte Geräte	Keine Trinkwasserqualität, ungenügende Heißwasser-verfügbarkeit, mangelhafte Reinigungs- u. Desinfektions-einrichtungen
Regelwidriger technischer Ablauf			
Tätigkeit gleicher Personen in den Prozessstufen unrein/rein, Tierkörper/Organe, roh/behandelt	Fehlerhafte Handhabung der Geräte (Verschmieren von Infektionsmaterial)	Unsachgemäße Anwendung von Wasser (Aerosol-, Spritzwasser-Kontamination)	Zeitverzug in der Kühlung (Pausen, zu große Sammel-behälter)
Hygienewidriges Verhalten des Arbeitspersonals			
Vorliegen latenter oder apparenter Infektionen (Ausscheider, Hautinfektionen)	Unvollständige oder unsaubere Arbeitskleidung und -geräte (Handschuhe, Stiefel, Schürzen etc.)	Unzureichende Körper-, insbesondere Hautpflege	Bewusste Ignoranz hygienischer Grundprinzipien oder ungenü-gende Unterweisung

Literatur

[1a] BAIRD, R.M., CORRY, J.E.L. u. G.D.W. CURTIS: Pharmacopoeia of Culture Media for Food Microbiology, Intern. Committee on Food Microbiology and Hygiene of the Intern. Union of Microbiological Societies
Intern. J. Food Microbiol. **5** (1987) 185-299

[1b] BAIRD, R.M., CORRY, J.E.L. u. G.D.W. CURTIS: Additional Monographs I und II
Intern. J. Food Microbiol. **9** (1989) 85-144
Intern. J. Food Microbiol. **17** (1993) 201-266

[2a] BAUMGART, J.: Lebensmittelüberwachung und -qualitätssicherung, Mikrobiologisch -hygienische Schnellverfahren
Fleischwirtsch. **73** (1993) 392-396

[2b] BAUMGART, J. u. B. BECKER: Mikrobiologische Untersuchungen von Lebensmitteln, Grundwerk. 1994, 18. Akt.-Lfg. Dez. 2002, Behr's Verlag

[3a] BEUTLING, D.M.: Biogene Amine in der Ernährung
Springer Verlag, Berlin, Heidelberg 1996, 1-265

[3b] BG-Chemie: (2002) Berufsgenossenschaft der Chemischen Industrie: Sichere Biotechnologie. Eingruppierung biologischer Agenzien: Bakterien. Merkblatt B 006, 10 (2002) S. 1-303, Jedermann Verlag, Heidelberg

[4] BJÖRKROTH, K.J., SCHILLINGER, U., GEISEN, R., WEISS, N., HOSTE, B., HOLZAPFEL, W.H., KORKEALA, H.J. u. P. VANDAMME: Taxonomic study of *Weissella confusa* and description of *W. ciberia* sp. nov., detected in food and clinical samples.
Intern. J. System. Evol. Microb. **52** (2002) 141-148

[5] BLÄSCHKE, A.: Vergleichende Untersuchung zur selektiven quantitativen Erfassung aerober Sporenbildner aus Lebensmitteln unter besonderer Berücksichtigung potentiell toxinogener Species
Vet. med. Diss., FU Berlin (1986)

[6] BLÄSCHKE, A. u. G. REUTER: Die Zusammensetzung der gramnegativen Oberflächenmikroflora auf Rinderschlachttierkörpern
Proc. 25. Arbeitstagung Lebensmittelhygiene der Dtsch. Vet.-med. Ges. (DVG), Garmisch-Partenkirchen, Eigenverlag der DVG, 1984, 148-156

[7] BROWN, M.H.: Meat Microbiology
London New York: Applied Science Publishers, 1982

[8] BÜLTE, M. u. G. REUTER: Impedance measurement as a rapid method for the determination of the microbiological contamination of meat surface, testing two different instruments
Intern. J. Food Microb. **1** (1984) 113-125

[9a] BÜLTE, M. u. G. REUTER: The bioluminescence technique as a rapid method for the determination of the microflora of meat
Intern. J. Food Microb. **2** (1985) 371-381

[9b] BÜLTE, M. u. G. REUTER: Glucuronidase- Nachweis und Indol-Kapillartest zur Erfassung von *E. coli* in Lebensmitteln.
Zbl. Hyg. **188**, (1989), 284-293

[10] BÜLTE, M. u. A.F. STOLLE: Die Einsatzfähigkeit moderner mikrobiologischer Schnellverfahren zur Untersuchung von Lebensmitteln tierischen Ursprungs
Fleischwirtsch. **69** (1989) 1459-1463

[11] CORRY, J.E.L., G.D.W. Curtis, u. R.M. Baird: Handbook of Culture Media for Food Microbiology, rev. ed., Progress in Industrial Microbiology, Vol. **37** Elsevier, 2003, S. 1-662

[12] ERIBO, B.E. u. J.M. JAY: Incidence of Acinetobacter spp. and other Gram-negative oxidase-negative bacteria in fresh and spoiled ground beef
Appl. Environm. Microbiology **49** (1985) 256-257

[13] EISGRUBER, H.: Prüfung von Verfahren zur Kultivierung und Schnellidentifizierung von Clostridien aus frischem Fleisch sowie aus anderen Lebensmitteln
Vet.med. Diss, FU Berlin (1986)

[14] EISGRUBER, H. u. G. REUTER: Einsatzmöglichkeit einfacher und zeitsparender Verfahren zur orientierenden Identifizierung wichtiger Clostridien-Species aus Lebensmitteln
Arch. Leb. Hyg. **38** (1987) 141-146

[15] FEIER, U.: Durchführung des § 35 LMBG
Eine Schwerpunktaufgabe: „Statistische Bewertung mikrobiologischer Untersuchungsverfahren“ nach § 35 LMBG
Bundesgesundheitsbl. **30** (1987) 65-72

[16] FREUDENREICH, P. u. H. BACH: Anfall und Verwertung von Schlachtnebenprodukten
Mittlgsbl. Bundesanst. f. Fleisch-Forsch. Kulmbach, Nr. 122 (1993) 399-403

[17] GARDENER, G.A.: A selective medium for the enumeration of *Microbacterium thermosphactum* in meat and meat products
J. appl. Bact. **32** (1966) 371-380

[18] GIBBS, P.A., PATEL, M. u. C.J. Stannard: Microbial ecology and spoilage of chilled foods: A review (1982) Scientific and Technical Surveys, Leatherhead Food RA, No. 135

[19] GILL, C.O. u. J. BRYANT: The origins of the spoilage bacteria on pork, in: Lacombe Research Station Highlights 1992, edited by St. Remy, E.A.: Agriculture Canada Research Station, Lacombe Alberta (1992) 30-32

[20] GILL, C.O. u. C. MCGINNIS: Changes in the microflora on commercial beef trimmings during their collection, distribution and preparation for retail as ground beef
Intern. J. Food Microb. **18** (1993) 321-332

[21] GILL, C.O. u. K.G. NEWTON: Growth of bacteria on meat at room temperatures
J. Appl. Bact. **49** (1980) 315-323

[22] GRÄTZ, H. u. H. NIEDEREHE: Kühlung und Kühltransport von Schweinehälften
Fleischwirtsch. **71** (1991) 402-406, 660-667

[23] HAMMES, W.P., WEIß, N. u. W. HOLZAPFEL: The genera *Lactobacillus* and *Carnobacterium* in: Balows, A. et al.: The Prokaryotes, sec. ed. Berlin/Heidelberg/New York: Springer, 1992, 1535-1594

[24] HANEKE, M. u. G. REUTER: Hygiene bei der Fleischgewinnung in Theorie und Praxis Proc. 32. Arbeitstagung Lebensmittelhygiene der Dtsch. Vet.-Med. Ges. (DVG), Garmisch-Partenkirchen, Eigenverlag der DVG, 1991, 97-105

[25] HECHELMANN, H.G.: Hygieneaspekte sowie Anmerkungen zur Qualitätssicherung aus mikrobiologischer Sicht: Rückblick auf die IFFA '92
Fleischwirtsch. **73** (1993) 44-50

[26a] HECHELMANN, H.G. u. H. LINKE: Einfluss des Säuregrades auf die Vermehrungsfähigkeit von Salmonellen bei zerkleinertem Fleisch
Mittlgsbl. Bundesanst. f. Fleisch-Forsch. Kulmbach, Nr. 91 (1985) 6732-6736

[26b] HEILIGENTHAL, A.: Überprüfung der Effizienz von Reinigung und Desinfektion in einem Fleischgewinnungsbetrieb
Vet.med. Diss., FU Berlin (1995)

[27] HESSE, S.: Mikrobiologische Prozesskontrolle am Rinderschlachtband unter besonderer Berücksichtigung technologisch bedingter Hygieneschwachstellen
Vet.med. Diss., FU Berlin (1991)

[28] INGRAM, M.: Meat preservation - past, present and future
Roy. Soc. Hlth. J. **92** (1972) 121-130

[29] INGRAM, M.: Probleme bei der Kühlung von Fleisch
Arch. Leb. Hyg. **24** (1973) 269-272

[30] INGRAM, M. u. T.A. ROBERTS: The microbiology of the red meat carcass and the slaughterhouse
Roy. Soc. Hlth. J. **96** (1976) 270-276

[31] JERICHO, K.W.F., BRADLEY, J.A., GANNON, V.P.J. u. G.C. KOCUB: Visual demerit and microbiological evaluation of beef carcasses: methodology
J. Food Protection **56** (1993) 114-119

[32] JONES, B., NILSSON, T. u. S. SÖRQVIST: Kontamination von Schweine-Schlachttierkörpern durch Brühwasser
Fleischwirtsch. **64** (1984) 1243-1246

[33] JUNI, E. u. G.A. HEYM: *Psychrobacter immobilis*, gen. nov., spec. nov.: genospecies composed of Gram-negative, aerobic, oxidase-positive Coccobacilli
Int. J. System. Bact. **36** (1986) 388-391

[34] KÄMPFER, P., TJERNBERG, J. u. J. URSING: Numerical classification and identification of *Acinetobacter* genomic species
J. appl. Bact. **75** (1993) 259-268

[35] KANDLER, O.: Zur Definition der psychrophilen Bakterien
Milchwiss. **21** (1966) 257-261

[36] KERSCHNER, K.: Ein Beitrag über das Vorkommen von Salmonellen auf der Oberfläche frischer Schweine-Innereien (Herz/Leber/Niere) unter Berücksichtigung der verschiedenen Herkunfts- und Vermarktungsstufen
Vet.med. Diss., FU Berlin (1980)

[37] KLEIN, G. u. J. Louwers: Mikrobiologische Qualität von frischem und gelagertem Hackfleisch aus industrieller Herstellung
Berl. Münch. Tierärztl. Wschr. **107** (1994) 361-367

[38] KNAUER-KRAETZL, B.: Reinigung und Desinfektion
BEHR's Seminar, Darmstadt, April 1994

[39] KNAUER-KRAETZL, B. u. G. REUTER: Wirkstoffe in DVG-gelisteten Desinfektionsmitteln für den Lebensmittelbereich - Bewertungsversuch nach biologischen Kriterien
Proc. 33. Arbeitstagung Lebensmittelhygiene der Dtsch. Vet.-med. Ges. (DVG), Garmisch-Partenkirchen, Eigenverlag der DVG, 1992, 103-114

[40a] KÖPKE, M.: Zusammensetzung der psychrotrophen Hackfleischmikroflora „industrieller" Herstellung mit mikroökologischer und hygienischer Bewertung ihrer Hauptkomponenten
Vet.med Diss., FU Berlin (2002)

[40b] LEISTNER, L., RÖDEL, W. u. F. WIRTH: Optimale Prozesssteuerung bei der Fleischwarenherstellung
Fleischwirtsch. **55** (1975) 1055-1058

[41] LOUWERS, J. u. G. KLEIN: Eignung von Probeentnahmemethoden zur Umgebungsuntersuchung in fleischgewinnenden und -verarbeitenden Betrieben mit EU-Zulassung
Berl. Münch. Tierärztl. Wschr. **107** (1994) 367-373

[42a] LOWRY, P.D. u. C.O. GILL: Temperature and water activity minima for growth of spoilage moulds from meat
J. Appl. Bact. **56** (1984) 193-199

[42b] LUDWIG, S. u. T. BERGANN: Zur Bedeutung von *Brochothrix thermosphacta* für die Lebensmittelhygiene
Arch. Leb. Hyg. **45**, (1995) 121-144

[43] MACKEY, B.M., ROBERTS, T.A., MANSFIELD, J. u. G. FARKAS: Growth of Salmonella on chilled meat
J. Hyg., Camb. **85** (1980) 115-124

[44] MACKEY, B.M. u. T.A. ROBERTS: Improving slaughter hygiene using HACCP and monitoring
Fleischwirtsch. **73** (1993) 58-61

[45] MARX, M.: Untersuchungen zur Mikrobiocoenose von Lebensmittelmikroorganismen (Antagonistische und synergistische Wechselwirkungen zwischen *Enterobacteriaceae, Pseudomonadaceae*, Staphylokokken, Enterokokken, Bazillen und Clostridien)
Vet.med. Diss., FU Berlin (1972)

[46] Marx, M. u. G. Reuter: Erhebungen über Häufigkeit und Bewertung des sogenannten unspezifischen Keimgehaltes bei der amtlichen Bakteriologischen Untersuchung
Arch. Leb. Hyg. **25** (1974) 49-53

[47] Moermann, P.C.: Chilling and transport of porc
Proc. 38th Intern. Congress Meat Sci. and Techn., Clermond Ferrand, France (1992) 695-698

[48] Molin, G. u. A. Ternström: Phenotypically based taxonomy of psychrotrophic *Pseudomonas* isolated from spoiled meat, water and soil
Int. J. System. Bact. **36** (1986) 257-274

[49] Mossel, D.A.A.: Microbiology of foods
3rd. ed., The University of Utrecht, Faculty of Veterinary Medicine, 1982

[50] Nottingham, P.M.: Microbiology of carcass meats
in: M.H. Brown, Meat Microbiology, 1982, 13-65

[51] Ortner, H.: The effect of chilling on meat quality
Fleischwirtsch. **69** (1989) 593-597

[52] Prieto, M., Garcia-Armesto, M.R., Garcia-Lopez, M.L., Alonso, C. u. A. Otero: Species of *Pseudomonas* obtained at 7 °C and 30 °C during aerobic storage of lamb carcasses
J. appl. Bact. **73** (1992) 317-323

[53] Prieto, M., González, C., López, M.-L., Otero, A. u. B. Moreno: Evolution of *Brochothrix* and other non-sporing Gram-positive rods during chilled storage of lamb carcasses
Arch. Leb. Hyg. **45** (1994) 83-85

[54] Prost, E.K.: Hygienezustand und Nährwert der Schlachtnebenprodukte
Monatsh. Vet.med. **40** (1985) 98-102

[55a] Prost, E.K., Pelczynska, E. u. K. Libelt: Innereien von Schwein und Rind - Zusammensetzung und biologische Wertigkeit
Fleischwirtsch. **73** (1993) 454-457

[55b] Purkl, H.: Vergleichende Untersuchungen zur Einsatzfähigkeit des Nass-Trocken-Tupferverfahrens und der Schwämmchentechnik im Rahmen der routinemäßigen Überwachung des Oberflächenkeimgehaltes sowie der Salmonellenbelastung von Schweineschlachttierkörpern.
Vet.med. Diss., Giessen (2002) 1-321

[56] Restaino, L., Walters, J.L. u. L.M. Levonich: Food related pathogens and the ramnifications of pH and water activity - an overview
Assoc. of Food and Drug Officials, Q.Bull. **47** (3) (1983) 122-144

[57] Reuter, G.: Erfahrungen mit Nährböden für die selektive mikrobiologische Analyse von Fleischerzeugnissen
Arch. Leb. Hyg. **19** (1968) 84-89

[58] REUTER, G.: Mikrobiologische Analyse von Lebensmitteln mit selektiven Medien
Arch. Leb. Hyg. **21** (1970) 30-35

[59] REUTER, G.: Untersuchungen zur antagonistischen Wirkung der Milchsäurebakterien auf andere Keimgruppen der Lebensmittelflora
Zbl. Vet. med. B **19** (1972) 320-334

[60] REUTER, G.: Ermittlung des Oberflächenkeimgehaltes von Rinderschlachttierkörpern. Untersuchungen zur Eignung nicht-destruktiver Probeentnahmeverfahren
Fleischwirtsch. **64** (1984a) 1247-1252

[61] REUTER, G.: Die Problematik mikrobiologischer Normen bei Fleisch
Arch. Leb. Hyg. **35** (1984b) 106-109

[62] REUTER, G.: Elective and selective media for lactic acid bacteria
Intern. J. Food Microb. **2** (1985) 55-68

[63] REUTER, G.: Hygiene der Fleischgewinnung und -verarbeitung
Zbl. Bakt. Hyg. B **183** (1986) 1-22

[64] REUTER, G.: Anforderungen an Desinfektionsmittel für den Lebensmittelbereich: 1. Liste geprüfter Desinfektionsmittel der Deutschen Veterinärmedizinischen Gesellschaft (DVG)
Berl. Münch. Tierärztl. Wschr. **101** (1988) 138-139, 199-201

[65] REUTER, G.: Hygiene and technology of red meat production
in: HANNAN, J. and J.D. COLLINS: The scientific base for harmonizing trade in red meat, Univ. College Dublin (1990) 19-36

[66] REUTER, G.: Culture media for *enterococci* and group *D-streptococci*
Intern. J. Food Microb. **17** (1992) 101-111
sowie in: CORRY, J. E. et al. (eds.): Handbook of Culture Media for Food Microbiology, Elsevier-Verlag, Amsterdam, PP 111-125 (2003)

[67] REUTER, G.: 3. Desinfektionsmittelliste der Deutschen Veterinärmedizinischen Gesellschaft (DVG) für den Lebensmittelbereich
Deutsches Tierärzteblatt **41** (1993) 636-644

[68] REUTER, G.: Surface count on fresh meat - hazardous or technically controlled?
Arch. Leb. Hyg. **45** (1994a) 51-55

[69] REUTER, G.: Zur Wirksamkeit von Reinigungs- und Desinfektionsmaßnahmen bei der Fleischgewinnung und -verarbeitung
Fleischwirtsch. **74** (1994b) 808-813

[70a] REUTER, G.: Sinn und Unsinn einer mikrobiologischen Prozesskontrolle bei der Fleischgewinnung und -verarbeitung
Proc. 35. Arbeitstagung Lebensmittelhygiene der Dtsch. Vet.-med. Ges. (DVG), Garmisch-Partenkirchen, Eigenverlag der DVG, 1994c, 29-46

[70b] REUTER, G. und Mitarb.: Erfassung und Bewertung der Rückstandssituation bei der Anwendung von Desinfektionsmitteln im Lebensmittelbereich, Abschlussbericht eines Forschungsvorhabens im Auftrag des Bundesministeriums für Gesundheit, 1993, S. 1-129 u. Anhang 1 und 2

[70c] REUTER, G. und Mitarb.: Entwicklung eines Qualitätsicherungssystems für Frischfleisch. Abschluss eines Drittmittelforschungsvorhabens 1993-1999 (Kurzfassung), 1999 S. 1-13

[71] REUTER, G. u. B. SASSE-PATZER: Antibiotika- und Chemotherapeutika-Resistenz von *Enterobacteriaceae* und *Pseudomonadaceae* in Rind- und Schweinefleisch Wiener Tierärztl. Mschr. **66** (1979) 172-177

[72] REUTER, G. u. M.T. ÜLGEN: Zusammensetzung und Umschichtung der Enterobacteriaceenflora bei Schweine-Schlachttierkörpern
Arch. Leb. Hyg. **28** (1977) 211-214

[73] RIEMER, R.: Der Einfluss des Gefrierprozesses auf die Überlebensfähigkeit von Salmonellen in zerkleinertem Rind- und Schweinefleisch unter besonderer Berücksichtigung unterschiedlicher Einfrier- und Gefrierlagertemperaturen sowie der Lagerdauer
Vet. med. Diss., FU Berlin (1977)

[74] RIEMER, R. u. G. REUTER: Untersuchungen über die Notwendigkeit und Durchführbarkeit einer Wildfleischuntersuchung bei im Inland erlegtem Rot- und Rehwild - zugleich eine Erhebung über die substantielle Beschaffenheit und die Mikroflora von frischem Wildfleisch
Fleischwirtsch. **59** (1979) 857-864

[75] RING, Ch.: Sind Alternativen zur EG-Beförderungstemperatur denkbar?
Proc. 34. Arbeitstagung Lebensmittelhygiene der Dtsch. Vet.-med. Ges. (DVG), Garmisch-Partenkirchen, Eigenverlag der DVG ,1993, 151-162

[76] RING, Ch. und D. BOROWSKI: Erfahrungen mit dem „Bungdropper" am Schweineschlachtband
Fleischwirtsch. **73** (1993) 421-422

[77] ROBERTS, D.: Bacteria of public health significance
in: M.H. Brown, Meat Microbiology (1982) 319-386

[78] ROBERTS, T.A., HUDSON, W.R., WHELEHAN, O.P., SIMONSEN, B., ØLGARD, K., LABOTS, H., SNIJDERS, J.M.A., VAN HOOF, J., DEVEREUX, J., LEISTNER, L., GEHRA, H., GLEDEL, J. u. J. FOURNAUD: Number and distribution of bacteria on some beef carcasses at selected abbatoirs in some member states of the European Community
Meat Sci. **11** (1984) 191-205

[79a] ROSSET, R.: Chilling, freezing, thawing
in: M.H. Brown, Meat Microbiology (1982) 265-318

[79b] SAKALA, R.M., KATO, Y., HAYASHIDANI, H., MURAKAMI, M., KANEUCHI, C. u. M. OGAWA: L*actobacillus fuchuensis sp*. nov., isolated from vacuum-packaged refrigerated beef
Int. J. System. Evolut. Microb. **52** (2002) 1151-1154

[80] SCHMIDT, U.: Verhalten der Salmonellen bei Kühllagerung
Mittlgsbl. Bundesanst. f. Fleisch-Forsch. Kulmbach, Nr. **88** (1985) 6458-6464

[81] SCHMIDT, U.: Cleaning and disinfection methods - effect of rinsing on surface bacterial count

Fleischwirtsch. **69** (1989) 71-74

[82] SCHREITER, M.: Mikrobiologie des Fleisches und der Fleischprodukte in: Zickrick et al., Mikrobiologie tierischer Lebensmittel, 2. Aufl. Thun & Frankfurt/M.: Verlag Harri Deutsch, 1987, 304-421

[83] SEELIG, I.: Ökologische Erhebungen über die Verbreitung von Salmonellen auf Rinderschlachttierkörpern unter Beachtung der möglichen Kontaminationsquellen und Modellversuche über die Nachweisbarkeit geringer Salmonellenkontamination auf Fleischflächen
Vet.med. Diss., FU Berlin (1979)

[84] SHAW, B.G. u. T.A. ROBERTS: Indicator organisms in raw meat
Antonie VAN LEEUWENHOEK **48** (1982) 612-613

[85] SHAW, B.G. u. HARDING (1984 u. 1985),
zitiert nach HAMMES et al. (1992)

[86] SHAW, B.E. u. J.B. LATTY: A numerical taxonomy study of non-motile non-fermentative Gram-negative bacteria from foods
J. Appl. Bact. **65** (1988) 7-21

[87] SIBOMANA, G.: Vergleichende Untersuchungen über die Brauchbarkeit von Probeentnahmeverfahren zur Oberflächenkeimzahlbestimmung bei Schlachttierkörpern
Vet. med. Diss., FU Berlin (1980)

[88] SINELL, H.J.: Mikrobiologie des Fleisches
in: PRÄNDL, O., FISCHER, A., SCHMIDHOFER, I. u. H. J. SINELL, Fleisch-Technologie und Hygiene der Gewinnung und Verarbeitung, Stuttgart, Verlag Eugen Ulmer, 1988, 173-197

[89] SINELL, H.J., KLINGBEIL, H. u. M. BENNER: Microflora of edible offal with particular reference to Salmonella
J. Food Protection **47** (1984) 481-484

[90] SKOVGAARD, N.: *Brochothrix thermosphacta*: comments on its taxonomy, ecology and isolation
Intern. J. Food Microb. **2** (1985) 71-79

[91] SNIJDERS, J.M.A., GERATS, G.E. u. J.G. van LOGTESTIJN: Good manufacturing practises during slaughtering
Arch. Leb. Hyg. **35** (1984) 99-103

[92] SPECK, M.L. u. B. RAY: Effects of freezing and storage on microorganisms in frozen foods: A review
J. Food Protection **40** (1977) 333-336

[93] SPERVESLAGE, C.-M.: Die hygienischen Schwachstellen bei der Blutgewinnung und -behandlung im Fleischgewinnungsbetrieb - eine bakterielle Analyse verschiedener Gewinnungssysteme
Vet.med. Diss., FU Berlin (1991)

[94] STEPHAN, R. u. F. UNTERMANN: Postmortale biochemische Vorgänge in der Muskulatur und ihre Beziehungen zur Fleischqualität

Arch. Leb. Hyg. **45** (1994) 114-118

[95] STOLLE, F.A.: Die Problematik der Probeentnahme für die Bestimmung des Oberflächenkeimgehaltes von Schlachttierkörpern
Habilitationsschrift, Fachbereich Vet.med., FU Berlin (1985)

[96] STOLLE, F.A.: Die hygienischen Rahmenbedingungen während des Schlachtvorganges
Prakt. Tierarzt **12** (1989) 5-15

[97] STOLLE, F.A.: Beurteilung von mit Salmonellen kontaminierten Lebensmitteln
Deutsches Tierärztebl. **42** (1994) 444-445

[98] STOLLE, F.A. u. G. REUTER: Die Nachweisbarkeit von Salmonellen bei klinisch gesunden Schlachtrindern im Bestand, nach dem Transport zum Schlachthof und während des Schlachtprozesses
Berl. Münch. Tierärztl. Wschr. **91** (1978) 188-193

[99] STOLLE, F.A., TROEGER, K. u. G. REUTER: Isoelektrische Fokussierung in Polyacrylamidgel zur Erkennung von Veränderungen im Proteinmuster unzulässig gewonnenen Schweinefleisches (Scheinschlachtungen) unter Berücksichtigung unterschiedlicher Reifungsstadien
Fleischwirtsch. **63** (1983) 1315-1319

[100a] SUSILUOTO, T., KORKEALA, H. u. K.J. BJÖRKROTH: *Leuconostoc gasicomitatum* is the dominating lactic acid bacterium in retail modified-atmosphere packed marinated broiler meat strips on sell-by-day
Intern. J. Food Microb. **80**, 2002, 89-97

[100b] SUTHERLAND, J.P., BAYLISS, A.J. u. T.A. ROBERTS: Predictive modelling of growth of *Staphylococcus aureus*: the effects of temperature, pH and sodium chloride
Intern. J. Food Microb. **21** (1994) 217-236

[101] TROEGER, K.: Keimzahlentwicklung im Brühwasser im Schlachtverlauf - Auswirkungen auf die Oberflächenkeimgehalte der Schweineschlachttierkörper
Fleischwirtsch. **73** (1993) 816-819

[102] TROEGER, K.: Kühltechniken und deren Einfluss auf die Fleischreifung.
Arbeitsunterlagen Kursus „Fleisch und Fleischerzeugnisse" der Senatsverwaltung für Gesundheit, Berlin am 12.11.1993

[103] TROEGER, K. u. K. O. HONIKEL: Erhöhung des Hygienestandards bei der Fleischgewinnung und -behandlung durch Prüfung nach CMA-Kriterien
Proc. **35**. Arbeitstagung Lebensmittelhygiene der Dtsch. Vet.-med. Ges. (DVG), Garmisch-Partenkirchen, Eigenverlag der DVG, 1994, 303-311

[104] TRUMPF, T.: Versuche zur Isolierung, Charakterisierung und Abgrenzung verotoxinogener *E.coli* (VTEC) von anderen *E.coli*-Populationen aus der Darmflora von Rindern und die Erfassung von VTEC-Stämmen des Serovars 0157:H7 aus Hackfleisch in Modellversuchen
Vet.med. Diss., FU Berlin (1990)

[105a] UPMANN, M.: Der Oberflächenkeimgehalt des Schweinefleisches vor und nach dem

Zerlegeprozess sowie Beobachtungen zur Betriebshygiene und deren Überprüfung mit dem Nass-Trocken-Tupferverfahren.
Vet. med. Diss., FU Berlin (1996)

[105b] UPMANN, M. u. G. REUTER: Oberflächenkeimgehalte und Betriebshygiene in einem Zerlegebetrieb für Schweinefleisch
Fleischwirtschaft **78** (1998) 647-651 u. 971-974

[106] WEIß, H. u. G. ARNDT: Problematik der biometrischen Bewertung mikrobiologischer Untersuchungsverfahren von Lebensmitteln im Rahmen des § 35 LMBG
Dtsch. tierärztl. Wschr. **92** (1985) 64-75

[107] WIRTH, F., LEISTNER, L. u. W. RÖDEL: Physikalische Richtwerte für die Fleischtechnologie I. Mitteilung: 1. Frischfleisch, 2. Gefrierfleisch, 3. Brühwurst
Fleischwirtsch. **55** (1975) 1188-1190, 1192-1196

[108] WIRTH, F., LEISTNER, L. u. W. RÖDEL: Richtwerte der Fleischtechnologie, 2. Aufl.
Frankfurt am Main: Dtsch. Fachverlag, 1990

Rechtsvorschriften und Kommissionsrichtlinien

[109] AVVFlH (2002)
Allgemeine Verwaltungsvorschrift über die Durchführung der amtlichen Überwachung nach dem Fleischhygienegesetz und dem Geflügelfleischhygienegesetz (AVV Fleischhygiene) vom 19.02.2002 Bundesanz. **54**, Nr. 44a (Beilage), 1-37

[110] AS zu LMBG (1997): Methodensammlung
Amtliche Sammlung von Untersuchungsverfahren nach § 35 LMBG (Lebensmittel- und Bedarfsgegenstände-Gesetz) Beuth Verlag, Berlin/Köln

[111] DIN (2001)
Reinigung und Desinfektion: Kommentar zu DIN 10516, Beuth-Verlag Berlin, S. 1-80

[112a] DVG (2000)
Richtlinien für die Prüfung chemischer Desinfektionsmittel. Deutsche Veterinärmedizinische Gesellschaft e.V. (DVG) 3. Aufl. Giessen: Eigenverlag der DVG, 1-41 sowie Anhang 1-30

[112b] DVG (2003)
6. Liste der nach den Richtlinien der DVG geprüften und für wirksam befundenen Desinfektionsmittel für den Lebensmittelbereich (Handelspräparate)
Schlütersche Verlagsanstalt, Hannover, 1-22 (2003)

[113] FLHG (1993/2002)
Fleischhygienegesetz (FlHG) vom 08.07.1993 (Bundesgesetzblatt I, S. 1189) in der Fassung vom 30.06.2003 (BGBl I 32, S. 1242)

[114] FLHV (1986/2001/2002)
Verordnung über die hygienischen Anforderungen und amtlichen Untersuchungen beim Verkehr mit Fleisch (Fleischhygiene-Verordnung - FlHV) in der Neufassung vom 29.06.2001 (BGBL I S. 1366), zuletzt geändert durch Artikel 9 des Gesetzes vom 06.08.2002 BGBL I, S. 3082 sowie Artikel 2 der Verordnung vom 02.04.2003 (BGBl. I. S. 478)

[115] EG (1964/1995)
RICHTLINIE Nr. 64/433/EWG DES RATES vom 26.06.1964 über die gesundheitlichen Bedingungen für die Gewinnung und das Inverkehrbringen von frischem Fleisch im innergemeinschaftlichen Handelsverkehr mit frischem Fleisch (ABl. EG Nr. 121 vom 29.07.1964, S. 2012), geändert durch die RICHTLINIE Nr. 91/497/EWG DES RATES vom 29.07.1991, (ABl. EG Nr. L 268 vom 24.09.1991, S. 69), zuletzt geändert durch die Richtlinie 95/23/EG des Rates vom 22.06.1995 (ABl EG Nr. L 243, S. 7)

[116] EG (1977/1992)
RICHTLINIE Nr. 77/99/EWG DES RATES vom 21.12.1976 zur Regelung gesundheitlicher Fragen beim innergemeinschaftlichen Handelsverkehr mit Fleischerzeugnissen (ABl. EG Nr. L 26 vom 31.01.1977 S. 85), geändert durch die RICHTLINIE Nr. 92/5/EWG DES RATES vom 10.02.1992, (ABl. EG Nr. L 57, S. 1)

[117] EG (1988/1994)
RICHTLINIE Nr. 88/657/EWG DES RATES vom 14.12.1988 zur Festlegung der für die Herstellung und den Handelsverkehr geltenden Anforderungen an Hackfleisch, Fleisch in Stücken von weniger als 100 g und Fleischzubereitungen sowie zur Änderung der Richtlinien 64/433/EWG, 71/118/EWG und 72/462/EWG, (ABl. EG Nr. L 382 vom 31.12.1988, S. 3), zuletzt geändert durch die RICHTLINIE 92/110/EWG, (ABl. EG Nr. L 394 vom 31.12.1992, S. 26) sowie Richtlinie 94/65/EG des Rates vom 14.12.1994 (ABl. EG Nr. L 368, S. 10)

[118] EG (2001)
Entscheidung Nr. 2001/471/EG der Kommission vom 08.06.2001 über Vorschriften zur regelmäßigen Überwachung der allgemeinen Hygienebedingungen durch betriebseigene Kontrollen gemäß Richtlinien 64/433 sowie 71/118/EWG (ABl. EG Nr. L 165, S. 48)

[119] ICMSF (1980)
International Commission on Microbiological Specifications for Foods (ICMSF), Microbial ecology of foods, Vol. I. Factors affecting life and death of microorganisms, Academic Press, New York (1980)

[120] ICMSF (1998)
Microorganisms in foods. Vol 6: Microbial ecology of foods commodities. Blacky Academic and Professional, London, UK

[121] TKBG (1975/2001)
Gesetz über die Beseitigung von Tierkörpern, Tierkörperteilen und tierischen Erzeugnissen (Tierkörperbeseitigungsgesetz - TierKBG) vom 02.09.1975 (BGBl I, S. 2313) in der Fassung vom 11.04.2001 BGBl I S. 523

[122] VDI (1970)
Verein Deutscher Ingenieure (VDI-Fachgruppe Lebensmitteltechnik, Ausschuß Fleisch): Kälteanwendung bei Fleisch und Fleischwaren VDI Handbuch Lebensmitteltechnik VDI 2656, Blatt 2 (1970) 1-6

2 Mikrobiologie ausgewählter Erzeugnisse

2.1 Mikrobiologie des Hackfleisches

M. Bülte und W. Zens

2.1.1 Rechtliche Grundlagen und Definitionen

Im innerstaatlichen Bereich gilt nach wie vor die Hackfleisch-Verordnung (HFlV [1]) für nicht EU-zugelassene Betriebe. Die 1996 in Kraft getretene EU-(Hackfleisch-)Richtlinie 94/65/EG (HFl-RL[2]) des Rates vom 14. Dezember 1994 ist in der Fleischhygiene-Verordnung (FlHV [3]) im Wesentlichen in nationales Recht umgesetzt worden. Hinsichtlich der baulichen Anforderungen wird in der FlHV (§ 11) auf die HFl-RL verwiesen. Die weiteren Rechtsvorgaben für EU-zugelassene Hackfleischbetriebe finden sich hauptsächlich in den §§ 10, 10a und 11c FlHV sowie in der Anlage 2a.

Hackfleisch (in Österreich: „Faschiertes“) stellt eine Sammelbezeichnung für eine Vielzahl zerkleinerter Fleischerzeugnisse dar. Hackfleisch wird gemäß den in den Leitsätzen für Fleisch und Fleischerzeugnisse des Deutschen Lebensmittelbuchs [4] aufgeführten Anforderungen unter den in der Tab. 2.1.1 gelisteten Bezeichnungen angeboten. Hackfleisch wird aus sehnenarmer oder von Sehnen befreiter und grob entfetteter Skelettmuskulatur (bei Schweinefleisch) hergestellt. Es muss nach der HFlV von geschlachteten oder erlegten warmblütigen Tieren stammen, nach der FlHV nur aus frischem Fleisch vom Rind, Schwein, Schaf und Ziege hergestellt werden, wobei es sich auch um tiefgefrorenes, aber nicht auf irgendeine andere Weise vorbehandeltes Fleisch handeln darf. Die Verwendung von in Isolierschlachtbetrieben gewonnenem Fleisch ist verboten. Wegen der schlacht- bzw. verarbeitungstechnologisch unvermeidbaren hohen Keimbelastung besteht außerdem laut HFlV ein Verwendungsverbot für Kopf-, Bein-, Stich- und Separatorenfleisch sowie für

Tab. 2.1.1 Verkehrsbezeichnungen für Hackfleisch

Bezeichnung	Leitsatz-Nr.[1)]
Schabefleisch, Beefsteakhack, Tatar	2.507.1.3
Hamburger, Beefburger	2.507.2
Rinderhackfleisch, Rindergehacktes, Rindergewiegtes	2.507.2.1
Schweinehackfleisch, Schweinemett, Schweinegehacktes, Schweinegewiegtes	2.507.2.2
Gemischtes Hackfleisch, Halb und Halb	2.507.2.3

[1)] Deutsches Lebensmittelbuch, 1994 [4]

Bauch- und Zwerchfellmuskulatur. Nach der FlHV darf im Gegensatz zur HFlV die Kau- und Zwerchfellmuskulatur (ohne seröse Häute) nach Untersuchung auf Cysticercose sowie die Bauchmuskulatur ohne Linea alba verwendet werden. Bei der Kaumuskulatur vom Rind ist allerdings nach der Verordnung (EG) Nr. 999/2001 [5] zur Verhütung, Kontrolle und Tilgung bestimmter transmissibler spongiformer Enzephalopathien (TSE) das spezifizierte Risikomaterial (SRM) zu beachten. Je nach zukünftiger TSE-Statusklassenzuordnung ist unter anderem der gesamte Kopf (exklusive Zunge) von über 6 Monate alten Rindern zum SRM zu zählen und obliegt somit der unschädlichen Beseitigung.

Während sich in der HFlV keine Hinweise auf das Alter der zu verarbeitenden Muskulatur für die Hackfleischherstellung finden, schreibt die FlHV vor, dass Fleisch aller verwendbaren Tierarten gekühlt höchstens 6 Tage, im tiefgefrorenen Zustand (≤ -18 °C) das Fleisch vom Rind höchstens 18, von Schaf und Ziege höchstens 12 und vom Schwein höchstens 6 Monate gelagert werden darf. Die Zerlegung muss bei einer Raumtemperatur von maximal +12 °C erfolgen. Ein Herstellungs- bzw. Abgabeverbot für rohes Hackfleisch aus Geflügel- und Wildfleisch findet sich in beiden Rechtsnormen. Die Anforderungen an das Ausgangsmaterial, die gewebliche Zusammensetzung und die Aufbewahrungs- sowie Abgabebedingungen für Hackfleisch sind in der Tab. 2.1.2 zusammengefasst. Die in der FlHV nicht enthaltenen Werte (z.B. höchst zulässige Fettgehalte) aus der HFL-RL sind aufgeführt, da sie den allgemeinen Verkehrsauffassungen entsprechen.

Da es sich - wie noch aufzuzeigen sein wird - um besonders risikobehaftete Lebensmittel handelt, muss nach der HFlV (§ 4) frisch zubereitetes Hackfleisch zur Abgabe an den Verbraucher am Herstellungstag verkauft und bei einer Kühllagerungstemperatur von +4 °C, bei der alsbaldigen Abgabe kurzfristig auch bei maximal +7 °C, aufbewahrt werden. Unmittelbar nach Herstellung dürfen Hackfleischerzeugnisse 6 Monate bei -18 °C gelagert werden. Weiter gehender ist die Regelung für Hackfleisch, das in den Betrieben, die nach § 11 Abs. 1 Nr. 4 der FlHV eine EU-Zulassung besitzen, hergestellt wird. Danach ist auf allen Stufen der Herstellung ebenso wie für den Distributions-, einschließlich Verkaufsbereich eine Temperatur von ≤+2 °C verbindlich vorgeschrieben. Auf der Endverbraucherpackung ist gemäß Lebensmittelkennzeichnungsverordnung (LMKV [6]) diese Temperatur anzugeben. Da bei frischen Hackfleischerzeugnissen das Verfallsdatum, bei tiefgekühlten das Mindesthaltbarkeitsdatum anzugeben ist, kann ein EU-zugelassener Betrieb die Haltbarkeitsfristen seiner Hackfleischerzeugnisse, die in Endverbraucherpackungen abgegeben werden, selbst festsetzen. Hierbei sind auch die laut FlHV täglich durchzuführenden mikrobiologischen Stichprobenkontrollen hilfreich.

Tab. 2.1.2 Anforderungen für die Herstellung und Abgabe von Hackfleisch/Faschiertem

Ausgangsmaterial	Grundlage[1)]	Tierart			
Frisches Fleisch (Skelettmuskulatur)		Rind	Schaf/ Ziege	Schwein	Mischung
gekühlt (Tage bei +7°C)[2)]	b	höchstens 6[3)]			
tiefgefroren (Monate bei -18°C)	b	18	12	6	abhängig von Tierart
Hackfleisch (gewebliche Zusammensetzung)					
BEFFE[4)] (%)	c	≥14	fehlt	≥11,5	≥12,5
Fettgehalt (%)	d[5)]	≤20 (≤7)[6)]	≤25	≤25	≤30
Kollagen/Fleischeiweiß (%)	d[5)]	≤15 (≤12)[6)]	≤15	≤15	≤18
Hackfleisch (Abgabe)					
gekühlt	b	≤+2 °C (Verfallsdatum)			
	a	+4 °C (+7 °C, kurzfristig); Herstellungstag			
tiefgefroren	b	≤–18 °C; keine definierte zeitliche Vorgabe; Mindesthaltbarkeitsdatum ist anzugeben			
	a	≤–18 °C; 6 Monate für Hackfleisch aller Tierarten; nicht gestattet, wenn aus tiefgefrorenem Hackfleisch hergestellt			

1) a = nach Hackfleisch-Verordnung (HFlV [1]);
b = nach Fleischhygiene-Verordnung (FlHV [3]);
c = nach Leitsätzen für Fleisch und Fleischerzeugnisse (Deutsches Lebensmittelbuch [4]);
d = nach Hackfleisch-Richtlinie (HFl-RL [2])

2) Herstellungsgang ≥ 1 Stunde: Fleisch gekühlt auf +4°C Kerntemperatur

3) entbeintes, vakuumverpacktes Rindfleisch: ≤15 Tage

4) **B**indegewebs**e**iweiß**f**reies **F**leisch**e**iweiß

5) in FlHV nicht enthalten; Werte entsprechen Verkehrsauffassung

6) ( ) = mageres Hackfleisch/Faschiertes (z.B. Tatar)

Personen, die mit der Herstellung von Hackfleisch befasst sind, bedürfen nach § 10 HFlV eines besonderen Sachkundenachweises. Auch an das Verkaufspersonal werden besondere Anforderungen gestellt. Als sachkundig gelten z.B. Fleischermeister sowie Gesellen mit einer mindestens dreijährigen Tätigkeit in einem Betrieb mit Hackfleischherstellung. Falls das Behandeln von Hackfleisch nicht in einem geschlossenen System erfolgt, muss das Personal laut FlHV Mund- und Nasenmasken sowie hygienisch einwandfreie Handschuhe benutzen. Diese Vorschriften tragen dem Umstand Rechnung, dass es sich um hygienisch anfällige Erzeugnisse mit besonderem Risiko handelt.

2.1.2 Matrix-bedingte Besonderheiten bei Hackfleisch/Faschiertem

Mit jeder Schnittführung im Fleisch erhöht sich unvermeidlich die mikrobielle Kontamination. Dieses trifft erst recht für das Zerkleinern und Wolfen bei der Hackfleischherstellung zu. Als mikrobiologische Barriere anzusehende, natürlicherweise vorhandene Bindegewebsanteile wie Aponeurosen und Faszien, aber auch die intakte Muskelfaser, werden weitgehend zerstört. Gleichzeitig wird durch diesen Zerkleinerungsvorgang das Hackfleisch mit Sauerstoff angereichert. Als Folge des Zerkleinerungsprozesses tritt Fleischsaft aus. Nach Beendigung der technologischen Behandlung steht somit ein ideales Nährsubstrat für Mikroorganismen bereit. Diese Erzeugnisse weisen hohe a_w-Werte von ungefähr 0,98 auf (36). Die pH-Werte können zwischen 5,6 und 6,3 liegen, befinden sich aber zumeist im Bereich von 5,8 bis 6,0 (23). Diese „intrinsic“-Faktoren bieten daher keine Gewähr für eine Hemmung des Wachstums sowohl von Verderbniserregern als auch von pathogenen und/oder toxinogenen Mikroorganismen. Einer Vermehrung kann daher nur durch Kühlung entgegen gewirkt werden, die für solche Lebensmittel zwingend ist (32). Dabei ist zu beachten, dass der Wolfungsvorgang mit einer Temperaturerhöhung einhergeht, die allmählich von der sich anschließenden Kühllagerung wieder ausgeglichen wird (19).

2.1.3 Einfluss der Behandlung auf die Zusammensetzung der Mikroflora des Ausgangsmaterials

Der Keimgehalt und die Zusammensetzung der Mikroflorakomponenten kann in Abhängigkeit vom Alter und der Vorbehandlung des zu verarbeitenden Ausgangsmaterials kennzeichnenden Schwankungen unterworfen sein (s. Kapitel 1.3). Einerseits kann bis zu 6 Tage altes, bei +7 °C gekühltes Fleisch der zugelassenen Tierarten, andererseits auch bei –18 °C tiefgefrorenes Fleisch verwendet werden. Vielfach wird auch - insbesondere bei der Herstellung von Rinderhackfleisch - vakuumierte, gelegentlich unter kontrollierter Gasatmosphäre gelagerte Ware bevorzugt. Daraus ergeben sich spezifische mikrobiologische Umschichtungen. Grundsätzlich sollte nur Fleisch mit einer möglichst niedrigen Ausgangskeimbelastung ausgewählt werden.

Nach Beendigung der Schlachtung liegt - je nach hygienischen Bedingungen bei der Schlachtung und Herstellung - eine Oberflächenkontamination auf den Schlachttierkörpern zwischen 10^2 und 10^4, mitunter auch bis zu 10^5 Koloniebildende Einheiten (KbE)/cm^2, selten höhere Werte, vor (32). Die tiefen Schichten der Muskulatur sind als steril anzusehen, so dass der Oberflächenkeimgehalt entscheidend ist. Neben der vom Schlachttier selbst stammenden Mikroflora, die überwiegend dem Fell, der Haut und den Fäzes entstammt, kommen aus dem Schlachtumfeld einschließlich des Personals sowie bei der nachfolgenden Behandlung wie Kühllagerung, Transport, Zerlegung, Zerkleinerung und der Hackfleischherstellung selbst weitere, als sekundäre oder exogene Kontamination zu kennzeichnende Anteile hinzu. Dieses ist trotz vielfältiger hygienischer Vorschriften unvermeidbar (31, 32, 34, 42). Das Ausmaß der Kontamination kann allerdings in den einzelnen Be- und Verarbeitungsstufen eingeschränkt werden. Ein entsprechendes Hygienemanagement sowie die Schulung des Personals sind vorgeschrieben und sollten selbstverständlich sein. Fehler und Nachlässigkeiten bei der Produktsteuerung sind im fertigen Produkt nicht mehr zu korrigieren.

2.1.4 Höhe und Zusammensetzung der Hackfleischmikroflora

2.1.4.1 Verderbnisflora

Die mikrobiologische Qualität des Ausgangsmaterials nimmt einen erheblichen Einfluss auf die mikrobiologische Beschaffenheit des Hackfleisches (17, 26, 32). Die aerobe mesophile Keimzahl liegt produktspezifisch üblicherweise zwischen ca. 10^4 und 10^6 KbE/g (17, 20). Gelegentlich sind auch höhere Keimzahlwerte bis zu 10^7 KbE/g und darüber ermittelt worden. Bei kontrollierter Materialauswahl, hygienisch sorgfältiger Prozessführung und vorschriftsmäßiger Personalhygiene sind niedrige Keimzahlwerte, insbesondere aus industrieller Produktion (FlHV, Anlage 2a) durchaus möglich. Die Zusammensetzung der Mikroflora kann in Abhängigkeit vom verwendeten Ausgangsmaterial variieren. Regelmäßig anzutreffen sind Pseudomonaden, v.a. *Pseudomonas (Ps.) fragi, Ps. fluorescens, Ps. lundensis, Ps. putida*, seltener Milchsäurebakterien, *Brochothrix thermospacta, Flavobakterium, Psychrobacter spp.*, Enterobacteriaceae sowie *Acinetobacter* spp. (17, 23, 26, 37). Innerhalb der Hackfleischmikroflora dominieren psychrotrophe Mikroorganismen aus der Gruppe der Pseudomonaden sowie häufig auch *Acinetobacter*- und *Moraxella*-Stämme. In zumeist geringeren Anteilen sind regelmäßig Enterobacteriaceae in einer Größenordnung von 10^3 bis 10^5/g nachzuweisen (38). Es sind auch höhere Werte möglich. Gerade beim Transport von unzureichend heruntergekühlten Schlachttierkörpern bei nicht ausreichendem Kühlvermögen des Transportfahrzeugs, insbesondere in warmen Jahreszeiten, kann der Anteil an Enterobacteriaceae auf der Schlachttierkörperoberfläche sogar dominieren (5).

Wird das Fleisch frisch geschlachteter Tiere verwendet, finden sich neben den bereits erwähnten, weitere gram-negative Mikroorganismen aus den Gattungen *Flavobacterium, Alcaligenes* und seltener *Aeromonas*, weiterhin - beim Rindfleisch mitunter auch dominierend - gram-positive Mikrooganismen wie *Micrococcus* spp., *Bacillus* spp. sowie gelegentlich *Brochothrix thermospacta* (3, 12). Wird Fleisch ausgewählt, das bereits mehrere Tage gelagert wurde, ist der Anteil an *Moraxella-* und *Acinetobacter*-Stämmen zugunsten der Pseudomonaden zurückgedrängt (3). Regelmäßig ist bei nicht schlachtfrischem Fleisch auch der Gehalt an Milchsäurebakterien sowie von *Brochothrix thermosphacta* erhöht (12, 30). In nicht so hohem Maße, aber ebenfalls regelmäßig, sind auch psychrotrophe Stammformen verschiedener Spezies aus der Familie der Enterobacteriaceae vertreten (16, 21, 22, 34).

Aus der Pseudomonasgruppe dominieren *Ps. fragi*-Stämme, gefolgt von *Ps. fluorescens-, putida-* und *taetrolens-*, gelegentlich auch *Ps. aeruginosa*-Stämmen (21). Innerhalb der Enterobacteriaceae-Flora sind regelmäßig *Serratia liquefaciens-, Citrobacter freundii-* sowie *Erwinia-, Hafnia-* und *Klebsiella-*, in weitaus geringeren Anteilen *Klyuvera* I- und II- sowie *Enterobacter-, Providencia-* und *Escherichia (E.) coli*-Stämme nachzuweisen (21, 22, 33). Innerhalb des Enterobakteriogramms können Verschiebungen mit einem dominierenden Anteil an *Enterobacter agglomerans-, liquefaciens-* und *cloacae-* oder psychrotrophen *Klebsiella*-Stämmen auftreten (16).

Zum Verderb des Hackfleisches tragen maßgeblich die proteolytischen Pseudomonaden und anteilig die *Enterobacteriaceae*-Stämme bei. Verderbniserscheinungen äußern sich sensorisch daher als „dumpf(ig) und muffig“ oder gar „faulig“. Nur gelegentlich kommt es durch eine dominierende Laktobazillen-Flora auch zu einer Säuerung. Aus früheren Lagerungsversuchen ist bekannt, dass Verderbniserscheinungen in aller Regel erst bei Keimzahlwerten ab 10^7 bis 10^8/g auftreten (18). Da Hackfleisch frisch hergestellt und allenfalls kurzfristig unter Kühlung vorrätig gehalten wird, ist ein mikrobieller Abbau von Nährstoffbestandteilen nicht oder nur unwesentlich möglich. Sehr hohe Keimzahlwerte müssen daher nicht zwingend mit sensorischen Veränderungen verbunden sein. Sie können vielmehr - ohne zum Verderb zu führen - ein Anzeichen für mikrobiell entsprechend hoch belastetes Ausgangsmaterial sein und/oder auf hygienische Mängel beim Herstellungsprozess hinweisen (38).

In Hackfleisch finden sich gelegentlich, aber in zumeist geringen quantitativen Anteilen, auch aerobe und anaerobe Sporenbildner. Als Spezies der ersten Gruppe können *Bacillus subtilis-, pumilus-* und *licheniformis*-Stämme (1), als Vertreter der zweiten

Gruppe *Clostridium putrificum-, perfringens-, sporogenes-* und *bifermentans*-Stämme vertreten sein (9). Sie besitzen proteolytische, viele Clostridienstämme zusätzlich auch saccharolytische Fähigkeiten. Ihre Bedeutung als Verderbniserreger bei Hackfleisch ist eher gering einzustufen. Dieses gilt ebenso für die toxinogenen Stammformen, die bei sachgerechter Behandlung nicht zur Entwicklung gelangen.

2.1.4.2 Gesundheitlich bedenkliche Mikroorganismen

Bereits vor dem Zweiten Weltkrieg hat es eine Fülle von *Salmonella*-Infektionen in Deutschland über roh verzehrtes Hackfleisch gegeben. Dieses führte 1936 zum Erlass der Hackfleisch-Verordnung, die zu einem deutlichen Rückgang der Salmonellosen des Menschen beitrug. Es kann davon ausgegangen werden, dass diese Verordnung aufgrund der vorgeschriebenen strikten Herstellungs- und Abgabebedingungen auch zu einem Rückgang anderer Lebensmittelinfektionen durch solche Produkte geführt hat.

Das Vorkommen von *eo ipso* oder potenziell gesundheitlich bedenklichen Mikroorganismen in Hackfleisch ist besonders intensiv untersucht worden. Dieses ist verständlich, da es sich um Erzeugnisse handelt, die sehr häufig roh verzehrt werden. Der alleinige Nachweis einer Spezies, die sowohl saphrophytäre als auch pathogene oder toxinogene Stammformen aufweisen kann, ist in aller Regel jedoch noch nicht ausreichend, um die tatsächliche Gesundheitsgefährdung des Verbrauchers beim Verzehr einzuschätzen. Eine differenzierte Erfassung des tatsächlich gesundheitlich bedenklichen Anteils kann durch die Bestimmung pathogener Serovare (z.B. bei *Yersinia (Y.) enterocolitica* oder *Listeria (L.) monocytogenes*-Stämmen) oder, sofern bekannt und Methoden verfügbar, über den Nachweis spezifischer Pathogenitätsfaktoren (z.B. *E. coli*) oder durch die Bestimmung im Lebensmittel vorhandener präformierter Toxine (z.B. *Staphylococcus aureus*) erfolgen. Der alleinige, mitunter rein qualitative Nachweis einer potenziell pathogenen Spezies kann daher nur ausnahmsweise als Grundlage für eine lebensmittelrechtliche Beurteilung herangezogen werden.

Eine Übersicht zu *Salmonella*-Funden in Hackfleisch in der Bundesrepublik Deutschland und einigen angrenzenden Ländern ist in der Tab. 2.1.3 enthalten.

Von einigen Arbeitsgruppen (2, 28) wurden mit ca. 32 % bzw. 84 % sehr hohe Kontaminationsraten, von den meisten jedoch deutlich unter 10 % liegende Werte ermittelt (23, 25). In diesem Zusammenhang sei darauf hingewiesen, dass *Salmonella (S.)* Enteritidis-Stämme, die für die drastische Zunahme der Salmonellosen in der BRD von 1985 bis 1992 zweifelsfrei verantwortlich waren (14), in Hackfleisch nur aus-

Tab. 2.1.3 Nachweis von Salmonellen in Hackfleisch (Literaturauswahl)

Tierart	Land	Anzahl Proben	Positiv n (%)	Autor(en)
Schwein	D	500	226 (45,2)	Pietzsch u. Kawerau (28)
Schwein	D	300	34 (11,3)	Grossklaus et al. (13)
Schwein	D	144	57 (39,6)	Hattendorf (15)
Schwein	D	265	10 (3,8)	Klein u. Louwers (23)
Rind	D	545	4 (7,3)	Klein u. Louwers (23)
Rind/Schwein	D	270	5 (1,9)	Klein u. Louwers (23)
Rind/Schwein	D	1.485	94 (6,3)	Stock u. Stolle (41)
„filet americain"	NL	73	62 (84)	Beumer et al. (2)
Schwein; Rind/Schwein	CH	157	3 (1,9)	Kleinlein et al. (25)
Hackfleisch/ rohes Brät	CH	3.083	130 (4,2)	Kleinlein et al. (25)

nahmsweise gefunden werden. Nach wie vor werden überwiegend S. Typhimurium-, gelegentlich Panama- und Indiana-Stämme sowie wenige andere Serovare nachgewiesen. Da die Infektionsdosis von ca. 10^5 bis 10^6 vermehrungsfähigen Zellen/g bei vorschriftsmäßigem Behandeln, einschließlich rechtsverbindlich vorgeschriebener Temperaturführung, nicht erreicht wird, ist das Risiko, sich über Hackfleisch zu infizieren, als insgesamt gering einzustufen. So weist auch der 7. Bericht des WHO-Überwachungsprogramms für Europa den Vektor „Hackfleisch" in lediglich 0,1 % der Fälle als Ursache aus. Dieses gilt selbstverständlich nicht für die sog. Risikogruppen wie Säuglinge und Kleinkinder, ältere Menschen und immunkompromittierte Personen. Diese Risikogruppen sind aber auch durch andere gesundheitlich bedenkliche Mikroorganismen einem erhöhten Infektionsdruck ausgesetzt.

Eine Auflistung weiterer, in Hackfleisch nachweisbarer potenziell pathogener Spezies ist in der Tab. 2.1.4 enthalten. Listerien sind ihrer ubiquitären Verbreitung entsprechend regelmäßig zu kultivieren. Dabei werden neben Stämmen von nicht pathogenen Spezies, wie *L. welshimeri* und *L. innocua*, (25, 27) regelmäßig auch *L. monocytogenes* und sehr selten *L. seeligeri* sowie *ivanovii* nachgewiesen. Die Nachweisraten schwanken erheblich und liegen zwischen ca. 15 und über 50 % (10, 20, 25, 27). Unter den *L. monocytogenes*-Stämmen interessieren insbesondere die menschenpathogenen Serovare 1/2a und 4b, die im Hackfleisch offensichtlich einen geringeren Anteil stellen (25, 27). Kennzeichnend für gesundheitlich bedenkliche Stämme ist das Hämolysinbildungsvermögen, das bei apathogenen Stammformen grundsätzlich fehlt. *L. monocytogenes* ist in regelmäßig geringen Quantitäten vertreten, die mit überwiegend unter 100 Zellen/g, nur sehr selten höher liegend, angegeben werden (10, 20). Diese Zahlenwerte befinden sich unterhalb der für eine Infektion des gesunden Menschen erforderlichen Dosis. Das Infektionsrisiko sollte daher nicht überbewertet werden, zumal eine diesbezügliche Lebensmittelinfektion über Fleisch bisher nicht bekannt geworden ist. Vom Verzehr rohen Hackfleisches sollte allerdings Schwangeren - auch aufgrund anderer möglicher bakterieller oder parasitärer Infektionserreger - grundsätzlich abgeraten werden.

Gelegentlich sind *Y. enterocolitica*-Stämme in Hackfleischproben vom Schwein nachzuweisen. Überwiegend handelt es sich aber nicht um Stämme humanpathogener Serovare. Solche sind den Serogruppen O:3, O:8, O:9 und O:5,27 zuzuordnen, wobei das Vorkommen von O:8-Stämmen auf die USA und Kanada, von O:5,27-Stämmen auf Japan beschränkt ist. Bisher sind Lebensmittelinfektionen über Fleisch nicht bekannt geworden. Es muss bedacht werden, dass *Y. enterocolitica*-Stämme, darunter auch pathogene Serovare, häufiger im Rachenbereich des Schweines nachzuweisen sind. Auch wenn das Kopffleisch für die Hackfleischproduktion ausgeschlossen ist, ist eine Kontaminierung des Tierkörpers durch die fleischhygienerechtlich vorgeschriebene Fleischuntersuchung durchaus wahrscheinlich (7). Obgleich es sich um psychrotrophe Stämme handelt, ist die Vermehrung pathogener *Y. enterocolitica*-Stämme im Hackfleisch aufgrund kompetitiver Mikrofloraeinflüsse bei sachgerechter Behandlung weit gehend auszuschließen (11, 24).

Vor allem aus den USA, Kanada und Japan, aber auch aus Großbritannien sind mehrere schwerwiegende Lebensmittelinfektionen mit Todesfällen durch enterohämorrhagische *E. coli*-Stämme (EHEC), insbesondere des Serovars O157:H7 bekannt geworden. Aufgrund des häufig als hämorrhagische Diarrhöe zu diagnostizierenden klinischen Erkrankungsbildes werden solche Stämme als enterohämorrhagische *E. coli* (EHEC) bezeichnet (s. Kap. 2.6.3.1.3).

Als Vektoren wurden überwiegend rohes Hackfleisch bzw. nicht ausreichend erhitzte „Hamburger“, häufiger auch rohe Kuhmilch ermittelt. In der Bundesrepublik ist bisher nur ein größerer Ausbruch durch *E. coli* O157:H7 in einer Kindertagesstätte bekannt geworden (29). Die Übertragung erfolgte durch dort tätiges Personal, das als symptomlose Ausscheider auch Lebensmittel kontaminierte. Überwiegend treten in unserem Lebensbereich sporadische Fälle auf. Epidemiologische Daten, die einen Bezug zu Lebensmitteln herstellen könnten, sind allerdings bisher sehr selten.

Aus der Tab. 2.1.4 ist ersichtlich, dass bei Untersuchungen an Rinder- und Schweinehackfleischproben nur verotoxinogene *E. coli* (VTEC)-Stämme in der Größenordnung von 6,9 % bzw. 0,3 % gefunden werden konnten (8). Diese repräsentieren eine Vielzahl unterschiedlicher Serovare, die bisher jedoch - mit Ausnahme von O157-Stämmen (0,2 %) - nicht in Verbindung mit schwerwiegenden Erkrankungen des Menschen isoliert wurden. Nach derzeitigem Kenntnisstand vermögen sich VTEC-Stämme innerhalb einer kompetitiven Mikroflora roten Fleisches nicht zu behaupten

Tab. 2.1.4 Nachweis von weiteren potenziell gesundheitlich bedenklichen Mikroorganismen in Hackfleisch (Literaturauswahl)

Spezies	Land	Tierart	Anzahl Proben	positiv n (%)	Autor(en)
Listeria monocytogenes	D	Rind	100	23 (23)	Erdle (10)
	D	Schwein	76	39 (51,3)	Bülte, unveröffentlicht
	CH	Schwein	90	15 (16,7)	Kleinlein et al. (25)
	CH	Gemischt	67	13 (19,4)	Kleinlein et al. (25)
	D	Rind/Schwein	125	19 (15,2)	Ozari u. Stolle (27)
Yersinia enterocolitica	D	Schwein	224	0	Stengel (40)
	CH	Schwein	90	46 (51,1)	Kleinlein et al. (25)
	CH	Gemischt	67	29 (43,3)	Kleinlein et al. (25)
	D	Schwein (gefr.)	20	16 (80)	Wendland u. Bergann (45)
	D	Rind (gefr.)	18	7 (38,9)	Wendland u. Bergann (45)
Verotoxinogene *E. coli*	D	Rind	1.381	95 (6,9)	Bülte (8)
	D	Schwein	307	1 (0,3)	Bülte (8)

(33, 44). Das Verotoxinbildungsvermögen ist bisher bei über 250 verschiedenen *E. coli*-Serovaren nachgewiesen worden. Eine Einstufung als „gesundheitlich bedenklich“ ist bei alleinigem Nachweis des Verotoxinbildungsvermögens nicht ohne weiteres möglich, da zur Entfaltung der vollen Pathogenität offensichtlich zusätzlich ein spezifisches Haftungsvermögen erforderlich ist, das nur bei bestimmten Stämmen einiger Serogruppen (v.a. O26, O103, O111, O118, O145, O157 (4)) vorhanden ist. Der Nachweis hochpathogener *E. coli* O157:H7- bzw. H^--Stämme in Hackfleisch würde allerdings eine Beurteilung nach § 8 des Lebensmittel- und Bedarfsgegenständegesetzes (LMBG) rechtfertigen. Dieses ergibt sich insbesondere aus dem Wissen, dass einige wenige Zellen für eine Erkrankung ausreichend sind.

Clostridum perfringens- und *Staphylococcus (Staph.) aureus*-Stämme können häufiger in Hackfleischerzeugnissen nachgewiesen werden (35), kommen aber bei vorschriftsmäßiger Kühlung und auch aufgrund mikroökologisch bedingter kompetitiver Einflüsse einer um mehrere Zehnerpotenzen höheren Begleitflora nicht zur Entwicklung (35). Damit fehlt auch die Grundlage für eine Enterotoxinbildung bei *Staph. aureus*-Stämmen, die an eine Vermehrung der Zellen gebunden ist. *Campylobacter jejuni*- und *coli*-Stämme, die auf Schlachttierkörperoberflächen regelmäßig vorkommen, sind im Hackfleisch von sehr geringer Bedeutung. Sie können sich als thermo- und mikroaerophile Spezies nicht behaupten. Ihr Nachweis in zerkleinertem Fleisch ist daher außerordentlich selten (43).

2.1.5 Mikrobiologische Kriterien

Während in der HFlV keine mikrobiologischen Normwerte enthalten sind, finden sich in der FlHV, Anlage 2a (Nr. 9.3), sog. „mikrobiologische Kriterien". Sie sind rechtsverbindlich für alle EU-zugelassenen Hackfleischerzeuger-Betriebe. Auch für Fleischzubereitungen sind mikrobiologische Kriterien (Nr. 9.4) vorgegeben. Für die Beurteilung einzelner Chargen von Hackfleisch/Faschiertem sind jeweils fünf Teilproben zu untersuchen. Eine Auflistung der mikrobiologischen Kriterien mit Angabe der Untersuchungsmodi finden sich in der Tab. 2.1.5. Für die Salmonellen ist ein Zweiklassenplan, für die übrigen Mikroorganismen ein Dreiklassenplan zugrunde gelegt. Das bedeutet, dass bei fünf (n = 5) Stichproben im Falle der Salmonellenuntersuchung keine (c = 0) Probe positiv ausfallen darf. Bei der aeroben mesophilen Keimzahl, bei der Bestimmung von *E. coli* sowie bei der Erfassung von *Staph. aureus* dürfen jeweils zwei Proben (c = 2) Werte im Toleranzbereich zwischen „m" und „M" aufweisen. Die auf Salmonellen zu untersuchende Einwaage beträgt für Hackfleisch/Faschiertes nur noch 10 g, für Fleischzubereitungen lediglich 1 g.

„3 x m" und nicht „m" charakterisiert den Keimzahlrichtwert, unterhalb dessen eine Charge unbeanstandet bleibt, während mit „M" ein Grenzkeimzahlwert festgelegt wurde, oberhalb dessen eine Charge in keinem Fall akzeptiert wird. Die Angabe „c" bezieht sich somit auf Werte, die zwischen „3 x m" und „M" liegen. Als weiteres Kriterium ist der Wert „S" (= „m x 10^3") aufgeführt, bei dessen Überschreitung die Proben als gesundheitlich bedenklich oder verdorben zu gelten haben. Dieses ist jedoch weder wissenschaftlich noch nach geltender Verkehrsauffassung zu substanti-

Tab. 2.1.5 Mikrobiologische Kriterien für Hackfleisch/Faschiertes nach FlHV, Anlage 2a

Mikroorganismen	Modus	m*	M*	n	c
Aerobe mesophile Keimzahl	täglich	5×10^5	5×10^6	5	2
Salmonellen	täglich	nicht nachweisbar in 10 g		5	0
E. coli	wöchentlich	5×10^1	5×10^2	5	2
Staph. aureus	wöchentlich	10^2	10^3	5	2

* Angaben der Keimzahlwerte als **K**olonie-**b**ildende **E**inheiten (KbE/g)
m x 3 = Richtwert, unter dem alle Proben als „zufriedenstellend" gelten
M = oberer Grenzwert
n = Anzahl Proben pro Charge
c = Anzahl Proben einer Charge, die zwischen "„3 x m" und „M" liegen dürfen (= „annehmbar")
Anmerkung: Kriterien für Fleischzubereitungen s. Kap. 2.2

ieren. Je nach Einhaltung der aufgeführten Kriterien werden die Chargen ansonsten als „zufriedenstellend“, „annehmbar“, „nicht zufriedenstellend“ oder „bedarf zusätzlicher Bewertung“ (nur bei Überschreitung der aeroben mesophilen Keimzahl, ansonsten aber zufriedenstellenden Werten) eingestuft.

Alle mikrobiologischen Befunde sind zu dokumentieren und werden von der zuständigen Behörde überwacht. Die mikrobiologischen Kriterien der FlHV sind als Richtwerte für den Produzenten gedacht. Sie sind nicht für eine Untersuchung von Hackfleischerzeugnissen im Enddistributationsbereich im Sinne einer Endproduktspezifikation anzuwenden. Mit Ausnahme der Salmonellen kommt den weiteren aufgeführten Mikroorganismen primär eine Indikatorfunktion zu, d.h., sie sollen Aufschluss über unhygienische Sachverhalte geben. Eine Indexfunktion für *E. coli*, d.h., das Anzeigen möglicherweise gleichzeitig vorhandener pathogener Mikroorganismen aufgrund gleicher ökologischer Herkunft, muss für Hackfleisch verneint werden.

Literatur

[1] Hackfleisch-Verordnung (HFlV) v. 10.05.1976 (BGBl. I S. 1186); zuletzt geändert durch Art. 2 der VO zur Änderung der Lebensmittel-KennzeichnungsVO und anderen lebensmittelrechtlichen VO v. 14.10.1999 (BGBl. I S. 2053)

[2] Richtlinie des Rates 94/65/EG v. 14.12.1994 zur Festlegung von Vorschriften für die Herstellung und das Inverkehrbringen von Hackfleisch/Faschiertem und Fleischzubereitungen (Hackfleisch-Richtlinie), ABl. Nr. L 368/10

[3] Fleischhygiene-Verordnung (FlHV) v. 30.10.1986 (BGBl. I S. 1678) i.d.F. der Bekanntmachung v. 29.06.2001 (BGBl. I S. 1366); zuletzt geändert durch Art. 2 der 2. Verordnung zur Änderung lebensmittel- und fleischhygienerechtlicher Vorschriften v. 02.04.2003 (BGBl. I S. 479)

[4] Deutsches Lebensmittelbuch, Bundesanzeiger-Verlagsges. mbH, Köln (1994)

[5] Verordnung (EG) Nr. 999/2001 mit Vorschriften zur Verhütung, Kontrolle und Tilgung bestimmter transmissibler spongiformer Enzephalopathien v. 22.05.2001; zuletzt geändert durch die Verordnung (EG) Nr. 260/2003 der Kommission v. 12.02.2003, ABl. Nr. L 37 S. 7 v. 13.02.2003

[6] Lebensmittel-Kennzeichnungsverordnung (LMKV) i.d.F. der Bekanntmachung v. 15.12.1999 (BGBl. I S. 2464); zuletzt geändert durch Art. 1 der 7. LMKV-ÄndVO v. 18.12.2002 (BGBl. I S. 4644)

(1) Berkel, H.: Differenzierung und Speziesverteilung von aus Fleischerzeugnissen stammenden Mikroorganismen der Gattung *Bacillus*. Vet. med. Diss., Gießen 1975

(2) Beumer, R. R., Tamminga, S. K. u. E. H. Kampelmacher: Microbiological investigation of „filet americain“. Arch. Lebensmittelhyg. **34** (1983) 35-40

(3) BLÄSCHKE, A. u. G. REUTER: Die Zusammensetzung der gramnegativen Oberflächenmikroflora auf Rinderschlachttierkörpern. Proceed. 25. Arbeitstagung Arbeitsgebiet „Lebensmittelhygiene“ der Dtsch. Vet. Med. Ges., Eigenverlag der DVG Gießen (1984) 148-156

(4) BOCKEMÜHL, J., KARCH, H. und J. TSCHÄPE: Zur Situation der Infektion des Menschen durch enterohämorrhagische *E. coli* (EHEC) in Deutschland 1997. Bundesgesundhbl. **41** (1998) 2-5

(5) BÜLTE, M.: Die Impedanzmessung und das Biolumineszenzverfahren als anwendbare Schnellmethoden zur Bestimmung des Keimgehaltes auf Fleischoberflächen. Vet. med. Diss. FU Berlin (1983)

(6) BÜLTE, M.: Nachweis von verotoxinogenen *E. coli*-Stämmen (VTEC) im Koloniehybridisierungsverfahren mit Gensonden, die mit der Polymerase-Kettenreaktion hergestellt und Digoxigenin-markiert wurden - gleichzeitig ein Beitrag zur Ökologie gesundheitlich bedenklicher *E. coli*-Stämme in der Bundesrepublik Deutschland. Habil.-Schrft. FU Berlin (1992)

(7) BÜLTE, M., KLEIN, G. u. G. REUTER: Schweineschlachtung - Kontamination des Fleisches durch menschenpathogene *Yersinia enterocolitica*-Stämme? Fleischwirtsch. **71** (1991) 1411-1416

(8) BÜLTE, M.: Nachweis und Charakterisierung von Verotoxin-bildenden *E. coli*-Stämmen (VTEC) aus unterschiedlichen Habitaten. Berl. Münch. Tierärztl. Wschr. **114**, 473-477 (2001)

(9) EISGRUBER, G.: Prüfung von Verfahren zur Kultivierung und Schnellidentifizierung von Clostridien aus frischem Fleisch sowie aus anderen Lebensmitteln. Vet. med. Diss. FU Berlin (1986)

(10) ERDLE, E.: Zum Vorkommen von Listerien in Käse, Fleisch und Fleischwaren. Vet. med. Diss. München (1988)

(11) FUKUSHIMA, H.: Direct isolation of *Yersinia enterocolitica* and *Yersinia pseudotuberculosis* from meat. Appl. Environ. Microbiol. **50** (1986) 710-712

(12) GILL, O. C. u. C. MCGINNIS: Changes in the microflora on commercial beef trimmings during their collection, distribution and preparation for retail sale as ground beef. Int. J. Food Microbiol. **18** (1993) 321-332

(13) GROSSKLAUS, H., SINELL, H.-J. u. H.-U. HÖPKE: Salmonellabakterien in Schweinehackfleisch. Fleischwirtsch. **2** (1999) 74-78

(14) HARTUNG, M.: pers. Mitteilung (1994)

(15) HATTENDORF, P.: Untersuchungen zur Verbesserung von molekularbiologischen und phänotypischen Verfahren zum Routinenachweis von Salmonellen in Lebensmitteln. Vet. med. Diss. JLU Gießen (2000)

(16) HECHELMANN, H., BEM, Z., UCHIDA, H. u. L. LEISTNER: Vorkommen des Tribus Klebsielleae bei kühlgelagertem Fleisch und Fleischwaren. Fleischwirtsch. **9** (1974) 1515-1517

(17) HILDEBRANDT, A., HILDEBRANDT, G. u. J. KLEER: Mikrobiologischer Status von Schweinehackfleisch - Ein Vergleich der industriellen und handwerklichen Herstellung. Fleischwirtsch. **81** (2001) 86-90

(18) INGRAM, M. u. R. H. DAINTY: Changes caused by microbes in spoilage of meats. J. Appl. Bact. **34** (1971) 21-39

(19) JAMES, S. J. u. C. BAILEY: Chilling systems for foods. In: T. R. GORMLEY (Ed.), Chilled foods: The state of the art. Elsevier Applied Science, London (1990) 1-36

(20) KARCHES, H. u. P. TEUFEL: *Listeria monocytogenes* - Vorkommen in Hackfleisch und Verhalten in frischer Zwiebelmettwurst. Fleischwirtsch. **68** (1988) 1388-1392

(21) KLEEBERGER, A.: Untersuchungen zur Taxonomie von Enterobakterien und Pseudomonaden aus Hackfleisch. Arch. Lebensmittelhyg. **30** (1979) 130-137

(22) KLEEBERGER, A. u. M. BUSSE: Keimzahl und Florazusammensetzung bei Hackfleisch. Ztschrft. Lebensm. Unters. **158** (1975) 321-331

(23) KLEIN, G. u. J. LOUWERS: Mikrobiologische Qualität von frischem und gelagertem Hackfleisch aus industrieller Herstellung. Berl. Münch. Tierärztl. Wschrft. **107** (1994) 361-367

(24) KLEINLEIN, N. u. F. UNTERMANN: Growth of pathogenic *Yersinia enterocolitica* strains in minced meat with and without protective gas with consideration of the competitive background flora. Int. J. Food Microbiol. **10** (1990) 65-72

(25) KLEINLEIN, N., UNTERMANN, F. u. H. BEISSNER: Zum Vorkommen von *Salmonella-* und *Yersinia*-Spezies sowie *Listeria monocytogenes* in Hackfleisch. Fleischwirtsch. **69** (1989) 1474-1476

(26) KÖPKE, U.: Zusammenfassung der psychrotrophen Hackfleischmikroflora „industrieller" Herstellung mit mikroökologischer und hygienischer Bewertung ihrer Hauptkomponenten. Vet. med. Diss., Berlin (2002)

(27) OZARI, R. u. F. A. STOLLE: Zum Vorkommen von *Listeria monocytogenes* in Fleisch und Fleisch-Erzeugnissen einschließlich Geflügelfleisch des Handels. Arch. Lebensmittelhyg. **41** (1990) 47-50

(28) PIETZSCH, O. u. H. KAWERAU: Salmonellen in Schweine-Schlacht- und -Zerlegebetrieben sowie Schweinehackfleisch. Vet. Med. Hefte Nr. 4 Bundesgesundheitsamt Berlin (West) (1984)

(29) REIDA, P., WOLFF, M., POHLS, H. W., KUHLMANN, W., LEHMACHER, A., ALEKSIC, S., KARCH, H. u. J. BOCKEMÜHL: An outbreak due to *Escherichia coli* O157:H7 in a children day care centre characterized by person-to-person transmission and environmental contamination. Zbl. Bakt. **281** (1994) 534-543

(30) REUTER, G.: Vorkommen und Bedeutung von psychrotrophen Mikroorganismen im Fleisch. Arch. Lebensmittelhyg. **23** (1972) 272-274

(31) REUTER, G.: Die Problematik mikrobiologischer Normen bei Fleisch. Arch. Lebensmittelhyg. **35** (1984) 106-109

(32) REUTER, G.: Hygiene der Fleischgewinnung und -verarbeitung. Zbl. Bakt. Hyg. B

183 (1986) 1-22

(33) REUTER, G.: Surface count on fresh meat - hazardous or technically controlled? Arch. Lebensmittelhyg. **45** (1994) 51-55

(34) REUTER, G. u. M. T. ÜLGEN: Zusammensetzung und Umschichtung der Enterobacteriaceaeflora bei Schweineschlachttierkörpern im Verlaufe der Bearbeitung unter Berücksichtigung der Antibiotika- und Chemotherapeutikaresistenz. Arch. Lebensmittelhyg. **28** (1977) 211-214

(35) ROBERTS, T. A., BRITTON, C. R. u. W. R. HUDSON: The bacteriological quality of minced beef in the U. K. J. Hyg. (Cambridge) **85** (1980) 211-217

(36) RÖDEL, W.: Einstufung von Fleischerzeugnissen in leicht verderbliche, verderbliche und lagerfähige Produkte aufgrund des pH-Wertes und des a_w-Wertes. Vet. med. Diss. FU Berlin (1975)

(37) SCHALCH, B., EISGRUBER, H. und A. STOLLE: Praktische Erfahrungen mit den mikrobiologischen Anforderungen der EG-Hackfleischrichtlinie. Fleischwirtsch. **76** (1996) 883-886

(38) SINELL, H.-J.: Bewertung der hygienischen Qualität von Lebensmitteln nach mikrobiologischen Gesichtspunkten. Fleischwirtsch. **5** (1971) 767-772

(39) SCRIVEN, F. M. u. R. SINGH: Comparison of the microbial populations of retail beef and pork. Meat Sci. **18** (1986) 173-180

(40) STENGEL, G.: Ein Beitrag zum Vorkommen von *Yersinia enterocolitica*. Vet. med. Diss. FU Berlin (1984)

(41) STOCK, K. u. A. STOLLE: Incidence of *Salmonella* in minced meat produced in a European Union-Approved cutting plant. J. Food Prot. **64** (2001) 1435-1438

(42) TEUFEL, P., GÖTZ, G. u. D. GROSSKLAUS: Einfluss von Betriebshygiene und Ausgangsmaterial auf den mikrobiologischen Status von Hackfleisch. Fleischwirtsch. **61** (1981) 1849-1855

(43) TURNBULL, P. C. B. u. P. ROSE: *Campylobacter jejuni* and salmonellae in raw red meats. J. Hyg. (Cambridge) **88** (1982) 29-37

(44) VOLD, L., HOLCK, A., WASTESON, Y. u. H. NISSEN: High levels of background flora inhibits growth of *E. coli* O157:H7 in ground beef. Int. J. Food Microbiol. **56** (2000) 219-225

(45) WENDLAND, A. u. T. BERGANN: Zum Vorkommen von *Listeria monocytogenes*-Serotypen in den Produktionsstufen eines großen Fleischgewinnungs, -be und -verarbeitungsbetriebes. Proceed. 34. Arbeitstagung Arbeitsgebiet „Lebensmittelhygiene“ der Dtsch. Vet. Med. Ges., Eigenverlag der DVG (1993) 103-112

2.2 Mikrobiologie ausgewählter Erzeugnisse und Zubereitungen aus rohem Fleisch

J. JÖCKEL UND H. WEBER

Unbehandeltes (rohes), zerkleinertes Fleisch bietet aufgrund der starken Oberflächenvergrößerung vielen Verderbnis- und Krankheitserregern gute Vermehrungsmöglichkeiten. In der Hackfleisch-Verordnung (HFlV) [64] sind die Bedingungen für Herstellung, Lagerung und Inverkehrgabe von Produkten niedergelegt, die nach der Verordnung zu beurteilen sind. Die Vorgaben der EU-Hackfleisch-Richtlinie [49] wurden mit der Fleischhygiene-Verordnung (FlHV) [72] in nationales Recht umgesetzt. Sie beinhaltet mikrobiologische Kriterien für die Beurteilung von Hackfleisch und Fleischzubereitungen. Hinsichtlich der mikrobiologischen Normen sowie der Bewertungsklassen für Hackfleisch wird auf das Kapitel 2.1 (Mikrobiologie des Hackfleisches) in diesem Band verwiesen.

Die Vorschriften der FlHV beziehen sich auf zugelassene Betriebe. Für andere Betriebe (auch registrierte) gilt derzeit (2003) weiterhin die HFlV. Somit hat die FlHV keine Gültigkeit, sofern Fleischzubereitungen und Hackfleisch in Einzelhandelsgeschäften oder in an Verkaufsstellen angrenzenden Räumlichkeiten hergestellt werden, um dort direkt an den Endverbraucher verkauft zu werden.

Fleischzubereitungen im Sinne der FlHV sind Erzeugnisse, denen Würzstoffe (Kochsalz, Senf, Gewürze und Gewürzextrakte, Küchenkräuter und ihre Extrakte), Zusatzstoffe oder Lebensmittel zugefügt oder die einem Verfahren zur Haltbarmachung unterzogen worden sind, die aber weder frisches Fleisch noch Fleischerzeugnis oder Hackfleisch sind.

Für Fleischzubereitungen aus Hackfleisch darf nach der FlHV nur frisches Fleisch von Rind, Schwein, Schaf oder Ziege verwendet werden. Diese und die sonstigen Fleischzubereitungen müssen unter kontrollierten Temperaturbedingungen hergestellt werden. Sie sind zu verpacken und so rasch wie möglich zu kühlen. Bei Zubereitungen aus Hackfleisch muss eine Innentemperatur von max. 2 °C und bei solchen aus sonstigem frischem Fleisch von max. 7 °C erreicht und bei Lagerung und Transport eingehalten werden. Alternativ können die Packungen bei höchstens -18 °C tiefgefroren werden und sind auch bei dieser Temperatur zu lagern und zu befördern.

Die Angebotspalette von Produkten, die den Fleischzubereitungen im Sinne der FlHV zuzurechnen sind, hat sich in den letzten Jahren erweitert. Neben traditionellen, schon seit Jahren in der nationalen HFlV explizit genannten Erzeugnissen, z.B. rohe Bratwürste und Fleischspieße, erfreuen sich insbesondere ausländische Spezialitäten bei den Verbrauchern in der Bundesrepublik Deutschland zunehmender

Beliebtheit. Mit dem Ausbau und der Erweiterung der Europäischen Union sind in den kommenden Jahren auf diesem Gebiet weitere Impulse zu erwarten. Diese Entwicklung stellt, wie schon bisher, an die Hersteller dieser Lebensmittel, die Händler, den Gesetzgeber und die in der Überwachung tätigen Institutionen neue, bisher nicht gekannte Anforderungen. Nachfolgend soll neben den mikrobiologischen auf allgemeine lebensmittelhygienische Aspekte von Fleischzubereitungen eingegangen werden, wobei insbesondere neuartige, in den letzten Jahren in den Verkehr gebrachte Produkte berücksichtigt werden. Im Hinblick auf die nicht immer einheitliche Auffassung über ihre substanzielle Zusammensetzung wird auch diese Problematik angesprochen. Zerkleinertes gepökeltes, in Folien verpacktes Fleisch nach Art der Frischen Mettwurst wird in diesem Kapitel ebenfalls besprochen, da es nicht immer sachgerecht hergestellt und nach der HFIV bzw. der FlHV beanstandet wird.

2.2.1 Zubereitungen/Erzeugnisse aus oder mit zerkleinertem rohem Fleisch

2.2.1.1 Großkalibrige Fleischspieße: Döner Kebab und vergleichbare Produkte

Das traditionelle Fast-Food-Angebot Bratwurst, Currywurst, Hamburger oder Frikadelle wurde in den letzten beiden Jahrzehnten durch Gerichte wie die türkische Fleischspezialität **Döner Kebab** erweitert. Diese Grillspezialität gehört inzwischen in Deutschland zu den beliebtesten kleinen Mahlzeiten unterwegs. Sie hat sich auch ihren festen Platz als Vorspeise oder Hauptgericht in der einschlägigen Gastronomie erobert. Erhöhte Beliebtheit und gesteigerte Nachfrage waren allerdings im Laufe der Zeit auch von Qualitätsverlust begleitet.

Zur Qualitätssicherung für Döner Kebab wurden deshalb in Berlin schon mit Gültigkeit vom 01.06.1989 [29] die Verkehrsauffassung für dieses Erzeugnis festgestellt und Mindestanforderungen an Ausgangsmaterial und Herstellungsart zwischen den beteiligten Institutionen vereinbart ([56] vgl. auch Tab. 2.2.1). Diese Festschreibung wurde durch allinstanzliche Gerichtsurteile für Berlin sowie hinsichtlich der Verfassungskonformität bestätigt [11, 12, 13, 63], durch den Ausschuss für Lebensmittelüberwachung (AfLMÜ) als einheitlicher Beurteilungsmaßstab für das gesamte Bundesgebiet beschlossen [3] und später in die Leitsätze für Fleisch und Fleischerzeugnisse [33] aufgenommen.

Tab. 2.2.1 Berliner bzw. Allgemeine Verkehrsauffassung für das Erzeugnis „Döner Kebab" (am 30. Oktober 1991 als bundeseinheitlicher Beurteilungsmaßstab festgeschrieben, am 25. 08. 1998 in den Leitsätzen für Fleisch und Fleischerzeugnisse1 veröffentlicht).

Leitsatzziffer 2.511.7 *Döner Kebab, Döner Kebap*

Ausgangsmaterial:

grob entsehntes Schaffleisch und/oder grob entsehntes Rindfleisch (1.112)

Besondere Merkmale:

dünne Fleischscheiben, auf Drehspieß aufgesteckt; ein mitverarbeiteter Hackfleischanteil aus grob entsehntem Rindfleisch (1.112) und/oder grob entsehntem Schaffleisch beträgt höchstens 60 %. Außer Salz und Gewürzen sowie ggf. Eiern, Zwiebeln, Öl, Milch und Joghurt enthält Döner Kebab keine weiteren Zutaten.

Analysenwerte:

roher Hackfleischanteil:
Beffe[2]: nicht unter 14 %
Beffe relativ[3]: histometrisch >65 Vol %, chemisch >75 %.

Als „Kebab" werden kleine, am Spieß gebratene Hammelfleischstücke beschrieben. Die Bezeichnung „Döner Kebab" steht für am senkrechten Drehspieß an einer offenen Wärmequelle gebratenes Hammelfleisch, das in hauchdünnen Scheibchen vom Spieß geschnitten wird [14, 17]. Frei übersetzt bedeutet „Döner Kebab" drehender Fleischspieß.

Die in den Leitsätzen festgeschriebene Verkehrsauffassung wurde durch frühere Untersuchungen zum Herstellungsbrauch ermittelt [23, 53, 71]. Das Döner Kebab-Fleisch wird nach individuellen Rezepturen gewürzt. Verwendung finden Kochsalz, Cumin und Pfeffer, oft Zwiebeln und Glutamat, zuweilen werden Joghurt, Eier und Paprika zugemischt. Cumin (gemahlener Kreuzkümmel, Ciminum cyminum) wird von fast allen Herstellern benutzt und stellt meist die dominierende Geschmacksnote dar.

Zur besseren Bindung des Hackfleischgemisches werden Menger, manchmal auch Kutter oder Schneidmischer im Menggang, eingesetzt. Die fertig geschichteten Spieße werden häufig mit Netzfett vom Kalb, mitunter auch vom Schaf abgedeckt. Das Gewicht der Spieße schwankt je nach Anforderung zwischen 5 und 140 kg. Am häufigsten sind Spießgewichte von 10 bis 30 kg.

1 Bundesanzeiger Nr. 183 a vom 25.08.1998
2 Bindegewebseiweißfreies Fleischeiweiß
3 Bindegewebseiweißfreies Fleischeiweiß im Fleischeiweiß

Neben dem seltenen Einsatz von ausschließlich Fleisch in Scheiben lag der Anteil an gewolftem Fleisch zur Spießherstellung früher zwischen einem Drittel bis zur Hälfte [23] oder auch deutlich über 50 % [53]. Nach der Festschreibung der Berliner Verkehrsauffassung wurden 60 % zerkleinertes Fleisch bei einem Spieß toleriert [56]. Auch die Aufnahme des Produktes in die Leitsätze konnte nicht verhindern, dass eine qualitative Verschlechterung insofern eintrat, als der Anteil an Hackfleisch deutlich anstieg. Häufig wurden Spieße angetroffen, die zu mehr als 90 % aus zerkleinertem Fleisch bestanden, das zudem gekuttert war, zuviel Fett und unzulässige Bindemittel enthielt. Solche Spieße wiesen eine völlig untypische homogene, schwammige Beschaffenheit auf, und die Abschnitte waren weich, ohne „Biss". Die Produkte wurden zunehmend nicht nur in Deutschland hergestellt, sondern kamen auch vermehrt aus Mitgliedsländern der EU im Zuge des freien und uneingeschränkten Warenverkehrs ins Inland. Schon im Vorfeld der EtikettierungsRL [74] wurde durch die Rechtsprechung des Europäischen Gerichtshofes der vormalige „Durchschnittsverbraucher" zum „verständigen, kritischen und aufgeklärten Verbraucher". Er soll danach in der Lage sein, alle Informationen aus den Angaben auf einem Etikett oder beim „losen" Anbieten durch Verkaufsgespräch und Aushang zu entnehmen und darauf hin seine qualifizierte Kaufentscheidung zu treffen. So müsste der Konsument nach entsprechender Information auch ein substanziell verändertes Erzeugnis in dönerartiger Angebotsform von dem hochwertigen „echten" Döner Kebab unterscheiden können. Nach einem Beschluss des AfLMÜ [73] wurde ihm jedoch insofern die Unterscheidung erleichtert, als in Deutschland hergestellte Produkte nur dann als „Döner Kebab" angeboten werden dürfen, wenn sie den Anforderungen der Leitsätze entsprechen. Für die anderen Produkte wurde die Verkehrsbezeichnung „Drehspieß" mit ausreichender Beschreibung der abweichenden Zusammensetzung und unter Angabe der verwendeten Zutaten als zulässig erachtet.

Durch die BSE-Problematik kamen jedoch alle Döner-Varianten aus Rind- oder Kalbfleisch bzw. deren Hersteller in die Krise: Die Produkte wurden weitgehend unverkäuflich, die Preise verfielen und Geflügelfleisch (meist Huhn) sollte den drastischen Absatzrückgang auffangen. Aus der bekannten Spezialität wurde ein neues Erzeugnis, „Hähnchen-" oder „Chicken-Kebab" [76] mit stückigem Brust- und Schenkelfleisch, teilweise auch mit zerkleinertem Geflügelfleisch. Bei letzteren wird eine ausreichende Kenntlichmachung der Abweichung von der Norm gefordert und die Vorschriften der HFlV für Produkte aus „nicht zugelassenen" Betrieben (zerkleinertes rohes Geflügelfleisch ist nur für tiefgefrorene Zubereitungen zulässig) müssen eingehalten werden. Die neuen Produkte werden wegen der bekannt hohen Salmonellenkontamination des (gefrorenen) Geflügelfleisches von der Lebensmittelüberwachung als risikoreich eingestuft.

In jüngerer Zeit wird Döner Kebab auch wieder vermehrt ausschließlich aus Fleischscheiben geschichtet. Diese Produktqualität wird in Berlin häufig unter der hervorhebenden Verkehrsbezeichnung „Yaprak-Döner" (Blatt-Fleisch) in den Verkehr gebracht.

Nach Untersuchungen in Berlin [23] ist Döner Kebab (aus nicht zugelassenen Betrieben) bei Verwendung von zerkleinertem rohem Fleisch der HFIV (§ 1 Abs. 1 Nr. 2 - Erzeugnisse aus zerkleinertem Fleisch wie Fleischklöße, Fleischklopse, Frikadellen, Bouletten, Fleischfüllungen) zu unterwerfen. Dies gilt auch für registrierte Betriebe, für welche die Vorschriften der HFlV unberührt bleiben. Der rohe und damit hygienisch labile Zustand von Döner Kebab-Spießen bleibt auch bei der Zubereitung weitgehend erhalten, weil das Fleisch nur an der Oberfläche in geringer Schichtdicke gegart wird. Der amtlichen Begründung zur Entstehungsgeschichte der HFIV ist zu entnehmen, dass der Anwendungsbereich der Verordnung nicht „allein auf das Bestimmtsein des Inverkehrbringens im rohen Zustand abgestellt ist, sondern zerkleinertes Fleisch unabhängig davon solange erfasst wird, wie es sich ganz oder teilweise im rohen Zustand befindet" [71]. Bei der Herstellung in zugelassenen Betrieben gilt die Verordnung aus formalen Gründen nicht. Sobald jedoch z.B. die Spieße im Restaurant oder Imbiss ausgepackt werden, unterliegen sie uneingeschränkt den Vorschriften der HFlV. Erzeugnisse, die wie die vergleichbare griechische Spezialität Gyros ausschließlich aus Fleischscheiben bestehen, lassen sich nicht durch die HFIV reglementieren [60, 71].

Aus hygienischer Sicht als problematisch sind die während der Zubereitung der Spieße vorherrschenden Temperaturen einzustufen. Beim Garen an der Grillvorrichtung entsteht ein Temperaturgradient, der von außen nach innen in Abhängigkeit vom Spießdurchmesser und der Verweildauer am Grill von max. 70 °C (in der äußersten Zone) bis zu 2,2 °C (im Kern nicht gefrorener Produkte) reicht [23, 31]. Im Temperaturbereich von 20-40 °C kommt es zur starken Vermehrung der Keime, wobei meist die Milchsäurebakterien dominieren. Es liegen aber auch hygienisch relevante Mikroorganismen wie Enterobakteriazeen inklusive *Escherichia coli, Staphylococcus aureus* sowie *Clostridium perfringens* häufig in nicht unerheblichen Keimzahlen vor. Aufgrund der Tatsache, dass verzehrsfähige Döner Kebab-Abschnitte infolge unzureichender Hitzeeinwirkung in Verbindung mit zu großer Schichtdicke manchmal nicht durchgegart sind, kann die Gefahr einer Gesundheitsbeeinträchtigung nach Verzehr nicht generell ausgeschlossen werden [19, 23]. Insbesondere bei Verzehr von „Döner" aus oder mit Geflügelfleisch besteht die Gefahr der Aufnahme von Infektionserregern, namentlich von Salmonellen und *Campylobacter* [75].

Für die Eingruppierung der Döner Kebab-Erzeugnisse mit zerkleinertem Fleischanteil ist § 1 Abs. 1 Nr. 2 HFIV heranzuziehen [19, 23, 60]. Vor- oder Zwischenprodukte dieser Erzeugnisse können nach § 5 Abs. 1 der HFIV am Tage ihrer Herstellung oder am folgenden Tag verarbeitet werden. Die Frist für Herstellung und Inverkehrgabe beträgt also 2 Tage, wobei der fertige Spieß nur innerhalb einer Geschäftsperiode gegrillt und an den Verbraucher abgegeben werden darf. Reste von angegarten Spießen sind nach Ablauf dieser Frist nicht mehr verkehrsfähig. Die Auslegung der erweiterten Abgabefrist muss sehr restriktiv gehandhabt werden [8].

Nach der FlHV kann die Frist für die Inverkehrgabe von (rohen) Spießen aus einem zugelassenen Betrieb unter Beachtung der strengen Temperaturvorgaben und hygienischen Vorschriften individuell festgesetzt werden. Dies gilt auch für die Verarbeitung von Geflügelfleisch. Nachdem ein Produkt jedoch nicht mehr in die Zuständigkeit des zugelassenen Betriebes fällt, z.B. nach dem Auspacken für die Zubereitung an der Grillvorrichtung, unterliegt es, wie oben auch schon ausgeführt, den Vorschriften der HFlV.

Problematisch bei der Herstellung von tiefgefrorenen Spießen können auch der Gefriervorgang an sich und die geforderte Verpackung sein. Die nach der HFIV (§ 3 Abs. 1) vorgeschriebene mittlere Gefriergeschwindigkeit von mindestens 1 cm/h auf eine Kerntemperatur von mindestens -18 °C kann in üblichen Anlagen mit Luft als Konvektionsmedium (Gefrierraum, Gefriertruhe) nicht erreicht werden. Notwendig hierzu ist die Frostung mit flüssigem Kohlendioxid oder flüssigem Stickstoff in speziellen, den Erfordernissen angepassten Gefrieranlagen. Sie sind, zumindest bei größeren Herstellern, die regional und überregional liefern und nach FlHV zugelassen sind, schon seit Jahren vorhanden, verursachen aber erhebliche investive und laufende Kosten.

Nach der FlHV müssen Fleischzubereitungen, die in gefrorener Form vermarktet werden sollen, unter kontrollierten Temperaturbedingungen hergestellt, verpackt und so rasch wie möglich auf eine Innentemperatur von höchstens -18 °C gebracht und bei der genannten Temperatur gelagert und befördert werden. Die häufig zum Verpacken der Spieße verwendeten Frischhaltefolien dürften, auch bei Mehrfachwickelung, die Anforderungen der HFIV (§ 3 Abs. 1) bezüglich der Kältebeständigkeit („bis -40 °C"), Dichtigkeit („weitgehend wasserdampf- und luftundurchlässig") sowie Festigkeit („ausreichend widerstandsfähig gegen mechanische Einwirkungen") nicht erfüllen. In Betracht kommen dagegen Materialien wie Verbundfolien, Schrumpffolien und gewachste Kartonagen. Bei kälteerstarrten Döner Kebab-Spießen sollte wegen der angesprochenen besonderen Anforderungen die Kenntlichmachung der Chargen selbstverständlich sein. Schließlich sind die Fristen für die Inverkehrgabe gemäß HFIV und FlHV zu beachten.

Hinsichtlich des **Hygienestatus von Döner Kebab** mit zerkleinertem Fleisch liegen frühere Untersuchungen aus Berlin [19, 23, 41], Bremen [27], Stuttgart [31] und

München [60] vor. Die mikrobiologischen Ergebnisse lassen sich wie folgt zusammenfassen:

Nach den Berliner Untersuchungen entsprach die mikrobielle Qualität des Ausgangsmaterials (n = 53 Proben) der von gewerbeüblichem, rohem Verarbeitungsfleisch bzw. Hackfleisch. Bei Gesamtkeimzahlen im Bereich von 10^6 bis 10^7 KbE/g dominierten die *Pseudomonadaceae. Lactobacillaceae* und *Enterobacteriaceae* lagen jeweils in Konzentrationen von 10^4 bis 10^5 KbE/g vor. Staphylokokken, *Clostridium perfringens* und *Escherichia coli* waren bei einzelnen Proben vorhanden. Die Zwischenprodukte (n = 41 Proben) wiesen neben der meist dominierenden *Lactobacillaceae*-Flora in Höhe von 10^5 bis über 10^8 KbE/g auch in nicht unerheblichem Umfang Staphylokokken (ca. 10^3 KbE/g bei 20 %), *Clostridium perfringens* (10^2 bis 10^5 KbE/g bei etwa einem Drittel) und *Eschericha coli* (ca. 10^5 KbE/g bei ca. 10 %) auf. Salmonellen waren weder in rohen noch in gegarten Produkten nachweisbar. Listerien konnten bei einer anderen Untersuchung mit n = 177 Proben roher Gemenge für die Döner Kebab-Herstellung in über 50 % der Proben isoliert werden. Der Anteil an *Listeria monocytogenes* betrug 20,3 %.

Bei den in Zubereitung befindlichen Spießen vermehren sich aufgrund des Temperaturanstieges bis 40 °C im Innern nicht nur die Reifungsflora, sondern auch hygienisch relevante Mikroorganismen. Abb. 2.2.1 zeigt die Häufigkeitsverteilung der

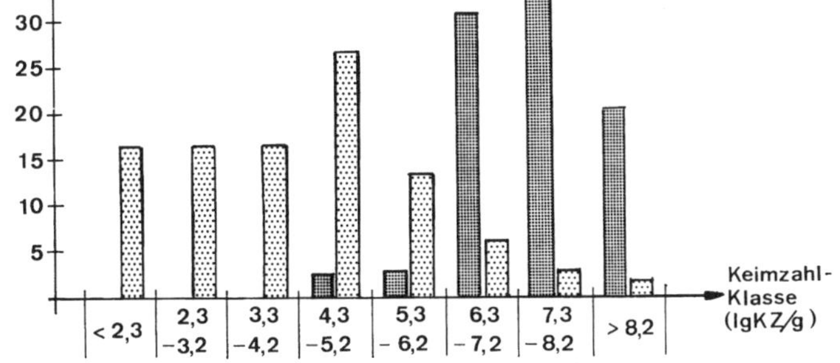

Abb. 2.2.1 Häufigkeitsverteilung der Gesamtkeimzahlen von Döner Kebab-Spießen in der Zubereitung (JÖCKEL und STENGEL, 1984)

aeroben Gesamtkeimzahlen von solchen Döner Kebab-Spießen. Von den Proben aus dem Innern der Spieße wiesen mehr als 60 % Keimzahlen von über 10^7 KbE/g bei einer dominierenden Flora an Milchsäurebakterien auf. *Enterobacteriaceae* (Abb. 2.2.2) kamen bei etwa einem Drittel der rohen Proben von innen (n = 74) mit Keimzahlen von ≥ 10^6 KbE/g vor. Bei den verzehrsfertigen Abschnitten (n = 128) lagen ca. zwei Drittel unter der Nachweisgrenze von 2,0 x 10^2 KbE/g. Da verzehrsfertige Abschnitte infolge unzureichender Hitzeeinwirkung oder zu großer Schichtdicke häufig nicht durchgegart werden, kann die Gefahr einer Gesundheitsschädigung nach dem Verzehr nicht generell ausgeschlossen werden. Dies lässt sich durch den Nachweis von potenziellen Lebensmittelvergiftern belegen (Abb. 2.2.3). Koagulase-positive Staphylokokken lagen bei früheren Untersuchungen bei fast einem Sechstel der rohen Proben (12 von 74) und bei 3 von 128 gegarten Proben jeweils in Keimzahlen zwischen 10^3 und 10^4 KbE/g vor. Bei 4 der isolierten Stämme war die Fähigkeit zur Enterotoxinbildung vorhanden. *Clostridium perfringens* wurde sogar aus etwa 30 % der rohen Proben (Keimzahlen meist bis 10^4 KbE/g, zweimal sogar 10^7 KbE/g) isoliert. Bei 14 von 128 verzehrsfertig gegarten Spießabschnitten war dieser Keim in Konzentrationen von 10^2 bis 6,0 x 10^4 KbE/g nachweisbar. Spätere Untersuchungen (1987/88) zeigen, dass *Clostridium perfringens* häufiger bzw. in höheren Keimzahlen als im Jahre 1984 nachgewiesen wurden. Von n = 16 Proben roher Spieße waren die

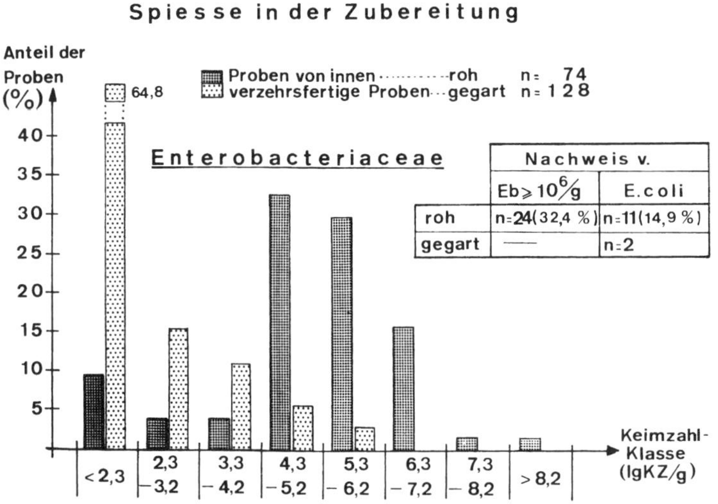

Abb. 2.2.2 Häufigkeitsverteilung von Enterobacteriaceae in Döner Kebab (Jöckel und Stengel, 1984)

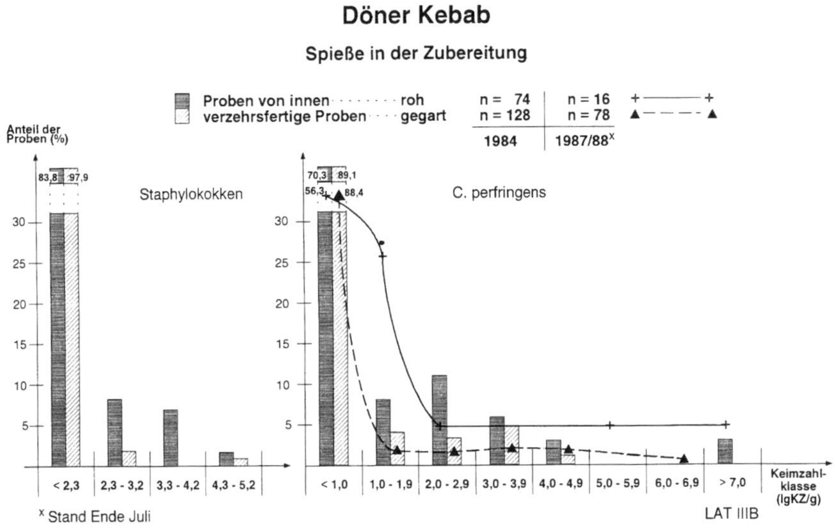

Abb. 2.2.3 Häufigkeitsverteilung von Staphylokokken und Clostridium perfringens (Jöckel und Stengel, 1984)

Keime in fast der Hälfte vorhanden. Die Keimzahlen lagen im Bereich von 10^1 bis > 10^7 KbE/g. Bei den gegarten Abschnitten (n = 78) kamen etwa 12 % mit Keimzahlen zwischen 10^1 und 10^6 KbE/g vor [19, 23, 41].

Die mikrobiologische Untersuchung von Döner Kebab in Bremen erstreckte sich auf das Rohmaterial (n = 13) und die verzehrsfertig gegarten Teile (n = 13). Dabei wurden folgende Ergebnisse ermittelt:

Die rohen Fleischteile aus der Tiefe der Spieße wiesen einen aeroben mesophilen Keimgehalt bis 10^8 KbE/g auf; *Enterobacteriaceae* lagen im Bereich von 10^4 KbE/g bis 10^7 KbE/g (4 Proben). Laktobazillen und Pseudomonaden wurden in Konzentrationen von 10^6 KbE/g, *Escherichia coli* in einer Probe mit 5,0 x 10^3 KbE/g und sulfitreduzierende Anaerobier bei einzelnen Proben („fallweise") bis 1,0 x 10^4 KbE/g nachgewiesen. Koagulase-positive Staphylokokken und Salmonellen wurden in keiner Probe ermittelt. Bei den verzehrsfertig gegarten Portionen lagen deutlich niedrigere Werte vor. Der aerobe mesophile Keimgehalt reichte lediglich bis 10^5 KbE/g; die Keimflora bestand überwiegend aus aeroben Sporenbildnern und Kokken [27].

Bei Untersuchungen in Stuttgart wurden in 48 % der Proben Gesamtkeimzahlen von mehr als 10^7 KbE/g festgestellt. Dominierende Keimflora waren die Pseudomonaden

(64 % der Proben). Bei 18 % der Proben lag die Pseudomonadenzahl über 10^8, bei 64 % über 10^7 KbE/g (Abb. 2.2.4). Die Laktobazillen dominierten bei 14 % der Proben, 54 % der Proben wiesen Keimzahlen im Bereich von 10^5 bis 10^7 KbE/g auf (Abb. 2.2.5). *Enterobacteriaceae* überwogen bei 8 % der Proben mit Keimzahlen von über 10^5 KbE/g (Abb. 2.2.6). In 90 % der Proben konnten aerobe Sporenbildner nachgewiesen werden. Die Werte lagen zwischen 10^3 und 10^7 KbE/g. Salmonellen konnten nicht isoliert werden. Clostridien wurden in 34 % der Proben nachgewiesen. Die Ermittlung der durchschnittlichen Keimzahl bei fünf Großherstellern ergab deutliche Unterschiede zwischen den einzelnen Herstellern [31].

Bei den Untersuchungen im Raum München wurden 44 Proben verzehrsfertig zubereitete Döner-Kebab-Portionen aus dem Straßenverkauf von 22 Lokalen gezogen. Es handelte sich um Produkte, die mehrheitlich entweder ausschließlich aus Fleischscheiben bestanden, oder die in Einzelfällen unter Mitverwendung von zerkleinertem

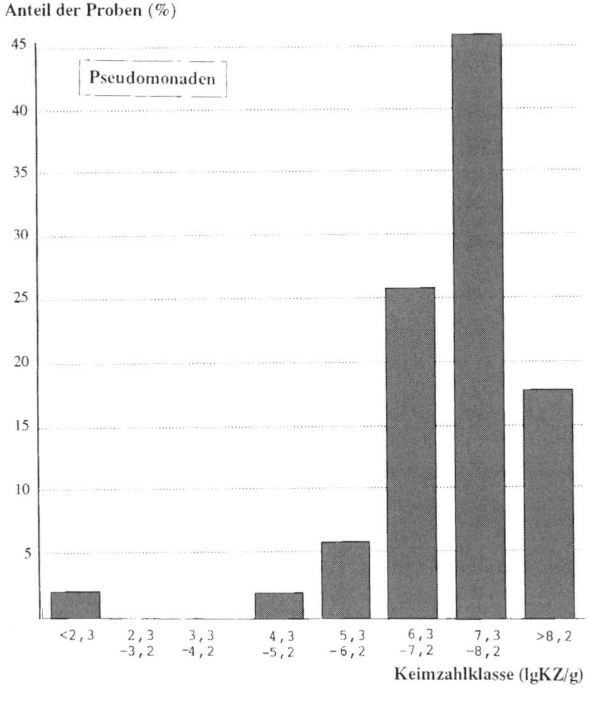

Abb. 2.2.4 Pseudomonaden-Keimzahlen in rohen Döner Kebab-Spießen (Krüger et al., 1993)

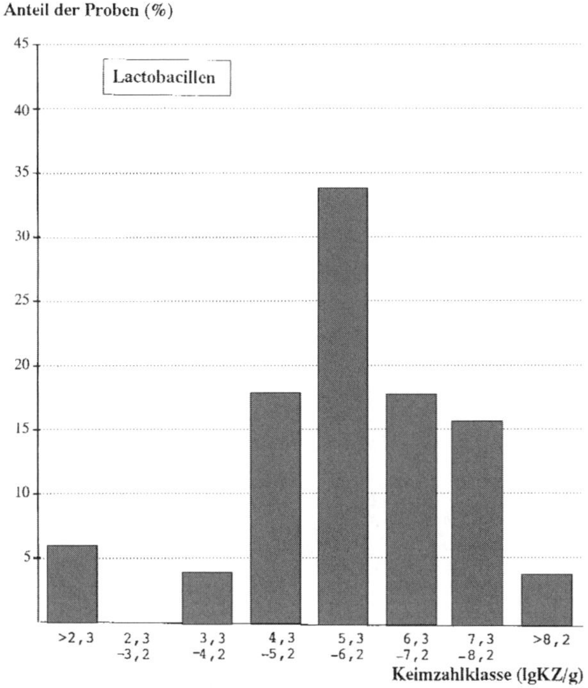

Abb. 2.2.5 Laktobazillen-Keimzahlen in rohen Döner Kebab-Spießen (Krüger et al., 1993)

Fleisch hergestellt waren. Die Ergebnisse der mikrobiologischen Untersuchungen sind in Tab. 2.2.2 aufgeführt. Die Autoren machen jedoch keine Unterschiede zwischen beiden Produktvarianten. Auffallend sind die insgesamt hohen Maximalwerte verschiedener Keimgruppen. Sie reichen bei der aeroben Koloniezahl knapp an 10^8 KbE/g heran; Enterobakteriazeen, Enterokokken und Milchsäurebakterien lagen jeweils bei über 10^7 KbE/g; Pseudomonaden, Hefen und aerobe Sporenbildner waren im Bereich von 10^6 KbE/g nachweisbar; *Clostridium perfringens* kamen einmal in einer Konzentration von $>10^5$ KbE/g vor. Salmonellen waren nach Anreicherung in allen Proben nicht nachweisbar [60].

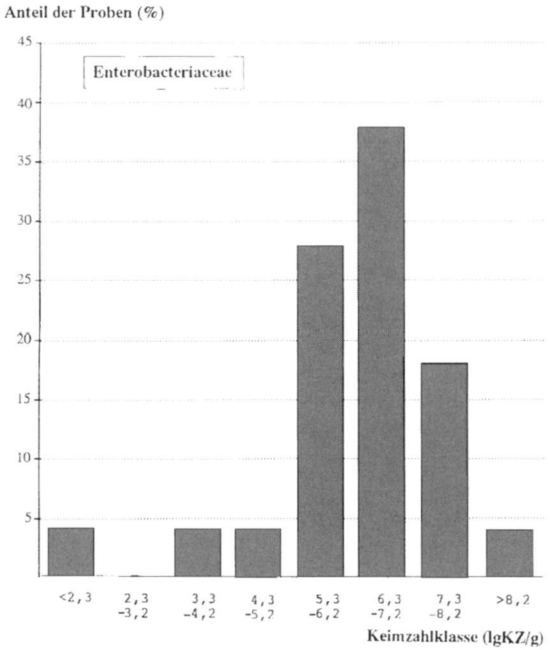

Abb. 2.2.6 Enterobacteriaceae-Keimzahlen in rohen Döner Kebab-Spießen (Krüger et al., 1993)

In Berlin wurden in den Jahren 1999-2002 insgesamt 104 Beschwerde- und Verfolgsproben im Zusammenhang mit Lebensmittelvergiftungen bzw. als Verdachtsproben zur mikrobiologischen Untersuchung eingesandt [77]. Es handelte sich um Döner Kebab (n = 39), Chicken-Kebab (n = 38) und Salat mit Dressing (n = 27). Art und Umfang der Untersuchungen richteten sich nach den aufgetretenen Krankheitssymptomen und allgemeinen Hygieneanforderungen. Es wurden Anreicherungen für Salmonellen, *Campylobacter spp.* und *Listeria monocytogenes* sowie quantitative Bestimmungen durchgeführt. Zusätzlich zu den in Tab. 2.2.3 aufgeführten Keimgruppen umfasste das Spektrum noch Staphylokokken, *Bacillus cereus*-Keime und *Clostridium perfringens*. Die Beanstandungsrate betrug insgesamt 7,7 %: Zwei Proben Chicken-Kebab wurden wegen des Nachweises von Salmonellen als gesundheitsgefährdend beurteilt, drei Proben Döner Kebab waren wegen hoher Keimzahlen und sensorischer Abweichungen nicht verkehrsfähig, eine Probe Chicken-Kebab enthielt *Listeria monocytogenes* und zwei Proben Döner Kebab wurden wegen zu hoher Keimzahlen als hygienisch nachteilig beeinflusst eingestuft.

Tab. 2.2.2 Ergebnisse der Keimzahlbestimmungen von 44 Proben Döner Kebab (logarithmierte Keimzahlen) [Koloniebildende Einheiten pro Gramm: log_{10}KbE/g] (STOLLE et al., 1993)

	Anzahl Proben	Minimal-wert	Maximal-wert	Median
aerobe Koloniezahl	44	2,78	7,93	4,97
Enterobakteriazeen	37	< 2,30	7,08	3,60
Staphylokokken	0			
Enterokokken	17	< 2,30	7,15	< 2,30
Milchsäurebakterien	37	< 2,30	7,32	3,71
Pseudomonaden	27	< 2,30	6,04	3,08
Hefen	7	< 2,30	5,93	< 2,30
aerobe Sporenbildner	40	< 2,30	5,88	3,80
Bacillus cereus-Gruppe	1	< 2,30	2,30	< 2,30
Clostridium perfringens	2	< 1,00	5,28	< 1,00

Die Ergebnisse der Keimzahlbestimmungen sind in Tab. 2.2.3 wiedergegeben. Beim Vergleich der Mediane bzw. Mittelwerte fällt auf, dass zwischen den drei Kategorien (rohes Fleisch, gegarte Abschnitte und Salat mit Dressing) kaum Unterschiede bestehen. Hingegen wiesen die gegarten Proben in allen Keimgruppen die höchsten Maximalwerte auf. Auch die Salate mit Dressing waren bakteriell höher belastet. Allerdings lagen sowohl bei diesen Proben als auch bei den gegarten Fleischproben mehrfach die aufgeführten Keimzahlen unter der Nachweisgrenze der Plattenmethode (log_{10} KbE/g <2,30). Dies trifft in allen Fällen für die übrigen Florakomponenten zu: Staphylokokken, *Bacillus cereus*-Keime und *Clostridium perfringens* konnten nicht festgestellt werden.

2.2.1.2 Geformte kleinkalibrige Erzeugnisse: Cevapcici, Köfte (Kofte), Keftedes und Keuftés

Das Produkt **Cevapcici** ist eine aus dem ehemaligen Jugoslawien stammende Fleischspezialität, welche aus Hackfleisch, Kochsalz und Gewürzen (besonders Pfeffer, aber auch Knoblauch und Paprika) besteht und keine weiteren Zusätze enthält. Das Produkt wird in Röllchenform portioniert und sowohl als vorbereitetes (rohes) Produkt im Einzelhandel bzw. vom fleischverarbeitenden Gewerbe als auch im gegarten Zustand in Restaurants abgegeben.

Nach Original-Herstellungsverfahren wird diese Spezialität meist aus zerkleinertem Rind- und/oder Schweinefleisch, in mohammedanischen Gebieten aus Rind- und/oder Lammfleisch, hergestellt. Schweinegehacktes soll dabei nicht mehr als

Tab. 2.2.3 Ergebnisse der Keimzahlbestimmungen von 72 Proben Döner Kebab, Chicken Kebab und Salat mit Dressing (logarithmierte Keimzahlen) [Koloniebildende Einheiten pro Gramm: log_{10}KbE/g] (Jöckel, 2003)

rohe Proben (n = 13)	Anzahl Proben	Minimalwert	Maximalwert	Median	Mittelwert	Standardabweichung
aerobe Koloniezahl	13	4,46	6,34	5,30	–	–
Enterobakteriazeen	13	3,00	5,26	3,49	–	–
Pseudomonaden	12	3,52	5,98	5,28	–	–
	1	< 2,30				
Milchsäurebakterien	13	3,30	6,34	4,30	–	–
gegarte Proben (n = 42)						
aerobe Koloniezahl	41	3,00	8,82	–	5,22	1,86
	1	< 2,30				
Enterobakteriazeen	22	3,00	6,67	–	4,54	1,25
	20	< 2,30				
Pseudomonaden	23	3,26	7,54	–	5,10	1,43
	19	< 2,30				
Milchsäurebakterien	30	2,57	8,88	–	5,41	2,11
	12	< 2,30				
Salat mit Dressing (n = 17)						
aerobe Koloniezahl	14	3,00	8,20	4,55	–	–
	3	< 2,30				
Enterobakteriazeen	4	3,43	5,20	4,26	–	–
	13	< 2,30				
Pseudomonaden	4	3,80	6,38	5,00	–	–
	13	< 2,30				
Milchsäurebakterien	8	3,00	5,43	4,71	–	–
	9	< 2,30				

30 %, Rindergehacktes nicht mehr als 25 % Fett enthalten. Umrötesalze (Salpeter, Nitritpökelsalz) oder (stärkehaltige) Bindemittel sind nicht üblich. Moderne Technologien, mit denen unter Wasserschüttung feinzerkleinerte, brätartige Strukturen im Produkt entstehen, sind mit den Produkteigenschaften nicht vereinbar. Das gewürzte Fleischgemenge soll zur Erzielung des spezifischen Aromas mehrere Stunden bzw. über Nacht durchziehen. Es wird danach zu fingerdicken Würstchen ausgeformt, die auf dem Rost gegrillt oder in Öl gebraten werden [42, 68].

Aus nicht zugelassenen Betrieben fällt das Produkt solange es roh ist unter § 1 Abs. 1 Nr. 2 der HFlV [71]. Im Rahmen der HFlV wird eine zweitägige Frist für Herstellung, Reifung und Vertrieb eingeräumt. Das zerkleinerte, gewürzte, ungeformte

Fleischgemenge zur Herstellung von Cevapcici wird als Vorprodukt im Sinne von § 1 Abs. 2 HFIV angesehen. Dieses Vorprodukt („Fleischteig im Ganzen") muss nach § 5 Abs. 1 Satz 2 HFIV am Tag seiner Herstellung oder am folgenden Tag verarbeitet werden. „Verarbeiten" bedeutet hierbei die bestimmungsgemäße Verwendung des Vorproduktes zur Herstellung des Endproduktes, d.h. das Ausformen der Fleischröllchen [54]. Die Fleischröllchen wiederum dürfen noch am Tag nach ihrer Herstellung in den Verkehr gebracht werden. Während der eingeräumten Verkehrsfrist ist die vorgeschriebene Temperatur von max. 4 °C unbedingt einzuhalten. Diese Beurteilungskriterien fanden die Zustimmung des ALTS [68] und sie sind inzwischen in die Praxis der Lebensmittelüberwachung eingegangen [54]. Für Produkte, die in nach der FlHV zugelassenen Betrieben hergestellt werden, gelten die für Fleischzubereitungen aus Hackfleisch oben beschriebenen Anforderungen: nur verpackte Abgabe möglich, einzuhaltende Temperaturen 4 °C bzw. -18 °C, Haltbarkeitsfrist frei wählbar. Nach der Entlassung aus der Zuständigkeit der FlHV, z. B. bei der Zubereitung im Restaurant, sind die Einschränkungen der HFlV zu beachten.

Nach einer früheren Publikation [42] wurden rohe Cevapcici überwiegend im Rahmen der HFIV gemaßregelt. Von n = 45 Proben waren 32 entgegen den Bestimmungen am Tag nach der Herstellung noch nicht denaturiert, sie wurden wegen Fristüberschreitung beanstandet. Weitere 10 Proben wurden als faulig beurteilt, und nur 3 Proben waren ohne besonderen Befund. Allerdings finden sich in dieser Arbeit keine mikrobiologischen Untersuchungsergebnisse. Es wird jedoch angeregt, für derartige Hackfleischerzeugnisse einen Grenzwert von 10^6 Keimen pro Gramm festzusetzen. Spätere Untersuchungen [20] weisen für rohe Cevapcici aus dem Handel (n = 27) folgende mikrobiologischen Ergebnisse aus: Die aerobe Koloniezahl lag im Bereich von $3{,}2 \times 10^4$ bis $5{,}0 \times 10^7$ KbE/g, wobei Milchsäurebakterien, Pseudomonaden und Enterobakteriazeen dominierten. Koagulasepositive Staphylokokken waren in einer Probe mit einer Keimzahl von $4{,}0 \times 10^3$ KbE/g enthalten. *Bacillus cereus*-Keime, *Listeria monocytogenes* und *Clostridium perfringens* lagen jeweils unter der Nachweisgrenze der Plattenmethode von $2{,}0 \times 10^2$ bzw. 10^1 KbE/g. Nach Anreicherung (1g) waren jedoch neunmal *Listeria monocytogenes* und dreimal *Clostridium perfringens* nachweisbar. Salmonellen ließen sich dagegen in allen Proben nach Anreicherung von 25 g nicht feststellen.

Kibbi, Köfte (Kofte), Keftedes (Kjeftedes) und **Keuftés** sind ebenfalls geformte Produkte aus zerkleinertem Fleisch. Sie entstammen der türkischen Küche (Kibbi, Köfte/Kofte, Keuftés) bzw. sind griechischer Herkunft (Keftedes, Kjeftedes). Sie werden in der einschlägigen Gastronomie als Vorspeisen oder Bestandteile von Hauptgerichten angeboten.

Die türkischen Erzeugnisse werden aus Lamm-, Hammel-, Rind- oder Kalbfleisch -

auch aus Mischungen von Fleisch dieser Tierarten - hergestellt. Für die griechischen Varianten wird auch Schweinefleisch verwendet. Das Fleisch wird mit Salz, verschiedenen Gewürzen und Kräutern, Zwiebeln sowie Öl und Bindemitteln (Ei, Semmelbrösel, eingeweichtes Weißbrot) vermengt. Der Teig wird - in unterschiedlicher Größe - als rundes Fleischbällchen oder flach-oval (hacksteakartig) ausgeformt. Wenn die Formlinge in Öl ausgebacken werden sollen, wälzt man sie zuvor in Mehl. Bei der Zubereitung auf Grillspießen (Sis-Köfte) oder im Backofen wird die Oberfläche mit Öl benetzt. Die Erzeugnisse können warm oder kalt verzehrt werden [26, 61, 69].

In Zentralanatolien werden Köfte nur aus Hackfleisch ohne Bindemittel hergestellt und in gekochtem oder gegrilltem Zustand gegessen. Als roh dargereichte Erzeugnisse sind in der Südtürkei sog. Cig-Köfte üblich, die entweder als Tartarbällchen hergestellt werden oder deren Hackfleischmasse intensiv mit Weizengrieß vermengt ist. Eine weitere Spezialität sind „Frauenschenkel"-Köfte, die aus einem gekochten Reis-Fleisch-Gemenge mit Eipanade bestehen und als kalte Vorspeise gereicht werden [17, 26].

Kibbi ist ein Erzeugnis aus Rindfleisch, das durch den Wolf gedreht wurde und das mit Weizenkörnern, Walnüssen und fein zerkleinerten Zwiebeln gemischt wird, um dann gebraten zu werden [71].

Keuftés sind Erzeugnisse aus gewolftem Lammfleisch, Weißbrot, Eiern, Salz und Gewürzen. Der Teig wird intensiv gemengt und zu kleinen Würstchen ausgerollt. Nach dem Ausbraten in Hammelfett oder Öl werden sie sehr heiß serviert [6].

Unter den Sammelbegriff **„Kebab"** fallen verschiedene gegrillte, geröstete, gebratene oder gedünstete Speisen. Stückiges Fleisch auf (kleinen) Grillspießen wird als „Sis-Kebab" bezeichnet. Das Fleisch (Lamm, Hammel oder Rind) wird in Würfel geschnitten, mit Salz, Gewürzen und Öl vermengt, danach lässt man es einen Tag durchziehen. Die Fleischteile werden mit Zwiebel- und Paprikastücken auf einen Spieß aufgesteckt und auf einem (Holzkohlen-)Grill zubereitet [26]. Häufig beinhaltet die Bezeichnung auch den Namen der Stadt, in der ein bestimmtes Produkt ursprünglich beheimatet ist: „Adana-Kebab" ist z.B. ein Erzeugnis aus scharf gewürztem Hackfleischbrät, das weit über die Stadt Adana hinaus in der Türkei landesweit bekannt ist und auch in der türkischen Gastronomie in Deutschland angeboten wird.

Die beschriebenen Produkte haben eines gemeinsam: sie fallen in der Bundesrepublik Deutschland bei Herstellung in nicht zugelassenen Betrieben unter die Vorschriften der HFIV, solange sie noch roh sind. Die Erzeugnisse aus oder mit zerkleinertem Fleisch sind analog Cevapcici unter § 1 Abs. 1 Nr. 2, die Spieße mit kleinen

Fleischstücken, wie Sis Kebab, unter § 1 Abs. 1 Nr. 6 (Schaschlik und in ähnlicher Weise hergestellte Erzeugnisse aus gestückeltem Fleisch...) einzuordnen. Andere, von den Regelungen der HFIV abweichende Vereinbarungen hinsichtlich der Fristen (und Temperaturen) für Herstellung und Inverkehrgabe sind nur für nach der FlHV zugelassene Betriebe möglich; die oben schon beschrieben wurden. Die Produkte sind bei Abgabe in Gaststätten gegart, so dass kein besonderes hygienisches Risiko für den Verbraucher besteht.

Auch bei im Ursprungsland Türkei an diversen gegarten Köfte-Erzeugnissen (n = 56) erhobenen Befunden lässt sich bei Verzehr direkt nach Zubereitung kein besonderes Gefährdungspotenzial ableiten [17]. Durch die Hitzeeinwirkung erfahren die Produkte eine deutliche Keimreduktion: die Gesamtkeimzahl und die Keimzahl der Mikrokokken lagen maximal im Bereich von 10^4 bis 10^5 KbE/g, und die sulfitreduzierenden Anaerobier kamen bei 96 % der Proben in einer Konzentration von <10 KbE/g vor. Die Produkte sind jedoch für die Aufbewahrung ungeeignet. Dies lässt sich am Beispiel der „Frauenschenkel"-Köfte, die erst längere Zeit nach der Zubereitung als Kaltspeise verzehrt werden, belegen. Sie wiesen infolge nachträglicher Vermehrung Keimgehalte bis 10^8 KbE/g auf. Die Gefahr einer Gesundheitsbeeinträchtigung des Konsumenten kann bei rohen Erzeugnissen dagegen nicht ausgeschlossen werden. Als Ursache ist insbesondere die weitere Vermehrung der häufig schon in Keimzahlen von $>10^2$ KbE/g (18 von 22 Proben) vorliegenden Clostridien in Betracht zu ziehen. Die Keime werden mit dem Ausgangsmaterial (Hackfleisch von Rind und Schaf) in die Erzeugnisse eingebracht. Von n = 180 Hackfleischproben wiesen mehr als ein Viertel $\geq 10^3$ KbE/g sulfitreduzierende Anaerobier auf. Vier Proben davon hatten 10^4 KbE und eine Probe sogar 10^5 KbE/g dieser Keime.

2.2.1.3 Zerkleinertes gepökeltes, folienverpacktes Fleisch nach Art der Frischen Mettwurst

Produkte aus rohem zerkleinertem, gepökeltem Fleisch wurden im Laufe der Jahre unter verschiedenen Bezeichnungen und Zweckbestimmungen („Hackepeterwurst", „Vesperwurst", „Rindfleisch fix und fertig gewürzt, für Hackbraten") hergestellt.

Früher wurden insbesondere in den neuen Bundesländern Erzeugnisse mit der Bezeichnung „Schweinefleisch" (bzw. Rindfleisch oder Rind- und Schweinefleisch) fertig gewürzt, zerkleinert und gepökelt - nach Art der „Frischen Mettwurst" in den Verkehr gebracht. Die Gemenge waren in luft- und wasserdampfundurchlässigen Vakuum-Tiefziehpackungen unter Kühlbedingungen mit einer Haltbarkeit von zwei bis drei Wochen ausgestattet. Sie wurden häufig in Haushalten von ländlichen, mit Fleischereien unterversorgten Gegenden nicht wie streichfähige Rohwurst als Brotaufstrich, sondern als Hackfleisch verwendet [30]. Mittlerweile werden die Produkte auch in anderen Teilen des Bundesgebietes angeboten. Neuerdings sind auch gepökelte Bratwürste („Bauernbratwurst nach Art der frischen Mettwurst") auf dem Markt, die nicht zum Rohverzehr bestimmt sind [86, 87]. Aktuell wird eine länglich ausgeformte Rolle aus gepökeltem, zerkleinertem Fleisch ohne Hülle als „Schinken-Zwiebelmettwurst" in einer mit Klarsichtfolie versiegelten, tiefgezogenen Schale als Fertigpackung unter Schutzatmosphäre angeboten. Die Deklaration weist als Zusatzstoffe Natriumnitrit (Konservierungsstoff E250), Ascorbinsäure und Natriumascorbat (Antioxidationsmittel E300, E301) sowie Guarkernmehl (Verdickungsmittel E412) auf. Als Kühlanforderungen sind 4-7 °C vorgegeben. Es stellt sich die Frage, ob die genannten Produkte als Hackfleischzubereitungen bzw. als Rohwursthalbfabrikate der HFIV unterliegen oder als ausreichend gereifte rohwurstartige Erzeugnisse verkehrsfähig sind. Für die Entlassung aus der HFIV sind die Anforderungen nach § 1 Abs. 3 Nr. 2 maßgeblich: „Erzeugnisse, die einem abgeschlossenen Pökelungsverfahren mit Umrötung, bei Rohwursterzeugnissen in Verbindung mit Fermentation (Reifung) unterworfen worden sind", gelten als nicht mehr roh im Sinne der Verordnung. Für zugelassene Betriebe gelten die Bestimmungen der FlHV entsprechend: Die Produkte sind nur dann als „Fleischerzeugnis" (Rohwurst) anzusehen, wenn sie so zubereitet worden sind, dass sie im Kern keine Merkmale von frischem Fleisch mehr aufweisen. Eine alleinige Kältebehandlung (gefrieren) oder Zerkleinerung reichen nicht aus, um den Status Fleischerzeugnis zu erreichen.

Nicht nur das unterschiedlich verpackte, zerkleinerte Fleisch, sondern auch die in Hüllen abgefüllte „Frische Mettwurst", von denen es abgeleitet ist, sind wegen des häufig unzureichenden Rohwurstcharakters aus lebensmittelhygienischer und -rechtlicher Sicht umstritten [43, 58]. Der Frischecharakter konkurriert bei dieser Produktgruppe, zu der auch die Zwiebelmettwurst zählt, mit dem für Rohwurst wesenseigenen technologischen Vorgang der Reifung bzw. Fermentierung. Die Relevanz der Abgrenzung der Erzeugnisse zu Hackfleischprodukten bestand trotz der im Laufe der Zeit regelmäßig publizierten Vorschläge zur Herstellungstechnologie und den Beurteilungsparametern weiterhin [25, 34, 50, 51, 67].

Die Problematik wurde 1996 vom ALTS aufgegriffen, um eine einheitliche Untersuchung und Beurteilung zu erreichen [78]. Neben den nach der HFlV vorgegebenen Kriterien wurde auch die in den Leitsätzen für Fleisch und Fleischerzeugnisse niedergelegte allgemeine Verkehrsauffassung einbezogen. Nach eingehender Diskussion im Arbeitskreis wurde folgendem Beschlussvorschlag zugestimmt:

„Erzeugnisse aus zerkleinertem Fleisch sind erst dann als „Rohwurst" einzustufen und fallen nicht mehr unter die Vorschriften der HFlV, wenn sie folgende Kriterien erfüllen:

- Geruch, Geschmack, (Abbindung) rohwurstartig
- stabile Umrötung (sensorisch, in Zweifelsfällen chemisch: >50% nach Möhler-Methode)
- Säuerung (pH-Wert ≤ 5,6; D(-)-Milchsäure ≥ 0,2g/100g)
- mikrobiologische Beschaffenheit (dominierende Fermentationsflora, niedrige Keimzahlen an Gramnegativen; bei Möglichkeit der Impedanzmessung: typischer Verlauf für gereifte Erzeugnisse (hier: flache Impedanzkurve/Steigung ≤ 4 %).“

Bei der Bewertung der Anforderungen sind folgende Hinweise zu beachten:

Ein (möglicherweise) vorhandenes Rohwurstaroma ist bei vorherrschender Zwiebel- oder Knoblauchwürzung nur bedingt festzustellen. Das Brät soll wegen der erwünschten Frische und Streichfähigkeit nur geringgradig abgebunden sein. Eine deutliche Abbindung kommt häufig bei zu lange gelagerten, übersäuerten Produkten vor. Durch das zugesetzte Nitritpökelsalz und die vorhandene Umrötung sind die Erzeugnisse zwar eindeutig von Hackfleisch abgesetzt. Die Umrötung läuft als chemische Reaktion spontan ab und wird in Verbindung mit verwendeten Hilfsmitteln (z.B. Ascorbat, Glucono-delta-Lacton) noch beschleunigt. Sie allein ist aber noch kein Beleg für den geforderten Abschluss des Pökelungsverfahrens. Der Pökelprozess erfordert einen zusätzlichen Zeitbedarf, während dessen mikrobiologische Vorgänge ablaufen. Sie können mit dem Begriff „Reifung“ („Fermentation“) beschrieben werden. Erst durch die im Verlauf sich ausbildenden weiteren stabilisierenden Faktoren, welche die Stickoxid-Myoglobin-Bildung ergänzen, wird eine ausreichende Haltbarmachung erreicht [35]. Die alleinige Zugabe von Kochsalz und Pökelstoffen wirkt dagegen nur keimhemmend [32, 71]. Sind die Hürden der (abgeschlossenen) Pökelung und Fermentierung nur ungenügend ausgeprägt, liegt ein mit hohem hygienischem Risiko behaftetes Rohwurstvorfabrikat vor, das im Falle der Abgabe im Handel oder an Verbraucher der HFIV unterworfen ist [35, 71]. Dabei ist die Darbietungsform (Folienbeutel oder Wursthülle) unerheblich. Fermentiert ist ein Erzeugnis, wenn in seiner Keimflora die Laktobazillen überwiegen und dadurch das Wachstum der schädlichen Keime (Konkurrenzflora) unterdrückt wird [71].

Die antagonistische Wirkung von Milchsäurebakterien, insbesondere von homofermentativen Laktobazillen, auf die (unerwünschte) Begleitflora ist dann verlässlich, wenn sich die Keime alsbald auf Werte $>10^8$ KbE/g entwickeln. Die Hemmung beruht vor allem auf der Anreicherung von Milchsäure, die beim Abbau von Kohlenhydraten gebildet wird. Die Produktion verläuft allerdings im Vergleich zur Keimvermehrung verzögert. Das Maximum wird erst in der späten stationären Phase der Kultur erreicht [47, 48]. Daher wird für Frische Mettwurst und die Erzeugnisse nach

Art der frischen Mettwurst eine Reifungszeit von ein bis zwei Tagen gefordert [25, 46, 67, 70, 78]. In kürzerer Frist kann auch eine dominierende Flora aus Milchsäurebakterien noch kein oder wenig Substrat umgesetzt haben. Somit fehlt das stabilisierende Element der Säuerung, oder es ist noch nicht genügend ausgebildet. Als ausreichend wird nach dem ALTS-Beschluss [78] ein Gehalt an D(-)-Milchsäure von >0,2g/100g angesehen. Dieser Richtwert für gereifte Ware basiert auf früheren Untersuchungen [46]. Da der Metabolit durch bakterielle Prozesse während der Reifung gebildet wird, kann man ihn auch als „Reifungsmilchsäure" bezeichnen. Seine Konzentration ist deshalb statistisch sehr eng mit der Zahl der Milchsäurebakterien und dem pH-Wert verknüpft. Die in Rohwurst ebenfalls vorhandene L(+)-Milchsäure entsteht zwar auch während der Reifung (Verhältnis zur D(-)-Variante ca. 1:1, Schwankungsbreite 40-60 %). Sie gelangt jedoch auch schon mit dem Fleisch in das Rohwurstbrät. Die Konzentration dieser sog. Fleischmilchsäure ist nur locker mit den Parametern pH-Wert und Keimzahl an Milchsäurebakterien korreliert und daher zur Beurteilung der bakteriellen Rohwurstreifung weniger gut geeignet als die D(-)-Variante [36, 46, 50]. In jüngster Zeit wird über die Isolierung eines Stammes *Lactobacillus paracasei* berichtet, der über 98 % L(+)-Milchsäure bilden soll und der als Starter- bzw. Aromakultur in die Rohwurstherstellung eingeführt wird [83]. In Fällen des ausschließlichen Einsatzes dieses Milchsäurebakteriums müsste der vom ALTS beschlossene Richtwert für D(-)-Milchsäure relativiert werden. Allerdings ist die „Reifungsmilchsäure" als Beurteilungsparameter weiterhin relevant, weil gewerbeüblich weiterhin Mischungen verschiedener (herkömmlicher) Starterkulturen verwendet werden, die beide Milchsäureformen bilden.

Der pH-Wert (Richtwert ≤5,6) [78] geht auf diverse Angaben in der Fachliteratur zurück [25, 35, 43, 51, 58, 67], ist aber als maßgeblicher Parameter zur Bestimmung des Reifegrades ungeeignet. Einem Produkt zugesetzte Säuerungsmittel (z.B. GdL, Citronensäure, L(+)-Milchsäure), die sich ebenso wie bakteriell gebildete Milchsäure pH-senkend auswirken, bedingen jedoch keinen wesentlichen Haltbarkeitseffekt.

Die Impedanzmessung ist in Verbindung mit der Keimzahlbestimmung zum Beweis einer stattgefundenen Reifung geeignet (Richtwert ≤4% Steigung [78]). Bei dieser Analysenmethode wird die Konzentration mit der Stoffwechselaktivität der zu prüfenden Population verknüpft [45, 46, 70]. Sie erfasst die Änderung des elektrischen Widerstandes (elektro-physikalische bzw. messtechnische Feinheiten werden hier nicht besprochen), die sich durch die Stoffwechseltätigkeit der mit einer Probe in ein flüssiges Kulturmedium eingebrachten Mikroorganismen ergibt. Während Wachstum und Vermehrung der Kultur wird die Messwertänderung fortlaufend in bestimmten Abständen registriert und als Funktion der Inkubationszeit aufgezeichnet. Eine flach verlaufende Detektionskurve zeigt den Metabolismus einer zahlenmäßig dominieren-

Messung: 0223-000 Meßplatz: 2/1 Beginn: 23.2.1994 14:41:24 Messung beendet
Schwelle M: 9.17 Std Schwelle E: 7.50 Std KBE: ------
Text: 4366

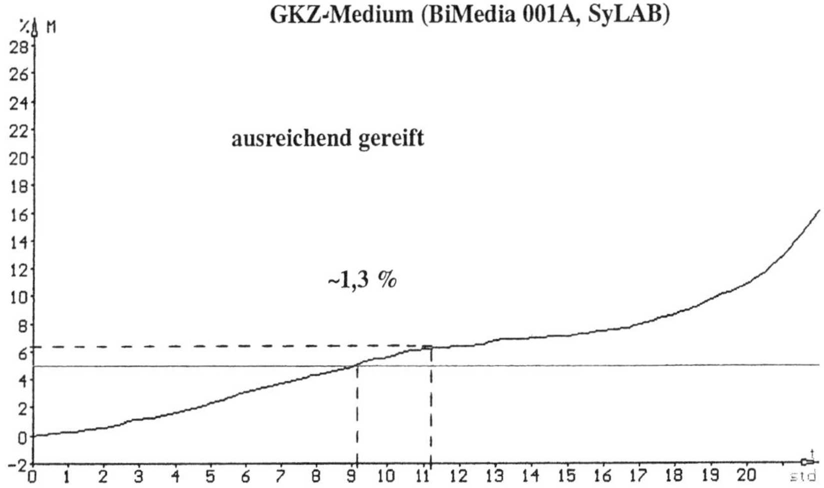

Messung: 0323-000 Meßplatz: 2/1 Beginn: 23.3.1994 11:2:0 Messung beendet
Schwelle M: 11.26 Std Schwelle E: 12.63 Std KBE: ------
Text: 6274

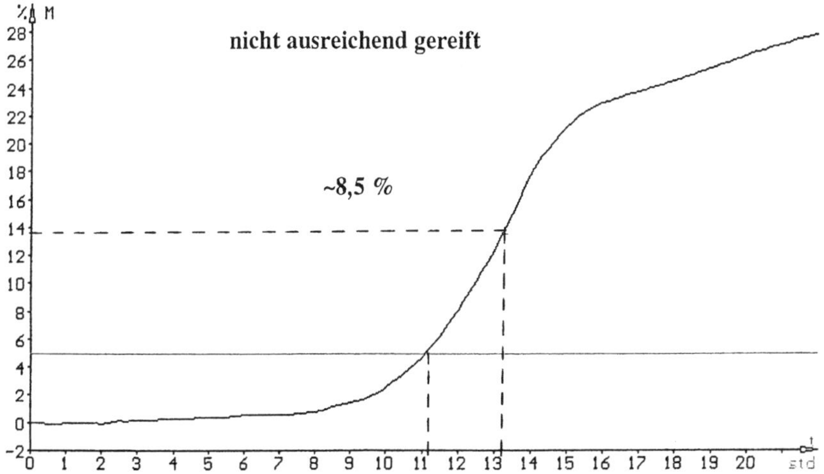

Abb. 2.2.7 Frische Mettwurst: Impedanzmessung als Screening-Methode zum Nachweis mikrobieller Fermentation (Reifung) (Jöckel,1994)

den Säuerungsflora an. Die gramnegativen Keime solcher Erzeugnisse liegen in der Regel unter 10^3 KbE/g und stellen kein hygienisches Risiko dar. Eine steile Detektionskurve (Steigung >4 %) lässt dagegen den Schluss auf ungenügende Stabilisierung zu. Der Kurvenverlauf ist überwiegend von der Stoffwechseltätigkeit von Gramnegativen geprägt. Namentlich Enterobakteriazeen liegen in höheren Keimzahlen (Bereich $\geq 10^4$ KbE/g) vor, während die Reifungsflora in der Population unterrepräsentiert bzw. wenig stoffwechselaktiv ist. Ein weiterer Vorteil der Impedanz-Messmethode liegt in ihrem niedrigen Arbeitsaufwand und in ihrer geringen Zeitdauer. Sie kann bei einer Untersuchungsfrist von 16 bis 20 Stunden im Vergleich zu herkömmlichen mikrobiologischen Kultivierungsverfahren als Schnellmethode bezeichnet werden. Obwohl der Reifegrad eines Erzeugnisses in den meisten Fällen anhand des Kurvenverlaufes eingeordnet werden kann (Abb. 2.2.7), empfiehlt es sich, die Impedanzmessung als Screening-Verfahren anzuwenden. Zur Absicherung des Befundes bzw. zur endgültigen Beurteilung eines Erzeugnisses sollten zusätzlich die weiteren vom ALTS [78] postulierten Kriterien: pH-Wert, Umrötung, Keimzahlbestimmung, Milchsäuregehalt und sensorische Beschaffenheit, herangezogen werden.

Die ALTS-Kriterien wurden im Rahmen einer bundesweiten Datenerhebung durch das BgVV (jetzt BfR[1]) als geeignet für die Untersuchung und Bewertung von frischen streichfähigen Mettwürsten erklärt [82, 88]. Sie wurden trotzdem in mehreren Publikationen unterschiedlich ausgelegt [80, 84, 85, 89, 90] und daher auf Anregung des Bundesverbandes der Deutschen Fleischwarenindustrie e. V. erneut auf der Arbeitstagung des ALTS im Jahr 2000 [79] diskutiert. Die Sachverständigen waren nach ausführlicher Beratung mehrheitlich der Auffassung, dass die früher beschlossenen Anforderungen zur Objektivierung der Beurteilung beitrügen und nicht zu ersetzen seien. Trotzdem richtete sich weitere massive Kritik aus Wirtschaftskreisen gegen diesen Beschluss. Auch die Anwendbarkeit der HFlV für die Beurteilung des Reifegrades und die Eingruppierung als Fleischerzeugnis wurden in Frage gestellt. Dazu wurde vom ALTS-Gremium auf der Arbeitstagung in 2001 [81] klargestellt: *„Bei nicht ausreichend gereiften, nicht unter die FlHV, sondern unter die HFlV fallenden Produkten, ist eine Beanstandung („nicht verkehrsfähig") zwingend. Für nicht ausreichend gereifte Produkte aus zugelassenen Betrieben nach FlHV ist eine Beanstandung ggf. von der Ermittlung im Herstellbetrieb abhängig zu machen. Wird bewusst ein Produkt eigener Art (also nicht eine von einer gewissen Reifung abhängige Rohwurst) hergestellt, so handelt es sich um ein sehr leicht verderbliches Lebensmittel. Hier sind zumindest besondere Bedingungen bei der Herstellung und Inverkehrgabe (strikte Kühlbedingungen, mikrobiologische Untersuchung, Verbrauchsdatum und andere Verkehrsbezeichung) erforderlich. Eine Inverkehrgabe als ZM/FM setzt in jedem Fall eine Einhaltung der Reifekriterien voraus".* Das in zuge-

1 Bundesinstitut für Risikobewertung

lassenen Betrieben hergestellte (weitgehend ungereifte) „Produkt eigener Art“ ist demnach als Fleischzubereitung verkehrsfähig. Allerdings dürfte es nicht mit der einer (echten) Rohwurst (Fleischerzeugnis) vorbehaltenen Bezeichnung „frische Mettwurst“ (oder ähnliche Wortverbindung) vertrieben werden. Dieser Festlegung kommen die Hersteller trotz entsprechender Beanstandungen seitens der Überwachung bisher nicht nach.

Der häufig unzureichende Rohwurstcharakter der Produkte und das daraus resultierende Gefährdungspotenzial durch Krankheitserreger wie Salmonellen und Staphylokokken wird insbesondere bei nur kurze Zeit lagerfähigen Rohwürsten gesehen. Zu diesen zählt die Frische Mettwurst und das davon abgeleitete, in Folienbeutel verpackte, zerkleinerte, gepökelte Fleisch und auch die gepökelte Bauernbratwurst. Die Kontaminationsrate war bei frischen Rohwürsten besonders in den Sommermonaten und bei Erzeugnissen aus Supermärkten erheblich [7, 51]. Der Zusatz von Starterkulturen und GdL zum Brät kann das Salmonellenwachstum unterdrücken bzw. die Stabilisierung der Produkte verbessern [50, 70]. Mit dem Vorkommen von *Staphylococcus aureus* muss bei der Hälfte der streichfähigen Rohwürste gerechnet werden. Die Keimzahlen von toxinogenen Stämmen sind jedoch in der Regel nicht so hoch, dass sie eine ernste Gefahr für den Konsumenten darstellen [32]. Zur sicheren Herstellung in Bezug auf die Hemmung von *Staphylococcus aureus* in ungeräucherter Rohwurst muss bei Reifungstemperaturen >18 °C ein rasche Absenkung des pH-Wertes durch Zuckerzugabe und schnell säuernde Milchsäurebakterien erreicht werden [38].

Tab. 2.2.4 Beurteilung von 80 Mettwurstproben aus dem Handel nach dem Impedanzkurvenverlauf (Steigung) (Reinschmidt et al., 1993)

	a) Steigung > 4% (n = 43)		b) Steigung < 3,5% (n = 30)	
	Mittelwert	Standard-abweichung	Mittelwert	Standard-abweichung
Steigung [%]	6,52	1,84	1,65	1,23
pH-Wert	5,83	0,19	5,33	0,21
D(-)-Milchsäure [g/100g]	0,053	0,093	0,44	0,15
Milchsäurebakterien [log_{10}KbE/g]	5,64	1,35	7,69	0,57
	c) „falsche“ und „unregelmäßige“ Kurven (n = 7)			
	Steigung [%]	pH-Wert	D(-)-Milchsäure [g/100g]	Reifung
n = 4	>4	<5,7	>0,22	ausgeprägt
n = 3	<3,5	>5,7	<0,22	wenig ausgeprägt

In jedem Fall sind zur Beurteilung der Reifung von Produkten mehrere Reifungsparameter zu bestimmen. Die erforderliche Stabilisierung der Erzeugnisse darf aus lebensmittelhygienischen und -rechtlichen Gründen nicht gegenläufigen Frischekriterien und den damit verbundenen wirtschaftlichen Interessen der Hersteller untergeordnet werden. Weil die Reifungsvorgänge nicht so ausgeprägt sind wie bei schnittfester Rohwurst und die Hürden der Räucherung und Abtrocknung fehlen, sind die frischen rohwurstartigen Erzeugnisse generell verderbnisanfälliger als klassische Rohwürste. Die Hersteller berücksichtigen dies, indem sie vorgeben, dass die Produkte unter strikter Kühlung nur kurze Zeit aufzubewahren sind.

2.2.2 Erzeugnisse aus gestückeltem rohem Fleisch

2.2.2.1 Erzeugnisse auf Spießen: Gyros und vergleichbare Produkte

Die griechische Spezialität **Gyros** ist ein dem Döner Kebab ähnliches Produkt, jedoch wird kein zerkleinertes Fleisch verarbeitet. Der Begriff „Gyros“ bezeichnet den Vorgang der „Umdrehung“ bzw. „Rotation“ und ist als Hinweis auf die typische Zubereitung aufzufassen [10, 18, 40]. Das Produkt besteht in der Bundesrepublik Deutschland aus rohen, marinierten, speziell gewürzten Schweinefleischscheiben, welche auf einem senkrecht stehenden Drehspieß zylinder- oder kegelförmig geschichtet und durch seitlich zugeführte trockene Hitze oberflächlich gegart werden. Die braun gegrillte Fleischoberfläche wird in dünnen Streifen oder Scheiben zum Verzehr abgetragen [10, 18, 28, 40, 71]. Neben der Bezeichnung des beschriebenen Originalproduktes wurde der Begriff „Gyros“ seit Anfang der Achtziger Jahre allein oder in Wortverbindungen für nachgemachte Erzeugnisse verwandt. Auf diese gyrosähnlich dargebotenen oder gyrosartig gewürzten Produkte wird in den nachfolgenden Abschnitten 2.2.2.2 und 2.2.2.5 gesondert eingegangen.

Das Originalprodukt, also Abschnitte von großkalibrigen Spießen, wird in der einschlägigen Gastronomie, an festen Imbissständen aber auch auf Märkten und im Reisegewerbe abgegeben [1, 71]. Insbesondere wegen des „mobilen“ Verkaufs und aufgrund der Tatsache, dass ähnliche hygienische Verhältnisse herrschen wie bei Döner Kebab, stellte sich die Frage nach der Erfassung durch die HFIV. Die Zuordnung zu § 1 Abs. 1 Nr. 2 analog Döner Kebab mit zerkleinertem Fleisch ist jedoch wegen der Herstellung der Spieße ausschließlich aus Fleischstücken (ca. 1 cm dicke Kammscheiben) nicht möglich. Die Schichtung erfolgt allerdings wie bei Döner Kebab von Hand, und die Spieße unterliegen bei der Zubereitung den gleichen Temperaturbedingungen und bleiben im Innern roh (vgl. Abschnitt 2.2.1.1). Es wurde daher vorgeschlagen, Gyros als überdimensionierten Fleischspieß unter § 1 Abs. 1 Nr. 6 (Schaschlik und in ähnlicher Weise hergestellte Erzeugnisse aus gestückeltem Fleisch ...) einzugruppieren, solange sie ganz oder teilweise roh sind [23]. Diese Einschätzung wurde jedoch von anderen Sachverständigen nicht geteilt [59, 60, 71]. Sie wollten Gyros nicht der HFIV unterworfen wissen.

Bei der Untersuchung von n = 29 verzehrsfertigen Proben von Spießabschnitten wurden Gesamtkeimzahlen im Bereich von 10^2 bis 10^6 KbE/g festgestellt. Hohe Keimzahlen (>10^5 KbE/g) sowie Enterokokken, Enterobakteriazeen und Staphylokokken waren nur in Einzelfällen vorhanden. Es handelte sich um solche Abschnitte, die nicht durchgegarte Bezirke aufwiesen. In diesen unmittelbar unter der erhitzten Oberfläche liegenden Schichten und im Innern der Spieße herrschen optimale Temperaturen für die Keime. Sie können sich bei längerer Aufbewahrung (beobachtet wurden Fristen bis zu 2 Tagen) vermehren und gesundheitsgefährdende Stoffwechselprodukte, z.B. hitzestabile Staphylokokken-Enterotoxine produzieren [10]. Dass bei den vorgelegten Untersuchungen keine pathogenen Keime wie Salmonellen, *Staphylococcus aureus*, *Clostridium perfringens* und *Bacillus cereus* vorhanden waren, negiert das hygienische Risiko der Produkte keineswegs. In Einzelfällen sind nämlich bei (nach zwischenzeitlicher Kühlung) wieder erhitzten Proben direkt unter der Oberfläche *C. perfringens*-Keimzahlen von 10^3 bis 10^4 KbE/g und *S. aureus* in Konzentrationen von 2,3 x 10^2 bis 2,4 x 10^3 KbE/g nachgewiesen worden [9].

Ähnliche Verhältnisse herrschen auch bei den sonstigen Spießen aus stückigem Fleisch, den türkischen Pendants des griechischen Gyros, z.B. Döner Kebab, Sis Kebab, Yaprak-Döner und Antep Sislik.

Döner Kebab besteht aus Fleischscheiben vom Rind, Kalb oder Hammel, zuweilen wird auch Truthahnfleisch verwendet. Früher waren Spieße aus oder mit Geflügelfleisch nicht orts- und gewerbeüblich [17, 60]. Als während der BSE-Krise Rind- und Kalbfleisch vornehmlich durch Hühnerfleisch ersetzt wurde, wandelte sich der Gewerbebrauch. Allerdings ist nach wie vor die Bezeichnung Döner Kebab den originären Spießen vorbehalten. Erzeugnisse aus Hühnerfleisch wurden deshalb als Hähnchen- oder Chicken-Kebab deklariert [76].

Sis Kebab (Schwert-Fleisch) ist auf einen langen Spieß gestecktes und gebratenes Hammelfleisch. Das Produkt wird auch als kleinkalibriger Spieß beschrieben.

Yaprak Döner (Blattfleisch) steht für einen qualitativ hochwertigen Döner Kebab-Spieß aus Schulterfleisch von Rind oder Kalb ohne Hackfleisch, der neuerdings in Berlin wieder vermehrt vertrieben wird.

Antep Sislik (Antep-Spieß) ist ein nach der Stadt Antep in der Türkei benannter

Spieß, der ebenfalls nur aus Fleischstücken von Rind oder Kalb geschichtet und u.a. in Berlin bekannt ist.

Als Anhaltspunkt für die mikrobielle Beschaffenheit der Produkte können die im Ursprungsland Türkei an Döner Kebab durchgeführten Untersuchungen angeführt werden [17]. Die 47 Proben waren Abschnitte von Spießen in der Zubereitung, die ausschließlich aus Hammelfleischscheiben bestanden. Aufgrund der sehr unterschiedlichen Hitzeeinwirkung auf die äußeren Spießpartien ergab sich ein recht unterschiedliches Bild der Keimgehalte. Zwar lagen die Keimzahlen häufig unter der Nachweisgrenze, es kamen aber auch Fälle mit Gesamtkeimzahlen von 10^6 KbE/g, mit Mikrokokken von 10^5 KbE/g und mit sulfitreduzierenden Anaerobiern von 10^4 KbE/g vor. Gerade wenn in Stoßzeiten halbgare Portionen verkauft werden, besteht wegen des Vorkommens von *Clostridium perfringens*-Keimen in höheren Konzentrationen die Gefahr einer Lebensmittelvergiftung.

Die mikrobiologisch-hygienischen Verhältnisse bei Döner Kebab deutscher Herstellung können anhand der im Münchner Raum erhobenen Befunde verdeutlicht werden [60]. Es handelte sich bei den 44 Proben überwiegend um Produkte aus Fleischscheiben. Da jedoch auch Erzeugnisse mit zerkleinertem Fleisch in dem Untersuchungskontingent enthalten waren, diese jedoch nicht getrennt ausgewiesen wurden, wurden die Untersuchungsergebnisse schon unter Abschnitt 2.2.1.1 behandelt (vgl. auch Tab. 2.2.2).

Um Gesundheitsgefährdungen zu vermeiden und eine unbedenkliche mikrobiologische Beschaffenheit zu gewährleisten, werden an Spieße aus Fleischscheiben von der Herstellung bis zur Abgabe an den Verbraucher hohe hygienische Anforderungen gestellt. Gefordert wird, die Größe dem voraussichtlichen Verkaufsbedarf anzupassen, das rohe Fleisch nicht zu lange bei Risikotemperaturen auf dem Spieß zu belassen, die abgabefertigen Portionen gut durchzugaren und die Abgabefrist auf wenige Stunden zu beschränken [10].

2.2.2.2 Marinierte geschnetzelte Erzeugnisse: Fleisch-Gemüse-Mischungen (Pfannengerichte, Fleischpfannen) und gyrosähnliche Erzeugnisse

Marinierte Fleischzubereitungen gehören mittlerweile zum Standardangebot von Fleischereien und von Frischfleisch- und SB-Abteilungen des Lebensmittelhandels. Die Erzeugnisse bestehen aus rohen Fleischstreifen oder -scheibchen, die mit einer würzenden Tunke und häufig mit Zwiebeln bzw. verschiedenen Gemüsen vermischt sind. Sie werden als küchenfertige „Convenience"-Produkte entweder in gekühlter

Form (lose) oder als tiefgefrorene Produkte (verpackt) angeboten und sind nach dem Kurzbraten im Haushalt verzehrsfertig.

Als Ausgangsmaterial wird Schweinefleisch (meist geschierte Schultern und Kämme) eingesetzt. Die Zerkleinerung erfolgt von Hand oder wird maschinell vorgenommen. Bei industrieller Herstellung werden die Schulterstücke (häufig Gefrierfleisch) „nass“ gewürzt, angepoltert, in Blöcken angefrostet und mit einem Gefrierfleischschneider geschnitten.

Aufgrund des Zuschnittes ist das Fleisch als „geschnetzelt“ einzustufen. Geschnetzeltes Fleisch wird als kleine, dünne, quer zur Faser geschnittene Scheiben oder Streifen von sehnen- und fettgewebsarmem Skelettmuskelfleisch charakterisiert [33, 71]. Es unterliegt wegen seines Zerkleinerungsgrades im rohen Zustand den Bestimmungen der HFlV [10, 18, 28, 40, 71]. Die Eingruppierung ergibt sich aus § 1 Abs. 1 Nr. 1, wo geschnetzeltes Fleisch definitiv genannt ist. Von den sich aus der Erfassung durch die HFlV ergebenden Besonderheiten sind insbesondere die Temperaturanforderungen (§ 4), die Fristen für das Inverkehrbringen (§ 5) sowie die Anforderungen an die Herstellung von tiefgefrorenen Erzeugnissen (§ 3) zu beachten. Bei losen, gekühlten Erzeugnissen besteht in der Praxis nicht immer Klarheit darüber, dass sie nur am Tage der Herstellung in den Verkehr gebracht werden dürfen. Die Fehlinterpretation beruht darauf, dass die zugesetzte Marinade als „Beize“ im Sinne von § 1 Abs. 3 Nr. 4 HFlV angesehen wird, bei deren Anwendung das Erzeugnis aus der HFlV entlassen ist. Diese Annahme trifft jedoch nicht zu, weil es sich bei den Würztunken nicht um „saure Aufgüsse“ handelt, die eine Verlängerung der Haltbarkeit des zerkleinerten Fleisches bewirken. Von einer ausreichenden Säuerung ist erst dann auszugehen, wenn der pH-Wert im Innern des Fleisches 5,0 beträgt [71]. Wie die pH-Werte der untersuchten Produkte zeigen, wird dieser Säuerungsgrad jedoch nicht annähernd erreicht. Wegen der lebensmittelhygienischen und lebensmittelrechtlichen Bedeutung der Marinaden werden diese in einem separaten Abschnitt behandelt (vgl. 2.2.2.3).

Der Gemüseanteil der sog. **Fleischpfannen** setzt sich vorrangig zusammen aus

- frischem Gemüse (z.B. Zwiebeln, Paprika und Bohnensprossen),
- tiefgekühltem Gemüse (z.B. Suppengemüse, grünen Bohnen, Erbsen),
- hitzesterilisiertem Gemüse (z.B. Bohnensprossen, grünen Bohnen, Erbsen) auch exotischem (z.B. Maiskörnern, diversen Pilzen) oder
- sauer eingelegtem Gemüse (z.B. Gurken, Silberzwiebeln).

Fleisch-Gemüse-Gerichte werden häufig unter Phantasiebezeichnungen in den Verkehr gebracht, die Rückschlüsse auf die Verwendung bestimmter Gemüsezutaten und Gewürze und die Art der Zubereitung zulassen: z.B. „Schnelle Pfanne“ (Schnellgericht zum Kurzbraten), „Zwiebelpfanne" (Zwiebelringe dominierend), „Hubertus" (Waldpilze), „Madras-/China-/Hongkong-Pfanne" (Curry, Chinapilze, Bambus- und Sojasprossen), „Mexiko-/Balkan-/Budapest-Pfanne" (Zwiebel, Paprika).

Erzeugnisse mit gyrosartiger Würzung wurden früher unzutreffend als „Gyros" oder als „Gyros aus geschnetzeltem Schweinefleisch" bezeichnet [40]. Es handelt sich um Erzeugnisse, die mit dem (Original-)Gyros zwar die Verwendung gleichartigen Ausgangsmaterials (Schweinefleischscheiben), gleichartiger Gewürze und die Marinierung gemeinsam haben, jedoch als Pfannengerichte angeboten werden. Für diese Produkte wird die Benennung **„Schweinegeschnetzeltes nach Gyrosart"** als ausreichend anerkannt. Nicht zu tolerieren sind jedoch Bezeichnungen wie „Gyros-Geschnetzeltes", „Gyros, geschnetzeltes Schweinefleisch", „Pfannen-Gyros" oder „GyrosPfanne" (OLG Koblenz vom 22. 4.1988 1 Ss 126/88, 312 JS 8482/87 - 28 OWi - Sta Mainz, zit. nach [28]).

Die zu besprechenden mikrobiologischen Untersuchungen erfassen ausschließlich die Produkte im rohen Zustand, in dem sie an den Verbraucher abgegeben werden. Von n = 41 Fleischzubereitungen mit unterschiedlichen Gemüseanteilen („Chinapfanne, Gemüsepfanne, Balkanpfanne, Madagaskarpfanne, Puten-Curry-Pfanne") wurden mesotrophe Gesamtkeimzahlen mit einem Wert von durchschnittlich 3,3 x 10^7 KbE/g festgestellt. Die psychrotrophe Gesamtkeimzahl, die zwischen 2,7 x 10^4 bis 3,4 x 10^8 KbE/g lag, stellte die Ursache für eine bakteriell bedingte Wertminderung dar. Die den psychrotrophen Keimarten angehörenden Pseudomonaden lagen zu 75 % in einem Bereich von 10^5 bis 10^7 KbE/g. Die Keimzahlen von Laktobazillen streuten in einem Bereich von 10^3 bis 10^7 KbE/g. Die Enterobakteriazeen lagen zu 68 % in einem Konzentrationsbereich von 10^3 bis 10^4 KbE/g. *Staphylococcus aureus* wurde in 44 % der Proben mit einer Keimzahl von 2,7 x 10^2 bis 8,1 x 10^2 KbE/g nachgewiesen [52].

Bei weiteren n = 57 Proben geschnetzeltem Fleisch nach Gyros-Art und sonstigen Pfannengerichten mit Zwiebeln und diversen Gemüsen (überwiegend verpackte tiefgefrorene Produkte) lag die aerobe Koloniezahl im Mittel bei 2,5 x 10^5 KbE/g (Minimalwert 5,0 x 10^3, Maximalwert 2,0 x 10^8). Als dominierende Flora wurden in wechselnder Zusammensetzung Milchsäurebakterien, aerobe Sporenbildner und Mikrokokken festgestellt. Hygienisch relevante Gramnegative kamen bei 37 bzw. 25 Proben mit Keimzahlen von 2,0 x 10^2 bis 6,3 x 10^6 KbE/g (Enterobakteriazeen) bzw. 1,3 x 10^3 bis 3,0 x 10^7 KbE/g (Pseudomonaden) vor. Hefen wurden zwar nicht regelmäßig untersucht, bei Proben mit rohem Gemüse ergaben sich jedoch Keimzahlen von 10^3 bis 10^4 KbE/g. Koagulasepositive Staphylokokken und *Clostridium perfringens* ließen sich je zweimal nachweisen, während *Bacillus cereus*-Keime in allen Fällen unter der Nachweisgrenze von 10^2 KbE/g lagen. Salmonellen waren nach

Anreicherung von 25g bei 4 Proben nachweisbar. *Listeria monocytogenes* ließen sich ebenfalls nach Anreicherung in 1 g (7 Fälle) feststellen, die Keimzahlen lagen jedoch unter 10^2 KbE/g [21].

Bei der Untersuchung von 73 Proben **„Zerkleinertes Schweinefleisch, nach Gyros-Art gewürzt"** aus dem Handel lagen die pH-Werte bei 82,2 % im Bereich von 5,6 - 6,2. Die bakteriologischen Befunde dieser Untersuchungen sind in Tab. 2.2.5 aufgeführt [40].

Tab. 2.2.5 Keimgehalte [Koloniebildende Einheiten: $\log_{10}$KbE/g] und Häufigkeitsverteilung [%] von 73 Proben „Zerkleinertes Schweinefleisch, nach Gyros-Art gewürzt" (nach Murmann; Lenz; v. Maydell, 1985)

	Streubreite	Häufigkeit [%] pro Keimzahlklasse [$\log_{10}$KbE/g]						
	[log10KbE/g]	<2	2	3	4	5	6	7
Aerobe GKZ	4,3-8,0	–	–	–	2,7	41,1	39,7	16,4
Enterobacteriaceae	<2,0-5,6	6,9	5,5	67,1	17,8	2,7	–	–
Enterokokken	<2,0-4,2	2,9	41,1	24,7	1,4	–	–	–
Bacillus spp.	<2,0-4,7	26,0	6,9	37,0	30,1	–	–	–
Staphylococcus spp.	<2,0-6,0	13,7	–	27,4	54,8	4,1	–	–
Lactobacillus spp.	<2,0-6,6	1,4	5,5	31,5	37,0	19,2	5,5	–
Pseudomonas spp.	<2,0-7,0	24,7	4,1	2,7	21,9	27,4	17,8	1,4
Salmonella spp.	negativ							
Clostridium spp.	negativ							

In einer weiteren Untersuchungsreihe wurden bei n = 32 Proben derselben Produktgruppe aerobe Gesamtkeimzahlen zwischen 10^2 und 10^8 KbE/g ermittelt. 91 % aller Proben lagen im Bereich 10^5 bis 10^7 KbE/g. *Enterobacteriaceae* wurden in der Größenordnung bis 10^5 KbE/g und Hefen bis 10^7 KbE/g nachgewiesen. *Bacillus cereus*, *Clostridium perfringens* und *Staphylococcus aureus* konnten in keinem Fall festgestellt werden. Hingegen konnten in diesen rohen Fleischzubereitungen durch Anreicherungsverfahren in zwei Fällen Salmonellen angezüchtet werden (*S. Livingstone* und *S. Panama*). Die ermittelten pH-Werte lagen zwischen 5,6-5,8 [10].

2.2.2.3 Marinaden für geschnetzeltes Fleisch

Die heute für die Fleischzubereitungen von der Zulieferindustrie angebotenen Marinaden gliedern sich in [66]:

- **Marinaden auf Wasserbasis.** Hierbei handelt es sich um suspendierte Gewürze und Komponenten in Lösung, wie z.B. Salz, Zucker, Stärke u.a. Durch Quellstoffe bzw. Dickungsmittel bleiben Gewürze (auch gröbere Partikel) im Schwebezustand. Diese Marinaden werden vor allem dann eingesetzt, wenn ein zusätzlicher Fettgehalt nicht erwünscht ist. Die Fleischstruktur wird durch diese Marinadenart nicht verdeckt. Beim Braten solcher marinierten Fleischprodukte muss in der Pfanne noch Fett oder Öl zugegeben werden.

- **Emulgierte Marinaden auf Wasser-Öl-Basis.** Es handelt sich hierbei um Öl-in-Wasser-Emulsionen oder Dispersionen aus Wasser, Öl und entsprechenden Gewürzen und Geschmacksstoffen. Man kann unterscheiden zwischen „richtigen" Emulsionen (Wasser, Öl, Emulgator und eventuell Stabilisatoren) oder Dispersionen (Wasser, Öl, Dickungsmittel). Die Emulsion deckt das Fleischprodukt mehr zu, die Fleischstruktur der marinierten Erzeugnisse ist wenig zu sehen.
- **Marinaden auf Ölbasis.** Es handelt sich um Suspensionen von Gewürzen, Zuckerstoffen, Kochsalz u. a. in Speiseöl. Die Konsistenz hängt von der Temperatur ab, und aufgrund eines relativ niedrigen a_w-Wertes sind diese Produkte aus mikrobiologischer Sicht als stabil zu bewerten. Es gibt Produkte auf der Basis von Sonnenblumen- oder Sojaöl. Erfolgreicher sind Würzöle auf der Basis von Spezialölen. Diese Öle sind aufgrund ihrer Viskosität in der Lage, die eingesetzten Gewürze und Kräuter in der Schwebe zu halten. Sie setzen nicht ab. Bei der Präsentation in der Theke zeichnen sich diese Marinaden durch eine sehr ansprechende Optik (Glanz, Farbe) aus. Die Fleischstruktur ist zu erkennen. Diese Gruppe der Marinaden erfreut sich seit einiger Zeit zunehmender Beliebtheit.

Bei sämtlichen dieser Marinaden handelt es sich um keine Beizen (saure Aufgüsse) im Sinne der HFIV (§ 1 Abs. 3 Nr. 4), durch welche die Produkte aus der HFIV zu entlassen sind („nicht mehr roh") [16, 65]. Dies geht auch aus Rezepturanweisungen der Hersteller dieser Gewürzmarinaden hervor. Sie enthalten in der Regel einen Hinweis in der Form, dass geschnetzeltes, mit Marinade versetztes Fleisch unter die HFIV fällt und am Tage der Herstellung verkauft werden muss.

Die bei mariniertem Fleisch auftretende Wirkung wird dem Einfluss von Säuren auf das kollagene Bindegewebe zugeschrieben. Die säurelabilen Querverbindungen im Kollagenmolekül werden gelöst, was eine Auflockerung der Gewebestruktur zur Folge hat. So sollen auch die Genusssäuren auf die Myofibrillen wirken, die ebenfalls die Möglichkeit zum Quellen besitzen. Bei einem pH-Wert von pH 5,0 wurde ein Minimum an Wasseraufnahme bei Fleisch beobachtet und dadurch auch ein Maximum an Scherkraft gemessen. Begründet wird dieses mit dem minimalen Wasserbindungsvermögen der Myofibrillen am isoelektrischen Punkt. Durch eine pH-Wert-Verschiebung nach oben oder unten, mittels Einsatz von Säuren oder Laugen, verbessert sich das Wasserbindungsvermögen. Hierbei lockert sich die Struktur aufgrund der Wasseranlagerung. Untersuchungen [57] ergaben, dass durch das Marinieren mit steigender Konzentration der Säuren eine verbesserte Zartheit des Fleisches erreicht werden konnte. Bei einer Konzentration der Säure von über 0,15 Mol wurde das Produkt als zu sauer bewertet. Eine Verlängerung der Haltbarkeit durch Einlegen in saure gewürzhaltige Aufgüsse ist nur dann gegeben, wenn der pH-Wert im Innern des Fleisches unter 5,0 abgesenkt wird, weil dann Vermehrung und Toxinbildung von lebensmittelhygienisch relevanten Mikroorganismen gehemmt werden. Derartig niedrige pH-Werte werden bei den sog. Fleischpfannen jedoch nicht erreicht [10, 16, 52]. Die Produkte fallen deshalb weiterhin unter die Bestimmungen der Hackfleisch-Verordnung. Das in die Marinaden eingelegte Fleisch erfährt keine Verlängerung der Haltbarkeit; § 1 Abs. 3 Nr. 4 HFlV trifft somit nicht zu.

2.2.2.4 Sonstige Erzeugnisse aus geschnetzeltem Fleisch: Zubereitungen der asiatischen Küche, Carpaccio

Bei **Gerichten der asiatischen, insbesondere der chinesischen Küche** werden in den Restaurants häufig dünne Streifen bzw. Scheibchen Schweine- und Rindfleisch, größere Stücke Geflügelfleisch, auch Fischfiletstücke und ganze Garnelenschwänze sowie Fleischklößchen verwendet. Häufig sind die Fleischstreifen im Zerkleinerungsgrad mit geschnetzeltem Fleisch vergleichbar. Sie werden sogar als sehr kleine, ausgefranste Streifen, deren Oberfläche zerquetscht ist, beschrieben [42]. Bei der Herstellung der Gerichte werden fast immer Öl, Stärke, Kochsalz, Pfeffer, zum Teil auch Eier, Zucker, Natron, Glutamat und Weinbrand eingesetzt.

Praxisüblich ist es, die Gemenge aus rohen Fleischstreifen bzw. -stücken und den würzenden Zutaten zum Erreichen oder zur Verbesserung der spezifischen Geschmacksnote durchziehen zu lassen. In Abhängigkeit von Zubereitungsmengen und Verbrauch reicht die Häufigkeit der Herstellung von täglich bis wöchentlich. Somit ergeben sich Aufbewahrungszeiten der rohen Erzeugnisse von einem bis zu acht Tagen unter Kühllagerung, manchmal auch unter Gefrierbedingungen [24].

In diesem Zusammenhang und wegen der Beschaffenheit des Fleisches stellt sich die Frage nach der Anwendung der HFlV. Die Frage ist aus fachlich-hygienischen Gründen eindeutig zu bejahen. Die Erzeugnisse sind, solange sie roh sind, als geschnetzeltes Fleisch unter § 1 Abs. 1 Nr. 1 HFlV einzustufen. Somit sind die Einschränkungen, die sich aus der Unterwerfung ergeben, zu beachten. Produkte dürfen nur verpackt unter Einhaltung bestimmter Temperatur- und Zeitbedingungen tiefgefroren werden. Bei „frischen" Erzeugnissen ist eine über die tägliche Geschäftsperiode hinausgehende Aufbewahrung ausgeschlossen. Sie müssen nach Ablauf dieser Frist so behandelt werden, dass sie als nicht mehr roh im Sinne der HFIV (§ 1 Abs. 3) anzusehen sind. Die Praxis des „Marinierens" in der oben beschriebenen Form kann indessen nicht als eine solche Behandlung angesehen werden, weil keine „sauren Aufgüsse (Beizen)" verwendet werden, die eine Verlängerung der Haltbarkeit bewirken (vgl. dazu Abschnitte 2.2.2.2 und 2.2.2.3). Den Produkten eine Sonderstellung hinsichtlich der Fristen für die Inverkehrgabe einzuräumen („Marinieren" i.S. von „Reifen" wie bei Döner Kebab oder Cevapcici - vgl. Abschnitte 2.2.1.1 und 2.2.1.2) wird nicht für erforderlich erachtet: Bei Verzehr chinesischer (bzw. asiatischer) Gerichte wird meist der Geschmackseindruck aufgrund der Würzung des Fleisches und der zahlreichen exotischen Vegetabilien sowie der zugehörigen Soße als dominierend empfunden [24, 42].

Im Gegensatz zu dieser Position, die durch den ALTS [24] vertreten wurde, kam das übergeordnete Gremium, der Ausschuss für Lebensmittelüberwachung (AfLMÜ) zu einem anderen Beschluss: „Fleischerzeugnisse der chinesischen Küche, die küchenmäßig zubereitet und danach durchgegart werden, also Vor- oder Zwischenprodukte darstellen, sollten nicht nach der HFIV beurteilt werden" [2]. Diese Auslegung widerspricht jedoch eindeutig der abschließenden Aufzählung der Vor- und Zwischenprodukte in § 1 Abs. 2.

Unabhängig von der Anwendung der HFIV ist es unbestritten, dass die rohen Gemenge aus geschnetzeltem Fleisch als hygienisch labil einzustufen sind [71]. Bei der Untersuchung von n = 70 Fleischzubereitungen der chinesischen Küche aus dem Handel wurden die in Tab. 2.2.6 aufgeführten mikrobiologischen Ergebnisse ermittelt [24]. Bei 60 rohen Proben lagen die aeroben Koloniezahlen im Bereich von 4,0 x 10^4 bis 4,0 x 10^7 KbE/g. Als dominierende Flora lagen Laktobazillen und/oder Pseudomonaden vor. Die Enterobakteriazeen reichten von 3,0 x 10^2 bis 3,0 x 10^5 KbE/g, bei zwei Proben waren auch Salmonellen nach Anreicherung in 25g Probenmaterial nachweisbar. Nicht vorhanden waren *Staphylococcus aureus, Bacillus cereus* und *Clostridium perfringens*. Die pH-Werte dieser rohen Fleischzubereitungen lagen zwischen 5,7-7,6 - also eher im alkalischen Bereich - bedingt durch Zutaten wie Eier und Natron. Sensorisch konnten keine Abweichungen festgestellt werden. Obwohl die gegarten Proben (n = 10) niedrigere Keimzahlen als die rohen Erzeugnisse aufwiesen, waren bei einem Teil Geruchs- und Geschmacksfehler festzustellen. Bei einer anderen Untersuchung [42] wurden n = 20 Proben wegen Überlagerung nach der sensorischen Untersuchung als verdorben beurteilt.

Carpaccio ist eine italienische Spezialität, die aus rohem, fett- und bindegewebsarmem Fleisch hergestellt wird. In der Originalrezeptur wird Rinderfilet nach vorherigem Einfrieren verarbeitet: Das Fleisch wird im noch gefrorenen Zustand in sehr dünne Scheiben geschnitten, geklopft und mit einer Marinade (z.B. aus Zitronensaft,

Tab. 2.2.6 Untersuchungsergebnisse von 70 Proben Fleischzubereitungen der chinesischen Küche (nach Jöckel und Stengel, 1986)

Parameter	gegarte Proben (n = 10)			rohe Proben (n = 60)		
Keimzahlen [$\log_{10}$KbE/g]	Mittelwert	Minimalwert	Maximalwert	Mittelwert	Minimalwert	Maximalwert
aerobe Gesamtkeimzahl	4,4	< 2,3	5,9	6,5	4,6	7,6
Enterobacteriacaea	3,6	< 2,3	5,0	4,0	2,3	5,3
Staphylococcus aureus	nicht nachweisbar (< 2,3)			nicht nachweisbar (< 2,3)		
Bacillus cereus	nicht nachweisbar (< 2,3)			nicht nachweisbar (< 2,3)		
Clostridium perfringens	nicht nachweisbar (< 1,0)			nicht nachweisbar (< 1,0)		
Salmonellen (in 25g)	nicht nachweisbar			nicht nachweisbar		
pH-Wert	–	5,7	7,4	–	5,7	7,6
Sensorik	z.T. Abweichungen in Geruch und Geschmack			keine Abweichungen		
Konservierungsstoffe	nicht untersucht			nicht nachweisbar		

Salz, Pfeffer, Knoblauch und Olivenöl) angerichtet sowie mit Hartkäse (Parmesan o.ä.) und eventuell mit Pilzen (Steinpilzen oder Champignons) garniert. Die Speise wird ohne weitere Behandlung, insbesondere ohne Erhitzung oder ein anderes haltbarkeitsverlängerndes Verfahren, zum unmittelbaren Verzehr angeboten. Zahlreiche Modifikationen mit Fleisch anderer Tierarten als Rind (auch Haarwild, Geflügel und Fisch) sind üblich.

Carpaccio stellt ein besonderes Hygieneproblem dar: Die Oberfläche des Fleisches ist extrem vergrößert, die zum Anrichten verwendete „Marinade" besitzt praktisch keinen keimhemmenden Effekt, und eine keimhemmende oder -vermindernde Behandlung erfolgt nicht.

Wegen der Produkteigenschaften ist es selbstverständlich, dass Carpaccio den Vorschriften der HFlV (§ 1 Abs. 1 Nr. 1) unterliegt. Es ist roh und weist einen Zerkleinerungsgrad auf, der zwischen dem von Hackfleisch und geschnetzeltem Fleisch rangiert. Diese Einschätzung wurde erst jüngst durch einen Beschluss der Arbeitsgruppe für Fleischhygiene (AfFl, [91]) bekräftigt.

Carpaccio aus Wildbret ist aus hygienischer Sicht besonders kritisch zu beurteilen. Fleisch von erlegtem Wild wird in der Regel unter schwierigen Hygienebedingungen gewonnen und behandelt. Es muss deshalb mit einer erhöhten Keimbelastung schon vor der Feinzerkleinerung gerechnet werden. Von einer Verwendung dieses Ausgangsmaterials zur Herstellung von Carpaccio ist daher abzuraten.

Das Bundesgesundheitsamt (BGA, jetzt BfR) hat in einer Stellungnahme [4] die Auffassung vertreten, dass Carpaccio aus Wildfleisch kein Hackfleisch nach § 2 Abs. 2

Satz 1 der HFIV, sondern ein anderes, der HFIV unterliegendes Erzeugnis ist. Das BGA regte an, das Verbot für die Herstellung von Hackfleisch aus Wildfleisch (und Geflügelfleisch) auf alle Angebotsformen von Wildfleisch nach § 1 HFIV auszudehnen. Es kann sich jedoch nur um solche Produkte handeln, die bei bestimmungsgemäßer oder vorhersehbarer Verwendung vor dem Verzehr nicht mehr erhitzt werden, und die auch keinem anderen in § 1 Abs. 3 HFIV genannten Behandlungsverfahren unterzogen werden.

2.2.2.5 Gyrosartig gewürzte Erzeugnisse

Gyrosartig gewürzte Erzeugnisse sind Fleischerzeugnisse, die mit dem Gyros nur noch die Verwendung spezifischer Gewürze gemeinsam haben. Derartige Erzeugnisse dürfen nur so gekennzeichnet werden, dass die gyrosartige Würzung für den Verbraucher klar erkennbar wird (z.B. „Schweinebauch, gyrosartig gewürzt", „Fleischkäse, gewürzt nach Gyrosart" und ähnlichen Bezeichnungen) [28]. Diese Produkte unterliegen in der Regel nicht den Bestimmungen der HFIV.

Literatur

[1] Ausschuss für Lebensmittelüberwachung (AfLMÜ) der Arbeitsgemeinschaft der Leitenden Veterinärbeamten der Länder: Herrichten, Feilhalten und Abgeben der griechischen Spezialität „Gyros“ auf Märkten und im Reisegewerbe. 10. Sitzung am 22./23. 10. 1984 in Berlin, Top 7.1, Protokoll S. 21.

[2] Ausschuss für Lebensmittelüberwachung (AfLMÜ) der Arbeitsgemeinschaft der Leitenden Veterinärbeamten der Länder: Beurteilung von Fleischzubereitungen der chinesischen Küche.14. Sitzung am 21./22.09.1987 in Berlin, Top 8, Protokoll S. 19.

[3] Ausschuss für Lebensmittelüberwachung (AfLMÜ) der Arbeitsgemeinschaft der Leitenden Veterinärbeamten der Länder: Zur Beurteilung von „Döner Kebab“, Sondersitzung am 30.10.1991 in Berlin, Top 3, Protokoll S.7.

[4] BGA-Pressedienst: Wildbret im Haushalt, im Handel und in der Gastronomie. Wichtige Verbrauchertips; Hinweise für Jäger und Wildhandel. **50**, 1988.

[6] Bickel, W.: Der große Pellaprat. Die französische und internationale Küche. Verlag GRÄFE und UNZER, 9. Auflage (Neufassung) - ohne Jahresangabe.

[7] Boos, G.: Vorkommen von Salmonellen in schnittfesten und streichfähigen Rohwürsten. Fleischwirtsch. **59** (1979), 1882-1885.

[8] Burow, H.: Zur Eingruppierung von Döner Kebab unter die Vorschriften der Hackfleischverordnung. Pers. Mitteilung (1994).

[9] Bryan, F.L.; Standley, S.R., Henderson, W.C.: Time-Temperature Conditions of Gyros. J. Food Prot. **43** (1980), 346-353.

[10] Flemming, R.; Stojanowic, V.; Kipper, L.: Gyros - Beschaffenheit, Zusammensetzung, Hygienestatus, lebensmittelrechtliche Beurteilung. Fleischwirtsch., **66** (1986), 22-28.

[11] Gerichtsentscheid in Sachen Döner Kebab: Urteil des Amtsgerichts Tiergarten von Berlin vom 02.12.1991 - 329-135/91 - rechtskräftig seit 1. 9. 1992.

[12] Gerichtsentscheid in Sachen Döner Kebab: Urteil des Landgerichts Berlin vom 21.04.1992 - (519) 1 Wi Js 213/91 Ns (4/92) - rechtskräftig seit 1. 9. 1992.

[13] Gerichtsentscheid in Sachen Döner Kebab: Beschluss des Kammergerichts Berlin vom 31.08.1992 - (5) 1 Ss 104/91(26/92).

[14] Gorys, E.: Heimerans Küchenlexikon, München: Kochbuchverlag Heimeran KG, 1975.

[16] Hechelmann, H.: Einfluss des Säuregrades auf die Vermehrung von Salmonellen bei zerkleinertem Fleisch. 26. Arbeitstagung Lebensmittelhygiene der Deutschen Veterinärmedizinischen Gesellschaft (DVG) Garmisch-Partenkirchen (1985), Tagungsbericht 254-259.

[17] Hildebrandt, G., Yurtyeri, A.; Tolgay, Z.; Ambarci, 1; Siems, H.: Vorkommen und Bedeutung von Mikrokokken und sulfitreduzierenden Anaerobiern in Proben

von Lebensmitteln tierischer Herkunft in der Türkei. Berliner und Münchener tierärztliche Wochenschrift **86** (1973), 88-93.

[18] JAHNKE, K.: Gyros - eine Fleischzubereitung nach griechischer Art. Fleischerei **34** (1983), 794.

[19] JÖCKEL, J.: Herstellung und Qualitätsanforderungen an Döner Kebap. Lebensmittelkontrolleur **4** (1989), 6-8.

[20] JÖCKEL, J.: Mikrobiologische Untersuchungen von Cevapcici- Proben am LAT Berlin. Unveröffentlichte Ergebnisse der Jahre 1991, 1992 und 1994.

[21] JÖCKEL, J.: Mikrobiologische Untersuchungen von Geschnetzeltem nach Gyros Art und sonstige „Pfannengerichte" mit Zwiebeln und Gemüse am LAT Berlin. Unveröffentlichte Ergebnisse der Jahre 1991 bis 1994.

[23] JÖCKEL, J.; STENGEL, G.: „Döner Kebab"; Untersuchung und Beurteilung einer türkischen Spezialität. Fleischwirtsch. **64** (1984), 527-540.

[24] JÖCKEL, J.; STENGEL, G.: Untersuchung und Beurteilung von Fleischzubereitungen der chinesischen Küche. 38. Arbeitstagung des Arbeitskreises Lebensmittelhygienischer Tierärztlicher Sachverständiger (ALTS) Berlin (1986), Protokoll 48-49.

[25] JÖCKEL, J.; WEBER, H.; GERIGK, K.; GROSSKLAUS, D.: Chemisch-Analytische, physikalische und sensorische Untersuchungen „Frischer Mettwurst" - 1. Der Einfluss verschiedener Zusatzstoffe. Arch. Lebensmittelhyg. **27** (1976), 130-134.

[26] KAYA, A.. R.: Die türkische Küche, 6. Aufl. München: Wilhelm Heyne Verlag, 1987.

[27] KAYAHAN, M.; WELZ, W.: Zur Üblichkeit der Spezialität „Döner Kebap" - Erhebungen in Bremen. Archiv für Lebensmittelhyg. **43** (1992), 143-144.

[28] KLARE, H.-J.: Zur Verkehrsfähigkeit ausländischer Spezialitäten. Fleischwirtsch. **69** (1989), 1314-1315.

[29] KLARE, H.-J.: Zusammensetzung von Döner Kebab. Fleischwirtsch. **73** (1993), 948-951.

[30] KOLB, H.: Rind- bzw. Schweinefleisch, zerkleinert nach Art der frischen Mettwurst. 46. Arbeitstagung des Arbeitskreises Lebensmittelhygienischer Tierärztlicher Sachverständiger (ALTS) Berlin (1993), Protokoll 65-69.

[31] KRÜGER, J.; SCHULZ, V.; KUNTZER, J.: Döner Kebab; Untersuchungen zum Handelsbrauch in Stuttgart. Fleischwirtsch. **73** (1993), 1242-1248.

[32] KUSCHFELDT, D.: Vorkommen und Bedeutung von Staphylokokken in streichfähigen Rohwürsten. Fleischwirtsch. **60** (1980), 2045-2048.

[33] Leitsätze für Fleisch und Fleischerzeugnisse vom 27./28. 11. 1974 i.d.F. der ÄndBek. vom 18. 10.2001 (GMBI. S. 755).

[34] LINKE, H.: Kennzeichnung „frische Zwiebelmettwurst". Fleischwirtsch. **61** (1981), 660.

[35] LINKE, H.: Aktuelle lebensmittelrechtliche Probleme: Abgeschlossenes Pökelungsverfahren. 43. Arbeitstagung des Arbeitskreises Lebensmittelhygienischer Tierärztlicher Sachverständiger (ALTS) Berlin (1990), Protokoll S.15.

[36] LIST, D.; KLETTNER, P.-G.: Die Milchsäurebildung im Verlauf der Rohwurstreifung bei Starterkulturzusatz. Fleischwirtsch. **58** (1978), 136-139.

[38] LÜCKE, F.-K.; HECHELMANN, H.; SCHILLINGER, U.; NEUMAYR, L.: Unterdrückung von *Staphylococcus aureus* während der Reifung und Lagerung ungeräucherter Rohwurst. 31. Arbeitstagung Lebensmittelhygiene der Deutschen Veterinärmedizinischen Gesellschaft (DVG) Garmisch-Partenkirchen (1990), Tagungsbericht 101-104.

[40] MURMANN, D.; LENZ, F.-C.; v. MAYDELL, A.: „Gyros". Ein Erzeugnis aus rohem und zerkleinertem Schweinefleisch? Fleischwirtsch. **65** (1985), 685-690.

[41] NOACK, D.J.; JÖCKEL, J.: *Listeria monocytogenes*: Vorkommen und Bedeutung in Fleisch und Fleischerzeugnissen und Erfahrungen mit den Empfehlungen zum Nachweis und zur Beurteilung. Fleischwirtsch. **73** (1993), 581-584.

[42] OBERHAUSER, M.: Ausländische Spezialitäten und die Hackfleischverordnung. Fleischwirtsch. **55** (1975), 491-492.

[43] RACKOW, H.G.; WELZ, W.: Beitrag zur Abgrenzung hackepeterähnlicher Erzeugnisse zu frischer Mettwurst. Arch. Lebensmittelhyg. **16** (1965), 84-87, 101-102.

[46] REINSCHMIDT, B.; JÖCKEL, J.; HILDEBRANDT, G.: Kriterien zur Bestimmung des Reifezustandes von Frischer Mettwurst. 34. Arbeitstagung Lebensmittelhygiene der Deutschen Veterinärmedizinischen Gesellschaft (DVG) Garmisch-Partenkirchen (1993), Tagungsbericht 237- 243.

[47] REUTER, G.: Laktobazillen und eng verwandte Mikroorganismen in Fleisch und Fleischwaren. Fleischwirtsch. **51** (1971), 1237- 1245.

[48] REUTER, G.: Untersuchungen zur antagonistischen Wirkung der Milchsäurebakterien auf andere Keimgruppen der Lebensmittelflora. Zbl. Vet. Med. B, 19 (1972), 320-334.

[49] Richtlinie 94/65/EG des Rates zur Festlegung von Vorschriften für die Herstellung und Inverkehrbringen von Hackfleisch/Faschiertem und Fleischzubereitungen (Hackfleisch-Richtlinie), v. 14.12.1994 ABI. Nr. L 368/10), berichtigt am 29. 04. 1998 ABl. Nr. L 127/34

[50] SCHILLINGER, U.; LÜCKE, F.-K.: Hemmung des Salmonellenwachstums in frischer, streichfähiger Mettwurst ohne Zuckerstoffe. Fleischwirtsch. **68** (1988), 1056- 1067.

[51] SCHMIDT, U.: Salmonellen in frischen Mettwürsten, 1. Mitteilung: Vorkommen von Salmonellen in frischen Mettwürsten. Fleischwirtsch. **65** (1985), 1045-1048.

[52] SCHÖTTLER, A.: Mikrobiologische Untersuchungen von Fleisch-Gemüse-Mischungen (Fleischpfannen). Diplomarbeit Technische Fachhochschule Berlin, Fachbereich Lebensmitteltechnologie und Verpackungstechnik, Berlin (1994).

[53] SEEGER, H.; SCHOPPE, U.; GEMMER, H.; VOLK, K.: Döner-Kebab - Über die Zusammensetzung des türkischen Fleischgerichtes. Fleischwirtsch. **66** (1986), 29-31.

[54] Senatsverwaltung für Gesundheit und Umweltschutz Berlin: Zur Auslegung der HFIV in bezug auf Cevapcici, Schreiben vom 6. 3. 1981, Gesch.-Z IV C 1 -5882 an BA Wilmersdorf in Berlin - VetLebAmt.

[56] Senatsverwaltung für Gesundheit Berlin: Berliner Verkehrsauffassung für das Fleischerzeugnis „Döner Kebab". Bekanntmachung Ges IV C 3 vom 2. 12. 1991, ABI. Jg. 42, Nr. 2 vom 10.Januar 1992, 65.

[57] SEUSS, J.; MARTIN, M.: Einfluss der Marinierung mit Genusssäuren auf Zusammensetzung und sensorische Eigenschaften von Rindfleisch. Fleischwirtschaft **71** (1991), 1269- 1278.

[58] SINELL, H.-J.; LEVETZOW, R.: Untersuchungen zur Haltbarkeit von „frischer Mettwurst", Fleischwirtsch. **46** (1966), 123- 127.

[59] STENGEL, G.; JÖCKEL, J.: Mikrobiologische Untersuchung und Beurteilung der türkischen Spezialität „Döner Kebab". 35. Arbeitstagung des Arbeitskreises Lebensmittelhygienischer Tierärztlicher Sachverständiger (ALTS) Berlin (1983), Protokoll 76-78.

[60] STOLLE, A.; EISGRUBER, H.; KERSCHHOFER, D.; KRAUSSE, G.: Döner Kebap: Untersuchungen zur Verkehrsauffassung und mikrobiologisch-hygienischen Beschaffenheit im Raum München. Fleischwirtsch. **73** (1993), 834- 837; 938- 948.

[61] THEOHAROUS, A.: Griechisch kochen, 4. Aufl. München: Wilhelm Heyne Verlag, 1985.

[63] Verfahren über die Verfassungsbeschwerde: Beschluss des Bundesverfassungsgerichts vom 19.10.1992 - 2 BvR 1634/92.

[64] Verordnung über Hackfleisch, Schabefleisch und anderes zerkleinertes rohes Fleisch (Hackfleisch-Verordnung - HFIV) vom 10. Mai 1976 (BGBl. 1 S. 1186) i.d.F der ÄndV vom 14.10.1999 (BGBl I S. 2053).

[65] WEBER, H.: Marinieren und chemisch konservieren? Anmerkungen zum carry over-Effekt der Sorbinsäure in zerkleinertem Fleisch. Unveröffentlichte Ergebnisse 1985.

[66] WEBER, H.: Aromen und Gewürze, Zusatzstoffe und Zutaten; Rückblick auf die IFFA'92. Fleischwirtsch. **72** (1992), 1348-1360.

[67] WEBER, H.; JÖCKEL, J.; GERIGK, K.; GROSSKLAUS, D.: Mikrobiologische Stufenkontrollen bei „Frischer Mettwurst" - 1. Der Einfluss verschiedener Zusatzstoffe. Arch. Lebensmittelhyg. **27** (1976), 93-98.

[68] WELZ, W.: Die jugoslawische Spezialität „Cevapcici" in Deutschland. 26. Arbeitstagung des Arbeitskreises Lebensmittelhygienischer Tierärztlicher Sachverständiger (ALTS) Berlin (1978), Protokoll 69-72.

[69] WILLINSKY, G.: Die Mittelmeerküche. Kochbuchverlag Heimeran KG München, (1974), 131.

[70] ZICKERT, M.: Mikrobiologische Untersuchungen an zerkleinertem gepökeltem Schweinefleisch. Technische Fachhochschule Berlin, Fachbereich Lebensmitteltechnologie und Verpackungstechnik Berlin, 1994.

[71] KLARE, h.-J.; ISLAM, R. in ZIPFEL/RATHKE: Kommentar zum Lebensmittelrecht Band III (C 232 HFIV, Stand 01. 10. 2000) Verlag C. H. Beck München 2002 .

[72] Verordnung über die hygienischen Anforderungen und amtlichen Untersuchungen beim Verkehr mit Fleisch (Fleischhygiene-Verordnung - FlHV) i. F. d. Bek. vom 29. Juni 2001 (BGBl. I S. 1366) zuletzt geänd. durch Fleischhygiene-ÄndV vom 14. 03. 2002 (BGBl. I S. 1081).

[73] Ausschuss für Lebensmittelüberwachung (AfLMÜ) der Arbeitsgemeinschaft der Leitenden Veterinärbeamten der Länder: Beurteilung von „Döner Kebab" bzw. Erzeugnissen ähnlicher Art, 32. Sitzung am 19. und 20. 10. 1999 in Magdeburg, Top 25.

[74] Richtlinie 2000/13/EG des Europäischen Parlaments und des Rates zur Angleichung der Rechtsvorschriften der Mitgliedstaaten über die Etikettierung und Aufmachung von Lebensmitteln sowie die Werbung hierfür (Etikettierungs-RL) vom 20. März 2000 (ABl. Nr. L109 S. 29) i. d. F. der ÄndRL 2001/101/EG vom 26. 11. 2001 (ABl. Nr. L310 S. 19).

[75] Dienstversammlung der Leiterinnen und Leiter der Veterinär- und Lebensmittelaufsichtsämter in Berlin am 19. Mai 1998: Erkrankungsfall durch den Verzehr von Geflügelspieß („Chicken-Döner"), TOP 1e

[76] NN: Die Wende am Spieß - BSE und Berliner Kebabkrise: Wie das Qualitätssiegel „Döner" mit Rösthuhn und Marketing überleben möchte. Süddeutsche Zeitung vom 10. April 2001.

[77] JÖCKEL, J.: Mikrobiologische Untersuchungen von Döner Kebab- und Chicken-Kebab-Proben am ILAT Berlin. Unveröffentlichte Ergebnisse der Jahre 1999, 2000, 2001 und 2002.

[78] JÖCKEL, J.: Frische Mettwurst - Abgrenzung zur Hackfleisch-Verordnung. 49. Arbeitstagung des Arbeitskreises Lebensmittelhygienischer Tierärztlicher Sachverständiger (ALTS) Berlin (1996), Protokoll 33-35.

[79] JÖCKEL, J.; KLARE, H.-J.: Beurteilungskriterien für frische Mettwürste. 53. Arbeitstagung des Arbeitskreises Lebensmittelhygienischer Tierärztlicher Sachverständiger (ALTS) Berlin (2000), Protokoll 51-52.

[80] JÖCKEL, J.; KLARE, H.-J.: Hygienische und rechtliche Anforderungen an kurz gereifte Rohwürste, insbesondere Zwiebelmettwurst. Fleischwirtsch. **3** (2000), 84-87.

[81] BENEKE, B.: Beurteilung frischer Mettwurst/Zwiebelmettwurst (aktueller Stand und Erfahrungsaustausch. 54. Arbeitstagung des Arbeitskreises Lebensmittelhygienischer Tierärztlicher Sachverständiger (ALTS) Berlin (2001), Protokoll 53-56.

[82] NN: Hygienische Qualität frischer, streichfähiger Mettwürste oft mangelhaft. Pressemitteilung Nr. 13/97 des Bundesinstituts für gesundheitlichen Verbraucherschutz und Veterinärmedizin (BgVV), Berlin, 11. Juni 1997.

[83] BUCKENHÜSKES, H.J.; FISCHER, A.: Herstellung von frischer Mettwurst. Untersuchungen zur Vorbehandlung des Rohmaterials zwecks Verbesserung der hygienischen Stabilität. Fleischwirtsch. **3** (2001), 92-99.

[84] STANISLAWSKI, D.: Anforderungen an kurz gereifte Rohwürste, insbesondere Zwiebelmettwürste. Fleischwirtsch. **6** (2000), 104-106.

[85] HILSE, G.: Frische Mettwurst auf dem Prüfstand. Leserbrief. Fleischwirtsch. **5** (2000), 10.

[86] BUSCH, M.: Beurteilung des Erzeugnisses „Bauernbratwurst grob, gepökelt nach Art einer frischen Mettwurst". 53. Arbeitstagung des Arbeitskreises Lebensmittelhygienischer Tierärztlicher Sachverständiger (ALTS) Berlin (2000), Protokoll 53.

[87] WÖHNER, H.-P.: Bratwürste nach Art frischer Mettwürste. 53. Arbeitstagung des Arbeitskreises Lebensmittelhygienischer Tierärztlicher Sachverständiger (ALTS) Berlin (2000), Protokoll 55-56.

[88] NN: Bundesweite Erhebung zum mikrobiologischen Status von frischen streichfähigen Mettwürsten. Bekanntmachung des Bundesinstituts für gesundheitlichen Verbraucherschutz und Veterinärmedizin (BgVV). Bundesgesundheitsbl. **12** (1999), 965-966

[89] NN: Herstellung frischer Mettwürste. Hinweise der Fleischer-Innungsverbände Niedersachsen/Bremen und Sachsen-Anhalt. Allgemeine Fleischer Zeitung Nr. 45 vom 05. 11. 1997.

[90] HC: Frische Zwiebelmettwurst - Beurteilungskriterien. Der Lebensmittelkontrolleur **10, 1/2** (1999), 34

[91] Arbeitsgruppe für Fleischhygiene (AfFl) der Arbeitsgemeinschaft der Obersten Landesveterinärbehörden der Länder: Einordnung des Erzeugnisses „Carpaccio" in den Geltungsbereich der HFlV", 50. Sitzung am 6. und 7. 11. 2002 in Erfurt, TOP 13.

2.3 Mikrobiologie von Gelatine und Gelatineprodukten

U. Seybold

2.3.1 Einleitung

Die Herstellung von gelatineähnlichen Massen lässt sich bis in die Zeit der Ägypter zurückverfolgen. Doch erst seit etwa 1700 wird der Begriff Gelatine dafür gebraucht. Die heutigen modernen Gelatinefabriken haben sich oft als Nebenbetriebe von Gerbereien und Lederfabriken entwickelt. Besonders seit etwa 1950 hat die Gelatineindustrie gewaltige Fortschritte hinsichtlich der Qualität ihrer Produkte gemacht, so dass dieser Industriezweig es heute gar nicht gerne hört, wenn man Speisegelatinen wie vor hundert Jahren als besonders reine Leimsorten bezeichnet.

Gelatine ist ein wertvolles Eiweiß, das durch Extraktion mit heißem Wasser aus tierischem Kollagen (Knochen, Haut) gewonnen wird. 18 verschiedene Aminosäuren verknüpfen sich zu Ketten von etwa 1000 Aminosäuren (Primärstruktur). Jeweils drei dieser Polypeptidketten lagern sich zu einer schraubenartigen Struktur zusammen (Sekundärstruktur). In der Tertiärstruktur windet und faltet sich die Spirale zu einer rechtsgängigen Superspirale (*Tripelhelix*). Bei der Gelatineherstellung wird dieser komplizierte Aufbau des natürlichen Kollagens teilweise wieder rückgängig gemacht, und es entstehen mehr oder weniger knäuelförmige Kettenbruchstücke mit einem Molekulargewicht zwischen 5.000 und 360.000. Von den 10 essenziellen Aminosäuren, die der menschliche Körper nicht selbst produzieren kann, sind 9 in der Gelatine enthalten (Tab. 2.3.1). Tryptophan als essenzielle Aminosäure fehlt zwar vollständig, das mindert jedoch nicht die ernährungsphysiologische Wertigkeit der Gelatine als Protein in den aus verschiedenen Eiweißen zusammengesetzten Nahrungsmitteln. Auch für die Pharmaindustrie (z. B. Hart- und Weichgelatinekapseln) und die Fotoindustrie ist Gelatine ein unverzichtbarer Bestandteil. Für Mikroorganismen ist Gelatine ein idealer Nährboden und wird zum Beispiel durch Proteolyten (protease- und kollagenasebildende Bakterien) vollständig abgebaut. Wie bereits 1915 [42, 43, 44] ist deshalb auch heute die Hygiene bei der Rohstoffauswahl, Rohstoffverarbeitung und bei der Gelatineherstellung von hervorragender Bedeutung. Gelatine ist aufgrund dieser Sorgfalt in der Herstellungsphase zwar ein sehr keimarmes, aber kein steriles Produkt. Insbesondere wegen ihrer extremen Temperaturempfindlichkeit kann Gelatine nicht ohne deutlichen Qualitätsverlust durch Hitzeanwendung sterilisiert werden. Diese Eigenschaft wirkt sich jedoch nachteilig auf den Einsatz von Gelatine in Nährmedien aus. Die Verwendung von Gelatine zur Herstellung von Nährböden für Mikroorganismen geht auf Robert Koch (1881) zurück, der damit

Tab. 2.3.1 Aminosäurezusammensetzung von Gelatine

Aminosäure	% Anteil Essentiell
Alanin	11,0 –
Arginin	9,0 +
Asparaginsäure	6,7 –
Cystein	0,0 –
Cystin	0,1 –
Glutaminsäure	11,4 –
Glycin	27,0 –
Hystidin	0,8 +
Prolin	16,0 –
Hydroxyprolin	13,8 –
Isoleucin	1,5 +
Leucin	3,3 +
Lysin	4,3 +
Methionin	0,8 +
Phenylalanin	2,4 +
Serin	4,1 –
Threonin	2,2 +
Tryptophan	0,0 +
Tyrosin	0,3 –
Valin	2,7 +

zum eigentlichen Begründer der modernen wissenschaftlichen Bakteriologie wurde. Wegen der beschriebenen Temperaturempfindlichkeit der Gelatine hat sich aber Agar-Agar in späteren Jahren für die Herstellung von Nährböden als überlegen herausgestellt [32].

2.3.2 Bakteriologie der Rohstoffe

Als Grundstoffe für die Gelatineherstellung dürfen ausschließlich Nebenprodukte aus der Schlachtung veterinärmedizinisch genusstauglich beurteilter Tiere verwendet werden (Schweineschwarten, Rinderhäute, Knochen). Diese schlachtfrischen Rohstoffe unterscheiden sich, soweit sie als Lebensmittel dem direkten Verzehr dienen könnten, in ihrer bakteriologischen Beschaffenheit nicht von anderen Schlachtprodukten wie zum Beispiel Fleisch (Tab. 2.3.2). Während über die eigentlichen Rohstoffe nur wenige Untersuchungen vorliegen, ist über die allgemeine bakteriologische Beschaffenheit der Hautoberfläche mehrfach berichtet worden. Nur bei Verwendung von einwandfreiem Rohmaterial lassen sich die Anforderungen erfüllen, die heute an die Qualität der Gelatine gestellt werden. Dazu sind neben der sorgfältigen Auswahl der Rohstoffe und kurzen Anlieferungszeiten in die weiterverarbeitenden Betriebe auch die im Folgenden beschriebenen weiteren Verarbeitungsschritte von entscheidender Bedeutung.

Tab. 2.3.2 Daten zur bakteriologischen Beschaffenheit der Rohstoffe

Keimspektrum	Rohstoffe					Literatur[1]
	Knochen	Ossein	Spalt	Haut	Schwarte	
Enterobakterien		-	+			1, Ackermann[3]
Enterobacter spec.				+		2
Proteus spec.				+		2
Yersinia spec.					+	24, 41
Salmonella spec.					+	41
Gramneg. Stäbchen		-		+		1, Ackermann[3]
Kurthia spec.				+		7
Sarcina spec.				+		7, 8
Flavobacterium spec.				+		7
Pseudomonas spec.				+	+	2, 7, 11
Streptokokken			+	+		1, 2, 10, Herzel[2]
Diplokokken				+		1
Microkokken		-	+	+		1, 2, 7, 8, Herzel[2], Ackermann[3]
Staphylokokken			+	+	+	1, 7, 9, Herzel[2]
Bacillus spec.		-	+	+	+	2, 4, 7, 8, Herzel[2], Ackermann[3]
Clostridium spec.	+	-	+	+	+	2, 22, 33, Ackermann[3]
Alcaligenes spec.				+		2
Campylobacter spec.					+	41
Schimmelpilze		-		+		1, Ackermann[3]

1 Nummerierung nach Literaturliste
2 Herzel, W.: persönliche Mitteilungen
3 Ackermann: persönliche Mitteilungen

2.3.2.1 Knochen und Knochenverarbeitung

Zur Gelatineherstellung sind grundsätzlich Schweine- wie auch Rinderknochen geeignet. Knochen, die einem Schlachttierkörper entnommen werden, sind praktisch keimfrei. Erst bei den weiteren Bearbeitungsprozessen kommt es, wie auch beim Fleisch, zur sekundären Rekontamination mit Bakterien aus der Umgebung. Insbesondere Enterobakterien, aber auch verschiedene *Staphylococcus*-, *Pseudomonas-*, *Streptococcus-, Bacillus-* und *Clostridium*-Arten können gefunden werden (Tab. 2.3.2). Die frisch angelieferten Knochen werden zunächst zu Gelatineschrot verarbeitet, indem sie feinstückig gebrochen, mit Heißwasser weitgehend entfettet, von anhaftenden Weichteilen befreit und anschließend getrocknet werden. Diese Behandlung und die bei der Trocknung angewendeten Temperaturen von bis zu 100 °C führen zu einer sehr starken Reduktion der vegetativen Keime. Nur Sporen von einigen extrem thermophilen Bakterien werden nicht beeinflusst. Nach dem Trocknen wird das erhaltene Knochenschrot in verschiedene Körnungen klassiert und eingelagert. An dem beim Zwischenlagern des trockenen Schrotes entstehenden Staub bleiben Keime aus der Umgebungsluft haften, so dass zur Vermeidung von Kontaminationen pneumatische Transportsysteme mit hochleistungsfähigen Staubabscheidern und Luftfiltern eingesetzt werden. Anschließend wird das Gelatineschrot durch Einwirkung verdünnter Salzsäure bei einem pH-Wert unter 1,5 entmineralisiert. Je nach Struktur und Korngröße braucht dieser Vorgang, die sogenannte Mazeration, 3-5 Tage. Dabei findet praktisch eine vollständige Entkeimung statt [47], sogar Sporen von *Bacillus*- und *Clostridium*-Arten lassen sich nicht mehr nachweisen. Das nach der Mazeration gewonnene **Ossein**, d. h. das entmineralisierte Gelatineschrot, wird zu Beginn der eigentlichen Gelatineherstellung über mehrere Wochen einer alkalischen Behandlung mit Kalkmilch bei pH-Werten über 12,5 unterzogen. Hierdurch wird das im Ossein enthaltene native Kollagen durch Lockerung und Spaltung der Bindegewebs-Quervernetzungen so aufgeschlossen, dass es im später folgenden Extraktionsprozess in heißwasserlösliches Gelatineeiweiß (Glutin) überführt werden kann. Diese Umwandlung ist irreversibel. Da dieser sogenannte Äscherprozess in offenen Gruben durchgeführt wird, kann es zu einem Eintrag von Luftkeimen kommen. Aufgrund des hohen pH-Wertes erreicht die Keimdichte in der Kalkmilch jedoch nur einen maximalen Wert von etwa 100 KBE/ml. Diese Luftkeime können den hohen pH-Wert im Äscher nicht nur überleben, sondern zeigen sogar noch aktiven Stoffwechsel [14], der sich an der Zunahme des Nitritgehaltes ablesen lässt. Von verschiedenen Arten der Gattungen *Staphylococcus, Pseudomonas* und *Bacillus* ist bekannt, dass sie einerseits hohe pH-Werte tolerieren, andererseits auch in der Lage sind, unter anaeroben Bedingungen Nitrat als Sauerstoffquelle zu nutzen (Nitratreduktase). Dabei entsteht Nitrit, das bestimmt werden kann und Hinweise für die bakteriologische Aktivität im Äscher liefert. Durch häufigen Äscherwechsel, das heißt Ersetzen der verbrauchten Kalkmilch durch frische, lässt sich die Anhäufung von unerwünschten Stoffwechselprodukten und Bakterien bereits vor den anschließenden, intensiven Waschprozessen weitgehend verhindern.

2.3.2.2 Schweineschwarten und Schweineschwartenverarbeitung

Etwa 80 % der in Europa produzierten Speisegelatine wird aus Schweineschwarten hergestellt. Schweineschwarten werden in frischem oder gekühltem Zustand direkt von den Fleischverarbeitern bezogen und entweder sofort weiterverarbeitet oder bis zur Verarbeitung im Tiefkühlhaus vorübergehend zwischengelagert. Schweineschwarten sind oberflächlich mit verschiedenen Bakterienarten kontaminiert, wobei Enterobakterien, *Staphylococcus-, Pseudomonas-, Bacillus-, Campylobacter* und *Yersinia*-Arten am häufigsten nachgewiesen werden (Tab. 2.3.2). Die vorhandene Keimzahl kann sich beim Transport trotz Kühlung weiter erhöhen, weil sich psychrophile Keime wie Pseudomonas-Arten auch unter diesen Bedingungen noch vermehren können [3]. Durch kurze Anlieferungszeiten lässt sich dies weitgehend vermeiden. Auch durch die Zwischenlagerung der Schwarten im Gefrierhaus erfolgt eine deutliche Keimreduzierung [5], allerdings muss nach dem Auftauen darauf geachtet werden, dass die Schwarten möglichst rasch weiterverarbeitet werden, da sonst eine erneute Keimvermehrung eintritt. Schweineschwarten stammen von jungen Tieren, deren Kollagen noch nicht sehr stark vernetzt ist. Hier genügt eine eintägige Säurebehandlung, um die Umwandlung des nativen Kollagens in heißwasserlösliches Glutin zu erreichen. Eine intensive und langwierige alkalische Vorbehandlung ist nicht notwendig.

2.3.2.3 Rinderhaut (Spalt) und Spaltverarbeitung

In häuteverarbeitenden Betrieben werden die gereinigten Kalbs- und Rinderhäute enthaart und nach einer alkalischen Vorbehandlung waagerecht in drei Schichten aufgespalten (daher die Bezeichnung Spalt). Die untere Schicht, das fett- und fleischhaltige Unterhautgewebe (*Subcutis*), wird entfernt, die enthaarte Oberschicht (*Epidermis*) dient der Lederherstellung, und nur die mittlere, jetzt erst freigelegte Schicht, die Spalthaut, ist als weitgehend reines Kollagen zur Gelatineherstellung hervorragend geeignet. Die Abschnitte der Spalthaut werden überwiegend in frischem Zustand verwendet, seltener, und dann nach einer Salz- oder Ätzkalkkonservierung, nach Trocknung und Zwischenlagerung. Während die behaarte Hautoberfläche normalerweise mit Enterobakterien, Staphylococcus-Arten und anderen Hautkeimen kontaminiert ist, ist das Spaltmaterial bis zum Spaltprozess keimfrei zwischen Epidermis und Subcutis eingeschlossen. Erst nach dem Spaltprozess lässt sich auch im Spalt eine typische Keimflora feststellen (Tab. 2.3.2). Durch die Konservierung mit Salz oder Ätzkalk wird eine Keimvermehrung jedoch weitgehend verhindert. Spaltmaterial wird zur Umwandlung des nativen Kollagens in heißwasserlösliches Glutin ebenfalls einem alkalischen Äscherprozess unterworfen. Die dabei ablaufenden mikrobiologischen Vorgänge sind im Prinzip die gleichen wie beim Ossein (2.3.2.1).

2.3.3 Herstellung von Gelatine

Die Herstellung von hochwertigen Gelatinen erfordert bis zu 600 Liter Wasser pro kg Gelatine. Im § 7 der Trinkwasserverordnung und im § 11 des Bundesseuchengesetzes ist eindeutig geregelt, dass Wasser für Lebensmittelbetriebe Trinkwasserqualität haben muss, soweit es direkt im Produktionsprozess eingesetzt wird. In der Trinkwasserverordnung sind Grenzwerte für die mikrobiologische Beschaffenheit von Trinkwasser vorgegeben. So dürfen maximal 100 KBE/ml enthalten sein. Coliforme, *E. coli* und Fäkalstreptokokken dürfen in 100 ml Wasser nicht nachweisbar sein. Darüber hinaus kann die zuständige Behörde im Verdachtsfall auch die Untersuchung auf *Clostridium*-Arten, *Pseudomonas aeruginosa*, *Staphylococcus aureus* sowie auf weitere pathogene Keime veranlassen. Nach den im Kapitel 2.3.2 beschriebenen Vorbehandlungsschritten müssen die Rohstoffe mehrfach mit Trinkwasser gewaschen, gesäuert und nach Neutralisation erneut gewaschen werden. Insgesamt können bis zu 20 Wasserwechsel notwendig sein, wodurch ein Großteil der anhaftenden Bakterien entfernt wird. Bei der Säuerung können pH-Werte von 2 bis 3 auftreten, wodurch Sporen von *Bacillus*- und *Clostridium*-Arten aktiviert werden [12, 23, 36]. Die sich daran anschließende Auskeimung der Sporen hat gravierende Auswirkungen auf das Überleben der vegetativen Formen bei der weiteren Gelatineherstellung. Nur die nach dieser Vorbehandlung bereits äußerst keimarmen Rohstoffe können nun der weiteren Gelatineproduktion zugeführt werden.

2.3.3.1 Extraktion

Zunächst werden die Rohstoffe mit warmem Wasser versetzt und mehrstufig extrahiert, wobei von Abzug zu Abzug höhere Extraktionstemperaturen angewandt werden (50 bis 100 °C). Dabei fällt jeweils eine etwa 5%ige Gelatinelösung an. Je nach Extraktions-pH (5,5-7,0) kann es zu einer mehr oder weniger starken Vermehrung der noch vorhandenen Keime kommen, wobei der neutrale pH-Bereich deutlich kritischer zu bewerten ist als der saure. Nach Möglichkeit wird daher der Extraktionsprozess bei pH 5-6 gesteuert, weil sich so eine Zunahme der Keimzahl verhindern lässt. Neben der bereits erwähnten Aktivierung durch pH-Werte von 2-3 bei der Säuerung, kann es auch bei den während der Extraktion auftretenden relativ niedrigen Temperaturen zu einer Hitzeaktivierung [12, 23, 25, 36] der vorhandenen Sporen kommen, die dadurch vollständig auskeimen. Die nun vegetativen Bakterien sind wesentlich temperaturempfindlicher und werden durch Temperaturen von bis zu 140 °C, wie sie bei der weiteren Gelatineproduktion auftreten, praktisch vollständig abgetötet.

2.3.3.2 Reinigung

Die bei der Extraktion gewonnene Gelatinelösung wird mit Hilfe von Hochleistungsseparatoren von Partikeln und Fäserchen, die aus der Struktur des Rohmaterials stammen, befreit. Selbstreinigende Anschwemmfilter, in denen selbst feine Verunreinigungen durch Kieselgur (Diatomeenerde) zurückgehalten werden, vervollständigen die Vorreinigung. Für besondere Anforderungen kann die Gelatine mit Hilfe von Ionenaustauschersäulen von Calcium, Natrium und anderen Salzen befreit werden. Eine Filtration über Plattenfilter (Zellulose-Kieselgur), wie sie auch in der Getränkeindustrie verwendet werden, schließt die Reinigung ab. Alle Filtrationsschritte bieten durch die große Oberfläche der Filtermedien ideale Adsorptionspunkte für Bakterien. Eine Rekontamination der Gelatinelösung durch die Filtrationsschritte wird vermieden, da nach der Reinigung ausgedampft und mit heißem Wasser vorgespült wird. Auch die regelmäßige Regeneration der Austauscher verhindert eine Rekontamination der Gelatinelösung, weil sich dadurch auf der großen Oberfläche der Austauscherharze keine Bakterien ansiedeln können. Der Entzug von Calcium und anderen Salzen durch den Austauschprozess beeinflusst das Wachstum von Bakterien zusätzlich negativ.

2.3.3.3 Eindickung

Mehrstufige Vakuum-Eindampfanlagen mit vorgeschalteten Plattenerhitzern entfernen das Wasser aus der dünnen Gelatinelösung (5 %) und konzentrieren sie schonend bis zu einer honigartigen Beschaffenheit (30 %) auf. Dabei treten Temperaturen von bis zu 100 °C auf, die eine Vermehrung von Keimen zuverlässig verhindern [47]. Auch die bereits durch die Säuerung und die Extraktion aktivierten und ausgekeimten Sporen von Bacillus- und Clostridium-Arten werden dabei irreversibel geschädigt oder sogar abgetötet.

2.3.3.4 Sterilisation und Trocknung

Durch die Eindickung erhält man eine hochkonzentrierte Gelatinelösung, die über eine Kurzzeit-Hocherhitzeranlage sterilisiert wird. Dabei können Temperaturen von 120-140 °C und Verweilzeiten von wenigen Sekunden bis zu einer Minute eingesetzt werden. Die heiße Gelatinelösung wird dann über einen Kratzkühler abgekühlt, erstarrt und durch eine Lochscheibe aus Edelstahl gepresst. Dabei entstehen endlose Geleenudeln, die gleichmäßig auf das Trockenband eines Trockners verteilt werden. In diesem Trockner wird mit filtrierter, entkeimter und entfeuchteter Luft die Gelatine getrocknet. Am Ende des Trockners wird die nunmehr spröde und harte Gelatine gebrochen, gemahlen und eingelagert. Durch regelmäßige Reinigung, Desinfektion und andere hygienische Maßnahmen wird eine Rekontamination verhindert und der gute bakteriologische Status der Gelatine erhalten. Auch der starke Wasserentzug im Trockner trägt dazu bei, da vor allem gegen Austrocknung empfindliche Bakterien wie Pseudomonas-Arten und coliforme Keime unter diesen Bedingungen nicht überleben können.

2.3.3.5 Mahlen, Mischen, Verpacken

Dies sind die letzten, jedoch sehr wichtigen Schritte, die notwendig sind, um die Ware nach spezifischen Kundenanforderungen einzustellen. Erfahrungsgemäß ist die trockene Gelatine nicht mehr anfällig für eine Rekontamination durch Bakterien (z.B. Luftkeime). Selbstverständlich muss in diesem Zusammenhang auch sichergestellt sein, dass nur Verpackungsmaterial von einwandfreier mikrobiologischer Beschaffenheit eingesetzt wird.

2.3.4 Mikrobiologische Beschaffenheit der Gelatine und Gelatineprodukte

Für Rohstoffe, Extrakte und Drogen, die aus Ausgangsmaterialien tierischen oder pflanzlichen Ursprungs gewonnen werden, lässt das Deutsche Arzneibuch eine relativ hohe aerobe Gesamtkeimzahl zu. Gelatine genießt diesen Sonderstatus nicht. Im Gegenteil, die Anforderungen an die bakteriologische Qualität von Gelatine und Gelatineprodukten werden seit Jahren immer höher. Gelatine ist jedoch kein Sterilprodukt und kann trotz aller Sorgfalt je nach Qualität, Rohstoff und Verarbeitung Mikroorganismen enthalten, zumal bei der Gelatineherstellung keine Konservierungsmittel zugesetzt werden. Verschiedene Autoren haben Gelatine untersucht und je nach Qualität und Herkunft der Proben Bakterien nachgewiesen [20], (Tab. 2.3.3). Dabei handelt es sich ausschließlich um ältere Untersuchungen, so dass diese Werte heute nicht mehr repräsentativ sind. Verglichen mit heutigen Gelatinequalitäten wurden früher wesentlich mehr Bakterien gefunden, obwohl heute die untersuchten Probenmengen sogar noch deutlich größer sind. Die Gelatineindustrie hat inzwischen ganz entscheidende Fortschritte gemacht, die aber leider nicht durch entsprechende Veröffentlichungen dokumentiert sind. Im Einzelnen konnten gramnegative Stäbchenbakterien (*Enterobakterien, Pseudomonas*-Arten) nur selten und dann auch nur in geringer Anzahl festgestellt werden. Ursache dafür ist die Tatsache, dass diese meist psychrophilen oder mesophilen Keime die Temperaturen bei der Herstellung

Tab. 2.3.3 Literaturdaten zur bakteriologischen Beschaffenheit von Gelatine

Keimspektrum	Literatur
Enterobakterien	[6, 20, 21, 27, 30, 34]
E. coli	[6, 22, 27, 29, 39, 47]
Proteis spec.	[47]
Salmonella spec.	[35, 39, 47]
Enterokokken	[6, 27]
Streptokokken	[6]
Diplokokken	[32]
Microkokken	[6]
Staphylococcus aureus	[34]
Pseudomonas aeruginosa	[20, 21]
Bacillus spec.	[6, 32, 34, 47]
Clostridium spec.	[6, 23, 27, 32, 34, 36, 47]
Schimmelpilze	[20, 21,28]

von Gelatine nicht überstehen. Wenn sie dennoch nachgewiesen werden, so handelt es sich bei ihnen also weitgehend um Rekontaminationskeime aus der Luft. Auch die laut Literatur häufiger in Gelatine nachgewiesenen grampositiven Bakterien (*Bacillus-, Clostridium-, Micrococcus-* und *Streptococcus*-Arten) stellen Rekontaminationskeime dar, die oft bei Luftuntersuchungen gefunden werden. Dabei kann man zwischen primären Luftkeimen (Umgebungskeimen) und sekundären Luftkeimen (Personalkeimen) unterscheiden [46]. Nur die noch nicht aktivierten und ausgekeimten Sporen von thermophilen *Clostridium-* und *Bacillus*-Arten sind keine typischen Rekontaminationskeime und können die im Herstellungsprozess auftretenden Temperaturen überleben. Sie sind mitunter das Hauptproblem bei der Gelatineherstellung, das nur durch peinliche Sauberkeit von der Rohstoffverarbeitung bis zum Fertigprodukt zu beherrschen ist. Auch die meisten Schimmelpilze können aufgrund ihrer Temperaturempfindlichkeit den Herstellungsprozess der Gelatine nicht überstehen. Sie sind deshalb in Gelatine sehr selten zu finden und sind dann ebenfalls als Rekontaminationskeime anzusehen. Eine weitere Kontaminationsquelle im Zusammenhang mit Schimmelpilzen könnte das Verpackungsmaterial darstellen, das deshalb stets von einwandfreier bakteriologischer Beschaffenheit sein muss.

2.3.4.1 Pulvergelatine

In Tabelle 2.3.3 sind Mikroorganismen zusammengestellt, die laut älterer Literaturangaben in Pulvergelatinen nachgewiesen wurden. Dagegen spielen heute auch bei entsprechend großer Probenmenge gramnegative Stäbchen wie verschiedene Enterobakterien und Pseudomonas-Arten eine absolut untergeordnete Rolle. Grampositive, sporenbildende Stäbchenbakterien und einzelne Kokken können jedoch nachweisbar sein, wenn die beschriebenen Vorsichtsmaßnahmen und hygienischen Regeln bei der Rohstoffbehandlung und beim Herstellungsprozess nicht eingehalten werden.

2.3.4.2 Blattgelatine

Zur Herstellung von Blattgelatine wird fertige Pulvergelatine in Wasser aufgelöst und nochmals über einen Plattenerhitzer etwa 20 Sekunden bei 105 °C erhitzt. Diese praktisch keimfreie Gelatinelösung wird in einem dünnen Film auf eine Kühltrommel aufgetragen und erstarrt. In schmale Bahnen geschnitten wird sie anschließend auf das Trockenband (endloses Nylonnetzband) eines langen Trockentunnels aufgelegt. Die getrockneten Blattstreifen werden am Ende des Trockentunnels auf die gewünschte Länge geschnitten und verpackt. Durch die Erhitzung der gelösten Pulvergelatine und moderne, hygienische Herstellungsverfahren ist Blattgelatine von einwandfreier bakteriologischer Qualität.

2.3.4.3 Instantgelatine

Häufig sollen auf kaltem Wege Torten, Desserts, Sahne und andere Produkte stabilisiert werden. Mit normaler Pulvergelatine ist dies nur schlecht möglich. Durch ein Spezialverfahren wird Pulvergelatine in eine Instantform gebracht, die nach Vermischung mit den übrigen Zutaten der Masse die nötige Stabilität durch Ausbildung eines Pseudogels verleiht. Dabei treten Temperaturen auf, die eine Vermehrung von Bakterien zuverlässig verhindern. Die trockene, pulverförmige Instantgelatine enthält deshalb üblicherweise keine Bakterien.

2.3.4.4 Kollagenhydrolysate

Kollagenhydrolysate können auch als enzymatisch abgebaute, kaltwasserlösliche Gelatinen bezeichnet werden. Dabei werden die Kollagenmoleküle durch Proteasen in niedermolekulare Peptidbruchstücke gespalten und verlieren dadurch vollständig ihre Gelierkraft. Hydrolysate werden entweder in flüssiger Form oder nach Sprühtrocknung in Pulverform an die Anwender abgegeben. Vor allem die Sprühtrocknung stellt einen kritischen Verarbeitungsschritt dar, bei dem es zu einer Rekontamination kommen kann [37]. Aber auch Flüssigtransporte sind vor allem in den Sommermonaten nicht ohne Probleme, weil eine warme Proteinlösung für viele Mikroorganismen geradezu ideale Lebensbedingungen bietet. Flüssige Hydrolysate werden deshalb nur als keimfreies Produkt aus Steriltanks aseptisch in Tanklastzüge verladen, die zusätzlich zur vorgeschriebenen Reinigung ausgedampft und dadurch sterilisiert worden sind. In der Regel kann in Abstimmung mit den Anwendern eine Transportkonservierung erfolgen.

2.3.4.5 Gelatineanwendungen in verschiedenen Lebensmitteln

Gelatine und Gelatineprodukte werden in vielen Lebensmitteln wie zum Beispiel Fleischwaren, Sülzen, Milchprodukten und Süßwaren als wichtiger Bestandteil mit wertvollen Eigenschaften eingesetzt. Damit diese Eigenschaften erhalten bleiben und zum optimalen Nutzen für die entsprechenden Produkte eingesetzt werden können, müssen einige Punkte beachtet werden:

- Einfluss der Lagerbedingungen
- Einfluss der Temperatur
- Einfluss des pH-Wertes.

Einfluss der Lagerbedingungen

Nach der Auslieferung an den Gelatine-Anwender ist für die Erhaltung einer gleichbleibenden Gelatinequalität eine sachgerechte und sorgfältige Lagerung unumgänglich. Grundsätzlich muss Speisegelatine trocken und geruchsfrei aufbewahrt werden. Da Speisegelatine nur einen Restwassergehalt von etwa 10 % hat, besteht in feuchten Lagerräumen, vor allem bei bereits geöffneten Gebinden, die Gefahr einer Wasserabsorption, die zur Verklumpung und zu einer Reinfektion führen kann. Auch die Bildung von Schwitzwasser und Kondenswasser wirkt sich negativ auf die Lagerfähigkeit der Gelatine aus und sollte unbedingt vermieden werden. Feuchtigkeit in der Verpackung und auch im Lagerraum kann Schimmelpilzwachstum begünstigen (*Penicillium spec.*, *Aspergillus spec.*), da Schimmelpilze bereits bei sehr niedrigen a_w-Werten (Wasseraktivität) wachsen können [28, 35, 45]. Neben der wasserabsorbierenden Eigenschaft besitzt Gelatine auch die Neigung Gerüche anzunehmen. Deshalb müssen Behälter nach jeder Gelatineentnahme sofort wieder dicht verschlossen werden. Eine sachgerecht gelagerte Speisegelatine ist auch nach Jahren noch verwendbar [31]. Die Gelatinehersteller garantieren eine Mindesthaltbarkeitsdauer von 5 Jahren.

Einfluss der Temperatur

Warme Gelatinelösungen bieten geradezu ideale Lebensbedingungen für eine Vielzahl von Mikroorganismen. In 7 Stunden können so zum Beispiel bei einer Temperatur von 37 °C aus 500 Keimen bis zu 2 Milliarden werden [40], (Abb. 2.3.1). Aber

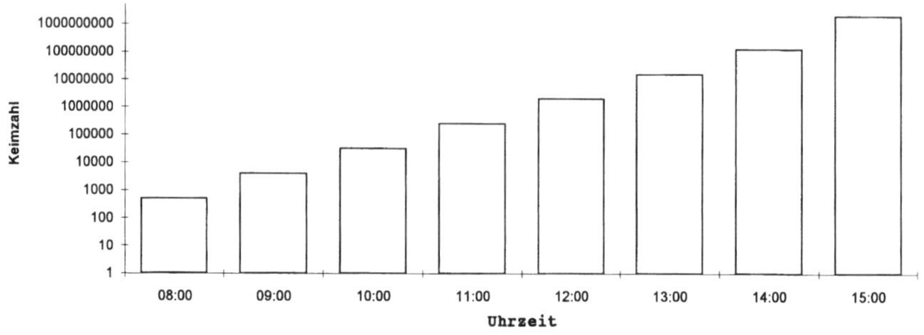

Abb. 2.3.1 Vermehrung der Keimzahl in einer Gelatinelösung bei 37°C [38].

auch wesentlich kürzere Inkubationszeiten können nach einer Rekontamination der Gelatinelösung zu einem rasanten Anstieg der Bakterienzahl führen. Wenn es sich dabei um proteolytisch aktive Bakterien (z.B. *Bacillus-, Proteus-* und *Pseudomonas-*Arten) handelt, besteht die Gefahr eines sehr schnellen Abbaus der Gallertfestigkeit. Mit zunehmender Temperatur der Gelatinelösung nimmt jedoch auch die bakteriologische Aktivität deutlich ab. Bei etwa 60-70 °C hört das Wachstum mit Ausnahme einiger extrem thermophiler Bacillusarten praktisch auf. Grundsätzlich sollte jede Gelatinelösung so schnell wie möglich weiterverarbeitet werden, da zusätzlich zu diesem bakteriologischen Abbau auch die Temperatur alleine zu einem thermischen Abbau der Gallertfestigkeit führt. So reduziert sich in 7 Stunden die Gallertfestigkeit bei einem pH von 5,8 und 80 °C um etwa 40 %. Bei 60 °C dagegen führen dieselben Bedingungen nur noch zu einem Abbau um etwa 20 % [48], (Abb. 2.3.2). Es ist deshalb vorteilhaft, eine Gelatinelösung bei etwa 50-60 °C zu verarbeiten.

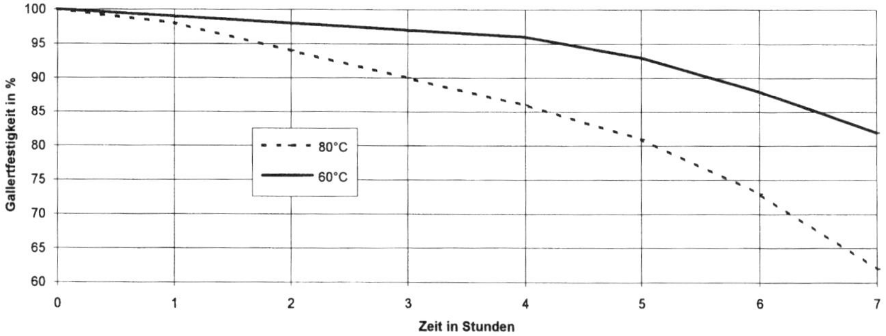

Abb. 2.3.2 Thermischer Abbau der Gallertfestigkeit bei pH 5,8 und 60°C bzw. 80°C.

Einfluss des pH-Wertes

Ein wichtiges Kriterium für die Keimvermehrung stellt auch der pH-Wert dar. Grundsätzlich muss zwischen einem Toleranzbereich und dem für eine optimale Vermehrung erforderlichen pH-Bereich unterschieden werden. Der Optimalbereich ist erfahrungsgemäß viel enger und liegt für Bakterien etwa bei 6-8, für Schimmelpilze etwa bei 4-6. Eine warme Gelatinelösung (etwa 60 °C) verliert zwar bei pH 3 kaum

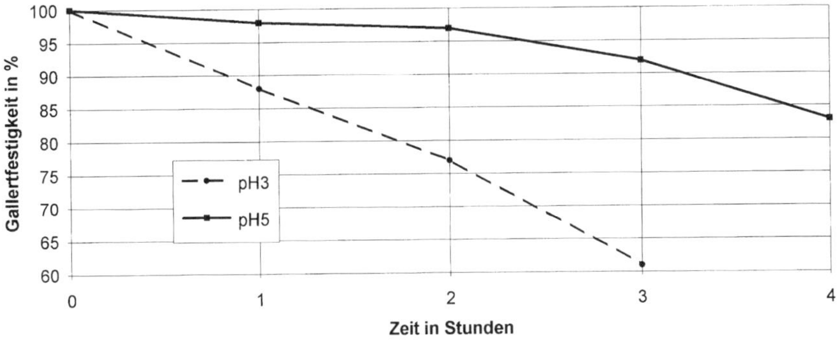

Abb. 2.3.3 Abbau der Gallertfestigkeit bei 60°C in Abhängigkeit von pH 5,0 bzw. pH 3,0.

Gallertfestigkeit durch bakteriologischen Abbau, wohl aber aufgrund eines bei diesem pH-Wert besonders stark auftretenden Säureabbaus von etwa 40 % innerhalb von 3 Stunden [48], (Abb. 2.3.3). Mit zunehmendem pH-Wert nimmt das Problem des Säureabbaues zwar stark ab, dafür steigt aber die Gefahr eines bakteriologischen Abbaues der Gallertfestigkeit. Frühzeitiges Ansäuern bringt also durchaus Vorteile hinsichtlich des bakteriologischen Abbauverhaltens, birgt aber bei längeren Standzeiten andererseits die Gefahr eines deutlichen Säureabbaus. Da bei einem pH-Wert von 5,0 der Säureabbau nur etwa 18 % innerhalb von 4 Stunden beträgt und das Wachstum von Bakterien noch weitgehend unterdrückt ist, stellt diese Kombination durchaus eine praktikable Lösung für viele Anwendungsfälle dar.

2.3.5 Historische Entwicklung von Reinheitsanforderungen an Gelatine

Die mikrobiologische Qualität von Gelatine kann nur durch regelmäßige bakteriologische Kontrollen des Produktionsprozesses (Inprozesskontrollen) und des Endproduktes sichergestellt werden. Die Gesellschaft Amerikanischer Bakteriologen hat bereits 1907 Forderungen zur bakteriologischen Untersuchung von Gelatine aufgestellt [13, 19]. Vor allem gelatineverflüssigende Bakterien waren von besonderem Interesse, deren Nachweis damals noch 6 Wochen in Anspruch nahm. 1922 [19] wurden bereits umfangreiche bakteriologische Untersuchungsmethoden für Gelatine beschrieben. Seither hat sich natürlich vieles verändert und weiterentwickelt. War damals noch die Untersuchung von 0,1 g Gelatine ausreichend, so findet man heute nicht selten die Forderung nach Untersuchung von 10 g oder mehr. Aber Reinheitsanforderungen für Gelatine sind keine Erfindung unserer Tage, denn parallel zu dem ständig wachsenden Wissen über die bakteriologische Beschaffenheit von Gelatine kam es auch sehr bald zu präzisen Anforderungen. Dies führte zu einer deutlichen Abgrenzung zwischen technischer Gelatine und Speisegelatine [17] und in Folge davon auch zur Einführung von Richtwerten für die bakteriologische Qualität (Tab. 2.3.4, siehe Tabelle Seite 183).

Unter anderem wurde bereits 1922 [15, 16, 18] für Speisegelatine gefordert: Sorgfältige Rohstoffauswahl und Sauberkeit bei der Produktion, Trocknung von Speisegelatinen nur mit konditionierter Luft (Rekontaminationsgefahr) und Einsatz ausschließlich höchster Gelatinequalitäten für Lebensmittel. 1958 [38] hatten sich in Europa Richtwerte für die zulässige Keimzahl in Speisegelatine durchgesetzt, wie sie vom amerikanischen Arzneibuch (USP XV) für Pharmagelatine gefordert wurden, allerdings hatte es sich dabei im Falle der Speisegelatine nicht um rechtsverbindliche Festlegungen gehandelt. Es wurde dann zwar im Jahre 1959 empfohlen, Reinheitsvorschriften für Speisegelatine im Deutschen Lebensmittelbuch zu verankern, doch ist dies nicht geschehen [26, 39]. Erst die Fremdstoffkommission der Deutschen Forschungsgemeinschaft hat in ihren Mitteilungen 1964 und 1967 Empfehlungen ausgesprochen, die auch die Reinheit von Speisegelatine betreffen. Diese Empfehlungen wurden 1977 [26, 39] in die Weinverordnung (2. Weinrechts-Änderungsverordnung) und damit auch in gesetzliche Regelungen übernommen. Die Zuordnung der Speisegelatine zu den Lebensmitteln und nicht zu den Zusatzstoffen hat den Europäischen Verband der Gelatinehersteller (GME) bereits 1971 [26, 39] veranlasst, einen Entwurf für eine horizontale Richtlinie für Speisegelatine in Brüssel vorzulegen. In enger Zusammenarbeit mit der Europäischen Kommission konnte endlich 1999 die Richtlinie zu Speisegelatine 1999/724/EG im Amtsblatt veröffentlicht werden (L 290/32 vom 12.11.1999). Die Umsetzung in nationales Recht erfolgte mit Veröffentlichung der Speisegelatine-Verordnung (GelV) am 19. Dezember 2002 im Bundesgesetzblatt (BGBl. I S. 4538). Für den Verbraucher dokumentieren diese Aktivitäten der europäischen Gelatinehersteller deren unablässigen Einsatz für die einwandfreie bakteriologische Qualität ihrer Produkte. Hervorragender Erfolg ist, dass trotz der vielen Rekontaminationsmöglichkeiten die tatsächlich ermittelten bakteriologischen Werte für Gelatine weit unter den in den Anforderungen vorgegebenen Zulässigkeitsgrenzen liegen.

Tab. 2.3.4 Daten zur historischen Entwicklung von Reinheitsanforderungen an Speisegelatine.

Keimspektrum	USP XV	DFG Empfehlungen	GME Vorschlag	Fleisch-VO	Weinrechts-VO		1999/724/EG / GelV
	1958	1964	1967	1971	1973	1977	1999 / 2002
Aerobe Gesamtkeimzahl	<10000/g	<10000/g	<10000/g	<5000/g	<10 000/g	<10 000/g	<1 000/g
Coliforme	-	neg./0,1g	neg./0,1g	-	neg./g	<1/0,1g	neg./g
E. coli	neg./g	neg./g	neg./g	<1/g	-	<1/g	neg./10g
Salmonellen	-	-	-	neg./20g	-		neg./25g
Clostridien	-	neg./g	neg./0,5g	<10/g	neg./g	<1/g	10/g
Clostridium perfringens	-	-	-	-	-	-	neg./g
Staphylococcus aureus	-	-	-	-	-	-	neg./g

Literatur

[1] Autorenkollektiv: Mikrobiologie tierischer Lebensmittel. 1. Aufl. Leipzig 1981, S. 330-331.

[2] Autorenkollektiv: Mikrobiologie tierischer Lebensmittel. 1. Aufl. Leipzig 1981, S. 335.

[3] Autorenkollektiv: Mikrobiologie tierischer Lebensmittel. 1. Aufl. Leipzig 1981, S. 338.

[4] Autorenkollektiv: Mikrobiologie tierischer Lebensmittel. 1. Aufl. Leipzig 1981, S. 350.

[5] Autorenkollektiv: Mikrobiologie tierischer Lebensmittel. 1. Aufl. Leipzig 1981, S. 359-367.

[6] Baumgarten, H.-J., Levetzow, R.: Untersuchungen zur hygienischen Beschaffenheit von im Handel befindlicher Speisegelatine. Arch. f. Lebensmittelhygiene 20. Jg. (1969) H. 2, S. 38-42.

[7] Birbir, M., Ilgaz, A.: Isolation and identification of bacteria adversely affecting hide and leather quality. J. Soc. Leather Technologists and Chemists Vol. 80, S. 147.

[8] Birbir, M., Kallenberger, W., Ilgaz, A., Bailey, D.G.: Halophilic bacteria isolated from brine cured cattle hides. J. Soc. Leather Technologists and Chemists Vol. 80, S. 87.

[9] Blobel, H., Schließer, T.: Handbuch der bakteriellen Infektionen bei Tieren. 1. Aufl. Jena 1980 (Band II), S. 76-79.

[10] Blobel, H., Schließer, T.: Handbuch der bakteriellen Infektionen bei Tieren. 1. Aufl. Jena 1980 (Band II), S. 162-166.

[11] Blobel, H., Schließer, T.: Handbuch der bakteriellen Infektionen bei Tieren. 1. Aufl. Jena 1980 (Band III), S. 98-100.

[12] Blocher, J. C., Busta, F. F.: Bacterial spore resistance to acid. Food Technology 37. Jg. (1983) H. 11, S. 87-99.

[13] Bogue, R. H.: The chemistry and technology of gelatin and glue. 1. Aufl. London 1922, S. 60-61.

[14] Bogue, R. H.: The chemistry and technology of gelatin and glue. 1. Aufl. London 1922, S. 280-281.

[15] Bogue, R. H.: The chemistry and technology of gelatin and glue. 1. Aufl. London 1922, S. 298.

[16] Bogue, R. H.: The chemistry and technology of gelatin and glue. 1. Aufl. London 1922, S. 306.

[17] Bogue, R. H.: The chemistry and technology of gelatin and glue. 1. Aufl. London 1922, S. 502.

[18] BOGUE, R. H.: The chemistry and technology of gelatin and glue. 1. Aufl. London 1922, S. 566.

[19] BOGUE, R. H.: The chemistry and technology of gelatin and glue. 1. Aufl. London 1922, S. 574-575.

[20] BÜHLMANN, X., GAY, M., Hauert, W., HECKER, W., SACKMANN, W., SCHILLER, I.: Prüfung pharmazeutischer Hilfsstoffe auf mikrobielle Kontamination. Pharm. Ind. 34. Jg. (1972) H. 8, S. 562-566.

[21] CHESTWORTH, K. A. C., SINCLAIR, A., STRETTON, R. J., HAYES, W. P.: An enzymatic technique for the microbiological examination of pharmaceutical gelatin. J Pharm. Pharmac. 29. Jg. (1977) H. 1, S. 60-61.

[22] CORETTI, K., MÜGGENBURG, H.: Vorkommen und Bedeutung von Clostridien in Gelatine. Fleischwirtschaft 48. Jg. (1968) H. 5, S. 625-629.

[23] DAVIS, B. D., DULBECCO, R., EISEN, H. N., GINSBERG, H. S. (ed.): Microbiology, 4. Aufl. New York 1990, S. 48.

[24] FUKUSHIMA, H., MARUYAMA, K., OMORI, I., HO, K., IORIHARA, M.: Bedeutung kontaminierter Schweinehaut für die Verunreinigung von Schweinetierkörpern mit fäkalen Yersinien bei der Schlachtung. Fleischwirtschaft 69. Jg. (1989) H. 3, S. 409-413.

[25] GRIFFITHS, M. W., PHILLIPS, J. D.: Strategies to control the outgrowth of spores of psychrophilic Bacillus spp. in diary products. II. Use of heat treatments. Milchwissenschaft 45. Jg. (1990) H. 11, S. 719-721.

[26] HONEGGER, H.-U.: Speisegelatine - ein stets reines Lebensmittel. Deutsche Lebensmittel Rundschau 72. Jg. (1976) H. 11, S. 379-383.

[27] KRÜGER, D.: Ein Beitrag zum Thema mikrobielle Kontamination von Wirk- und Hilfsstoffen. Pharm. Ind. 35. Jg. (1973) H. 9, S. 569-577.

[28] KUNZ, B.: Grundriss der Lebensmittel-Mikrobiologie, 1. Aufl. Hamburg 1988, S. 89.

[29] LEININGER, H. W., SHELTON, L. R., LEWIS, K. H.: Microbiology of frozen cream-type pies, frozen cooked-peeled shrimp and dry food-grade gelatin. Food Technology 25. Jg. (1971) H. 3, S. 224-229.

[30] LEISTNER, L.: Anaerobe Gelatinekeimzählung. Fleischwirtschaft 7. Jg. (1955) H.9, S. 725-727.

[31] MARGGRANDER, K.: Speisegelatine in Fleischerzeugnissen, 1. Aufl. Frankfurt 1991, S. 19.

[32] METZ, H.: Bemerkungen über Nährböden. Merck KONTAKTE (1992) H. 3, S. 52-64.

[33] MÜGGENBURG, H., LEISTNER, L.: Der Keimgehalt von Speisegelatinen in Vergleich zu Gelatinen für technische Zwecke. Fleischwirtschaft 47. Jg. (1967) H. 4, S. 379-382.

[34] PARK, C. E., RAYMAN, M. K., STANKIEWICZ, Z. K., HAUSCHILD, A. H. W.: Preenrichment procedure for detection of salmonella in gelatin. Can. J. Microbiol. 23. Jg. (1977) H. 5, S. 559-562.

[35] Pichhardt, K.: Lebensmittelmikrobiologie, 2. Aufl. Berlin 1989, S. 190.

[36] Russel, A. D.: The destruction of bacterial spores, 1. Aufl. London 1982, S. 18.

[37] Schiefer, G.: Mikrobiologie der Eier in: Mikrobiologie tierischer Lebensmittel, 2. Aufl. Leipzig 1986, S. 457.

[38] Schmied, R.: Keimfreie Gelatine und entkeimte Gelatine. Fleischwirtschaft 10. Jg. (1958) H. 11, S. 768-769.

[39] Schrieber, R.: Speisegelatine - Eigenschaften und Anwendungsmöglichkeiten in der Lebensmittel-Industrie. Gordian 75.Jg. (1975) H. 6, S. 218-227.

[40] Schrieber, R: Speisegelatine für die Fleischwarenerzeugung. Die Fleischerei (1975) H. 4, S. 49.

[41] Sörquist, S., Danielsson-Tham, M.-L.: Überleben von Campylobacter-, Salmonella- und Yersinia-Arten im Brühwasser bei der Schweineschlachtung. Fleischwirtschaft 70. Jg. (1990) H. 12, S. 1460-1466.

[42] Ullmann, F.: Enzyklopädie der technischen Chemie, 1.Aufl. Berlin 1915, S. 31.

[43] Ullmann, F.: Enzyklopädie der technischen Chemie, 1.Aufl. Berlin 1915, S. 38-41.

[44] Ullmann, F.: Enzyklopädie der technischen Chemie, 1.Aufl. Berlin 1915, S. 46.

[45] Wallhäußer, K.-H.: Lebensmittel und Mikroorganismen, 1. Aufl. Darmstadt 1990, S. 37.

[46] Wallhäußer, K.-H.: Praxis der Sterilisation - Desinfektion - Konservierung. 4. Aufl. Stuttgart 1988, S. 136-140.

[47] Widmann, A., Croome, R. J.: Gelatine - Mikrobiologischer Status. Pharm. Ind. 37. Jg. (1975) H. 8, S. 650-654.

[48] Wunderlich, H. E.: Wenn es um Gelatine geht. 1. Aufl. Darmstadt 1972, S. 59-61.

2.4 Mikrobiologie des Separatorenfleisches

H. HECHELMANN, Z. BEM UND G. F. HAMMER

Entsehnung und Entknochung sind wichtige wirtschaftliche und hygienische Probleme der Fleischverarbeitung. Die beiden Prozesse erfordern manuelle Arbeit, und damit besteht immer die Gefahr der mikrobiellen Kontamination der Fleischstücke und gleichzeitig eine Erwärmung, wodurch die Keimvermehrung begünstigt wird. Bei der Zerlegung des Schlachttierkörpers verbleiben ca. 5 % des Fleisches als sogenanntes Restfleisch (Knochenputz) an den Knochen, vornehmlich an den Wirbelsäulen. Technische Fortschritte haben hier bei der Rückgewinnung des Restfleisches Vorteile gebracht, die eine Standardisierung und Mechanisierung der Entsehnung durch „Weichseparatoren“ und der Entknochung durch „Hartseparatoren“ des Fleisches möglich machen. So kann man mechanisch relativ schnell große Mengen von Fleisch entsehnen oder entknochen, was vor allem wirtschaftliche Vorteile hat.

Nun verhält es sich so, dass die mit der Hackfleisch-Verordnung indirekt vorgegebene [11] und vom Gewerbe verwendete Einteilung der Separatoren in „Weich-“ und „Hart-“ aufgrund rechtlicher Vorgaben der Veterinärhygienevorschriften nicht mehr haltbar ist. Denn Separatorenfleisch wird definiert als „ein Erzeugnis, das nach dem Entbeinen durch maschinelles Abtrennen von frischem Fleisch (Restfleisch) von Knochen ... gewonnen worden ist“ [7]. Geflügelseparatorenfleisch ist „ein Erzeugnis, das nach der Zerlegung durch maschinelles Abtrennen von frischem Geflügelfleisch von Knochen gewonnen wird [8]. Separatorenfleisch und Geflügelseparatorenfleisch liegen demnach vor, wenn Restfleisch mittels eines beliebigen maschinellen Verfahrens von Knochen abgetrennt wird. Dabei spielt es keine Rolle, welcher Maschinentyp Verwendung findet.

Von der Gewinnung des Separatorenfleisches sind ausgenommen Knochen von Rindern, Schafen und Ziegen [9], Kopfknochen und Röhrenknochen sowie Gliedmaßenenden unterhalb der Karpal- und Tarsalgelenke der weiteren schlachtbaren Tiere sowie Schweineschwänze [7]. Die Verwendung von Separatorenfleisch ist auf hitzebehandelte Fleischerzeugnisse beschränkt [10].

Seit eh und je werden nach redlichem Handwerksbrauch die geringerwertigen Bestandteile des Schlachttierkörpers manuell vom Fleisch abgetrennt, d.h. die Sehnen werden herausgeschnitten und die Knochen ausgelöst. Das an den Knochen verbleibende Restfleisch wird mit dem Messer oder unter Zuhilfenahme mechanisierter Handwerkszeuge (Zieh-, Ringmesser) als Knochenputz gewonnen und für die Wurstherstellung verwendet. Es war naheliegend, diese arbeits- und damit kostenaufwendigen Vorgänge so weit wie möglich zu mechanisieren. Daher sind Entsehnungsmaschinen (die sog. Weichseparatoren) und Separatoren (die sog. Hartseparatoren) zur Entknochung von Fleisch entwickelt worden. Entsehnungsmaschinen werden primär für eine Entsehnung des zur Rohwurstherstellung verwendeten Fleisches eingesetzt, während das mit Separatoren gewonnene Rohmaterial vorwiegend zur Brühwurstherstellung und in geringerem Umfang für die Herstellung von Kochwurst verwendet wird. Für Separatorenfleisch werden zahlreiche Bezeichnungen verwendet:

Mechanisch entsehntes Fleisch: z.B. Weichseparatorenfleisch oder Baaderfleisch (genannt nach dem Hersteller einer dafür verwendeten Maschine).

Mechanisch entknochtes Fleisch: Hartseparatorenfleisch oder Knochenseparatorenfleisch, MEF (maschinell entbeintes Fleisch) oder MDM (mechanically deboned meat).

Bei aller Bemühung, Entsehnungsmaschinen in ihrer Wirkung gegen Separatoren abzugrenzen, darf nicht der Blick dafür getrübt werden, dass Entsehungsmaschinen bei entsprechender Einstellung und geeignetem Rohstoff ebenfalls Restfleisch von Knochen abzutrennen vermögen und damit das gewonnene Fleisch nach Definition Separatorenfleisch darstellt.

Mikrobiologie des Separatorenfleisches

Aus mikrobiologischer Sicht ist es vor allem wichtig, ob die Mechanisierung der Entsehnung oder Entknochung von Fleisch hygienische Risiken mit sich bringt. Diese Problematik wurde von BEM und Mitarbeitern gründlich überprüft [1, 2]. Untersucht wurden daher der Einfluss der Entsehnung und Entknochung auf den Keimgehalt des Fleisches, die Veränderung der mikrobiellen Kontamination des entsehnten und entknochten Fleisches im Verlauf des Arbeitstages und die Lagerfähigkeit von entsehntem und entknochtem Fleisch. Ausschlaggebend für die hygienische Qualität des entsehnten und entknochten Fleisches ist der Keimgehalt des Rohmaterials, das von gesunden Tieren stammen, unter hygienischen Bedingungen verarbeitet sowie ohne Unterbrechung der Kühlkette transportiert werden muss. Die Gesamtkeimzahl des Rohmaterials sollte unter 5 x 10^6/g liegen. Wie die Tab. 2.4.1 zeigt, war in den Untersuchungen das für eine maschinelle Entsehnung und Entknochung vorgesehene Rohmaterial häufig stärker keimhaltig als das Rohmaterial, das manuell entsehnt oder entknocht werden sollte. Im Durchschnitt hat die Bakterienzahl bei dem zur manuellen Bearbeitung vorgesehenen Rohmaterial 10^6/g betragen, während die Bakterienzahl bei dem zur maschinellen Bearbeitung vorgesehenen Rohmaterial häufig im Durchschnitt bei 10^7/g lag. Die Ursache dafür war, dass das zur manuellen Verarbeitung bestimmte Rohmaterial in den untersuchten Betrieben nicht zugekauft wurde, d.h. vor der Verarbeitung nicht lange in gekühltem Zustand aufbewahrt oder trans-

Tab. 2.4.1 Gesamtkeimzahl des Rohmaterials, das entweder zur maschinellen oder manuellen Entsehnung und Entknochung vorgesehen war (Bem u. Leistner, 1974)

Verfahren	Tierart	Vorgesehene Behandlung	Anzahl der Proben	Gesamtkeimzahl pro Gramm Durchschnitt	Gesamtkeimzahl pro Gramm Bereich	Prozent der Proben über Grenzwert[1])
Entsehnung	Schwein	maschinell	18	4×10^6	$1 \times 10^6 - 9 \times 10^6$	22 %
		manuell	16	1×10^6	$2 \times 10^5 - 5 \times 10^6$	6 %
	Rind	maschinell	25	7×10^7	$8 \times 10^4 - 9 \times 10^8$	84 %
		manuell	16	3×10^8	$2 \times 10^4 - 1 \times 10^7$	25 %
Entknochung	Schwein	maschinell	8	2×10^7	$4 \times 10^5 - 5 \times 10^7$	87 %
		manuell	15	1×10^6	$4 \times 10^5 - 3 \times 10^6$	0 %
	Rind	maschinell	7	9×10^6	$1 \times 10^6 - 2 \times 10^7$	57 %
		manuell	16	1×10^6	$3 \times 10^5 - 5 \times 10^6$	0 %
	Geflügel	maschiell	39	2×10^6	$8 \times 10^4 - 9 \times 10^6$	21 %

[1]) Als Grenzwert für die Gesamtkeimzahl des Rohmaterials werden 5×10^6/g angenommen

portiert worden ist und auch nicht gefroren war, also nicht aufgetaut werden musste. Gefrorenes Rohmaterial, das entsehnt oder entknocht werden soll, muss schnell und bei niedrigen Temperaturen aufgetaut werden. Dabei ist besonders zu empfehlen, die großen Stücke vor dem Auftauen grob zu zerkleinern, um das Auftauverfahren dadurch zu beschleunigen. Fleischstücke, die ca. 3 cm dick sind, tauen unter folgenden Bedingungen am besten auf: etwa 6 Stunden bei +10 °C; oder etwa 7 Stunden bei +8 °C und bei +5 °C etwa 9 Stunden.

Bei einer Entknochung von Schweinerücken, Schweineschwänzen (für das Gewerbe nicht zulässig), Schweinebauchknorpeln, Rinderhalsknochen und Putenrücken wurde keine Zunahme der Gesamtkeimzahl, sondern eine gewisse Abnahme beobachtet. Auch bei der Entknochung von Hähnchen- und Putenhalsen kam es nicht zu einer erheblichen Zunahme der Gesamtkeimzahl. Dagegen wurde bei der Entknochung von Ochsenschwänzen, Rinderrückenknochen, Rinderköpfen (dem Gewerbe verwehrt) und Hähnchenkarkassen eine deutliche bis starke Zunahme der Gesamtkeimzahl festgestellt. Die Keimzahlen von maschinell sowie auch von manuell entsehntem Fleisch zeigten im Verlauf des Arbeitstages im Allgemeinen eine geringe Zunahme, die bei manuell entsehntem Fleisch größer war, d.h. das zu Beginn des Arbeitstages entsehnte Fleisch hatte einen geringeren Keimgehalt als das am Mittag oder Abend gewonnene Fleisch.

Im Verlauf des Arbeitstages waren bei der Entknochung keine deutlichen Veränderungen in der Gesamtkeimzahl zu beobachten, allerdings nur in Betrieben mit guter Arbeitsorganisation. Maschinell oder manuell entsehntes Fleisch kann zwei Tage bei -1 °C bis 2 °C oder mindestens 14 Tage unter -18 °C gelagert werden. Dagegen sollte man entknochtes Fleisch nicht kühllagern, sondern sofort einfrieren, denn unter -18 °C kann es mindestens 14 Tage gelagert werden [4]. Wurde entknochtes Fleisch Fleischerzeugnissen zugesetzt, dann waren keine bakteriologischen Nachteile bei Brühwürsten (mit 10 bis 65 Prozent entknochtem Fleisch) und bei Kochwürsten (10 bis 20 Prozent) festzustellen. Allerdings muss im Hinblick auf die Salmonellen, die insbesondere in entknochtem Geflügelfleisch vorkommen können, sichergestellt sein, dass bei Brüh- und Kochwürsten in allen Teilen eine Temperatur von mindestens 70 °C erreicht wird. Bei Rohwurst, die im Allgemeinen nicht erhitzt wird, liegen die Verhältnisse etwas anders. Hier können durch den Zusatz von entknochtem Fleisch vermehrt *Enterobacteriaceae* und vor allem auch Staphylokokken (*Staphylococcus aureus*), die vermehrt in Schweinefleisch zu finden sind, dem Brät zugesetzt werden. Der Ausschluss des Separatorenfleisches von einer Verwendung zu rohen Fleischerzeugnissen [10] ist daher sinnvoll gewesen. Andererseits weist NEUHÄUSER darauf hin, dass Separatorenfleisch vom Rind bis zu 10 % schnittfester, schnellgereifter Rohwurst und Separatorenfleisch vom Schwein bis zu 10 % streichfähigen Rohwurstsorten zugesetzt werden kann [5, 6].

Aus den mitgeteilten Keimzahlen kann gefolgert werden, dass der Keimgehalt von Separatorenfleisch primär dem Keimgehalt der fleischtragenden Knochen, also des Rohmaterials, entspricht. Durch den Prozess der mechanischen Entknochung wird der Keimgehalt des Materials nicht wesentlich verändert. Zu einer schnellen Keimvermehrung kann es jedoch kommen, wenn das Separatorenfleisch gekühlt, vor allem unzureichend gekühlt und zu lange Zeit aufbewahrt wird. Folglich ist das Separatorenfleisch ein hygienisch labiles Produkt, das besonderer Sorgfalt bedarf [3].

Welche „Spielregeln" bei der Herstellung und Lagerung von Separatorenfleisch eingehalten werden sollten, hat die Bundesanstalt für Fleischforschung, Kulmbach, in einer Stellungnahme (1976) bereits mitgeteilt, darin heißt es u.a.:

Die Anforderungen, die an maschinell entknochtes Fleisch gestellt werden, sollten im Hinblick auf Hygiene und Qualität nicht geringer sein als bei manuell gewonnenem Restfleisch.

Aus den von BEM erarbeiteten Untersuchungsergebnissen ist zu folgern, dass bei Verwendung von maschinell gewonnenem Knochenrestfleisch (Separatorenfleisch) mit einer Erhöhung der hygienischen Risiken sowie einer Beeinträchtigung der Qualität von Fleischerzeugnissen nicht zu rechnen ist, wenn folgende Voraussetzungen eingehalten und kontrolliert werden. Dazu gehören:

1. Das zum mechanischen Entknochen bestimmte Rohmaterial ist zu kühlen oder zu gefrieren. Werden nur im eigenen Betrieb anfallende Knochen separiert, dann reicht eine Kühlung aus, wenn das Separieren spätestens am Tage nach dem Anfall der Knochen vorgenommen wird, und die Knochen bis dahin bei einer Temperatur bis zu höchstens +2 °C aufbewahrt werden. Ist eine längere Aufbewahrung vorgesehen oder werden die Knochen aus anderen Betrieben eingesammelt, dann ist ein sofortiges Einfrieren der Knochen direkt nach dem Anfall erforderlich. Vor dem Entknochen muss das gefrorene Rohmaterial sachgerecht aufgetaut werden. An Betriebe, die nicht ausschließlich Knochen aus dem eigenen Betrieb verwenden, müssen besonders strenge hygienische Anforderungen gestellt werden, die sich vor allem auf Temperatur und Zeit der Lagerung des Rohmaterials erstrecken. Der Import von Knochen zum Zwecke des Separierens sollte daher verboten werden.

2. Separatorenfleisch muss unmittelbar nach der Herstellung gekühlt und spätestens noch am Tage nach der Gewinnung durcherhitzt oder tiefgefroren werden. Das Gefrieren hat nach der Gewinnung in dünner Schicht und schnell auf -20 °C zu erfolgen.

3. Von der mechanischen Entknochung sind sämtliche Rinder-, Schaf- sowie Ziegenknochen, Kopfknochen, Röhrenknochen, Gliedmaßenenden sowie Schweine-

schwänze auszunehmen. Weiterhin sollten vor dem Separieren von Geflügel-Karkassen die Bürzeldrüsen entfernt werden.

4. Der Zusatz von maschinell gewonnenem Knochenrestfleisch ist nicht zu roh verzehrten Fleischerzeugnissen zugelassen. Zu Brüh- und Kochwürsten ist er möglich, wobei nach allgemeiner Verkehrsauffassung das Restfleisch als sehnenreiches Rind- oder Geflügelfleisch bzw. als fettgewebereiches Schweinefleisch klassifiziert wird. Damit ist es solchen Brüh- und Kochwürsten zusetzbar, die nach den Leitsätzen für Fleisch und Fleischerzeugnisse als Ausgangsmaterial einen Anteil an sehnenreichem bzw. fettgewebereichem Fleisch aufweisen. Die Leitsätze für Fleisch und Fleischerzeugnisse nehmen von diesem Prinzip allerdings eine Reihe von Würsten, so etwa Schinkencreme und eine Reihe von Leberwürsten, aus. Da Separatorenfleisch aus Geflügelknochen (wie Geflügelfleisch allgemein) relativ häufig pathogene Mikroorganismen enthält, sollte eine Verarbeitung derartigen Separatorenfleisches nur in Betrieben, die auf die Herstellung von Geflügelfleischerzeugnissen ausgerichtet sind (strenge räumliche und personelle Trennung in reine und unreine Seite, ausreichende Erhitzung der Produkte), zulässig sein.
5. Aus mikrobiologischer Sicht ist es wichtig, an den Keimgehalt von Separatorenfleisch bestimmte Anforderungen zu stellen, d.h. bakteriologische Normen (Richtwerte, wie in Tabelle 2.4.1) festzulegen.

Bei Beachtung der aufgeführten Vorsichtsmaßnahmen bringt die maschinelle Entsehnung oder Entknochung keine hygienischen Nachteile mit sich.

Jede Unvorsichtigkeit oder Nachlässigkeit kann jedoch zu wirtschaftlichen Verlusten oder einer Gefährdung oder Täuschung des Verbrauchers führen und eine große Gefahr darstellen.

Literatur

[1] Bem, Z.; Leistner, L: Fleischseparatoren aus mikrobiologischer Sicht. Mitteilungsblatt der Bundesanstalt für Fleischforchung, Kulmbach, (1974 a) 2244.

[2] Bem, Z.; Dresel, J.; Lelstner, L.: Fleischseparatoren aus hygienischer Sicht. Jahresbericht der Bundesanstalt für Fleischforschung, Kulmbach, (1974 b) C 37,

[3] Lienhop, E.: Hygienische Rahmenbedingungen zur Gewinnung von maschinell entbeintem Fleisch. (1981) Vortrag anl. Verbandstag des Bundesverbandes der Deutschen Fleischwarenindustrie e. V. in Garmisch-Partenkirchen am 21. 5. 1981

[4] Linke, H.; Arneth, W.; Bem, Z.: Ein neues Verfahren zur mechanisierten Restfleischgewinnung unter hygienischen, analytischen und lebensmittelrechtlichen Gesichtspunkten. Fleischwirtschaft 54 (1974) 1653.

[5] NEUHÄUSER, S.: Technologische Verbesserungen der maschinellen Fleischgewinnung. Fleischwirtschaft 57 (1977 a) 1233.

[6] NEUHÄUSER, S.: Verfahren zur maschinellen Fleischgewinnung. Fleischwirtschaft 57 (1977b) 1754.

[7] Bekanntmachung der Neufassung der Fleischhygiene-Verordnung vom 29. Juni 2001 (BGBl. I S. 1366) in der jeweils gültigen Fassung (FlHV) § 2 Nr. 7a.

[8] Bekanntmachung der Neufassung der Geflügelfleischhygiene-Verordnung vom 21. Dezember 2001 (BGBl. I S. 4098) in der jeweils gültigen Fassung (GFlHV) § 1 Nr. 7.

[9] Verordnung (EG) Nr. 270/2002 der Kommission vom 14. Februar 2002 (Abl. Nr. L 45 S. 4) Anhang II Nr. 4.

[10] FlHV § 10 Abs. 9, GFlHV § 9 Abs. 1 Nr. 4.

[11] Hackfleisch-Verordnung vom 10. Mai 1976 (BGBl. I S. 1186) in der jeweils gültigen Fassung § 6 Abs. 3.

2.5 Hygienische Aspekte bei der Planung von Fleischwerken

P. Timm

2.5.1 Einleitung

Dieser Beitrag beschäftigt sich mit den hygienischen Aspekten bei der Planung von Fleischwerken, nicht jedoch im Detail mit bautechnischen oder technologischen Gesamtlösungen. Fleischwerke im Sinne der gewählten Definition sind Schlachthöfe, Zerlegebetriebe und Verarbeitungsbetriebe als Einzelbetriebe, aber auch als integrierte Gesamtbetriebe, wie z.B. das neue Fleischzentrum der „Weimarer Wurstwaren" in Nohra, Thüringen (Inbetriebnahme 9/1993).

Auf die speziellen Anforderungen der Geglügelfleischproduktion wird in diesem Beitrag nicht eingegangen. Seit der 1. Auflage 1996 bis heute (März 2003) haben sich die Rahmenbedingungen in vielen Bereichen verändert (z.B. BSE) und neue Anforderungen sind hinzugekommen bzw. sind demnächst zu erwarten (die Umsetzung des Lebensmittel Weißbuchs der EU). Nachfolgend ein aktualisierter Überblick der relevanten (auch zukünftigen) EU- Rahmenbedingungen :

- EU-VO 178/2002 der allgemeinen Grundsätze und Anforderungen des Lebensmittelrechts vom 28.1.2002
- EU-VO für Lebensmittel tierischen Ursprungs (Entwurf vom 26.7.2002)
- EU-VO mit spezifischen Vorschriften für die amtliche Überwachung von zum menschlichen Verzehr bestimmten Erzeugnissen tierischen Ursprungs (Entwurf vom 11.7.2002)
- EU-VO „ Tierseuchenrecht" (Entwurf vom 14.7.2000)
- EU-VO 1774/2002 „Tierische Nebenprodukte"
- EU-VO 1760/2000 und EU-VO 1825/2000 „Rindfleischetikettierung"
- EU-VO 999/2002 „TSE-Verordnung"
- Tierschutz-Transport-VO vom 11.6.1999
- Tierschutz-Schlacht-VO vom 25.11.1999

Eine zusätzliche Planungsvorgabe wird durch die Unternehmensphilosophie des Bauherrn und besondere Qualitäts-, Sicherheits-, Hygiene- sowie Tierschutz- oder Umweltanforderungen von Kunden gegeben (z.B. die USDA-Richtlinien, der BRC-

Standard (British Retail Consortium) der IFS-Standard (Internationaler Food Standard) das Q+S-Fleischprüfzeichen der Qualität und Sicherheit GmbH sowie die BIO-VO 2092/91 der EU bzw. die Richtlinien der nationalen BIO-Verbände .

Fehler, die bereits im Planungsstadium begangen werden, können später entweder überhaupt nicht mehr oder nur mit unvertretbar hohem finanziellem Aufwand korrigiert werden. Insofern sind hygienische Aspekte bei der Planung von Fleischwerken heute und in Zukunft weitaus mehr als noch in der Vergangenheit für die Rentabilität und die Wettbewerbsfähigkeit der Fleischbetriebe von entscheidender Bedeutung.

2.5.2 Die Planungsgrundlagen, das Lastenheft des Bauherrn

Zu den Erfolgsaussichten einer Planung kann folgende Kernaussage getroffen werden:

**„Eine Planung ist immer nur so gut,
wie der Bauherr weiß was er will!"**

Eine Planung muss sich an den Zielen orientieren, die mit der Investitionsmaßnahme erreicht werden sollen. Bei Beginn der Planung müssen also die wesentlichen Inhalte des Gesamtkonzeptes geklärt werden. Als Stichworte sind hier zu nennen: Ausgangsbasis, Schwachstellenanalyse, Produktionssortiment, Mengengerüst, Qualitätsniveau, Technologieeinsatz, Logistik, Organisationsstruktur, Finanzbudget, Zeitrahmen, Endvision, Planungsstufen, Alternativlösungen, Kosten/Nutzen-Analyse. Zur strukturierten Beantwortung von relevanten Planungsfragen werden diverse Checklisten mit entsprechender Software eingesetzt. Daraus kann z.B. folgendes, komprimiertes Anforderungsprofil (Lastenheft) formuliert werden :

- Integriertes Fleischwerk vom Stall bis zur portionierten Wurst
- Zertifizierungen: ES, EZ, EV, USDA, ISO 9000
- Auslastung: 1-Schichtbetrieb
- Schweineschlachtung : 250 Schweine/Stunde
- Rinderschlachtung: 50 Rinder/Stunde
- Sanitätsschlachtung: Nur für den internen Bedarf
- Nebenprodukte: LM-Blut, komplette Kuttelei
- Schweinegrobzerlegung: 300 Schweinehälften/Stunde

- Schweinefeinzerlegung: 9000 KG/Stunde
- Rinderzerlegung: Entfällt in der 1. Planungsstufe
- Wurstproduktion: 25 Tonnen/Tag gemäß Sortimentmix
- Versand/Logistik: Rohrbahn, Eurokiste, Palette, Rolli
- Optionen: 2-Schichtbetrieb, Rinderzerlegung mit Reifung Flächenerweiterung für Kühlung, Zerlegung, Verpackung, Verarbeitung, Verwaltung

Welche hygienischen Aspekte müssen nun aus diesem Anforderungsprofil für die Planung abgeleitet und berücksichtigt werden? Im Beispiel handelt es sich um ein Fleischwerk, das von der Schlachtung bis zur Wurstverarbeitung reicht. Dafür ist zunächst die konsequente Trennung der reinen und der unreinen Seite des Betriebes sicherzustellen. Dies beinhaltet den Materialfluss und die Transportwege innerhalb und außerhalb des Gebäudes sowie die Personalwege der Mitarbeiter, die hier tätig sind. Das Konzept muss so angelegt werden, dass spätere Erweiterungen bereits berücksichtigt werden und Kreuzkontaminationen vermieden werden. Für einen Schlachtbetrieb ist z.B. ein Viehwagenwaschplatz mit einer Desinfektionsmöglichkeit im unreinen Teil des Betriebsgeländes zwingend vorgeschrieben. Weiterhin sollte im Bereich des überwachten Eingangs und Ausgangs des Betriebsgeländes die Fläche für eine zwangsgeführte mobile Seuchendesinfektionsanlage für LKW und PKW eingeplant werden (Abb. 2.5.1). Ebenso müssen die Sozialräume für die Mitarbeiter in den Bereichen Stall, Kuttelei, Sanitätsschlachtung und Entsorgung so geplant

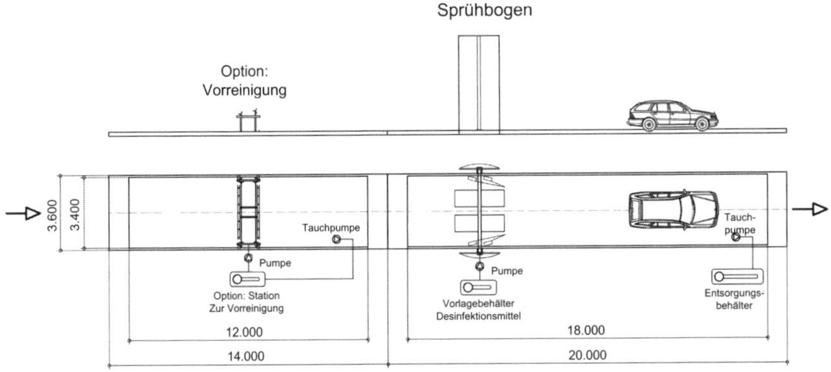

Abb. 2.5.1 Seuchenbekämpfung

werden, dass es keine Kreuzung mit den übrigen Mitarbeitern des Betriebes gibt, um die Übertragung von pathogenen Keimen auf die anschließenden Arbeitsprozesse zu verhindern. Dieses Element der Planung ist gleichzeitig ein wichtiger Mosaikstein des HACCP-Konzeptes.

2.5.3 Die Betriebsstruktur und das Raumprogramm

Wenn auf der Basis des Lastenheftes die Struktur des Betriebes festgelegt ist, kann die eigentliche Planung nach folgendem System beginnen: Das Mengengerüst des Outputs wird über die Produktionstechnologie auf den Wareneingang zurückgerechnet. Das Raumprogramm wird über die Produktionstechnologie von innen nach außen geplant. Weiterhin wird aus der Endvision, d.h. aus der maximalen Ausnutzung der Grundstücksfläche, stufenweise auf die 1. Planungsphase der Inbetriebnahme zurückgeplant. Dabei müssen alle relevanten Auflagen und Restriktionen der Genehmigung des Antrages nach dem Bundes-Immissions-Schutzgesetz (BIMSCH) bzw. der lokalen Genehmigungen berücksichtigt werden, wie z.B., ob eine eingeschossige oder mehrgeschossige Bauweise inkl. Unterkellerung möglich ist.

Wesentliche hygienische Aspekte in dieser Planungsphase sind:

- das System und die Lokalisierung der Personalwege vom Umkleideraum über die Hygieneschleusen zum Arbeitsplatz unter Berücksichtigung der Pausen
- die Logistik und Reinigungssysteme der Behälter, Haken und sonstiger Transportmittel und Geräte
- Planung der Vieh- und Fleischwagenwaschplätze
- das System und die Lokalisierung der Zapfstellen für die Betriebsreinigung unter Berücksichtigung der Lagerflächen für Reinigungsmaterial und -geräte
- die Planung der Wasserkreisläufe und deren Trassen inkl. eines Zapfstellenentnahmeplans unter Berücksichtigung der Wasserqualität
- die Planung der Abwassernetze unter Berücksichtigung der Einleiterqualität, der Trennung der grünen, roten und braunen Linie
- Planung der Schutzmaßnahmen gegen Insekten, Schaben und Nagetiere
- Planung der Logistik zur Entsorgung der Schlachtnebenprodukte, speziell für spezifisches Risikomaterial (SRM)
- Planung der Logistik für die Bereiche Kantine, Wäsche, Besucher
- Planung der Labors zur Qualitätssicherung

- Planung der Kälte-, Klima- und Lüftungstechnik unter Berücksichtigung der Raumanforderungen und der Energiekosten
- Planung der Logistik für Hilfsstoffe, Verpackungsmaterial, Räuchermaterial und Asche

Alle vorhergenannten Kriterien sind von hygienischer Bedeutung, um einerseits technische und räumliche Rahmenbedingungen für die Produktionsverfahren zu schaffen und um andererseits zu vermeiden, dass es unnötige Kreuzungen zwischen der unreinen und der reinen Seite des Betriebes gibt. Eine 100 %ige Planung gibt es trotzdem nicht, weil es zu viele „Grauzonen" gibt (halbreine Bereiche), und eine nachträgliche Beurteilung im Prinzip eine Abwägung von Kompromissen ist.

Definition der unreinen Bereiche des Betriebes:

- Stall und Sanitätsschlachtung
- Rinderschlachtung bis zum Fellabzug
- Schweineschlachtung bis zum Öffnen des Tierkörpers
- Entsorgung von Rinderbeinen, Häuten, Borsten, Konfiskaten, SRM Altblut, Pansen- und Darminhalt, Viehwagenwaschplatz, Flotation
- Kuttelei im Bereich der Darmreinigung

Definition der halbreinen Bereiche des Betriebes:

- Kuttelei im Bereich des Darmsalzens und der Verladung
- Tierfutter und BU-Verladung (taugliches Fleisch nach bakteriologischer Untersuchung)
- Verladung der Fette, Knochen, Schwarten und Sehnen
- Energiezentrale, Werkstatt und Magazin
- Leergutanlieferung und Müllentsorgung
- Verwaltung und Sozialräume

In Betrieben ohne Schlachtung müsste die Definition angepasst werden.

Alle nicht genannten Bereiche sind dem reinen Teil des Betriebes zuzuordnen. Zu diesem Zeitpunkt der Planung kann eine relativ genaue Kostenschätzung vorgelegt werden. Nach einer kurzen Zäsur muss entschieden werden, ob der Entwurf realisiert werden kann, oder ob eine andere Lösung erarbeitet werden muss.

2.5.4 Die Personalhygiene und das Schleusensystem

Das Konzept der Personalhygiene besteht im Wesentlichen aus drei räumlich getrennten Bereichen:

1. Der Umkleidebereich mit eindeutiger Trennung zwischen der sauberen, täglich zu wechselnden Hygienekleidung und der Straßenkleidung sowie den Wasch- und Duscheinrichtungen.
2. Die Hygieneschleuse vor jedem Arbeitsbereich mit den Reinigungseinrichtungen für Stiefel, Schürzen und Geräte sowie dem Lagerplatz dafür. In unmittelbarer Nähe sind auch der Schleifraum, die Toiletten und der Kurzpausenraum anzuordnen. Einrichtungen zur Händereinigung und -desinfektion sind obligatorisch. Das Verlassen der Hygieneschleusen bzw. das Betreten der Produktionsräume sollte nur über eine durch ein Drehkreuz gesicherte und zwangsgeführte Schuh- und Handdesinfektion geplant und organisiert werden (Abb. 2.5.2).

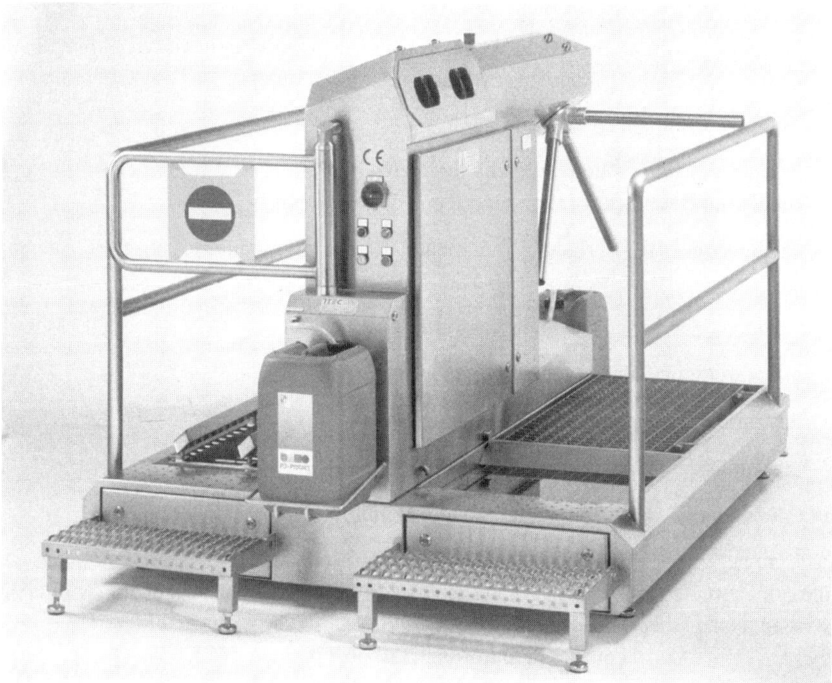

Abb. 2.5.2 Multihygienestation

3. Die Schürzenreinigungsschleuse und/oder die Wasch- und Sterilbecken am Arbeitsplatz.

Der Mitarbeiter betritt in Straßenkleidung den Betrieb. Auf dem Weg zum Umkleideraum deponiert er zunächst persönliche Sachen in seinem Wertfach (Hausordnung!) und entnimmt dann aus seinem Wäschefach die saubere Hygienekleidung (weiße Hose, weißer Kittel). Im Umkleideraum wechselt er die Kleidung und zieht spezielle blaue Clogs über. Die blauen Clogs werden ausschließlich für den Weg zwischen dem Umkleideraum und der Hygieneschleuse benutzt und dienen auch der Hygiene-Kontrolle der Mitarbeiter. In der Hygieneschleuse werden weiße Stiefel oder weiße Clogs angezogen. Die blauen Clogs bleiben in der Hygieneschleuse. Als nächstes werden die Stech- und Gummischürzen sowie die Kopfbedeckung übergezogen. Als letzter Step in der Hygieneschleuse wird der Stechhandschuh übergezogen und der Messerkorb mitgenommen. Am Arbeitsplatz angekommen, wird der Messerkorb in die Halterung gehängt, und die Hände werden gereinigt und desinfiziert.

Der Weg zurück bei der Mittagspause und nach Arbeitsende läuft in umgekehrter Reihenfolge. Wichtig dabei ist, dass Messer (Abb. 2.5.8 et al.), Schürzen und Stiefel gereinigt in der Hygieneschleuse verbleiben und nicht mit in den Umkleideraum genommen werden. Die Stiefel müssen mit der Sohle nach vorn aufgehängt werden. Dadurch ist eine schnelle, übersichtliche Kontrolle für den Hygienebeauftragten möglich. In dem betrieblichen Reinigungsplan muss auch die Reinigung der Hygieneschleuse geregelt sein, also „die Reinigung der Reinigung".

Die Planung der Schürzenreinigungsschleusen ist in einem Schlachtbetrieb von besonderer Bedeutung für die Produkthygiene. Es muss vermieden werden, dass Spritzwasser an den Tierkörper gelangt. Gleichzeitig muss die Benutzung so ergonomisch sein, dass der Mitarbeiter zwangsgeführt wird und nicht daran vorbeigeht. Taktweise muss es möglich sein, Schürze, Hände und Messer zu reinigen sowie das Messer zu wechseln. Im Gegensatz zu den Waschbecken, die mit Fotozellen berührungslos arbeiten, werden die Schürzenreinigungsschleusen mit einem mechanischen Fußhebel bedient.

2.5.5 Die Rinderschlachtung

Die Planung einer Rinderschlachtlinie wird im Wesentlichen von zwei Kriterien beeinflusst: zum einen von der Kapazität (Rinder/Stunde) und zum anderen von der Bauweise des Gebäudes. Bis zu einer Nettoleistung von ca. 50 Rindern/Std. führt ein Taktförderer zu den besten Gesamtlösungen. Bei größeren Leistungen ist ein kontinuierlicher Förderer erforderlich. In beiden Fällen ist eine hängende Schlachtung gemeint. Auf die liegende Schlachtung (Entblutung) soll an dieser Stelle nicht eingegangen werden. Der Baukörper entscheidet über die Entsorgungslogistik der Nebenprodukte. Als Einflusskriterien sind zu nennen: Mono- oder Rinder- und Schweineschlachtbetrieb und Ein-Geschoss- oder Zwei-Geschossbetrieb. Im Idealfall sollte die vertikale Entsorgung in einem Zwei-Geschossbetrieb gewählt werden. Unter hygienischen Aspekten haben folgende Arbeitsplätze entscheidenden Einfluss auf die Gesamtkeimzahl (GKZ) und die Enterobacteriacaenzahl (EBZ):

- Verschmutzungsstatus der Tiere bei der Anlieferung, d.h. die Forderung nach einer Vorreinigung
- Absetzen der Unterbeine im Gelenk mit dem Messer oder der Zange
- Umhängen, Freischneiden der Hessen, Absetzen der Hinterbeine
- Absetzen der Euter und Geschlechtsteile, besonders die Kontamination durch Milch aus laktierenden Eutern kann zur Übertragung von Eitererregern, Tuberkuloseerregern, Bruceloseerregern und Erregern der Strahlenpilzkrankheit führen
- Mastdarmlösen und Verschließen, Schwanzenthäuten
- Rodding, Schlund verschließen
- Vorenthäuten Keule, Bauch und Schulter
- Fellabzug über Kopf
- Kopfabsetzen und Kopfbearbeitung
- Entnahme der weißen Organe (Bauchhöhle)

Sofern es an den o.g. Arbeitsplätzen zu Verschmutzungen und Kontaminationen kommt, sind es im Wesentlichen Bedienungsfehler des Personals, selten technische Fehler. Die Bedeutung der Schulung und Qualifizierung der Mitarbeiter hat somit den größten Einfluss auf die Qualität und Hygiene der Schlachtung.

Als Grundforderung sollten folgende technischen und organisatorischen Schwachstellen vermieden werden:

- Berühren der Podeste durch den Tierkörper
- Kontamination der Tierkörper durch Spritzwasser (keine Handbrausen!), Kondenswasser und Aerosolbildung
- Kontamination der Tierkörper durch pathogene Keime aus zurückströmender Abluft der Konfiskaträume (Kamineffekt der Abwurfrohre)

- Berühren von tauglichen und untauglichen Tierkörperhälften vor und nach der Klassifizierung
- unkontrolliertes Verteilen von Blut, Fleischsaft und Abwasser in der Schlachthalle, d.h. die Forderung nach Sammelrinnen aus V2A in der Schlachthalle
- ungekühltes Verweilen der Tierkörper und Organe von länger als 60 Minuten in der Schlachthalle (je schneller der Durchlauf, desto geringer die Oberflächenkeimzahl)
- unsynchronisiertes Zerlegen, Selektieren und Kühlen von LM-Innereien, Tierfutter, Fetten und Trimmfleisch
- Kontamination der Tierkörper durch manuelles Schieben, d.h. die Forderung nach automatischen Transport- und Fördersystemen mit Zielsteuerung
- Kondensation der Luftfeuchtigkeit an der Tierkörperoberfläche durch fehlerhafte Kühl- und Lüftungstechnik
- Feuchteflecken an der Fleischoberfläche durch Berühren der Hälften beim Kühlen, d.h. ausreichende Dimension der Kühlräume
- schlechte Reinigungsmöglichkeit von Wänden, Decke und Fußboden, d.h. Wände sollten raumhoch oder bis zur Höhe der Fördertechnik gefliest sein, Fußböden müssen ein ausreichendes Gefälle haben, um stehendes Wasser zu vermeiden; Installationsleitungen sollten möglichst in einem zentralen Mediengang außerhalb der Schlachthalle verlegt werden.

Das Gesamtkonzept der Rinderschlachtung führt zu sehr niedrigen Gesamtkeimzahlen an der Oberfläche (Ziel max. 10^2). Als neue Anforderung müssen die Vorgaben der TSE-Verordnung und der Rindfleischetikettierung einschließlich der Gehirnentnahme zur BSE-Testdurchführung erfüllt werden.

2.5.6 Die Schweineschlachtung

Für die Planung einer Schweineschlachtlinie sind neben den Kriterien der Rinderschlachtung noch folgende Entscheidungen zu treffen:

- reine Schweineschlachtung oder kombiniert mit Sauen
- Schlachtung am Spreizhaken oder am Eurohaken
- Betäubung mit Kohlendioxid oder Strom

- liegende oder hängende Entblutung
- liegendes oder hängendes Brühverfahren
- Einsatz von automatischen Mastdarmbohrern, Organentnehmern, Flomenziehern, Hackern
- konventionelle Kühlung, Schocktunnel oder Powerschocktunneltechnologie

Im Beispiel wurde eine kombinierte Schweine- und Sauenlinie mit 250 Schweinen/Stunde, am Spreizhaken mit CO_2-Betäubung, mit hängender Entblutung und Brühung, ohne Automaten, mit Kühlung im Powerschocktunnel geplant. Die Anforderungen zur Befunddatenerfassung und des Salmonellenmonitorings müssen ebenfalls gemäß dem Stand der Technik mit geplant werden.

Durch die Powerschocktunneltechnologie wird bei 80 Minuten Durchlauf, d.h. ca. 2 Std. p.m., im Kern des Schinkens eine Temperatur von ca. 35 °C gemessen. Das gewählte Gesamtkonzept der Schweineschlachtung, in Verbindung mit dem automatischen Fördersystem mit Zielsteuerung, führt zu sehr niedrigen Gesamtkeimzahlen.

2.5.7 Die Zerlegung, die Verpackung, der Versand

Die Zerlegung ist nach der Fleischgewinnung durch das Schlachten die erste Veredelungsstufe der Fleischbe- und -verarbeitung. Aus hygienischen Gründen muss sichergestellt sein, dass die Kerntemperatur von +7 °C im Fleisch und an der Oberfläche der Teilstücke nicht überschritten wird. Fast noch wichtiger ist die Oberflächentemperatur am Fleisch, die Raumtemperatur und die relative Luftfeuchtigkeit und die Luftgeschwindigkeit im Zerlegeraum; denn sobald der Taupunkt der Luft unterschritten wird, kondensiert die wärmere Feuchtigkeit der Luft an der kälteren Fleischoberfläche und bietet Bakterien zur Vermehrung einen idealen Nährboden. Aus diesem Grunde wären nicht die nach der EG-Richtlinie geforderten Höchstwerte von +10 bis 12 °C die Optimallösung, sondern ca. +5 bis 7 °C. Diese Forderung läuft allerdings den Auflagen der Arbeitsstätten-Richtlinien (ASR) und der Berufsgenossenschaft (BG) mit maximal +15 bis 18 °C entgegen. Diese fordern eine Fußbodenheizung beziehungsweise gleichwertige Lösungen zur Vermeidung von Fußkälte an Arbeitsplätzen mit dauerhaft stehender Tätigkeit wie an einem Zerlegeband. Zur Erreichung von hygienischen Arbeitsbedingungen im Zerlegeraum ist somit entscheidend, wie leistungsfähig die Klimaanlage Luftfeuchtigkeit, Temperatur und Luftgeschwindigkeit regeln kann und wie schnell der Durchlauf der Fleischteile organisiert werden kann. Zur energieschonenden Einhaltung niedriger Temperaturen ist auch die Erwärmung durch direkte Sonneneinstrahlung zu berücksichtigen. Daneben hat die Zerlege- und Reinigungstechnik entscheidenden Einfluss auf die Keimzahlen.

Technische und organisatorische Grundlagen einer hygienischen Zerlegung sind:

- verbindliche Zerlegeplanung der Mengen und Artikel
- Einsatz von laserstrahlgeführten Kreismessern, keine wassergekühlten Bandsägen
- Wechsel der Zerlege-Messer alle 2 Stunden
- Umdrehen und Wechseln der Schneidebretter 2- bis 4-mal/Tag, vollständige Abtrocknung der Schneidebretter nach der Reinigung
- Einsatz von Kastenfördersystemen mit integrierter Behälterwäsche, möglichst mit separaten internen und externen Behältern
- die Behälter müssen trocken und gekühlt bereitgestellt werden
- Reinigungsmöglichkeit für Großbehälter und Paletten
- keine Berührung von Fleisch und Schürze beim Zerlegen und Transportieren
- keine Wasch- und Sterilbecken an jedem Arbeitsplatz (Aerosolbildung), sondern zentrale Messerreinigung und Schleifraum in der Hygieneschleuse
- gute Isolierung der wasserführenden Leitungen zur Vermeidung von Kondenswasser
- Glatte Wände, Fußboden mit ausreichendem Gefälle zur leichten Reinigung und Desinfektion

Diese Grundforderungen bestehen auch für die Räume der Verpackung und im Versand. Zusätzliche Kriterien im Verpackungsbereich sind:

- konsequente Trennung der Kartonverpackung und der Lagerräume von der Frischfleischumhüllung
- Planung separater Räume für Vakuum-Pumpen (Ölstaub, Erwärmung, Lärm, Wartung)
- direkte Vrasenabführung bei Schrumpfbeutellinien (Kondensation an der Decke oder an Fördertechnik und Lüftungskanälen)
- Einsatz von Kastenfördersystemen zur Ver- und Entsorgung des Verpackungsraumes
- gesonderte Planung für die Etikettierung und Kennzeichnung der verpackten Ware, evtl. Vorkommissionierung
- gesonderte Planung der SV-Verpackung von portioniertem Fleisch, ggf. nach der Hackfleisch-Richtlinie

- Planung der Verpackung von gefrosteten Produkten

Im Versandbereich sind folgende zusätzliche Kriterien von Bedeutung:

- Einhaltung der Kühlkette durch Verladekonzepte mit besonderen Torabdichtungen unter Berücksichtigung der LKW-Typen
- Synchronisation von Kommissionieren und Verladen zur Vermeidung von Kondensation an der Fleisch- oder Folienoberfläche
- bei organisierter Vorkommissionierung: Planung von Bereitstellungszonen mit +4 bis 6 °C
- räumlich getrennte Verladung von Kartonware
- räumliche Trennung von Verladung und Leergutannahme und -reinigung
- Planung des LKW-Waschplatzes als integriertes Element des Versandes
- Planung von separaten Warteräumen mit WC und Waschräumen für externe Fahrer und Abholer ohne Zugang in den Versandbereich
- gesonderte Planung bei Verladung von TK-Ware

2.5.8 Die Wurstproduktion

Als Wurstproduktion ist hier die allgemeine Verarbeitung und Veredelung von Fleisch zu Fleisch- und Wurstwaren, also inklusive der Roh- und Kochpökelwaren gemeint.

Der Vorteil eines integrierten Verarbeitungskonzeptes ist die lückenlose Logistik zwischen Rohstoffgewinnung (Schlachtung) und Veredelung (Wurstproduktion). Somit ist aus hygienischer Sicht der Idealfall gegeben, dass schlachtwarmes oder schlachtfrisches Fleisch ohne Zwischenbearbeitung und externen Transport direkt zur Verfügung steht. Dieser Vorteil bleibt auch erhalten, wenn dieses Fleisch nicht direkt verarbeitet wird, sondern plattengefrostet zwischengepuffert wird. Sofern dieses Fleisch nicht gefrostet, sondern aufgetaut verarbeitet wird, muss auch ein spezieller Auftrauraum eingeplant werden. Die Schnittstelle zur Verarbeitung ist in jedem Fall die Zerlegeabteilung. Der Hygienestatus des Rohstoffs ist für die unerhitzten Produkte wie Rohwurst und Rohpökelwaren von entscheidender Bedeutung. Diese Produktionslinien sollten räumlich von den Brühwurst- und Kochwurstlinien getrennt werden. Im Sinne einer Trennung von reinen und unreinen Bereichen bei der Wurstverarbeitung wird folgende Definition gewählt:

Unreiner Bereich:

- Lagerräume für Gewürze, Därme, Salz
- Lagerräume für Folien und Verpackungsmaterial
- Lagerräume für Handelswaren und Zukaufware in Kartonverpackung
- Technikräume für Raucherzeugung und -reinigung
- Räume für Anlagen zum Räuchern, Kochen und Backen
- Räume mit Reinigungsanlagen für Maschinenteile, Spieße, Transportbehälter und Leergut
- Entsorgung von Konfiskaten und Knochen

Die thermische Abteilung (Rauch- und Kochanlagen), als unreiner Bereich, ist die Schnittstelle zwischen dem halbreinen Bereich und dem reinen Bereich. Der reine Bereich beginnt mit den Kühlräumen vor der Verpackung und dem Versand. Sofern die Verpackung von portionierter Ware geplant ist, muss über die Schaffung von Spezialräumen nach dem Reinraum-Konzept mit separater Zugangsschleuse und Lüftungstechnik nachgedacht werden. Die Entscheidung ist abhängig von dem Mengenanteil dieser Produkte und ob andere Methoden der Qualitätssicherung zu sicheren Ergebnissen führen. Auch in dem Bereich der Wurstverpackung müssen die Räume der Kartonverpackung von den Räumen der Umhüllung von frischen Wurstwaren getrennt werden. Wenn in größerem Umfang auch Rohwurst und Rohpökelwaren produziert werden, sollten auch die Verpackungsräume und Versandlagerräume dieser Produkte von dem Frischwurstbereich der Brüh- und Kochwurstlinien getrennt werden. Die Temperaturdifferenz der Produkte von 10 °C würde sonst auch zu Kondensationsproblemen und in der Vakuumpackung zu Haltbarkeitsproblemen führen.

Gesondert geplant werden müssen Produktionslinien für Würstchen in Lakepackungen und die Konservenproduktion.

Es wird also deutlich, wie wichtig gerade im Verarbeitungssektor das Lastenheft des Bauherrn ist.

2.5.9 Die Reinigungssysteme

Je komplexer ein Fleischwerk ist und je größer die Nutzflächen sind, desto exakter und aufwendiger wird die Planung der Reinigungssysteme. „Reinigungssysteme“ regeln sowohl den Einsatz von Technik, Energie, Chemie und Personal als auch die Organisation und Dokumentation. Im weiteren Sinne sind auch der Trinkwasserprüfplan und der Plan zur Bekämpfung von Nagetieren, Schädlingen und Insekten Bestandteile des „Reinigungssystems“.

Das Beispielprojekt ist mit einer zentralen Mitteldruck-Anlage (28 bar) und einer Ringleitung ausgerüstet. Im Abstand von ca. 25-30 Metern sind Zapfstellen installiert. Diese Zapfstellen haben parallel dazu einen Luftdruckanschluss und einen Hochdruck-Schlauch mit Pistole und Aufrollautomatik für die Schaumreinigung. Die Reinigungs- und Desinfektionsmittel werden jeweils dezentral nach Bedarf über Dosierautomaten eingespeist. Der Vorteil gegenüber zentraler Chemiedosierung liegt unter anderem in der gezielteren Anwendemöglichkeit. Über die Reinigungssysteme der Personalhygiene siehe Kapitel 2.5.4.

Zur Reinigung von Leergut und Transportmitteln sind verschiedene Systeme im Einsatz. Die Schlachthaken, die Organehaken und Schalen sowie das Pansentransportband werden kontinuierlich im Kreislauf gereinigt und mit Heißwasser von +82 °C sterilisiert. Für die Reinigung der Eurohaken (Austauschpool mit allen Kunden und Lieferanten) wird die Ultraschalltechnik eingesetzt.

Alle Transportbehälter, wie Kunststoffbehälter und Paletten, werden in zwei automatisch arbeitenden Durchlaufanlagen gereinigt, die in das zentrale Kastenfördersystem integriert sind.

Weiterhin sind Spezialmaschinen zum Reinigen der 200 l-Normwagen und der Räucherspieße im Einsatz. Alle Rauchanlagen sind mit einem integrierten Reinigungssystem ausgestattet. Die Reinigung von Maschinenteilen und Formteilen aus der Wurstproduktion können mit Spezialeinsätzen in der Durchlaufanlage für Kunststoffkisten erfolgen.

Zur Vermeidung von Rekontaminationen durch Kondenswasser und Aerosolbildung müssen alle Räume und Anlagen des „Reinigungssystems“ mit einer leistungsfähigen Vrasenabzugsanlage versehen werden. Zur Reinigung von Großbehältern und Spezialteilen für die es keine Maschinenlösung gibt oder die Menge dafür unrentabel ist, müssen Räume zur manuellen Reinigung geplant werden.

Auch die LKW-Waschplätze in den Außenanlagen, für Viehtransporter im unreinen Teil, für Fleischtransporter im reinen Teil des Betriebes, gehören mit zum Reinigungssystem und müssen nach besonderen Anforderungen geplant werden. Wichtig ist, dass die ganzjährige Nutzung, auch im Winter, sichergestellt ist.

2.5.10 Beschreibung von Plänen, Fotos und Tabellen

Tab. 2.5.1 Klimaanforderung an Arbeits- und Lagerräume

Raumbezeichnung	*T* = °C	*F* = % rel LF	L = m/S	B = lux
Schlachthalle	+20		0,2	500
Schockkühlung	–18	90	4,0	60
Fleischkühlraum	0 - +2	90	0,2	120
Zerlegeraum	+10	65	0,2	500
Verpackungsraum	+10	65	0,2	500
Kutterraum	+10	65	0,2	300
Füllraum	+15	80	0,2	300
Wurstkühlraum	+4	80	0,1	120
Rohwurstlagerraum	+15	75	0,1	120
Kommissionierung und Wareneingang	+10	75	0,2	500
Versandbereitstellung	+4	85	0,1	300

Tab. 2.5.2 Nutzflächenanteile im Beispielprojekt

Funktionsbezeichnung	qm - %-Anteil
Produktion, Kühlung, Lagerung	61
Energie, Werkstatt, Technik	21
Sozialräume, Hygieneschleusen	12
Verwaltung, Veterinäramt, Labore	6

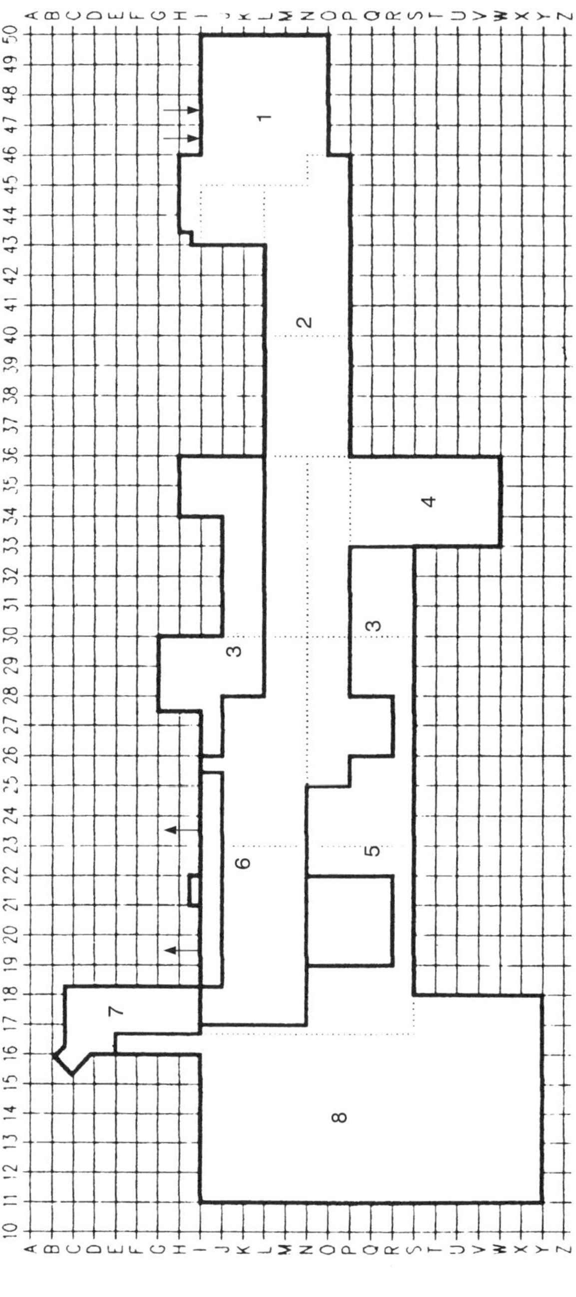

Abb. 2.5.3 Lageplan eines modernen Fleischzentrums

1. Stall
2. Schlachtung
3. Kühlung
4. Energie
5. Zerlegung und Verpackung
6. Versand
7. Verwaltung
8. Wurstproduktion

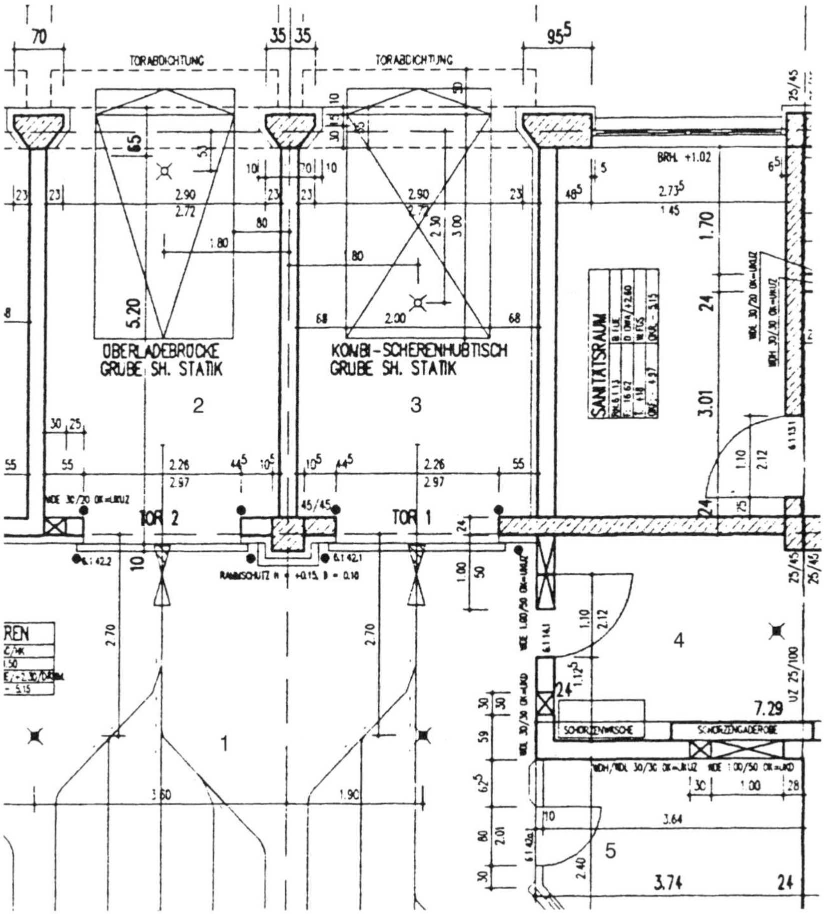

Abb. 2.5.4 Plan einer Verladeeinrichtung mit geschlossener Kühlkette

1. Versandraum mit Rohrbahnanschluss
2. Andockschleuse mit Überladebrücke
3. Andockschleuse mit Scherenhubtisch
4. Hygieneschleuse zum Versand
5. Versandbüro

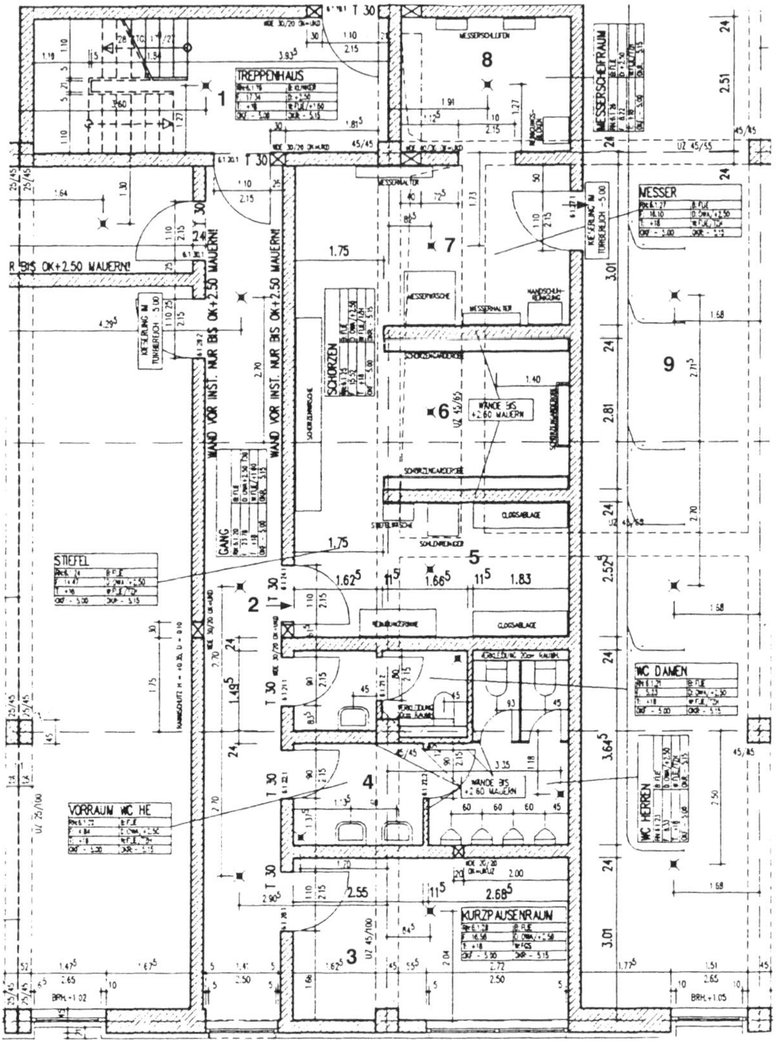

Abb. 2.5.5 Plan einer Hygieneschleuse vor dem Zerlegeraum

1. Treppenhaus zu den Umkleideräumen
2. Gang zur Hygieneschleuse
3. Kurzpausenraum
4. WC
5. Stiefelwäsche und Garderobe
6. Schürzenwäsche und Garderobe
7. Messerreinigung und Lager
8. Messerschleifraum
9. Zerlegeraum

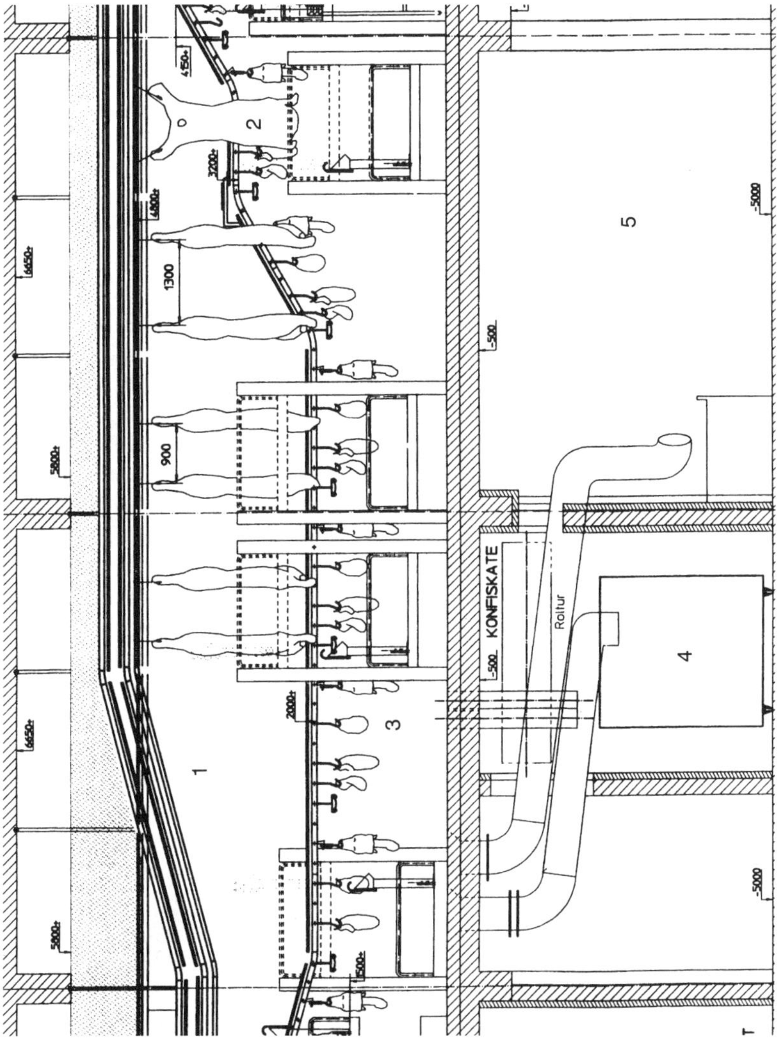

Abb. 2.5.6 Schnittzeichnung: Vertikale Entsorgung der Nebenprodukte aus der Rinder-Schlachthalle

1. Schlachthalle für Rinder
2. Ungeteilter Tierkörper
3. Die roten Organe mit dem Kopf
4. Konfiskatecontainer
5. Kuttelei

Abb. 2.5.7 Hygieneschleuse mit halbautomatischer Stiefelreinigung (links) und Sohlenreinigung

Abb. 2.5.8 Hygieneschleuse mit einer Reinigungsanlage für Kettenhandschuhe und Messer

Abb. 2.5.9 Hygieneschleuse mit manueller Schürzenreinigung

Abb. 2.5.10 Hygieneschleuse mit Stiefeltrocknung

Abb. 2.5.11 Hubpodest mit integrierter Reinigungsschleuse

Abb. 2.5.12 Kuttelei: Übergabe des Darmpaketes

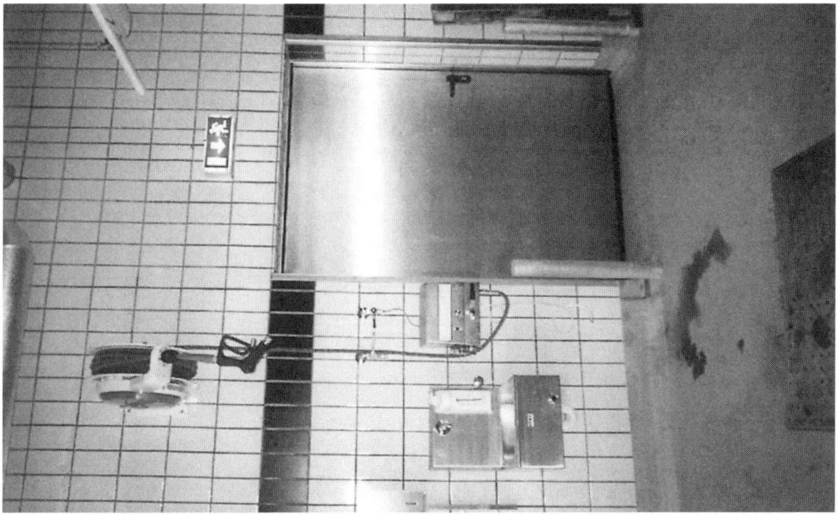

Abb. 2.5.13 Reinigungszapfstelle mit Handwaschbecken, Reinigungssatellit und Schlauchaufroller

Abb. 2.5.14 Reinigungsschleuse am Arbeitsplatz

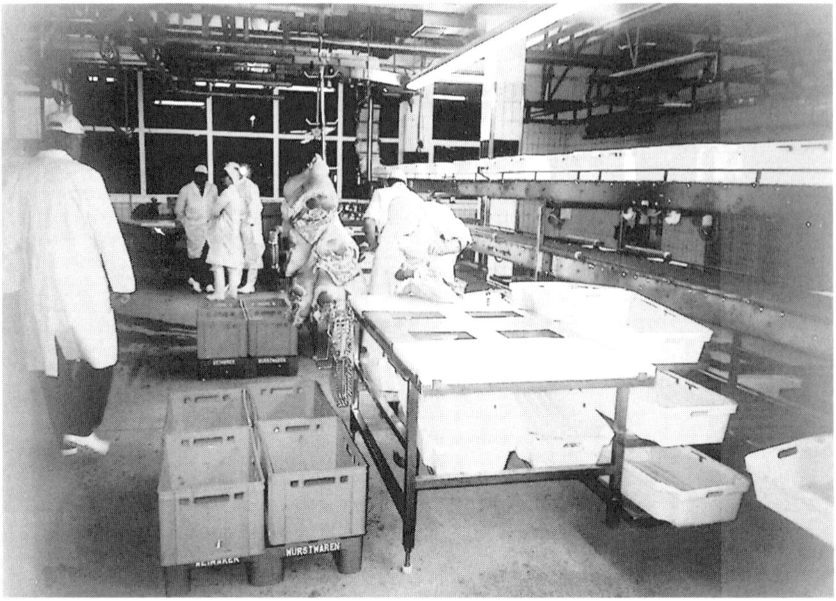

Abb. 2.5.15 Feinzerlegung: Einzelarbeitsplatz mit Kastenfördersystem

Abb. 2.5.16 Verladeeinrichtung von außen

Abb. 2.5.17 Messerboxreinigungsmaschine

2.6 Pathogene und toxinogene Mikroorganismen – Zoonose-Erreger

M. BÜLTE

2.6.1 Rechtliche Grundlagen

Für den Menschen gesundheitlich bedenkliche Mikroorganismen können häufiger und in unterschiedlichen Anteilen bei den Schlachttieren sowie von ihnen stammenden Lebensmitteln nachgewiesen werden. Sie sind bei der amtlich vorgeschriebenen Schlachttier- und Fleischuntersuchung bei weitem nicht immer zu erfassen, sondern nur dann zu vermuten, wenn sie klinische bzw. kennzeichnende pathologisch-anatomische Veränderungen hervorgerufen haben. In diesen Fällen werden der Schlachttierkörper und die Nebenprodukte der Schlachtung fleischhygienerechtlich gemaßregelt. Die rechtskonforme Beurteilung und daraus abzuleitende Maßregelungen der Untauglichkeitserklärung oder einer Verwendungsbeschränkung finden sich im nationalen Bereich im Fleischhygiene- (FlHG [1]) und im Geflügelfleischhygienegesetz (GFlHG [2]) mit den jeweiligen Verordnungen sowie in der Allgemeinen Verwaltungsvorschrift zum Fleisch- und Geflügelfleischhygienegesetz (AVVFlH [3]).

Dabei steht der Gesundheitsschutz des Verbrauchers im Vordergrund. Gleichzeitig bilden diese Rechtsregulative aber auch eine wichtige Grundlage zur Eindämmung von Tierseuchen. Entsprechende, das Fleischhygienerecht tangierende Rechtsvorschriften finden sich weiterhin im Infektionsschutzgesetz (InfG[4]) und im Tierseuchengesetz (TierSG [5]). Im InfG ist die Meldepflicht für einige der vom Tier auf den Menschen übertragbaren Erkrankungen (Zooanthroponosen; allgemeiner Sprachgebrauch: Zoonosen) verankert. Als weitere Rechtsgrundlage für die Beurteilung von Fleisch und Fleischprodukten ist das Lebensmittel- und Bedarfsgegenständegesetz (LMBG [6]) anzuführen. Der strafbewehrte §8 LMBG dient als Grundlage zur Beurteilung von allen Lebensmitteln, die geeignet sind, die Gesundheit des Menschen zu schädigen. Dabei sind alle Stufen der Lebensmittelproduktion einbezogen, wie Herstellen, Inverkehrbringen sowie Behandeln. Der dabei geforderte Nachweis der konkreten Eignung - und nicht: möglicherweise vorhandene Gefährdung - muss selbstverständlich mehr als den alleinigen Nachweis einer potenziell pathogenen oder toxinogenen Spezies umfassen. Die individuelle Immunitätslage des Verbrauchers, die Art und Menge des aufgenommenen Lebensmittels, die minimale Infektionsdosis sowie ganz wesentlich die Virulenz, d.h. das Ausmaß der krank machenden Eigenschaften des jeweiligen Erregers, sind immer mit zu berücksichtigen.

2.6.2 Begriffe und Definitionen

Gesundheitlich bedenkliche Mikroorganismen können in pathogene und toxinogene Spezies unterteilt werden. Pathogene Mikroorganismen werden üblicherweise als Infektions-, Toxinbildende als Intoxikationserreger bezeichnet. Daneben gibt es die Toxi-Infektionserreger, die erst nach ihrer Aufnahme im Verdauungstrakt Toxine freisetzen (z.B. *Clostridium perfringens*). Eine Zusammenstellung einiger fleisch- und lebensmittelhygienisch bedeutsamer Infektions- und Intoxikationserreger findet sich in der Tab. 2.6.1. Pathogene Mikroorganismen vermehren sich im befallenen Wirtsorganismus und führen nach einer - gelegentlich charakteristischen - Inkubationszeit zu einer Infektion. Eine als Intoxikation bezeichnete Gesundheitsschädigung wird durch von den Erregern gebildete Toxine hervorgerufen. Dabei handelt es sich um präformierte Toxine, die vom Mikroorganismus aktiv in das Lebensmittelsubstrat ausgeschieden werden. Als Beispiel seien die Enterotoxinbildenden *Staphylococcus (Staph.) aureus*- und die Neurotoxinbildenden *Clostridium (C.) botulinum*-Stämme angeführt. Eine Toxinbildung kann aber auch erst im Darmlumen nach Aufnahme der Erreger stattfinden. Dieses trifft beispielsweise für toxinogene *C. perfringens*- und *Escherichia (E.) coli*-Stämme zu. Zwar sind von *C. perfringens*- ebenso wie vom Verotoxinbildenden *E. coli*-Stämmen auch präformierte Toxine im Lebensmittel nachgewiesen worden, aber zumeist in solch geringen Konzentrationen, die für eine Intoxikation nicht ausreichen. Von *Bacillus (B.) cereus*-Stämmen können beide Toxinarten gebildet werden. Während es sich beim emetischen Toxin stets um ein präformiertes Toxin handelt, wird das diarrhöisch wirkende Enterotoxin im Darm gebildet. Der letztere Vorgang stellt ebenfalls eine Toxi-Infektion dar. Zu den pathogenen Mikroorganismen zählen außerdem invasive Stammformen, wie z.B. die Gruppe der enteroinvasiven *E. coli* und *Shigella spp.*. Eine Invasion ist auch für parasitäre Krankheitserreger kennzeichnend.

Tab. 2.6.1. Wichtige pathogene und toxinogene Bakterienspezies

Gram-positiv	Gram-negativ
Staphylococcus aureus (T)	*Salmonella* spp. (p; t)
Clostridium perfringens (t)	*Campylobacter jejuni* (p)
Clostridium botulinum (T)	*Campylobacter coli* (p)
Bacillus cereus (t; T)	Enterohämorrhagische *E. coli* (p; t)
B. licheniformis (t)	*Yersinia enterocolitica* (p)
B. subtilis (t)	*Aeromonas hydrophila* (p; t)
Listeria monocytogenes (p)	

T : präformiertes Toxin
t : toxinogen
p : pathogen

Im Gegensatz zu den eigentlichen Intoxikationen, die beim Menschen blind enden, können Infektionserreger sehr häufig vom erkrankten Individuum auf andere Personen übertragen werden. Krankheiten, die vom Tier auf den Menschen übertragen werden, bezeichnet man als Zoonosen (wissenschaftlich zutreffender: Zooanthroponosen [griechisch: zoon - das Tier; anthropos - der Mensch]). Sie können bakteriellen, viralen oder parasitären Ursprungs sein. Als Vektoren kommt Lebensmitteln tierischen Ursprungs, auch in den industrialisierten Ländern, nach wie vor eine führende Rolle zu.

Lebensmittelinfektionen und -intoxikationen werden häufig noch mit dem Begriff „Fleischvergiftung" belegt, die dabei ursächlich beteiligten Mikroorganismen als „Fleischvergifter" bezeichnet. Diese nicht mehr zeitgemäßen Begriffe gehen auf Ende des vorletzten und Anfang des letzten Jahrhunderts ermittelte Lebensmittelinfektionen durch Salmonellen zurück. Diese Erkrankungen waren durch den Verzehr von Fleisch kranker Tiere verursacht worden, das *intra vitam* infiziert („vergiftet") worden war.

Von einer solchen primären bzw. endogenen, also vom Tier ausgehenden Kontamination oder auch Penetration, selbst tieferer Gewebeschichten von Muskulatur und Organen, mit Krankheitserregern sind die auf sekundärer Kontamination beruhenden Quellen abzugrenzen. Dabei können die gesundheitlich bedenklichen Mikroorganismen sowohl aus der belebten als auch aus der unbelebten Umwelt stammen. Im Laufe der weiteren Behandlung der Schlachttierkörper wie Kühllagerung, Transport, Zerlegung und weiterer Verarbeitungsstadien ergeben sich zusätzliche und vielfältige Kontaminationsmöglichkeiten. Nicht selten tritt der Mensch selbst als Kontaminationsquelle in Erscheinung.

2.6.3 Mögliche Zoonose-Erreger bei Schlachttieren

Die bei den schlachtbaren Nutztieren bedeutsamsten bakteriellen, viralen und parasitären Zoonose-Erreger sind in der Tab. 2.6.2 aufgeführt. Neben der Infektionsgefahr über den Verzehr mit gesundheitlich bedenklichen Mikroorganismen behafteten Fleisches geht von apparent, aber auch von inapparent erkrankten Schlachttieren ein direktes Risiko für bestimmte Berufsgruppen wie Tierärzte, Fleischkontrolleure sowie weiteres, auf dem Schlachthof und in Fleisch verarbeitenden Betrieben tätiges Personal aus. Die unterschiedlichen Übertragungswege für die einzelnen Zoonose-Erreger sind aus der Tab. 2.6.2 ersichtlich. Nicht selten ist allein durch den Kontakt eine Infektionsgefährdung gegeben. Ein gesteigertes Risiko besteht immer bei Verletzungen der Haut, wobei es sich nicht selten um geringgradige Läsionen handelt, die vom Betroffenen nicht wahrgenommen werden. So konnten bei fast 60 % des

Tab. 2.6.2 Mögliche Zoonose-Erreger bei Schlachttieren

ERREGER	ERKRANKUNG	ÜBERTRAGUNGSWEG Kontakt	Inhalation	Ingestion
Bakterien				
Bacillus anthracis	Milzbrand	+	+	+
Brucella abortus				
melitensis	Brucellose	+	+	+
suis				
Campylobacter jejuni/coli	Campylobacteriose			+
Escherichia coli	Hämorrhagische Colitis			+
Erysipelothrix				
rhusiopathiae	Rotlauf/Erysipeloid	+[1]		
Francisella tularensis	Tularämie	+	+	+
Leptospira spp.	Leptospirose	+[1]		
Listeria monocytogenes	Listeriose	+		+
Mycobacterium tuberculosis				
bovis	Tuberkulose	+	+	+(?)
avium				
Pseudomonas mallei	Rotz	+	+	
Salmonella spp.	Salmonellose	+		+
Staphylococcus aureus	Staphyl.-Infekt.	+[1]		+
Streptococcus spp.	Streptok.-Infekt.	+[1]		+
Yersinia pseudotuberculosis	Pseudotuberkulose	+		+
Yersinia enterocolitica	Yersiniose			+
Rickettsien				
Coxiella burnetii	Q-Fieber		+	
Chlamydia psittacii	Ornithose	+	+	
Viren				
Poxviridae	Kuhpocken	+		
Avulavirus	Newcastle Disease		+	
Lentivirus	Infekt. Anämie	+[1]		
Lyssavirus	Tollwut	+[1]		
Aphtovirus	Maul- und Klauenseuche	+		
Pilze				
Microsporum spp.	Mikrosporie	+		
Trichophyton spp.	Trichophytie	+		
Protozoen				
Toxoplasma gondii	Toxoplasmose			+
Sarcocystis spp.	Sarkozystose			+
Helminthen				
Taenia saginata	Bandwurm-Befall			+
Taenia solium	Bandwurm-Befall			+
Echinococcus granulosus	Echinokokkose			+[2]
Trichinella spiralis	Trichinellose			+[1]

[1] bei Verletzung, [2] Hund als Überträger

Personals in Schlacht- bzw. Fleischverarbeitungsbetrieben Wunden an Händen, Handgelenken und Fingernägeln ermittelt werden (2).

Umfassende staatliche Bekämpfungsmaßnahmen nach dem zweiten Weltkrieg sowie das Festhalten an der tierärztlich geleiteten Einzeluntersuchung aller Schlachttiere und Schlachttierkörper, die wesentlich auf Robert von Ostertag zurückgeht, haben entscheidend dazu beigetragen, dass einige früher bedeutsame Zoonosen deutlich zurückgedrängt werden konnten und heute keine oder allenfalls geringfügige Rolle spielen. Dazu zählen beispielsweise die Tuberkulose, die Brucellose und der Milzbrand. Aufgrund entsprechender Eindämmungsmaßnahmen hat die Bundesrepublik 1999 die EU-Anerkennung als Tuberkulose- und Brucellosefrei erhalten.

Eine Übersicht zur Nachweishäufigkeit einiger Zoonose Erreger bei der Fleischuntersuchung ist in der Tab. 2.6.3 wiedergegeben. Nur sehr selten werden Tollwut (Rabies-Virus), Brucellose (*Brucella* spp.), Milzbrand (*Bacillus anthracis*), Leptospirose (*Leptospira* spp.) oder Q-Fieber (*Coxiella burnetii*) festgestellt. Erkrankungen des Menschen mit diesen Zoonose-Erregern nehmen ihren Ausgang überwiegend vom lebenden Tier im Bestand bzw. auch von Wild- oder kleinen Haustieren. Dennoch darf das Risiko einer möglichen Gesundheitsgefährdung durch Schlachttiere oder von diesen stammende Lebensmittel nie außer acht gelassen werden. Ein durch den Erreger des Milzbrandes erkranktes, aber nicht erkanntes Tier könnte fatale Folgen zeitigen, handelt es sich doch um eine der gefährlichsten Erkrankungen des Menschen überhaupt.

Rotlauf (*Erysipelothrix rhusiopathiae*) führt häufiger (ca. 0,01 %) zur Beanstandung von Schlachtschweinen. Überwiegend handelt es sich um den sog. Hautrotlauf („Backsteinblattern“).

Die Tuberkulose (*Mycobacterium (M.)* spp.) kann bei allen landwirtschaftlichen Nutztieren vorkommen. Diese Erkrankung ist bei der Fleischuntersuchung vom Tierarzt zu diagnostizieren. Je nach Ausprägung und Lokalisation werden der Tierkörper bzw. die betroffenen Organe nach dem Fleischhygienerecht entsprechend gemaßregelt. Die häufigsten Beanstandungen erfolgen bei Mastschweinen. Dabei handelt es sich um lokal begrenzte Veränderungen (Lymphknoten) im Bereich der Mundhöhle und des weiteren Verdauungstraktes. Diese werden durch Mykobakterien des sog. „*avium-intracellulare*-Komplexes“ hervorgerufen. Beim Menschen ebenso wie bei Säugetieren sind sie ausgesprochen selten als Krankheitserreger in Erscheinung getreten. Das eigentliche Reservoir der *M. avium*-Stämme ist das Geflügel. Beim Rind können die auch für den Menschen gefährlichen *M. bovis*-, gelegentlich auch *M. tuberculosis*-Stämme vorkommen.

Tab. 2.6.3 Ergebnisse der amtlichen Schlachttier- und Fleischuntersuchung bei gewerblichen Schlachtungen in der BRD von 1997 bis 2000[1)]

Erkrankung	Beurteilung[2)]	Jahr 1997	1998	1999	2000
Milzbrand	a, d	0	0	0	0
Rauschbrand	a, d	1	4	1	2
Tollwut	a, d	0	0	0	1
Rotz	a, d	0	0	0	0
Tetanus	a, d	0	3	7	0
Botulismus	a, d	6	14	3	14
Ansteckende Blutarmut der Einhufer	a, d	0	0	0	0
Rinderpest	a, d	0	0	0	0
Brucellose	a, d	0	0	1	3
Tuberkulose	a	990	903	898	624
Durch Mycobakterien verursachte herdförmige Veränderungen	c	82.125	87.874	102.734	105.194
Trichinellose	a	0	0	0	0
Andere übertragbare Krankheiten	a	1.666	3.115	4.788	3.176
Sarkosporidien oder anderer Parasitenbefall	a	893	1.620	1.707	543
Schwachfinnigkeit	b	24.141	30.791	18.136	16.053
Starkfinnigkeit[3)]	a	256	543	211	173
Anaerob gram-positive Stäbchen in der Muskulatur	c	265	624	111	132
Anzahl der Schlachtungen		44.178.314	46.100.443	48.235.578	47.503.676

[1)] Statistisches Bundesamt, Fachserie 3 Reihe 4.3 und Erhebungsbogen A, Nachweisung 1 bis 4: Angaben für Rinder (inklusive Kälber), Schweine (inklusive Ferkel), Schafe, Ziegen, Einhufer und Hauskaninchen

[2)] nach Fleischhygienerecht:a: untauglich, b: tauglich nach Brauchbarmachung, c: untaugliche Fleischteile, d: Schlachtverbot

[3)] inklusive nicht brauchbar gemachte Tiere mit Schwachfinnigkeit

Unter den parasitären Zoonose-Erregern fallen die häufigen Nachweise an Finnen (Larvalstadien von Bandwürmern) beim Rind auf. Diese führen regelmäßig zur höchsten Beanstandungsquote und lagen im Durchschnitt der Jahre 1996-1999 bei ca. 0,45 % aller Schlachtrinder und -kälber.

Nicht alle Zoonose-Erreger konnten erfolgreich zurückgedrängt werden. So ist beispielsweise trotz eines profunden Kenntnisstandes über die Epidemiologie der Salmonellen bei gleichzeitigen umfangreichen Eindämmungsmaßnahmen die Zahl der

Salmonella-positiven Schlachttiere nicht rückläufig. Weitere Zoonose-Erreger („aktuelle Keime"), deren Bedeutung erst in den letzten Jahren erkannt werden konnte, sind hinzugekommen. Im Rahmen dieses Beitrages soll der Schwerpunkt auf dem aktuellen, nicht dem historischen Geschehen liegen. Eine ausführliche Beschreibung weiterer Lebensmittelinfektions- und -intoxikationserreger findet der geneigte Leser im Band 1 dieser Serie.

Vor dem Hintergrund der Zunahme von latenten Infektionen in den Nutztierbeständen und der Zoonose-Erreger bei Lebensmittelinfektionen hat die EU bereits 1992 eine sog. Zoonosen-Richtlinie (92/117/EWG) erlassen, die 1997 leicht modifiziert wurde [7]. Sie enthält die Grundlagen für spezifische Bekämpfungsmaßnahmen und stellt die Basis für ein EU-weites Berichts- und Meldesystem dar.

2.6.3.1 Bakterielle Infektions- und Intoxikationserreger

Nach den Meldedaten des InfG sind die *Salmonella*-Erkrankungen in der Bundesrepublik Deutschland deutlich rückläufig. Im Jahre 2002 wurden 71.664 Fälle gemeldet. In der Bilanz liegen sie mittlerweile deutlich hinter den viralen Infektionen (Noro- und Rotaviren) und direkt vor den Campylobakteriosen.

2.6.3.1.1 *Salmonella* spp.

Da die Salmonellose nahezu ausschließlich alimentär bedingt ist, muss sie als die bedeutendste Lebensmittelinfektion angesehen werden, zumal begründete Hinweise vorliegen, dass neben den erkannten und dann auch gemeldeten Fällen von einer Dunkelziffer ausgegangen werden kann, die mindestens zehnfach, nach Angaben einiger Autoren sogar bis zum Hundertfachen höher liegt (31).

Bei den landwirtschaftlichen Nutztieren können Salmonellen häufig nachgewiesen werden. In Kotproben von Rindern werden durchschnittliche Nachweisraten von 3 bis 4 %, bei Schweinen von 5 bis 10 % und beim Geflügel von 20 bis 40 %, teilweise auch erheblich höher gefunden. Dieser Umstand hängt ganz wesentlich von den Infektketten ab, innerhalb derer die landwirtschaftlichen Nutztiere, aber auch der Mensch, eine Schlüsselstellung einnehmen. Dieser Kreislauf ist nur schwer zu unterbrechen und müsste unter anderem durch eine entsprechende Futtermittelhygiene sowie von einer stringenten Nagerbekämpfung begleitet werden.

Ein an Salmonellose erkranktes Nutztier kann aufgrund der klinischen Erscheinungen mit entsprechender absichernder Diagnostik bereits im Bestand erkannt werden. Eine

Salmonellose kommt bei Rindern erheblich häufiger als bei Schweinen vor. Die weitere Vorgehensweise regelt die Rinder-Salmonellose-VO [8]. Tierkörper und Nebenprodukte werden untauglich oder unterliegen zumindest einer Verwendungsbeschränkung, d.h. sie werden nach einer Hitzebehandlung tauglich. Solche Tiere stellen daher nicht das eigentliche Problem dar. Dieses ist vielmehr durch latent infizierte Tiere gegeben, die klinisch unauffällig sind, aber Salmonellen ausscheiden. Bei der amtlichen Schlachttier- und Fleischuntersuchung sind sie nicht zu erfassen. Eine Vorverlegung der Untersuchung auf Salmonellen in den Herkunftsbestand ist zwar häufig gefordert worden, aber allenfalls eingeschränkt aussagefähig. Das hängt mit dem diskontinuierlichen Ausscheidungsmodus *Salmonella*-infizierter Tiere zusammen. Salmonellen können nur während eines akuten Ausscheidungsstadiums bakteriologisch-kulturell nachgewiesen werden. In entsprechenden Untersuchungen konnte eindrucksvoll belegt werden, dass die *Salmonella*-Nachweisrate bei Schlachttieren in Belastungssituationen wie Transport und Auftrieb am Schlachthof häufig erheblich ansteigen konnte (40). Dieses bedingte regelmäßig auch eine entsprechende Zunahme mit Salmonellen kontaminierter Schlachttierkörper. Es muss daher davon ausgegangen werden, dass weiterhin ein Teil der Schlachttiere Salmonellen beherbergt, und diese nicht erfasst werden.

Eine weitere Zunahme der *Salmonella*-Belastung ist in den verschiedenen Behandlungsstufen bis hin zur Distributionsebene des Groß- und Einzelhandels nachzuweisen (20, 35, 38). Nur so werden die teilweise sehr hohen Nachweisraten erklärlich. Regelmäßig nahm dabei auch die Anzahl unterschiedlicher Serovare zu (20).

Von den mittlerweile mehr als 2.500 bekannten Serovaren sind nur ca. ein Dutzend von größerer lebensmittelhygienischer Bedeutung. Bei Fleisch und Fleischprodukten spielen *S.* Typhi-Stämme, die nur beim Menschen haften und dann zumeist zu einer systemischen Allgemeininfektion führen, keine Rolle. Dieses unterscheidet sie von den „Enteritis"-Salmonellen, die in aller Regel zu einer lokal begrenzten Erkrankung des Verdauungstraktes führen und nur gelegentlich in andere Organe bzw. Organsysteme absiedeln. Nicht selten werden Menschen infiziert, ohne dass klinische Anzeichen festzustellen sind. Dabei tritt das Problem der symptomlosen Ausscheider auf. Diese können auch einmal als sekundäre Kontaminationsquelle, sofern sie in der Lebensmittelproduktion tätig sind, in Erscheinung treten.

Beim Fleisch dominieren nach wie vor *S.* Typhimurium-Stämme, gefolgt von gelegentlichen Nachweisen der Serovare *S.* Panama, *S.* Infantis, *S.* Derby, *S.* Indiana, *S.* Saint-Paul, *S.* Hadar, *S.* Eimsbuettel, *S.*. Virchow sowie wenige weitere. *S.* Enteritidis-Stämme werden im Fleisch nur selten gefunden. Der seit 1985 bis 1992 zu verzeichnende drastische Anstieg des Salmonellosegeschehens in der Bundesrepublik und auch anderen Ländern war nicht auf den Verzehr von Fleisch und Fleischprodukten unserer landwirtschaftlichen Nutztiere zurückzuführen, sondern nahezu ausschließlich durch die Verwendung von kontaminierten Eiern, insbesondere roheihaltigen Lebensmittelzubereitungen, die sehr häufig hygienewidrig hergestellt oder aufbewahrt wurden, bedingt.

Eine häufigere Kontamination des Fleisches mit Salmonellen ist also nicht auszuschließen, sondern sogar wahrscheinlich. Die Infektionsgefährdung des Menschen über Fleisch- und Fleischprodukte ist dennoch im Vergleich zu anderen Lebensmittelgruppen als insgesamt gering einzustufen. Die wenigen, bisher vorliegenden Ergebnisse über die quantitative Belastung belegen, dass zumeist nur einige wenige *Salmonella*-Zellen vorhanden sind (27, 39). Diese lagen weit unter der in „Freiwilligen"-Versuchen bestimmten minimalen Infektionsdosis von 10^5 bis 10^8 Zellen/g. Hinzu kommt, dass sich Salmonellen innerhalb der sehr heterogenen und kompetitiv wirkenden Mikrofloraanteile des Fleisches, die zudem mehrere Zehnerpotenzen höher angesiedelt ist, nicht durchzusetzen vermögen (33). Dieses gilt selbstverständlich nur bei Einhaltung eines entsprechenden Hygienemanagements, das auch die strikte Einhaltung der vorgeschriebenen Kühltemperaturen umfasst.

2.6.3.1.2 *Campylobacter jejuni*

Unter den *Campylobacter (C.)*-Arten kommt als Infektionserreger des Menschen *C. jejuni* die größte Bedeutung zu. Im Jahre 2002 wurden nach dem InfG ca. 58.000 Fälle gemeldet. Nur in ca. 10 bis 15 % treten *C. coli*- und sehr selten *C. laridis*-Stämme als Krankheitsverursacher beim Menschen auf. Unter den großen landwirtschaftlichen Nutztieren finden sich beim Schwein regelmäßig hohe Anteile an *Campylobacter* spp. in Kotproben. Überwiegend handelt es sich um die Spezies *C. coli* (4). *C. jejuni* kommt bei Schlachtschweinen nahezu ausschließlich in der Galle vor, während *C. coli* im Kot als nahezu alleinige Spezies nachweisbar war. Es gibt aber offensichtlich auch Tierkollektive mit einem höheren *C. jejuni*-Anteil (30). Unterschiedliche Angaben zur Nachweishäufigkeit liegen für die kleinen und großen Wiederkäuer vor. Insgesamt sind *Campylobacter*-Stämme bei diesen Tierarten aber nicht so häufig anzutreffen wie beim Schwein (30, 46).

Eine besondere Rolle spielt das Schlachtgeflügel, in dessen Kotproben *Campylobacter* spp., insbesondere *C. jejuni*, regelmäßig und in sehr hohen Anteilen nachzuweisen sind (29). In diesem Zusammenhang spielen nicht ausreichend gereinigte und desinfizierte Transportkäfige für Schlachtgeflügel bei der Re- oder Neukontamination offensichtlich eine überragende Rolle (45).

Die Keimgehalte liegen bei den Ausscheidertieren aller Tierarten regelmäßig über 10^4/g und können bei einzelnen Tieren bis zu 10^8 KbE/g erreichen (4). Solche Tiere sind bei der Schlachttier- und Fleischuntersuchung nicht zu erkennen, da sie - vergleichbar mit den Gegebenheiten bei den Salmonellen - als symptomlose Ausscheider auftreten, die nicht selber erkranken. Es ist daher nicht erstaunlich, dass *Campylobacter*-Stämme auch auf Schlachttierkörpern anzutreffen sind (4, 30). Beim Schwein wurden zwischen 10^1 und 10^2 KbE/cm^2 ermittelt (4). Begünstigt durch das dieser Gattung besonders zusagende feuchte Milieu finden sie sich auch häufig (bis zu 50 %) im Schlachtumfeld (4, 30). Die aus der Literatur ersichtlichen Angaben über Nachweisraten von *Campylobacter* spp. schwanken erheblich. Dieses ist auch auf unterschiedliche Kultivierungstechniken zurückzuführen (4, 25). Im Vergleich zu quantitativen Nachweisverfahren werden mit Anreicherungsverfahren wesentlich höhere Nachweisraten erzielt.

Nach derzeitigem Kenntnisstand liegt die *Dosis infectiosa minima* für *C. jejuni* bei ca. 5 x 10^2 KbE/g, so dass kontaminiertes rohes Fleisch mit einem besonderen Risiko behaftet sein könnte. Im Gegensatz zu vielen anderen gesundheitlich bedenklichen Mikroorganismen ist im Laufe der weiteren Be- und Verarbeitung des Fleisches bis hin zur Distributionsebene eine deutliche Reduzierung des *Campylobacter*-Gehaltes festzustellen. Dieses konnte eindrucksvoll bei Innereienproben vom Schwein, die regelmäßig eine hohe Ausgangsbelastung aufwiesen, belegt werden (1). Auch in gekühlten oder gefrorenen Teilstücken sowie in Hackfleischproben waren *Campylobacter*-Stämme nur ausnahmsweise nachweisbar (1, 4, 42).

Diese deutliche Reduzierung ist ursächlich nicht durch die kompetitiv wirkende Mikroflora bedingt, die kaum eine antagonistische Wirkung auf *Campylobacter* spp. ausübt. Vielmehr können sich solche Stämme - einer mikroaero- und thermophilen Spezies angehörig - bei vorschriftsmäßiger Aufbewahrung des Fleisches nicht behaupten. Auch eine geringe Luftfeuchtigkeit übt einen deutlich hemmenden Einfluss auf die Überlebensfähigkeit dieser Mikroorganismen aus.

Abgesehen von kleinen Haustieren und wohl auch Wildtieren, die als latente Ausscheider in Frage kommen, geht eine größere Gefährdung eher vom Geflügel und Geflügelfleisch aus, das sich regelmäßig als hoch kontaminiert erweist. Dabei ergibt sich die Möglichkeit einer Kreuzkontamination mit anderen Lebensmitteln, wobei hygienisch nichtgeschultes Personal eine große Rolle spielen kann (13).

2.6.3.1.3 Enterohämorrhagische *E. coli*

Unter den gesundheitlich bedenklichen *E. coli*-Stämmen kommen den enterohämorrhagischen Stämmen (EHEC), insbesondere des Serovars O157:H7, aus fleischhygienischer Sicht besondere Bedeutung zu. Solche Stämme sind in der Lage, sog. Verotoxine zu bilden. Sie werden daher auch als verotoxinogene *E. coli* (VTEC) bezeichnet. Es handelt sich neben dem Botulinum-Toxin um die stärksten natürlichen Gifte, die bekannt sind. Aufgrund einer hohen biologischen und genetischen Verwandtschaft zu den Shiga-Toxinen werden solche *E. coli*-Stämme auch als Shiga-Toxinbildende *E. coli* (STEC) bezeichnet. Bisher sind acht Toxinvarianten nachgewiesen worden, die sich zwei Hauptgruppen (VT 1 bzw. SLT I und VT 2 bzw. SLT II) zuordnen lassen. Die unterschiedliche Nomenklatur überdies zahlreicher Toxinvarianten erscheint verwirrend, ist aber international vereinbart. Der Autor bevorzugt den Begriff „VTEC“. Die Erstbeschreibung dieses damals neuartigen Toxins erfolgte 1979 durch KONOWALCHUK et al. [23], der entsprechende Veränderungen an sog. Verozellen feststellen konnte. Damit sind alle *E. coli*-Stämme umfasst, die irgendeines oder gleichzeitig mehrere der Verotoxine zu bilden vermögen. Verotoxinbildungsvermögen ist bisher bei Stämmen aus mehr als 250 *E. coli*-Serovaren nachgewiesen worden. Dieses wird durch die Bakteriophagen-vermittelte Übertragbarkeit der Verotoxin-Gene verständlich. Der Begriff „VTEC“ ist nicht identisch mit dem Begriff „EHEC“, auch wenn im neuen InfG keine Differenzierung vorgenommen wird. Zwar bilden alle EHEC-Stämme auch Verotoxin(e) und gehören somit zur überzuordnenden Gruppe der VTEC; die enterohämorrhagischen *E. coli*-Stämme besitzen aber zusätzliche Virulenzfaktoren, die sie hochpathogen werden lassen. Kennzeichnend ist in aller Regel der zusätzliche Besitz eines Haftungsgens, das einen als Intimin charakterisierten Haftungsfaktor codiert. Dieses „*E. coli* attaching and effacing“ (*eae*)-Gen befindet sich im Chromosom. Das Intimin vermittelt eine innige Anheftung der *E. coli*-Zelle an die Mucosa-Zellen des Darms, wobei der Bürstensaum irreversibel geschädigt wird. Danach kann das Verotoxin lymphogen oder hämatogen an die bevorzugten Absiedelungsstellen gelangen. Das sind diejenigen Organe (Dickdarm, Niere, Bauchspeicheldrüse, Gehirn), die eine besonders hohe Rezeptorendichte (sog. Gb_3-Rezeptoren) für Verotoxine aufweisen. Es findet sich z.B. bei allen hochpathogenen O157:H7- und H^--Stämmen sowie bei einigen wenigen anderen Serovaren. Bei einigen VTEC-Stämmen, die in Verbindung mit Erkrankungen des Menschen isoliert wurden, konnte das „eae“-Gen nicht nachgewiesen werden. Es wird daher vermutet, dass noch andere Haftungsfaktoren existieren könnten.

Enterohämorrhagische *E. coli*-Stämme können beim Menschen, insbesondere bei Kleinkindern, zu einer hämorrhagischen Entzündung des Dickdarmes führen (Hämorrhagische Colitis = HC). Das Krankheitsbild wird in ca. 3 bis 16 % durch das Hämolytisch-urämische Syndrom (HUS) verkompliziert. Dabei stehen vor allem schwere Nierenschädigungen durch Schädigung der Proteinbiosynthese im Vordergrund. In einigen Fällen führte dieses zum Tod der Erkrankten (Letalität: 3-38 %). Bis ca. Mitte der 80er Jahre war das Krankheitsgeschehen durch O157 vor allem auf die USA und Kanada beschränkt. Dabei wurde ausschließlich der Serovar O157 nachgewiesen. Seit 1985 hat es zunehmend auch Ausbrüche in Großbritannien sowie vereinzelt in Belgien, Holland und der Bundesrepublik Deutschland gegeben. Der bisher größte Ausbruch in der Bundesrepublik erfolgte als sog. „HUS-Epidemie in Bayern“ mit 64 Erkrankten und drei Todesfällen zur Jahreswende 1995/1996 über einen O157:H^{-}-Stamm. Als Übertragungsweg wurde u.a. „Mortadella“ vermutet; dieser Infektionsweg konnte jedoch niemals sicher belegt werden. Intensive Untersuchungen im Anschluss ergaben ein anderes Bild: Im Vordergrund stand der direkte Tier-Mensch-Kontakt, gefolgt von Mensch-zu-Mensch-Übertragungen, und erst an letzter Stelle wurden (rohe/nicht ausreichend erhitzte) Lebensmittel tierischen Ursprungs genannt (18). In unserem Lebensbereich wurden auch EHEC-Stämme anderer *E. coli*-Serovare, vor allem der Serogruppen O26, O111, O103, O118 und O145 nachgewiesen (6). In der Bundesrepublik wurden im Jahre 2002 fast 1.300 EHEC-Infektionen gemeldet. Darin enthalten sind aber auch milde verlaufende Diarrhöen sowie symptomlose Ausscheider. Der weltweit bisher größte Ausbruch erfolgte 1997 in Japan mit ca. 9.000 Erkrankten und über 100 Todesfällen. Hauptursache waren über Rinderkot mit *E. coli* O157-kontaminierte Sprossen.

Als Vektoren wurden regelmäßig nicht oder nur unzureichend erhitzte Lebensmittel der Tierart Rind, insbesondere Hackfleisch und rohe Milch, ermittelt. Der große Ausbruch in Amerika mit ungefähr 600 Erkrankten und vier Todesfällen um die Jahreswende 1992/93 ging auf den Verzehr nicht ausreichend erhitzter „Hamburger“ zurück. Diese waren mit dem Serovar O157:H7 kontaminiert.

O157:H7-Stämme werden weltweit nahezu ausschließlich beim Rind nachgewiesen (10, 12). Diese Tierart bildet somit nach derzeitigem Kenntnisstand das eigentliche Reservoir. Mit molekularbiologischen Feintypisierungsverfahren konnte belegt werden, dass die Isolate von erkrankten Menschen zu ca. 90 % identisch mit den bei Rindern vorzufindenden Stämmen waren. Ähnlich den Salmonellen sind diese wie auch andere Serovare aber nicht regelmäßig im Kot nachweisbar, sondern werden offensichtlich intermittierend ausgeschieden. Kälber sind häufiger Träger solcher Stämme als adulte Tiere. Da die Ausscheidertiere selbst nicht erkranken, sind sie weder bei der Schlachttier- noch bei der Fleischuntersuchung zu erfassen.

In der Bundesrepublik Deutschland konnten O157:H7-Stämme bisher nur sehr selten und nur in Kotproben von Mastbullen nachgewiesen werden (10). Allerdings fanden sich bei einzelnen Tierkollektiven zu ca. 10 % weitere VTEC-Stämme anderer Serovarietäten. Die großen und kleinen Wiederkäuer, einschließlich der Wildwiederkäuer, stellen eindeutig das eigentliche Reservoir für VTEC dar. Die Prävalenz schwankt zwischen ca. 10 und ca. 80 % (11, 34). Eine fäkale Kontamination des Schlachttierkörpers ist daher nicht auszuschließen, wenn sich erst einmal Ausscheidertiere innerhalb eines Schlachtkollektivs befinden. Unter den landwirtschaftlichen Nutztieren konnten bei Schafen in ca. 35 % der Kotproben VTEC-, aber keine O157:H7-Stämme nachgewiesen werden (9, 37). Dieses bedingte eine entsprechend hohe Kontamination auch der schlachtfrischen Tierkörper. Allerdings waren VTEC-Stämme bei Schaffleischproben des Einzelhandels nur noch sehr selten nachweisbar (10, 16).

Wie auch andere gesundheitlich bedenkliche Mikroorganismen können sich VTEC-Stämme offensichtlich innerhalb einer kompetitiv wirkenden Mikroflora und bei vorschriftsmäßiger Kühlung des Fleisches bzw. daraus hergestellter Produkte nicht behaupten (44). In Modelluntersuchungen konnte belegt werden, dass O157:H7-Stämme bereits nach 24-stündiger Lagerung in Hackfleischproben nur noch ausnahmsweise zu rekultivieren waren (41).

Eine Gefährdung des Menschen ist aber sicherlich immer dann und auch in erhöhtem Maße gegeben, wenn Lebensmittel einem keimreduzierenden Verfahren unterzogen werden und danach mit pathogenen oder toxinogenen Stämmen rekontaminiert werden.

Der Beleg der gesundheitlichen Bedenklichkeit von VTEC-Stämmen muss neben dem Verotoxinbildungsvermögen auch den Nachweis von Haftungsfaktoren beinhalten. Als immer hochpathogen sind zunächst einmal *E. coli* O157:H7- und auch O157:H^-Stämme einzustufen. Das Pathogenitätspotenzial wird durch die geringe minimale Infektionsdosis von unter 10^2 Zellen unterstrichen. Zur Gruppe der EHEC sind auf jeden Fall weiterhin Stämme der Serovare O26:H11, O26:H^-, O111:H8, O111:H^-, O103:H21H^-, O118.H^-, O145:H^- und möglicherweise auch einige Stämme aus den Serovaren O22:H8, O91:H^- und O113:H21 zu zählen (6). Eine präsumtive Erfassung auf primären Kultivierungsmedien gelingt nur für die O157:H7-Stämme aufgrund ihrer negativen ß-D-Glucuronidase- und Sorbit-Reaktion.

Von untergeordneter Bedeutung sind bei Fleisch und Fleischprodukten in unserem Lebensbereich andere gesundheitlich bedenkliche *E. coli*-Gruppen, die enterotoxische (ETEC), enteropathogene (EPEC) oder enteroinvasive (EIEC) Stämme umfassen.

2.6.3.1.4 *Listeria monocytogenes*

Unter den bei Fleisch und Fleischprodukten, aber auch anderen Lebensmitteln häufig nachzuweisenden Listerien interessieren insbesondere die pathogenen Stammformen. Diese gehören nahezu ausschließlich der Spezies *Listeria (L.) monocytogenes* und hierunter wiederum nur ganz bestimmten Serovaren an. Die Spezies *L. innocua* und *L. welshimeri* gelten als apathogen. Lediglich Stämme der Spezies *L. ivanovii* und *L. seeligeri* können pathogen sein, werden aber im Fleisch und auch bei anderen Lebensmitteln nur sehr selten nachgewiesen.

Bei den gesundheitlich bedenklichen *L. monocytogenes*-Stämmen handelt es sich in erster Linie um die Serovare 1/2a und 4b, gelegentlich auch 1/2b und 1/2c, wobei erhebliche Virulenzunterschiede bestehen können. Stämme des Serovars 4b sind die virulentesten Listerien, und sie werden am häufigsten bei Erkrankungen des Menschen nachgewiesen. 1/2b- und 1/2c-Stämme weisen demgegenüber eine geringere Virulenz auf, bei 1/2a-Stämmen existieren auch avirulente Stammformen (26). Entscheidend für die Einstufung als gesundheitlich bedenklich ist der Nachweis der Hämolyse, die nur bei den pathogenen Stammformen anzutreffen ist.

Listerien können recht häufig vom Fleisch nahezu aller Tierarten kultiviert werden. Während schlachtfrische Tierkörper zumeist geringere Kontaminationsgrade aufweisen, geht die weitere Verarbeitung und Distribution der Lebensmittel tierischen Ursprungs mit einer teilweise sehr deutlichen Zunahme des Listeriengehaltes einher (32). Insbesondere Hackfleisch, aber auch gekühltes und gefrorenes Schlachtgeflügel, wiesen Kontaminationswerte bis zu ca. 40 %, teilweise sogar zwischen 60 bis 100 % auf (14, 24, 47, 48). Darunter befanden sich, wenn auch in zumeist geringeren Anteilen, regelmäßig *L. monocytogenes*-Stämme. Verfügbare quantitative Daten belegen, dass diese zumeist in Größenordnungen unter 10^2/g, ausnahmsweise über 10^3/g vorlagen (1, 36). Sie lagen somit unter der allgemeinhin angenommenen *Dosis infectiosa minima* von ca. 10^4/g. Mittlerweile wird für die Beurteilung von kontaminierten Lebensmitteln das seinerzeit vom Bundesgesundheitsamt erarbeitete Schema in der neuesten Modifizierung (2000) zugrunde gelegt. Als Grenzwert für eine mögliche gesundheitliche Gefährdung sind 10^2 KbE *L. monocytogenes* pro g bzw. ml angeführt.

Listerien, darunter auch *L. monocytogenes*-Stämme, sind sehr häufig im Schlacht- und Verarbeitungsbereich anzutreffen. Einer Kontamination von Schlachttierkörpern wird durch Aerosolbildung, insbesondere beim Reinigen mit Hochdruckreinigern, Vorschub geleistet, eine entsprechende Verteilung auf Einrichtungs- und Bedarfsgegenstände ist dabei vorprogrammiert. Diesem ist nur durch sachgerechte Reinigung und Desinfektion entgegenzuwirken (28). Dieses gilt entsprechend auch für andere Verarbeitungsstufen und -bereiche.

Eine *L. monocytogenes*-Infektion über Fleisch oder Fleischprodukte ist bisher nicht bekannt geworden. Die tatsächliche Gesundheitsgefährdung des Verbrauchers über diese Lebensmittel sollte daher nicht überbewertet werden.

2.6.3.1.5 *Yersinia enterocolitica*

Yersinia (Y.) enterocolitica-Stämme werden bei Wildtieren und unter den landwirtschaftlichen Nutztieren insbesondere beim Schwein häufiger nachgewiesen [Übersicht: (8)]. Bei den Mastschweinen finden sie sich vor allem im Mundhöhlenbereich, insbesondere auf den Tonsillen. Nur gelegentlich sind sie auch im Kot und selten auf Schlachttierkörpern oder in verarbeitetem Fleisch anzutreffen. Quantitative Resultate liegen nur ausnahmsweise vor, da überwiegend mit Anreicherungsverfahren gearbeitet wurde.

Zur Einschätzung einer möglichen Gesundheitsgefährdung des Menschen durch den Verzehr mit *Y. enterocolitica* behafteten Fleisches ist der alleinige Nachweis auf der Speziesebene nicht ausreichend. Unter den *Y. enterocolitica*-Stämmen sind nur diejenigen der Serovare O:3. O:8. O:9 und O:5,27, sehr selten andere, humanpathogen. Das Vorkommen von O:3 und O:9-Stämmen ist weitgehend auf Europa, von O:8-Stämmen auf die USA und Kanada beschränkt. In Japan werden neben dem Serovar O:8 zusätzlich Stämme des Serovars O:5,27 gefunden. Innerhalb der *Yersinia*-Populationen auf Fleisch, insbesondere Schweinefleisch, wurden die aufgeführten pathogenen Serovare jedoch nur ausgesprochen selten nachgewiesen (22). Eine Kontamination der Schweineschlachttierkörper ist zwar nicht auszuschließen, sondern bei der Herrichtung und Untersuchung sogar anzunehmen. Obwohl es sich um psychrotrophe Stammformen handelt, vermögen sie sich innerhalb der heterogenen kompetitiven Fleischmikroflora nicht durchzusetzen (15, 21). Insgesamt ist die Gesundheitsgefährdung des Menschen durch solche Stämme als gering einzustufen. Bisher ist lediglich eine Lebensmittelinfektion über Fleisch („chitterlings" = Gericht aus Schweine-Innereien) bekannt geworden.

2.6.3.1.6 *Clostridium perfringens*

Clostridium (C.) perfringens ist ubiquitär verbreitet und regelmäßig im Kot der landwirtschaftlichen Nutztiere, aber auch in Stuhlproben des Menschen nachweisbar. *C. perfringens* Typ A-Stämme sind im Erdboden in Größenordnungen von 10^3 bis 10^4/g, in Fäzesproben von Nutz- und Haustieren sowie des Menschen von 10^4 bis 10^6/g nachweisbar.

Die Spezies *C. perfringens* wird aufgrund serologischer und biochemischer Differenzierung in unterschiedliche Typen eingeteilt (A-E). Bisher sind insgesamt 12 Toxine beschrieben worden (α-ν). Nahezu alle Lebensmittelinfektionen, die in aller Regel milde verlaufen, sind durch Typ A-Stämme verursacht worden.

Eine direkte Gefährdung geht weniger vom lebenden Schlachttier oder vom Fleisch aus, obgleich ca. 50 % roher und gefrorener Fleischproben in geringen Anteilen *C. perfringens* enthalten können. Bei vorschriftsmäßiger Kühlung ist mit einer Vermehrung aber nicht zu rechnen. Die Gefährdung geht überwiegend von verzehrsfertigen, zuvor erhitzten Gerichten aus, die längere Zeit warm gehalten werden.

Bei der Sporulation im Darm wird das Enterotoxin freigesetzt. Bei Versuchen mit freiwilligen Probanden zeigte sich, dass mindestens 10^8 Zellen erforderlich sind, um eine Erkrankungsrate von 50 % hervorzurufen. Derartige Konzentrationen in Lebensmitteln stellen die Ausnahme dar, zumal in solchen Fällen die Verderbniserscheinungen sinnfällig sein dürften. *C. perfringens*-Stämme können gelegentlich ein präformiertes Toxin in das Lebensmittelsubstrat abgeben. Es liegt aber regelmäßig in solch geringen Quantitäten vor, die für eine Intoxikation des Menschen nach dem Verzehr entsprechend kontaminierter Lebensmittel nicht ausreichen.

2.6.3.1.7 *Staphylococcus aureus*

Staphylococcus (S.) aureus-Stämme können sehr häufig bei Mensch und Tieren als physiologische Komponente nachgewiesen werden. Bei den schlachtbaren Nutztieren gelingt der regelmäßige Nachweis im Fell, auf der Haut und den Schleimhäuten des Nasen- und Rachenraumes. Bei Schweinen finden sie sich zu ca. 50 bis 60 % auch auf den Tonsillen. Von *S. aureus*-Stämmen können unterschiedliche hitzeresistente Enterotoxine gebildet werden (A bis K) (3). Dieses ist jeweils Stamm-abhängig. Es kann davon ausgegangen werden, dass ca. 50 bis 70 % der *S. aureus*-Stämme zur Enterotoxinbildung befähigt sind, und der Mensch zu etwa 15 bis 35 % Träger solcher Stämme ist (49). Auch Stämme anderer, bei Schlachttieren anzutreffender Spezies wie *S. hyicus* und *S. intermedius* können als Toxinbildner in Erscheinung treten, sind aber von nachrangiger Bedeutung für Fleisch und Fleischprodukte. In rohem Fleisch sind *S. aureus*-Stämme bei vorschriftsmäßiger Kühlung nicht vermehrungsfähig, und damit ist auch die Fähigkeit zur Toxinbildung nicht gegeben.

Eine Lebensmittelintoxikation kann erst nach quantitativ ausreichender Bildung präformierter Toxine (1-20µg) im Lebensmittelsubstrat erfolgen. Dieses kann sehr häufig als Hinweis auf nicht sachgerechte und unhygienische Behandlung gewertet werden. In der FlHV, Anlage 2a sind sie als „Koagulase-positive Staphylokokken" aufgeführt; sie dienen in diesem Zusammenhang als Hygieneindikator. Entsprechende Intoxikationen konnten zurückverfolgt werden, fast immer handelte es sich bei den Überträgern um Lebensmittelhändler (43).

2.6.3.2 Umschichtung von pathogenen und toxinogenen Mikrofloraanteilen

Die mikrobielle Besiedlung von Schlachttierkörperoberflächen ist keine konstante Größe, vielmehr unterliegt sie kennzeichnenden Umschichtungsprozessen. Bei vorschriftsmäßiger Kühlung entwickelt sich eine psychrotrophe Flora (s. Kap. 1.3), die nicht ohne Auswirkung auf gleichzeitig vorhandene potenziell pathogene oder toxinogene Mikroorganismen ist. Für die Einschätzung einer möglichen Gesundheitsgefährdung des Menschen ist daher neben der Virulenz nachweisbarer Stammformen, die erheblichen Schwankungen innerhalb einer Spezies unterliegen kann, auch die Fähigkeit, sich innerhalb der einstellenden psychrotrophen Mikroflora behaupten zu können, von großer Bedeutung.

Der kulturelle, zumeist auch noch rein qualitativ (Anreicherung) erhobene Nachweis einer potenziell pathogenen oder toxinogenen Spezies bei Schlachttieren bzw. auf schlachtfrischen Tierkörpern ist, von wenigen Ausnahmen abgesehen (z.B. hochpathogene *E. coli* O157), kaum geeignet, eine Aussage über eine *de facto* vorhandene oder sich möglicherweise ergebende konkrete Gesundheitsgefährdung des Menschen zu treffen.

In der Tab. 2.6.4 ist eine nach Literaturangaben sowie eigenen Befunden zusammengestellte Übersicht zum Vorkommen sog. aktueller Zoonose-Erreger bei Schlachttieren enthalten. Die Variabilität des Nachweises verschiedener Bakterien-Spezies bei den einzelnen Tierarten spiegelt neben kulturell-methodisch bedingten Verfahrensmodifikationen auch unterschiedliche epidemiologische Gegebenheiten wider. Eine

Tabelle 2.6.4 Aktuelle Zoonose-Erreger bei Schlachttieren

Species	Tierart Rind	Schwein	Schaf	Geflügel	D. inf. min.¹⁾ (KbE/g)	Häufgigkeit²⁾ LM-Infekt.
Salmonella spp.	+	+	(+)/+	++/+++	$10^5/10^6$	***
Campylobacter jejuni/coli	++/+++	++/+++ 3)	(+)/++	++/+++	5×10^2	***
enterohämorrhagische *E. coli* (EHEC)	(+)/+	- 4)	(+)/+	-	10^1	*
Listeria monocytogenes	+	+	+	++	10^4	(*)
Yersinia enterocolitica	(+)	+/++	(+)	(+)	mind.10^4	(*)

+++ über 50 %; ++ ca. 10 – 20 %; + unter 10 %; (+) unter 1 %

1) Dosis infectiosa minima (koloniebildende Einheiten; ungefähre Angaben)

2) ***: sehr häufig; *: gelegentlich; (*): sehr selten

3) überwiegend *C. coli*

4) außer Ödemkrankheit b. Schwein; nicht humanpathogen (Verotoxin$^+$)

primäre oder auch sekundäre Kontamination mit potenziell pathogenen Mikroorganismen bei der Herrichtung von Tierkörpern ist nie auszuschließen. Schlachtfrische Tierkörper weisen regelmäßig Oberflächenkeimzahlwerte von ca. 10^2 bis ca. $10^4/cm^2$, gelegentlich auch höher, auf. Darunter befindliche pathogene oder toxinogene Anteile liegen zumeist in quantitativ deutlich geringeren Anteilen vor. Bei vorschriftsmäßiger, d.h. auch durchgehender Kühlung können sie sich nicht vermehren und werden sogar weitgehend durch die psychrotrophe Mikroflora mit ihren kompetitiven Anteilen zurückgedrängt (33, 41). Das trifft für psychrotrophe *Y. enterocolitica*- und *L. monocytogenes*-Stämme ebenso zu wie für die mesophilen *Salmonella*- und die gesundheitlich bedenklichen *E. coli*-Stämme.

Dennoch ist festzustellen, dass die Nachweishäufigkeit von Salmonellen und *L. monocytogenes* vielfach und oft auch regelmäßig zunimmt. Der Anstieg der Nachweishäufigkeit von Salmonellen ist regelmäßig von der Zunahme dabei isolierbarer Serovare begleitet und liefert somit den Hinweis auf eine zunehmende sekundäre Kontamination in unterschiedlichen Verarbeitungs- und Distributionsstufen (20). Der ubiquitären Verbreitung von Listerien entsprechend ist eine kontinuierliche, sekundär bedingte Zunahme im Verarbeitungsprozess nachvollziehbar. Es handelt sich also bei diesen Mikroorganismen - immer eine sachgerechte Kühlung vorausgesetzt - nicht um das Ergebnis eines aktiven Vermehrungsprozesses der Zellen selbst.

2.6.3.3 Parasitäre Zoonose-Erreger

Unter den parasitären Zoonose-Erregern, die über Lebensmittel tierischen Ursprungs übertragen werden können, sind als die wichtigsten die Protozoen (Einzeller) und die Helminthen (Würmer) anzuführen.

2.6.3.3.1 Protozoen

Unter den Protozoen sind als die fleischhygienisch wichtigsten Vertreter die Sarkosporidien (Sarcocysten) und Toxoplasmen zu nennen.

Bei den Sarkosporidien handelt es sich um obligat zweiwirtige zystenbildende Kokzidien. Landwirtschaftliche Nutztiere (Rind, Schwein, Schaf, Ziege) dienen im Entwicklungszyklus als Zwischenwirte, Fleischfresser wie Hund, Katze und andere Feliden, aber auch der Mensch als Endwirte. Auf den Menschen übergehende Spezies sind *Sarcocystis (S.) bovihominis* (Rind) und *S. suihominis* (Schwein). Beim Schaf und der Ziege anzutreffende Arten *S. ovifelis* und *S. hircicanis* besitzen als Endwirte Katze bzw. Hund.

Die in der Muskulatur parasitierenden vegetativen Stadien der Sarkosporidien („Miescherscher Schläuche") sind bei der Fleischuntersuchung adspektorisch zumeist nur bei Schaf und Ziege, gelegentlich beim Schwein zu erkennen. Dabei werden ca. 1,5 cm große spindelförmige Zysten in der Muskulatur bzw. mehr eiförmige Zysten im Schlund festgestellt. Bei den anderen Tierarten sind die Zysten zumeist kleiner als 1 mm und daher makroskopisch nicht zu erfassen. Bei erheblichen sinnfälligen Veränderungen wird das geschlachtete Tier als untauglich beurteilt.

Durch die Haltungsformen bedingt können Weiderinder und Schafe zu 90 bis 100 % positiv sein (7). Bei Mastschweinen werden zumeist geringe Befallsraten von weniger als 1 bis ca. 10 % festgestellt (5, 17). Eine Abtötung der Sarkosporidien ist gewährleistet bei -20 °C nach drei Tagen bzw. eine Erhitzung mit einer Kerntemperatur von 65 °C. Durch Pökeln werden Sarkosporidien nicht abgetötet.

Nach derzeitigem Kenntnisstand ist trotz teilweise hoher Kontaminationsraten zum Rohverzehr vorgesehener Hackfleischerzeugnisse die Gefährdung des Menschen als sehr gering einzustufen. Dieses wird darauf zurückgeführt, dass die geschlechtlichen Vermehrungsformen nur im Darm parasitieren. Bei einem sehr hohen Befall mit Sarkosporidien kann es ausnahmsweise zu Abdominalbeschwerden kommen, die dem klinischen Bild einer unspezifischen Enteritis ensprechen. Die Symptome klingen nach 24 bis 48 h ab, können aber erneut in der akuten Ausscheidungsphase ca. 4 bis 5 Wochen später kurzfristig noch einmal auftreten.

Der fleischhygienisch wichtigste Vertreter der zystenbildenden Kokzidien ist *Toxoplasma (T.) gondii*. Als Zwischenwirte kommen nahezu alle warmblütigen Tiere in Frage, als Endwirt nur die Katze und andere Feliden. Von diesen werden auch die am Ende einer geschlechtlichen Entwicklung gebildeten Oozysten mit dem Kot ausgeschieden. Diese Dauerformen können von Schlachttieren und auch vom Menschen aufgenommen werden. Sie entwickeln sich dann zu vegetativen Formen, die sich in der Muskulatur, aber auch im Gehirn ablagern können.

Unter den landwirtschaftlichen Nutztieren ist das Schwein häufiger als Träger dieser Parasiten ermittelt worden. Es infiziert sich über die Aufnahme mit Oozysten kontaminierten Futters (Katzenkot) oder durch Toxoplasmenhaltiges Fleisch (Nager). Es treten nur ausnahmsweise klinische Erscheinungen auf. Die Toxoplasmose ist daher bei der Schlachttier- und Fleischuntersuchung nicht festzustellen. Nicht vorbehandeltes Schweinefleisch spielt für die alimentäre Infektion des Menschen die größte Rolle. Erhitzen, Tiefgefrieren oder Pökeln tötet die Toxoplasmen mit Sicherheit ab. Der Mensch kann sich daher nur über den Verzehr rohen oder nicht ausreichend erhitzten Fleisches infizieren. Eine besondere Gefährdung ist für Föten bei einer Erstinfektion der Mutter gegeben. Lediglich eine zurückliegende, mütterlicherseits durchgemachte Toxoplasmose kann das ungeborene Kind schützen. Vom Verzehr rohen Schweinefleisches während der Schwangerschaft ist dringend abzuraten.

2.6.3.3.2 Helminthen

Unter den bei Nutz- und Wildtieren anzutreffendenden Wurmarten bzw. deren Zwischenstadien sind unter den Nematoden die Trichinen *(Trichinella (T.) spiralis)* und unter den Bandwürmern bestimmte Spezies der Gattungen *Taenia* und *Echinococcus* von besonderer fleischhygienischer Bedeutung.

Bei den Trichinen handelt es sich um Würmer, die bei allen fleischfressenden Tierarten vorkommen können. Die Wirtstiere infizieren sich durch trichinenhaltiges Fleisch (Mäuse, Ratten, Fleischabfälle). Nach der Begattung setzen die weiblichen Würmer die Larven an der Darmwand ab. Diese gelangen über das Blut- und Lymphsystem in die bevorzugten Absiedelungsstellen. Diese sind die gut durchblutete Muskulatur des Zwerchfells, der Zwischenrippen, des Kehlkopfes, der Zunge und der Augen.

Die im Fleischhygienegesetz aufgeführten fleischfressenden Tierarten unterliegen daher einer Untersuchungspflicht auf Trichinen („Trichinenschau"), wobei Proben eines jeden zur Schlachtung gelangten Tieres untersucht werden müssen. Dieses trifft für Hausschweine, Wildschweine, Bären, Dachse, Füchse, Sumpfbiber, aber auch für Pferde und andere Einhufer zu. Von dieser Untersuchungspflicht lässt der Gesetzgeber Ausnahmen bei Einhufern, Hausschweinen und Sumpfbibern zu, die statt dessen auf Antrag bei der zuständigen Behörde einem vorgeschriebenen amtlichen Gefrierverfahren unterzogen werden müssen.

Der Rückgang der Trichinosefälle in der Bundesrepublik ist entscheidend auf die Trichinenuntersuchungspflicht zurückzuführen. Immer wieder einmal auftretende Infektionen sind nahezu ausnahmslos auf eine nicht erfolgte bzw. nicht sachgemäß durchgeführte Trichinenschau zurückzuführen gewesen. Für Menschen sind Wildschweine, die gesetzeswidrig nicht einer Untersuchung auf Trichinen unterzogen werden, als Hauptinfektionsquelle anzusehen.

Unter den bei unseren schlachtbaren Haustieren vorkommenden Bandwürmern (Cestoden) des Menschen spielen die beim Schwein parasitierende Spezies *Taenia (T.) solium* und die beim Rind vorkommende Spezies *T. saginata* die größte Rolle. Die Muskulatur befallener Schlachttiere enthält jeweils Larvalstadien dieser Würmer, die als *Cysticercus (C.) inermis* oder *bovis* beim Rind und *C. cellulosae* beim Schwein adspektorisch bei der Fleischuntersuchung erkannt werden können.

In Europa können regional unterschiedlich etwa 0,3 bis 6 % der Rinder mit *T. saginata* befallen sein. Die Tiere infizieren sich über das mit Eiern dieses Bandwurms kontaminierte Futter insbesondere bei Weidehaltung. Die als Onkosphären bezeichneten, infektionstüchtigen Vorstadien siedeln sich in gut durchbluteter Muskulatur an. Daher sind bei der amtlich vorgeschriebenen Fleischuntersuchung bei jedem Tierkörper sog. Finnenschnitte in der Kau-, Zungen-, Herz- und Zwerchfellsmuskulatur anzulegen. Die Finnenblasen bzw. die nach Absterben vorhandenen verkalkten Stadien sind makroskopisch gut zu erfassen. Finnenfunde sind mit der häufigste Beanstandungsgrund bei Rindern (s. Tab. 2.6.3). Fleischhygienerechtlich wird zwischen schwach- und starkfinnigen Tierkörpern unterschieden, wobei die Grenze bei 10 Finnenblasen liegt. Während schwachfinnige Tiere einem Gefrierverfahren unterzogen werden und danach verkehrsfähig sind, werden starkfinnige Schlachttierkörper als untauglich beurteilt und unschädlich beseitigt.

Auch beim Schwein führt die Aufnahme des mit den Onkosphären von *T. solium* kontaminierten Futters zur Infektion des Schweines. Nach Durchbohren der Darmwand gelangen diese über die Blut- bzw. Lymphbahn in die Muskulatur, insbesondere des Zwerchfells und der Zunge. Bei einer massiven Infektion, die nur sehr selten vorkommt, können auch gelegentlich Leber, Lunge und Nieren befallen sein. Diese Erreger kommen bei Mastschweinen aufgrund der Haltungsbedingungen ausgesprochen selten vor. Sie sind nur bei Weidehaltung zu erwarten. Die Schlachttierkörper und die Nebenprodukte werden je nach Befallsgrad (unter/über 10 Finnen) als tauglich nach Brauchbarmachung bzw. als untauglich beurteilt.

Innerhalb der Familie der Bandwürmer ist aus fleischhygienischer Sicht neben der Gattung Taenia die Gattung *Echinococcus* von Bedeutung. Die Echinokokkose ist eine der gefährlichsten parasitären Erkrankungen des Menschen. Als Erreger kommen der dreigliedrige Bandwurm des Hundes, *Echinococcus (E.) granulosus*, der die zystische Echinokokkose verursacht, und der fünfgliedrige Bandwurm des Fuchses, *E. multilocularis*, der die alveoläre Echinokokkose verursacht, auch in der Bundesrepublik vor.

Das als *E. hydatidosus* (= Finne) bezeichnete Entwicklungsstadium des dreigliedrigen Bandwurmes bildet sich insbesondere bei den Wiederkäuern sowie Pferd und Schwein aus. Bevorzugter Sitz der bekapselten Zyste ist die Leber, die nach Durchdringen der Darmschranke als erster Filter fungiert. Absiedlungen sind aber auch in die Lunge, seltener in andere Organe möglich. Dieses gilt auch bei einer Infektion des Menschen. Bei der amtlichen Fleischuntersuchung sind die entwickelten Zysten beim vorgeschriebenen Durchtasten sowohl der Leber als auch der Lunge zu palpieren.

In den mediterranen Ländern ist der Schaf-Hund-Zyklus bei *E. granulosus* epidemiologisch am bedeutsamsten. In Süddeutschland scheint der Hund-Rind-Zyklus von Bedeutung zu sein. Durch Hundekot kontaminiertes Futter stellt die Hauptinfektionsquelle für Rind und Schaf dar.

Die Finne (*E. alveolaris*) von *E. multilocularis* siedelt sich beim Menschen vor allem in der Lunge an und wächst, da sie nicht von einer Kapsel umgeben ist, infiltrativ. Diese Alveolarechinokokkose tritt auf der Schwäbischen Alb häufiger als in anderen Gebieten auf. Der Fuchs ist als Hauptträger dieses Bandwurmes anzusehen, gelegentlich auch Hund und Katze. Eine direkte Gefährdung des Menschen durch Lebensmittel tierischen Ursprungs ist nicht gegeben.

2.6.3.4 Virale Zoonose-Erreger

Einige Viren gehören zu den klassischen Zoonose-Erregern. Hierbei sind die Maul- und Klauenseuche (MKS-Virus) sowie die Tollwut (Rabies-Virus) anzuführen. In den letzten Jahrzehnten haben diese Erkrankungen aber keine nennenswerte Rolle bei unseren schlachtbaren Nutztieren gespielt. Erkrankte Tiere sind bei den amtlichen Untersuchungen nach dem Fleischhygienerecht zu erfassen. Eine Gefährdung des Menschen durch das Virus der Maul- und Klauenseuche beschränkt sich weitgehend auf das Personal, das in erkrankten Beständen tätig ist. Zwar ist die Tollwut trotz erfolgreicher Eindämmungsmaßnahmen, basierend auf Impfköderprogrammen für einheimische Fuchspopulationen, weiterhin ein Problem; unter den Schlachttieren fanden sich aber im Jahresdurchschnitt der letzten Jahre weniger als 10 positive Tiere. Diese werden bei der Schlachttieruntersuchung erkannt.

Andere Zoonose-Erreger wie das Virus der Infektiösen Anämie der Einhufer (EIA-Virus), der Kuhpocken (Kuhpocken-Virus) und der Newcastle Disease des Geflügels (ND-Virus) sind von deutlich untergeordneter Bedeutung und spielen im Rahmen der Zooanthroponosen, die von den Schlachttieren bzw. von ihnen stammenden Lebensmitteln ausgehen, kaum noch eine Rolle.

Recht wenig ist über das Vorkommen und die Bedeutung anderer viraler Zoonose-Erreger bekannt, die über den Verzehr von Fleisch und Fleischprodukten übertragen werden könnten. Dieses hängt auch damit zusammen, dass die Nachweisverfahren für Viren sehr aufwendig sind. Sie sind entsprechend wenigen Laboren vorbehalten. Bekannt ist, dass insbesondere Noroviren (ehemals: Norwalk-like Viren) und Rotaviren über Lebensmittel (überwiegend durch Wasser und Muscheln) auf den Menschen übertragbar sind. Weiterhin können auch Enteroviren (Polio-, Coxsackie- und ECHO-Viren) eine, allerdings deutlich untergeordnete, Rolle spielen. Grundsätzlich sind auch Hepatitis A- und E-Viren über denVektor Lebensmittel übertragbar. Auch hier steht der ausscheidende Mensch im Vordergrund. Die direkte Übertragung von Mensch zu Mensch insbesondere unter unhygienischen Lebensverhältnissen dürfte der Hauptinfektionsweg sein.

Literatur

[1] Fleischhygienegesetz (FlHG) i.d.F. vom 08.07.1993 (BGBl. I S. 1189), zuletzt geändert am 06.08.2002 (BGBl. I S. 3082)

[2] Geflügelfleischhygienegesetz (GFlHG) vom 17.07.1996 (BGBl. I S. 991), zuletzt geändert durch Artikel 3 des Gesetzes zur Änderung des FlHG, des GFlHG und des TierSG (BGBl. Jahrg. 2002 Teil I Nr. 17 S. 1046) vom 13.03.2002

[3] Allgemeine Verwaltungsvorschrift über die Durchführung der amtlichen Überwachung nach dem FlHG und dem GFlHG, AVV Fleischhygiene vom 19.02.2002 (BAnz. Nr. 44a vom 05.03.2002)

[4] Gesetz zur Verhütung und Bekämpfung von Infektionskrankheiten beim Menschen IfSG-Infektionsschutzgesetz vom 20.07.2000 (BGBl. I 2000 S. 1045, zuletzt geändert durch Art. 11 § 3 Seuchenrechtsneuregelungsgesetz (SeuchRNeuG) vom 06.08.2002 (BGBl. I S. 3082)

[5] Tierseuchengesetz (TierSG) i.d.F. der Bekanntmachung vom 11.04.2001 (BGBl. I S. 506), zuletzt geändert am 07.03.2002 (BGBl. I S. 1046)

[6] Lebensmittel- und Bedarfsgegenständegesetz (LMBG) i.d.F. der Bekanntmachung vom 09.09.1997 (BGBl. I S. 2296), zuletzt geändert durch Art. 9 § 1 des Gesetzes vom 06.08.2002 (BGBl. I S. 3082)

[7] Richtlinie 92/117/EWG des Rates vom 17.12.1992 über Maßnahmen zum Schutz gegen bestimmte Zoonosen bzw. ihre Erreger bei Tieren und Erzeugnissen tierischen Ursprungs zur Verhütung lebensmittelbedingter Infektionen und Vergiftungen. Amtsbl. d. EG Nr. L62/38 vom 15.03.1993

[8] Verordnung zum Schutz gegen die Salmonellose der Rinder (Rinder-Salmonellose-Verordnung) in der Fasung vom 14.11.1991 (BGBl. I S. 2118)

(1) ALBER, G.: Prüfung bestehender *Campylobacter jejuni/coli*-Anreicherungsverfahren in Modellversuchen und Erprobung einer modifizierten Preston-Anreicherung bei der Untersuchung von Hackfleisch- und Innereienproben vom Schwein. Vet. med. Diss. FU Berlin (1995)

(2) BARNHAM, M. und KERBY, J.: Skin sepsis in meat handlers: observation of the cause of injury with special reference to bone. J. Hyg. Camb. **87** (1981) 465-467

(3) BELAY und RASOOLY: *Staph. aureus* growth and Enterotoxin A production in an anaerobic environment. J. Food. Protect. **65** (2002) 199-204

(4) BORNEMANN-ROHRIG, M.: Vorkommen von *Campylobacter jejuni* und *C. coli* bei Tierkörpern, Nebenprodukten und in der Umgebung des Schweineschlachtprozesses mit Modellversuchen über die Tenazität der Erreger. Vet. med. Diss. FU Berlin 1985

(5) BOCH, J., MANNEWITZ, U. u. ERBER, M.: Sarkosporidien bei Schlachtschweinen in Süddeutschland. Berl. Münch. Tierärztl.Wschr. **91** (1978) 106-111

(6) BOCKEMÜHL, J., KARCH, H. und J. TSCHÄPE: Zur Situation der Infektionen des Men-

schen durch enterohämorrhagische *E. coli* (EHEC) in Deutschland 1997. Bundesgesundhbl. **41** (1998) 2-5

(7) BROZAT, J.: Sarkosporidien bei Schlachtrindern. Schlacht-Viehhof Ztg. **79** (1979) 280-281

(8) BÜLTE, M., KLEIN, G. u. REUTER, G.: Schweineschlachtung - Kontamination des Fleisches durch pathogene *Y. enterocolitica*-Stämme? Fleischwirtschaft **71** (1991) 1411-1416

(9) BÜLTE, M. u. WROCKLAGE, V.: Die PCR-Technik zur Ermittlung von verotoxinogenen *E. coli*-Stämmen bei Schlacht- und Nutztieren. Proceed. 33. Arbeitstagung Arbeitsgebiet „Lebensmittelhygiene" der Dtsch. Vet. med. Ges. (DVG), Eigenverlag der DVG, Gießen (1992) 486-496

(10) BÜLTE, M.: Nachweis von verotoxinogenen *E. coli*-Stämmen (VTEC) im Koloniehybridisierungsverfahren mit Gensonden, die mit der Polymerase-Kettenreaktion hergestellt und Digoxigenin markiert wurden - gleichzeitig ein Beitrag zur Ökologie gesundheitlich bedenklicher *E. coli*-Stämme in der Bundesrepublik Deutschland. Habil. Schrft. FU Berlin (1992)

(11) BÜLTE, M., MONTENEGRO, M., HELMUTH, R., TRUMPF, T. u. G. REUTER: Nachweis von Verotoxin-bildenden *E. coli* (VTEC) bei gesunden Rindern und Schweinen mit dem DNS-DNS-Koloniehybridisierungsverfahren. Berl. Münch. Tierärztl. Wschr. **103** (1990) 380-384

(12) CHAPMAN, P.A. u. SIDDONS, C.A.: A comparison of strains of *E. coli* O157 from humans and cattle in Sheffield, UK. J. Infect. Dis. **170** (1994) 251-252

(13) DOYLE, M.P.: *C. jejuni*. In: Foodborne Diseases. Ed. CLIVER, D.O., Academic Press Inc. San Diego New York Boston London Sydney Tokyo Toronto (1990) 210-216

(14) ERDLE, E.: Zum Vorkommen von Listerien in Käse, Fleisch und Fleischwaren. Vet. med. Diss. München (1988)

(15) FUKUSHIMA, H.: Direct isolation of *Y. enterocolitica* and *Y. pseudotuberculosis* from meat. Appl. Environ. Microbiol. **50** (1986) 710-712

(16) GEIER, D.: Untersuchungen zur Möglichkeit des Nachweises verotoxischer *E. coli* (VTEC-Stämme) über Enterohämolysin als epidemiologisches Merkmal bei verschiedenen Nutz- und Heimtieren sowie Hackfleisch in Berlin. Vet. med. Diss. FU Berlin (1992)

(17) HEYDORN, A.-O., DÖHMEN, H.H., FUNK, G., PÄHR, H. u. ZIENTZ, H.: Zur Verbreitung der Sarkosporidieninfektion beim Hausschwein. Arch. Lebensmittelhyg. **29** (1978) 161-165

(18) HUBER, H.C., KUGLER, R. u. B. LIEBL: Infektionen mit enterohämorrhagischen *E. coli* (EHEC)-Ergebnisse einer epidemiologischen Erhebung in Bayern für den Zeitraum April 1996 bis März 1997. Gesundheitswesen **60** (1997) 159-165

(19) KARCHES, H. u. P. TEUFEL: *L. monocytogenes* – Vorkommen in Hackfleisch und Verhalten in frischer Zwiebelmettwurst. Fleischwirtsch. **68** (1988) 1388-1392

(20) Kerschner, G.: Ein Beitrag über das Vorkommen von Salmonellen auf der Oberfläche frischer Schweine-Innereien (Herz, Leber, Niere) unter Berücksichtigung der verschiedenen Herkunft und Vermarktungsstufen. Vet. med. Diss. FU Berlin (1980)

(21) Kleinlein, N. u. F. Untermann: Growth of pathogenic *Y. enterocolitica* strains in minced meat with and without protective gas with consideration of the competitive background flora. Int. J. Food Microbiol. **10** (1990) 65-72

(22) Kleinlein, N., Untermann, F. u. H. Beissner: Zum Vorkommen von *Salmonella*- und *Yersinia*-Spezies sowie *L. monocytogenes* in Hackfleisch. Fleischwirtsch. **69** (1989) 1474-1476

(23) Konowalchuk, J., J.I. Speirs u. S. Stavric: Vero response to a cytotoxin of *E. coli.* Infect. Immun. **18**, 775-779 (1977)

(24) Leistner, L., Schmidt, U. u. M. Kaya: Bedeutung des Vorkommens von Listerien bei Fleisch- und Fleischerzeugnissen: Mitteilungsbl. B Inst. Fleischforschung, Kulmbach **28** (1987) 440-445

(25) Loewenherz, K.: Untersuchungen zum Vorkommen von *C. jejuni* in verschiedenen Lebensmitteln tierischen Ursprungs. Vet. med. Diss. FU Berlin (1995)

(26) Menudier, A., Bosiraud, C. u. Nicolas, J.-A.: Virulence of *L. monocytogenes* serovars and *L.* spp. in experimental infection of mice. J. Food Protect. **54** (1991) 917-921

(27) Moll, A. u. Hildebrandt, G.: Quantitative Bestimmung von Salmonellen in Hühnerklein und -innereien. Arch. Lebensmittelhyg. **42** (1991) 140-144

(28) Noack, D.: Vorkommen von Listerien: Feldversuch in fleischverarbeitenden Betrieben in Berlin. Vet. med. Diss. FU Berlin (1993)

(29) Oosterom, J., Notermans,s., Karman, H. u. Engels, G.B.: Origin and prevalance of *C. jejuni* in poultry processing. J. Food Protect. **46** (1983) 339-344

(30) Oosterom, J.: Studies on the epidemiology of *C. jejuni.* Proefschrift, Erasmus Universiteit Rotterdam (1985)

(31) Oosterom, J.: Epidemiological studies and proposed preventive measures in the fight against salmonellosis. Int. J. Food Microbiol. **132** (1991) 41-52

(32) Ozari, R. u. f.a. Stolle: Zum Vorkommen von *L. monocytogenes* in Fleisch und Fleisch-Erzeugnissen einschl. Geflügelfleisch des Handels. Arch. Lebensmittelhyg. **41** (1990) 47-50

(33) Reuter, G.: Surface count on fresh meat - hazardous or technically controlled? Arch. Lebensmittelhyg. **45** (1994) 51-55

(34) Richter, H., Klie, H., Timm, M., Gallien, P., Steinrück, M., Perlberg, K.-W. u. D. Protz: Verotoxin-bildende *E.coli* (VTEC) im Kot von Schlachtrindern aus Deutschland. Berl. Münch. Tierärztl. Wschr. **110** (1997) 121-127

(35) Schmidt, U.: Vorkommen und Verhalten von Salmonellen im Hackfleisch vom Schwein. Fleischwirtsch. **68** (1988) 43-51

(36) SCHMIDT, U., SEELIGER, H.P.R., GLENN, E., LANGER, B. u. L. LEISTNER: Listerienfunde in rohen Fleischerzeugnissen. Fleischwirtsch. **68** (1988) 1313-1316

(37) SCHWENK, P., BÜLTE, M. u. L. ELLERBROEK: Nachweis von verotoxinogenen *E. coli* (VTEC) in Kotproben und auf Schafschlachttierkörpern mit PCR-Gensonden. Proceed. 35. Arbeitstagung Arbeitsgebiet „Lebensmittelhygiene" der Dtsch. Vet. med. Ges. (DVG), Eigenverlag der DVG, Gießen (1994)

(38) SINELL, H.-J., KLINGBEIL, H. u. BENNER, M.: Microflora of edible offal with particular reference to Salmonella. J. Food Protect. **47** (1984) 481-484

(39) SINELL, H.-J., PIETZSCH, O., KLINGBEIL, H. u. M. BENNER: Estimation of most probable number of Salmonella in retail samples of minced meat. Int. J. Food Microbiol. **11** (1990) 135-142

(40) STOLLE, F.A. u. REUTER, G.: Die Nachweisbarkeit von Salmonellen bei klinisch gesunden Schlachtrindern im Bestand nach dem Transport zum Schlachthof und während des Schlachtprozesses. Berl. Münch. Tierärztl. Wschr. **91** (1978) 188-193

(41) TRUMPF, T.: Versuche zur Isolierung, Charakterisierung und Abgrenzung verotoxinogener *E. coli* (VTEC) von anderen E. coli-Populationen aus der Darmflora von Rindern und die Erfassung von VTEC-Stämmen des Serovars O157:H7 in Hackfleisch in Modellversuchen. Vet. med. Diss. FU Berlin (1990)

(42) TURNBULL, P.C.B. u. P. ROSE: *C. jejuni* and salmonellae in raw red meats. J. Hyg. (Cambridge) **88** (1982) 29-37

(43) UNTERMANN, F.: Zum Vorkommen von enterotoxinbildenden Staphylokokken bei Menschen. Zbl. Bakt. Hyg. Abt. I Orig. A **222** (1972) 18-26

(44) VOLD, L., HOLCK, A., WASTESON, Y. u. H. NISSEN: High levels of background flora inhibits growth of *E. coli* O157:H7 in ground beef. Int. J. Food Microbiol. **56** (2000) 219-225

(45) VOLLMER, H.: pers. Mitteilung (1994)

(46) WEBER, A.: Vorkommen von *C. jejuni* bei Tieren und die Bedeutung für den Menschen. Tierärztl. Praxis **13** (1985) 151-157

(47) WEISE, E.: Zum Vorkommen von Listerien in geschlachtetem Geflügel des Einzelhandels. Proced. 28. Arbeitstagung Arbeitsgebiet „Lebensmittelhygiene" der Dtsch. Vet. med. Ges. (DVG), Eigenverlag der DVG, Gießen (1987) 86-91

(48) WEIS, J.: Vorkommen von Listerien in Hackfleisch. Tierärztl. Umschau **6** (1989) 370-375

(49) WILLIAMS, R.E.O.: Healthy carriage of *Staph. aureus*. Its prevalance and importance. Bact. Rev. **27** (1963) 56-71

3.1 Mikrobiologie der Kochpökelwaren

L. Böhmer und G. Hildebrandt

Nach der Begriffsbestimmung der Leitsätze für Fleisch und Fleischerzeugnisse definieren sich Kochpökelwaren als umgerötete und gegarte, zum Teil geräucherte (zumeist stückige) Fleischerzeugnisse, denen kein Brät zugesetzt wird, soweit dieses nicht zur Bindung großer Fleischstücke dient (Bsp. Kaiserfleisch) [70].

Der Zusatz von Salz, Rauchinhaltsstoffen, Nitrit, Zucker und anderen Pökelhilfsstoffen sowie die Erhitzung bestimmen das mikrobiologische Profil und damit auch die Haltbarkeit der Ware. Während des Herstellungsprozesses verändert sich die Beschaffenheit des Fleisches durch originär-enzymatische und mikrobiell-enzymatische sowie chemische und physikalische Prozesse. Allerdings wird von moderner Kochpökelware erwartet, dass sie im Wesentlichen an unbehandeltes gegartes Fleisch erinnert, ein Höchstmaß an Faserstruktur und ein Mindestmaß an Elastizität aufweist sowie einen guten Scheibenzusammenhalt, eine gleichmäßige, kräftige und beständige Pökelfarbe sowie einen typischen, frischen Pökelgeschmack besitzt [55, 92].

3.1.1 Rohmaterial

Überwiegend wird Schweinefleisch zur Kochpökelwarenherstellung eingesetzt; für Produkte wie Gepökelte Rinds- oder Kalbsbrust, Gekochtes Hamburger Rauchfleisch oder Rinderzunge finden daneben Rind- bzw. Kalbfleisch Verwendung.

Die Auswahl des Rohmaterials beeinflusst die Qualität des Endproduktes entscheidend, weil zumeist größere Muskelpartien verarbeitet werden und eine weitergehende Zerkleinerung und Vermischung, die Materialfehler ausgleichen könnte, unterbleibt. Für das Ausgangsmaterial sind dabei folgende Kriterien von wesentlicher Bedeutung:

3.1.1.1 postmortale Glykolyse (pH-Wert, Wasserbindung, Farbe, Pökelbereitschaft)

3.1.1.2 Ausgangskontamination

3.1.1.3 Herrichtung und Verarbeitungshygiene

Im Allgemeinen werden 3 bis 4 Tage alte oder länger gelagerte Muskelpartien verwendet, denn zu Beginn der Totenstarre (ca. 1 Tag p.m.) gepökelte und erhitzte

Kochschinken weisen einen höheren Kochverlust und Geleeabsatz auf als solche, die nach voller Ausbildung der Totenstarre produziert werden [87, 92].

3.1.1.1 Postmortale Glykolyse

Neben der mikrobiologischen Beschaffenheit stellt der Ablauf der postmortalen Glykolyse das wichtigste Kriterium bei der Fleischauswahl dar, denn er beeinflusst über den pH-Wert folgende Qualitätsmerkmale des Endproduktes [96, 115]:

- Wasserbindungsvermögen (Ausbeute)
- Pökelbereitschaft (Salzaufnahme, Farbbildung)
- Haltbarkeit (Vermehrungsmilieu für Bakterien)
- Geschmack (Fleischaroma), Verzehrsqualität (Saftigkeit, Scheibenzusammenhalt, Konsistenz) und Farbhelligkeit

Wasserbindungsvermögen (WBV): Zum fleischeigenen Wasser, dessen Anteil beim Schwein in schierem Muskelfleisch bei ca. 75 % liegt, wird der Ware zum Teil noch eine erhebliche Menge Wasser - in Form von Lake - zugesetzt. Die Bindung dieses Wassers wird durch das Fleischeiweiß bewirkt, wobei eine Abhängigkeit vom pH-Wert besteht: Mit der pH-Wertsenkung im Muskelfleisch nach der Schlachtung, die sich im Allgemeinen auf pH 6,0 bis 5,4 einpendelt, nimmt auch die Wasserbindung stetig ab und erreicht am isoelektrischen Punkt der Fleischproteine (pH 5,0 bis 5,3) ihr Minimum [133].

Weitere Faktoren, die das WBV beeinflussen, sind Salzkonzentration und ATP-Gehalt des Muskelfleisches [92]. Durch Zusätze, wie Kutterhilfsmittel (Phosphate, Salze der Genusssäuren) oder Hydrokolloide, lässt sich die Wasserbindung verbessern.

Am wenigsten für Kochschinken eignet sich PSE-Fleisch mit seiner schlechten Wasserbindung, denn gerade beim Erhitzen kommt es zu besonders hohen Kochverlusten, was zu einer geringeren Ausbeute, einer trockenen, harten Konsistenz sowie erhöhtem Geleeabsatz führt. Dagegen gilt DFD-Fleisch, welches keine Eiweißschädigung und zudem einen hohen pH-Wert aufweist (End-pH zwischen 6,2 und 7,0), zumindest in Bezug auf das Wasserbindungsvermögen als besonders vorteilhaft, zumal die Erhitzungsverluste geringer ausfallen [82, 96].

Pökelbereitschaft: Unter Pökelbereitschaft versteht man die Fähigkeit des Fleisches, Salze und Pökelstoffe aufzunehmen sowie eine stabile Pökelfarbe zu entwickeln. Die Pökelbereitschaft des Fleisches verläuft entgegengesetzt zur Zunahme des Wasserbindungsvermögens. Je niedriger der pH-Wert und damit das WBV ausfallen („offene Struktur“ des Fleisches), umso schneller erfolgt die Aufnahme (Diffusion) der Salze. Umso besser ist auch die Pökelfarbbildung, denn in einem tieferen pH-Bereich laufen die Umsetzungsprozesse von Nitrit zu Stickoxid und die Bildung von Stickoxidmyoglobin (Pökelrot) schneller und intensiver ab [81, 89, 92].

Die geringere Pökelbereitschaft des DFD-Fleisches lässt sich durch Lakeinjektion und den Einsatz des Pökelhilfsstoffes Ascorbat (0,03 bis 0,05 %ig) kompensieren.

Haltbarkeit: DFD-Fleisch mit seinem hohen pH-Wert bietet den Fäulnisbakterien gute Entwicklungschancen, und schneller Verderb kann eintreten [92]. Über die unmittelbare Wirkung der Wasserstoffionenkonzentration hinaus erschweren hohe pH-Werte die Wasserabgabe während des Herstellungsprozesses. Dies führt zu höheren a_w-Werten und einer Begünstigung von Verderbserregern. Deren Wachstum findet v.a. in tieferen Schichten statt, weil sich dort durch die intensive Quellung der Muskelfasern das Eindringen der Salz/Pökelstoffmischung verzögert („geschlossene Struktur“ des Fleisches) [133]. Ohnehin muss bei der Verwendung von DFD-Fleisch mit erhöhter Fäulnisbereitschaft gerechnet werden, weil die unter aeroben Bedingungen vorherrschende Verderbnisflora infolge des Glukosemangels Aminosäuren unter Bildung von Ammoniak abbaut [19, 66, 92].

Geschmack: Der pH-Wert des Fleisches wirkt sich speziell auf die Haltbarkeit vorverpackter Ware aus. Im anaeroben Milieu besitzen Kochschinken mit einem pH-Wert über 6,2 eine deutlich eingeschränkte Lagerfähigkeit mit entsprechenden Auswirkungen auf den Geschmack. So zeigten vorverpackte Kochschinkenscheiben mit hohem pH-Wert, die bei +2 °C, +5 °C und +10 °C gelagert wurden, deutlich früher sensorisch wahrnehmbare Abweichungen und Verderb als solche mit normalem pH-Wert. Während bei hohem pH-Wert zu Beginn „Altgeschmack“, später „Fäulnis“ festgestellt wurde, kam es bei normalem pH-Wert in der Regel zu mikrobiell bedingter Säuerung [133].

In PSE-Fleisch mit seinem niedrigen pH-Wert gewinnen zumeist Laktatbildner von vornherein die Oberhand, so dass die Produkte - trotz der überhöhten Menge an ungebundenem Wasser - länger lagerfähig bleiben. Allerdings verursacht der schnelle pH-Wert-Abfall bei PSE-Fleisch keine wesentliche Keimhemmung. Weist PSE-Fleisch eine feuchte Oberfläche auf, was wegen des schlechteren WBV oft der Fall ist, so können sich die Bakterien sogar relativ gut in dem Flüssigkeitsfilm vermehren [66].

In Abwägung aller Faktoren eignet sich für Kochpökelerzeugnisse Fleisch mit pH-Werten im Intervall von 5,8 und 6,2, was einem Kompromiss aus den Kriterien Wasserbindung, Pökelbereitschaft und Haltbarkeit entspricht [30, 79, 92, 96]. Auch der Geschmack bildet sich in diesem Bereich am besten aus. Bei PSE-Fleisch dominiert meist eine milchsaure Komponente ohne eigentliche Aromabildung, während bei DFD-Muskulatur zwar das Fleischaroma vorherrscht, doch der Gesamteindruck manchmal zu flach ausfällt.

3.1.1.2 Ausgangskontamination

Als Rohmaterial gelangen bei der Kochpökelware überwiegend Schweinefleisch und Speck zur Verarbeitung, die bei hygienischer Gewinnung - vor allem im Inneren - relativ keimarm sein können. Die Flora besteht überwiegend aus gramnegativen Stäbchen und Mikrokokken, fäkale Streptokokken finden sich nur in sehr geringer Zahl. Unter den Saprophyten sind folgende Mikroorganismen am häufigsten vertreten: *Acinetobacter, Aeromonas, Alcaligenes, Flavobacterium, Moraxella,* coryneforme Bakterien und *Pseudomonas* sowie verschiedene *Enterobakteriazeen* [52]. Milchsäurebakterien, *B. thermosphacta, Bacillus* species sowie Hefen und Schimmelpilze kommen in frischem, sauber gewonnenem Fleisch anfangs nur selten vor. Desgleichen sind hier auch pathogene Keime (Salmonellen, *S. aureus, Y. enterocolitica, C. perfringens, C. botulinum*) kaum zu erwarten [104].

Äußerste Sauberkeit und Hygiene beim Schlachten sowie die Kontrolle der angelieferten Schinken beim Totversand sind für die Produktionssicherheit unerlässlich, denn frisches Muskelfleisch von normalem pH bietet selbst anspruchsvollen Mikroorganismen ausreichend Nährstoffe und enthält - mit Ausnahme der durch den Glykogenabbau entstandenen Milchsäure - keine „eingebauten" Hemmfaktoren. Auch im Laufe der Verarbeitung sind keine Maßnahmen zur vollständigen Keimreduktion vorgesehen. So liegen die pH- und a_w-Werte der Produkte in der Regel relativ hoch, und die oftmals nur milde Erhitzung kann Fehlfabrikate als Folge überhöhter Ausgangskontamination nicht verhindern. Demgemäß führen starke Keimbelastungen im Rohmaterial zu mangelnder Farbstabilität, Vergrünung, Vergrauung, Geschmacksabweichungen und schlechtem Scheibenzusammenhalt [30].

3.1.1.3 Entbeinen und Zuschneiden

Für die Pökelung und damit zur Kochschinkenherstellung eignen sich bindegewebsarme Muskelfleischteile oder -partien mit und ohne anhaftendem Fettgewebe (Speck). Kollagen nimmt durch den Pökelprozess eine harte Konsistenz an (Wasserentzug durch Salz), was zur Beeinträchtigung des Genusswertes führen kann. Zudem weist kollagenes Bindegewebe einen relativ hohen pH-Wert auf und vermindert so die bakteriostatische Wirkung des Nitrits [92].

Weil Sehnen, Faszien, Aponeurosen und auch Fettgewebe eine natürliche mechanische Barriere für das Eindringen von Keimen in die Tiefe der Muskulatur darstellen, führt ihre Entfernung und die Zerkleinerung des Fleisches zur gleichmäßigen Verteilung der vorhandenen Mikroorganismen auf den neu entstandenen Oberflächen. Darüber hinaus können an quergetroffenen Schnittflächen die Keime leicht in die Muskulatur eindringen. Die Verwendung sauberer Gerätschaften und eine ausreichende Personalhygiene sind somit unabdinglich. Auch die möglichst schnelle und schonende Behandlung des Fleisches in kühlen Räumen hilft, das Kontaminationsrisiko gering zu halten.

3.1.2 Pökelprozess

Abb. 3.1.1 und 3.1.2 geben einen Überblick über die Prozessschritte beim klassischen Pökelverfahren und über die verschiedenen Möglichkeiten der mechanischen Bearbeitung von Koch- und Formschinken.

Rohware
↓
Entbeinen und Zuschneiden
↓
Lakeinjektion und Pökeln in Lake
↓
Durchbrennen
↓
Räuchern
↓
Entbeinen
↓
Erhitzen
↓
Kühlen/ Lagern

Abb. 3.1.1 Konventionelles Verfahren zur Herstellung von Vorder- bzw. Hinterschinken

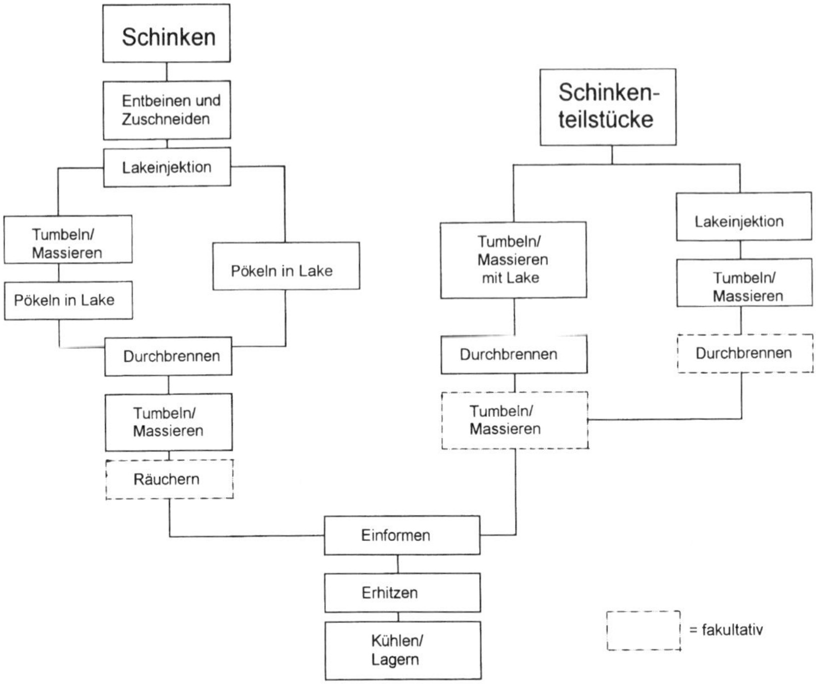

Abb. 3.1.2 Beschleunigtes Herstellungsverfahren - Verschiedene Möglichkeiten der mechanischen Bearbeitung (modifiziert nach Fischer [29])

Während rohe Pökelfleischerzeugnisse in der Regel „trocken gepökelt", d.h. mit einer Mischung aus Salz, Pökelstoffen, Zucker und gegebenenfalls Gewürzen eingerieben oder einem kombinierten Trocken-/Nasspökelverfahren unterzogen werden, findet bei Kochpökelwaren ausschließlich die „Nass"-Pökelung statt. Hierbei wird die Muskulatur mit einer pökelstoffhaltigen Salzlösung behandelt, um anschließend durch Erhitzen haltbar gemacht zu werden [18].

Diese technologischen Unterschiede beeinflussen die mikrobiologischen Profile maßgeblich. So spielt bei der Rohpökelware die Flora der Pökellake wegen der wesentlich längeren Pökelzeit und der fehlenden Wärmebehandlung eine große Rolle für Umrötung, Aromabildung und Haltbarkeit. Es wird demgemäß besonderer Wert auf die Ausbildung einer ausgewogenen Reifungs- und Schutzflora gelegt. Oftmals wird dieser Prozess durch den Einsatz von Starterkulturen bzw. Beimpfung der Lake unterstützt. Bei der Kochpökelware verhindert dagegen die relativ kurze Pökelzeit und vor allem das Erhitzen die Ausbildung einer Schutzflora, weshalb hier das

Hauptziel in der Hemmung der (hitzeresistenten) Verderbserreger und Lebensmittelvergifter liegt.

3.1.2.1 Technologische/mikrobiologische Wechselwirkungen

Während des Pökelns verändert sich die Fleischbeschaffenheit durch physikalische und chemische, in geringem Umfang auch durch mikrobiell-enzymatische und originär-enzymatische Vorgänge. Diese Prozesse laufen sowohl neben- als auch nacheinander ab, wobei eine Reaktion mit der anderen korreliert. Auswirkungen auf das mikrobiologische Profil sind von folgenden Faktoren zu erwarten:

- **Nitritpökelsalz** (Nitritwirkung, Salzwirkung)
- **Lakeschärfe / Lake-Fleisch-Verhältnis**
- **Pökelhilfsstoffe und andere Lakezusätze** (Ascorbat, Zucker, Glutamat, Phosphat, Lactat und Gewürze)
- **Temperatur, Pökelzeit, Luftfeuchte**
- **pH-Wert**
- **a_w-Wert**
- **Redoxpotenzial**
- **Mikrobiologie der Lake**

Nitritpökelsalz

Gemäß EU-Recht kann bei erhitzten gepökelten Fleischerzeugnissen Kalium- und/oder Natriumnitrit in Form von Nitritpökelsalz verwendet werden. Die zugesetzte Menge (Richtwert) beträgt 150 mg/kg, die Höchstmenge zum Zeitpunkt der Abgabe an den Endverbraucher 100 mg/kg ausgedrückt als Natriumnitrit. Auch Natrium- und oder Kaliumnitrat dürfen Verwendung finden. Hier lautet - ausgedrückt als Natriumnitrat - der Richtwert für die zugesetzte Menge 300 mg/kg und die Höchstmenge bei Abgabe 250 mg /kg [42].

Bei Kochpökelware liegt die Zusatzmenge in der Regel bei etwa 70 bis 90 ppm Nitrit [134]. Vor allem während der Pasteurisierung werden ca. 20 bis 50 ppm des Nitrits in Nitrat umgewandelt. Aufgrund der erhitzungsbedingten weitgehenden Ausschaltung nitratreduzierender Mikroorganismen (Mikrokokken, Staphylokokken) steht dieses nicht für den Pökelprozess und die mikrobiologische Stabilisierung der Erzeugnisse zur Verfügung [127].

Insbesondere durch den Einsatz von Pökelhilfsstoffen (Natriumascorbat), aber auch Tumbeln, Vakuumbehandlung und intensivierte Wärmeeinwirkung kann der Nitritanteil im Erzeugnis gesenkt werden. Die fortschreitende Lagerung verringert den Nitritgehalt weiterhin [75, 76, 85]. Hingegen steigt der Nitratgehalt unter dem Einfluss von Pökelhilfsstoffen meist etwas an und bleibt während der Aufbewahrung weitgehend konstant.

Beim Fertigerzeugnis darf der gesamte Restgehalt, der sich zu verschiedenen Teilen aus Nitrit und Nitrat zusammensetzt und als $NaNO_2$ berechnet wird, zwar 100 ppm nicht übersteigen, liegt in der Praxis bei den erhitzten Produkten jedoch zumeist zwischen 40 und 70 ppm [132, 134, 135]. Die relativ großzügig bemessene Toleranzspanne erwies sich als notwendig, da v.a. über das zugesetzte Wasser nicht unerhebliche Mengen an Nitrat in die Produkte gelangen können [132, 134].

Nitritwirkung: Eine Nitritzugabe bewirkt die für Pökelware charakteristischen Veränderungen, die sich nicht nur in der Ausbildung von Pökelrot und -aroma sowie antioxidativen Prozessen äußern, sondern es stellen sich auch konservierende Effekte ein. Insbesondere werden Lebensmittelvergifter (v.a. *Clostridium botulinum* und Salmonellen) bei Konzentrationen von ca. 80 bis 150 ppm Nitrit in ihrer Entwicklung eingeschränkt; aber erst oberhalb von 200 mg/l werden diese Keime nachhaltig inaktiviert [56, 89, 134].

Laut SILLA und SIMONSEN zeigt Nitrit haltbarkeitsverbessernde Wirkung gerade bei Scheibenware, denn eine signifikante Korrelation wurde zwischen der Nitritkonzentration zur Zeit des Aufschneidens und der Lagerfähigkeit der Erzeugnisse festgestellt [111]. Stets hängt jedoch der konservierende Effekt von weiteren Einflussfaktoren ab (pH-Wert, a_w-Wert, Temperatur) [100, 107, 122, 134]. Zudem lässt sich schwer entscheiden, inwieweit das Nitrit selbst oder seine Reaktionsprodukte beteiligt sind. Werden beispielsweise Kulturlösungen vor dem Beimpfen erhitzt, so entsteht eine Clostridien hemmende Substanz, die nach ihrem Entdecker **„Perigo-Faktor“** genannt wurde [4, 76, 90, 92, 100, 101]. Ihre Natur bzw. chemische Zusammensetzung ist bis heute nicht gesichert; vielleicht handelt es sich um Reaktionsprodukte des Cystins, z.B. Bactin, welche sich unter dem Einfluss von Nitrit bilden [127].

LECHOWICH et al. [61] vermuten folgende antimikrobielle Mechanismen von Nitrit in Pökelfleisch:

- Nitrit verstärkt die Hitzeinaktivierung der Sporen.
- Nitrit erhöht die Auskeimungsrate der Sporen, die dann durch anschließende Erhitzung abgetötet werden.

- Nach der Wärmebehandlung hemmt Nitrit die Auskeimung von Sporen.
- Während der Erhitzung reagiert Nitrit mit anderen Komponenten, so dass neue antimikrobiell wirkende Stoffe im Fleisch entstehen (Perigo-Faktor).

ROBERTS und GARCIA testeten die Wirkung von erhitztem Nitrit auf andere Keimarten (Bazillen, Staphylokokken), konnten für diese jedoch keine eindeutige inhibitorische Wirkung in pasteurisierter Pökelware nachweisen [99].

Insgesamt ist für den konservierenden Effekt eine weit höhere Nitritmenge erforderlich als für die Ausbildung von Pökelfarbe und -aroma (dort 50 ppm), weshalb die gesetzlich zugelassene Höchstmenge im Endprodukt für eine bakterizide Wirkung alleine nicht genügt und zusätzliche Maßnahmen („Hürden") zur Erzielung einer ausreichenden Haltbarkeit notwendig werden (Erhitzen, Kühlen) [132, 135].

Salzwirkung: Nicht Nitrit, sondern Kochsalz gilt als der wichtigste mikrobiell stabilisierende Faktor von Fleischerzeugnissen, obgleich NaCl selbst keine substanzspezifische antimikrobielle Wirkung aufweist [91, 92]. Während geringe Salzkonzentrationen mikrobielles Wachstum fördern, wirken hohe Konzentrationen bakteriostatisch bzw. bakterizid und zwar am stärksten auf die gramnegative stäbchenförmige Flora (Pseudomonaden, Enterobakteriazeen), weniger intensiv auf Mikrokokken, Streptokokken und Laktobazillen [50, 122].

Wegen der im Allgemeinen sehr schonenden Erhitzung von +65 bis +68 °C und einem durchschnittlichen Kochsalzgehalt von 2,1 % gilt Kochpökelware als mikrobiell besonders labil. Durch Kochsalzentzug werden die Produkte noch anfälliger für einen schnellen Verderb, wobei niedrige Temperaturen und hohe pH-Werte die Salztoleranz der Mikroorganismen steigern.

Lakeschärfe und Lake-Fleischverhältnis stellen die beiden Faktoren dar, welche die Salzkonzentration im Endprodukt weitgehend bestimmen. Angestrebt wird eine Kochsalzkonzentration von 1,7 bis 2,1 % [18, 92, 115, 134].

Pökelhilfsstoffe und andere Lakezusätze

Die Verwendung so genannter Pökelhilfsstoffe ist für erhitzte Erzeugnisse unverzichtbar. Gemäß ihres Wirkungsmechanismus gegenüber Nitrit ist prinzipiell zwischen der Gruppe der pH-senkenden Genusssäuren einerseits und der reduzierend wirkenden Ascorbinsäure bzw. ihres Natrium-Salzes andererseits zu unterscheiden. Aus sensorischen Gründen beschränkt sich der Einsatz von Genusssäuren auf Citronensäure und Milchsäure sowie die aus Glucono-delta-Lacton entstehende Glukonsäure [22, 51].

Ascorbinsäure bzw. ihr Natriumsalz, das **Natriumascorbat**, unterstützen aufgrund ihrer reduzierenden Eigenschaften die Bildung des Pökelfarbstoffes, indem sie u.a.

die Umsetzung von Nitrit zu Stickoxid beschleunigen [89, 92, 134]. Durch ihren Zusatz lässt sich die erforderliche Nitritmenge bis zu ein Drittel verringern [93], was zwar die toxikologische Situation verbessert, nicht jedoch die Haltbarkeit.

Zuckerstoffe, Gewürze, Gewürzextrakte und **Glutamat** werden kommerziellen Laken zur Verbesserung des Aromas zugefügt. Als weiterer Grund für die Zuckerverwendung (Glukose, Maltose, Laktose Saccharose, Trockenstärkesirup) werden bessere Umrötung und höhere Ausbeute angegeben [93, 95].

Zu bedenken ist allerdings, dass Zucker bei der Lagerung fertiger Kochpökelwaren - v.a. in SB-Packungen - als Substrat für Milchsäurebildner zu einer schnelleren Säuerung der Produkte führt. Darüber hinaus begünstigen große Saccharosemengen auch das Schleimigwerden der Lake durch mikrobielle Aktivität [19]. Diese **Schleimbildner** können in gleicher Weise zum Entstehen einer hochviskosen, schleimigen Auflagerung bei vakuumverpackten Kochschinken führen, wobei sich der Geschmack der Ware kaum verändert [6, 8, 9, 56, 73, 103].

Wie neuere Untersuchungen zeigen, lässt sich die Haltbarkeit von Fleischerzeugnissen durch den Zusatz von **Natrium-Lactat** (NaL) deutlich verlängern [10, 13, 22, 47, 86, 120, 128]. Von besonderem Interesse ist dabei, dass auch pathogene und verderbsfördernde Keime, v.a. solche, die sich auch bei niedrigen a_w-Werten (< 0,95) und in Anwesenheit von Kochsalz vermehren können, durch Lactat gehemmt werden (*S. aureus, L. monocytogenes, C. botulinum,* Campylobacter, Salmonellen, *B. thermosphacta, Y. enterocolitica*). Der bakteriostatische Effekt von NaL basiert auf zwei Prinzipien: Einerseits erfolgt die Hemmung über eine Senkung der Wasseraktivität im Produkt, andererseits wird vermutet, dass auch das Lactat-Ion selbst eine bakteriostatische Wirkung besitzt. So wurden in einer Modellstudie mit Kulturmedien u.a. *S. typhimurium* und *S. aureus* in ihrem Wachstum stärker gehemmt, wenn der a_w-Wert mit Hilfe von NaL vermindert war, als wenn derselbe a_w-Wert durch NaCl-Zugabe erreicht wurde [47, 128].

Auch dem **Phosphat**, welches inzwischen für Kochpökelware als Phosphorsäure sowie Na-, K- und Ca-Salze der Ortho-, Di-, Tri- und Polyphosphorsäuren mit einer Höchstmenge von 5 g/kg zugelassen ist, wird eine gewisse bakteriostatische Wirkung zugeschrieben. Sie beruht vermutlich darauf, dass katalytisch wirkende mehrwertige Metall-Ionen (Ca^{2+}, Mg^{2+}, Fe^{3+}) durch Polyphosphate in Komplexen gebunden werden und dem Bakterienstoffwechsel nicht mehr zur Verfügung stehen. Diese Wirkung der Phosphate richtet sich gegen *S. aureus* und *E. faecalis*, besonders aber gegen *B. subtilis* und Clostridien. Gramnegative, v.a. mesophile und psychrophile Mikroorganismen verhalten sich weniger empfindlich. Die bei Kochpökelware übliche Dosierung der Phosphate dürfte jedoch für eine bakteriostatische Wirkung kaum ausreichen, zumal dieser Effekt von weiteren Faktoren abhängt, wie der Konzentration an extrazellulären Proteinen, dem pH-Wert und der Zusammensetzung und Menge freier Metall-Ionen im Lebensmittel [5].

Oft wird behauptet, dass **Gewürze**, insbesondere wenn sich diese in bereits geöffneten Behältnissen befinden, beträchtliche Mengen an Keimen, darunter v.a. Enterobakteriazeen und Sporenbildner, auf das herzustellende Lebensmittel übertragen. Da die aerobe mesophile Gesamtkeimzahl zumeist 10^4 bis 10^5 Keime pro Gramm Gewürz beträgt, kämen bei Verwendung von einem Gramm Gewürz im Mittel weitere 10^2 Mikroorganismen auf ein Gramm des Fleischerzeugnisses hinzu [41]. Diese zusätzliche Kontamination - zumal sie vor dem Erhitzungsprozess erfolgt - lässt sich in den meisten Fällen beherrschen [38]. Im Übrigen wird die Verwendung von Gewürzextrakten empfohlen, weil sie im Allgemeinen keine bakterielle Belastung aufweisen [39]. Für Kochpökelwaren stehen heute zudem rauch- und wasserdurchlässige Polyethylen-Folien sowie Baumwollhüllen zur Verfügung, die mit hitzebehandelten Gewürzen beschichtet sind und zur keimreduzierten Oberflächendekoration eingesetzt werden können [105].

Temperatur/Zeit

Wie alle chemischen Prozesse ist die Reaktion zwischen Pökelstoff und Muskelpigment temperatur- und zeitabhängig. Der Spielraum für die Temperaturwahl wird zum einen durch die bei höheren Wärmegraden zunehmende Wachstumsbereitschaft der mesophilen Ausgangsflora (ab +5 °C) begrenzt. Zu tiefe Pökeltemperaturen verlangsamen andererseits die Umsetzungsprozesse und verlängern die notwendige Einwirkungszeit der Zusatzstoffe. Technologisch sinnvoll sind Pökel- und Laketemperaturen von +6 bis +8 °C [19, 87, 98, 115]. Die relative Luftfeuchte des Pökelraumes sollte dabei 80 bis 85 % betragen. In den Vereinigten Staaten wird mitunter ein sogenanntes Warmpökelverfahren bei Temperaturen um +30 bis +35 °C angewendet [19, 29, 115], das sich in der Bundesrepublik wegen des gesteigerten mikrobiellen Risikos jedoch nicht durchsetzen konnte.

pH-Wert

Aus mikrobiologischer Sicht besitzt ein niedriger pH-Wert Vorteile, denn durch ihn werden pathogene und verderbserregende gramnegative Stäbchen gehemmt. Dies geschieht sowohl durch die direkte Säurewirkung als auch indirekt durch einen verbesserten Effekt des Nitrits bei niedrigeren pH-Werten (<5,7; Optimum: 5,3 bis 5,5) [67, 108, 122]. Zwar ist die Senkung des pH-Wertes durch Einsatz von Genusssäuren prinzipiell möglich, doch verschlechtert die Maßnahme den Geschmack und das Wasserbindungsvermögen [91, 92, 134].

a_w-Wert

Herkömmlicher Kochschinken besitzt einen a_w-Wert um 0,989 [64]. Weil die Wasseraktivität mikrobielle, enzymatische, chemische und physikalische Reaktionen beeinflusst, erscheint es wünschenswert, die Produkte auf einen a_w-Wert unter 0,95 einzustellen, da sich dann die meisten Mikroorganismen nicht mehr vermehren können. Eine a_w-Wertsenkung lässt sich mit folgenden, in absteigender Reihenfolge ihrer Effizienz genannten Zusätzen bewerkstelligen: Kochsalz, Polyphosphat, Citrat, Ascorbinsäure, Glucono-delta-Lacton, Acetat, Tartrat, Glycerin, Lactose, Milcheiweiß und Fett [64]. Dabei findet man nur Summation, aber keine Wechselwirkungen zwischen den einzelnen Substanzen [36, 108].

Es gibt jedoch einen Grund, der eine Verminderung der Wasseraktivität kontraindiziert erscheinen lässt: Weil die üblicherweise angewandte niedrige Erhitzungstemperatur (Kerntemperatur meist um 65 °C) nicht zur vollständigen Abtötung der hygienisch relevanten Enterokokken ausreicht, würde es sich als Nachteil erweisen, dass die Hitzeresistenz dieser Keime mit fallendem a_w-Wert zunächst ansteigt. Wird die Wasseraktivität mit Kochsalz eingestellt, findet sich die höchste Hitzeresistenz bei einem a_w-Wert von 0,95 [69, 130].

Da sich die Vermehrung der Mikroorganismen v.a. auf der Oberfläche abspielt, kommt dem Oberflächen-a_w-Wert große Bedeutung zu, und es empfiehlt sich eine niedrige relative Luftfeuchte der Umgebungsluft.

Redoxpotenzial

Frisch hergestellte Laken besitzen - wegen des eingebrachten Luftsauerstoffes - ein hohes Redoxpotenzial (meist über +350 mV) [19]. Durch die Keimvermehrung (O_2-Verbrauch) und den Übertritt reduzierender Stoffe (schwefelhaltige Aminosäuren, Ascorbinsäure, Na-Ascorbat, reduzierend wirkende Zucker) sinkt der Wert allmählich ab. Das herabgesetzte Redoxpotenzial verschafft mikroaerophilen Keimen wie Laktobazillen und Streptokokken, aber auch Enterobakteriazeen, einen Selektionsvorteil gegenüber aerob wachsenden Verderbskeimen [113].

Auf Grund des sehr geringen Redoxpotenzials im Inneren der Muskulatur finden dort manche sauerstoffempfindliche Keime (wie z.B. *C. botulinum*) gute Wachstumsbedingungen [19].

Mikrobiologie

Auf die Entwicklung einer eigenen Pökelflora wird bei erhitzten Pökelerzeugnissen im Allgemeinen und bei den modernen beschleunigten Herstellungsverfahren im Besonderen kaum noch Wert gelegt. Speziell die Beimpfung von Spritzlaken verlangt besondere Vorsicht, denn es können unerwünschte Keime bis in den Kern des Fleisches gelangen und Tiefenfäulnis auslösen [79, 91].

Versuche am American Meat Institute zeigten, dass Bakterien bei Anwendung von Schnellverfahren für die Veränderungen während der Pökelung von Kochschinken nicht von Bedeutung sind. Bei den früher üblichen Pökelmethoden waren allerdings

Mikroorganismen für die Nitratreduktion wichtig und wirkten sich wahrscheinlich auch auf den Geschmack der Schinken aus. Andererseits fand sich in den zur Schinkenpökelung benutzten Aufgusslaken und auf der Schinkenoberfläche ein nur mäßiger Keimgehalt, der alleine nicht ausreicht, um Farbe und Geschmack der verkaufsfähigen Ware zu beeinflussen. Vor allem im Schinkenkern wurden wenige Keime nachgewiesen [62].

3.1.2.2 Beschleunigte Herstellungsverfahren - 1. Pökelverfahren

Das **Aderspritzverfahren** gewährleistet eine schnelle und gleichmäßige Lakeverteilung bis an die Knochen, wodurch v.a. auch eine bessere Konservierung des mikrobiologisch anfälligen Knochenmarks und der Knochenhaut erreicht wird. Zudem wird arterielles und venöses Restblut aus den Gefäßen herausgespült, was ebenfalls zur Haltbarkeitsverbesserung beiträgt. Technisch einfacher gestaltet sich das **Muskelspritzverfahren** mittels Kanülen. Hierbei ist auf die Sauberkeit des Injektors und der Verbindungsschläuche zu achten. Ist die Apparatur mit Gewebeteilchen und Präparateresten verklebt, kommt es zu ungenauen Einspritzmengen und - da die Ablagerungen einen guten Nährboden darstellen - zu unerwünschtem mikrobiellem Wachstum mit Fehlfabrikaten als Folge (Vergrünung, Porigkeit durch Gasbildung und mangelnde Haltbarkeit) [79, 81]. Es wird daher empfohlen, die Lake mittels eines Filtersystems - vorzuziehen sind Rotationsfilter - von Gewebeteilchen zu befreien, auf die Verwendung gut löslicher Lakekomponenten (Spritzmittel, Pökelwürzungen) zu achten und die Durchgängigkeit der Injektionsnadeln regelmäßig zu kontrollieren. Eine weitere Kontaminationsquelle bilden unzureichend gereinigte Druckausgleichsbehälter [55]. Um das Risiko einer Verschleppung von Mikroorganismen - insbesondere von anaeroben Sporenbildnern - in die Tiefe der Muskulatur zu vermeiden, sollten die Injektoren nach jedem Gebrauch gereinigt und desinfiziert sowie korrodierte Nadeln ausgewechselt werden.

Andererseits dürfen Spritzlöcher, welche durch zu hohen Lakedruck entstehen, nicht fälschlicherweise als **„Gärlöcher“** interpretiert werden [12, 18].

Nach dem Spritzen wird die Ware meist in einer etwa gleichstarken Pökellake nass weitergepökelt, woran sich Durchbrennen und gegebenenfalls Räuchern anschließen [29].

3.1.2.3 Beschleunigte Herstellungsverfahren - 2. mechanische Bearbeitung

Die Nachteile konventioneller Kochschinkenherstellung - v.a. ungenügender Scheibenzusammenhalt und niedrige Ausbeute - lassen sich durch eine mechanische Behandlung des Fleisches beheben [95]. Hierfür werden das sogenannte **Polter-(Polder-, Tumbel-) verfahren** oder das **Massageverfahren** angewendet [79, 82, 107, 115].

Im Allgemeinen werden +6 °C bis +8 °C als **optimale Tumbeltemperaturen** angesehen. Mit mikrobiell bedingten Pökelfehlern muss bei der Überschreitung von +12 °C gerechnet werden. Akzeptable Produkte können auch bei tieferen Temperaturen (+2 °C) durch längere Pökelzeiten erzielt werden, zumal bestimmte Mikroorganismen, die für das charakteristische Pökelaroma verantwortlich sind, sich bei diesen Temperaturen besser entwickeln [18].

Untersuchungen zur Keimzahl von getumbelten und ungetumbelten, mit *Lactobacillus plantarum* beimpften Schinken (ca. 5 x 10^8 KbE/ml) bei verschiedenen Behandlungstemperaturen (+3 °C, +23 °C) ergaben, dass die Bakteriendichte während des gesamten, 18 Stunden umfassenden Herstellungszeitraums relativ konstant blieb. Die höchste Keimzahl fand sich mit fast 10^8 KbE/g im Exsudat, gefolgt von 10^7 KbE/cm^2 auf der Oberfläche und $10^{5,5}$ KbE/cm^2 im Inneren des Schinkens. Tumbel- bzw. Durchbrenntemperaturen von 23 °C führten nach 12 Stunden Bearbeiten bzw. Ruhen zu einer geringfügigen Keimzunahme. Im Inneren des getumbelten Schinkens kam es nach 15 Stunden zu einem deutlichen Anstieg um ca. eine Zehnerpotenz, während im ungetumbelten Schinken nur eine geringe Keimvermehrung stattfand. Somit führt das Tumbeln bei niedrigen Temperaturen zu keiner signifikanten Keimzunahme [85, 98].

Diese Ergebnisse bestätigen auch die Versuche von Reichert und Mitschke [98] sowie Mills et al. [75], die feststellten, dass weder Tumbeltemperatur noch Evakuieren und CO_2-Begasung einen statistisch gesicherten Einfluss auf Keimzahl und -zusammensetzung nehmen. Während der 400-minütigen Bearbeitungszeit bei 0 bis +10 °C fand sich keine signifikante Keimvermehrung. Eine wesentlich höhere Behandlungstemperatur (oberhalb von +10 °C) sollte nach ihrer Meinung jedoch nicht über einen längeren Zeitraum als ca. 200 Minuten angewendet werden.

Neben der Tumbel- und Massagetechnologie kommen als weitere mechanische Behandlungsverfahren **Entfließtechnik**, **Quetschen** und **Steaken** sowie das **Fleischpressen** und der Einsatz von **Polterigeln** zur Anwendung [31, 81, 82, 94, 95, 98, 106, 107]. Die so behandelten Fleischstücke werden vor dem Poltern anteilig dem unbehandelten Fleisch zugesetzt.

Die stärkere mechanische Behandlung bedingt ein erhöhtes mikrobiologisches Risiko, denn die vermehrt freigesetzten Muskelproteine bilden das Substrat für eine schnelle Bakterienvermehrung.

Als weitere technologische Neuentwicklung zur Erzielung einer besseren Bindung und Schnittfestigkeit ist der **Einsatz der Transglutaminase** zu erwähnen. Dieses inzwischen industriell produzierte Enzym, das in einem breiten Temperatur- und pH-Wert-Bereich wirksam ist (Temperaturoptimum: 50 bis 55 °C, pH-Werte 5 bis 9), führt zur Vernetzung von Muskeleiweißen. Die entstehende Bindung fällt hierbei wesentlich stärker aus als die Kräfte, welche Eiweiße beim Erhitzen stabilisieren.

Durch Einsatz von Transglutaminase lässt sich der Scheibenzusammenhalt sowie die Bindung zwischen zusammengefügten Muskelpartien verbessern, ohne dabei Wechselwirkungen zu Wasserbindungsvermögen oder Phosphateinsatz zu zeigen [14, 37, 58].

3.1.3 Räuchern und Einformen

Das Einformen der Ware in Kochformen, Därme oder Folien erfolgt vor oder nach dem Räuchern. Untersuchungen von XARGAYO et al. belegen, dass durch maschinelles Einformen unter Vakuum die bakterielle Kontamination der Schinken abgesenkt sowie Qualität und Haltbarkeit des Endprodukts verbessert werden können [136].

Aus Gründen der Rationalisierung räuchert man Kochschinken heute meist nur dann, wenn sie in wasserdampf- und rauchdurchlässige Faserdärme eingezogen wurden. Folienschinken und Schinken in Kochschinkenformen werden üblicherweise nicht geräuchert [80].

Das Ziel der Räucherung besteht vor allem in der Ausbildung von Rauchfarbe und -aroma sowie der Intensivierung der Umrötungsvorgänge. Die haltbar machende Wirkung der Rauchkomponenten ist dagegen als gering einzustufen und nimmt - da es sich um flüchtige Substanzen handelt - im Lagerungsverlauf ab. Die antimikrobiellen Effekte beschränken sich meist auf die Oberfläche, wo sie sich gegenüber gramnegativen Stäbchen, Mikrokokken und Staphylokokken meist stärker ausprägen als gegen Pediokokken, *Leuconostoc,* Streptokokken, Laktobazillen sowie Bakterien- und Pilzsporen. So kann es neben einer allgemeinen Keimhemmung zu einer konservierenden Wirkung durch die Verschiebung der Mikroflora von katalase-positiven Proteo- und Lipolyten hin zu katalase-negativen Bakterien kommen [51].

Die bei der Kochpökelwarenherstellung übliche Heißräucherung, die sich in Abhängigkeit von angewandter Temperatur (ca. +65 bis +85 °C, rel. Luftfeuchte >50 %) und Raucheinwirkung über 20 bis 45 Minuten erstreckt, ist als ein Segment in den

Erhitzungsprozess eingebunden [29, 80]. Nach dem Räuchern schließt sich der eigentliche Erhitzungsschritt mit dem Ziel an, den festgelegten F_{70} °C-Wert oder eine bestimmte Kerntemperatur zu erreichen.

3.1.4 Erhitzen

Direkt vor dem Pasteurisieren analysierten Reichert et al. [97] die Mikroflora von Kochschinken (n = 6). Danach schwankte die durchschnittliche Gesamtkeimzahl zwischen 10^4 KbE/g und 10^6 KbE/g; meist dominierten Laktobazillen. D-Streptokokken lagen in der Regel bei 10^3 KbE/g, in einer Probe jedoch bei 2,2 x 10^5 KbE/g; in einer anderen wurden sie nicht nachgewiesen. Mikrokokken besaßen meist ähnliche oder geringere Werte als die Laktobazillen. In drei Proben fanden sich 10^2 KbE/g sulfitreduzierende Clostridien. Ein größeres Probenkontingent untersuchte Gardner [33]. Nach seinen Ergebnissen lag die Gesamtkeimzahl zwischen 2 x 10^3 und 10^7 KbE/g und die der säuretoleranten Laktobazillen zwischen < 5 x 10^2 und maximal 7 x 10^4 KbE/g. Die Bestimmung von *Brochothrix thermosphacta* ergab Werte zwischen < 5 x 10^2 und 1,8 x 10^6 KbE/g, die der Vibrionen < 5 x 10^2 bis 1,5 x 10^6 KbE und die der Enterokokken < 5 x 10^2 bis 6 x 10^3 KbE/g.

Gemäß Untersuchungen von Samelis et al. [104] spielen Milchsäurebildner, welche meist zum Verderb der fertigen Kochpökelware führen, vor der Erhitzung keine Rolle. Vielmehr beherrschen während des Pökelns und Tumbelns Carnobakterien, v.a. *C. divergens* sowie *B. thermosphacta* das Bild. Zugleich findet eine zunehmende Verlagerung der Mikroflora von gramnegativen Keimen bei Beginn der Herstellung zu überwiegend grampositiven Keimen vor dem Erhitzungsprozess statt. Durch Kreuzkontamination kann auch *L. monocytogenes* während des Tumbelns an Bedeutung gewinnen.

Es besteht keine Möglichkeit, durch Temperatureinfluss alle Bakterien und Sporen abzutöten, denn die notwendige starke Hitzeeinwirkung bedingt qualitative und wirtschaftliche Einbußen, wobei Geleeabsatz, verringerte Ausbeute und Denaturierung in den Randbezirken dominieren. Von +63 bis +64 °C an verbindet sich jede weitere Steigerung um ein Grad C mit zusätzlichen Kochverlusten von 1,5 bis 2 %. Eine Kerntemperatur von +69 °C stellt für konventionell hergestellte Schinken insoweit die Grenze dar, als die Muskulatur andernfalls auseinanderfällt. Wegen des stabilisierenden Proteinschaums lassen sich Formschinken allerdings auf +70 bis +72 °C erhitzen [31].

Den Garungsprozess vermögen vor allem Enterokokken, hitzeresistente Milchsäurebildner, Corynebakterien und gelegentlich Mikrokokken sowie die Sporen der Bazillen und Clostridien zu überstehen [33, 46, 53, 80, 130]. Die meisten Probleme scheinen Enterokokken wegen ihres hohen Vermehrungspotenzials zu bereiten.

Um ein ausreichend haltbares Produkt zu erzeugen, müssen die zu erwartende Zahl und Art der vegetativen Keime und Sporen im Ausgangsmaterial, die angestrebte Haltbarkeit bei einer definierten Temperatur und eventuell weitere Hürden berücksichtigt werden (pH, Nitrit- und Kochsalzkonzentration bzw. a_w-Wert, Eh). Demgemäß wurde eine Vielzahl von Erhitzungsverfahren erprobt, um einen Kompromiss zwischen mikrobiologischer Stabilität und Wirtschaftlichkeit zu finden [78, 95, 107]. Als besonders schonendes Verfahren erwies sich die **Delta-T-Erhitzung** [95]. Ihr Prinzip beruht darauf, dass während des Pasteurisierens zwischen der Temperatur des umgebenden Mediums (Wasser oder Dampf) und der Kerntemperatur im Gargut bis zum Erreichen der gewünschten Endtemperatur eine konstante Temperaturdifferenz (Delta-T) eingehalten wird. Mit Delta-T = 25 °C lassen sich bei Kochschinken auch hinsichtlich des Energieverbrauchs die besten Ergebnisse erzielen [78, 92, 107]. Die in der Praxis noch häufig übliche Angabe der Kerntemperatur gestattet - wegen der Interaktion dieses Maßes mit dem Kaliber - keine exakte Aussage über die Höhe des gesamten Erhitzungseffektes. Aus diesem Grund hat sich die **F-Wert-Berechnung** für Brühwurst, Kochwurst und Kochschinken als geeigneter erwiesen. Sie erfolgt nach demselben Prinzip wie die Botulinum-Kochung bei Vollkonserven, ist aber - bezüglich der Erhitzungstemperatur und relevanten Keimarten - auf die besonderen Gegebenheiten bei Kochpökelware ausgerichtet. So wird bei dieser Berechnung die Hitzeresistenz der technologisch besonders relevanten Enterokokken mit einem D_{70} °C = 2,95 min und einem z-Wert von 10 °C zugrunde gelegt.

Da es sich bei den Enterokokken nicht um Lebensmittelvergifter, sondern um Verderbserreger handelt, erachtet man eine statistische Sicherheit von 10^{-5} als ausreichend, d.h. es wird akzeptiert, dass eins von 100 000 Produkten mikrobiologisch instabil sein könnte.

Als Ausgangskeimgehalt werden 10^7 Bakterien pro Gramm Behältnisinhalt angenommen. Der erforderliche Erhitzungseffekt (= Leistungskriterium) lässt sich nach folgender Gleichung berechnen, wobei die Hitzebehandlung F_s in min bei 70 °C ausgedrückt wird. Hierbei ist die Anfangskeimzahl a und die Keimzahl nach der Erhitzung (vorgegebene mikrobiologische Sicherheit) b:

$F_s = D (\log a - \log b)$.

Für einen Schinken von 3 kg Gewicht ergäbe sich bei dem angenommenen Ausgangskeimgehalt an Enterokokken entsprechend [80]:

$F_s = 2{,}95 (\log 3000 \times 10^7 - \log 10^{-5})$

Fs = 45,67.

Für Kochschinken errechnen sich, je nach Ausgangskeimgehalt und Sicherheit, F_{70} °C-Werte zwischen 30 und 50 [95, 97, 114].

Nach der Wärmebehandlung empfiehlt es sich, die Kochpökelware rasch abzukühlen, um die Entwicklung überlebender Mikroorganismen, besonders der Sporenbildner, zu hemmen. Die Temperatur beim anschließenden Lagern sollte höchstens +5 °C betragen.

3.1.5 Mikrobiologie von Dosenschinken

Nach der Einteilung von LEISTNER et al. gehören Dosenschinken zu den sogenannten Halbkonserven (**Typ I, semi-conserve, „stable“**) [65, 68]. Solche Erzeugnisse können wegen der nur geringen Erhitzung, die im Inneren Temperaturen von 60 bis 70 °C meist nicht überschreitet, a priori nicht steril sein. Die Haltbarkeit der Ware wird - abgesehen von der sachgemäßen Lagerung (höchstens 6 Monate bei maximal +5 °C) - wesentlich durch die überlebenden Keime bestimmt, wobei neben der absoluten Anzahl der Mikroorganismen ganz besonders die vorhandenen Arten eine entscheidende Rolle spielen.

Wie bereits dargelegt, überleben oft **thermoresistente vegetative Keime** (Enterokokken, mitunter auch Milchsäurebildner, Mikrokokken und Corynebakterium-Mikrobakterium) [33, 74, 130]. Ebenso überstehen die Sporen der Bazillen und Clostridien meist unbeschädigt die Hitzebehandlung.

Für sämtliche Fleischkonserven stellen darüber hinaus **Rekontaminanten** nach der Erhitzung ein besonderes Risiko dar. Überwiegend tritt der Vorgang während des Kühlens auf, sofern die Behältnisse undicht sind. Dabei handelt es sich häufig um eine Mischflora, die bei Kühlwasserrückgewinnung auch Bakteriensporen enthalten kann. Vorwiegend liegen jedoch gramnegative Fäulnisbakterien vor. Sie führen relativ schnell zum Verderb der Füllgüter, oft verbunden mit Bombagen [39, 52].

In unversehrten Dosen spielen v.a. Fäkalstreptokokken, wie *Enterococcus* (früher *Streptococcus*) *faecium* und *faecalis*, eine entscheidende Rolle, denn als einzige den Erhitzungsprozess überlebende Keime können sie sich bei den üblichen Salz- und Nitritkonzentrationen in gekühlter Ware vermehren.

Häufigkeit von Enterokokken in Dosenschinken:
Nach einer Inkubationszeit von 5 Tagen bei 37 °C erwiesen sich 181 der 257 von SINELL [112] untersuchten Dosenschinkenproben als keimhaltig; 49,4 % davon enthielten Enterokokken. Überwiegend wurde *E. faecium* isoliert, lediglich in einem Fall *E. faecalis var. liquefaciens*. Geruchs- und Geschmacksabweichungen bestanden nur

bei 18 % der keimhaltigen Dosen (lakig, etwas adstringierend, säuerlich), wobei diese häufiger in Proben mit Mischkulturen (mit anaeroben, vereinzelt auch aeroben Sporenbildnern) als bei Enterokokken-Reinkulturen auftraten.

INGRAM und BARNES konnten aus 490 Dosenschinken in ca. 3 % der Fälle Streptokokken anzüchten. Ihre Anzahl betrug in 13 der Schinken mehr als 10^6 KbE/g [49, 112].

LABOTS lagerte Dosenschinken und Schinkenabschnitte für bis zu 8 Monate bei +5 °C. Dabei entwickelten sich im Dosenschinken lediglich Enterokokken, während in den Schinkenabschnitten oft auch sulfitreduzierende Clostridien wuchsen. Eine Lagerung bei +5 °C führte in 3 Monaten zu einem Anstieg der Enterokokken um 0,5 log-Stufen, nach 6 Monaten um 3 log-Stufen. Bei Lagerungstemperaturen um 0 °C vermehrten sie sich hingegen kaum [46, 60].

Selbst hohe Enterokokkenzahlen müssen nicht zwangsläufig zu einem erkennbaren Verderb führen, ihre Vermehrung kann jedoch unerwünschte Veränderungen von Textur, Geruch, Geschmack sowie Grünverfärbungen bei Aufschnitt hervorrufen.

Eigenschaften der in Dosenschinken vorkommenden Enterokokken:

- **Thermoresistenz**

Insbesondere *E. faecium* besitzt eine hohe Thermoresistenz und kann Pasteurisierungsverfahren mit + 69 °C überstehen. Untersuchungen ergaben, dass die Hitzetoleranz dieser Keime in der späten stationären Phase ihr Maximum besitzt, und dass ihr Verhalten in Kulturmedien nur bedingt Rückschlüsse auf ihr Verhalten in Fleischerzeugnissen gestattet: So wurde im Nährsubstrat eine Abtötung dieser Mikroorganismen bei $F_{65,5}$ °C in 12 Minuten erzielt, während in Dosenschinken für den gleichen Effekt 24,5 Minuten erforderlich waren [45, 46].

- **antagonistische Wirkung**

KAFEL und AYRES [54] isolierten aus 45,9 % der 4241 von ihnen untersuchten Dosenschinken Enterokokken und stellten eine verderbshemmende Wirkung dieser Keime fest: Danach waren nur 1,9 % der mit Enterokokken kontaminierten Dosenschinken wahrnehmbar verdorben, während die Rate bei nicht mit Enterokokken kontaminierten Proben bei 3,7 % lag. Sie vermuten daher einen antagonistischen Effekt der Enterokokken gegenüber Clostridien, Bazillen und auch gegenüber *Weissella viridescens* (früher *Lactobacillus viridescens*). Neben der pH-senkenden und den Eh-Wert beeinflussenden Wirkung machen sie hierfür ein antagonistisches Agens verantwortlich, welches nicht filtrierbar ist und/oder sich durch Autoklavieren zerstören lässt.

- **Säuerung**

HOUBEN [46] gewann 67 Enterokokkenisolate aus pasteurisiertem Schinken und führte mit verschiedenen *E. faecium*-Stämmen Lagerungsversuche bei +8 °C durch. Nach 9 Monaten Lagerung sank der Anfangs-pH von 6,3 auf 6,0 bis 5,8 ab.

- **Gelatinaseaktivität**

E. faecalis var. liquefaciens kann in Dosenschinken zu zwei verwandten, aber in ihrer Ausprägung verschiedenen Verderbsformen führen. Beide Zustände sind das Ergebnis der starken Gelatinaseaktivität dieser Mikroorganismen, wobei Vermehrung in der Gallerte an der Schinkenoberfläche zu einer **Geleeverflüssigung** führt, während Wachstum im Schinkeninneren die sogenannte **„Kernerweichung“ („soft core“)** bedingt [20, 33, 34, 45].

Kernerweichungen werden auf zu geringe Kerntemperaturen während des Erhitzungsprozesses zurückgeführt, so dass die Keime im Schinkeninneren überleben und anschließend das interfibrilläre Bindegewebe enzymatisch verdauen. In beiden Fällen finden sich neben den ausgeprägten Konsistenzveränderungen keine weiteren Verderbsanzeichen.

- **Vergrünen von Kochschinken**

Das Vergrünen von Kochpökelware wird durch **Enterokokken**, jedoch auch durch andere Keime, v.a. durch *W. viridescens* [8, 9, 72, 74] hervorgerufen.

Bei aerobem Wachstum produzieren diese Mikroorganismen H_2O_2, das seinerseits die Haemfraktion des Nitrosohaemochroms angreift, indem es den Porphyrinring zu Choleomyoglobin, einem grünen Farbstoff, oxidiert. Werden hohe Peroxidkonzentrationen erreicht, so kann diese Oxidation gelbe Verfärbungen und schließlich farblose Bezirke hervorrufen.

Beim Vergrünen von Kochschinken oder anderer Kochpökelware werden inneres Vergrünen und oberflächliches Vergrünen unterschieden:

Inneres Vergrünen („centre“ oder „core greening“) bezeichnet das Entfärben der Pigmente im Zentrum des Schinkens nach dem Aufschneiden und dem Zutritt von Luftsauerstoff innerhalb von 15 Minuten bis 2 Stunden. Die beschriebenen Verfärbungen finden sich sowohl in Dosenschinken als auch in Frischware und stellen die Folge ungenügender Erhitzung dar. Sie beruhen auf der schnellen Peroxid-Synthese durch die im Schinkeninneren überlebenden Keime, welche nach dem Erhitzungsprozess zu hoher Populationsdichte angewachsen sind. Meist bestehen neben dem Vergrünen keine weiteren Verderbssymptome.

Beim **oberflächlichen Vergrünen** kommt es zu einem grauen bis grünen Farbumschlag der Schinkenoberfläche. Dieses Phänomen wird durch dieselben Keime verursacht, welche jedoch nicht den Erhitzungsprozess überleben, sondern nachträglich als Rekontaminanten auf die Oberfläche gelangen [33, 34].

Nach Ansicht von NIVEN und EVANS vermag jedes kochsalzresistente und Katalase-negative Bakterium, das sich bei niedriger Temperatur entwickelt und Peroxid bildet, mit Vergrünung verbundene Verderbserscheinungen bei Fleischwaren zu verursachen [72, 84].

Wie bereits dargelegt, kann auch *W. viridescens* in Dosenschinken und Frischware Vergrünungserscheinungen hervorrufen. Weil dieser Keim seine Thermoresistenz durch nochmaliges Erhitzen verdoppeln kann, ist besonderes Augenmerk auf die konsequente Reinigung und Desinfektion benutzter Kochformen zu richten [74, 107].

Sporenbildner in Dosenschinken
Unter den Sporenbildnern weisen die thermophilen Spezies, welche sich optimal bei + 50 bis + 60 °C vermehren, die größte Hitzeresistenz auf. Da sie unterhalb von + 40 °C jedoch nicht wachsen, besitzen sie für die kühlbedürftigen Halbkonserven keine Bedeutung [39, 63]. Wegen der Pökelstoffe und der tiefen Lagertemperaturen finden auch andere überlebende Sporen schlechte Bedingungen zum Auskeimen, weshalb Sporenbildner - zumindest bei industriell hergestellter und ordnungsgemäß gelagerter Ware - nur selten zu Verderb oder Intoxikationen führen [122].

Mikrokokken in Dosenschinken
Mikrokokken weisen im Allgemeinen eine relativ geringe Hitzeresistenz auf und gelangen daher zumeist nur als Rekontaminanten in Kochpökelprodukte. INGRAM wies sie jedoch auch in unversehrten Halbkonserven nach und vermutete, dass die Anwesenheit von emulgierendem Fett ihre Hitzeresistenz erhöht [48, 56].

3.1.6 Mikrobiologie der Frischware und vakuumverpackter Kochpökelware

3.1.6.1 Ausgangskeimgehalt und Florazusammensetzung

Abgesehen von den Sporenbildnern und vereinzelten thermoresistenten vegetativen Keimen besitzt Kochpökelware nach dem Erhitzen keine ausgeprägte Eigenflora mehr. Deshalb fehlt diesen Lebensmitteln meist eine „normale Verderbsflora" und Bakterienkulturen (überlebende Keime oder Rekontaminanten), welche sich üblicherweise nicht durchzusetzen vermögen, dominieren [103, 104]. In Abhängigkeit von der Ausgangsflora entwickeln sich sehr unterschiedliche Populationen, wobei speziell das Risiko besteht, dass **Lebensmittelvergifter**, welche normalerweise durch psychrotrophe Verderbserreger kompetitiv gehemmt werden, beim **Fehlen dieser Konkurrenzflora** zur Vermehrung gelangen. Gefährdet sind v.a. Produkte, in welchen die Verderbsflora durch die Verarbeitung stärker geschädigt ist als die Lebensmittelvergifter und die bei unzureichender Kühlung gelagert werden [10, 13, 109, 110].

Unter guten hygienischen Bedingungen können heute sehr niedrige Anfangskeimgehalte in Fertigerzeugnissen erzielt werden. SURKIEWICZ et al. analysierten mehrere Betriebe, welche sich auf das Aufschneiden und Verpacken von Importschinken spezialisiert hatten. 38 Proben ungeschnittenen Schinkens besaßen Ausgangskeimgehalte von weniger als 10^3 KbE/g. Auch 174 von 180 aufgeschnittenen Proben wiesen Gesamtkeimzahlen unter 10^3 KbE/g auf, während 5 weitere Proben unter 2 x 10^3 KbE/g lagen. Coliforme fanden sich nur in 3 Proben; *E. coli, S. aureus* und Salmonellen wurden nicht nachgewiesen [13, 121].

3.1.6.2 Aufschnittware - Bedeutung von Rekontamination und Verpackungshygiene

Je nach Hygienestandard erhöht sich die Keimdichte beim kommerziellen Aufschneiden von Kochpökelware um 0,5 bis 2,0 log-Einheiten pro Gramm [44].

Um den a_w-Wert der Oberfläche niedrig zu halten, muss das Produkt so trocken wie möglich in den Beutel eingebracht werden. Kondenswasserbildung lässt sich durch kühle Verpackungsräume (< 10 °C) und eine geringe relative Luftfeuchte minimieren. Im Rahmen des Verpackungsvorganges, welcher nach 30 Minuten abgeschlossen sein sollte, darf sich das auf -1 bis -2 °C vorgekühlte Produkt nur wenig erwärmen, und zwar nicht über +5 °C [24, 116, 117].

Bei sehr safthaltiger Ware tritt durch die Wirkung des Vakuumsoges mitunter Flüssigkeit in die Packung aus. Aufgrund ihres hohen Proteingehaltes vermehren sich hierin Mikroorganismen besonders gut.

Ein **Kontakt zwischen Frischware** und **Rohware** - auch unterschiedlicher Sorten - muss wegen möglicher Kreuzkontaminationen **grundsätzlich vermieden** werden. Insbesondere Rohwurst enthält als produkttypische Flora oft solche Keimarten, die bei Kochschinken und Brühwurst zu Farbveränderungen (Vergrünen) oder Säuerung führen. Durch gemeinsames Aufschneiden von Roh- und Kochpökelware verkürzt sich die Haltbarkeit von Vakuumware nach Untersuchungen von HOLLEY um 44 % [44]. Auch können über Rohwarenkontakt pathogene **Listerien** in das keimarme Produkt gelangen und sich in Abwesenheit der Konkurrenzflora selbst bei Kühltemperaturen anreichern [13, 57, 103, 104, 109, 123]. Aus den gleichen Gründen sind Packungen mit „gemischtem Aufschnitt“ abzulehnen.

Verschiedene Autoren stellten fest, dass der Verderb der von ihnen untersuchten Aufschnittware nicht wie vermutet durch die Starterkulturen der gleichzeitig aufgeschnittenen Rohwurst verursacht wurde. Vielmehr war die durcherhitzte Ware vor Einbringen in den Aufschnittraum durch aus der Rohware bzw. der Umgebung stammende milchsäurebildende und kältetolerante Wildstämme kontaminiert worden, welche vermutlich durch Personenkontakt, Gerätschaften aber auch aerogen übertragen worden waren [8, 9, 43, 73, 103].

Den Idealzustand bildet daher die vollständige räumliche Trennung von Ausgangsware bzw. Rohpökelware und durcherhitzten Endprodukten. Eine Möglichkeit zur Verhinderung der Kontamination bietet das Aufschneiden und Verpacken im „Reinen Raum“. Mittels **Reinraumtechnik** soll der unmittelbar gefährdete Bereich abgeschirmt und durch stetige Kontrolle von Temperatur, Luftfeuchte, Luftgeschwindigkeit sowie durch chemische und mechanische Barrieren (Desinfektion, Schutzkleidung, Waren- und Personalschleusen) und Hygieneschulungen des Personals möglichst keimfrei gehalten werden [57, 59, 83, 110].

Besteht hierzu keine Möglichkeit, sollte Frischwarenaufschnitt zumindest vor der Rohware auf tags zuvor gereinigten und desinfizierten Anlagen geschnitten und verpackt werden.

Trotz der Anwendung modernster Technik und eines optimalen Reinigungsregimes ist es bisher jedoch kaum möglich, die Kontamination von Schinkenaufschnitt durch gas- und/oder schleimproduzierende Milchsäurebildner auf weniger als 10^3 KbE/g zu senken [103].

3.1.6.3 Einfluss der Verpackung

In **sauerstoffdurchlässigen** Packungen kommt es zum raschen Anstieg der psychrotoleranten aeroben Flora (Pseudomonaden, Enterobakteriazeen, Bazillen) mit gesteigerter Fett- und Eiweißzersetzung. Zu den Hauptverderbserregern bei aerober Lagerung zählen SAMELIS et al. neben Hefen auch *B. thermosphacta* [103]. Von den Milchsäurebildnern zeigen einige *Leuconostoc, Weissella* und *Carnobacterium spp.* eine höhere Sauerstofftoleranz als homofermentative Laktobazillen der *L. sakei / L. curvatus*-Gruppe [103]. CERNY fand in Einzelfällen einen dominanten aeroben Sporenbildner, welcher Schleim produzierte und als *Bacillus globisporus* identifiziert wurde. Auch Schimmelbildung wurde in solchem Milieu beschrieben (*Cladosporium herbarum, Penicillium verrucosum*) [17].

Durch **Vakuumverpackung** lässt sich die Haltbarkeit von Kochpökelware um einige Tage verlängern und die mikrobiologische Zusammensetzung der Produkte beeinflussen [43, 52, 103]. Nach SILLA und SIMONSEN erbringen Vakuum, reine Sauerstoffatmosphäre und ein Stickstoff-CO_2-Gemisch in etwa den gleichen Effekt [111]. Sauerstoffreduktion in Verbindung mit einem hohen Nitrit- und Salzgehalt hemmt vor allem die gramnegative Verderbsflora (Pseudomonaden, Enterobakteriazeen). Allerdings lässt sich eine bereits adaptierte und in der log-Phase befindliche Mikroflora nach den Beobachtungen von CERNY auch im Vakuum nicht ausreichend am Wachstum hindern [17]. Darüber hinaus unterbinden zu dünne Folien den Lufteintritt nicht völlig.

An das Mikroklima der Vakuumverpackung sind nach Meinung vieler Autoren **Milchsäurebildner** am besten adaptiert [1, 2, 8, 9, 43, 44, 103, 104, 111, 117]. Auch wenn sie wegen ihrer großen phänotypischen Variabilität nicht immer ausreichend identifiziert werden können, gleichen die meisten Isolate der kältetoleranten *L. sake/ curvatus*-Gruppe sowie Leuconostoc (*L. mesenteroides, L. carnosum*), gefolgt von *Weissella* und *Carnobacterium* [9, 11,103]. Diese ubiquitär vorkommenden, fakultativ anaeroben und verhältnismäßig salztoleranten Milchsäurestäbchen stellen einen unvermeidlichen Bestandteil aller vakuumverpackten Fleischwaren dar und bestimmen im Regelfall die Haltbarkeitsgrenze.

Ob der Verderb durch *Leuconostoc* oder *Lactobacillus spp.* ausgelöst wird, hängt stark ab von der Mikroflora am Herstellungsort und variiert mit dem jeweiligen Hygienestandard der Produktionslinie. Pediokokken spielen nach HOLLEY's Untersuchungen keine Rolle als Verderbskeime für Kochpökelware - bedingt durch ihr eingeschränktes Wachstum bei <10 °C lassen sie sich höchstens bis zur zweiten Lagerungswoche nachweisen [44].

Im Vergleich zum aeroben Verderb beginnen durch Milchsäurebildner verursachte sensorische Abweichungen zumeist erst bei ihrem Eintritt in die stationäre Phase am Ende der Mindesthaltbarkeitsfrist. In einem verhältnismäßig breiten Temperaturbereich bilden sich Endkeimgehalte von 10^8 bis 10^9 KbE/g (bei +4 bis +6 °C in ca. 17 Tagen, bei +20 °C schon in 3 Tagen), die schließlich zu Säuerung, Aufblähen der Verpackung, Entstehung milchiger Exsudate und/oder Schleimbildung sowie zum Vergrünen führen [43, 44, 56, 73, 103].

Untersuchungen an vakuumverpacktem Kochschinken und Frühstücksfleisch zeigten, dass Verderbserscheinungen durch homofermentative Laktobazillen früher eintreten als durch heterofermentative Stämme [27, 52]. HOLLEY [44] stellte bei Kochschinken-Aufschnitt eine Sukzession von ursprünglich homofermentativen zu heterofermentativen Typen fest; ein Vorgang, welcher nach zwei Wochen abgeschlossen war.

Hierbei handelte es sich entweder um einen tatsächlichen Wechsel der beteiligten Stämme, oder die Beobachtung ließ sich auf das Einsetzen des heterofermentativen Stoffwechsels nach Verbrauch der vorhandenen Glukose im anaeroben Milieu des Kochschinkens zurückführen.

Wahrscheinlich besitzen spezifische Verderbskeime besondere kompetitive Eigenschaften, wodurch es ihnen möglich wird, sich in der vorhandenen Mikroflora durchzusetzen. Unterschiede in Generationszeit, Bakteriozinproduktion, Schleimbildungsfähigkeit sowie Stressresistenz gegen Kälte, Hitze oder Desinfektionsmittel sind beispielsweise solche begünstigenden Faktoren [8, 11, 27, 74, 103, 104].

Neben den Milchsäurebildnern werden im Zusammenhang mit dem Verderb vakuumverpackter Pökelware auch Mikrokokken, Coryneforme und Streptokokken [33] sowie gramnegative Bakterien einschließlich *Achromobacter* [2], *Enterobacteriaceae* [77], *Acinetobacter* und *Vibrio* genannt [33]. In ungekühlten Proben wurde Verderb infolge **Bildung schwefelhaltiger Verbindungen** durch Enterobakteriazeen oder Vibrionen beobachtet [35].

E. faecium *Subspecies casseliflavus* vermag, sowohl bei aerober als auch bei anaerober Lagerung (+4,4 bis +10 °C), in Schinken **gelbe Pigmente** und auch Schleim zu bilden. Obwohl dieser Keim äußerst hitzeresistent ist und 20 Minuten bei 71,1 °C übersteht, tritt diese Verderbsform nur selten auf, und zwar als Ausdruck unterbrochener Kühllagerung [131].

Noch rascher als homofermentative Laktobazillen und bei noch geringeren Keimzahlen führt ***Brochothrix thermosphacta*** (früher *Microbacterium thermosphactum*) zu sensorischen Abweichungen. Auch dieser Keim kann einen signifikanten Anteil der Kochschinken- und Brühwurstflora ausmachen und einen **käsigen, stechenden Geruch** verursachen [11, 32, 34, 52]. Es besteht noch Unklarheit darüber, ob Milchsäurebildner in der Lage sind, auf *B. thermosphacta* antagonistisch einzuwirken, und wodurch diese Hemmung hervorgerufen wird [32, 34].

Nach Untersuchungen von Holley [43, 44] bildet sich in der Vakuumverpackung eine **ungleichmäßige Bakterienverteilung** heraus: Danach wiesen direkt der Verpackung anliegende Scheibenflächen von Aufschnittware einen wesentlich höheren Keimgehalt auf, als die der Verpackung abgewandten Seiten sowie das Innere des Aufschnittblocks. Zudem ließen sich Sporenbildner nur auf den Außenflächen gelagerter Aufschnittware nachweisen. Diese asymmetrische Verteilung entwickelte sich auch, wenn auf dem gleichen Slicer zuvor Rohwurst aufgeschnitten wurde; und sie blieb bis zum Ende der Mindesthaltbarkeitsfrist bestehen. Als Ursachen für die ungleiche Keimentwicklung vermutet der Autor folgende Faktoren:

- den höheren a_w-Wert der Aufschnittflächen direkt unter der Verpackungsfolie;
- höhere Sauerstoffgehalte an der Aufschnittoberfläche, einerseits durch Sauerstoffdiffusion in die Verpackung - insbesondere, wenn mechanische Anspannung zur Überdehnung der Folie führt - oder andererseits bei erhöhtem Lufteinschluss in der Verpackung durch unregelmäßig geformte Ware;
- die Absenkung des Sporenbildnergehalts im Schinkeninneren durch vermehrtes Auskeimen von Sporen im Kern vor dem Garen und die anschließende Hitzeabtötung aller vegetativen Formen;
- verstärkte Kontamination mit Sporenbildnern auf der Produktoberfläche.

3.1.6.4 Folienschinken

Eine Zwischenstellung zwischen Dosenschinken und Frischware nimmt der Folienschinken ein, welcher zwar nicht so hoch erhitzt wird wie Dosenschinken, den jedoch seine Umhüllung vor einer Rekontamination schützt. Hieraus resultiert eine beträchtliche Verlängerung der Haltbarkeitsfrist, die nach amerikanischen Erfahrungen bis 4 Monate erreicht [106].

Die Herstellung von Folienschinken stellt jedoch besondere Anforderungen an die Technologie: So bedingt eine zu starke Erhitzung Geleeabsatz, während die wasser- und luftdichte Verpackung ein Abtrocknen der Ware verhindert. Ohne die Anwendung von Phosphaten oder anderen wasserbindenden Zusatzstoffen erscheint die Herstellung von Folienschinken daher kaum möglich [79].

3.1.6.5 Ansätze zur Haltbarkeitsverlängerung

Nach Beobachtung von Samelis et. al. [103] hängen Geschwindigkeit und Art des Verderbs weniger von der Anzahl der in die Verpackung eingebrachten Bakterien ab, als vielmehr von der jeweiligen Rezeptur und Herstellungstechnologie des Erzeugnisses (zugesetzte Lakemenge und -konzentration, Zuckergehalt und Art der verwendeten Zucker, Phosphatzusatz, pH-Wert, a_w-Wert, Temperaturführung) [11, 104].

Der Versuch, die Haltbarkeit durch vollständige Unterdrückung von Milchsäurebakterien, weitere Absenkung der Lagertemperatur oder durch noch schärfere Hygienemaßnahmen erreichen zu wollen, erscheint wenig aussichtsreich. Als Alternative werden folgende Maßnahmen zur Haltbarkeitsverlängerung derzeit angewandt bzw. erprobt:

- Durch eine **erneute Erhitzung nach dem Aufschneiden** lässt sich die Höhe der Rekontamination senken, diese jedoch nicht vollständig neutralisieren. DELAQUIS et al. beimpften Schinken vor der Pasteurisation mit *C. sporogenes*-Sporen. Ein Erhitzen nach dem Umpacken auf 121 °C für 10 Minuten konnte eine Bombage zwar verzögern, jedoch den Verderb nicht mit Sicherheit verhindern, wie aus der Senkung der Bombagerate bei Zimmertemperatur von 35 % auf 20 % in 30 Tagen hervorgeht [23]. Auch besteht die Gefahr, durch erneute Hitzeeinwirkung unter Vakuum gerade das Auskeimen der Sporenbildner anzuregen und die Produkte somit verstärkt zu gefährden [104, 116, 117].
- Mit hoher Intensität wird heute versucht, thermotolerante Milchsäurebakterien zu finden, deren Anwesenheit und Vermehrung Verderbsbildner **kompetitiv hemmen**. Hierzu müssen **Schutzkulturen** isoliert und einsatzfähig gemacht werden, die folgende Eigenschaften besitzen: gutes Wachstum auch bei niedrigen Temperaturen, geringe Säurebildung, kein Gas-/Schleim- oder H_2S-Bildungspotenzial, nach Möglichkeit auch die Fähigkeit zur Produktion von Bakteriozinen gegen nahe verwandte unerwünschte bzw. pathogene Bakterien [13, 104, 137].
- DAVIS et al. schlagen den **Einsatz von Nisin** zur Hemmung sowohl von Verderbs- als auch von pathogenen Keimen vor [21]. Biopräservative werden in hoher Ausgangskonzentration oder als hochkonzentrierte Starterkultur in das Produkt eingebracht. Eine andere Situation besteht, wenn einzelne bakteriozinbildende Stämme als Rekontaminanten eine Nische in der Verpackung besetzen. Sie können den Verderb einerseits herauszögern, andererseits aber auch - nach entsprechender Vermehrung - am Ende der Haltbarkeitsfrist zum Verderb führen.
- Weitere Ansatzpunkte zur Haltbarkeitsverlängerung bietet der Austausch von Glukose durch für Milchsäurebakterien **schwieriger abzubauende Zuckerarten**, wie z.B. D-Tagatose [7] oder die Anwendung von **Hochdruckverfahren** [71].
- Wie HOLLEY'S Untersuchungen zur Keimverteilung in Vakuumverpackungen zeigen, könnte auch die Verbesserung der Gasdichtigkeit von Folien die Haltbarkeit verlängern [44]. Eine weitere Möglichkeit sieht er in der gezielten Hemmung der Oberflächenkeime von Vakuumverpackungen durch den Einsatz antimikrobieller Filme [43, 44, 88].

3.1.6.6 Amikrobieller Verderb

Neben den schon im Abschnitt „Dosenschinken" beschriebenen Formen des Vergrünens gibt es auch amikrobielle **Verfärbungen** der Kochpökelware, welche sich in ihrer Ausprägung nicht von den durch Mikroorganismen verursachten Erscheinungsbildern unterscheiden. So sind graue Bezirke im Schinkeninneren, welche sich sofort nach dem Anschneiden zeigen, häufiger durch Nitritmangel bedingt [33].

3.1.7 Gesundheitsrisiken

Die „Hürden“ pH-Wert, a_w-Wert und NPS sind in Kochpökelware verhältnismäßig schwach ausgeprägt [102]. Grundsätzlich können sich daher Toxinbildner (*S. aureus, C. botulinum, C. perfringens*) sowie Infektionserreger (*L. monocytogenes, Salmonellen, Aeromonas spp.*) in den Produkten vermehren, wobei die größte Gefahr besteht, wenn die Hürde „Kühlung“ nicht eingehalten wird und ebenfalls als Hemmfaktor wirkende andere Florakomponenten fehlen [10, 26, 33, 52, 110, 118, 119].

Gerade in Vakuumverpackungen, in denen keine proteolytischen Keime wachsen, können hohe Pathogenenzahlen erreicht werden, lange bevor sich ein Verderb sensorisch manifestiert und den Verbraucher warnt. Rauch und Gewürze erhöhen dieses Risiko, indem sie Geruchsabweichungen überdecken [51, 126].

Jede Änderung im Herstellungsprozess (Erhitzung) oder in der Rezeptur (Salz, Nitrit) erfordert eine Anpassung der anderen Hürden, damit die Sicherung gegen Verderb und Gesundheitsgefahren bestehen bleibt [15, 16, 25, 38.]. Insgesamt ist bei konsequenter Hygiene- und Temperaturkontrolle das Gesundheitsrisiko durch Kochpökelware eher als gering einzustufen.

3.1.8 Haltbarkeitsfristen, Richt- und Grenzwerte

Die variable Florazusammensetzung und auch die Vielzahl angewandter Analyseverfahren erschweren die Festlegung allgemeingültiger Richtwerte sowohl für den mikrobiologischen Status als auch für die Haltbarkeitsfristen [8, 125]. Die von HOLLEY beschriebene asymmetrische Bakterienverteilung zwischen verpackungsnahen Oberflächen und Kern dürfte ein wichtiger Grund für die mangelhafte Aussagekraft konventioneller Beurteilungskriterien sein und sollte bei der Festlegung von Stichprobenplänen zukünftig Berücksichtigung finden [43].

Einigkeit besteht allgemein darin, dass sich das Ende der Lagerfähigkeit nicht allein aus der Gesamtkeimzahl oder der Dichte bestimmter Bakteriengruppen (z.B. Milchsäurebildner oder *B. thermosphacta*) ableiten lässt, sondern immer auch organoleptische Kriterien zu berücksichtigen sind. So können zum Beispiel 10^8 oder 10^9 Milchsäurebildner/g Verderb hervorrufen, tun dies aber nicht notwendigerweise [34, 43, 104].

I.d.R. hält vakuumverpackte Ware bei üblicher Kühllagerung 3 bis 4 Wochen ihre gute sensorische Qualität, und der Verderb setzt erst in der stationären Vermehrungsphase ein. Erhöhte Ausgangskontaminationen oder das Vorkommen besonders stoffwechselaktiver Stämme können jedoch zu vorzeitigem Verderb führen [9].

Trotz aller Unwägbarkeiten sind verschiedene mikrobiologische Grenzwerte erarbeitet worden. Eine entsprechende Zusammenstellung enthält Tab. 3.1.1. Derartige Vorschläge dürfen jedoch nur als Orientierung dienen, denn eine konkrete Lagerdauer verhält sich produkt- und herstellungsspezifisch. Zur Festlegung des Mindesthaltbarkeitsdatums sollten daher betriebsinterne Lagerversuche durchgeführt und eine ausreichende Sicherheitsspanne berücksichtigt werden [60].

Tab. 3.1.1 Mikrobiologische Richtwerte[1] für verschiedene Keimgruppen in Brühwurst und Kochpökelware

		Gesamt-keimzahl	Lakto-bazillen	Entero-bakteriazeen	Hefen	aerobe Sporenb.	sulfitred. Clostridien	Mikro kokken
Eisgruber	Stückware	–	10^5	10^2	10^2	10^3	10^2	–
et al. (1994)	Aufschnitt	–	10^7	10^3	10^3	10^3	10^2	–
ALTS	Stückware	–	10^5	10^2	10^2	10^3	10^2	–
(1991)	Aufschnitt	–	10^7	10^3	10^3	10^3	10^2	–
	Halbkons.	–	10^2	–	–	10^3	10^2	10^2
Hechelmann	Aufschnitt	10^3-10^6	–	10^5	–	–	–	–
(1991)	Halbkons.	10^2-10^3	–	n.n.[2])	–	–	–	–
VO Schweiz	Stückware	10^5	10^5	10^2	–	–	–	–
(1988)	Aufschnitt	10^6	10^6	10^3	–	–	–	–

[1]) Keimzahlwerte in KbE/g [Quellen: 3, 28, 40, 129]
[2]) nicht nachweisbar

Als Haltbarkeitsprüfung für pasteurisierte Dosenschinken werden Belastungstests durch Bebrüten bei relativ hohen Temperaturen (+20 bis +37 °C) vorgeschlagen [122]. Labots, der Inkubationen bei +37 °C (5 Tage) und +5 °C (6 Monate) verglich, hob jedoch hervor, dass die nachgewiesenen Mikroorganismen bei den zwei Verfahren stark differieren und sich die Vorinkubation bei hohen Temperaturen zur Beurteilung der Haltbarkeit als ungeeignet erweist. So vermehrten sich zwar die hitzegeschädigten Enterokokken bevorzugt bei höheren Lagertemperaturen, doch wurden Clostridien hauptsächlich aus langfristig kühlgelagerten Dosen isoliert [45, 52, 60].

Im Handel werden Produkte überwiegend mit einer Lagertemperatur von +4 bis +7 °C ausgezeichnet. Eine Temperatur von +7 °C eignet sich jedoch nicht, das Mikroorganismenwachstum selbst bei sehr niedrigen Anfangskeimgehalten hinreichend einzuschränken und bietet auch nur ungenügenden Schutz vor pathogenen Bakterien. Empfindliche Frischwaren sollten daher so tief wie möglich, in jedem Fall unter +4 °C gelagert werden, zumal jedes Grad kälter bis -1 °C eine Verlängerung der Frischequalität um mehrere Tage bedeutet [124]. Letztlich wäre bei nacherhitzten Produkten (Halbkonserven) an psychrotrophe Clostridien zu denken, die sich aufgrund der fehlenden Konkurrenzflora (Laktobazillen) noch bei +5 °C vermehren [117.]

Literatur

[1] ALLEN, J.R.; FOSTER, E.M.: Spoilage of Vacuum-packed Sliced Processed Meats during Refrigerated Storage. Food Research **25** (1960) 19-25.

[2] ALM, F.; ERICHSEN I.; MOLIN, N.: The Effect of Vacuum Packaging on Some Sliced Processed Meat Products as Judged by Organoleptic and Bacteriologic Analysis. Food Technol. **15** (1961) 199-203.

[3] ALTS: Mikrobiologische Richtwerte. Proceedings der 44. Arbeitstagung des Arbeitskreises Lebensmittelhygienischer Tierärztlicher Sachverständiger (ALTS) 11.-13.6.1991, S. 23-28.

[4] ASHWORTH, J.; SPENCER, R.: The Perigo effect in pork. J. Food Technol. **7** (1972) 111-124.

[5] BALDAMUS, M.: Zur technologischen und mikrobiologischen Wirkung langkettiger Phosphate bei der Herstellung von Lebensmitteln, insbesondere bei der Herstellung von Schmelzkäse - Literaturstudie. Diplomarbeit 1994, Technische Fachhochschule Berlin.

[6] BARTHOLOMÄ, A., HILDEBRANDT, G.; REUTER, G.: Nachweis von schleimbildenden Mikroorganismen in Fleischerzeugnissen. Fleischwirtsch. **77** (1997) 657-659.

[7] BAUTISTA, D.A.; Pegg, R.B.; Shand, P.J.: Effect of L-Glucose and D-Tagatose on Bacterial Growth in Media and a Cooked Cured Ham Product; J. Food Prot. **63** (2000) 71-77.

[8] BJÖRKROTH, K.J.; KORKEALA, H.J.: Evaluation of *Lactobacillus sake* Contamination in Vacuum-Packaged Sliced Cooked Meat Products by Ribotyping. J. Food Prot. **59** (1996) 398-401.

[9] BJÖRKROTH, K.J.; VANDAMME, P.; KORKEALA, H.J.: Identification and Characterization of *Leuconostoc carnosum* Associated with Production and Spoilage of Vacuum-Packaged, Sliced, Cooked Ham. Appl. and Envir. Microbiol. **64** (1998) 3313-3319.

[10] BLOM, H.; NERBRINK, E.; DAINTY, R.; HAGTVEDT, Th.; BORCH, E.; NISSEN, H.; NESBAKKEN, T.: Addition of 2,5 % lactate and 0,25 % acetate controls growth of *Listeria monocytogenes* in vacuum-packed, sensory acceptable servelat sausage and cooked ham stored at 4 °C. Int. J. Food Microbiol. **38** (1997) 71-76.

[11] BORCH, E. KANT-MUERMANS, M.L., BLIXT, Y.: Bacterial spoilage of meat and cured meat products. Int. J. Food Microbiol. **33** (1996) 103-120.

[12] BRAUER, H.: Verhinderung der Porenbildung bei Kochschinken. Fleischwirtsch. **71** (1991) 731-737.

[13] BREDHOLT, S.; NESBAKKEN, T.; HOLCK, A.: Protective cultures inhibit growth of *Listeria monocytogenes* and *Escherichia coli* O 157:H7 in cooked, sliced, vacuum- and gas-packaged meat. Int. J. Food Microbiol. **53** (1999) 43- 52.

[14] BUCKENHÜSKES, H.J.: Enzyme in der Fleischverarbeitung - Interessante technologische Werkzeuge zur Beeinflussung biochemischer Reaktionen. Fleischwirtsch. **80** (2000) 29-32.

[15] CARLIER, V.; AUGUSTIN, J.C.; ROZIER, J.: Destruction of *Listeria monocytogenes* during a Ham Cooking Process. J. Food Prot. **59** (1996) 592-595.

[16] CASTILLEJO-RODRIGUEZ, A.M., GARCIA GIMENO, R.M.; ZURERA COSANO, G.; BARCO ALCALA, E.; RODRIGUEZ PEREZ, M.R.: Assessment of Mathematical Models for Predicting *Staphylococcus aureus* Growth in Cooked Meat Products; J. Food Prot. **65** (2002) 659-665.

[17] CERNY, G.: Mikrobiologische Probleme bei der Folienverpackung von Fleisch und Fleischerzeugnissen. Schweiz. Arch. Tierheilk. **127** (1985) 99-108.

[18] CORETTI, K.: Rohwurst und Rohfleischwaren II.Teil: Rohfleischwaren. Fleischwirtsch. **55** (1975) 792-800.

[19] CORETTI, K.: Rohwurst und Rohfleischwaren II. Teil: Rohfleischwaren (Fortsetzung) Pökelprozeß und Pökelbakterien. Fleischwirtsch. **55** (1975) 1365-1376.

[20] CORETTI, K.; ENDERS, P.: Enterokokken als Ursache von Kernerweichungen bei Dosenfleischwaren. Fleischwirtsch. **44** (1964) 304-308.

[21] DAVIES, E.A.; MILNE, C.F.; BEVIS, H.E.; POTTER, R.W.; HARRIS, J.M.; WILLIAMS, G.C., THOMAS, L.V.; DELVES-BROUGHTON, J.: Effective Use of Nisin to Control Lactic Acid Bacterial Spoilage in Vacuum-Packed Bologna-type Sausage. J. Food. Prot. **62** (1999) 1004-1010.

[22] DE KOOS, J.; JANSENER, K.E.: Laktat - Chance zur Verbesserung der Produktsicherheit bei Fleischwaren. Fleischwirtsch. **75** (1995) 1296-1298.

[23] DELAQUIS, P.J.; BAKER, R.; MCCURDY, A. R.: Microbiological Stability of Pasteurized Ham Subjected to a Secondary Treatment in Retort Pouches. J. Food Prot. **49** (1986) 42-26.

[24] DEMPSTER, J.F.; REID, S.N.; CODY, O.: Sources of contamination of cooked, ready-to-eat cured and uncured meats. J. Hyg. **71** (1973) 815-824.

[25] DEVLIEGHERE, F.; GEERAERD, K.; VERSYCK, K.J.; VANDEWAETERE, B.; VAN IMPE, J.; DEBEVERE, J.: Growth of *Listeria monocytogenes* in modified atmosphere packed cooked meat products: a predictive model. Food Micobiol. **18** (2001) 53-66.

[26] DEVLIEGHERE, F.; LEFEVERE, I.; MAGNIN, A.; DEBEVEre, J.: Growth of *Aeromonas hydrophila* in modified-atmosphere-packed cooked meat products. Food Micobiol. **17** (2000) 185-196.

[27] EGAN, A.F.; FORD, A.L.; SHAY, B.J.: A Comparison of *Microbacterium thermosphactum* and Lactobacilli as Spoilage Organisms of Vacuum-packaged Sliced Luncheon Meats. J. Food Sci. **45** (1980) 1745-1748.

[28] EISGRUBER H.; ASCHER, I.; STOLLE, F.A.: Mikrobiologische Richt- und Warnwerte für Lebensmittel. In: Hygieneüberwachung in Fleischwarenbetrieben. Graz: Steierm. Landesdruckerei, (1994), 49-51

[29] FISCHER, A.: Produktbezogene Technologie - Herstellung von Fleischerzeugnissen. Aus Handbuch der Lebensmitteltechnologie - Fleisch - Stuttgart: Eugen Ulmer Verlag, (1988) 234-371.

[30] FREY, W.: Die sichere Fleischwarenherstellung - Kochpökelwaren, 1. Aufl. Bad Wörrishofen: H. Holzmann Verlag , (1983) 101-119.

[31] GALLERT, H.: Neue Erkenntnisse beim Pökeln und Garen von Schinken. Die Fleischerei **59** (1975) 15-16.

[32] GARDNER, G.A.: Brochothrix thermosphacta *(Microbacterium thermosphactum)* in the Spoilage of Meats: A Review. Aus Psychrotrophic Micro-organisms in Spoilage and Pathogenicity, ed. Roberts, T.A., G. Hobbs, J.H.B. Christian, N. Skovgaard. London & New York: Academic Press, (1981) 139-173.

[33] GARDNER G.A.: The Microbiology of Heat-Treated Cured Meats. In: Meat Microbiology: advances and prospects. ed. M.H. Brown. London: Applied Science Publishers, (1982) 163-178.

[34] GARDNER, G.A.: Microbial Spoilage of Cured Meats. Food Microbiology - Advances and Prospects. London: Academic Press (1983) 179-202.

[35] GARDNER, G.A.;. PATTERSON, R.L.S.: A *Proteus inconstans* which Produces „Cabbage Odour" in the Spoilage of Vacuum-packed Sliced Bacon. J. Appl. Bacteriol. **39** (1975) 263-271.

[36] HAMMER, G.F.; WIRTH, F.: Wasseraktivitätsverminderung bei Leberwurst. Mittlbl. Bundesanst. Fleischforsch. Kulmbach **84** (1984) 890-893.

[37] HAMMER, G.F.: Mikrobielle Transglutaminase und Diphosphat bei feinzerkleinerter Brühwurst. Fleischwirtsch. **78** (1998) 1155-1162.

[38] HAUSCHILD A.H.W.; SIMONSEN, B.: Safety of Shelf-Stable Canned Cured Meats. J. Food Prot. **48** (1985) 997-1009.

[39] HECHELMANN, H.; KASPROWIAK, R.: Mikrobiologische Kriterien für stabile Produkte. Kulmbacher Reihe Band 10, Bundesanst. Fleischforsch. Kulmbach, (1990) 68-90.

[40] HECHELMANN, H.; KASPROWIAK, R.: Anforderungen und Einrichtungen für ein mikrobiologisches Betriebslabor in der Fleischwirtschaft. Fleischwirtsch. **71** (1991) 860-872, 901.

[41] HENNER, S.; HARTGEN, H.; KLEIH, W.; SCHNEIDERHAN, M.: Mikrobiologischer Status von Gewürzen für Fleischerzeugnisse. Fleischwirtsch. **63** (1983) 1051-1053;1060.

[42] HILDEBRANDT, G.; BARTHOLOMÄ, A.; SCHOTT, W.: Rechtsvorschriften über Zusatzstoffe - ein Leitfaden. Rundschau für Fleischhygiene und Lebensmittelüberwachung **51** (1999) 135-138, 161-164.

[43] HOLLEY, R.A.: Impact of slicing hygiene upon shelf life and distribution of spoilage bacteria in vacuum packaged cured meats. Food Microbiol. **14** (1997) 201-211.

[44] HOLLEY, R.A.: Asymmetric Distribution and Growth of Bacteria in Sliced Vacuum-Packaged Ham and Bologna. J. Food Prot. **60** (1997) 510-519.

[45] HONIKEL, K.O.: Mikrobiologie, Gefrieren und Lagern von Fleischerzeugnissen. 21. Europäischer Fleischforscher Kongreß, Fleischwirtsch. **56** (1976) 204-207.

[46] HOUBEN, J.H.: Hitzeresistenz von *Streptococcus faecium* in pasteurisiertem Schinken. Fleischwirtsch. **62** (1982) 511-514.

[47] HOUTSMA, P.C.; DE WITT, J.C.; ROUMBOUTS, F.M.: Minimum inhibitory concentration (MIC) of sodium lactate for pathogens and spoilage organisms occurring in meat products. Int. J. Food Microbiol., **20** (1993) 247-257.

[48] INGRAM, M.: The heat resistance of a micrococcus. Ann. Inst. Pasteur, Lille, **7**, (1955) S. 146. Zitiert in Kitchel 1962.

[49] INGRAM, M.;. BARNES, E.: Streptococci in pasteurized canned hams. Ann. Inst. Pasteur, Lille **7**, (1955), S. 101-114. Zitiert in HOUBEN (1982).

[50] INGRAM, M.; KITCHELL, A.G.: Salt as a preservative for foods. J. Food Technol. **2** 1967, S. 1-15.

[51] International Commission on Microbiological Specifications in Food (ICMSF): Microbial Ecology of Foods. Volume 1, Factors Affecting Life and Death of Microorganisms. London: Academic Press (1980).

[52] International Commission on Microbiological Specifications in Food (ICMSF): Microbial Ecology of Foods. Volume 2, Food commodities. London: Academic Press (1980).

[53] International Commission on Microbiological Specifications in Food (ICMSF); Microorganisms in foods 2: Sampling for microbiological Analysis; Principles and specific applications.2. Aufl. University of Toronto Press, (1986).

[54] KAFEL, S.; AYRES, J.C.: The Antagonism of Enterococci on Other Bacteria in Canned Hams. J. Appl. Bacteriol. **32** (1969) 217-232.

[55] KARTHAUS, E.: Innovative Kochpökelwaren-Technologie. Die Fleischerei **42** (1991) 484-490.

[56] KITCHEL, A.G.: Micrococci and Coagulase negative Staphylococci in Cured Meats and Meat Products. J. Appl. Bacteriol. **25** (1962) 416-431.

[57] KRÖCKEL, L.; LEISTNER, L.: Rekontamination von Kochschinken und Brühwurst mit Listeria monocytogenes während der Vorverpackung. Proceedings der 31. Arbeitstagung des Arbeitsgebietes Lebensmittelhygiene der DVG. DVG Gießen, (1991) 130-133.

[58] KURAISHI, C.; SAKAMOTO, J.; SOEDA, T.: Anwendung von Transglutaminase für die Fleischverarbeitung. Fleischwirtsch. **78** (1998) 657-660.

[59] KUTZNER, B.: Aufschneiden und Verpacken von Brühwurst unter Reinraumbedingungen. Diplomarbeit, Technische Fachhochschule Berlin, (1994).

[60] LABOTS, H.C.: Estimation of the refrigerated shelf life of pasteurized canned cured meat using an incubation procedure. Eur. Meet. Meat Res. Workers **21** (1975) 67-69. Zitiert in HOUBEN (1982).

[61] LECHOWICH, R.V.; BROWN, W.L.;. DEIBEL., R.H.; SOMERS, I.I.: The Role of Nitrite in the Production of Canned Cured Meat Products. Food Technol. **32** (1978) 45-58.

[62] LEISTNER, L.: Bakterielle Vorgänge bei der Pökelung von Fleisch. II. Günstige Beeinflussung von Farbe, Aroma, und Konservierung des Pökelfleisches durch Mikroorganismen. Fleischwirtsch. **38** (1958) 226-233.

[63] LEISTNER, L.: Vorkommen und Bedeutung von Clostridien in Fleischkonserven. Arch. Lebensmittelhyg. **21** (1970) 145-148.

[64] LEISTNER, L.: Einfluss der Wasseraktivität von Fleischwaren auf die Vermehrungsfähigkeit und Resistenz von Mikroorganismen. Arch. Lebensmittelhyg. **21** (1970) 264-267.

[65] LEISTNER, L.: Mikrobiologische Einteilung von Fleischkonserven. Fleischwirtsch. **59** (1979) 1452-1455.

[66] LEISTNER, L.: Ursachen des mikrobiellen Verberbs. Die Fleischerei **32** (1981) 364-370.

[67] LEISTNER, L.; HECHELMANN, H.; UCHIDA, K.: Welche Konsequenzen hätte ein Verbot oder eine Reduzierung des Zusatzes von Nitrat und Nitritpökelsalz in Fleischerzeugnissen? - Aus mikrobiologischer Sicht. Fleischwirtsch. **53** (1973) 371-378.

[68] LEISTNER, L.; WIRTH, F.; TAKACS, J.: Einteilung der Fleischkonserven nach der Hitzebehandlung. Fleischwirtsch. **50** (1970) 216-217.

[69] LEISTNER, L.; WIRTH, F.: Bedeutung und Messung der Wasseraktivität (a_w-Wert) von Fleisch und Fleischwaren. Fleischwirtsch. **52** (1972) 1335-13337.

[70] Deutsches Lebensmittelbuch - Leitsätze für Fleisch und Fleischerzeugnisse. Köln: Bundesanzeiger Verlagsges.mbH. (1999).

[71] LOPEZ-CABALLERO, M.E.; CARBALLO, J.; JIMENEZ-COLMENERO, F.: Microbial Inactivation in Meat Products by Pressure/Temperature Processing. J. Food Sci. **67** 797-801 (2002).

[72] LÖRINCZ, F.; INCZE, K.: Angaben über die die Grünverfärbung von Fleisch und Fleischerzeugnissen hervorrufenden Laktobazillen. Fleischwirtsch. **41** (1961) 406-407.

[73] MÄKELÄ, P.M.; KORKEALA, H.J., LAINE, J.J.: Ropy slime-producing lactic acid bacteria contamination at meat processing plants. Int. J. Food Microbiol. **17** (1992) 27-35.

[74] MILBOURNE, K.: Thermal Tolerance of *Lactobacillus viridescens* in Ham. Meat Sci. **9** (1983) 113-119.

[75] Mills, E.W.; Plimpton, R.F.; Ockerman, H.W.: Residual Nitrite and Total Microbial Plate Counts of Hams as Influenced by Tumbling and Four Ingoing Nitrite Levels. J. Food Sci. **45** (1980) 1297-1300.

[76] Mirna, A.; Coretti, K.: Möglichkeiten zur Verringerung des Zusatzes von Nitrit und Nitrat bei Fleischerzeugnissen. Fleischwirtsch. **57** (1977) 1121.

[77] Mol, J.H.H.; Hietbrink, J.E.A.; Mollen, H.W.M.; Van Tinteren, J.: Observations on the Microflora of Vacuum Packed Sliced Cooked Meat Products. J. Appl. Bacteriol. **34** (1971) 377-397.

[78] Müller, W.-D.; Katsaras, K,.: Die DeltaT-Erhitzung bei Kochschinken - Technologische und energetische Aspekte. Fleischwirtsch. **63** (1983) 10-19.

[79] Müller, W.-D.: Technologie der Kochpökelwaren. Kulmbacher Reihe Band 8. Kulmbach: Institut für Technologie der Bundesanstalt für Fleischforschung, (1988) 74-90.

[80] Müller, W.-D.: Erhitzen und Räuchern. Kulmbacher Reihe Band 8. Kulmbach: Institut für Technologie der Bundesanstalt für Fleischforschung (1988) 144-164.

[81] Müller, W.-D.: Technologie der Kochpökelwaren. Fleischwirtsch. **69** (1989) 164-172.

[82] Müller, W.-D.: Kochpökelwaren - Einfluss der Herstellungstechnologie. Fleischwirtsch. **71** (1991) 8-18.

[83] Neuber, A.: Mikrobiologisch kontrollierte Räume in der Fleischwarenindustrie. Fleischwirtsch. **73** (1993) 983-993.

[84] Niven, C.F.; Evans, I.B.: *Lactobacillus viridescens* nov. spec. heterofermentative species that produces a green discoloration of cured meat pigments. J. Bacteriol. **73** (1956) 758-759. Zitiert in Lörincz und Incze (1961).

[85] Ockerman, H.W.; Kwiatek, K.: Effect of Tumbling and Tumbling Temperature on Surface and Subsurface Contamination of *Lactobacillus Plantarum* and Residual Nitrite in Cured Pork Shoulder. J. Food Sci. **49** (1984) 1634-1635.

[86] O'Connor, P.L.; Brewer, M.S.; Mc Keith, F.K.; Novakofski, J.E.; Carr, T.R.: Sodium Lactate/Sodium Chloride Effects on Sensory Characteristics and Shelf-Life of Fresh Ground Pork. J. of Food Sci. **58** (1993) 978-980.

[87] Okanovic, D.; Petrovic, L., Rede, R.; Popov-Raljic, J.; Manojlvic, D.: Kochschinkenherstellung aus früh post mortem entbeinten Schinken. 2. Eigenschaften der Endprodukte. Fleischwirtsch. **77** (1997) 784-790.

[88] Ouattara, B.; Simard, R.E.; Piette, G.; Begin, A.; Holley, R.A.: Inhibition of surface spoilage bacteria in processed meats by application of antimicrobial films prepared with chitosan. Int. J. Food Microbiol. **62** (2000) 139-148.

[89] Pegg, R.B., Fisch, K.M., Shahidi, F.: Ersatz herkömmlicher Pökelung durch nitritfreie Pökelsysteme. Fleischwirtsch. **80** (2000) 86-98.

[90] Perigo, J.A.; Rorberts T.A.: Inhibition of clostridia by nitrite. J. Food Technol. **3** (1968) 91-94.

[91] POLYMENIDIS, A.: Salzen, Pökeln und Umröten von Fleisch und Fleischerzeugnissen. Fleischwirtsch. **58** (1978) 567-578, 601.

[92] PRÄNDL, O.: II. Grundlagen der Haltbarmachung. Aus Handbuch der Lebensmitteltechnologie - Fleisch - Stuttgart: Eugen Ulmer Verlag (1988) 234-371.

[93] REICHERT, J.E.: Einflußparameter auf die Qualität und Ausbeute von Kochschinken Teil 1. Die Fleischerei **33** (1982) 212-217.

[94] REICHERT, J.E.: Einflussparameter auf die Qualität und Ausbeute von Kochschinken Teil 2. Die Fleischerei **33** (1982) 314-322.

[95] REICHERT, J.E.: Die Wärmebehandlung von Fleischwaren. Schriftenreihe Fleischforschung und Praxis. Band 13. Bad Wörrishofen: H. Holzmann Verlag, (1985) 133-150.

[96] REICHERT, J.E.: Herstellung von Roh- und Kochpökelwaren - Messparameter für die automatische Selektion des Ausgangsmaterials. Fleischwirtsch. **77** (1997) 339-341.

[97] REICHERT, J.E.; BREMKE, H.; BAUMGART, J.: Zur Ermittlung des Erhitzungseffektes für Kochschinken (F-Wert). Die Fleischerei **30** (1979) 624-633.

[98] REICHERT, J.E.; MITSCHKE, C.: Mikrobiologie beim Tumbeln von Kochschinken. Die Fleischerei **36** (1985) 455-457.

[99] ROBERTS, T.A; GARCIA, C.E.: A note on the resistance of *Bacillus spp.*, *faecal streptococci* and *Salmonella typhimurium* to an inhibitor of *Clostridium spp.* formed by heating sodium nitrite. J. Food Technol. **8** (1973) 463-466.

[100] ROBERTS, T.A.; INGRAM, M.: Inhibition of growth of *Cl. botulinum* at different pH values by sodium chloride and sodium nitrite. J. Food Technol. **8** (1973) 467-475.

[101] ROBERTS, T.A.; SMART, J.L.: Inhibition of Spores of *Clostridium spp.* by Sodium Nitrite. J. Appl. Bacteriol. **37** (1974) 261-264.

[102] RÖDEL, W.; PONERT, H.; LEISTNER, L.: Einstufung von Fleischerzeugnissen in leicht verderbliche, verderbliche und lagerfähige Produkte. Fleischwirtsch. **56** (1976) 417-418.

[103] SAMELIS, J.; KAKOURI, A.; GEORGIADOU, K.G.; METAXOPOULOS, J.: Evaluation of the extent and type of bacterial contamination at different stages of processing cooked ham. J. Appl. Microbiol. **84** (1998) 649-660.

[104] SAMELIS, J.; KAKOURI, A.; REMENTZIS J.: Selective effect of the product type and the packaging conditions on the species of lactic acid bacteria dominating the spoilage microbial association of cooked meats at 4 °C. J. Food Microbiol. **17** (2000) 329-340.

[105] SCHÄFER, E.: Cooked cured products with a covering of spices - Safe and simple manufacture. Fleischwirtsch. **75** (1995) 448.

[106] SCHEID, D.: Herstellung von Folienschinken. Fleischwirtsch. **64** (1984) 434-443.

[107] SCHEID, D.: Kochschinkenherstellung - Injektion, mechanische Bearbeitungsprozesse und Wärmebehandlung. Fleischwirtsch. **65** (1985) 436-449.

[108] SCHMEISSER, I.: Versuche zum Verhalten von S. typhimurium in frischer Mettwurst. Vet. med. Diss. Berlin (1988), Journal Nr.: 1413.

[109] SCHMIDT, U.; KAYA, M.: Verhalten von *Listeria monocytogenes* in vakuumverpacktem Brühwurstaufschnitt. Fleischwirtsch. **70** (1990). 236-240.

[110] SCHMIDT U.; LEISTNER, L.: Verhalten von *Listeria monocytogenes* bei unverpacktem Brühwurstaufschnitt. Fleischwirtsch. **73** (1993) 733-740.

[111] SILLA, H.; SIMONSEN, B.: Haltbarkeit gepökelter, gekochter und aufgeschnittener Fleischprodukte. I. Einfluß der Zusammensetzung, der Vakuumverpackung und modifizierter Atmosphären. Fleischwirtsch. **65** (1985) 116-121.

[112] SINELL, H.-J.: Differenzierung der Streptokokken aus Dosenschinken. Arch. Lebensmittelhyg. **10** (1959) 224-229.

[113] SINELL, H.-J.: Verderb. in: Einführung in die Lebensmittelhygiene. 2. Aufl. Berlin und Hamburg: Verlag Paul Parey, (1985) 77-90.

[114] STIEBING, A.: Ermittlung von Erhitzungswerten für Fleischkonserven in der Praxis. Fleischwirtsch. **58** (1978) 1305-1312.

[115] STIEBING, A.: Herstellung von Kochpökelwaren. Die Fleischerei **30** (1979) 702-706.

[116] STIEBING, A.: Vorverpackung und Konservenherstellung. Kulmbacher Reihe Band 8. Kulmbach: Institut für Technologie der Bundesanstalt für Fleischforschung, (1988) 165-188.

[117] STIEBING, A: Vorverpackung und Konservenherstellung von Kochwurst und Kochpökelwaren. Fleischwirtsch. **69** (1989) 8-22.

[118] STILES, M.E.;. NG, K.L.: Fate of Pathogens Inoculated onto Vacuum-Packaged Sliced Hams to Stimulate Contamination During Packaging. J. Food Prot. **42** (1979) 464-469.

[119] STILES, M.E.; NG, K.L.: Fate of Enteropathogens Inoculated onto Chopped Ham. J. Food Prot. **42** (1979) 624-630.

[120] STILLMUNKES, A.A.;. PRABHU, G.A.; SEBRANEK, J.G.; MOLINS, R.A.: Microbiological Safety of Cooked Beef Roasts Treated with Lactate, Monolaurin or Gluconate. J. Food Sci. **58** (1993) 953-958.

[121] SURKIEWICZ, B.F.; HARRIS, M.E.; CAROSELLA, J.M.: Bacteriological Survey and Refrigerated Storage Test of Vacuum-Packed Sliced Imported Canned Ham. J. Food Prot. **40** (1977) 109-111.

[122] TAKACS, J.: Mikrobiologische Standards für Fleischerzeugnisse. Fleischwirtsch. **49** (1969) 193-200.

[123] TÄNDLER, K.: Qualitätserhaltung bei vakuumverpacktem Brühwurst-Aufschnitt. Fleischwirtsch. **53** (1973) 1417-1424.

[124] TÄNDLER, K.: Amtliche Haltbarkeitsfristen für vorverpackte Fleisch- und Wurstwaren. Fleischwirtsch. **55** (1975) 1394-1397.

[125] TÄNDLER, K.: Zur Mindesthaltbarkeit von vorverpacktem Frischfleisch und vorverpackten Fleischerzeugnissen. Fleischwirtsch. **66** (1986) 1564-1576.

[126] THATCHER, F.S.; ROBINSON, J.; ERDMAN, I.: The „Vacuum Pack" Method of Packaging Foods in Relation to the Formation of the Botulinum and Staphylococcal Toxins. J. Appl. Bacteriol. **25** (1962) 120-124.

[127] TOTH, L.: Reaktionen des Nitrits beim Pökeln von Fleischwaren. Fleischwirtsch. **62** (1982) 1256-1263.

[128] VAN BURIK, A.M.C.; DE KOOS, J.T.: Natriumlactat in Fleischprodukten: Fleischwirtsch. **70** (1990) 1266-1268.

[129] Verordnung über die hygienisch-mikrobiologischen Anforderungen an Lebensmittel, Gebrauchs- und Verbrauchsgegenstände. Schweiz, 1.7.1987, i.d.F. vom 25.2.1988.

[130] VRCHLABSKY, J.; LEISTNER, L.: Hitzeresistenz der Enterokokken bei unterschiedlichen a_w-Werten. Fleischwirtsch. **50** (1970) 1237-1238.

[131] WHITELEY, A.M.; D'SOUZA, M.D.: A Yellow Discoloration of Cooked Cured Meat Products - Isolation and Characterization of the Causative Organism. J. Food Prot. **52** (1989) 392-395.

[132] WIRTH, F.: Technologische Bewertung der neuen Pökelstoff-Regelung. Fleischwirtsch. **63** (1983) 532-542.

[133] WIRTH, F.: Technologie der Verarbeitung von Fleisch mit abweichender Beschaffenheit. Schweiz. Arch. Tierheilk. **127** (1985) 83-97.

[134] WIRTH, F.: Technologie der Kochpökelwaren. Kulmbacher Reihe Band 8. Kulmbach: Institut für Technologie der Bundesanstalt für Fleischforschung, (1988) 53-73.

[135] WIRTH, F.: Einschränkung und Verzicht bei Pökelstoffen in Fleischerzeugnissen. Fleischwirtsch. **71** (1991) 228-239.

[136] XARGAYO, M., LAGARES, J., FREIXENET, L., FERNANDEZ, E.: Herstellung von Kochpökelwaren - Verwendung einer automatischen Füll- und Dosiermaschine zur Verarbeitung ganzer Muskeln. Fleischwirtsch. **75** (1995) 770-775.

[137] YANG, R.; RAY, B.: Prevalence and Biological Control of Bacteriocin-Producing Psychrotrophic Leuconostocs Associated with Spoilage of Vacuum-Packaged Processed Meats. J. Food Prot. **57** (1994) 209 - 217.

3.2 Mikrobiologie der Rohpökelstückwaren

K. H. GEHLEN

3.2.1 Einleitung

Die Rohschinken gehören neben den Blutwürsten zu den ältesten Fleischerzeugnissen, die bereits seit dem Altertum schriftlich überliefert sind. Die ersten Berichte über die Verwendung von Salz zur Herstellung von Fleischwaren reichen bis in die Zeit um 3000 v. Chr. zurück. Bereits im Reich der Sumerer waren Salzfleisch und Salzfisch ebenso Handelsartikel wie bei den Babyloniern [67]. Auch in China werden Rohschinken mindestens seit 2500 Jahren hergestellt und geschätzt [57].

Bei den Römern - so berichtet MARKUS CATO (234-149 v. Chr.) - gab es bereits einen besonderen Handwerkerstand, den der „salsamentarii", dem der Handel und wahrscheinlich auch die Herstellung von Rohpökelwaren (der „salsamenta") oblag [44]. CATO, der sich unter anderem auch durch Abhandlungen über die Landwirtschaft literarisch verdient machte („de re rustica", „de re agricultura"), verfasste schon eine Darstellung der Trockenpökelung von Schinken, die sich von der heutigen Technologie nur wenig unterscheidet [60]. In den Höchstpreisverordnungen des Diocletian wird bereits 301 n. Chr. zwischen dem stark gepökelten, geräucherten („perna fumosa") und dem wertvolleren, mild gepökelten, luftgetrockneten („petaso") Schinken unterschieden [73]. Das Pökeln dürfte durch die Römer in den germanischen Raum eingeführt worden sein [44].

Nach der Überlieferung verwendet der Mensch seit einigen Jahrhunderten, wahrscheinlich seit Jahrtausenden, auch Nitrat zur Pökelung von Fleisch [88]. Noch im vorigen Jahrhundert wurde als Pökelstoff nur Nitrat verwendet. Nachdem jedoch um die Jahrhundertwende erkannt worden war, dass das Nitrat erst nach bakterieller Reduktion zu Nitrit die erwünschten Wirkungen auf Farbe, Aroma und Konservierung von Fleischerzeugnissen ausüben kann, wurde zunehmend Nitrit - nach Erlass des Nitritgesetzes vom 19.06.1934 nur noch in Form von Nitritpökelsalz - zur Herstellung von Pökelfleischerzeugnissen verwendet [55]. An dieser Stelle sei darauf hingewiesen, dass es durchaus möglich ist, auch Rohschinken ohne die Verwendung der Pökelstoffe Nitrit und Nitrat herzustellen. Als Beispiel hierfür sei der luftgetrocknete San Daniele Schinken aus Oberitalien angeführt [25].

3.2.2 Produktsystematik

Um den Zusammenhang zwischen Technologie und Mikrobiologie zu verdeutlichen, gibt Tabelle 3.2.1 eine Zusammenstellung von einigen typischen Rohpökelstückwaren mit der Angabe der wichtigsten technologischen Merkmale (Räucherung, Lufttrocknung, Nitritpökelsalz, Kochsalz, Pökelverfahren, Zuschnitt, Tierart usw.). Die in Tabelle 3.2.1 aufgeführten Angaben wurden aus den Literaturstellen [18, 23, 25, 26, 38, 55, 60, 66 und 76] zusammen getragen.

Die a_w-Werte können bei den einzelnen Rohpökelstückwaren von Betrieb zu Betrieb erheblich schwanken. Dies ist in erster Linie auf die in verschiedenen Betrieben oft recht unterschiedliche Technologie zurück zu führen, die einen starken Einfluss auf den Salzgehalt und den Abtrocknungsgrad der Schinken ausübt. Grundsätzlich sind Rohschinken die Fleischwaren, die mit Abstand die höchsten Salzgehalte aufweisen. Ein Salzgehalt bis zu 8 % ist durchaus nicht unüblich und Rohschinken mit einem Salzgehalt von 7 % müssen nicht einmal salzig schmecken.

Die Rohschinken sind in der Bundesrepublik Deutschland durch die Erweiterung der Leitsätze des Deutschen Lebensmittelbuches 1989 erfasst worden, in denen die Bezeichnungen und entsprechenden Zuschnitte der wichtigsten Schinkenarten beschrieben sind und Höchstwerte für den zulässigen Wassergehalt festgesetzt sind. Die Angaben der a_w-Werte decken sich nicht immer mit den Angaben des Wassergehalts, da die Daten zum Teil aus verschiedenen Publikationen zusammen getragen wurden und Salz- und Fettgehalte keine Berücksichtigung fanden.

Tab. 3.2.1 Einige typische Rohpökelstückwaren mit technologischen und chemisch-physikalischen Merkmalen

	Rohmaterial			Pökelung					Reifung		a_w-Wert		Wassergehalt %
	Schwein	Rind	Schaf	Trocken	Nass	Nitritpökelsalz	Salpeter/Kochsalz	ohne Pökelstoffe	Räucherung	Lufttrocknen	Mittelwert	Bereich	
Knochenschinken, allgemein	X			X	X	X	X		X		0,93	0,889-0,963	≤ 65[1]
Westfälischer Knochenschinken, luftgetrocknet	X			X	X	X	X			X	0,89	0,874-0,910	–
Ammerländer Schinken	X			X	X	X	X		X		0,89	0,857-0,914	–
Holsteiner Katenschinken	X			X	X	X	X		X		0,92	0,916-0,929	≤ 68[1]
Spanischer Knochenschinken	X			X	X	X	X			X	0,89	0,880-0,890	40-60
Prosciutto di Parma	X			X			X	X		X	0,83	0,810-0,850	47-61
Fenalår			X					X	X		n. b.	< 0,900	
Schwarzwälder Schinken	X			X	X	X	X		X		0,90	0,853-0,945	≤ 68[1]
Kern-/Rollschinken/Rohschneider	X			X	X	X	X		X		0,92	0,889-0,945	≤ 68[1]
Schinkenspeck	X			X	X	X			X		0,92	0,874-0,953	≤ 70[1]
Lachsschinken	X			X	X	X			X		0,95	0,876-0,978	≤ 72[1]
Bündner Fleisch		X		X		X	X			X	n. b.	0,791-0,918	–

[1] Mindestanforderungen der Leitsätze des Deutschen Lebensmittelbuches (im zentralen Magerfleischanteil von Knochen, Schwarte und Fettgewebe befreit). n. b. = nicht bekannt

3.2.3 Technologie zur Herstellung von Rohpökelstückwaren und dazugehöriges Hürdenkonzept

Die Herstellung von Rohpökelwaren lässt sich in folgender Verfahrensübersicht darstellen:

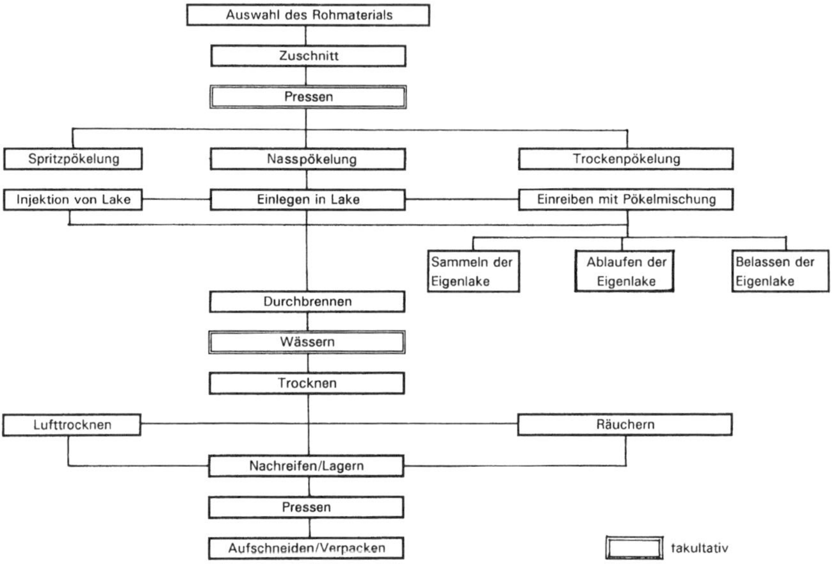

Abb. 3.2.1 Herstellungsverfahren für Rohpökelstückwaren (modifiziert nach [18])

3.2.3.1 Wichtigste mikrobiologische Hürden bei der Herstellung von Rohpökelstückwaren

Rohschinken werden primär über das Senken des a_w-Wertes durch Abtrocknen und Salzzugabe konserviert. Da bei den meisten Pökeltechniken für beide Vorgänge Zeit benötigt wird, insbesondere für die Diffusion des Salzes bei der Trocken- und Nasspökelung, ist es von entscheidender Wichtigkeit, Rohmaterial mit niedrigem Anfangskeimgehalt zu verwenden und Kühlbedingungen bis zur Stabilisierung des Rohschinkens strikt einzuhalten. Der pH-Wert-Senkung kommt bei der Konservierung der Rohschinken nur eine untergeordnete Bedeutung zu, jedoch darf der Ausgangs-pH-Wert des Rohmaterials keinesfalls über 6,0 (6,2) liegen. Nicht nur die

Pökelphase, sondern auch die erste Phase des Durchbrennens sollte bei Kühltemperaturen durchgeführt werden, da sich der Rohschinken in dieser Phase in der Regel bei a_w-Werten unterhalb von 0,960 mikrobiologisch stabilisert. Bei Erreichen von Kochsalzgehalten um 4,5 % im Innern des Schinkens kann die Temperatur beim Durchbrennen und beim Reifen angehoben werden, allerdings auch bei schnell gereiften Produkten am besten nicht über 25 °C.

Im Folgenden wird auf die einzelnen Verfahrensschritte detaillierter eingegangen.

3.2.3.2 Rohmaterial

Beim Rohmaterial ist eine schnelle Durchkühlung der Schinken wichtig. Innerhalb von 24 Stunden soll möglichst eine Kerntemperatur von 0 °C erreicht sein [34]. Es gibt allerdings Produkte, die mit Schwarte gesalzen werden, bei denen die Temperatur der angelieferten Schinken im Verarbeitungsbetrieb wieder auf ca. 3 bis 4 °C angeglichen werden muss, um eine bessere Verarbeitbarkeit auf den Salzungsmaschinen zu gewährleisten [26]. Die Schinken müssen glatt zugeschnitten sein und dürfen keine Zerklüftungen oder Einstiche durch Messer und Haken aufweisen [34]. Der Zuschnitt der Schinken beeinflusst entscheidend das Verhalten während der Pökelung. So spielt die dem nativen Schinken anhaftende subkutane Fettschicht mit Schwartenabdeckung offenbar eine große Rolle für die Verhinderung des Eindringens von Mikroorganismen [27], außerdem spielt der Zuschnitt eine entscheidende Rolle für das Diffusionsverhalten der Salze.

Hohe pH-Werte sind schon lange als Ursache für leimige oder verdorbene Rohschinken bekannt. Daher fehlt es nicht an Hinweisen in der Literatur, kein Fleisch mit DFD-Eigenschaften (Grenzwerte für pH 24 zwischen 5,8 und 6,4) oder ohne Angabe eines Meßzeitpunktes mit pH-Werten >6,0 zu verwenden. Für den Ausschluss von solchem Rohmaterial gibt es mehrere Gründe. So erschweren hohe pH-Werte die Wasserabgabe und damit die Trocknung und verlangsamen durch eine geschlossene Struktur der Muskelfasern die Salzaufnahme. Beide Eigenschaften neben dem hohen pH-Wert selbst begünstigen das Wachstum von Verderbniserregern [18]. Schinken mit Knochenbrüchen und Blutergüssen sind ebenfalls von der Verwendung für Rohschinken auszuschließen. Darüber hinaus sind an das Rohmaterial allgemein hohe hygienische Anforderungen wegen des erforderlichen niedrigen Ausgangskeimgehaltes zu stellen, die in der Praxis durch eine gute Schlacht- und Zerlegehygiene und eine nicht unterbrochene Kühlkette sichergestellt werden. Darüber hinaus ist die frische Verarbeitung des Rohmaterials von entscheidender Bedeutung, wie Untersuchungen an amerikanischen Schinken ergeben haben [45].

3.2.3.3 Pökelung

Während der Pökelphase nimmt das Fleisch Kochsalz, Pökelstoffe und andere Bestandteile der Lake auf und gibt andererseits eigene Substanzen (Eiweiß, Salze, Vitamine, Wasser etc.) an das Umgebungsmedium ab [11].

In der Bundesrepublik Deutschland, in den skandinavischen Ländern und in Teilen Frankreichs sind die kombinierte Trocken-/Nasspökelung und die Nasspökelung die vorherrschenden Verfahren, während die luftgetrockneten Produkte in Spanien, Italien und im übrigen Frankreich fast ausschließlich trockengepökelt werden.

Von elementarer Wichtigkeit ist, dass die Pökelung bei kalten Temperaturen zwischen 0 und 5 °C, höchstens jedoch bei 8 °C durchgeführt wird, um das Fleisch so lange durch Kühlung zu konservieren, bis das Salz das Fleisch auch im Inneren durch a_w-Wert-Absenkung auf ca. 0,960 ausreichend stabilisiert hat [34]. Während der Herstellung der Rohschinken kommt es in der Regel zu einem leichten Abfallen des pH-Wertes innerhalb der ersten 2 Herstellungswochen. Dieser pH-Wert-Abfall ist in keinster Weise mit der pH-Wert-Absenkung bei der Rohwurstherstellung zu vergleichen. Die bisherigen Ergebnisse weisen darauf hin, dass der pH-Wert-Abfall bei den Schinken stärker ist, die am Beginn der Pökelung im pH-Wert höher liegen [23, 26]. An dieser Stelle sei darauf hingewiesen, dass in den einzelnen Muskeln beziehungsweise Teilstücken der einzelnen Schinken erhebliche pH-Unterschiede auftreten. Das Teilstück, das sehr häufig hohe pH-Werte um 6,0 und höher aufweist, ist die Nuss. In Rohschinken einwandfreier sensorischer Beschaffenheit wurden pH-Werte zwischen 5,1 und 7,0 (!) gemessen, die im Durchschnitt bei 5,7 bis 5,9 lagen [55]. Bei lang gereiften Schinken nimmt der pH-Wert während der Reifung langsam wieder zu (z.B. bei Parma-Schinken um 0,2 bis 0,5 pH-Einheiten). Generell stellt der pH-Wert nur zu Beginn der Herstellung eine wichtige mikrobiologische Hürde für Rohschinken dar.

Wenn man die technologische Vielfalt der Pökeltechnologie letztendlich auf die drei in Abbildung 3.2.1 erläuterten Pökelverfahren zurück führen kann [88], die oft in Kombination miteinander angewendet werden [59], so gibt es doch eine Fülle veränderlicher Einflussfaktoren [88]. So ist die Diffusion der Salze (Kochsalz, Nitrit, Nitrat) zum Beispiel abhängig von der Salzmenge, der Zusammensetzung der Salzmischung, der Lakekonzentration, vom Lake-/Fleischverhältnis (bei der Nasspökelung), weiterhin von der Größe, dem Zuschnitt, der gewerblichen Zusammensetzung und dem pH-Wert des Pökelgutes, der Pökeldauer und der Pökeltemperatur [88]. Auch der Zeitpunkt der Pökelung nach der Schlachtung spielt eine wichtige Rolle für die Salz- und Wasseraufnahme [23].

Die Pökelstoffmischungen enthalten neben Zuckerstoffen und Gewürzen als wichtigsten Inhaltsstoff Nitritpökelsalz und/oder Nitrat. Während dem Nitrit noch ein geringer antimikrobieller Effekt bei der Schinkenpökelung zugeschrieben wird, beeinflusst das Nitrat die mikrobiologische Stabilität nach heutiger Auffassung nicht positiv. Eine Ausnahme bilden bestimmte norwegische (Fenalår) und italienische Spezialitäten (San Daniele und Veneto-Schinken), die mit Kochsalz ohne Zusatz von Nitrit und Nitrat hergestellt werden [25].

Die **Trockenpökelung** ist dadurch gekennzeichnet, dass das zu pökelnde Fleisch ohne Verwendung einer Lake lediglich mit einem trockenen Pökelsalzgemisch eingerieben wird [10]. Eine Trockenpökelung im strengen Sinne liegt nur dann vor, wenn während der Pökelung der mit einer trockenen Pökelstoffmischung eingeriebenen Fleischstücke die sich bildende Eigenlake permanent abläuft und das Pökelgut so ständig ohne Lake gehalten wird. Die Pökeldauer beträgt mindestens 2 bis 2,5 Tage je kg Fleisch, die Pökelraumtemperatur soll zwischen 6 und 8 °C, keinesfalls über 10 °C liegen [10].

Bei der **Nasspökelung** wird eine Pökellake, eine hochkonzentrierte wässrige Kochsalzlösung, in der sich - analog zur Trockenpökelung - die für die Umrötung erforderlichen Pökelstoffe, Pökelhilfsstoffe und eventuell Gewürze befinden, hergestellt [10]. Bei der üblichen „Tankpökelung" werden die zu pökelnden Fleischstücke in die Pökellake eingelegt, die sich in Industriebetrieben meist in Behältern aus Stahl oder Kunststoff befindet [67]. Der Kochsalzgehalt der Laken kann zwischen 8 % und 24 % liegen. Letzterer entspricht einer gesättigten Kochsalzlösung. Nicht selten finden bereits gebrauchte oder ältere Laken Verwendung, die sich durch besonders gute Pökel- und Aromaeigenschaften auszeichnen. Meistens werden frische Laken unter begrenzter Zugabe von Gebrauchtlake verwendet. Die Pökeldauer beträgt etwa 2 Tage pro kg Fleisch [10]. Die Konzentration an Nitrit und Nitrat nimmt während der Nasspökelung in der Lake ab. Neben der Absorption durch das Fleisch ist für das Sinken der Gehalte an Nitrit und Nitrat in der Lake auch die bakterielle Reduktion beider Pökelstoffe eine Erklärung. Nitrit kann durch Luftsauerstoff auch wieder zu Nitrat rückoxidiert werden.

Bei der **Spritzpökelung** wird die Pökellake in das Fleischinnere mit Nadeln injiziert. Die Spritzpökelung findet hauptsächlich bei Kochpökelwaren und schnell gereiften Rohpökelwaren Anwendung.

3.2.3.4 Durchbrennphase

Die „Durchbrennphase", die Salzausgleich, Aromatisierung und zunehmende Mürbheit bezweckt, schließt sich an die Pökelung an. Die Schinken lagern zunächst mehrere Wochen bei 4 bis 8 °C. Sobald das Schinkeninnere mikrobiologisch durch die Salzdiffusion auf a_w-Werte von unter 0,960 stabilisiert ist, heben manche Hersteller die Temperatur bis auf 8 bis 12 °C an, um diese Vorgänge noch zu intensivieren. Häufig wird intensives Wachstum von Mikroorganismen an den Stellen der Schinken festgestellt, die dem Luftsauerstoff ausgesetzt sind. Bei höherer Luftfeuchtigkeit bildet sich ein leichter Mikroorganismenbelag auf der Oberfläche der Schinken aus, der von den einzelnen Herstellern unterschiedlich bewertet wird, und im Reiferaum ist ein frischer, heftiger Geruch festzustellen. Es gibt Betriebe, die die Bildung des Belages fördern, und es existieren Betriebe, die den Belag möglichst vermeiden wollen. Im Anschluss an die Durchbrennphase werden die Schinken in aller Regel gewaschen, um Beläge von Mikroorganismen und grobe Gewürzbestandteile zu entfernen und einem etwaigen Salzausschlag auf der Oberfläche bei der späteren Trocknung entgegen zu wirken.

3.2.3.5 Weitere Behandlung (Räucherung/Lufttrocknung/Nachreifung)

Nach dem Waschen werden die Schinken bei Temperaturen von 15 bis 30 °C getrocknet und geräuchert. Bei luftgetrockneten Produkten unterbleibt die Räucherung bis auf wenige Ausnahmen (z.B. Südtiroler Bauernspeck) völlig. Die Lufttrocknung erfolgt primär in Ländern wie Italien, Spanien, aber auch in bedeutendem Umfang in Frankreich und der Schweiz. In Skandinavien, der Bundesrepublik Deutschland und in Teilen Frankreichs wird überwiegend geräucherte Ware hergestellt.

Dann erfolgt die Nachreifung bei Temperaturen zwischen 15 und 18 °C. Der Schinken wird weiter bis zu dem gewünschten Abtrocknungsgrad abgetrocknet, und es findet ein weiterer, abschließender Reifevorgang statt, der wichtig für die Aromatisierung und die Zartheit des Schinkens ist. Danach erfolgt das Verpacken der Rohschinken entweder ganz oder in Teilstücken, bei SB-verpackter Ware auch in Scheiben.

3.2.3.6 Pökellaken - chemische und mikrobiologische Merkmale

Die Verwendung von Laken spielen in bakteriologischer Beziehung eine wichtige Rolle, insbesondere bei der Spritz- und Nasspökelung sowie der kombinierten Trocken-/Nasspökelung. Pökellaken werden vorwiegend in Nord- und Mitteleuropa, zum Teil auch in Frankreich zur Herstellung von Rohpökelwaren eingesetzt, während in Spanien und Italien die berühmten luftgetrockneten Rohschinken ausschließlich im Trockenpökelungsverfahren ohne Laken hergestellt werden. Laken sind sehr individuell zu betrachten, da sich bereits geringfügige Unterschiede in der „Historie" beziehungsweise der Technologie stark auf die qualitative und quantitative mikrobiologische Komposition auswirken. Als Biotop sind alle Pökellaken gekennzeichnet durch einen hohen Salzgehalt, bei Aufgusslaken 8 bis 20 %, Eigenlaken können gesättigte Salzlösungen sein. Zumindest zu Beginn der Pökelung enthalten Laken Nitrit und Nitrat, es sei denn, es wird in einer reinen Kochsalzlake gepökelt. Eigen- und Aufgusslaken weisen darüber hinaus eine niedrige Temperatur von in der Regel unter 5 °C auf und enthalten aus dem Fleisch ausgetretene Substanzen. Ferner können den Laken Zucker, Gewürze, Pökelhilfsstoffe und Geschmacksverstärker zugesetzt werden. Man unterscheidet folgende Typen von Laken:

- **Aufguss- oder auch Decklaken** sind Laken, die für eine Nasspökelung angesetzt werden,
- frisch angesetzte Laken ohne Altlakenanteil (häufig für Kochpökelwaren),
- einmalig gebrauchte Laken ohne Altlakenanteil,
- Aufgusslaken, die unter Mitverwendung einer alten Stammlake hergestellt werden,
- Aufgusslaken, die unter Mitverwendung der Eigenlake hergestellt werden,
- Eigenlake von Rohschinken, einmalig gebraucht. Unter **Eigenlake** ist die Lake zu verstehen, die sich bei der Trockenpökelung von Rohschinken bildet. Die Flüssigkeit besteht ausschließlich aus der verwendeten Pökelstoffmischung und durch die Salzung dem Fleisch entzogenem Fleischsaft. Diese Lösung ist in aller Regel gesättigt und weist häufig einen Bodensatz auf.
- Aufgusslaken, die unter Mitverwendung der Eigenlake und der Mitverwendung einer alten Stammlake hergestellt werden,
- **Stammlaken**, die hauptsächlich aus Eigenlaken und einmalig gebrauchter Lake mit Altlakenanteil verschiedener Chargen gesammelt werden.

Die pH-Werte von Aufguss- und Stammlaken liegen im Bereich von 5,4 bis 6,1 [26]; pH-Werte, die Anlass zu einem Verderbsverdacht geben, liegen höher als 7,0 bzw. niedriger als 5,5 [49]. Der pH-Wert der Aufgusslaken wird entscheidend vom pH-Wert des eingelegten Fleisches bestimmt. So nähert sich der pH-Wert einer frisch angesetzten Aufgusslake ohne Stammlakenanteil innerhalb weniger Stunden dem pH-Wert des eingelegten Fleisches an [26]. Es ist schwierig, „Indikatorkeime" als Verderbsanzeichen von Laken anzugeben, da diese Keime auch in Laken ohne Verderbniserscheinungen vorkommen können. Die häufigste und wichtigste Veränderung beim Verderb von Aufgusslaken ist die Fäulnis. Aufgusslaken mit dieser Abweichung riechen nach Schwefelwasserstoff oder Ammoniak, auch seifig, käsig oder urinös, sind meist stark getrübt, weisen häufig Schaumbildung auf, mitunter eine Kahmhaut und nicht selten eine hellrote Farbe. Der pH-Wert liegt meist über 6,8, häufig über 7,0, mitunter über 7,5. Die Fäulnis der Laken wird durch gramnegative Bakterien verursacht, und zwar durch die Familien *Pseudomonadaceae* und *Achromobacteriaceae*, insbesondere durch Keimarten der Gattungen *Vibrio, Achromobacter* und auch *Spirillum* [49].

Nur gelegentlich kommt es beim Umschlagen der Laken zur Säuerung. Aufgusslaken mit dieser Abweichung riechen stechend, streng, fade-säuerlich oder sauer. Die Trübung dieser Laken ist mäßig, jedoch findet sich meist eine starke Ausflockung (Bodensalz). Mitunter zeigt sich Schleimigkeit, selten Schaumbildung. Die Laken sind missfarben und erscheinen grünlich. Saure Laken haben einen pH-Wert von unter 6,0, oft unter 5,5, mitunter sogar unter 4,9. Unter ungünstigen Pökelbedingungen können Keimarten der Gattung *Micrococcus* und *Lactobacillus*, unterstützt von Keimarten der Gattungen *Leuconostoc, Streptococcus* und *Pediococcus* zu einer Säuerung der Laken führen [49].

3.2.3.6.1 Mikroorganismen in Laken

In Laken kommen Hefen, *Micrococcaceae*, Milchsäurebakterien und halophile gramnegative Bakterien vor. Die umfassendsten Untersuchungen über die Mikroflora von Pökellaken stammen von LEISTNER [47, 48, 49, 50], der folgende Keimzahlen (KbE/ml) fand: wenig gebrauchte Aufgusslaken: unter 3×10^6 bis 2×10^7, unstabile Laken 2×10^7 bis 1×10^8 und faulige Laken über 1×10^8 [50].

Die Identifizierung von Lake-Isolaten, die unter Verwendung verschiedener Medien zum Teil nach anaerober Bebrütung gewonnen wurden, wurde nach der 7. Auflage von Bergegy`s Manual [7] durchgeführt und ist heute nur noch bedingt nachvollziehbar. Es wurden etwa 45 Keimarten aus 23 Gattungen häufig nachgewiesen. „Sehr häufig" wurden die Gattungen *Micrococcus* (nach neuerer Taxonomie ist davon auszugehen, dass primär die Gattung *Staphylococcus* gemeint war), *Lactobacillus, Vibrio*, *Streptococcus*, *Achromobacter, Spirillum* und *Alcaligenes* gefunden, „häufig" Hefen, *Pseudomonas, Escherichia, Bacillus* und *Microbacterium*. Bezogen auf die Keimzahlen waren *Micrococcus* und *Vibrio* „sehr stark" vertreten, *Spirillum, Achromobacter* und *Lactobacillus* „stark" sowie *Alcaligenes, Pseudomonas, Pediococcus, Microbacterium*, *Corynebacterium* und Hefen „reichlich" [50].

So sollen in Laken, in denen sich erst für kurze Zeit Fleisch befindet, *Micrococcaceae* vorherrschen (nach heutiger Auffassung dürfte es sich vorwiegend um koagulasenegative *Staphylokokken* handeln) oder *Achromobacteriaceae* (vorherrschend

Achromobacter und *Alcaligenes*). Schon länger zum Pökeln benutzte, gereifte Laken mit guten Pökeleigenschaften, jedoch geringer Stabilität sind im Allgemeinen *Spirillaceae*-Laken (vorwiegend *Vibrio* und *Spirillum*). Lange gebrauchte Stammlaken mit guter Stabilität, aber im Allgemeinen geringeren Pökeleigenschaften, sind oft *Lactobacteriaceae*-Laken (vorherrschend *Lactobacillus*) [50]. Die Flora von Laken dieser Art kann auch einseitig von Hefen dominiert sein [26].

In einer neueren Arbeit wurden in fast allen untersuchten Laken Milchsäurebakterien ($<3 \times 10^3$ bis 3×10^6 KbE/ml), Staphylokokken ($<10^2$ bis 2×10^5 KbE/ml), Mikrokokken ($<10^2$ bis 2×10^5 KbE/ml) und Hefen ($<10^2$ bis 2×10^6 KbE/ml) nachgewiesen. Außerdem wurden auf Keimzählagar mit 15 % Kochsalz regelmäßig aerobe, oxidase-positive, mäßig halophile, gramnegative und in der Regel keine Säure aus Zucker bildenden Bakterien gefunden, die der erst gegen Ende der achtziger Jahre errichteten Familie der *Halomonadaceae* zugeordnet wurden [65]. Diese Bakterien wurden auch auf ihre Eignung als Starterkultur für Pökellaken untersucht.

Es wurde vermutet, dass es sich um ähnliche Bakterien handelte, die von LEISTNER [47, 50] nach der damaligen Taxonomie nach der 7. Auflage von Bergey's Manual [7] als *Achromobacteriaceae* angesprochen wurden [65].

Aus dänischen Aufgusslaken für die Baconherstellung wurden *Vibrio proteolyticus, Halomonas elongata* und *Staphylococcus carnosus* isoliert [35]. Die gleichen Autoren isolierten darüber hinaus *Vibrio nereis, Vibrio costicola, Vibrio logei, Vibrio vulnificus* und *Vibrio alginolyticus* aus dänischen Laken [1]. *Vibrio costicula* wurde bereits in Verbindung mit dem Verderb von gepökeltem Fleisch gebracht [22].

3.2.3.6.2 Herkunftsquellen der Mikroorganismen in der Lake

Die Mikroorganismen, die in Laken gefunden werden, können aus dem Rohstoff Fleisch, aus dem verwendeten Wasser, aus Rekontamination durch Personal und Gerätschaften oder auch aus der Luft herrühren. Eine wichtige Herkunftsquelle ist die Inkubation des Pökelgutes mit Stamm- oder Eigenlake. Zunehmende Bedeutung kommen kommerziell erhältlichen Starterkulturpräparaten zu. Auch über nicht raffiniertes Salz - in Spanien wird es zum Teil für mehrere Pökelprozesse hintereinander benutzt - können Mikroorganismen Zugang zu den Laken und dem Pökelgut finden.

3.2.3.7 Wirkungsweise der Enzyme bei der Reifung von Rohschinken

Bei Rohschinken ist die Intensität der proteolytischen und lipolytischen Vorgänge schwächer ausgeprägt als bei Rohwürsten.

3.2.3.7.1 Proteolyse

Proteolyse wurde beobachtet in Parma-Schinken [5], Serrano-Schinken [2] und amerikanischem Country-Style Schinken [64]. Die Proteolyse, die unterschiedlich stark in den verschiedenen Regionen des Schinkens ist, wird von der Trocknung der Schinken beeinflusst [58].

Die Zunahme des Nicht-Eiweiß-Stickstoffes und der freien Aminosäuren werden einer proteolytischen Aktivität zugeschrieben, die hauptsächlich in der sarkoplasmatischen Eiweißfraktion stattfindet [62] und bei steigender Reifungstemperatur intensiver verläuft [20]. Besonders stark ist der Anstieg von Glutaminsäure, Arginin, Valin, Leucin und Lysin [2]. Da die Keimzahlen im Inneren der Schinken häufig sehr gering sind [84, 55, 81], und fast alle bisher aus dem Schinkeninneren isolierten Mikroorganismen nicht oder allenfalls schwach proteolytisch sind [6] und auch bei weit gehender Abwesenheit von Mikroorganismen proteolytische Vorgänge ablaufen, die die Schinken mürbe und zart im Biss machen, führt man heute die Proteolyse hauptsächlich auf Muskelproteinasen zurück. Endopeptidasen wurden bei den bisherigen Isolaten nicht festgestellt [72]. Exopeptidase-Aktivität wurde bei einem aus Rohschinken isolierten *Pediococcus pentosaceus*-Stamm aufgrund einer starken Leucin- und Valin-Arylamidase-Aktivität festgestellt, während *Staphylococcus xylosus* nur eine sehr schwache Leucin-Arylamidase-Aktivität aufwies [72]. Relativ hohe Enzymaktivitäten der Kathepsine B, D, H und L [84] und der Muskel-Aminopeptidasen [86] wurden auch nach 8 Monaten der Herstellungszeit nachgewiesen. Dies weist auf eine gute Stabilität der Enzyme während langer Prozess- und Lagerzeiten hin [85] und dürfte auch der Grund dafür sein, dass auch nach längerer Reifezeit immer noch eine Verbesserung des Aromas möglich ist. Auch Glycosidasen weisen nach 7 Monaten noch eine hohe Enzymaktivität auf, wenn auch ihre Rolle bei der Schinkenreifung nicht bekannt ist.

So hält man mittlerweile die proteolytische Aktivität der Kathepsine für die in Rohschinken zu beobachtende Tyrosinsynthese mit Auskristallisation für eine wahrscheinlichere Theorie als die Bildung der Tyrosine durch Hefen [3].

3.2.3.7.2 Lipolyse

Dem gegenüber scheint die Lipolyse stärker von den Mikroorganismen beeinflusst zu werden, wenn auch der Anteil an freien Fettsäuren bei einem lang gereiften Produkt wie dem Iberico-Schinken nur etwa 4 bis 7 % der Werte beträgt, die in Rohwürsten gefunden werden [58]. Dies hängt sicherlich auch damit zusammen, dass das subkutane Fettgewebe von der Oberfläche her für Mikroorganismen eher zugänglich ist.

Als Untersuchungsparameter für die lipolytische Aktivität wird der Anstieg der flüchtigen und nicht flüchtigen Fettsäuren im Vergleich zu einer unbeimpften Kontrollcharge genommen [71] und die Fähigkeit der Isolate, Fette auf Nährböden abzubauen. Während von luftgetrockneten Rohschinken isolierte Hefen eine positive [39], wenn auch häufig geringe lipolytische Aktivität aufweisen [75], wird insbesondere den *Micrococcaceae* ein starker Einfluss auf die Lipolyse wegen ihrer dominanten Keimzahl und vieler lipolytisch aktiver Species zugeschrieben [71, 75, 83]. Aber auch von Schinken isolierte Milchsäurebakterien wie *Lactobacillus curvatus* und *Pediococcus pentosaceus* sind lipolytisch [71, 75], ebenso wie die meisten der von Rohschinken isolierten Aspergillus- und Penicillium-Stämme [37]. Neben Mikroorganismen sind beim subkutanen Fett zu einem geringeren Teil auch gewebseigene Lipasen an der Lipolyse beteiligt. Enzyme aus dem subkutanen Fett sollen weniger stabil während der Lagerung sein und ihre Wirkung primär in der ersten Phase des Herstellungsprozesses ausüben [85]. Die Lipolyse soll von der Trocknung der Schinken weitgehend unbeeinflusst sein [58].

3.2.4 Mikroorganismen in Rohpökelstückwaren mit normaler Beschaffenheit

Seit Anfang der 80er Jahre wurden mehrere umfangreiche Untersuchungen im deutschsprachigen Raum durchgeführt [31, 55, 78, 81] und auch im Ausland, wobei die neueren Publikationen gegen Ende der achtziger und Anfang der neunziger Jahre häufig aus Spanien kommen.

Der Keimgehalt sensorisch einwandfreier Rohschinken, die in verschiedenen Betrieben hergestellt werden, kann recht unterschiedlich sein und eine große Schwankungsbreite aufweisen, die von $<10^2$ bis 10^8 KbE/g reichen kann [78]. Etwa die Hälfte der Rohschinken weist überhaupt kein Keimwachstum auf [55]. Auch hier spielen Gewicht und Zuschnitt eine wichtige Rolle. Der Anteil an praktisch keimfreien Rohschinken ist bei Schinkenspeck (ca. 30 %) deutlich niedriger als bei Knochenschinken (ca. 60 %) [81]. Bei etwa zwei Drittel der sensorisch einwandfreien Rohschinken kann man Keimzahlen erwarten, die nicht höher als 10^3 bis 10^4 KbE/g liegen [81].

Auch für die Verteilung der Mikroorganismen sind Anatomie und der Zuschnitt der Rohpökelstückware ein bestimmender Einflussparameter. Dies gilt sowohl für die Oberfläche [8] als auch für das Schinkeninnere [13]. So wurde bei Parma-Schinken festgestellt, dass im Fettgewebe höhere Keimzahlen als im Magerfleischanteil auftraten. Andererseits soll die Penetration der Mikroorganismen ausschließlich von der Fleischseite aus erfolgen, da sie im Gegensatz zur Außenfläche bei vielen Schinkenarten nicht von der Schwarte und subkutanem Fett bedeckt ist, die wie eine undurchlässige Schicht wirken. Die Fettschicht soll das Eindringen von Mikroorganismen verhindern können [27]. In der Tiefe des Magerfleisches auf der Schwartenseite kann bei der Trockenpökelung spanischer Rohschinken Keimwachstum stattfinden, da in dieser Schinkenregion die Abtrocknung und der Salzanstieg langsamer vor sich gehen. Die Natur der Mikroorganismen, die in der Nähe des subkutanen Fetts wachsen, soll folglich mehr von der Innenflora des Fleisches beeinflusst sein, während die äußeren Probeentnahmestellen auch äußeren Einflüssen unterliegen [13].

Qualitativ und quantitativ kommen grampositive, nicht sporenbildende Stäbchen (überwiegend Laktobazillen) und Kokken der Familie *Micrococcaceae* am häufigsten vor. Weitere nachgewiesene Mikroorganismengruppen sind Vertreter der Familie *Streptococcaceae*, gramnegative Stäbchen, aerobe Sporenbildner und Hefen [78], und in der ersten Phase der Pökelung auch *Brochothrix thermosphacta* [40]. Die Entwicklung einer Pilzflora auf der Oberfläche von Schinken, die im Mittelmeerraum hergestellt werden, stellt eine normale Erscheinung dar, da diese Produkte nicht geräuchert werden [9]. Neben Schimmelpilzen kommen auch Hefen vor. Es existieren einige bewusst schimmelpilzgereifte Rohschinkenspezialitäten wie zum Beispiel der Südtiroler Bauernspeck aus Norditalien und das Bündenfleisch aus der Schweiz [57].

Ca. 80 % [68] bis 90 % [78] der in Rohpökelstückwaren vorkommenden *Micrococcaceae* sind der Gattung *Staphylococcus* zuzuordnen. Der Gattung *Micrococcus* kommt eine untergeordnete Rolle zu. In diesem Zusammenhang sei darauf hingewiesen, dass in der älteren Literatur bis 1975 die in fermentierten Fleischwaren vorkommenden *Micrococcaceae* vor allem der Gattung *Micrococcus* und nur vereinzelt der Gattung *Staphylococcus* zugeordnet wurden. Da inzwischen modernere Methoden zur Abgrenzung der Gattungen *Micrococcus* und *Staphylococcus* zur Verfügung stehen [19, 77, 79], müssen die in der älteren Literatur vorgenommenen diesbezüglichen Zuordnungen häufig als ungenau oder gar falsch betrachtet werden.

Tatsächlich aber wachsen aus Rohschinken isolierte Staphylokokken selbst bei NaCl-Konzentrationen von 15 % [68], was die Dominanz der Staphylokokken während der Schinkenpökelung erklärt [82]. Aus Rohschinken isolierte Staphylokokken wachsen in Schinken während der Pökelung vor allem deshalb, weil sie neben der Kochsalzresistenz fakultative Anaerobier und resistent gegenüber Temperaturen von 3 bis 5 °C sind. Eine Zunahme der Keimzahl der *Micrococcaceae* in der Salzausgleichsphase wurde bei spanischen [13], italienischen [27] und an amerikanischen Schinken [29] festgestellt. In der Außenschicht vermehren sich die *Micrococcaceae* wesentlich rascher als im Zentrum der Schinken [66], ihre Bedeutung und Rolle bei den biochemischen Vorgängen während der Schinkenpökelung bleiben jedoch weitgehend unbekannt [68].

Die am häufigsten in deutschen Rohpökelstückwaren vorkommenden *Micrococcaceae* sind *Staphylococcus saprophyticus*, *Staphylococcus carnosus* (wird z.T. als Starter eingesetzt), *Staphylococcus xylosus* und *Staphylococcus simulans*. Weiterhin kommen *Staphylococcus epidermid, Staphylococcus hominis, Staphylococcus sciuri, Staphylococcus warneri* und *Staphylococcus haemolyticus* vor. Aus der Gattung *Micrococcus* wurden *Micrococcus varians*, *Micrococcus luteus* und *Micrococcus kristinae* isoliert [78]. Bei Isolaten aus spanischem Rohschinken waren die Gattungen *Staphylococcus xylosus* und *Staphylococcus sciuri* bei der Auswertung dominant [68]. Somit zählen koagulase-negative Staphylokokken zur maßgeblichen Flora von Rohschinken.

Micrococcaceae stellen sowohl auf der Oberfläche als auch in der Tiefe der Schinken die vorherrschende Flora dar. Dies wurde bei spanischen Schinken sowohl bei schnellem als auch bei langsamem Pökelverfahren bewiesen [82]. Auf der Oberfläche von Bündner Fleisch [66] und italienischen Schinken [15] wurde *Staphylococcus xylosus* als dominante Spezies vorgefunden.

Die in Rohschinken vorkommenden Milchsäurebakterien können milchsäurebildende Kokken sowie homofermentative und heterofermentative Laktobazillen sein. Die Anzahl der Milchsäurebakterien wird durch die Technologie und der dabei angewandten Temperaturführung beeinflusst. Die Keimzahl nimmt während des Durchbrennens ab und kann während der letzten Reifungsstufe wieder zunehmen [82]. Die während des Pökelns vorliegenden Keimzahlen an Milchsäurebakterien im Inneren des Schinkens liegen von nicht nachweisbar bis 10^2 KbE/g, was auf die niedrige Temperaturführung bei diesem Verfahrensschritt zurück zu führen ist [82]. Diese Werte werden von anderen Autoren bestätigt [14], liegen aber höher als die Keimzahlen einer anderen Arbeit [40]. Weiteren Autoren (z.B. [27]) gelang es nicht, während des Pökelvorgangs von Schinken Milchsäurebakterien in nennenswerten Mengen nachzuweisen. Die geringsten Anteile an der Gesamtpopulation treten auf der Stufe nach dem Salzen und im ersten Stadium der Trockenpökelung auf. Während der Reifung erhöht sich die Keimzahl an Milchsäurebakterien bis auf ca. 10^4 KbE/g wegen der höheren Temperatur [82]. Als homofermentative Milchsäurebakterien kommen *Lactobacillus alimentarius, Lactobacillus curvatus, Lactobacillus casei var. Rhamnosus* und als heterofermentative Milchsäurebakterien *Lactobacillus divergens* vor [69]. Bei Bündner Fleisch wurde *Lactobacillus sake* isoliert [66].

Streptococcaceae kommen häufig in deutschen Rohpökelstückwaren vor, wobei die Nachweishäufigkeit bei Bauchspeck mit 83 % wesentlich höher liegt als zum Beispiel bei Knochenschinken mit 17 % und bei Schinkenteilstücken mit 13 %. Fäkale Streptokokken sind gegenüber hohem NaCI-Gehalt und niedriger Temperatur resistent und kommen in luftgetrockneten Rohpökelstückwaren häufig in der Größenordnung von 10^3 bis 10^5 KbE/g vor [38], wobei *Enterococcus faecalis* und *Enterococcus faecium* ca. 20 % dieser Keimzahlen ausmachten. In italienischen Rohschinken lagen die Keimzahlen an D-Streptokokken in der Größenordnung zwischen <50 und 10^4 KbE/g [27]. Ältere Arbeiten berichten von niedrigeren Keimzahlen [43, 46]. *Pediococcus pentosaceus* wurde aus spanischen Rohschinken [69], *Leuconostoc paramesenteroides* aus Bündner Fleisch isoliert [66].

Im Gegensatz zu den Pökellaken scheinen gramnegative, halophile Stäbchen im Inneren sensorisch einwandfreier Schinken eine weniger wichtige Rolle zu spielen. In deutschen Rohpökelstückwaren beträgt die Nachweishäufigkeit gramnegativer Stäbchen bei Keimgehalten von $<10^2$ bis $4{,}0 \times 10^6$ KbE/g ca. 16 % [78]. Über die taxonomische Zusammensetzung der gramnegativen Bakterien in Rohpökelstückwaren wird in der Literatur indes sehr wenig berichtet. Dies liegt sicherlich auch darin begründet, dass ein Teil dieser Bakterien Salz auf Nährböden benötigt, um überhaupt zu wachsen. Zweifelsfrei kommen in Produkten normaler sensorischer Beschaffenheit neben Vibrionen [22] auch Enterobakterien in geringer Zahl vor. Im Inneren der Schinken können die coliformen Bakterien sowie *Pseudomonadaceae* und Bazillen bei der Trocknung und Räucherung inaktiviert werden [28]. Es ist zu vermuten, dass auch Gattungen der erst kürzlich eingeführten Familie der *Halomonadaceae* [21], die häufig in Pökellaken vorkommen [65], auch in gepökeltem Fleisch vorkommen.

Hefen werden häufig in und auf Pökelfleischwaren gefunden [52]. Der Schwerpunkt bei bisherigen Untersuchungen lag bei Rohwürsten, wobei das Hauptaugenmerk der Isolierung und Identifizierung der Oberflächenflora galt [70]. Der Einsatz von *Debaryomyces hansenii* als Starter und sein Einfluss auf die Reifung, die Mikrobiologie, die Hygiene und Sensorik von Rohwürsten wurde untersucht [24, 65]. Hefen, die sich während der Pökelung und Reifung im Inneren von Rohschinken entwickeln, wurden bisher nur wenig erforscht. Einige Autoren (z.B. [40]) konnten überhaupt keine Hefen nachweisen. In anderen Untersuchungen waren die Keimzahlen sehr klein und konnten daher beim Pökelprozess keine bedeutende Rolle spielen [27, 39]. Auf der Oberfläche und in der äußersten Schinkenschicht luftgetrockneter Rohschinken hingegen kommen Hefen häufig in der Größenordnung von bis zu 10^6 KbE/g in frühem Reifestadium vor, wobei die Keimzahlen nach längerer Reifung wieder um ca. 2 Zehnerpotenzen zurückgehen [39]. Während bei Coutry-Style Ham normalerweise Hefen assoziiert mit Schimmelpilzen auf der Oberfläche auftraten [4], wurden keine Schimmel auf San Daniele Schinken nachgewiesen, wo die Oberflächenflora ausschließlich aus der Species *Debaryomyces hansenii* und aus koagulase-negativen *Staphylokokken* der Species *Staphylococcus xylosus* bestand [15].

Obwohl die gefundenen Keimzahlen an Hefen in der Regel im Schinkeninneren sehr niedrig sind, wird doch ein recht breites Spektrum an Gattungen und Arten gefunden.

Tabelle 3.2.2 zeigt die taxonomische Verteilung von Hefen, die aus spanischem Rohschinken isoliert wurden. In Übereinstimmung mit anderen Autoren [52] wurde *Debaryomyces hansenii* am häufigsten gefunden, und zwar in allen Stadien des Herstellungsprozesses. Während der Salzungs- und Durchbrennphase bei kalten Temperaturen waren *Rhodotorula rubra* und *Rhodotorula pallida* am zweithäufigsten anzutreffen. Während der Trocknungsphase dominierte *Saccharomycopsis lipolytica* auf jedoch niedrigem Niveau in der Häufigkeit. *Candida versatilis* war während der Durchbrennphase nachzuweisen und hatte während der ersten Trocknungsphase eine steigende Häufigkeitsverteilung. Nach 8 Monaten jedoch war nur noch *Debaryomyces* präsent [39]. In einer weiteren Arbeit über spanische Rohschinken wird berichtet, dass die meisten Isolate zu der Gattung *Hansenula* zählten (*Hansenula sydowiorum*, *Hansenula holstii* und *Hansenula ciferrii*). Weiterhin wurden *Rhodotorula glutinis* und *Debaryomyces hansenii* isoliert [70]. Vom Vorkommen von *Cryptococcus albidus* [70, 6] und *Torulopsis candida* [3] wird ebenfalls berichtet. *Debaryomyces* und *Candida* wurden in geringen Keimzahlen bei „Country Cured Hams" gefunden [17].

Tab. 3.2.2 Taxonomische Verteilung aus spanischem Rohschinken isolierter Hefen und deren physiologische Merkmale [39]

Identifikation	Anzahl der Stämme (120)	%	Proteo-lytische Stämme	Lipo-lytische Stämme	Toleranz gegenüber 8 % Kochsalz
Debaryomyces	59	49,15			
Hansenii	39	32,50	–(39)	+(39)	+
Kloeckeri	20	16,65	–(20)	+(20)	+
Rhodotorula	16	13,35			
Rubra	11	9,15	–(11)	+(11)	+
Pallida	5	4,20	–(5)	+(5)	+
Candida	16	13,35	+		
Versatilis	16	13,35	–(16)	+(16)	+
Cryptococcus	9	7,50			
Albidus var. Aeria	9	7,50	–(3)	+(9)	+
Saccharomycopsis	14	11,65			
Lipolytica	14	11,65	–(14)	++(14)	+
Non identified	6	5,0	N. T.	N. T.	N. T.

+: positiv; ++: stark positiv; -: negativ; N. T.: nicht getestet

Beim Auftreten von **Schimmelpilzen** unterscheidet man zunächst, ob dieser Schimmelpilzbefall erwünscht oder nicht erwünscht ist. Im Allgemeinen wird Schimmelpilzwachstum auf Schinken vom Verbraucher als Zeichen der Verderbnis gewertet und ist auf geräucherten Produkten deutscher Technologie grundsätzlich unerwünscht. Neben Rohwürsten italienischen Typs werden einige Rohpökelstückwaren wie Bündner Fleisch, Südtiroler Bauernspeck und Country Cured Ham zu den schimmelpilzgereiften Fleischerzeugnissen gezählt, wo Schimmelpilzwachstum vom Verbraucher toleriert oder gar als erwünscht angesehen wird. Jedoch wird auch bei diesen Produkten nur das Vorkommen bestimmter Schimmelpilzarten vom Verbraucher akzeptiert, die einen einheitlichen, weißen bis weiß-grauen oder elfenbeinfarbenen Belag hervorrufen. Hier sei angemerkt, dass Schimmelpilze im Inneren von Rohschinken im Allgemeinen nicht ohne Verderbserscheinungen anzutreffen sind. Die Schimmelpilze wandern in solchen Fällen über Risse und Bindegewebszüge in das Innere des Schinkens.

Die Häufigkeitsverteilung von Schimmelpilzgattungen einer repräsentativen Untersuchung zeigt Tabelle 3.2.3 [51].

Auf Rohpökelwaren sind vorwiegend Schimmelpilze der Familie *Moniliaceae* anzutreffen, die vor allem durch Keimarten der Gattungen *Penicillium, Aspergillus* und *Scopulariopsis* vertreten ist. Auf Rohpökelstückwaren - insbesondere auf längere Zeit gereiften hochwertigen Produkten wie Knochenschinken - kommt den Gattungen *Aspergillus* und *Penicillium* eine herausragende Bedeutung zu. Auf Rohwürsten kommt neben der Gattung *Penicillium* auch der Gattung *Scopulariopsis* eine dominante Rolle zu, deren Arten meistens proteolytisch, lipolytisch und xerotolerant sind [51].

In der ersten Herstellungsstufe luftgetrockneter Rohschinken herrscht auf der Oberfläche die Gattung *Penicillium* vor, die während der späteren Produktionsstufen von der Gattung *Aspergillus* als vorherrschende Flora abgelöst wird [37, 51]. Neben dem Abfall der Wasseraktivität kann auch ein Anstieg der Temperatur, der während der Reifung von zum Beispiel spanischen Rohschinken Anwendung findet, die *Aspergillen* gegenüber den *Penicillien* in Vorteil bringen. Andere Gattungen wie *Cladosporium, Alternaria, Fusarium, Geotrichum* und *Rhizopus* wurden lediglich in geringer Anzahl auf spanischem Rohschinken isoliert [37], während andere Gattungen (*Mucor* und *Paecilomyces*) nach der Nachsalzungsstufe nicht isoliert wurden [9].

Durch Schimmelpilzbefall können Farbabweichungen vielseitigster Art auf der Produktoberfläche hervor gerufen werden. So können durch *Scopulariopsis*-Kolonien auf der Schwartenoberfläche von Knochenschinken weiße Flecken auftreten. Von den *Dematiaceae* werden besonders die Gattungen *Cladosporium* und *Alternaria* angetroffen, die schwarze Pigmente bilden, die nicht nur oberflächlich auftreten, son-

Tab. 3.2.3 Schimmelpilze, die von 27 Rohwürsten und 40 Knochenschinken isoliert wurden [51]

Familie	Anzahl und Gattung % der Proben		Anzahl der Proben		
	Schinken		Rohwürste	Gesamt	
	Rhizopus	5	3	8	*Mucoraceae*
9 (13 %)	*Mucor*	0	1	1	*Mortierella-creae*
2 (3 %)	*Mortierella*	1	1	2	*Cephalida-ceae*
1 (1 %)	*Syncephala-strum*	1	0	1	*Moniliaceae*
66 (99 %)	*Penicillium*	33	24	57	
	Aspergillus	36	9	45	
	Scopulariopsis	3	11	14	
	Paecilomyces	3	0	3	
	Oospora	3	0	3	*Dematiaceae*
14 (21 %)	*Cladosporium*	12	0	12	
	Alternaria	5	0	5	*Tubercularia-ceae*
3 (4 %)	*Epicoccum*	3	0	3	
	Fusarium	1	0	1	*undifferen-ziert*
4 (6 %)					

dern so tief in das Produkt eindringen, dass sie nicht mehr abgewaschen werden können. Dunkelgrüne Farbabweichungen können durch *Aspergillus ruber* hervor gerufen werden. Eine ebenfalls unerwünschte Erscheinung sind „Bärte", die durch *Mucorales* wie zum Beispiel *Rhizopus* verursacht werden [51].

Schimmelpilze der Gattung *Eurotium* werden bei bestimmten lange gereiften Rohschinken mitunter als erwünscht angesehen. Dies gilt für Country Cured Hams der USA und auch für Jamon Serrano aus Spanien [57].

3.2.5 Fehlprodukte

Der mikrobielle Verderb stellt bei Rohschinken nicht selten ein Problem dar. Sensorisch können sich diese Fehlprodukte durch zu weiche Konsistenz, schmierige Oberfläche und abweichenden Geruch und Geschmack äußern.

Ungeeigneter Rohstoff wie DFD-Fleisch, stark kontaminiertes oder zu lange gelagertes Fleisch, unsaubere Verarbeitung, unzureichende Kühlung und nicht sachgemäße Reifung sind die häufigsten Ursachen für den Verderb von Rohschinken neben einem zu geringen Salzgehalt insbesondere in Kombination mit einer zu frühen Anhebung der Temperatur zum Zwecke der Räucherung. Bei nassgepökelten Rohschinken kann die Qualität auch durch ein Umschlagen der Aufgußlake beeinträchtigt werden, und bei spritzgepökelten Rohschinken muss vor allem auf den Keimstatus der Lake geachtet werden, da mit der Lake keine verderbniserregenden Keime in das Fleisch injiziert werden sollen [32]. Darüber hinaus kann sich bei manchen Schinken das Fett während der Reifung verändern, das heißt das Fett wird weich und ranzig, was auf eine unzweckmäßige Fütterung der Schweine zurück zu führen ist [56].

Je kleiner der Durchmesser eines Rohschinkens und damit die Diffusionsstrecke der von außen eindringenden Pökelsalze ist, desto geringer ist die Wahrscheinlichkeit des Auftretens von Fehlfabrikaten [32]. So kommt es, dass insbesondere die dicken Knochenschinken verderbnisanfällig sind, bei denen der mikrobiell verursachte Verderb im Inneren, meist entlang des Knochens oder nahe der großen Blutgefäße, auftritt. Meist sind in den verdorbenen Schinken die Keimzahlen in der kompakten Muskulatur wesentlich geringer als in den Bindegewebszügen und in der Nähe des Knochens [31]. Bei Knochenschinken kann es sogar zum ballonartigen Aufgasen kommen. In den aufgegasten Schinken wurden mehr proteolytische Bakterien sowie *Laktobazillen* und *Enterobacteriaceae* einschließlich der Coliformen im Vergleich zu nicht aufgegasten Schinken gefunden [63]. Dieses ballonartige Aufgasen von Knochenschinken wird auf *Enterobacteriaceae* zurück geführt, die zusammen mit *Laktobazillen* die Gasbildung in den Hohlräumen der Schinken hervor rufen [63].

Grundsätzlich kann der innere Verderb von Knochenschinken in Richtung Fäulnis oder in Richtung Säuerung gehen [55]. Die Fäulnis ist der häufigste Verderbnistyp und tritt besonders bei DFD-Schinken (dry, firm, dark), also bei Schinken mit einem hohen pH-Wert auf [31]. So sollte Rohmaterial mit Ausgangs-pH-Werten >5,8 möglichst keine Anwendung für die Rohschinkenherstellung finden. Tendiert der Verderb im Inneren des Rohschinkens zur Säuerung, dann sind Milchsäurebakterien und apathogene Staphylokokken die Ursache. Dabei kann gleichzeitig Ranzigkeit auftreten, besonders wenn peroxidbildende Laktobazillen am Verderb beteiligt sind [32]. Bei der Untersuchung verdorbener Rohschinken wurde keine deutliche Beziehung zwischen dem pH-Wert und der Art der vorherrschenden Verderbnisflora festgestellt [55]. Verdorbene Rohschinken weisen hohe Keimgehalte auf ($<10^6$ bis 10^8 KbE/g). Bei verdorbenen Rohschinken, die voll ausgereift sind, können auch relativ niedrige Keimzahlen von 10^5 bis 10^6 KbE/g, besonders von *Enterobacteriaceae*, beobachtet werden, da in diesen Produkten die Verderbniserreger bereits teilweise abgestorben sein können. Zuweilen wurde aus verdorbenen Rohschinken auch *Staphylococcus aureus* isoliert [63].

Grundsätzlich gilt, dass Rohschinken durch die gleichen Keime verderben können, die auch in Rohschinken mit normaler Beschaffenheit vorkommen [55, 63]. Im Allgemeinen weisen jedoch verdorbene Rohschinken weitaus höhere Keimzahlen auf. So lag bei dem Vergleich zwischen normalen und verdorbenen italienischen Schinken der wesentliche Unterschied in höheren Keimzahlen bei der Gesamtkeimzahl (ca. Faktor 5-14), bei den *Micrococcaceae* (ca. Faktor 2 bis 10), bei den halophilen und halotoleranten Bakterien (Faktor 1,6 bis 5), bei den Laktobazillen (Faktor 7 bis 35) und bei den Hefen (Faktor 1 bis 80) [27].

Häufig wird der Verderb durch *Enterobacteriaceae* verursacht, die oft zusammen mit *Lactobacillaceae* und/oder apathogenen Staphylokokken nachweisbar sind. Die *Enterobacteriaceae* führen zur Fäulnis der Schinken. Tendiert der Verderb in Richtung Säuerung und Ranzigkeit, dann sind Laktobazillen und Staphylokokken die Ursache. Allgemein kann man davon ausgehen, dass in einem verdorbenen Rohschinken häufig eine Mischkultur verschiedener Mikroorganismen anzutreffen ist [31]. Clostridien werden offenbar relativ selten gefunden. Sind sie Verderbnisursache, dann kommt es zur Fäulnis [55].

Die kältetoleranten *Enterobacteriaceae* sind von größter Bedeutung für den Verderb von Rohschinken, wobei es sich vor allem um Vertreter der Gattungen *Serratia, Enterobacter, Proteus* und *Citrobacter* [31] und darüber hinaus um *Klebsiella* und *Hafnia* handelt [63]. Am häufigsten ist *Serratia liquefaciens* nachweisbar; diese Keimart ist anscheinend der wichtigste Verderbniserreger für Rohschinken [31]. Kältetolerante *Enterobacteriaceae* vermehren sich im Rohschinken zum Beginn des Salzens, denn wenn sich der a_w-Wert im Schinken durch das Eindringen des Salzes unter 0,96 vermindert hat, dann ist eine Vermehrung von Enterobacteriaceae nicht mehr möglich. Ein Fäulnisgeruch tritt auf, wenn die Keimzahl der *Enterobacteriaceae* im Produkt 10^6 KbE/g erreicht hat [55].

Auch Vibrionen wurden mit dem Verderb von Rohpökelstückwaren in Verbindung gebracht. So wurde vermutet, dass *Vibrio costicola* ein möglicher Verderbniskeim gepökelten Fleisches ist [22]. Andere Autoren neuerer Arbeiten vertreten die Meinung, dass die *Vibrio*-Stämme, die für den Verderb von zum Beispiel Bacon verantwortlich sind, sich von den *Vibrio*-Stämmen unterscheiden, die den Geschmack von Bacon positiv beeinflussen können [1].

Während die unerwünschten Veränderungen im Inneren von Rohschinken meist während des Salzens, Brennens und Reifens auftreten, werden unerwünschte Veränderungen auf der Oberfläche oft während der Nachreifung und Lagerung beobachtet.

Häufig zeigt sich auf Schinken während der Lagerung ein unerwünschtes Schimmelpilz-Wachstum, das nicht nur das Aussehen der Produkte beeinträchtigt, sondern auch Mykotoxinrückstände in Rohschinken verursachen kann [32]. So können durch *Cladosporium* und *Alternaria* schwarze Pigmentierungen hervor gerufen werden [51]

3.2.6 Starterkulturen für Rohpökelstückwaren

Die wichtigsten Anforderungen für Starterkulturen sind Wirksamkeit, gesundheitliche Unbedenklichkeit und Reinheit [54]. Die Starterkulturen, die für Rohpökelwaren angeboten werden, werden auch alle in Rohwürsten eingesetzt. Die wichtigsten Unterschiede zur Rohwurstfermentation sind:

- in Laken herrschen aerobe Verhältnisse,
- die Kochsalzkonzentration ist sehr hoch,
- in Laken findet im Allgemeinen kein drastischer pH-Abfall statt,
- die Temperaturen sind bei der Pökelung für eine längere Zeit weitaus niedriger,
- das Fleischinnere - das Medium also, wo die Starter ihre eigentliche Wirkung entfalten sollen - ist mit Ausnahme der Spritzpökelung für die Mikroorganismen nur sehr bedingt erreichbar.

Viele Praktiker zweifeln die technologische Wirksamkeit der Starterkulturen bei Rohpökelstückwaren im Gegensatz zu Rohwürsten an [12, 25]. Von negativen Erfahrungen indes wird aus der Praxis nicht berichtet.

In einer umfangreichen Untersuchung der auf dem deutschen Markt vorhandenen Starterkulturpräparate für Rohwurst wurde auch ein Präparat für die Herstellung von Rohschinken beschrieben [30], das *Staphylococcus carnosus* und *Lactobacillus plantarum* als Starterorganismen enthielt. Dieses Präparat ist derzeit noch auf dem Markt. Der Stamm *Staphylococcus carnosus* des gleichen Herstellers kann auch einzeln eingesetzt werden. Die Anwendungsempfehlung beschreibt entweder eine Zugabe zu der Salzmischung bei einem Trockenpökelungsverfahren oder aber die direkte Einspritzung über die Pökellake. Beide Präparate sollen neben dem Effekt der Farbbildung und Aromatisierung der Ranzidität entgegen wirken. Weitere Hersteller empfehlen *Staphylococcus xylosus* für die Spritzpökelung von Rohschinken.

Die als Starterkulturen angebotenen *Micrococcaceae* sowie *Lactobacillus plantarum* vermehren sich bei Temperaturen zwischen 5 und 8 °C nur langsam oder gar nicht und vertragen auch die anfänglich sehr hohen Salzkonzentrationen nur schlecht [61].

Die Weiterentwicklung von Starterkulturen verspricht bei Rohschinken eine Verbesserung der Produkte. Allerdings sollte man diesen Einflussparameter nicht überschätzen. Kochsalz sowie die Temperatur und Zeit der Pökelung und Reifung werden die entscheidenden Einflussparameter bleiben [57].

Eine andere Situation liegt vor, wenn Starterkulturen lediglich auf der Oberfläche von Pökelwaren eingesetzt werden. Hier können folgende Wirkungen erzielt werden:

- ein gleichmäßiger Oberflächenbelag
- die Verdrängung der Kontaminationsflora
- eine Steuerung der Entfeuchtung
- eine Verbesserung oder bessere Standardisierung von Geruch und Geschmack.

Für diesen Zweck werden Schimmelpilze der Gattung *Penicillium* und Hefen der Gattung *Debaryomyces* angeboten. Auch Mischkulturen aus beiden Gattungen werden zu diesem Zweck kommerziell vertrieben.

In den vergangenen Jahren fehlte es nicht an Versuchen, auf die Pökelung mit besser an das Milieu angepassten gramnegativen Mikroorganismen, die aus Lake isoliert waren, positiv Einfluss zu nehmen. Es handelte sich hierbei um Bakterien der Gattungen *Vibrio* [35] und *Halomonas* [65]. Kommerziell erhältlich sind beide Bakterien als Starterkulturen nicht. Es ist unwahrscheinlich, dass jemals gramnegative Bakterien als Starterkulturen für Rohpökelwaren in den Handel gebracht werden: insbesondere die Vibrionen sind schlecht für die Gefriertrocknung geeignet, nahe verwandte Arten können Krankheiten verursachen und bei falscher Anwendung dieser Mikroorganismen können auch Verderbniserscheinungen auftreten [61].

3.2.7 Hygienische Aspekte bei Rohpökelstückwaren

Hygienisch wichtige Mikroorganismen bei Rohschinken sind Clostridien, *Staphylococcus aureus*, *Enterobacteriaceae* und Schimmelpilze. Für das Auftreten hygienischer Probleme sind insbesondere die Hygiene bei der Gewinnung und Lagerung des Rohmaterials und das Einhalten „sicherer" Prozessparameter verantwortlich. Nicht selten treten hygienische Probleme vergesellschaftet mit Verderbserscheinungen - häufig durch kältetolerante *Enterobacteriaceae* verursacht - auf. Heimtückischer, da für den Verbraucher keine deutliche Fäulnis erkennbar, ist Botulismus, der bei Rohschinken, insbesondere bei Knochenschinken, von nicht proteolytischen Stämmen des Typs B von *Clostridium botulinum* verursacht wird. Bei experimentell provozierter Toxinbildung wurden nur ein leicht süßlicher Geruch und eine geringe Gasbildung entlang des Oberschenkelknochens beobachtet [31].

In Frankreich treten Botulismus-Fälle relativ häufig nach dem Verzehr von Knochenschinken aus Hausschlachtungen auf, die unter unzureichender Kühlung gesalzen und durchgebrannt wurden. Botulismus-Fälle, die auf den Verzehr von gewerbsmäßig hergestellten Rohschinken zurück zu führen wären, sind bisher in Frankreich noch nicht aufgetreten [56].

Weiterhin wurden *Clostridium butyricum* [74] aus deutschen und *Clostridium perfringens* und *Bacillus cereus* in der Größenordnung von 10^2 bis 10^3 KbE/g von spanischen Rohschinken isoliert [38].

Staphylococcus aureus-Intoxikationen kamen nach Genuss von Rohschinken in der Bundesrepublik bis zum Jahr 1985 offenbar selten vor [41]. In Experimenten wurde beobachtet, dass sich *Staphylococcus aureus* während des Pökelns, Räucherns und der Lagerung von experimentell beimpften Rohschinken nicht vermehrte [55]. Im Sommer 1988 kam es jedoch in Deutschland in 2 Fällen zum Auftreten von Lebensmittelvergiftungen nach dem Verzehr von Rohschinken durch das Enterotoxin A (SEA) von Staphylokokken. Der Einfluss des a_w-Wertes und der Temperatur auf die Fähigkeit von *Staphylococcus aureus* in Rohschinken Enterotoxin zu bilden, wurde untersucht [87]. Der Beginn der Räucherung stellt eine riskante Phase im Hinblick auf *Staphylococcus aureus* bei der Herstellung von Rohschinken dar, wenn die angewandte Temperatur zu hoch liegt. Vielmehr soll der a_w-Wert der Schinken zunächst noch bei niedrigen Temperaturen unter 10 °C stabilisiert werden [87]. Wachstum von Staphylokokken auf der Oberfläche von ganzen Schinken tritt in der Regel nicht auf wegen der Rauchkomponenten und dem niedrigen a_w-Wert. Hygienisch sensiblere Produkte liegen vor, wenn der Schinken in Scheiben oder Stücke geschnitten wird. Für diese Produkte wird grundsätzlich Aufbewahrung in der Kühlung empfohlen [87]. In stark zerklüfteten Bereichen der Oberfläche von ganzen Schinken und in verpackter Aufschnittware wurden Keimgehalte an *Staphylococcus aureus* von über 10^6 KbE/g nachgewiesen [33].

Salmonellosen durch den Verzehr von Rohschinken sind bisher nicht bekannt [80].

Verschiedene Schimmelpilz-Arten bilden unterschiedliche Mykotoxine, sogar verschiedene Stämme der gleichen Schimmelpilz-Art können sich im Toxinbildungsvermögen unterscheiden. Mykotoxine sind in verschimmelten Rohpökelwaren zu erwarten, besonders gefährdet sind lange und ohne Kühlung gereifte beziehungsweise aufbewahrte Fleischerzeugnisse. Verschimmelte Rohschinken stellen ein höheres Risiko als verschimmelte Rohwürste dar, da bei den letzteren die Hülle eine gewisse Barriere sein kann, obwohl auch durch die Wursthülle die Mykotoxine in das Brät eindringen. Die Mykotoxine, die bisher in Rohpökelwaren nachgewiesen worden sind, haben verschiedene pharmakologische bzw. toxikologische Eigenschaften. Einige sind nahezu ungiftig, andere hochtoxisch und wenige krebserregend; manche haben antibiotische oder antimykotische Eigenschaften [36]. Unter Berücksichtigung des chemischen und biologischen Mykotoxinnachweises erwiesen sich 78 % der von Fleischerzeugnissen isolierten Penicillien als toxinogen [55].

Literatur

[1] ANDERSEN, H. J.; HINRICHSEN, L. L.: Growth profiles of Vibrio species isolated from Danish curing brine. Proc. 37th Int. Congress of Meat Science and Technology, Kulmbach, 1991, 4, 4:2, 528-533.

[2] ARISTOY; M.-C.; TOLDRA, F.: Amino acid analysis in fresh pork and dry-cured ham by HPLC of phenylisothiocyanate derivates. Proc. 37th Int. Congress of Meat Science and Technology, Kulmbach, 1991, 6:2, 847-850.

[3] ARNAU, J.; HUGAS, M.; GARCIA-REGUEIRO, J. A.; MONFORT, J. M.: A study of the development of a white film on cut surfaces of Spanish cured hams. Proc. Of the 32nd European Meeting of Meat Research Workes, Vol. II, 6:6, 1986, 313-317.

[4] BARTHOLOMEW, D. T.; BLUMER, T. N.: The use of a commercial Pediococcus cerevisiae starter culture in the production of country-style hams. J. Food Sci. **42** (1977), 494-502.

[5] BELLATTI, M.; DAZZI, G.; CHIZZOLINI, R.; PALMIA, F.; PAROLARI, G.: Physical and chemical changes occuring in proteins during the maturation of Parma ham. I. Biochemical and functional changes. Ind. Conserve **58** (1983), 143-146.

[6] BERMELL, S.; MOLINA, I.; MIRALLES, M.; FLORES, J.: Studie über die Keimflora trockengepökelter Schinken. 6. Proteolytische Aktivität. Fleischwirtschaft **72** (1992), 1703-1705.

[7} BREED, R. S.; MURRAY, E. G. D.; SMITH, N. R. (Hrsg.): Bergey's manual of determinative bacteriology (7. Aufl.). 1957. The Williams 6 Wilkins Co., Baltimore.

[8] CARRASCOSA, A. V.; CORNEJO, I.; MARIN, M. E.: Vorkommen und Verteilung von Mikroorganismen auf der Oberfläche trocken gepökelter spanischer Schinken. Fleischwirtschaft **72** (1992), 1035-1038.

[9] CASADO, M. J.; BORRAZ, M.-A. D.; AGUILAR, V.: Schimmelpilze auf der Oberfläche trocken gepökelter Rohschinken. Methodologische Studie zur Isolierung und Identifizierung von Schimmelpilzen. Fleischwirtschaft **71** (1991), 1333-1336.

[10] CORETTI, K.; Rohwurst und Rohfleischwaren, II. Teil: Rohfleischwaren. Fleischwirtschaft **55** (1975 a), 792-800.

[11] CORETTI, K.: Rohwurst und Rohfleischwaren, II. Teil: Rohfleischwaren (Fortsetzung). Fleischwirtschaft **55** (1975 b), 1365-1376.

[12] CORETTI, K.: Starterkulturen in der Fleischwirtschaft. Fleischwirtschaft **57** (1977), 386-394.

[13] CORNEJO, I.; CARRASCOSA, A. V.; MARIN, M. E.; MARTIN, P. J.: Rohschinken. Untersuchungen über die Herkunft von Mikroorganismen, die sich bei der Herstellung trocken gepökelter Rohschinken in der Muskulatur vermehren. Fleischwirtschaft **72** (1992), 1422-1425.

[14] DELLAGLIO, F.; TORRIANI, S.; SANSIDONI, A.; GONINELLI, F.; TERMINI, D.: Caratterizzazione die batteri lattici nelle prime fasi di stagionatura del prosciutto di San Daniele. Ind. Alimentari **23** (1984), 676-682.

[15] DELLAGLIO, F.; TORRIANI, S.; SIVLOTTI, L.: Investigation on the microflora associated with the ripening of San Daniele ham: Strains characterization. Microbiologie-Aliments-Nutrition **4** (1986), 25-33.

[16] DEUTSCHES LEBENSMITTELBUCH: Leitsätze, red. Bearb. Von Hans Hauser. - Ausgabe 1992. Bundesanzeiger Verlagsges. MbH, Köln.

[17] DRAUGHON, F. A.; MELTON, C. C.; MAXEDON, D.: Microbial profiles of country-cured hams aged in stockinettes, barrier bags and paraffin wax. Applied and Environmental Microbiology **41** (1988), 1078-1080.

[18] FISCHER, A.: Produktbezogene Technologie - Herstellung von Fleischerzeugnissen. In: Handbuch der Lebensmitteltechnologie. Fleisch. PRÄNDL, O.; FISCHER, A.; SCHMIDHOFER, T.; SINELL, H.-J. (Hrsg.). Verlag Eugen Ulmer, Stuttgart, 1988, 488-592.

[19] FISCHER, U.; SCHLEIFER, K.-H.: Vorkommen von Staphylokokken und Mikrokokken in Rohwurst. Fleischwirtschaft **60** (1980), 1046-1051.

[20] FLORES, J.; BERMELL, S.; NIETO, P.; COSTELL, E.: Cambios quimicos en las proteinas del jamon durante los procesos de curado lento y rapido y su relacion con la calidad. Rev. Agroquim. Tecnol. Aliment. **24** (1984), 503-509.

[21] FRANZMANN, P. D.; BURTON, H. R.; MC MEEKIN, T. A.: Halomonas subglaciescola, a new species of halotolerant bacteria isolated from Antarctica. Int. J. Syst. Bacteriol. **37** (1987), 27-34.

[22] GARDNER, G. A.: Identification and ecology of salt-requiring Vibrio associated with cured meats. Meat Science **5** (1980), 71-81.

[23] GEHLEN, K. H.; FISCHER, A.: Herstellung von Rohpökelwaren. Einfluss mechanischer Druckeinwirkung auf chemische, physikalische und sensorische Merkmale. Fleischwirtschaft **67** (1987), 992-1008.

[24] GEHLEN, K. H.; MEISEL, C.; FISCHER, A.; HAMMES, W. P.: Influence of the yeast Debaryomyces hansenii on dry sausage fermentation. Proc. 37th Int. Congress of Meat Science and Technology, Kulmbach, 1991, 6:8, 871-876.

[25] GEHLEN, K. H.: Fermentierte Fleischwaren in einigen europäischen Ländern. Fleischwirtschaft **73** (1993), 906-911.

[26] GEHLEN, K. H.: Unveröffentlichte Ergebnisse. 1994.

[27] GIOLITTI, G.; CANTONI, C. A.; BIANCHI, M. A.; RENON, P.: Microbiology and chemical changes in raw hams of Italian type. J. appl. Bact. **34** (1971), 51-61.

[28] GOTOH, M.: Mikroflora japanischer Rohschinken. Fleischwirtschaft **61** (1981), 50-1754.

[29] GRAHAM, P. P.; BLUMER, T. N.: Bacterial flora of prefrozen dry-cured ham at three processing time periods and its relationship to quality. J. Milk Food Technol. **34** (1971), 586-592.

[30] HAMMES, W. P.; RÖLZ, I.; BANTLEON, A.: Mikrobiologische Untersuchung der auf dem deutschen Markt vorhandenen Starterkulturpräparate für die Rohwurstbereitung. Fleischwirtschaft **65** (1985), 629-636.

[31] HECHELMANN, H.; LÜCKE F.-K.; LEISTNER, L.: Mikrobiologie der Rohschinken. Mitteilungsblatt Nr. 68 der BAFF Kulmbach, 1980, 4059-4064.

[32] HECHELMANN, H.: Mikrobiell verursachte Fehlfabrikate bei Rohwurst und Rohschinken. Fleischwirtschaft **66** (1986), 515-528.

[33] HECKELMANN, H.; LÜCKE F.-K.; SCHILLINGER, U.: Ursachen und Vermeidung von Staphylococcus aureus-Intoxikationen nach Verzehr von Rohwurst und Rohschinken. Mitteilungsblatt Nr. 100 der BAFF Kulmbach, 1988, 7956-7964.

[34] HECHELMANN, H.; KASPROWIAK, R.: Mikrobiologische Kriterien für stabile Produkte. Band 10 der Kulmbacher Reihe, 1990, 68-90.

[35] HINRICHSEN, L. L.; ANDERSEN, H. A.: Effects of three bacteria isolated from Danish curing brines in a sterile meat model system. Proc. 38th Int. Congress of Meat Science and Technology, Clermont-Ferrand 1992, 7:06, 787-790.

[36] HOFMANN, G.: Mykotoxinbildende Schimmelpilze bei Rohwurst und Rohschinken. In: Mikrobiologie und Qualität von Rohwurst und Rohschinken. Band 5 der Kulmbacher Reihe, 1985, 173-193.

[37] HUERTA, T.; SANCHIS, V.; HERNANDEZ-HABA, J.; HERNANDEZ, E.: Enzymatic activities and antimicrobial effects of Aspergillus and Penicillium strains isolated from Spanish dry-cured ham. Microbiologie-Aliment-Nutrition **5** (1987), 289-294.

[38] HUERTA, T.; HERNANDEZ, J.; GUAMIS, B.; HERNANDEZ, E.: Microbiological and physico-chemical aspects in dry-salted Spanish ham. Zentralbl. Mikrobiol. **143** (1988 a), 475-482.

[39] HUERTA, T.; QUEROL, A.; HERNANDEZ, J.: Yeasts of dry-cured ham: quantitative and qualitative aspects. Microbiol. Aliment. Nutr. **6** (1988 b), 227-231.

[40] HUGAS, M.; MONFORT, J. M.: Microbial evolution during the curing of Spanish serrano hams. The influence of some preservatives on the microbial flora. Proc. 32nd European Meeting of the Meat Research Workers (1986), vol II, 6:4, 307-310.

[41] KATSARAS, K.; HECKELMANN, H.; LÜCKE, F.-K.: Staphylococcus aureus und Clostridium botulinum. Bedeutung bei Rohwurst und Rohschinken. In: Mikrobiologie und Qualität von Rohwurst und Rohschinken. Band 5 der Kulmbacher Reihe, 1985, 152-172.

[42] KEMP, J. D.; LANGLOIS, B. E.; FOX, J. D.; VERNEY, W. Y.: Effects of curing ingredients and holding times and temperatures on organoleptic and microbiological properties of dry-cured sliced ham. J. Food Sci. **40** (1975), 634-636.

[43] KEMP, J.; ABIDOYE, D.; LANGOIS, B.; FRANKLIN, J.; FOX, J.: Effect of curing ingredients, skinning, and boning on yields, quality and microflora of Country hams. J. Food Sci. **45** (1980), 174-177.

[44] KOLLER, R.: Salz, Rauch und Fleisch. Verlag Das Bergland Buch 1941.

[45] LANGOIS, B.; KEMP, J. D.: Microflora of fresh and dry-cured hams as affected by fresh ham storage. J. Animal. Sci. **38** (1974), 525-531.

[46] LANGOIS, B.; KEMP, J.; FOX, J.: Microbiology and quality attributes of aged hams produced from frozen green hams. J. Food Sci. **44** (1979), 505-508.

[47] LEISTNER, L.: Bakterielle Vorgänge bei der Pökelung von Fleisch. I. Der Keimgehalt von Pökellaken. Fleischwirtschaft **10** (1958 a), 74-79.

[48] LEISTNER, L.: Bakterielle Vorgänge bei der Pökelung von Fleisch. II. Günstige Beeinflussung von Farbe, Aroma und Konservierung des Pökelfleisches durch Mikroorganismen. Fleischwirtschaft **10** (1958 b), 226-234.

[49] LEISTNER, L.: Bakterielle Vorgänge bei der Pökelung von Fleisch. III. Die Verderbnis von Pökellaken. Fleischwirtschaft **10** (1958 c), 530-536.

[50] LEISTNER, L.: Die Keimarten und Keimzahlen von Pökellaken. Fleischwirtschaft **11** (1959), 726-727.

[51] LEISTNER, L.; AYRES, J. C.: Schimmelpilze und Fleischwaren. Fleischwirtschaft **47** (1967), 1320-1325.

[52] LEISTNER, L.; BEM, Z.: Vorkommen und Bedeutung von Hefen bei Pökelfleischwaren. Fleischwirtschaft **50** (1970), 350-351.

[53] LEISTNER, L.; ECKHARDT, C.: Vorkommen toxinogener Penicillien bei Fleischwaren. Fleischwirtschaft **59** (1979), 1892-1896.

[54] LEISTNER, L.; LINKE, H.; ECKARDT, C.; LÜCKE, F.-K.; HECHELMANN; H.: Anforderungen an Starterkulturen. Abschlussbericht zum Forschungsvorhaben des Bundesministeriums für Jugend, Gesundheit und Familie: „Anforderungen an Starterkulturen für Lebensmittel tierischen Ursprungs", BAFF Kulmbach (Hrsg.) 1979.

[55] LEISTNER, L.; LÜCKE, F.-K.; HECHELMANN, H.; ALBERTZ, R.; HÜBNER, J.; DRESEL, J.: Verbot der Nitratpökelung bei Rohschinken. Abschlussbericht zum Forschungsvorhaben des Bundesministeriums für Jugend, Familie und Gesundheit: „Mikrobiologische Konsequenzen des Verbotes der Nitratpökelung bei Rohschinken, herausgegeben von der BAFF Kulmbach 1983.

[56] LEISTNER, L.; WIRTH, F.: Rohschinken in Frankreich. Mitteilungsblatt Nr. 85, BAFF Kulmbach 1984, 6057-6061.

[57] LEISTNER, L.: Allgemeines über Rohschinken. Fleischwirtschaft **66** (1986), 496-510.

[58] LEON CRESPO, F.; MARTINS, C.; MATA MORENO, C.; PENEDO, J. C.; BARRANCO, A.; CAMARGO, S.; VELLOSO, C.; MARTINEZ ARENAS, I.; MORENO ROJAS, R.: Aging inde-

cex in „Iberico" ham. Proc. 33rd Int. Congress of Meat Science and Technology, Helsinki 1987, 7:8, 348-349.

[59] LIEPE, H.-U.; POROBIC, R.: Untersuchungen zur Schinkenpökelung. Fleischwirtschaft **64** (1984), 1296-1310.

[60] LINKE, H.; HILDEBRANDT, G.; RÖDEL, W.: Untersuchungen zur Qualitätsprüfung von Rohschinken. Abschlussbericht zu einem Forschungsvorhaben des Bundesministeriums für Jugend, Familie und Gesundheit, herausgegeben von der BAFF Kulmbach 1983.

[61] LÜCKE, F.-K.; HECHELMANN, H.: Starterkulturen für Rohwurst und Rohschinken. Zusammensetzung und Wirkung. Fleischwirtschaft **66** (1986), 154-166.

[62] MAGGI, E.; BRACCHI, R.; CHIZZOLINI, R.: Molecular weight distribution of soluble polypeptides from the Parma country ham before, during and after maturation. Meat Science **1** (1977), 129-134.

[63] MARIN, M. E.; DE LA ROSA, M. C.; CARRASCOSA, A.: Mikrobiologische und physikalisch-chemische Aspekte spanischer Schinken-Fehlfabrikate. Fleischwirtschaft **72** (1992), 1600-1605.

[64] MC CAIN, C. R.; BLUMER, T. N.; CRAIG, H. B.; STEEL, R. G.: Free amino acids in ham muscle during successive aging periods and their relation to flavor. J. Food Sci. **25** (1968), 142-145.

[65] MEISEL, C.: Mikrobiologische Aspekte der Entwicklung von nitratreduzierenden Starterkulturen für die Herstellung von Rohwurst und Rohschinken. Diss. Rer. Nat., Universität Hohenheim 1989.

[66] MERCIER, G. P.; SCHMITT, R. E.; SCHMIDT-LORENZ, W.: Untersuchungen über die Reifung von Bündnerfleisch. Fleischwirtschaft **69** (1989), 1593-1598.

[67] MÖHLER, K.: Das Pökeln. Fleischforschung und Praxis. Schriftenreihe Heft 7, Verlag Rheinhessische Druckwerkstätte, Alzey 1980.

[68] MOLINA, I.; SILLA, H.; FLORES, J.; MONZO, J. L.: Studie über die Keimflora in trocken gepökelten Schinken. 2. Micrococcaceae. Fleischwirtschaft **69** (1989 a), 1488-1490.

[69] MOLINA, I.; SILLA, H.; FLORES, J.: Studie über die Keimflora trocken gepökelter Schinken. 3. Milchsäurebakterien. Fleischwirtschaft **69** (1989 b), 1754-1756.

[70] MOLINA, I.; SILLA, H.; FLORES, J.: Studie über die Keimflora trocken gepökelter Schinken. 4. Hefen. Fleischwirtschaft **70** (1990), 115-117.

[71] MOLINA, I.; NIETO, P.; FLORES; J.; SILLA, H.; BERMELL, S.: Study of the microbial flora in dry-cured ham. 5. Lipolytic activity. Fleischwirtschaft **71** (1991), 906-908.

[72] MOLINA, I.; TOLDRA, F.: Detection of proteolytic activity in microorganisms isolated from dry-cured ham. J. Food Sci. **57** (1992), 1308-1310.

[73] MOMMSEN, T.; BLÜMNER (1983): Der Maximaltarif des Diokletian. Zitiert nach KOLLER, 1941.

[74] MOSSEL, D. A. A.; STRUJIK, C. B.; JAISLI, F. K.; VAN DER ZEE; VAN NETTEN, P.: Use of 24 hours centrifugation/plating technique in a survey on the medical-microbiologi-

cal condition of raw ham and hard, raw-milk cheese originating from authenticated GMPD manufacture. Archiv für Lebensmittelhygiene **43** (1992), 51-54.

[75] NIETO, P.; MOLINA, I.; FLORES, J.; SILLA, M. H.; BERMELL, S.: Lipolytic activity of microorganisms isolated from dry-cured ham. Proc. 35th Int. Congress of Meat Science and Technology, Vol. II, Copenhagen 1989, 323-329.

[76] REMMERS, J.; KOWITZ, J. (1981): Rohschneider. Qualität und Abtrocknung von Schinken. Fleischwirtschaft **61** (1981), 48.

[77] v. RHEINBABEN, K.; HADLOK, R.: Gattungsdifferenzierung von Mikroorganismen der Familie Micrococcaceae aus Rohwürsten. Fleischwirtschaft **59** (1979), 1321-1324.

[78] v. RHEINBABEN; K.; SEIPP, H.: Untersuchungen zur Mikroflora roher, stückiger Pökelfleischerzeugnisse unter besonderer Berücksichtigung der Familie Micrococcaceae. Chem. Mikrobiol. Technol. Lebensm. **9** (1986), 152-161.

[79] SCHLEIFER, K.-H.: Micrococcaceae. In: Bergey`s Manual of Systematic Bacteriology, 9. Aufl., Bd. 2, The Williams & Wilkins Co., Baltimore 1986, 1003-1005.

[80] SCHMIDT, U.: Salmonellen. Bedeutung bei Rohwurst und Rohschinken. In: Mikrobiologie und Qualität von Rohwurst und Rohschinken. Band 5 der Kulmbacher Reihe, 1985, 128-152.

[81] SEIPP, H.: Die Mikroflora stückiger, gepökelter Rohfleischerzeugnisse unter besonderer Berücksichtigung von Arten der Familie Micrococcaceae. Inaugural-Dissertation Justus-Liebig-Universität Gießen 1982.

[82] SILLA, H.; MOLINA, I.; FLORES, J.; SIVESTRE, D.: Studie über die Keimflora trocken gepökelter Schinken. 1. Isolierung und Wachstum. Fleischwirtschaft **69** (1989), 1177-1183.

[83] TALON, R.; MONTEL, M. C.; CANTONNET, M.: Lipolytic activity of Micrococcaceae. Proc. 38th Int. Congress of Meat Science and Technology, Clermont-Ferrand (1992), 7:20, 843-845.

[84] TOLDRA, F.; ETHERINGTON, D. J.: Examination of cathepsins B, B, H and L activities in dry-cured hams. Meat Science **23** (1988), 1-7.

[85] TOLDRA, F.; MOTILVA; M.-J.; RICO; E.; FLORES, J.: Enzyme activities in the processing of dry-cured ham. Proc. 37th Int. Congress of Meat Science and Technology, Kulmbach 1991, 6:28, 954-957.

[86] TOLDRA, F.; RICO, E.; FLORES, J.: Activities of pork muscle proteinases in cured meats. Biochemie **74** (1992), 291-296.

[87] UNTERMANN, F.; MÜLLER, C.: Influence of aw value and storage temperature on the multiplication and enterotoxin formation of staphylococci in dry-cured hams. Int. J. Food Microbiol. **16** (1992), 109-114.

[88] WIRTH, F.: Nitrit und Nitrat in Rohschinken. Mitteilungsblatt Nr. 68, BAFF Kulmbach 1980, 4055-4057.

3.3 Mikrobiologie der Rohwurst

H. WEBER

3.3.1 Allgemeines und Definitionen

Rohwürste sind umgerötete, ungekühlt (über +10 °C) lagerfähige, i.d.R. roh zum Verzehr gelangende Wurstwaren, die streichfähig oder nach einer mit Austrocknung verbundenen Reifung schnittfest geworden sind. Zucker werden in einer Menge von nicht mehr als 2 % zugesetzt [12].

Die Herstellung von Rohwürsten hat in Europa bereits eine sehr lange Tradition, deren Wurzeln zur Zeit der Römer im Mittelmeerraum zu suchen sind [19]. Nach einem Italienaufenthalt soll ein deutscher Metzger vor ca. 215 Jahren mit der Salamiproduktion in Deutschland begonnen haben. Vor ca. 160 Jahren soll dann von zwei italienischen Metzgern die Produktion der berühmten Ungarischen Salami in Budapest initiiert worden sein [17]. In China ist eine im rohen Zustand konservierte Wurst (Lup Cheong) bereits seit 2500 Jahren bekannt. Diese wird allerdings nicht fermentiert und gelangt nur im erhitzten Zustand zum Verzehr [16].

Heute ist insbesondere in Deutschland eine geradezu unübersehbare Vielfalt von Rohwurstvariationen auf dem Markt, die sich nach einem groben Raster in vier Gruppen einteilen lässt: Rohwurst luftgetrocknet, Rohwurst geräuchert, Semi-dry sausage und streichfähige Rohwurst (vergleiche Tab. 3.3.1). Bei Besonderheiten der frischen Mettwurst sind in 2.2.1.3 aufgeführt.

Tab. 3.3.1 Klassifizierung fermentierter Rohwürste (Lücke, 1985)

Typ	Durchschnittlicher Gewichtsverlust durch Trocknung	Geräuchert	Wachstum von Hefen und Schimmelpilzen an der Oberfläche
Rohwurst luftgetrocknet	> 30 %	ja	Original Salami
Rohwurst geräuchert	> 20 % ja	nein	Katenrauchwurst
Semi-dry sausage	< 20 % ja	nein	Summersausage
Streichfähige Rohwurst	< 10 % ja	normalerweise nein	Teewurst, frische Mettwurst

In Deutschland wird der überwiegende Teil der Rohwürste einer Räucherung unterzogen. In den Mittelmeerländern, in Frankreich und Ungarn werden dagegen überwiegend luftgetrocknete Rohwürste produziert. Diese weisen dann meist einen ausgeprägten Schimmelpilzrasen auf der Oberfläche auf.

Rohwürste stellen in vielen Ländern sehr beliebte Lebensmittel dar. Die Gesamtproduktion betrug im Jahre 1988 in den in Tab. 3.3.2 aufgeführten Ländern mehr als 700 000 t. Dieser Tabelle kann zudem entnommen werden, dass der überwiegende Teil der Rohwürste in schnittfester Form (geräuchert oder nicht geräuchert) angeboten wird. Streichfähige Rohwürste sind nur in relativ wenigen Ländern bekannt, in Deutschland spielen sie die größte Rolle.

Rohwürste werden bei der Herstellung einem Fermentationsprozess unterzogen. Neben diesen mikrobiell-enzymatischen Vorgängen laufen nebeneinander und nacheinander auch rein physikalische und chemische Prozesse bei der Herstellung ab. Die Prozesse stehen untereinander in Wechselbeziehung. Eine Änderung im Ablauf des einen Prozesses hat auch eine Änderung im Ablauf anderer zur Folge. Im ordnungsgemäßen Ablauf der Prozesse gelingt es, Rohwurst mit ihren charakteristischen Eigenschaften herzustellen.

Mikroorganismen sind in bedeutendem Maße am Entstehen der Rohwurst beteiligt. Sie leisten wichtige Beiträge zur Haltbarkeit und zur Erzielung der Artspezifität. Diese Funktion erfüllen sie in Form einer nützlichen und erwünschten Rohwurstflora.

3.3.2 Verfahrensmikrobiologie

Die Einzelziele, die bei der Rohwurstreifung erreicht werden müssen, lassen sich wie folgt zusammenfassen:

- Ausschaltung pathogener und verderbniserregender Mikroorganismen,
- Ausbildung der typischen roten Farbe,
- Ausbildung der Schnittfestigkeit,
- Erzielung der Haltbarkeit,
- Ausbildung des typischen Fermentationsgeschmackes.

Die Qualität der Endprodukte wird durch eine Vielzahl von inneren (internen) und äußeren (externen) Faktoren beeinflusst (Abb. 3.3.1).

Für den einwandfreien Ablauf aller Vorgänge ist als erste Voraussetzung Fleisch mit einem niedrigen Ausgangskeimgehalt erforderlich. Dies ist deshalb wichtig, da bis heute keine erlaubte, gleichzeitig aber auch qualitativ sowie wirtschaftlich vertretbare Möglichkeit existiert, das Fermentationssubstrat der Rohwurst keimfrei zu machen.

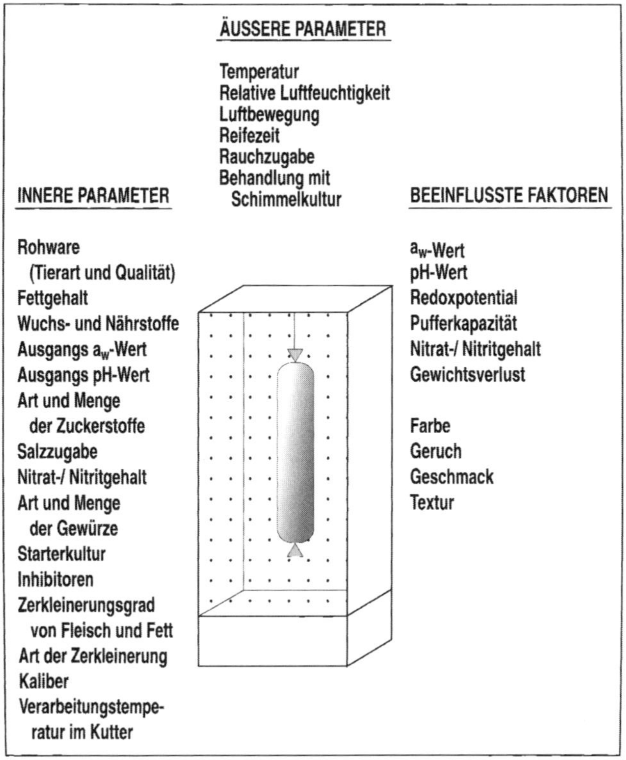
ÄUSSERE PARAMETER
Temperatur
Relative Luftfeuchtigkeit
Luftbewegung
Reifezeit
Rauchzugabe
Behandlung mit Schimmelkultur
INNERE PARAMETER
Rohware (Tierart und Qualität)
Fettgehalt
Wuchs- und Nährstoffe
Ausgangs a_w-Wert
Ausgangs pH-Wert
Art und Menge der Zuckerstoffe
Salzzugabe
Nitrat-/ Nitritgehalt
Art und Menge der Gewürze
Starterkultur
Inhibitoren
Zerkleinerungsgrad von Fleisch und Fett
Art der Zerkleinerung
Kaliber
Verarbeitungstemperatur im Kutter
BEEINFLUSSTE FAKTOREN
a_w-Wert
pH-Wert
Redoxpotential
Pufferkapazität
Nitrat-/ Nitritgehalt
Gewichtsverlust
Farbe
Geruch
Geschmack
Textur

Abb. 3.3.1 Einflussfaktoren auf die Rohwurstfermentation (Buckenhüskes, 1994)

Unerwünschte Mikroorganismen müssen deshalb durch technologische Maßnahmen kontrolliert bzw. ausgeschaltet werden, ohne dass dabei die Fermentationsorganismen beeinträchtigt werden.

Neben dem niedrigen Ausgangskeimgehalt des Rohmaterials sind weitere unverzichtbare Forderungen bei der Herstellung von Rohwust eine ordnungsgemäße Betriebs- und Personalhygiene.

Das Fermentationssubstrat bildet zunächst ein halbfestes (semi solid-), spätestens ab dem Zeitpunkt der Gelbildung ein festes (solid state-) System, wodurch das Gut nach dem Füllen in die Därme nur noch über die äußeren Faktoren beeinflusst werden kann [2].

Die Haltbarkeit von Rohwurst wird bei sachgerechter Herstellung nicht alleine durch eine einzige Maßnahme, sondern durch das Zusammenspiel verschiedener Einzel-

Tab. 3.3.2 Übersicht über die Rohwurstherstellung in einigen europäischen Ländern (nach Buckenhüskes, 1991)

Land	Produktion Rohwurst 1988 (t)	hand-werklich (%)	streichfähige Rohwurst				schnittfeste Rohwurst, geräuchert					schnittfeste Rohwurst, ungeräuchert				
			% der Verwendung von				% der Verwendung von					% der Verwendung von				
			Prod.	GdL	LAB	Mic.	Prod.	GdL	bs1	LAB	Mic.	Prod.	bs1	LAB	Mic.	Mo
A	10 000	20					65	–	–	+	++	30	–	+	++	+
B	12 000	< 10	10				90	R	+	+	++	10	R	R	+	++
CH	5 000	50	5				30	–	–	++	++	70	–	+	+	++
CS	9 000	0					> 80			R	R					
D	280 000	15	30	+	+	++	60	R	–	++	++	10	–	+	++	++
DK	2 000	0	0				100	+	–	+	+	0				
E	130 000	30	10				20	–	++	R	R	80	++	R	R	R
F	95 000	5	3				5	–	–	+	+	95	–	+	+	++
GB	0															
GR	9 000	5	0				100	R	+	R	R					
I	141 000	50	0				20	–	–	R	+	80	–	R	+	R
IRL	0															
N	7 000	0					100	R	–	++	++					
NL	20 000						> 80			++						
S	5 000	0	0				100	R	R	++	+					
SF	6 500	0	0				100	+	–	++	++					
YU							90	++	–	–	–	10	+	–	–	+

Zeichenerklärung: GDL: Glucono-delta Lacton, LAB: Milchsäurebakterien; bs1: „back-slopping“ (Zugabe einer früheren Charge); Mic = Micrococcen/Staphylococcen; Mo: Oberflächenbehandlung mit einer Schimmelkultur; ++: überwiegend (> 50%); +: oftmals (25 % - 50 %); R: vereinzelt (< 25 %); –: nicht.

prinzipien erzielt. Ein Erklärungsansatz bietet hierbei die 1976 von LEISTNER und RÖDEL formulierte Hürdentheorie [14]. Für die mikrobiologische Stabilität von Rohwurst während der Reifung und Lagerung sind folgende Faktoren von Bedeutung (geordnet entsprechend der zeitlichen Reihenfolge ihrer Wirksamkeit): Nitrit, Redoxpotenzial, Konkurrenzflora (Milchsäurebakterien), Säuregrad, Rauch, Wasseraktivität. Bei der Rohwurstherstellung liegt somit der Fall einer Hürdensequenz vor, d.h. alle Hürden sind nicht von Anfang an aktiv, sondern einzelne Hürden entwickeln sich erst während der Reifung. Abb. 3.3.2 zeigt, wie sich diese Situation bei der Rohwurstfermentation darstellt. Wie aus der Abbildung ersichtlich, können einzelne Hürden im Verlauf der Fermentation durchaus wieder an Bedeutung verlieren oder sogar abgebaut werden. Solange bis zu diesem Zeitpunkt bereits die nächste Hürde aufgebaut wurde, hat dies jedoch keinen Verlust an Sicherheit zur Folge. Dieser Abbildung ist zudem zu entnehmen, dass der a_w-Wert die einzige Hürde in einer Rohwurst ist, die ständig an Bedeutung zunimmt.

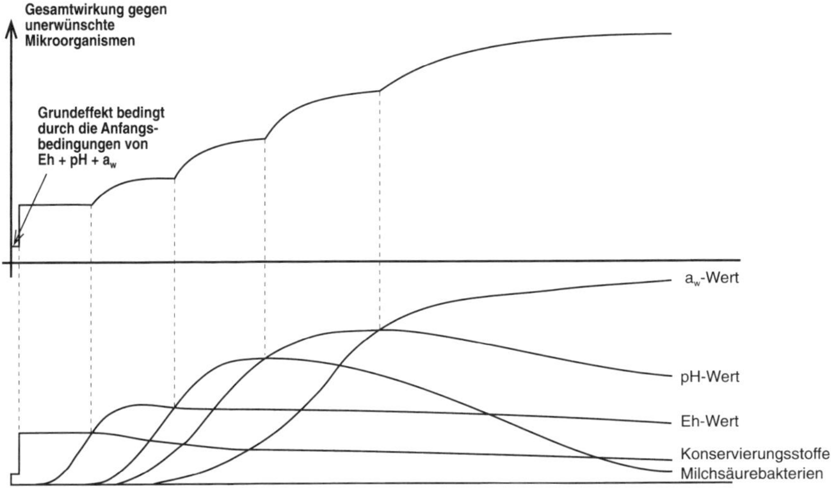

Abb. 3.3.2 Sequenz der Einzeleffekte (Hürden), welche im gemeinsamen Zusammenwirken die mikrobiologische Stabilität der Rohwurst während der Reifung und Lagerung bedingen (BUCKENHÜSKES, 1994)

Tab. 3.3.3 enthält eine Auflistung einzelner Faktoren, durch die das Fermentationssubstrat „Rohwurstbrät" nach dem Füllen in Hüllen gekennzeichnet ist. Bei der dort genannten Temperatur handelt es sich um die Kutterendtemperatur bzw. um die Temperatur des Brätes nach dem Füllen. In Abhängigkeit vom Kaliber der Würste steigt diese Temperatur nach dem Füllen des Brätes mehr oder weniger schnell auf die in der Reifekammer eingestellte Temperatur an. Zudem enthält das Brät mehr oder weniger auch Luftsauerstoff, der beim Zerkleinerungsvorgang untergemischt wird, und der auch bei Verwendung von Vakuumfüllern nicht wieder vollständig entfernt werden kann.

Tab. 3.3.3 Fermentationssubstrat „Rohwurstbrät" nach dem Füllen in die Hüllen (nach Buckenhüskes, 1994)

-	Halbfestes bis festes Substrat, so dass ein Stofftransport nur noch per Diffusion möglich ist	
-	Über das Fleisch sowie über die Zutaten/Zusatzstoffe eingebrachte Mikroorganismen sind durch den Zerkleinerungsprozess im gesamten Brät verteilt worden	
-	Relativ hohe Wahrscheinlichkeit des Vorhandenseins von Salmonellen, Listerien, Clostridien u.a. problematischen Mikroorganismen	
-	Wasseraktivität	a_w = 0,96 - 0,97
-	pH-Wert	pH = 5,6 - 5,9
-	Temperatur	t = 0 - 2 °C
-	Reich an Nährstoffen, Wachstumsfaktoren und Mineralstoffen	
-	Zuckergehalt	0,3 - 0,7 %
-	Natriumgehalt	130 - 150 ppm
-	Kochsalzgehalt	2,6 - 3,0

3.3.2.1 pH-Wert

Der pH-Wert ist eine sehr wichtige Hürde für die Stabilität vieler Rohwürste. Die Absenkung des pH-Wertes nach dem Einfüllen des Brätes in Hüllen wird normalerweise durch die enzymatische Aktivität der Milchsäurebakterien bewirkt. Der pH-Wert des Rohmaterials kann das Durchsetzungsvermögen der Milchsäurebakterien erschweren, z.B. wenn mehr als 20 % DFD-Fleisch verarbeitet wird. Entwickeln sich jedoch die Milchsäurebakterien, was normalerweise der Fall ist, dann fällt der pH-Wert ab. Wichtig ist diese Hürde besonders bei solchen Rohwürsten, die infolge kurzer Reifezeiten noch relativ viel Wasser enthalten und damit einen relativ hohen a_w-Wert aufweisen. Derartige Rohwürste besitzen zum Zeitpunkt des Inverkehrbringens pH-Werte von 5,2 und sind insbesondere in Deutschland, den Benelux-Ländern sowie in Skandinavien typisch. Im Gegensatz hierzu stehen Rohwürste, die langsam und bei niedrigen Temperaturen gereift werden. Hierzu zählt beispielsweise die traditionelle Ungarische Salami, die zu keinem Zeitpunkt pH-Werte von 5,5 unterschreitet und mit pH-Werten zwischen 5,8 und 6,0 in den Handel gelangt [18]. Die Stabilität derartiger Würste wird praktisch ausschließlich über den a_w-Wert gewährleistet.

Der Abfall des pH-Wertes kann auf verschiedene Weise bewirkt werden: über den gezielten und dosierten Zusatz von Glucono-delta-Lacton (GdL, Formel siehe Abb. 3.3.3), die kombinierte Anwendung von GdL und Fermentation oder ausschließlich mit Hilfe der Fermentation. Welche Möglichkeit zum Einsatz kommt, hängt von der technischen Ausrüstung des Betriebes und von den Vorstellungen ab, die an die Qualität der Endprodukte gestellt werden. Unter sensorischen Gesichtspunkten hat sich die Fermentation als die Methode der Wahl erwiesen.

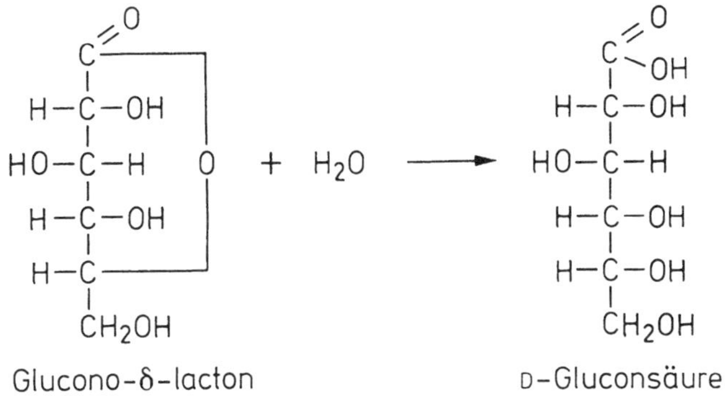

Abb. 3.3.3 Glucono-delta-Lacton (GdL)

Wie schnell und stark der pH-Wert in einer Rohwurst abfällt, kann durch die Art und Menge der zugesetzten Zuckerstoffe, die eingesetzte Starterkultur und die Höhe der Reifetemperatur beeinflusst werden. Es hat sich zudem als sinnvoll erwiesen, den Ausgangs-pH-Wert des verwendeten Fleisches zu kontrollieren.

Fleisch mit hohem pH-Wert (DFD beim Schwein, DCB beim Rind) kann bei Rohwurst die gewünschte pH-Wert-Senkung verzögern und damit das Wachstum von Verderbnisbakterien fördern. Bei zu hohen Anteilen von Fleisch mit hohen pH-Werten können die Vorgänge der mikrobiellen Reifung, der Bindung und der Trocknung gestört werden, und es kann zu Fehlfabrikaten kommen.

Während der pH-Wert des Fleisches normalerweise zwischen 5,7 bis 5,9 liegt, sind durchaus auch Werte von bis zu 6,2 bekannt geworden. Um auch bei derartigem Fleisch eine ausreichende Säuerung zu erzielen, muss die Menge des zugesetzten Zuckers entsprechend angepasst werden [2].

Welche Säuremengen konkret notwendig sind, um einen bestimmten pH-Wert zu erreichen, kann nur bedingt vorausgesagt werden, da die Pufferkapazität des Brätes der Säuerung entgegenwirkt.

Durch die pH-Wert-Senkung werden insbesondere gramnegative Bakterien gehemmt, hauptsächlich Bakterien der Familie Enterobacteriaceae. Verschiedene Stämme erweisen sich jedoch als pH-unempfindlich, so dass nicht alle Species dieser Familie gehemmt oder abgetötet werden. Bei manchen Stämmen werden nur Teilwirkungen erzielt. Auch die psychrotrophen Bakterien der Gattung Pseudomonas werden in größerem Umfang durch die pH-Wert-Senkung gehemmt oder abgetötet. Grampositive Bakterien einschließlich der Sporenbildner sind weniger empfindlich. Die meisten Hefe- und Schimmelpilzstämme werden durch den pH-Wert nicht beeinflusst.

Insgesamt kommt es durch die pH-Wert-Senkung zu einer Reduzierung und Abtötung von unerwünschten Bakterien.

Mit sinkendem pH-Wert nimmt auch das Wasserbindevermögen des Fleischeiweißes ab, wodurch es zu einer Wasserabgabe der Würste kommt. Wird dieses freiwerdende Wasser zuverlässig abgeführt, trocknet die Wurst langsam ab, wodurch der a_w-Wert gesenkt und die Festigkeit der Wurst erhöht wird. Mit dem Übergang der Proteine vom Sol- in den Gelzustand sowie dem voranschreitenden Abtrocknungsprozess ist auch der Übergang vom semi solid - in den solid state-Zustand verbunden, und bezüglich der rheologischen Eigenschaften sollte nicht mehr von Konsistenz, sondern von Textur gesprochen werden [2].

Die zuverlässige und dem pH-Wert-Verlauf angepasste Abführung des Wassers ist über eine entsprechende Einstellung der Reifeparameter Temperatur, relative Luftfeuchtigkeit und Luftbewegung zu garantieren.

3.3.2.2 Redoxpotenzial

Beim Zerkleinern wird dem Rohwurstbrät mehr oder weniger Luftsauerstoff untergemischt, der zu einem hohen Eh-Wert führt. Durch den Zusatz von Ascorbinsäure bzw. von Ascorbat und Zucker wird der Eh-Wert vermindert. Nach dem Abfüllen in Wursthüllen kommt es vor allem durch die Keimvermehrung, die zu Beginn der Rohwurstreifung einsetzt, zu einer Verminderung des Eh-Wertes, denn viele Keimarten verbrauchen Sauerstoff. Diese Eh-Wert-Verminderung wirkt sich in verschiedener Hinsicht als Hürde, also positiv für die Stabilisierung des Produktes aus. Die Folge ist ein Absterben von Mikroorganismen, die auf Sauerstoff angewiesen sind. Zu ihnen gehören vornehmlich gramnegative Bakterien der Familie Pseudomonadaceae sowie Schimmelpilze und z.T. auch Hefen. Sie vermehren sich nur dort, wo ihnen genügend Sauerstoff zur Verfügung steht. Besonders deutlich kann man das am Wachstum der Hefen erkennen, die ringförmig unmittelbar unter der Wursthülle noch während der weiteren Tage nachzuweisen sind.

Besonders wichtig ist, dass bei vermindertem Redoxpotenzial die erwünschten Milchsäurebakterien einen Selektionsvorteil haben, sich also gegenüber anderen Mikroorganismen durchsetzen können. In Rohwürsten mit langer Reifezeit steigt der Eh-Wert in der Tendenz wieder etwas an, die Hürde Redoxpotenzial wird also schwächer. Das ist jedoch nicht nachteilig, da sich inzwischen andere Hürden in der Rohwurst aufgebaut haben [18].

3.3.2.3 Kochsalzwirkung

Gewerbeüblich wird Rohwürsten 26 bis etwa 30 g Kochsalz pro kg Brät zugesetzt, streichfähigen ca. 26 g pro kg, bei schnittfesten ca. 28 g pro kg. Damit ist die alleinige Wirkung des Kochsalzes nicht erheblich.

Salz zur Geschmacksbeeinflussung: Besonders intensiv ist der Salzgeschmack, wenn in der Wurst viel freies Wasser vorliegt. Gut getrocknete Rohwürste weisen im Vergleich zu frischen Rohwürsten einen weniger starken Salzgeschmack auf, da das Chloridion stärker an die Fleischoberfläche gebunden ist. Salz unterstützt zudem das Pökelaroma.

Salz zur Konservierung: Kochsalz schränkt das Wachstum schädlicher Bakterien ein, da es das für sie notwendige Wasser bindet. Der a_w-Wert wird dadurch deutlich gesenkt. Im Vergleich zu der Wirkung von Salz ist die Beeinflussung der Wasseraktivität durch andere Zutaten (Zuckerstoffe, Eiweiß usw.) unbedeutend.

Salz zum Eiweißaufschluss: Salz erhöht das Inlösunggehen von Muskeleiweiß, was für die Bindung von Fett- und Magerfleischteilen im Brät wichtig ist. Optimale Verhältnisse sind jedoch erst bei einer Salzkonzentration von 5 % gegeben [5].

3.3.2.4 Nitrat- und Nitritwirkung

Als Pökelstoffe kommen Nitrit (in Form von Nitritpökelsalz, NPS) und teilweise auch Nitrat (Salpeter, E252) zum Einsatz. Hinsichtlich der Verwendung der Pökelstoffe und Restmengen in den verkaufsfertigen Produkten sind die Bestimmungen der Zusatzstoffzulassungs-Verordnung zu beachten.

Die wirksame Substanz in den Pökelstoffen ist das Nitrit, das im NPS frei als Natriumnitrit vorliegt, während es aus dem Salpeter erst durch den Einfluss von Mikroorganismen gebildet werden muss. Erforderlich für die Nitratreduktion ist das Enzym Nitratreduktase und ein pH-Wert über 5,5. Der Nitratabbau wird durch den Einsatz von Starterkulturen beschleunigt. Das freigesetzte Nitrit wird in der Folge chemisch zu Stickoxid umgesetzt, das mit dem Muskelfarbstoff zum stabilen Nitrosomyoglobin reagiert. Ausreichend für eine stabile Farbe sind 50 ppm Nitrit. Für das Pökelaroma werden 40 ppm benötigt.

NPS enthält meist mindestens 4, höchstens 5 g Natriumnitrit pro kg Salz. Die homogene Verteilung des Nitrits muss gewährleistet sein, und die Mischung muss trocken und kühl gelagert werden. Bei Dosierung von 30 g NPS pro kg Brät gelangen maximal 150 ppm Nitrit in die Wurstmasse. Ascorbinsäure reduziert den Nitritgehalt im Endprodukt, die auch die Bildung von Nitrosaminen unterdrückt.

Das dem Rohwurstbrät mit dem Nitritpökelsalz zugesetzte **Nitrit** ist besonders zu Beginn der Reifung für die mikrobiologische Stabilität des Produktes maßgebend (vergleiche Abb. 3.3.2). Andere hemmende Faktoren sind zu diesem Zeitpunkt noch nicht ausgeprägt. In Kombination mit dem durch die verwendeten Zutaten und Zusatzstoffe bereits gegenüber dem Frischfleisch abgesenkten a_w-Wert und dem normalerweise vorliegenden pH-Wert wird die Vermehrung gramnegativer Mikroorganismen, vor allem eventuell vorhandener Salmonellen, wirkungsvoll verhindert. Erforderlich sind hierfür mindestens 125 ppm Natriumnitrit [16]. Bei Zusatz von mindestens 25 g Nitritpökelsalz ist diese Konzentration pro Kilogramm Wurstmasse gewährleistet [15].

Dagegen begünstigt der Zusatz von **Nitrat** (Salpeter) sogar das Salmonellen-Wachstum in Rohwurst [6]. So wie das Nitrat wird auch das keimhemmende Nitrit im Verlauf der Rohwurstreifung abgebaut. Daher ist der hemmende Effekt der Pökelstoffe nur zu Beginn der Reifung in Rohwurst wirksam.

3.3.2.5 Gewürze und Aromen

Bei der Herstellung von Rohwurst werden gewerbeüblich schwarzer und weißer Pfeffer (2 bis 4 g pro kg Brät), Paprika, Cardamom, Muskatblüte, Muskatnuss, Ingwer und Senfkörner verwendet. Von den zuletzt genannten Gewürzen reichen jeweils etwa 0,5 g pro kg aus. Zum Teil wird auch gerne Knoblauch eingesetzt. Die gesamte Zugabemenge an Gewürzen liegt zwischen 5 und 10 g pro kg, zum Teil auch darüber, wenn ein kräftiger Geschmack gewünscht ist.

Gewürze haben antimikrobielle Eigenschaften, wobei einzelne Mikroorganismenarten unterschiedlich beeinflusst werden. Gramnegative Bakterien sind normalerweise empfindlicher als grampositive, unter denen wiederum die kokkenförmigen am wenigsten empfindlich sind. Gewürzextrakte erwiesen sich allerdings besonders wirksam gegen Clostridien und Staphylokokken, während die Hemmung von Pseudomonaden und Salmonellen am geringsten war [29]. Diese Wirkungen sind auf die

Anwesenheit von Phytoziden zurückzuführen. Nachgewiesen wurden diese Inhaltstoffe u.a. in Piment, Zimt, Nelken, Knoblauch, Ingwer, Koriander, Kümmel, Paprika, Pfeffer und Rosmarin. Es ist davon auszugehen, dass auch bei Rohwurst antimikrobielle Wirkungen der Gewürze wirksam werden.

Gewürze besitzen zudem zum Teil antioxidative Eigenschaften. Infolge der geringen Zugabemengen kommen diese aber nicht voll zur Entfaltung. Zu den antioxidativ wirkenden Inhaltstoffen gehören u.a. Phenole, Flavonoide, Carnolsäuren und Rosmarinsäure. Ein natürliches Antioxidans ist Rosmarinextrakt. Sind diesem Extrakt jedoch die Geschmacksstoffe entzogen, kann nicht mehr von einem Gewürzerzeugnis gesprochen werden.

Bei Verwendung von getrockneten Gewürzen zum Brät wird freies Wasser gebunden (Senkung des a_w-Wertes). Sie quellen auf und beeinflussen die Konsistenz des Brätes. Gleichzeitig ist Senfmehl ein guter Stickstofflieferant [5].

Andererseits darf nicht übersehen werden, dass Gewürze selbst hohe Mikroorganismengehalte aufweisen können. Diese sind unterschiedlich nach Gewürzart, Anbau- und Gewinnungsweise, Herkunft und Behandlung. Den größten Anteil der Mikroflora von Gewürzen können aerobe Sporenbildner ausmachen. Alternativ zum Einsatz von Rohgewürzen wurden Verfahren zur Herstellung von Aroma-Extrakten (Oleoresine, ätherische Öle) entwickelt. Diese enthalten alle erwünschten wertgebenden Bestandteile. Zur Verwendung werden diese Erzeugnisse auf Trägerstoffe aufgetragen und in den Handel gebracht. Eine Entkeimung von Gewürzen für die Rohwurstherstellung wird nicht für notwendig erachtet [23]. Weitere Informationen über die Mikrobiologie der Gewürze sind dem Band Mikrobiologie pflanzlicher Lebensmittel zu entnehmen.

3.3.2.6 Kohlenhydrate

Kohlenhydrate werden bei der Rohwurstherstellung in Form von Zuckerstoffen und Stärkesirup hinzugefügt. Die Zuckerstoffe umfassen Einfachzucker (Dextrose, Fruktose), Zweifachzucker (Rohrzucker, Saccharose, Lactose, Malzzucker) und Mehrfachzucker (Oligosaccharide). Hinzu kommen Gemische aus Glucose, Oligosacchariden und höhermolekularen Sacchariden mit einem Dextroseäquivalent von mindestens 20 %, die durch Hydrolyse von Stärke gewonnen werden. Diese Stärkesirupe dürfen keine Stärke und keine hochmolekularen Saccharide mehr enthalten.

Der Zusatz von Zuckerstoffen ist bei der Rohwurstherstellung erforderlich, da diese als Energiespender für Mikroorganismen dienen. Die zugesetzten Kohlenhydrate dienen somit weniger der Süßung des Produktes. In Abhängigkeit von den vorhandenen

Mikroorganismen entstehen durch den Zuckerabbau sowohl erwünschte (z.B. Milchsäure) als auch unerwünschte Säuren (z.B. Essig-, Butter- und Brenztraubensäure), mitunter auch Alkohol und nicht selten Gas. Durch Einsatz von Starterkulturen (siehe Kapitel 3.4) kann der Abbau der Kohlenhydrate in die erwünschte Richtung gelenkt werden.

Der mikrobielle Abbau der Zuckerstoffe erfolgt umso schneller, je einfacher der Zucker aufgebaut ist. Schnell abgebaut wird zum Beispiel Dextrose. Lactose dagegen wird langsamer abgebaut, und sie wird zudem nicht von allen Bakterien verstoffwechselt. Der Einsatz von Zuckerstoffen erfordert Sachkenntnis, denn die Zuckermischung und -konzentration wirkt sich auf die Säurebildung und den pH-Wert aus.

Die Zugabemenge an Zuckerstoffen ist nach den Leitsätzen auf eine Obergrenze von 2 % begrenzt. Gewerbeüblich wird meist nicht mehr als 1 % Zucker eingesetzt. Bei Überdosierung, insbesondere an Monosacchariden, besteht die Gefahr der Übersäuerung.

3.3.2.7 Temperatur

Die Endtemperatur des Rohwurstbrätes sollte beim Kuttern zwischen -5 °C bis -2 °C und beim Wolfen < 4 °C liegen. Nach dem Füllen des Brätes in Hüllen folgt die sogenannte „Angleichzeit". Die Würste werden dabei ohne Befeuchtung 5 bis 10 Stunden „trocken" (ohne Befeuchtung) temperiert. Die Zeit ist abhängig vom Kaliber und der Fülltemperatur.

Während der Rohwurstreifung macht sich eine Erhöhung der Temperatur in der Reifekammer durch eine Erhöhung der Fermentationsgeschwindigkeit bemerkbar. Wegen des Risikos der Vermehrung von Salmonellen und *Staphylococcus aureus* sollte die Reifungstemperatur jedoch nicht über 23 °C liegen.

In Abhängigkeit von der Temperatur wird zwischen folgenden Reifungsverfahren unterschieden:

- **Schnelle Reifung:** Reifungstemperaturen bis maximal 25 °C (Säuerung bakteriell und/oder durch Einsatz von GdL auf pH 5,3 innerhalb von drei Tagen, Verwendung von Nitritpökelsalz),
- **Mittlere Reifung:** Reifungstemperaturen zwischen 20 und ca. 23 °C (Säuerung bakteriell, Verwendung von Nitritpökelsalz), Absenkung der Temperatur mit zunehmender Reifung auf 12 bis 15 °C .
- **Langsame Reifung:** Reifungstemperatur 15 °C und 18 °C (Säuerung bakteriell, Verwendung von Nitrat).

Mit diesen Temperaturen wird die Reifung begonnen. Im Verlauf der Reifung und zur Nachreifung werden die Temperaturen erniedrigt.

Bei schimmelpilzgereiften Rohwürsten ist bei Temperaturen > 18 °C aus mikrobiologischer Sicht eine rasche pH-Wert-Senkung auf ≤ 5,3 erforderlich. Bei Reifungstemperaturen < 18 °C ist eine normale Säuerung ausreichend.

3.3.2.8 Relative Luftfeuchte

Über die relative Luftfeuchte soll die Feuchtigkeit des Brätes abgeführt werden. Dadurch verlangsamen sich im Brät die Vermehrung und Entwicklung von Mikroorganismen sowie deren enzymatische Aktivitäten.

Damit Feuchtigkeit abgegeben werden kann, ist ein Feuchtigkeitsgefälle zwischen Brät und Umgebung erforderlich. Die relative Luftfeuchtigkeit in der Raumluft muss etwas niedriger sein als der a_w-Wert der Wurst x 100. Das Wasserdampfpartialdruckgefälle zwischen Rohwurst und Raumluft sollte jedoch ca. 5 % nicht übersteigen, um die Bildung eines Trockenrandes und damit ein Fehlfabrikat zu vermeiden [28]. Beispielsweise sollte die relative Luftfeuchtigkeit in der Kammer auf ca. 90 % eingestellt werden, sofern der a_w-Wert des Wurstbrätes 0,95 beträgt. Bei zu kleiner Differenz kommt es zu einer zu geringen Wasserabgabe, und der Reifungsprozess wird unnötig verlängert. Als geeigneter Messwert für die Beurteilung von Reifungsvorgängen kann neben dem Gewichtsverlust der a_w-Wert herangezogen werden.

Entsprechend der a_w-Wert-Erniedrigung muss die relative Luftfeuchtigkeit im Verlauf der Reifung erniedrigt werden, um das Wasserdampfpartialdruckgefälle aufrecht zu erhalten.

3.3.2.9 a_w-Wert

Die Höhe des a_w-Wertes des Brätes kann bei dessen Herstellung durch die Rezeptur (z.B. Fettgehalt) sowie durch verschiedene Zusätze (u.a. Zucker, Kochsalz, Gewürze) beeinflusst werden. Daneben könnte die Wasseraktivität des Brätes über den Zusatz von Sojaisolaten, Trockenfleisch, Stärke, Phosphat oder durch Gelatineprodukte [34] gesenkt werden. Neuerdings wird auch über den Zusatz von Laktat, insbesondere bei streichfähigen Rohwürsten, berichtet. Generell ist bei derartigen Zutaten darauf zu achten, dass der a_w-Wert durch diese Zusätze nicht zu stark gesenkt wird, denn dann könnten wesentliche mikrobiologische und enzymatische Vorgänge nicht mehr ordnungsgemäß ablaufen. Als Grenzwert, der möglichst nicht unterschritten werden sollte, wird ein a_w-Wert von 0,96 genannt [35].

Die entscheidende a_w-Wert-Veränderung findet jedoch während des Abtrocknungsprozesses statt. Durch die Wasserabführung während der Reifung kommt es zu einer Verringerung des für die Vermehrung von Mikroorganismen verfügbaren Wassers im Brät. Wie schnell der a_w-Wert der Rohwurst abgesenkt wird, kann, neben der relativen Luftfeuchtigkeit, auch durch das Kaliber [11] und dem Zerkleinerungsgrad der Würste sowie der Luftgeschwindigkeit in der Kammer beeinflusst werden [32]. Im ersten Abschnitt der Rohwurstreifung werden Luftgeschwindigkeiten von 0,5 bis 0,8 m/s vorgeschlagen. Mit zunehmender Luftbewegung sollte die Luftgeschwindigkeit auf ca. 0,1 m/s gesenkt werden.

Die mikrobiologische Stabilität langgereifter Rohwurst ist primär vom a_w-Wert abhängig, da sich der pH-Wert wieder erhöht und der Restnitritgehalt gering ist sowie die Keimzahl der Konkurrenzflora abgenommen hat.

3.3.3 Anteilige mikrobiologische Verfahrensbeiträge

Die erwünschten Mikroorganismen leisten während der Rohwurstreifung Beiträge zur Haltbarkeit, zur Aroma- und Farbbildung und zur Konsistenzentwicklung. Hochwertige und sichere Produkte können erzeugt werden, sofern die beteiligten Mikroorganismen in geordneter Weise zusammenarbeiten. Die Mikroorganismen erfüllen ihre Aufgaben somit in einer spezifischen Flora. Diese muss sich im Brät entwickeln, oder sie kann in Form von Starterkulturen zugegeben werden. Stellt man Rohwurst ohne Starterkultur-Zusatz her, und verläuft die Reifung normal, wird die Säuerung im Wesentlichen von Laktobazillen der Untergattung „Streptobacterium“ verursacht, wobei die Arten *Lactobacillus sakei* und *Lactobacillus curvatus* überwiegen [10].

Durch die sachgerechte Steuerung des Reifeklimas und der weiteren Einflussgrößen kann die Zusammensetzung und Aktivität der Mikroflora beeinflusst werden.

3.3.3.1 Beiträge zur Haltbarkeit und Sicherheit

Die Haltbarkeit von Rohwurst wird durch Mikroorganismen günstig beeinflusst. Laktobazillen bilden aus Zuckerstoffen Milchsäure und tragen dadurch zur Hemmung unerwünschter Bakterien (z.B. Salmonellen, Listerien, Staphylokokken) bei. Die Geschwindigkeit der Säurebildung ist umso höher, je mehr aktive Milchsäurebakterien am Anfang vorhanden sind, je höher die Temperatur ist und je schneller die Milchsäurebakterien den angebotenen Zucker vergären können. Der End-pH-Wert hängt insbesondere von der Menge, aber auch von der Art der zugesetzten Zuckerstoffe ab.

Nicht ohne Einfluss auf die Hemmung der unerwünschten Mikroorganismen sowie auf die anteilige artenmäßige Zusammensetzung der Mikroorganismenflora sind die insbesondere von Laktobazillen ausgehenden antagonistischen Wirkungen. Diese sind seit langem bekannt. Insbesondere Lebensmittelvergifter und Lebensmittelverderber werden dadurch gehemmt. Milchsäurebakterien scheinen aufgrund ihrer gesundheitlichen Unbedenklichkeit besonders als **Schutzkulturen** geeignet zu sein. In den meisten Fällen beruht die antagonistische Wirkung auf der Bildung von organischen Säuren (z.B. Milchsäure) und der damit verbundenen pH-Wertabsenkung. Andere bakterielle Stoffwechselprodukte wie z.B. Bacteriocine können zu dem antagonistischen Effekt beitragen. Bekannt ist, dass insbesondere homofermentative Laktobazillen die (unerwünschte) Begleitflora hemmen können, sofern sie sich auf Werte $> 10^8$/g entwickelt haben. Inzwischen werden Schutzkulturen bei der Rohwurstherstellung vereinzelt eingesetzt. Auch antilisterielle Schutzkulturen werden propagiert. Nachteilig ist, dass Schutzkulturen nur engverwandte Bakterien hemmen. Werden Laktobazillen (grampositive Bakterien) als Schutzkulturen eingesetzt, dann werden z.B. Salmonellen sowie EHEC (gramnegative Bakterien) nicht bzw. kaum gehemmt. Weitere Information siehe Kapitel „Starterkulturen“ sowie [25, 26, 33].

3.3.3.2 Beiträge zur Entwicklung der Artspezifität

Mit Beginn der Säuerung laufen zugleich mikrobiell bedingte Veränderungen an den Kohlenhydraten, Fetten und Eiweißen der Wurstmasse ab. Zeitlicher Beginn, Intensität und Dauer der Vorgänge sind dabei verschieden.

Die **Aromabildung** wird als eine sehr wichtige mikrobielle Leistung betrachtet. Etwa 300 verschiedene chemische Verbindungen sind an der Aromabildung beteiligt. Sehr wichtig sind dabei die relativ schnell entstehenden Stoffe aus dem Kohlenhydratstoffwechsel der Mikroorganismen. Die dabei überwiegend gebildeten Säuren treten auch geschmacklich in Erscheinung. Gleichzeitig wird dadurch der Geschmack typisch verändert.

Es handelt sich dabei hauptsächlich um Milchsäure. Daneben werden auch Brenztraubensäure, Weinsäure, Essigsäure, Ethylalkohol, Aceton, Acetaldehyd, Kohlendioxid und andere Stoffe gebildet. Sie geben der Rohwurst nachhaltig die Geschmacksrichtung.

Zu den beim Kohlenhydratabbau sehr aktiven Mikroorganismen gehören insbesondere Laktobazillen. Die Herausbildung der säuerlichen Geschmacksnote durch Laktobazillen ist unterschiedlich, je nachdem ob diese homofermentativ oder heterofermentativ sind. Für die haltbarmachende Funktion der Laktobazillen sind homofermentative Species zu bevorzugen.

3.3.3.3 Mikroorganismen als Rohwurstflora

Betrachtet man die Rohwurstflora nach Keimarten, so ist in Grundzügen eine Einteilung in erwünschte und unerwünschte Mikroorganismen möglich. Es lassen sich aber keine starren Grenzen ziehen. Die Übergänge zwischen diesen beiden Gruppen sind fließend. Auch ist eine Einstufung vom zeitlichen Auftreten der betreffenden Mikroorganismen abhängig. Zwischen den Mikroorganismen bestehen wechselseitige, zum Teil schwer überschaubare Beziehungen, die auch antagonistischer und synergistischer Art sein können.

Unter den sowohl für die Haltbarmachung als auch für die Entwicklung der Artspezifität verantwortlichen Mikroorganismen befinden sich in der Hauptsache grampositive Bakterien.

Die für die normale Rohwurstreifung wichtigsten Mikroorganismen gehören zu den Gattungen Lactobacillus und Staphylococcus. Weiterhin sind Mikrokokken, Hefen und Schimmelpilze von Bedeutung. Folgende Keimarten sind für die „normale" Reifung von Rohwurst wesentlich: *Lactobacillus sakei, L. curvatus* und *L. plantarum; Staphylococcus xylosus, S. carnosus* und *S. saprophyticus; Kokuria varians (*früher: *Micrococcus varians); Debaryomyces hansenii* sowie *Penicillium nalgiovense* [19, 20].

In Abb. 3.3.4 ist das Vorkommen verschiedener Gruppen von Mikroorganismen in Rohwurst, in Abhängigkeit von der Reifezeit, dargestellt. Zweifellos kommt den Milchsäurebakterien, insbesondere den Laktobazillen, bei der Rohwurstreifung die größte Bedeutung zu. Sie vermehren sich in den ersten Reifetagen bis auf 10^8/g und sind auch in den ausgereiften Produkten noch vorherrschend nachweisbar, obwohl ihre Keimzahl im Verlauf der Reifung zurückgeht. Es lässt sich sagen, dass ohne Milchsäurebakterien eine Rohwurstreifung nicht möglich sein würde, denn sie tragen nicht nur zur Konservierung, sondern auch zur Aromatisierung maßgebend bei. Ähnlich wie Laktobazillen verhalten sich Vertreter der Gattungen Pediococcus und auch andere Milchsäurebakterien, nämlich Streptococcus, Enterococcus und Leuconostoc. Sie kommen häufig, wenn auch in geringeren Keimzahlen, als Laktobazillen vor [7]. Die unkontrollierte Vermehrung einiger Milchsäurebakterien kann zum Verderb führen. Spontan wachsende Milchsäurebakterien können das oxidativ wirkende Wasserstoffperoxyd bilden. Wasserstoffperoxyd beeinflusst die Farbe, das Aroma und die Haltbarkeit von Rohwürsten durch Angriff von Hämoglobinverbindungen und Fettsäuren negativ. Die Folge sind Ranzigkeit und Vergrünung des Produktes. Heterofermentative Milchsäurebakterien können aufgrund ihrer Stoffwechselprodukte zu Hohlräumen durch die Produktion von CO_2 führen.

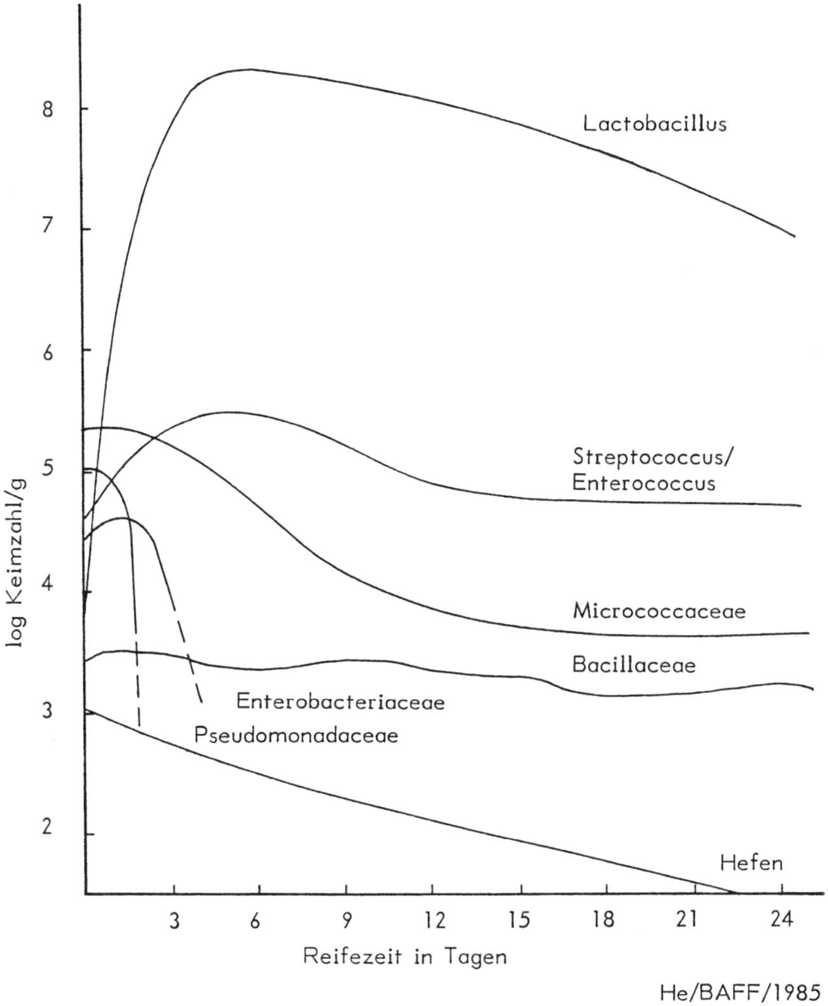

Abb. 3.3.4 Vorkommen verschiedener Gruppen von Mikroorganismen in Rohwurst, in Abhängigkeit von der Reifezeit (Hechelmann, 1985).

Vertreter der Familie Micrococcaceae, insbesondere der Gattung Staphylococcus, aber auch der Gattung Micrococcus, sind wichtig für die Aromatisierung der Rohwurst. Diese Bakterien verfügen über das Enzym Katalase und können daher dem

Ranzigwerden von Rohwurst entgegenwirken. Durch ihre Eigenschaft der Nitratreduktion tragen sie positiv zur Farbbildung und Farbhaltung von Rohwurst bei.

Hohe Gehalte an Sporenbildnern, also Vertreter der Gattungen Bacillus und Clostridium, sind für die Qualität und Haltbarkeit von Rohwürsten als ungünstig einzuschätzen. Sporenbildner beeinflussen jedoch normalerweise die Rohwurstreifung kaum [22] und kommen auch nur in relativ geringen Keimzahlen in einwandfreier Rohwurst vor.

Auch gramnegative Bakterien gehören zu den unerwünschten und schädlichen Mikroorganismen in Rohwürsten. Ihr Vorkommen darf nur zu Beginn der Reifung toleriert werden. Pseudomonaden und Enterobakteriazeen sind zu Beginn der Reifung regelmäßig im Rohwurstbrät nachzuweisen. Im Verlauf der Rohwurstreifung nehmen sie jedoch innerhalb von Stunden oder Tagen stark in der Keimzahl ab, während Milchsäurebakterien deutlich zunehmen.

Hefen sind ebenfalls zu Beginn der Rohwurstreifung regelmäßig nachweisbar. In ausgereiften Rohwürsten können sie jedoch nur noch in den Randpartien nachgewiesen werden, da sie zur Vermehrung viel Sauerstoff benötigen [7].

3.3.3.4 Keimdynamik während der Herstellung

Während der Herstellung von Rohwurst kommt es in Abhängigkeit von den jeweiligen Fertigungsstufen zu charakteristischen Veränderungen hinsichtlich der Keimarten als auch hinsichtlich der Keimzahlen. Bei Keimzahlzunahmen kann unterschieden werden zwischen Zunahme erwünschter und unerwünschter Mikroorganismen. Vor allem zu Beginn der Rohwurstherstellung ist die Vermehrung unerwünschter Mikroorganismen zu verhindern.

3.3.3.4.1 Rohstoffauswahl, Fleischvorbereitung

Hohe Keimzahlen von eiweißspaltenden (proteolytischen) und fettspaltenden (lipolytischen) Keimarten im Rohmaterial sind risikoreich. Diese Mikroorganismen, aber auch die von ihnen gebildeten Enzyme, können die Rohwurstreifung negativ beeinflussen.

In Abhängigkeit von der Fleischgewinnung, den Transportbedingungen, der Lagerzeit und der Lagertemperatur können die Anfangskeimgehalte beim Rohmaterial schwanken. Zu lange unter Kühllagerung gelagertes Fleisch weist beispielsweise eine typische Kühlhausflora auf, also Vertreter der Gattung Pseudomonas sowie kältetolerante Enterobakteriazeen. Diese können bei zu hohen Keimzahlen die Rohwurstreifung ungünstig beeinflussen. Auch das unsachgemäße Auftauen von Gefrierfleisch birgt Risiken. Es kann zu einem starken Keimzahlanstieg im Fleisch kommen, wenn das Fleisch unsachgemäß aufgetaut wird. Gefrierfleisch sollte deshalb möglichst im gefrorenen Zustand verarbeitet werden.

3.3.3.4.2 Zerkleinern, Mengen, Abfüllen

Durch die Zerkleinerung wird die Oberfläche des Fleisches vergrößert. Sehnen- und Fasciengewebe, die einen Schutz gegen Mikroorganismen bewirken, werden zerstört. Es sollte deshalb zügig gearbeitet werden. Scharfe Messer bei der Zerkleinerung verhindern eine unnötige Erwärmung des Brätes und damit eine Begünstigung der Keimvermehrung. Die Temperatur des Brätes beim Abfüllen in Hüllen sollte um 0 °C liegen. Dies fördert ein klares Schnittbild.

Rohwurst wird meist straff in Hüllen gefüllt, dafür stehen Kunstdärme (Faserdärme, Kollagendärme, Leinendärme usw.) oder Naturdärme zur Verfügung. Das Kaliber der Hüllen kann sehr unterschiedlich sein. Für streichfähige Rohwürste werden meist dünnere Kaliber, z.B. Kaliber 35 mm, eingesetzt. Schnittfeste Rohwurst wird in Deutschland meist in Kaliber 60 - 90 abgefüllt.

Das verwendete Darmmaterial beeinflusst die mikrobiologischen Vorgänge bei der Rohwurstreifung. Für Naturdärme gelten Richt- und Warnwerte (Tab. 3.3.4). Insbesondere Spitzenqualitäten von Rohwürsten werden häufig in Naturdärme gefüllt. Bei der Herrichtung und Lagerung von Naturdärmen muss streng auf Hygiene geachtet werden. Naturdärme sind eiweißreich, wasserhaltig und zeigen oft Fetteinlagerungen. Der sorgfältigen Säuberung und Entfettung der Därme kommt eine besondere Bedeutung zu. Vor dem Füllen müssen die gut gewässerten Naturdärme gründlich ausgestreift werden, damit nicht zuviel Wasser in dem Hüllenmaterial bleibt. Wurden

Tab. 3.3.4 Richt- und Warnwerte für Naturdärme

	Richtwert	Warnwert
Aerobe mesophile Keimzahl	10^5	-
Enterobacteriaceae	10^2	10^4
Salmonella spp.	-	n.n. in 25 g
Koagulase-positive Staphylokokken	10^2	10^3
Sulfitreduzierende Clostridien	10^2	10^3

Die Untersuchungsprobe ist eine Mischprobe aus möglichst drei verschiedenen Gebinden. Probenvorbereitung: Anhaftendes Salz ohne Wasserzugabe entfernen; füllfertige Därme untersuchen.

Naturdärme nicht gründlich gesäubert, können sie auch zahlreiche Verderbniserreger enthalten, besonders der Gattungen Proteus und Clostridium [7].

3.3.3.4.3 Reifen, Trocknen, Räuchern

Besonders die ersten Stunden und Tage sind bei der Rohwurstreifung kritisch. In dem insgesamt leicht verderblichen Brät hat noch keine pH-Wert-Absenkung stattgefunden, und die Wasseraktivität ist hoch. Es laufen zu diesem Zeitpunkt komplexe mikrobiologische Vorgänge ab. Sofern diese in der erwünschten Weise ablaufen, ist ein mikrobieller Verderb bei ausgereiften und abgetrockneten Rohwürsten unwahrscheinlich.

Die Reifungstemperatur, die relative Luftfeuchtigkeit und die Luftbewegung sind während der Reifung wichtige Parameter für das Gelingen der Rohwurst.

Insbesondere die Temperaturführung während der Rohwurstreifung hat einen großen Einfluss auf den Reifungsverlauf. Die geringsten mikrobiologischen Risiken ergeben sich, wenn bei niedrigen Temperaturen gereift wird. (Empirisch kam dies früher zur Anwendung, da damals Rohwürste in der kalten Jahreszeit, also in den Monaten mit einem „r“, hergestellt worden sind.)

Die beiden Klimafaktoren relative Luftfeuchtigkeit und Luftbewegung sollen eine möglichst gleichmäßige Abtrocknung der Produkte gewährleisten und müssen daher auf das jeweilige Erzeugnis und untereinander abgestimmt werden, damit der in Hüllen gefüllten Masse kontinuierlich Feuchtigkeit entzogen werden kann.

Wird das Wasser infolge falscher Parametereinstellungen zu langsam abgeführt, werden die Würste schmierig, und es können Verfärbungserscheinungen sowie andere Rohwurstfehler auftreten.

Eine zu schnelle Abführung des Wassers kann dagegen zu einer Beeinträchtigung des bakteriellen Stoffwechsels sowie zur Ausbildung eines Trockenrandes führen. Dieser Fehler kann besonders bei großkalibrigen Rohwürsten beobachtet werden. Während die äußeren Bereiche der Rohwürste sehr zügig abtrocknen, kann das Wasser nicht schnell genug aus dem Innern an die Oberfläche gelangen. Die Außenschichten trocknen aus und bilden für das nachkommende Wasser eine fast undurchlässige Schicht. Im Extremfall kann es zum so genannten Ersticken, d.h. zum inneren Verfaulen der Würste kommen.

Die Räucherung von Rohwürsten dient primär der Geschmacks- und Farbgebung. Das in der Praxis übliche Kalträuchern beeinflusst den Mikroorganismengehalt nur unwesentlich. Die erwünschte Zunahme der Reifungsflora wird durch das Kalträuchern nicht unterbrochen. Die Entwicklung von Hefen und Schimmelpilzen an der Oberfläche kann durch Kalträuchern verlangsamt werden.

3.3.3.4.4 Lagern

Sachgerecht hergestellte Rohwürste sind aus mikrobiologischer Sicht stabil, und eine Kühllagerung ist nicht erforderlich. Der Keimgehalt setzt sich aus grampositiven Bakterien - Laktobazillen, Staphylokokken, Bazillen - und manchmal Hefen zusammen. Der limitierende Faktor für die Haltbarkeit von Rohwurst ist der Fettverderb.

3.3.3.5 Mikrobiell bedingte Fehlfabrikate

Die ersten Stunden und Tage für die Rohwurstreifung sind besonders kritisch, denn zu diesem Zeitpunkt liegt ein leicht verderbliches Brät vor, das noch nicht durch Absenkung des pH-Wertes und a_w-Wertes stabilisiert worden ist. In diesem Zeitraum laufen in der Rohwurst die bereits beschriebenen komplexen mikrobiologischen Vorgänge ab, die unter ungünstigen Bedingungen auch zu Fehlfabrikaten führen können. Bei gut ausgereiften und abgetrockneten Rohwürsten tritt mikrobieller Verderb dagegen nur noch selten auf. Tab. 3.3.5 gibt einen Überblick über Fehlfabrikate von Rohwürsten. Weitere Informationen siehe [3, 4, 7].

Tab. 3.3.5 Mikroorganismen, die an Fehlfabrikaten von Rohwürsten beteiligt sind (Hechelmann, 1985)

Mikroorganismen	Sensorische Veränderungen der Rohwürste
Milchsäurebakterien	
homofermentative Arten	Übersäuerung
heterofermentative Arten	Gasbildung, Geruchs- u. Geschmacksabweichungen
peroxidbildende Arten	Zerstörung der Pökelfarbe, Farbfehler
Leuconostoc Arten	Fadenziehen
Enterobacteriaceae	Kernfäulnis, Gasbildung
Micrococcus und Staphylococcus Arten	Schmierbelag, Randvergrauung (nach Abwaschen)
Clostridium Arten	Randfäulnis, insbesondere bei Naturdärmen
Hefen	Schmierbelag, gäriger Geruch und Geschmack
Schimmelpilze	Hüllendefekte, dumpfiger Geruch und Geschmack

3.3.3.6 Pathogene Bakterien mit besonderer Bedeutung für Rohwurst

Derzeit sind Salmonellen, Listerien, *Staphylococcus aureus* und enterohämorrhagische *Escherichia coli* (EHEC/VTEC) in Rohwürsten von Bedeutung. *Yersinia enterocolitica* erwiesen sich in der Rohwurst als nicht vermehrungsfähig, auch nicht bei langsamer Säuerung. Auch pathogene Sporenbildner (z.B. *Clostridium botulinum*) sowie aerobe Sporenbildner stellen in Rohwurstbrät keine Gefährdung dar.

Salmonellen: Während einer typischen Rohwurstreifung wird die Salmonellenvermehrung zunächst durch Salz und Nitrit in Kombination mit dem für sie relativ ungünstigen pH-Wert des rohen Fleisches und der für sie suboptimalen Temperatur um 22 °C unterbunden. Dann übernimmt die mikrobiell gebildete Milchsäure diese Aufgabe, und schließlich wird durch die Trocknung die für die Salmonellenvermehrung minimale Wasseraktivität unterschritten.

Nach den Ergebnissen verschiedener Autoren [8, 31] minimiert die Kombination folgender Bedingungen das Risiko:

- anfänglicher pH-Wert unter 5,8;
- anfängliche Wasseraktivität unter 0,965;
- Nitritzusatz (mit NPS) 100 - 125 mg $NaN0_2$ /kg;
- Säuerung auf pH < 5,3 innerhalb von ca. 3 Tagen (erreichbar durch Zusatz von etwa 0,3 % eines rasch vergärbaren Zuckers und Milchsäurebakterien);
- Fermentationstemperatur in den ersten 3 Tagen nie über 25 °C.

Staphylococcus aureus: Sofern *Staphylococcus aureus* die Möglichkeit erhält, sich im Verlauf der Rohwurstreifung bis auf über 10^7 Zellen/g zu vermehren, besteht die Gefahr einer Lebensmittelvergiftung. Hervorgerufen wird dieses durch Enterotoxine, die durch Einwirken auf die Darmschleimhaut Brechdurchfall auslösen. Die Toxine sind relativ stabil und werden auch durch die proteolytischen Vorgänge während der Rohwurstreifung nicht inaktiviert. Ausbrüche von *Staph. aureus*-Lebensmittelintoxikationen sind bei folgenden Risikofaktoren zu befürchten:

- zu hohe Anfangskeimzahlen von *Staph. aureus*,
- zu hohe anfängliche pH-Werte,
- zu hohe Reifetemperaturen,
- eine zu langsame Absenkung des pH-Wertes.

Um die Gefahr einer *Staph. aureus*-Lebensmittelintoxikation nach Verzehr von Rohwurst auszuschließen, gelten folgende Empfehlungen [21, 22]:

- das Brät muss einen pH-Wert unter 5,8 und einen a_w-Wert zwischen 0,955 und 0,965 aufweisen sowie weniger als 10^4 *Staph. aureus*/g enthalten;
- die Reifetemperatur darf nie über 23 °C liegen und muss bei Beginn einer Beschimmelung auf höchstens 15 °C abgesenkt werden;
- bei Reifetemperaturen über 18 °C muss eine rasche Senkung des pH-Wertes auf 5,3 durch Zugabe von 0,2 % eines leicht vergärbaren Zuckers und von rasch säuernden Milchsäurebakterien gewährleistet sein;
- eine Temperatur von 15 °C darf bei der Reifung und Lagerung der Würste erst dann überschritten werden, wenn ihr a_w-Wert unter 0,90 liegt.

Listeria monocytogenes: In den achtziger Jahren ist bekannt geworden, dass die Listeriose durch Lebensmittel übertragen werden kann. Es handelt sich dabei um eine Infektion mit hoher Sterblichkeit. Bislang konnte noch kein Ausbruch auf den Verzehr von Rohwurst zurückgeführt werden.

Ein Vermehrungsrisiko von *Listeria monocytogenes* in Rohwürsten besteht, wenn zu schwach gesäuerte Rohwürste ohne Kühlung gelagert werden [24]. Bei korrektem anfänglichem pH-Wert (unter 5,8) ist das Vermehrungspotenzial von *Listeria monocytogenes* in Rohwürsten jedoch gering. Um das Wachstum zuverlässig zu unterbinden, sind zudem mindestens 2,5 % Nitritpökelsalz erforderlich, und es ist für eine leichte Säuerung des Brätes zu sorgen [30]. Bei der Herstellung schimmelgereifter Rohwürste wird empfohlen, sofort nach Erreichen des pH-Wertes von 5,3, die Reifetemperatur auf 8 - 10 °C abzusenken [27].

Verotoxinbildende E. coli (EHEC/VTEC): Es zeigte sich, dass die Überlebensrate von EHEC in Rohwurst primär vom Abtrocknungsgrad, der Reife-/Lagertemperatur und der Reifungsdauer beeinflusst wird. Um Reduktionen größer 3 Zehnerpotenzen zu erreichen, ist im Allgemeinen eine Reifungszeit von mindestens 21 Tagen notwendig mit entsprechender Säuerung und Trocknung der Rohwürste. Höhere Nitritzugaben und unterschiedliche Starterkulturen hatten einen geringen Einfluss [38]. Bei frischen Mettwürsten wurde festgestellt, dass trotz einer typisch abgelaufenen Rohwurstreifung EHEC im Verlauf der 2-tägigen Reifung bei 20 °C und anschließender 26-tägigen Lagerung bei 2 bis 4 °C nicht merklich vermindert wurden, sich andererseits aber auch nicht vermehrten. [37].

Mykotoxinbildende Schimmelpilze: Wächst auf Rohwurst unerwünschter Schimmel, dann ist eine Mykotoxinbildung nicht auszuschließen. Schimmelpilze der Gattung Penicillium sind vorherrschend bei Fleischerzeugnissen mit unerwünschtem Schimmelpilz-Wachstum. Es wird empfohlen, durch Einsatz nachgewiesenermaßen nichttoxischer Stämme dieses Risiko auszuschließen. Als toxikologisch „ohne erkennbares Risiko“ konnten sieben Stämme von *Penicillium chrysogenum* und zwei von *Penicillium nalgiovense* bewertet werden [9]. Sie wiesen auch kein Potenzial zur Antibiotikabildung auf.

Unerwünschtes Schimmelpilz-Wachstum auf Rohwürsten kann vermieden werden durch Räucherung, Behandlung mit Kaliumsorbat, a_w-Wert-Verminderung und Vakuumverpackung. Allgemein gilt zudem, dass Mykotoxinbildung in Fleischerzeugnissen bei Kühllagerung oder bei Reifung unter Kühlbedingungen nur in geringen Mengen oder langsam synthetisiert wird.

Das **Schutzkulturenkonzept** sieht vor, pathogenene Bakterien während der Rohwurstreifung zu unterdrücken. Schutzkulturen können engverwandte Mikroorganismen, z.B. aufgrund der Bacteriocinbildung, hemmen. Details siehe Kapitel 3.4.

3.3.3.7. Keimreduktion durch Hochdruck

Bei Rohwurst besteht derzeit keine Möglichkeit, zur Fermentation keimfreies Fleisch einzusetzen. Durch Anwendung von Hochdruck kann das mikrobiologische Restrisiko für den Verbraucher abgesenkt werden, da pathogene Mikroorganismen in Rohwürsten durch Hochdruck inaktiviert werden. Diese Technik ist besonders bei kurz gereiften Rohwürsten, z.B. frischer Mettwurst, aktuell. Über die Besonderheiten dieses Erzeugnisses siehe Kapitel 2.2.1.3. In Abb. 3.3.5 sind die Ergebnisse der Druckbehandlung von Zwiebelmettwurst aufgeführt. Abtötungen von 5 Zehnerpotenzen bei pathogenen Keimarten, z.B. EHEC, können ohne nennenswerte sensorische Veränderungen bei kurzen Prozesszeiten (> 15 min) erreicht werden. Somit stellt die Anwendung hoher hydrostatischer Drücke einen gangbaren Weg dar, bei niedrigen bis mittleren Prozesstemperaturen eine Ausschaltung verderbniserregender und pathogener Mikroorganismen in fermentierten Fleischerzeugnissen zu erreichen.

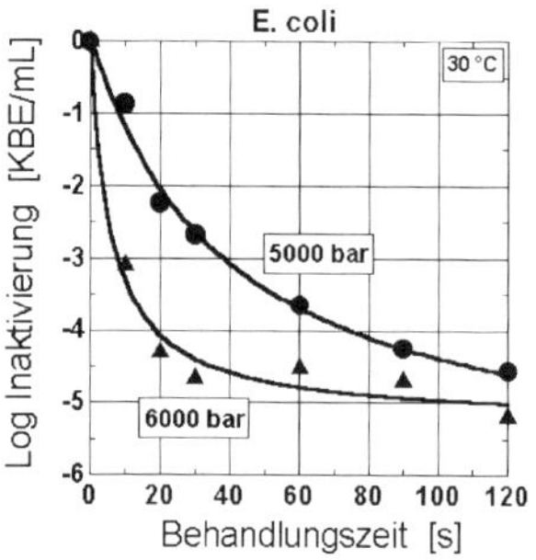

Abb. 3.3.5 Inaktivierung von E. coli in Zwiebelmettwurst durch Hochdruchbehandlung bei einer Prozesstemperatur von 30°C (Heinz und Knorr, 2002).

Literatur

[1] BUCKENHÜSKES, H. : Starterkulturen für die Rohwurstproduktion - eine Standortbestimmung. Fleisch **45** (1991), 163-167.

[2] BUCKENHÜSKES, H.: Grundlagen der Rohwurstherstellung. In: 1. Stuttgarter Rohwurstforum (Hrsg. H. Buckenhüskes), Stuttgart, 1994, S. 21.

[3] CORETTI, K.: Rohwurstreifung und Fehlerzeugnisse bei der Rohwurstherstellung. Verlag der Rheinhessischen Druckwerkstätte. Dietel u. Co., Alzey, 1971.

[4] FREY, W.: Die sichere Fleischwarenherstellung, Leitfaden für den Praktiker. H. Holzmann GmbH u. Co. KG, Bad Wörishofen, 1983.

[5] GERHARDt, U.: Zutaten und Zusatzstoffe für die Herstellung von schnittfester und streichfähiger Rohwurst. In: 1. Stuttgarter Rohwurstforum (Hrsg. H. Buckenhüskes), Stuttgart, 1994, S. 99 - 114.

[6] HECHELMANN, H.; BEM, Z.; LEISTNER, L.: Mikrobiologie der Nitrat/Nitritminderung bei Rohwurst. Mitteilungsblatt der Bundesanstalt für Fleischforschung Nr. **46** (1974), 2282 - 2286.

[7] HECHELMANN, H.: Mikrobiell verursachte Fehlfabrikate bei Rohwurst und Rohschinken. Herausgegeben vom Institut für Mikrobiologie, Toxikologie und Histologie der Bundesanstalt für Fleischforschung, Kulmbach, 103 - 127, 1985.

[8] HECHELMANN, H.; KASPROWIAK, R.: Mikrobiologische Kriterien für stabile Produkte. Fleischwirtschaft **71** (1991), 379 - 389.

[9] HWANG, H.-J.; VOGEL, R.F.; HAMMES W.P.: Entwicklung von Schimmelpilzkulturen für die Rohwurstherstellung. Fleischwirtschaft **73** (1993), 88 - 93.

[10] KAGERMEIER, A.: Taxonomie und Vorkommen von Milchsäurebakterien in Fleischprodukten. Dissertation, Fakultät Biologie, Ludwig-Maximilian-Universität München, 1981.

[11] KLETTNER, P.-G., RÖDEL, W.: Überprüfung und Steuerung wichtiger Parameter bei der Rohwurstreifung. Fleischwirtschaft **58** (1978), 57 -66.

[12] Leitsätze für Fleisch und Fleischerzeugnisse. Deutsches Lebensmittelbuch. 4. Aufl. Köln: Bundesanzeiger Verlagsges.mbH. 1994.

[13] LERCHE, M.: Laktobazillen in schnittfester Rohwurst. Arch. Lebensmittelhyg. **7** (1956), 1.

[14] LEISTNER, L., RÖDEL, W.: The Stability of Intermediate Moisture Foods with respect to micro-organisms. In: Davis, R., Birch, G.G., Parker, K.J. (Hrsg.), Intermediate Moisture Foods. Applied Science Publishers, London, 1976.

[15] LEISTNER, L.: Neue Nitrit-Verordnung der Bundesrepublik Deutschland. Fleischwirtschaft **61** (1981), 341 - 346.

[16] LEISTNER, L.: Schimmelpilz-gereifte Lebensmittel. Fleischwirtschaft **66** (1986), 168 - 173.

[17] LEISTNER, L.: Allgemeines über Rohwurst. Fleischwirtschaft **66** (1986), 290 - 300.

[18] LEISTNER, L.: Stabilität und Sicherheit von Rohwurst. Die Fleischerei **40** (1990), 570 - 582.

[19] LÜCKE, F.-K.: Fermented sausages - In: Microbiology of Fermented Foods. Edited by B.J.B. Wood. Elsevier Applied Science, London and New York (1985).

[20] LÜCKE, F.-K.: Mikrobiologische Vorgänge bei der Herstellung von Rohwurst und Rohschinken. Herausgegeben vom Institut für Mikrobiologie, Toxikologie und Histologie der Bundesanstalt für Fleischforschung, Kulmbach, S. 85 - 102, 1985.

[21] LÜCKE, F.-K.: Pathogene Mikroorganismen und Hygiene bei der Rohwurstherstellung. In: 1. Stuttgarter Rohwurstforum (Hrsg.: H. Buckenhüskes), Stuttgart, 1994, S. 65 - 75.

[22] NEUMAYR, L.: Untersuchungen zur Entkeimung von Gewürzen und zur Notwendigkeit der Verwendung entkeimter Gewürze für die Rohwurstherstellung. Dissertation, Technische Universität München, Fakultät für Chemie, Biologie und Geowissenschaften, 1983.

[23] NEUMAYR, L.; LÜCKE, F.-K.; LEISTNER, L.: Fate of Bacillus spp. from spices in fermented sausage. Proceedings, 29. European Congress of Meat Research Workers, Salsomaggiore, Italien, Vol. I, C/2.5, S. 418 - 424, 1983.

[24] OZARI, R.: Untersuchungen zur Wirkung von Starterkulturen des Handels auf das Wachstum von Listeria monocytogenes. Fleischwirtschaft **71** (1991), 1450 - 1454.

[25] REUTER, G.: Laktobazillen und eng verwandte Mikroorganismen in Fleisch und Fleischwaren. Fleischwirtsch. **51** (1971), 1237 - 1245.

[26] REUTER, G.: Untersuchungen zur antagonistischen Wirkung der Milchsäurebakterien auf andere Keimgruppen der Lebensmittelflora. Zbl. Vet. Med. B, **19** (1972), 320 - 334.

[27] RÖDEL, W.; STIEBING, A.; KRÖCKEL, L.: Reifeparameter für traditionelle Rohwurst mit Schimmelbelag. Fleischwirtschaft **72** (1992), 1375 - 1385.

[28] RÖDEL, W.: Messung der Wasseraktivität unter Praxisbedingungen. Fleischwirtschaft **53** (1973), 27 - 31.

[29] SALZER, U.-J.: Antimikrobielle Wirkung einiger Gewürzextrakte und Würzmischungen. Fleischwirtschaft **57** (1977), 885 - 887.

[30] SCHILLINGER, U.; LÜCKE, F.-K.: Einsatz von Milchsäurebakterien als Schutzkulturen bei Fleischerzeugnissen. Fleischwirtschaft **69** (1989), 1581 - 1585.

[31] SCHMIDT, U.: Verminderung des Salmonellen-Risikos durch technologische Maßnahmen bei der Rohwurstherstellung. Mitteilungsblatt der BAFF, Kulmbach, Nr. 1 99, S. 7791 - 7793, 1988.

[32] STIEBING, A.; RÖDEL, W.: Einfluß unterschiedlicher Klimate auf den Reifungsverlauf bei Rohwurst. Mitteilungsblatt der BAFF, Kulmbach, Nr. 88, S. 6494 - 6398, 1985.

[33] WEBER, H.: Spezielle Anwendungen am Beispiel Rohwurst. In: Die biologische Kon-

servierung von Lebensmitteln (Hrsg.: Dehne L.I., Bögl, K.W.) SozEp Heft 4/1992. Bundesgesundheitsamt Berlin, 1992.

[34] WEBER, H.; FISCHER, R.; MARGGRANDER, K.; KOCHINKE, F.: Spreadable dry sausage. The influence of hydrolyzed collagen proteins. Fleischwirtschaft **75** (1995), 45 - 46.

[35] WIRTH, F.; RÖDEL, W.: Richtwerte der Fleischtechnologie. Frankfurt: Deutscher Fachverlag 1990.

[36] Heinz V., KNORR D.: Non thermal food preservation and its potential in meat preservation. Forum of Nutrition, **56** (2002), 369-370.

[37] Pozzi, W., BEUTIN, L., WEBER, H: Überleben und Nachweis von enterohämorrhagischen Escherichia coli in streichfähiger Rohwurst. Fleischwirtschaft **76** (1996), 1300 – 1311.

[38] STIEBING, A., VOGT, N., BAUMGART, J., PUTZFELD, K., BERGT, J.: EHEC – Überlebensfähigkeit in Rohwurst: 2. Schnittfeste Rohwurst. Fleischwirtschaft **80** (2000), 106 - 110.

3.4 Starterkulturen für fermentierte Fleischerzeugnisse

M. G. Gänzle

3.4.1 Entwicklung kommerzieller Starterkulturen für die Fleischindustrie

Grundlegend für die Entwicklung von Starterkulturen für fermentierte Lebensmittel war die Erkenntnis, dass Mikroorganismen entscheidend die Qualität und die Sicherheit der Produkte beeinflussen. Die Steuerung der mikrobiellen Aktivität während der Fermentation durch Einsatz von Starterkulturen ermöglicht es, Fehlprodukte zu vermeiden, eine gleichbleibende sensorische Qualität zu erreichen und die hygienische Sicherheit zu gewährleisten. Der erste Schritt zur gezielten Beeinflussung der Produktion war die Verwendung von Teilen guter Chargen zur Beimpfung der nächsten Chargen („back slopping"). Nach der Identifizierung und Charakterisierung der bei der traditionellen Herstellung fermentierter Fleischwaren beteiligten Mikroorganismen war es möglich, gezielt solche Stämme auszuwählen, die die Fermentation günstig beeinflussen, und definierte Einzelstämme bzw. Stammkombinationen als Starterkultur zur Steuerung der Fermentation einzusetzen.

In der Milchindustrie wurden bereits in der zweiten Hälfte des 19. Jahrhunderts Starterkulturen angewendet und seither durch intensive wissenschaftliche Forschung und Weiterentwicklung verbessert. In der Fleischindustrie begründeten traditionsbehaftete, handwerkliche Herstellungspraktiken und unzureichendes Wissen über die Mikrobiologie von Fleischfermentationen die lange Zeit skeptische Einstellung gegenüber der Verwendung von Starterkulturen. Im Unterschied zu dem Rohmaterial „Milch", bei dem mittels Hitzebehandlung die Ausgangsflora weitestgehend beseitigt werden kann, bleibt die natürliche Ausgangsflora in der Rohwurstmasse erhalten. Heute gehört jedoch die Verwendung von Starterkulturen im Bereich der Rohwurstproduktion zum Stand der Technik und findet ebenfalls Anwendung bei der Herstellung von Rohpökelwaren. Die Entwicklung von Starterkulturpräparaten für die Fleischindustrie wurde in umfassender Weise von Liepe [1] dargestellt. In der Tabelle 3.4.1 sind aus dieser Übersicht die wichtigsten Meilensteine zusammengefasst, in Tabelle 3.4.2. sind die gegenwärtig in kommerziellen Starterpräparaten eingesetzten Organismen aufgeführt.

Tab. 3.4.1 Meilensteine für die Entwicklung von Starterkulturpräparaten[1)]

I.	**Rohwurst**
1919	Untersuchung von Hefen („fleur du saucisson")
1921	Patent auf Pökelwaren unter Zuhilfenahme eines nitratreduzierenden Mikrokokken-Stammes
1935-1940	12 Patente auf die Verwendung von 14 Laktobazillen-Stämmen als Einzel- oder Mischkultur
1955	Niinivaara empfiehlt *Micrococcus* Stamm M53 für fermentierte Rohwürste
1956	Empfehlung von *Peciococcus acidilactici*[2)] für die Herstellung amerikanischer „Summer sausage"
1960	Isolierung von 17 *Kocuria*-Stämmen[3)] von Fleisch und Untersuchung ihrer fermentativen Aktivität
1966	Empfehlung von Mischungen aus *Kocuria* und Laktobazillen durch Nurmi, Beginn der ersten kommerziellen Herstellung von Fleischstarterkulturen in Europa
1972	Einführung eines nicht-toxinogenen *Penicillium nalgiovense* für die Oberflächenbeimpfung
1977	Einführung von Streptomyceten
1989	Charakterisierung der Bakteriozin-Bildung durch fleisch-assoziierte Laktobazillen
seit 2000	Kommerzielle Anwendung Bakteriozin-bildender Laktobazillen als Schutzkulturen Kommerzielle Anwendung probiotischer Kulturen in Fleischwaren
II	**Rohschinken**
1957	Isolierung eines nitratreduzierenden *Vibrio*-Stammes für die Herstellung von Rohschinken (keine kommerzielle Herstellung aufgrund von Züchtungsschwierigkeiten)
1977	Einführung von *Staphylococcus carnosus*[4)] und Mischungen aus *S. carnosus* und *Lactobacillus plantarum*

1) nach LIEPE [1], aktualisiert
2) *P. cerevisiae*, später reklassifiziert als *P. acidilactici*
3) *Micrococcus varians* nach int. Nomenklatur 1995 reklassifiziert als *Kocuria varians*
4) *S. simulans*, 1982 reklassifiziert als *S. carnosus*

Tab. 3.4.2 Mikroorganismen, die als Starterkultur für Fleischwaren eingesetzt werden

Bakterien	
Milchsäurebakterien	*Lactobacillus acidophilus* [1], *L. alimentarius, L. curvatus, L. paracasei* [1], *L. pentosus, L. plantarum, L. rhamnosus* [1], *L. sakei, Lactococcus lactis, Pediococcus acidilactici, P. pentosaceus*
Actinobacteria	*Kocuria varians* (früher: *Micrococcus varians), Streptomyces griseus, Bifidobacterium spp.* [1]
Staphylokokken	*Staphylococcus carnosus spp. carnosus, S. carnosus ssp. utilis, S. equorum, S. xylosus*
Halomonadaceae	*Halomonas elongata*
Hefen	*Debaromyces hansenii, Candida famata*
Schimmelpilze	*Penicillium nalgiovense, P. chrysogenum, P. camemberti*

[1] Verwendung als probiotische Kultur

3.4.2 Einsatzgebiete

Starterkulturen werden bei einer Vielzahl von Fleischprodukten verwendet, wobei jedoch dem Einsatz bei der Herstellung von Rohwurst die größte Bedeutung zukommt. Während in den mittel- und nordeuropäischen Ländern etwa 80 % bis 100 % aller industriell hergestellten Rohwürste mit Starterkulturen hergestellt werden, ist die Verbreitung des Einsatzes in südeuropäischen Ländern noch nicht in diesem Maße fortgeschritten. In diesen Ländern wird auch heute noch in den meisten Fällen eine Reifung mittels der Spontanflora bzw. „Hausflora" durchgeführt, dies trifft insbesondere auf die Schimmelflora zu. Mengenmäßig an zweiter Stelle steht der Einsatz von Starterkulturen bei Rohschinken, jedoch wird bei diesem Produkt der größte Teil mit Hilfe der Spontanflora fermentiert. Vereinzelte kommerzielle Anwendungen von Starterkulturen findet man ebenfalls bei Kochschinken und Fischpräserven, doch dürfte es sich dabei um Nischenprodukte handeln.

Zusätzlich zum Einsatz als Starterkulturen wurde in den letzten Jahren die Anwendung von Milchsäurebakterien als Schutzkulturen sowie als probiotische Kulturen in Fleischwaren erschlossen. Schutzkulturen werden zur Verbesserung der mikrobiologischen Sicherheit auch in solchen Fleisch- und Wurstwaren eingesetzt, die traditionell nicht fermentiert wurden. Probiotische Kulturen finden vereinzelt kommerzielle Anwendung, um spezifische gesundheitsfördernde Wirkungen zu erzielen.

3.4.2.1 Rohwurst

Gemäß den Leitsätzen für Fleisch und Fleischerzeugnisse sind Rohwürste „umgerötete, ungekühlt (über +10 °C) lagerfähige, i.d.R. roh zum Verzehr gelangende Wurstwaren, die streichfähig oder nach einer mit Austrocknung verbundenen Reifung schnittfest geworden sind. Zucker werden in einer Menge von nicht mehr als 2 % zugesetzt".

Während der Zusatz von Zusatzstoffen über eine Positivliste streng reglementiert ist (Anlage 1 zu § 1 Abs. 1 und § 2 der FleischVO), werden Starterkulturen gesetzmäßig in der Bundesrepublik Deutschland nicht erfasst. Die Unbedenklichkeit der enthaltenen Mikroorganismen vorausgesetzt unterliegt ihr Zusatz keinen gesetzlichen Auflagen.

Bakterielle Stoffwechselleistungen sind insbesondere bei Rohwurst entscheidend für den Umwandlungsprozess von der Rohwurstmasse zur schnitt- oder streichfähigen Rohwurst. Die mikrobiellen Vorgänge bei der Rohwurstreifung werden ausführlich in Kapitel 3.3 dieses Buches beschrieben. Die wichtigsten Stoffwechselleistungen können wie folgt zusammengefasst werden:

- Die durch Milchsäurebakterien verursachte pH-Wertabsenkung bewirkt das Schnittfestwerden der Wurst. Aus fleischeigenen bzw. zugesetzten Zuckerstoffen wird überwiegend Milchsäure und Essigsäure im molaren Verhältnis von 7:1 bis 20:1 gebildet.

- Eine schnelle Säuerung des Rohwurstbräts und gegebenenfalls die Bildung antimikrobieller Metabolite durch die Starterkulturen ist entscheidend für die Hemmung des Wachstums pathogener Mikroorganismen und deren Eliminierung während der Reifung.

- Die gebildete Säure bewirkt weiterhin, dass zugesetztes Nitrit bzw. durch Nitratreduktion von Staphylokokken oder *Kocuria varians* gebildetes Nitrit zu Nitrat und Stickstoffmonoxid disproportioniert.

- Im Falle des Einsatzes einer Oberflächenflora leisten die proteolytischen und lipolytischen Enzyme der Schimmelpilze und Hefen einen wichtigen Beitrag zum enzymatischen Abbau von Fleischinhaltsstoffen.

- Durch spezifische Stoffwechselleistungen der Mikroorganismen wird das Aroma beeinflusst.

Die Auswahl der geeigneten Starterkultur(mischung) hängt von dem Rohwursttyp und den angewandten Reifebedingungen ab. In der Regel finden Kombinationspräparate aus Milchsäurebakterien zur Säurebildung und Nitrat-reduzierenden Staphylokokken oder *K. varians* Einsatz. Die Verwendung von Milchsäurebakterien ist insbesondere für „schnellgereifte" Rohwürste erforderlich (Reifungszeit bis 14 Tage). Diese Produkte sind durch alleinige Verwendung von Nitritpökelsalz und hohe Reifungstemperaturen (22 - 24 °C am Anfang) gekennzeichnet. Bei diesen Temperaturen und dem hohen Wassergehalt ist eine schnelle Absenkung des pH-Wertes notwendig, um dem Wachstum unerwünschter Mikroorganismen entgegenzuwirken. Bei „normal" gereiften Rohwürsten (Reifungszeit etwa 20 - 28 Tage) finden in der Regel *L. plantarum* und *P. acidilactici* Verwendung; mit der längeren Reifungszeit ist ein abgerundeteres Aroma verbunden. Bei „langsam" gereiften Rohwürsten (Reifungszeit > 4 Wochen) tritt die pH-Wert-Absenkung in den Hintergrund. Der End-pH-Wert langereifter Rohwürste liegt im Bereich von 5,4 bis 5,8 oder darüber, und die mikrobielle Stabilität von Würsten, die unter Verwendung von Nitrat hergestellt werden, wird in erster Linie über den niedrigen Wassergehalt des Endproduktes bestimmt. Hier ist insbesondere die Verwendung von „Aromabildnern" (Nitrat-reduzierende Staphylokokken oder *K. varians*) von Bedeutung.

Für streichfähige Rohwürste werden Kulturen angeboten, die entweder nur Nitrat-reduzierende Organismen, in der Regel Staphylokokken, enthalten und in Verbindung mit GdL verwendet werden, oder aus Staphylokokken und einem gegenüber Produkten für schnittfeste Rohwurst reduziertem Anteil an Milchsäurebakterien bestehen, so dass ein End-pH-Wert von 5,3 nicht unterschritten wird.

3.4.2.2 Rohpökelwaren

Rohe Pökelfleischwaren oder Rohpökelwaren sind gemäß den Leitsätzen für Fleisch und Fleischerzeugnisse „durch Pökeln (Salzen mit oder ohne Nitritpökelsalz und/oder Salpeter) haltbar gemachte, rohe, abgetrocknete, geräucherte oder ungeräucherte Fleischstücke von stabiler Farbe, typischem Aroma und von einer Konsistenz, die das Anfertigen dünner Scheiben ermöglicht."

Bei Rohpökelwaren steht die Bildung einer stabilen Pökelfarbe im Vordergrund, daher finden vornehmlich Starterkulturen Anwendung, die Nitrat-reduzierende Staphylokokken oder *K. varians* enthalten. Diese Organismen weisen in der Regel gegenüber solchen, die für Rohwürste geeignet sind, eine erhöhte Salztoleranz auf, insbesondere bei den relativ tiefen Temperaturen (4 - 10 °C), die bei der Schinkenpökelung zumindest in den ersten Wochen der Herstellung verwendet werden. Gegenwärtig wird der Einsatz des salztoleranten Milchsäurebakteriums *Tetragenococcus halophilus* geprüft [2]. Starterkulturen verbessern die Farbbildung und sind an der Bildung des typischen Aromas beteiligt. Zudem kann durch Auswahl geeigneter

Starterkulturen das Wachstum und das Überleben von *Staphylococcus aureus* auf Rohpökelwaren beherrscht werden [1, 2].

3.4.2.3 Kochpökelwaren

Bei Kochpökelwaren werden Starterkulturen nur vereinzelt angewandt. Dies liegt hauptsächlich in den kurzen Pökelzeiten (8 - 12 h) und den tiefen Temperaturen, bei denen diese Pökelung erfolgt (ca. 4 - 6 °C), begründet. Unter diesen Bedingungen ist kaum mit einer nennenswerten Stoffwechselaktivität von Starterorganismen zu rechnen. Andererseits können bei Anwendung von höheren Temperaturen und längeren Pökelzeiten (ca. 72 h) dieselben Vorteile wie bei der Rohschinkenpökelung erzielt werden, nämlich Verbesserung von Farbe und Aroma.

3.4.2.4 Fischpräserven

Für die Verbesserung der Farbe von Salzheringen und Anchosen wurde ein Verfahren ausgearbeitet, das im Prinzip auf der starken Katalaseaktivität von *S. carnosus* beruht, zusammen mit einer milden Säuerung durch ebenfalls zugesetzte Laktobazillen. Der Zusatz dieser Organismen vermindert sowohl die Bildung von Oxidationsprodukten als auch die Bildung von biogenen Aminen [3]. Außerdem lässt sich durch die Ausnutzung der Nitrat- und Nitritreduktase von *S. carnosus* die Farbe des Fischfleisches positiv beeinflussen.

3.4.2.5 Tierfutter

Eine interessante Anwendungsmöglichkeit wurde von Bijker und Urlings [4] beschrieben, die Fleischnebenprodukte (Eingeweide, Köpfe, Füße von Geflügel, Fischnebenprodukte) mittels *Enterococcus faecium* fermentierten und als Tierfutter für Nerze verwendeten. Sie konnten zeigen, dass über die gezielte Fermentation die Nerze vor einer Infektion mit pathogenen Organismen wie Salmonellen und *Pseudomonas aeruginosa* geschützt, und die Darmflora der Tiere stabilisiert werden konnte.

3.4.2.6. Schutzkulturen

In den letzten Jahren werden Milchsäurebakterien zunehmend als Schutzkulturen eingesetzt, um das Wachstum pathogener od. anderweitig unerwünschter Mikroorganismen in Fleischprodukten zu verhindern. Als Schutzkulturen werden Kulturen bezeichnet, die durch spezifische Stoffwechselleistungen (z.B. Bakteriozine, siehe unten) die mikrobiologische Sicherheit fermentierter Produkte im Vergleich zu konventionellen Kulturen erhöhen [5]. Zudem werden Schutzkulturen auch auf Fleischwaren eingesetzt, die traditionell nicht fermentiert werden, z.B. vakuumverpackte Wurstwaren oder Frischfleisch [6, 7]. Im Gegensatz zur Fermentation sollen in diesen Produkten durch Einsatz von Schutzkulturen die sensorischen Eigenschaften der Produkte nicht verändert werden bzw. sensorische Veränderungen sollen im Sinne einer Indikatorkultur Verderb und hygienische Risiken nach Temperaturmissbrauch erkennbar machen.

3.4.2.7. Probiotika

Probiotika sind definiert als „lebende Mikroorganismen, die nach oraler Aufnahme in bestimmten Keimzahlen gesundheitsfördernde Effekte ausüben, die über die grundsätzlich der Nahrung zugeschriebene Wirkung hinausgehen“ [8]. Probiotika können sowohl als Lebensmittelbestandteile oder in Form einer „Nicht-Lebensmittel-Präparation“ aufgenommen werden. In der Milchindustrie hat sich die Verwendung probiotischer Milchsäurebakterien seit über einem Jahrzehnt etabliert; deren Verwendung hat teilweise zu einer Verdrängung traditioneller Starterkulturen geführt. In den letzten Jahren wurden probiotische Kulturen auch in fermentierten Fleischprodukten eingeführt, eine Übersicht geben Hammes und Haller [9] und Hammes et al. [10].

Eine gesundheitsfördernde Wirkung von Milchsäurebakterien wurde erstmals von Metchnikoff vorgeschlagen [11] und war vor allem im letzten Jahrzehnt Gegenstand intensiver Forschung. Folgende gesundheitsfördernde Effekte werden gegenwärtig diskutiert [8, 12]:

- Anti-Tumor-Effekte
- Erniedrigung der Cholesterin- und Blutfettwerte
- verbesserte Laktoseverdauung
- Linderung bei Verstopfung und verbesserte Darmperistaltik
- Stimulation des Immunsystems
- Erhöhte Toleranz gegenüber enteropathogenen Organismen und Viren und Verkürzung von Durchfallerkrankungen
- Behandlung und Prävention von Allergien und entzündlicher Darmkrankheiten.

Nach OUWEHAND et al. [8] ist die positive Wirkung von als Probiotika eingesetzter Mikroorganismen wie folgt belegt: Verminderung der Laktose-Intoleranz, Simulierung der Immunantwort, Verkürzung von Durchfallerkrankungen und Behandlung entzündlicher Darmkrankheiten. Andere Autoren bewerten die gegenwärtig verfügbaren Studien mit Skepsis [11]. Da in klinischen Studien bislang überwiegend die Wirkung lebender Mikroorganismen gegen Placebos ohne lebende Mikroorganismen getestet wurde, ist gegenwärtig noch unklar, ob die probiotische Wirkung auf spezifische Eigenschaften bestimmter Stämme von Bakterien zurückzuführen sind, oder ob diese Wirkung grundsätzlich durch orale Aufnahme einer Vielfalt lebender Milchsäurebakterien erzielt werden kann.

3.4.3 Zusammensetzung der Starterkulturpräparate

Für die kommerzielle Anwendung als Starterkultur für Fleischwaren kommt aufgrund ihrer technologischen Eignung nur eine beschränkte Anzahl verschiedener Spezies in Frage, die in Tabelle 3.4.2 zusammengefasst sind. Für Starterkulturenpräparate zum Einsatz in der Fleischwarenindustrie gelten grundsätzlich folgende Qualitätsanforderungen [13]:

- Die Kulturen sind nach dem Stand des Wissens taxonomisch eingeordnet.
- Die erwünschten physiologischen Eigenschaften der Kulturen sind stabil.
- Die Präparate sind bezüglich der Keimzahlen charakterisiert.
- Die Präparate sind frei von Kontaminationen durch andere Mikroorganismen, die mit der erwünschten Wirkung der Starterkultur interferieren oder ein hygienisches Risiko darstellen.

3.4.3.1 Bakterien

Kocuria/Staphylokokken. Bei Rohwurst begann die Verwendung von bakteriellen Starterkulturen mit der Einführung von *Micrococcus* M53 durch NIINIVAARA [14], in der Folge wurden weitere Staphylokokken- und Mikrokokkenstämme als Starterkulturen eingesetzt. Staphylokokken und Mikrokokken weisen nur eine geringe Verwandtschaft auf, kommen jedoch in denselben ökologischen Nischen vor (z. B. Haut und Schleimhäute von Mensch und Tier) und bewirken vergleichbare technologische Effekte während der Rohwurstreifung. Eingesetzt als Starterkultur wird aus der Familie der *Micrococcaceae* nur *Kocuria varians* (früher: *Micrococcus varians*, [13]). Dieser Organismus ist schwach fermentativ und wächst daher kaum in dem anaeroben Milieu im Innern von Rohwürsten und -schinken. Aus der Gattung *Staphylococcus* finden vor allem *S. xylosus* und *S. carnosus* Anwendung, in Starterpräparaten für Rohschinken auch *S. equorum*. *Staphylococcus simulans* wurde als *Staphylococcus carnosus* reklassifiziert [15], die Spezies *S. carnosus* wurde 1998 in die Subspezies *S. carnosus* ssp. *utilis* und *S. carnosus* spp. *carnosus* unterteilt. Beide Subspezies finden in kommerziellen Starterpräparaten Anwendung. Staphylokokken sind fakultativ anaerob und erbringen damit auch im Innern der Rohwürste bzw. Rohschinken ausreichend hohe Stoffwechselleistungen.

K. varians und *S. carnosus* können als sicher in Bezug auf toxinogenes oder pathogenes Potenzial betrachtet werden. In der Spezies *S. xylosus* sind hingegen einige Stämme mit Potenzial zur Enterotoxinbildung bekannt, in einigen wenigen Fällen wurde *S. xylosus* von kranken Personen isoliert [16]. Bei der Auswahl von Staphylokokken zum Einsatz Starterkulturen muss daher in besonderem Maße eine eindeutige taxonomische Einordnung der Stämme und ggf. eine Bewertung des Potenzials zur Bildung von Pathogenitätsfaktoren vorgenommen werden.

K. varians und Organismen der Gattung *Staphylococcus* ist gemeinsam, dass sie Katalase- und Nitratreduktase-Aktivität besitzen, jedoch kein oder nur in geringem Maße (Staphylokokken) Nitrit reduzieren. Nitrit wird entweder direkt in Form von Nitritpökelsalz zugesetzt oder aus Nitrat als Produkt der bakteriellen Nitratreduktion gebildet. Während der Fermentation unterliegt das Nitrit chemischen Reaktionen, unter denen der säurekatalysierten Disproportionierung die größte Bedeutung zukommt. Während dieser Reaktion entsteht Stickstoffmonoxid. Stickstoffmonoxid reagiert mit Myoglobin zu Nitrosomyoglobin (bzw. nach Denaturierung Nitrosomyochromogen), das die stabile, charakteristische rote Pökelfarbe darstellt. Aufgrund des bei der Disproportionierung entstehenden Nitrats ist die Anwesenheit von nitratreduzierenden Mikroorganismen auch bei alleiniger Verwendung von Nitritpökelsalz notwendig, um den Zusatz von Nitrit so gering wie nötig zu bemessen. Die Katalase-Aktivität verhindert die Zerstörung der Pökelfarbe durch Wasserstoffperoxid.

Milchsäurebakterien. Die Verwendung von Milchsäurebakterien bei der Fermentation von Fleisch ist von überragender Bedeutung für den Erfolg des Fermentationsprozesses. Diese Organismen finden Anwendung bei allen Arten von Rohwürsten und tragen zu allen Zielen der Fermentation bei [17]. Die Einführung von Milchsäurebakterien als Starterorganismen erfolgte etwa gleichzeitig und unabhängig voneinander in den USA und in Europa. In den USA wurde *P. cerevisiae* (später reklassifiziert als *Pediococcus acidilactici*) zur Herstellung von „summer sausage" eingeführt [18]. Hohe Fermentationstemperaturen (> 37 °C), die Verwendung von Nitritpökelsalz und kurze Reifungszeiten sind charakteristisch für diese Art von Rohwurst. *P.*

acidilactici ist aufgrund seiner optimalen Wachstumstemperatur von 42 °C in der Lage, sich unter diesen Bedingungen durchzusetzen und den gesamten Prozess zu kontrollieren. Für Würste, die bei niedrigeren Temperaturen reifen, wurde *P. pentosaceus* mit einem Temperaturoptimum von 35 °C eingeführt. In Europa hingegen wurde zuerst *Lactobacillus plantarum* in Kombination mit *K. varians* / Staphylokokken eingesetzt [19]. *Pediococcus acidilactici* und *Pediococcus pentosaceus* fanden auch in Europa in kommerziellen Starterkulturpräparaten Anwendung, als weitere Spezies wurden später *L. curvatus* und *L. sakei* (früher: *L. sake*) in kommerziellen Starterkulturpräparaten eingesetzt. Ihre dominierende Rolle bei der spontanen Rohwurstreifung, aber auch beim Verderb von Fleischprodukten, wurde von Reuter [20] beschrieben. Bezüglich ihres genetischen und physiologischen Potenzials sind diese Organismen jedoch sehr heterogen und wurden daher in je 2 Subspezies, *L. sakei* ssp. *sakei* und *carnosus* bzw. *L. curvatus* ssp. *curvatus* und *melibiosus*, unterteilt [13, 21]. *L. sakei*, *L. plantarum*, *L. pentosus* und *P. acidilactici* weisen Häm-abhängige Katalase-Aktivität auf und können in Nitrit-gepökelten Fleischwaren die Katalase-positiven *Staphylococcen* oder *K. varians* ersetzen [17]. In Stämmen von *L. plantarum* wurde zudem Nitratreduktase-Aktivität nachgewiesen, jedoch reicht die Aktivität nicht zur Umrötung Nitrat-gepökelter Ware aus [17]. In Milchsäurebakterien können Protease-, Peptidase und Lipase-Aktivitäten vorhanden sein, die sowohl zu einem erwünschten als auch unerwünschten Aroma (z.B. sauerkrautartig, fruchtig) von Rohwürsten führen können. Daneben sind viele Stämme in der Lage, größere Mengen an Wasserstoffperoxid [15] und biogener Amine (s. 3.4.4.2) zu bilden. Dies bedeutet, dass vor einem Einsatz als Starterkultur eine kritische Vorabuntersuchung hinsichtlich des physiologischen Potenzials des in Frage kommenden Stammes erfolgen muss, zumal diese Organismen bei Einsatz als Starterkultur den Fermentationsprozess vom Beginn der Beimpfung bis hin zum Fertigprodukt dominieren [17].

Streptomycetes. *Streptomyces griseus* wird in Kombination mit *S. carnosus* bzw. *S. carnosus* und *L. plantarum* von einem Starterkulturproduzenten für die Herstellung von Rohwurst mit luftgetrocknetem Aroma angeboten. Obwohl in der Rohwurstmasse kein Wachstum stattfindet, und der Organismus während der Reifung langsam abstirbt, soll dieser Organismus deutliche Effekte bzgl. Aroma und verbesserte Farbe/Farbhaltung bewirken. Auch in Würsten, die ohne Zusatz von Starterkulturen gereift werden, können Streptomyceten in geringer Anzahl nachgewiesen werden.

Halomonas. In einem Patent [22] wird die Verwendung von *Halomonas elongata* allein oder in Kombination, z. B. mit *S. carnosus* und *L. plantarum*, für die Schinkenpökelung beschrieben. Bei diesem Organismus handelt es sich um ein salztolerantes, zumeist stäbchenförmiges gram-negatives Bakterium, das Nitrat zu Nitrit zu reduzieren vermag. Die mit *H. elongata* hergestellten Produkte sollen sich durch eine bessere Schnittfestigkeit, besseres Pökelaroma sowie stabilere Pökelfarbe auszeichnen.

Probiotische Laktobazillen und Bifidobacterien. Die als Probiotika verwendeten Spezies von Laktobazillen und Bifidobakterien sind überwiegend charakteristische Darmbewohner [8, 9]. Diese Organismen sind besonders gut an den Intestinaltrakt angepasst und können daher bei der Darmpassage nach oraler Aufnahme probiotische Wirkung entfalten. Zum großen Teil sind sie nicht zum Wachstum im Lebensmittel befähigt, leisten keinen Beitrag zu den bei Fermentationen erwünschten Stoffwechselleistungen und müssen daher bei der Herstellung fermentierter Fleischwaren mit einer konventionellen Kultur in ausreichend hohen Keimzahlen kombiniert werden. Es sollten mindestens 10^8 KbE/g zugesetzt werden.

Die gegenwärtig in probiotischen Produkten verwendeten Milchsäurebakterien schließen Organismen der *Lactobacillus casei*-Gruppe, *L. reuteri* und Enterokokken ein, die im Intestinaltrakt vorkommen, aber auch in fermentierten Lebensmitteln Bedeutung haben bzw. als Starterkultur für Fleischfermentationen eingesetzt werden können. Aufgrund verbesserter Kulturmethoden und kultur-unabhängiger Nachweismethoden konnte gezeigt werden, dass auch Laktobazillen aus traditionellen Lebensmittelfermentationen, z.B. *L. sakei* und *L. curvatus*, in relevanten Keimzahlen im Darm vorkommen [23]. Stämme von *L. plantarum, L. sakei, L. curvatus* und *S. carnosus* aus Fleischfermentationen weisen zudem in einer Reihe von *in vitro* Testsystemen für die Eignung als probiotische Kulturen vergleichbare Eigenschaften auf wie probiotische Laktobazillen [10]. Daher ist anzunehmen, dass auch traditionell fermentierte Lebensmittel bestimmte probiotische Wirkung ausüben können [9].

3.4.3.2 Hefen

Von Rossmanith und Leistner [24] wird die Verwendung von *Debaryomyces hansenii* in Starterkulturpräparaten empfohlen, um positive Effekte bezüglich der Entwicklung eines typischen Hefearomas und einer Stabilisierung der roten Pökelfarbe zu erzielen. *D. hansenii* und seine imperfekte Form *Candida famata* werden seitdem als Starterkulturpräparate eingesetzt und sollten der Rohwurstmasse mit etwa 10^6 Keimen/g zugesetzt werden. Für beide Formen ist eine hohe Salztoleranz (Wachstum bei Wasseraktivitäten > 0,87) und aerober oder schwach fermentativer Stoffwechsel charakteristisch. Aus diesem Grund wachsen diese Hefen hauptsächlich an der Oberfläche und den äußeren Zonen der Rohwurst. Nitrat wird von diesen Hefen nicht reduziert.

3.4.3.3 Schimmelpilze

Schimmelgereifte Rohwürste werden in Südost- und Südeuropa bevorzugt, wo etwa 70 - 95 % der Rohwürste schimmelgereift werden [25]. In Nord- und Mitteleuropa werden Rohwürste in der Regel geräuchert und ohne Oberflächenflora gereift. Schimmelpilze bewirken ein charakteristisches Aussehen und beeinflussen durch proteolytische und lipolytische Aktivität sowie durch die Bildung flüchtiger Verbindungen das Aroma der Produkte. Der schädliche Effekt des Sauerstoffes wird reduziert und somit werden Ranzigkeit und Farbfehler vermieden. Zudem erfolgt der Trocknungsprozess gleichmäßiger.

Durch den Verbrauch organischer Säuren und der Bildung von Ammoniak steigt der pH-Wert schimmelgereifter Produkte auf über 6,0 an. Dadurch können Bedingungen entstehen, die das Wachstum von *S. aureus* ermöglichen. Zur Gewährleistung der hygienischen Sicherheit sollte Schimmelwachstum nur dann erfolgen, wenn durch ausreichende Säuerung und Abtrocknung das Wachstum pathogener Keime ausgeschlossen werden kann [26].

Traditionell werden die Würste über die unmittelbare Umgebung am Herstellungsort durch eine „Hausflora" beimpft, wodurch auch viele verschiedene Spezies auf diesen Würsten gefunden werden können. Die meisten Isolate aus Rohwürsten gehören den Gattungen *Penicillium* und *Scopulariopsis* an, auf Rohschinken werden auch häufig Aspergillen angetroffen [27, 28, 29]. Einwände gegen die Beimpfung „per Zufall" oder Hausflora resultieren aus der Tatsache, dass viele *Penicillium*- und *Aspergillus*-Spezies Mykotoxinbildner sind, und *Scopulariopsis*-Spezies Haut- und Nagelinfektionen hervorrufen können. Etwa 80 % aller Penicillium-Isolate der Rohwurst bilden auf künstlichen Substraten Mykotoxine und 11 der 17 untersuchten Mykotoxine konnten ebenfalls in Fleischprodukten nachgewiesen werden [30]. Eine Aflatoxin-Kontamination schimmelgereifter Fleischwaren kann bei Reifungstemperaturen > 15 °C bei relativer Luftfeuchte > 75 % auftreten [29]. Mykotoxin freie Fleischprodukte lassen sich nur dann erzeugen, wenn Mykotoxin freies Fleisch zur Verarbeitung kommt, toxikologisch unbedenkliche Stämme als Starterkulturen eingesetzt werden und das Wachstum unerwünschter Stämme verhindert wird [29]. MINTZLAFF und LEISTNER [31] selektierten einen nicht-toxinogenen Stamm von *P. nalgiovense* mit guten technologischen Eigenschaften, der später als Starterkultur verwendet wurde und unter dem Namen „Edelschimmel Kulmbach 72" im Handel ist. HWANG et al. [32] selektierten aus 166 Schimmelpilz-Isolaten von Rohwurst 3 Stämme der Spezies *P. nalgiovense* und *P. chrysogenum*, die gute technologische Eigenschaften für die Rohwurstreifung aufweisen und toxikologisch unbedenklich sind. In Frankreich wird ein nicht-toxinogener Stamm von *P. chrysogenum* angewandt, der durch

Selektion dahingehend verbessert wurde, dass auf Rohwurst ein weißes Myzel gebildet wird, jedoch keine grünen Konidien. Weiterhin finden sich heutzutage *P. candidum* und *P. camembertii*-Stämme auf dem Markt, die ursprünglich für den Einsatz bei schimmelgereiftem Käse selektiert wurden und sich durch eine weiße Farbe auszeichnen.

3.4.4 Physiologie

Das physiologische Potenzial der eingesetzten Starterorganismen bestimmt entscheidend mit den technologischen Parametern Temperatur, Luftfeuchtigkeit und -geschwindigkeit sowie Rezeptur die Eigenschaften des Endproduktes hinsichtlich Textur, Aroma und hygienischer Stabilität. Potenzielle Stoffwechselleistungen können nie getrennt betrachtet werden, sondern immer nur im Zusammenhang mit den sich ändernden Milieufaktoren, wie z.B. Wasseraktivität, Temperatur und pH-Wert, die bestimmend dafür sind, ob eine Stoffwechselleistung erfolgt oder gehemmt ist.

3.4.4.1 Erwünschte Eigenschaften

Durchsetzungsvermögen. Wichtigste Voraussetzung für die Eignung als Starterorganismen ist das Durchsetzungsvermögen zu Beginn der Fermentation, die anhaltende Präsenz während der Reifung und die Expression gewünschter Stoffwechselleistungen. Das gute Durchsetzungsvermögen einzelner Stämme setzt sich aus mehreren Komponenten zusammen:

- Von größter Bedeutung ist das schnelle Wachstum im Rohwurstbrät. Die vorliegenden Temperaturen liegen in der Regel unter den für die jeweiligen Organismen optimalen Temperaturen (Reifungstemperaturen bei Rohwurst nach einer Woche, z.B. 16 - 18 °C). Durch Kochsalz und Nitrit werden weniger wettbewerbsstarke Milchsäurebakterien zu Beginn der Fermentation bereits deutlich gehemmt [33, 34].
- Eine schnelle Verwertung der vorhandenen Substrate (hauptsächlich der Zuckerkomponenten) entzieht konkurrierenden Mikroorganismen die Wachstumsgrundlagen.
- Die Bildung von direkt antagonistisch wirkenden Stoffwechselprodukten kann die Entwicklung von Nichtstarterorganismen hemmen.
- Eine hohe Toleranz gegenüber Säure, niedriger Wasseraktivität, Nitrit/Nitrat und Kochsalz bedingt ihre Dominanz auch am Ende des Fermentationsprozesses.

Milchsäurebakterien vermehren sich während der Fermentation um eine oder zwei Zehnerpotenzen, bei Staphylokokken und *K. varians* findet aufgrund der geringen Säuretoleranz kein oder nur ein geringes Wachstum statt. Am Ende des Reifungsprozesses liegen die Keimzahlen für Staphylokokken / *K. varians* somit zwischen 10^5 und 10^7 Keimen/g und für Milchsäurebakterien zwischen 10^7 und 10^9 Keimen/g (die Einsaatdichte beträgt in der Regel etwa 5 x 10^6 Keime/g Fleisch bzw. Rohwurstmasse). Insbesondere *L. curvatus* und *L. sakei* Stämme sind in der Lage, bis zum Ende der Fermentation die dominierende Flora zu stellen, was durch ihre Säuretoleranz und ihr Wachstumsvermögen auch bei niedrigen Temperaturen (16 - 18 °C) möglich ist.

Die Bedeutung einer guten Durchsetzungsfähigkeit wird unterstrichen durch die Tatsache, dass viele Rohmaterialien eine natürliche Ausgangsflora von bis zu 10^7 Keimen/g aufweisen können, typischerweise Laktobazillen, *Leuconostoc* sp., Pseudomonaden, *E. coli* und Coliforme sowie *Brochotrix* spp. Bei mangelnder Durchsetzungsfähigkeit der Starterkulturen können hygienische Risiken nicht ausreichend beherrscht werden, zudem besteht die Gefahr einer Fehlfermentation.

Nitratreduktion und Katalase-Aktivität. Die wichtigsten Stoffwechselleistungen von *K. varians* und Staphylokokken in allen Rohwürsten und Rohpökelwaren stellen die Nitratreduktase und die Katalase dar.

Entscheidend für eine ausreichende Nitratreduktion sind günstige pH-Wert- und Temperaturbedingungen. So zeigen Staphylokokken und *K. varians* bei pH-Werten unter 5,0 keine oder nur noch geringe Nitratreduktase-Aktivität. Bei Nitratpökelung muss daher für eine ausreichende Umrötung gewährleistet sein, dass der pH-Wert-Bereich von 5,8 (normaler Anfangs-pH-Wert bei Rohwurst) bis 5,0 nicht zu schnell durchschritten wird (Steuerung über Art und Menge der zugesetzten Zuckerstoffe, Anfangstemperatur bei der Reifung). Bezüglich der Temperatur verhalten sich die Nitratreduktase-Aktivitäten von Staphylokken und *K. varians* unterschiedlich. Während *K. varians* auch bei 15 °C noch etwa 25 % seiner maximalen Nitratreduktaseaktivität besitzt, sinkt sie bei *S. carnosus* stammabhängig bei dieser Temperatur auf etwa 5 - 10 % seiner maximalen Aktivität. Da es sich bei der Nitratreduktase um ein durch sein Substrat induzierbares Enzym handelt, lässt sich die Anfangsaktivität durch gezielte Züchtung in Nitrat-haltigen Medien beeinflussen.

Wasserstoffperoxid führt durch Oxidation des Pökelfarbstoffes und den ungesättigten Fettsäuren zu Farbfehlern und Ranzigkeit. Wasserstoffperoxid kann bei Verfügbarkeit von Sauerstoff von fast allen Laktobazillen gebildet werden, wobei insbesondere *L. curvatus* und *L. sakei* Stämme hohe Mengen bilden können. Sauerstoff ist jedoch nur in den ersten 24 - 48 h im Innern einer Rohwurst nachweisbar [35], so dass durch

Wasserstoffperoxid bedingte Farb- und Fettveränderungen meist in den Randbereichen der Rohwürste zu beobachten sind. Zur Vermeidung durch Wasserstoffperoxid verursachte Produktfehler werden Katalase-positive Starterkomponenten (Staphylokokken/*K. varians* u. bestimmte Stämme von *L. sakei* oder *L. plantarum*) verwendet, die gebildetes Wasserstoffperoxid zersetzen. Bei der Auswahl von Starterkulturen sollten somit präventiv nur solche Milchsäurebakterien berücksichtigt werden, die unter den im entsprechenden Substrat vorliegenden Bedingungen kein oder nur wenig Wasserstoffperoxid bilden bzw. gebildetes Wasserstoffperoxid schnell und vollständig abbauen.

Säurebildung. Für die Rohwurstreifung sind eine ausreichende Säurebildung und ein damit verbundener Abfall des pH-Wertes unbedingt erforderlich. Durch Absenkung des pH-Wertes wird der isoelektrische Bereich des gelösten Eiweißes erreicht (pH 5,4 - 5,2), in dem die Wasserbindung am geringsten ist. Durch Entzug von Wasser geht das gelöste Eiweiß vom Sol- in den Gelzustand über, die Wurst wird schnittfest. Ausreichende Säurebildung ist ebenfalls für die säurekatalysierte Disproportionierung des Nitrits in Stickstoffmonoxid und Nitrat notwendig, und nicht zuletzt ist die Absenkung des pH-Wertes zu Beginn der Fermentation eine wichtige Hürde für das Wachstum bzw. das Überleben von Pathogenen oder Verderbniserregern.

Vertreter der Enterobacteriaceae (*Salmonella* spp., Shigellen und enterohämorrhagische *E. coli*, EHEC), *Listeria monocytogenes* und *S. aureus* können in fermentierten Fleischprodukten ein erhebliches hygienisches Risiko darstellen. *Enterobacteriaceae* kommen häufig in der Kontaminationsflora des Fleisches vor und können daher auch regelmäßig in fermentierten Produkten nachgewiesen werden. Die Anzahl ist von der ursprünglichen Belastung des Rohmaterials, vom Rohwursttyp und vom Reifestadium abhängig. Bei Zusatz von Nitrit wird das Wachstum der hygienisch relevanten Keime gehemmt und nach einer schnellen Absenkung des pH-Wertes durch Milchsäure können diese während der Reifung inaktiviert werden. Bei der Verwendung von Nitrat als alleinigem Pökelstoff können sich pathogene Organismen zu Beginn der Fermentation unter Umständen noch geringfügig vermehren. Für die sichere Eliminierung pathogener Organismen sind in diesen Produkten neben der schnellen Absenkung des pH-Wertes die Abtrocknung auf niedrige a_w-Werte und die Dauer der Reifung von großer Bedeutung.

Die Säurebildung erfolgt durch die in den Starterpräparaten enthaltenen Milchsäurebakterien, von Staphylokokken und *K. varians* werden nur geringe Mengen Säure gebildet. Die in Starterpräparaten enthaltenen Milchsäurebakterien sind fakultativ heterofermentativ, d.h. Milchsäure ist praktisch das einzige Endprodukt der Vergärung von Hexosen. Die Säurebildung durch Milchsäurebakterien ist im Wesentlichen an deren Wachstum gekoppelt und von internen und externen Parametern abhängig [33, 34]. Die größte Bedeutung haben folgende Faktoren:

- Temperatur
- Art und Menge des verwendeten Kohlenhydrates
- Salzkonzentration
- Ausgangs-pH-Wert des Bräts.

Zusätzlich wird die Säurebildung durch das Wurstkaliber, die Sauerstoffverfügbarkeit, Art und Menge der Gewürze, die Nitritkonzentration und die Anfangskeimzahl der originären Flora des Rohmaterials beeinflusst.

Die Geschwindigkeit der Säurebildung hängt auch von den verwendeten Stämmen ab. Insbesondere Stämme von *P. pentosaceus, L. sakei, L. pentosus* und *L. curvatus* zeichnen sich durch schnelle Säurebildung aus (Schnellreifung). Bei der Herstellung von Starterkulturen ist zu gewährleisten, dass nicht nur die Lebendkeimzahl, sondern auch die Säuerungsgeschwindigkeit (Aktivität) während der Lagerung des Präparates stabil bleiben. Die Säuerungsgeschwindigkeit von Starterkulturen kann durch Adaption an die in der Rohwurst vorherrschenden Bedingungen bereits während der Anzucht erhöht werden.

Bildung von Aromakomponenten und Aromapräkursoren. Aromakomponenten werden während der Rohwurstreifung im Wesentlichen über folgende chemische, biochemische und mikrobielle Transformationen gebildet [36, 37]:

1. Lipolyse oder Hydrolyse von Phospholipiden, gefolgt von einer Oxidation der freien, ungesättigen Fettsäuren.
2. Mikrobielle Bildung von organischen Säuren aus Kohlenhydraten, Umsatz von Aminosäuren oder Peptiden zu aromaaktiven Alkoholen, Aldehyden oder Säuren und Modifikation von Produkten der Lipidoxidation, zum Beispiel durch Reduktion von Aldehyden zum korrespondierenden Alkohol oder durch Veresterung.
3. In Abhängigkeit der Rezeptur und der Reifungsbedingungen werden durch Gewürze, Räuchern oder durch die Reifung mit Schimmelpilzen und Hefen zusätzliche Aromen hinzugefügt bzw. während der Reifung gebildet.

Aufgrund der Vielfalt der fermentierten Fleischprodukte kann zum derzeitigen Stand des Wissens nur begrenzt eine Aussage über diejenigen Stoffwechseleigenschaften der Starterkulturen getroffen werden, die für die Aromabildung tatsächlich relevant sind [40]. Eine Übersicht über die Aromabildung während der Rohwurstreifung ist in Abb. 3.4.1. gegeben. Trotz der Unterschiede in Herstellungsverfahren und Reifungsflora kann davon ausgegangen werden, dass vergleichbare Mechanismen für die Aromabildung bei der Reifung von Rohpökelwaren verantwortlich sind.

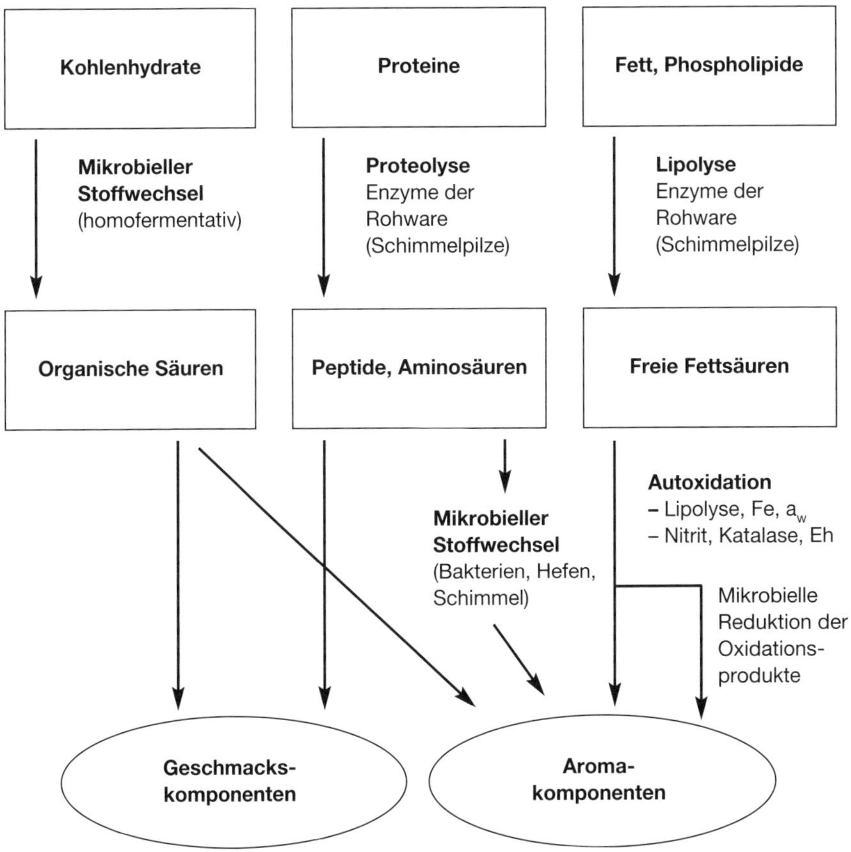

Abb. 3.4.1 Schematische Übersicht über die Entstehung von Geschmacks- und Aromastoffen während der Rohwurstreifung, nach [10]. Die relative Bedeutung der chemischen, biochemischen und mikrobiellen Stoffumsetzung auf den Geschmack und den Geruch der Produkte ist gegenwärtig noch nicht vollständig aufgeklärt. In Abhängigkeit der Rezeptur und der Reifungsbedingungen wird die sensorische Qualität der Produkte durch die Verwendung von Rauch und Gewürzen ebenfalls entscheidend mit beeinflusst.

Aminosäuren und freie Fettsäuren sind wichtige Aromapräkursoren und werden während der Reifung durch proteolytische und lipolytische Enzyme freigesetzt. Proteolyse und Lipolyse während der Reifung von Rohwürsten beruht im Wesentlichen auf der Aktivität fleischeigener Enzyme [38, 39]. Bei schimmelgereiften Produkten trägt die Oberflächenflora wesentlich zu Proteolyse und Lipolyse bei, bakterielle Enzyme sind hingegen nur von untergeordneter Bedeutung. Milchsäurebakterien sind nur schwach proteolytisch, *K. varians* und Staphylokokken weisen zwar stammspezifisch proteolytische und lipolytische Aktivität auf, jedoch sind diese Enzyme unter den Bedingungen der Rohwurstreifung nicht aktiv.

Die Oxidation freier Fettsäuren ist eine wichtige Quelle von Aromastoffen, ein zu hohes Ausmaß der Fettoxidation führt jedoch zur Ranzigkeit der Produkte [40]. Nitrit wirkt als Antioxidans, zudem sind Enzymaktivitäten der Starterkulturen zur Entfernung von H_2O_2-Katalase, Pseudokatalase und Mangan-abhängige Superoxid-Dismutase - entscheidend zur Begrenzung der Fettoxidation.

Neben der Bildung von Milchsäure werden durch homofermentative Milchsäurebakterien unter bestimmten Umständen auch andere Stoffwechselprodukte, wie z.B. Essigsäure, Acetoin und Diacetyl gebildet. Diese Substanzen sind grundsätzlich Bestandteil des Rohwurstaromas [40], können jedoch in hohen Konzentrationen ein fremdartiges und unerwünschtes Aroma hervorrufen. Neben dem Kohlenhydratstoffwechsel trägt vor allem der bakterielle Stoffwechsel von Aminosäuren wesentlich zur Aromabildung in fermentierten Fleischprodukten bei. Aminosäuren werden während der Reifung durch proteolytische Vorgänge freigesetzt und durch Bakterien zu aromaaktiven Substanzen verstoffwechselt. Während der Kohlenhydratstoffwechsel und damit die Säuerung durch Milchsäurebakterien nach wenigen Tagen abgeschlossen sind, läuft der Aminosäurestoffwechsel während der gesamten Reifungszeit weiter. Ein Schlüsselenzym für den Aminosäurestoffwechsel ist die Transaminase. Die resultierenden Ketosäuren werden nachfolgend durch Decarboxylierung und/oder Reduktion zu aromaaktiven Alkoholen und Aldehyden umgesetzt. Insbesondere Staphylokokken und *K. varians* bilden ein großes Spektrum flüchtiger Aromastoffe aus Aminosäuren, Laktobazillen leisten einen zusätzlichen Beitrag [37].

Bildung von antagonistischen Substanzen. Die hygienische Stabilität fermentierter Fleischwaren beruht auf Produkteigenschaften wie niedriger Wasseraktivität, niedriger pH-Wert, Anwesenheit von Nitrit, Gewürzen usw. sowie aus der Präsenz einer hohen Anzahl unbedenklicher Keime („competitive exclusion"). Darüber hinaus bilden Milchsäurebakterien zusätzlich Substanzen mit antimikrobieller Aktivität gegen unerwünschte Mikroorganismen. Dies beinhaltet sowohl die Unterdrückung von Pathogenen und Verderbsorganismen als auch die Unterdrückung von Nicht-Startermilchsäurebakterien, die den Säuerungsverlauf und die Aromaausbildung negativ beeinflussen können oder zur Bildung von biogenen Aminen im Produkt beitragen.

Niedermolekulare Substanzen aus dem Kohlenhydrat- und Aminosäurestoffwechsel. Milchsäurebakterien bilden eine Vielzahl von Stoffwechselprodukten, die auf andere Mikroorganismen hemmend wirken. Dies sind in erster Linie die aus dem Glukosestoffwechsel resultierenden organischen Säuren wie Milchsäure und Essigsäure, zusätzlich können Wasserstoffperoxid, Acetaldehyd, Diacetyl und Kohlendioxid in wirksamen Konzentrationen gebildet werden. Bis auf Milchsäure haben jedoch diese Substanzen in der für antimikrobielle Aktivität erforderlichen Konzentration negative Auswirkungen auf die sensorische Qualität der Produkte. So bewirkt Essigsäure eine sensorisch als kratzig empfundene Säurenote, Diacetyl verursacht eine ausgeprägte butterartige Geruchsnote, Kohlendioxid (als Endprodukt des heterofermentativen Abbaus von Hexosen oder Pentosen) kann Lochbildung verursachen, Wasserstoffperoxid führt zu Verfärbung und Ranzigkeit des Produktes.

Weitere niedermolekulare antagonistische Stoffe von Milchsäurebakterien, wie z.B. Reuterin (Hydroxypropionaldehyd) aus *L. reuteri* oder Benzaldehyd und Phenyllaktat aus *L. plantarum* wurden gegenwärtig noch nicht auf ihre Wirksamkeit in fermentierten Fleischprodukten geprüft.

Bildung von Bakteriozinen. Viele Milchsäurebakterien bilden neben niedermolekularen antagonistischen Substanzen auch Bakteriozine. Darüber hinaus sind Bakteriozine von Staphylokokken und *K. varians* bekannt, die jedoch für die Anwendung in Fleischwaren von untergeordneter Bedeutung sind. Bakteriozine sind Substanzen mit Peptid- oder Proteinstruktur, die nahe verwandte Organismen hemmen oder abtöten. In den letzten Jahren wurden mehr als 20 Bakteriozine im Hinblick auf ihre Struktur, die Biosynthesegene, das Wirkspektrum und den Wirkmechanismus untersucht [41, 42]. Bakteriozine können auf Basis ihrer Struktur und Größe in drei Klassen eingeteilt werden (Tabelle 3.4.3). Milchsäurebakterien, die für eine Anwendung als Starterkultur für fermentierte Fleischprodukte in Betracht gezogen werden können, bilden vor allem Lantibiotika und Klasse II Bakteriozine. Diese Bakteriozine haben ein begrenztes Wirkungsspektrum, das jedoch in vielen Fällen neben Milchsäurebakterien auch pathogene Organismen wie insbesondere *Listeria monocytogenes* einschließt. Die Wirkung der Bakteriozine von Milchsäurebakterien unterliegt einem gemeinsamen Prinzip [41, 42]. Die Peptide bilden Poren in der Zellmembran der Zielorganismen. Dies führt zu einem Zusammenbruch der Konzentrationsgradienten an der Zellmembran („proton motive force“) sowie zum Verlust niedermolekularer Intermediate des Stoffwechsels (z.B. ATP). Dadurch wird der Stoffwechsel, die Biosynthese von Zellbestandteilen und die Aufnahme von Substraten (z.B. Glukose, Aminosäuren) unterbrochen und letztlich der Zelltod bewirkt. Gram-negative Bakterien werden durch Bakteriozine von Milchsäurebakterien nicht gehemmt. Die Resistenz Gram-negativer Bakterien, wie z.B. *E. coli* oder *Salmonella* beruht auf der äußeren Membran dieser Organismen, die verhindert, dass die Bakteriozine an ihren Wirkort, die Zellmembran, gelangen.

Tab. 3.4.3 Bakteriozine der Fleisch-assoziierten Milchsäurebakterien

Klasse		**Merkmal**	**Beispiele von fleisch-assoziierten MSB**
Klasse I: Lantibiotika (Enthält Lanthionin, u. Methyl-Lanthionin)	Typ A	flexible Molekülstruktur	Nisin A und Z *(Lactococcus lactis)* Lactocin S *(Lactobacillus sakei)* Lacticin 3147 *(Lc. lactis)*
	Typ B	globuläre Molekülstruktur	-
Klasse II, kleine, hitzestabile Bakteriozine ohne Lanthionin	IIa: Pediozin-ähnliche Bakteriozine	Konsensus-Sequenzmotiv YGNGVXCXXXXCXV, aktiv gegen Listerien	Sakacin A (= Curvacin A, *L. sakei* und *L. curvatus*) Sakacin P (= Bavaricin A, *L. sakei* und *L. bavaricus*) Pediocin PA-1 (= AcH / SJ-1, *Peciococcus parvulus* u. *P. acidilactici, L. plantarum)* Enterocin A *(Enterococcus faecalis)* Leucocin A *(Leuconostoc gelidum* und *Leuconostoc carnosum)*
	IIb	Zwei Peptide für Aktivität erforderlich	Plantaricin A *(L. plantarum)* Plantaricin 1.25 *(L. plantarum)* Lactococcin G *(Lc. lactis)*
	IIc	andere Klasse II Bakteriozine	Enterocin L50A und L50B *(E. faecium)*
Klasse III		Protein-Bakteriozine (> 30 kDa)	-

Die Wirksamkeit Bakteriozin-bildender Starterkulturen in fermentierten Fleischprodukten bzw. die Wirkung von Schutzkulturen in nicht-fermentierten Fleischwaren konnte in einer Vielzahl von Untersuchungen gezeigt werden, eine Übersicht geben STILES [43] und HUGAS [44]. Die Bildung von Bakteriozinen trägt zum Durchsetzungsvermögen der Starterkultur bei, reduziert die Keimzahl von Listerien im Vergleich zu nicht-bakteriozinbildenden Kulturen und hemmt das Wachstum von Enterokokken oder Nicht-Starter Milchsäurebakterien. Bakteriozine aus fleisch-assoziierten Milchsäurebakterien wurden bereits vor mehr als 10 Jahren charakterisiert [45, 46], seit 2001 sind Bakteriozin-bildende Starterkulturen für fermentierte Fleischprodukte kommerziell verfügbar. Am Beispiel von zwei Untersuchungen zur Wirksamkeit Bakteriozi-bildender Starterkulturen in Fleischwaren können das Potential und die Grenzen dieser Organismen aufgezeigt werden [5, 47]:

- Die Organismen müssen alle weiteren Anforderungen an eine Starterkultur erfüllen, d.h. sie müssen sich gegenüber der Spontanflora durchsetzen, durch schnelle Säuerung ihre technologische „Aufgabe" erfüllen und zu einem sensorisch akzeptablen Produkt führen.
- Das Wirkspektrum muss die Zielorganismen (Listerien, Nicht-Starter Milchsäurebakterien) beinhalten, die Eigenschaft der Bakteriozinbildung muss stabil sein, und die Bakteriozinbildung während der Fermentation im Substrat Fleisch bzw. Brät muss gewährleistet sein.
- Durch Bakteriozin-bildende Starter- oder Schutzkulturen kann im Vergleich zu konventionellen Kulturen die Keimzahl von Listerien zusätzlich um 1 - 3 Zehnerpotenzen reduziert werden. Dadurch steht zusätzlich zu den bekannten Parametern mit Bedeutung für die Beherrschung pathogener Organismen in fermentierten Fleischwaren (Qualität und Keimbelastung der Rohware, Rezeptur, Säuerungsgeschwindigkeit und Reifungsparameter, s. Kap. 3.3) ein weiteres Instrument zur Reduktion der Keimzahl von Listerien zur Verfügung. Die Verwendung von Bakteriozin-bildenden Starterkulturen kann jedoch kein Ersatz für ausreichende Hygiene bzw. fehlende Kontrolle des Reifungsprozesses sein.
- Das Überleben Gram-negativer Bakterien, insbesondere EHEC, während der Rohwurstreifung wird durch Bakteriozin-bildende Starterkulturen nicht stärker beeinträchtigt als durch konventionelle Kulturen. Daher muss auch bei Verwendung Bakteriozin-bildender Starterkulturen die Eliminierung von EHEC durch weitere Maßnahmen (Keimzahl der Rohware, Betriebshygiene, Säuerungsgeschwindigkeit, a_W-Wert des Rohwurstbräts, Reifungsdauer und -bedingungen (siehe Kapitel 3.3 [5, 13]) gewährleistet werden.

Erwünschte Eigenschaften von Schimmelpilzen. Die erwünschten Eigenschaften technologisch geeigneter Schimmelpilz-Stämme kann wie folgt zusammengefasst werden:

- kein toxinogenes oder pathogenes Potenzial,
- wettbewerbsstark gegenüber anderen auf der Wurstoberfläche wachsenden Mikroorganismen, Wachstum auf verschiedenen Hüllenmaterialien,
- dauerhaftes und (Abrieb-)festes Oberflächenmyzel von weißer, gelblicher oder gelbbräunlicher Farbe,
- ausgeglichene proteolytische und lipolytische Aktivität,
- charakteristischer Schimmelpilzgeruch.

Probiotische Eigenschaften. Zur Selektion von Bakterien mit probiotischer Wirkung wurde eine Reihe von *in vitro* Testsystemen vorgeschlagen, mit denen abgeschätzt werden kann, ob ein Stamm nach oraler Aufnahme die Magen-Darm-Passage überlebt und Wechselwirkung mit dem Immunsystem zeigt [8, 9]. Darüber hinaus gelten wichtige Anforderungen für Starterkulturen ebenfalls für probiotische Kulturen: Die Kulturen müssen auf Speziesebene identifiziert und entsprechend gekennzeichnet werden und sollten den üblichen Anforderungen an die Präparierbarkeit und die Lagerfähigkeit des Kulturpräparates genügen. Letzteres macht insbesondere bei Bifidobakterien, aufgrund der speziellen Anforderungen an das Wachstumsmedium und der Empfindlichkeit gegenüber Sauerstoff, oft Kompromisse bei der Stammauswahl notwendig. Die probiotische Kultur muss im verzehrsfähigen Lebensmittel, d.h. bis zum Erreichen des Mindesthaltbarkeitsdatums, in hohen Keimzahlen vorhanden bleiben. Die gesundheitsfördernde Wirkung der Probiotika wurde bislang bei einer täglichen Zufuhr von mindestens 10^9 KbE ermittelt [8, 9]. Während diese Keimzahlen bei klassischen Starterkulturen, die als Probiotika eingesetzt werden, in der Regel erreicht werden, liegen derzeit noch keine Untersuchungen vor, die das Überleben von Bifidobakterien oder Laktobazillen der *L. acidophilus*-Gruppe während der Rohwurstfermentation und der anschließenden Lagerung dokumentieren. Um dem Verbraucher ein wirksames Probiotikum zur Verfügung zu stellen, sollte für probiotische Kulturen letztlich der Nachweis gesundheitsfördernder Eigenschaften für die spezifisch verwendete Kultur mit demjenigen Lebensmittel, für welches die probiotischen Eigenschaften ausgelobt werden, durch klinische Studien geführt werden [9, 11]. Dieser Nachweis ist mit erheblichem Forschungsaufwand verbunden, ist jedoch notwendig, um das Vertrauen der Verbraucher in Lebensmittel mit funktionellen Eigenschaften zu rechtfertigen.

3.4.4.2 Unerwünschte Eigenschaften

Neben den gewünschten Eigenschaften können die Starterkulturorganismen prinzipiell auch unerwünschte Eigenschaften aufweisen. Bei der Selektion geeigneter Starterkulturen sollte daher darauf geachtet werden, dass diese Eigenschaften nicht vorhanden sind, oder aber unter den zur Anwendung kommenden Bedingungen nicht exprimiert werden.

Bildung von biogenen Aminen. Biogene Amine haben vasoaktive Eigenschaften und können u. a. zu Histaminvergiftung und Migräne führen, insbesondere in Verbindung mit Aminooxidase-hemmenden Arzneimitteln oder Alkohol. Fermentierte Fleischwaren gelten als signifikante Quelle biogener Amine. Die Konzentration biogener Amine in Rohwürsten und Rohpökelwaren weist starke Schwankungen auf und reicht von < 10 mg kg^{-1} (nicht nachweisbar) bis zu > 500 mg kg^{-1} [48]. Mit Ausnahme von Spermidin und Spermin, die bereits in frischem Fleisch in signifikanten Konzentrationen vorhanden sind, sind erhöhte Mengen an biogenen Aminen in fermentierten Fleischwaren auf die mikrobielle Decarboxylierung von Aminosäuren zurückzuführen. Die wichtigsten Amine in Rohwürsten sind Histamin, Tyramin, Trypamin und Phenylethylamin. Putrescin und Cadaverin können ebenfalls gebildet werden und die Effekte der vorher genannten Amine verstärken. Bei der Bildung biogener Amine in Fleischwaren sind vor allem Pseudomonaden, Enterobakterien und Enterokokken beteiligt. Zudem sind Laktobazillen, Pediokokken, Staphylokokken und *K. varians* stammspezifisch zur Bildung biogener Amine befähigt [48, 49, 50]. *L. sakei, L. pentosus* und *L. plantarum* gelten allgemein als nicht problematisch, während hingegen bei *L. curvatus* ein erheblicher Anteil der Stämme biogene Amine, v.a. Tyramin bildet. Voraussetzung für fermentierte Fleischwaren mit geringen Konzentrationen biogener Amine ist die Verwendung von Rohware mit geringem Ausgangsgehalt und niedriger Keimbelastung. Starterkulturen sollten kein Potenzial zur Bildung biogener Amine haben, durch schnelle Säuerung das Wachstum und den Stoffwechsel von Pseudomonaden und Enterobakterien hemmen und aufgrund ihres Durchsetzungsvermögens die Bildung biogener Amine durch eine Kontaminationsflora aus Laktobazillen oder Enterokokken verhindern.

Bildung von anderen Säuren außer Milchsäure. Milchsäure ergibt im fertigen Produkt eine rein säuerliche, milde Geschmacksnote. Andere Säuren hingegen, wie z.B. Essigsäure, Ameisensäure oder Bernsteinsäure verleihen dem Produkt eine kratzige, beißige Säurenote. Diese Säuren können als Stoffwechselendprodukte auftreten, wenn z.B. GdL (Glucono-delta-Lacton) als Säuerungsmittel verwendet wird und dieses von Mikroorganismen zu Milchsäure und Essigsäure abgebaut wird [51]. Bei der Auswahl von Starterkulturen sollte deshalb darauf geachtet werden, dass GdL nicht oder nur gering verwertet wird.

Homofermentative Milchsäurebakterien können Pyruvat durch das Enzym Pyruvat-Formiat-Lyase in Ameisensäure und Essigsäure spalten. Dieser Stoffwechselweg kann unter anaeroben Verhältnissen, bei geringen Zuckermengen und bei neutralem pH mengenmäßig bedeutsam sein [52]. Die Pyruvat-Formiat Lyase wird durch Nitrat bzw. Nitrit, höhere Glukosekonzentrationen und pH-Werte unter pH 5,8 gehemmt. Problematisch sind demnach Produkte, die mit geringen Zuckermengen bei gleichzeitig reduzierter Nitrit-/Nitratzugabe hergestellt werden. Hier müssen Starterkulturen verwendet werden, die nur ein geringes Potenzial zur Bildung von Formiat und Acetat haben.

Bildung von Mykotoxinen. Schimmelpilzstarterkulturen sollten, wie schon erwähnt, keine Mykotoxine bilden und kein pathogenes Potenzial haben. Bedingt verwendbar können solche Stämme sein, die zwar auf künstlichen Substraten, jedoch nicht in den jeweiligen Fleischwaren Mykotoxine bilden können.

3.4.4.3 Zusammenfassung der Selektionskriterien

In Tabelle 3.4.4 sind die Selektionskriterien für Starterkulturen für die Fleischindustrie zusammengefasst.

3.4.5 Bakteriophagen

Sowohl bei *S. carnosus* als auch bei verschiedenen Starter-Laktobazillen konnten temperente Phagen nachgewiesen werden [53]. In dem Substrat Rohwurst wirkt jedoch die feste Matrix mit der damit verbundenen verminderten Diffusionsmöglichkeit der Vermehrung von Phagen entgegen. Dennoch sollte bei der Selektion neuer Starterkulturen die Abwesenheit temperenter Phagen getestet werden, um die Möglichkeit auszuschließen, dass aufgrund induzierter Lyse ein Überwachsen der Starterkultur durch die originäre Flora erfolgt [54].

3.4.6 Genetik

Das Verständnis der Genetik von Starterkulturorganismen kann dazu dienen, den hygienischen und nutritiven Wert fermentierter Lebensmittel zu erhöhen. Auf Basis der Kenntnis des genetischen Potenzials von Starterorganismen sowie der Regulation ihres Stoffwechsels unter den Bedingungen von Lebensmittelfermentationen können diejenigen Stoffwechselleistungen identifiziert werden, die für die Qualität fermen-

Tab. 3.4.4. Selektionskriterien für Starterkulturen für die Fleischwirtschaft

Merkmal	Milchsäure-bakterien	Staphylo-kokken/ *Kocuria*	Hefen	Schimmelpilze
Konkurrenzfähigkeit	+++	++	++	+++
Säuretoleranz	++	++	-	-
Salztoleranz	++	+++	++	++
Nitratreduktion	-	+++	-	-
Katalaseaktivität	++	+++	+	+
Protease- und Lipaseaktivität	+	+	+	++
H_2O_2-Bildung	bedingt tolerierbar	-	-	-
Aromabildung	++	++	++	++
Säuerungsgeschwindigkeit	+++	-	-	-
Bildung antagonistischer Substanzen	++	-	-	++
Kompatibilität mit anderen Starterorganismen	++	++	+	+
Präparierbarkeit	++	++	++	++
Lagerfähigkeit im Endprodukt	++	++	++	++
Bildung von Exopolysacchariden	neg.	-	-	-
Bildung biogener Amine	neg.	-	-	-
Mykotoxinbildung	-	-	-	neg.
Probiotische Eigenschaften	+++[a)]	-	-	-

+++ sehr wichtig; ++ wichtig +; +, von geringerer Bedeutung - bei diesen Organismen nicht beschrieben bzw. ohne Bedeutung; neg. nicht tolerierbar.

[a)] Der Nachweis spezifischer probiotischer Eigenschaften ist für diejenigen Stämme notwendig, die als Probiotika deklariert werden.

tierter Fleischprodukte (sensorische Qualität, hygienische Sicherheit) relevant sind. Nachfolgend können geeignete Stämme gezielt ausgewählt und die Expression erwünschter Stoffwechselleistungen während der Fermentation verbessert werden. Zudem sind bei derzeitigem Stand des Wissens molekularbiologische Methoden erforderlich, um potenzielle Starterorganismen taxonomisch einzuordnen, kommerziell eingesetzte Organismen auf Stammebene eindeutig zu identifizieren und bei der Herstellung von Starterkulturen die Abwesenheit von Kontaminationen sicherzustellen.

Die Kenntnis der genetischen Grundlagen der Milchsäurebakterien zum Einsatz in Fleischprodukten war im Vergleich zu *Lactococcus lactis*, dem wichtigsten Starterorganismus in Milchfermentationen, lange Zeit relativ gering. Die vollständige Genomsequenz von *Lactococcus lactis* wurde 1999 vorgestellt, nachfolgend wurden bis heute mehrere Genome der Laktobazillen, darunter das Genom von *L. plantarum* vollständig sequenziert [55]. In absehbarer Zukunft werden Genomsequenzen für *L. sakei* und *S. carnosus* ebenfalls zur Verfügung stehen [56, 57], der Kenntnisstand zur Genetik von *Kocuria* ist jedoch vergleichbar gering. Das molekularbiologische Werkzeug zur Nutzung der Genomsequenzen, d.h. Methoden zur Überexpression bestimmter Gene, zur heterologen Genexpression (Gen nicht aus Empfänger-Stamm oder -Gattung isoliert) sowie zur Deletion vorhandener Gene ist für Laktobazillen und Staphylokokken ebenfalls vorhanden [13, 21].

Starterkulturen können damit durch genetische Modifikation gezielt verbessert werden. Beispiele aus dem Fleischbereich sind die Expression von Katalase in *L. curvatus* [58] oder die Expression von Lysostaphin in *L. curvatus* und *L. sakei* zur Eliminierung von *S. aureus* in Fleischwaren [59]. Eine Akzeptanz gentechnisch veränderter Starterorganismen bei dem Verbraucher wird jedoch trotz der Bemühungen um „food grade" Klonierungssysteme in naher Zukunft kaum zu erreichen sein [60].

Auch Schimmelpilze sind gentechnischen Methoden zugänglich [61, 62]. So konnte z.B. für *P. nalgiovense* eine Methode entwickelt werden, die die Übertragung heterologer Gene ermöglicht. Mit dieser Methode konnte das Lysostaphin-Gen von *S. staphylolyticus* in *P. nalgiovense* übertragen werden [61].

3.4.7 Herstellung der Starterkulturpräparate

Die Herstellung (Züchtung) von Starterkulturen erfolgt prinzipiell bei allen Organismen außer Schimmelpilzen gleich und ist in Abbildung 3.4.2 schematisch [63] dargestellt.

Ausgehend von mehreren Einzelkolonien bzw. standardisiertem Impfmaterial werden im Labor 100 - 300 ml Impfsuspension hergestellt. Diese dient zur Beimpfung des ersten Produktionsfermenters (30-100l). Ist in diesem die optimale Wachstumsphase erreicht, wird hiermit der (die) Produktionsfermenter beimpft. Nach Beendigung der Züchtung erfolgt die Ernte der Zellen mittels Separatoren. Das gewonnene Konzentrat kann entweder zu Bakterienfeuchtmasse oder Lyophilisat weiterverarbeitet werden. Zur Herstellung von Bakterienfeuchtmasse wird das Zentrifugat gegebenenfalls noch mit sterilem Leitungswasser oder Zentrifugat verdünnt, in Dosen abgefüllt und bis zur Verwendung bei dem Kunden bei -18 - -40 °C gelagert. Zur Herstellung von Lyophilisat wird das Zentrifugat nach Zusatz von geeigneten Gefrierschutzmitteln gefroren und gefriergetrocknet. Anschließend erfolgt die Vermahlung der getrockneten Mikroorganismen. Die gemahlenen Mikroorganismen werden dann mit einem Trägerstoff (in der Regel Laktose) vermischt. Die Dosierung für Milchsäurebakterien und Staphylokokken/*K. varians* wird so gewählt, dass etwa 3 - 5 x 10^6 Keime/g

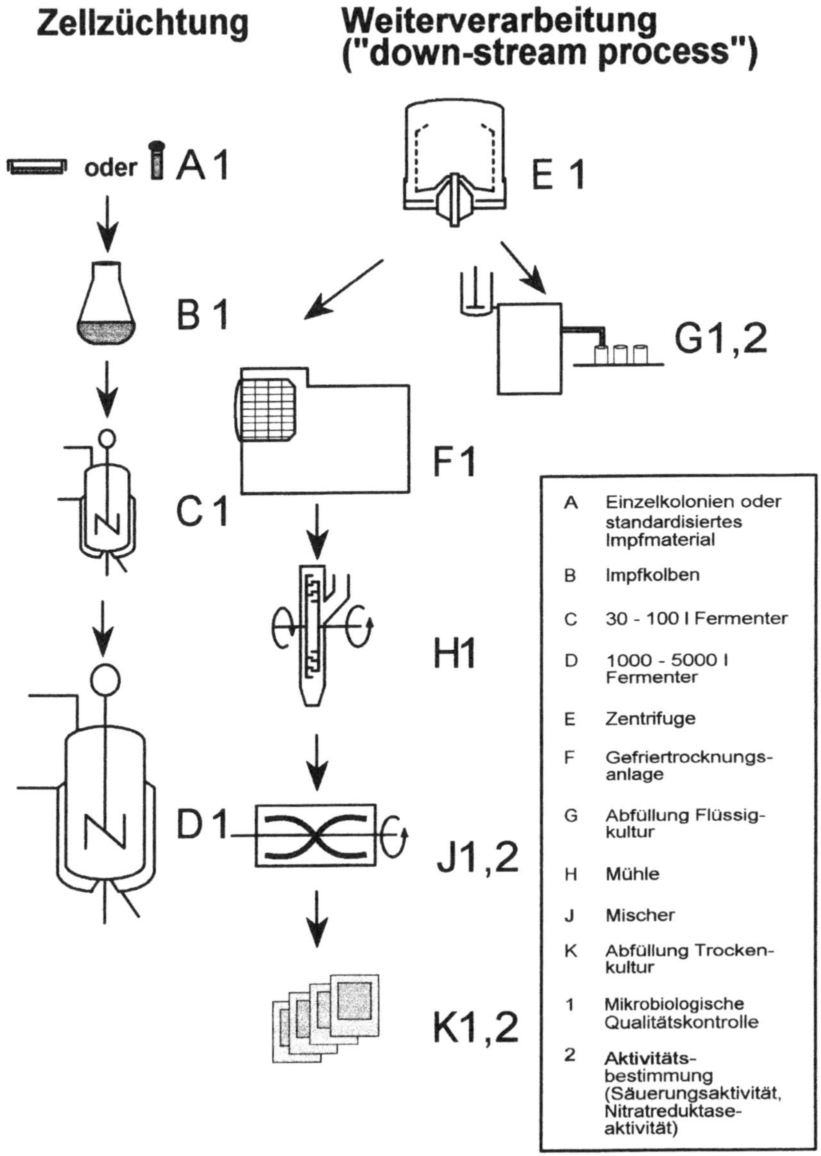

Abb. 3.4.2 Industrielle Herstellung von Starterkulturen [63]

Rohwurstmasse resultieren. Nach der abschließenden Abpackung werden die Produkte bis zur Verwendung beim Kunden bei ≤ -18 °C gelagert. Unterschiede bei den verschiedenen Mikroorganismen ergeben sich lediglich durch die Fermentationsbedingungen wie Nährsubstratzusammensetzung, aerobes/anaerobes Milieu und Erntezeitpunkt, die für jeden Stamm optimiert werden müssen. Zudem können während oder nach der Fermentation die Starterkulturen stammspezifisch adaptiert werden, um bessere Ausbeuten bei der Präparation zu erzielen oder die Expression erwünschter Eigenschaften bei der Anwendung der Kulturen zu fördern.

Die gesamte Herstellung unterliegt einer mikrobiologischen Kontrolle, um die Identität und Reinheit des produzierten Mikroorganismus zu gewährleisten. So erfolgt die Überprüfung der Stämme auf Identität mittels makroskopischer Beurteilung der Koloniemorphologie, mikroskopischer Beurteilung der Zellform und auf Basis molekularbiologischer Methoden zur Stammdifferenzierung. Insbesondere bei der Herstellung von Staphylokokken muss gewährleistet sein, dass die Präparation frei von *S. aureus* ist. Der selektive Nachweis von *S. aureus* in Präparationen von *S. carnosus* oder *K. varians* kann mittels selektiver Anreicherung und speziesspezifischer PCR bei einem Detektionslimit von 10^0 KbE *S. aureus* innerhalb von 10^{10} KbE *S. carnosus* geführt werden [64].

Die Herstellung von Schimmelpilzstarterkulturpräparaten erfolgt über Anzucht der Schimmelpilzstämme auf halbfesten bzw. festen Nährsubstraten. Nach Versporung werden die Sporen und Teile des Pilzmyzels geerntet und in eine wässrige Suspension überführt. In dieser erfolgt dann eine Homogenisierung (z.B. mittels eines Ultra-Turrax-Gerätes). Die erhaltene Sporensuspension kann dann entweder nach Standardisierung als Flüssigkultur (Kühllagerung bei 4 °C), oder nach Lyophilsation und Vermischung mit dem Trägerstoff Kochsalz als Trockenkultur verwendet werden.

3.4.8 Ausblick

Die Anwendung von Starterkulturen bei der Herstellung von Rohwurst ist heute Stand der Technik. Auf dem Markt befindet sich eine Vielzahl verschiedener Kulturen, mit denen die unterschiedlichen Erwartungen der Hersteller hinsichtlich technologischer Eigenschaften, aber auch hinsichtlich des Aromas erfüllt werden. Die Entwicklung neuer Technologien, neuer Rezepturen und der Wunsch nach unterscheidbaren Aromaprofilen bedingen insbesondere im Falle von Rohschinken, dass auch neue Kulturen entwickelt werden, die diesen Anforderungen gerecht werden.

Die gegenwärtig verfügbaren genetischen Werkzeuge ermöglichen gezielte experimentelle Strategien, um die Bedeutung einzelner Stoffwechselleistungen für die Qualität fermentierter Fleischprodukte sowie die Präparierbarkeit von Starterorganismen zu verstehen. Eine geschlossene Beweiskette „vom Gen zur Produktqualität“ ermöglicht die Auswahl geeigneter Starterkulturen aus einer großen Anzahl von Stämmen mittels einfacher genetischer Tests. Genetische Screeningmethoden können automatisiert und miniaturisiert werden und erlauben daher einen weit größeren Durchsatz an Stämmen als Praxistests im Technikumsmaßstab. Dadurch kann die Vielfalt natürlicher Isolate zur Herstellung fermentierter Fleischprodukte voll ausgenutzt werden. Zukünftig können damit individuelle Beratung und speziell auf einzelne Kunden zugeschnittene Starterkulturpräparate immer mehr in den Vordergrund treten.

Dank

Dieses Kapitel wurde auf Basis des von H. KNAUF für die 1. Auflage bearbeiteten Kapitels „Starterkulturen für fermentierte Fleischerzeugnisse“ geschrieben. RUDI F. VOGEL sei Dank für kritische Anmerkungen zum Manuskript.

Literatur

[1] LIEPE, H.-U.: Starter cultures in meat production. In: Rehm, H.-J., Reed, G. (Hrsg.): Biotechnology, Vol. 5, Verlag Chemie, Weinheim, 1983, S. 399-424.

[2] SCHLAFMANN, K., MEUSBURGER, A.P., HAMMES, W.P., BRAUN, C., FISCHER, A., HERTEL, C.: Starter cultures to improve the quality of raw ham. Fleischwirtsch. **82** (2002), 108-114.

[3] LIEPE, H.-U.: Starterkulturen für die Lebensmitteltechnologie. Ernährungswirtschaft/Lebensmitteltechnik (1978) H. 4, S. 26-30.

[4] BIJKER, P.G.H., URLINGS, H. A. P.: Effect of feeding fermented meat byproducts on the gut flora of some carnivores. In: Les bactÈries lactiques. Centre de Publications de L'Université de Caen (1992), 189.

[5] LAHTI, E., JOHANSSON, T., HONKANEN-BUZALSKI, T., HILL, P., NURMI, E.: Survival and detection of *Escherichia coli* O157:H7 and *Listeria monocytogenes* during the manufacture of dry sausage using two different starter cultures. Food Microbiol. **18** (2001), 75-85.

[6] HOLZAPFEL, W.H., GEISEN, R., SCHILLINGER, U.: Biological preservation of foods with reference to protective culture, bacteriocins and food-grade enzymes. Int. J. Food Microbiol. **24** (1995), 343-362.

[7] BREDHOLT, S., NESBAKKEN, T., HOLCK, A.: Industrial application of an antilisterial strain of *Lactobacillus sakei* as a protective culture and its effect on the sensory acceptability of cooked, sliced, vacuum-packaged meats. Int. J. Food Microbiol. **66** (2001), 191-196.

[8] OUWEHAND, A.C., SALMINEN, S., ISOLAURI, E.: Probiotics: an overview of beneficial effects. Antonie van Leeuwenhoek **82** (2002), 279-289.

[9] HAMMES, W.P., HALLER, D.: Wie sinnvoll ist die Anwendung von Probiotika in Fleischwaren? Fleischwirtsch. **78** (1998), 301-306.

[10] HAMMES, W.P., HALLER, D., GÄNZLE, M.G.: Fermented meat. in: Farnworth, E.R. (Hrsg.). Handbook of fermented functional foods, CRC Press, Boca Raton 2003, S. 251-275.

[11] TANNOCK, G.W.: Probiotics: time for a dose of realism. Curr. Issues Intest. Microbiol. **4** (2003), 33-42.

[12] NAIDU, A.S., BIDLACK, W.R., CLEMENS, R.A.: Probiotic spectra of lactic acid bacteria (LAB). Crit. Rev. Food Sci. Nutr. **38** (1999), 13-126.

[13] HAMMES, W.P., HERTEL, C.: New developments in meat starter cultures. Meat Sci. **49** (1998), S125-S138.

[14] NIINIVAARA, F.P.: Starter cultures in the processing of meat by fermentation and dehydration. Vortrag anläßlich der Verleihung des „International Award of the American Meat Science Association“ (1991).

[15] SCHLEIFER, K.-H., FISCHER, U.: Description of a new species of the genus *Staphylococcus: Staphylococcus carnosus*. Int. J. Syst. Bacteriol. **32** (1982), 153-156.

[16] GEMMELL, C.G.: *Staphylococcus* - new features 100 years after its discovery. J. Infect. **4** (1982), 5-15.

[17] HAMMES, W. P., BANTLEON, A., Min, S.: Lactic acid bacteria in meat fermentation. FEMS Microbiol. Rev. **87** (1990), 165-174.

[18] NIVEN, C.F., DEIBEL, R.H., WILSON, G.D.: The use of pure culture starters in the manufacture of summer sausages. Am. Meeting Amer. Meat. Inst. (1955), S 5.

[19] NURMI, E.: Effect of bacterial inoculations on characteristics and microbial flora of dry sausages. Acta Agralica Fennica **108** (1966), 7-73.

[20] REUTER, G.: Laktobazillen und eng verwandte Mikroorganismen in Fleisch und Fleischerzeugnissen. Fleischwirtsch. **50** (1970), 954 - 962.

[21] Champompier-VergËs, M.C., Chaillou, S., Cornet, M., Zarogec, M.: *Lactobacillus sakei*: recent developments and future prospects. Res. Microbiol. **152** (2001), 839-848.

[22] HUNGER, W.: Verwendung einer *Halomonas elongata* enthaltenden Starterkultur-Mischung bei der Schinkenreifung. DBP, C 12 N, 1/20. PS 4 035 836 (1992).

[23] DAL BELLO, F., WALTER, J., HAMMES, W.P., HERTEL, C.: Increased complexity of the species composition of lactic acid bacteria in human feces revealed by alternative incubation condition. Microb. Ecol. **45** (2003), 455-463.

[24] ROSSMANITH, F., LEISTNER, L.: Hefen als Starterkulturen für Rohwürste. Mitteilungsblatt der BAFF Nr. **38** (1972), 1705-1709.

[25] LEISTNER, L.: Schimmelpilz-gereifte Lebensmittel. Fleischwirtsch., **66** (1986), 168-173.

[26] Rödel, W., Stiebing, A., Kröckel, L.: Reifeparameter für traditionelle Rohwurst mit Schimmelbelag. Fleischwirtsch. **73** (1992), 1375 - 1385.

[27] Leistner, L., Ayres, J.C.: Schimmelpilze und Fleischwaren. Fleischwirtsch. **47** (1967), 1320-1325.

[28] Cook, P.E.: Fungal ripened meats and meat products. In: Campbell Platt, G., Cook, P.E. (Hrsg). Fermented meats. Chapman and Hall, London 1995, S. 110-129

[29] Weidenbörner, M.: Lebensmittel-Mykologie. Behr's Verlag, Hamburg 1998.

[30] Leistner, L.: Toxinogenic Penicillia occuring in feeds and foods: a review. Food Technol. Aust. **36** (1984), 404-406, 413.

[31] Mintzlaff, H.-J., Leistner, L.: Untersuchungen zur Selektion eines technologisch geeigneten und toxikologisch unbedenklichen Schimmelpilzstammes für die Rohwurstherstellung. Zbl. Vet.-Med. B. **19** (1972), 291-300.

[32] Hwang, H.-J., Vogel, R.F., Hammes, W.P.: Entwicklung von Schimmelpilzkulturen für die Rohwurstherstellung. Technologische Eignung der Stämme und sensorische Bewertung der Produkte. Fleischwirtsch. **73** (1993), 327-332.

[33] Doßmann, M.U., Vogel, R.F., Hammes, W.P.: Mathematical description of the growth of *Lactobacillus sake* and *Lactobacillus pentosus* under conditions prevailing in fermented sausages. Appl. Microbiol. Biotechnol. **46** (1996), 334-339.

[34] Doßmann, M.U., Klostermaier, P., Vogel, R.F., Hammes, W.P.: Einfluss ökologischer Faktoren auf die Wettbewerbskraft von *L. pentosus* und *L. sakei.* Fleischwirtsch. **78** (1998), 905-908.

[35] Rödel, W., Scheuer, R., Stiebing, A., Klettner, P.-G.: Messung des Sauerstoffgehaltes in Fleischerzeugnissen. Fleischwirtsch. **72** (1992), 966-970.

[36] Dainty, R., Blom, H.: Flavour chemistry of fermented sausages. In: Campbell-Platt, G., Cook, P.E.: Fermented meats. Chapman and Hall London 1995, S. 176-193.

[37] Montel, M.C., Masson, F., Talon, R.: Bacterial role in flavour development. Meat Sci. **49** (1998), S111-S123.

[38] Ordonez, J.A., Hierro, E.M., Bruna, J.M., de la Hoz, L.: Changes in the components of dry-fermented sausages during ripening. Crit. Rev. Food Sci. Nutr. **39** (1999), 329-367.

[39] Toldr·, F., Flores, M.: The role of muscle proteases and lipases in flavor development during the processing of dry-cured ham. Crit. Rev. Food Sci Nutr. **38** (1998), 331-352.

[40] Schmidt, S., Berger, R.G.: Aroma compounds in fermented sausages of different origins. Lebensm. Wiss. u. Technol. **31** (1998), 559-567.

[41] McAuliffe, O., Ross, R.P., Hill, C.: Lantibiotics: structure, biosynthesis and mode of action. FEMS Microbiol. Rev. **25** (2001), 285-308.

[42] Ennahar, S., Sashihara, T., Sonomoto, K., Ishizaki, A.: Class IIa bacteriocins: biosynthesis, structure and activity. FEMS Microbiol. Rev. **24** (2000), 85-106.

[43] STILES, M.E.: Biopreservation by lactic acid bacteria. Antonie van Leeuwenhoek **70** (1996), 331-345.

[44] Hugas, M.: Bacteriocinogenic lactic acid bacteria for the biopreservation of meat and meat products. Meat Sci. **49** (1998), S139-S150.

[45] SCHILLINGER, U., LÜCKE, K.-F.: Antibacterial activity of *Lactobacillus sake* isolated from meat. Appl. Environ. Microbiol. **55** (1989), 1901-1906.

[46] TICHACZEK, P.S., VOGEL, R.F., HAMMES, W.P.: Cloning and sequencing of curA encoding curvacin A, the bacteriocin produced by *Lactobacillus curvatus* LTH1174. Arch. Microbiol. **160** (1993), 279-283.

[47] HUGAS, M., NEUMEYER, B., PAGÈS, F., GARRIGA, M., HAMMES, W.P.: Die antimikrobielle Wirkung von Bakteriozin bildenden Kulturen in Fleischwaren. 2. Vergleich des Effektes unterschiedlicher Bakteriozin bildender Laktobazillen auf Listerien in Rohwurst. Fleischwirtsch. **76** (1996), 649-652.

[48] SUZZI, G., GARDINI, F.: Biogenic amines in dry fermented sausages: a review. Int. J. Food Microbiol. **88** (2003), 41-54.

[49] STRAUB, B.W., KICHERER, M., SCHILCHER, S.M., HAMMES, W.P.: The formation of biogenic amines by fermentation organisms. Z. Lebensm. Unters. Forsch. **201** (1995), 79-82.

[50] MAIJALA, R., EEROLA, S.: Contaminant lactic acid bacteria of dry sausages produce histamine and tyramine. Meat Sci. **35** (1993), 387-395.

[51] KNEIßLER, A., BANTLEON, A., KUHNIMHOF, B., FISCHER, A., HAMMES, W. P.: Die wechselweise Beeinflussung von Glucono-delta-Lacton (GdL) und Starterkulturen bei der Rohwurstreifung. Chem. Mikrobiol. Technol. Lebensm. **10** (1986), 82 - 85.

[52] CSELOVSZKY, J., WOLF, G., HAMMES W.P.: Production of formate, acetate, and succinate by anaerobic fermentation of *Lactobacillus pentosus* in the presence of citrate. Appl. Microbiol. Biotechnol. **37** (1992), 94 - 97.

[53] BRUTTIN, A., MARCHESINI, B, MORETON, R.S., SOZZI, T.: *Staphylococcus carnosus* bacteriophages isolated from salami factories in Germany and Spain. J. Appl. Bacteriol. **73** (1992), 401-406.

[54] MARCHESINI, B., GAIER, W., MORETON, R.: Bacteriophages in fermented meat products. 38th Int. Congress Meat Sci. Technol. (1992), Clermont-Ferrand, France, S. 803-805.

[55] KLAENHAMMER. T., ALTERMANN, E., ARIGONI, F., BOLOTIN, A., BREIDT, F., BROADBENT, J., CANO, R., CHAILLOU, S., DEUTSCHER, J., GASSON, M., VAN DE GUCHTE, M., GUZZO, J., HARTKE, A., HAWKINS, T., HOLS, P., HUTKINS, R., KLEEREBEZEM, M., KOK, J., KUIPERS, O., LUBBERS, M., MAGUIN, E., MCKAY, L., MILLS, D., NAUTA, A., OVERBEEK, R., PEL, H., PRIDMORE, D., SAIER, M., VAN SINDEREN, D., SOROKIN, A., STEELE, J., O'SULLIVAN, D., DE VOS, W., WEIMER, B., ZAGOREC, M., SIEZEN, R.: Discovering lactic acid bacteria by genomics. Antonie van Leeuwenhoek **82** (2002), 29-58.

[56] DUDEZ, A.M., CHAILLOU, S., HISSLER, L., SENTZ, R., Campomier-Vergés, M.C., Alperts, C.A., Zagorec, M.: Physical and genetic map of the *Lactobacillus sakei* 23K chromosome. Microbiol. **148** (2002), 421-431.

[57] WAGNER, E., DOSKAR, J., GÖTZ, F.: Physical and genetic map of the genome of *Staphylococcus carnosus* TM300. Microbiol. **144** (1998), 509-517.

[58] HERTEL, C., SCHMIDT, G., FISCHER, M., OELLERS, K., HAMMES, W.P.: Oxygen-dependent regulation of the expression of the catalse gene *katA* of *Lactobacillus sakei* LTH677. Appl. Environ. Microbiol. **64** (1998), 1359-1365.

[59] CAVADINI, C., HERTEL, C., HAMMES, W.P.: Application of lysostaphin-producing lactobacilli to control staphylococcal food poisoning in meat products. J. Food. Prot. **61** (1998), 419-424.

[60] KONDO, J.K., JOHANSEN, E.: Product development strategies for foods in the era of molecular biotechnology. Antonie van Leeuwenhoek **82** (2002), 294-302.

[61] GEISEN, R., STÄNDNER, L., LEISTNER, L.: New mould starter cultures by genetic modification. Food Biotechnol. **4** (1990), 497-504.

[62] GEISEN, R.: Inhibition of food-related pathogenic bacteria by god-transformed Penicillium nalgiovense strains. J. Food. Prot. **62** (1999), 940-943.

[63] KNAUF, H.: Starterkulturen für die Herstellung von Rohwurst und Rohschinken. Fleischerei-Technik **10** (1994), 22-27.

[64] STRAUB, J.A., HERTEL, C., HAMMES, W.P.: A 23S rDNA-targetet PCR-based system for detection of *Staphylococcus aureus* in meat starter cultures and dairy products. J. Food Prot. **62** (1999), 1150-1156.

3.5 Mikrobiologie erhitzter Erzeugnisse

R. FRIES

3.5.1 Brühwursterzeugnisse

3.5.1.1 Begriffsbestimmung und Systematik

Brühwürste sind durch Brühen, Backen, Braten oder auf andere Weise hitzebehandelte Wurstwaren, bei denen zerkleinertes rohes Fleisch mit Kochsalz und gegebenenfalls anderen technologisch notwendigen Salzen meist unter Zusatz von Trinkwasser (oder Eis) ganz oder teilweise aufgeschlossen wurde und deren Muskeleiweiß bei der Hitzebehandlung mehr oder weniger zusammenhängend koaguliert ist, so dass die Erzeugnisse bei etwaigem erneutem Erhitzen schnittfest bleiben [9].

Herstellungstechnisch wird unterschieden zwischen grauer (nicht gepökelter) und der roten, gepökelten Ware.

3.5.1.2 Technologie

3.5.1.2.1 Zutaten

Das zur Herstellung eingesetzte Fleisch soll Schnittfestigkeit bewirken und das zugesetzte Wasser halten („Bindigkeit"). Dem entspricht das Fleisch junger Tiere, vor allem Fleisch aus Vordervierteln. Bindegewebsreiche Fettgewebe fördern die Erhaltung einer stabilen Emulsion. Gesättigte Fettsäuren, wie sie in festem Fettgewebe auftreten, verhindern eine zu schnelle Verflüssigung des Fettes. Wasser dient als Quell- und Lösungsmittel für die Eiweiße von Muskulatur und Bindegewebe. Anstelle von Trinkwasser kann auch in beschränktem Maße Blutplasma oder Blutserum zugesetzt werden. Auch Milch kann in eingeschränktem Umfang zugesetzt werden. Als Umhüllungen werden neben synthetischen Hüllen, Gläsern und Dosen auch Oesophagus, Dünn- und Dickdarmabschnitte von Rind, Schwein und Schaf verwendet.

Für die Tierarten Rind und Schaf muss die geografische Herkunft der Hüllen (Därme) unter dem Gesichtspunkt der TSE (risikofreie Regionen) beachtet werden.

3.5.1.2.2 Herstellungsgang

Durch „Vorsalzen" der Muskulatur (zerkleinertes, grob vorgewolftes Magerfleisch bei Temperaturen zwischen 0 und 2 °C) kommt es zur Extraktion des fibrillären Eiweißes [67].

Kuttern führt zur Wärmeentwicklung im Brät. Die Zugabe von Trinkwasser in Form von Eis fängt die Wärme ab, die Endtemperatur des Brätes soll 13 °C nicht überschreiten [31].

Nach Abfüllung des Brätes in die Hülle erfolgt sofort die Stabilisierung durch Hitzedenaturierung. Je nach Produkt wird bei 70-80 °C über 20 Minuten bis 2 Stunden gegart, angestrebt werden Kerntemperaturen über 72 °C bis zur gleichmäßigen Koagulation des Brätes. Die Gerinnung bewirkt die erwünschte Biss- und Schnittfestigkeit sowie die prallelastische Konsistenz des Erzeugnisses. Die (ggf. produkttypische) Umrötung infolge des Zusatzes von Pökelstoffen wird durch die Hitze beschleunigt.

Faustzahlenmäßig besteht die Rezeptur aus 50 % Fleisch, 30 % Fettgewebe und 20 % Wasser.

Endprodukt und Lagerung

Zur Verpackung von Brühwursterzeugnissen werden Verbundfolien eingesetzt. Die Sauerstoffdurchlässigkeit (cm^3/m^2/Tag) liegt zwischen 0,1 (Polyvinylalkohol/Polyethylen, beidseitig beschichtet mit Polyvinylidenchlorid) und 30-50 (Polyamid/Polyethylen) [61]. Mit zunehmender Stärke nimmt die Sauerstoffdurchlässigkeit der Folie ab [54].

3.5.1.3 Mikrobiologische Sukzessionen

3.5.1.3.1 Ausgangsstoffe

Auf den Hälften geschlachteter Rinder fanden sich nach Untersuchungen an Jungbullen [60] primär Mikrokokken und Pseudomonaden, erst in untergeordneter Rangfolge Hefen, Laktobazillen, Enterobakteriazeen und Enterokokken. Die Belastungen schwanken erfahrungsgemäß stark je nach Betrieb [23, 18]. In einer Entscheidung der EU-Kommission von 2001 [10] wurde nunmehr eine Obergrenze für die Gesamtkeimzahl von lg $5{,}0/m^2$ festgelegt (nutzungsgruppenunabhängig).

Beim Fettgewebe beruhen Veränderungen vor allem auf chemischen Prozessen, Lipolyten spielen im Fettverderb eine eher untergeordnete Rolle. Die GKZ von Fettgewebeoberflächen hängt von der Vorbehandlung ab: in frisch gewonnenem Fettgewebe (1 h p. m.) von Schwein und Rind wurden GKZ-Werte zwischen lg 3 und 4 gefunden [41]; der größere Teil hiervon besaß lipolytische Eigenschaften. Taxonomisch ist zu rechnen mit *Pseudomonas, Bacillus, Staphylococcus*, Schimmelpilzen und Hefen.

Bei der Wasserzugabe ist Trinkwasserbeschaffenheit vorauszusetzen. Die Trinkwasser-Verordnung [63] schreibt für Trinkwasser für den allgemeinen Gebrauch vor:

- Grenzwerte:	Coliforme Bakterien	: in 100 ml: negativ
	E. coli	: in 100 ml: negativ
	Enterokokken	: in 100 ml: negativ

Gewürze: verwendet werden unter anderem Pfeffer, Macisblüte, Senfkörner und Kardamom. Auf Gewürzen [29] treten vor allem grampositive Keime auf (aerobe Sporenbildner und *Micrococcaceae*), auch Coliforme wurden nachgewiesen [19]. Weitere Daten finden sich in Tab. 3.5.1.

Auch Mykotoxine konnten nachgewiesen werden: in Muskatnuss und Cayenne-Pfeffer unter anderem Aflatoxin B_1. Dies entsprach auch den Ergebnissen der dort aufgeführten Literatur [35].

Für Gewürze hat die DGHM [7] 1988 für *Salmonella, St. aureus, B. cereus, E. coli*, sulfitreduzierende Clostridien und Schimmelpilze Richt- und Warnwerte aufgestellt. Danach liegen die Richtwerte pro Gramm bei lg 4, für St. Aureus bei lg 2 und für Schimmelpilze bei lg 5; Salmonellen dürfen in 25 g nicht nachweisbar sein.

Der Zusatz von Kochsalz (ca. 2 %) stabilisiert das Brät zwar, dürfte jedoch ohne größere mikrobiologische Effekte bleiben. In den verwendeten Mengen senkt Kochsalz den a_w nur geringfügig ab: einer Konzentration von 1,74 % NaCl entspricht ein a_w-Wert von 0,99, einer NaCl-Lösung von 3,43 % ein a_w-Wert von 0,98 [47].

Tab. 3.5.1 Bakteriologische Daten von Gewürzen

Pfeffer	zwischen $x_{(0,5)} = 9 \times 10^4$ (grün) und $x_{(0,5)} = 3 \times 10^7$ (schwarz)	[19]
Gemahlener Paprika, Pfeffer (schwarz u. grün) Zimtrinde, Getrocknete Petersilie	$> 10^6$/g	[48]
Gewürzzubereitungen Gewürzaromen	75 % d. Proben: $> 10^5$/g 50 % d. Proben: 10^4-10^5/g	[48]

Der hygienische Status von Naturdärmen wird durch die in Anl. 2 a FIHV [16] vorgeschriebene Kühlung der Nebenprodukte (+3 °C) und die Salzung stabil gehalten. Der Status der Därme hängt stark von der Vorverarbeitung der Rohware ab. Mägen, Därme, Schlünde und Harnblasen müssen nach der Gewinnung sofort gründlich gereinigt werden (Kap. III, Nr. 2.8 der Anl. 2 FlHV). In frischem Zustand müssen sie bis zum Versand bei maximal 3 °C gelagert werden (Nr. 4.13.5 der Anl. 2 a FlHV).

Die DGHM hat im Jahre 2000 [8] für füllfertige Naturdärme Richt- und Normwerte publiziert: Aerobe Gesamtkeimzahl (10^5/g). Enterobacteriaceae (10^2/g), Salmonella (neg. in 25 g), Koagulase-positive Staphylokokken (10^2/g) und sulfitreduzierende Clostridien (10^2/g).

3.5.1.3.2 Herstellungsablauf

Der Gesamtkeimgehalt von Brühwurstbrät lag in schwedischen Untersuchungen bei lg 5 (lg 5,4, lg 4,9, lg 5,1) Brät [3]. Gefunden wurden (in selektiven Ansätzen) *Enterobacteriaceae*, *B. thermosphacta* und Milchsäurebakterien.

Der pH der Muskulatur im schwach sauren Bereich hat keine stabilisierenden Auswirkungen. Wegen ihrer pH-Wert steigernden Wirkung sind die zugelassenen Diphosphate auf einen pH von 7,3 (in einer 0,5-prozentigen Lösung) begrenzt. Die für Fleischerzeugnisse nicht zugelassenen Polyphosphate können den pH um weitere 0,3 Einheiten erhöhen [26].

Die bei der Verwendung von Trockenblutplasma vorgeschriebenen Kerntemperaturen von 80 °C (bei luftdicht verschlossenen Erzeugnissen, gilt auch für Leberwursterzeugnisse) sowie die angelegten Kerntemperaturen können im Sinne einer Pasteurisierung als sicher bezeichnet werden (Tab. 3.5.2) [15].

Nach dem Garen lag die GKZ um lg 2,8, lg 1,3-2,1 und lg 1,7-2,0 pro Gramm [3]. In

Tab. 3.5.2 Zeit-Temperatur-Kombinationen in der Pasteurisierung und D-Werte ausgewählter Keime [28, 30, 37]

Effektiver Hitzeeinfluss (Angaben in Anlehnung an die Milch-Verordnung)	D-Werte bei a_w = 0,99 und pH = 6,5-7,0		
		60 °C in min	70 °C in s
62-65 °C: 30-32 min	*Salmonella* spp.	0,1-2,3	0,2-0,3
72-75 °C: 15-30 s	*St. aureus*	0,8-10	0,1-1
	L. monocytogenes	1-3	0,9-5
	Enterococcus	3-37	120-300
	VTEC 0157:H7	1,8	

den anschließenden Stationen bis zum Verpacken änderte sich die Keimbelastung nicht mehr. Für adäquat erhitztes Brät werden Werte zwischen lg 0 und lg 3 angegeben [26].

In Untersuchungen nach dem Erhitzen wies Brät Werte auf um lg 1,7/g [2]. Bemerkenswert hier war der hohe Anteil an *Bacillus* und grampositiven unregelmäßigen Stäbchen.

Die Erhitzung tötet vegetative Zellen ausreichend sicher ab. Dies gilt nicht für Sporen: in Brühwurstbrät waren von ursprünglich 2,6 x 10^4/g bei einer Behandlung von 100 °C über 5 min (Kerntemperatur) noch 10^2 Bacillussporen/g enthalten [22].

L. monocytogenes (L.m.) müsste bei Zugrundelegung einer Kerntemperatur von 160 °F (72 °C) auszuschließen sein. [69] In gegarten Endprodukten (Brüh-, Kochwurst u. a.) wurden in 14,6 % (4,2 %) der Fälle noch *Listeria* spp. (L.m.) gefunden [40]. In anderen Untersuchungen fanden sich in 22 Proben keine L. m. mehr, dagegen in 0,6 % der Proben noch *Listeria* spp. [43].

Bei einer in ca. 70 Minuten erreichten Temperatur von 71 °C kann der Gehalt von L. m. um 3 logarithmische Stufen gesenkt werden [69]. Auf der Grundlage einer allgemein als niedrig eingeschätzten Besiedlung mit L.m. wurden diese Werte als sicher bezeichnet.

Zur Inaktivierung von Viren wird allgemein eine Behandlung von 100 °C emfpohlen [36, 64]. Diese Temperatur wird bei der Herstellung von Brüh- und Kochwürsten nicht erreicht. Pasteurisierungstemperaturen haben sich nur teilweise als voll wirksam erwiesen [14]. So überlebten Rotaviren eine Behandlung von 72 °C über 5 Minuten [45].

Auch das Räuchern hat eine antimikrobielle Wirkung durch die auf die Oberfläche aufgebrachten Substanzen (Phenole, Kresole, Aldehyde, Essigsäure, Ameisensäure) und durch die Verringerung des a_w-Wertes. Die Senkung des a_w beeinflusst die entstandene mikrobielle Assoziation allerdings nur wenig: der letztendliche a_w-Wert der Brühwurst liegt i.A. bei 0,97 (niedrigere Werte sind möglich). Die durch die Erhitzung zu erwartende subletale Schädigung der Keime einmal nicht berücksichtigt, liegen die a_w-Grenzwerte für die in Frage kommenden überlebenden Taxa bei:

Bacillus	: 0,95
Streptococcus	: 0,91
Lactobacillus	: 0,94

3.5.1.3.3 Endprodukt

Zusammenfassend beeinflusst die Herstellungsphase am Endprodukt Eigenschaften und Inhaltsstoffe, die für die mikrobiologische Bewertung des Erzeugnisses von Belang sind:

- Restnitritgehalt : max. 100 mg/kg Fleischbrät
- pH-Wert : 6,0 bis 6,4
- a_w-Wert : 0,97 (0,92-0,98)
- E_n-Wert : + 20 mV bis -100 mV [58]

In der Initialflora von frisch hergestellten Frankfurter-ähnlichen Erzeugnissen dominierten zu 79 % grampositive Keime [2]. Die Daten in Tab. 3.5.3 stammen aus Markterhebungen und aus experimentellen Untersuchungen.

Tab. 3.5.3 Bakteriologische Assoziationen in Brüherzeugnissen - Felduntersuchungen und experimentelle Daten (Werte/g logarithmiert bzw. Nachweise in Prozent der Proben)

Quelle	GKZ	EB	g+St.	Bac.	EK	Staph	Hefen	Psdm	Lb	n
[65]		17 % d. Proben L.m. +								82
[62]	2	<2							2	
[46]	>90 %	4 %	73 %	95 %	3 %	58 %				
	bis	[1])	+[2])	+	+	+				
	lg 4				Str[3])	Mccae				180
[17]	3-5									
	2-3									
[2]			42 %[4])	34 %				11 %		

L *Listeria*
EK Enterokokken
Mccae *Micrococcaceae*
Psdm *Pseudomonas*
Lb *Lactobacillus*

[1]) Gramnegative Stäbchen
[2]) *Lactobacillus* und Coryneforme
[3]) *Streptococcaceae*
[4]) 34 % Coryneforme, 8 % *Microbacterium* spp.

3.5.1.3.4 Verpackung

Der Verpackungsvorgang kann eine Rekontamination mit Lactobacillus, gegebenenfalls auch *Leuconostoc*, fäkalen Streptokokken und *Enterobacteriaceae* zur Folge haben. Darüber hinaus ändert sich die Atmosphäre, was Einfluss auf die Mikroflora nimmt. Dies gilt auch für die Verwendung von CO_2 [6, 26, 54]. Hefen, Schimmelpilze, Gramnegative und *St. aureus* werden gehemmt, Keime, die 30-50 % CO_2 überstehen, wie *Lactobacillus*, *Leuconostoc* (als CO_2-Bildner), *Pediococcus* oder *B. thermosphacta* erfahren eine Förderung. Mit steigender Konzentration und sinkender Temperatur verstärkt sich die keimhemmende Wirkung von CO_2 [61]. Das Gas bewirkt eine deutlich verbesserte Haltbarkeit vor N_2 und (an dritter Stelle) Vakuum [2]:

Einfluss verschiedener Verpackungen auf die Gesamtkeimzahl bei Brüherzeugnissen (Daten nach [2]):

Begasung	nach 98 d	nach 140 d
- Vakuum	lg 9,0/g	
- N_2		lg 4,8/g
- CO_2		lg 2,4/g

Direkt vom Menschen können *Micrococcaceae* (*St. aureus*) als Hautbewohner, *Enterobacteriaceae, Lactobacillus* und Streptokokken als Darminhabitanten auf das Erzeugnis übertragen werden. Dies weist auf die Notwendigkeit hin, bei der Verpackung die Möglichkeit einer Rekontamination zu beachten, etwa durch räumliche Trennung der Rohbrätbearbeitung und der Verpackung [1].

3.5.1.3.5 Lagerung und Haltbarkeit

Zum Beginn der Lagerung kann der Anteil Milchsäure produzierender Bakterien unterhalb der Nachweisgrenze liegen: die Entfaltung dieser Flora erfolgt erst im weiteren Verlauf [3,39]. *Enterobacteriaceae, Br. thermosphacta,* Hefen und Schimmelpilze wiesen in diesen Untersuchungen nach dem Ende der überprüften Lagerungsphase Werte auf von meist <10/g. In Vakuum- und Schutzgaspackungen stiegen Laktobazillen zur dominierenden Flora auf [2].

Unter den Bedingungen der Lagerung von kontaminierten Frankfurter Würstchen ist die Vermehrung von L.m. in Brühwurst möglich [4]. Dabei spielt auch der relativ hohe pH dieses Wursttypes eine Rolle [17].

Die Lagerung von Brühwursterzeugnissen kann zwischen 4 und 7 °C erfolgen für vakuumverpackte Ware, [25], höhere Lagerungstemperaturen (bis 7 °C) sollten auf nicht aufgeschnittene Stückware beschränkt bleiben [61]. Die im Allgemeinen akzeptierte Lagerungstemperatur von 4-7 °C muss seit der Erkennung von L. m. als Verursacher lebensmittelbedingter Infektionen vorsichtiger gesehen werden. Der Kühllagerungsraum ist als kritischer Punkt hinsichtlich einer Rekontamination mit Milchsäurebakterien anzusehen [39].

In der Literatur finden sich für die unterschiedlichen Lagerungstemperaturen sehr unterschiedliche Mindesthaltbarkeitsangaben [66]. Auch der Erzeugnistyp spielte eine Rolle:

0 bis	4 °C:	3 Tage bis 1 Monat
	5 °C:	4 Tage bis 10 Tage
	7 °C:	1 Tag bis 14 Tage

Für vakuumverpackte Stückware wird in einer Übereinkunft eine Mindesthaltbarkeit von 28 Tagen angegeben [25], für Aufschnitt 21 Tage (Umgebungstemperatur von 4-7 °C für beide Gruppen).

Auch der Anfangskeimgehalt ist bei der Festlegung des MHD zu berücksichtigen: bei vakuumverpackter Brühwurst wurden bei unterschiedlichen Anfangskeimgehalten bei einer Lagerung von 4 °C unterschiedlich lange Haltbarkeiten ermittelt [62]:

- lg 2: keine sensorische Beeinträchtigung nach 28 Tagen
- lg 4: sensorische Beeinträchtigungen nach ca. 3 Wochen
- lg 6: sensorische Beeinträchtigungen nach ca. 1 Woche

Bei vakuumverpacktem großkalibrigem Brühwurstaufschnitt wurden nach dreitägiger Lagerung (22 °C) beziehungsweise nach 8-10 Tagen bei 7 °C Qualitätsverluste gefunden, wenn die GKZ bei Werten um lg 8/g (i. w. *Lactobacillus*) lag [54].

3.5.1.4 Verderb

3.5.1.4.1 Sensorische und mikrobiologische Parameter

Die Beschaffenheit von Brühwurst ist objektivierbar durch die Erhebung von GKZ und *Lactobacillus*-Flora, den pH-Wert und die allgemeinen Parameter der Sensorik.

Als sensorisch abweichende Sachverhalte und zugeordnete mikrobiologische Ursachen werden angesehen:

- oberflächliche Schleimbildung durch Hefen, *Lactobacillus, Leuconostoc, Streptococcus, B. thermosphacta*
- Übersäuerung durch Milchsäurebildner
- Grünverfärbung durch Laktobazillen
- CO_2-bedingte Aufblähung der Schutzhülle durch *Leuconostoc* [26]
- Altgeschmack.

Als Verursacher von Vergrünungen gilt vor allem *L. viridescens* auf Grund seiner Fähigkeit zur Peroxidbildung. Laktobazillen sind in der Regel katalasenegativ.

Katalase bildet aus H_2O_2 den inaktiven molekularen Sauerstoff O_2 und wirkt so der Peroxidbildung entgegen. Das Enzym ist jedoch nur bei Temperaturen unterhalb 36 °C stabil und erfährt eine komplette Inaktivierung bei Temperaturen >80 °C [53]. In Eiweiß vom Ei wird für Katalase ein Destruktionswert von D_{57} = 12,9 min angegeben [27]. In Modellversuchen zur Brühwurstherstellung überlebten hitzetolerante *L. viridescens* Temperaturen von 68 °C über 40 Minuten [3].

Katalase-positive Keime mildern daher die Grünverfärbung ab.

Tab. 3.5.4 Mikrobiologische Daten für Brühwurst (Werte/g logarithmiert bzw. Nachweise in Prozent der Proben)

Quelle	GKZ	Bac.	*grampos. Stäbchen*	*Micrococcaceae*	*gramneg. Stäbchen*	
[46]	> 90%	95%	73%	58%	4 %	
	bis zu lg 5	+	+	+	+	1)
[24]	(Milchsäurebildner)				m = 5	1)
					m = 7	2)

1) Stückware; 2) Aufschnitt
m: Obergrenze d. Guten Herstellungspraxis nach ALTS [21]

In einer Fallstudie [1] war der Verderb (schleimige Auflagerungen) von vakuumverpackten Wiener Erzeugnissen nach technischen Eingriffen folgender Art behoben:

- Duschen der gekochten Erzeugnisse noch im Kochschrank
- Verkürzung der Zeit zwischen Kochen und Vakuumverpacken von 24 Stunden auf 6 Stunden (3 Stunden Kühlen und 3 Stunden Verpacken).

3.5.1.4.2 Laktat als Hygieneparameter

D(-)-Lactat ist mikrobieller Herkunft [55] als Ergebnis einer homofermentativen oder heterofermentativen Gärung zur ATP-Regeneration (in Anlehnung an [50]): L-Lactat fällt auch in der Verstoffwechselung von Glycogen des Muskels an. In Versuchsreihen zu vakuumverpacktem Brühwurstaufschnitt wurde L-Lactat in einer Menge von

Gärungstyp	Produkte	Vertreter
homofermentativ	reines oder beinahe reines Lactat	*Streptococcus* *Pediococcus* *Lactobacillus*
heterofermentativ	Lactat Ethanol CO_2 oder Acetat	*Leuconostoc* *Lactobacillus* *Bifidobacterium*

3,21-7,21 mg/g gefunden [51]. Dagegen wird das linksdrehende Lactat der D-Reihe, bezeichnet als D(-)-Lactat nur von glycolytischer Flora gebildet und akkumuliert als Ergebnis des mikrobiellen Kohlehydratstoffwechsels im Erzeugnis. Die Bildung weist einen zeitabhängigen Verlauf auf. D-Lactat kann somit als aussagekräftiger Parameter für die mikrobielle Belastung der Brühwurst gelten und damit als Parameter für die noch vorhandene Haltbarkeitsreserve [51, 55]:

<0,5 mg/g : einwandfrei
>1,0 mg/g : beginnender Verderb
1,0-1,5 mg/g : geringfügige Beeinträchtigungen.

In vakuumverpackter, aufgeschnittener Mortadella [51] lagen am Verpackungstag Werte um 0,10 mg/g, am 25. Tag dagegen 4,22 mg/g D-Lactat vor ($x_{0,50}$-Wert).

Tab. 3.5.5 Bakteriologische Befunde (Werte/g logarithmiert) und Verderbsassoziationen

Quelle	sensor. Befunde	GKZ	EB	Pseud.	LB
[65]	Altgeschmack	5,7-7,6 (6,7)	n.n. - 3,9 (1,7)	n.n. - 5,7 (3,2)	4,8 - 7,2 (5,7)
[55]			>5 nicht unbedingt kausal für Verderb		
[17]	sichtbare Abweichungen	$3{,}7 \times 10^7$			

3.5.2 Kochwursterzeugnisse

3.5.2.1 Begriffsbestimmung und Systematik

Kochwürste sind hitzebehandelte Wurstwaren, die vorwiegend aus gekochten Ausgangsmaterialien hergestellt werden. Nur beim Überwiegen von Blut, Leber oder Fettgewebe kann der Anteil an rohem Ausgangsmaterial vorherrschen. Kochwürste sind in der Regel nur in erkaltetem Zustand schnittfähig [9].

Unterschieden wird zwischen Leberwurst-, Blutwurst- und Sülzerzeugnissen [9].

Leberwürste und Leberpasteten sind Kochstreichwurst mit einem Leberanteil zwischen 10 und 30 %. Bei Kochstreichwurst wird die Konsistenz in erkaltetem Zustand von erstarrtem Fett oder zusammen hängend koaguliertem Lebereiweiß bestimmt.

Blutwurst ist Kochwurst, deren Schnittfähigkeit in erkaltetem Zustand durch mit Blut versetzte, erstarrte Gallertmasse entsteht oder auf zusammen hängender Koagulation von Bluteiweiß beruht.

Unter Sülzwurst wird Kochwurst verstanden, deren Schnittfähigkeit in erkaltetem Zustand durch erstarrte Gallertmasse (Aspik oder Schwartenbrei) zustande kommt.

3.5.2.2 Technologie

Bei der Herstellung von Kocherzeugnissen werden Naturhüllen (Blase, Magen, Dünn- und Dickdarmabschnitte von Rind, Schwein, Schaf) sowie Kunstdärme, Glas- und Blechbehälter eingesetzt. Auf die Anmerkungen unter Punkt 3.5.1.2.1 wird verwiesen.

Die Organe müssen nach der Gewinnung unverzüglich auf +3 °C heruntergekühlt werden (Anl. 2, Kap. IX FIHV, [12]).

Die Erhitzung der Ausgangsmaterialien (außer Blut und Leber) hat einen stabilisierenden Effekt durch Inaktivierung von Keimen und gewerbeeigenen beziehungsweise mikrobiellen Enzymen.

Für die Einschätzung der bei der letztmaligen Erhitzung zu erreichenden Kerntemperaturen kann als Referenzkeim für Brüh- und Kochwürste die Hitzeresistenz von D-Streptokokken zugrunde gelegt werden. Der entsprechende Wert beträgt D_{70} = 2,95 Minuten. Bei der Berechnung der Kerntemperatur wird von einem zu durchschreitenden Intervall von 12 logarithmischen Stufen (10^7 auf 10^{-5}) ausgegangen [38].

Der Keimgehalt von Kochwurst liegt bei lg 4/g und darunter. Kochwürste sollen optimalerweise bei -1 bis -2 °C gelagert werden [67]. Die Mindesthaltbakeit von vakuumverpackter Kochwurst wird bei 4-7 °C mit 28 Tagen für Stückware und mit 21 Tagen für Aufschnitt angegeben [25].

Als Verderbserscheinungen zu beachten bei Kochwursterzeugnissen sind Säuerung, Konsistenzveränderungen, Verfärbungen und Geruchabweichungen bei Rot- und bestimmten Sülzerzeugnissen.

In Anbetracht der unterschiedlichen Technologie und der unterschiedlichen Rohstoffe der Kocherzeugnisse erfolgt die weitere Darstellung produktspezifisch.

3.5.2.2.1 Leberwursterzeugnisse

3.5.2.2.1.1 Zutaten und Herstellungsgang

Muskulatur und Fettgewebe (schlachtfrisch, überwiegend vom Schwein) werden zur Vermeidung von Geschmacksverlusten schonend bei Kerntemperaturen um 65 °C gegart [38].

Leber (vorzugsweise roh) wird zu Geschmackszwecken und zur Emulgierung zugesetzt. Hierfür sind 20 % ausreichend. Die Leber ist schlachtfrisch, die sachgerechte Bearbeitung beinhaltet das Ausschneiden der Gallengänge und das Entfernen des Lymphgewebes. Bei schneller und hygienischer Kühlung kann Leber bis zu 5 Tagen stabil gehalten werden. Auch rasches Tiefgefrieren bei -18 °C ist möglich (bis zu 1 Monat).

Eingesetzt werden weiterhin Innereien, Schwarte und Gewürze (Pfeffer, Zwiebel, Ingwer, Muskat, Majoran) sowie geschmorte Zwiebeln.

Zur Mikrobiologie der Gewürze vergl. Kap. 3.5.1.3.1.

Fleisch und Fettgewebe werden mit Zwiebeln noch heiß gekuttert. Die Zugabe der Leber erfolgt, wenn die Temperatur des Gemenges unter 60 °C gesunken ist [20].

Nach Zugabe der Gewürze wird bis zur Homogenisierung der Masse gekuttert und damit die Emulsion erstellt. Das Abfüllen erfolgt bei Temperaturen oberhalb 35-40 °C.

Die Temperatur bei der sich sofort anschließenden Erhitzung wird so gewählt, dass die Kesselflüssigkeit bei Zugabe der abgefüllten Würste nicht unter 75 °C absinkt, die Kerntemperaturen sollen über 70 °C, eher bei 75 °C liegen. Zum Zwecke der geschmacklichen Abrundung und Verbesserung der Haltbarkeit wird bei 16-18 °C über 1-2 Stunden geräuchert [12].

Gekühlt wird anschließend in Wasser. Nach Auskühlen wird das Erzeugnis aufgehängt und bei Temperaturen <2 °C gelagert. Die Lagerzeit kann bei Temperaturen um 0 °C 6 Wochen erreichen [20].

3.5.2.2.1.2 Mikrobiologische Sukzessionen

Zum mikrobiologischen Status frischgewonnener Leber wurden Werte um lg 2,00 bis 2,81/cm^2 (Rind) und um lg 2,30 bis 3,92/cm^2 (Schwein) gefunden [21].

Hiernach hatte *Bacillus* direkt nach der Gewinnung keine Bedeutung, Coryneforme und *Micrococcaceae* wurden unter allen Bedingungen der Studie häufig gefunden, in der Kühllagerung stieg *Pseudomonas* an.

In anderen Untersuchungen [5] lag der Keimgehalt frischer, roher Schweineleber bei 2,8 x 10^4/cm^2, gefunden wurden Enterokokken, *Lactobacillus, Pediococcus, Bacillus, Micrococcus* und Coryneforme. In gebrühter Schweineleber lag der Keimgehalt bei <50/cm^2.

Die Gewürzmischung wies Keimgehalte auf um 1,5 x 10^5/g. Alle Isolate waren *Bacillus spp.* (nach anaerober Inkubation) [5].

In Leberwurst-Rohbrät vor der Gewürzzugabe (0,8 %, Mischgewürz) lag ein *Bacillus*-Sporengehalt von < 10^2/g, nach der Zugabe eine Sporenzahl von 2,6 x 10^4/g Brät vor [22].

Die rohe Emulsion wies Werte auf zwischen 1,5 x 10^4 bis 7,2 x 10^4/g [5]. In diesem Falle waren 156 ppm Na-Nitrit zugegeben worden, diese Werte liegen oberhalb der Grenzwerte der Zusatzstoff-Zulassungs-Verordnung [70].

In der Kochung (28-30 min bei 68 °C Kerntemperatur) wurde eine Reduktion der Keimzahl von Werten um 7,2 x 10^4 auf 1,5 x 10^3/g beobachtet [5].

Die verbleibende Flora bestand zur Hauptsache aus *Bacillus*. Die gerade bei Leber- und Blutwürsten gefundenen zum Teil hohen Anteile an *Bacillus* (>lg 5] wurden als Gefahr für das Auftreten von lebensmittelbedingten Intoxikationen bezeichnet [46].

Bei einer Kerntemperatur von 155 °F (68,3 °C) wurden Vertreter der inokulierten 10^9 L. m./g nicht mehr festgestellt, bei 140 °F (60 °C) ergaben sich keine Verringerungen [44].

Bei zu niedriger Kerntemperatur kann es durch Milchsäurebakterien auch zum Verderb kommen [9]. Mikrobiologische Daten zum Endprodukt sind aus Tab. 3.5.6 ersichtlich.

Charakteristische technologische Produktbeschreibung [21]:

pH = 6,0 bis 6,5 (Leber: 6,0 bis 6,1, nach [21])

a_w = 0,96 (0,95-0,97)

Nitritgehalt = max. 100 mg/kg

Tab. 3.5.6 Mikrobiologische Daten für Leberwursterzeugnisse (Werte/g logarithmiert bzw. Nachweise in Prozent der Proben)

Quelle	GKZ	Bac.	g + St	*Micro-cocca-ceae*	Hfn	MS-Bild.	sulfit-reduz. Anaer.	gramneg. Stäbchen
[46]	>90 %	98 %	49 %	18 %	5 %			4 %
	bis zu	+	+	+	+			+
n = 132	lg 5							
[5]	1,5 x 10^3							
[24]	1)	m = lg 2				m = lg 2	m = lg 3	

1) Kochstreichwürste, Richtwerte als Obergrenzen der guten Herstellungspraxis, Stückware
m = Obergrenze der Guten Herstellungspraxis nach ALTS [21]
Hfn: Hefen g + St: *Lactobacillus* und Coryneforme
MS-Bild.: Milchsäurebildner

3.5.2.2.2 Rotwursterzeugnisse

3.5.2.2.2.1 Zutaten und Herstellungsgang

Rohstoffe

Die Rohstoffe für die stückigen Einlagen (gekochtes, mageres Schweinefleisch, ggf. Zungen, Fettgewebe und je nach Qualitätsstufe Innereien) werden geschnitten, gepökelt und gegart (die angegebenen Temperaturen schwanken zwischen 75 und 90 °C). Zur Bindung von Einlagen und Grundmasse wird anschließend mit Wasser abgespült.

Gewürzt wird mit Pfeffer, Majoran, Nelken, Piment. Diverse Erzeugnisse beinhalten auch Zutaten pflanzlichen Ursprunges wie Grütze oder Weißbrot.

Schwartenbrei

Die Grundmasse besteht aus Schwarten oder Aspik und gepökeltem Blut. Die Schwartenmasse setzt sich beispielsweise zusammen aus 72 % gekochter Schwarte, 10 % rohen Zwiebeln und 18 % Kesselbrühe [12]. Schwarten werden gründlich entborstet und gereinigt [59]. Verwendet werden nur frische Schwarten, die bei 80 bis 90 °C gebrüht und heiß zerkleinert werden.

Die Blutgewinnung erfolgt im geschlossenen System, verwendet wird frisches Blut. Die Fleischhygiene-Verordnung schreibt sofortiges Kühlen auf Temperaturen unter 3 °C vor (Anl. 2, Kap. X FlHV, [16].

Das Blut wird bei Temperaturen zwischen 40-60 °C in die Grundmasse eingemischt, die Einmischung der vorerhitzten Stücke erfolgt bei Temperaturen, bei denen die Grundmasse noch nicht geliert (>40 °C), anschließend wird sofort über 1-2 Stunden je nach Kaliber bei Temperaturen um 85 °C erhitzt (75 °C im Kern). Abgekühlt wird in Wasser, gegebenenfalls im Kaltrauch geräuchert. Zur Kühlung werden Temperaturen zwischen -1 und 1 °C empfohlen [67].

3.5.2.2.2.2 Mikrobiologische Sukzessionen

In geschlossenen Systemen gewonnenes Blut weist einen günstigeren Anfangskeimgehalt auf ($5{,}0 \times 10^1$ bis $3{,}4 \times 10^4$) als Blut aus offenen Systemen (Daten entnommen bei 42).

Durch die konsequente Reinigung des gesamten Blutgewinnungssystems wurde es möglich, den Keimgehalt des Blutes unter lg 4/ml zu halten, bei einer Temperatur um 3 °C über 4 Tage blieb Blut auch bei höherem Anfangskeimgehalt mikrobiologisch stabil [59]. Blut besitzt einen hohen a_w-Wert (0,99) und einen hohen pH-Wert (7,3-7,5).

Schlachtfrisches Rohmaterial gilt als sensorisch und mikrobiologisch vertretbarer als ältere Rohstoffe, auch Schwarten sind verderbsanfällig [12]. Der Keimgehalt der Schwarten enthäuteter Schweine lag in einem Vergleich [49] an Schinken und Schulter signifikant niedriger (lg 2-2,5/cm^2) als in Proben aus gebrühter Haut.

Die Belastung mit Bacillussporen im Erzeugnis stammt vor allem aus Mischgewürzen [22], Clostridiensporen wurden häufiger in Schwarte, Blut und Leber nachgewiesen [34]. Unter 10 °C sind die wichtigsten Sporenbildner nicht mehr vermehrungsfähig; nicht proteolytische *Cl. botulinum*-Sporen können zwar ab 5 °C wachsen, haben jedoch eine geringe Hitzeresistenz [22].

Hygienisch relevante Merkmale aus der Technologie des Erzeugnisses sind:

pH : 6,5 bis 6,8
a_w : 0,96 (0,95-0,97)
Nitrit : max. 100 mg/kg

Bei Rotwursterzeugnissen (n = 132) lag die GKZ in >90 % der Fälle unterhalb log 5, in 92 % der Fälle wurde *Bacillus* festgestellt [46]. In 25 % der Proben fanden sich *Micrococcaceae*, in 20 % grampositive, nicht sporenbildende Stäbchen, in 5 % gramnegative Stäbchen und in je 2 % der Fälle Streptokokken und Hefen.

In Unterlagen der ALTS werden für m als obere Grenze der Guten Herstellungspraxis unterschiedliche Richtwerte für Stück- und Aufschnittware angegeben [24]:

Richtwerte der ALTS, zitiert aus [24]	Stückware	Aufschnitt
Milchsäure-Bildner	lg 4	lg 6
Enterobacteriaceae	lg 2	lg 3
Bacillus	lg 4	lg 4
Sulfitreduzierende Anaerobier	lg 3	lg 3
Hefen	lg 2	lg 3

3.5.2.2.3 Sülzerzeugnisse

3.5.2.2.3.1 Zutaten und Herstellungsgang

Verwendung findet vorgegartes, gepökeltes Fleisch und Fettgewebe von Schwein, Rind, Kalb, Geflügel; der Anteil an Binde- und Fettgewebe hängt ab vom Erzeugnis. Bei der Erhitzung der Festbestandteile sollen zur Verhinderung von Kochverlust und Schmalzigwerden fetter Fleischteile 65 °C erreicht werden [38].

Zutaten wie Gemüse (Paprika, Gurken, Oliven, Champignons) werden in Form pasteurisierter Konservenprodukte zugesetzt [33], an Gewürzen sind Pfeffer, Zwiebel, Muskat, Ingwer oder Kümmel üblich.

Die Grundmasse besteht aus Gelatine. Ausgangsmaterialien hierfür sind leimgebende Bestandteile wie Köpfe und Füße vom Kalb oder Schwarten und Spitzbeine vom Schwein. Unter mehrstündigem Ziehen bei 85 °C nimmt das Kollagen Wasser auf, quillt und geht unter Bildung von Gelatine in Lösung.

Alternativ wird Aspik in Pulverform angeboten, Verwendung findet auch Speisegelatine. Ausgangsmaterialien hierfür sind kollagenes Bindegewebe von Haut und Knochen. Die Aufbereitung besteht aus Zerkleinerung, Waschen/Trocknen, Behandlung bei hohem und niedrigen pH über längere Zeit sowie eine Kurzzeit-Hocherhitzung vor der Trocknung. Das Erzeugnis hat dann einen pH von 5,0-5,8 bei einer Feuchte von 9-15 %. In diesem Stadium sind keine Keime nachweisbar [11, 52]. Die Speisegelatine-Verordnung [56] lässt hier noch einen hohen Spielraum zu (10^3/g für die aerobe Gesamtkeimzahl und 10/g für sulfitreduzierende anaerobe Bakterien – Grenzwerte).

Zur Verarbeitung quillt das Pulver in kaltem Wasser vor und wird bei 40-50 °C gelöst [32].

Der Grundmasse wird Essig, Wein oder Milch zugesetzt, es folgt die Zugabe von Gewürzen und der stückigen Einlagen. Abgefüllt wird in Natur- und Kunstdärme, Glas und Dosen. Eine Nacherhitzung erfolgt wahlweise. Die Erhitzung beeinflusst die Festigkeit der Grundmasse. Bei Temperaturen um 60 °C findet jedoch nur eine geringe Abnahme der Festigkeit statt [32].

Nach Abfüllung geliert die Grundmasse, gegebenenfalls unter Formung in Pressen.

Ein niedriger pH erniedrigt die spätere Festigkeit der Grundmasse. Die Festigkeit leidet auch bei längerer Heißhaltung der Gelatinelösung [32]. In geschmacklicher Hinsicht wurden die besten Ergebnisse bei pH-Werten zwischen 4,8 und 5,0 festgestellt [33]. Die Haltbarkeit wird bei einer Lagerung bei 2 °C mit ca. 6-8 Wochen (vakuumverpackt) angegeben [57].

3.5.2.2.3.2 Mikrobiologische Sukzessionen

Die mit sinkender Temperatur zunehmende Festigkeit der Gallertflüssigkeit dürfte einen indirekten Einfluss auf die Einhaltung der Temperaturanforderungen haben. Auch der pH (Essigzugabe), die Anwesenheit von *Lactobacillus* und gegebenenfalls die Verwendung von Kunstdarm sowie generell der Einsatz vorgekochter beziehungsweise pasteurisierter Ausgangsmaterialien wirken stabilisierend.

Im Einzelfall hygienisch schwer einschätzbar ist die Verwendung von Organen und der Einsatz von Naturdarm. Bakteriologische Daten zum Endprodukt sind in Tab. 3.5.7 niedergelegt. In entsprechenden Untersuchungen lag die GKZ von Gelatine (pH 4,7) um lg 4 [68] und um lg 3,90 (n = 15, 8 x Werte <lg 4) [13]. (Vergl. Auch Kap. 3.5.1.3.1).

Auf der Grundlage der technischen Abläufe ergeben sich für Sülzerzeugnisse folgende mikrobiologisch relevante Kenndaten:

pH : 4,8 bis 5,0
a_w : 0,96 bis 0,97
Nitrit : max. 100 mg/kg

Tab. 3.5.7 Mikrobiologische Daten für Sülzerzeugnisse (Werte/g logarithmiert beziehungsweise Nachweise in Prozent der Proben)

Quellen		GKZ	EB	*Micro-cocca-ceae*	He-fen	Entero-kokken	grampos. Stäb-chen	*Ba-cil-lus*
	Sülzwurst	>90 %	23 %	56 %	–	15 %	51 %	90 %
	n = 39	bis	+	+		+	+	+
		lg 5	2)			Str.	1)	
[46]								
	Sülze	>lg 5	32 %	72 %	12 %	16 %	92 %	40 %
	n = 25	32 %	+	+	+	Str.	+ 1)	+
[13]	stück. Einl.	lg 3,55						
	Gelatine	lg 3,90	–	–	–	–	9 x Lb	5 x
							7 x URS	

Str.: *Streptococcaceae*; Lb: *Lactobacillus*; URS: Unregelmäßige Stäbchen; EB: Enterobacteriaceae

1) grampos. St.: *Lactobacillus* u. Coryneforme. Bei Sülzen: *Lactobacillus*

2) gramnegative Stäbchen

Literatur

[1] AL-DAGAL, M.; MO, O.; FUNG, D. Y. C.; KASTNER, C. (1992): A Case Study of the Influence of Microbial Quality of Air on Product Shelf Life in a Meat Processing Plant. Dair. Food Environm. Sanit. **12** (1992) 69-70.

[2] BLICKSTAD, E.; MOLIN, G.: The Microbial Flora of Smoked Pork Loin and Frankfurter Sausage Stored in Different Gas Atmospheres at 4 °C. J. Appl. Bact. **54** (1983) 45-56.

[3] BORCH, E.; NERBRINK, E.; SVENSSON, P.: Identification of Major Contamination Sources during Processing of Emulsion Sausage. Int. J. Food Microbiol. **7** (1988) 317-330.

[4] BUNCIC, S.; PAUNOVIC, L.; RADISIC, D.: The Fate of Listeria Monocytogenes in Fermented Sausages and in Vacuum-Packaged Frankfurters. J. Fd. Prot. **54** (1991) 413-417.

[5] CHYR, C.-Y.; WALKER, H. W.; SEBRANEK, J. G.: Influence of Raw Ingredients, Nitrite Levels, and Cooking Temperatures on the Microbiological Quality of Braunschweiger. J. Fd. Sci. **45** (1980) 1732-1735.

[6] CLARK, D. S.; TAKACS, J.: Gases as Preservatives in SILLIKER (Chairman): Microbial Ecology of Foods. Vol I, Factors affecting Life and Death of Microorganisms. Academic Press, New York, London (1980), p. 172.

[7] Deutsche Gesellschaft für Hygiene und Mikrobiologie (DGHM): Mikrobiologische Richt- und Warnwerte zur Beurteilung von Lebensmitteln. Bundesgesundheitsbl. **31** (1988) 93-94.

[8] Deutsche Gesellschaft für Hygiene und Mikrobiologie (DGHM)[(2000]: Richt- und Warnwerte für Naturdärme. Fleischwirtsch. 4/80, 68-69.

[9] Deutsches Lebensmittelbuch: Leitsätze 2002, Leitsätze für Fleisch und Fleischerzeugnisse, I, 2.22, l, 2.231-2.2233, II, 2.2231, Verlag Bundesanzeiger, Bonn 2002.

[10] EU (2001): Entscheidung der Kommission vom 8.6.2001 über Vorschriften zur regelmäßigen Überwachung der allgemeinen Hygienebedingungen durch betriebseigene Kontrollen gemäß Richtlinie 64/433/EWG über die gesundheitlichen Bedingungen für die Gewinnung und das Inverkehrbringen von frischem Fleisch und Richtlinie 71/118/EWG zur Regelung gesundheitlicher Fragen beim Handelsverkehr mit frischem Geflügelfleisch. Amtsbl. D. EG L 165/48 vom 21.6.01

[11] EU (2002): Opinion of the Scientifie Committee on Food on Specifications for Gelatine in terms of Consumer Health. Adopted 27.2.2002. Brussels, Health & Consumer Protection Directorate-General. Dir. G, Scientific Opinions.

[12] Fischer, A.: Produktbezogene Technologie – Herstellung von Fleischerzeugnissen in: O. Prändl, A. Fischer, Th. Schmidhofer, H.-J. Sinell: Fleisch. Verlag E. Ulmer, Stuttgart 1988, S. 550, 555-557, 561, 563-567.

[13] Fries, R.: unpubl. Daten aus 1985.

[14] Fries, R. (1994): Viruses in Foods. A review. Fleischwirtsch. **75**, 740-742.

[15] Fleisch-Verordnung. Verordnung über Fleisch und Fleischerzeugnisse, vom 21.1.1982, i. d. F. v. 14.10.1999, BGBl. I, S. 2053.

[16] Fleischhygiene-Verordnung: Bekanntmachung der Neufassung der Fleischhygiene-Verordnung vom 29.6.2001, BGBl. I, S. 1366.

[17] Glass, K. A.; Doyle, M. P.: Fate of Listeria monocytogenes in Processed Meat Products during Refrigerated Storage. Appl. Environm. Microbiol. **55** (1989) 1565-1569.

[18] Gustavsson, P.; Borch, E.: Contamination of Beef Carcasses by Psychrotrophic Pseudomonas and Enterobacteriaceae at Different Stages along the Processing Line. Int. J. Fd. Microbiol. **20** (1989) 67-83.

[19] Grundmann, U.: Kontrollanalysen von Rohwareneingängen 1989-1991. Zit. In: Oberdieck, R. (1992): Pfeffer. Fleischwirtsch. **72** (1992) 695-708.

[20] Hammer, G. F.: Technologie der Leberwurst in: Technologie der Kochwurst und Kochpökelware, Bundesanstalt für Fleischforschung, Kulmbacher Reihe, Band 8, (1988) 91-109.

[21] Hanna, M. O.; Smith, G. C.; Savell, J. W.; Mckeith, F. K.; Vanderzant, C.: Microbial Flora of Livers, Kidneys and Hearts from Beef, Pork and Lamb: Effects of refrigeration, Freezing and Thawing. J. Fd. Prot. **45** (1982) 63-73.

[22] Hechelmann, H.; Leistner, L.: Sporenbelastung bei Rohstoffen und Fleischerzeugnissen. Mitt.Bl. Bundesanst. Fleischforsch. **95-98** (1991) 7455-7463.

[23] Hesse, S.: Mikrobiologische Prozeßkontrolle am Rinderschlachtband unter besonderer Berücksichtigung technologisch bedingter Hygieneschwachstellen. Vet. Med. Diss., FU Berlin (1991), J.-Nr. 1592.

[24] Hildebrandt, G.: Probenahmepläne und Richtwerte auf: 11. Fleischwarenforum, Seminar a, 13./14. Sept. 1993 in Münster, Behr's Verlag, Hamburg 1993.

[25] Hilse, G.: Empfohlene Mindesthaltbarkeitsfristen für Fleischwaren. Fleischwirtsch. **64** (1984) 1288-1295.

[26] Ingram, M.; Simonsen, B.: Meats and Meat Products, in: ICMSF (Ed.): Microbial Ecology of Foods, Vol. II: Food Commodities, Academic Press, New York, London 1980, pp. 402-404.

[27] Jäckle, M.: Hitzeinaktivierung von Enzymen, Salmonellen und anderen Bakterien bei der Pasteurisierung von Eiprodukten. Diss. ETH Nr. 8579, Zürich 1988.

[28] Juneja, V., B. Marmer, B. Eblen (1999): Predictive Model for the Combined Effect of Temperature, pH, Sodium-Chloride, and Sodium Pyrophosphate on the Heat Resistance of Escherichia coli 0157:H7. J. Food Safety **19**, 147-160.

[29] Kammer, I.: Über die besonderen Eigenschaften der aeroben Bazillen in Gewürzen unter besonderer Berücksichtigung der Eiweißzersetzer. Diss. Hannover, Tierärztliche Hochschule 1961.

[30] Kampelmacher, E. H.; Mossel, D. A. A.: Listeria monocytogenes: Attributes and Prevention of Transmission by Food. Oxoid Cluture, **10**, No. 1 (1989).

[31] Klettner, P.-G.: Zerkleinerungstechnik in: Technologie der Brühwurst, Bundesanstalt für Fleischforschung, Kulmbacher Reihe, Band 4 (1984) 103-122.

[32] Klettner, P.-G.: Technologie der Sülzprodukte in: Technologie der Kochwurst und Kochpökelware, Bundesanstalt für Fleischforschung, Kulmbacher Reihe, Band 8 (1988) 127-143.

[33] Klettner, P.-G.: Technologie der Sülzprodukte. Fleischwirtsch. **69** (1989) 1641-1648.

[34] Lücke, F.-K.; Hechelmann, H.; Leistner, L.: Clostridium botulinum in Rohwurst und Kochwurst. Mitt.Bl. Bundesanst. Fleischf., Kulmbach (1981), S. 4597-4599.

[35] Majerus, P.; Woller, R.; Leevivat, P.; Klintrimas, T.: Gewürze. Schimmelpilzbefall und Gehalt an Aflatoxinen, Ochratoxin A und Sterigmatocystin. Fleischwirtsch. **65** (1985) 1155-1158.

[36] Mayr, A.; Tatsachen und Spekulationen über Viren in Lebensmitteln. Zbl. Bakt. Hyg. I, Abt. Orig. B 168 (1979) 109-133.

[37] Milch-Verordnung: Verordnung über Hygiene- und Qualitätsanforderungen an Milch und Erzeugnisse auf Milchbasis i. d. F. d. Bekanntmachung vom 20.7.2000, BG-Bl I, S. 1178 (Milchverordnung).

[38] Müller, W.-D.: Erhitzen und Räuchern in: Technologie der Kochwurst und Kochpökelware, Bundesanstalt für Fleischforschung, Kulmbacher Reihe Band 8, (1988) 144-164.

[39] Nerbrink, E.; Borch, E.: Evaluation of Bacterial Contamination at Separate Processing Stages in Emulsion Sausage Production. Int. J. Fd. Microbiol. **20** (1993) 37-44.

[40] Noack, D. H.; Jöckel, J.: Vorkommen und hygienische Bedeutung von Listerien: Felduntersuchungen in Fleischbe- und verarbeitenden Betrieben auf: 3rd. World Congr. Foodb. Infect. Intox., Berlin, Proceed. Vol. I, pp. (1992) 490-495.

[41] Odic, R.: Die postmortalen Abläufe in Fettgewebe beim Rind und Schwein unmittelbar nach der Schlachtung. Vet. Diss. Hannover, Tierärztliche Hochschule (1987).

[42] Otto, R.: Bakteriologische Stufenkontrollen in Blutplasmagewinnungsanlagen zur Erkennung von Hygienerisiken. Vet. Diss. Hannover, Tierärztliche Hochschule (1983).

[43] Ozari, R.; Stolle, A.: Zum Vorkommen von L. monocytogenes in Fleisch und Fleischerzeugnissen einschließlich Geflügelfleisch des Handels. Arch. Lebensmittelhyg. **41** (1990) 47-50.

[44] Palumbo, S. A.; Smith, J. L.; Marmer, B. S.; Zaika, L. L.; Bhaduri, S.; Turner-Jones, C.; Williams, A. C.: Thermal destruction of Listeria monocytogenes during Liver Sausage Processing. Fd. Microbiol. **10** (1993) 243-247.

[45] Panon, G. S. Tache and C. Labie (1988): Respective Stability of Rotavirus and Coronavirus in Bovine Milk. Lait **68**, 49-64

[46] V. Rheinbaben, K. E.; Hadlok, R. M.: Produktgebundene Mikroflora verschiedener Fleischerzeugnisse. Fleischwirtsch. **64** (1984) 1483-1486.

[47] Robinson, R. A.; Stokes, R. H.: Electrolyte Solutions, 2nd Ed., Academic Press, New York 1959. Zit. In: Christian, J. H. B.: Reduced Water Activity. In: ICMSF, Vol. 1 (1980) p. 72.

[48] Rosenberger, A.; Weber, H.: Keimbelastung von Gewürzproben. Mikrobiologischer Status im Hinblick auf Richt- und Warnwerte. Fleischwirtsch. **73** (1993) 830-833.

[49] Schaffer-Seidler, C. E.; Judge, M. D.; Cousin, M. A.; Aberle, E. D.: Microbiological Contamination and Primal Cut Yields of Skinned and Scalded Pork Carcasses. J. Fd. Sci. **49** (1984) 356-358.

[50] Schlegel, H. G.: Allgemeine Mikrobiologie Verlag Thieme, Stuttgart (1992) S. 296-300.

[51] Schneider, W.: Parameter des Frischezustandes bei vakuumverpackten Aufschnittwaren in: Proc. DVG, 23. Arbeitstagung des Arbeitsgebietes Lebensmittelhygiene, 28. 9.-1. 10. 1982 in Garmisch-Partenkirchen (1982) 37-46.

[52] Schreiber, R. and U. SEYBOLD (1993) Gelatine Production, the Six Steps to Maximum Safety. Dev. Biol. Stand. **80**, 195-198.

[53] Schwimmer, S.: Source Book of Food Enzymology. The Avi Publishing Company, Westport, Conn., USA (1981) p.210.

[54] Sinell, H.-J.: Packaging. In Silliker (Chairman): Microbial Ecology of Foods. Vol. I, Factors affecting Life and Death of Microorganisms. Academic Press, New York, London (1980) pp. 196, 201.

[55] Sinell, H.-J.; Luke, K.: D(–)-Lactat als Parameter für die mikrobielle Belastung von vakuumverpacktem Brühwurstaufschnitt. Fleischwirtsch. **59** (1979) 547-550.

[56] Speisegelatine-Verordnung vom 13.11.2002. BGBl. I, S. 4538.

[57] STADE, V; HAASEN, E.: Sülzwurst – eine Besonderheit unter den Fleischprodukten. AID-Verbraucherdienst **35**, (1990) 80-83.

[58] STIEBING, A.: Erhitzen Haltbarkeit. In: Technologie der Brühwurst, Bundesanstalt für Fleischforschung, Kulmbacher Reihe Band 4, Kulmbach (1984) 165-186.

[59] STIEBING, A.: Technologie der Blutwurst. Fleischwirtsch. **69** (1989) 1101-1108.

[60] STOLLE, A.: Die Problematik der Probenentnahme für die Bestimmung des Oberflächenkeimgehaltes von Schlachttierkörpern. Habilitationsschrift FU Berlin (1985) 207.

[61] TÄNDLER, K.: Frischware und Vorverpackung. In: Technologie der Brühwurst, Bundesanstalt für Fleischforschung, Kulmbacher Reihe Band 4 (1984) 187-205.

[62] TÄNDLER, K.: Zur Mindesthaltbarkeit von vorverpacktem Frischfleisch und verpackten Fleischerzeugnissen. Fleischwirtsch. **66** (1986) 1564-1576.

[63] Trinkwasser-Verordnung. Verordnung zur Novellierung der Trinkwasser-Verordnung vom 21.5.2001. BGBl I. S. 959.

[64] WALLHÄUSSER, K. H.: Praxis der Sterilisation, Desinfektion, Konservierung. Verlag Thieme Stuttgart (1988) 71.

[65] WELLHÄUSER, R.; KRABISCH, P.; GEHRA; SCHMIDT, H.: Shelf Life of Sliced, not Packaged Bologna Type Sausage and Sliced Cooked Ham In: 3rd World Congr. Food Infect. Intox., 16-19 June 1992, Berlin, Vol. I (1992) 237-241.

[66] WIEGNER, J.; HILDEBRANDT, G.: Zur Mindesthaltbarkeit von vakuumverpacktem Brühwurstaufschnitt. Fleischwirtsch. **66** (1986) 316-322.

[67] WIRTH, F.: Salzen und Pökeln. In: Technologie der Kochwurst und Kochpökelware, Bundesanstalt für Fleischforschung, Kulmbacher Reihe Band 8 (1988) 53-73.

[68] YETERIAN, M.; CHUGG, L.; SMITH, W.; COLES, C.: Are Microbiological Quality Standards Workable? Food Technol. **28**, Oct. (1974) 23-32.

[69] ZAIKA, L. L.; PALUMBO, S. A.; SMITH, J. L.; CORRAL, F. del; BHADURI, S. JONES, C. O.; KIM, A. H.: Destruction of Listeria monocytogenes during Frankfurter Processing. J. Fd. Prot. **53** (1990) 18-21.

[70] Zusatzstoff-Zulassungs-Verordnung vom 29.1.1998, i. d. F. vom 13.11.2000, BGBl I, S. 1520.

3.6 Mikrobiologie verpackter Fleischerzeugnisse und verpackten Fleisches

W. HOLZAPFEL

3.6.1 Zweck der Verpackung

Die Verpackung von Fleischerzeugnissen, einschließlich der Rohware, erfüllt im wesentlichen eine Schutzfunktion zur Erhaltung beziehungsweise Gewährleistung einer bestimmten Produktqualität innerhalb einer zeitlich begrenzten Zeitspanne. Somit werden die Möglichkeiten für den Transport, die Lagerung und den Vertrieb verbessert. Trotz des erheblichen Beitrags (und des negativen Rufs) der Packstoffe zum Müllaufkommen, bringt diese Technologie bedeutende Vorteile zum Schutz des Produktes [11] vor:

- mechanischer Beschädigung
- Wasseraufnahme bzw. Austrocknung
- Lichteinflüssen
- Oxidation
- Aromaverlusten
- Staubbelastung
- manueller Berührung
- Mikroorganismen
- Vorratsschädlingen.

Die Art der erforderlichen Schutzfunktion wird bestimmt durch die Beschaffenheit und Zusammensetzung des Produktes, während Anforderungen der Haltbarkeit und Verbrauchervorstellungen eine weitere Rolle spielen. Eine Reihe von Packstoffen, insbesondere Kunststofffolien, stehen für die Fleischverpackung zur Auswahl; eine Übersicht über Materialien, die für Fleisch und Fleischerzeugnisse eingesetzt werden können, gibt die Tab. 3.6.1.

Als einfachstes Beispiel kann das Einschlagen von portioniertem Frischfleisch beim Verkauf an der Theke aufgeführt werden. Darüber hinaus dienen Zellstoffvliese als Saugeinlagen für Fleischsaft aus Frischfleisch in Muldenpackungen, während Holzschliff als Verkaufsschalen ebenfalls für Frischfleisch Verwendung findet [1]. Da diese Verpackungsart eine geringere hygienische Schutzfunktion ausübt und in der Regel nur der kurzzeitgen Aufbewahrung von Frischfleisch dient, wird für weitere

Informationen in diesem Zusammenhang auf Kapitel 1 (Mikrobiologie des Fleisches) hingewiesen.

Tab. 3.6.1 Materialien für die Fleischverpackung (modifiziert nach CERNY, 1991)

Stoffklasse	Packstoffe	Beispiele
Zellulosefasern, Zellstoff u. Ä.	Papiere (auch Pergamin, Pergamentersatz und Echtpergament), Kartons, Pappen	Blattzuschnitte (Pergamin) für portioniertes Frisch-Fleisch, Faltschachteln
Kunststoffe	Polyethylen (PE)	Schrumpfverpackung
	Polypropylen (PP)	Beutel u. Folien
	Polyvinylchlorid (PVC) (Hart- und Weich-PVC)	Becher, Dosen u. Folien
	Zellglas	Beutel u. Folienverpackung für bestimmte Fleisch-erzeugnisse
Kunststoffe In Verbundfolien	PE[1)] in Verbund mit anderen Materialien: Polyester (PET) Polyamid (PA) Polyvinylidenchlorid (PVDC) Ethylenvinylalkohol (EVOH) Acrylnitril-Copolymere Aluminiumfolie Karton u. Papier Zellglas, lackiert	allgemein: Vakuumverpackung für Fleisch, Fisch und Geflügel; Schutzgasverpackung für Frischfleisch

1) als Heißsiegelschicht; auch zur Verleihung bestimmter Sperreigenschaften und einer gewissen Standfestigkeit an der Packung

Betrachtet man das Fleisch beziehungsweise Fleischerzeugnis als Ökosystem, so kommt eine Reihe von Einflussfaktoren (pH, a_w, Temperatur, Eh usw.) in Betracht, die den Umfang und die Zusammensetzung der mikrobiellen Population entscheidend bestimmen. Auf die Bedeutung von Faktoren wie Nitritpökelsalz, Kochsalz, thermische Behandlung (Kochen, Brühen) wird, je nach Produktgruppe, in anderen Kapiteln dieses Buches eingegangen.

Die Bedeutung der Vakuumverpackung für Fleischerzeugnisse wird unter anderem belegt durch den Anteil von 24 % für Aufschnitt in Selbstbedienungspackungen (SB) am Fleischwarenangebot [76].

3.6.2 Keimbelastung und Anforderungen an Verpackungsfolien

Art und Umfang der Kontamination auf Packstoffoberflächen hängen eng zusammen mit der Keimbelastung und dem Staub der Raumluft („Sekundärverkeimung"), der Maschinenkontaktflächen und eventuell manueller Berührung. Wegen der begrenzten Haltbarkeit und der typischen Kontaminationsdichte von portioniertem Frischfleisch, Hackfleisch und anderen Produkten, wird Packungsmaterial wie Zelulosefasern und Zellstoff in der Regel keine quantitativ zusätzliche mikrobielle Belastung bei diesen Produkten verursachen. Trotzdem sollte die Keimbelastung des Packstoffs in einer vernünftigen Relation zur Keimzahl des Produktes stehen, in der Regel 2 Größenordnungen niedriger [10]. Faktoren wie Staub, Luftbewegung, Einhaltung der Kühlkette und Lagerungsdauer, sowie die strikte Handhabung hygienischer Prinzipien, spielen eine entscheidend wichtigere Rolle. Eine Freiheit von pathogenen Keimen muss immer vorausgesetzt werden.

Wenn auch in der Regel kein direkter Kontakt zum Produkt besteht, dürfte bei Packstoffen wie Papiere, Kartons und Pappen eine „Primärverkeimung" über den Produktionsprozess (insb. bedingt durch das Brauchwasser und Rohstoffe wie Altpapier) jedoch nicht ausgeschlossen werden. Feuchtnasse Bedingungen können das Wachstum der Oberflächenmikroben begünstigen, so dass unter Umständen Schleimbekämpfungsmittel zur Sicherung des hygienischen Produktionsablaufs eingesetzt werden müssen [8; 48]. Bei den üblichen Herstellungsverfahren reichen die thermischen Prozesse jedoch völlig aus, um vegetative Mikroorganismen, einschließlich Pathogene wie Salmonellen, Staphylokokken und pathogene Pseudomonaden, auch aus hochkontaminiertem Müllaltpapier abzutöten [8]. Bakterien-Endosporen überleben den Pappenherstellungsprozess praktisch vollständig und liegen in einer Keimzahl von 10^5 bis 10^6/g Trockensubstanz vor. Bei günstigen Bedingungen können Clostridien- und Schimmelpilzsporen (z.B. Chlamydosporen von *Humicola fuscoatra*) auskeimen und das Packmaterial durch ihr Wachstum für eine Verwendung ungeeignet machen. Insbesondere eingeschrumpfte Paletten von Pappen oder Faltschachteln dürfen daher nicht in feuchten Räumen oder im Freien gelagert werden [8; 48].

Bedingt durch thermische Verfahrensschritte sind Brüh- und Kochwürste nach der Herstellung praktisch keimfrei, und eine Rekontamination soll unbedingt durch effektive Kontrollmaßnahmen vermieden werden. Auf Maßnahmen zum aseptischen Abpacken des Füllguts wird unter 3.6.5 eingegangen. An dieser Stelle soll jedoch auf die Notwendigkeit keimarmer Packstoffoberflächen, die mit dem Füllgut in Berührung kommen, hingewiesen werden; dies ist um so mehr notwendig, da die Heißabfüllung, im Gegensatz zu Flüssigprodukten, nicht bei Fleischerzeugnissen, und erst recht nicht bei Aufschnittwaren, praktiziert wird. Die Entkeimung (z.B. mit einer 30-prozentigen Wasserstoffperoxidlösung) von Packstoffoberflächen wird für die Fleischverpackung in der Regel nicht vorgenommen, da die physikalischen Produktionsbedingungen dieser Folien einer mikrobiellen Kontamination entgegen wirken [8]. Kunststofffolien werden im Extruder bei einer Temperatur von 200 °C und darüber (Kontaktzeit 3-7 Minuten) aus Kunststoffgranulat hergestellt, wobei in der Regel alle Mikroorganismen abgetötet werden; dies gilt auch für den Spritzguss von Kunststoffen [8; 72].

Für Packstoffe bestehen derzeit noch keine amtlich festgelegten Höchstkeimzahlen für Deutschland; bilaterale Vereinbarungen werden jedoch von Fall zu Fall zwischen Packstofflieferant und -abnehmer getroffen [11]. Auf Grund empirisch gewonnener Erkenntnisse erscheinen Oberflächengesamtkeimzahlen $<10/100\ cm^2$ für Versandschachteln aus Pappe erstrebenswert [8]. Im Durchschnitt liegen die Oberflächenkeimzahlen bei Kunststofffolien zwischen 0 und 5 Zellen/100 cm^2.

Der Sperr- beziehungsweise Barriereeigenschaften der Packfolien gegenüber Gasen, Wasserdampf und Aromastoffen haben aus hygienischer Sicht zwar zweitrangige Bedeutung, sind aber für die Qualitätserhaltung des Produktes entscheidend. Bei dem Einsatz von Schutzgasen wie CO_2 sind hohe Sperreigenschaften wichtig für die Erhaltung einer nachhaltigen Schutz- beziehungsweise antimikrobiellen Wirkung. Im Vergleich zu Stickstoff hat Kohlendioxid eine relativ große und Sauerstoff eine mittlere Permeationsgeschwindigkeit durch Kunststofffolien. Bei Vakuumverpackung bleiben in der Regel noch Spuren von Sauerstoff zurück, die jedoch rasch von vorhandenen Keimen zu CO_2 veratmet werden; auch die sonstigen Stoffwechselaktivitäten tragen zu einer Reduzierung des Redoxpotenzials bei.

Die sauerstoffabhängige, hellrote Oberflächenfarbe (Oxymyoglobin) bei portioniertem Frischfleisch kann, temperaturbedingt, mit sauerstoffdurchlässigen Verpackungsfolien (bei mittlerer Wasserdampfdurchlässigkeit) gewährleistet werden. Dahingegen wird portioniertes, tiefgefrorenes Fleisch durch wasserdampfdichte Folien (Schutz gegen „Gefrierbrand") mit ausreichender Festigkeit entsprechend geschützt.

Für die Vakuumverpackung von gepökelten und gesalzenen Fleischerzeugnissen sind äußerst undurchlässige Verbunde mit strengen Sauerstoffbarriereeigenschaften, wie zum Beispiel PA/PVDC oder PA/PVAL/PA/EVA, erforderlich. Für Frischgeflügel kommt außerdem eine niedrige Wasserdampfdurchlässigkeit hinzu, während die Folien möglichst Dehn- beziehungsweise Schrumpfeigenschaften aufweisen sollten [11].

Beispiele für die Wasserdampf- und Sauerstoffdurchlässigkeit von Kunststofffolien werden in Tab. 3.6.2 aufgeführt.

Tab. 3.6.2 Wasserdampf- und Sauerstoffdurchlässigkeit von Kunststoffen bei 20 °C, bezogen auf eine Dicke von 100 µm (nach CERNY, 1991) [11]

Kunststoff	Durchlässigkeit für Wasserdampf (85-0 % rF) $g/(m^2d)$	Sauerstoff (trockenes Gas) $cm^3/(m^2d\ bar)$
LDPE	0,7-1,2	1000-1800
HDPE	0,2-0,3	510-650
PP	0,2-0,9	500-650
PVC	1,5-3,0	20-30
PS	10-13	1000-1300
PET	1,5-2,0	9-15
PA 6	10-30	6-18
PVDC	0,05-0,3	0,5-3,0
EVOH	-	0,03-0,07

3.6.3 Mikrobiologische Anfälligkeit von Fleisch und Fleischerzeugnissen

Auf Grund seiner chemischen und physikalischen Beschaffenheit bietet Fleisch nahezu ideale Bedingungen für das Wachstum einer Vielzahl von Mikroorganismen. Bedingt durch die verfügbaren, niedermolekularen Stickstoffverbindungen, Kohlehydrate, B-Vitamine und den hohen a_w-Wert (0,99) ist es leicht verderblich und steht auch häufig mittelbar oder unmittelbar im Zusammenhang mit Lebensmittelvergiftungen.

Bis auf die Oberflächen ist das Muskelfleisch gesunder, ausgeruhter Tiere in der Regel frei von Mikroorganismen; dem gegenüber werden Fleischoberflächen während der Fleischgewinnung und Lagerung mehr oder weniger stark mit Mikroorganismen kontaminiert. Psychrotrophe Vertreter der Pseudomonaden (*Pseudomonas fluorescens* und *Ps. fragi*) und der Enterobacteriaceae (*Enterobacter, Citrobacter, Serratia, Proteus*) sind am Substrat adaptiert und vermehren sich rasch, und zum Teil sukzessiv, bei Kühlhaustemperaturen. Eine Vergrößerung der Fleischoberfläche - wie bei portioniertem, zerkleinertem und gehacktem Fleisch - begünstigt die Wachstumsbedingungen erheblich. Als Maßnahme wurde bereits 1936 die Deutsche Hackfleischverordnung in Kraft gesetzt, wonach der Vertrieb von stark zerkleinertem Fleisch geregelt wird. Demnach müssen Hackfleisch, Geschnetzeltes und Frikadellen noch am Tage der Herstellung verkauft werden; eine Vorratslagerung darf nur unter +4 °C beziehungsweise +7 °C in der Verkaufstheke erfolgen. Eine EG-Verordnung enthält eine detaillierte Beschreibung der Herstellungs- und Lagerungsbedingungen für Hackfleisch, (rohe) Fleischzubereitungen und zerkleinertes Fleisch.

Maßnahmen zur Verlängerung der Haltbarkeit beziehungsweise zur Verbesserung der mikrobiologischen Beschaffenheit von Fleisch zielen vor allem auf eine weit gehende Vermeidung der Ausgangskontamination und eine Reduzierung der Keimbelastung und/oder der mikrobiellen Stoffwechselaktivität. Neben Kühlung und der strengen Einhaltung von Hygieneprinzipien, dienen auch die Verarbeitung, Trocknung, Fermentation und nicht zuletzt die Verpackung dazu, dieses Ziel zu erreichen. Sowohl die Vakuum- als auch die Schutzgasverpackung lassen bei strenger Hygiene und der Einhaltung der Kühlkette eine wesentliche Haltbarkeitsverlängerung von Fleisch und Fleischerzeugnissen zu; die Schutzgasverpackung wird fast ausschließlich bei Frischfleisch eingesetzt. Auf die Mehrzahl der anderen Aspekte wird auch in Kapitel 1 dieses Buches eingegangen.

Betrachtet man das Fleisch als Ökosystem, so erklärt sich, warum jede flankierende Maßnahme einen Einfluss auf die Zusammensetzung und den Umfang der mikrobiologischen Population haben muss. Durch thermische Verfahrensschritte werden bei der Herstellung von Brüh- und Kochwürsten die vegetativen Bakterien weitgehend abgetötet; Nitritpökelsalz unterdrückt unter anderem das Auskeimen von Bakteriensporen und wirkt hemmend insbesondere gegen gramnegative Bakterien; Kühlung bedingt eine Selektion zugunsten der psychrotrophen Kontaminationskeime. Kommt die Vakuum- oder Schutzgasverpackung hinzu, so erklären sich die Unterschiede in der mikrobiologischen Population und somit in der Verderbsassoziation und dem Verderbsmuster zwischen (z.B.) Frischfleisch und einer vakuumverpackten Brühwurst.

Am Beispiel vakuumverpackten Hackfleisches konnte eine Verschiebung der Mikrobenpopulation zugunsten der Grampositiven und insbes. der Milchsäurebakterien während Kühllagerung bei sowohl 0 °C als 7 °C belegt werden (Tab. 3.6.3) [67]. In einem dritten Ansatz dienten 0,5 % Ascorbinsäure als zusätzlicher Faktor zur Vakuumverpackung, und bedingte eine weitere Reduzierung des Gram-negativen Anteils. Bei der Vakuumverpackung und Lagerung von Frischfleisch bei 1 °C konnte für die Dauer von 10 Tagen die aerobe Gesamtkeimzahl bei 10^4/g gehalten werden [30]; dabei wurden die aeroben Pseudomonaden vollständig gehemmt, die Enterobakterien teilweise und die Laktobazillen nur geringfügig. Bei der für die Milchsäurebakterien typischen schwach proteolytischen Aktivität tritt in der Regel eine Säuerung bei vakuumverpackten Erzeugnissen auf, im Gegensatz zu Fäulnisentwicklungen bei aerob gelagerten Produkten.

Tab. 3.6.3 Prozentualer Anteil verschiedener Bakteriengruppen an der Gesamtpopulation in kühl gelagertem (0 °C und 7 °C) Hackfleisch. Ansätze: 1 = Verpackung in sauerstoffdurchlässige Folie (Resinit-RMF-S); 2 = Vakuumverpackung in SCX-LDPE-Verbundfolie; 3 = wie 2, aber mit Zusatz von 0,5 % Ascorbinsäure. (Modifiziert nach VON HOLY u. HOLZAPFEL, 1988) [67]

Mikroorganismen	Ansatz 1	Ansatz 2	Ansatz 3
Pseudomonas spp.	85	27	37
Lactobacillus spp.	0	39	37
Enterobacter spp.	4	19	0
Hafnia spp.	0	4	5
Coryneformen	0	4	5
Kurthia sp.	2	0	0
Achromobacter sp.	6	0	0
Acinetobacter sp.	0	4	0
Enterococcus spp.	0	0	11
Micrococcus spp.	0	4	5
Aeromonas sp.	2	0	0
grampositive Bakterien	2	46	58
gramnegative Bakterien	98	54	42
Gesamtzahl der Isolate	48	26	19

Innerhalb der Milchsäurebakterien sind Arten wie *Lactobacillus curvatus* (Abb. 3.6.1) und *Lactobacillus sake* (Abb. 3.6.2) besonders gut an das Fleischmilieu adaptiert; sie vertreten häufig den dominanten Anteil an den Milchsäurebakterien und sogar der Gesamtpopulation bei einer Reihe von Fleischprodukten. Bei Rohwurst führen sie während der Reifung erwünschte Veränderungen herbei, sind aber die Hauptverderbniserreger vakuumverpackter Fleischerzeugnisse. Weiterhin werden sie gegenüber anderen Milchsäurebakterien durch Vakuumverpackung von Frischfleisch begünstigt, dabei bewirkt die Gamma-Bestrahlung einen zusätzlich selektiven Einfluss zugunsten des strahlungsresistenteren *Lb. sake*. Eine vergleichende Darstellung dieses Phänomens bietet die Tab. 3.6.4, in der Daten aus verschiedenen Projekten zusammen getragen worden sind. Ein Vergleich zu (zum Teil fermentierten) pflanzlichen Lebensmitteln belegt die Dominanz von *Lb. plantarum* in diesen Substraten und seine relativ geringfügige Bedeutung in Fleischerzeugnissen.

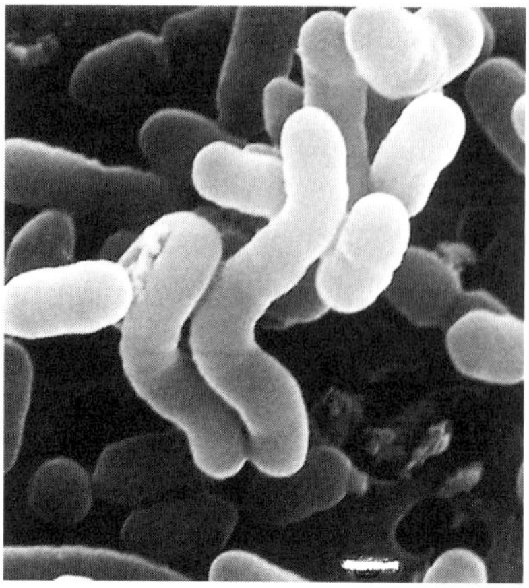

Abb. 3.6.1

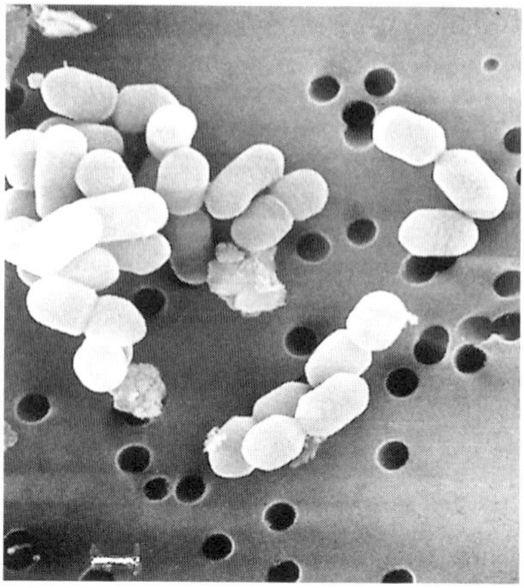

Abb. 3.6.2

Abb. 3.6.1 **Elektronenmikrographie eines aus verdorbener, vakuumverpackter Brühwurst isolierten Stammes von *Lactobacillus curvatus*; die typisch gekürzten Zellen sind deutlich wahrnehmbar. Strich = 0,5 µm**

Abb. 3.6.2 ***Lactobacillus sake*; die kurzen Stäbchen bis Kokkobazillen sind typisch für diese Art. Strich = 0,5 µm**

Auch die Zusammensetzung einer Schutzgasatmosphäre kann die Mikrobenpopulation entscheidend beeinflussen, wobei reiner Stickstoff eher eine neutrale bis „schützende" Wirkung auf die fakultativen bis anaeroben Bakterien des verpackten Fleisches hat; dem gegenüber wirkt CO_2 toxisch auf die Mehrzahl der Bakterien, insbesondere auf aerobe bis fakultativ-anaerobe, psychrotrophe gramnegative. Am Beispiel strahlungsresistenter *Lb. sake*-Stämme und authentischer Referenzstämme wird die unterschiedliche Wirkung der Gammabestrahlung (Abtötungswerte yD_{10} in kGy) in drei verschiedenen Gasatmosphären und unter Vakuumverpackung in der Tab. 3.6.5 dargestellt [26].

Tab. 3.6.4 Anteil verschiedener Spezies an der Milchsäurepopulation in Fleisch und Fleischerzeugnissen im Vergleich zu Pflanzenökosystemen (in % der Stämme)

Art	Frisches Fleisch Vak.-Verp. γ(5 kGy)	Rohwurst		Vak.-Verp. Fl. Erzeugn.	Pflanzen
Anzahl der Stämme	71	114	421	473	139
Betabacterium	2,8	0	5,2	0,9	-
Lb. alimentarius	9,9	0	2,6	0	0
Lb. amylophilus	0	0	0	0	0
Lb. bavaricus	21,1	0	0	5,9	5,8
Lb. casei ssp. casei	0	0	2,1	0	3,6
Lb. casei ssp. rhamnosus	0	0	0,9	0,2	4,3
Lb. curvatus	22,5	3,5	22,6	16,9	13,0
Lb. coryniformis	0	0	0	0	0,7
Lb. farciminis	4,2	1,8	4,8	0	3,6
Lb. homohiochii	0	0	0	1,1	3,6
Lb. plantarum	0	0	6,0	3,8	52,5
Lb. sake	33,8	94,7	50,8	68,0	3,6
Lb. xylosus	0	0	0	0	0,7
Lb. yamanashiensis	0	0	0	0	7,2
Leuconostoc spp.	2,8	0	3,3	3,2	-
Streptokokken	0	0	1,7	0	0
Lb. bavaricus *Lb. sake* u. *Lb. curvatus*	76,4	98,2	73,4	90,8	22,4

Tab. 3.6.5 Durchschnittliche D_{10}-Werte ermittelt für 4 strahlungsresistente *Lb. Sake*-Stämme und 3 authentische Laktobazillen (*Lb.* sake DSM 20017; *Lb. curvatus* DSM 20010; *Lb. alimentarius* DSM 20249) in folienverpacktem Hackfleisch unter Luft, Stickstoff, Kohlendioxid und Vakuum (Hastings et al., 1986) [26]

Stamm und Atmosphäre	Durchschn. D_{10} (kGy)
Isolate in:	
Luft	1,47
Vakuumverpackung	1,34
CO_2	1,08
N_2	1,95
Referenzstämme in:	
Luft	1,00
Vakuum	1,18
CO_2	0,87
N_2	1,15

3.6.4 Frischfleisch

Die sauerstoffabhängige, hellrote Oberflächenfarbe (Oxymyoglobin) bei portioniertem Frischfleisch kann, temperaturbedingt, mit sauerstoffdurchlässigen Verpackungsfolien (bei mittlerer Wasserdampfdurchlässigkeit) gewährleistet werden. Verpackungsformen mit hoher Sauerstoffdurchlässigkeit gestatten jedoch nur eine kurze Vertriebsdauer (je nach Lagerungstemperatur bis zu 3 Tagen); sie dienen in erster Linie dem mechanischen und hygienischen Schutz von portioniertem und gehacktem Fleisch, welches unter Kühllagerung bei 4 °C für alsbaldigen Verbrauch bestimmt ist. Psychrotrophe, aerobe und fakultativ-anaerobe gramnegative Bakterien der Gattungen *Pseudomonas, Enterobacter* und *Klebsiella* überwiegen, und rufen bei Keimzahlen $>10^7$/g sensorische Defekte wie Geruch- und Schleimbildung hervor. Der Abbau von Fleischproteinen wird vor allem auf extrazelluläre Proteasen mancher Vertreter der Gattungen *Proteus, Bacillus* und *Clostridium* zurückgeführt, obwohl sie in der Regel einen kleineren Anteil der Population darstellen. Die entstehenden Peptide und Aminosäuren werden von anderen Mikroorganismen zu typischen Fäulnisprodukten wie Ammoniak, Schwefelwasserstoffverbindungen, Aminen uud so weiter abgebaut. Die Entstehung von biogenen Aminen steht eng in Zusammenhang mit der Stoffwechselaktivität der Enterobacteriaceae, bei denen die Aminosäurendecarboxylaseaktivität recht ausgeprägt ist. Diese Gruppe wird in geringerem Maße als die Pseudomonaden durch Anaerobiose beeinflusst und stellt unter Umständen einen wichtigen Teil der Population auch nach der Vakuumverpackung dar.

Portioniertes, tiefgefrorenes Fleisch wird durch wasserdampfdichte Folien (Schutz gegen Gefrierbrand) mit ausreichender Festigkeit entsprechend mechanisch und hygienisch geschützt. Bei unverpacktem gefrorenem Fleisch besteht, bei längerer Lagerung und unzureichender Gefriertemperatur, die Gefahr einer Schimmelpilzvermehrung, insbesondere von *Cladosporium herbarum* (schwarze Punkte), *Sporotrichum carnis* (weiße Punkte) und *Penicillus* ssp. (blaugrüne Punkte).

Für längere Haltbarkeit von gekühltem (0 - 4 °C) Frischfleisch sind Verbundpackungen mit niedriger Gasdurchlässigkeit (z.B. aus PA/PVDC/PA/PE oder PA/PVAL/PA/EVA) erforderlich; somit kann sowohl bei Vakuum- als auch Schutzgasverpackungen die Einhaltung eines niedrigen Redoxpotenzials während der gesamten Lagerzeit gewährleistet werden. Dabei müssen aber nachteilige Wirkungen mit Bezug auf die dunklere Oberflächenfarbe, Deformierung und Verluste durch Ausscheidung von Muskelflüssigkeit in Kauf genommen werden.

Die antimikrobiellen Eigenschaften von Kohlendioxid, zum Beispiel auf psychrotrophe Verderbniserreger des Fleisches, wurden schon im vorigen Jahrhundert erkannt [34] und kamen bereits während der ersten Hälfte dieses Jahrhunderts zur erfolgreichen Anwendung bei einem 10-prozentigen Atmosphärenanteil in gekühlten Schiffsräumen für den Fleischtransport aus Australien und Neuseeland nach Europa [33]. Rinderviertel konnten somit in Kühlschiffen bei -1 °C unter 10 bis 20 % CO_2 50 Tage frisch gehalten werden. Umfangreiche Versuche zum Einsatz von Verpackungsfolien für die Haltbarkeitsverlängerung von gekühltem Fleisch wurden erst im Laufe der 50er Jahre unternommen [24], und es wurde alsbald erkannt, dass Lagerungstemperatur und -zeit, das Verpackungsmaterial und Ausgangskeimzahlen dabei die entscheidenden Faktoren sind. Eine Verschiebung der Mikrobenpopulation von Fäulnisbakterien (hauptsächlich Pseudomonaden) in sauerstoffdurchlässigen Folien zugunsten von „säuernden" Gruppen (Milchsäurebakterien) in gasdichten Folien wurde ebenfalls beobachtet.

CO_2 beeinflusst das Wachstum und die Vermehrung aerober, psychrotropher gramnegativer Bakterien, unter anderem durch die Unterdrückung der Decarboxylaseaktivität, insbesondere Isocitrat- und Malat-Dehydrogenasen, während funktionelle Eigenschaften wie Permeabilität und Transport auch benachteiligt werden [17]. Im Vergleich zu vakuumverpackten Fleischproben wurden *Pseudomonas* spp. effektiver in Gasgemischen von CO_2/N_2 unterdrückt [12; 5]; die Vermehrung der CO_2-resistenten Milchsäurebakterien trägt daraufhin unmittelbar zur Hemmung anderer resistenter Verderbsbakterien wie *Brochothrix thermosphacta* bei [13].

Die effektivste Haltbarkeitsverlängerung von Fleisch wäre mit einer Schutzbegasung aus reinem Kohlendioxid zu erzielen; da niedrige Sauerstoffpartialdrucke eine ungewünschte Verfärbung infolge Metmyoglobinbildung hervor rufen, und eine absolut sauerstofffreie Schutzgaspackung in der Praxis nicht möglich ist, werden Schutzgasverpackungen heute allgemein mit einem ca. 80-prozentigen Sauerstoffanteil und 20% CO_2 zur Vermeidung der Verfärbung von Frischfleisch eingesetzt [9; 30; 74]. Ein Nachteil wäre, dass die ansprechende Farbe auch bei bakteriologischem Verderb noch eine gute optische Qualität vortäuschen kann [63]. Dieses Gasgemisch hat aber auch gegenüber aeroben Fleischbakterien eine hohe Wirksamkeit und führte sogar bei Hackfleisch zu einer dramatischen Verlängerung der Haltbarkeit unter Kühlung [30]. Für die Kühllagerung von Hacksteak (ground beef patties) über 14 Tage bei 2,5 °C zeigte die Vakuumverpackung eine ähnliche antimikrobielle Wirkung wie ein Schutzgasgemisch von 80 % N_2 und 20 % CO_2, jedoch mit den Nachteilen eines Farb- und Gewichtsverlustes wegen Feuchtigkeitsausscheidung [41]. Die bakterizide Wirkung von CO_2-Gas verstärkt sich mit steigender Konzentration und mit sinkender Temperatur im Bereich -1 °C bis +2 °C. Außerdem geht ein Teil des CO_2-Gases auf den feuchten Oberflächen als Kohlensäure in Lösung, bewirkt eine pH-Senkung und trägt somit zum Hemmeffekt bei [64].

Aufgrund der Veratmung des Restsauerstoffs durch Fleischgewebe und Mikroorganismen zu CO_2 entwickelt sich bald eine annähernd anaerobe Situation bei vakuumverpacktem Fleisch. Im Laufe dieser Veränderungen des Redoxpotenzials vollzieht sich eine allmähliche Verschiebung der Mikrobenpopulation von der *Pseudomonas-Acinetobacter-Moraxella*-Gruppe über die Enterobacteriaceae und *Br. thermosphacta* bis hin zu den Milchsäurebakterien. Dominante Vertreter dieser Milchsäurebakterien sind vor allem die früher als „atypische Streptobakterien" [50] bezeichneten Arten *Lb. sake* und *Lb. curvatus*, aber auch *Carnobacterium divergens* und *Cb. piscicola*, und, besonders bei Lagerungstemperaturen um +1 °C, auch *Leuconostoc* spp. [25].

Für vakuumverpacktes Fleisch von guter hygienischer Qualität und pH um 5,7 lässt sich eine Haltbarkeit bei 0 °C -1 °C Kühllagerung von ca. 8-10 Wochen erwarten, wonach leicht säuerliche und (bedingt durch kurzkettige Fettsäuren) käseartige Geruchsabweichungen - bei Gesamtkeimzahlen um 10^7 bis $10^8/cm^2$ - wahrnehmbar werden. Sensorische „Defekte" dieser Art sind oft kaum wahrnehmbar und werden uunter Umständen als nicht abstoßend beurteilt. Dabei ist die Glucose beziehungsweise das Glycogen in den Oberflächenschichten recht bald ausgeschöpft und wirkt so limitierend auf die weitere Entwicklung der Mikrobenpopulation [21]. Bei vakuumverpacktem DFD-Fleisch machen sich sensorische, fäulnisartige Defekte bereits nach 3-6 Wochen bemerkbar mit einer Verderbsassoziation, die typisch von *Alteromonas putrefaciens* dominiert wird, weiterhin auch von Milchsäurebakterien, Enterobacteriaceae und *Br. thermosphacta*. Bei pH-Werten >6 produziert. *Alt. putrefaciens* Schwefelwasserstoff, der zu einer Vergrünung des Fleisches führen kann.

3.6.5 Brühwurst

Brühwürste sind Wurstwaren, die aus rohem, zerkleinertem Fleisch und Speck unter Zusatz von entweder Kochsalz (Weißwurst, Gelbwurst und auch gewisse Bratwurstsorten, Leberkäse und Pasteten) oder Nitritpökelsalz (Wiener oder Frankfurter Würstchen, Fleischwurst usw.) in Hüllen (Natur- oder Kunststoffdärme) gefüllt und bei 72-78 °C gebrüht werden. Je nach Sorte kann das Erzeugnis vor dem Brühen bei ca. 75 °C geräuchert werden. Besonders gramnegative Bakterien werden durch die Hitzebehandlung abgetötet, während Enterokokken und Laktobazillen, aber auch Mikrokokken und gelegentlich *Br. thermosphacta* (auch bedingt durch die Ausgangskeimbelastung der Rohware) diesen Prozess überleben können. Endosporen der Gattungen *Bacillus* und *Clostridium* überleben zwar diese Temperaturen, sind aber unter Kühllagerung und insbesesondere in Gegenwart von Nitritpökelsalz nicht auskeimungsbeziehungsweise vermehrungsfähig. Besonders die psychrotrophen Stämme der Milchsäurebakterien bringen gewisse Verderbsrisiken mit sich; das größte Risiko geht jedoch von einer Rekontamination nach Ablauf der Herstellung aus. Im Gegensatz zu Halbdauerwaren wie Mortadella, Krakauer und Bierwurst sind die Mehrzahl dieser Produkte, auf Grund einer hohen Wasseraktivität (>0,97), stark verderbsanfällig und sogar bei sachgemäßer Kühllagerung höchstens 10 Tage haltbar.

Zur Vereinfachung des Vertriebs und der Ausstellung in Kühltheken, können diese Erzeugnisse in gasdichten Verbundfolien vakuumverpackt werden. Dazu eignen sie sich jedoch nur, wenn mäßige Wasserschüttung und gute Wasserbindung vorliegen [75]. Während eine geringe Flüssigkeitsansammlung in der Packung toleriert werden kann, würde eine verstärkte Flüssigkeitsseparierung die mikrobielle Anfälligkeit solcher Produkte erhöhen. Bedingt durch das reiche Nährstoffangebot und die mikroaerophilen Bedingungen vermehren sich vor allem psychrotrophe Milchsäurebakterien (insbes. Laktobazillen, aber auch *Leuconostoc* spp. und *Enterococcus* spp.) und *Brochothrix thermosphacta* auf der Wurstoberfläche und besonders rasch in der Flüssigkeit, mit dem Ergebnis einer zum Verderb führenden Säurebildung. Die Abb. 3.6.3 zeigt, wie ausgeprägt die Flüssigkeitsseparierung in einer 500-Gramm-Packung Wiener Würstchen sein kann.

Bei der Herstellung werden die Hüllen der in Kunststoffdärmen abgefüllten Würstchen (z.B. Wiener und Frankfurter) nach dem Brühen entfernt, wonach eine Oberflächenkontamination über die Luft, Utensilien oder die Hände des Personals möglich ist. Neben Milchsäurebakterien sind auch kältetolerante gramnegative Bakterien der Gruppe *Klebsiella-Enterobacter* hier von Bedeutung. Diese Gruppen kommen allgemein in fleischverarbeitenden Betrieben vor und werden vor allem beim Aufschneiden und Abpacken auf die Wurstoberfläche übertragen. Voraussetzung für eine Verringerung der Kontamination während der Verpackung ist die Handhabung einer strengen Verpackungshygiene und die häufige Reinigung der Verpackungsmaschinen.

Verderbssymptome wie Vergrünung und Fäulnisgeruch sind eher typisch für aerob gelagerte Würste; im Vergleich dazu führt der bakterielle Verderb von vakuumverpackten Brühwürsten zur Bildung von Säuren, insbes. Milchsäure, aber auch flüchtiger Aromen sowie Gas und Schleim [4; 31; 36; 49; 69; 70]. Die heterofermentativen Laktobazillen und *Leuconostoc* spp. sind maßgeblich für Gasbildung und daraus entstehende Bombagen verantwortlich (Beispiel: Abb. 3.6.4).

In Südafrika durchgeführte Untersuchungen an vakuumverpackten, verdorbenen Wiener und Frankfurter Würstchen sowie Krakauer, „Country"-Wurst und Rauchwurst ergaben Gesamtkeimzahlen um 10^7 bis 10^9/g mit einem Anteil von >99 % Milchsäurebakterien und *Br. thermosphacta* um 0,002 % an der Gesamtpopulation. Eine systematische Untersuchung von 455 Milchsäurebakterienisolaten ergab folgende Verteilung nach phänotypischen Merkmalen [20; 31]:

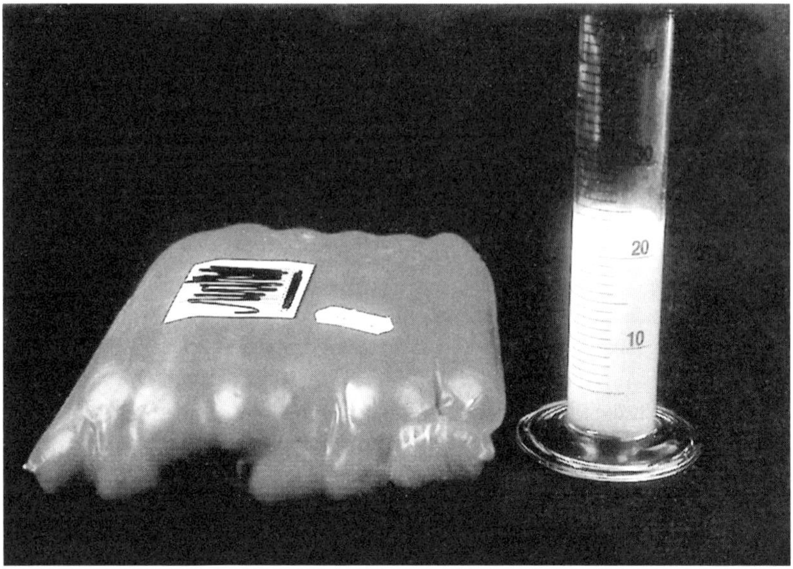

Abb. 3.6.3 Ausgeprägte Flüssigkeitsseparierung bei vakuumverpackten Wiener Würstchen (Aufnahme: Alex v. HOLY)

- *Leuconostoc* spp.: 15 Stämme (davon 11 *Leuc. mesenteroides*, 1 *Leuc. amelibiosum*, 2 *Leuc. „lactophilum"* und 1 *Leuc. paramesenteroides*);
- heterofermentative Laktobazillen: 6 Stämme (davon 4 *Lb. brevis*, 1 *Lb. cellobiosus* und 1 *Lb. fermentum*);
- *Lb. plantarum*: 18 Stämme
- *Lb. bavaricus*: 28 Stämme
- *Lb. casei*: 1 Stamm
- *Lb. homohiochii*: 5 Stämme
- *Lb. curvatus:* 80 Stämme
- *Lb. sake*: 302 Stämme.

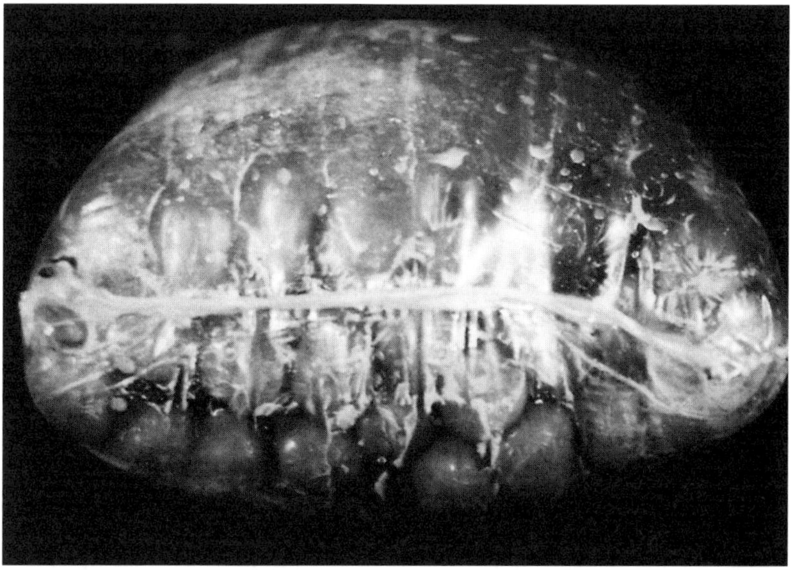

Abb. 3.6.4 Starke, durch *Leuconostoc* spp. verursachte Gasbildung bei vakuumverpackten Wiener Würstchen (Aufnahme: Alex v. Holy)

Die Problematik der Unterscheidung zwischen *Lb. curvatus* und *Lb. sake*, früher mehrfach von Reuter [49; 50] als „atypische" Streptobakterien ausgewiesen, wurde auch durch diese Arbeit unterstrichen; darüber hinaus zeigte sich auch *Lb. bavaricus* - bis auf die Bildung von L(+)-Milchsäure aus Glucose - phänotypisch identisch mit *Lb. sake*. Spätere Erkenntnisse haben die Homologie mit *Lb. sake* bestätigt [25].

Umfassende Untersuchungen an verdorbenen, vakuumverpackten Wiener Würstchen in Südafrika zeigten, dass homofermentative Laktobazillen (mit 58 %) und *Leuconostoc* spp. (mit 36 %) praktisch die gesamte Mikrobenpopulation von 10^7 bis 10^8/g bzw. 10^9/ml des Exudats dominierten; dabei handelte es sich um Defekte wie Blähungen (Bombagen) (Abb. 3.6.4), Säurebildung und vermehrte Flüssigkeitsausscheidung (Abb. 3.6.3) [69; 70]. Für Pastrami wurde sowohl für Vakuumverpackung als auch N_2-Verpackung eine starke Zunahme des Laktobazillen-Anteils an der Mikrobenpopulation von anfangs ca. 40 % bis auf 80-92 % nach 49 Tagen bei 7 °C beobachtet [37].

Sensorische Defekte bei vakuumverpackten, finnischen Ringwürsten wurden bei einer Laktobazillenpopulation ab ca. 10^7/g wahrgenommen. Ein Anstieg in dieser

Population bis 10^8/g machte sich unter anderem in zunehmender Säuerung und einer pH-Senkung von 6,3 auf 5,4 bemerkbar, während die CO_2-Konzentration bei Zahlen über 6,4 x 10^6/g von <10 % auf 40-60 % anstieg [35]. Das in der finnischen Fleischindustrie weit verbreitete Problem der Schleimbildung (ropy slime) kann auf die Stoffwechselaktivität gewisser Stämme von *Lb. sake, Leuc. Mesenteroides* und *Leuc. amelibiosum* zurückgeführt werden [39]. Der Schleim mit einem Molekulargewicht von 70 000 bis 30 000 it ein Polymer von Glucose und Galactose im Verhältnis 10:1-10:2 [36].

Unverdorbene, vakuumverpackte Wiener Würstchen enthalten maximal 10^3 bis 10^4 Milchsäurebakterien/g, während andere Gruppen wie Enterobacteriaceae, Hefen, Enterokokken und Staphylokokken in keinem dieser Produkte Zahlen $>10^3$/g erreichten [69]. Aufgrund einer umfassenden Untersuchung an 419 Proben vakuumverpackter Brühwurst (Bologna) wurde eine aerobe Gesamtkeimzahl von 5 x 10^5/g als realistische Obergrenze für den Vertrieb dieser Produkte im Kleinhandel vorgeschlagen [19]. Eine Haltbarkeit von 42 d/2 °C bzw. 28 d/7 °C wurde für Frankfurter Würstchen, verpackt in „Cryovac“-Verbundfolie, ermittelt bei einer pH-Absenkung von 6,3 auf 5,5 [78]. Die Anwendung modifizierter Atmosphären (100 % N_2 bzw. 30 % CO_2 + 70 % N_2) erzielte gegenüber Vakuumverpackung bei Brühwurst eine Haltbarkeitsverlängerung von 17 auf 27 Tagen bei 4 °C [3].

Auch wenn Milchsäurebakterien in Zahlen $>10^7$/g gewisse sensorische Defekte durch Säure- und (bedingte) Geruchs- und Gasbildung in verpackten Fleischerzeugnissen verursachen, stellen sie in der Regel kein gesundheitliches Risiko dar; die Geschmacksdefekte sind im Vergleich zu Fäulniserregern meist geringfügig. Hinzu kommt, dass diese Milchsäurebakterien hemmend gegen Fäulnisbakterien und eine Reihe von Pathogenen wirken, so zum Beispiel bei Kühltemperaturen gegen *Staphylococcus aureus, Bacillus cereus, Clostridium perfringens* und *Yersinia enterocolitica* [44]. Auf Grund der Bildung von Bacteriocinen konnte eine hoch spezfische, letale Wirkung von fleischassoziierten Milchsäurebakterien wie *Lb. sake* [54] und *Leic. Carnosum* [66] gegen *Listeria monocytogenes* nachgewiesen werden.

3.6.6 Brühwurstaufschnitt einschließlich Kochschinkenaufschnitt

Brühwürste größeren Kalibers (z.B. Fleischkäse bzw. Fleischwurst, Jagdwurst, Schinkenwurst, Mortadella sowie auch Kochschinken) werden häufig für den Zweck der Aufschnittware hergestellt, die dann üblicherweise in SB-Packungen vertrieben und in Kühltheken bei maximal 8 °C angeboten werden. Durch das Aufschneiden werden sehr große Reaktionsflächen geschaffen, bei denen nicht nur das fein zerkleinerte Fett (bei Brühwurst) durch Sauerstoff- und Lichteinfluss gefährdet ist, sondern das gesamte Produkt besonders anfällig für mikrobielle Kontamination wird. Da sowohl Brühwurst als auch Kochschinken in der Regel unter Einsatz von Nitritpökelsalz hergestellt werden, herrscht nach dem Aufschneiden eine annähernd vergleichbare Situation bezüglich der typischen Keimbelastung und des Verderbspotenzials. Typische Bakterien sind zum Beispiel an den Aufschneidemaschinen, Waagen und Transportbändern nachzuweisen [28] und sind in der Regel an das Wurstsubstrat adaptiert. Eine aerobe Keimzahlbestimmung an Wurstoberflächen unmittelbar nach dem Aufschneiden gibt Auskunft über die Hygiene beim Schneidevorgang [52].

Während Milchsäurebakterien auch bei diesen Produkten in der Regel die dominante Bakteriengruppe darstellen, haben andere Mikroben wie *Br. Thermosphactum, Staphylococcus aureus, Enterococcus* spp. und Hefen häufig einen größeren Anteil an der Gesamtpopulation. Bedingt durch die großen Kontaminationsflächen haben diese Erzeugnisse auch bei sachgemäßer Kühllagerung eine geringere Haltbarkeit als intakte, vorverpackte Brühwürste. Sensorische Geschmacks- und Geruchsfehler sind bereits nach 10 Tagen Lagerung bei 5 °C wahrnehmbar, und eine maximale Haltbarkeit von ca. 2 Wochen wurde für diese Temperatur vorgeschlagen [57]. Die Problematik wird unter anderem durch die hohen durchschnittlichen Gesamtkeimzahlen um 2,5 x 10^7/g für aus dem Handel bezogene Proben belegt, wobei 44 % der Produkte eine Keimzahl >10^8/g aufwiesen [57]. Vergleichsweise konnten für vorverpackten Schinkenaufschnitt nach 68 Tagen Lagerung bei 3 °C keine sensorischen Mängel wahrgenommen werden, obwohl bereits nach 48 Tagen die Gesamtkeimzahl 10^8/g erreicht hatte [62].

In der Regel überwiegen Milchsäurebakterien auch in vorverpackter Aufschnittware ähnlich wie in vakuumverpackter Brühwurst, wobei auch hier die „atypischen Streptobakterien“ den größten Anteil ausmachen; außerdem *Lb. rhamnosus* (mit 17 % der Streptobakterien) und mit *Lb. viridescens* und *Lb. buchneri* als die dominanten Vertreter der heterofermentativen Laktobazillen [58].

In Abwesenheit konkurrierender Milchsäurebakterien besteht die Gefahr, dass Verderbskeime wie *Br. thermosphacta* oder aber auch *Listeria monocytogenes* sich insbesondere bei vorverpackten Aufschnittwaren, auch bei Kühltemperaturen <7 °C, durchsetzen können. Bei einer Populationsdichte von 10^8/g treten, im Vergleich zu homofermentativen Milchsäurebakterien, bei *Br. thermosphacta* relativ früh Aromadefekte auf. Heterofermentative Milchsäurebakterien beziehen dabei eine „Mittelstellung“, und eine Gesamtkeimzahlbestellung würde demnach nur eine geringe Aussagekraft bzüglich der zu erwartenden sensorischen Beschaffenheit haben [57]. Im Falle von *Br. thermosphacta* sind sensorische Mängel vor allem Diacetyl und Acetoin zuzuschreiben [59].

In 17 % der aus dem Handel bezogenen Packungen ist *L. monocytogenes* in Zahlen zwischen <100 bis 200/g nachgewiesen worden; in Abwesenheit von Konkurrenzkeimen können die Listerien sich auch unter 7 °C rasch vermehren. Ein MHD, das auf 3-4 Wochen angesetzt ist, würde eine Vermehrung bei 2 °C um eine Zehnerpotenz und bei 4 °C um 2 bis 4 Zehnerpotenzen erlauben. *Yersinia enterocolitica* vermehrte sich bei 5 °C innerhalb von 2 Wochen auf 10^6/g, *Staphylococcus aureus* und *B. cereus* bei 8 °C, und *Salmonella typhimurium* und *Salmonella enteritidis* bei 12 °C [55].

Bei der Aufschnittverpackung sind Frischwaren grundsätzlich vor den Rohwaren abzupacken, da letztere von Laktobazillen fermentiert werden, die auch die dominanten Verdersbsbakterien der Frischwaren darstellen (s. Tabelle 3.6.4).

3.6.7 Kochwurst

Kochwürste wie Leberwurst, Blutwurst, Presssack, Zungenwurst, Schwartenmagen, Corned Beef sowie Sülzwürste und Sülzen werden aus vorgekochtem Ausgangsmaterial (überwiegend Schweinefleisch, Innereien und Fettgewebe) hergestellt, wobei die Wurstmasse bei höheren Temperaturen (80-90 °C) als Brühwurst gegart wird. Je nach Wurstsorte wird auch Nitritpökelsalz bei der Herstellung zugesetzt und kann auch (heiß oder kalt) geräuchert werden. Bei einer Kerntemperatur von 65-75 °C und ausreichender Kochzeit können manche dieser Wurstsorten als Halbkonserven (siehe SSP unter 3.6.9), mit Haltbarkeit bis zu 6 Monaten bei 5 °C, bezeichnet werden. Überlebende *Bacillus*- und *Clostridium*-Sporen können bei dieser Temperatur und einem a_w-Wert <0,96 nicht auskeimen. Die Wurstmasse wird meist in stabilen, sauerstoff- und wasserundurchlässigen Kunsthüllen abgefüllt, eine nochmalige Verpackung in Folien wird selten praktiziert.

Mikrobiologischer Verderb nach Verpackung in gasundurchlässigen Verbundfolien kann entweder auf eine Rekontamination der Wurstoberfläche, oder aber das Überleben vegetativer Bakterien bei hoch belastetem Rohmaterial oder unzureichender Kochtemperatur zurück geführt werden. Eine Säuerung durch Milchsäurebakterien kann als typischer Defekt bei Leberwurst auftreten, während Fäulniserreger wie Enterobacteriaceae auf der Wurstoberfläche und Endosporenbildner im Kern unangenehme Geruchsfehler, Verfärbungen und Konsistenzveränderunge hervorrufen können.

Bei einer Schüttung von <25 % und einer Kerntemperatur von 70 °C kann für vakuumverpackte Leberpastete eine Mindesthaltbarkeit von 1 Monat bei 4 °C Lagerung erwartet werden [38]. Höherer Wassergehalt begünstigt das Wachstum von Laktobazillen, insbesondere *Lb. viridescens*, mit Säuerung und Vergrünung als häufigste sensorische Defekte; dabei würde jedoch eine Reduzierung des pH-Wertes auf ca. 5,8 durch Zusatz von 0,5 % GdL das Produkt wieder weitgehend stabilisieren.

Die Haltbarkeit von Sülzen beruht im Wesentlichen auf einem reduzierten pH-Wert, der unter Zusatz von Essigsäure auf ca. 5,0 eingestellt wird; diese Produkte sind ohne Kühlung lagerfähig, wenn eine Rekontamination nach der Erhitzung vermieden wird. Geldersche Rauchwurst wird eher als Brühwurst hergestellt; durch Zusatz von 0,5 % Glucono-delta-Lacton (GdL) wird der pH-Wert auf 5,4-5,6 eingestellt, und das Produkt bleibt mehrere Wochen ohne Kühlung stabil, wenn es nach der Vakuumverpackung eine Stunde bei 80 °C erhitzt wird [29] (s. auch Halbkonserven unter 3.6.11).

3.6.8 Kochpökelware

Kochpökelwaren werden nach einer meist milden Naßpökelung (a_w 0,96 bis 0,98) bei einer Kerntemperatur von mindestens 68 °C schonend gegart. Neben dem üblichen Spritzpökelverfahren hatten sich seit einiger Zeit mehrere Arten der mechanischen Verarbeitung wie „Tumbeln", Poltern oder Massieren durchgesetzt. Bei der Verwendung wasserdampfdurchlässiger Zellulosefaserdärme wird in der Regel geräuchert, bei Folienverpackung jedoch nicht.

Durch die Erhitzung auf 68 °C Kerntemperatur werden Pathogene vollständig abgetötet; eine Rekontamination der Oberfläche führt in der Regel zu einer starken Vermehrung von Milchsäurebakterien, insbesondere bei vorverpackten Erzeugnissen. Salztolerante Keime wie Staphylokokken - besonders bei fehlenden Konkurrenzbakterien - können sich eher unter aeroben Bedingungen durchsetzen.

Die Oberflächen vorgekochter Fleischerzeugnisse wie Kassler werden vor der Vakuumverpackung, ähnlich wie bei aufgeschnittenen Brühwürsten, mit Mikroorganismen aus der Luft und über die Utensilien kontaminiert. Im Vergleich zu 37 Tagen Haltbarkeit bei Vakuumverpackung und 4 °C Lagerung, wurde für geräuchertes Kassler eine Haltbarkeitsverlängerung durch Gasverpackung auf 43 Tage mit N_2 und 49 Tage mit CO_2 erzielt [2]. Bei allen Behandlungen vermehrten sich die Laktobazillen während der Lagerung zur dominanten Gruppe, mit *Lb. viridescens* und einer bis dahin nicht identifizierbaren Art, vermutlich *Carnobacterium* sp., als typischen Vertretern.

Bei der Herstellung von Folienschinken, auch als Kochschinken in Weichfolien, „cook-in ham" oder „uncanny ham" bezeichnet, entfällt das Problem der Oberflächenrekontamination. Einer der wesentlichsten Vorteile der Folienschinkenherstellung ist die Haltbarkeitsverlängerung, die bei Lagerung um 2 °C eine Verbesserung um bis zu 2 Monaten betragen kann. Bei diesem in Europa zunehmend angewandten Verfahren werden Einflussfaktoren berücksichtigt, die die Herstellung eines geleefreien Folienschinkens unter Vakuum erlauben; erschwerend wirkte dabei die Tatsache, dass bis Ende 1995 in Deutschland keine Phosphate für die Schinkenfabrikation zugelassen waren. Eine Änderung dieser Situation erfolgte im Rahmen der EU-weiten Harmonisierung.

3.6.9 Rohpökelware

Rohpökelware wird entweder unter Trocken- oder Nasspökelung hergestellt (siehe Kap. 3.2), wobei das trockene Einreibeverfahren, zum Beispiel bei Knochenschinken, bis zu zwei Monate dauern kann. Bei Temperaturen um 5 °C bis 8 °C herrschen günstige Bedingungen für die Vermehrung von salztoleranten Stämmen der Gattungen *Micrococcus, Staphylococcus, Lactobacillus* und *Enterococcus* sowie Vibrionen und Hefen in der sich bildenden Lake. Diese, mit der Pökelware assoziierten Mikroorganismen, bestimmen in entscheidendem Maße die Haltbarkeit vorverpackter Schinken, insbesondere Aufschnittware in SB-Packungen. Für Schinken werden häufig coextrudierte Barrierefolien mit gleicher Folienkonstruktion, jedoch unterschiedlicher Dicke, bei sowohl Mulde als auch Deckel eingesetzt. Diese aus PA und PE bestehenden Verbundfolien enthalten ein Höchstmaß an mechanischer Sicherheit und optimalem Tiefziehverhalten [15]. Eine vergleichende Untersuchung zeigte, dass strenge Barriereeigenschaften in Kombination mit einem hohem Vakuum das Wachstum mesophiler, psychrotropher und lipolytisch aktiver Bakterien am stärksten bei 5 °C beeinflussen. Durch Zusatz von Sorbat wurde ein zusätzlicher Hemmeffekt in Kombination mit Nitrit erzielt [73]. Verpackung unter Vakuum begünstigte die Dominanz von Mikrokokken im Fettbereich von Wiltshire Bacon; Nitrit wurde insgesamt als entscheidender Faktor für eine Verringerung der Säurebildung durch Milchsäurebakterien in verpacktem Bacon hervor gehoben [56]. Der Zusatz von 750 IU Nisin (in Kombination mit 50 ppm Nitrit) zu vakuumverpacktem Bacon bewirkte eine Haltbarkeitsverlängerung von 1 Woche bei 5 °C, wobei die Milchsäurebakterienpopulation ca. 1,5 $\log_{10}$ KBE/g tiefer lag als die der Kontrollen [7]. Der direkte Zusatz von Nisin für die Lebensmittelherstellung ist aber bisher in Deutschland verboten.

Die relative mikrobiologische Stabilität hängt von einer Kombination von Faktoren ab, wobei der a_w-Wert (in der Regel <0,95), der Nitritgehalt, der Eh-Wert und die Intensität der Räucherung eine besondere Bedeutung haben.

Während der Lagerung von Rohschinken gehen sensorische Fehler selten von den Milchsäurebakterien alleine aus, obwohl sie einer der dominanten Gruppen darstellen. Besonders während längerer Lagerzeiten kann es zu Schimmelpilzbefall auf den

Oberflächen kommen. Die Gefahr der Mykotoxinbildung dürfte in einem solchen Fall nicht ausgeschlossen werden und durch Behandlung mit Sorbatlösung kann dem Verschimmeln vorgebeugt werden. Anaerober Verderb im Knochenbereich kann von *Enterobacteriaceae*, wie *Serratia, Enterobacter* und *Proteus*, aber auch von *Clostridium* verursacht werden. Clostridien sind häufig anwesend und wurden zum Beispiel in 234 aus 263 Proben von verpacktem „Collar bacon" nachgewiesen; bei Einhaltung sonstiger Prozessparameter konnte eine Vermehrung von *Cl. perfringens* und *Cl. botulinum* jedoch nicht beobachtet werden [51]. Das Vakuumverpacken begünstigt zwar die Bedingungen für anaerobe Bakterien wie *Clostridium*, jedoch erst bei zu geringer Pökelsalzkonzentration und Temperaturen von >+5 °C sind nicht-proteolytische Stämme von *Clostridium botulinum* Typ B und auch Typ E vermehrungsfähig und können auf Grund eventueller Toxinbildung eine gewisse gesundheitliche Gefahr darstellen. Bei höheren Temperaturen um 30 °C können Staphylokokken Keimzahlen um 10^6/g erreichen; dagegen sind sie bei <20 °C gegenüber Mikrokokken und Laktobazillen kaum konkurrenzfähig.

Bedingt durch den Effekt des Pökelsalzes und der Abtrocknung werden a_w-Werte auf der Oberfläche bald erzielt, die eine längere Lagerung des intakten Schinkens in kühler, luftiger Atmosphäre auch ohne Schutzverpackung erlauben; hinzu kommt auch der antimikrobielle Effekt des Rauches. Ein extremes Beispiel stellt der Parmaschinken dar, der nicht geräuchert wird und der die Haltbarkeit durch eine ca. 2 Monate lange Trockensalzung (bei 0-4 °C und 80-90 % r. F.) und eine einmonatige Durchbrennzeit bei 1-4 °C und ca. 80 % r. F. mit anschließender Trocknungsperiode erreicht. Bei Produkten wie Bündner Fleisch (a_w <0,88) dient die Verpackung dem Schutz sowohl vor Schimmelpilzbefall als auch vor Austrocknung.

Produkte wie Rohschinken, „Bacon" und „Backbacon" werden in der Regel aufgeschnitten und häufig in verbrauchergerechten Beuteln (SB-Packungen) für den Vertrieb im Kleinhandel unter Vakuum abgepackt. Dafür eignet sich aus sensorischen Gründen nur die mäßig geräucherte Ware; eine vorherige oberflächliche Abtrocknung während der Reifung begünstigt weiterhin die Verpackungseigenschaften. Beim Aufschneiden werden Kontaktoberflächen (Reaktionsflächen), wie bei Brühwurstaufschnitt, mit Mikroorganismen wie Mikrokokken, Enterokokken, Milchsäurebakterien, *Br. thermosphacta* und Hefen, die zum Teil an die im Betrieb herrschenden Bedingungen adaptiert sind, kontaminiert. Bei gasundurchlässigen Folien reduziert sich der Restsauerstoffgehalt allmählich unter Zunahme des CO_2-Gehaltes; dabei vermehren sich besonders salztolerante, „atypische Streptobakterien" wie *Lb. sake* und *Lb. curvatus* und mitunter auch heterofermentative Laktobazillen [6] zur dominanten Population. Verderb durch Säure- und Geruchsbildung macht sich häufig erst bei Keimzahlen $>10^7$/g bemerkbar und wird bei Temperaturen >5 °C beschleunigt. Eine

Lagerungstemperatur von 5 °C sollte daher generell nicht überschritten werden. Für Backbacon (a_w um 0,90; pH 6,0 bis 6,3) ergab sich bei 6 °C eine Haltbarkeit von 12 Wochen [27]. Bei pH-Werten <5,8 können auch Hefen zu vermehrtem Wachstum kommen und erreichen Zahlen von 10^4 bis 10^6/g. Bei vakuumverpacktem, geschnittenem San Daniele-Schinken begünstigte der Temperaturanstieg während der Lagerung die relativ starke Vermehrung der Enterokokken gegenüber anderen Bakterien [14].

Ein als „Krautgeruch" beschriebener sensorischer Defekt bei vakuumverpacktem, aufgeschnittenem „Bacon" wird vermutlich von *Pseudomonas inconstans* verursacht, einem Bakterium, das über einem Temperaturbereich von 4 °C bis 37 °C wächst [22]. Begünstigt wird die Synthese des für diesen Fehler verantwortlichen Methantiols im Produkt durch pH >6,0, <4 % NaCl und Temperaturen um 20 °C.

Bei guter Herstellungspraxis und Einhaltung der Kühlkette (<5 °C) stellen besonders gramnegative Pathogenbakterien kein Risiko in vakuumverpacktem Schinkenaufschnitt (sliced ham, bacon, backbacon, usw.) dar; ihre Zahlen liegen beim Fertigprodukt in der Regel unterhalb der Nachweisgrenze. Hinzu kommt eine Schutzwirkung, ausgehend vom pH-Wert und den am Produkt adaptierten Milchsäurebakterien [27; 60; 32]. Bedingt durch diese Faktoren nehmen auch die Zahlen von *Staph. aureus* und der Listerien meist ab, wobei am Ende des MHD *Listeria monocytogenes* in 8,4 % der untersuchten, vakuumverpackten Fleischerzeugnisse nachgewiesen werden konnte [65; 55].

3.6.10 Rohwurst

Eine ungekühlte (> +10 °C) Lagerfähigkeit kann bei Rohwürsten nur für unangeschnittene Produkte gefordert werden (Ziff. 2.21 der Leitsätze für Fleisch und Fleischerzeugnisse). Zum Erhalten des zum Ende der Reifung erreichten Genusswertes von Rohwürsten eignet sich die Lagerung in einer Verbundfolie unter Vakuum. Bei der Sauerstoff- und Wasserdampfdurchlässigkeit der typischen Wursthüllen werden zur Verbesserung ihrer Lagerfähigkeit häufig auch ungeschnittene Rohwürste unter Vakuum verpackt [23]. Dafür eignen sich nur Produkte, die ausreichend gereift und getrocknet sind. Auch für die Qualität der aufgeschnittenen Scheiben nach der Verpackung ist eine relativ feste Konsistenz der Rohwurst entscheidend [75]. Ein genereller Hinweis für eine zu frühe Verpackung liefert der Absatz von Flüssigkeit in der Packung. Zur Begrenzung der von den für die Rohwurst typischen Laktobazillen ausgehenden, zusätzlichen Säuerung in der Packung, wird eine Reduzierung der Zuckerzugabemenge auf 0,5 bis 0,7 % empfohlen; außerdem eignen sich auch bei höheren

Temperaturen (<22 °C) gereifte Rohwürste (darunter auch „Summer Sausages") weniger für eine Verpackung. Auch schimmelgereifte Rohwürste erscheinen auf Grund der Herausbildung eines untypischen und „schlechten" Schimmelgeschmacks für eine Verpackung unter Vakuum weniger geeignet. Demgegenüber lassen sich luftgetrocknete (und u. U. langsam gereifte), ungeräucherte Rohwürste unter Erhaltung ihrer typischen Eigenschaften gut verpacken und lagern [75].

Beim Aufschneiden der Rohwurst entstehen große Reaktionsflächen, wobei besonders das fein zerkleinerte Fett durch Sauerstoff- und Lichteinfluss gefährdet ist. Zum Schutz gegen die Entwicklung von Ranzigkeit werden Verbundfolien aus PE/PVDC/PA, PVC/PE und PA/PE, in der Regel mit PVDC-Zwischenschicht als Sauerstoffsperre, eingesetzt [23; 61]. Das zu Beginn der Verpackung herrschende mikroaerophile Milieu erlaubt zunächst das Überleben und die begrenzte Entwicklung der fakultativen Anaerobier und Aerobier; bei Verringerung des Restsauerstoffs durch chemische Bindung und mikrobielle Veratmung verringert sich das Redoxpotenzial. Dadurch, und bedingt durch die kompetitiven, biologischen Hemmmechanismen sowie auch CO_2, homo- und heterofermentative Milchsäurebildung, werden gramnegative und auch katalasepositive, grampositive Bakterien zunehmend im Produkt ausgeschaltet. Am besten adaptiert sind die für die Rohwurst typischen Milchsäurebakterien, insbesondere *Lb. sake* und *Lb. curvatus* sowie unter Umständen auch *Staphylococcus carnosus*. Die Stoffwechselaktivität dieser Bakterien kann auch bei kühler Lagerung bestenfalls begrenzt werden; dabei erscheint die Einhaltung von Temperaturen <5 °C für die Verlängerung der Haltbarkeit entscheidender als das Vakuum [23].

3.6.11 In der Packung pasteurisierte Fleischwaren

Pasteurisierte Fleischwaren sind in flexiblen, hermetisch verschlossenen Verpackungen (Verbundmaterialien) meist unter Vakuum bei Temperaturen unter 100 °C erhitzte Produkte, die gekühlt eine verlängerte Haltbarkeit aufweisen; dafür wird heute eine Fülle neuer Materialkombinationen für die Herstellung von auf das Produkt abgestimmten Verbundfolien herangezogen [18]. Eine Übersicht über die derzeit angebotenen in der Packung pasteurisierten Fleischwaren gibt die Tab. 3.6.6.

Vorgeschriebene Aufbewahrungshinweise wie „In der Packung pasteurisiert - Gekühlt aufbewahren - Zum sofortigen Verbrauch bestimmt" erwecken zu Unrecht den Verdacht eines extrem verderblichen Erzeugnisses; die Vorteile einer längeren Verkaufsfrist für den Handel und der verbesserten Kühllagerungsmöglichkeiten (der intakten Packung) für den Verbraucher sind jedoch offensichtlich [18]. Zum Erreichen der angestrebten Haltbarkeit ist es notwendig, eine Reihe technischer Bedingungen einzuhalten; dabei erfordern die folgenden Kontrollpunkte besondere Beachtung bei der Herstellung von Fleischkonserven [29]:

- Das Rohmaterial soll keimarm sein, und deshalb muss das Fleisch schnell abgekühlt und unter 7 °C transportiert und gelagert werden.
- Bei der Rezeptur muss der Sporengehalt von Gewürzen und anderen Zusätzen beachtet werden.
- Behältnisse müssen hermetisch verschlossen werden und sind regelmäßig auf Dichtigkeit zu prüfen.
- Erhitzung muss ausreichend und überprüfbar sein; F-Werte sollten daher protokolliert werden.
- Kühlung soll schnell und hygienisch erfolgen; Abkühlzeit, und Qualität des Kühlwassers müssen dabei beachtet werden.
- Lagerung soll in dem der Erhitzung angepassten Temperaturbereich erfolgen. Eine Stabilitätskontrolle kann durch Bebrütung für 10 Tage bei 30 °C vorgenommen werden.

In der Packung pasteurisierte Fleischwaren werden in Deutschland als Fleischkonserven eingruppiert, mit Bezug auf die Haltbarkeit, als Halbkonserven eingestuft [18; 29]. Diese Einstufung ergibt sich aus der angewandten Hitzeeinwirkung und der dadurch erreichten Abtötung von Mikroorganismen (und somit hervor gehenden Lagerfähigkeit), wobei sechs Typen von Fleischkonserven unterschieden werden: Halbkonserven, Kesselkonserven, Dreiviertelkonserven, Vollkonserven, Tropenkonserven und „Shelf Stable Products“ (SSP, siehe Kap. 3.10) [29; 77]. Aus der Tab. 3.6.7 ist ersichtlich, dass Halbkonserven, Dreiviertelkonserven und Kesselkonserven nur bei Kühllagerung stabil und sicher sind. Diese Betrachtung begrenzt sich auf in der Packung pasteurisierte Fleischwaren, die nach der oben genannten Gruppierung auch als Dreiviertelkonserven eingestuft werden können. Je nach zusätzlichen „Hürden“ (a_w-Wert <0,97; pH <0,62) sind diese Produkte bei 5 °C bis zu sechs Monate lagerfähig; das Auskeimen von Bakteriensporen wird weiterhin durch Faktoren wie Eh und Nitrit unterdrückt.

Tab. 3.6.6 Gruppen handelsüblicher pasteurisierter Fleischwaren nach Fritschi [18]

Gruppe	Beispiel
Brühwurst in Selbstbedienungs-Packungen	
- gepökelte Brühwurst Verbundfolien	Würste nach Frankfurter oder Wiener Art in
- ungepökelte Brühwurst	Kalbsbratwurst und Thüringer Rostbratwurst in Verbundfolien
Fertiggerichte und Fleischerzeugnisse in Selbstbedienungspackungen	
- Kochpökelwaren in ganzen Stücken	Rollschinken in Aluminiumverbundbeuteln
- ungepökelte Fleischwaren in ganzen Stücken	Braten in Aluminiumverbundbeuteln
- Fleischgerichte und fleischhaltige Saucengerichte	Gulasch, Wildpfeffer usw. in Aluminiumverbundbeuteln, tiefgefroren
Großhandelspackungen	
- Kochschinken	Kochschinken in Verbundfolienbeuteln oder tiefgezogenen Verbundmaterialien (so genannter Cook-in-Ham oder Folienschinken)
- Fertiggerichte	Saucengerichte, Braten usw. in Verbundmaterialien pasteurisiert als Produkte für den Bedienungsverkauf oder als Küchenvorfabrikat

Für die bakteriologische Beurteilung von pasteurisierten Fleischwaren sind folgende Richtlinien vorgeschlagen worden [18]:

- Bebrütung fünf bis sechs Tage bei 31 °C;
- Gesamtkeimzahl $<10^4$/g;
- aerobe Sporen $<10^3$/g;
- *Enterobacteriaceae* nicht nachweisbar;
- sulfitreduzierende Clostridien nicht nachweisbar.

Tab. 3.6.7 Einteilung der Fleischkonserven nach der Hitzebehandlung und der daraus resultierenden Lagerfähigkeit nach Hechelmann und Kasprowiak [29]

Typ	Bezeichnung und Lagerfähigkeit	Hitzeeinwirkung und andere Hürden	Inaktivierung von Mikroorganismen
I	**Halbkonserven** 6 Monate unter 5 °C	68 bis 75 °C erreicht	nicht-sporenbildende Mikroorganismen
II	**Kesselkonserven** 1 Jahr unter 10 °C	F_c = 0,4	wie I und psychrotrophe Sporenbildner
III	**Dreiviertelkonserven** 1 Jahr unter 10 °C (15 °C)	F_c = 0,6 bis 0,8	wie II und mesophile *Bacillus*-Arten
IV	**Vollkonserven** 4 Jahre bei 25 °C	F_c = 4,0 bis 5,5	wie III und mesophile *Clostridium*-Arten
V	**Tropenkonserven** 1 Jahr bei 40 °C	F_c = 12,0 bis 15,0	wie IV und thermophile Sporenbildner
VI	**Shelf-Stable Products** 1 Jahr unter 25 °C	Erhitzung, a_w, pH, Eh, Nitrit in Kombination	wie I und die überlebenden Sporenbildner werden gehemmt

Bei der Nichteinhaltung einer Temperaturgrenze von maximal 5 °C in handelsüblichen Kühltheken reduziert sich die Haltbarkeit vakuumverpackter Wiener Würstchen, je nach Temperatur im Bereich 8-10 °C, auf ca. 1-3 Wochen; erhebliche Verluste, die bis zu 3,5 % des Gesamtumsatzes betragen können, sind dabei hinzunehmen [68]. Eine 20-minütige Hitzebehandlung der vakuumverpackten Würstchen bei 80 °C, mit anschließender Kühlung bei 4 °C und Lagerung bei 7 °C, ergab eine vierfache Haltbarkeitsverlängerung im Vergleich zu den unpasteurisierten Kontrollen [69; 71]. Ein beschleunigter Haltbarkeitstest bei 25 °C zeigte sich dabei als wenig zuverlässig im Hinblick auf die Zusammensetzung der sich dabei entwickelnden Mikrobenpopulation und des Voraussagewertes der ermittelten Daten.

Pasteurisationstemperaturen >80 °C scheinen die sensorische Qualität von Brühwürsten zu beeinträchtigen [69]. Während eine Behandlung bei 60 °C nur eine ungenügende Verbesserung der Haltbarkeit bewirkte, wurde eine wesentliche Verlängerung der Haltbarkeit (auf >10 Wochen bei Kühllagerung) bei einer Kerntemperatur von 70 °C erzielt [1].

3.6.12 Strahlungsbehandlung vakuumverpackter Fleischerzeugnisse

Ähnlich wie die Hitzepasteurisation bietet auch eine „pasteurisierende" Strahlungsbehandlung (bis zu 10 kGy: Radurisierung) die Möglichkeit einer Haltbarkeitsverlängerung vakuumverpackter Fleischerzeugnisse. Kontrollmaßnahmen einschließlich der Eigenschaften der Verbundfolien (hier jedoch unter Ausschluß aller PVC oder sonstiger polychlorierter Materialien) gelten wie für die Pasteurisation von Fleischerzeugnissen.

Im Vergleich zu den Kontrollen wurde eine mehrfache Verlängerung der Haltbarkeit blanchierter Fleischschnitte und anderer Fleischerzeugnisse, einschließlich Brühwürste, durch die kombinierte Behandlung vakuumverpackter Produkte mit Hitze und einer Bestrahlungsdosis bis zu 8 kGy erzielt [46; 47]. Bedingt durch den selektiven Einfluss der Vakuumverpackung, Blanchieren und Radurisierung ergibt sich eine starke Selektion zugunsten der in der Regel strahlungsresistenteren Milchsäurebakterien, und insbes. *Lb. sake*, der - an das Fleischmilieu adaptiert - sich je nach Kühltemperatur relativ rasch in den Packungen vermehren kann (vergl. Tab. 3.6.4) [45,26].

Ein besonderes Phänomen stellt im Gegensatz zu anderen Bakterien und den bekannten Abtötungsprinzipien die höhere Strahlungsresistenz der aus Fleisch isolierten, logarithmisch wachsenden *Lb. sake*-Zellen gegenüber stationären Kulturen dar [26]. Wie die Tab. 3.6.8 zeigt, haben authentische Kulturen zum Vergleich eine erwartungsgemäß höhere Resistenz in der stationären Wachstumsphase.

3.6.13 Maßnahmen bei der Vorverpackung von Fleischerzeugnissen

Allgemeine, technische Kontrollmaßnahmen, einschließlich der Einhaltung der Lagertemperatur, Art und Beschaffenheit der (Verbund-)Folien, Verfahrensparameter und so weiter sind mit Bezug auf die jeweiligen Erzeugnisse im oberen Abschnitt angesprochen worden.

Generell ist außerdem bei allen Verpackungsvorgängen auf folgende zwei Aspekte streng zu achten:

- Undichtigkeit der Packungen (auf die nachfolgend kurz eingegangen wird);
- Einhaltung hygienischer Grundprinzipien im Verpackungsbereich.

Tab. 3.6.8 D_{10}-Werte ausgewählter Laktobazillen aus bestrahltem Fleisch und (zum Vergleich) einiger authentischer Stämme in einem semisynthetischen Medium in den logarithmischen und stationären Wachstumsphasen [26]

Organismen	D_{10} (kGy) in: Log-Phase	Stationäre Phase
Ausgewählte Isolate[1]		
L. sake 1420	0,78	0,58
L. sake 4424	0,89	0,58
L. sake 4430	0,59	0,51
L. sake 1428	1,02	0,81
L. sake 1432	0,73	0,61
L. sake 4434	0,76	0,59
L. sake 1103	0,75	0,63
L. sake 4421	1,05	0,79
L. curvatus 1423	0,67	1,47
L. farciminis 3702	1,06	0,72
Authentische Stämme[2]		
L. planatarum DSM 20174	0,47	0,69
L. farciminis DSM 20184	0,55	0,47
L. alimentarius DSM 20249	0,41	0,59
L. coryniformis DSM 20007	0,76	0,81
L. sake DSM 20017	0,63	0,38
L. casei DSM 20008	0,47	0,45
L. curvatus DSM 20010	0,64	0,53
Staphylococcus aureus 799	0,22	0,29
Salmonella typhimurium 712	0,28	0,56

1) Durchschnitt der Werte für *L. sake*: Log-Phase 0,82 kGy; stationäre Phase 0,64 kGy

2) Durchschnittswerte für authentische Laktobazillenstämme: Log-Phase 0,53 kGy; stationäre Phase 0,56 kGy

Undichtigkeit bei Packungen

Eine Undichtigkeit in der Packung kann alle sonstigen, noch so vorsorglichen Maßnahmen zunichte machen. Eine Kontamination kann nicht nur den verderblichen Inhalt gefährden, sondern stellt auch ein für den Verbraucher erhöhtes und unter Umständen schwer wiegendes Risiko dar. Beispiele sind undichte Siegelnähte bei Weichpackungen und Knickstellen bei Aluminium-Leichtbehältern. Außerdem erweist sich eine nasse Packung als erheblich kontaminationsanfälliger als eine trockene Packung.

Ein Kontaminationsrisiko besteht zum Beispiel, wenn Packungen, die auch nur kleinste Undichtigkeiten aufweisen, nach der Pasteurisation beziehungsweise Sterilisation mit kontaminiertem Kühlwasser abgekühlt werden; ein so entstehender Unterdruck würde dieses Risiko erhöhen. Dieses Risiko kann durch Chlorierung mit 5 µg Aktivchlor/l vermindert, jedoch nicht ganz verhindert werden [8]. Die Gefahr einer Rekontamination mit beweglichen Bakterienarten ist erheblich größer als mit unbeweglichen Bakterien. Im Gegensatz zu der allgemeinen Erwartung sind auch Bombagen bei rekontaminierten Packungen möglich.

Da das Risiko einer Rekontamination durch undichte Verpackungen nur schwer kalkulierbar ist, muss es oberstes Ziel des Abpackens sein, unter allen Umständen dichte Packungen herzustellen. Da sich undichte Packungen technisch nicht völlig vermeiden lassen, ist man bestrebt, den Anteil undichter Einheiten so niedrig wie möglich zu halten [8].

Literatur

[1] ASTROEM, A.; RASK, OE: Pasteurisation and quality retention in cold-stored sausages (Sw.). SIK Rapport, No. **525** (1984) 38 pp.

[2] BLICKSTADT, E.; MOLIN, G.: The microbial flora of smoked pork loin and frankfurter sausage stored in different gas atmospheres at 4 °C. J. appl. Bacteriol. **54** (1983) 45-56.

[3] BORCH, E.; NERBRINK, E.: Shelf-life of emulsion sausage stored in vacuum or modified atmospheres. Proc. 35th Int. Congr. Of Meat Science and Technology. Aug. 20-25, 1989, Kopenhagen, Vol II, (1989) 470-477.

[4] BORCH, E.; NERBRINK, E.; SVENSSON, P.: Identification of major contamination sources during processing of emulsion sausage. Int. J. Food Microbiol. **7**, (1988) 317-330.

[5] BRANDT, M. J.; LEDFORD, R. A.: Influence of milk aeration on growth of psychrotrophic pseudomonads. J. Food Prot. **45** (1982) 132-134.

[6] BORELAND, P. C.: A study of the lactobacilli in Wiltshire-cured packed bacon. Dissertation, Univ. of Ulster, Londonderry, UK. (1988)

[7] CALDERSON, C.; COLLINS-THOMPSON, D. L.; USBORNE, W. R.: Shelf-life studies of vacuum-packaged bacon treated with nisin. J. Food Prot. **48** (1985) 330-333.

[8] CERNY, G.: Mikrobiologische Probleme bei der Lebensmittelverpackung. Verpackungs-Rundschau **33** (1982) 65-69.

[9] CERNY, G.: Mikrobiologische Probleme bei der Folienverpackung von Fleisch und Fleischerzeugnissen. Schweiz. Arch. Tierheilk. **127** (1985) 99-108.

[10] CERNY, G.: Anforderungen an die Packstoffe zur Lebensmittelverpackung aus mikrobiologischer Sicht. In: Verpackung von Nahrungs- und Genussmitteln. Arbeitsmappe

für den Verpackungspraktiker. Prof. D. Berndt, Berlin: (1987) Grundlagen der Mikrobiologie. Pp. B201-B202.

[11] CERNY, G.: Verpackung von Lebensmitteln tierischer Herkunft: Verpackungsmaterialien und -systeme. Verpackungs-Rundschau **42** (1991) 41-45.

[12] CHRISTOPHER, F. M.; SMITH, G. C.; DILL, C. W.; CARPENTER, Z. L.; VANDERZANT, C.: Effect of CO_2-N_2 atmospheres on the microbial flora of pork. J. Food Prot. **43** (1980) 268-271.

[13] COLLINS-THOMPSON, D. L.; LOPEZ, G. R.: Influence of sodium nitrite, temperature and lactic acid bacteria on the growth of *Brochothrix thermosphacta* growing on meat surfaces and in laboratory media. Can. J. Microbiol. **26** (1980) 1416-1421.

[14] DELLAGLIO, F.; TORRIANI, S.; GOLINELLI, F.; TERMINI, D.; SENSIDONI, A.: Presence of lactic acid bacteria in sliced vacuum-packaged San Daniele ham (It.). Industrie Alimentari **23** (1984) 781-788.

[15] DELVENTHAL, J.: Eigenschaften und Anwendungsbereiche coextrudierter Barrierefolien für die Verpackung. Verpackungs-Rdsch. **42** Nr. 1 (Techn.-Wiss. Beilage), (1991) 1-3.

[16] EGAN, A. F.; FORD, A. L.; SHAY, B. J.: A comparison of *Microbacterium thermosphactum* and lactobacilli as spoilage organisms of vacuum-packaged sliced luncheon meats. J. Food Sci. **45** (1980) 1745-1748.

[17] ENFORS, S. O.; MOLIN, G.; TERNSTRÖM, A.: Effect of packaging under carbon dioxide, nitrogen or air on the microbial flora of port stored at 4 °C. J. appl. Bact. **47** (1979) 197-208.

[18] FRITSCHI, A. R.: Die Pasteurisation von Fleischwaren in der Packung. Die Praxis heute - eine Übersicht. Swiss Food **10** (1988) 14-16.

[19] FRUIN, J. T.; FOSTER, J. F.; FOWLER, J. L.: Survey of the bacterial populations of bologna products. J. Food Prot. **41** (1987) 692-695.

[20] GERBER, E. S.: Taksonomie van melksuubakterieë geassosieer met vakuumverpakte vleisprodukte. M.Sc.(agric.)-Arbeit, Universität Pretoria, (1984).

[21] GILL, C. O.: Substrate limitation of bacterial growth at meat surfaces. J. appl. Bact. **41** (1976) 401-410.

[22] GARDNER; G. A.; PATTERSON, R. L. S.: A *Proteus inconstans* which produces "cabbage odour" in the spoilage of vacuum-packed sliced bacon. J. appl. Bacteriol. **39** (1975) 263-271.

[23] GOSSLING, U.; HÖPKE, H.-U.; GERIGK, K.: Einfluß der Vakuumverpackung auf die Qualität und Haltbarkeit von Rohwürsten. Fleischwirtsch. **62** (1982) 1090-1096.

[24] HALLECK, F. E.; BALL, C. O.; STIER, E. F.; Factors affecting quality of prepackaged meat. IV. Microbiological studies. B. Effect of package characteristics and of atmospheric pressure in package upon bacterial flora of meat. Food Technol. **121** (1958) 301-310.

[25] HAMMES, W. P.; WEISS, N.; HOLZAPFEL, W. H.: *Lactobacillus* and *Carnobacterium*.

In: The Prokaryotes (2nd. Ed.). Eds BALOWS, A., TRÜPER, H. G., DWORKIN, M., HARDER, W., SCHLEIFER, K.-H. Berlin: Springer Verlag, 1991.

[26] HASTINGS; J. W.; HOLZAPFEL, W. H.; NIEMAND, J. G.: Radiation resistance of lactobacilli isolated from radurized meat relative to growth and environment. Appl. Environ. Microbiol. **52** (1986) 898-901.

[27] HAVAS, F.: Beurteilung von in Beuteln verpacktem Backbacon. Fleischwirtsch. **67** (1987) 1010-1018.

[28] HECHELMANN, H.-G.; BEM, Z.: Haltbarkeit von vorverpackter Brühwurst. Mitteilungsblatt der BAFF Nr. 42, (1973) S. 1994.

[29] HECHELMANN; H.-G.; KASPROWIAK, R.: Mikrobiologische Kriterien für stabile Produkte. In: Sichere Produkte bei Fleisch und Fleischerzeugnissen. Bundesanstalt für Fleischforschung, Kulmbacher Reihe Band **10** (1990) 68-90.

[30] HESS, E.; RUOSCH, W.; BREER, C.: Verfahren zur Verlängerung der Haltbarkeit von verpacktem Fleisch. Fleischwirtsch. **60** (1980) 1448-1461.

[31] HOLZAPFEL, W. H.; GERBER, E. S.: Predominance of *Lactobacillus curvatus* and *Lactobacillus sake* in the spoilage association of vacuum-packaged meat products. In: Proc. 32nd Europ. Meat Res. Workers, Gent, Belgien, (1986) p. 26.

[32] HOLZAPFEL, W. H.; GEISEN, R.: SCHILLINGER, U.: Biological preservation of foods with reference to protective cultures, bacteriocins and food-grade enzymes: Int. J. Food Microbiol. **23**, (1995) 343-362.

[33] JENSEN, L. B.: Microbiology of Meats. 2nd. Ed. Champaign, Illinois: The Garrard Press, 1945.

[34] KOLBE, H. J. prakt. Chem. (N. F.) **26** (1881) 249

[35] KORKEALA, H.; LINDROTH, S.; AHVENANIEN, R.; ALANKO, T.: Interrelationship between microbial numbers and other parameters in the spoilage of vacuum-packed cooked ring sausages. Int. J. Food Microbiol. **5**, (1987) 311-321.

[36] KORKEALA, H.; SUORTTI, T.; MÄKELÄ, P.: Ropy slime formation in vacuum-packed cooked meat products caused by homofermentative lactobacilli and a Leuconostoc species. Int. J. Food Microbiol. **7** (1988) 339-347.

[37] LALEYE, L. C.; LEE, B. H.; SIMARD, R. E.; CARMICHAEL, L.; HOLLEY, R. A.: Shelf life of vacuum- or nitrogen-packed pastrami: effects of packaging atmospheres, temperature and duration of storage on microflora changes. J. Food Sci. **49** (1984) 827-831.

[38] MADDEN, R. H.: Extending the shelf-life of vacuum-packaged pork liver pate. J. Food Prot. **52** (1989) 881-885.

[39] MÄKELÄ, P.; SCHILLINGER, U.; KORKEALA, H.; HOLZAPFEL, W. H.: Classification of ropy slime-producing lactic acid bacteria based on DNA-homology, and identification of *Lactobacillus sake* and *Leuconostoc amelibiosum* as dominant spoilage organisms in meat products. Int. J. Food Microbiol. **16** (1992) 167-172.

[40] MARRIOTT, N. G.: Grundlagen der Lebensmittelhygiene. Hamburg: Behr's Verlag, 1992.

[41] Mc Millin, K. W.; Bidner, T. D.; Wells, J. H.; Koh, K. C.; Ingham, S. C.: Increasing shelf life of ground beef with modified atmosphere. Louisiana Agric. **33** (1990) 3-4.

[42] Nielsen, H.-J. S.: Influence of temperature and gas permeability of packaging film on development and composition of microbial flora of vacuum-packed bologna-type sausage. J. Food Prot. **46** (1983) 693-698

[43] Nielsen, H.-J. S.; Zeuthen, P.: Growth of pathogenic bacteria in sliced vacuum-packed Bologna-type sausage as influenced by temperature and gas permeability of packaging film. Food Microbiol. **1**, (1984) 229-243.

[44] Nielsen, H.-J. S.; Zeuthen, P.: Influence of lactic acid bacteria and the overall flora on the development of pathogenic bacteria in vacuum-packed, cooked emulsion-style sausage. J. Food Prot. **48** (1985) 28-34.

[45] Niemand, J. G.; Holzapfel, W. H.: Characteristics of lactobacilli isolated from radurized meat. Int. J. Food Microbiol. **1**, (1984) 99-110.

[46] Niemand, J. G.; Van Der Linde, H. J.; Holzapfel, W. H.: Radurization of prime beef cuts. J. Food Prot. **44** (1981) 677-681.

[47] Niemand, J. G.; Van Der Linde, H. J.; Holzapfel, W. H.: Shelf-life extension of minced beef through combined treatments involving radurization. J. Food Prot. **46** (1983) 791-796.

[48] Petermann, E. P.: Mikrobiologie der Packstoffe aus Zellstoff. ZFL **30** (1979) 209-211.

[49] Reuter, G.: Untersuchungen zur Mikroflora von verpackten, aufgeschnittenen Brüh- und Kochwürsten. Arch. Lebensmittelhyg. **21**, (1970) 257-264.

[50] Reuter, G.: Psychrophilic lactobacilli in meat products. In: Psychrotrophic Microorganisms in Spoilage and Pathogenicity. (Eds.: Roberts, T. A.; Hobbs, G.; Christian, J. H. B.; Skovgaard, N.), London: Academic Press, 1981, pp. 253-258.

[51] Roberts, T. A.; Smart, J. L.: The occurrence and growth of *Clostridium* spp. In vacuum-packed bacon with particular reference to *Cl. perfringens* (welchii) and *Cl. botulinum*. J. Food Technol. **11** (1976) 229-244.

[52] qvist, S.: Microbiology of sliced vacuum-packed meat products. 22nd Meat Res. Congr., Malmö, 1976.

[53] Scheid, D.: Herstellung von Folienschinken. Fleischwirtsch. **64** (1984) 434-443.

[54] Schillinger, U.; Lücke, F.-K.: Antibacterial activity of Lactobacillus sake isolated from meat. Appl. Environ. Microbiol. **55**, (1989)1901-1906.

[55] schmidt, U.; Kaya, M.: Verhalten von Listerien bei Fleisch und Fleischerzeugnissen in Vakuumverpackung. Mitt.-Bl. Der BFA für Fleischforschung, Nr. 108, (1990) 214-218.

[56] shaw, B. G.; Harding, C. D.: The effect of nitrate and nitrite on the microbial flora of Wiltshire bacon after maturation and vacuum packaged storage. J. Appl. Bacteriol. **45** (1987) 39-47.

[57] SHAY, B. J.; GRAU, F. H.; FORD, A. L.; EGAN, A. F.; RATCLIFF, D.: Microbiological quality and storage life of sliced vacuum-packed smallgoods. Food Technol. Austr. Febr. 1978, pp. 48-54.

[58] SILLA, H.: Shelf-life of cured, cooked and sliced meat products. II. Influence of *Lactobacillus*. Fleischwirtschaft **65** (1985) 181-183; 205-207.

[59] STANLEY, G.; SHAW, K. J.; EGAN, A. F.: Volatile compounds associated with spoilage of vacuum-packaged sliced luncheon meat by *Brochothrix thermosphacta*. Appl. Environ. Microbiol. **41** (1981) 816-818.

[60] STEELE, J. E.; STILES, M. E.: Microbial quality of vacuum-packaged sliced ham. J. Food Prot. **44** (1981) 435-439.

[61] STUKE, T.; HILDEBRANDT, G.: Zur Haltbarkeit von vakuumverpacktem Rohwurstaufschnitt. Fleischwirtsch. **68** (1988) 424-430.

[62] SURKIEWICZ, B. F.; HARRIS, M. E.; CAROSELLA, J. M.: Bacteriological survey and refrigerated storage test of vacuum-packed sliced imported canned ham. J. Food Prot. **40** (1977) 109.

[63] TÄNDLER, K.: Frischfleischverpackungen für SB-verpacktes, portioniertes Fleisch. Fleischwirtsch. **57** (1977) 550-554.

[64] TÄNDLER, K.: Brühwurst: Haltbarkeit und Vorverpackung von Frischware. Fleischwirtsch. **65**, (1985) 561-571.

[65] TALON, R.; MONTEL, M. C.: Microbial growth on fat and lean tissues of vacuumpackaged chilled pork. Proc. Europ. Meeting Meat Res. Workers, No. **32** (Vol. I), **4** (1986) 8, 203-204.

[66] VAN LAACK; R. L. J. M.; SCHILLINGER, U.; HOLZAPFEL, W. H.: Characterisation and partial purification of a bacteriocin produced by *Leuconostoc carnosum* LA44A. Int. J. Food Microbiol. **16** (1992) 141-151.

[67] VON HOLY, A.; HOLZAPFEL, W.: The influence of extrinsic factors on the microbiological spoilage pattern of ground beef. Int. J. Food Microbiol. **6** (1988) 269-280.

[68] VON HOLY, A.; HOLZAPFEL, W. H.: Spoilage of vacuum-packaged processed meats by lactic acid bacteria, and economic consequences. Proc. Xth WAVFH International Symposium, Stockholm, Schweden, 6.-9. Juli 1989, pp. 185-189.

[69] VON HOLY, A.; HOLZAPFEL, W. H.: Shelf life extension of vacuum-packaged Vienna sausages by in-package pasteurisation. Proc.: 37th Int. Congr. Of Meat Science and Technology, Kulmbach, Sept. 1-6, 1991, pp. 563-566.

[70] VON HOLY, A.; MEISSNER, D.; HOLZAPFEL, W. H.: Effects of pasteurization and storage temperature on vacuum-packaged vienna sausage sehlf life. S. A. J. of Science **87** (1991) 387-390.

[71] VON HOLY, A.; CLOETE, T. E.; HOLZAPFEL, W. H.: Quantification and characterisation of microbial populations associated with spoiled, vacuum-packed Vienna sausages. Food Microbiol. **8**, (1991) 95-104.

[72] VOSS, E.; MOLTZEN, B.: Untersuchungen über die Oberflächenkeimzahl extrudierter

Kunststoffe für die Lebensmittelverpackung. Milchwiss. **28** (1973) 479-486.

[73] WAGNER, M. K.; KRAFT, A. A.; SEBRANEK, J. G.; RUST, R. E.; AMUNDSON, C. M.: Effect of different packaging films and vacuum on the microbiology of bacon cured with or without potassium sorbate. J. Food Prot. **45** (1982) 854-858.

[74] WIRTH, F.: Fleischerzeugnisse in SB-Folien-Packungen. Fleischwirtsch. **63** (1983) 693-702.

[75] WIRTH, F.: Fleischerzeugnisse in SB-Folien-Packungen. Fleischwirtsch. **67** (1987) 494.

[76] WIRTH, F.; LEISTNER, L.; RÖDEL, W.: Richtwerte der Fleischtechnologie. 2. Auflage. Frankfurt/Main: Deutscher Fachverlag, 1990, 180 Seiten.

[77] ZUBERA-COSANO, G.; RINCON-LEON, F.; MORENO-ROJAS, R.; POZO-LORA, R.: Microbial growth in vacuum packaged Frankfurters produced in Spain. Food Microbiol. **5** (1988) 213-218.

3.7 Mikrobiologie von Fleisch- und Wurstkonserven

F.-K. LÜCKE

3.7.1 Einleitung

Konserven sind Lebensmittel, die in verschlossenen Behältern erhitzt und in diesen Behältern auch in den Verkehr gebracht werden. Bei sachgemäßem Verschluss und richtiger Behandlung nach dem Erhitzen sind die Behälter für Mikroorganismen undurchlässig. Die Erhitzungsintensität kann je nach Art der Konserve unterschiedlich sein, reicht jedoch mindestens für die Inaktivierung aller unversporten Mikroorganismen aus.

Konserven werden eingeteilt

- nach ihrer Lagerfähigkeit (mit und ohne Kühlung);
- nach den Faktoren, die außer der Erhitzung ihre Haltbarkeit bestimmen (insbesondere der pH-Wert und die Wasseraktivität);
- nach ihrem Behältermaterial (Dose, Glas, Folie).

Die „klassischen“ Fleisch- und Wurstkonserven in Dose oder Glas werden - häuslich und kommerziell - seit etwa 150 Jahren hergestellt. Zunehmende Bedeutung haben längerfristig lagerfähige fleischhaltige Fertiggerichte und andere „Convenience”-Produkte. Manche von diesen werden nur mild erhitzt und bedürfen ständiger Kühlung. Derzeit werden in der Bundesrepublik Deutschland etwa 8 % des Fleisches in Form von Konserven verzehrt.

3.7.2 Grundsätzliches zur Hitzeinaktivierung von Mikroorganismen

Die Kinetik der Hitzeabtötung von Mikroorganismen entspricht annähernd einer Reaktion 1. Ordnung, wie man sie auch bei der Denaturierung von Proteinen und Inaktivierung von Enzymen beobachtet. Trägt man daher den Logarithmus der Zahl N der überlebenden Mikroorganismen gegen die Einwirkungszeit t auf, erhält man eine Gerade der Gleichung

$$^{10}\log N = {}^{10}\log N_0 - [(1/D) * t],$$

wobei N_0 die Anfangskeimzahl und D die dezimale Reduktionszeit (D-Wert) darstellt. Der D-Wert gibt somit die Zeit in Minuten an, die erforderlich ist, um die Ausgangskeimzahl des jeweiligen Mikroorganismus um eine Zehnerpotenz zu verringern (d. h. um 90 % der Zellen abzutöten).

Wie aufgrund der ARRHENIUS-Gleichung zu erwarten, steigt der Logarithmus der Abtötungsrate mit der Temperatur. Der z-Wert ist definiert als die Erhöhung der Temperatur, die erforderlich ist, um den D-Wert um eine Zehnerpotenz herab zu setzen (also die Abtötungsgeschwindigkeit um das Zehnfache zu beschleunigen). Mit Hilfe des z-Werts kann man somit die schädigende Wirkung verschiedener Erhitzungsprozesse auf Mikroorganismen vergleichen.

Ein Maß für die „Gesamtmenge" an Hitze mit schädigender Wirkung auf Mikroorganismen ist der F-Wert. Der erzielte F-Wert wird berechnet, indem man für jede Minute, während der eine den Bezugs-Mikroorganismus schädigende Hitze eingewirkt hat, mit Hilfe des z-Werts den „Teil-F-Wert" (auch L-Wert genannt) berechnet und die Teil-F-Werte aufsummiert. Allgemein gilt

$$F = \mathrm{i}\ t_i * 10(\mathrm{T_i}\text{-}\mathrm{T_0})/2$$

Wobei T_0 die Bezugstemperatur und T_i diejenige Temperatur darstellt, die zur Zeit t_i eingewirkt hat.

Bei der Abtötung von Bakteriensporen in nicht sauren Lebensmitteln (also auch in fast allen Fleisch- und Wurstkonserven) nimmt man üblicherweise 121 °C als Bezugstemperatur und 10° als z-Wert und spricht vom F_0-Wert statt vom F_{121}-Wert. Eine Erhitzung auf einen F_0-Wert von 1' bedeutet also, dass die Bakteriensporen durch die Erhitzung genauso geschädigt wurden wie sie geschädigt worden wären, hätte man sie eine Minute lang einer Temperatur von 121 °C ausgesetzt. Einen F_0-Wert von 1 kann man somit auch durch 10 Minuten Einwirkung von 111 °C oder 100 Minuten Einwirkung von 101 °C erzielen.

Welcher F-Wert zu erzielen ist, hängt davon ab, welcher Mikroorganismus um wie viele Zehnerpotenzen in seiner Keimzahl verringert werden soll. Für Konserven mit schwach sauren Füllgütern (pH > 4.5) legt man Sporen von *Clostridium botulinum* (proteolytische Stämme) zugrunde (D-Wert bei 121 °C = 0,204) und verlangt für längerfristig ohne Kühlung lagerfähige Produkte eine Minderung der Sporenzahl um 12 Zehnerpotenzen. Der mindestens zu erzielende F_0-Wert beträgt somit 0,204 * 12 = 2,45, also rund 2,5 („botulinum cook"). Sind die abzutötenden Mikroorganismen weniger gefährlich als der Botulismus-Erreger, kann eine Keimreduktion um weniger als 12 Zehnerpotenzen ausreichen. Ähnliches gilt dann, wenn das Risiko der mikrobiellen Vermehrung in der Konserve auf andere Weise gesenkt wird (z.B. durch besonders ungünstige Vermehrungsbedingungen im Produkt). Die Leitkeime und die zu erzielenden F-Werte sind in Tab. 3.7.1 aufgeführt.

Tab. 3.7.1 Leitkeime für verschiedene Typen von Fleisch- und Wurstkonserven (pH > 4.5)

Konserventyp	maximale Lagertemperatur	Leitkeim für die Erhitzung	zugrundegelegte Hitzeresistenz			zu erzielen	
			bei Temperatur °C	*D*-Wert (Minuten)	*z*-Wert (°C)	Keimverminderung	*F*-Wert
Tropenkonserven	über 40 °C	Sporen von *Bacillus stearothermophilus*	121	4	10	4 · 2 D	$F_0 = 16$
Vollkonserven	30 °C	Sporen von *Clostridium botulinum* (proteolytische Stämme)	121	0,2	10	12 · D	$F_0 = 2,5$
Vollkornserven	30 °C	Sporen von *Clostridium sporogenes*	121	1	10	4 · D	$F_0 = 4$
Halbkonserven	5 °C	*Enterococcus faecalis*	70	3	10	4 · D	$F_{70} = 30$[1]

[1] aus [21]

Die vorgestellten Gesetzmäßigkeiten für die Inaktivierung von Mikroorganismen und ihre Abhängigkeit von der Temperatur gelten nur annähernd; insbesondere bei der Abtötung relativ hitzelabiler Mikroorganismen traten Abweichungen von der loglinearen Beziehung auf, die auf Veränderungen innerhalb der Zelle beziehungsweise der Spore während der Erhitzung zurück geführt wurden. Ein weiteres Problem ist, dass die Hitzeresistenz einer Mikroorganismen-Art von Stamm zu Stamm variieren kann und beeinflusst wird von dem Medium, in dem die Zellen kultiviert und die Sporen erzeugt wurden. Glücklicherweise wurde die Hitzeresistenz der Sporen der proteolytischen *Clostridium Botulinum*-Stämme besonders intensiv und umfassend untersucht [19], und die nunmehr über 70-jährige Erfahrung bestätigt, dass das vorgestellte Konzept zur Inaktivierung dieser *C. botulinum*-Stämme in Konserven sicher und praktikabel ist.

In der Literatur [4, 5, 21, 23, 24, 25, 27] finden sich ausführliche Darstellungen der Gesetzmäßigkeiten der Abtötung von Mikroorganismen sowie Informationen zur Umsetzung der Theorie in die Praxis der Konservenherstellung.

3.7.3 Einfluss des Milieus auf die Hitzeresistenz von Mikroorganismen und auf ihre Vermehrung

Tendenziell steigt die Hitzeresistenz von Mikroorganismen mit sinkender Wasseraktivität an. In Fleisch- und Wurstkonserven scheint dieser Effekt jedoch nur eine geringe Rolle zu spielen, da der a_w-Wert fast immer über 0,95 liegt. Zwar sind Mikroorganismen, die sich während der Erhitzung in der Fettphase befinden, deutlich resistenter [1, 16], scheinen sich jedoch, solange sie dort verbleiben, nach der Erhitzung nicht zu vermehren. Ebenfalls gering ist der Effekt des pH-Werts: bei dessen Absenkung von 6,2 auf 5,5 sinkt die Hitzeresistenz nur um etwa 30 % [28]. Nitrit hat keine Wirkung auf die Hitzeresistenz.

Hingegen beeinflussen die Milieufaktoren pH-Wert, Wasseraktivität (a_w-Wert) und Luftsauerstoff die Wahrscheinlichkeit der Vermehrung überlebender Mikroorganismen ganz erheblich. Auch der Gehalt an antimikrobiell aktiver salpetriger Säure (aus zugesetztem Nitrit) kann eine Rolle spielen. Je intensiver die Hitzebehandlung, desto höher der Anteil derjenigen Mikroorganismen an den Überlebenden, die empfindlich sind gegenüber hemmenden Faktoren (z.B. Pökelsalzen) im Produkt [22]. Man bezeichnet diese Mikroorganismen als „subletal geschädigt“.

3.7.4 Sporenbildende Bakterien mit Bedeutung für Fleisch- und Wurstkonserven

Bei Fleisch- und Wurstkonserven kommt es insbesondere darauf an, das Überleben und/oder dic Entwicklung der Sporen der Bakteriengattungen *Bacillus* und *Clostridium* zu verhindern. *Bacillus*- und *Clostridium*-Sporen zeichnen sich durch besondere Resistenz gegenüber Hitze, Trockenheit, Strahlung und Desinfektionsmittel aus. Strukturelle Basis dafür ist, dass sich die normalerweise hitzeempfindlichen Zellbestandteile (Proteine, Nucleinsäuren) in der Spore in einem wasserarmen Milieu und in einem quasi-kristallinen Zustand befinden, und dass die Sporen von einer größtenteils aus einem keratin-ähnlichen Protein bestehender Hülle umgeben sind. Die Sporen werden in einer speziellen Form der Zellteilung gebildet, also in einem relativ langsamen Prozess. Die Sporenbildung wird in einer noch nicht genau verstandenen Weise durch Mangel an Nährstoffen im Medium ausgelöst, keineswegs aber durch Hitze oder Trockenheit.

Für die Sporenkeimung ist neben günstiger Milieubedingungen (Wasseraktivität, Temperatur) auch das Vorhandensein betimmter Nährstoffe erforderlich. Generell ist der erste Schritt der Sporenkeimung (Wasseraufnahme, Verlust der Hitzeresistenz) weniger empfindlich gegenüber ungünstigen Milieubedingungen als das Erscheinen der vegetativen Zelle aus der Sporenhülle („outgrowth"). Die meisten Sporen keinem besser nach einer kurzen „Hitze-Aktivierung" aus. Leider kann man sich nicht darauf verlassen, dass alle vorhandenen Sporen innerhalb etwa eines Tages auskeimen, erst recht nicht in Fleischerzeugnissen mit ihren für die Bakteriensporen suboptimalen Vermehrungsbedingungen. Mit der im Handwerk gelegentlich angewandten Zweifachen-Erhitzung lassen sich daher keine zuverlässig ohne Kühlung lagerfähige Konserven herstellen [27]

Die Bedingungen für die Vermehrung sporenbildender Bakterien sind von Art zu Art unterschiedlich (Tab. 3.7.2); allgemein kann man sagen, dass *Bacillus*-Arten durch die in Fleisch und Wurstbräten herrschenden anaeroben Verhältnisse deutlich in ihrer Vermehrung eingeschränkt werden, dass *Clostridium*-Arten bei a_w-Werten unter 0,95 (eingestellt mit Kochsalz) nicht mehr vermehrungsfähig sind, und dass eine konsequente Kühlung die Vermehrung der meisten sporenbildenden Bakterien in Fleischerzeugnissen unterbindet.

Tab. 3.7.2 Technologisch wichtige Eigenschaften sporenbildender Bakterien mit Bedeutung für Fleisch- und Wurstkonserven (nach [6] und [25], ergänzt)

Bakterienart (B. = *Bacillus*, C. = *Clostridium*)	Hitzeresistenz der Sporen		Vermehrung (unter sonst optimalen Bedingungen) bei		
	Einwirkungs-temperatur °C	*D*-Wert (Minuten)	pH > 4,6¹⁾	a_w < 0,95²⁾	Temperatur
B. stearothermophilus	120	4	-	-	>30 °C
C. thermosaccharolyticum	120	4	-	-	>30 °C
C. sporogenes	120	1	-	-	>10 °C
C. botulinum, proteolytisch	120	0,2	-	-	>10 °C
B. coagulans	120	0,1	+	-	>20 °C
C. perfringens	100	20	-	-	>15 °C
B. subtilis, B. licheniformis	100	10	-	+	>10 °C
B. cereus	100	5	-	-	> 0 °C
B. polymyxa, B. macerans	100	0,5	+	-	> 7 °C
C. butyricum-Gruppe	100	0,5	+	-	> 7 °C
C. botulinum, nicht-proteolytisch	80	1-50[3]	-	-[4]	> 3,3 °C

[1] eingestellt mit Milchsäure

[2] eingestellt mit Kochsalz

[3] je nach Stamm; D-Werte mit Lysozym im Kulturmedium erheblich länger

[4] minimale Wasseraktivität für die Vermehrung: 0,97

Tab. 3.7.2 gibt einen Überblick über technologisch wichtige Eigenschaften sporenbildender Bakterien mit Bedeutung für Fleisch- und Wurstkonserven. Als weitere, in Tab. 3.7.2 nicht aufgeführte, Arten wurden *Clostridium bifermentans*, *Bacillus pumilus* sowie *Bacillus circulans* aus verdorbenen Wurstkonserven isoliert ([15]; eigene, unveröffentlichte Beobachtungen). Zu beachten ist ferner, dass die Hitzeresistenz der meisten für Fleischerzugnisse relevanten Bakterien beziehungsweise ihrer Sporen auch nicht annähernd so intensiv untersucht wurde wie diejenige der Sporen der proteolytischen Stämme von *C. botulinum* und von *C. sporogenes*. Die Hitzeresistenz der nicht-proteolytischen Stämme von *C. botulinum* hängt stark von dem verwendeten Stamm und dem Milieu ab und steigt dramatisch, wenn das Medium beziehungsweise Produkt, in dem sie sich nach der Erhitzung befinden, geringe Mengen von Lysozym enthält [14].

Sporenbildende Bakterien sind insbesondere an das Leben im Boden mit seinen ständig wechselnden Lebensbedingungen (Nährstoffe, Wasseraktivität, Sauerstoffgehalt usw.) angepasst. Von den lebensmittelhygienisch bedeutsamen Sporenbildnern gehört nur *Clostridium perfringens* zur normalen Mikroflora des Dickdarms. Das Fleisch wird also in der Regel sekundär über Verschmutzungen der Tierkörper kontaminiert; eine gewisse Rolle spielt offenbar auch das „Einmassieren“ von verschmutztem Brühwasser in das Gefäßsystem von Schlachtschweinen, wenn die Enthaarung nicht getrennt vom Brühen vorgenommen wird [26]. Eine Infektion des Fleisches und der Innereien lebender Tiere (Primärkontamination) ist dem gegenüber selten, und diese Tiere werden bei der Schlachttier- und Fleischuntersuchung in der Regel erkannt und ausgesondert.

Fleisch ist im Allgemeinen mit etwa 100 *Bacillus*-Sporen und mit etwa einer *Clostridium*-Spore pro Gramm kontaminiert [3, 15]; die Kontamination mit Sporen von *Clostridium botulinum* wird mit etwa 1 Spore/kg angenommen [13]. In Wurstbräten kann die Kontaminationsrate höher sein, da Schwarten, Blut, Innereien und Naturgewürze vielfach erhöhte Mengen von Bakteriensporen enthalten [3, 15]. Dies ist bei der Auswahl des Rohmaterials und der Zutaten zu berücksichtigen.

Die Herstellung von Fleisch- und Wurstkonserven muss vor allem auf die zuverlässige Unterdrückung von *C. botulinum* abzielen. Bei langfristig ungekühlt lagerfähigen Produkten sollte die Wahrscheinlichkeit P, mit der eine *C. botulinum*-Spore den Prozess überlebt und anschließend zur Toxinbildung führt, unter 10^{-12} liegen, wie auch im „12-D-Konzept“ festgelegt. Produkte, bei denen von einer kürzeren Lagerungszeit (maximal 1 Jahr) bei mäßigen Temperaturen (20-25 °C) auszugehen ist, gilt eine Wahrscheinlichkeit $P < 10^{-8}$ als ausreichend [2]. Wegen der verbreiteten Unzulänglichkeiten bei der Einhaltung der Kühlkette ist weiterhin zu fordern, dass Produkte, deren Wasseraktivität (über 0,97) und pH-Wert die Vermehrung nicht-proteolytischer, psychrotropher Stämme von *C. botulinum* noch zulassen, so intensiv erhitzt werden, dass die Zahl der Sporen dieser Stämme zumindest um 6 Zehnerpotenzen vermindert wird (F_{90} >10). Die Produkte sollten außerdem nur mit kurzen Haltbarkeitsfristen in den Verkehr gebracht werden [14].

3.7.5 Arten von Fleisch- und Wurstkonserven und ihre mikrobiologische Sicherheit

Tab. 3.7.3 gibt eine Übersicht über die Arten von Fleisch- und Wurstkonserven. Fleischkonserven (z. B. Gulaschkonserven und fleischhaltige Fertiggerichte) werden meist als Vollkonserven hergestellt. Die Herstellung von Wurst-Vollkonserven ist schwierig, da aufgrund der halbfesten bis festen Konsistenz und der schlechten Wärmeleitung der Produkte eine halbwegs produktschonende Erhitzung auf den (aus hygienischer Sicht erwünschten) F_0-Wert über 2,5 im Allgemeinen nur bei kleinen Behältern mit günstiger Geometrie (großes Oberflächen-Volumen-Verhältnis) möglich ist 21]. Hinzu kommt, dass ein Autoklav mit Einrichtung zur kontinuierlichen Messung der Kerntemperatur der Produkte keineswegs in allen fleischverarbeitenden Betrieben vorhanden ist. Vielfach wird daher weniger intensiv erhitzt, so dass die Hemmung eventuell überlebender Sporen durch andere Faktoren zu gewährleisten ist.

Bei einer (handwerksüblichen) zweistündigen Erhitzung von Wurstkonserven gängiger Rezeptur in kochendem Wasser werden Kerntemperaturen von 98-99 °C und je nach Behälterformat, -material und Füllgut nur F_0-Werte zwischen 0,2 und 0,5 erzielt. Diese „Kesselkonserven" müssen daher unterhalb von 10 °C gelagert werden.

Bei den ungekühlt lagerfähigen „Shelf Stable Products" (SSP) kann eine ausreichende Sicherheit durch die Kombination der Hitzebehandlung mit einer Verminderung der Wasseraktivität (wasserarme, dafür fett- und salzreiche Rezepturen) und/oder des pH-Werts (Essigsäure oder Glucono-*delta*-Lacton) erreicht werden. Will man nur mild (F_{70} >30) erhitzen, ist der a_w-Wert auf unter 0,95 zu senken (a_w-SSP), wie es traditionell bei italienischer Mortadella geschieht: Clorstridien werden gehemmt, und salztolerante *Bacillus*-Arten erreichen im Allgemeinen nur Keimdichten von höchstens 10^5/g [11]. Eine deutliche Hemmung von Sporenbildnern ist auch zu erzielen, wenn man - wie bei der Herstellung von Sülzen - mit Essigsäure den pH-Wert des Produktes auf unter 5,0 absenkt. Auch die Kombination aus einem a_w-Wert unter 0,97 (bei Verwendung von Nitritpökelsalz), einem pH-Wert von unter 5,5 und einer milden Erhitzung in der Packung ergibt erfahrungsgemäß ein zumindest einige Wochen ohne Kühlung lagerfähiges Brühwurstprodukt [3, 15].

Tab. 3.7.3 Einteilung von Fleisch- und Wurstkonserven aus mikrobiologischer Sicht (pH-Wert unter 6,5; nach [24] und [27], verändert)

Typ	Art	Hitzebehandlung (z-Wert = 10)	dadurch abgetötet	Hemmung überlebender Sporen durch
I	Halbkonserven, z. B. Dosenschinken, in der Packung nachpasteurisierte Wurstwaren	F_{70} >30	unversporte Mikroorganismen	Lagerung unter 5 °C
II	gekühlte fleischhaltige Fertiggerichte	F_{90} >10	wie (I), zuzüglich Sporen psychro-trropher C. botulinum-Stämme	Lagerung unter 5 °C
III	„Kesselkonserven"	F_0 >0,4	wie (II), zuzüglich Sporen psychrotropher Bakterien	Lagerung unter 10 °C
	„Dreiviertelkonserven"	F_0 >0,6-0,8	wie (II), zuzüglich Sporen psychrotropher Bakterien	Lagerung unter 10 °C, sofern keine F-SSP
IV	„Shelf Stable Products" (SSP):			Lagerung unter 25 °C, pH < 6,5, zuzüglich:
IVa	a_w-SSP	Kerntemp. 78 °C	wie (I)	a_w-Wert < 0,95
IVb	pH-SSP	2	wie (I)	2
IVc	F-SSP[1]: Brühwurst mit Nitritpökelsalz	F_0 >0,4 F_0 >1,0	wie (III) wie (III), zuzüglich der meisten Sporen mesophiler Bakterien	a_w-Wert < 0,97 a_w-Wert < 0,97
	Kochwurst sowie Brühwurst ohne Nitritpökel-Salz	F_0 >0,4 F_0 >1,5	wie (III) wie (III), zuzüglich der meisten Sporen mesophiler Bakterien	a_w-Wert < 0,96 a_w-Wert < 0,98
V	Vollkonserven[3)]	F_0 >4	wie (III), zuzüglich der meisten Sporen mesophiler Bakterien	Lagerung unter 30 °C
VI	Tropenkonserven	F_0 >15	wie (IV), zuzüglich der meisten Sporen thermophiler Bakterien	nicht erforderlich

[1] F-SSP werden in der englischsprachigen Literatur als „Shelf Stable Canned Cured Meats“ (SSCCM) bezeichnet.

[2] Brühwurst, bei 25 °C etwa 6 Wochen haltbar durch Kombination aus Absenkung von pH und Wasseraktivität, Verwendung von Nitritpökelsalz und Nacherhitzung in der Packung (siehe Text und [3, 15]).

[3] nach Anlage 2 a zur Fleischhygiene-VO: F_0 >3,0.

Da diese niedrigen pH- und a_w-Werte nur bei wenigen Produkten vom Verbraucher akzeptiert werden, kombiniert man in der Praxis meist eine intensivere Erhitzung (im Autoklaven) mit gängigen Rezepturen. Aus den vorliegenden experimentellen Daten [2, 13] ist zu folgern, dass für eine Lagerung für 1 Jahr bei 20-25 °C erst ein F_0-Wert über 1,5 ausreichende Sicherheit bietet. Für Brühwurstkonserven, die mit Nitritpökelsalz hergestellt wurden, reicht nach [2] ein F_0-Wert über 1,0, nach [21] ein F_0-Wert von 0,6 bis 0,8 aus. Bei Kochwurst- und nitritfreien Brühwurstkonserven muss ein Unterschreiten des F_0-Wertes von 1,5 durch Wahl von Rezepturen mit niedriger Wasseraktivität kompensiert werden (Tab. 3.7.3); anderenfalls handelt es sich um „Dreiviertelkonserven“, die längerfristig sicher nur unter 10 °C zu lagern sind [12, 13, 24, 27].

3.7.6 Identifizierung der Verderbsursache bei Fleisch- und Wurstkonserven

Konserven können infolge Untersterilisation oder Undichtigkeit des Behälters mikrobiell verdorben werden. Eine Erhebung an bombierten Vollkonserven in den USA ergab, dass Behälterundichtigkeiten weitaus häufiger die Ursache waren als unzureichende Erhitzung [18]. Bei „Kesselkonserven“ und in Weichpackungen autoklavierten SSP's deutscher Herstellung überwogen hingegen *Bacillus*- und *Clostridium*-Arten als Verderbsursache (Tab. 3.7.4).

Art und Ausmaß des durch sporenbildende Bakterien hervorgerufenen Verderbs von Fleisch- und Wurstkonserven hängen entscheidend von der Zusammensetzung ihrer Gärprodukte ab. Wenn *Bacillus*-Arten Zuckerstoffe zu Alkoholen, Essigsäure und/oder nicht flüchtigen Säuren vergären, sind die Verderbserscheinungen weniger dramatisch als bei der Vergärung von Zuckern durch Clostridien zu flüchtigen Fettsäuren (Essigsäure, Buttersäure u.a.). Zu ausgeprägter Fäulnis (Bildung flüchtiger verzweigtkettiger Fettsäuren sowie von flüchtigen schwefel- und stickstoffhaltigen Verbindungen) führen diejenigen Clostridienarten, die Aminosäuren vergären können (*C. sporogenes, C. bifermentans*). Auch proteolytische Stämme von *C. botulinum* verursachen Fäulnis. Leider wird diese häufig erst nach der Toxinbildung deutlich, so dass die Verbraucher nicht immer vor dem Verzehr des Produkts gewarnt werden.

Tab. 3.7.4 Haltbarkeit von Kesselkonserven[1] und autoklavierten Würsten in Folie[2] bei 25 °C (Bebrütung 4 Wochen; Daten aus [12])

Produkt	Zahl der Proben	Anteil der Proben in %				
		stabil	nahezu stabil[3]	mit Verderb durch		
				Bacillus	*Clostridium* allein oder mit *Bacillus*)	Rekontaminanten
Brühwurst, Kessel-Konserve	60	80	10	2	5	3
Brühwurst,Folie	38	42	24	13	8	13
Kochwurst, Kessel-Konserve	96	44	16	25	7	8
Kochwurst, in Folie	116	74	13	7	3	3
Insgesamt	310	62	14	12	6	6

1) handwerklich hergestellte, als „auch bei Kühlung nur begrenzt lagerfähig" gekennzeichnete Konserven in Dosen und Gläsern, die im offenen Kessel erhitzt wurden (erzielte F_0-Werte etwa 0,2 bis 0,5)

2) industriell in hitzestabilem Kunstdarm autoklavierte Würste, gemäß Deklaration 6-8 Wochen ohne Kühlung haltbar

3) Anstieg des aeroben Keimgehalts ohne Verderbserscheinungen

Die Vermehrung von *Bacillus*-Arten ist mit keiner oder nur geringer Gasbildung verbunden, während Clostridien meistens größere Mengen an Wasserstoff und Kohlendioxid bilden und im allgemeinen (nicht immer!) deutliche Bombagen verursachen.

Bei verdächtigen Konserven werden vor allem die folgenden Merkmale erfasst:

- Gasbildung (Bombage), evtl. Analyse des gebildeten Gases;
- Säuerung;
- Abweichungen in Geruch und Konsistenz;
- Zustand, insbesondere Dichtigkeit des Behältnisses.

Im Verdachtsfall kann sich die mikroskopische Untersuchung des Füllguts nach Färbung sowie der (meist nur qualitative) Nachweis von Mikroorganismen (aerobe und anaerobe sporenbildende Bakterien, Rekontaminationskeime) anschließen.

Eine ausführliche Überischt über die verschiedenen Verderbsursachen und deren Symptome finden sich in der Literatur [5, 10, 17]. Tab. 3.7.5 informiert über die Symptome der häufigsten Verderbsursachen. Während bei undichten Behältnissen meist eine Mischflora auftritt, die auch gramnegative Bakterien umfasst, sind bei untererhitzten Konserven nur Sporenbildner nachzuweisen. Vor allem Clostridien sind jedoch in den von ihnen verdorbenen Konserven oft nicht mehr vermehrungsfähig, so dass eine mikroskopische Untersuchung des verdorbenen Behälterinhalts wichtig ist.

Tab. 3.7.5 Schlüssel zur Ermittlung der wichtigsten Verderbsursachen bei schwach sauren Fleisch- und Wurstkonserven, die bei Temperaturen unter 30 °C gelagert wurden

1.	Kokken und/oder gramnegative Stäbchen Kulturell nachgewiesen	Undichtigkeit
	nur mikroskopisch nachgewiesen	Erhitzung verdorbener Rohstoffe
	nicht nachgewiesen	2
2.	Starke Bombage, aerobe Kultur schwach oder negativ	3
	keine oder schwache Bombage	5
3.	pH-Wert deutlich erniedrigt, Geruch säuerlich bis käsig	saccharolytische Clostridien
	pH-Wert wenig verändert, Geruch anranzig bis käsig/nach Erbrochenem	4
	pH-Wert wenig verändert, Geruch anfaulig bis faulig	*Clostridium sporogenes, C. bifermentans, C. botulinum* (proteolytische Stämme)
4.	Konsistenz normal	saccharolytische Clostridien, einschließlich nicht-proteolytischer Stämme von *C. botulinum*
	weiche Konsistenz, große plumpe Stäbchen im mikroskopischen Bild	*Clostridium perfringens*
5.	Geruch einwandfrei	6
	Geruch säuerlich, aerobe Kultur positiv	*Bacillus*-Arten
	Geruch käsig oder faulig	3
6.	pH-Wert normal	Füllfehler (zu hohes Füllgewicht oder keine Entgasung vor dem Füllen)
	pH-Wert erniedrigt	*Bacillus*-Arten

3.7.7 Kritische Punkte bei der Herstellung von Fleisch- und Wurstkonserven

Entscheidend für die Herstellung sicherer Fleisch- und Wurstkonserven ist die Prozessbeherrschung im Sinne des Hazard Analysis Critical Control Point (HACCP-) Konzepts [8, 20]. Die Einführung einer auf dem HACCP-Konzept basierenden mikrobiologischen Qualitätssicherung wird zunehmend auch amtlich gefordert (vgl. die Richtlinie 93/43 (EWG) über die Lebensmittelhygiene).

Eine Übersicht über die kritischen Punkte gibt Tab. 3.7.6. Besonders wichtig ist eine genaue Überwachung der Erhitzung (Temperatur, Zeit), der Behälter und der Verschließmaschinen sowie der Sauberkeit bei der Kühlung und Handhabung der erhitzten Behältnisse. Für jeden kritischen Punkt sind die zu erfassenden Merkmale und Messgrößen und ihre Richt- und Grenzwerte festzulegen. Ebenfalls festgelegt werden muss, wer wie oft mit welcher Methodik kontrolliert, und was bei Nichteinhaltung von Richt- oder Grenzwerten zu tun ist. Beispielsweise sollten derartige Prüfpläne und Arbeitsanweisungen für den besonders kritischen Erhitzungsprozess nicht nur den zu erzielenden *F*-Wert festlegen, sondern unter anderem Angaben machen über

- die Eingangstemperatur der Ware;
- den Verlauf von Temperatur und Druck im Autiklaven;
- die Art und Positionierung der Temperaturfühler und die mit ihnen ausgestatteten Prüfbehältnisse (im „Kältepol" des Behältnisses bzw. des Autoklaven);
- die Haltezeit bis zum Beginn der Kühlung

sowie über Frequenz und Methode der Prüfmittelkontrolle (z. B. Eichung der Temperaturfühler).

Undichtigkeiten können bedingt sein durch

- fehlerhafte Behältnisse;
- Fehler beim Verschluss;

Tab. 3.7.6 Kritische Punkte bei der Herstellung von Wurstkonserven

Prozessschritte	Kritische Parameter
Schlachtung ↓	Verunreinigung der Schlachtkörper und des Blutes
Kühlung der Schlachtkörper ↓	
Zerlegung ↓	
Materialauswahl ↓	Mikrobielle Belastung des Fleisches und der Zutaten; bei Dosenwürstchen und Fertiggerichten auch Menge und Viskosität des flüssigen Anteils
ggf. Vorgaren (Kochwurst) / ggf. Einlagen Vorpökeln / Wolfen ↓ Kuttern (← Salz, Pökelstoffe, Gewürze usw.) ↓	
Mischen	pH-Wert; Wasseraktivität
← Behältnisse ↓	Zustand und Sauberkeit der Behältnisse
Füllen ↓	Sauberkeit des Gefäßrands bzw. der Siegelnähte; Füllmenge; bei Dosenwürstchen und Fertiggerichten auch Kopfraum
Verschließen ↓	Dichtigkeit des Verschlusses
Erhitzen ↓	*F*-Wert; mechanische Belastung der Behältnisse
Kühlen ↓	Sauberkeit des Kühlwassers und der Gerätschaften; Kühlgeschwindigkeit
Lagerung und Distribution	Kühlung

- fehlerhaftes Verschweißen der Siegelnähte (z.B. infolge Verunreinigung mit dem Füllgut);
- stark kontaminiertes Kühlwasser;
- Kontakt der noch warmen und feuchten Behältnisse mit unsauberen Händen oder Geräten (Gefahr des „Hineinsaugens“ von Kontaminanten).

Diese möglichen Schwachstellen sind dem entsprechend bei der Erstellung von Prüfplänen und Arbeitsanweisungen zu beachten. Eine ausführliche Darstellung der Prüfverfahren für Konservendosen und ihre Verschlüsse findet sich in [9].

Eine Endproduktkontrolle hat vor allem die Aufgabe, das Funktionieren der Prozesskontrollen nach dem HACCP-Konzept zu überprüfen. Vielfach wird eine Stichprobe bebrütet (bei Vollkonserven meist 14 Tage bei 30-35 °C) und anschließend, wie in Abschnitt 3.7.6 dargelegt, untersucht auf Verderb und ggf. dessen Ursache. Die Empfehlungen der ISMSF [7] für die Prüfung von Konserven, über deren Herstellung keine ausreichenden Daten vorliegen, sind in Tab. 3.7.7 aufgeführt. Es muss jedoch nochmals betont werden, dass die Endproduktkontrolle die Prozeßkontrolle nach dem HACCP-Konzept keinesfalls ersetzen kann. Dies wird bei der Herstellung von Fleisch-Vollkonserven besonders deutlich: Die Gegenwart von Clostridien in einem von 1000 Behältnissen ist durch Endproduktkontrolle nicht zu erfassen, stellt aber ein viel zu hohes Risiko dar.

Tab. 3.7.7 Prüfplan der ICMSF für Vollkonserven [7]

Stufe	Zahl der zu untersuchenden Packungen	Prüfung	Anzahl defekter Packungen	Entscheidung
1	200	äußerlich auf Bombagen und Falzdefekte	0 1-2 3 oder mehr	Annahme Stufe 2 Ablehnung
2	ganze Partie	äußerlich auf Bombagen und Falzdefekte	weniger als 1 % 1 % oder mehr	Stufe 3 Ablehnung
3	200 Packungen aus Stufe 2	Bebrütung 10 Tage bei 30 °C	0 1 oder mehr	Stufe 4 Ablehnung
4	200 Packungen aus Stufe 3	Kontrolle auf Falzdefekte und pH-Änderungen des Füllguts	0 1 oder mehr	Annahme Ablehnung

Literatur

[1] Ababouch, L.; Busta, F. F.: Effect of thermal treatments in oil on bacterial spore survival. Journal of Applied Bacteriology **62** (1987), 491-502

[2] Hauschild; A. H. W.; Simonsen, B.: Safety of shelf-stable canned cured meats. Journal of Food Protection **48** (1985), 997-1009

[3] Hechelmann, H., Kasprowiak, R.: Mikrobiologische Kriterien für stabile Produkte. Fleischwirtschaft **71** (1991), 374, 379-380, 382-386, 388-389

[4] HEISS, R.; EICHNER, K.: Haltbarmachen von Lebensmitteln, 2. Aufl. Berlin: Springer-Verlag, 1990

[5] HERSOMA, A. C.; HULLAND, E. D.: Canned foods - Thermal processing and microbiology. Edinburgh: Churchill Livingstone, 1980

[6] International Commission on Microbiological Specifications for Foods (ICMSF): Microbial ecology of foods Vol. 1: Factors affecting life and death of microorganisms. New York: Academic Press, 1980

[7] International Commission on Microbiological Specifications for Foods (ICMSF): Microorganisms in Foods 2: Sampling for microbiological analysis: Principles and specific applications. Oxford: Blackwell Scientific Publ., 1986

[8] International Commission on Microbiological Specifications for Foods (ICMSF): Microorganisms in Foods 4: Application of the Hazard Analysis Critical Control Point (HACCP) system to ensure microbiological quality and safety. Oxford: Blackwell Scientific Publ., 1988

[9] KOLB, H.: Herstellung und Prüfung von Konservendosen. Fleischwirtschaft **63** (1983), 1363-1374, 1377-1382

[10] LANGE, H.-J.: Untersuchungsmethoden in der Konservenindustrie. Hamburg: Parey-Verlag, 1972

[11] LEISTNER, L.: Hurdle technology applied to meat products of the shelf stable product and intermediate moisture food types. In: Properties of Water in Food (D. SIMATOS, J. L. MULTON, eds.), Dordrecht: Nijhoff, 1985, S. 309-329

[12] LÜCKE, F.-K.; HECHELMANN, H.: Abschätzung des Botulismus-Risikos bei ohne Kühlung gelagerten erhitzten Fleischerzeugnissen. Mitteilungsblatt der Bundesanstalt für Fleischforschung Kulmbach Nr. 94 (1986), 7186-7190

[13] LÜCKE, F.-K.; ROBERTS, T. A.: Control in meat and meat products. In: *Clostridium botulinum*: Ecology and control in foods (A. H. W. HAUSCHILD, K. DODDS, eds.). New York: Dekker, 1993, S. 177-207

[14] LUND, B. M.; NOTERMANS, S. H. W.: Potential hazards associated with REPFEDS: In: *Clostridium botulinum*: Ecology and control in foods (A. H. W. HAUSCHILD, K. DODDS, eds.). New York: Dekker, 1993, S. 279-303

[15] MOL, J. H. H.; TIMMERS, C. A.: Assessment of the stability of pasteurizied comminuted meat products. Journal of Applied Bacteriology **33** (1970), 233-247

[16] MOLIN, N.; SNYGG, B. G.: Effect of lipid materials on heat resistance of bacterial spores. Applied Microbiology **15** (1967), 1422-1426

[17] National Canners Association: Laboratory manual for food canners and processors, Vol. 1 & 2. Westport: AVI Publ. Comp., 1980

[18] PFLUG, I. J.; DAVIDSON, P. M.; HOLCOMB, R. G.: Incidence of canned food spoilage at the retail level. Jornal of Food Protection **44** (1981), 682-685

[19] PFLUG, I. J.; ODLAUG, T. E.: A review of z and F values used to ensure safety of low-acid canned food. Food Technology **32** (1978), H. 6, S. 63-70

[20] PIERSON, M. D.; CORLETT, D. A. (Hrsg.): HACCP - Grundlagen der produkt- und prozeßspezifischen Risikoanalyse. Hamburg: Behr's Verlag, 1992

[21] REICHERT, J. E.: Die Wärmebehandlung von Fleischwaren. Grundlagen der Berechnung und Anwendung. Bad Wörrishofen: Hans Holzmann-Verlag, 1985

[22] ROBERTS, T. A.; INGRAM, M.: The effects of NaCl, KNO_3 and $NaNO_2$ on recovery of heated bacterial spores. Journal of Food Technology **1** (1966), 147-163

[23] SIELAFF, H.; ANDRAE, W.; OELKER, P.: Herstellung von Fleischkonserven und industrielle Speisenproduktion. Leipzig: Fachbuchverlag, 1982

[24] STIEBING, A.: Vorverpackung und Konservenherstellung von Kochwurst und Kochpökelwaren. Fleischwirtschaft **69** (1989), 8, 10-14, 16, 21-22

[25] STUMBO, C. R.: Thermobacteriology in food processing. 2. ed., New York: Academic Press, 1973

[26] TROEGER, K.: Brüh- und Enthaarungstechnik - Einfluss auf den Keimgehalt von Schweineschlachtkörpern. Fleischwirtschaft **73** (1993), 128-133

[27] WIRTH, F.; LEISTNER, L.; RÖDEL, W.: Richtwerte der Fleischtechnologie, 2. Auflage, Frankfurt: Deutscher Fachverlag, 1990

[28] XEZONES, H.; HUTCHINGS, I. J.: Thermal resistance of *Clostridium botulinum* (62 A) spores as affected by fundamental food constituents. Food Technology **19** (1965), H. 6, S. 113-115

3.8 Mikrobiologie von gekühlten fleischhaltigen Gerichten

J. Krämer

3.8.1 Einleitung

Unter Kühlgerichten werden in diesem Abschnitt Produkte verstanden, die bei konsequenter Kühllagerung mehr als 10 Tage lang lagerfähig sind. Im englischsprachigen Raum werden diese Gerichte auch als **„Refrigerated, Processed Foods of Extended Durability“ (REPFED)** bezeichnet. Die unter großküchentechnischen beziehungsweise industriellen Bedingungen produzierten Gerichte dieser Art werden vor oder nach dem Verpacken einer Pasteurisation oder einer anderen küchentechnischen Hitzebehandlung unterzogen. Die Produkte werden häufig in Vakuumverpackungen oder in Verpackungen mit modifizierter Atmosphäre (MAP = Modified Atmosphere Packaging) vermarktet [3, 19, 9, 16].

3.8.2 Kühlkostsysteme

Kühlgerichte können entsprechend ihrer Herstellung und Verpackung in verschiedene Kategorien eingeteilt werden:

- Die rohen, gekochten oder teilweise gekochten Komponenten werden in mikrobiologisch dichten Folien oder anderen Behältnissen verpackt und anschließend gekocht, schnell abgekühlt und im gleichen Behältnis kühl gelagert und transportiert. Die Verpackung kann unter Vakuum oder in einer modifizierten Atmosphäre erfolgen.
- Die rohen Einzelkomponenten werden erst in offenen Kesseln gegart, anschließend in Beutel oder andere Behältnisse abgefüllt, mikrobiologisch dicht verschlossen, schnell abgekühlt und bei entsprechender Kühltemperatur gelagert und transportiert.
- Nach dem Garen und dem Verpacken werden die Gerichte einem zusätzlichen Erhitzungsprozess unterzogen.
- Größere Fleischstücke werden in Vakuumverpackungen oder Metallformen gekocht, gekühlt, aus der Verpackung entnommen und nach dem Portionieren wieder unter Vakuum oder in einer modifizierten Atmosphäre verpackt, gekühlt und unter den entsprechenden Kühltemperaturen gelagert und vertrieben.

Das älteste Verfahren zur Herstellung von Kühlkost ist das Nacka-Verfahren, das einen Pasteurisationsschritt beinhaltet: Nach dem üblichen Garen, bei dem in jedem Teil des Gerichts mindestens 80 °C erreicht werden sollen, werden die Speisen heiß in Kunststoffschläuche abgefüllt. Die Schläuche werden evakuiert und dicht verschlossen. Nach der anschließenden Pasteurisation im Wasserbad bei mindestens 80 °C Kerntemperatur für mindestens 3 bis 10 Minuten erfolgt eine rasche Abkühlung und eine anschließende Kühllagerung für zwei bis höchstens drei Wochen bei maximal 3 °C. Die Wiedererwärmung erfolgt für 20 bis 30 Minuten im kochenden Wasserbad.

Im Laufe der Zeit wurde das Nacka-Verfahren mehrmals modifiziert. Eines dieser Verfahren ist das in Abb. 3.8.1 schematisch dargestellte Sous-Vide-System, das folgende Schritte beinhaltet [1, 5, 12, 17]:

- Zubereiten der Lebensmittel und Vakuumverpacken in hitzebeständigen Kunststoffbeuteln,
- Garen der vakuumverpackten Gerichte bei Ofentemperaturen zwischen 75 °C und 100 °C und Kerntemperaturen zwischen 60 °C und 95 °C,
- anschließende schnelle Kühlung auf Temperaturen unter +10 °C
- und Lagerung bei 0 °C bis +2 °C, beziehungsweise bei 0 °C bis +8 °C, wenn die Kerntemperatur in allen Teilkomponenten des Gerichtes mindestens 90 °C für 10 Min. betragen hat.

Ein weiteres Verfahren ist das in Frankreich entwickelte Regethermic-System, das in der Schweiz und in Deutschland auch als Multimet-System bekannt ist: Im Anschluss an das Garen werden die Speisen in großen Portionsschalen oder - wie beim Nacka-Verfahren - heiß in Plastikbeutel gefüllt, die dann evakuiert werden. Nach dem Verschließen und der raschen Abkühlung erfolgt die Kühllagerung, der Kühltransport und der Verbrauch innerhalb weniger Tage. Bei der Anwendung dieses Systems bei der Außer-Haus-Verpflegung werden die Speisen direkt auf einen Teller gegeben, der mit Plastikfolien oder Glocken abgedeckt wird. Das Aufwärmen der Speisen erfolgt auf dem Teller in einem Regethermic-Ofen durch ca. 15-minütige Infrarot-Bestrahlung.

Die ordnungsgemäße Durchführung des Nacka- und des Sous-Vide-Verfahrens schließen sekundäre Kontaminationen nach dem Garprozess weitgehend dadurch aus, dass der Gar- beziehungsweise Pasteurisationsprozess in einer mikroorganismendichten Verpackung durchgeführt wird.

Kühlkostprodukte
Lagerung bei 0 bis +8°C

Kühlkostprodukte
Lagerung bei 0 bis +2°C

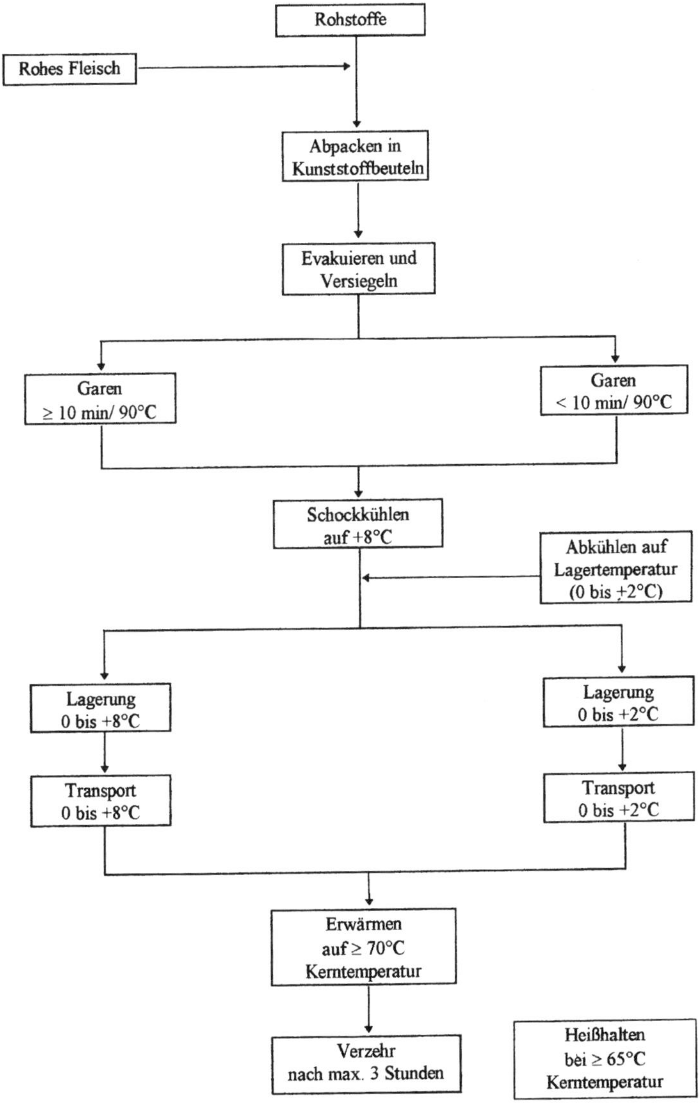

Abb. 3.8.1 Fließdiagramm für die Herstellung längerfristig lagerfähiger Sous-Vide-Kühlkostprodukte

3.8.3 Mikrobiologische Risiken

Ziel des Erhitzungsschrittes bei der Herstellung der Kühlkostgerichte ist es, vegetative Mikroorganismen und hitzeempfindliche Endosporen von Bakterien abzutöten. Die Vermehrung überlebender potentieller Krankheitserreger soll durch die konsequente Kühlung verhindert werden. Bei einer Kühltemperatur unter 10 °C wird die Vermehrung und Toxinbildung der meisten lebensmittelvergiftenden Mikroorganismen sicher gehemmt. Psychrotolerante pathogene Mikroorganismen können sich dagegen auch bei Kühlschranktemperaturen noch vermehren. Allerdings verlängern sich bei diesen tiefen Temperaturen die Zeiten bis zum Beginn der Vermehrung (Lag-Zeit) und die Generationszeiten der Erreger beträchtlich. In der Regel sind die Lebensmittel während dieser Zeit durch nicht pathogene psychrotrophe Verderbniserreger und durch nichtmikrobielle Vorgänge verdorben, bevor eine gesundheitsgefährdende Vermehrung pathogener Erreger stattfinden kann.

Vegetative Bakterien. Mögliche psychrotrophe Bakterien, die sich auch bei Kühllagerung in den Produkten vermehren und zu einer Gesundheitsgefährdung des Verbrauchers führen können, sind in Tab. 3.8.1 zusammengestellt. Bei üblicherweise angewandten Pasteurisationstemperaturen von 70 bis 80 °C werden die vegetativen Mikroorganismen wie *Listeria monocytogenes*, *Yersinia enterocolitica, Aeromonas hydrophila* und *Escherichia coli* sicher abgetötet [13].

Tab. 3.8.1 Wachstumsansprüche/Überlebensfähigkeit pathogener psychrotropher Mikroorganismen [15, 21]

Mikroorganismus	Temperatur Minimum (°C)	pH-Wert Minimum	a_w-Wert Minimum
C. botulinum Typ II	3,3	4,8-5,0	0,97
C. botulinum Typ I	10	4,5	0,95
E. coli (ETEC)[1)]	1-4	4,4	0,95
L. monocytogenes	0	4,3-5,0	0,93
Yersinia enterocolitica	–2	4,2	0,96
Aeromonas hydrophila	0-5	4,8	0,94
Vibrio parahaemolyticus	5	4,8	0,94
Bacillus cereus[1]	1-5	4,3-4,9	0,91-0,95
Hepatitis A-Viren	widerstandsfähig gegen Einfrieren	widerstandsfähig gegen schwaches Ansäuren (pH 4,0)	Inaktivierung durch Trocknen

[1)] psychrothrophe Stämme der sonst mesophilen Art

Zum Beispiel liegt der D_{71}-Wert für *Listeria monocytogenes* bei 1 bis 4 Sek. und der *z*-Wert bei etwa 6 bis 8 Sek. Eine 2 Min. lange Erhitzung der Produkte auf 70 °C oder ein äquivalenter Erhitzungsprozess reicht deshalb aus, *Listeria monocytogenes* auch in höherer Konzentration sicher abzutöten. Eine Gefährdung der Produkte hinsichtlich der genannten vegetativen Krankheitserreger besteht nur dann, wenn nach dem Erhitzungsschritt eine Sekundärkontamination stattfindet. In diesen Fällen ist das Produkt besonders gefährdet, weil die Erreger sich wegen der fehlenden kompetitiven Flora ungehemmt vermehren können.

Bacillus cereus. *B. cereus*-Sporen können den Pasteurisationsschritt überleben. Theoretisch könnten psychrotrophe toxinogene Stämme von *B. cereus* bei längerfristiger Lagerung der Kühlgerichte gesundheitsgefährdende Konzentrationen an Diarrhoe- oder an Erbrechenstoxin produzieren. Obwohl derartige Lebensmittelvergiftungen bisher noch nicht bekannt geworden sind, sollte durch eine konsequente Rohstoffüberwachung hinsichtlich des Auftretens psychrotropher *Bacillus cereus*-Stämme (*Bacillus weihenstephanensis*) dieses Risiko minimiert werden.

Clostridium botulinum Typ II. Die größte Gefährdung geht eindeutig von den nichtproteolytischen Stämmen von *Clostridium botulinum* (*C. botulinum* Typ II) aus. Nicht-proteolytische Stämme von *C.botulinum* sind psychrotroph und können noch bei Minimaltemperaturen von 3 °C wachsen. Allerdings vermindert sich die Generationszeit auch für diesen Erreger bei derartig niedrigen Temperaturen beträchtlich. So benötigt *Clostridium botulinum* Typ II für den 10.000-fachen Anstieg der Keimzahl bei einer Lagertemperatur von 5 °C bereits 26 Tage [21].

Die Herstellungsbedingungen längerfristig lagerfähiger Kühlgerichte müssen darauf ausgerichtet sein, die vegetativen bakteriellen Krankheitserreger sowie die Sporen von *Clostridium botulinum* Typ II sicher durch Hitze abzutöten und eine Sekundärkontamination nach der Erhitzung durch eine konsequente Betriebshygiene zu vermeiden. Sollte der Hitzeprozess zur Abtötung der *C. botulinum* Typ II-Sporen nicht ausreichen, muss durch eine konsequente Kühlung unter +3 °C eine Vermehrung der Erreger ausgeschlossen werden. In jedem Fall muss die Kühltemperatur unter der minimalen Vermehrungstemperatur von *Clostridium botulinum* Typ I (10 °C) liegen. Die Sporen dieser proteolytischen *C. botulinum*-Stämme werden durch die Gar- oder Pasteurisationstemperaturen nicht abgetötet [11, 15, 16, 18].

Viren. Viren können über eine fäkale Verunreinigung in die Lebensmittel gelangen. Mit Lebensmitteln übertragbare Viren wie die Hepatitis A-Viren werden durch höhere küchentechnische Erhitzungsprozesse in der Regel abgetötet. Der D_{90}-Wert für Hepatitis A-Viren beträgt zum Beispiel 0,2 Min. Das angestrebte Zeit/Kerntemperaturverhältnis von 10 Min./90 °C reicht deshalb in der Regel aus, auch höhere Konzentrationen der Viren sicher abzutöten [2].

Parasiten. In der Muskulatur und damit im rohen Fleisch vieler Tiere können Parasiten vorhanden sein. Besonders häufig lassen sich Sarkosporidien nachweisen. Die Sarkosporidien werden bereits ab Temperaturen von 65 °C abgetötet. Werden diese Kerntemperaturen während des Garprozesses nicht erreicht - zum Beispiel bei der schonenden Zubereitung von Roastbeef -, muss das rohe Fleisch vor der Verarbeitung zur Abtötung der Parasiten mindestens 3 Tage lang bei -20 °C eingefroren werden.

3.8.4 Einfluss einzelner Arbeitsschritte auf den mikrobiologischen Status

Länger lagerfähige Kühlgerichte sind hygienisch äußerst sensible Produkte. Die Einhaltung einer guten Betriebshygiene ist deshalb bei Herstellung, Lagerung und Vertrieb der Produkte von besonderer Bedeutung. Voraussetzung für die Aufnahme der Produktion ist die Erstellung eines spezifischen Hygienekodex. Die einzelnen Elemente, zu denen die Personalhygiene, die Raum- und Maschinenhygiene, die Produkt- und Produktionshygiene sowie die Reinigung und Desinfektion gehören, sind den besonderen Gegebenheiten des Produktes anzupassen. Dabei ist insbesondere durch eine geeignete Rohwarenauswahl und -kontrolle sowie durch entsprechende Pasteurisations- und Kühlbedingungen dem Botulismusrisiko Rechnung zu tragen. Ein besonderes Augenmerk erfordert eine mögliche Rekontamination nach der Erhitzung mit pathogenen Erregern wie *Listeria monocytogenes*. Spezielle Hygienevorschriften für Räume (Abgrenzung von Hygienerisikobereichen), Einrichtungen, Maschinen und Mitarbeiter müssen eine derartige sekundäre Kontamination verhindern [7, 8, 9, 22].

Nach Festlegung detaillierter Hygienevorschriften kann der Produktions- und Distributionsablauf einer HACCP-Studie unterzogen werden. Die Identifizierung und die Festlegung von Lenkungsbedingungen der identifizierten kritischen Kontrollpunkte (CCPs) ist eine wichtige vorbeugende Maßnahme zur Verhinderung der Produktion gesundheitlich bedenklicher Gerichte.

3.8.4.1 Produktentwicklung

Die Fähigkeit und Geschwindigkeit des Wachstums lebensmittelverderbender und lebensmittelvergiftender Mikroorganismen in einem Produkt ergeben sich aus der Kombination zahlreicher Faktoren, die bereits bei der Produktentwicklung berücksichtigt werden können. Dazu gehören Faktoren wie die Art und Zusammensetzung des Lebensmittels (pH-Wert, a_w-Wert, Inhaltsstoffe, Zusatzstoffe), die Lagerbedingungen (Temperatur und Gasatmosphäre) sowie die Art und Anzahl der kompetitiven Mikroorganismen [4] (Tab. 3.8.1).

Um *Clostridium botulinum* Typ II sicher zu hemmen, müsste ein Fertiggericht in allen Teilkomponenten eine der folgenden Eigenschaften besitzen:

- pH-Wert ≤5,0,
- Salzkonzentration (NaCl) in der wässrigen Phase mindestens 3,5 %,
- a_w-Wert ≤0,97 oder
- Zusatz von Konservierungsstoffen (z.B. Nitrit).

Entsprechend dem Hürdenkonzept, kann die Kombination mehrerer dieser Faktoren auch dann zu einer Wachstumshemmung von *Clostridium botulinum* führen, wenn die einzelnen Faktoren unter den angegebenen Grenzwerten liegen.

Der überwiegende Anteil der Kühlkostgerichte besitzt weder einen das mikrobielle Wachstum limitierenden a_w-Wert noch einen entsprechenden pH-Wert. Zum Beispiel liegen die pH-Werte fleischhaltiger, gekühlter Gerichte in der Regel in einem Bereich von pH 5,5 bis 6,5. Darüber hinaus fordert der Verbraucher gerade von diesen als frisch und gesund angesehenen Produkten einen geringen Zusatz an Salz, Zucker, Fett oder anderen den a_w-Wert senkenden Substanzen. Aus demselben Grund werden auch keine Konservierungsstoffe eingesetzt. Der Produktentwicklung hinsichtlich der mikrobiologischen Stabilisierung gekühlter Gerichte sind deshalb enge Grenzen gesetzt.

3.8.4.2 Rohstoffauswahl und Rohstoffverarbeitung

Rohstoffe und Halberzeugnisse können primäre Kontaminationsquellen für zahlreiche fakultativ und obligat pathogene Mikroorganismen darstellen. Rohes Fleisch und Geflügel kann unter anderem mit *Salmonella, Staphylococcus aureus*, *Listeria monocytogenes* und *Clostridium perfringens* kontaminiert sein. Auch andere Zutaten wie Gemüse und Fisch können mit zahlreichen potenziellen Krankheitserregern behaftet sein. Eine besondere Beachtung erfordern insbesondere die importierten Gewürze, zum Beispiel schwarzer Pfeffer, die mit Salmonellen und mit hohen Konzentrationen an bakteriellen Sporen und Sporenbildnern belastet sein können. Eine weitere Quelle für Salmonellen können rohe Eier und Eiprodukte sein. Haupteintragsquelle für *Clostridium botulinum* und andere toxinogene Sporenbildner wie *Bacillus cereus* und *Clostridium perfringens* sind der Erdboden und der Staub. Eine höhere Belastung der Rohprodukte mit Erde würde sich bei der Rohwarenkontrolle an einer erhöhten

Anzahl an aeroben Bakterien (aerobe Gesamtkeimzahl), Clostridien (sulfitreduzierende Clostridien) und Schimmelpilzen zeigen.

Grundsätzlich ist eine möglichst geringe mikrobiologische Primärkontamination der Rohstoffe unter zwei Aspekten zu fordern. Durch hochkontaminierte Rohstoffe werden Mikroorganismen in die Produktionsstätte eingeschleppt und können über diesen Weg Zwischen- und Endprodukte gefährden. Darüber hinaus sind bei mikrobiell hoch belasteten Rohprodukten längere Erhitzungszeiten notwendig, um den erwünschten mikrobiologischen Status zu erreichen. Das gilt insbesondere für solche Pasteurisationsverfahren, bei denen zur Schonung des Produktes nur sehr niedrige Gartemperaturen eingesetzt werden.

Die Lagerbedingungen für die einzelnen Rohstoffe sollten so gewählt werden, dass ein Keimanstieg in der Zeit von der Beschaffung bis zur Verarbeitung vermieden wird. Dabei sind grundsätzliche hygienische Anforderungen, wie sie auch für Küchen gelten, zu beachten. Dazu gehört zum Beispiel die Trennung von Gemüse einerseits und Fleisch und Fisch andererseits. Um eine Kontamination von Zwischen- und Enderzeugnissen durch den Kontakt mit den Rohstoffen auszuschließen, ist eine strenge räumliche Trennung zwischen dem Verarbeitungsbereich (z.B. die Bereiche, in denen pflanzliche Produkte gewaschen, geschnitten und zerkleinert werden) und dem Produktionsbereich einzuhalten.

Um einer chemischen, mikrobiologischen oder physikalischen (z.B. Fremdkörper) Kontamination vorzubeugen, müssen die Rohstoffe ordnungsgemäß verpackt sein. Bei Rohstoffen, deren Haltbarkeit weniger als ein Jahr beträgt, müssen vom Lieferanten ein Haltbarkeitsdatum und ein Hinweis auf die Lagerbedingungen auf der Verpackung angebracht werden.

Die Wareneingangskontrolle ist ein wichtiges Instrument, um die festgelegten Spezifikationen und die Qualität des Lieferanten zu überprüfen. Ergänzt werden müssen diese Kontrollen durch Überprüfung des Qualitätssicherungssystems der Lieferanten (Lieferantenaudit). Darüber hinaus kann die Wareneingangskontrolle ein kritischer Kontrollpunkt (CCP) im Sinne des HACCP-Konzeptes sein. Als Lenkungsbedingung für diesen CCP eignen sich mikrobiologische und chemische Untersuchungen allerdings nur dann, wenn die Ware bis zur Bekanntgabe des Untersuchungsergebnisses gesperrt bleibt.

3.8.4.3 Garprozess

Jeder Erhitzungsprozess über 60 °C führt zu einer Verminderung des Keimgehaltes. Durch die Steuerung des Zeit/Temperatur-Verhältnisses bei der Erhitzung kann deshalb der mikrobiologisch-hygienische Status des späteren Gerichtes maßgeblich beeinflusst werden. Zur Verhinderung von Rekontaminationen nach dem Erhitzungsschritt ist es am sichersten, den Garprozess in einer mikroorganismendichten, versiegelten Verpackung durchzuführen. Nach diesem System arbeitet zum Beispiel das Sous-Vide-Verfahren (Abb. 3.8.1). Durch den Garprozess sollen insbesondere bei gekühlten Fertiggerichten, die keiner anschließenden Pasteurisation mehr unterworfen werden, alle obligat und potenziell pathogenen vegetativen Mikroorganismen abgetötet werden. Von besonderer Bedeutung ist die Abtötung psychrotropher Krankheitserreger, die sich bei der längerfristigen Kühllagerung der Gerichte vermehren könnten. Art und Umfang der Erhitzung wirken sich damit direkt auf den Keimgehalt des gegarten Fertiggerichtes und somit auf dessen Lagerfähigkeit aus. Weiterhin werden durch die Garbehandlung die natürlichen Enzyme pflanzlicher und tierischer Rohstoffe inaktiviert. Dadurch werden nachteilige enzymatische Abbauprozesse bei der Kühllagerung unterbunden. Begrenzt wird die Intensität des Erhitzungsprozesses durch die Bildung unerwünschter Geschmacksstoffe sowie Konsistenz- und Nährstoffveränderungen. Zum Beispiel wird bei bestimmten schonenden Sous-Vide-Verfahren lediglich mit einer Kerntemperatur von 63 °C gegart.

In Abhängigkeit von ihrer stammspezifischen Eigenschaft (Tab. 3.8.2), vom Wachstumsstadium und vom physiologischen Zustand der Zellen zeigen Bakterien große Unterschiede in der Hitzeempfindlichkeit. Zum Beispiel steigt die Hitzeresistenz von Bakterien und Sporen mit ihrem Alter deutlich an. Auch die chemische und physikalische Beschaffenheit des Produktes wirkt sich auf die Hitzeempfindlichkeit der Keime aus: Fette, Kohlehydrate und Proteine bilden Schutzkolloide um die Mikroorganismen, die sie wesentlich resistenter gegen die Einwirkung von Hitze machen.

Tab. 3.8.2 Hitzeresistenz von pathogenen psychrotrophen Mikroorganismen [15, 21]

Mikroorganismus	*D*-Wert (Minuten)		
	D 70 °C	D 90 °C	D 121 °C
Clostridium botulinum Typ II	–	1,5	–
Clostridium botulinum Typ I	–	–	0,1-0,2
Bacillus cereus	–	10[1)]-50	–
Listeria monocytogenes	0,3	–	–
Yersinia enterocolitica	0,01	–	–
Vibrio parahaemolyticus	0,001	–	–
Escherichia coli	0,001	–	–
Hepatitis A-Viren	–	0,2	–

[1)] unter optimalen Bedingungen

Es ist davon auszugehen, dass bei üblichen Gartemperaturen vegetative Krankheitserreger einschließlich psychrotropher Verderbsniserreger abgetötet werden. Hitzeresistente Sporen der meisten mesophilen und thermophilen bakteriellen Sporenbildner überleben dagegen in der Regel den Garprozess. Dazu gehören die Sporen von *Clostridium perfringens* und *Bacillus cereus* sowie die Sporen der proteolytischen Stämme von *Clostridium botulinum.* Auch bei längeren thermischen Einwirkungszeiten unter 100 °C sind deshalb die Lebensmittel unter 10 °C zu lagern, um das Wachstum und die Toxinbildung der genannten Erreger zu verhindern.

Das größte mikrobiologische Risiko geht von nicht abgetöteten Sporen der nicht-proteolytischen Stämme von *Clostridium botulinum* aus. Berechnungen zur notwendigen Zeit/Temperatur-Korrelation der Erhitzung müssen sich deshalb vorrangig darauf konzentrieren, hypothetisch vorhandene höhere Konzentrationen an diesen Sporen sicher abzutöten.

Sporen von psychrotrophen *Clostridium-Botulinum*-Stämmen haben in der Regel D_{100}-Werte unter 0,1 Minuten. Sporen von Typ B-Stämmen zeigen häufig die höchste Hitzeresistenz unter den psychrotrophen Stämmen von *C. botulinum*. In Abhängigkeit von dem Stamm und der Art des Produktes variieren die in der Literatur angegebenen D-Werte ganz erheblich. Die höchsten D-Werte wurden in Lebensmitteln mit hohem Fett- und Eiweißgehalt gemessen. In der Regel werden in Kühlgerichten notwendige Zeit/Temperatur-Kombinationen bestimmt, die eine Reduktion der vorhandenen Mikroorganismen um den Faktor 10^6 (6-D-Konzept) bewirken. Umfangreiche Untersuchungen haben gezeigt, dass der 6-D-Wert für psychrotrophe *Clostridium botulinum*-Sporen des Typs B bei 7 Min./90 °C liegt. In Nudeln, die künstlich mit *Clostridium botulinum* Typ II-Sporen kontaminiert waren, wurde für eine 6-D-Abtötung eine Erhitzung von 4 Minuten auf 90 °C Kerntemperatur beziehungsweise 20 Minuten auf 80 °C Kerntemperatur benötigt [18, 20].

Unter Berücksichtigung möglicher hitzeresistenterer Vertreter und den schützenden Einflüssen bestimmter Lebensmittelinhaltsstoffe wird der minimale Erhitzungswert allgemein auf 10 Min./90 °C festgesetzt. In der Tab. 3.8.3 werden äquivalente Zeit/Temperatur-Verhältnisse beim Garprozess gegenübergestellt. Sollten bei bestimmten Herstellungsverfahren niedrigere Temperaturen als in der Tabelle angegebene eingesetzt werden, müssen entsprechend längere Erhitzungszeiten mit Hilfe mikrobiologischer Belastungstests ermittelt werden.

Mikrobiologische Probleme können sich dann ergeben, wenn beim Garprozess nicht in allen Teilkomponenten des Gerichts die angestrebten Kerntemperaturen erreicht werden. Zu berücksichtigen ist bei der Erstellung von Risikoanalysen für ein bestimmtes Verfahren, dass die thermische Abtötung von Mikroorganismen in stückigen Lebensmitteln eine andere Kinetik aufweist als in Flüssigkeiten, und die Mikroorganismen in stückigen Komponenten sehr ungleich verteilt sind. Weiterhin muss in Belastungstests geklärt werden, welche Erhitzungsbedingungen für stückige Lebensmittel mit Fettanteil erforderlich sind, wenn sich die Mikroorganismen in der Fettphase befinden [6].

Die Wahl der Referenzmikroorganismen, die zur Berechnung der notwendigen Pasteurisationswerte eingesetzt werden können, ist abhängig von dem angestrebten Mindesthaltbarkeitsdatum (MHD) des Produktes (z.B.):

- Produkte mit einem kurzen MHD: *Listeria monocytogenes* ($z = 7{,}5$ °C; $D_{70} = 0{,}33$ Min.)
- Produkte mit einem mittleren MHD: *Enterococcus faecalis* ($z = 10$ °C; $D_{70} = 2{,}95$ Min.).
- Produkte mit einem langen MHD: *Clostridium botulinum* Typ E ($z = 7{,}5$ °C unter 90 °C und $z = 10$ °C über 90 °C Kerntemperatur; $D_{90} = 1{,}6$ Min.).

Das Garen beziehungsweise Pasteurisieren ist ein kritischer Kontrollpunkt (CCP) im Sinne des HACCP-Konzeptes. Lenkungsbedingung für diesen CCP ist die Messung der Pasteurisationstemperatur und die Pasteurisationszeit, gegebenenfalls auch des Druckes der Anlage. Bei Unterschreitung des vorgegebenen Temperatur/Zeit-Verhältnisses sind entsprechende Maßnahmen festzulegen. Eine Überprüfung (Verifizierung) der Lenkungsbedingungen kann durch entsprechende Kerntemperaturmessungen erfolgen. Die Erhitzungsvorschrift für jedes Gericht muss alle relevanten Parameter wie das Gewicht, die Größe der Bestandteile, die minimale Anfangstemperatur, die Schichtdicke, den Unterdruck, die Erhitzungstemperatur und die Zeit beinhalten.

3.8.4.4 Abkühlung

Um ein Mikroorganismenwachstum zu verhindern, sollte der Kühlvorgang spätestens dreißig Minuten nach Beendigung des letzten Erhitzungsschrittes begonnen werden. Der mikrobiologisch kritische Bereich zwischen 60 °C und 10 °C Kerntemperatur (besser +8 °C) sollte innerhalb von zwei Stunden und die endgültige Lagertemperatur unterhalb von 3 °C in weniger als 6 Stunden nach Ende des Garprozesses erreicht sein. Für eine Schockkühlung können flüssiger Stickstoff oder Kohlendioxid eingesetzt werden. Eine schnelle Kühlung wird auch durch die Verwendung von zirkulierendem Eiswasser - mit und ohne Salz - erreicht.

Tab. 3.8.3 Äquivalente 6D Zeit/Temperatur-Kombinationen zur Abtötung von Sporen psychrotropher *Clostridium botulinum*-Stämme [2]

Temperatur (°C)	L-Wert[1]	Zeit (Min.)
70	0,077	1675
71	0,100	1290
72	0,129	1000
73	0,167	773
74	0,215	600
75	0,278	464
76	0,359	359
77	0,464	278
78	0,599	215
79	0,774	165
80	1,000	129
81	1,292	100
82	1,668	77
83	2,154	60
84	2,783	46
85	3,594	36
86	4,642	28
87	5,995	22
88	7,743	17
89	10,000	13
90	12,915	10

[1)] Der Letalitätswert (L-Wert) wurde entsprechend der Beziehung L = $\log^{-1} T - T_x/z$ mit T_x (Referenztemperatur) = 80 °C und z (z-Wert) = 9 °C berechnet

Die Abkühlgeschwindigkeit hängt von zahlreichen äußeren und inneren Faktoren des Produktes ab. Zu den äußeren Faktoren gehören:

- die Art und Temperatur des Kühlmittels,
- die Temperaturdifferenz zwischen Kühlmittel und Produkt,
- die Strömungsgeschwindigkeit des Kühlmittels (z.B. Luftgeschwindigkeit),
- die geometrische Form der Packung,
- die Füllhöhe des Produktes in der Packung,
- die Kopfraumhöhe in der Verpackung,
- die der Kühlung ausgesetzte Fläche und
- die Art der Kühlung (z.B. Rühren beim Kühlen).

Zu den inneren Faktoren gehören die physikalischen Gegebenheiten des Produktes - zum Beispiel die Wärmeleitfähigkeit, die durch die Dichte und den Flüssigkeitsgehalt der Speise bestimmt wird.

Schwierigkeiten, die angestrebten Abkühlzeiten einzuhalten, bereiten insbesondere Produkte mit einer hohen Dichte und verschiedenen Zusammenstellungen, wie zum Beispiel Fleischgerichte.

Die Abkühlung ist ein kritischer Kontrollpunkt (CCP) im Sinne des HACCP-Konzeptes. Der CCP ist über die Messung und Registrierung der Temperatur, der Zirkulationsgeschwindigkeit des Kühlmediums und der Abkühlzeit zu lenken. Bei Unterschreitung der vorgegebenen Toleranzen (Abkühlung innerhalb von 2 Stunden unter +8 °C beziehungsweise innerhalb von 6 Stunden auf <4 °C) müssen entsprechende Maßnahmen festgelegt werden. Überprüft werden kann die Richtigkeit der Lenkungsbedingungen durch stichprobenartige Kerntemperaturmessungen der Produktkomponenten.

3.8.4.5 Verpackung

Durch die Verpackung soll das Produkt vor nachteiligen Einflüssen durch die Umgebung bei Lagerung und Vertrieb geschützt werden. Je nach Produktions- und Vertriebssystem werden flexible, halbstarre oder starre Folien sowie Behältnisse aus Aluminium oder Kunststoff, Schalen aus kunststoffbeschichtetem Karton sowie Edelstahlbehälter verwendet.

Die Lagerung unter Vakuum oder unter einer Schutzgasatmosphäre kann die Produktsicherheit erhöhen und die Haltbarkeit verlängern. Bei der Verwendung von Vakuumverpackungen muss ein Verpackungsmaterial mit einer sehr geringen Sauerstoffdurchlässigkeit und einer niedrigen Wasserdampfdurchdringungsrate gewählt werden. Ein wichtiges Anwendungsgebiet der Vakuumverpackung ist das Sous-Vide-Verfahren [3, 5]. Für fleischhaltige Fertiggerichte ist die Vakuumverpackung häufig nicht geeignet, da die Ware zu stark zusammengepresst wird, Scheiben von gekochtem oder gepökeltem Fleisch aufgrund des Druckes nur schwer wieder zu trennen sind, und frisches Fleisch seine rote Farbe verliert.

Bei der Verpackung unter Schutzgas (Modified Atmosphere Packaging, MAP) wird eine Kombination von Stickstoff, Sauerstoff und Kohlendioxid in unterschiedlichen Konzentrationen zur Umspülung der Lebensmittel in der Verpackung eingesetzt. In vielen Schutzgasverpackungssystemen ist die Sauerstoffkonzentration so eingestellt, dass *Clostridium botulinum* am Wachstum gehindert wird. Das Verpackungsmaterial muss so gasundurchlässig sein, dass eine Veränderung der Atmosphäre innerhalb der Verpackung während der vorgesehenen Lagerzeit ausgeschlossen ist.

Um Rekontaminationen zu vermeiden, müssen die Verpackungen mikrobiologisch dicht versiegelt werden. Der Siegelvorgang ist deshalb ein kritischer Kontrollpunkt (CCP). Lenkungsbedingung für den CCP ist die Überwachung der Siegeltemperatur und des Siegeldrucks. Die Parameter sind kontinuierlich aufzuzeichnen. Maßnahmen bei Überschreitung der Toleranzen sind festzulegen. Überprüft (verifiziert) werden können die Lenkungsbedingungen durch Überprüfung der Siegelnahtdichtigkeit, z. B. durch eine Berstdruckprüfung, durch einen Farbkriechtest (Sichtbarmachen von kleinsten Undichtigkeiten) oder mit Hilfe eines Biotests. Beim Biotest werden verpackte Produkte in ein Bakterienbad (z.B. *E. coli* oder andere *Enterobacteriaceae*) eingetaucht, bebrütet und anschließend auf eingedrungene Mikroorganismen kulturell überprüft.

3.8.4.6 Zusätzliche Pasteurisation

Nach dem Garen, Portionieren und Verpacken werden bei bestimmten Verfahren die Gerichte nochmals pasteurisiert. Durch diese Nacherhitzung sollen vegetative Keime, die nach dem Garprozess in die Speisen gelangt sind, abgetötet werden. In Abhängigkeit von der Verpackungsart kann die Pasteurisation im Wasserbad, im Heißluftofen, im Wasserdampf oder im Mikrowellengerät durchgeführt werden.

3.8.4.7 Kühllagerung

Aufgrund der geschilderten mikrobiologischen Zusammenhänge kann ein Gericht, das auf mindestens 90 °C Kerntemperatur 10 Minuten lang erhitzt wurde, auch über einen längeren Zeitraum bei einer Temperatur bis maximal 10 °C gelagert werden. In bereits bestehenden Vorschriften (z.B. in Großbritannien) sowie in Empfehlungen (z. B. in den Niederlanden) wurde die maximale Lagertemperatur für derartige Kühlkostprodukte auf +8 °C festgelegt.

Gerichte, die mit Temperatur/Zeit-Äquivalenten unter 90 °C/10 Min. erhitzt wurden, müssen lückenlos bei einer Temperatur zwischen 0 und +2 °C gelagert werden. Nur diese Lagerbedingungen schließen ein Wachstum und eine Toxinbildung von nicht-proteolytischen Stämmen von *Clostridium botulinum* aus. Bei einem schonenden Sous-Vide-Verfahren, das im Flug-Catering eingesetzt wird, wird die Rohware im Kunststoffbeutel evakuiert und anschließend je nach Art der Lebensmittel bei 70 bis 95 °C Ofentemperatur und einer Kerntemperatur von mindestens 63 °C im Heißluftdämpfer gegart. Nach dem Garprozess kommen die Lebensmittel direkt in den Schockkühler und werden auf eine Kerntemperatur von mindestens +8 °C abgekühlt.

Danach haben die derartig schonend zubereiteten Lebensmittel bei einer Lagertemperatur von 0 bis +2 °C eine Lagerfähigkeit von 21 Tagen.

Die Lagerräume für gekühlte und pasteurisierte Fertiggerichte müssen speziell für diesen Zweck ausgestattet sein. Mit Hilfe einer genauen Klimasteuerung muss Kondensbildung in den Kühlräumen vermieden werden. Die Lufttemperatur sollte an mindestens zwei Stellen gemessen und registriert werden, die hinsichtlich des Temperaturausgleichs sehr ungünstig liegen. Bei Lufttemperaturen über der maximalen Lagertemperatur sollte eine Alarmanlage die Abweichung signalisieren. Die Messgeräte müssen regelmäßig auf ihre Genauigkeit überprüft werden. Die Kühlkapazität der Anlage muss derart konzipiert sein, dass auch zeitweilige höhere Umgebungstemperaturen, zum Beispiel beim Öffnen der Türen, keine Erhöhung der Kerntemperatur im Produkt über den Toleranzwerten bewirkt. Erhalten die Gerichte später eine Rundumverpackung, ist dieser Arbeitsschritt innerhalb kurzer Zeit (maximal 1 Std.) in einem klimatisierten Raum (maximal 15 °C) durchzuführen.

Die Kühllagerung ist ein kritischer Kontrollpunkt (CCP) im Sinne des HACCP-Konzeptes. Der CCP wird durch die Überwachung der Temperatur in den Kühlräumen gelenkt. Die Richtigkeit der Lenkungsbedingung kann durch stichprobenartige Kerntemperaturmessungen der Gerichte bestätigt werden.

3.8.4.8 Transport und Vertrieb

Der Transport zu den Verteilungs- und Verkaufsstellen gekühlter und pasteurisierter Fertiggerichte muss so erfolgen, dass die Kerntemperatur der Produkte +2 °C beziehungsweise +8 °C nicht überschreitet [14]. Die Temperaturen der Transportwagen sind durch Loggersysteme, die über entsprechende EDV-Software ausgewertet werden können, permanent zu überwachen. Ist die Transportzeit kurz, und werden die Produkte unmittelbar nach der Anlieferung erhitzt, reichen in der Regel vorgekühlte, isolierte Container oder vorgekühlte Schaumstoffkisten zum Transport aus. Längere Transportwege oder eine anschließende längerfristige Lagerung am Verkaufs- oder Verbrauchsort bedingen einen konsequenten Kühltransport. Dieser Transport kann zum Beispiel in Flocken- oder Scherbeneis erfolgen. Eine weitere Möglichkeit bieten Kühltransporter, die durch Kaltluft, durch die Verdampfung von flüssigem Stickstoff oder Trockeneis oder durch eine Ausstattung mit vorgekühlten eutektischen Platten gekühlt werden können. Bei Abgabe der Produkte im Distributionszentrum darf der Toleranzbereich der Produktkerntemperatur nicht überschritten sein.

Während die Temperaturen der Lagerräume und der Produkte in zentralen Distributionseinheiten gut überwacht werden können, ist dies in Einzelhandelsgeschäften sehr viel schwieriger. Da eine Lagertemperatur von 0 bis +2 °C im Einzelhandel nicht gewährleistet werden kann, dürfen nur Produkte vermarktet werden, die mindestens 10 Minuten lang auf 90 °C erhitzt wurden.

Aber auch die für diese Ware notwendige Kühlhaltung auf Werte bis maximal +8 °C ist in den derzeitigen Kühlvitrinen des Einzelhandels häufig nicht einzuhalten. In derartigen Fällen muss zum Schutz des Verbrauchers auf eine Verteilung des Produktes über die Einzelhandelsschiene verzichtet werden.

3.8.4.9 Handhabung durch den Verbraucher

Alle kühlfrischen Gerichte müssen mit einem deutlich sichtbaren Mindesthaltbarkeitsdatum und mit dem Aufdruck „gekühlt aufbewahren bei 0 bis +8 °C" versehen sein. Weiterhin sind die Gerichte mit einer deutlich sichtbaren Zubereitungsvorschrift zu versehen, in der erklärt wird, wie die Mahlzeiten aufgewärmt und warmgehalten werden müssen. Für große Versorgungseinrichtungen empfiehlt es sich, die Gerichte als zusätzliche Sicherheit so zu erwärmen, dass im Kern der Produkte 70 °C erreicht werden (Abb. 3.8.1). Die dafür notwendigen Erhitzungszeiten können für stückige Produkte sehr lang sein. Zum Beispiel werden zur Erhitzung von einer 2 kg Portion Gulasch von +2 °C auf 70 °C Kerntemperatur bei einer Ofentemperatur von 130 °C ca. 70 Minuten und bei einer Ofentemperatur von 150 bis 180 °C ca. 50 Minuten benötigt.

Bei längeren Zeiträumen zwischen dem Erwärmen und dem Verzehr - maximal 3 Stunden - müssen die Gerichte zur Vermeidung mikrobiellen Wachstums bei mindestens 65 °C Kerntemperatur aufbewahrt oder transportiert werden.

Aufgrund der nicht vorhersehbaren Durchführung durch den Endverbraucher kann die Erwärmung nicht als kalkulierbarer mikrobiologischer Kontrollpunkt angesehen werden. Das gilt nicht nur für die Reduzierung der Anzahl an Mikroorganismen und der Abtötung vegetativer pathogener Bakterien, sondern auch für die Inaktivierung von möglicherweise bereits gebildetem Botulismustoxin. Auch bei vorschriftsmäßiger Erwärmung ist nicht sichergestellt, dass das relativ hitzeempfindliche Toxin vollständig inaktiviert wird. Zum Beispiel wurde bei einer Mikrowellenerhitzung (700 Watt) von künstlich mit Botulismustoxin belasteten Nudelgerichten nur 50-80 % des zugesetzen Toxins innerhalb der vorgeschriebenen Zeit inaktiviert [18].

3.8.5 Kritische Kontrollpunkte (CCPs) im Sinne des HACCP-Konzeptes

Als kritische Kontrollpunkte (Critical Points, auch Critical Control Points - CCP) gelten alle Punkte, Stufen oder Verfahrensschritte im Herstellungsprozess, die die gesundheitliche Unbedenklichkeit eines Lebensmittels und damit die Gesundheit des Endverbrauchers gefährden können und an denen die Gefährdung durch gezielte Überwachungsmaßnahmen verhindert, beseitigt oder auf ein annehmbares Niveau vermindert werden kann. Die Identifizierung eines CCP erzwingt eine Lenkungsmaßnahme zur Beherrschung des erkannten Risikos. Als Lenkungsmaßnahme dienen nur solche Verfahren, die während des Prozessablaufs direkt gemessen oder beobachtet werden können. Zu den Lenkungsbedingungen gehört auch die Festlegung tolerierbarer Grenzen, in denen der Prozess ablaufen darf.

Bei der Herstellung von gekühlten Fertiggerichten sind wie oben bereits ausführlich dargestellt wurde, zahlreiche produktspezifische Hygienevorschriften zu beachten und entsprechende Kontrollen durchzuführen. Darüber hinaus gehört die Lenkung der CCPs zu einer wichtigen vorbeugenden Maßnahme zur Verhinderung der Produktion gesundheitlich bedenklicher Kühlkostgerichte. Bei dem Sous-Vide-Verfahren (siehe Abb. 3.8.1) müssen im Sinne des HACCP-Konzeptes folgende Prozessschritte gelenkt werden:

- Verarbeitung von rohem Fleisch
  - Risiko: Vorkommen von Parasiten, insbesondere Sarkosporidien
  - Maßnahmen: Einfrieren des Fleisches (3 Tage/-20 °C) oder Garen > 65 °C Kerntemperatur
- Verpackungssiegelung
  - Risiko: Sekundäre Kontaminationen bei Undichtigkeiten
  - Maßnahmen: Überwachung der Siegeltemperatur und des Siegeldrucks
- Garen >10 Min/90 °C Kerntemperatur
  - Risiko: Überleben von *Clostridium botulinum* Typ II Sporen
  - Maßnahmen: Überwachung der Gartemperatur und der Garzeit
- Garen <10 Min/90 °C Kerntemperatur
  - Risiko: Überleben von psychrotrophen vegetativen Bakterien
  - Maßnahmen: Überwachung der Gartemperatur und der Garzeit

- Abkühlen auf <+8 °C
  - Risiko: Vermehrung pathogener (toxinogener) Sporenbildner
  - Maßnahmen: Überwachung der Kühlmitteltemperatur und der Abkühlzeit (Erreichen von +8 °C Kerntemperatur innerhalb von 120 Min. nach dem Garen)
- Abkühlen auf 0 bis +2 °C
  - Risiko: Vermehrung von *Clostridium botulinum* Typ II
  - Maßnahmen: Überwachung der Kühlmitteltemperatur und der Abkühlzeit (Erreichen von < 3 °C Kerntemperatur innerhalb von 6 Std. nach dem Garen)
- Kühllagern und Kühltransport
  - Risiko: Bei Temperaturen über dem Toleranzwert Vermehrung pathogener (toxinogener) Sporenbildner
  - Maßnahmen: Überwachung der Temperatur und der Lager- bzw. Transportzeit.

3.8.6 Mikrobiologische Kriterien

Die mikrobiologische Endproduktkontrolle ist nur der letzte Schritt in einer langen Kette von einzelnen Hygienemaßnahmen zur Gewährleistung eines gesundheitlich unbedenklichen Produktes.

In Produkten, die in der Verpackung erhitzt wurden und längerfristig lagerfähig sein sollen, dürfen direkt nach der Herstellung keine vegetativen pathogenen oder toxinogenen Bakterien nachweisbar sein. Die aerobe mesophile Gesamtkeimzahl sollte den Wert von 10^4/g Produkt nicht überschreiten.

Die geforderten mikrobiologischen Werte am Ende des Mindesthaltbarkeitsdatums müssen so festgelegt werden, dass auch eine mögliche Keimvermehrung während des Transportes und während der Handhabung durch den Endverbraucher zu keiner gesundheitlichen Gefährdung des Konsumenten führt.

Tab. 3.8.4 Mikrobiologische Richt- und Warnwerte für feuchte, verpackte Teigwaren am Ende des Mindesthaltbarkeitsdatums - Eine Empfehlung der DGHM [10]
Die Werte gelten für verpackte Produkte, die gefüllt oder nicht gefüllt sein können (z.B. Tortellini/Tortelloni, Ravioli, Conchiglie, Agnolotti, Grantortelli, Maultaschen, Spätzle u.a.).

Keimgruppe	Richtwert (KBE/g)	Warnwert (KBE/g)
Aerobe mesophile Gesamtkeimzahl (einschl. Milchsäurebakterien)	10^6	–
Enterobacteriaceae	10^2	10^4
Escherichia coli[2)]	10^1	10^2
Salmonella	–	n.n.[1)] in 25 g
koagulase-positive Staphylokokken	10^2	10^3
Bacillus cereus	10^2	10^3

1) n.n. = nicht nachweisbar
2) Beim Nachweis von *E. coli* sollte der Kontaminationsquelle nachgegangen werden.

Exemplarisch seien hier die mikrobiologischen Kriterien wiedergegeben, die von der Kommission Lebensmittel-Mikrobiologie und -Hygiene der Deutschen Gesellschaft für Hygiene und Mikrobiologie für gekühlte Teigwaren mit und ohne Füllung bei Abgabe an den Verbraucher empfohlen werden [10] (Tab. 3.8.4).

Literatur

[1] Adams, C. E.: Applying HACCP to sous-vide products, Food Technology (1991), 148-151.

[2] Advisory Committee On The Microbiological Safety Of Food: Report on vacuum packaging and associated processes. London (1993).

[3] Betts, G. D.: A code of practice for the manufacture of vacuum and modified atmosphere chilled foods. Chipping Campden: Campden and Chorleywood Food Research Association (1996).

[4] Campden Food And Drink Research Association: Evaluation of shelf life of chilled foods. Technical Manual. Chipping Campden: Campden and Chorleywood Food Research Association (1997).

[5] Carlin, F.: Microbiology of sous-vide products. In: Enzyclopedia of Food Microbiology (Hrsg.: R. K. Robinson, C. A. Batt und P. D. Patel). Academic Press (2000), 1338-1344.

[6] CERNY, G.: Mikrobiologische Aufgabenstellung beim aseptischen Abpacken von Lebensmitteln. Lebensmitteltechnologie **22**, 232 (1989).

[7] CHILLED FOOD ASSOCIATION: Guidelines for Good Hygienic Practice in the manufacture of chilled foods. Chilled Food Association, London (1997).

[8] Codex Alimentarius Commission: Hygienic Practice for refrigerated packaged foods with extended shelflife. Alinorm 97/13 (1997).

[9] DAY, B. F.: Chilled storage of Foods. In: Enzyclopedia of Food Microbiology (Hrsg.: R. K. ROBINSON, C. A. BATT und P. D. PATEL), Academic Press (2000), 403-420.

[10] Deutsche Gesellschaft für Hygiene und Mikrobiologie, DGHM: Mikrobiologische Richt- und Warnwerte. Kommission Lebensmittel-Mikrobiologie und -hygiene. Lebensmitteltechnik **7-8**, 45-46 (1996).

[11] DOYLE, M. P.: Evaluating the potential risk from extended- shelf life refrigerated foods by *Clostridium botulinum* inoculation studies. Food Technology (1991), 154-156.

[12] GEHRIG, B. J.: Prinzip und Einsatzmöglichkeiten des Sous-Vide-Verfahrens. Mitt. Gebiete Lebensm. Hyg. **81** (1990), 593-601.

[13] GRAU F. H.; VANDERLINDE, P. B.: Occurence, numbers, and growth of *Enterococcus faecalis* on some vacuum-packaged processed meats, J. Food Protection **55** (1992) 4-7.

[14] JAMES, S., EVANS, J.: Temperatures in the retail and domestic chilled chain. In: P. ZEUTHEN; J. C. C. CHEFTEL; C. ERIKSSON; T. R. GOMLEY; P. LINKO, and K. PAULUS (eds.): Processing and quality of foods, Vol. 3, Chilled Foods: The revolution in freshness. Elsevier Applied Science, London, (1990).

[15] KRÄMER, J.: Lebensmittel-Mikrobiologie. UTB Ulmer, Stuttgart, (2002).

[16] LUND, B. M; NOTERMANS, S. H. W.: Potential hazards associated with REPFEDS. In: A. W. HAUSCHILD, and L. DODDS (eds.): *Clostridium botulinum*, Ecology and control in foods, Marcel Dekker, Inc. New York, (1992).

[17] MOSSEL, D. A. A.; STRUIJK, C. B.: Public health implication of refrigerated pasteurized („sous-vide") foods. Int. J. Food Microbiol. **13** (1991), 187-206.

[18] NOTERMANS, S.; DUFRENNE, J.; LUND, B. M.: Botulism risk of refrigerated, processed foods of extended durability. J. Food Protect. **53** (1990), 1020.

[19] O'CONNOR-SHWAW, R. E. und V. G. REYES: Use of modified-atmoshrere packaging. In: Ezyclopedia of Food Microbiology (2000) 410-416.

[20] PECK, M. W.: *Clostridium botulinum* and the safety of refrigerated processed foods of extended durability. Trends in Food Science and Technology **8** (1997) 186-192.

[21] SCHMIDT-LORENZ, W.: Ist die Kühlschrank-Lagerung von Lebensmitteln noch ausreichend sicher? Mitt. Gebiete Lebensm. Hyg. **81** (1990), 233-286.

[22] SINELL, H.-J.: Hygiene von gekühlten und tiefgekühlten Lebensmitteln. Zbl. Bakt. Hyg. B 187 (1989), 533-545.

3.9 Mikrobiologie von tiefgefrorenen fleischhaltigen Gerichten

J. Krämer

Der Verbrauch an Tiefkühlkost hat in Deutschland in den letzten Jahren ständig zugenommen. Von 1992 bis 2002 ist der Gesamtkonsum von 984 927 Tonnen (zusätzlich 208 800 Tonnen Geflügel) auf insgesamt 1 854 053 Tonnen (zusätzlich 464 000 Tonnen Geflügel) angestiegen [2]. Der Konsum an tiefgekühlten fleischhaltigen Gerichten erhöhte sich innerhalb dieses Gesamtanstiegs von 246 599 Tonnen (ohne Gemüse- und Fischgerichte) auf 462 769 Tonnen (Tab. 3.9.1). Der überwiegende Anteil der Gerichte wird vorgegart angeboten. Ein typischer Herstellungsgang derartig vorgegarter Tiefkühlgerichte ist schematisch in Abb. 3.9.1 wiedergegeben.

Tab. 3.9.1 Absatz von fleischhaltigen tiefgekühlten Gerichten einschließlich Teilgerichte in Deutschland 2002 (ohne Gemüse- und Fischgerichte) [2]

Art der Gerichte	Haushaltspackungen (in Tonnen)	Großverbraucherpackungen (in Tonnen)	Veränderung zu 1992
Hauptspeisen, Zubereitungen, Eintöpfe, Suppen	246 599	216 170	+70 %
Pizzas	165 953	11 210	+103 %
Baguettes, Snacks, Sonstiges	50 487	2 900	+31 %

3.9.1 Rechtliche Grundlagen

Mit der Verordnung über tiefgefrorene Lebensmittel (TLMV) vom 29. Oktober 1991 wurde die EU-Richtlinie zur Angleichung der Rechtsvorschriften der Mitgliedsstaaten über tiefgefrorene Lebensmittel (89/108/EWG) in nationales Recht umgesetzt [20, 6]. Ergänzt werden diese Rechtsnormen durch die EU-RL 92/1 u. 2/EWG zur Überwachung der Temperaturen (Umsetzung in nationales Recht: Änderung der TLMV vom 16.11.1995) und durch die Leitsätze für tiefgefrorene Lebensmittel des Deutschen Lebensmittelbuches [1,7]. Diese Vorschriften und Empfehlungen regeln unter anderem folgende Bereiche:

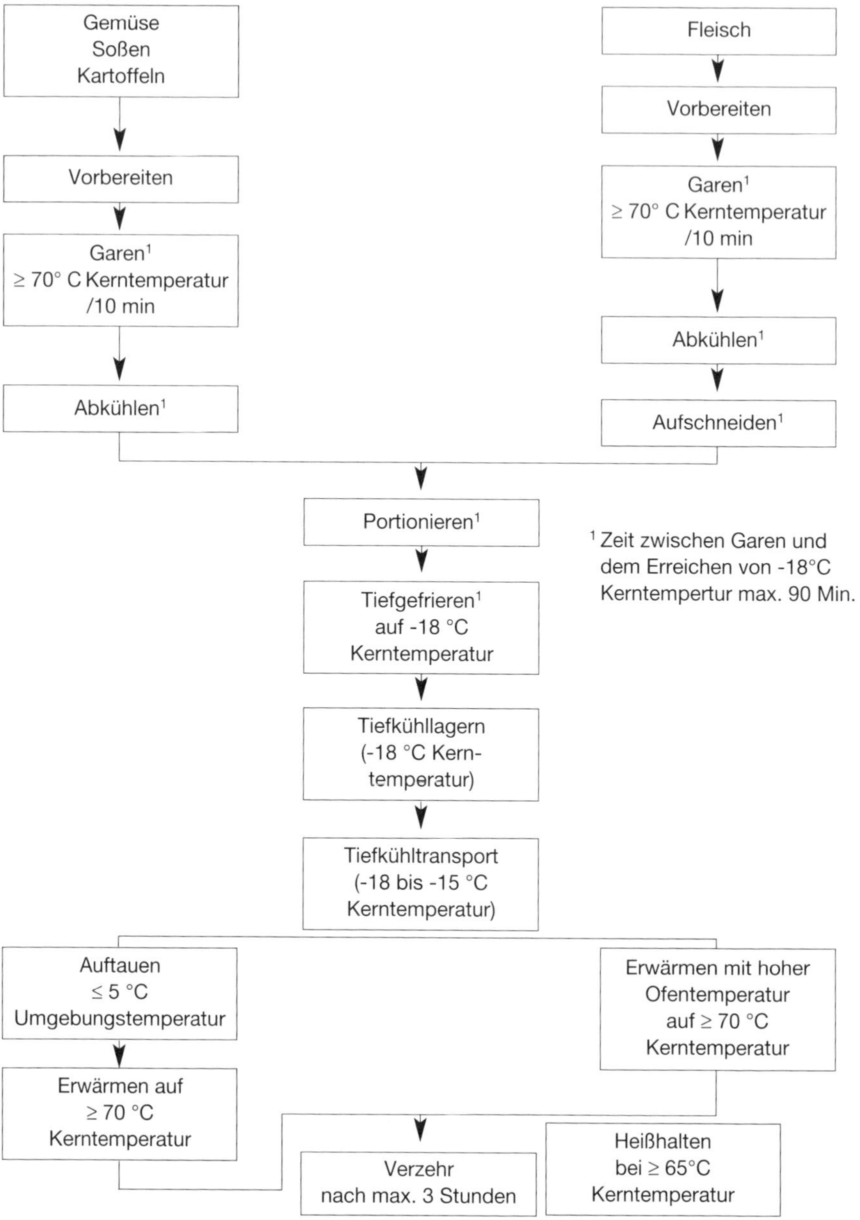

Abb. 3.9.1 Fließdiagramm zur Herstellung von fleischhaltigen vorgegarten Tiefkühlgerichten

Geräte. Nach der TLMV müssen die Zubereitung und das Tiefgefrieren unverzüglich mit geeigneten Geräten ausgeführt werden.

Produkttemperatur. Nach dem Tiefgefrieren muss die Temperatur bis zur Abgabe an den Verbraucher an allen Punkten des Erzeugnisses ständig bei -18 °C gehalten werden. Beim Versand sind kurzfristige, beim örtlichen Vertrieb und in den Tiefkühlgeräten des Einzelhandels generelle Abweichungen von dieser Temperatur bis -15 °C zulässig. Bei Bestimmung der Kerntemperatur muss, entsprechend den Ausführungen in den Leitsätzen für tiefgefrorene Lebensmittel, die Temperatur an dem Punkt einer Packung gemessen werden, der „am Ende des Gefrierprozesses am wärmsten ist und damit am langsamsten gefriert (thermischer Mittelpunkt)".

Art und Menge der zu untersuchenden Packungen sollten so beschaffen sein, dass ihre Temperatur für die wärmsten Stellen der kontrollierten Sendung repräsentativ ist:

- In Gefrierlagerräumen müssen Proben an mehreren kritischen Stellen entnommen werden - zum Beispiel aus der Mitte des Gefrierraumes oder in der Nähe der Luftrückführung des Kühlaggregates.
- Während des Transportes oder beim Entladen müssen die Proben von der Ober- und Unterseite der Sendung und an den Öffnungskanten der Türen entnommen werden. Zusätzlich sollten beim Entladevorgang noch Proben unter anderem von einer Stelle gezogen werden, die möglichst weit vom Kühlaggregat entfernt liegt.
- Die Probe aus einer Tiefkühltruhe des Einzelhandels sollte ebenfalls von der wärmsten Stelle der Truhe entnommen werden.

Verpackung. Tiefgefrorene Lebensmittel, die zur Abgabe an den Verbraucher bestimmt sind, dürfen nur in Fertigpackungen in den Verkehr gebracht werden. Das Packmaterial muss das Produkt vor Austrocknung, vor atmosphärischen Einflüssen, vor mikrobieller Rekontamination und anderen nachteiligen Beeinflussungen von außen schützen.

Kennzeichnung. Nur wenn ein Produkt den genannten Anforderungen entspricht, darf es als „tiefgefroren", „tiefgekühlt", „Tiefkühlkost" oder „gefrostet" gewerbsmäßig in den Verkehr gebracht werden.

Auf der Packung tiefgefrorener Lebensmittel muss ein Hinweis auf das Mindesthaltbarkeitsdatum und auf die Aufbewahrungstemperatur oder auf die zur Aufbewahrung erforderliche Anlage vorhanden sein. Ferner muss auf der Packung der Hinweis aufgebracht sein, dass das Produkt nach dem Auftauen nicht wieder eingefroren werden darf.

3.9.2 Gefrierverfahren

In Abhängigkeit von der Art des Gutes (stückig, flüssig, pastös, verpackt, unverpackt, zerkleinert), den geometrischen Abmessungen des Produktes, der erforderlichen Einfriergeschwindigkeit und der Wirtschaftlichkeit werden sehr unterschiedliche Apparate und Verfahren zum Tiefgefrieren eingesetzt [4, 9]. Technologische Unterschiede gibt es zum Beispiel hinsichtlich

- des Arbeitsablaufes (kontinuierliche und diskontinuierliche Verfahren),
- der Wärmeübertragung (Konvektion, Leitung, Verdampfen) und
- der Art des verwendeten Kühlmediums (Luft, Flüssigkeit, verdampfende Kältemittel).

Zur Erhaltung einer optimalen Qualität und Struktur der Lebensmittel muss die Temperaturabsenkung auf -18 °C schnell erfolgen. Darum werden heute fast ausschließlich Schnell- beziehungsweise Schockgefrierverfahren angewandt, die eine Gefriergeschwindigkeit von mehr als 1,0 cm/h aufweisen. Die Gefriergeschwindigkeit ist das Tempo der Temperaturabsenkung im Lebensmittel zwischen Oberfläche und thermischem Mittelpunkt und wird in Zentimetern pro Stunde gemessen. Sie kann durch die Variablen Temperaturdifferenz, Wärmeübergangskoeffizient und der am Wärmeübergang beteiligten Oberfläche gemessen werden.

Durch das Schnellgefrieren werden im Produkt sehr viele kleine Eiskristalle gebildet. Diese sind gleichmäßig im Extra- und Intrazellularraum verteilt. Beim langsamen Gefrieren (0,1 bis 1,0 cm/h) bilden sich besonders im kritischen Temperaturbereich zwischen -0,5 °C und -5 °C große Eiskristalle vor allem zwischen den Zellen des Produktes. Diese Kristalle erhöhen die Osmolarität des interzellulären, nicht ausgefrorenen Wassers und verursachen damit über eine Plasmolyse ein Schrumpfen und Brüchigwerden der Zellen des Gefriergutes. Auch zu schnelles Gefrieren (>5 cm/h) kann besonders bei großen Lebensmittelstücken die Qualität negativ beeinflussen und zum Beispiel zu Zerreißungen führen.

Luftgefrierverfahren. Unverpackte und unregelmäßig geformte Güter können in Luftgefrierapparaten in einem -30 °C bis -40 °C kalten Luftstrom mit einer Luftgeschwindigkeit von 3-10 m/s gefroren werden. Das Gefriergut wird in Schalen, auf Förderbändern oder in Hordenwagen im Gegenstrom durch den Tunnel des Gefrierapparates transportiert.

Kleinstückige Produkte können in Fließbett- oder Wirbelbettgefrieranlagen eingefroren werden. Die Produkte werden ständig gewendet und bewegt, um eine gleichmäßige Kühlung zu gewährleisten. Die kalte Luft wird von unten durch das flach ausgebreitete Gut geleitet. Dadurch werden die einzelnen Produktteile in der Schwebe gehalten, weiter transportiert und durch die sie umspülende kalte Luft schnell tiefgefroren. Es erfolgt eine gleichmäßige Kühlung, vorausgesetzt das Gefriergut hat eine homogene Teilchengröße und die zu kühlenden Stücke gefrieren nicht aneinander. Bei schweren Produkten wird der Transport und die Bewegung der Teile durch Fließbänder und durch Rotationstrommeln unterstützt. Diese Art des Tiefgefrierens wird auch „lose rollendes Frosten" oder „IQF-Frosten" (Individually Quick Frozen) genannt. Das IQF-Frosten eignet sich zum Beispiel für kleinstückiges Fleisch, das mit Soßen oder Marinaden ummantelt sein kann. Es kommt auch dort zum Einsatz, wo Hersteller einzelne Komponenten durch Schüttgutdosierer zusteuern können. Bei der Herstellung von Tiefkühlpizza wird zum Beispiel der Teig der Pizza automatisch mit den IQF-tiefgefrorenen Zutaten belegt [19].

Da Fertiggerichte und Convenience-Produkte einen immer größeren Stellenwert in der Tiefkühlbranche einnehmen, kommt dem IQF-Frosten eine besondere Bedeutung zu. Alle Zutaten für ein Fertigprodukt können einzeln tiefgefroren und anschließend zusammen verpackt werden. Da das Gefriergut schüttfähig bleibt, kann der Endverbraucher aus der Verpackung Portionen entnehmen, ohne das gesamte Gebinde auftauen zu müssen.

Kontaktgefrierverfahren. Beim Kontaktgefrierverfahren wird die Kälte nicht durch Konvektion, sondern durch Leitung über tiefgekühlte Metallplatten übertragen. Die Tiefgefrierprodukte werden zwischen Metallplatten gepresst, die mit einem Kältemittel gefüllt sind. Dieses Gefrierverfahren ist in besonderem Maße für Lebensmittel geeignet, die in einer einheitlichen Form verpackt sind. Die Produkte sollten nicht höher als 7 cm sein und eine möglichst feste Konsistenz aufweisen, damit sie dem Druck des Zusammenpressens (0,1 kg/cm^2) standhalten. Die Verpackungen sollten möglichst wenig Luft enthalten, um die Wärmeübertragung nicht zu beeinträchtigen. Das Verfahren wird vorzugsweise für das Gefrieren von Fischfiletblöcken auf See und zum Gefrieren von Fleischstücken eingesetzt.

Gefrieren in tiefgekühlten Flüssigkeiten. Da die Gefriergüter bei diesem Verfahren in direktem Kontakt mit dem Kälteträger stehen, wird ein guter Wärmeübergang auch bei ungleich geformten Gefriergütern erzielt. Bei unverpackter Ware dürfen nach der Verordnung über tiefgefrorene Lebensmittel nur Luft, Stickstoff und Kohlendioxid angewandt werden. Bei der Anwendung von Schrumpffolien können jedoch auch andere Gefriermittel wie NaCl- und $CaCl_2$-Lösungen oder Propylenglykol eingesetzt werden. Diese Verfahren werden zum Beispiel für das Tiefgefrieren von Geflügel (Puten, Enten und Hähnchen) eingesetzt, da durch die schnelle Gefrierleistung die helle Hautfarbe erhalten bleibt.

Kryogene Tiefgefrierverfahren. Die Verfahren setzen flüssigen Stickstoff (N_{2liq}-Siedetemperatur bei 1 bar: -195,8 °C) oder flüssiges Kohlendioxid (Sublimationstemperatur: -78,5 °C) als Kältemittel ein. Das flüssige Kältemittel nimmt beim Verdampfen beziehungsweise Sublimieren und Erwärmen auf Abgastemperatur die Wärme von dem zu gefrierenden Produkt auf und kühlt dieses dadurch ab. Es werden Tunnelgefrieranlagen, Spiralgefrierer, Tauchgefrierer, Drehrohrfroster und Gefrierzellen eingesetzt [10, 21].

Kryogene Verfahren werden für das Tiefgefrieren zahlreicher Produkte eingesetzt. Dazu gehören vor allem Fleischerzeugnisse wie Wurstwaren, Hackfleisch, Frikadellen, Hamburger, Schaschlik und Geflügelteile. Vorteil der kryogenen Verfahren ist vor allem der relativ einfache Aufbau der Anlagen und eine schnelle Abkühlung der Produkte. Der Wärmeübergang (charakterisiert durch die Wärmeübergangszahl a [W/m_2K]) beträgt zum Beispiel bei freier Konvektion 6 bis 8, beim Kontaktgefrieren 35 bis 60, bei Einsatz von sublimierendem CO_2 25 bis 70 und bei Verwendung von verdampfendem flüssigem Stickstoff bis 2300. Der Wärmeübergang und damit die Einfriergeschwindigkeit kann durch die Umwälzung der Kaltgase noch wesentlich gesteigert werden.

3.9.3 Mikrobiologische Risiken

Grundsätzlich können in den verwendeten Rohprodukten und damit auch in den ungegarten Tiefkühlgerichten alle bereits bei den Kühlgerichten aufgeführten pathogenen Mikroorganismen vorkommen (Kap. 3.8). Dazu gehören unter anderem die Salmonellen, *Listeria monocytogenes, Staphylococcus aureus*, Viren und die Parasiten. *Listeria monocytogenes*, Salmonellen und *Staphylococcus aureus* sind zum Beispiel in rohem Fleisch und in rohen Fleischprodukten wie Hackfleisch relativ häufig anzutreffen.

Durch die längere Tiefkühllagerung ist davon auszugehen, dass möglicherweise vorhandene Parasiten wie die Sarkosporidien abgetötet werden. Da die überwiegende Anzahl an fleischhaltigen Gerichten vor dem Einfrieren gegart wird, werden die vegetativen pathogenen Mikroorganismen und die überwiegende Anzahl der Verderbniserreger bei Beachtung geeigneter Temperatur/Zeit-Verhältnisse beim Erhitzen sicher abgetötet (siehe Kap. 3.8). Nach dem Garen können die Produkte bei unzureichender Betriebshygiene während des Abkühlens, der Zubereitung (z. B. Aufschneiden des Fleisches), der Portionierung, des Frostens, des Auftauens und anderer Arbeitsschritte rekontaminiert werden. Besonderes risikoreich ist eine Rekontamination mit pathogenen Mikroorganismen, da sie sich in den Gerichten während des Auftauens und der Zubereitung ohne Konkurrenzflora vermehren können.

3.9.4 Einfluss einzelner Arbeitsschritte auf den mikrobiologischen Status

Die überwiegende Anzahl fleischhaltiger Tiefkühlgerichte wird vorgegart angeboten (Abb. 3.9.1). Die Bedingungen für eine gute Herstellungspraxis (GMP) und für eine gute Betriebshygiene entsprechen damit bis zum Garprozess weitgehend den für die Herstellung von Kühlgerichten bereits beschriebenen Anforderungen (siehe Kap. 3.8). Im Rahmen dieses Kapitels sollen deshalb nur einige tiefkühlspezifische Aspekte hinzugefügt werden [11, 16].

3.9.4.1 Rohstoffauswahl

Da das Tiefgefrieren den mikrobiologischen Status eines Fertiggerichtes, das nicht mehr erhitzt wird, nicht wesentlich verändert (s. u.), ist die mikrobiologische Belastung des Endproduktes weitgehend identisch mit dem Hygienestatus der Rohprodukte. Auch bei der Herstellung von Fertiggerichten, die einem Erhitzungsschritt unterzogen werden, kann eine erhöhte mikrobielle Belastung der Rohprodukte zu einer Verschlechterung des mikrobiellen Status des Endproduktes führen: Bei einer signifikanten Erhöhung der Keimzahl der Rohprodukte besteht die Gefahr, dass die für den Garprozess verwendeten Temperatur/Zeit-Verhältnisse zur Abtötung der hygienisch-relevanten Keime nicht mehr ausreichen. Besonders problematisch ist eine erhöhte Belastung mit *Clostridium-* und *Bacillus*-Arten, da die Sporen dieser Bakterien die Koch- und Brattemperaturen überstehen können.

Vor der Herstellung der Tiefkühlprodukte ist es deshalb notwendig, alle eingesetzten Rohprodukte einer mikrobiologischen Risikoanalyse hinsichtlich der Gefährdung des Endproduktes zu unterziehen und entsprechende mikrobiologische Spezifikationen zu erstellen. Gewürze und andere mit Erde und Staub belastete pflanzliche Produkte können zum Beispiel hoch mit bakteriellen Sporenbildnern (*Bacillus cereus* und *Clostridium perfringens*) und Schimmelpilzsporen, bestimmte importierte Gewürze wie schwarzer Pfeffer auch mit Salmonellen kontaminiert sein. Salmonellen können auch mit Geflügel oder anderem rohen Fleisch in den Betrieb eingetragen werden.

Die mikrobiologischen Spezifikationen sollten mit dem Lieferanten abgesprochen und stichprobenartig vom Hersteller der Fertiggerichte selbst überprüft werden. Ergänzt wird diese Absicherung durch die Bewertung des Qualitätssicherungssystems des Lieferanten vor allem unter hygienischen Aspekten. In allen Zweifelsfällen sollten die Betriebe direkt vor Ort beurteilt werden. Unterstrichen werden diese Hygieneforderungen durch die Verordnung über tiefgefrorene Lebensmittel, in der es heißt, dass „zum Tiefgefrieren Lebensmittel von einwandfreier handelsüblicher Qualität verwendet werden müssen, die den notwendigen Frischegrad besitzen".

3.9.4.2 Gefriervorgang

Hemmung des mikrobiellen Wachstums. Während des Gefrierens von Lebensmitteln bildet sich inter- und intrazellulär Eis. Auch bei Temperaturen unter 0 °C bleibt jedoch immer eine Restmenge an Wasser vorhanden. In Rindfleisch ist zum Beispiel bei -10 °C noch 20 %, bei -20 °C noch über 10 % des an Proteinen und Kohlenhydraten gebundenen Wassers noch nicht ausgefroren. Durch die Eisbildung konzentriert sich die Restlösung, und der a_w-Wert wird erniedrigt. Bereits reines Wasser hat bei -10 °C nur noch einen a_w-Wert von 0,90. In Lebensmitteln liegt dieser Wert noch wesentlich tiefer. Die Hemmung des mikrobiellen Wachstums erfolgt damit sowohl über die Absenkung der Temperatur als auch durch die Erniedrigung des a_w-Wertes in dem noch nicht ausgefrorenen Teil des Lebensmittels. Nicht ausgefrorenes Wasser stellt deshalb in der Regel bei der Lagerung von Tiefkühlprodukten kein mikrobiologisches Risiko dar [17, 18].

Veränderung der Mikroflora. Jeder Gefrierprozess bewirkt durch die letale oder subletale Schädigung bestimmter Mikroorganismengruppen eine Veränderung der Mikroflora im Produkt. Die Mechanismen, die diese Schädigung verursachen, sind sehr vielfältig. Die Bildung extrazellulärer Eiskristalle bewirkt zum Beispiel intrazelluläre Dehydrationen und eine stärkere Konzentration an gelösten Stoffen innerhalb der Zelle. Diese intrazellulären Veränderungen führen über die Strukturveränderung von Makromolekülen (zum Beispiel der Proteine) und der Zellmembran zu irreversiblen Schädigungen.

Umfang und Art der Schädigung der Mikroorganismen während des Einfrierens sind abhängig von zahlreichen Faktoren. Dazu gehören art- und stammspezifische Eigenschaften der Mikroorganismen, die Art und Zusammensetzung des Produktes und das Einfrierverfahren [13, 14, 15, 18]. Trotz dieser vielfältigen Einflüsse lassen sich aus mikrobiologischer Sicht folgende allgemeine Angaben für den Tiefgefrierprozess machen, die auch für die Tiefkühllagerung gelten:

- *Bacillus*- und *Clostridium*-Endosporen sind weitgehend unempfindlich gegenüber dem Gefrieren.
- Grampositive Bakterien (z.B. Milchsäurebakterien, Enterokokken und Mikrokokken) sind gefrierresistenter als gramnegative Bakterien (z.B. Pseudomonaden und Vertreter der Enterobacteriaceae).

- Durch Temperaturen im oberen Gefrierbereich zwischen 0 °C und –10 °C werden Bakterien in der Regel erheblich stärker als bei Gefriertemperaturen um –18 °C geschädigt oder abgetötet.
- Die Virulenz überlebender pathogener Bakterien wird durch das Einfrieren offenbar nicht beeinflusst.
- Mikroorganismen, die sich in der exponentiellen Wachstumsphase befinden, sind wesentlich empfindlicher gegenüber dem Einfrieren als ruhende Zellen in der stationären Phase.
- Hefen und Schimmelpilze zeigen sehr ausgeprägte artspezifische Unterschiede in der Resistenz gegenüber tiefen Temperaturen, sind aber generell gefrierresistenter als Bakterien.
- Enteroviren (z.B. Hepatitis-A-Viren) und Bakteriophagen sind sehr gefrierresistent.
- Die Toxizität bereits gebildeter mikrobieller Toxine wird durch das Einfrieren nicht wesentlich beeinflusst.
- Parasiten wie die Sarkosporidien werden bereits durch das Tiefgefrieren geschädigt und durch längere Tiefkühllagerung (mind. 3 Tage bei –18 °C) sicher abgetötet.
- Besonders empfindlich reagieren die Bakterien auf langsames Gefrieren und schnelles Auftauen.

Einen großen Einfluss auf die Art und den Umfang der letalen und subletalen Schädigung sowie auf den Schutz der Mikroorganismen haben die verschiedenen Lebensmittelinhaltsstoffe sowie die Wasseraktivität, der pH-Wert, das Redoxpotential und die Festigkeit (Textur) des Gefriergutes.

Durch eine Absenkung des pH-Wertes werden die schädigenden Prozesse verstärkt. Im Gegensatz dazu mildern hochmolekulare Schutzstoffe wie Gelatine, Fleischextrakt und Serum, aber auch niedermolekulare Substanzen wie Glycerol, mehrwertige Alkohole oder Ascorbinsäure den schädigenden Effekt. Zu den Protektoren im Fleisch zählen vor allem Proteine, Kohlehydrate, Fette und der relativ hohe pH-Wert. Diese Schutzfaktoren können in fleischhaltigen Gerichten bewirken, dass der Gefriervorgang nur eine sehr schwache mikrobizide Wirkung ausübt.

3.9.4.3 Tiefkühllagerung

Chemische Veränderungen. Während der Tiefgefrierlagerung werden chemische und enzymatische Prozesse zwar verlangsamt aber nicht vollständig gehemmt. Dadurch kann es zu Farb- und Geschmacksabweichungen sowie zum Abbau von Vitaminen und von anderen ernährungsphysiologisch wichtigen Inhaltsstoffen des Produktes kommen. Zum Beispiel können Lipasen, die noch bei -20 °C eine deutliche Aktivität aufweisen, durch die Spaltung von Lipiden freie Fettsäuren bilden. In Gegenwart von Sauerstoff kann in Fleischprodukten auch während des Einfrierens und der Tiefgefrierlagerung dunkelrotes Myoglobin in das unansehnliche braune Metmyoglobin oxidiert werden, das seine braune Farbe auch nach dem Auftauen behält.

Durch den auch bei der Tiefkühllagerung ablaufenden abiotischen Verderb, muss für jedes Tiefkühlgericht in Abhängigkeit von der sensibelsten Komponente eine Mindesthaltbarkeitsfrist festgelegt werden. Nur wenige Monate können Gerichte gelagert werden, die fettreiches Fleisch enthalten. Gemüse, Rindfleisch, Geflügel und die meisten fleischhaltigen Gerichte haben in der Regel eine Lagerfähigkeit von 6 bis 12 Monaten. Durch Lagertemperaturen unter -18 °C oder durch den Zusatz bestimmter Soßen kann der Qualitätserhalt der Tiefkühlgerichte verbessert und die Lagerzeit verlängert werden.

Mikrobieller Verderb. Mikroorganismen können sich bei den Tiefgefriertemperaturen nicht mehr vermehren. Ein mikrobieller Verderb von Tiefkühlkost ist deshalb nur bei Unterbrechung der Kühlkette möglich. Da auch unterhalb des Gefrierpunktes noch flüssiges Wasser im Lebensmittel vorhanden ist (s.o.), können sich bestimmte Bakterien noch bis -5 °C (-7 °C), Hefen bis -10 °C (-12 °C) und Schimmelpilze bis -15 °C (-18 °C) vermehren. Aufgrund der stark verlängerten Generationszeit und Lag-Phase sowie des abgesenkten a_w-Wertes kann ein wahrnehmbarer mikrobieller Verderb (z. B. durch psychrophile bzw. xerophile Schimmelpilze) nur bei Lagertemperaturen über -12 °C bis -10 °C auftreten [13, 14, 15, 18]. Schwarzfleckigkeit oder andere sichtbare Schimmelpilzbildung bei Gefrierfleisch und Gefriergeflügel (z.B. durch *Cladosporium herbarum*) bildet sich offenbar nur dann aus, wenn die Lagertemperatur bis -5 °C ansteigt .

Veränderung der Mikroflora. Entsprechend den Verhältnissen beim Eingefrieren wirken die tiefen Temperaturen während der Tiefkühl-Lagerung je nach Zusammensetzung des Substrates und der art- und stammspezifischen Widerstandsfähigkeit sehr unterschiedlich auf die verschiedenen Mikroorganismen ein [15, 18]. In den ersten Tagen der Gefrierlagerung ist die Keimreduktion am höchsten und nimmt dann während der länger andauernden Gefrierlagerung langsam ab. Besonders resistent auch gegenüber langer Tiefkühllagerung sind Bakteriensporen und Viren. Eine Ausnahme sind die vegetativen Zellen von *Clostridium perfringens*, die bei der Tiefkühllagerung relativ schnell absterben. Die Abtötungsrate dieser Mikroorganismen ist unter anderem abhängig von stammspezifischen Eigenschaften und der Anwesenheit von Sauerstoff.

Innerhalb der Bakterien sind grampositive Bakterien deutlich widerstandsfähiger gegenüber Tiefkühltemperaturen als gramnegative Bakterien (s.o.). Nach Lagerversuchen mit Geflügel bestand zum Beispiel die Bakterienflora in Geflügel nach zwei Wochen Gefrierlagerung zu 30 % aus grampositiven und zu 70 % aus gramnegativen Bakterienarten. Nach einem Jahr Gefrierlagerung hatte sich das Verhältnis von gramnegativen zu grampositiven Bakterien umgekehrt. Die Gesamtzahl an aeroben Mikroorganismen wurde in diesem Zeitraum lediglich um 60 % vermindert. [13].

Entsprechend den anderen gramnegativen Stäbchenbakterien ist *Escherichia coli* gegenüber der Gefrierlagerung sehr empfindlich. Aus der Abwesenheit von *E. coli* in einem Tiefkühlprodukt ist deshalb nicht in jedem Fall zu schließen, dass keine fäkale Verunreingiung vorliegt. Andererseits gibt es zu *E. coli* als Fäkalindikator keine Alternativen. Die häufig als Fäkalindikatoren bei tiefgefrorenen Lebensmitteln vorgeschlagenen Enterokokken sind für fleischhaltige Gerichte wenig brauchbar, da sie zur natürlichen Flora von zahlreichen Produkten wie Kochschinken, den meisten Rohpökelwaren, Rohwürsten und darüber hinaus auch vielen Käsesorten gehören. Eine Untersuchung auf Enterokokken ist deshalb bei derartigen Fertiggerichten nur sinnvoll, wenn die Produkte einer Erhitzungsbehandlung unterzogen wurden und der Nachweis dieser Mikroorganismen einen Hinweis auf eine sekundäre mikrobiologische Kontamination geben kann.

Während bestimmte Stämme der *Enterobacteriaceae* sehr schnell absterben, werden andere - auch viele *Salmonella*-Serovare - während der Tiefkühllagerung von Fleischprodukten sehr viel langsamer inaktiviert. Offensichtlich sind psychrotrophe Keime resistenter gegen tiefe Temperaturen als mesophile.

Zu den widerstandsfähigeren Keimen in nichtsauren Produkten gehört auch *Listeria monocytogenes*. *L. monocytogenes* ist psychrotroph und kann sich bereits ab 0 °C im Produkt vermehren. Experimentell mit *Listeria monocytogenes* beimpftes Hackfleisch von Rind, Schwein oder Truthahn sowie Brühwurst zeigten auch nach längerfristiger Gefrierlagerung keine signifikante Reduktion der Listerienzahl [12]. Deutlicher wird *Listeria monocytogenes* in Tiefkühlkost mit abgesenktem pH-Wert (z.B. in Tomatensuppe, pH 4,7) inaktiviert. Besonders riskant ist eine Rekontamination mit *Listeria monocytogenes* von Gerichten nach dem Erhitzungsprozess, da in diesen Produkten die konkurrierende Begleitflora weitgehend inaktiviert wurde und sich die

Listerien damit in dem Produkt ungehemmt vermehren können. Viele Listerien werden offensichtlich durch die Gefrierlagerung nur subletal geschädigt und können sich unter entsprechenden Bedingungen wieder regenerieren und in dem Produkt vermehren.

Insgesamt findet während der Gefrierlagerung nur eine relativ geringe Abtötung der Mikroorganismen statt. Die ICMSF geht bei Lagertemperaturen von -20 °C von einer Keimreduktion von ca. 5 % pro Monat aus. Die durch die Tiefkühllagerung verursachte Keimzahlverminderung verbessert damit in der Regel die Verderbnisanfälligkeit des aufgetauten Produktes nicht wesentlich.

Überwachung der Lagertemperatur. Die Temperatur muss an einer Stelle des Tiefkühlraums gemessen werden, die hinsichtlich der Kühlwirkung am ungünstigsten liegt. Die Messungen müssen über Temperaturschreiber aufgezeichnet und regelmäßig überwacht werden.

3.9.4.4 Auftauen und Zubereiten

Schädigung der Mikroorganismen. Während des Auftauens enthält das bereits gebildete Wasser hohe Konzentrationen an Salzen und Ionen und kann dadurch schädigend auf die mikrobielle Zelle einwirken. Das langsame Auftauen schädigt die Zellen deshalb stärker als das schnelle Auftauen. Grundsätzlich kann aber davon ausgegangen werden, dass die Schädigungen der Mikroorganismen während des Auftauens insgesamt relativ gering sind.

Vermehrung von Mikroorganismen. Durch Hygienefehler beim Auftauen und beim Erwärmen kann sich die mikrobielle Belastung erheblich erhöhen. Besonders gefährdet ist die Oberfläche des Produktes, da sie sich am schnellsten erwärmt. Ob es während des Auftauens zu einer mikrobiellen Vermehrung kommt, ist von zahlreichen äußeren Faktoren (vor allem von der Auftautemperatur) und inneren lebensmittelbedingten Faktoren (wie dem a_w-Wert) abhängig. Durch die Vielzahl der Einflüsse sind quantitative Aussagen über den Verlauf der Vermehrung der Mikroorganismen während des Auftauprozesses nur sehr schwer möglich. Es kann aber davon ausgegangen werden, dass sich die Mikroorganismen, die die Gefrierlagerung überlebt haben, in der stationären Wachstumsphase befinden und damit der Vermehrung eine mehr oder weniger lange Lag-Phase vorausgeht. Die Dauer der Lag-Phase hängt dabei von der Auftautemperatur, von der Art des Produktes, von der Zusammensetzung der Mikroflora - vor allem auf der Produktoberfläche - sowie vom Ausmaß der subletalen Schädigung der Mikroorganismen ab [5, 18].

Auftautemperaturen in einem Bereich von 5 °C beeinflussen den mikrobiellen Status in der Regel nur unwesentlich. Während einer 72-stündigen Auftauphase von Fleischerzeugnissen blieben zum Beispiel die mesophile aerobe Gesamtkeimzahl und die Sensorik des Produktes weitgehend unbeeinflusst. Bei einer Auftautemperatur von 25 °C kann exponentielles Wachstum der Mikroorganismen dagegen bereits nach wenigen Stunden beginnen, da vor allem auf der Oberfläche des Produktes schnell die mikrobiologisch kritische Temperatur von 10 °C überschritten wird.

Tiefgefrorenes Fleisch und fleischhaltige Erzeugnisse sollten deshalb möglichst bei Kühlschranktemperaturen (maximal 5 °C) aufgetaut werden, insbesondere wenn die Auftauzeit acht Stunden überschreitet. Die aufgetauten Produkte können anschließend schnell auf die vorgesehene Verzehrstemperatur erhitzt werden. Als Alternative kann das tiefgefrorene Produkt bei hohen Umgebungstemperaturen (z.B. im vorgeheizten Heißluftherd) aufgetaut und direkt gegart werden. Auch unter diesen Bedingungen wird der kritische Temperaturbereich von 10 °C bis 60 °C schnell durchschritten. Werden die Produkte bei Zimmertemperatur aufgetaut, sollten sie anschließend umgehend einer keimreduzierenden Hitzebehandlung unterzogen werden.

Bei rohem Fleisch setzt sich nach dem Auftauen eine typische Verderbnisflora durch, die sehr rasch zu sensorisch wahrnehmbaren Veränderungen führt. Pathogene Mikroorganismen werden in der Regel durch die starke Konkurrenz der Verderbnisflora in ihrem Wachstum gehemmt. Bei Teil- und Fertiggerichten entfällt dieser Effekt jedoch, da die Verderbsnisflora während des Zubereitungsprozesses durch die Hitzeeinwirkung zerstört wurde. In diesen Produkten können sich die wenig verbleibenden Bakterienarten bei einer mangelhaften Auftauhygiene ungehindert vermehren.

Abtötungseffekt beim Erwärmen. Für das Auftauen und Aufwärmen von tiefgefrorenen Fertiggerichten werden unterschiedliche küchentechnische Prozesse, wie das direkte Erhitzen in der Pfanne, im Heißluftofen, im strömenden Dampf oder in einem Mikrowellenofen eingesetzt. Diese in der Großküche oder im Haushalt durchgeführten Erhitzungsprozesse können nicht als Hygienehürde angesehen werden, weil die bestimmungsgemäße Durchführung nicht kontrollierbar ist. Darüber hinaus erwärmen sich die verschiedenen Teilkomponenten der Gerichte sehr unterschiedlich, so dass Kerntemperaturen, die einen mikrobiziden Effekt haben könnten, häufig nicht gewährleistet werden können. Das Auftauen und Garen mit Hilfe von Mikrowellengeräten erfolgt sehr rasch. Nachteilig wirkt sich aus, dass Wasser die Mikrowellenstrahlen wesentlich stärker absorbiert als der Eisanteil in dem Tiefgefriergut. Dadurch erwärmt sich das Gut sehr ungleichmäßig. Beim Auftauen und Erwärmen von Fleisch wird dieser Effekt dadurch verstärkt, dass wasser- und fetthaltige Teile die Mikrowellenenergie sehr unterschiedlich absorbieren.

Zubereitung. In Großküchen sollen die Gerichte aus mikrobiologischer Sicherheit möglichst schnell auf eine Kerntemperatur von mindestens 70 °C erwärmt und bis zum Verzehr bei einer Kerntemperatur von mindestens 65 °C heiß gehalten werden. Die Zeit zwischen dem Erwärmen und dem Verzehr sollte 3 Stunden nicht überschreiten.

3.9.5 Leitlinien für eine gute Hygienepraxis und Festlegung von kritischen Kontrollpunkten (CCPs) im Sinne des HACCP-Konzeptes

Für jedes spezifische Tiefkühlprodukt muss entsprechend den gesetzlichen Forderungen ein produkt- und betriebsspezifischer Hygieneplan (Hygienecodex) ausgearbeitet werden [8, 16]. Er sollte alle wesentlichen Bereiche wie Personal, Gebäude, Räume, Reinigung und Desinfektion, Wareneingang, Produktion und Schulung abdecken. Darüber hinaus müssen Lenkungsbedingungen für die hygienisch besonders kritischen Prozessschritte im Sinne des HACCP-Konzeptes festgelegt werden. Dazu zählen für den in Abb. 3.9.1 wiedergegebenen Ablauf der Herstellung und des Zubereitens eines vorgegarten Tiefkühlgerichts in einer Großkücheneinrichtung vor allem

- die Überwachung der Gartemperatur und der Garzeit,
- die Überwachung der Zeit (max. 90 Min.) zwischen dem Garprozess und dem Erreichen der Kerntemperatur von -18 °C,
- die Überwachung der Zeit und der Temperatur beim Auftauen,
- die Überwachung der Zeit und der Temperatur beim Erwärmen auf mind. 70 °C Kerntemperatur sowie die
- Überwachung der Zeit (max. 3 Std.) und der Produkttemperatur (mind. 65 °C) bis zum Verzehr der Gerichte.

3.9.6 Mikrobiologische Kriterien

Offizielle mikrobiologische Kriterien existieren für Tiefkühlprodukte nicht. Exemplarisch seien deshalb hier die mikrobiologischen Richt- und Warnwerte wiedergegeben, die von der Deutschen Gesellschaft für Hygiene und Mikrobiologie für Tiefkühl-Fertiggerichte bei Abgabe an den Verbraucher empfohlen werden (Tab. 3.9.2 und 3.9.3) [3].

Tab. 3.9.2 Richt- und Warnwerte für rohe oder teilgegarte TK-Fertiggerichte bzw. Teile davon, die vor dem Verzehr gegart werden müssen
(Eine Empfehlung der Deutschen Gesellschaft für Hygiene und Mikrobiologie) [3].

	Richtwert (KBE/g)	Warnwert (KBE/g)
Escherichia coli	10^3	10^4
koagulase-positive Staphylokokken	10^3	10^3
Bacillus cereus	10^3	10^4

Als Probe für die Untersuchung ist die kleinste Verkaufseinheit, mindestens aber 50 g einzusetzen.
Salmonellen sollen in 25 g nicht nachweisbar sein. Wegen der verbreiteten Belastung von Geflügel und von anderen Tieren können die Proben bei Verwendung von rohem Fleisch auch bei guter Betriebshygiene jedoch relativ häufig Salmonella-positiv sein.
Bei positivem Befund ist der Kontaminationsquelle nachzugehen. Den Herstellern wird empfohlen, für derartige Produkte nur gegartes Fleisch einzusetzen. Geschieht dies nicht, besteht bei Nichtanbringen eines Hinweises „Durchgaren erforderlich" und der genauen Angabe der Garungsbedingungen die Gefahr einer Gesundheitsgefährdung des Verbrauchers; ein Anbringen dieser Hinweise ist sowohl auf Haushaltspackungen als auch auf Großverbraucherpackungen notwendig.

Tab. 3.9.3 Richt- und Warnwert für gegarte TK-Fertiggerichte bzw. Teile davon, die nur noch auf Verzehrstemperatur erhitzt werden müssen
(Eine Empfehlung der Deutschen Gesellschaft für Hygiene und Mikrobiologie) [3].

	Richtwert (KBE/g)	Warnwert (KBE/g)
Aerobe mesophile Koloniezahl[1)]	10^6	–
Salmonellen	–	n. n. in 25 g
Escherichia coli	10^2	10^3
koagulase-positive Staphylokokken	10^2	10^3
Bacillus cereus	10^3	10^4

[1)] Die Keimzahl kann überschritten werden, wenn rohe Produkte wie Käse, Petersilie etc. mitverwendet werden.

Als Probe für die Untersuchung ist die kleinste Verkaufseinheit, mindestens aber 50 g einzusetzen.

Beachtet werden muss bei der mikrobiologischen Untersuchung von tiefgekühlten Produkten, dass eine bestimmte Anzahl auch pathogener Mikroorganismen durch das Einfrieren und durch die Tiefkühllagerung nicht abgetötet, sondern lediglich subletal geschädigt werden können. Derartig geschädigte Mikroorganismen werden häufig bei der Routineuntersuchung nicht erfasst, können sich aber unter günstigen Bedingungen - zum Beispiel beim Auftauvorgang oder während der Zubereitung im Haushalt - wieder regenerieren. Der Nachweis von Listerien, Salmonellen und anderen Mikroorganismen gelingt häufig deshalb nur nach einer Voranreicherung in einem hemmstofffreien Medium [22].

Literatur

[1] Deutsches Lebensmittelbuch: Leitsätze. Bundesanzeiger (2002)

[2] Deutsches Tiefkühlinstitut: Verbrauch an Tiefkühlkost 1992 bis 2002 in Deutschland. www.tiefkühlinstitut.de

[3] Deutsche Gesellschaft für Hygiene und Mikrobiologie: Mikrobiologische Richt- und Warnwerte für Tiefkühl-Fertiggerichte. Öffentliches Gesundheitswesen **54** (1992), 209. www.lm-mibi.uni-bonn.de

[4] DESROSIER, N. W.: The technology of Food Preservation. AVI Publishing, USA (1997).

[5] DODD, C. E. R., R. L. SHARMAN, S. F. BLOOMFILD, I. R. BOOTH und G. S. STEWART: Inimical proccss: bacterial selfdestruction and sub-lethal injury. Trends in Food Science and Technology **8** (1997) 238-241.

[6] Europäische Union: Richtlinie zur Angleichung der Rechtsvorschriften über tiefgefrorene Lebensmittel (89/108/EWG), (1989).

[7] Europäische Union: Richtlinie zur Überwachung der Temperaturen von tiefgefrorenen Lebensmitteln in Beförderungsmitteln sowie Einlagerungs- und Lagereinrichtungen (92/1/EWG), (1992)

[8] Europäische Union: Richtlinie über Lebensmittelhygiene (93/43/EWG) (1993); Deutsche Lebensmittelhygiene-Verordnung.

[9] HEISS, R.: Lebensmitteltechnologie. Springer Verlag. Berlin, Heidelberg, New York (2001).

[10] HOFFMANNS, W.: Kühlen, Frosten und Transportieren. Fleischwirtschaft **74** (1994), 688-690.

[11] Krämer, J.: Lebensmittel-Mikrobiologie. Verlag Eugen Ulmer, Stuttgart (2002).

[12] Palumba, S. A., Williams, A. C.: Resistance of *Listeria monocytogenes* in foods. Food Microbiology **8** (1991), 63-68.

[13] Schmidt-Lorenz, W. und J. Gutschmidt: Mikrobielle und sensorische Veränderungen gefrorener Lebensmittel bei Lagerung im Temperaturbereich von –2,5 °C bis -10 °C. Lebensmittel-Wissenschaft und -Technologie **1** (1968), 26-43.

[14] Schmidt-Lorenz, W.: Mikrobiologische Probleme bei tiefgefrorenen und gefriergetrockneten Lebensmitteln. Alimenta **6** (1970), 245-252.

[15] Schmidt-Lorenz, W.: Über die Bedeutung der Anwesenheit von Mikroorganismen in gefrorenen und tiefgefrorenen Lebensmitteln. Lebensmittel-Wissenschaft und -Technologie **9** (1976), 263-273.

[16] Sinell, H.-J.: Hygiene von gekühlten und tiefgekühlten Lebensmitteln. Zbl. Bakt. Hyg. B **187** (1989), 533-545.

[17] Sinell, H.-J.: Einführung in die Lebensmittelhygiene, Verlag Paul Parey, Berlin, Hamburg, (1992).

[18] singhal, R. S., P. R. Kulkarni und P. Chattopadhyay: Freezing of foods. (Damage to microbial cells; Growth and survival of microorganisms). In Robinson, R. K.; C. A. Batt und P. D. Patel (Hrsg.): Enzyclopedia of Food Microbiology. Academic Press (2000) 840-859.

[19] Thumel, H.; Gamm, D.: Lose rollendes Frosten. Fleischwirtschaft **73** (1993), 502-503.

[20] Verordnung zur Änderung der Verordnung über tiefgefrorene Lebensmittel (TLMV) (1995).

[21] Weber, W.: Übersicht über kryogene Gefrierverfahren und -anlagen. Lebensmitteltechnik 2 (1989), 34-36.

[22] Zschaler, R.: Gefrorene und tiefgefrorene Lebensmittel. In: J. Baumgart, Mikrobiologische Untersuchung von Lebensmitteln, Behr's Verlag, Hamburg (2003).

3.10 Mikrobiologie von Shelf Stable Products (SSP)

H. Hechelmann

Mikrobiell verursachte Lebensmittelvergiftungen zeigen weltweit eine zunehmende Tendenz. Aufgrund dieser Situation wird nach neuen Konzepten für die Produktsicherung bei Lebensmitteln gesucht. Für die Verbesserung und die Kontrolle der Stabilität (Schutz vor Verderb) und Sicherheit (Schutz vor Lebensmittelvergiftungen) sind bei Fleischerzeugnissen SSP-Produkte (SSP) aktuell.

Die Hürden-Technologie, die bei der Herstellung von SSP Anwendung findet, verhilft daher zu einem besseren Verständnis der Konservierung von traditionellen Lebensmitteln und kann auch erfolgreich bei der Entwicklung von neuen Lebensmitteln eingesetzt werden. Zur Veranschaulichung des Vorgehens bei der Optimierung und Entwicklung von Fleischerzeugnissen soll zunächst Grundsätzliches über die Hürden-Technologie berichtet werden [5, 8].

Aus dem Hürden-Effekt ist die Hürden-Technologie (HAT) abgeleitet worden, die für die Produktentwicklung (Food Design) zum Beispiel im Zusammenhang mit einer Energieeinsparung (Produkte, die ohne Kühlung haltbar sind) oder zur Verminderung des Zusatzes von Konservierungsmitteln (z.B. Nitrit bei Fleischerzeugnissen) verwendet wird [13].

Die Hürden-Technologie kann weiterhin bei der Stabilitätsbewertung (Food Control) eingesetzt werden, indem die chemisch-physikalischen Eigenschaften eines Produktes ausgemessen werden und das Ergebnis nach Computer-Auswertung anzeigt, welche Mikroorganismen in dem betreffenden Produkt vermehrungsfähig sind [10, 11].

Zahlreiche Konservierungsverfahren (Erhitzen, Kühlen, Gefrieren, Gefriertrocknen, Trocknen, Pökeln, Salzen, Zuckern, Säuern, Fermentieren, Räuchern, Evakuieren und Bestrahlen) werden bei Lebensmitteln bereits verwendet. Dabei beruhen die verschiedenen Verfahren nur auf relativ wenigen Faktoren oder Hürden (F-Wert, t-Wert, a_w-Wert, pH-Wert, Eh-Wert, Konservierungsstoffe, Konkurrenzflora oder Hygienestatus repräsentiert durch den Anfangskeimgehalt), die meist in Kombination eingesetzt werden (Tab. 3, 10.1) [2].

Werden Fleischerzeugnisse auf der Grundlage der SSP-Hürden-Technologie optimiert oder entwickelt, dann können trotz einer „milden Konservierung“, die auf mehreren Hürden beruht, stabile und sichere Produkte erzielt werden, die sensorisch und ernährungsphysiologisch hochwertig sind. Beim Einsatz mehrerer und verschiedener Hürden, die eine Störung der Homeostase der unerwünschten Mikroorganismen auf unterschiedliche Weise herbeiführen, kann ein synergistischer Effekt der Konservierungsmaßnahmen erreicht werden [5, 6, 11].

Bei den SSP handelt es sich um Lebensmittel, die ungekühlt lagerfähig sind, deren Stabilität und Sicherheit jedoch nicht nur auf der angewandten Erhitzung beruht, sondern vor allem durch zusätzliche Hürden gewährleistet wird. Durch die Hitzebehandlung werden die vegetativen Mikroorganismen abgetötet, die Bakteriensporen werden jedoch durch die relativ milde Erhitzung nur teilweise inaktiviert oder nur subletal geschädigt. Die Vermehrung der überlebenden Sporenbildner wird sodann im Produkt durch den a_w-Wert, den pH-Wert, den Eh-Wert, den Nitritgehalt oder eine Kombination dieser Hürden gehemmt [9].

Aus der geringen Erhitzung der SSP im Vergleich zu Voll- oder Tropenkonserven, resultiert ein hoher Genusswert sowie ein höherer ernährungsphysiologischer Wert. Die nicht erforderliche Kühlung vereinfacht die Distribution der Produkte und spart Energie (Kosten) während der Lagerung [3, 6, 9, 13].

Tab. 3.10.1 Fleischerzeugnisse, die ohne Kühlung lagerfähig sind und die Hürden, die für die mikrobiologische Stabilität und Sicherheit der Produkte maßgeblich sind

Produktgruppe	Wichtige Hürden bei der Herstellung
Rohe Erzeugnisse	
Rohschinken	H, t, pH, a_w, K
Rohwurst	H, K, Eh, S, pH, a_w
Erhitzte Erzeugnisse	
Konserven	H, F
SSP-Produkte	H, F, a_w, pH, Eh, K

H: Hygienestatus (Anfangskeimgehalt), K: Konservierungsmittel (Nitrit oder Rauch), S: Starter- und/oder Schutzkulturen, F: Erhitzung, t: Kühltemperatur, pH: Säuregrad, a_w: Wasseraktivität, Eh: Redoxpotenzial

Zu den traditionellen SSP zählen aber auch solche Produkte, die nicht erhitzt werden, wie Rohwurst und Rohschinken.

SSP-Fleischerzeugnisse werden zunehmend wegen ihrer Vorteile hergestellt. Zu dieser Produktgruppe zählen traditionelle Erzeugnisse wie die italienische Mortadella, die deutsche Brühdauerwurst und die Geldersche Rauchwurst der Niederlande, aber auch neu entwickelte Produkte wie die autoklavierte Darmware und Minisalamis oder frisch fermentierte Rohwürste. Nach der Hürde, die für die Stabilität der Produkte am wichtigsten ist, lassen sich *F*-SSP, a_w-SSP, pH-SSP und neuerdings auch Combi-SSP unterscheiden, die nachstehend diskutiert werden [13].

3.10.1 F-SSP

Beispiele für diese Produktgruppe sind Brüh-, Leber- und Blutwurst, die als autoklavierte Darmware hergestellt werden. Derartige Produkte werden in Mengen von 100-500 g in PVDC-Kunstdärmen (30-45 mm Durchmesser) abgefüllt und sodann für 20-40 Minuten bei 103-108 °C unter exakt kontrolliertem Gegendruck erhitzt (1,8-2,0 bar während der Erhitzungen und 2,0-2,2 bar während der Kühlung). F-SSP befinden sich in der Bundesrepublik seit Anfang der 80er Jahre auf dem Markt und werden vor allem von großen Supermarkt-Ketten vertrieben [1].

Durch die angewandte Erhitzung (F_c-Wert größer als 0,4) werden die im Produkt enthaltenen Bakteriensporen inaktiviert oder wenigstens subletal geschädigt. Überlebende Sporenbildner werden über die Hürden a_w, pH, Eh und Nitrit gehemmt. Der a_w-Wert der Produkte muss bei Leberwurst unter 0,96 abgesenkt werden, für Brühwurst reicht wegen des noch wirksamen Nitrits eine Absenkung unter 0,97 aus. Die a_w-Verminderung ist über die Zugabe von Kochsalz und Fett sowie eine geringere Schüttung möglich; auch durch trockene Substanzen (Trockenblutplasma, Milcheiweiß) kann der a_w-Wert herab gesetzt werden. Bei Blutwurst ist der hohe pH-Wert kritisch und muss unter 6,5 eingestellt werden.

Richtwerte für sichere F-SSP

Unter Berücksichtigung der aufgeführten Ergebnisse lassen sich die Voraussetzungen für die Herstellung stabiler und sichrer F-SSP in folgenden Richtwerten zusammen fassen:

1. Die Sporenzahl von Vertretern der Gattungen *Bacillus* und *Clostridium* sollte in den erhitzten Produkten unter 100/g liegen, da eine geringe Anzahl von Sporenbildnern durch die vorhandenen Hürden leichter gehemmt werden kann.
2. Das Produkt muss im Autoklaven auf einen F_c-Wert über 0,4 erhitzt werden, denn dadurch kann zumindest eine subletale Schädigung der Bakteriensporen erreicht werden.
3. Das Füllgut muss auf einen a_w-Wert unter 0,97 (Brühwurst) oder unter 0,96 (Blut- und Leberwurst) eingestellt werden, um überlebende Sporen zu hemmen. Bei der Brühwurst trägt der Nitritzusatz etwas zur Hemmung bei, aber nicht bei Blut- und Leberwurst; folglich kann der a_w-Wert bei Brühwurst höher liegen.

4. Der Eh-Wert (Redoxpotenzial) des Füllgutes sollte niedrig sein. Das ist bei Verwendung von weitgehend sauerstoffdichten Kunststoffhüllen der Fall, denn dadurch wird das Wachstum von einigen a_w-toleranten Bazillen eingeschränkt.
5. Der pH-Wert des Füllgutes soll bei Blutwurst unter 6,5 eingestellt werden; Brüh- und Leberwurst erfüllen bereits generell diese Voraussetzung.
6. Sorgfalt beim Clipverschluss und bei der Abkühlung der Würste nach der Erhitzung muss gewährleistet sein. Vorzugsweise sollten sich *F*-SSP in geklippten Kunstdärmen und nicht in Dosen befinden; werden Dosen verwendet, darf kein Kopfraum vorhanden sein.
7. Als Mindesthaltbarkeit für *F*-SSP sollten ohne Kühlung nicht mehr als 4 bis 6 Wochen veranschlagt werden.

3.10.2 a_w-SSP

Zu den traditionellen Fleischerzeugnissen vom a_w-SSP-Typ, die seit vielen Jahren bekannt sind und vom Konsumenten geschätzt werden, gehören die italienische Mortadella und die deutsche Brühdauerwurst. Bei der italienischen Mortadella wird die a_w-Wert-Verminderung vor allem über die Rezeptur (wenig Schüttung, Zusatz von Milcheiweiß oder Magermilchpulver und relativ viel Kochsalz) und durch eine Trocknung während der Erhitzung (in einer Art „Sauna") erzielt, dagegen wird bei Brühdauerwurst („Kabanos", „Tiroler", „Göttinger" u.a.) der erforderliche a_w-Wert überwiegend durch eine Trocknung des Fertigproduktes erreicht. Beide Produktgruppen werden seit langem empirisch hergestellt und weisen dennoch generell den erforderlichen a_w-Wert unter 0,95 auf [2, 4, 9].

Derartige Erzeugnisse sind, auch bei milder Erhitzung (Kerntemperatur 75 °C) ohne Kühlung lagerfähig, da sich die darin enthaltenen Sporenbildner der Gattungen *Bacillus* und *Clostridium* bei diesem a_w-Wert nicht vermehren können. Unter Einhaltung der folgenden Richtwerte können stabile und sichere a_w-SSP kontrolliert hergestellt werden:

Richtwerte für sichere a_w-SSP

1. a_w-SSP sollen auf eine Kerntemperatur über 75 °C erhitzt werden, um vegetative Mikroorganismen sicher zu inaktivieren.
2. a_w-SSP sollten in verschlossenen Behältnissen (vorzugsweise in Wursthüllen) erhitzt werden, um eine Rekontamination nach der Erhitzung zu vermeiden.

3. Der a_w-Wert der Produkte muss auf unter 0,95 eingestellt werden. Folglich soll der a_w-Wert von SSP niedriger als bei *F*-SSP liegen, da bei der geringeren Erhitzung von a_w-SSP eine subletale Schädigung von Bakteriensporen kaum zu erwarten ist.

4. Der Eh-Wert sollte relativ niedrig sein, da bei einem verminderten Redoxpotenzial das Wachstum von einigen a_w-toleranten Bazillen in den Produkten eingeschränkt wird.

5. Das Wachstum von Schimmelpilzen auf der Oberfläche von a_w-SSP in wasserdampfdurchlässigen Hüllen kann durch eine Räucherung, Kaliumsorbatbehandlung, heute auch durch Natamycin (Delvocid) oder die Vakuumverpackung der Produkte vermieden werden.

3.10.3 pH-SSP

Frucht- und Gemüsekonserven mit einem pH-Wert unter 4,5 sind mikrobiologisch stabil, auch wenn sie nur mild erhitzt werden. In diesen Produkten sind die vegetativen Zellen durch die Hitze inaktiviert, und die Vermehrung der in Sporenform überlebenden Bazillen und Clostridien wird durch den niedrigen pH-Wert gehemmt. Solch niedrige pH-Werte sind aus sensorischen Gründen bei Fleischerzeugnissen nicht zu erreichen; eine gewisse pH-Senkung wirkt jedoch auch bei Fleischerzeugnissen mikrobiell stabilisierend. Derartige Produkte werden pH-SSP genannt, denn ihre Stabilität beruht primär auf der pH-Hürde. Fleischerzeugnisse vom pH-SSP-Typ sind hauptsächlich Sülzen und bei deutlicher Säuerung wird auch die Geldersche Rauchwurst dieser Kategorie zugeordnet.

Die Geldersche Rauchwurst ist eine Brühwurst, deren pH-Wert durch Zusatz von 0,5 % Glucono-delta-Lacton auf 5,4-5,6 eingestellt werden kann. Dieses Produkt bleibt mehrere Wochen ohne Kühlung stabil, wenn es vakuumverpackt und in der Packung für eine Stunde bei 80 °C nacherhitzt wird. Diese Behandlung inaktiviert die vegetativen Bakterien. Die Bakteriensporen sind offenbar bei diesem Produkt nicht so riskant, da ihre Zahl beim Erhitzungsprozess abnimmt und die überlebenden Sporen durch den niedrigen pH-Wert und andere Hürden gehemmt werden. Geldersche Rauchwurst wird in den Niederlanden in großen Mengen hergestellt und ist anscheinend bei Beachtung folgender Richtwerte ein stabiles und sicheres Produkt:

Richtwerte für Geldersche Rauchwurst

1. Der pH-Wert der Gelderschen Rauchwurst soll durch Zusatz von bis zu 0,5 %

Glucono-delta-Lacton auf 5,4-5,6 eingestellt werden. Durch diesen pH-Wert kann die Vermehrung von Clostridien und Bazillen gehemmt werden, wenn nur geringe Sporenzahlen vorhanden sind.

2. Das Produkt soll vakuumverpackt und eine Stunde auf eine Kerntemperatur von 80 °C nacherhitzt werden. Dadurch werden die vegetativen Zellen auf der Oberfläche und im Innern des Produktes inaktiviert, die Sporenzahl wird vermindert und eine Rekontamination nach der Erhitzung wird verhindert.

3. Die mikrobiologische Stabilität der Gelderschen Rauchwurst lässt sich erhöhen, wenn neben der pH-Hürde (5,6) noch eine a_w-Hürde (0,97) in das Produkt eingeführt wird; auch lässt sich dadurch die sensorische Qualität der Produkte verbessern, da der pH-Wert durch Zusatz von 0,25 % GdL nur mäßig vermindert wird.

Die Hitzeresistenz der Bakteriensporen nimmt mit abnehmendem aw-Wert zu, während sie sich mit abnehmendem pH-Wert vermindert. Daher ist bei pH-SSP zur Inaktivierung der Mikroorganismen eine geringere Hitzebehandlung erforderlich als bei a_w-SSP und F-SSP. Weiterhin hat praktische Bedeutung, dass die Sporen von Bazillen und Clostridien bei niedrigeren a_w- und pH-Werten auskeimen, als sie für die Vermehrung der vegetativen Zellen erforderlich sind. Daher nimmt die Anzahl der Bakteriensporen in den F-SSP, a_w-SSP und pH-SSP während der Lagerung der Produkte ab, denn anscheinend keimen Sporen im Verlauf der Lagerung aus, und da die entstehenden vegetativen Zellen sich nicht vermehren können, sterben sie ab [9].

3.10.4 Combi-SSP

Ziel weiterer Untersuchungen war es, neben den schon gesicherten Ergebnissen der klassischen SSP-Produkte, also Fleischerzeugnisse mit noch unbekannter und unsicherer Technologie, näher zu definieren beziehungsweise die für die Stabilität der Fleischerzeugnisse erforderlichen Hürden des bisherigen Konzeptes zu modifizieren. Bei diesen Fleischerzeugnissen handelt es sich meistens um geräucherte Brühwursterzeugnisse, die aufgrund ihrer Herstellung über den a_w-Wert und pH-Wert stabilisiert und nach erfolgter Herstellung nachpasteurisiert werden. Ein niedriger Anfangskeimgehalt und die Verarbeitung von Nitritpökelsalz verbessern die Haltbarkeit dieser Fleischerzeugnisse. In diese Gruppierung können aber auch „weiße Ware“, wie nachpasteurisierte Rostbratwürste, aber auch frisch fermentierte Rohwürste eingeordnet werden, wenn der a_w-Wert und der pH-Wert dieser Produkte dementsprechend abgesenkt wird [11].

Bei der Herstellung der aufgeführten Produkte ist jedoch die exakte Kontrolle von Temperatur und Zeit sowie des pH-Wertes und a_w-Wertes unabdingbar. Die Kontrolle des a_w-Wertes, sogar „on-line“, ist durch die Entwicklung eines Gerätes möglich geworden, mit dem der a_w-Wert in wenigen Minuten exakt und reproduzierbar gemessen werden kann [12].

Richtwerte für stabile Combi-SSP

Am Beispiel eines Brühwursterzeugnisses nach Art der „Gelderschen Rauchwurst“ lässt sich das Prinzip der kombinierten SSP also der Combi-SSP verdeutlichen. Das Brühwurstbrät wird dabei über die Rezeptur auf einen a_w-Wert < 0,965 abgesenkt und durch den Zusatz von GdL und/oder anderen Säuerungsmitteln in der letzten Kutterphase auf einen pH-Wert von etwa 5,6 eingestellt. Während des Trocknens und der Räucherung erfolgt eine weitere Absenkung des a_w-Wertes und der Räucherrauch wirkt sich mikrobiologisch stabilisierend, also hemmend auf die Auskeimung der überlebenden Sporenbildner aus. Das Erreichen einer Kerntemperatur von >75 °C ist notwendig, um zum einen die vegetativen Mikroorganismen mit Sicherheit abzutöten und zum anderen die noch verbleibenden Sporenbildner möglichst zu schädigen. Ein weiterer zusätzlicher Stabilisierungsfaktor ist in der Nachpasteurisation der vakuumverpackten Erzeugnisse zu sehen. Durch diese Nacherhitzung, die bei 85 °C bis zu 45 Minuten vorgenommen wird, werden die Rekontaminanten auf der Wurstoberfläche abgetötet und die verbleibenden Sporenbildner nochmals subletal geschädigt.

Die Combi-SSP weisen folgende Vorteile auf:

Geringere Erhitzung im Vergleich zu Vollkonserven; daraus resultiert ein hoher Genusswert sowie ein höherer ernährungsphysiologischer Nährwert und der „Frischprodukt-Charakter“ der Erzeugnisse wird weitgehend bewahrt.

3.10.5 Schnellgereifte Rohwurst

Zu den schnellgereiften Rohwürsten zählen solche Produkte, die fermentiert und umgerötet, jedoch nur gering abgetrocknet sind, und folglich primär über die Absenkung des pH-Wertes stabilisiert werden müssen. Solche Produkte sind zwar nicht für eine längere Lagerung bestimmt, aber bei richtiger Anwendung der Herstellungstechnologie auch ohne Kühlung lagerfähig. Gerade bei derartigen Produkten sind die ersten Stunden und Tage bei der Rohwurstreifung kritisch, besonders dann, wenn aufgrund einer starken mikrobiologischen Belastung des Rohmaterials eine Vermehrung von Verderbniserregern oder sogar von Lebensmittelvergiftern möglich wird. Zu diesen riskanten Produkten gehören die frische Mettwurst (Zwiebelmettwurst), die Rohpolnische, und zu den kritischen Produkten gehören nicht zuletzt Erzeugnisse mit einem verminderten Zusatz von Kochsalz, Nitrit und Fett, die in großkalibrige Därme abgefüllt und bei relativ hohen Temperaturen gereift worden sind. Häufige Ursache für Verderbnsierscheinungen und Lebensmittelvergiftungen bei derartigen Produkten ist die fehlerhafte Rohstoffauswahl, vor allem dann, wenn die Produkte hohe a_w-Werte und pH-Werte aufweisen und bei zu hohen Temperaturen umgerötet, gereift und ohne Kühlung gelagert werden.

Bei den schnellgereiften Rohwürsten ist eine rasche Senkung des pH-Wertes, insbesondere in den ersten Reifetagen, entscheidend zur Hemmung von Salmonellen und *Staphylococcus aureus* sowie zur Inaktivierung von *Listeria monocytogenes*. Eine schnelle Säuerung der Rohwürste mittels Glucose und Starterkulturen auf einen pH-Wert <5,4 erwies sich als vorteilhaft für die mikrobiologische Stabilität und Sicherheit. Es ist dabei zu beachten, dass das Verarbeitungsfleisch oft einen anfänglichen pH-Wert <5,8 und einen normalen natürlichen Gehalt an vergärbaren Kohlehydraten aufweist. Ist das der Fall, dann lässt sich die Senkung des pH-Wertes auf <5,4 sogar mit minimalem Zuckerzusatz erzielen. Andererseits sollte DFD-Fleisch nicht zur Herstellung von schnellgereiften Rohwürsten verwendet werden, obwohl - wie unsere Untersuchungen gezeigt haben - bei einer exakten Steuerung des pH-Wertes und des a_w-Wertes auch in diesem Fall ein sicheres und stabiles Produkt erzielt werden kann [2].

Bei Beachtung der folgenden Richtwerte ist die Herstellung von stabilen und sicheren, schnellgereiften Rohwürsten, die auch ohne Kühlung lagerfähig sind, möglich.

Richtwerte für die Herstellung schnellgereifter Rohwürste

1. Beim verwendeten Fleisch soll der Keimgehalt möglichst niedrig sein und der pH-Wert unter 5,8 liegen.
2. An Zusätzen sind mindestens 2,4 % NPS, Zucker (0,2-0,5 %) oder GdL (0,3 %) sowie Milchsäurebakterien als Starterkulturen erforderlich.
3. Die Reifetemperatur soll nicht über 22 °C liegen. Das schnellgereifte Produkt kann jedoch ohne Kühlung gelagert werden.
4. Bei fertigen Produkten müssen der pH-Wert unter 5,4 und der a_w-Wert unter 0,95 liegen.
5. Rauch ist förderlich für die mikrobiologische Stabilisierung der Produkte.
6. Es empfiehlt sich, die Produkte vakuumverpackt oder in Schutzgasverpackungen zu vertreiben.

3.10.6 SSP-Hürden-Technologie

Werden SSP-Fleischerzeugnisse nach den gegebenen Empfehlungen auf der Basis des HACCP-Konzeptes verknüpft mit der Hürden-Technologie hergestellt, sind sie stabil, sicher und wohlschmeckend.

Vorgehensweise bei der Produktentwicklung nach der SSP-Hürden-Technologie:

Soll ein SSP unter Anwendung der Hürden-Technologie optimiert oder neu entwickelt werden, empfiehlt sich das folgende stufenweise Vorgehen:

1. Zunächst müssen die gewünschten sensorischen Charakteristika sowie die angestrebte Haltbarkeit (Zeit und Temperatur) definiert werden.
2. Die Technologie der Herstellung des bearbeiteten Produktes muss in den Grundzügen bekannt sein, wobei die sensorischen Merkmale prioritär sind.
3. Das bearbeitete Produkt wird sodann nach der vorläufigen Technologie hergestellt und mikrobiologisch, chemisch-physikalisch sowie sensorisch beurteilt. Wenn das Produkt noch nicht die gewünschten Charakteristika aufweist, werden weitere Chargen hergestellt, die der Zielsetzung möglichst nahe kommen.
4. Die der ausreichenden Konservierung des Produktes zu Grunde liegenden Faktoren (Hürden) werden exakt gemessen und auch im Hinblick auf die tolerierbaren Streubereiche festgelegt. Dabei können die erforderlichen Hürden unter Berücksichtigung der gewünschten Sensorik modifiziert werden, wobei anzustreben ist, möglichst mehrere und dafür sensorisch und ernährungsphysiologisch vertretbare Hürden einzusetzen. Unter Ausnützung der Homeostase der Mikroorganismen sollte ein synergistischer Effekt der Hürden für die Stabilität und Sicherheit des Produktes ermöglicht werden.
5. Das modifizierte Produkt wird nunmehr mit relevanten verderbniserregenden und lebensmittelvergiftenden Mikroorganismen in relativ hoher Keimzahl beimpft und danach unter Berücksichtigung der angestrebten Haltbarkeit unter bestimmten Bedingungen (Zeit, Temperatur, Verpackung etc.) bebrütet. Ergibt das Bebrütungsergebnis noch nicht die gewünschte Stabilität und Sicherheit, müssen die eingesetzten Hürden entsprechend verändert werden.
6. Danach wird das optimierte Produkt nicht nur unter Pilot-Plant-Bedingungen, sondern auch unter industriellen Bedingungen hergestellt, damit die Praktikabilität der vorgesehenen Technologie unter Praxisbedingungen überprüft werden kann.
7. Hat das entwickelte Produkt die dargestellten Stufen erfolgreich passiert, dann wird die Prozesskontrolle auf der Grundlage des HACCP-Konzeptes beschrieben.

Dabei muss auch festgelegt werden, welche Messmethoden beim Monitoring der Richtwerte zum Einsatz kommen sollen und welche Streuung der gemessenen Werte tolerierbar ist.

Nach dieser skizzierten Vorgehensweise kann das Food-Design unter Anwendung der SSP-Hürden-Technologie vorgenommen und unter Einsatz des HACCP-Konzeptes abgesichert werden [10, 11].

Literatur

[1] HECHELMANN, H.; LEISTNER, L.: Mikrobiologische Stabilität autoklavierter Darmware. Mitteilungsblatt der Bundesanstalt für Fleischforschung Nr. 84, (1984) 5894.

[2] HECHELMANN, H.; KASPROWIAK, R.: Mikrobiologische Kriterien für stabile Produkte. In: Band 10 der Kulmbacher Reihe, Sichere Produkte bei Fleisch und Fleischerzeugnissen 1990, S. 68.

[3] LEISTNER, L.: WIRTH, F.; VUKOVIC, I.: SSP (Shelf Stable Products) - Fleischerzeugnisse mit Zukunft. Fleischwirtschaft **59**, (1979) 1313.

[4] LEISTNER, L.; RÖDEL, W.; KRISPIEN, K.: Microbiology of meat and meat products in high- and intermediate-moisture ranges. In: Water Activity: Influences on Food Quality. (B. L. ROCKLAND and G. F. STEWART, eds.), Academic Press, New York, 1981, S. 855.

[5] LEISTNER, L.: Hürden-Technologie für die Herstellung stabiler Fleischerzeugnisse. Mitteilungsblatt der Bundesanstalt für Fleischforschung, Nr. **84**, (1984) 5882.

[6] LEISTNER, L.: Hurdle technology applied to meat products of the shelf stable product and intermediate moisture food types. In: Properties of Water in Foods in Relation to Quality and Stability (D. SIMATOS and J. L. MULTON, eds.), Martinus Nijhoff Publishers, Dordrecht, 1985 a, S. 309.

[7] LEISTNER, L.: Empfehlungen für sichere Produkte. In: Band 5 der Kulmbacher Reihe, Mikrobiologie und Qualität von Rohwurst und Rohschinken 1985 b, S. 219.

[8] LEISTNER, L.: Hürden-Technologie für die Herstellung stabiler Fleischerzeugnisse. Fleischwirtschaft **66**, (1986), S. 10.

[9] LEISTNER, L.: Shelf stable products and intermediate moisture foods based on meat. In: Water Activity: Theory and Applications to Food (L. B. ROCKLAND and L. R. BEUCHAT, eds.), Marcel Dekker, New York, 1987, S. 295.

[10] LEISTNER, L.: Produktsicherheit durch Anwendung des HACCP-Konzeptes und der Voraussagenden Mikrobiologie. In: Band 10 der Kulmbacher Reihe, Sichere Produkte bei Fleisch und Fleischerzeugnissen 1990, S. 201.

[11] LEISTNER, L.; HECHELMANN, H.: Food Preservation by Hurdle-Technology. Proceedings Food Preservation 2000 Conference, Held 19-21 Oct. 1993 at the U.S. Army

Natick Research, Development and Engineering Center, Natick, Massachusetts, USA, in print.

[12] Rödel, W.; Scheuer, R.; Wagner, H.: Neues Verfahren zur Bestimmung der Wasseraktivität bei Fleischerzeugnissen. Fleischwirtschaft **69**, (1989) 1396.

[13] Wirth, F.; Leistner, L.; Rödel, W.: Richtwerte der Fleischtechnologie. 2. Auflage. Deutscher Fachverlag, Frankfurt/Main, 1990.

3.11 Mikrobiologie von Feinkosterzeugnissen

J. BAUMGART

3.11.1 Einleitung

Ursprünglich waren Feinkosterzeugnisse Delikatessen oder Leckerbissen, die nach Art, Beschaffenheit, Geschmack und Qualität dazu bestimmt waren, besonderen Ansprüchen beziehungsweise verfeinerten Essgewohnheiten zu dienen. Heute sind Feinkosterzeugnisse Convenience-Produkte und ein Sammelbegriff für Mayonnaisen, Ketchup, Salate auf der Grundlage von Mayonnaise oder Ketchup, Saucen, Dressings, Salatcremes, Krusten- und Schalentiere, Wurst- und Fleischspezialitäten, Pasteten und so weiter. Hauptsächlich werden jedoch unter dem Begriff Feinkosterzeugnis folgende Produktgruppen verstanden: Mayonnaise, Salatmayonnaise, Salatcreme, Ketchup, Salat auf Mayonnaise- oder Ketchupgrundlage, Remoulade und Salatbeziehungsweise Würzsauce. Im Jahr 2002 wurden in der Bundesrepublik Deutschland 493 232 t Feinkostsaucen und 179 821 t Feinkostsalate hergestellt. Die prozentualen Anteile bezogen auf Feinkostsaucen betrugen: Tomatenketchup und andere Tomatensaucen 33,0, Mayonnaise und andere emulgierte Saucen 67,0. Bei den Feinkostsalaten ergab sich prozentual folgende Reihenfolge: Gemüsesalat 32,4, Fleischsalat 28,2, Fischsalat 17,3, Kartoffelsalat auf Mayonnaise-Basis 13,5, Kartoffelsalat nicht auf Mayonnaise-Basis 8,6 [7].

Aufgrund ihrer wirtschaftlichen Bedeutung werden nur folgende Feinkosterzeugnisse besprochen: Mayonnaise und Salatmayonnaise, Ketchup, Feinkostsalat und Salatsauce.

3.11.2 Mayonnaisen und Salatmayonnaisen

3.11.2.1 Begriffsbestimmungen

Mayonnaise besteht aus Hühnereigelb und Speiseöl pflanzlicher Herkunft. Außerdem kann sie Kochsalz, Zuckerarten, Gewürze, andere Würzstoffe, Essig und Genusssäuren enthalten. Sie enthält Eigelb, jedoch keine Verdickungsmittel. Der Mindestfettgehalt beträgt 80 %. Eigelb wird auch in Form von Eiprodukten verwendet. Salatmayonnaise besteht aus Speiseöl pflanzlicher Herkunft und aus Hühnereigelb. Außerdem kann sie Hühnereiklar, Milcheiweiß, Pflanzeneiweiß oder Vermengungen dieser Stoffe, Kochsalz, Zuckerarten, Gewürze, andere Würzstoffe, Essig, Genusssäure und Verdickungsmittel enthalten. Der Mindestfettgehalt beträgt 50 %. Als Verdickungsmittel werden unterschiedliche Stärkearten oder die zugelassenen Verdickungsmittel verwendet [1].

3.11.2.2 Herstellung

Mayonnaisen sind Emulsionen vom Typ Öl in Wasser. Da dieses Flüssigkeitspaar eine Grenzflächenspannung von etwa 23 Dyn/cm aufweist und nur Flüssigkeiten mit einer Grenzflächenspannung von Null mischbar sind, muss durch den Zusatz eines Emulgators (z.B. Eigelb oder Milcheiweiß) die Grenzflächenspannung herabgesetzt werden. Ausgehend von dem Emulsionskern Eigelb wird die Öl- und Wasserphase (verdünnter Essig) verrührt. Dabei ist auf eine möglichst gleiche Temperatur der Zutaten zu achten, da sonst Probleme bei der Emulsionsbildung auftreten können. Bei der handwerklichen oder industriellen Herstellung entsteht die Mayonnaise diskontinuierlich (Batch-Verfahren) oder kontinuierlich in ähnlicher Weise.

- **Diskontinuierliche Herstellung**

Mayonnaisen und Dressings werden unterschiedlich hergestellt. Für kleine Batchgrößen von 100 kg bis 800 kg werden vielfach Anlagen, wie zum Beispiel Koruma, Fryma oder Stephan, eingesetzt. Diese Anlagen produzieren bis zu 4 Batches pro Stunde. Prinzipiell erfolgt die Herstellung folgendermaßen:

Herstellung einer Mayonnaise (80 % Fettgehalt)

- Eigelb, Gewürze und Wasser vorlegen und vermischen
- Öl langsam cinzichen und emulgieren
- Essig zum Schluss einziehen und vermischen
- Vakuum brechen, ablassen und unter Vakuum abfüllen.

Herstellung einer Mayonnaise ohne Couli (50 % bis 65 % Fettgehalt) oder einer Salatcreme (z.B. 25 % Fettgehalt)

- Wasser und Gewürze vorlegen
- Dispersionsphase (Öl + Stärke + Stabilisator) einziehen, vermischen und quellen lassen
- Emulgator einziehen

- Öl langsam einziehen und emulgieren
- Essig zum Schluss einziehen und vermischen
- Vakuum brechen, ablassen und unter Vakuum abfüllen

Verdickungsmittel: Kaltquellende Stärken

Stabilisatoren: Johannisbrotkernmehl, Guarkernmehl, Xanthan, Alginat

Emulgator: Eigelb, Milcheiweiß.

Herstellung einer Salatmayonnaise mit Couli (Abb. 3.11.1)

Bei der Herstellung von Salatmayonnaise, die als Dickungsmittel keine kaltquellende Stärke enthält, wird diese vor dem Einmischen in die Mayonnaise durch Kochen aufgeschlossen. In den meisten Fällen wird der Stärkebrei (Couli oder Kuli) in geschlossenen Behältern gekocht, anschließend gekühlt und im geschlossenen System über ein Puffergefäß der Salatmayonnaiseproduktion zugeführt. Vielfach wird der Stärkebrei, besonders in kleineren Betrieben, nach dem Kochen in offene Behälter abgefüllt, die Oberfläche mit einer Folie abgedeckt und nach dem Auskühlen der Voremulsion zugesetzt. Diese Voremulsion wird in einem Mischbehälter mit Hilfe eines geeigneten Rührwerkes oder Schnellmischers gebildet. Sie besitzt die Konsistenz einer flüssigen Creme. Anschließend erfolgt die Emulgierung in einer Zahnradkolloidmühle, wobei die typische Mayonnaisekonsistenz erreicht wird. Sofern Mayonnaisen hergestellt werden, die nicht für den unmittelbaren Verzehr bestimmt sind, schließt sich eine Entlüftung auf der Vakuumentlüftungsanlage an, oder die Herstellung der Voremulsion ist unter Vakuum vorzunehmen. Vom mikrobiologischen Standpunkt aus hat diese diskontinuierliche Mayonnaise-Herstellung folgende Nachteile:

- Möglichkeit der Verunreinigung durch Herstellung im offenen Behälter
- aufwendige Reinigung der verschiedenen Apparate, Rohrleitungen und Dichtungen.

- **Kontinuierliche Herstellung** (Abb. 3.11.2)

Mayonnaisen und emulgierte Saucen werden vielfach kontinuierlich hergestellt, da alle Bestandteile flüssig sind oder (wie z.B. Salz, Zucker, Süßstoff, Gewürze, Milcheiweiß, Spezialstärken und Stabilisatoren) in flüssiger Form dispergiert oder gelöst dargeboten werden können. Ob eine Mayonnaise kontinuierlich oder diskontinuierlich hergestellt wird, ist eine wirtschaftliche Entscheidung. Das diskontinuierliche Verfahren wird allerdings häufig bevorzugt, da es flexibler ist bei einer größeren Rezepturvielfalt und kleineren Produktionsgrößen. Bei der kontinuierlichen Herstel-

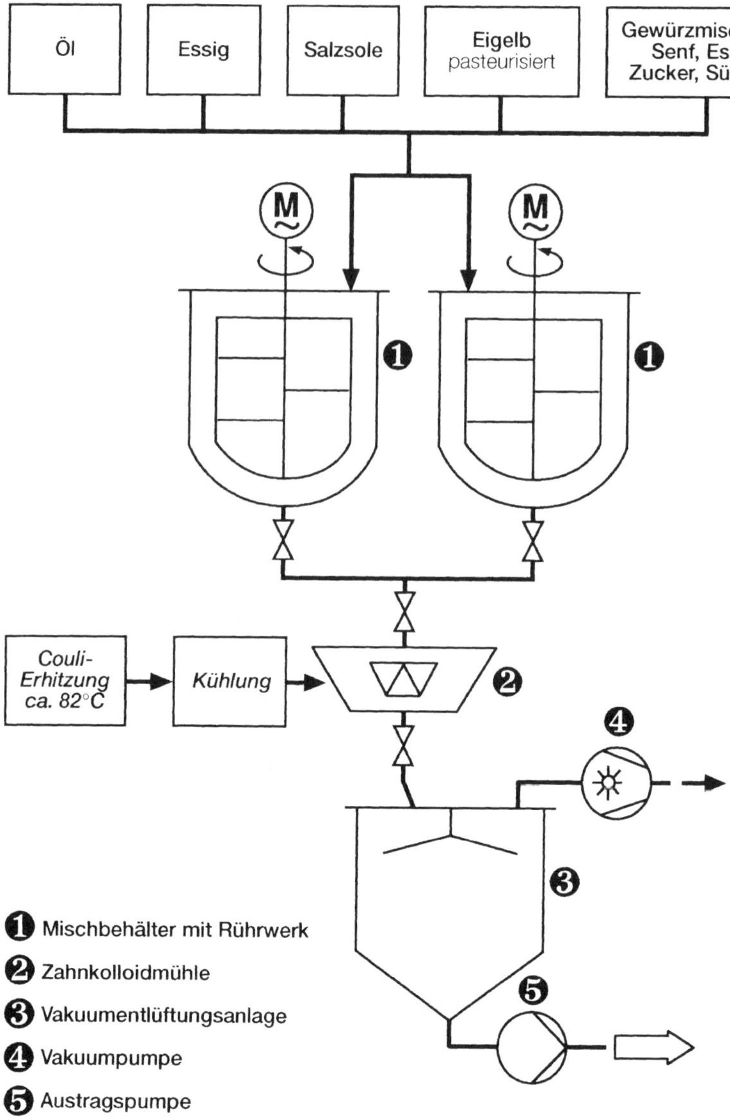

Abb. 3.11.1 Halbkontinuierliche Herstellung von Mayonnaisen und Saucen

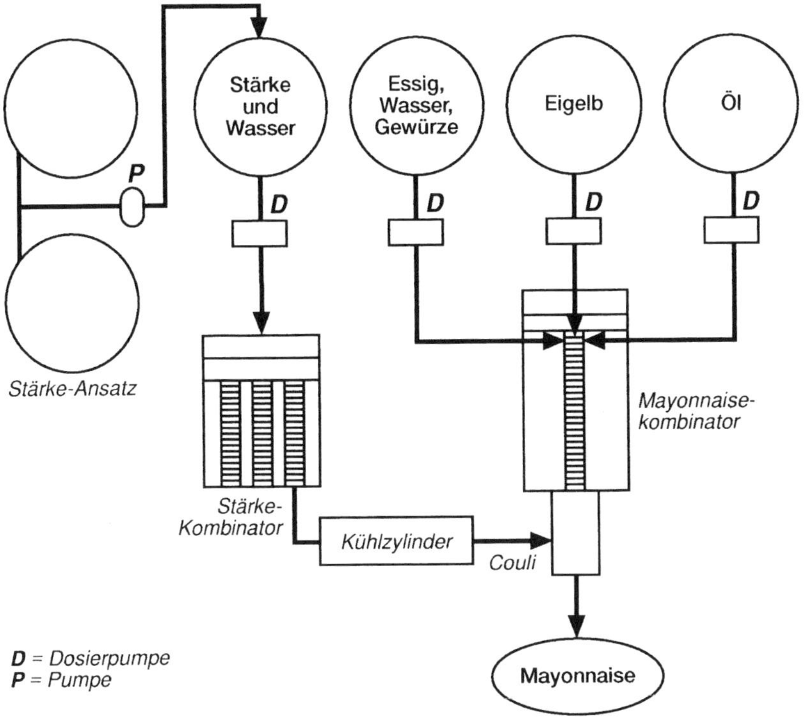

Abb. 3.11.1 Halbkontinuierliche Herstellung von Mayonnaisen und Saucen

lung einer reinen Mayonnaise mit einem Ölgehalt von 76-85 %, zum Beispiel mit dem von der Firma Schröder & Co. in Lübeck entwickelten Verfahren, werden die drei Phasen Öl, Eigelb und Gewürzmischung entweder im Vormischbehälter zusammen geführt oder sie werden separat dosiert. Die einzelnen Komponenten werden von einer Dosierkolbenpumpe dem Emulgierzylinder zugeführt. Der Emulgierzylinder ist mit drei Reihen feststehender Stifte versehen. In ihm rotiert eine ebenfalls mit Stiften besetzte Welle. In diesem Zylinder wird eine grobe Voremulsion hergestellt. Aus dem Emulgierzylinder wird diese Voremulsion in den Visco-Rotor gedrückt. Dieser dient der Verfeinerung der groben Voremulsion auf eine gleichmäßige Ölverteilung (90 % der Tröpfchen 1-10 µm Durchmesser), wobei die endgültige Viskosität erreicht wird. Der Visco-Rotor besteht aus dem Stator und Rotor, die mit unterschiedlichen Verzahnungen ausgerüstet sind. Das Produkt wird durch den einstellbaren Spalt zwischen Rotor und Stator gedrückt und dabei Scherkräften unterworfen.

Die hohe mechanische Bearbeitung ergibt die feine Ölverteilung. Bei der kontinuierlichen Herstellung von Salatmayonnaisen (Ölgehalt 50 %) und Saucen (10-45 % Öl) werden zur Emulsionsbildung zusätzlich Stärke oder andere Dickungsmittel eingesetzt. Die Wasser-/Stärke-Suspension muss dabei erhitzt werden, damit das Stärkekorn aufgeschlossen wird. Durch eine Dosierkolbenpumpe wird die Wasser-/Stärkesuspension in den Stärke-Kombinator befördert. In diesem erfolgt die Erhitzung auf Temperaturen von 80 bis 88 °C für 1-2 Minuten und eine Abkühlung auf 20 bis 28 °C. Das Produkt wird mittels des Stärkepumpenkopfes der Dosierpumpe durch die Zylinder gedrückt und kontinuierlich dem reinen Salat-Mayonnaisestamm im Emulgierzylinder zugeführt. Im Visco-Rotor erfolgt anschließend eine Vermischung bis zur endgültigen Viskosität.

3.11.2.3 Zur Mikrobiologie von Mayonnaisen und Salatmayonnaisen

- **Ausgangsprodukte:**

Eigelb als Emulgator wird als pasteurisiertes Produkt eingesetzt. Zur Stabilisierung enthält es außerdem Kochsalz (Verringerung der Wasseraktivität). Die Mikroflora der rohen Flüssigeiprodukte ist durch ein weites Spektrum verschiedenster Keimgruppen charakterisiert: Arten der Genera *Micrococcus* und *Staphylococcus, Bacillus, Pseudomonas, Aeromonas, Acinetobacter, Alcaligenes, Flavobacterium, Lactobacillus, Enterococcus*, verschiedene Gattungen der Familie *Enterobacteriaceae* sowie Hefen und Schimmelpilze. Durch einzelne Eier können auch pathogene Bakterien in die Eimasse eingebracht werden, wie zum Beispiel Salmonellen, *Campylobacter jejuni, Listeria monocytogenes, Yersinia enterocolitica*. Der Gehalt aerob anzüchtbarer Bakterien liegt in unpasteurisierter Eimasse etwa zwischen 1000/ml und 10 Mill./ml. Durch die Pasteurisierung wird eine Reduzierung auf etwa 1 % des Ausgangswertes erreicht, wobei dieser Keimgehalt abhängig ist von der erreichten Temperatur und Zeit. Bei einer heute möglichen Hochtemperatur-Pasteurisierung (z.B. Ovotherm-Verfahren) bei 70 °C und einer Heißhaltezeit von 90 s ist ein Restkeimgehalt von unter 100/g zu erzielen, so dass eine aseptisch abgefüllte Ware bei einer Lagerungstemperatur von 4 °C mehrere Wochen haltbar ist und die Anforderungen der Eiprodukte-Verordnung erfüllt [6]. Öle stellen für die Entwicklung von Mikroorganismen ein ungeeignetes Milieu dar, da die erforderliche Wasserphase fehlt. Jedoch besitzen Mikroorganismen im Öl eine gewisse Überlebenszeit. Die mikrobiologische Qualität der Feinkosterzeugnisse wird durch das Öl allerdings nicht nachteilig beeinflusst. Dies gilt auch für den Essig (mit mindestens 10 % Säure) sowie für die Zusätze Sorbit, Saccharin, Salz, Wasser, modifizierte Stärken, Stabilisatoren (z.B. Xanthan, Johannisbrotkernmehl, Guarkernmehl, Alginat), Salze der organischen Säuren und für die Salze der Konservierungsstoffe. Obwohl die aufgeführten Stoffe meist mikrobiologisch unkritisch sind, sollte dennoch eine Kontrolle erfolgen, da bei Temperaturschwankungen während des Transports oder der Lagerung sich Kondenswasser auf der Oberfläche bildet und eine Vermehrung der Mikroorganismen einsetzen kann. Auch Senf ist kein Risikoprodukt. Aus Senf wurden besonders Bazillen, Clostridien und Laktobazillen isoliert. Eine wesentlich größere Bedeutung als der Senf haben die Gewürze. Gewerblich eingesetzt werden Naturgewürze, Gewürzmischungen und Gewürzextrakte. Hinsichtlich ihres mikrobiologischen Status sind diese verschiedenen Produktgruppen unterschiedlich zu beurteilen. Unbehandelte Gewürze und Gewürzmischungen enthalten eine hohe Anzahl von Mikroorganismen, Verderbsorganismen von Feinkosterzeugnissen (Laktobazillen, Hefen und Schimmelpilze) sowie auch häufiger pathogene Bakterien (Salmonellen und *Listeria monocytogenes*). Zur Herstellung von Feinkosterzeugnissen sollten deshalb Gewürzextrakte eingesetzt werden, die praktisch keimfrei sind. Der gewerbliche Einsatz von Gewürzen, die den empfohlenen Richt- und Warnwerten der Deutschen Gesellschaft für Hygiene und Mikrobiologie entsprechen (u.a. Schimmelpilze unter 10^6/g), ist zur Herstellung von Mayonnaisen und Salatmayonnaisen nicht empfehlenswert, es sei denn, der Keimgehalt wird durch Essigsäure vermindert, wobei der Essigsud mitverarbeitet werden kann.

- Mikrobieller Verderb

Mayonnaisen mit einem Mindestfettgehalt von 80 % sind infolge der niedrigen Wasseraktivität mehrere Monate auch ohne Kühlung stabil, wenn bei hygienischer Herstellung bestimmte Bedingungen eingehalten werden (Tab. 3.11.1).

Tab. 3.11.1 Mikrobiologische Haltbarkeit von Mayonnaisen und Salatmayonnaisen

Produkt	Ölgehalt in %	a_w-Wert	pH-Wert	Essigsäure in wässriger Phase	Konservierungsstoffe	Keimgehalt des Frischproduktes	Haltbarkeit
Mayonnaise	über 80 (0,928-0,935 bei 78-79 % Fett)[1]	0,92-0,93	unter 4,1	2,0 %	ohne	unter 100/g	5 bis 12 Monate ohne Kühlung
Salatmayonnaise	50	0,95-0,96 (0,95 bei 41 % Fett)[1]	unter 4,3	0,5-1,3 %	ohne	unter 100/g	etwa 6 Monate bei Kühlung

[1]) Chirife et al., 1989

Besonders wichtig sind hygienische Verhältnisse bei der Abfüllung, damit Sekundärverunreinigungen vermieden werden. Bei Abfüllungen in Eimer oder 1 kg-Becher, die in kleineren Betrieben per Hand erfolgen, müssen neben den Packungen auch die Folien, die auf die Oberfläche der Mayonnaisen gelegt werden, frei von Schimmelpilzen sein (Hefen und Schimmelpilze negativ/20 cm^2). Sonst sind eine Schimmelbildung auf der Oberfläche und ein vorzeitiger Verderb unvermeidlich. Auch sollte der Schimmelpilzgehalt in der Luft im Bereich der Abfüllung gering sein (keine Hefe- und Schimmelpilzkolonie; Sedimentationsmethode, 30 Min.). Werden Abdeckpapiere mit der Hand aufgelegt (häufiger in Kleinbetrieben), muss auf eine besonders intensive Händedesinfektion (Gummi-Handschuhe) geachtet werden. Bei Abfüllung von Mayonnaisen in Gläser wird der Kopfraum in der Regel vakuumiert. Die Haltbarkeit dieser Produkte beträgt ohne Kühlung etwa 5 bis 12 Monate.

Salatmayonnaisen sind aufgrund ihrer Zusammensetzung mikrobiologisch anfälliger als Mayonnaisen, obgleich bei hygienischer Herstellung und unter Beachtung der optimalen Säurekonzentration Haltbarkeitszeiten zu erzielen sind, die denen der reinen Mayonnaisen entsprechen. Durch den Einsatz keimarmer Rohstoffe (Gehalt an Verderbsorganismen unter 100/g oder ml) ist bei hygienischer Herstellung ein Endprodukt zu erreichen, das einen Keimgehalt von unter 100/g aufweist. Ein Verderb von Salatmayonnaisen tritt meist durch Schimmelpilze auf. Besonders bei größeren Packungen kommt es durch die Folienauflage oder durch die Luft zur Verunreinigung. Das Produkt verschimmelt auf der Oberfläche im Randbereich, da die Folie die Oberfläche nicht voll abdecken kann. Auch dort, wo die Folie der Mayonnaise nicht fest anliegt und Luftinseln entstehen, vermehren sich Schimmelpilze. Neben den Schimmelpilzen können in den sauren Erzeugnissen (pH-Werte unterhalb von 4,5) Hefen und Milchsäurebakterien zum Verderb führen. Ein Verderb durch Hefen äußert sich in Gärungserscheinungen (Bombage, meist große Gasblasen) oder oberflächlichen Hautbildungen durch Filmhefen (*Pichia membranifaciens*). Milchsäurebakterien führen zur Säuerung, obligat heterofermentative Arten (*Lactobacillus buchneri, Lactobacillus brevis*) und Arten des Genus Leuconostoc auch zur Gasbildung. Im Gegensatz zu den Hefen sind die durch den Gärungsprozess der Laktobazillen entstehenden Gasblasen sehr klein. Nicht immer ist bei einer Mischflora (Hefen und Laktobazillen) der pH-Wert gegenüber der Kontrolle erniedrigt, da Hefen vielfach Essigsäure verstoffwechseln und somit eine „Säurezehrung“ auftritt. Ob in Mayonnaisen Amylase-positive, das heißt Stärke verflüssigende Laktobazillen vorkommen, wie *L. amylophilus, L. amylovorus, L. cellobiosus* oder Stämme von *L. plantarum*, ist bisher nicht untersucht worden.

- **Mikrobiologische Sicherheit**

Als mikrobiologisch sicher gilt ein Erzeugnis, wenn es keine Mikroorganismen enthält, die zur Erkrankung führen, oder wenn diese Mikroorganismen nur in geringer Zahl vorhanden sind, so dass die Entstehung einer „Lebensmittel-Vergiftung" ausgeschlossen ist. Kommen geringe Keimzahlen pathogener oder toxinogener Mikroorganismen vor, muss sichergestellt sein, dass diese sich im Produkt nicht vermehren können. Von den zahlreichen Mikroorganismen, die über das Lebensmittel zur Erkrankung führen können, spielen nur wenige bei Feinkosterzeugnissen eine Rolle: Salmonellen, *Staphylococcus aureus, Bacillus cereus*, *Listeria monocytogenes* und *enterovirulente E. coli,* wie zum Beispiel *E. coli* 0157:H7. Eine aktuelle Bedeutung haben Salmonellen und *Staphylococcus aureus*. Wenn Salatmayonnaisen als Ursache von Erkrankungen aufgeführt werden, sind es ausschließlich im Haushalt oder Restaurant hergestellte Produkte, bei denen rohe Hühnereier verwendet wurden. Isoliert wurden *S. enteritidi*s PT 4 und PT 8 [49]. Im Jahre 1992 waren bei 94 Ausbrüchen in der Bundesrepublik Deutschland mit 3464 Erkrankungen Feinkostsalate und Mayonnaisen mit 11 Ausbrüchen und 329 Erkrankungen beteiligt [63]. Stärker zu beachten ist in Zukunft aufgrund der hohen Säuretoleranz auch *E. coli* 0157:H7 [17, 50, 62]. In den USA traten durch verunreinigte Mayonnaisen und Dressings bereits mehrere Erkrankungsfälle auf [61].

3.11.3 Salatcremes und andere fettreduzierte Produkte sowie emulgierte Saucen

3.11.3.1 Herstellung

Die Herstellung der Salatcremes unter anderem fettreduzierter mayonnaiseähnlicher Produkte sowie der emulgierten weißen Saucen (Fettgehalte meist zwischen 15 % und 35 %) erfolgt prinzipiell wie die der Salatmayonnaisen. Die Basis ist eine Mayonnaise, oder es werden dem Produkt Joghurt oder Buttermilch zugesetzt. Durch den niedrigen Fettgehalt steht eine relativ kleine Ölphase einer großen Wasserphase gegenüber, so dass Emulgatoren und Dickungsmittel hinzugegeben werden müssen (z.B. Molkeneiweiß, modifizierte Spezialstärken, Guarkernmehl, Johannisbrotkernmehl, Xanthan). Die Produkte werden kalt oder heiß (ca. 82 °C), diskontinuierlich (z.B. Koruma-Anlage) oder kontinuierlich (z.B. Kombinator) hergestellt. Bei der diskontinuierlichen Herstellung im Batch-Konti-Verfahren werden die einzelnen Phasen getrennt angesetzt und nach ihrer Zusammenführung kontinuierlich durch den Röhrenerhitzer geführt. Auch werden Verfahren verwendet, bei denen alle Zutaten vermischt und danach durch Direktdampf erhitzt werden. Die meisten Salatsaucen werden heiß hergestellt und heiß abgefüllt. Nach US-Standard haben die Produkte einen pH-Wert zwischen 3,2 und 3,9 und einen Essigsäuregehalt von 0,9-1,2 % bezogen auf das Gesamtprodukt. Der a_w-Wert sollte unterhalb von 0,93 liegen [55]. In der Bundesrepublik hergestellte Produkte weisen ähnliche Essigsäurekonzentrationen (etwa 1 % bezogen auf das Gesamtprodukt, pH-Wert 4,2) auf [47, 48]. Jedoch sind die a_w-Werte höher (Salatcreme mit 20 % Fett = 0,96-0,97, gemessen mit Kryometer, Fa. Nagy).

3.11.3.2 Mikrobielle Belastung

Viele Hersteller verzichten auf eine chemische Konservierung von Salatcremes, anderer fettreduzierter Produkte und emulgierter Saucen. Eine ausreichende Haltbarkeit (ca. 9 Monate) und Sicherheit wird bei hygienischer Herstellung durch den Zusatz von Essigsäure, Essigsäure und Puffersalzen oder Natriumacetat erzielt (Essigsäuregehalt ca. 0,8 bis 1,0 % bezogen auf das Gesamtprodukt). Zu den Verderbsorganismen von Salatsaucen zählen Laktobazillen (z.B. *Lactobacillus fructivorans*) und Hefen (*Zygosaccharomyces bailii, Torulopsis* sp., *Rhodotorula* sp., *Debaryomyces* sp.). Die Verderbsorganismen *Lactobacillus fructivorans* und *Zygosaccharomyces bailii* wurden in Salatsaucen erst bei einem pH-Wert von 3,6 (Einstellung mit Essigsäure) und einer Wasseraktivität von 0,89 (*Z. bailii*) bzw. 0,91 (*L. fructivorans*) gehemmt [41].

3.11.4 Nichtemulgierte Saucen und Dressings

3.11.4.1 Herstellung

Die Erzeugnisse können diskontinuierlich oder kontinuierlich wie emulgierte Saucen hergestellt werden.

3.11.4.2 Mikrobielle Belastung

Durch den Essigsäureanteil (ca. 0,8-1,2 % bezogen auf das Gesamtprodukt) haben die Saucen und Dressings pH-Werte von meist unter 4,0 bis 2,8, so dass sie besonders bei Erhitzung der Wasserphase oder einer Heißherstellung ohne Kühlung bei Abfüllung in Gläsern ca. 9 Monate, bei Heißherstellung und Heißabfüllung in Eimern etwa 4-6 Monate haltbar und sicher sind.

3.11.5 Tomatenketchup und Würzketchup

3.11.5.1 Begriffsbestimmungen

Zu den Würzketchups sind unter anderem zu rechnen: Curry-Ketchup, Grill-Sauce, Barbecue-Sauce, Zigeuner-Sauce, Schaschlik-Sauce (= Rote Saucen). Rechtlich geregelt ist die Zusammensetzung von Tomatenketchup und Tomatenkonzentrat. Die Würzketchups unterliegen nur den allgemeinen lebensmittelrechtlichen Bestimmungen. Nach der Richtlinie zur Beurteilung von Tomatenketchup [3] ist Tomatenketchup eine Würzsauce aus dem Mark und/oder dem Saft reifer Tomaten ohne Schalen und Kerne, mehr oder weniger konzentriert. Tomatenketchup wird gewürzt mit Kochsalz, Essig, Gewürzen und anderen Zutaten, wie zum Beispiel Zwiebeln und/oder Knoblauch. Tomatenketchup ist gesüßt mit Saccharose, einer Mischung aus Saccharose und anderen Zuckerarten oder mit süßstoffgesüßtem Essig. Ein Zusatz von Dickungsmitteln, Stärken und Konservierungsstoffen ist verkehrsüblich. Die Tomatentrockenmasse des Endprodukts ist nicht geringer als 7 % [43]. Weitere Anforderungen für Tomatenkonzentrat sind in der Verordnung der EU [4] enthalten. Danach darf der Schimmeltest (Howard Mould Count, HMC) nach dem Aufgießen mit Wasser (= erreichter Trockenstoffgehalt von 8 %) höchstens 70 % an positiven Feldern ergeben.

3.11.5.2 Herstellung (Abb. 3.11.3)

Die Herstellung von Tomatenketchup erfolgt diskontinuierlich kalt unter Vakuum in der Kolloidmühle (meist aus pasteurisiertem Tomatenmark, Essig und Compounds in Pulverform aus Zucker, Salz, modifizierter Stärke, Natriumglutamat, Verdickungsmittel, Guarkernmehl, Xanthan, Johannisbrotkernmehl und Säureregulatoren) oder heiß in der Kolloidmühle (z. B. Koruma, Beheizung mit Dampf im Kern auf ca. 82 °C). Vielfach werden auch Röhrenerhitzer eingesetzt. Bei den Saucen werden die Zutaten (z. B. Gemüse für Zigeuner-Sauce) in einem der Kolloidmühle nachgeschalteten Puffergefäß mit Rührwerk mit dem Ketchup vermischt und unter Vakuum kalt oder heiß abgefüllt. Die kalt hergestellten Produkte werden häufiger mit Sorbin- und Benzoesäure konserviert. Die kontinuierliche Herstellung erfolgt in der Kombinatoranlage, wobei eine Erhitzung auf 90 bis 95 °C durchgeführt wird. Nach der Erhitzung durchläuft das Produkt eine Vakuumentlüftungsanlage und wird in Gläser heiß (90 °C) oder nach Kühlung auf etwa 70 °C in Eimer abgefüllt.

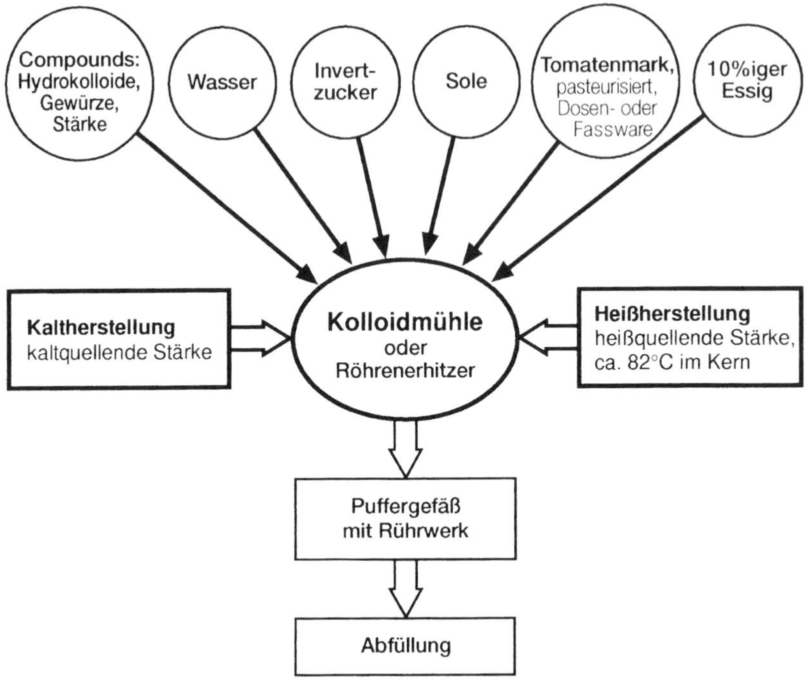

Abb. 3.11.3 Herstellung von Ketchup

3.11.5.3 Mikrobielle Belastung

Ein Verderb der sauren Ketchup-Produkte (pH-Werte ca. 3,8-4,0, Essigsäuregehalt etwa 0,9 %, Citronensäure ca. 0,2 %) ist selten, wenn auch nicht ausgeschlossen. Zum Verderb der kalt hergestellten Erzeugnisse können führen: Essigsäurebakterien der Genera *Acetobacter* und *Gluconobacter*, Milchsäurebakterien der Genera *Lactobacillus* und *Leuconostoc* sowie Hefen und Schimmelpilze. Die Vermehrung der Essigsäurebakterien des Genus Acetobacter kann besonders bei Abfüllung in Kunststoffflaschen Bombagen verursachen. Bei gasdurchlässigen Kunststoffen entweicht jedoch das Kohlendioxid nach einer gewissen Standzeit, und das Produkt ist sensorisch nicht wahrnehmbar verändert. Ein Verderb durch heterofermentative Milchsäurebakterien äußert sich ebenfalls durch Gasbildung. Beobachtet wurde auch bei sehr starker Vermehrung von homofermentativen Laktobazillen (*L. plantarum*) eine Koloniebildung im Produkt (weiße, nadelkopfgroße Partikel). Bei kalt abgefüllter Eimerware tritt gelegentlich eine Deckenbildung durch Schimmelpilze oder eine Verhefung auf (Kahmhefen auf der Oberfläche oder Gärungserscheinungen). Bei heiß hergestellten und heiß abgefüllten Erzeugnissen ist ein Verderb möglich durch das Überleben hitzeresistenter Sporen von Bakterien oder Konidien von Schimmelpilzen. Ein bakterieller Verderb kann vorkommen durch *Bacillus coagulans* und *Bacillus stearothermophilus* („flat sour"-Verderb). Dieser äußert sich in einer milden Säuerung, wobei der pH-Wert um etwa eine halbe Einheit gegenüber dem Frischprodukt während der Lagerung abfällt. Es gibt jedoch auch einen Stamm von *Bacillus stearothermophilus*, der unter anaeroben Verhältnissen und bei Temperaturen zwischen +40 °C und +54 °C Nitrat reduzieren und Gas bilden kann. Die Endosporen von *Bacillus coagulans* keimen bei pH-Werten oberhalb von 4,0 und die von *Bacillus stearothermophilus* bei pH-Werten über 4,6 aus. Die minimale Vermehrungstemperatur von *Bacillus coagulans* liegt bei 25 °C und die von *Bacillus stearothermophilus* bei 40 °C. Bei warmer Lagerung über 40 °C kann es auch bei sehr niedrigem pH-Wert (über 3,0) zum Verderb durch *Alicyclobacillus acidoterrestris* kommen. Ein solcher Verderb ist gekennzeichnet durch Geruchs- und Geschmacksabweichungen. Möglich ist auch ein Verderb von Ketchup durch Amylasen (Verflüssigung durch Stärkeabbau). Nachgewiesen wurden solche Amylasen in Gewürzen [28]. Wird der Ketchup unterhalb einer Temperatur von 85 °C pasteurisiert, ist mit Restenzymaktivität zu rechnen. Entscheidend für ein einwandfreies Endprodukt Tomatenketchup ist auch die mikrobiologische Ausgangsqualität des verwendeten Tomatenmarks. So wiesen Produkte aus Italien, Portugal, Griechenland und der Türkei eine geringe Schimmelpilzbelastung auf. Nur in 4-40 % der Felder (HMC 4-40 %, Mittelwert 18,8 %) wurden Schimmelpilzhyphen ausgezählt [64], so dass der in der EG-VO 1764/86 [4] angegebene Grenzwert von 70 % positiven Feldern weit unterschritten wurde. Der Ergosterolgehalt der gleichen Proben (n = 20) schwankte zwischen 0,82 µg/g und 4,24 µg/g beziehungsweise 2,72 und 12,92 µg pro Gramm Trockensubstanz. Frische Tomaten hatten einen Ergosterolgehalt von 0,04 µg/g bis 0,13 µg [64].

Pathogene und toxinogene Bakterien können sich in den stark sauren Erzeugnissen nicht mehr vermehren. Nur bei verschimmelter Ware entsteht neben einer möglichen Mykotoxinbildung auch die Gefahr der Vermehrung von *Clostridium botulinum*. Durch Nutzung der organischen Säuren im Stoffwechsel (Säurezehrung) kommt es durch Schimmelpilze zur Erhöhung des pH-Wertes [52]. Nach Beimpfung von Tomatensaft mit Schimmelpilzen der Genera *Cladosporium* und *Penicillium* stieg zum Beispiel der pH-Wert von 4,2 unterhalb der Schimmelpilzdecke nach 6 Tagen auf pH 5,8 und nach 9 Tagen auf 7,0 [34]. Bereits bei einem pH-Wert von 5,0 konnte in Tomatensaft nach Beimpfung mit *Cl. botulinum* A Toxin nachgewiesen werden [45]. In der ehemaligen UdSSR kam es 1972 zu 9 Botulinusfällen (2 Todesfälle) durch Tomatensaft [34].

3.11.6 Feinkostsalate auf Mayonnaise- und Ketchupbasis

3.11.6.1 Begriffsbestimmungen

„Zu den Feinkostsalaten gehören verzehrsfertige Zubereitungen von Fleisch- und Fischteilen, von Ei, ferner von Gemüse-, Pilz- und Obstzubereitungen, einschließlich Kartoffelsalat, die mit Mayonnaise oder Salat-Mayonnaise oder einer anderen würzenden Sauce oder mit Öl und/oder Essig und würzenden Zutaten angemacht sind" [2]. Nach den enthaltenen wertbestimmenden Bestandteilen können die zahlreichen Feinkostsalate eingeteilt werden in: Salate auf Fleischgrundlage (z.B. Fleischsalat, Geflügelsalat, Wildsalat, Ochsenmaulsalat und sonstige Salate mit mind. 10 % Fleisch- oder Brätanteil), Salate auf Fisch-, Weichtier- (Schnecken-, Muschel- u.ä.), Krustentiergrundlage (z.B. Fischsalat, Heringssalat, Matjessalat, Krabbensalat), Fischmarinaden als Zubereitung in Salatsaucen (z.B. Heringsstipp), Salate auf Gemüsegrundlage (z.B. Gemüsesalat, Kartoffelsalat, Waldorfsalat, Pilzsalat), Salate auf Obstgrundlage (z.B. Frucht-Cocktailsalat).

3.11.6.2 Herstellung

Die Salatherstellung erfolgt chargenweise im Mischer (Abb. 3.11.4), wobei die Salatmayonnaise auch unter Zugabe von Joghurt oder Creme fraiche oder einer würzenden Sauce mit den tierischen und/oder pflanzlichen Zutaten vermengt wird. Bei der Herstellung unkonservierter Salate werden Zusätze, soweit dies möglich ist, als pasteurisierte oder sterilisierte Ware zugesetzt (z.B. gekochte und geschnittene Kartoffeln oder Geflügelfleisch, pasteurisiert im Folienbeutel; Schnitzelgurken und Champignons als Dosenware). Bei konservierten Salaten, teilweise auch bei unkonservierten Produkten, werden dagegen aus Kostengründen meist Schnitzelgurken aus dem Fass oder gekochte, geschnittene Kartoffeln verwendet, die im Transport-Behältnis nur mit Folie eingeschlagen, aber nicht in geschlossener Folie pasteurisiert wurden. Teilweise werden die Zutaten in ein Säurebad getaucht und nach dem Abtropfen in den Mischer gegeben. Die Abfüllung erfolgt maschinell, bei Großpackungen auch vielfach von Hand. Seltener wird unter Vakuum abgefüllt, oder der Kopfraum wird mit Stickstoff und Kohlendioxid begast. Bei entsprechender Auslegung der Kombinatoranlage können Salate auch pasteurisiert und sterilisiert werden.

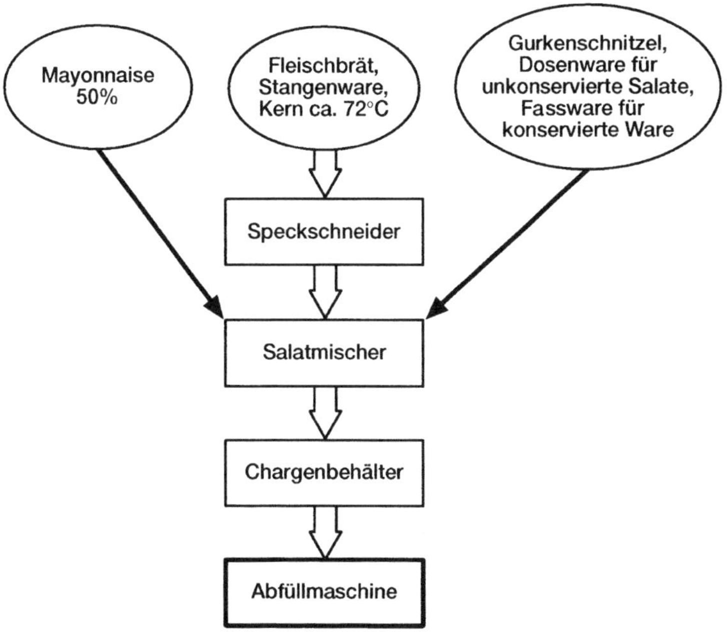

Abb. 3.11.4 Herstellung von Fleischsalat

3.11.6.3 Zur Mikrobiologie von Feinkostsalaten

- Mikrobiologische Haltbarkeit

Die Haltbarkeit der Feinkostsalate ist besonders von der hygienischen Herstellung, der Zusammensetzung (Säuregehalt, pH-Wert), dem Anfangskeimgehalt, der Lagerungstemperatur und der Art der Mikroorganismen abhängig. Die dominierenden und die Haltbarkeit beeinflussenden Mikroorganismen sind aufgrund des Säuregehaltes der Salate die Milchsäurebakterien der Genera *Lactobacillus, Leuconostoc* und *Pediococcus* sowie Hefen und Schimmelpilze (Tab. 3.11.2).

Allerdings ist bei nicht ausreichender Säuredosierung zur Salatmayonnaise oder Salatsauce daran zu denken, dass es während der Lagerung zur Säurediffusion in die zugesetzten Fleisch- oder Gemüsebestandteile kommt und der Säuregehalt in der Salatmayonnaise sinkt. So veränderte sich zum Beispiel der Essigsäuregehalt der Mayonnaise von 0,34 % im frischen Kartoffelsalat bei 10 °C nach einem Tag bereits auf 0,08 % und erreichte nach 14 Tagen einen Wert von 0,09 % [13]. Bei nicht aus-

Tab. 3.11.2 Verderbsorganismen in Feinkostsalaten

Milchsäurebakterien	Hefen	Quellen
Lactobacillus (L.) plantarum, L. buchneri, L. casei, L. leichmannii, L. brevis, L. delbrueckii, L. lactis, L. fructivorans, L. confusus (= Weissella confusa), Leuconostoc (Lc.) mesenteroides, (Lc.) dextranicum, Pediococcus damnosus	Saccharomyces (S.) *cerevisiae, S. exiguus, Pichia membranifaciens, Geotrichum candidum, Candida (C.) lipolytica, C. sake, C. lambica, Zygosaccharomyces (Z.) rouxii, Z. bailii, Trichosporon beigelii, Yarrowia lipolytica, Torulaspora delbrueckii*	BAUMGART, TERRY und OVERCAST, 1976, BAUMGART, et al., 1983, BROCKLEHURST und LUND, 1984, ERICKSON et al., 1993

reichender Säuerung (pH-Werte über 4,6) oder noch fehlender Säuerung, zum Beispiel an der Grenzphase Mayonnaise/Kartoffeln oder Brätfleisch oder bei anderen Zusätzen, können bei frischen Produkten neben Milchsäurebakterien und Hefen auch andere Mikroorganismen, wie gramnegative Bakterien, Mikrokokken und Staphylokokken, nachgewiesen werden. Für die Haltbarkeit sind sie jedoch nicht entscheidend. Gleiches gilt für coryneforme Bakterien in Gemüsesalaten, in denen häufiger hohe Zahlen dieser Bakterien nachweisbar sind.

Auf die mikrobiologische Haltbarkeit bei kühler Lagerung hat der Zusatz von Sorbin- und Benzoesäure nur einen geringen Einfluss. Während diese Konservierungsstoffe die Vermehrung einiger Hefearten und Schimmelpilze hemmen, bleiben sie bei Milchsäurebakterien ohne jeden Effekt. Bei guter hygienischer Herstellung und Anfangskeimzahlen unter 100/g lassen sich bei kühler Lagerung auch bei unkonservierten Produkten Haltbarkeiten von 21-28 Tagen erzielen (bei sehr guter Hygiene sogar 40-42 Tage). Dennoch ist aus der Höhe der Keimzahl nicht auf die Haltbarkeitsfrist zu schließen, da die Stabilität von der Stoffwechselaktivität abhängt. Diese ist bei den einzelnen Spezies sehr unterschiedlich. So sind bei einzelnen Hefearten trotz einer Keimzahl von 10^5/g keine merkbaren Verderbserscheinungen wahrnehmbar, während bei anderen Spezies (z.B. *Zygosaccharomyces bailii*) Gärungserscheinungen schon bei 10^3/g auftreten können. Auch bei den übrigen Verderbsorganismen korreliert die Keimzahl nicht mit dem Zeitpunkt des Verderbs. Besonders häufig treten sehr hohe Keimzahlen an Pediokokken und obligat homofermentativen und fakultativ heterofermentativen Laktobazillen (keine Gasbildung) auf, ohne dass es zu sensorisch erkennbaren Veränderungen kommt. Andererseits ist es nicht selten, dass trotz sehr niedriger Keimzahlen im Salat (z.B. 10^3/g) das Produkt muffig, sauer oder alt schmeckt. Neben der mikrobiologischen Analytik kommt deshalb der sensorischen eine besondere Bedeutung zu.

- **Mikrobiologische Sicherheit**

Von den zahlreichen pathogenen und toxinogenen Mikroorganismen haben in Feinkost-Salaten nur wenige eine aktuelle Bedeutung: Salmonellen, *Staphylococcus aureus* und *Listeria monocytogenes*. Wenn auch bisher keine Erkrankungsfälle bekannt geworden sind, so sind dennoch in Zukunft besonders die enteropathogenen *E. coli* zu beachten, wie *E. coli* 0157:H7. Die Ursachen der Verunreinigung mit diesen pathogenen Mikroorganismen sind unterschiedlich. Bei den Salmonellen sind es meist unpasteurisierte Eigenprodukte oder im Restaurant beziehungsweise Haushalt eingesetzte Frischeier. Dagegen gelangt *Staphylococcus aureus* vornehmlich durch das Personal (Hand, Nasenrachenraum) in die Produkte, während eine Verunreinigung durch *Listeria monocytogenes* besonders durch den Einsatz nicht pasteurisierter oder nicht blanchierter Gemüseprodukte erfolgt. Die pathogenen Bakterien werden bei ausreichendem Säuregehalt abgetötet. Zu berücksichtigen ist allerdings, dass dieser Abtötungsprozess nicht schlagartig erfolgt. In einem Kartoffelsalat, der mit einer Salatmayonnaise angemacht war (pH-Wert 4,3, Einstellung mit Branntweinessig), wurde *Listeria monocytogenes* bei einer Lagerungstemperatur von 10 °C erst nach 10 Tagen abgetötet (Verminderung um 6 Zehnerpotenzen). Besonders säuretolerant erwies sich auch *E. coli* 0157:H7 [40, 50, 62]. In einer Mayonnaise mit einem pH-Wert von 3,7 (Einstellung mit Essigsäure) war bei einer Ausgangsverunreinigung von 10^7/g und einer Lagerungstemperatur von 7 °C nach 20 Tagen noch eine Keimzahl von 10^4/g nachweisbar [61]. Aus Sicherheitsgründen sollte die zur Herstellung von Salaten eingesetzte Mayonnaise oder Salatsauce einen pH-Wert unter 4,1 bis <4,4 haben und mindestens einen Essigsäuregehalt von 0,25 % bezogen auf das Gesamtprodukt (Sauce bzw. Mayonnaise) aufweisen [26, 30, 49]. Bei Fischsalaten oder Fischfeinkost sind neben den pathogenen und toxinogenen Mikroorganismen auch die biogenen Amine zu beachten. Bereits der Rohstoff Fisch kann biogene Amine enthalten (vorwiegende Bildung durch gramnegative Bakterien im Frischfisch), oder es kommt im Salat zur Decarboxylierung von Aminosäuren durch Laktobazillen, zum Beispiel *Lactobacillus (L.) buchneri, L. brevis, L. plantarum* oder *Pediococcus damnosus* [31].

- **Mikrobiologische Anforderungen an Feinkostsalate** (Tab. 3.11.3)

Von der Deutschen Gesellschaft für Hygiene und Mikrobiologie wurden Richt- und Warnwerte empfohlen [5, 20].

Tab. 3.11.3 Richt- und Warnwerte für Feinkostsalate

	Richtwert	Warnwert
Aerobe mesophile Keimzahl	10^6/g [1]	–
Milchsäurebakterien	10^6/g [1]	–
Staphylococcus aureus	10^2/g [2]	10^3/g [2]
Bacillus cereus	10^3/g	10^4/g
Escherichia coli	10^2/g)	10^3/g
Sulfitreduzierende Clostridien [3]	10^3/g	10^4/g
Salmonellen		n. n. in 25 g

Erklärungen: [1] Mikroorganismen, die als Starterkulturen zugesetzt werden, bleiben unberücksichtigt.
[2] Bei Salaten aus Krebstieren ist der Richtwert 10^3/g und der Warnwert 10^4/g.
[3] Gültigkeit nur für pasteurisierte Salate.

3.11.7 Beeinflussung der Haltbarkeit und Sicherheit durch äußere und innere Faktoren

Die Haltbarkeit und Sicherheit von Feinkostprodukten wird durch verschiedene Faktoren beeinflusst: hygienische, physikalische und chemische.

3.11.7.1 Hygienische Faktoren

Wesentlich sind: Verwendung mikrobiologisch einwandfreier Rohstoffe mit geringem Keimgehalt (wichtig ist eine gute Prozesshygiene, damit die Rohstoffe ohne zusätzliche Verunreinigung in den Mischbehälter kommen) oder Verminderung des Ausgangskeimgehaltes durch Erhitzung der Wasserphase, Einsatz von keimarmen oder keimfreien Gewürzextrakten, gründliche Reinigung und Desinfektion der Anlagen. Bei Abfüllmaschinen, die im CIP-Verfahren gereinigt und desinfiziert werden können, sollte das letzte Spülwasser bei Wochenendreinigungen eine Temperatur von ca. 90 °C aufweisen. Meist wird jedoch folgendes Programm gefahren:

- Warmes Vorspülen, ca. 30 °C
- Heiße Laugenreinigung, über 85 °C
- Mehrstufiges Zwischenspülen, dabei Abkühlung
- Kaltdesinfektion, z.B. mit Peressigsäure
- Kaltes Nachspülen

Das mikrobiologisch einwandfreie Produkt muss in keimfreie (frei von Mikrooganismen, die sich im Produkt vermehren können) Behältnisse abgefüllt werden. Die Folienauflagen bei größeren Bechern oder Eimern dürfen pro 20 cm^2 keine Schimmelpilze oder Hefen enthalten. Im Abfüllbereich soll der Luftkeimgehalt gering sein. So sollten nach einer 30-minütigen Standzeit mit der Sedimentationsmethode (Malzextrakt-, Bierwürze- oder MRS-Agar, Bebrütung bei 25 °C 72 Std.) keine Schimmelpilze oder Hefen nachweisbar sein. Unerlässlich ist eine gute Personalhygiene (Kopfschutz, Handschuhe). Eine besondere Bedeutung kommt dabei den Handschuhen zu. Bewährt haben sich lange, über das Handgelenk hinausgehende, innen angerauhte Gummihandschuhe, die nach wechselnden und eine Verunreinigung ermöglichenden Handgriffen desinfiziert werden müssen. Dazu sollten an den Maschinen oder in unmittelbarer, gut erreichbarer Distanz zum Arbeitsplatz Desinfektionsmöglichkeiten vorhanden sein (Spender oder Eimer mit einem schnell und gut wirkenden Desinfektionsmittel, z.B. Mittel auf Peressigsäurebasis). Voraussetzung für eine gute Personalhygiene und eine konsequente Umsetzung der notwendigen Hygieneanweisungen für das Personal ist eine ständige Hygieneschulung.

3.11.7.2 Physikalische Faktoren

- **Temperatur:** Mayonnaisen werden ohne Kühlung aufbewahrt. Bei Salatmayonnaisen sind je nach Herstellung ungekühlte wie auch gekühlte Produkte auf dem Markt. Im Haushalt angebrochene Erzeugnisse sind jedoch prinzipiell zu kühlen. Kann durch die Herstellung eine Verunreinigung mit Verderbsorganismen (Milchsäurebakterien, Hefen und Schimmelpilze) nicht sicher ausgeschlossen werden, sollten die Salatmayonnaisen gekühlt gelagert werden, das heißt bei Temperaturen unter 7 °C. Bei dieser Temperatur wird zwar der Verderb nicht verhindert, jedoch durch Verlängerung der Generationszeit der Mikroorganismen verzögert, so dass die deklarierte Mindesthaltbarkeit eingehalten werden kann.

Einige Feinkostsalate werden auch pasteurisiert (tiefgezogene Alu-Becher oder Dosen, Kerntemperatur ca. 85 °C). Auch besteht die Möglichkeit, kalt vermischte Salate mit Direktdampf zu pasteurisieren und heiß abzufüllen (versiegelte Kunststoffbecher). Wenn die Salateinlagen (z.B. Geflügelfleisch oder Kartoffeln) vor der Vermischung mit der Mayonnaise nicht in ein Genusssäurebad kurz getaucht werden, kann es zum Verderb durch Clostridien kommen, obwohl der pH-Wert der Mayonnaise unterhalb von 4,5 liegt. Der an der Grenzphase Mayonnaise/Einlage höhere pH-Wert kann dazu führen, dass Sporen auskeimen und sich die Clostridien vermehren. So wurden aus bombierten pasteurisierten Geflügel- und Kartoffelsalaten *Cl. felsinum, Cl. scatologenes* und *Cl. tyrobutyricum* isoliert [12].

- **Emulsionsaufbau:** Bei Mayonnaisen, Salatmayonnaisen und Salatcremes sowie den emulgierten Saucen ist das Öl in Tropfenform in der Wasserphase emulgiert. Bei der 80-prozentigen Mayonnaise liegen die Öltröpfchen in dichter Kugelpackung vor (Öltröpfchen überwiegend ca. 1-2 µm). In den kleinen Zwischenräumen zwischen den Tröpfchen befindet sich die Wasserphase. Hieraus ergeben sich sehr schlechte Vermehrungsmöglichkeiten für Mikroorganismen. Wenn der Fettgehalt sinkt, das heißt der Anteil der Wasserphase in den Salatmayonnaisen, Salatcremes und Salatsaucen zunimmt, können sich Mikroorganismen besser vermehren.

- **Wasseraktivität:** Durch den Anteil an Kochsalz, Zucker, Stärke, modifizierter Stärke, Xanthan oder anderen Inhaltsstoffen kommt es zur Verminderung der Wasseraktivität. Die von SMITTLE (1977) und SMITTLE und FLOWERS (1982) für Mayonnaisen angegebenen a_w-Werte von 0,925 konnten in eigenen Messungen mit dem Kryometer (Fa. Nagy) bestätigt werden. Folgende Wasseraktivitäten wurden gemessen:

Mayonnaisen mit 80 % Öl: 0,92

Mayonnaisen mit 65 % Öl: 0,94

Salatmayonnaisen mit 50 % Öl: 0,96-0,97

Salatcreme mit 17 % Öl: 0,97.

Die verschiedenen a_w-Werte sind auf die unterschiedliche Zusammensetzung (Ölgehalt), aber auch auf variierende Kochsalzkonzentrationen in den Produkten verschiedener Herstellerfirmen zurück zu führen.

- **Druck:** Die Hochdruck-Sterilisation mit bis zu 1000 Mpa führt zur Inaktivierung der Enzyme und zur Abtötung von Mikroorganismen [32]. In Japan wird sie unter anderem zur Haltbarmachung von Feinkost-Saucen und Dressings eingesetzt. Der diskontinuierliche Gebrauch schränkt die Anwendung zur Zeit jedoch ein.

3.11.7.3 Chemische Faktoren

Feinkosterzeugnisse sind sauer, das heißt sie haben vielfach pH-Werte unterhalb von 4,5. Dadurch kommt es zur Selektion der Mikroorganismenflora, da sich nur noch wenige Mikroorganismen vermehren können, wie Milchsäurebakterien, Essigsäurebakterien, Hefen und Schimmelpilze. Entscheidend für die Haltbarkeit und Sicherheit ist allerdings die Auswahl der richtigen Säure oder Säurekombination. Nicht nur der pH-Wert entscheidet über die Vermehrung von Mikroorganismen, sondern auch die Art der organischen Säure, mit der ein niedriger pH-Wert erzielt wird.

Einfluss organischer Säuren auf Mikroorganismen

Essigsäure und Acetate

Die Hemmung beziehungsweise Abtötung von Mikroorganismen durch organische Säuren hängt ab von der Konzentration der Wasserstoffionen (H+), das heißt dem pH-Wert, der Art und der Konzentration der Säure und von ihrem Anion. Die in Feinkosterzeugnissen eingesetzten organischen Genusssäuren (Essig-, Wein-, Milch-, Äpfel- und Citronensäure) sind schwache Säuren. Ihre pK-Werte (pH-Wert, bei dem 50 % der Säure in der wirksameren undissoziierten Form vorliegen) bewegen sich im Bereich zwischen 4,7 und 2,98 (Tab. 3.11.4).

Tab. 3.11.4 pK-Werte für einige organische Säuren (DOORES, 1993)

Säuren	pK-Wert
Essigsäure	4,75
Citronensäure	3,14
Milchsäure	3,08
Äpfelsäure	3,40
Weinsäure	2,98

Die Wirksamkeit der organischen Säuren beruht nicht nur auf der H-Ionenkonzentration, sondern auch auf dem Anteil an undissoziierter Säure. In undissoziierter Form sind die Säuren lipophil und dringen so besser und schneller durch die Zellmembran. Dadurch erniedrigt sich der interne pH-Wert der Zelle, es kommt zu Enzymhemmungen und Stoffwechselbeeinflussungen, die Vermehrung wird gehemmt, oder die Mikroorganismen sterben ab. Die stärkste antimikrobielle Wirkung hat die Essigsäure (Tab. 3.11.5).

Tab. 3.11.5 Antimikrobielle Wirkung organischer Säuren bei verschiedenen pH-Werten

Mikroorganismen	Essigsäure	Milchsäure	Äpfelsäure	Citronensäure	Quelle
Staph. aureus	5,0-5,2	4,6-4,9	o. A.	4,5-4,7	MINOR und MARTH, 1970
Listeria monocytogenes	4,8-5,0	4,4-4,6	4,4	4,4	SORRELLS et al., 1989

Erklärungen: o. A. = ohne Angabe; die Zahlen geben die entsprechenden pH-Werte an.

Wenn auch die in der Literatur angegebenen Werte für eine Hemmung beziehungsweise Abtötung der Mikroorganismen durch organische Säuren schwer zu vergleichen sind (Abhängigkeit der Wirkung von Medium, Temperatur, Stamm, Keimzahl), so ergab sich dennoch in nahezu allen Prüfungen, dass die Essigsäure die stärkste Wirkung hat [16, 19, 22, 38, 51]. In der Wirksamkeitsabstufung der übrigen Säuren sind die Berichte dagegen unterschiedlich. So fanden Nunheimer und Fabian (1940) gegenüber *Staph. aureus* eine Abstufung in der Wirksamkeit: Essigsäure>Citronensäure>Milchsäure>Äpfelsäure>Weinsäure, während Minoe und Marth (1970) für den gleichen Organismus die Reihenfolge Essigsäure>Milchsäure>Citronensäure angeben. Bezogen auf den gleichen pH-Wert war die Abstufung in der Hemmwirkung gegenüber *Listeria monocytogenes* in einer Tryptonbouillon: Essigsäure> Milchsäure>Citronensäure. Basierend auf gleicher Molarität wurde folgende Abstufung ermittelt: Essigsäure>Milchsäure>Citronensäure >Äpfelsäure [56].

Sichere unkonservierte Mayonnaisen, Salatmayonnaisen und Salatcremes müssen einen bestimmten Mindestessigsäureanteil enthalten. Dies ist besonders dann erforderlich, wenn diese Produkte als Grundlage für die Salatherstellung dienen (Tab. 3.11.6).

Tab. 3.11.6 Notwendige Essigsäurekonzentrationen für sichere Mayonnaisen, Salatmayonnaisen und fettreduzierte Produkte

Essigsäure in %	pH-Wert	Quelle
Mayonnaisen und Salatmayonnaisen		
0,25 (bezogen auf Gesamtprodukt)	4,1 oder niedriger	ICMSF, 1980
		Smittle, 1977
0,46 (bezogen auf Gesamtprodukt)	4,2 oder niedriger	Collins, 1985
0,7 (bezogen auf wässrige Phase)	unter 4,1	Radford und Board, 1993
0,8-1,0 (bezogen auf wässrige Phase)	unter 4,1	Zschaler, 1976
Fettreduzierte Produkte		
0,7 (bezogen auf Gesamtprodukte)	unter 4,1	Radford und Board, 1993

Bei einem Essigsäuregehalt oberhalb von 1,4 % in der wässrigen Phase und bei einem pH-Wert unterhalb von 4,1, wie dies die Food and Drug Administration [27] bei der Verwendung unpasteurisierten Eigelbs fordert, schmeckt das Produkt allerdings stark essigsauer.

Eine Gesundheitsgefährdung des Konsumenten ist auszuschließen, wenn folgende Bedingungen erfüllt werden:

Frischeimayonnaisen, Mayonnaisen, Salatmayonnaisen, Salatcremes unter anderem fettreduzierte Produkte, die mit unpasteurisiertem Eigelb hergestellt werden, sollten einen Mindestessigsäuregehalt von 0,7 % (bezogen auf das Gesamtprodukt = 1,4 % in der wässrigen Phase bei einer 50-prozentigen Salatmayonnaise) aufweisen, und der pH-Wert sollte 4,1 nicht übersteigen [27, 38]. Da gewerblich hergestellte Produkte ausschließlich mit pasteurisiertem Eigelb und auch unter Verwendung von Gewürzextrakten oder behandelten Gewürzen (erhitzte oder mit Dampf behandelte Gewürze) hergestellt werden, kann der Essigsäureanteil geringer sein:

Mayonnaisen, Salatmayonnaisen, Salatcremes unter anderem fettreduzierte Produkte, hergestellt mit pasteurisiertem Eigelb und Gewürzextrakten oder behandelten Gewürzen, sollten einen Gesamtsäuregehalt von mindestens 0,45 % und einen Essigsäureanteil von mindestens 0,2 % bezogen auf das Gesamtprodukt aufweisen, wobei der pH-Wert unterhalb von 4,2 liegen sollte. Die zur Hemmung oder Abtötung von Verderbsorganismen notwendigen Säurekonzentrationen sind wesentlich höher als die für die pathogenen Bakterien (Tab. 3.11.7).

Tab. 3.11.7 Hemmung von Verderbsorganismen durch Essigsäure (Eklund, 1989)

Mikroorganismen	Hemmender pH-Wert	Minimale Hemmkonzentration Gesamtessigsäure in %
Saccharomyces cerevisiae	3,9	0,59
Saccharomyces ellipsoides	3,5	1,0
Saccharomyces uvarum	4,5	2,4
Geotrichum candidum	4,5	2,4
Aspergillus fumigatus	5,0	0,2
Aspergillus parasiticus	4,5	1,0
Aspergillus niger	4,1	0,27
Penicillium glaucum	3,5	1,0

Verderbsorganismen wie *Zygosaccharomyces bailii* und *Lactobacillus fructivorans* vermehrten sich in emulgierten Salatsaucen noch bei pH-Werten von 3,6 [41]. Ein Verderb durch Hefen, Schimmelpilze und Milchsäurebakterien ist, eine Verunreinigung vorausgesetzt, auch bei Kühltemperaturen durchaus möglich.

Die Salze der Essigsäure (z.B. Natriumacetat) haben die gleiche Wirkung wie die Essigsäure. Die Pufferung hat den Vorteil, dass die Essigsäurekonzentration erhöht werden kann, ohne dass sich geschmackliche Nachteile ergeben. So konnte einer unkonservierten Salatmayonnaise bis 1,4 % Essigsäure zugesetzt werden, ohne dass das Erzeugnis einen zu spitzen Essigsäuregeschmack aufwies. Außerdem wird der undissoziierte, antimikrobiell wirksamere Säureanteil durch den Einsatz von Natriumacetat erhöht [57]. Während *Yarrowia lipolytica* sich bei pH 4,5 bei einer

Essigsäurekonzentration von 1 % vermehrte, trat eine deutliche Hemmung durch eine Pufferung mit NaOH ein. Dieser Einfluss war jedoch gegenüber *Lactobacillus brevis* unter gleichen Bedingungen nicht festzustellen [18].

Milchsäure und Lactate

In Mayonnaisen und anderen Feinkosterzeugnissen werden Milchsäure oder Na-Lactat in Kombination mit Essigsäure eingesetzt. Die Angaben über die Wirksamkeit im Vergleich zur Essigsäure sind unterschiedlich [22]. In einem Geflügelsalat, der mit einer 50-prozentigen Mayonnaise (2 % Essigsäure, 2 % Milchsäure, 50:50, Pufferung mit 10 N NaOH) hergestellt wurde (pH-Wert des Salates 4,95), kam es zur Hemmung von Hefen bei einer Lagerung von 6 °C, nicht jedoch im ungepufferten Milieu [18]. Sensorisch akzeptable Konzentrationen von 0,4 % Milchsäure und 0,75 % Essigsäure (Branntweinessig) in Fleischsalaten (pH-Wert 4,3) oder 0,75 % Milchsäure und 1,6 % Essigsäure in Geflügelsalaten (pH-Wert 4,3) führten bei einer Anfangsbelastung von 500 Hefen/g /*Zygosaccharomyces bailii* und *Saccharomyces exiguus*) nach 14-tägiger Lagerung bei 7 ° und 10 °C zum Verderb [37]. Gegenüber Milchsäurebakterien (*Lactobacillus brevis*) kam es bei einer Anfangsverunreinigung von 10^3/g zu einer Verzögerung der Vermehrung. In einer Bouillon bei pH 6,5 und 20 °C lagen die minimalen Hemmkonzentrationen von Na-Lactat gegenüber Milchsäurebakterien zwischen 268 und 1161 mM und die gegenüber *Zygosaccharomyces sp.* bei 1339 mM [33]. Auf keinen Fall sollte Essigsäure durch Milchsäure ersetzt werden. Kombinierte Einsätze sind möglich, jedoch in mikrobieller Hinsicht nicht besser als optimale Kombinationen von Essigsäure mit anderen Genusssäuren wie Wein-, Äpfel- oder Citronensäure.

Weinsäure, Äpfelsäure, Citronensäure und ihre Salze

Diese Säuren werden häufiger als Säureregulatoren (Erniedrigung des pH-Wertes) und zur Geschmacksabrundung eingesetzt. Salzmischungen dieser Säuren sind auch in Handelsmischungen enthalten, zum Beispiel Bioserval, ACS-Fruchtsäurekombinationen. Eine antimikrobielle Wirkung wird durch die Erniedrigung des pH-Wertes erzielt. Die Verderbsorganismen Hefen werden jedoch nicht gehemmt. Bei einer sensorisch nicht mehr akzeptablen Weinsäurekonzentration von 1 % kam es in einem Waldorfsalat bei 8 °C noch zum Verderb durch *Pichia membranifaciens* [10].

Konservierungsstoffe

Nach der Zusatzstoff-Zulassungs-VO vom 22.12.1981 [66] dürfen Mayonnaisen und mayonnaiseartigen Erzeugnissen 2,5 g Sorbin- oder Benzoesäure pro kg Endprodukt und 1,2 g PHB-Ester zugesetzt werden, Feinkostsalaten 1,5 g Sorbin- oder Benzoesäure sowie 0,6 g PHB-Ester. Üblicherweise werden jedoch nur Sorbin- und Benzoesäure beziehungsweise ihre Salze eingesetzt. Da sich die Vermehrung der Mikroorganismen in der Wasserphase abspielt, muss das Konservierungsmittel in der Wasserphase konzentriert werden. Sorbin- und Benzoesäure sind mit ihrem geringen Verteilungsquotienten (Sorbinsäure 3,0 und Benzoesäure 6,1) sehr günstig für die Konservierung von Feinkosterzeugnissen, weil sie sich vorwiegend in der Wasserphase lösen (Verteilungsquotient 3,0: Von 100 Teilen Konservierungsstoff lösen sich 3 Teile in der Fettphase). Da auch bei den Konservierungsstoffen Sorbin- und Benzoesäure vorwiegend nur die undissoziierte Säure antimikrobiell wirksam ist, muss durch Ansäuern mit einer Genusssäure (Essigsäure, Milch-, Wein-, Äpfelsäure) der Dissoziationsgrad vermindert werden. Damit steigen der undissozierte Anteil und die konservierende Wirkung.

Sorbin- und Benzoesäure haben eine unterschiedliche Wirkung auf Mikroorganismen (Tab. 3.11.8). Die Sorbinsäure wirkt besonders gegenüber Hefen und Schimmelpilzen, Benzoesäure hemmt Milchsäurebakterien stärker als Sorbinsäure. Dies ist der Grund für eine Kombination beider Stoffe in Feinkosterzeugnissen. Die Wirksamkeit der Konservierungsstoffe hängt jedoch nicht nur von der Konzentration, der Temperatur und dem pH-Wert ab, sondern auch vom Keimgehalt im Produkt. Er sollte möglichst gering sein. Den Verderb durch Konservierungsstoffe zu verhindern, ist jedoch nicht möglich, allenfalls ihn zu hemmen. Teilweise liegen die minimalen Hemmkonzentrationen sogar höher als die in der Zusatzstoff-Zulassungs-Verordnung [66] erlaubten Konzentrationen. Eine vollständige Haltbarkeit von Feinkosterzeugnissen ist durch Konservierungsstoffe also nicht erreichbar, jedoch eine Verzögerung des Verderbs bei kühler Lagerung. Gehemmt werden Hefen und Schimmelpilze, Milchsäurebakterien bleiben nahezu unbeeinflusst [53]. Auch gegenüber pathogenen Bakterien ist die Wirkung von Sorbin- und Benzoesäure unterschiedlich. So wurde *Listeria monocytogenes* durch 0,15 % Sorbat (pH 5,0, eingestellt mit Essigsäure) bei 13 °C gehemmt [25], *Salmonella blockley*, *E. coli* und *Staph. aureus* bereits durch 0,05 % Sorbin- und Benzoesäure (pH 4,8, eingestellt mit Essigsäure) bei 22 °C [19]. In mit Sorbin- und Benzoesäure konservierten Feinkosterzeugnissen werden pathogene Bakterien gehemmt, wenn der pH-Wert unterhalb von 4,8 liegt und mit Essigsäure eingestellt wird.

Tab. 3.11.8 Wirkung von Sorbin- und Benzoesäure gegenüber Verderbsorganismen in Feinkosterzeugnissen

Mikroorganismen	pH-Wert	Sorbinsäure MHK	Benzoesäure MHK	Quelle
Lactobacillus sp.	4,3	n. a.	300-1800 ppm	CHIPLEY, 1993
Lactobacillus plantarum und *Lactobacillus buchneri*	3,5	>1000 ppm	n. a.	EDINGER und SPLITTSTOESSER, 1986
Lactobacillus buchneri in 50 %iger Salatmayonnaise mit 0,5 % Essigsäure	4,6	3500 ppm	4000 ppm	BAUMGART und LIBUDA, 1977
Zygosaccharomyces bailii	4,8	n. a.	5000 ppm	JERMINI und SCHMIDT-LORENZ, 1987
Zygosaccharomyces bailii	3,5	6 mM	6 mM	WARTH, 1985
Saccharomyces cerevisiae	3,5	3 mM	3 mM	WARTH, 1985
Rhizopus sp.	3,6	120 ppm	n. a.	EKLUND, 1989
Geotrichum candidum	4,8	1000 ppm	n. a.	EKLUND, 1989
Aspergillus sp.	3,9	n. a.	20-300 ppm	CHIPLEY, 1993

Erklärung: n. a. = Nicht angegeben; MHK = Minimale Hemmkonzentration

3.11.7.4 Biologische Faktoren

Biologischen Schutzkonzepten mit Hilfe des Einsatzes von Enzymen oder Schutzkulturen stehen noch lebensmittelrechtliche Einschränkungen entgegen. Ebenso fehlen abgesicherte Untersuchungen über die Wirkungen im Produkt. Dennoch sollte auch der biologischen Konservierung von Feinkosterzeugnissen in Zukunft Aufmerksamkeit gewidmet werden.

Lysozym: Das Lysozym (Murmidase) wird aus Hühnereiweiß oder biotechnologisch, zum Beispiel mit Streptomyceten gewonnen. Das Weißeilysozym hat folgende Nachteile: Das Wirkungsoptimum liegt im pH-Bereich von 6,0-6,5 und im sauren Bereich erfolgt ein starker Abfall der Aktivität. Eine antibakterielle Wirkung besteht gegenüber grampositiven Bakterien und in Kombination mit EDTA (Ethylendiamintetraessigsäure) auch gegenüber gramnegativen Bakterien [46]. Die antimikrobielle Wirkung von Hühnereilysozym und Cellosyl (Murmidase von *Streptomyces sp.*), die in Bouillonversuchen gegenüber Laktobazillen nachweisbar war, konnte in Salaten (Geflügel- und Thunfischsalat) nicht bestätigt werden [29].

Glucoseoxidase: Die meist aus Schimmelpilzen des Genus *Aspergillus* oder *Penicillium* gewonnenen Glucoseoxidasen führen über die Oxidation der Glucose zur Bildung von Wasserstoffperoxid und somit zur Konservierung [39]. In Thunfisch- und Geflügelsalaten war eine Wirkung zwar nachweisbar, jedoch war diese nicht ausreichend, um die Haltbarkeit entscheidend zu verlängern [59]. Dagegen konnte die Haltbarkeit von Shrimps bei 2 °C durch ein Tauchbad aus 4 % Glucose, Oxidase und Katalase verlängert werden [21].

Schutzkulturen: Durch den Zusatz einer Schutzkultur (meist Milchsäurebakterien) sollen die Stabilität und die mikrobiologische Sicherheit erhöht werden. Die von Schutzkulturen gebildeten Bacteriocine hemmen pathogene Bakterien. An einen Einsatz wäre zu denken bei Feinkosterzeugnissen mit höheren pH-Werten.

Literatur

[1] Anon.: Leitsätze für Mayonnaise, Salatmayonnaise und Remoulade. Die Feinkostwirtschaft **5** (1968) 147-150.

[2] Anon.: Leitsätze für Feinkostsalate. Die Feinkostwirtschaft **9** (1972) 4-7.

[3] Anon.: Richtlinie für Tomatenketchup, ZFL **31** (1980) 52.

[4] Anon.: Verordnung (EWG) Nr. 1764/86 der Kommission vom 27. 5. 1986 über Mindestqualitätsanforderungen an Verarbeitungserzeugnisse aus Tomaten, die für eine Produktionsbeihilfe in Betracht kommen. Amtsblatt der Europäischen Gemeinschaften Nr. L **153**/1-17 (1986).

[5] Anon.: Mikrobiologische Richt- und Warnwerte zur Beurteilung von Feinkost-Salaten. Lebensmitteltechnik **24** (1992) 12.

[6] Anon.: Verordnung über die hygienischen Anforderungen an Eiprodukte (Eiprodukte-Verordnung), Bundesgesetzblatt Teil I, Nr. 71, (1993) 288-230.

[7] Anon.: Produktionsstatistik für das Jahr 2002 nach Angaben des Statistischen Bundesamtes. Mitteilung des Bundesverbandes der Deutschen Feinkostindustrie e. V., Bonn (Mai 2003).

[8] Baumgart, J.: Zur Mikroflora von Mayonnaisen und mayonnaisehaltigen Zubereitungen. Fleischw. **45** (1965) 1437-1442, 1445.

[9] Baumgart, J.; Libuda, H.: Haltbarkeit von Mayonnaisen und Feinkostsalaten in Abhängigkeit vom Konservierungsstoff- und Essigsäureanteil. Intern. Zeitschr. Für Lebensmittel-Technologie und –Verfahrenstechnik **28** (1977) 181-182.

[10] Baumgart, J.; Hauschild, G.: Einfluß von Weinsäure auf die Haltbarkeit von Feinkost-Salaten. Fleischw. **60** (1980) 1052, 1055.

[11] Baumgart, J.; Weber, B.; Hanekamp, B.: Mikrobiologische Stabilität von Feinkosterzeugnissen. Fleischw. **63** (1983) 93-94.

[12] Baumgart, J.; Hippe, H.; Weber, B.: Verderb pasteurisierter Feinkostsalate durch Clostridien. Chem. Mikrobiol. Technol. Lebensm. **8** (1984) 109-114.

[13] BROCKLEHURST, T. F.; LUND, B. M:: Microbiological changes in mayonnaise-based salads during storage. Food Microbiol. **1** (1984) 5-12.

[14] CHIPLEY, J. R.: Sodium benzoate and benzoic acid, in: Antimicrobials in Foods, ed. By P. M. DAVIDSON an A. L. BRANEN, Marcel Dekker Inc., New York, (1993) 11-48.

[15] CHIRIFE, J.; VIGO, M. S.; GOMEZ, R. G.; FAVETTO, G. J.: Water activity and chemical composition of mayonnaises. J. Food Sci. **54** (1989) 1658-1659.

[16] COLLINS, M. A.: Effect of pH and acidulant type on the survival of some food poisoning bacteria in mayonnaise. Mikrobiologie-Aliments-Nutrition **3** (1985) 215-221.

[17] CONNER, D. E.; KOTROLA, J. S.: Growth and survival of Escherichia coli O157:H7 under acidic conditions. Appl. Environ. Microbiol. **61** (1995) 282-285.

[18] DEBEVERE, J. M.: The use of buffered acidulant systems to improve the microbiological stability od acid foods. Food Microbiol. **4** (1987) 105-114.

[19] DEBEVERE, J. M.: Effect of buffered acidulant systems on the survival of some food poisoning bacteria in medium acid media. Food Microbiol. **5** (1988) 135-139.

[20] DGHM: Mikrobiologische Richt- und Warnwerte zur Beurteilung von Lebensmitteln. Eine Empfehlung der Arbeitsgruppe der Kommission Lebensmittel-Mikrobiologie und -Hygiene der Deutschen Gesellschaft für Hygiene und Mikrobiologie. Bundesgesundheitsblatt **31** (1988) 93-94.

[21] DONDERO, M.; EGANA, W.; TARKY, W.; CIFUENTES, A.; TORRES, J. A.: Glucose Oxidase/Catalase improves preservation of shrimp (Heterocarps reedi). J. Food Sci. **58** (1993) 774-779.

[22] DOORES, ST.: Organic acids, in: Antimicrobials in Foods, sec. Ed., ed. By P. M. DAVIDSON and A. L. BRANEN, Marcel Dekker, New York, (1993) 95-136.

[23] EDINGER, W. D.; SPLITTSTOESSER, D. F.: Sorbate tolerance by lactic acid bacteria associated with grapes and wine. J. Food Sci. **51** (1986) 1077-1078.

[24] EKLUND, T.: Organic acid and esters, in: Mechanisms of Action of Food Preservation Procedures, ed. By G. W. GOULD, Elsevier Appl. Sci., London, (1989) 161-200.

[25] EL-SHENAWY, M. A.; MARTH, E. H.: Organic acids enhance the antilisterial activity of potassium sorbate. J. Food Protection **54** (1991) 593-597.

[26] ERICKSON, J. P.; MCKENNA, D. N.; WOODRUFF, M. A.; BLOOM, J. S.: Fate of *Salmonella spp., Listeria monocytogenes*, and indigenous spoilage microorganisms in home-style salads prepared with commercial real mayonnaise or reduced calorie mayonnaise dressings. J. Food Protection **56** (1993) 1015-1021.

[27] FDA, US Food and Drug Administration: Code of Federal Regulations, Title 21, Parts 101 100 and 169 140. US Government Printing Office, Washington D. C., USA (1990).

[28] FELDMANN, K.: Amylaseaktivität von Mikroorganismen in Feinkostprodukten. Dipl.-Arbeit, Fachbereich Lebensmitteltechnologie, FH Lippe, Lemgo (1985).

[29] FRINS, P.: Einfluss von Cellosyl auf Milchsäurebakterien. Dipl.-Arbeit, Fachbereich Lebensmitteltechnologie, FH Lippe, Lemgo (1989).

[30] GLASS, K. A.; DOYLE, M. P.: Fate of Salmonella and Listeria monocytogenes in commercial reduced calorie mayonnaise. J. Food Protection **54** (1991) 691-695.

[31] HALASZ, A.; BARATH, A.; SIMON-SARKADI, L.; HOLZAPFEL, W.: Biogenic amines and their production by microorganisms in food. Trends in Food Sci. & Technol. **5** (1994) 42-49.

[32] HAYAKAWA, I.; KANNO, T.; TOMITO, M.; FUJIO, Y.: Application of high pressure for spore inactivation and protein denaturation. J. Food Sci. **59** (1994) 159-163.

[33] HOUTSMA, P. C.; DE WIT, J. C.; ROMBOUTS, F. M.: Minimum inhibitory concentration (MIC) of sodium lactate for pathogens and spoilage organisms occuring in meat products. Int. J. Food Microbiol. **20**, (1993) 247-257.

[34] HUHTANEN, C. N.; NAGHSKI, J.; CUSTER, C. S.; RUSSEL, R. W.: Growth and toxin production by Clostridium botulinum in moldy tomato juice. Appl. Environ. Microbiol. **32** (1976) 711-715.

[35] ICMSF (International Commission on Microbiological Specifications for Foods: Fats and oils, in: Microbial Ecology of Foods, Vol. II, Food Commodities, , Academic Press, London (1980): 752-777

[36] JERMINI, M. F. G.; SCHMIDT-LORENZ, W.: Activity of Na-benzoat and ethyl-paraben against osmotolerant yeasts at different water activity values. J. Food Protection **50** (1987) 920-927.

[37] LEHR, S.: Einfluß von Milchsäure auf Feinkosterzeugnisse. Dipl.-Arbeit Fachbereich Lebensmitteltechnologie, FH Lippe, Lemgo (1993).

[38] LOCK, J. L.; BOARD, R. G.: The fate of Salmonella enteritidis PT4 in home-made mayonnaise prepared from artificially inoculated eggs. Food Microbiol. **12** (1995) 181-186.

[39] LÖSCHE, K.: Spezielle Enzymanwendungen am Beispiel von Glucoseoxidase, in: Die biologische Konservierung von Lebensmitteln. SozEp-Hefte **4**. Bundesgesundheitsamt Berlin, (1992) 137-161.

[40] MENG, J.; DOYLE, M. P.; ZHAO, T.; ZHAO, S.: Detection and control of Escherichia coli 0157:H7 in foods. Trends in Food Sci. & Technol. **5** (1994) 179-185.

[41] MEYER, R. S.; GRANT, M. A.; LUEDECKE, L. O.; LEUNG, H. K.: Effects of pH and water activity on microbiological stability of salad dressing. J. Food Protection **52** (1989) 477-479.

[49] MINOR, T. E.; MARTH, E. H.: Growth of Staphylococcus aureus in acidified pasteurized milk. J. Milk Food Technol. **33** (1970) 516-520.

[43] MÜRAU, H. J.: Richtlinie für Tomatenketchup. Intern. Zeitschrift für Lebensmittel-Technologie und -Verfahrenstechnik **31** (1980) 52.

[44] NUNHEIMER, T. D.; FABIAN, F. W.: Influence of organic acids, sugars, and sodium chloride upon strains of food poisoning staphylococci. Am. J. Public Health **30** (1940) 1040, zit. Nach Eklund, 1989.

[45] ODLAUG, Th. E.; PFLUG, I.: Clostridium botulinum growth and toxin production in tomato juice containing Aspergillus gracilis. Appl. Environ. Microbiol. **37** (1979) 496-504.

[46] PELLEGRINI, A.; THOMAS, U.; VON FELLENBERG, R.; WILD, P.: Bactericidal activities of Lysozyme and aprotinin against gram-negative and gram-positive bacteria related to their basic character. J. appl. Bact. **72** (1992) 180-187.

[47] PHILIPP, G. D.: Technologische und praktische Aspekte bei der Herstellung von würzenden Saucen. Lebensmitteltechnik **17** (1985 a) 158-163.

[48] PHILIPP, G. D.: Technologische und praktische Aspekte bei der Herstellung von würzenden Saucen. Teil II: Tomaten-Ketchup und Würz-Ketchup („Rote Saucen"). Lebensmitteltechnik **17** (1985 b) 222-226.

[49] RADFORD, S. A.; BOARD, R. G.: Review: Fate of pathogens in home-made mayonnaise and related products. Food Microbiology **10** (1993) 269-278.

[50] RAGHUBEER, E. V.; KE, J. S.; CAMPBELL, M. L.; MEYER, R. S.: Fate of Escherichia coli O157:H7 and other coliforms in commercial mayonnaise and refrigerated salad dressing. J. Food Protection **58** (1995) 13-18.

[51] RICHARDS, R. M. E.; XING, D. K. L.; KING, T. P.: Activity of p-aminobenzoic acid prepared with other organic acids against selected bacteria. J. appl. Bact. **78** (1995) 209-215.

[52] ROBINSON, T. P.; WIMPENNY, J. W. T.; EARNSHAW, R. C.: Modelling the growth of Clostridium sporogenes in tomato juice contaminated with mould. Letters in appl. Microbiol. **19** (1994) 129-133.

[53] SINELL, H.-J.; BAUMGART, J.: Über die Wirksamkeit von Sorbin- und Benzoesäure gegenüber Hefen in Mayonnaisen. Die Feinkostwirtschaft **3** (1966) 79-82.

[54] SMITTLE, R. B.: Microbiology of mayonnaise and salad dressing: A review. J. Food Protection **40** (1977) 415-422.

[55] SMITTLE, R. B.; FLOWERS, R. S.: Acid tolerant microorganisms involved in the spoilage of salad dressings. J. Food Protection **45** (1982) 977-983.

[56] SORRELLS, K. M.; ENIGL, D. C.; HATFIELD, J. R.: Effect of pH, acidulant, time, and temperature on the growth of Listeria monocytogenes. J. Food Protection **52** (1989) 571-573.

[57] STÖLTZING, U.: Einfluß von Essigsäure und Puffersubstanzen auf die Haltbarkeit und die sensorischen Eigenschaften unkonservierter Salatmayonnaise. Lebensmitteltechnik **19** (1987) 96-99.

[58] TERRY, R. C.; OVERCAST, W. W.: A microbiological profile of commercially prepared salads. J. Food Sci. **41** (1976) 211-213.

[59] THEISSEN, U.: Einfluß von Enzymen auf Hefen in Feinkostsalaten. Dipl.-Arbeit, Fachbereich Lebensmitteltechnologie, FH Lippe, Lemgo (1989).

[60] WARTH, A. D.: Resistance of yeast species to benzoic and sorbic acids and to sulfur dioxide. J. Food Protection **48** (1985) 564-569.

[61] WEAGANT, ST. D.; BRYANT, J. L.; BARK, D. H.: Survival of Escherichia coli 0157:H7 in mayonnaise and mayonnaise-based sauces at room and refrigerated temperatures. J. Food Protection **57**, (1994) 629-631-

[62] ZHAO, T.; DOYLE, M. P.: Fate of enterohemorrhagic Escherichia coli O157:H7 in commercial mayonnaise. J. Food Protection **57**, (1994) 780-783.

[63] ZASTROW, K.-D.; SCHÖNBERG, I.: Ausbrüche lebensmittelbedingter und mikrobiell bedingter Intoxikationen in der Bundesrepublik Deutschland 1991. Gesundh.-Wes. **55** (1993) 250-253.

[64] ZIMMER, E.: Vergleich verschiedener Verfahren zum Nachweis und zur Beurteilung von Schimmelpilzkontaminationen in Tomatenmark. Dipl.-Arbeit Fachbereich Lebensmitteltechnologie, FH Lippe, Lemgo (1993).

[65] ZSCHALER, R.: Einfluss von physikalischen und chemischen Faktoren auf die Haltbarkeit von Feinkost-Erzeugnissen. Alimenta **15** (1976) 185-188.

[66] ZzulV: Zusatzstoff-Zulassungsverordnung vom 22. 12. 1981. BGBl. I (1981) 1633.

Für die zahlreichen Anregungen und Hinweise danke ich Herrn K. SCHMIDT, Wiss. Leiter in der Fa. Homann Lebensmittelwerke Dissen, Herrn E. FÜNGERS und Herrn Dipl.-Ing. D. SCHILLER, Fa. Füngers-Feinkost, Wuppertal sowie Herrn Dipl.-Ing. H. BÖDDEKER, Le Picant Feinkost, Schloß Holte-Stukenbrock.

4. Mikrobiologie des Wildes

G. SCHIEFER

4.1 Allgemeine Bedeutung

Das Fleisch jagdbarer Tiere wird als Wildfleisch oder Wildbret bezeichnet. In der Frühgeschichte der Menschheit stellte es eine Hauptnahrungsquelle dar. Mit der Haltung und Züchtung von landwirtschaftlichen Nutztieren ging die Bedeutung des Wildbrets für die menschliche Ernährung zurück.

In der Bundesrepublik Deutschland liegt der Verbrauch von Wildfleisch und Kaninchen seit 1982 konstant zwischen 1,4 und 1,5 kg je Einwohner und Jahr.

Der Anteil dieses Fleisches am Gesamtfleischverzehr beträgt damit nahezu 1,6 % (Gesamtfleischverzehr 1992: 95,6 kg je Einwohner und Jahr) [87].

Die Entwicklung der Jagdstrecke ist aus der Tab. 4.1 ersichtlich.

4.2 Wildarten

Das Wild wird unter jagdlichen Gesichtspunkten in verschiedene Gruppen eingeteilt:

Haarwild:	jagdbare Säugetiere
Federwild:	jagdbare Vogelarten
Wasserwild:	jagdbare Wasservögel
Schalenwild:	Wildarten, die zu Klauentieren gehören
Niederwild:	Hasen, Wildkaninchen, Wildenten und -gänse, Fasane, Feldhühner, Birk- und Auerwild usw.
Raubwild:	Füchse, Dachse, Marder, Waschbären, Marderhunde u.a.

Eine Übersicht über die jagdbaren Tiere gibt die Tab. 4.2

Tab. 4.1 Jagdstrecke [87]

Jagd-jahr	Rot-wild	Dam-wild	Muffel-wild	Schwarz-wild	Rehwild	Hasen	Kanin-chen	Fasanen	Reb-hühner	Wild-enten	Wild-tauben	Füchse	Marder
Früheres Bundesgebiet													
1980/81	31 699	11 092	1742	34 585	675 237	720 488	702 855	484 263	33 483	506 845	601 429	191 599	52 455
1985/86	31 396	12 669	1974	70 119	717 927	808 183	603 540	413 563	27 164	552 112	601 470	186 469	56 454
1990/91	31 089	15 148	2179	152 315	765 263	593 426	846 548	362 892	29 328	559 726	722 241	319 457	48 187
1991/92	29 517	15 576	2052	175 469	801 840	511 782	720 487	278 286	18 283	528 930	916 549	293 924	43 747
Neue Länder													
1985 …	18 929	11 458	2165	118 050	160 369	16 851	12 131	12 920	–	34 966	1357	85 856	38 721
1990 …	32 461	19 761	4080	153 425	144 332	14 408	13 828	4 262	–	11 514	1055	54 365	13 727
1991/92	28 870	19 559	3581	137 299	150 556	19 714	20 763	/	/	/	/	/	/

Zur Wildbretgewinnung wird hauptsächlich folgendes Wild herangezogen:

- Elch, Rot-, Dam-, Muffel-, Reh- und Schwarzwild
- Hasen und Wildkaninchen
- Fasane und Rebhühner
- Wildgänse, Wildenten
- Ringel- und Türkentauben, Blessrallen, Graureiher, Kormorane, Waldschnepfen

Tab. 4.2 Jagdbare Tiere [19]

Tierart	Zoologischer Name	Tierart	Zoologischer Name
Wisente	*Bison bonasus*	Ringeltauben	*Columba palumbus*
Elchwild	*Alces alces*	Türkentauben	*Streptopelia decaocto*
Rotwild	*Cervus elaphus*	Biber	*Castor fiber*
Damwild	*Dama dama*	Steinwild	*Capra ibex*
Rehwild	*Capreolus capreolus*	Sikawild	*Cervus nippon*
Muffelwild	*Ovis ammon musimon*	Graugänse	*Anser anser*
Schwarzwild	*Sus scrofa*	Saatgänse	*Anser fabalis*
Gamswild	*Rupicapra rupicapra*	Kanadagänse	*Branta canadensis*
Hasen	*Lepus europaeus*	Bleßgänse	*Anser albifrons*
Schneehasen	*Lepus timidus*	Waldschnepfen	*Scolopax rusticola*
Wildkaninchen	*Oryctolagus cuniculus*	Graureiher	*Ardea cinerea*
Murmeltiere	*Marmota marmota*	Bleßrallen	*Fulica atra*
Wölfe	*Canis lupus*	Haubentaucher	*Prodiceps cristatus*
Wildkatzen	*Felis silvestris*	Höckerschwäne	*Cygnus olor*
Luchse	*Lynx lynx*	Auerwild	*Tetrao urogallus*
Dachse	*Meles meles*	Birkwild	*Lyrurus tetrix*
Füchse	*Vulpes vulpes*	Steinhühner	*Alectoris graeca*
Baummarder	*Martes martes*	Truthühner	*Meleagris gallopavo*
Steinmarder	*Martes foina*	Haselhühner	*Tetrastes bonasia*
Minke	*Mustela vision*	Trappen	*Otis tarda*
Fischotter	*Lutra lutra*	Wachteln	*Coturnix coturnix*
Illtisse	*Putorius putorius*	Kraniche	*Grus grus*
Hermeline	*Mustela erminea*	Habichte	*Accipiter gentilis*
Mauswiesel	*Mustela nivalis*	Mäusebussarde	*Buteo buteo*
Eichhörnchen	*Sciurus vulgaris*	Kolkraben	*Corvus corax*
Waschbären	*Procyon lotor*	Rabenkrähen	*Corvus corone corone*
Marderhunde	*Nycteriutes procyonoides*	Nebelkrähen	*Corvus corone cornix*
Seehunde	*Phoca vitulina*	Saatkrähen	*Corvus frugilegus*
Fasanen	*Phasianus colchicus*	Eltern	*Pica pica*
Rebhühner	*Perdix perdix*	Eichelhäher	*Garrulus glandarius*
Stockenten	*Anas platyrhynchos*	Silbermöwen	*Larus argentatus*
Tafelenten	*Aythya ferina*	Sturmmöwen	*Larus canus*
Krickenten	*Anas crecca*	Lachmöwen	*Larus ridibundus*
Reiherenten	*Aythya fuligula*	Kormorane	*Phalacrocorax carbo*

4.3 Eigenschaften des Wildbrets

Das Wildbret der einzelnen jagdbaren Tiere weist unterschiedliche sensorische Eigenschaften auf. Wildbret hat eine festere Konsistenz als das Fleisch der Schlachttiere. Dies wird bedingt durch den geringeren Fettgewebs- und Bindegewebsanteil des Wildfleisches. Die Farbe des Wildbrets ist aufgrund der geringen Ausblutung dunkel bis braunrot. Nach Beendigung der Fleischreifung geht dieselbe ins Schwarzrote über. Geschmack und Geruch des Wildbrets sind artenspezifisch und von folgenden Faktoren abhängig:

Nahrung

- Fleischfressende Wildtiere: raubtierartiger Geruch
- Omnivoren (Wildschwein): aromatisches Wildbret
- Fischfressende Wildtiere: mitunter traniger Geschmack

Jahreszeit

Wildbret ist im Winter im Allgemeinen schmackhafter als im Sommer.

Geschlechtstätigkeit

Während der Brunstzeit hat Haarwild streng schmeckendes Fleisch.

Jagdmethode

Bei nicht ausgeweideten Tieren und stark gehetztem Wild kommt es häufig zu Geschmacksbeeinträchtigungen.

Alter der Tiere

Das Fleisch jüngerer Tiere hat größere Zartheit als das Fleisch älterer Tiere [1, 29].

Sehr zartes Wildbret weisen auf:

- Fasane bis zu einem Jahr,
- Hasen zwischen 3 und 8 Monaten,

- Frischlinge zwischen 4 und 10 Monaten,
- Wildschweine zwischen 20 und 22 Monaten
- Rehwild bis zu 3 Jahren.

Der ernährungsphysiologische Wert des Wildbrets wird durch seinen hohen Gehalt an Eiweißen und Mineralstoffen sowie an Kreatin und anderen Fleischbasen bei geringem Fett- und Bindegewebsanteil begründet [63].

Die chemische Zusammensetzung des Wildbrets verschiedener Wildarten ist aus Tab. 4.3 ersichtlich.

Tab. 4.3 Chemische Zusammensetzung von Wildbret ausgewählter Wildarten [56]

Wildart	Wasser In %	Protein in % i	Fett n %	Stickstofffreie Extraktstoffe in %	Asche in %
Reh	75,8	19,8	1,9	1,42	1,13
Hase	74,2	23,3	1,1	0,2	1,2
Wildschweinkeule	74,5	21,6	2,4	–	1,2
Fasan, Brust	73,5	26,2	0,9	–	1,2
Krammetsvogel	73,1	22,2	1,8	1,4	1,5

4.4 Spektrum der Mikroorganismen beim lebenden Wild

In der Tab. 4.4 sind die wichtigsten bakteriellen Wildkrankheiten und ihre Bedeutung für den Menschen zusammen gestellt [10, 12, 15, 20, 26, 30, 32, 34, 41, 43, 50, 55, 65, 67, 92, 97, 98, 99].

4.5 Keimflora des Wildbrets

Zur natürlichen Keimflora des Wildbrets gehört eine Vielzahl von Mikroorganismen. Diese Flora wird durch Lagerung und Verarbeitung des Wildfleisches ständig qualitativ und quantitativ verändert. Entscheidend für die quantitativen Veränderungen ist der Anfangskeimgehalt. Hinsichtlich Haltbarkeit und lebensmittelhygienischer Unbedenklichkeit des Wildbrets hat vor allen Dingen die postmortale Keimkontamination eine große Bedeutung.

Tab. 4.4 Wichtigste bakterielle Wildkrankheiten

Krankheit	Erreger	Vorkommen	Bedeutung für den Menschen
Milzbrand	*Bacillus anthracis*	Reh, Hirsch, Elch, Dam- und Schwarzwild, Hase, Fuchs, Dachs	auf den Menschen übertragbar, Wildbret genussuntauglich
Pseudotuberkulose	*Yersinia pseudotuberculosis*	Hasen, Wild-Kaninchen, selten Rehe, Fasane	auf den Menschen übertragbar, Wildbret genussuntauglich
Pasteurellosen Wild- und Rinderseuche	*Pasteurella multocida* Typ B	Rot-, Dam-, Schwarz- und Rehwild, Hirsch, Elch	Wildbret genussuntauglich
Hasenseuche (hämorrhagische Septikämie)	*Pasteurella multocida* Typ A	Hasen, Wild- Wildbret kaninchen	genussuntauglich
Geflügelcholera	*Pasteurella multocida* Typ A, selten D	Fasane Wildbret	genussuntauglich
Staphylokokkose	*Staphylococcus pyogeneses var. albus und var. aureus*	Hasen, Wildkaninchen	auf den Menschen übertragbar, Wildbret genussuntauglich
Brucellose	*Brucella arbortus, Brucella suis, Brucella mellitensis*	Hasen, Reh-Schwarzwild, Elch, Rotwild, Damwild, Wildgeflügel	und auf den Menschen übertragbar, Wildbret mit sinnfälligen Veränderungen genussuntauglich
Salmonellose	Salmonellen unterschiedlichster Typen	Hasen, Fasane, Reh, Rothirsch	auf den Menschen übertragbar, Wildbret je nach Erscheinungsbild unterschiedlich beurteilt
Tularämie	*Pastereulla tularensis*	Hasen, Wildkaninchen, Fasane	und auf den Menschen übertragbar, Wildbret genussuntauglich
Tuberkulose	*Mycobacterium tuberculosis, M. bovis. M. avium*	Reh-, Rot-, Dam-Schwarzwild, Hasen übertragbar, Federwild	auf den Menschen übertragbar, unterschiedliche Beurteilungsmöglichkeiten des Wildbrets

Tab. 4.4 (Fortsetzung)

Krankheit	Erreger	Vorkommen	Bedeutung für den Menschen
Aktinomykose	*Actinomyces bovis, A. israeli, A. suis, A. bandetii*	Rehwild, Rot-, Dam- und Schwarzwild, Hasen	Wildbret abgekommener Tiere genussuntauglich
Leptospirose	*Leptospira interrogans, L. grippotyphosa*	Hasen, Wildschweine, Dam- und Rothirsche, Rehe	auf den Menschen übertragbar, Wildbret bei erheblichen sinnfälligen Veränderungen genuss- untauglich
Nekrobazillose	*Sphaerophorus necropherus*	Schwarzwild, Rot-, Dam- und Rehwild	Wildbret genussuntauglich
Rotlauf	*Erysipelothrix rhysiopathiae*	Hasen, Rehe	auf den Menschen übertragbar, Wildbret unterschiedlich beurteilt
Q-Fieber	*Coxiella burneli*	Hirsch, Hase, Wildkaninchen tragbar,	auf den Menschen überbei erheblichen sinnfälligen Verände rungen Wildbret genuß-untauglich
Ornithose	*Chlamydia ornithosis*	Wildvögel	auf den Menschen übertragbar, Wildbret von erkrankten Tieren genussuntauglich
Clostridien-Infektionen und -Inotixkationen			
Rauschbrand	*Clostridium chauvoei*	Hirsch	Wildbret genussuntauglich
Pararauschbrand	*C. cepticum*	Mufflon	Wildbret genussuntauglich
Enterotoxämie	*C.-perfringens*-Typen	eh, Fasane	Wildbret genussuntauglich
Tetanus	*C. tetani*	selten bei Wildtieren	Wildbret genussuntauglich
Botulismius	*C. botulinum*	Fasane	Wildbret genussuntauglich

Beim Wildbret, wie auch beim Fleisch der Schlachttiere, kommen vor allem Mikroorganismen folgender Familien vor: Enterobacteriaceae, Pseudomonadaceae, Micrococcaceae, Streptococcaceae und Bacillaceae.

Nach der Bedeutung dieser Keime für den Menschen lässt sich folgende Einteilung (Tab. 4.5), bei der natürlich fließende Übergänge bestehen, durchführen [17].

Tab. 4.5 Bedeutung der Mikroorganismen, die bei Schlachttieren und Wild vorkommen, für den Menschen

Bedeutung	Mikroorganismen
Indikator-Organismen	coliforme Keime, Enterokokken
Lebensmittel-Verderber	*Micrococcaceae,* *Enterobacteriaceae,* *Pseudomonadaceae,* *Bacillaceae,* *Lactobacillaceae,* Hefen, Schimmelpilze
Erreger von Lebensmittelvergiftungen und -intoxikationen	Salmonellen, *Staphylococcus aureus,* *Clostridium perfringens,* *C. botulinum,* *Bacillus cereus,* *Escherichia coli*

Bakteriologische Untersuchungen an Muskelfleisch von Rot- und Rehwild 24 Stunden nach Abschuss ergaben, dass 52 % der Wildbretproben bei einer unteren Nachweisgrenze von 10^2 Keimen g^{-1} negativ ausfielen. Keimgehalte zwischen 10^2 bis 10^3 Keimen g^{-1} wiesen 43 % der positiven Wildfleischproben auf. Keimgehalte von 10^4 bis 10^6 Keimen g^{-1} wurden bei 20 % der Proben ermittelt [68]. Andere Untersucher erzielten ähnliche Ergebnisse [55]. Sie wiesen bei 30 % des Wildbrets Keimfreiheit und bei über 60 % einen geringen Keimgehalt nach; $>10^6$ Keime g^{-1} wurden selten ermittelt.

Die Zusammensetzung der Keimflora wies folgendes Bild auf: Bei den Enterobacteriaceae standen *Escherichia coli* und Enterobacter im Vordergrund. Es wurden weiterhin *Citrobacter, Klebsiella, Serratia* und *Proteus* gefunden.

Bei den übrigen Keimgruppen standen vor allem die Mikrokokken im Vordergrund. Es konnten aber auch Streptokokken, Pseudomonaden, Laktobazillen, Hefen und Bazillen ermittelt werden.

Salmonellen und Staphylokokken wurden in keinem Fall nachgewiesen.

KNIEWALLNER [46] ermittelte am Wildbret von Reh, Hirsch, Hase und Wildschwein die in Tab. 4.6 angegebenen Keimgehalte. Es zeigte sich die Tendenz, dass bei einem aeroben Keimgehalt um 10^8 Keime g^{-1} die Zahl der coliformen Keime bei 10^6 und die der Enterokokken bei 10^5 lag. Dabei wurden für Clostridien Keimgehalte von 10^3 bis 10^4 gefunden.

Tab. 4.6 Keimgehalt in der Muskulatur von Reh, Hirsch, Hase und Wildschwein

Keimart	Keime q^{-1} Muskulatur Oberfläche	Muskulatur Tiefe
Aerobe Keimzahl	$2{,}15 \times 10^7$	$1{,}9 \times 10^4$
coliforme Keime	$3{,}0 \times 10^5$	$1{,}0 \times 10^4$
Enterokokken	$7{,}0 \times 10^4$	$3{,}6 \times 10^2$
Koagulasepositive Staphylokokken	$7{,}8 \times 10^3$	$1{,}0 \times 10^2$
Sulfitreduzierende Anaerobier	$1{,}4 \times 10^3$	$0{,}6 \times 10^1$

Für die Keimzahl und -art war auch die Körperregion der Wildbretproben von großer Bedeutung [36, 42]. Wildbret von der Bauch- oder Lendengegend weist einen höheren Gehalt an coliformen Keimen, Enterokokken, koagulasepositiven Staphylokokken und Clostridien auf. Bei Wildbret von anderen Stellen des Tierkörpers wurden geringere Keimzahlen ermittelt [11]. Diese Tatsache deutet auf eine oft unsachgemäße Behandlung des Wildbrets hin (z.B. Auswischen der Körperhöhlen mit alten Tüchern, Gras, Heu usw.).

Ähnliche Untersuchungsergebnisse ermittelte auch KOCKELKE [48] bei Schwarzwild, wie aus Tab. 4.7 ersichtlich ist.

In der Tiefe der Muskulatur wird in der Regel Keimfreiheit festgestellt [12, 72, 90, 91].

Salmonellen und sulfitreduzierende Clostridien fanden sich in keiner Wildbretprobe. Bei Schwarzwild wurden ebenfalls Einflüsse der Körperregion auf die Höhe der Keimzahl festgestellt.

Tab. 4.7 Keimgehalt von Wildbret [48]

Keimart	Keime g^{-1}
Aerobe Keimzahl	$4,2 \times 10^7$
coliforme Keime	$1,9 \times 10^6$
Enterobacteriaceae	$4,6 \times 10^6$
Enterokokken	$4,3 \times 10^5$
Laktobazillen	$8,0 \times 10^5$
Pseudomonaden	$2,7 \times 10^7$

Proben von *Musculus gracilis* und *M. iliopsoas* sowie *M. transversus* wiesen signifikant höhere Keimgehalte auf als Proben aus der *Regio lumbalis* und *Regio omobrachialis*. Im Vergleich zum Fleisch der Schlachttiere wies Wildbret einen geringfügig höheren Keimgehalt auf.

Bei Wildbret von Hasen wurden in der Muskulatur folgende Keimarten ermittelt [58, 59]:

coliforme Keime, Streptokokken, Staphylokokken, Pseudomonaden, Mikrokokken, *Escherichia coli* und Clostridien.

Bei Hasenrücken lag die aerobe Gesamtkeimzahl bei 10^5 Keimen g^{-1}. Enthäutete Hasen hatten eine Keimzahl von 10^6 Keimen g^{-1}.

Auf der Keulenmuskulatur ist ein geringerer Keimgehalt als bei der Rückenmuskulatur feststellbar. Dies wird bedingt durch die festere durchgehende Fascienabdeckung der Keule, die die Vermehrungsmöglichkeiten der Mikroorganismen einschränkt. Bei Beseitigung dieser Fascien fällt der natürliche Schutz gegenüber Kontaminationskeimen weg. Die sich auf der Fleischoberfläche befindenden Keime können sich uneingeschränkt vermehren, und damit kann ein hygienisches Risiko beim Verzehr von Wildbret auftreten.

4.6 Beeinflussung der Keimflora des Wildbrets

Die weidgerechte Versorgung des erlegten Wildes sowie eine ordnungsgemäße Behandlung des Wildbrets, insbesondere die Kühlung, sind Voraussetzungen, um eine hohe Qualität und Haltbarkeit des Fleisches zu erreichen. Ein niedriger Anfangskeimgehalt des Wildbrets ist dafür eine Grundvoraussetzung. Es kann als gesicherte Erkenntnis gelten, dass der originäre Keimgehalt des Wildbrets relativ gering ist [35, 72]. In der Tiefe der Muskulatur frisch erlegten Wildes wird in der Regel Keimfreiheit festgestellt [72, 90].

4.6.1 Erlegen des Wildes

Die Jagdmethoden üben einen großen Einfluss auf die Qualität des Wildbrets sowohl in sensorischer als auch bakteriologischer Hinsicht aus [100]. Das Treiben beziehungsweise die Verfolgung des Wildes vor dem Erlegen wirkt sich bereits negativ auf die Qualität des Wildbrets aus. Das Wildbret blutet schlechter aus und kann aufgrund bakterieller Prozesse schnell in Fäulnis übergehen.

Schalenwild wird mit der Kugel geschossen, während das meiste Haar- und Federwild mit Schrot erlegt wird. Es besteht aber auch die Möglichkeit, dass das Wild schlecht getroffen wird und fliehen kann. Diese Tiere können aus jagdlichen Gründen oft erst mehrere Stunden nach dem Schuss gefunden werden. Der damit zwischen Schuss und Verenden liegende lange Zeitraum kann eine stickige Reifung beziehungsweise auch Fäulnis mit sich bringen. Untersuchungen ergaben, dass Wild, welches erst 4 bis 6 Stunden nach dem Schuss aufgebrochen wurde, verderbgefährdet ist [23]. Hinzu kommt noch die Möglichkeit des Auftretens hoher Keimzahlen, wenn beim Schuss die Eingeweide verletzt wurden und Darminhalt in die Bauchhöhle austreten konnte. Eine starke Vermehrung, insbesondere coliformer Keime, ist dann die Folge [13].

Die Anzahl der Schusswunden übt ebenfalls einen Einfluss auf den Keimgehalt des Wildbrets und somit auf die Haltbarkeit aus. Durch die Einschusslöcher ist ein verstärktes Eindringen von Keimen möglich [18]. Anzeichen vom Verderb des Wildbrets treten meist an den Teilen des Wildkörpers auf, an denen sich Schusswunden befinden.

Schüsse auf dicke Wildbretteile (Keule) können ebenfalls negative Auswirkungen hervorrufen. Treffen die Geschosse dabei auf Knochen, kommt es zu einer starken Zerstörung der Muskulatur. Schmutz und Bakterien dringen aufgrund der meist ungünstigen Umweltbedingungen ins Wildbret ein und können zu Verderb desselben führen.

Bei frisch erlegtem Rehwild sowie Unfall- und Fallwild wurden folgende Mikroorganismen in Muskulatur und Innereien, wie aus Tab. 4.8 ersichtlich, ermittelt.

Aus diesen Untersuchungen wird deutlich, dass bei weidgerechter Behandlung des Wildes in der Tiefe der Muskulatur kaum Keime zu erwarten sind. Das Auftreten von obligat anaerob wachsenden grampositiven Stäbchen deutet auf die bereits dargelegte Abhängigkeit der Keimbesiedlung vom Sitz der Kugel hin.

Aus der Tab. 4.8 ist weiterhin abzuleiten, dass bei Fall- und Unfallwild mit einer starken Keimbelastung zu rechnen ist. Dadurch können, wenn auch noch eine unsachgemäße küchentechnische Behandlung hinzukommt, Gefährdungen der menschlichen Gesundheit hervor gerufen werden. Um dieser Gefahr vorzubeugen, sollte zumindest das Fallwild als untauglich beurteilt werden [35].

Tab. 4.8 Auftreten von Mikroorganismen bei Rehwild, frisch erlegt (N), Unfallwild (U) und Fallwild (F) [69]

Mikroorganismen	Muskulatur			Innereien		
	N	U	F	N	U	F
gram – Darmbakterien	–	–	3	2	2	5
E. coli	–	–	1	2	2	1
Salmonellen	–	–	–	–	–	–
Staphylococcus aureus	–	–	–	–	–	1
gram + Stäbchen						
obligat anaerob	5	3	10	6	3	12
Cl. perfringens	–	1	4	–	–	2

4.6.2 Aufbrechen des Wildbrets

Um lebensmittelhygienisch unbedenkliches Wildbret zu erhalten, muss das erlegte Wild bestimmten Behandlungsverfahren unterworfen werden [7, 8, 25, 53, 62].

Das Schalenwild ist aufzubrechen (Herausnahme der inneren Organe, Lüftung der Blätter, das heißt Trennung der muskulösen Verbindung zwischen Schulterblatt und Brustkorb im Brustbeinbereich usw.). Hasen und Kaninchen sind auszuwerfen (Entleerung der Blase, Herausnahme der Organe aus der Bauchhöhle). Federwild muss ausgezogen werden (Herausziehen des Darmes). Dabei werden oft Fehler gemacht, die sich negativ auf die Höhe und Zusammensetzung des Keimgehaltes des Wildbrets auswirken.

Ein nicht weidgerechtes Aufbrechen kann eine Erhöhung des Keimgehaltes des Wildbrets an coliformen Keimen, Streptokokken, Staphylokokken und sulfitreduzierenden Anaerobiern mit sich bringen [45].

Beim Aufbrechen an einem ungeeigneten Aufbruchort kann eine Verschmutzung des Wildbrets mit Erde und Sand eintreten und zu einer Keimanreicherung führen. Ähnliche Folgen bringt auch eine Beschmutzung des Wildbrets mit Eingeweideinhalt beziehungsweise Speiseröhreninhalt mit sich. Häufig werden diese Verunreinigungen mit Laub, Stroh oder Gras entfernt und damit die Keimkontamination noch verstärkt [52].

Die Behandlung des Wildbrets mit Wasser ist ebenfalls ungünstig, weil dadurch die vorhandenen Mikroorganismen in die Muskulatur eingewaschen werden.

Das ungenügende Auskühlen, insbesondere von dicken Wildbretpartien, führt ebenfalls zu Verschlechterungen des mikrobiellen Status von Wildbret. So konnten bei nicht gelüfteten Schultern von Wildschweinen deutlich höhere Keimzahlen im Wildbret gefunden werden als bei ordnungsgemäß behandeltem. Sie lagen außer bei der Gesamtkeimzahl (aerobe Keimzahl) und bei Enterokokken um eine Zehnerpotenz höher [48]. Der Anstieg trat bei coliformen Keimen, Enterobacteriaceae, Laktobazillen und Pseudomonaden auf.

Zur Behandlung der Hasen und Wildkaninchen nach dem Erlegen gibt es im wesentlichen zwei unterschiedliche Auffassungen [37, 64].

Sofortiges Aufbrechen und Auswerfen

Dadurch soll eine gute sensorische Qualität des Wildbrets erreicht werden. Bei unausgenommenen Hasen und Wildkaninchen kann es sehr schnell zu Fäulniserscheinungen kommen, die auf bakterielle Ursachen mit zurück zu führen sind. Nach längerer Lagerung kann ein Geschmack nach Gescheide (Darm) auftreten.

Die erlegten Tiere sind nicht zu behandeln

Beim Aufbrechen und Auswerfen gelangen Mikroorganismen in die Bauchhöhle, die sich anschließend unter Luftzutritt gut vermehren können. Bei unbehandelten Hasen und Wildkaninchen können sich dem gegenüber die möglicherweise eingedrungenen Keime unter Sauerstoffabschluss kaum vermehren. Umfangreiche Untersuchungen ergaben, dass der Oberflächenkeimgehalt bei ausgeworfenen Tieren, vor allem bei längerer Lagerung, deutlich höher ist als der unbehandelter Hasen und Wildkaninchen [60, 64]. Es wurden bei unbehandelten Hasen signifikant geringere Keimzahlen an aeroben Verderberregern wie Bazillen, Colibakterien, Kokken, Pseudomonaden und anaeroben Bazillen (z.B. Clostridien), in der Tiefe der Muskulatur gefunden.

Beim Federwild, insbesondere bei Enten, hat sich das Ausziehen nach dem Erlegen (Herausziehen des Darmes durch die Kloake) als ungünstig erwiesen. Beim Abreißen des Darmes tritt Darminhalt in die Bauchhöhle und kann zu Beeinträchtigungen des Geschmacks sowie zu Keimanreicherungen führen. Aus diesem Grund erweist es sich als günstiger, die Bauchhöhle aufzuschneiden und den gesamten Inhalt zu entfernen. Diese Maßnahme ist um so mehr zu empfehlen, da vor allem beim Weidwundschuss der Darm zerreißen kann und die beschriebenen Auswirkungen auftreten können.

4.6.3 Transport des Wildbrets

Um negative Einwirkungen auf Qualität und Keimflora des Wildbrets zu vermeiden, ist das erlegte Wild unverzüglich unter Beachtung lebensmittelhygienischer Erfordernisse in eine Wildsammelstelle zu transportieren. Der oft praktizierte Transport von Wildbret in Rucksäcken der Jäger birgt die Gefahr des Auftretens einer stickigen Reifung in sich. Dasselbe trifft auf den Transport von Wildbret in mehreren Lagen übereinander zu. Keimkontaminationen und Keimanreicherungen können ebenfalls als Folgen unsachgemäßer Transporthygiene auftreten.

Beim Transport von Schwarz-, Rot- oder Damwild werden oft ungeeignete Fahrzeuge verwendet, die die Möglichkeit der Kontamination des Wildbrets mit sich bringen. Landwirtschaftliche Fahrzeuge sollten aus diesem Grunde zumindest mit Lattenrosten versehen sein. Dadurch wird auch ein Auskühlen des Wildbrets von der Unterseite her erreicht.

4.7 Postmortale Veränderungen

Reifung

Die postmortalen Umwandlungen des Wildfleisches verlaufen ähnlich wie beim Fleisch schlachtbarer Haustiere. Nach Beendigung des Rigor mortis (Totenstarre) kommt es durch Enzymwirkungen zu einer Reifung des Wildbrets. Sie ist beim Wildfleisch später wahrnehmbar als beim Fleisch anderer Schlachttiere.

Hautgout

Mit diesem Begriff wurde der Höhepunkt der Fleischreifung bezeichnet, bei dem sich der typisch aromatische Wildgeruch und -geschmack ausgebildet haben. Gegenwärtig wird mit Hautgout ein wertmindernder Zustand bezeichnet, der auf verdorbenes Wildfleisch hinweist. Bei diesem Reifungszustand ist beim Wildbret bereits ein fauliger Beigeschmack festzustellen, der auf Verderbprozesse unter Mitwirkung von Mikroorganismen hindeutet.

Stickige Reifung

Es handelt sich dabei um eine enzymatisch bedingte und schnell verlaufende Säuerung des Wildbrets. Sie ist zurück zu führen auf mangelhafte Auskühlung und Lüftung durch unsachgemäße oder verspätete Ausweidung, warme Witterung oder fehlerhaften Transport. An der Oberfläche des Wildbrets können die unterschiedlichsten Mikroorganismen nachgewiesen werden. In der Tiefe der Muskulatur sind aber keine Fäulnisbakterien nachweisbar, das heißt, die stickige Reifung verläuft abakteriell.

Fäulnis

Die Fäulnis des Wildbrets ist auf verschiedene Ursachen zurück zu führen, zum Beispiel Gesundheitszustand des Wildes, Behandlung beim Ausweiden, Aufbewahrungstemperatur und ungenügendes Auskühlen.

Beim Wildbret tritt die Fäulnis als Oberflächen- oder Tiefenfäulnis auf.

Oberflächenfäulnis

Die Oberflächenfäulnis wird durch aerobe Bakterien verursacht, vor allem durch *Pseudomonas, Aeromonas* und *Achromobacter*. Bei dieser Art der Fäulnis entwickeln sich auf der Muskulatur, der Bauchdecke sowie in Bauch- und Brusthöhle ein schmieriger, missfarbener Belag und ein dumpfer Geruch. Außerdem treten Grünverfärbungen der Bindegewebsteile auf. Oft bieten die Faszien dem Vordringen der Fäulniskeime einen starken Widerstand, so dass die Muskulatur in der Tiefe des Wildbrets unverändert ist. Nach Entfernen der veränderten oberflächlichen Wildbretteile ist die restliche Muskulatur noch für die menschliche Ernährung einsetzbar.

Tiefenfäulnis

Diese Art der Fäulnis kommt bei gesundem und weidgerecht behandeltem Wild nur sehr selten vor. Dabei rufen anaerobe, vorwiegend sporenbildende Bakterien Zersetzungsprozesse an der Muskulatur hervor. Die Tiefenfäulnis kann als Folge einer fortschreitenden Oberflächenfäulnis auftreten. Sie kann aber auch vom Magen-Darm-Kanal, von großen Blutgefäßen und von Schussverletzungen ausgehen.

Die Muskulatur wird bei der Tiefenfäulnis weich schmierig, graubraun-grünlich sowie übelriechend. Das intramuskuläre Bindegewebe verfärbt sich grünlich. In der Unterhaut und im Bindegewebe können Gasblasen vorhanden sein.

Bei verdorbenen Proben von Wildbret konnte eine aerobe Keimzahl von 2,5 bis 3×10^5 Clostridien g^{-1} festgestellt werden. Außerdem wurden Milchsäurebakterien ermittelt. Des Öfteren traten bei verdorbenem Wildbret bis zu 10^5 Hefen g^{-1} auf.

Vereinzelt konnten auch Schimmelpilze nachgewiesen werden [46].

Beim Federwild sind typische Kennzeichen einer Fäulnis die Verklebung der Federn an Hals, Brust und Weidlochgegend, Schmierigkeit unter den Flügeln, Verfärbung der Bauchorgane und fauliger Geruch.

Diese Prozesse werden durch eine große Anzahl von Fäulniskeimen hervor gerufen.

Wildbret mit Tiefenfäulnis ist genussuntauglich.

4.8 Lagerung von Wildbret

Um Keimanreicherungen und damit negative Auswirkungen auf die hygienische Qualität von Wildbret zu vermeiden, ist es notwendig, dieses während kurzen Aufbewahrungszeiten zu kühlen. Längere Lagerungszeiten von Wildbret sind nur nach einem Gefrierprozess und anschließender Lagerung bei -18 °C möglich.

Kühllagerung

Die Kühllagerung von Wildbret soll bei einer Temperatur zwischen -2 °C und +4 °C und einer relativen Luftfeuchte von 80 bis 85 % erfolgen. Eine ausreichende Durchkühlung des Wildbrets ist für die Qualitätserhaltung eine unabdingbare Voraussetzung.

Die Kühlung ist vor allem bei unausgeweideten und nicht gelüfteten Wildtieren (Hasen, Federwild) besonders wichtig, da hier die Gefahr einer starken Keimvermehrung besteht. Diese Keimanreicherungen können zur Oberflächen- oder Tiefenfäulnis und damit zur Genussuntauglichkeit des Wildbrets führen.

Durch den Kühlprozess werden die meso- und thermophilen Keime des Wildbrets in ihren Wachstumsmöglichkeiten eingeschränkt beziehungsweise sterben ab. Die Zahl der psychrophilen Mikroorganismen vergrößert sich dem gegenüber während der Kühllagerung des Wildbrets. Zu der psychrophilen Keimflora gehören vor allem *Pseudomonas, Aeromonas, Streptococcus* und *Lactobacillus*.

Neben diesen Mikroorganismen können sich auch Hefen und Schimmelpilze während der Kühllagerung an bestimmten Stellen des Wildbrets ansiedeln und vermehren.

Bei längerer Kühllagerung bilden die Pseudomonaden den hauptsächlichsten Anteil der Flora und sind maßgeblich an Verderbprozessen des Wildbrets beteiligt. Um diese Prozesse vermeiden zu können, kommt es darauf an, den Anfangskeimgehalt im Wildbret durch Beachtung hygienischer Erfordernisse so gering wie möglich zu halten. Da das Wildbret aufgrund seiner Gewinnung immer mehr oder weniger mit Zersetzungskeimen kontaminiert ist, werden auch unterschiedliche Lagerzeiten angegeben. Im Durchschnitt ist es möglich, Wildbret bei den angegebenen Temperaturen etwa 5 Wochen zu lagern. Wildgeflügel kann etwa 4 Tage bei Kühlraumtemperaturen gelagert werden. Eine längere Lagerung ist nur möglich, wenn das Wildgeflügel vor der Einlagerung ausgenommen wurde. Mit dieser Maßnahme wird einem mikrobiellen Verderb des Wildgeflügels vorgebeugt.

Hasen und Wildkaninchen sollten nicht länger als 3 Wochen gelagert werden. Unbehandelte Wildkörper zeigen bei der Lagerung einen niedrigeren Keimgehalt als aufgebrochene und ausgeworfene. Der Oberflächenkeimgehalt ist ebenfalls bei aufgebrochenen und ausgeworfenen Tieren höher je länger die Lagerung dauert [59].

In der Keimflora waren vor allem coliforme Keime, Kokken, Pseudomonaden und Clostridien vertreten. Diese Mikroorganismen steigen in gleicher Weise mit zunehmender Lagerdauer an.

Kühlgelagertes Wildbret (Hirsch und Reh) wies nach Untersuchungen von STRASSER [88] einen Keimgehalt von 10^4 bis 10^9 Keimen cm^{-2} Fleischoberfläche auf.

Psychrophile und psychrotrophe Mikroorganismen waren am häufigsten in der Mikroflora vertreten.

Gefrierlagerung

Um Wildbret ganzjährig im Handel anbieten zu können, muss es kältekonserviert werden. Durch das Gefrieren wird den Mikroorganismen das zum Stoffwechsel und zur Vermehrung notwendige Wasser entzogen. Das für die Mikroorganismen verfügbare Wasser ist bereits bei Temperaturen von -20 °C ausgefroren, so dass Stoffwechsel und Vermehrung derselben vollständig gehemmt sind. Nach dem Auftauen und bei Temperaturen unterhalb des Gefrierpunktes setzt die Vermehrung der Mikroorganismen wieder ein. Eine Vermehrung ist noch möglich bei Temperaturen von

- 5 bis 10 °C für Bakterien

-10 bis -12 °C für Hefen und

-15 bis -18 °C für Pilze.

Neben der Inaktivierung wird auch eine partielle Abtötung der Mikroorganismen beim Gefrieren erreicht.

30 bis 70 % der Mikroorganismen des Anfangskeimgehaltes überleben die Gefrierlagerung.

Für die Keimflora des gefrorenen Wildbrets sind folgende Faktoren ausschlaggebend [77]:

- Keimgehalt vor dem Gefrieren,
- Abtötung von Mikroorganismen durch die Kältebehandlung,
- Vermehrung von kältetoleranten Mikroorganismen bei schwankenden Lagertemperaturen oberhalb von -10 °C
- Vermehrung überlebender Mikroorganismen nach dem Auftauen.

Es ist bekannt, dass sich Mikroorganismen gegenüber dem Gefrieren und einer Gefrierlagerung unterschiedlich verhalten [77]:

- Grampositive Bakterien sind relativ resistent gegenüber beiden Prozessen.
- Gramnegative Bakterien sind wenig resistent gegenüber dem Gefrierprozess und längerer Gefrierlagerung.
- Eine große Zahl pathogener Keime ist außerordentlich empfindlich.
- Bacillus- und Clostridium-Endosporen sind nahezu unempfindlich gegenüber dem Gefrierprozess.
- Die größte abtötende Wirkung wird bei Mikroorganismen durch langsames Gefrieren und rasches Auftauen erreicht. Diese Art der Behandlung bringt aber ungünstige Auswirkungen auf die sensorische Qualität des Wildbrets mit sich.

Beim Auftauen können sich viele Mikroorganismen wieder vermehren. Eine Hemmung dieses Prozesses wird erreicht, wenn Wildbret bei Temperaturen um +5 °C aufgetaut wird. Durch diese Maßnahme kommt es zu einem verzögerten Wachstum der Keime auf der Oberfläche des Wildbrets. Es muss aber festgestellt werden, dass aufgetautes Wildbret, wie auch das Fleisch schlachtbarer Tiere, eine höhere Oberflächenkeimzahl aufweist als gefrorenes.

Während einer Gefrierlagerung bei -18 °C konnten die in Tab. 4.9 aufgeführten Keimentwicklungen bei Wildbret festgestellt werden [91].

Eine Aussage über Überlebensmöglichkeiten von Mikroorganismen ist auch an Hand der Wasseraktivität möglich.

Gramnegative Stäbchen (*Salmonellen, Escherichia*), Pseudomonaden, Bazillen und Clostridien wachsen bei einem Wasseraktivitätswert von 1,00 bis

Tab. 4.9 Keimentwicklung während der Gefrierlagerung von Wildbret

Zeit in Wochen	Coliforme Keime g^{-1}	Escheria coli g^{-1}	Clostridium perfringens g^{-1}
Vor dem Gefrieren	600 000	3600	110
1	78 000	930	150
8	100 000	160	12
12	100 000	11	<10
16	13 000	11	<10
52	39 000	<3	<10

0,95, die meisten Kokken, Laktobazillen bei 0,95...0,91; Hefen wachsen bei 0,91...0,88; Schimmelpilze bei 0,88...0,80. Halophile Bakterien, xerophile und osmophile Schimmelpilze können bei noch niedrigeren Wasseraktivitätswerten wachsen [27].

Bei Wild wurden die in Tab. 4.10 ausgewiesenen Werte für die Wasseraktivität ermittelt [4].

Einen Einfluss auf den Keimgehalt des gefrorenen Wildbrets übt auch der Bearbeitungszustand aus. Die Decke des Wildes wurde früher als „natürliche" Verpackung angesehen. Es hat sich aber als günstig erwiesen, das Fell abzuziehen, das Wildbret zu verpacken und einzufrieren. Durch diese Maßnahme werden der Keimgehalt niedrig gehalten und Keimkontaminationen vermieden. Die Nachteile der Gefrierlagerung des Wildbrets in Decke sind folgende [37]:

- Keimgehalt An unbedeckten Stellen können Austrocknung und Gefrierbrand auftreten,
- Keimgehalt Während Lagerung und Transport sowie beim Auftauen besteht die Gefahr der bakteriellen Kontamination des Wildbrets durch das anhaftende Fell.

Tab. 4.10 Wasseraktivität in Wildbret

Wildart	Zustand	Wasseraktivität
Hasen	gefroren	0,940...0,992
Hirsch	gefroren	0,978
Reh	frisch	0,911...0,965
Wildschwein	frisch	0,939

Dem gegenüber zeigten Untersuchungen an etwa 50 Tage gelagerten, tiefgefrorenen Hasen Unterschiede in der Keimbelastung, die auf verschiedene Behandlungsverfahren zurück zu führen waren [64]. Küchenfertig zubereitete und in Plastikbeuteln verpackte Hasen wiesen einen deutlich höheren Gehalt an aeroben und anaeroben Bakterien auf als Hasen, die im Balg gelagert wurden.

Bei vakuumverpackten gefrorenen Hasenrücken wurde nach Lagerung bei -18 °C ein hoher Keimgehalt sowohl an der Oberfläche als auch in der Tiefe des Wildbrets gefunden [4]. Die Keimflora setzte sich zusammen aus coliformen Keimen, Kokken sowie aeroben und anaeroben Fäulniskeimen. Salmonellen, Clostridien und Proteus konnten nicht nachgewiesen werden.

SCHIEFER und SCHÖNE [73, 74] führten bakteriologische Untersuchungen an gefrorenen Wildkörpern in Decke von Reh, Hirsch und Schwarzwild durch. Das Wild wurde nach dem Auftauen um +4 °C aus der Decke geschlagen (enthäutet). Die Ermittlung des Keimgehaltes erfolgte über Abstriche aus der Bauchhöhle, da bei der bakteriologischen Untersuchung der Muskulatur keine aussagekräftigen Ergebnisse ermittelt wurden.

In Tab. 4.11 ist das Vorkommen verschiedener Keime in Prozent dargestellt. Die Auswertung bezieht sich auf die Untersuchung von 105 Wildbretproben.

Die gefundenen Keime wiesen eine lebensmittelhygienische Relevanz auf, da sie zu Qualitätsminderungen des Wildbrets, aber auch zu Lebensmittelvergiftungen beim Menschen führen können. Beim Hirsch dominieren coliforme Keime, grampositive Kokken und aerobe Sporenbildner. Rehwildbret wies ähnliche Keime in einem etwas geringeren Anteil auf. Grampositive Kokken sind die Hauptvertreter in der Keimflora des Wildschweines. Lebensmittelhygienisch bedeutungsvoll ist der Nachweis von Proteus und Salmonellen (*S. anatum*) beim Wildschwein.

Der Behandlung des Wildbrets nach dem Auftauen kommt auch nach diesen Untersuchungen größte Bedeutung zu, um Keimanreicherungen zu vermeiden. Ausgangspunkt für Keimanreicherungen und -kontaminationen sind die immer offene Leibeshöhle, der Schusskanal und bei größeren Wildbretteilen die Entlüftungsschnitte.

Untersuchungen der Qualität von Wildbret im Handel führten KOBE und RING [47] durch. Die Oberflächenkeimzahl lag bei log 6,9, die Zahl der *Micrococcaceae* bei log 4,2 und die der *Enterobacteriaceae* bei log 4,4 pro Gramm Wildbret. Die Oberflächenkeimzahl untersuchter Wildbretproben wurde auch von LEISTNER et al. Mit $10^7/cm^2$ angegeben [54].

Tab. 4.11 Vorkommen von Mikroorganismen bei Wildbret

Keimart	Vorkommen in % bei Hirsch	Reh	Wildschwein
Coliforme Keime	100	95,6	45,7
Grampositive Kokken	63,6	46,7	76,7
Aerobe Sporenbildner	18,2	6,6	23,3
Proteus	–	–	16,7
Anaerobe Sporenbildner	27,3	11,1	20,0
Salmonellen	–	–	3,3

In der Tiefe der Muskulatur wurden folgende Werte ermittelt. (log 10/g):

Gesamtkeimzahl	4,7
Micrococcaceae	1,1
Enterobacteriaceae	1,5

Ermittlungen an sensorisch auffälligem und normal beurteiltem Wildfleisch ergaben für die erstere Gruppe höhere Keimzahlen auf der Oberfläche aber auch in der Tiefe der Muskulatur [47]. Aus der Tab. 4.12 ist dieser Sachverhalt ersichtlich.

Gleichzeitig wurde festgestellt, dass die gefundenen Keimzahlen in der Tiefe des Wildbrets deutlich höher lagen als bei Fleisch schlachtbarer Haustiere [47].

Für Wildbret wurde eine Keimzahl von log 4,8/g festgestellt. Bei Fleisch schlachtbarer Haustiere betrug dieser Wert log 3,0/g.

Schlussfolgernd aus diesen Ergebnissen kann festgestellt werden, dass von verändertem Wildfleisch ein höheres mikrobiologisches Risiko ausgehen kann. Dies trifft auch auf stark riechendes Wildfleisch zu, welches unter den Tatbestand des „hautgout“ fällt.

Die Ergebnisse zeigen, dass beim Handel mit Wildbret auf die Einhaltung hygienischer Forderungen, zum Beispiel getrennte Bearbeitung, Lagerung und Verkauf, geachtet werden muss [44].

Ein Handel mit Hackfleisch und Wildbret in einem Verkaufsobjekt verbietet sich ebenfalls aus diesen Gründen.

Tab. 4.12 Keimgehalte (log10/g) von normalen und sensorisch auffälligem Wildbret [47]
GKZ = Gesamtkeimzahl; M = *Micrococcaceae*;
E = Enterokokken

Tierart/Gruppen	Oberfläche			Tiefe		
	GKZ	M	E	GKZ	M	E
sensorisch auffällig						
Reh	7,07	4,67	4,74	5,48	2,24	2,46
Wildschwein	7,11	4,50	4,35	5,58	1,95	2,11
Hirsch	8,12	4,40	5,02	,47	1,20	2,26
gesamt	7,30	4,56	4,67	5,72	1,93	2,31
normal						
Reh	6,49	3,86	4,23	4,07	0,77	0,98
Wildschwein	6,89	4,12	4,41	4,47	0,88	1,29
Hirsch	6,83	4,18	4,41	4,34	0,29	1,26
gesamt	6,68	4,01	4,32	4,25	0,71	1,13

4.9 Gatterwild

Das jagdmäßig durch Erlegen gewonnene Wildbret deckt nicht mehr den Bedarf der Bevölkerung an diesem hochwertigen Lebensmittel. Aus diesem Grunde werden auf dem Gebiet der Wildfleischerzeugung neue Wege beschritten, indem Wildtiere in Gehegen oder größeren Arealen nutztierartig gehalten werden.

An Haarwildarten eignen sich für diese Art der Haltung insbesondere Damwild, Rotwild, Schwarzwild, Rentiere und Wildbüffel [9, 38, 39, 40, 80, 81, 82]. In Afrika werden Antilopenarten in größeren Gattern gehalten [61]. Bei Federwildarten, zum Beispiel Fasan, Rebhuhn und Wildente, ist ebenfalls eine nutztierartige Haltung möglich. In Brutanstalten werden diese Federwildarten gezogen und mit etwa 12 Wochen in bestimmten Gebieten freigesetzt und später gejagt [38].

Das Gatterwild wird zur Gewinnung von Wildbret geschlachtet. Die Betäubung erfolgt teils durch Kugelwaffe, teils durch Bolzenschuss [38, 80]. Durch das Abschießen des Haarwildes mit einer Kugelwaffe wird eine sehr gute hygienische Qualität des Wildbrets erreicht. Diese ist in der Regel besser als bei Wildbret, das auf traditionelle Weise gewonnen wurde. Durch die Möglichkeit des genauen Anbringen des Schlusses bei Gatterwild werden mikrobielle Kontaminationen der Muskulatur, wie sie zum Beispiel durch Verletzung der Eingeweide entstehen können, vermieden. Nach der Betäubung erfolgt die Ausblutung und danach die Ausschlachtung in entsprechenden Räumlichkeiten, analog wie bei den schlachtbaren Haustieren. Diese Verfahrensweise bringt ebenfalls eine Verminderung der Keimkontamination mit sich. Untersuchungen an Damwild ergaben, dass zwischen Wild aus Gatterhaltung und aus freier Wildbahn keine messbaren Unterschiede in der Fleischqualität auftreten [83, 84].

Die sensorische Fleischqualität von erlegtem und geschlachtetem Wild unterscheidet sich nur gering. Bedingt durch die mangelhafte Ausblutung nach dem Erlegen sowie einen verzögerten Beginn der Kühlung kommt es bei so gewonnenem Wildbret zu einer stärkeren Ausbildung des typischen Wildgeruches und -geschmackes als bei Wildbret von Gatterwild.

Die nutztierartige Haltung von Wild schließt den Kontakt dieser Tierbestände mit der frei lebenden Wildpopulation nicht aus. Ebenso können Kontakte zwischen Haus- und Wildtieren bestehen. Dies bedeutet, dass verstärkt auf Tierseuchen und Erkrankungen, die beim freilebenden Wild selten oder nicht vorkommen, geachtet werden muss [34, 89].

Schlussfolgernd aus dem Dargelegten ergibt es sich, dass die mikrobielle Situation des Wildbrets von Gatterwild der von erjagtem Wild gleicht und die Ausführungen unter 4.5 zutreffen. Die verbesserte hygienische Gewinnung und Behandlung des Wildbrets von nutztierartig gehaltenem Wild lässt einen noch günstigeren mikrobiologischen Status erwarten.

Literatur

[1] Autorenkollektiv: Lebensmittellexikon, 2. Aufl. Leipzig: Fachbuchverlag 1981.

[2] Autorenkollektiv: Ernährungs- und Lebensmittellehre, 6. Aufl. Leipzig: Fachbuchverlag 1980.

[3] Bachmann, C.: Die Beanstandungen bei der Wildkontrolle auf dem Fleischgroßmarkt Berlin im Jahre 1957. Mh. Vet. Med. **14** (1959) 305.

[4] Baur, E.; Reiff, F.: Ein Beitrag zur Untersuchung von Wildbret (Haarwild). Fleischwirtschaft **56** (1976) 1, 61-62.

[5] Behr, C.; Greuel, E.: Lebensmittelhygienische Aspekte bei der Wildbretgewinnung. Z. Jagdwissenschaft **23** (1971) 41-50.

[6] Behr, C.: Lebensmittelhygienische Anforderungen an Wildbret und ihre Berücksichtigung in der in- und ausländischen Gesetzgebung. Diss., Bonn 1976.

[7] Beert, F.: Haarwilduntersuchung. Die Einbindung des Haarwildes in die nationale und EG-Gesetzgebung. Fleischwirtschaft **74** (1994) H. 7, 700-713.

[8] BERT, F.: Haarwilduntersuchung. Die Einbindung des Haarwildes in die nationale und EG-Gesetzgebung. Fleischwirtschaft **74** (1994) H. 8, 835-837.

[9] BRÜGGEMANN, J.; SCHWARK, H. J.: Die Lebendmasseentwicklung des Damwildes. Mh. Vet. Med. **44** (1989) 15, 523-527.

[10] BRÖMEL, J.; ZETTL, K.: Untersuchung von Wild im Regierungsbezirk Kassel. Dtsch. Tierärztl. Wschr. **80** (1973) 41-45.

[11] CORD, U.: Zur Entwicklung der Wildbrethygiene mit besonderer Berücksichtigung der Lymphknoten des Rehwildes. Vet. Med. Diss.; Gießen 1981.

[12] DEDEK, J.; THEODORA STEINECK: Wildhygiene. Gustav Fischer Verlag, Jena - Stuttgart 1994.

[13] DECKELMANN, W.: Fleischhygienemaßnahmen bei Gehegewild und erlegtem Wild. Rundschau für Fleischhygiene und Lebensmittelüberwachung **44** (1994) H. 10, 223-225.

[14] DEILSCHNEIDER, U.: Untersuchungen zur pH-Wert-Entwicklung und ihrer möglichen Beeinflussung zum Ausblutungsgrad bei Rehfleisch. Vet. Med. Diss., Gießen 1986.

[15] ENGLERT, K.-H.: Wildkrankheiten und Wildbretverwertung. Wild und Hund **76** (1973) 271-273.

[16] ENGLERT, H.-K.; SCHMIDT, G.; KATZENMEIER, PH.: Gedanken über ein Wildbretgesetz und seine Durchführung. Arch. Lebensmittelhyg. **16** (1965) 137, 147-150.

[17] ESCHMANN, K.-H.: Die Schaffung von Referenzmethoden und die Erstellung mikrobiologischer Beurteilungsnormen für das Schweizerische Lebensmittelbuch. Arch. Lebensmittelhyg. **19** (1968) 1, 4-7.

[18] FARCHMIN, G.; SCHEIBNER, G.: Tierärztliche Lebensmittelhygiene. Jena: Gustav Fischer Verlag 1973.

[19] FEHLHABER, K.; JANETSCHKE, P.: Veterinärmedizinische Lebensmittelhygiene. Gustav Fischer Verlag, Jena - Stuttgart 1992.

[20] FENSKE, G.; PULST, H.: Die epizootiologische Bedeutung der Hasen- und Schweinebrucellose. – Mh. Vet. Med. **28** (1973) 537-541.

[21] FINK, H.-G.: Die Behandlung und tierärztliche Beurteilung des Wildbrets. Unsere Jagd **22** (1972), 8, 242-243.

[22] FINK, H.-G.: Die Behandlung und tierärztliche Beurteilung des Wildbrets. Unsere Jagd **22** (1972) 10, 308-309.

[23] FINK, H.-G.: Die lebensmittelhygienische Versorgung des Schalenwildes. Unsere Jagd **25** (1975) 4, 104-105.

[24] FINK, H.-G.: Probleme der Untersuchung von Wildbret. Vortrag, Berlin 1977.

[25] FINK, H.-G.: Die ordnungsgemäße Behandlung des erlegten Wildes. Unsere Jagd **33** (1983) 300.

[26] FINK, H.-G.; WOLF, D.: Wildkrankheiten. - Jagdinformationen 1-2, Institut für Forstwissenschaften, Eberswalde 1984.

[27] FRANZKE, H. J.: Hygienische Probleme bei der Erfassung, der Lagerung und des Transportes von Wild. Mh. Vet. Med. **30** (1975) 24, 955-958.

[28] GIERIG, W.: Ein Beitrag zur veterinär-hygienischen Überwachung von Wildbret. Vet. Med. Diss., Leipzig 1963.

[29] GINSBERG, A.: Veterinär-Hygiene-Gesetze für Neuseeland. Fleischwirtschaft **47** (1967) 10, 113-116.

[30] GRÄFNER, G.: Wildkrankheiten. Jena: Gustav Fischer Verlag 1986.

[31] GREUEL, E.; SCHMIDT-SCHOPEN; T.: Wissenswertes über Wild. Verbraucherdienst, Ausg. B. **20** (1975) 29-35.

[32] GROHMANN, INA: Aktuelle Fragen der lebensmittelhygienischen Überwachung von Wild aus der Sicht der Rückstandsproblematik und der Tierseuchensituation. Vet. Med. Diss., Leipzig 1983.

[33] GROSSKLAUS, S.; LEVETZOW, R.: Sterben Salmonellenbakterien im Fleisch von Hasen und Hähnchen beim Braten bzw. Grillen ab? Fleischwirtschaft **47** (1967) 1, 114-115.

[34] GUTHENKE, D.; KOKLES, R.: Serologische Untersuchungen an Hasenblutproben auf Leptospiren, Brucellose-, Aujezky- und Mucosa-Disease-Antikörper. Mh. Vet. Med. **27** (1972) 12, 465-468.

[35] HADLOK, R. M.; BERT, F.: Wildbretgewinnung unter Berücksichtigung fleischhygienischer Vorschriften. Deutscher Jagdschutz-Verband e. V., Bonn 1987.

[36] HEINZ, G.; WINKLER, H.; HECHELMANN, H.: Fleischhygiene und Verzehrqualität von importiertem Hasenwildbret nach unterschiedlicher Vorbehandlung. Fleischwirtschaft **57** (1977) 4, 624-628.

[37] HEINZ, G.; WINTER, H.: Versorgung mit Wildfleisch und gesetzliche Betimmungen für Produktion und Einfuhr. Fleischwirtschaft **63** (1983) 5, 850-858.

[38] HEINZ, G.; WINTER, H.: Produktion von Wildfleisch durch Einflußnahme auf Zucht und Haltung. Fleischwirtschaft **63** (1983) 11, 1691-1698.

[39] HERZOG, Roswitha: Fleischerzeugung mit Gehegewild und Kaninchen. Fleischwirtschaft **74** (1994) H. 2, 150-153.

[40] HERZOG, ROSWITHA: Fleischerzeugung mit Gehegewild und Kaninchen. Fleischwirtschaft **74** (1994) H. 4, 257-262.

[41] HORSCH, F.; KLOCKMANN, J.; JANETZKY, B.; DRECHSLER, H.: Untersuchungen von Wildtieren auf Leptospirose. Mh. Vet. Med. **25** (1970) 16, 634-639.

[42] HOPPE, P.: Zur Einfuhr von Hasenteilstücken aus Übersee. Arch. Lebensmittelhyg. **32** (1981) 3, 70-76.

[43] HÜBNER, A.; HORSCH, F.: Untersuchungen zum Leptospirosegeschehen unter einheimischen Wildtieren. - Mh. Vet. Med. **32** 81977) 5, 175-177.

[44] JANETSCHKE, P.: Die lebensmittelhygienische Überwachung der Verarbeitung von Wildbret unter besonderer Berücksichtigung des Delikatprogramms. III. Wiss. Kolloquium „Wildbiologie und Wildbewirtschaftung" Leipzig, Dresden 1985, Proceedings S. 152.

[45] KNIEWALLNER, K.: Über den Keimgehalt von handelsüblichem Wild. Fleischwirtschaft **48** (1968) 11, 1440.

[46] KNIEWALLNER, K.: Über den Keimgehalt von handelsüblichem Wildfleisch. Arch. Lebensmittelhyg. **20** (1969) 3, 64-65.

[47] KOBE, NNETTE; RING, Ch.: Zum Hygienestatus von Wildbret aus dem Handel. **33** Arbeitstagung DVG Garmisch-Partenkirchen 1992, Proceedings S. 434-441.

[48] KOCKELKE, B.: Untersuchungen zur hygienischen Beschaffenheit von importiertem Schwarzwild. Diss. Bonn 1979.

[49] KOTTER, L.; SCHELS, H.; TERPLAN, G.: Zum Vorkommen von Salmonellen in Fleisch und Fleischerzeugnissen sowie anderen Lebensmitteln tierischer Herkunft. Arch. Lebensmittelhyg. **15** (1964) 8, 172-176.

[50] KÖTSCHKE, W.; GOTTSCHALK, C.: Krankheiten der Kaninchen und Hasen. Jena: Gustav Fischer Verlag 1990.

[51] KRELL, A.: Warenkunde Lebensmittel, 10. Aufl. Leipzig: Fachbuchverlag 1971.

[52] KUJAWSKI, GRAF O. E. J.: Wildbrethygiene. Fleischuntersuchung. Bayrischer Landwirtschaftsverlag, Verlagsgesellschaft m. b. H., München 1992.

[53] KUJAWSKI, GRAF O. E. J.: Wild - eine gastronomische Herausforderung. Carl Gerber Verlag, München 1987.

[54] LEISTNER, L.; BERN, L.; DRESSEL, J.; PROMEUSCHEL, S.: Keimgehalt von Wildfleisch. Mikrobiologische Standards für Fleisch, Bundesanstalt für Fleischforschung Kulmbach 1981, S. 174-188.

[55] LENZE, W.: Fleischhygienische Untersuchungen an Rehwild (Einfluß von Gesundheitszustand, Herkunft, Erlegungs- und Versorgungsmodalitäten auf Keimgehalt und pH-Wert). Vet. Med. Diss., München 1977.

[56] LERCHE, M.; RIEVEL, H.; GOERTTLER, V.: Lehrbuch der tierärztlichen Lebensmittelüberwachung. Jena: Gustav Fischer Verlag 1957.

[57] MATZKE, P.: Gesundheitsvorsorge in Dam- und Rotwildgehegen zur Fleischproduktion. Wien. Tierärztl. M. schrift **78** (1991) 366-369.

[58] MEYER-RAVENSTEIN, H. J.; OLDIGS, B.; SCHMIDT, D.; MOHME, H.; SCIPIN, E.: Untersuchungen über die Fleischqualität von Hasen in Abhängigkeit von Behandlung und Lagerung. Fleischwirtschaft **56** (1976) 6, 875-880.

[59] MEYER-RAVENSTEIN, H. J.: Körperzusammensetzung und Fleischqualität von Hasen, Wild- und Hauskaninchen in Abhängigkeit von verschiedenen Behandlungen und Lagerbedingungen. Diss. Göttingen 1979.

[60] MEYER-RAVENSTEIN, H. J.; KALLWEIT, E.; OLDIGS, B.; SCUPIN, E.: Körperzusam-

mensetzung und Fleischqualität von Hasen, Wild- und Hauskaninchen in Abhängigkeit von verschiedenen Behandlungen und Lagerungsbedingungen. I. Mitteilung. Fleischwirtschaft **60** (1980) 3, 474-481.

[61] MITCHEL, J. R.: Das Erlegen von Wild in Afrika zwecks Ausfuhr von Wildbret nach Europa. Fleischwirtschaft **61** (1981) 5, 746-748.

[62] NITSCH, P.: Amtliche Fleischuntersuchung bei Wild. Fleischwirtschaft **72** (1992) H. 7, 1951-1954.

[63] NOTHNAGEL, D.: Kulinarisches aus Geflügel, Kaninchen und Wild. Fachbuchverlag, Leipzig 1989.

[64] OLDIGS, B.; MEYER-RAVENSTEIN; H. J.; KALLWEIT, E.; SCUPIN, E.: Körperzusammensetzung und Fleischqualität von Hasen, Wild- und Hauskaninchen in Abhängigkeit von verschiedenen Behandlungen und Lagerungsbedingungen. 2. Mitteilung. Fleischwirtschaft **60** (1989) 4, 744-750.

[65] OEHSEN, F. v.: Jäger-Einmaleins - Landbuch-Verlag GmbH, Hannover 1988.

[66] RASCHKE, E.: Hygiene in Wildexportbetrieben. - Arch. Lebensmittelhyg. **27** (1976) 112-113.

[67] REUSS, G. U.: Bakteriell- und virusbedingte Anthropozoonosen unter besonderer Berücksichtigung des heimischen jagdbaren Wildes als Infektionsquelle für den Menschen. Prakt. Tierarzt **57** (1976) 835-840.

[68] RIEMER, R.; REUTER, G.: Untersuchungen über die Notwendigkeit und Durchführbarkeit einer Wildfleischuntersuchung bei im Inland erlegtem Rot- und Rehwild - zugleich eine Erhebung über die substantielle Beschaffenheit und die Mikroflora von frischem Rotwild. Fleischwirtschaft **59** (1979) 6, 857-864.

[69] RING, C.; HÄUSLE, R.; STÖPPLER, H.: Zum Hygienestatus von Rehwild. Archiv Lebensmittelhygiene **39** (1988) 40-43.

[70] RING, D.; HÄUSLE, R.; STÖPPLER, H.: Zum Hygienestatus von Rehwild. Archiv Lebensmittelhygiene **39** (1988) H. 2, 40-43.

[71] SCHEIBNER, G.: Lebensmittelhygienische Produktionskontrolle. Jena: Gustav Fischer Verlag 1976.

[72] SCHERING, L.; RING; C.: Zum Hygienestatus von Haarwildbret aus dem Staatsrevier Forstenried. Fleischwirtschaft **69** (1989) H. 12, 1889.

[73] SCHIEFER, G.; SCHÖNE, R.: Zum Handel mit Wildbret. Fleisch **32** (1978) 19, 189-190.

[74] SCHÖNE, R.: Bakteriologische Untersuchungen von Wildbret und sich daraus ergebende Forderungen für den Handel im Veterinärhygiene-Bereich Leipzig-Land. Fachtierarztarbeit, Berlin 1978.

[75] SCHEUNEMANN, H.: Lebensmittelrechtliche Folgerungen aus Salmonellen-Funden bei Wild und Geflügel. Fleischwirtschaft **53** (1973) 1696-1697.

[76] SCHENK, G.; MOSCHELL, J.: Ein Beitrag zur fleischbeschaulichen Untersuchung von Wildschweinen. Mh. Vet. Med. **12** (1957) 648-651.

[77] SCHMIDT-LORENZ, W.: Über die Bedeutung der Anwesenheit von Mikroorganismen in gefrorenen und tiefgelagerten Lebensmitteln. Lebensm. - Wiss. U. Techn. **9** (1976) 263.

[78] SCHORMÜLLER, J.: Lehrbuch der Lebensmittelchemie. Berlin, Heidelberg, New York: Springer 1974.

[79] SCHRÖDER, H. D.: Verbreitung von Salmonellen bei in Gefangenschaft gehaltenen Wildtieren; 1. Mitteilung: Zum Vorkommen bei Säugern und Vögeln. Mh. Vet. Med. **25** (1970) 8, 341-346.

[80] SCHWARK, H. J., BRÜGGEMANN, J.: Die nutztierartige Damwildhaltung, ein neues Verfahren landwirtschaftlicher Produktion. Mh. Vet. Med. **44** (1989) 15, 515-518.

[81] SCHWARK, H. J.; BRÜGGEMANN, J.; ROSIGKEIT; H.: Das Fortpflanzungsgeschehen beim Damwild. Mh. Vet. Med. **44** (1989) 15, 519-521.

[82] SCHWARK, H. J.; BRÜGGEMANN, J.; ROSIGKEIT; H.: Die Ernährung des Damwildes im Gatter. Mh. Vet. Med. **144** (1989) 15, 521-523.

[83] SCHWARK, H.; BRÜGGEMANN, J.; GOLZE, M.: Der Schlachtkörper des Damwildes und seine Zusammensetzung. Mh. Vet. Med. **45** (1990) 504-506.

[84] SCHWARK, H.; BRÜGGEMANN, J.; GOLZE, M.: Untersuchungen zur Wildbretqualität des Damwildes. Mh. Vet. Med. **45** (1990) 507-510.

[85] SEIDL, G.; MUSCHTER, W.: Die bakteriellen Lebensmittelvergiftungen. Berlin: Akademie-Verlag 1967.

[86] SLOWAK, M.: Ein Beitrag zur Wildbrethygiene von Reh-, Schwarz- und Damwild. Vet. Med. Diss., Wien 1986.

[87] Statistisches Jahrbuch 1993 für Bundesrepublik Deutschland, Wiesbaden 1993.

[88] STRASSER, L.: Prüfung ausgewählter Schnellverfahren zur Bestimmung des Oberflächenkeimgehaltes von Rinderschlachtkörpern und Wild (Reh und Hirsch) - zugleich Angaben über die Höhe und Zusammensetzung dieser Mikroflora. Vet. Med. Diss., Berlin West 1979.

[89] STRUWE, R.; LÖTSCH, D.: Rechtsprobleme der nutztierartigen Gatterhaltung von Tieren jagdbarer Tierarten. Mh. Vet. Med. **44** (1989) 15, 527-529.

[90] STÖPPLER, H.; HÄUSLE, R.: Hygienestatus von Rehwildbret im nordöstlichen Landkreis Ravensburg. Fleischwirtschaft **67** (1987) 2, 187.

[91] SUMMER, J. L.; PERRY, I. R.; REAY, HHR. A.: Mikrobiologie von in Neuseeland gehaltenem und erlegtem Wildbret. J. sci. Food and Agric: **28** (1977) 1105-1108.

[92] TAKACS; I.; HÖNISCH, M.; TAKACS, J.: Beziehungen zwischen Behandlungsweise und mikrobiologischem Zustand von frischgekühltem Wildfleisch. Magyar allatarvosok Lapja, Budapest **34** (1979) 5, 299-302.

[93] THROM, W.: Moderne Wildbearbeitung im VEB Fleischkombinat Berlin. Fleisch **25** (1971) 11, 241-242.

[94] Waurisch, S.: Die weidgerechte Versorgung des Wildgeflügels. Unsere Jagd **25** (1975) 4, 106-107.

[95] Weber, A.; Paulsen, J.; Krauss, H.: Seroepidemiologische Untersuchungen zum Vorkommen von Infektionskrankheiten bei einheimischem Schalenwild. Prakt. Tierarzt **59** (1978) 353-358.

[96] Weidenmüller, H.: Fibel der Wildkrankheiten. Stuttgart: Verlag Eugen Ulmer 1964.

[97] Weidenmüller, H.: Pseudotuberkulose bei Wildtieren. Tierärztl. Umschau **21** (1966) 447-448.

[98] Wetzel, R.; Rieck, W.: Krankheiten des Wildes. 2., neubearb. Aufl. Hamburg und Berlin: Parey 1972.

[99] Wiegand, D.: Die zunehmende Bedeutung der Wildbrethygiene und ihre Problematik. Schlachten und Vermarkten **78** (1978) 226-229.

[100] Zitenko, P.: Probleme der Qualitätserhaltung von Wildfleisch. Fleisch **25** (1971) 2, 48.

5 Mikrobiologie des Geflügels

E. WEISE

5.1 Geflügel als Träger und Überträger von Mikroorganismen

Eine Beschäftigung mit den mikrobiologischen Vorgängen während der Gewinnung und der weiteren Behandlung von Geflügelfleisch ist unvollständig, wenn nicht das lebende Tier, seine Haltungsbedingungen und das Umfeld, in dem es aufwächst, in die Betrachtungen einbezogen werden. Wie jeder Makroorganismus, der einem mit Mikroorganismen verschiedener Arten besiedelten Milieu ausgesetzt ist, nimmt auch das Geflügel spätestens nach dem Schlüpfen aus dem Ei Keime aus der Umgebung auf. Finden diese günstige Wachstumsbedingungen vor, können sie vorübergehend oder dauerhaft das Wirtstier besiedeln. Dabei bildet sich in der Regel zwischen den Mikroorganismen untereinander und mit dem Wirt ein biologisches Gleichgewicht aus, das eine ungebremste oder einseitige Keimvermehrung verhindert. Besonders augenfällig ist dies im Verdauungstrakt, wo die Darmflora zum Bestandteil eines stabilen, hoch komplexen Ökosystems wird [153]. Dies gilt bis zu einem gewissen Grad sogar für Keime, die beim Geflügel unter ungünstigen Bedingungen Infektionen hervorrufen können. Wenn sie auf eine stabile Immunitätslage des Wirtstieres stoßen oder wenn es sich um schwach virulente oder opportunistische Erreger handelt, können sie sich in begrenzten Bereichen des Organismus ansiedeln, ohne beim Tier Krankheitssymptome auszulösen oder seine Leistung zu beeinträchtigen. Haben sich die Erreger im Darmtrakt festgesetzt, kann das Tier zum Dauerausscheider werden. Bevorzugter Ort für Pathogene mit anaeroben oder mikroaeroben Wachstumseigenschaften sind beim Geflügel die paarig angelegten Blinddärme (Caeca).

Die einzelnen Darmabschnitte sind unterschiedlich dicht besiedelt und besitzen jeweils eine in Teilen spezifische Flora. Während der Dünndarm verhältnismäßig keimarm ist, finden sich in den Blinddärmen Keimzahlen bis zu 10^{11}/g Darminhalt [153]. Neben strikt anaeroben Spezies wie *Bacteroides spp., Bifidobacterium spp., Coprococcus spp., Eubacterium spp., Fusobacterium spp., Peptostreptococcus spp., Propionibacterium spp.* und *Streptococcus spp.* sowie Clostridien sind hier auch fakultativ anaerob wachsende coliforme Keime, besonders *Escherichia coli* sowie Laktobazillen und Enterokokken vertreten [18]. Insgesamt überwiegt im gesamten Verdauungstrakt deutlich eine gramnegative Flora mit geringen oder fehlenden Sauerstoffbedürfnissen. Das Keimspektrum kann allerdings je nach Art des verabreichten Futters, dem Einsatz von Zusatzstoffen, dem Alter der Tiere und der individuellen Konstitution erheblich variieren.

Demgegenüber ist die äußere Oberfläche (Gefieder, Haut) vornehmlich mit grampositiven Keimen (Mikrokokken, aeroben Sporenbildnern) behaftet [155]. Mit der Zunahme fäkaler Verunreinigungen und einer Feuchtigkeitsaufnahme des Gefieders, z.B. bei feuchter Einstreu mit hohem Kotgehalt infolge hoher Besatzdichte, steigt allerdings der Anteil der sauerstofftoleranten Keime aus der Darmflora an. Daher werden auch bei Schlachtgeflügel, das unter hygienisch bedenklichen Bedingungen (Transportkäfige mit perforierten Deckeln und Böden, Stapelung der belegten Käfige in mehreren Lagen übereinander, mangelnde Nüchterungszeit für das Geflügel vor der Schlachtung) zum Schlachtbetrieb befördert worden ist, im Federkleid massenhaft Fäkalkeime gefunden.

Für die späteren mikrobiologischen Vorgänge im Geflügelfleisch während der Lagerung unter Kühlbedingungen (ca. +4 °C) haben die meisten der genannten Keimarten allerdings nur eine untergeordnete Bedeutung, wohingegen die für den mikrobiellen Verderb hauptsächlich verantwortlichen Keimarten wie *Pseudomonas spp.* und *Brochothrix thermosphacta* im lebenden Tier zunächst nur in geringen Mengen vorkommen.

Von erheblichem gesundheitlichem Interesse sind dagegen Mikroorganismen, die beim lebenden Geflügel vorkommen, über das Geflügelfleisch direkt (durch Verzehr) oder indirekt (z.B. durch unsachgemäßen Umgang mit Geflügelfleisch im Küchenbereich) auf den Menschen übertragen werden und zu Erkrankungen führen können. Auch Keime, die im Geflügelfleisch Toxine bilden und auf diese Weise Intoxikationen auslösen können, sind hier zu beachten.

Die wichtigsten Infektionskrankheiten des Geflügels werden durch tierartspezifische Viren (z.B. Newcastle-Krankheit, infektiöse Bronchitis, infektiöse Bursitis), Mykoplasmen oder Kokzidien hervorgerufen, haben aber, von wenigen Ausnahmen abgesehen, für den Menschen keine große gesundheitliche Bedeutung oder ihre Rolle im Krankheitsgeschehen des Menschen ist unklar. In jüngster Zeit sind Erkrankungen des Menschen durch Geflügelinfluenza-Viren (Niederlande 2003: 80 Erkrankte, 1 Todesfall; Hongkong 1997 u. 2003: 6 Todesfälle) bekannt geworden. Ein alimentärer Übertragungsweg wird aber als absolut nachrangig gegenüber der aerogenen Infektionsroute angesehen. Unter den bakteriellen Erregern, für die auch der Mensch empfänglich ist, sind Salmonellen und *Campylobacter* an vorderster Stelle zu nennen. Andere Risikokeime für den Menschen (*Clostridium perfringens, Staphylococcus aureus, Bacillus cereus, Listeria monocytogenes, Mycobacterium avium, Escherichia coli, Yersinia enterocolitica, Aeromonas hydrophila*) rufen entweder nur sporadisch

Erkrankungen beim Geflügel hervor oder die pathogenetische Rolle der beim Geflügel vorkommenden Biovare für den Menschen ist noch unklar; zum Teil liegen nur mangelhafte Hinweise darauf vor, dass die in oder auf dem Geflügelfleisch nachgewiesenen Erreger aus dem landwirtschaftlichen Bereich stammen.

5.1.1 Zoonoseerreger und Verursacher von Lebensmittelinfektionen und -intoxikationen

Salmonellen

Das weltweite Vorkommen von Salmonellen bei allen unter der Obhut des Menschen gehaltenen Geflügelarten sowie bei Wildvögeln ist durch eine reichhaltige Literatur belegt. Dabei zählen Hühner, Puten, Enten und Gänse (Hausgeflügel) zu den wichtigsten Reservoiren für lebensmittelbedingte Salmonellosen des Menschen [43, 107, 241, 260, 269]. Intensive Haltungsformen mit hoher Besatzdichte der Ställe begünstigen eine rasche Ausbreitung der Erreger von Tier zu Tier. Insbesondere Jungtiere weisen eine hohe Empfänglichkeit auf. Bei solchen für das Salmonellosegeschehen beim Geflügel typischen Frühinfektionen sind nur geringe Erregerzahlen erforderlich. Der Erregereintrag erfolgt großenteils mit den Eintagsküken aus den Elterntierherden oder den Brütereien, oder die Erreger befinden sich bereits vor Einstallung der Tiere auf dem Gelände der Stallungen [90]. Die Salmonellen siedeln sich bevorzugt in den Blinddärmen der Tiere an und können hier schnell Keimzahlen bis zu 10^8/g Darminhalt erreichen [153]. Da die Erreger auch mit dem Kot ausgeschieden werden, breiten sie sich meist rasch im gesamten Bestand aus.

Dennoch kam es - abgesehen von Erkrankungen durch das weitgehend geflügelspezifische Serovar *S. Gallinarum*-Pullorum - in der Vergangenheit meist nicht zu erkennbaren Verlusten in Form erhöhter Todesraten, dramatisch verminderter Gewichtszunahmen oder herabgesetzter Legeleistung. Daher waren über viele Jahre nur mäßige Anstrengungen der Geflügelwirtschaft erkennbar, die sich ständig erweiternden Erkenntnisse über die epidemiologischen Zusammenhänge in praktische Maßnahmen zum Aufbau salmonellenfreier Bestände umzusetzen.

Diese Zurückhaltung wurde jahrelang begünstigt durch zurückhaltende Maßnahmen der Lebensmittelüberwachungsbehörden in den meisten Staaten nach positiven Befunden im Rahmen der bakteriologischen Untersuchung frischen Geflügelfleisches. Da Geflügelfleisch in der Regel nur gut durchgegart verzehrt wird, wurde das Problem des hohen Kontaminationsgrades der Rohware als nicht so gravierend angesehen.

In jüngerer Zeit traten jedoch hochvirulente, (gegen Antibiotika) multiresistente Stämme von *S. Enteritidis* in das Blickfeld, die nicht nur die Anzahl gastrointestinaler Erkrankungen bei der Bevölkerung in Mittel- und Westeuropa in die Höhe trieben, sondern seither auch in den ursächlich hierfür hauptverantwortlich gemachten Legehennenbeständen für Ausfälle sorgen.

Hochgradig gefährdet sind Masthähnchen in den ersten Lebenstagen, doch haftet die Infektion auch bei älteren Tieren, z.B. bei Legehennen, die den Erreger dann über Kot und Eier ausscheiden [68, 160]. Eine besonders ausgeprägte Invasivität bei Küken besitzt offenbar der in Europa verbreitete und beim Geflügel zumindest in Deutschland zeitweilig dominierende [206] *S. Enteritidis* Phagentyp (PT) 4 [91]. In jüngster Zeit werden auch multiresistente *S. Typhimurium*-Stämme vermehrt beim Geflügel nachgewiesen [36], wobei Typ DT 104 L in Deutschland zu dominieren scheint [207, 208].

Die verschärfte Seuchenlage sowie andere ökonomische Herausforderungen (Staaten mit geringer belasteten Tierbeständen wie Finnland und Schweden drängen mit „salmonellenfreiem" Geflügelfleisch auf den mitteleuropäischen Markt und fordern ihrerseits bei der Einfuhr von Geflügel und frischem Geflügelfleisch Garantieerklärungen für dessen Salmonellenfreiheit) haben seit einigen Jahren zur Intensivierung der Bemühungen um eine Reduzierung des Erregervorkommens in der Geflügelhaltung geführt. Eine erste Maßnahme der Europäischen Gemeinschaft (politisch heute: Europäische Union) war die Verabschiedung der Richtlinie 92/117/EWG („Zoonosen-Richtlinie" [1 A]), die allerdings zunächst nur für Zuchtbestände Kontrollen und Sanierungsprogramme vorschreibt. Inzwischen sind neue Rechtsvorschriften auf Gemeinschaftsebene in Vorbereitung, durch die eine wesentliche Ausweitung der Überwachung auf Legehennen, Masttiere und andere Geflügelarten sowie eine Ausweitung und Intensivierung der Bekämpfungsmaßnahmen erreicht werden sollen [11 A, 12 A].

Die Erzeugung salmonellenfreien oder zumindest salmonellenarmen Geflügelfleisches ist ohne die Aufzucht salmonellenfreien Mastgeflügels nicht möglich. Dabei sind die Elternbestände und die Brütereien zwar besonders häufige Eintragsquellen [12, 90], doch können die Erreger neben dieser vertikalen Übertragung auf vielfältigen anderen Wegen in Mastbetriebe gelangen und dort persistieren. Schon 1984 kamen Experten auf einem WHO-Treffen in Berlin [181] zu dem Ergebnis, dass die seinerzeit besonders verdächtigten Futtermittel aufgrund der verbesserten Aufbereitungs- und Behandlungsmethoden (Pelletierung von Mastfutter, verbesserter Rekontaminationsschutz) jedenfalls im mitteleuropäischen Raum nicht als Hauptursache für Infektionen angesehen werden können. Diese Auffassung wird durch neuere Untersuchungen bestätigt, bei denen auf den Stufen der Produktion und der Lagerhaltung originalverpackter Ware Salmonellenfunde offenbar die Ausnahme sind [86]. Anscheinend kommt es erst in den landwirtschaftlichen Betrieben unter mangelhaften Lagerungsbedingungen zur Rekontamination von Futtermitteln [86].

Bei der Sanierung sind Umweltfaktoren wie Eintragsmöglichkeiten über Wildvögel [189], kleine Nagetiere [68, 88, 109] sowie Schaben und andere Insekten [9, 109, 127] zu beachten. Schaben können überdies in infizierten Beständen den Erreger aufnehmen, sich nach Räumung der Ställe während der Reinigungs- und Desinfektionsmaßnahmen in ihre Schlupflöcher zurückziehen und bei der Neubelegung die Tiere des nächsten Mastdurchgangs infizieren. Auch das Tränkwasser ist - besonders bei eigenen Brunnenanlagen des landwirtschaftlichen Betriebes - als potentielle Infektionsquelle in Betracht zu ziehen.

Über den derzeitigen Verseuchungsgrad der Geflügelbestände in Deutschland liegen auf Grund unvollständiger Meldedaten der Länder derzeit zwar keine umfassenden Informationen vor, doch lassen sich aus den verfügbaren Daten bestimmte Trends ablesen. Seit der Umsetzung der Zoonosen-Richtlinie [1 A] von 1992 in deutsches Recht durch die Hühner-Salmonellen-Verordnung [20 A] im Jahr 1994 beschränken sich die vorgeschriebenen Kontrollen im Wesentlichen auf die meldepflichtigen Serovare *S. Enteritidis* und *S. Typhimurium* sowie auf Befunde aus Hühnerzucht- und -aufzuchtbetrieben sowie aus Brütereien. Mittlerweile wurden jedoch in den meisten deutschen Bundesländern wie auch in einer Reihe anderer EU-Mitgliedstaaten Monitorprogramme zur Beobachtung anderer Nutzgeflügelkategorien (Legehennen, Mastgeflügel, andere Tierarten) eingerichtet. Die Ergebnisse dieser Untersuchungen fließen ebenfalls in die jährlich an die Europäische Kommission zu liefernden Zoonosen-Trendberichte ein.

Eine Jahreserhebung des ehemaligen Bundesinstitutes für gesundheitlichen Verbraucherschutz und Veterinärmedizin - BgVV - (heute: Bundesinstitut für Risikobewertung - BfR) über Salmonellenbefunde für das Jahr 2001 in Deutschland [86] ergab für Zuchthühner (in der Legephase) eine Befallsrate mit Salmonellen von 0,11 % der Einzeltiere (1,94 % der Herden), für Legehühner (Legephase) 1,61 % (2,32 % der Herden) und für Masthähnchen (Mastphase) 3,77 % (6,82 % der Herden). Deutlich stärker befallen war anderes Nutzgeflügel: Enten 11,15 % (16,11 % der Herden), Gänse 6,45 % (9,92 % der Herden), Puten 13,71 % (hier wurde anhand eines größeren Probenkollektivs in den Herden nur eine Salmonellenbefallsrate von 5,52 % ermittelt). Die erhöhte Prävalenz von Salmonellen bei Wassergeflügel war bereits in den vorangegangenen Jahren beobachtet worden [84]. Während bei Hühnern (Legehennen und Masthähnchen) *S. Enteritidis* dominiert, ist bei Enten, Gänsen und Puten hauptsächlich *S. Typhimurium* zu finden.

Zu dramatischeren Ergebnissen (möglicherweise auf Grund einer ergiebigeren Probenahmetechnik) kommen bezüglich der Herdenbefallsraten bei Masthähnchen kurz vor der Schlachtung Ellerbroek et al. [59] sowie Wichmann-Schauer et al. [256]. Sie stellten zunächst bei der Untersuchung von Sammelkotproben aus 62 Herden (aus 24 Kleinbetrieben) in 5 Bundesländern fest, dass in 9 Herden (14,5 %) Salmonellen vorkamen. Bei 121 Herden von 40 Großmastbetrieben in denselben 5 Ländern fanden sie 27 infizierte Herden (22,3 %).

Ob Enten und Gänse gegenüber Salmonellainfektionen anfälliger sind als andere Hausgeflügelarten, ist nicht geklärt. So gibt es Hinweise, dass bei weniger intensiven Haltungsformen bei diesem Geflügel sogar niedrigere Befallsquoten erreichbar sind [26]. Die wesentlichen Hygienekriterien scheinen daneben die Qualität des Tränk- und Badewassers im Auslauf sowie Schutzvorkehrungen gegenüber dem Eintrag der Erreger über das Auslaufgelände zu sein.

Ähnlich dramatisch wie in den Mastbeständen in der Endmastphase [59, 256] stellt sich die Kontaminationsrate bei geschlachtetem Geflügel dar. In der oben genannten BgVV-Erhebung [86], die auch Lebensmitteluntersuchungen umfasste, war Geflügelfleisch mit 12,7 % deutlich stärker mit Salmonellen behaftet als Fleisch anderer Tierarten (3,8 %). Fleisch von Masthähnchen und Hühnern war mit 15,7 % stärker belastet als Gänse- (10,5 %) und Putenfleisch (9,2 %). Nur Entenfleisch wies eine noch höhere Befallsquote (17,4 %) auf. Bei 20,2 % der positiven Geflügelfleischproben wurde *S. Enteritidis* isoliert.

Insgesamt ergibt sich aus den Meldungen, dass der Kontaminationsgrad des Geflügelfleisches nach wie vor sehr hoch ist und Bekämpfungs- sowie Vorsorgemaßnahmen sich bislang kaum in einer Verbesserung des Hygienestatus, bezogen auf das Salmonellengeschehen, niedergeschlagen haben.

Durch den Transport des Geflügels, den Schlachtprozess und die nachfolgende Behandlung des Geflügelfleisches kommt es, wie später (Abschnitt 5.2.2) ausgeführt wird, zu einer oberflächlichen Verbreitung der Keime auf zuvor unbelastete Teile. Am stärksten sind von dieser „Kreuzkontamination“ die Haut und die Körperhöhle des ausgeschlachteten Tierkörpers betroffen. Daher ist die Salmonellenausbeute durchweg höher, wenn Hautteile (besonders die beidseitig kontaminierte Halshaut) oder Spülflüssigkeit vom ganzen Tierkörper (Ganzkörper-Spülmethode) entnommen werden. Aus der unterschiedlichen Probenahmetechnik erklären sich zu einem wesentlichen Teil die in der Literatur beschriebenen weit voneinander abweichenden Befallsraten innerhalb einer geografischen Region.

Eine Übersicht über die seit 1980 in Deutschland veröffentlichten Befunde bei rohem Geflügelfleisch (Tierkörper und -teile, frisch oder gefroren) gibt Tabelle 5.1. Danach lag der mittlere Befallsgrad bis zu Beginn der neunziger Jahre bei annähernd 50 %. Spätere Untersuchungen, vor allem die seit Inkrafttreten der EWG-Zoonosen-Richtlinie [1 A] jährlich erscheinenden Trendberichte über die epidemiologische Situation der Zoonosen in Deutschland, weisen jedoch auf einen kontinuierlichen Rückgang der Befallsraten auf mittlerweile unter 20 % hin [8, 86].

Tab. 5.1 Salmonellen bei geschlachtetem Geflügel

Autor(en)	Jahr	unters. Proben n	pos. n	Proben %	Probenart, Herkunft
Henner u.a. [87]	1980	48	23	47,9	Tk* (Schlachtbetr.)
		206	28	13,6	Tk, gefroren (Handel)
Weise u.a. [249]	1980	325	246	75,7	Tk (Schlachtbetr.), Halshaut-Proben
		177	150	84,7	(Schlachtbetr.) Rinsing-Proben
Siems u.a. [214]	1981	330	107	32,4	k, gefr. (Handel),
		150	48	32,0	Brustfilets, gefr. (Handel)
Krabisch u. Dorn [129]	1986	400	263	65,8	Tk (Schlachtbetr.), Kloakenhaut-Proben
Fries u.a. [63]	1988	380	29	7,9	Tk (Schlachtbetrieb)
Beutel [29]	1989	280	109	38,6	Tk, gefr. (Handel)
Eisgruber u.a. [56]	1991	113	107	94,7	Tk, gefr. (Handel)
Moll u. Hildebrandt [156]	1991	133	71	53,4	Hühnerklein, gefr. (Handel)
Jöckel u.a. [106]	1992	131	70	53,4	Tk, frisch (Handel)
		148	35	23,6	Tk, gefr.(Handel)
		72	9	12,5	Geflügelteile (Handel)
Atanassova u.a. [8]	1998	2016	510	25,3	Geflügelteile, frisch/gefr.
Deutscher TRENDBERICHT 2001 [86]	2001	3707	589	15,98	Geflügelfleisch (unterschiedliche Proben)

*Tk = Tierkörper

Frisches und gefrorenes Geflügel ist gleichermaßen betroffen (Tab. 5.2).

Tab. 5.2 Salmonellen auf Schlachtkörpern von Masthähnchen (Auswertung der in Tab. 5.1 genannten Publikationen)

Kategorie	**untersucht**	**Salmonella-positiv**	
	n	**n**	**%**
frisch	1478	746	50,5
gefroren/tiefgefr.	780	312	40,0
Gesamt	2258	1058	46,9

Die noch aus Zeiten der traditionellen Spinchiller-Kühlung (siehe Abschnitt 5.2.1 - Kühlung) stammende Auffassung, dass gefrorene Ware höher mit Salmonellen belastet sei, trifft für den mitteleuropäischen Markt offenbar nicht mehr zu.

Die Belastung von Geflügelfleisch und Geflügelfleischerzeugnissen mit Salmonellen stellt ein weltweites Problem dar und ist durch eine umfangreiche Literatur belegt. Dabei wird die Salmonellenzahl auf frisch gewonnenem und sachgerecht (bei höchstens +4 °C) kühl gelagertem Geflügelfleisch durchweg als gering (meist < 1 Zelle/g bzw. cm^2 Haut oder ml Spülflüssigkeit) angegeben [63, 74, 104, 159, 242].

Gegenüber dem lebenden Geflügel, bei dem die Serovarietäten *S. Enteritidis* und *S. Typhimurium* klar im Vordergrund stehen [86], ist die Serovarverteilung beim Geflügelfleisch vielfältiger und wird nicht so eindeutig von wenigen Serovaren dominiert. So werden neben *S. Enteritidis* und *S. Typhimurium* [22, 35, 86, 106] auch *S. Paratyphi B* [86], *S. Heidelberg* [86], *S. Infantis* [22, 86], *S. Livingstone* [86], *S. Virchow* [7, 35, 86, 106, 156], und *S. Hadar* [7,86] an vorderer Stelle genannt.

Die Gefahren einer Lebensmittelinfektion durch Salmonellen liegen beim Geflügelfleisch hauptsächlich in der Küchenhygiene (Gefahr der Kontamination verzehrsfertiger Speisen, Vermehrungsmöglichkeiten für die Erreger bei Lagerungstemperaturen oberhalb von +6 °C). Die Einhaltung der Kühlkette, das Durchgaren des Fleisches und Vorkehrungen gegen seine Rekontamination bzw. eine Kontamination anderer Lebensmittel verhindern den Ausbruch einer Erkrankung. Auf Speisen aus rohem, nicht haltbar gemachtem Geflügelfleisch, z.B. Carpaccio aus Entenbrust, sollte unbedingt verzichtet werden! Die Herstellung von Hackfleisch, auch zubereitetem Hackfleisch, aus Geflügelfleisch zur Abgabe an Verbraucher ist in Deutschland untersagt (§ 9 Abs. 1 Satz 4 und 5 der Geflügelfleischhygiene-Verordnung [14 A], § 2 Abs. 2 Hackfleisch-Verordnung [18 A]). Erzeugnisse, die nach Art bestimmter Rotfleischerzeugnisse (Zwiebelmettwurst, Salami, Rohpökelware) aus Geflügelfleisch hergestellt und hierbei nicht wärmebehandelt werden, verdienen wegen der gegenüber rotem Fleisch höheren Kontaminationsrate (*Salmonella spp.*) eine kritische Überprüfung, obwohl eine Vermehrung der Erreger im fertigen Produkt meist nicht mehr stattfindet.

Dass Geflügelfleisch trotz hoher Salmonellen-Befallsraten als unmittelbare Infektionsquelle bei Erkrankungen des Menschen in Deutschland eine eher unbedeutende Rolle unter den verursachenden Lebensmitteln einnimmt [125, 260] und auch in anderen Ländern nicht an vorderster Stelle genannt wird [241], ist in der Hauptsache der üblichen Form der Zubereitung (Durchgaren) zuzuschreiben, bei der die Erreger abgetötet werden, zum Teil auch der nach wie vor hohen Anzahl ursächlich nicht aufgeklärter Fälle.

Geflügelfleisch gilt dennoch in der Ätiologie menschlicher Salmonellosen neben Eiern und Fleisch anderer Tierarten als Lebensmittel mit hohem Risikofaktor [4, 85, 273], da es im Küchenbereich häufig Kontaminationsquelle für andere, vor dem Verzehr nicht mehr zu erhitzende Lebensmittel ist.

Eine besondere Problematik stellt der hohe Anteil antibiotikaresistenter *Salmonella*-Stämme im Bereich der Geflügelhaltung dar. Hiervon sind offenbar insbesondere Großbetriebe (Intensivhaltungssysteme) betroffen [60, 208].

Langfristig ist eine befriedigende Lösung der Salmonellen-Problematik - bezogen auf Geflügelfleisch - nur über die Sanierung der Geflügelbestände erreichbar. Vorsichtsmaßregeln zur Vermeidung einer Kontamination von Geflügelfleisch und einer Übertragung auf andere Lebensmittel sind jedoch ungeachtet der künftigen Entwicklungen aufrecht zu erhalten.

Campylobacter

Campylobacterinfektionen gehören zu den häufigsten bakteriellen Darmerkrankungen des Menschen (in Deutschland 55.000 gemeldete Fälle im Jahr 2002); sie gehen, wie in Abschnitt 3.1.2 bereits erwähnt, sehr häufig von infiziertem Geflügel und kontaminiertem Geflügelfleisch aus [4, 34, 114, 126, 141, 195, 262].

Beim Geflügel kommt *Campylobacter* (überwiegend *C. jejuni*, aber auch *C. coli* und *C. lari*) im Intestinaltrakt vor, ohne dass die Tiere klinisch erkranken. In den Blinddärmen, dem bevorzugten Aufenthaltsort der Erreger, werden *Campylobacter*-Zahlen von 10^5 bis über 10^6 pro Gramm Darminhalt gefunden [76, 259]. Auch in Kloakenproben werden sie häufig nachgewiesen [21, 108]. Durch fäkale Verunreinigungen gelangen sie auch in das Gefieder und auf die Haut [98], können dort aber nur dann eine Weile überleben, wenn das Gefieder feucht ist (z.B. beim Transport in den Schlachtbetrieb).

Im Unterschied zum Infektionsweg der Salmonellen spielt die vertikale Übertragung, d.h. eine Einschleppung der Erreger über Elternbestände und Brütereien, bei *Campylobacter* offenbar keine bedeutende Rolle [101]. Auch Futtermittel (Futtermehle, Pelletfutter) kommen wegen ihres geringen Feuchtigkeitsgehalts als Überträger für den gegen Austrocknung sehr empfindlichen Keim kaum in Betracht. Mögliche Eintragsquellen in die Geflügelbestände sind infizierte Wildvögel [189, 216] - besonders bei Freilandhaltung des Hausgeflügels -, Schaben und andere Insekten [108], unzureichend gereinigte und desinfizierte Transportkäfige für Geflügel [21, 141], vor allem aber kontaminiertes Tränkwasser [101, 113, 194]. Auch der Mensch kann für die Verschleppung von Erregern aus einem infizierten bzw. kontaminierten Bereich in campylobacterfreie Ställe oder Abteilungen verantwortlich sein, wenn Reinigungs- und Desinfektionsmaßnahmen sowie notwendiger Wechsel der Kleidung vernachlässigt werden [6].

Typisch für *Campylobacter*-Infektionen ist die horizontale Übertragung.

Der Durchseuchungsgrad der Bestände unterliegt jahreszeitlichen Schwankungen und ist in den Sommermonaten besonders hoch [100, 101, 141, 146]. Generell muss aber - zumindest in Deutschland und den Niederlanden - mit Infektionen in der Mehrzahl der Mast- und Legehennenbestände gerechnet werden, wie Einzelfalluntersuchungen belegen [21, 72, 86, 100, 141]. Bei Enten und Putenbeständen scheint die Infektionsrate noch höher zu liegen [86]. Die Problematik ist allerdings keineswegs auf Mitteleuropa beschränkt, sondern weltweit verbreitet. Auch Federwild kann mit *Campylobacter* infiziert sein [47].

Obwohl *Campylobacter* ein Keim mit geringer Tenazität gegenüber Austrocknung, Erhitzen, hoher Sauerstoffspannung des Milieus und Chlorung von Wasser ist und sich außerhalb des Tierkörpers, d.h. bei Temperaturen von unter +30 °C praktisch nicht vermehrt, wird er sowohl bei der Schlachtung als auch auf dem verkaufsfertigen Geflügelfleisch sehr häufig angetroffen [8, 21, 28, 37, 62, 66, 86, 108, 133, 141, 146, 169, 222]. Nur kurze Zeit und in geringen Mengen ist er im Brühwasser (> 50 °C) nachweisbar, besser überlebt er in Kühlwasser und auf feuchten Arbeitsflächen [98]. Auf Geflügelfleisch und essbaren Nebenprodukten der Schlachtung (Lebern, Mägen) kommt *Campylobacter* in Zahlen um 10^2/g, gelegentlich jedoch bis > 10^5/g vor ([21]; siehe Abb. 5.1).

Infolge des hohen Feuchtigkeitsgehalts dieser Produkte kann *Campylobacter* gut überleben und so zum Verbraucher gelangen. Die meisten Infektionen sind auf mangelndes Durcherhitzen des Geflügelfleisches oder der Innereien zurückzuführen [167]. Dabei stellt Geflügelleber ein besonderes Gefährdungspotenzial dar, da sie in hohem Maße mit *Campylobacter* kontaminiert ist [23, 169] und oft nicht gründlich durchgebraten wird [23]. Das Schweizer Bundesamt für Gesundheitswesen (BAG) bewertet dieses Risiko allerdings als eher gering und zufällig, da nach seinen eigenen Untersuchungen bereits eine „restaurant-übliche“, d.h. schonende Erhitzung von

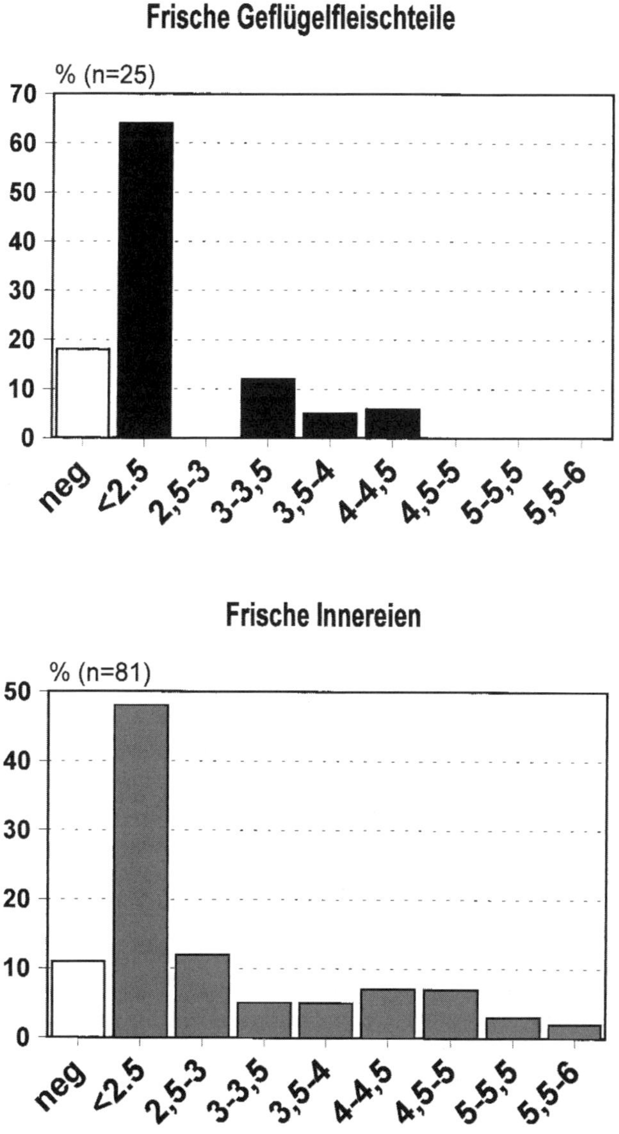

Abb. 5.1 *Campylobacter* in Geflügelfleisch - quantitative Befunde (log KBE/g)

Hühnerleber bei Erhaltung des kulinarischen Wertes eine ausreichend hohe Elimination etwa vorhandener Campylobacterkeime gewährleistet [263].

Ein Umweg über die Kontamination anderer Lebensmittel (wie bei Salmonellen) ist nur bei unmittelbarer Erregerübertragung (durch direkten Kontakt) wahrscheinlich. Auf Arbeitsflächen überlebt der Keim nur, solange auf ihnen ein Feuchtigkeitsfilm erhalten bleibt. Dies ist z.B. in Schlachtbetrieben der Fall, wo *Campylobacter* sich über längere Zeit festsetzen, Tierkörper kontaminieren und später beim Verzehr des Fleisches Infektionen beim Menschen herbeiführen kann [3].

Listeria monocytogenes

Listerioseerkrankungen sind beim Hausgeflügel selten [219]. Am ehesten sind sie noch bei Frühinfektionen frisch eingestallter Küken zu erwarten. Hier haftet die Infektion mit größerer Wahrscheinlichkeit als bei Tieren in höherem Alter [11]. Ebenso wie *Campylobacter* werden auch die Listerien meist aus der Umgebung in die Ställe eingeschleppt (horizontale Übertragung). Bei Wildvögeln sind sie ebenfalls weit verbreitet [61].

Die Erreger siedeln sich bevorzugt in den Blinddärmen an, sind aber auch in den anderen Darmabschnitten zu finden und werden zum Teil mit dem Kot ausgeschieden. Auch ältere Tiere sind des öfteren Ausscheider [220].

Geschlachtetes Geflügel und rohes Geflügelfleisch sind weltweit zu einem hohen Anteil mit *L. monocytogenes* kontaminiert; die von verschiedenen Autoren [10, 86, 97, 171, 182, 198, 209, 220, 250] mitgeteilten Nachweisraten liegen durchschnittlich bei 46 % (15 - 85 %). Allerdings ist die Anzahl der Erreger auf dem Fleisch zumeist sehr gering [86]. Eine ebenso weite Verbreitung hat die apathogene Spezies *L. innocua*. Ihr Nachweis in Lebensmitteln ist aber nur insoweit von Interesse, als ihre Anwesenheit wegen gleicher Lebens- und Überlebensbedingungen auf die Möglichkeit eines gleichzeitigen Vorhandenseins der pathogenen Variante hinweist.

In großem Umfang werden Listerien auch im Bereich der Geflügelfleischgewinnung und -bearbeitung gefunden. Auf Geräten und Arbeitsflächen (in Geflügel- wie in Rotfleischbetrieben) sind sie ebenso nachweisbar wie in Brüh- und Kühlwasser für Geflügel, in Gullies und Abwässern [55, 205, 220, 254]. Angesichts dieser weiten Verbreitung, die sich auch in den Verarbeitungsbereich und in Einrichtungen des Einzelhandels ausdehnt, ist es fraglich, ob die Erreger überwiegend aus dem Tierhaltungsbereich stammen und damit als Zoonoseerreger im eigentlichen Sinne anzusehen sind. Vieles spricht dafür, dass einmal mit Schlachtgeflügel oder anderen Vektoren aus der Umwelt eingeschleppte Keime über lange Zeit in den Betrieben persistieren können und nur durch sehr gründliche, allumfassende Reinigungs- und Desinfektionsmaßnahmen zu eliminieren sind. Anhaltspunkt hierfür ist die Tatsache, dass nicht nur Rohware, sondern in beachtlichem Umfang auch gegarte Geflügelprodukte (ebenso wie im Übrigen auch pflanzliche Lebensmittel) *L. monocytogenes* enthalten [70, 94, 156, 255]. In den meisten Fällen dürfte es sich um eine Rekontamination der durch den Erhitzungsprozess zunächst listerienfreien Erzeugnisse handeln. Dieser Verdacht konnte nach einem Listerioseausbruch im Rahmen von Verfolgsuntersuchungen durch Stufenkontrollen in einem Herstellerbetrieb für Putenwürstchen erhärtet werden [255]. Es sind allerdings auch Infektionen nach dem Verzehr kurz zuvor tischfertig gegarten, wahrscheinlich unterpasteurisierten Geflügelfleisches bekannt geworden [112, 210].

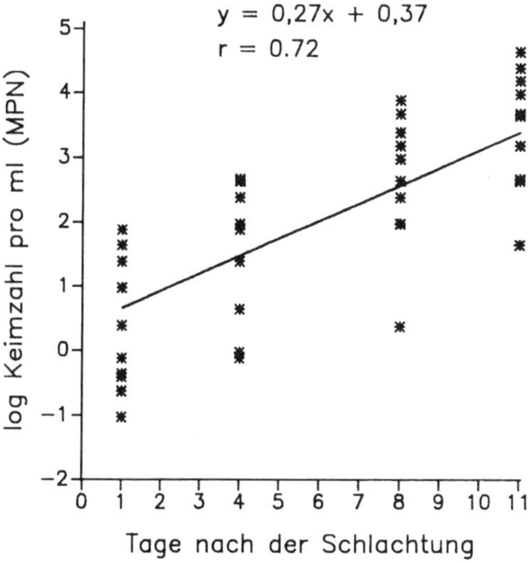

Abb. 5.2 Wachstum von *Listeria monocytogenes* auf Hähnchenschlachtkörpern bei Kühllagerung (+4 °C)

Listerien sind in der Lage, sich in dem für die Lagerung frischen Geflügelfleisches üblichen Temperaturbereich (+2 bis +4 °C) zu vermehren. So wurde auf geschlachteten Hähnchen im Lauf einer 10-tägigen Kühllagerung (+4 °C) ein Anstieg um 3 $\log_{10}$ (*Listeria* spp.) festgestellt ([251] siehe Abb. 5.2). Auch die relativ hohe Toleranz der Listerien gegenüber mäßigen pH-Abweichungen vom neutralen Milieu sowie gegenüber Salzung und Pökelung, überdies ihre Fähigkeit, sich gleichermaßen unter aeroben wie mikroaeroben Verhältnissen zu vermehren, erschweren eine Beherrschung des gesundheitlichen Risikos.

Bereits im Jahr 1991 hat das damalige Bundesgesundheitsamt (BGA) in Deutschland einen Plan für die Untersuchung von Lebensmitteln auf *L. monocytogenes* sowie einen Maßnahmen- und Beurteilungskatalog für die amtliche Lebensmittelüberwachung veröffentlicht [264] und diesen 1994 modifiziert [234]. Dieser Plan wurde im Jahr 2000 vom BgVV (Nachfolgeinstitution des BGA und Vorläuferin des heutigen Bundesinstituts für Risikobewertung - BfR) aufgrund neuer Erkenntnisse gründlich überarbeitet und mit den deutschen Überwachungsbehörden abgestimmt [267]. In dem Konzept wird berücksichtigt, dass das von verschiedenen Lebensmittelkategorien ausgehende gesundheitliche Risiko je nach Verwendungszweck und späterer Behandlung eines Lebensmittels unterschiedlich zu bewerten ist und dass eine Nulltoleranz schon aus Gründen der Praktikabilität nicht in jedem Fall gefordert werden kann. Keimzahlen von $> 10^2$ *L. monocytogenes*/g Lebensmittel führen allerdings bei verzehrsfertigen Lebensmitteln in jedem Fall zur Beanstandung. Erregerzahlen in dieser Größenordnung können gelegentlich auch schon bei gesunden Menschen mit intaktem Immunsystem zu Erkrankungen führen. Daher ist eine Listerienbelastung knapp unterhalb des Grenzwertes von 10^2 L.m./g nur bei solchen Lebensmitteln hinnehmbar, die entweder vor dem Verzehr noch gegart werden müssen (z.B. rohes Geflügelfleisch) oder bis zum Verzehr keine Vermehrung der Erreger über den Grenzwert hinaus erlauben. Als Zeitrahmen hierfür gilt die vom Hersteller festzulegende Mindesthaltbarkeits- bzw. (bei frischem Geflügelfleisch) Verbrauchsfrist. Dieser zeitbezogene quantitative Ansatz bei *L. monocytogenes* hat auch Eingang in die derzeitige internationale Diskussion um mikrobiologische Kriterien gefunden (EU, Codex Alimentarius).

Aeromonas

Obwohl *A. hydrophila* bei zahlreichen gastrointestinalen Erkrankungen des Menschen vermehrt auftritt und bei den meisten Stämmen dieser Spezies Enterotoxine nachgewiesen wurden, ist seine Bedeutung als Infektionserreger noch umstritten [224]. Fest scheint immerhin zu stehen, dass er an Diarrhöen zumindest maßgeblich beteiligt ist [49].

Der Keim hält sich bevorzugt in aquatischen Bereichen auf. Bei Geflügel kommt er ebenfalls vor und tritt dort, besonders bei Wassergeflügel (Enten, Gänsen u.a.), gelegentlich als Krankheitserreger in Erscheinung (Aeromonas-Septikämie). Auch bei klinisch gesundem Geflügel lässt er sich häufig aus dem Darminhalt isolieren [226, 230, 231].

Tab. 5.3 ***Aeromonas hydrophila*** **(A.h.) in geschlachteten Hähnchen**

Probenart	untersucht	A. h. positiv	
	n	n	%
Halshaut	180	90	50,0
Muskelmagen*	60	43	71,7
Darminhalt (Colon)	50	6	12,0
Kloakenabstrich	20	0	0

*nach Reinigung und Entfernung der Schleimhaut

Fast regelmäßig wird er im Schlachtbereich sowohl vor als auch nach der Eviszeration auf dem Geflügelfleisch, besonders auf der Haut, nachgewiesen ([20, 230, 231, 233]; siehe auch Tab. 5.3). Bei quantitativen Untersuchungen wurden Keimzahlen (*A. hydrophila*) bis zu 10^3/g Halshaut ermittelt [230, 231]. Auf essbaren Schlachtnebenprodukten (Muskelmägen, Herzen) ist er ebenfalls zu finden. Auch in Geflügelschlachtbetrieben entnommene Trinkwasserproben erwiesen sich als aeromonadenhaltig - selbst dann, wenn sie an unverdächtigen Zapfstellen (zentrale Zuleitung in den Schlachtbetrieb) entnommen wurden [230, 231].

Diese Befunde belegen, dass das Geflügel jedenfalls nicht die einzige Eintragsquelle im Schlachtgeschehen ist.

Im Handel angebotenes rohes Geflügelfleisch ist ebenfalls in hohem Maße mit *A. hydrophila* belastet [73, 131, 162, 168, 173]. Während der Kühllagerung (+4 bis +5 °C) steigt der Gehalt an *A. hydrophila* stetig an und erreicht zum Ablauf der Haltbarkeit des Geflügelfleisches Keimzahlen von > 10^5/g ([173, 231]; siehe auch Tab. 5.4).

Tab. 5.4 Verhalten von *Aeromonas hydrophila* (A.h.) in Geflügelfleisch (Brusthaut) bei +4 °C

Lagerdauer	A.h.-Keimzahl (log):x ; s (n = 10)	
	Versuch 1	Versuch 2
0 Tage*	0,27 ± 0,48	0,77 ± 0,45
3 Tage	1,38 ± 0,75	2,37 ± 0,69
6 Tage	1,65 ± 0,53	4,45 ± 0,54
9 Tage	4,08 ± 1,28	4,93 ± 0,75

*Schlachttag

Der überwiegende Teil der auf Geflügelfleisch vorkommenden Stämme bildet Hämolysine und Enterotoxine [131, 162, 168]. Hierzu sind die meisten Stämme von *A. hydrophila* auch bei Temperaturen von +4 bis +5 °C fähig [130, 147], ebenso Vertreter von *A. sobria*, einer Spezies, die wie *A. hydrophila* mit Diarrhöen beim Menschen in Verbindung gebracht wird, hier jedoch seltener in Erscheinung tritt und im angesprochenen Temperaturbereich offenbar auch etwas verzögert Toxine bildet [130].

A. hydrophila wurde auch in gegarten Geflügelfleischerzeugnissen (Huhn, Pute) nachgewiesen [94].

Unter Kühlung aufbewahrtes rohes Geflügelfleisch an der Grenze der Verbrauchsfrist stellt bei der Behandlung im Küchenbereich als Quelle für die Kontamination anderer Lebensmittel ein potenzielles Risiko dar. Nach dem Durcherhitzen kann Geflügelfleisch ohne Gefahr verzehrt werden, da fast alle bislang isolierten Toxine hitzelabil sind [224]. Höher zu bewerten ist die Gefährdung des Verbrauchers durch verzehrsfertige Gerichte, in denen sich *Aeromonas* vermehren und Toxine bilden kann.

Yersinia

Bei Geflügel sind Erkrankungen durch *Y. pseudotuberculosis* verbreitet und haben besonders in Putenbeständen oft enzootischen Charakter [128]. Der Erreger kommt auch bei Wildvögeln aller Arten vor und ist häufig aus dem Kot der Tiere zu isolieren [179, 248]. Obwohl der Mensch ebenfalls an Pseudotuberkulose erkranken kann, sind Infektionen im Zusammenhang mit dem Verzehr von Geflügelfleisch nicht bekannt.

Bestimmte Serotypen von *Y. enterocolitica* rufen beim Menschen gastrointestinale Komplikationen, Septikämien, Arthritiden u.a. hervor (siehe Abschnitt 3.1.5). Für das Geflügel hat diese Spezies keine pathogenetische Bedeutung [257]. *Y. enterocolitica* wurde aber des öfteren im Darminhalt nachgewiesen [39, 47, 179]. Menschenpathogene Serovare wurden hierbei nicht ermittelt [39].

Wiederholt wurde rohes Geflügelfleisch in den letzten Jahren mit Erfolg auf Yersinien, insbesondere *Y. enterocolitica*, untersucht, wobei die Nachweisraten (*Y.e.*) mit 5 - 50 % allerdings recht unterschiedlich ausfielen [33, 41, 48, 63, 86, 115, 138, 233]. Auch in essbaren Schlachtnebenprodukten (Lebern, Muskelmägen) wurden Vertreter dieser Spezies gefunden [46, 118]. Übereinstimmend wurde jedoch, soweit eine serologische Differenzierung vorgenommen wurde, auch hier festgestellt, dass Serotypen, die mit Erkrankungen des Menschen in Verbindung gebracht werden, beim Geflügel kaum vorkommen [33, 48, 63, 66, 115, 138].

Escherichia coli

Die beim Geflügel am häufigsten vorkommenden Vertreter von *E. coli* sind (ebenso wie auch bei anderen Warmblütern) gewöhnliche Kommensalen der hinteren Darmabschnitte und bilden dort einen wesentlichen Teil der Intestinalflora. Daneben gibt es eine Reihe geflügelpathogener Varianten, die aber für den Menschen nach heutiger Kenntnis keine große gesundheitliche Bedeutung haben.

Spontane Erkrankungen durch menschenpathogene Stämme, insbesondere *E. coli* O157:H7, sind bei Geflügel bislang nicht bekannt geworden. Infektionsversuche mit einer hohen Keimzahl (10^9 *E. coli* O157:H7) an Eintagsküken führten nicht zum Ausbruch klinischer Erscheinungen, doch siedelte sich der Erreger in den Blinddärmen sowie im Kolon an und persistierte bis zu 90 Tage nach der Infektion [25]. *E. coli* O157:H7 wurde in frischem Geflügelfleisch sowohl in den USA (1,5 % der Proben positiv [53]) als neuerdings auch in Deutschland (1,2 % positiv [86]) nachgewiesen. Obwohl auch die Kontaminationsraten bei Fleisch anderer Tierarten (Rind 3,7 %; Schwein 1,5 %; Lamm 2,0 %) kaum höher lagen, gilt das Rind wegen mehrfach mit Rinderprodukten (Milch, Rohmilchkäse, Rohwürsten, Hackfleisch) in Verbindung gebrachter Erkrankungen des Menschen als das zur Zeit vorrangig beachtenswerte Reservoir.

Nach einem Ausbruch in einer norddeutschen Kindertagesstätte mit 41 Erkrankten wurde *E. coli* O157:H7 außer aus dem Stuhl der Patienten zwar unter anderem auch aus dort verzehrtem Putenfleisch (im Teigmantel) isoliert [186]. Doch blieb letztlich ungeklärt, ob hier nicht eine sekundäre Kontamination im Küchenbereich vorlag.

Mycobacterium avium

Die Tuberkulose des Geflügels kommt in den intensiv gehaltenen Mast- und Legehennenbeständen kaum noch vor, ist aber in kleinbäuerlichen Freilandherden durchaus noch verbreitet [103, 202]. Auch bei Federwild und anderen Wildvögeln muss mit Infektionen durch diesen Erreger gerechnet werden [86, 161]. Im Rahmen der jährlichen Meldungen über die Situation der Zoonosen in Deutschland wird regelmäßig über *M. avium*-Funde bei Geflügel berichtet [86].

Über die Häufigkeit positiver Befunde anlässlich der Schlachtgeflügel- und Geflügelfleischuntersuchung ist nichts bekannt, da die Tuberkulose wegen ihres seltenen Vorkommens beim Geflügel statistisch nicht gesondert erfasst wird. Kleinbestände in Freilandhaltung und Federwild sind großenteils durch Ausnahmen im Geflügelfleischhygienerecht von der Untersuchungspflicht befreit; das Fleisch könnte daher auch im Fall krankhafter Veränderungen unbeanstandet in den Haushalt des Verbrauchers gelangen. Allerdings haben molekularbiologische Untersuchungen in der Schweiz [103] vor einigen Jahren ergeben, dass zwischen geflügelpathogenen Stämmen und solchen, die im Krankheitsgeschehen beim Menschen zunehmend Probleme bereiten, wahrscheinlich gar keine epidemiologische Verbindung besteht.

Chlamydien

Auf Infektionen mit *Chlamydia psittaci* (Ornithosen) soll hier nicht näher eingegangen werden, obwohl der Erreger beim Nutzgeflügel steigende Beachtung findet und

beim Menschen nach wie vor Erkrankungsfälle auslöst. Sowohl Wildvögel als auch Nutzgeflügel werden als Infektionsquelle vermutet. Die Infektionsraten betragen in Deutschland sowohl bei Hühnern als auch bei Wassergeflügel und Puten über 10 %; noch höher sind sie bei Reise- und Zuchttauben [86]. Zwar kann der Erreger auch auf Geflügelfleisch, jedenfalls bei Gefrierlagerung, lange Zeit überleben [172]. Doch finden Infektionen offenbar fast ausschließlich durch direkten Kontakt mit infizierten Tieren oder Ausscheidern sowie durch aerogene Übertragung statt [126, 228]. Zu dieser Einschätzung passen auch Meldungen über Erkrankungen von Arbeitern in Geflügelschlachtbetrieben, in denen infizierte Putenherden geschlachtet wurden [5]. Über Erkrankungen nach dem Verzehr dieses Fleisches wurde nichts bekannt.
Eine Vermehrung des Erregers auf kontaminiertem Fleisch ist nicht möglich.

Staphylococcus aureus
Die Staphylokokkose des Geflügels, hervorgerufen durch *S. aureus*, kann in Hühner- und Putenbeständen erhebliche Verluste verursachen. Begünstigend für den Ausbruch der Erkrankung wirken neben der Virulenz der Erreger das bei intensiv gehaltenem Geflügel verbreitete Federpicken, andere Grundkrankheiten sowie belastende Umweltfaktoren [92].

Doch auch in gesunden Beständen ist *S. aureus* fast überall zu finden. Bevorzugt hält der Erreger sich in der Nasenhöhle, auf der Haut und im Gefieder der Tiere auf. Untersuchungsbefunde weisen darauf hin, dass etwa die Hälfte des Hausgeflügels Träger von *S. aureus* ist [82]. Nur ein geringer Teil der Stämme (2 - 4 %) bildet Enterotoxine [212].

Mit dem Schlachtgeflügel gelangen die Staphylokokken in den Schlachtbetrieb, wo es im Verlauf des Schlachtprozesses zu einer Verbreitung der Keime kommt. Untersuchungsbefunde, die einen Anstieg von *S. aureus* auf der Haut des Geflügels von der Anlieferung bis zum verpackungsfertigen Tierkörper konstatieren [166], sind ein Hinweis auf mögliche betriebsinterne Kontaminationsquellen. In dieser Hinsicht ist der Rupfvorgang ein besonders risikoreicher Prozessschritt, bei dem es während der Betriebszeit infolge der Feuchtigkeit, der Wärme und der Ablagerung organischen Materials in der Rupfmaschine zur Vermehrung der Keime kommen kann [155, 215].

Daneben kann aber auch die unterschiedliche Vorbelastung der einzelnen Herden bei der Anlieferung sich durchaus in entsprechenden Kontaminationsraten und einer korrespondierenden Anzahl von Staphylokokken auf dem frischen Geflügelfleisch niederschlagen. So wurde bei Hautproben von 384 Masthähnchen aus 16 Herden am Ende der Schlachtung eine durchschnittliche Befallsrate (*S. aureus*) von 44,3 % ermittelt, wobei die einzelnen Herden zwischen 12,5 und 84 % belastet waren [63]. Die Keimzahlen ($\log_{10}$ *S. aureus*/g Halshaut) lagen im Mittel bei 2,5 (2,05 - 3,12). Enterotoxin bildende Stämme wurden nicht gefunden. Andere Autoren fanden > 70 % staphylokokken-positive Tierkörper [233] und mittlere Keimzahlen von > 10^3/g Haut [166].

Auch die im Schlachtbereich isolierten Staphylokokken sind nur zum geringen Teil Enterotoxinbildner [2, 233]. Nachgewiesen wurden Toxine der Typen A, B, C und D.

Bislang ist die Bedeutung von Staphylokokken tierischer Herkunft als Ursache für Lebensmittelintoxikationen des Menschen umstritten. Da *S. aureus* erst bei Temperaturen oberhalb von +10 °C wächst und Toxine bildet und überdies gegenüber einer starken kompetitiven Flora sensibel reagiert, geht von frischem, vorschriftsmäßig gelagertem Geflügelfleisch kaum eine Gefahr aus [27, 258]. Die meisten Staphylokokkenintoxikationen werden durch erhitzte, anschließend rekontaminierte und nicht ausreichend kühl gelagerte Lebensmittel hervorgerufen. Meist stammen die Erreger aus dem Humanbereich (Fleisch bearbeitendes Personal, Kontamination durch Nasen- oder Wundsekret [27]).

Clostridien

C. perfringens ist im Darmtrakt und im Kot von Geflügel fast regelmäßig anzutreffen [75, 218, 232]. In den Blinddärmen und im Kolon kommt der Keim in unterschiedlichen Mengen vor, wobei Anzahlen von > 10^5/g Darminhalt zu den Ausnahmen zählen [17, 218]. Dominierend ist hier der Typ A vertreten [75, 218, 232], der auch für die meisten durch *C. perfringens* hervorgerufenen Lebensmittelvergiftungen in Nordamerika und Europa verantwortlich ist. Diesen Keim aus Geflügelstallungen fernzuhalten, ist außerordentlich schwierig, da er bereits in gewöhnlichen Erdbodenproben, in Einstreu und Futtermitteln enthalten ist [75, 232]. In größeren Mengen aufgenommen, kann er in Geflügelbeständen, insbesondere bei der Bodenintensivhaltung von Broilern, bedeutende Verluste durch Darmerkrankungen verursachen, ruft aber auch bei Wachteln, Fasanen und Rebhühnern gleichartige Erkrankungen hervor [213].

C. perfringens Typ A kommt in 2 Varianten vor, von denen die eine hämolytisch und relativ hitzelabil, die andere nicht hämolytisch und weitgehend hitzeresistent ist [155]. Hauptsächlich letztere kommt als Erreger von Lebensmittelintoxikationen in Betracht, da Perfringens-Erkrankungen generell fast nur nach dem Verzehr erhitzter und anschließend bei moderaten Temperaturen (zwischen +15 und +50 °C) aufbewahrter Lebensmittel eintreten. Bei den für frisches Geflügelfleisch üblichen Lagerungstemperaturen (< +4 °C) vermehrt sich der Keim nicht. Im Übrigen ist nur ein geringer Prozentsatz der hitzeresistenten Typ A-Stämme in der Lage, ohne vorhergehende Erhitzung des Lebensmittels auf +75 bis +80 (+100) °C („Hitzeaktivierung" der Keime) zu wachsen [191].

Auf und in rohem Geflügelfleisch wurden unterschiedliche *C. perfringens*-Zahlen gefunden. Sie reichen von negativen Befunden [63, 233] über 10^3/g bei 11 % positiven Befunden [66] und 58 % (ohne Keimzahlangabe [79]) bis zu > 10^3/g und 100%iger Nachweisrate [1]. Es konnte aber auch gezeigt werden, dass Tierkörper im Verlauf des Schlachtprozesses sehr unterschiedlich belastet sind. So sanken bei Modellversuchen die nach der Eviszeration und Sprühwäsche noch hohen *C. perfringens*-Zahlen (10^3 bis > 10^3/g Halshaut) im Verlauf der nachfolgenden Tauchkühlung in gechlortem (20 ppm) Wasser auf Werte von < 10/g [1]. Eine Gefrierbehandlung mit anschließendem Wiederauftauen der Tierkörper hatte hier keinen erkennbaren Effekt mehr. Ansonsten führen aber Einfrieren und Gefrierlagerung von Lebensmitteln mit einem hohen Ausgangskeimgehalt (10^4 - 10^7 *C. perfringens*/g) offenbar zu einer deutlichen Reduktion (um 2 bis 4 $\log_{10}$) lebensfähiger Keime [81]. So sind im Allgemeinen bei gefroren im Handel befindlichen Geflügelfleischerzeugnissen nur geringe *C. perfringens*-Gehalte (< 10^3/g) beschrieben worden [1]. Bei Produkten dagegen, die - gleich, ob durchgegart oder nicht - nach dem Herstellungs- oder Zubereitungsprozess längere Zeit ungekühlt aufbewahrt werden, muss mit Keimzahlen gerechnet werden, die eine Intoxikation auslösen können. Da die hierfür verantwortlichen Toxine zum größten Teil erst im Darm gebildet werden und eine Vermehrung der Erreger dort sehr erschwert ist, sind bei oraler Aufnahme hohe Keimzahlen (*C. perfringens*) für eine klinisch apparente Intoxikation erforderlich. In Lebensmitteln, die mit Erkrankungen in Verbindung gebracht wurden (neben Rotfleischerzeugnissen und pflanzlichen Lebensmitteln auch gebackene Hähnchen und Geflügelsalat), wurden meist Zahlen von mindestens 10^6 *C. perfringens*/g ermittelt [81, 116].

Perfringens-Intoxikationen können nach dem Verzehr aller Arten von Lebensmitteln auftreten, in denen der Keim zuvor günstige Vermehrungsbedingungen gefunden hat. Dabei spielt die tierische Herkunft offenbar eine untergeordnete Rolle.

Sehr viel seltener, allerdings meist mit fatalen Folgen, treten Lebensmittelintoxikationen durch *C. botulinum* auf [241, 260, 265]. Meist handelt es sich um Einzelerkrankungen nach dem Verzehr erhitzter, aber nicht sterilisierter, und anschließend ungekühlt gelagerter Lebensmittel. Wirksam sind die im Lebensmittel von *C. botulinum* gebildeten Neurotoxine.

Der Keim kommt im Erdboden sowie in Sedimenten von Wasserläufen vor und findet sich in geringen Mengen auch im Verdauungstrakt von Tieren. Bei Hausgeflügel, besonders bei Tieren in Intensivbodenhaltung, ruft er gelegentlich Erkrankungen hervor [192]. Zum Massensterben kommt es mitunter bei Wassergeflügel, vornehmlich Enten, in trockenen Sommermonaten, wenn Schlammflächen in Tümpeln trocken fallen [78].

Trotz der sporadischen Erkrankungsfälle wird die Gefahr eines Eintrags größerer Mengen von *C. botulinum* über Schlachtgeflügel in die Nahrungskette als gering eingeschätzt, da sich die Erreger zu Lebzeiten der Tiere im Darm kaum vermehren [193]. Nach der Schlachtung verhindern die bei ordnungsgemäßer Behandlung und Lagerung des Geflügelfleisches herrschenden niedrigen Temperaturen und die dominierende Konkurrenzflora ein Wachstum und eine Toxinbildung der Keime; im Übrigen würden die durchweg hitzelabilen Toxine selbst dann, wenn sie im frischen Geflügelfleisch gebildet würden, durch den Erhitzungsprozess bei der Zubereitung größtenteils zerstört [193].

5.1.2 Verderbnisflora

Die für die postmortalen mikrobiellen Ab- und Umbauprozesse im Fleisch und in den Organen verantwortliche Keimflora ist je nach den Milieubedingungen unterschiedlich zusammengesetzt. Dabei bieten die hohe Wasseraktivität der essbaren Gewebe und die nur geringfügige postmortale pH-Absenkung in der Muskulatur, besonders in den Schenkeln, in jedem Fall gute Voraussetzungen für das Wachstum der meisten Keimarten. Variable Einflussfaktoren sind der Temperaturverlauf nach dem Tod des Tieres und, in engerem Rahmen, die O_2-Spannung im Gewebe und der umgebenden Atmosphäre. Die O_2-Spannung ist bei geschlachtetem, ausgenommenem und nicht unter Schutzgas gelagertem Geflügel wegen der geringen Körpermasse (bei Hühnern, Perlhühnern, Enten und jungen Puten) auch in der Tiefe der Muskulatur so hoch, dass aerob wachsende Keimarten die Flora dominieren. Lediglich bei sehr schweren Tieren können im Kern der fleischreichen Partien anaerobe Verhältnisse herrschen.

Geflügelfleisch ist im gewerblichen Handel bei einer Temperatur von höchstens +4 °C zu lagern und zu behandeln. Im Großhandel werden vielfach Lagertemperaturen von unter +2 °C eingehalten. Der unter diesen Bedingungen stattfindende Verderb ist für die Abschätzung der Lagerfähigkeit von besonderem Interesse. Die hierfür verantworliche psychrotrophe Keimflora setzt sich zusammen aus psychrophilen Mikroorganismen, deren Wachstumsoptimum aber meist deutlich höher (bei +15 bis +20 °C) liegt, und denjenigen mesophilen Keimen, deren Temperaturspektrum für die Vermehrung bis nahe an ±0 °C herabreicht. Bei der Bestimmung des sog. (aeroben) „Gesamtkeimgehalts“ (+30 °C) werden die Angehörigen der ersten Gruppe nur teilweise erfasst, da einige dieser Vertreter sich bei +30 °C bereits nicht mehr vermehren [16, 67].

Auf frisch geschlachteten Hähnchen gewinnen unter aeroben Verhältnissen bei einer Lagerungstemperatur von +4 °C schnell Angehörige der *Pseudomonadaceae* (hauptsächlich *P. fragi*, daneben auch *P. fluorescens* und *P. putida*), *Alteromonas spp.* und *Brochothrix thermosphacta* die Oberhand [67]; bei 0 °C treten außerdem *Acinetobacter spp.* und *Moraxella spp.* stärker in Erscheinung [185], bei reduzierter O_2-Spannung (gasdichte Polyethylenfolien-Umhüllung) und +4 °C auch *Aeromonas spp., Vibrio spp., Lactobacillus spp.* und *Enterobacteriaceae* [229]. Am Rande werden noch *Coryneforme* und *Flavobacter spp.* erwähnt [185, 229]. Auch *Psychrobacter immobilis, Cytophaga spp.*, Hefen und Schimmelpilze wurden nachgewiesen [15, 111, 249].

Nicht alle der genannten Spezies sind starke Proteolyten und damit maßgeblich am Verderb des Geflügelfleisches beteiligt. Bei kühl gelagertem Geflügelfleisch dominieren die Pseudomonaden; sie sind hauptverantwortlich für den Eiweißabbau [16, 67, 185, 249].

Der größte Teil dieser Keimarten ist im Verdauungstrakt des lebenden Geflügels kaum anzutreffen. Einige Spezies werden im Gefieder und auf der Haut mitgetragen, ohne mengenmäßig eine große Bedeutung zu erlangen. Sie reichen aber für eine Kontamination des Schlachtbereichs aus, und obwohl der größte Teil von ihnen durch den Brühprozess abgetötet wird, sind sie anschließend wieder auf der Haut der gerupften Tiere nachzuweisen [155]. Vermutlich hält sich im Schlachtbetrieb eine Flora, die Reinigungs- und Desinfektionsmaßnahmen übersteht und später wieder zur Kontamination der Tierkörper beiträgt. Kritische Punkte im Schlachtprozess sind in dieser Hinsicht besonders die Gummifinger der Rupfmaschinen, die Luft-Sprüh-Kühlräume und sonstige Dauer-Feuchtbereiche.

Bei nicht oder nur teilweise ausgenommenem Geflügel (Poulét effilé, New York dressed-Geflügel, Federwild) hält sich in den Eingeweiden (Kropf, Magen, ggf. Darm) eine anaerob bis mikroaerob wachsende Flora. Sie entspricht, da eine postmortale Kontamination der Innereien in der Regel nicht stattfindet, zunächst der eingangs beschriebenen Darmflora des lebenden Tieres (siehe Abschnitt 5.1). Bei Temperaturen über +15 °C sind es hauptsächlich Clostridien und *Enterobacteriaceae*, die durch eine starke Gasbildung (H_2S) auffallen [149]; diese Aktivität ist bei Temperaturen um +10 °C auf *Enterobacteriaceae* beschränkt und kommt bei Kühlung unter +5 °C nahezu zum Erliegen [19]. Das gebildete H_2S diffundiert in die umliegenden Gewebe, ruft hier durch Reaktionsprozesse (Bildung von Sulfhämoglobin) eine Grünfärbung hervor und führt so zum (chemischen) Verderb. Die Keime selbst dringen zunächst nicht in die Muskulatur vor, diese bleibt über einen längeren Zeitraum keimfrei [151].

5.2 Mikrobiologie des Geflügelfleisches

Die mikrobiologischen Vorgänge auf und in Geflügelfleisch ähneln in vieler Hinsicht denen bei rotem, d.h. von Säugetieren stammendem Fleisch. Eine Reihe von Besonderheiten des Körperbaus, der geweblichen Struktur, der bereits erwähnten Haltungsbedingungen des Geflügels, der Schlacht- und Bearbeitungstechniken sowie der Vermarktungsformen bei frischem Geflügelfleisch rechtfertigt jedoch eine eigenständige Behandlung dieses Themas. Ihre Kenntnis ist für den Umgang mit Geflügelfleisch unentbehrlich.

Geflügelfleisch ist ein außerordentlich guter Nährboden für Mikroorganismen: Die lockere, nach dem Rupfen des Tieres zerklüftete und von feingeweblichen Zusammenhangstrennungen gezeichnete Haut bietet gute Anheftungsmöglichkeiten für die Keime, ebenso die Körperhöhle des ausgenommenen Tieres, in der wegen der anatomischen Besonderheiten bestimmter Organe (Verästelungen in die Zwischenrippenspalten) zwangsläufig Teile des Lungen- und Nierengewebes zurückbleiben. Diese Gewebsreste der Innereien und die Haut einschließlich des Unterhautbindegewebes sind es auch, die einen Teil des beim Schlachtvorgang reichlich eingesetzten Wassers adsorbieren, so dass die Wasseraktivität an der Oberfläche des Tierkörpers meist im gesamten Zeitraum bis zur Zubereitung sehr hoch bleibt ($a_W > 0{,}99$). Das hohe Proteinangebot bei gleichzeitig niedrigem Fettgehalt und die bei Geflügel nur schwach verlaufende postmortale Glykolyse (und daher nur geringe pH-Absenkung) begünstigen eine schnelle Vermehrung der proteolytisch aktiven Keimflora. Lediglich in der Brustmuskulatur erreicht der pH_1 -Wert (45 min nach der Schlachtung) bei Hähnchen, Puten, Gänsen und Enten im Mittel den Wert von 6,0 und sinkt auch später nicht wesentlich unter diese Marke (pH 5,7 - 5,9). In der Schenkelmuskulatur dagegen tritt nur eine schwache Säuerung auf durchschnittlich pH 6,3 bis 6,5 ein.

Hinzu kommt beim Geflügelkörper die große Körperoberfläche im Verhältnis zur Fleischmasse. Hierdurch werden den Mikroorganismen von allen Seiten breitflächige Angriffsmöglichkeiten geboten. Schließlich sorgt auch die Schlachttechnik dafür, dass die Keime über die gesamte Oberfläche verteilt und durch einige Prozessschritte, insbesondere durch das Rupfen, in die tieferen Gewebsschichten regelrecht einmassiert werden.

Die Folge ist eine hohe Anfälligkeit des Geflügelfleisches gegenüber frühzeitigem Verderb. Dieser kann nur verhindert werden durch strikte Einhaltung der hygienischen Anforderungen, besonders aber durch eine lückenlose Kühlkette (möglichst bei ± 0 bis + 2 °C) bis zur Abgabe an den Verbraucher. Dennoch ist der Zeitraum von der Schlachtung bis zum Ende der Verkehrsfähigkeit eng begrenzt. Aus diesem Grund wurde frisches Geflügelfleisch aus industrieller Produktion in früheren Jahren überwiegend gefroren oder tiefgefroren angeboten. Diese Angebotsform ist allerdings aus geschmacklichen Erwägungen und Gründen der umständlicheren Handhabung im Haushalt (notwendiges langwieriges Auftauen vor der Zubereitung), aber auch wegen der Fortschritte in der Kühltechnik und der Logistik der Frischgeflügelvermarktung gegenüber ungefrorenem Geflügelfleisch seit Jahren rückläufig.

5.2.1 Hygienische Anforderungen an das Gewinnen, Behandeln und Inverkehrbringen von Geflügelfleisch

Schon vor einigen Jahrzehnten hat sich in der Geflügelproduktion und Geflügelfleischvermarktung ein tief greifender Wandel vollzogen. Kleinbäuerliche Haltungsformen spielen heute mengenmäßig eine untergeordnete Rolle. Die inzwischen klar dominierende industriemäßig betriebene Mast mit großen Tierzahlen auf engem Raum (Masthähnchen: bis ca. 30.000 Tiere pro Stall oder Abteilung), die nahezu vollmechanisierte Schlachtung mit einer Stundenkapazität pro Schlachtlinie von mittlerweile bis zu 10.000 Tieren (Masthähnchen), die verstärkte Auslastung der Einrichtungen und Maschinen durch Mehrschichtbetrieb, automatische Zerlegelinien, eine überregionale Frischgeflügelvermarktung und eine Ausdehnung der Angebotspalette auf neue Produktformen haben zum steigenden Geflügelfleischverzehr (in Deutschland 1996: 14,1 kg; 2001: 18,9 kg pro Kopf der Bevölkerung [178]) ebenso beigetragen wie zeitweilige Vorbehalte von Verbrauchern gegenüber anderen Fleischarten (BSE-Krise u.a.). Durch diesen Anstieg des Geflügelkonsums sind jedoch auch die Risiken großräumiger Fehlentwicklungen auf dem Hygienesektor gestiegen.

Daher wurden in der Europäischen Union (EU) schon vor Jahrzehnten harmonisierte Rechtsvorschriften für das Gewinnen, Behandeln und Inverkehrbringen von frischem Geflügelfleisch eingeführt. Die im Jahr 1971 verabschiedete Richtlinie 71/118/EWG (Richtlinie „Frisches Geflügelfleisch" [2 A]), die zwischenzeitlich mehrfach einschneidende Änderungen erfuhr, ist großenteils an den für rotes Fleisch (Fleisch von schlachtbaren Säugetieren) geltenden Vorschriften (Richtlinie 64/433/EWG [3 A]) orientiert, berücksichtigt aber die spezifischen Belange der Geflügelschlachtung und der weiteren Behandlung des Geflügelfleisches. Nur auf sie wird an dieser Stelle eingegangen - und nur insoweit, als hygienische Aspekte unmittelbar betroffen sind. (In Deutschland wurden die Vorschriften in das Geflügelfleischhygienegesetz - GFlHG - [13 A] und seine Folgeverordnungen, seit 1997 in die Geflügelfleischhygiene-Verordnung [14 A] übernommen.) Schon jetzt wird darauf hingewiesen, dass diese Rechtsvorschriften im Rahmen einer Neuordnung des Europäischen Lebensmittelrechts demnächst durch ein völlig umgestaltetes Rechtssystem abgelöst werden, in dem die Geflügelfleischhygiene als Teil der allumfassenden Lebensmittelhygiene behandelt wird.

Räumliche Anforderungen, Betriebshygiene

Die Schlachtung großer Tierzahlen innerhalb kurzer Zeit (bis 150.000 Hähnchen pro Tag) ist nur unter Einsatz eines kontinuierlich arbeitenden Fördersystems mit automatisierten Bearbeitungsschritten möglich. In solchen Anlagen ist eine an hygienischen Belangen ausgerichtete Abfolge der einzelnen Prozessschritte von der unreinen (Anlieferung des Geflügels, Einhängen in die Schlachtkette) zur reinen Seite (Behandlung des bratfertigen Tierkörpers) organisatorisch lösbar. Individuelle Hygienefehler des Personals, der größte Risikofaktor bei der Rotfleischgewinnung, sind hier mangels Personaleinsatzes nur an wenigen Positionen der Schlachtlinie möglich.

Auf der anderen Seite sind Verunreinigungen und sonstige gesundheitlich bedeutsame Mängel an den Tierkörpern und Organen aufgrund der hohen Bandgeschwindigkeit, der kurzen zur Verfügung stehenden Untersuchungszeit und der geringen Größe der Objekte schwerer erkennbar, im Bedarfsfall ist auch die Hemmschwelle für ein Eingreifen der Kontrolleure in die automatischen Abläufe höher, und Hygienemängel lassen sich durch hohen Wassereinsatz scheinbar besser kompensieren als im Rotfleischbereich.

Die geltenden Rechtsvorschriften geben zur Vermeidung dieser Gefahren nur wenig Hilfestellung. Sie sind gleichwohl erforderlich, damit wenigstens die Voraussetzungen für einen hygienischen Umgang mit Geflügelfleisch geschaffen werden.

Festgelegt ist zunächst eine räumliche Unterteilung des Schlachtprozesses in mindestens drei Bereiche (siehe Abb. 5.3):

1. Anlieferungs- und Untersuchungsbereich: räumliche Trennung zum Schlachtraum, der Bereich muss aber kein allseitig abgeschlossener Raum sein; ein überdachter Platz ist ausreichend.

2. Schlachtraum: räumliche Trennung zum Anlieferungsbereich sowie zum Eviszerations- und Zurichtungsraum; Arbeitsbereiche für Betäuben und Entbluten sind von denen für Brühen und Rupfen zu trennen.

3. Eviszerations- und Zurichtungsraum: räumliche Trennung zum Schlachtraum; Eviszerationsbereich ist von übrigen Bereichen (Zurichten, Sortieren, Verpacken) abzusondern.

Für die Kühlung (Luftkühlung, Luft-Sprüh-Kühlung) der Tierkörper ist schon aus Gründen der Energie-Einsparung ebenfalls ein eigener Raum erforderlich. (Dies gilt nicht für die Tauchkühlung; diese darf allerdings in Deutschland nur bei Tierkörpern eingesetzt werden, die anschließend gefroren oder tiefgefroren werden).

Durch die Gliederung in mehrere Räume, die nur durch eine Durchreiche miteinander in offener Verbindung stehen dürfen, soll eine Kontamination der bereits zu „rei-

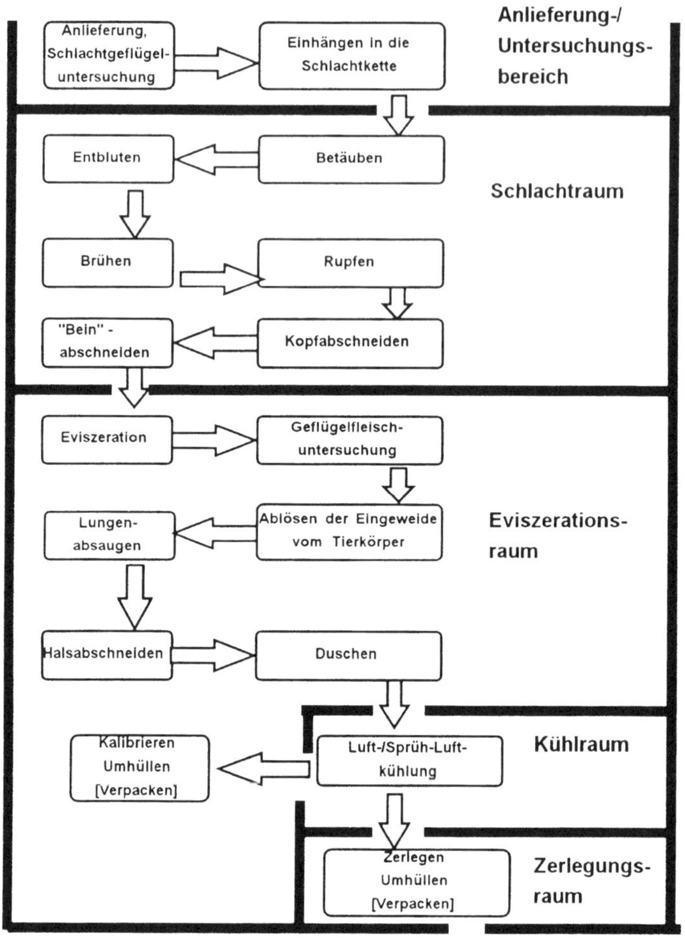

Abb. 5.3 Geflügelschlachtung (Fließschema, räumliche Anforderungen)

neren" Prozessstufen vorgerückten Tierkörper verhindert werden. Als Vektoren für eine mögliche Keimverschleppung fungieren

- Staub aus den Außenbereichen, besonders aus dem Anlieferungsbereich, in dem die Luft durch Staubaufwirbelung und das Flügelschlagen der aufgeregten Tiere beim Einhängen in die Schlachtkette stark keimbelastet ist,
- Blut, das durch Eintrag in den Brühtank die Überlebenschancen für Mikroorganismen verbessert,

- verunreinigtes Spritzwasser und Aerosole, die besonders beim Brühen und Rupfen der Tiere anfallen und
- fäkal belastetes Spritzwasser, das bei den einzelnen Eviszerationsschritten entsteht.

Schlachtgeflügel- und Geflügelfleischuntersuchung

Ausgehend von der Erkenntnis, dass die auf den Schlachtbetrieb beschränkte Untersuchung des angelieferten Geflügels und der Tierkörper sowie der Organe nach der Schlachtung die Anforderungen an einen umfassenden Verbraucherschutz nicht erfüllen kann, wurde schon vor einiger Zeit für alle großen Mast- oder sonstigen Haltungsbetriebe eine erweiterte Schlachtgeflügeluntersuchung vor der Ausstallung des Geflügels zur Schlachtung vorgeschrieben. Darüber hinaus sind die Halter von Schlachtgeflügel verpflichtet, Nachweise über alle Fakten und Vorgänge zu führen, die zur Beurteilung des Gesundheitszustandes der Tiere und der Genusstauglichkeit des Fleisches beitragen können. Im Schlachtbetrieb sind zusätzlich zur Stück-für-Stück-Untersuchung jedes geschlachteten Tieres Stichprobenuntersuchungen mit einer eingehenderen pathologisch-anatomischen Untersuchung durch den amtlichen Tierarzt vorzunehmen.

Zur Erkennung einer klinisch und pathologisch inapparenten Infektion mit Zoonoseerregern sind diese zusätzlichen Untersuchungsschritte allerdings ungeeignet. Erst durch Einbeziehung labordiagnostischer Tests und nachfolgende Bestandssanierung bei positiven Befunden könnte hier eine Verbesserung erreicht werden. Entsprechende Rechtsvorschriften sind auf EU-Ebene in Vorbereitung (Reform des Zoonosenrechts [11 A, 12 A]).

Fäkale Verunreinigungen sind im Rahmen der Geflügelfleischuntersuchung am Schlachtband feststellbar und müssen zur Beanstandung des Fleisches führen. Der Untersucher kann (und muss) darüber hinaus eine umgehende Behebung der Ursachen (z.B. Fehljustierung des automatischen Kloakenbohrers) erwirken.

Kühlung im Rahmen des Schlachtprozesses

Geflügelfleisch ist wegen seiner hohen Verderbsanfälligkeit unmittelbar am Ende des Schlachtprozesses auf eine Fleischtemperatur von höchstens +4 ° C zu kühlen. Hierzu wurde früher (in den USA noch heute) bevorzugt ein mit Scherbeneis gekühltes Wasserbad eingesetzt, in dem die Tierkörper durch eine Förderschnecke von einem zum anderen Ende bewegt werden, bevor sie zum Abtropfen erneut aufgehängt werden. Dieser so genannte „Spin-chiller", der oft aus zwei, gelegentlich sogar mehreren hintereinander geschalteten Tauchbädern besteht, besaß einige hygienische Nachteile, solange seine Verwendung keinen besonderen hygienischen Anforderungen unterlag. Aus Gründen der Energie- und Wassereinsparung wurde in einigen Betrieben das Kühlwasser im Wesentlichen nur durch Nachschütten von Scherbeneis zur Aufrechterhaltung der Kühltemperatur von etwa +2 °C erneuert, so dass im Laufe eines Schlachttages die Keimzahl schnell anstieg und auf einem hohen Niveau verharrte. Insbesondere bestand die Gefahr einer Übertragung pathogener Keime von einem Tierkörper auf den anderen (Kreuzkontamination). Dabei konnte eine hoch belastete Herde nachfolgend geschlachtete, zuvor erregerfreie Partien kontaminieren [180].

Seit 1979 sind in der EU nur noch Tauchkühlverfahren erlaubt, die nach dem Gegenstromprinzip betrieben werden und einen auf das Geflügelgewicht bezogenen Mindestwasserverbrauch sicherstellen. Bei dieser Form der Tauchkühlung werden die Tierkörper mechanisch und kontinuierlich entgegen der Kühlwasserströmung transportiert, die Wassertemperatur (an der Stelle des Eintauchens der Tierkörper in das Bad nicht über +16 °C, beim Verlassen der Tierkörper - also an der Wassereinlassseite - nicht über +4 °C) und die Verweilzeiten der Tierkörper (im ersten Becken höchstens 30 Minuten, in den restlichen nicht länger als erforderlich) sind begrenzt.

Der Wasserverbrauch ist bei diesem Kühlverfahren sehr hoch - zumal, da Tierkörper, die tauchgekühlt werden sollen, zuvor mit einer festgesetzten Wassermenge abgebraust werden müssen. Für Hähnchen beläuft sich allein die für das Abbrausen und Kühlen zu verwendende Wassermenge auf 4 Liter pro Tierkörper.

Obwohl auch die hygienisch verbesserte Tauchkühlung die prinzipielle Gefahr einer Kreuzkontamination nicht beseitigen kann, ist ein deutlicher Wascheffekt unverkennbar.

Tauchkühlanlagen sind in der EU mit mikrobiologischen Methoden darauf zu überprüfen, ob sie hygienisch einwandfrei funktionieren. Hierzu sind Tierkörper vor und nach der Kühlung auf ihren aeroben Gesamtkeimgehalt (GKZ) und den Gehalt an Enterobacteriaceen (EB) zu untersuchen. Methodik und Richt- oder Grenzwerte wurden bislang nicht EU-einheitlich festgelegt.

In Deutschland sind die Keimgehalte nach einer Empfehlung des Bundesgesundheitsamtes (heute: Bundesinstitut für Risikobewertung) aus dem Jahr 1978 durch Untersuchung der Halshaut zu ermitteln. Als Grenzwerte wurden für Geflügel nach der Kühlung 1,0 x 10^6 (GKZ)/g bzw. 1,0 x 10^5 (EB)/g festgelegt. In der Praxis werden diese Werte zumeist deutlich unterschritten.

In Europa haben sich inzwischen andere Kühlverfahren (Luftkühlung, Luft-Sprüh-Kühlung) durchgesetzt, die ebenfalls mit Hygienerisiken (Aerosolbildung, mangelnde Reinigungs- und Desinfektionsmöglichkeiten der Kühlräume bei Mehrschichtbetrieb) verbunden sind. Hygiene-Spezialvorschriften für ihren Einsatz sind allerdings bislang nicht festgelegt worden.

Nach der Kühlung ist frisches Geflügelfleisch kontinuierlich bei einer Temperatur von höchstens +4 °C, gefrorenes bei höchstens -12 °C zu lagern und zu befördern [2 A].

Bei tiefgefrorenem Geflügelfleisch darf die Temperatur höchstens -18 °C betragen [4 A].

Gesonderte Temperaturanforderungen für Schlachtnebenprodukte (Lebern, Mägen, Herzen, Hälse) gibt es, abweichend von der Regelung beim roten Fleisch (+3 °C für Schlachtnebenprodukte), beim Geflügelfleisch nicht. Hier ist der Temperatursprung (von +3 °C nach +4 °C) so gering, dass der Mehraufwand für separate Kühlräume nicht gerechtfertigt wäre.

Im Übrigen ist festzustellen, dass zumindest auf der Großhandelsstufe das gesetzliche Limit von +4 °C in der Regel deutlich unterschritten wird (±0 bis +2 °C).

Nicht ausgenommenes Geflügel

In der Europäischen Union sind seit einigen Jahren zwei alternative Herrichtungs- bzw. Angebotsformen für Geflügelfleisch zugelassen, die zuvor nur in einigen Mitgliedstaaten gebräuchlich und aufgrund nationaler Regelungen erlaubt waren: das Poulét effilé und das New York dressed-Geflügel.

Poulét effilé, in den Mittelmeer-Anrainerstaaten als hochwertiges Produkt sehr geschätzt, stammt von Tieren aus besonders zugelassenen Mastbetrieben, die einer intensiven tierärztlichen Überwachung unterstehen. Durch schonende Haltungsbedingungen (Freilandhaltung, geringe Besatzdichte, verzögerte Mast, dadurch verlängerte Haltungsphase bis zur Schlachtreife) soll im Zusammenwirken mit der tierärztlichen Betreuung ein hohes Gesundheitsniveau erreicht werden, das bei der Schlachtung ein Abrücken von der ansonsten vorgeschriebenen Stück-für-Stück-Untersuchung rechtfertigt. Für die Vermarktung als Poulét effilé vorgesehenes Geflügel wird nach der Tötung nicht ausgenommen, sondern nur „entdarmt". Hierbei wird der Darm mit einem durch die Kloakenöffnung eingeführten Haken erfasst, herausgezogen und an der Verbindungsstelle zum Magen abgerissen. Nur 5 % der geschlachteten Tiere müssen ausgenommen und gründlich untersucht werden. Zeigen sich hierbei an den Organen oder in den Körperhöhlen mehrerer Tiere Veränderungen, ist die ganze Partie auszunehmen und Stück für Stück zu untersuchen.

New York dressed Geflügel wird bei der Schlachtung gar nicht ausgenommen, sondern nach dem Rupfen und Herrichten mitsamt den in der Körperhöhle verbliebenen Innereien gekühlt und bei höchstens +4 °C bis zu 15 Tagen gelagert. Erst danach erfolgen Eviszeration und Geflügelfleischuntersuchung. Durch die zeitliche Verzögerung bekommt das Geflügelfleisch einen wildartigen Geschmack.

Für die Eviszeration, die auch in einem Zerlegungsbetrieb vorgenommen werden kann, muss in diesem Fall ein gesonderter Raum zur Verfügung stehen.

Zuchtfederwild

Die bislang abgehandelten Vorschriften betreffen im Wesentlichen Hausgeflügel (Hühner, Puten, Perlhühner, Enten und Gänse). Hygienische Anforderungen sind aber auch bei der Schlachtung von Wildgeflügel, das unter der Obhut des Menschen gehalten wurde (z.B. Fasanen in Volierenhaltung, Zuchttauben) zu beachten. Die in der EU verabschiedete Richtlinie 91/495/EWG („Zuchtwild-Richtlinie“ [8 A]) zielt zwar hauptsächlich auf den Umgang mit (Zucht-)Haarwild ab, gilt jedoch auch für Geflügel.

Zuchtfederwild wird darin dem Hausgeflügel gleichgestellt, d.h. bei der Gewinnung, Behandlung, Zubereitung und dem Inverkehrbringen des Fleisches dieser Tiere müssen die Anforderungen der Richtlinie 71/118/EWG („Frisches Geflügelfleisch“) erfüllt werden. Dies gilt auch für Straußenvögel, die in Farmen gehalten werden.

Wie beim Hausgeflügel sind Betriebe, die nur geringe Mengen an Tieren halten und nur einzelne geschlachtete Tiere an Endverbraucher abgeben, von diesen Regelungen ausgenommen.

Federwild

Für jagdbares Wild, das in größeren Mengen erlegt und an andere abgegeben wird, wurden ebenfalls Rechtsvorschriften verabschiedet (Richtlinie 92/45/EWG, „Wild-Richtlinie“ [9 A]). Bei diesen Tieren kann nur eine Geflügelfleischuntersuchung im Anlieferungsbetrieb durchgeführt werden. Ansonsten sind hier dieselben Hygieneregeln zu beachten wie bei geschlachtetem Geflügel. Vor allem ist auch hier eine Lagerungstemperatur von höchstens +4 °C einzuhalten.

Der größte Teil des Federwildes wird, da dieses jeweils nur in geringen Mengen anfällt, vom Jäger direkt an Endverbraucher oder Gaststätten abgegeben, ohne dass es zuvor amtlich untersucht werden muss (siehe auch Abschnitt 5.2.3).

Zerlegung

Während für Zerlegungsräume in Rotfleischbetrieben eine Raumtemperatur von höchstens +12 °C vorgeschrieben ist, hat man bei Geflügelfleisch von einer solchen Regelung abgesehen. Statt dessen muss gewährleistet sein, dass das Geflügelfleisch beim Beginn des Zerlegens eine Temperatur von höchstens +4 °C aufweist und nur entsprechend den Arbeitserfordernissen in den Zerlegungsraum sowie nach dem Zerlegen unverzüglich wieder in einen Kühlraum verbracht wird. Zu keinem Zeitpunkt darf die Innentemperatur des Geflügelfleisches +4 °C übersteigen.

Diese Regelung wurde zu einem Zeitpunkt getroffen, als die Zerlegung von Geflügelfleisch ein gradliniger Prozess zur Gewinnung von Edelteilstücken (Brust, Schenkel) war und die Verweilzeiten des Fleisches im Zerlegungsraum nur ausnahmsweise über 30 Minuten lagen. Heute wird in Zerlegungsräumen eine ganze Reihe von Herrichtungs- und Zubereitungsverfahren (z.B. Würzen) durchgeführt, und die Verweilzeiten wurden erheblich ausgedehnt. Unter diesen Bedingungen ist es nahezu ausgeschlossen, dass bei einer Umgebungstemperatur von > 15 °C eine Fleischtemperatur von höchstens +4 °C während des gesamten Bearbeitungsprozesses gehalten werden kann. Daher ist aus hygienischer Sicht eine enge Begrenzung der Verweilzeit im Zerlegungsraum vorzunehmen und deren Einhaltung regelmäßig zu kontrollieren.

Neben der Zerlegung des auf +4 °C gekühlten Geflügelfleisches ist auch die Warmfleischzerlegung zugelassen - allerdings nur unter der Voraussetzung, dass die Tierkörper aus dem Schlachtraum unmittelbar in den Zerlegungsraum verbracht werden. Erlaubt ist weder eine Beförderung des schlachtwarmen Fleisches von einem Betrieb zu einem anderen, sofern dieser sich nicht in demselben Gebäudekomplex befindet, noch eine Zerlegung „vorgekühlten", d.h. auf eine Temperatur oberhalb von +4 °C gekühlten Fleisches. Hierdurch soll ein Unterlaufen des strikten Kühlgebots verhindert werden.

Zerkleinerung

Die Anfälligkeit von Geflügelfleisch gegenüber mikrobiellen Zersetzungsvorgängen ist in noch viel stärkerem Maße bei zerkleinertem Fleisch gegeben. Hinzu kommt der verhältnismäßig hohe Keimgehalt des Ausgangsmaterials. Wegen des erheblichen gesundheitlichen Risikos ist daher in der EU das Inverkehrbringen von Hackfleisch und Faschiertem aus Geflügelfleisch, soweit es unter die Richtlinie 94/65/EG („Hackfleisch-Richtlinie" [5 A]) fällt, nicht zugelassen. Die Mitgliedstaaten dürfen allerdings auf ihr eigenes Hoheitsgebiet beschränkte Ausnahmeregelungen treffen. Von dieser Möglichkeit hat Deutschland keinen Gebrauch gemacht. Hier ist auch dem Einzelhandel die Abgabe von Hackfleisch aus Geflügelfleisch ausdrücklich untersagt (Hackfleisch-Verordnung [18 A]).

Erlaubt sind dagegen **Zubereitungen** aus Geflügelfleisch. Eine Abgabe von Zubereitungen aus zerkleinertem Geflügelfleisch aus zugelassenen Betrieben an den Verbraucher ist in Deutschland allerdings nur dann zulässig, wenn diese dazu bestimmt sind, vor dem Verzehr erhitzt zu werden (frische Würste, Wurstbrät) [18 A]. Bei der

Herstellung von Erzeugnissen, die der EG-Hackfleisch-Richtlinie [5 A] unterliegen (industrielle Herstellung), müssen festgelegte strenge Hygienenormen und mikrobiologische Kriterien eingehalten werden. Diese entsprechen den Anforderungen für rotes Fleisch. Zubereitungen aus Geflügelfleisch müssen so schnell wie möglich nach der Verpackung auf eine Innentemperatur von höchstens +4 °C (Zubereitungen aus Hackfleisch auf +2 °C) gebracht oder unverzüglich tiefgefroren werden (-18 °C).

Bei den mikrobiologischen Kriterien, die im Jahr 1994 für Fleisch- und Geflügelfleisch-Zubereitungen festgelegt wurden [5 A], ist der erforderliche Nachweis des Freiseins von Salmonellen in allen 5 zu ziehenden Teilproben trotz der vorgeschriebenen geringen Probengröße (jeweils 1 g) für Geflügelfleisch zur Zeit noch eine hohe Hürde.

Für die Gewinnung und Verwendung von Geflügelseparatorenfleisch steht eine längst überfällige generelle Regelung für Separatorenfleisch auf EU-Ebene noch immer aus. Als **Geflügelseparatorenfleisch** wird das durch maschinelles Abtrennen von frischem Geflügelfleisch von Knochen (mit hohem Restfleischgehalt, besonders Knochen des Stammes, also der Wirbelsäule, der Rippen und des Beckengürtels) gewonnene Erzeugnis bezeichnet, das neben Muskulatur auch Fett- und Bindegewebe sowie Fremdwasser enthält. Die hygienischen Probleme entstehen weniger beim Gewinnungsvorgang, der bei sachgemäßer Handhabung weder zu einer Keimvermehrung [136] noch zu einer Temperaturerhöhung führt [174]. Vielmehr liegen die Gefahren in einer zu langen Lagerung der Karkassen bis zur Restfleischgewinnung und unter Umständen in einem unhygienischen Transport zum Gewinnungsbetrieb. Daher sollten die Modalitäten der Restfleischgewinnung und der Verwendung des Produkts möglichst bald geregelt werden. Hierbei sollten auch mikrobiologische Kriterien festgelegt werden.

Bislang ist nur das Verbringen von Geflügelseparatorenfleisch von einem Mitgliedstaat in einen anderen insofern eingeschränkt, als es entweder in dem Betrieb, aus dem es stammt, oder in einem von der zuständigen Behörde eigens hierfür bestimmten Verarbeitungsbetrieb wärmebehandelt worden sein muss (Artikel 5 Absatz 3 der Richtlinie 71/118/EWG [2 A]). Die Einfuhr aus Drittstaaten ist unzulässig.

Betriebliche Eigenkontrollen, Hygieneschulung

Zugelassene Geflügelfleischlieferbetriebe haben ihre Verfahrensschritte und Produktionsbedingungen sowie den Zustand ihrer Einrichtungen und Geräte durch regelmäßige Hygienekontrollen zu überprüfen. Diese schließen dort, wo frisches Geflügelfleisch gewonnen oder behandelt wird, auch mikrobiologische Untersuchungen ein. Die Kontrollen müssen sich auf die Einrichtungsgegenstände, Arbeitsgeräte,

Maschinen und sonstigen Geräte auf allen Produktionsstufen erstrecken und auch das Erzeugnis einbeziehen. Der Betrieb muss die Untersuchungsmodalitäten so wählen, dass Hygienemängel auch tatsächlich erkannt werden.

Für die bakteriologischen Untersuchungen fester Oberflächen haben sich Tupfer- und Abspülproben, für das geschlachtete Geflügel Hautproben bewährt. Im Allgemeinen reicht die Untersuchung auf aeroben Gesamtkeimgehalt und *Enterobacteriaceae* aus, jedoch sind für Wasseruntersuchungen, Kontrollen in Kühlräumen sowie die Untersuchung von Geflügelfleischzubereitungen und -erzeugnissen auch andere Keimgruppen einzubeziehen.

Über die vorgeschriebenen Hygienekontrollen hinaus haben die Betriebe auch Prozesskontrollen vorzunehmen. Hierzu, insbesondere zum damit in Verbindung stehenden HACCP-Konzept, das in Verarbeitungsbetrieben anzuwenden ist, wird in Abschnitt 5.3 näher eingegangen.

Mikrobiologische Stichprobenkontrollen von Geflügelfleischzubereitungen sind in zugelassenen Herstellungsbetrieben mindestens einmal wöchentlich durchzuführen. Sie umfassen die Untersuchung auf Kolibakterien ($n = 5$, $c = 2$, $m = 5 \times 10^2/g$, $M = 5 \times 10^3/g$), koagulasepositive Staphylokokken ($n = 5$, $c = 1$, $m = 5 \times 10^2/g$, $M = 5 \times 10^3/g$) und Salmonellen ($n = 5$, $c = 0$, nicht feststellbar in 1 g).

Die Überwachungsbehörden sind befugt, Untersuchungsprotokolle einzusehen und Nachkontrollen vorzunehmen.

Schließlich sind Geflügelfleischlieferbetriebe ebenso wie andere Lebensmittelbetriebe verpflichtet, ihr Personal hygienisch zu schulen. In Deutschland ist diese Regelung auf die Lebensmittelhygiene-Verordnung [17 A] gestützt. Der für den Betrieb zuständige amtliche Tierarzt muss an der Gestaltung und Durchführung des Schulungsprogramms beteiligt werden.

Die Schulung sollte auch die in Deutschland nach § 43 Abs. 4 des Infektionsschutzgesetzes [22 A] vorgeschriebene jährliche Belehrung über Tätigkeitsverbote und Meldepflichten beim Auftreten bestimmter ansteckender Krankheiten oder einer sonstigen Gefahr der Verbreitung von Krankheitserregern einbeziehen.

Verbrauchsdatum

Frisches Geflügelfleisch muss, wenn es sich in einer Endverbraucherverpackung befindet, wegen seiner hohen Anfälligkeit für mikrobiellen Verderb mit einem Verbrauchsdatum gekennzeichnet sein (Richtlinie 2000/13/EG, „Etikettierungs-Richtlinie“ [6 A] - in Verbindung mit Verordnung (EWG) Nr. 1906/90, „Vermarktungsnormen für Geflügelfleisch“ [7 A]; in Deutschland wurden die Richtlinien-Vorgaben in die Lebensmittel-Kennzeichnungsverordnung [21 A] umgesetzt). Das Verbrauchsdatum wird vom Hersteller (Schlacht-, Zerlegungs- oder Hackfleischbetrieb) in eigener Verantwortlichkeit festgelegt und bezeichnet den Zeitpunkt, bis zu dem das Erzeugnis als Frischware in den Verkehr gebracht werden darf. Insofern unterscheidet es sich vom Mindesthaltbarkeitsdatum, nach dessen Ablauf ein Erzeugnis noch verkehrsfähig ist (dann allerdings ohne Herstellergarantie für dessen Unversehrtheit). Zusammen mit dem Verbrauchsdatum müssen auch die Aufbewahrungsbedingungen angegeben werden, die eine Haltbarkeit bis zum angegebenen Zeitpunkt gewährleisten. Dies betrifft vor allem die Lagerungstemperatur, die im Allgemeinen mit ±0 bis +4 °C angegeben wird.

Für die Verbrauchsfrist werden bei Hähnchen und Hähnchenteilstücken in der Regel 5 bis höchstens 8 Tage (gerechnet vom Tag der Verpackung, der in der Regel auch der Schlachttag ist) veranschlagt.

Gemeinsames Inverkehrbringen mit Fleisch anderer Tierarten

Frisches Geflügelfleisch, das die amtlichen Untersuchungen unbeanstandet passiert hat, ist entsprechend zu kennzeichnen und danach uneingeschränkt verkehrsfähig. Daran ändert auch die Kenntnis eines verbreiteten Salmonellenbefalls dieses Lebensmittels zunächst nichts. Solange Krankheitserreger nicht im konkreten Fall nachgewiesen werden, ist eine Sendung oder ein Einzelstück im Sinn einer „Unschuldsvermutung“ als unbelastet anzusehen. Die Europäische Kommission hat daher vor einigen Jahren diejenigen Mitgliedstaaten, die im Rahmen nationaler Regelungen den Gesundheitsschutz der Bevölkerung durch Verkehrsbeschränkungen für frisches Geflügelfleisch verbessern wollten (vor allem hatten mehrere deutsche Bundesländer entsprechende Regelungen getroffen [29]), zur Zurücknahme derartiger Vorschriften veranlasst. Dabei ist ein Unterschied in den Salmonellen-Befallsraten von Geflügelfleisch und Fleisch anderer Tierarten nach wie vor gegeben. Noch im Jahr 1992 ergab eine Untersuchung von Lebensmitteln in Berlin [106] für frisches Fleisch (außer Geflügelfleisch) einen Salmonellenbefall von 2,4 % der Proben, für Geflügelfleisch hingegen mehr als das Zehnfache (25,6 %). Die Untersucher zogen aus ihren Befunden damals den Schluss, dass künftig an die Stelle gesetzlicher Regelungen die Eigenverantwortlichkeit der Gewerbetreibenden im Sinn einer Produkthaftung treten müsse.

In der Zwischenzeit haben sich die Befundraten einander angenähert, was vor allem auf den Rückgang des Salmonellenbefalls bei Geflügelfleisch zurückzuführen ist. Im Jahr 2001 erwiesen sich bei Planprobenuntersuchungen in Deutschland noch 12,68 % des Geflügelfleisches (Masthähnchen und Hühner: 15,68 %) als salmonellenhaltig.

Demgegenüber enthielt Fleisch (außer Geflügelfleisch) in 3,84 % der Proben (Schweinefleisch: 3,81 %, Rindfleisch: 0,46 %) Salmonellen [86].

Das von frischem, nicht vorverpacktem Geflügelfleisch ausgehende gesundheitliche Risiko ist deshalb so hoch, weil das kontaminationsgefährdete Rotfleisch teilweise roh verzehrt wird.

Auf der Ebene der Zerlegung ist im Übrigen eine zeitgleiche Bearbeitung von Rot- und Geflügelfleisch in demselben Raum verboten (Anhang I Kapitel V Nr. 19 der Richtlinie 64/433/EWG [3 A] bzw. Anlage 2 Kapitel II Nr. 2 der Fleischhygiene-Verordnung [15 A]).

5.2.2 Geflügelschlachtung

Mit der rasanten Entwicklung der Geflügelschlachtung in Großbetrieben zu einer industriellen Form der Geflügelfleischerzeugung haben hygienische Anforderungen nicht überall Schritt halten können. Zwar ist der Mensch als Risikofaktor für eine Kontamination des Fleisches durch den hohen Technisierungsgrad der meisten Prozessschritte weitgehend ausgeschaltet worden. Doch können sich die eingesetzten Maschinen an Normabweichungen (z.B. Größenunterschiede bei Tieren einer Herde) nur beschränkt anpassen, es kommt zu Fehlschnitten oder -griffen und in deren Folge nicht selten zu Verunreinigungen durch Rupturen des Darmtraktes oder Herabfallen einzelner Tierkörper von der Transportkette. Der hohe Arbeitstakt und die volle Integration aller Bearbeitungsschritte (vom Einhängen der Tiere in die Schlachtkette bis zur Kalibrierung der Tierkörper) in einen kontinuierlichen Arbeitsablauf verhindern überdies eine gründliche Reinigung oder gar Desinfektion während des Schlachtablaufs.

Zwei von der Schlachtung der Haussäugetiere her bekannte Hygiene-Prinzipien, dass nämlich

- jedes Tier bis zum Ergebnis der amtlichen Untersuchungen so zu behandeln ist, als könnte es Träger pathogener Keime sein, und
- eine Verunreinigung des Fleisches unbedingt verhindert werden muss und, wenn dieses doch geschehen ist, nicht durch späteres Abspülen, sondern nur durch Abtragen der verunreinigten Fleischteile zu entfernen ist,

können bei der industriellen Geflügelschlachtung nicht beachtet werden. Auch wenn man unterstellt, dass Geflügel einer Herde aufgrund der einheitlichen Haltungsbedingungen zusammen als ein „Individuum“ aufgefasst werden kann, folgt doch die weitere Behandlung der Tierkörper dieser Sicht nicht. So erfolgt die Beurteilung des

Fleisches im Allgemeinen der Grundlage einer Stück-für-Stück-Untersuchung, und es werden auch zwischen den Schlachtungen verschiedener Herden in der Regel keine Reinigungs- und Desinfektionsmaßnahmen durchgeführt. Verunreinigungen an Tierkörpern und Schlachtnebenprodukten werden, soweit dies möglich ist, unter hohem Wassereinsatz abgespült, oder die Teile werden verworfen.

Der Mechanismus der Haftung von Mikroorganismen an Oberflächen ist ein komplexer Vorgang, der nicht allein durch physikalische Gesetzmäßigkeiten erklärbar ist. Er ist abhängig von der Art der Keime, der Umgebungstemperatur, der verfügbaren Zeit, der Benetzung der Oberflächen mit Wasser und natürlich der Struktur und den reaktiven Eigenschaften dieser Flächen.

Der gebrühte und gerupfte Geflügelkörper bietet beste Voraussetzungen für eine dauerhafte Besiedlung von Keimen, da die Haut sehr locker strukturiert und durch die freigelegten Federfollikel sowie mechanische Schäden infolge des Rupfprozesses stark zerklüftet ist. Dieses Bild ist durch elektronenmikroskopische Aufnahmen eindrucksvoll belegt [121, 238]. Beim Hochbrühen (ca. +59 °C) kommt die Schädigung und partielle Ablösung der Epidermis hinzu. Außerdem bleiben bei der Eviszeration abgerissene Organreste (Nieren, Lunge) in der Körperhöhle zurück; diese bieten ebenfalls gute Anheftungsmöglichkeiten für Keime.

Bakterien besitzen die Fähigkeit der aktiven Ankopplung an Oberflächen. Die meisten grampositiven und einige gramnegative Keimarten können adhäsive Eiweißkörper (Adhäsine) bilden, die mit bestimmten an den Oberflächen von Gewebszellen haftenden Kohlenhydraten Glykokonjugate eingehen können; andere koppeln sich mit Hilfe bestimmter Fettsäuren oder Polysaccharide an [110]. Hydrophobe Gruppen der Bakterienzellwand sorgen offenbar zunächst für eine Annäherung an Haftflächen. Einige Mikroorganismen sind darüber hinaus in der Lage, Adhäsions-Organellen, sog. Fimbrien, auszubilden, mit denen eine Anheftung vollzogen wird.

Diese Adhäsionskräfte sind jedoch nicht von vornherein voll ausgeprägt, sondern werden teilweise erst bei Annäherung an Haftflächen ausgebildet. Daher spielt für den Abspüleffekt bei kontaminiertem Geflügelfleisch die Zeitspanne zwischen Verunreinigung und Reinigungsmaßnahme eine entscheidende Rolle. In einem Modellversuch wurde für Salmonellen eine Anheftungszeit von weniger als einer Minute nach Inkubationsbeginn registriert [247]. NOTERMANS u. VAN SCHOTHORST [164] stellten fest, dass der während des Schlachtprozesses auf der Tierkörperoberfläche befindliche Wasserfilm („Biofilm") möglichst schnell und oft ausgewechselt werden muss, da anderenfalls die darin noch frei schwimmenden Keime sich irreversibel festsetzen. Durch höhere Temperaturen (> +51 °C) wird der Fixationsprozess wesentlich beschleunigt.

Bei der Probenahme für mikrobiologische Untersuchungen sind diese Phänomene zu beachten. Bei einem hohen Anteil fest haftender Keime täuschen Abspülproben nämlich einen günstigeren Keimstatus des Geflügelfleisches vor. Der tatsächliche Keimgehalt ist daher mit destruktiven Methoden besser erfassbar.

Eine Übersicht über die bei der mikrobiologischen Untersuchung von Geflügelfleisch gebräuchlichen Probenahmetechniken und Verfahren der kulturellen Keimzahlbestimmung gibt eine Studie der EG-Kommission [271].

Auf die hygienisch besonders kritisch zu bewertenden Stationen des Geflügelschlachtprozesses soll im Folgenden eingegangen werden. Einen Überblick über den Schlachtablauf gibt Abbildung 5.3.

Anlieferung des Schlachtgeflügels

Eine mangelhafte Ausnüchterung der Tiere vor der Schlachtung und aus Sicht der Hygiene ungeeignete Transportkäfige (mit perforierten Deckeln und Fußböden) tragen wesentlich zur Verunreinigung des Gefieders und im weiteren Verlauf der Schlachtung auch des Fleisches bei. Auf dem Transportfahrzeug kann Kot der weiter oben positionierten Tiere auf die Tiere der unteren Etagen fallen; allerdings kontaminieren bei geschlossenen Böden die Tiere eines Käfigs sich gegenseitig. In jedem Fall kommt es zu einem hohen fäkalen Eintrag in den Schlachtprozess [99].

Für die Tiere stellen der Transport und der Aufenthalt in den engen Kästen eine hohe Belastung dar, die nicht nur in erhöhten Keimzahlen auf dem geschlachteten Tierkörper zum Ausdruck kommt [187], sondern auch zu einer verstärkten Ausscheidung pathogener Mikroorganismen (z.B. Salmonellen) über den Kot führt [188]. Dies erklärt auch, warum bei Untersuchungen im Schlachtbereich fast immer höhere Kontaminationsraten durch bestimmte Darmbewohner nachgewiesen werden als in den Herkunftsbetrieben.

Des Öfteren werden mangelhaft gereinigte Transportkäfige als Ursache für positive Erregerbefunde bei angeliefertem Schlachtgeflügel genannt [89, 90]. Obwohl sich in ihnen nach dem zumeist nachlässig durchgeführten Waschgang mühelos Salmonellen, *Campylobacter spp.*, Aeromonaden, Listerien u.a. nachweisen lassen [21, 32, 68, 231], haben sie angesichts des immer noch hohen Durchseuchungsgrades der Geflügelbestände in Mitteleuropa als Kontaminationsquelle vorerst keine überragende Bedeutung. Dies würde sich allerdings ändern, sobald vermehrt erregerfreie Herden angeliefert werden und die Gefahr einer Kreuzkontamination stärker ins Gewicht fällt. Auf diesem Weg kann sowohl eine Erregerverschleppung von Farm zu Farm stattfinden [45] als auch ein zuvor gereinigter und desinfizierter Schlachtbetrieb einem erneuten Erregereintrag unterliegen [60]. Hierdurch werden auch Bemühungen des Managements von Schlachtbetrieben an anderer Stelle, nämlich durch sog. „logistisches“ Schlachten (Schlachtung stärker erregerbelasteter Herden am Ende eines Schlachttages) unbelastete Herden gegen eine Kontamination mit pathogenen Keimen zu schützen, - ein ansonsten einigermaßen erfolgreiches Prinzip [183] - weitgehend neutralisiert.

Im Schlachtbetrieb wird das Geflügel aus den Transportkäfigen oder -containern direkt in die Schlachtkette eingehängt. Hierbei und bei der nachfolgenden Betäubung, bei der die Tiere mit den Köpfen in ein unter elektrischer Spannung stehendes Wasserbad eintauchen, sind Änderungen im mikrobiologischen Status kaum zu erwarten. Auch der anschließende Entblutungsschnitt, durch den Keime in die Blutbahn gelangen könnten, ist bislang nicht als Kontaminationsquelle in Erscheinung getreten [155].

Brühen

Hühnergeflügel wird meist durch Eintauchen in ein erhitztes Wasserbad gebrüht. Tiere für den Frischgeflügelmarkt werden bei +50 bis +52 °C gebrüht (Niedrigbrühen). Das Hochbrühen (+58 bis +60 °C) garantiert einen besseren Rupferfolg, führt aber zur Zerstörung und Ablösung der oberen Hautschicht (Epidermis), beeinträchtigt hierdurch das Aussehen der Tierkörper und ist daher nur für Frosterware geeignet.

Durch den Brühvorgang wird ein Großteil der auf der Haut haftenden Keime abgetötet. Von einer Dekontamination kann dennoch nicht die Rede sein, da die Hitze nur oberflächlich wirkt, während im Unterhautbindegewebe selbst beim Hochbrühen nur knapp +42 °C erreicht werden [204]. Dies könnte der Hauptgrund dafür sein, dass *Campylobacter jejuni* auf Tierkörpern den Brühprozess nahezu schadlos übersteht [169, 253]. In stark verunreinigtem Brühwasser überlebt er bei +50 °C mehrere Minuten, wird aber bei +60 °C schnell abgetötet [95]. Eine hohe organische Belastung des Brühwassers verlängert auch die Überlebenszeit der ansonsten sehr thermosensiblen Salmonellen [96]; in der Regel sterben sie dort nach kurzer Zeit ab [60].

Mit der Zerstörung der Epidermis beim Hochbrühen verliert die Körperoberfläche eine Schutzschicht, so dass sich Keime nun leichter anheften und in tiefere Gewebsschichten dringen können [119, 120, 122].

Der Keimgehalt des Brühwassers variiert je nach der Wassertemperatur, liegt aber fast immer über 10^4/ml, wobei Sporenbildner einen wesentlichen Teil der Flora ausmachen [64]. Diese Keime, darunter auch *C. perfringens*, dringen in Atmungsorgane sowie Blutgefäße ein und tragen auf diesem Weg zur Kontamination der Innereien bei [142, 143, 240].

Zur Verbesserung der Hygiene werden seit Jahren Heißwasser- bzw. Wasserdampf-Sprühsysteme vorgeschlagen [117, 134], die sich allerdings bislang aus ökonomischen Gründen nicht durchsetzen konnten. Sie sollen im Übrigen den Nachteil haben, dass infolge einer Gewebsauflockerung durch die hohe Wassertemperatur (> +60 °C) Keime noch leichter in das Fleisch eindringen können [120]. Andererseits verhindern diese Brühsysteme weitgehend das Einschwemmen von Keimen in die Lungen und Luftsäcke [143].

Effektiv sind dagegen Mehrtank-Brühanlagen [45] - insbesondere dann, wenn das Wasser des ersten Tanks („Waschtank“) häufiger gewechselt wird.

Rupfen

Der Rupfvorgang ist als einer der kritischsten Schritte im Schlachtprozess anzusehen. In dem feucht-warmen Klima kann sich während der Betriebszeit schnell eine Keimflora aufbauen, die von einem Tierkörper auf den nächsten übertragen wird. Die flexiblen Rupffinger der Maschine werden mechanisch stark beansprucht, bekommen schnell Risse und können so ein Keimreservoir bilden, das auch durch Reinigungs- und Desinfektionsmaßnahmen am Ende eines Betriebstages nicht auszuschalten ist. Besonders Staphylokokken können hier über Monate persistieren und sich vermehren [155, 215].

Der aerobe Keimgehalt (GKZ) auf der Haut der Tierkörper liegt nach dem Rupfen bei ($\log_{10}$) 3,6 bis 4,0/cm^3 [165, 204], wobei ein Absprühen nach dem Rupfvorgang offenbar nur einen geringen Reinigungseffekt hat [165, 187].

Bedeutsamer ist die Gefahr einer Kreuzkontamination mit pathogenen Mikroorganismen. Sie ist experimentell u.a. belegt für *C. jejuni* [169, 253, 259], Salmonellen [157], *E. coli* [217] und *L. monocytogenes* [55]. Bei Untersuchungen mit Marker-Mikroorganismen konnte gezeigt werden, dass ein experimentell kontaminierter Tierkörper durch den Rupfvorgang bis zu 200 nachfolgende Tierkörper kontaminieren kann [150, 244].

In der Hauptsache werden die Keime durch mechanische Einwirkung während des Rupfens übertragen. Es wurden jedoch auch in den aus der Rupfmaschine entweichenden Aerosolen Keime nachgewiesen, die eindeutig aus dem Rupftunnel stammten [150]. Daher besteht die Forderung nach einer separaten Position dieses Gerätes innerhalb des Schlachtraums zu Recht.

Eviszeration und Sprühwäsche

Das Ausnehmen der Tiere vollzieht sich in mehreren Schritten, von denen die ersten

(Aufbohren der Kloakenregion, Herausheben und -saugen der Innereien) in Großbetrieben automatisch, die letzten (Abtrennen der Innereien vom Tierkörper, Gewinnung der essbaren Organe) überwiegend noch manuell oder teilautomatisiert betrieben werden. Dazwischen findet die Geflügelfleischuntersuchung statt. Seit in der EU die getrennte Präsentation von Tierkörper und Innereien zur Untersuchung zugelassen ist (Änderung der Richtlinie 71/118/EWG durch Richtlinie 92/116/EWG [2 A]), werden vermehrt vollautomatische Eviszerationslinien eingesetzt.

Bei der Schlachtung homogener Herden und korrekter Einstellung der Maschinen ist eine früher häufiger beobachtete eviszerationsbedingte Zunahme der Keimzahlen auf den Tierkörpern [165] durchaus vermeidbar. So ergab eine Studie in der EG schon im Jahr 1976, dass nur in 5 von 11 untersuchten Schlachtbetrieben beim Ausnehmen ein signifikanter Anstieg des aeroben Keimgehalts und der coliformen Keime auftrat [269]. Andere Arbeitsgruppen stellten hier ebenfalls ein gleichbleibendes oder sogar ein fallendes Niveau in der oberflächlichen Keimbelastung fest [102, 204]. In einem Fall [204] lagen die Keimzahlen für hochgebrühtes Geflügel vor bzw. nach der Eviszeration bei jeweils ($\log_{10}$) 4,0 (aerober Keimgehalt [GKZ]/cm^3 Brusthaut) und 3,8 bzw. 3,6 (Enterobacteriaceen [EB]/cm^3 Brusthaut); für niedriggebrühtes wurde ein Anstieg der GKZ ($\log_{10} = 3{,}9 \rightarrow 5{,}0/cm^3$) bei gleichzeitigem Absinken der EB ($\log_{10} = 3{,}9 \rightarrow 3{,}0/cm^3$) festgestellt. In einem anderen Fall [102] wurde bei beiden Keimgruppen eine Reduktion (GKZ: $\log_{10} = 4{,}1 \rightarrow 3{,}4$; EB: $\log_{10} = 3{,}1 \rightarrow 2{,}3$, jeweils bezogen auf den ganzen Tierkörper!) ermittelt.

Eine individuelle Streuung in Tierkörpergewicht und -größe ist bei den angelieferten Herden allerdings nur selten vermeidbar, so dass es wiederholt zu unvollständiger Eviszeration und Zerreißungen von Därmen kommt [65]. Verunreinigungen dieser Art lassen sich in der Schlachtlinie, wenn überhaupt, dann nur durch fest installierte Duschen mit permanentem Kaltwasserstrom notdürftig beseitigen. In manchen Betrieben wird auch versucht, kontaminierte Tierkörper durch wiederholte Passage der Duschstation zu dekontaminieren [237].

Desinfektionsmaßnahmen während des Betriebs sind nicht vorgesehen und ohne Unterbrechung des gesamten Schlachtprozesses auch kaum möglich. Daher treten hier immer wieder Kreuzkontaminationen mit Salmonellen [157], *Campylobacter* [169] und anderen Erregern auf [150].

Wie viele Keime sich nach einer Kontamination aus der Körperhöhle und von der Haut wieder abspülen lassen, hängt nicht allein von der Wassermenge, sondern mehr noch vom Zeitpunkt der Spülung ab. Den besten Effekt erzielt man durch permanentes Berieseln der Tierkörper schon während der Eviszeration [165].

Bei isolierter Betrachtung des Nach-Eviszerations-Wäschers zeigt sich im Keimstatus der Tierkörper oft keine Veränderung [204], oder die Ergebnisse sind uneinheitlich [269]. Wascheffekte sind am ehesten dann zu erzielen, wenn der Kontaminationsgrad zuvor hoch (GKZ > 10^5/ml Tierkörper-Spülflüssigkeit, entspricht etwa > 10^6/g Halshaut) war. Dabei macht es offenbar keinen Unterschied, ob ein Sprühwäscher oder ein Innen-Außen-Wäscher installiert ist [158].

Kühlung

Unter den zahlreichen Varianten der Kühlverfahren für Schlachtgeflügel haben sich drei Verfahren durchgesetzt, die Tauchkühlung, die Luftkühlung und die Luft-Sprühkühlung. Von diesen wird die Tauchkühlung bei Masthähnchen in Deutschland heute nicht mehr verwendet, obwohl sie nach wie vor erlaubt ist (in Deutschland nur für Frosterware) und bei Einhaltung der EG-Anforderungen durchaus eine keimreduzierende Wirkung haben kann. In einer EG-Studie zur Vorbereitung der entsprechenden Rechtsvorschriften konnte zwar nur in einem von vier Betrieben eine Keimzahlverminderung (GKZ : 5,1 → 4,6; Coliforme: 4,2 → 3,4 [$\log_{10}$/g Halshaut]) nachgewiesen werden, wobei die gleichzeitig überprüfte Luftkühlung im Übrigen ebenso erfolgreich war [270]. In einer anderen Arbeit wird dem Tauchkühlverfahren aber ein guter Wascheffekt bescheinigt [204]. Bei einem weiteren, in Abbildung 5.4 dargestellten Vergleich zwischen Tauch- und Luftkühlung (innerhalb eines Betriebes) wurde bei keinem der beiden Verfahren eine kühlungsbezogene Keimzahlveränderung festgestellt [249].

Möglicherweise sind mit dem Luft-Sprühkühlverfahren geringfügig bessere Werte zu erzielen [77, 190].

Die Rolle des Tauchkühlverfahrens als Quelle für Kreuzkontaminationen mit pathogenen Keimen ist durch zahlreiche ältere Untersuchungen belegt; die Aussagen haben aber durch die neuen Verfahrensvorschriften an Aktualität verloren. Sie werden im Übrigen relativiert durch Untersuchungsergebnisse, die bestätigen, dass auch bei den anderen Kühlverfahren eine Keimübertragung von einem Tierkörper auf den anderen möglich ist [163, 225]. Die ermittelten Luftkeimgehalte in den Luft- und Luft-Sprüh-Kühlräumen [57] sind ebenso wie die an den Wänden und auf Einrichtungsgegenständen dieser Räume nachzuweisenden Spuren des Wachtums psychrotropher Keime (Schleimbildung) Anzeichen einer permanenten Kontaminationsgefahr.

Behandlung nach der Kühlung

Am Ende des Kühlprozesses muss das Geflügelfleisch nach Gemeinschaftsrecht auf eine Temperatur von höchstens +4 °C abgekühlt sein. Dieses Ziel wird unter Praxisbedingungen in der Tiefe der kompakten Muskelpartien (tiefer Brustmuskel, Oberschenkel) jedoch nur annähernd erreicht. Umso wichtiger ist es, die Zeitspanne zwischen dem Verlassen der Kühlvorrichtung und dem Beginn der Kühllagerung möglichst kurz zu halten. In diesem Zeitraum müssen die Tierkörper bei vorangegangener Tauchkühlung noch abtropfen, ansonsten nach Gewicht sortiert und umhüllt, im Bedarfsfall auch noch verpackt werden. Hierbei und beim Einlegen umhüllter essbarer Schlachtnebenprodukte in die Körperhöhle (nur bei Geflügel üblich, das als gefrorene oder tiefgefrorene Ware in den Verkehr gebracht wird) ist ein manueller Kontakt mit dem Fleisch unvermeidbar.

Über die mikrobiologischen Auswirkungen dieser Bearbeitungsschritte liegen unterschiedliche Angaben vor. Teils wurde ein Anstieg des aeroben Keimgehalts festgestellt [137], teils blieb der Keimstatus unverändert [204, 249, 270]. Die Gefahr von Kreuzkontaminationen ist aber in jedem Fall gegeben, da die Tierkörper, abgesehen von der Berührung durch das Personal, nach dem Ausklinken aus dem Bratfertigband auch direkten Kontakt zueinander haben und durch das Einlegen von Schlachtnebenprodukten mit Organen anderer Tiere zu einem Produkt vereint werden.

Gewinnung essbarer Schlachtnebenprodukte

Als essbare Schlachtnebenprodukte werden bestimmte bei der Schlachtung anfallende innere Organe (Herz, Leber, Muskelmagen) und Tierkörperteile (Hals) bezeichnet. Während die Hälse an der Schlachtlinie automatisch abgetrennt werden, müssen die Organe noch überwiegend von Hand gesammelt und bearbeitet werden. Die Lebern sind durch einen Griff so von den Eingeweiden zu lösen, dass möglichst zugleich die Gallenblase abgetrennt wird. Nach einer Wasserspülung und kurzem Abtropfen in einem Lochsieb werden die Lebern auf unter +4 °C gekühlt und anschließend meist in Portionsschalen abgefüllt. Herzen werden zunächst aus dem Herzbeutel befreit, danach ebenfalls gekühlt und portionsweise abgepackt. Mägen werden zusammen mit dem Darmtrakt in einer Wasserrinne zum „Magenschäler" geschwemmt, wo sie mechanisch vom Darm getrennt und von der Schleimhaut befreit („geschält") werden.

Diese Vorgänge führen zu einer hohen Keimbelastung, die je nach Wassereinsatz und sonstigen hygienischen Bedingungen zwischen 10^3 und 10^6 (GKZ/g; entspricht einem Oberflächenkeimgehalt von etwa 10^2-10^5/cm^3) bzw. 10^1 und 10^4 (EB/g) liegen kann [38, 199, 231].

Bei Hälsen ist insbesondere die Haut stark keimhaltig. Hierdurch ist die Haltbarkeit sehr begrenzt. Frisch angebotene Hälse sollten daher vor dem Abpacken enthäutet werden.

Essbare Schlachtnebenprodukte sind großenteils mit Salmonellen [87], *Campylobacter* [21, 23], *Aeromonas* [231] und anderen Risikokeimen kontaminiert.

Schlachtung von Enten und Gänsen

Wassergeflügel wird auf ähnliche Weise geschlachtet wie Hühnervögel (Hühner, Puten, Perlhühner). Größere Schwierigkeiten bereitet hier jedoch das Rupfen. Daher werden Enten und Gänse bevorzugt hochgebrüht (+60 °C). Schwungfedern müssen nach dem mechanischen Rupfprozess teilweise manuell entfernt werden. Zur Beseitigung noch verbliebener Daunenfedern werden die Tierkörper anschließend häufig in ein Wachsbad (+80 bis +87 °C) getaucht. Nach dem Erkalten des Wachsmantels wird dieser zusammen mit den eingeschlossenen Federn von der Tierkörperoberfläche gelöst, das Wachs wird erneut geschmolzen und nach grober Filtration wiederverwendet.

Ob dieser zusätzliche Arbeitsgang auf den Keimstatus des Geflügels einen Einfluss hat, ist umstritten. Teils wurde ein keimreduzierender Effekt festgestellt [80], teils blieb der Keimgehalt trotz der Hitzeeinwirkung auf gleichem Niveau [74].

Bei Gänsen wurden während des gesamten Schlachtprozesses Keimzahlen (GKZ) von über 10^5/g Halshaut mit Spitzenwerten nach dem Rupfen und nach der Eviszeration ermittelt [31]. *Enterobacteriaceae*, Hefen, Schimmelpilze, Pseudomonaden und Enterokokken lagen um etwa 1,5 - 2 Zehnerpotenzen darunter.

5.2.3 Erlegen und nachfolgende Behandlung von Federwild

Die für die Gewinnung von Geflügelfleisch geltenden Hygieneregeln sind auf Federwild, zumindest im ersten Teil des Gewinnungsprozesses, nur beschränkt anwendbar. Schon der Vorgang des Erlegens (meist durch Schrotschuss) stellt eine schwere hygienische Belastung dar, da es häufig zu Perforationen des Kropfes oder des Magen-Darmtrakts und damit zu einer Kontamination des Fleisches durch die Intestinalflora kommt. Oft ist das Revier unwegsam und unübersichtlich, Wassergeflügel (Wildenten und -gänse) kann nach dem Treffer ins Wasser oder auf morastigen Grund fallen, nicht selten ist ein Nachsuchen erforderlich. Bis die Tierkörper ordnungsgemäß gekühlt werden können, vergehen oft mehrere Stunden. Unter diesen Umständen können ungünstige Witterungsbedingungen (hohe Temperaturen, hohe Luftfeuchtigkeit) bereits eine Vermehrung der Keime im Fleisch einleiten. Begünstigt werden diese Vorgänge durch eine bei Jägern noch verbreitete Praxis, den Darm des

Wildkörpers durch „Aushakeln" aus der Kloake zu entfernen. Hierbei reißt der Darm am Magenausgang ab, so dass Magen- und Darminhalt in die Körperhöhle gelangen können. Als hygienisch günstiger wird eine Methode angesehen, bei der durch einen Schnitt die Kloakenöffnung erweitert und von hier aus der gesamte Magen-Darmtrakt sowie Lunge und Leber mit den Fingern aus der Körperhöhle entnommen werden [132]. Empfohlen wird auch - besonders bei Tauben - eine unverzügliche Herausnahme des Kropfes, da die durch postmortal verstärkt einsetzende Gärungsprozesse des Kropfinhalts entstehenden Stoffwechselprodukte schnell in das umliegende Gewebe dringen und zu Geschmacksbeeinträchtigungen führen. Der Kropf kann durch einen separaten Brustschnitt aus dem Tierkörper entnommen werden.

Die im Federkleid und auf der Haut haftenden Mikroorganismen, hauptsächlich grampositive Keime (Sporenbildner, Mikrokokken, Streptokokken) sowie Hefen und Schimmelpilze, können sich bei trockenem Gefieder und trockener Haut zunächst kaum vermehren, sie werden aber durch direkten Kontakt, Staubentwicklung sowie durch Milben und Federlinge, die meist in großer Zahl vorhanden sind, auf ungeschützte Fleischteile übertragen. Daher ist ein möglichst frühzeitiges Rupfen oder Abbalgen der Tierkörper (Entfernen des Federkleides mitsamt der Haut) erforderlich [132]; es sollte spätestens 36 Stunden nach dem Erlegen erfolgen. Noch wichtiger als der Zeitpunkt sind allerdings die Bedingungen, unter denen eine Bearbeitung des Federwildes stattfindet. Im Jagdrevier jedenfalls ist ein hygienisches Freilegen von Fleischteilen nicht möglich.

Nur ein geringer Anteil der in Mitteleuropa anfallenden Jagdstrecke wird über Wildkammern und Wildverarbeitungsbetriebe in den Verkehr gebracht und unterliegt damit den Vorschriften des Geflügelfleischhygienerechts. (Die meisten Tiere werden ohne amtliche Kontrolle direkt an Verbraucher abgegeben). Wichtigste Elemente zur Vermeidung eines vorzeitigen mikrobiellen Verderbs sind eine frühzeitige Kühlung des erlegten Wildes auf eine Fleischtemperatur von höchstens +4 °C und eine durchgehende Kühlhaltung bei dieser Temperatur bis zur Abgabe an den Verbraucher. Hierdurch wird bei nicht ausgenommenen Tieren eine Vermehrung von Clostridien im Verdauungstrakt verhindert und die Bildung von Schwefelwasserstoff (H_2S) im Wesentlichen auf die Stoffwechselleistungen der Enterobacteriaceen beschränkt [19]. H_2S diffundiert aus dem Darm in das umliegende Gewebe und ist für dessen Grünverfärbung verantwortlich (Bildung von Sulfhämoglobin). Dieser Prozess, der in gleicher Form übrigens auch bei nicht ausgenommenem Schlachtgeflügel zu beobachten ist [14], kann bei rechtzeitiger Kühlung und durchgehender Kühllagerung bei der vorgeschriebenen Temperatur von +4 °C um mehrere Tage hinausgezögert werden.

Von der in früheren Jahren allgemein geübten Praxis des mehrtägigen Abhängenlassens von nicht ausgenommenem Federwild im Federkleid wird heute aus Gründen der Hygiene abgeraten, da der hierbei entstehende „typische“ Wildgeschmack (Hautgoût) bereits Zeichen eines beginnenden Verderbs ist.

5.2.4 Zerlegung, weitere Be- und Verarbeitung

Die Zerlegung von Schlachtkörpern ist - wie die meisten Verfahrensabläufe - heute weitgehend automatisiert. Dies trifft insbesondere für Masthähnchen zu, während große Tiere (Puten, Gänse) und Geflügel aus gewichtsmäßig uneinheitlichen Partien teilweise noch manuell zerlegt werden.

Auf die Mikrobiologie des Fleisches hat die Art der Zerlegung keinen systembedingten Einfluss. Entscheidend sind die Einhaltung der hygienischen Anforderungen, insbesondere regelmäßige Reinigung und Desinfektion, kurze Verweilzeiten im Zerlegungsraum und durchgehende Kühlung (bei Warmfleischzerlegung: rasche Kühlung nach der Bearbeitung). Unter diesen Bedingungen ist nicht mit einer nennenswerten Vermehrung, sondern lediglich mit einer Ausbreitung der Keime auf die frischen Schnittflächen zu rechnen. Ein verhältnismäßig hoher Ausgangskeimgehalt (GKZ: 10^3 - 10^5/cm^3, entspr. 10^4 - 10^6/g) ist auf Hautpartien sowie auf den körperhöhlenseitigen Oberflächen zu erwarten [67, 204, 231]. Daher treten beispielsweise bei Geflügelbrust mit Haut früher Geruchsabweichungen auf als bei enthäuteter Brust.

Der nach dem Abtrennen der Brust, der Schenkel und im Bedarfsfall der Flügel zurückbleibende Rest des Tierkörpers wird häufig zur Gewinnung von Separatorenfleisch verwendet (siehe auch Abschnitt 5.2.1). Separatorenfleisch darf bei der Herstellung bestimmter Fleisch- und Geflügelfleischerzeugnisse (Brühwursterzeugnisse) verwendet werden. Im Umgang mit diesem Rohstoff ist zum Erhalt einer hygienisch befriedigenden Qualität eine besonders sorgfältige Behandlung erforderlich. Da der Keimgehalt bereits auf dem Ausgangsmaterial relativ hoch ist, sollte ein weiterer Keimanstieg vermieden und die Restfleischgewinnung möglichst umgehend an die Zerlegung angeschlossen werden. Wo dies nicht möglich ist, sind die Karkassen einzufrieren oder bei ±0 °C höchstens 24 Stunden zu lagern. Trotzdem wird ein aerober Keimgehalt von $< 10^4$/g Separatorenfleisch nur schwer erreichbar sein. Unter bislang praxisüblichen Bedingungen liegen die Keimzahlen (GKZ) für Geflügelseparatorenfleisch bei etwa 10^5/g [170]. Werden hierbei Karkassen verwendet, die bereits einige Tage unter Kühlhaltung gelagert wurden, wird die Flora von psychrotrophen Keimen, insbesondere *Pseudomonas spp.*, beherrscht.

In jüngerer Zeit werden in Zerlegungsräumen vermehrt Bearbeitungsschritte vorgenommen, die nicht mehr der Zerlegung zuzurechnen sind und daher eigentlich in separaten Räumen durchgeführt werden müssten. Insbesondere das Würzen von Tierkörpern und Teilstücken durch Wälzen in trockenen Gewürzmischungen ist hier wegen des oft hohen Keimgehalts von Trockengewürzen (hauptsächlich Sporenbildner) als kritisch anzusehen. Es wird aber von den Überwachungsbehörden unter der Voraussetzung geduldet, dass es in geschlossenen Trommeln durchgeführt und eine nachteilige Beeinflussung des nicht zum Würzen bestimmten Geflügelfleisches vermieden wird.

Die Gewürzmischungen sollten von der Betriebsleitung laufend mikrobiologisch kontrolliert werden. Bei der Festlegung des Verbrauchsdatums, das auch für frisches gewürztes Geflügelfleisch verbindlich ist, muss der Keimgehalt der Gewürze berücksichtigt werden, wenngleich die Sporenbildner, die den Hauptbestandteil der Gewürzflora stellen, bei vorschriftsgemäßer Kühllagerung nicht am Fleischverderb beteiligt sind.

Ein seit Jahren ständig wachsendes Käuferinteresse finden Erzeugnisse, die im englischen Sprachraum als „enrobed (coated) products“ bezeichnet werden. Es handelt sich dabei um rohe oder vorgegarte Teile oder Gemenge, die von einer Panade umgeben sind. Geflügelerzeugnisse dieser Art (z.B. panierte Hähnchenbrustfilets, Hähnchen-Nuggets, Hähnchentaler „Wiener Art“ aus zerkleinertem Geflügelfleisch) werden in ihrer mikrobiologischen Beschaffenheit durch drei Einflussgrößen bestimmt, nämlich den Keimgehalt der Ingredienzien für die Panade, den Keimstatus des Fleisches und die hygienischen Bedingungen bei der Herstellung der Erzeugnisse [42]. Demzufolge kann der Keimgehalt des fertigen Erzeugnisses stark variieren. Durch Mehl, andere Zerealien und Gewürze können hohe Anteile von Sporenbildnern, Mikrokokken, Hefen und Schimmelpilzen, daneben (insbesondere bei feucht gelagerter Ware) auch gramnegative Keime auf das Fleisch gelangen. Ist das Geflügelfleisch vorgegart, trägt dieses selbst nur wenig zur mikrobiellen Gesamtbelastung bei.

Gründliche Reinigungs- und Desinfektionsmaßnahmen des gesamten Herstellungsbereichs verhindern den Eintrag einer „Betriebsflora“ in das Produkt und eine Kreuzkontamination mit pathogenen Mikroorganismen.

Auch für Geflügelfleischzubereitungen (z.B. panierte Erzeugnisse aus rohem Geflügelfleisch) gelten, sofern sie industriell hergestellt werden, die mikrobiologischen Kriterien der Hackfleisch-Richtlinie ([5 A]; siehe Abschnitt 5.2.1 - Betriebliche Eigenkontrollen, Hygieneschulung).

Erzeugnisse, die durch Pökeln, Räuchern, Marinieren, Trocknen oder durch Hitzebehandlung haltbar gemacht wurden, sind aus mikrobiologischer Sicht ähnlich zu bewerten wie entsprechende Rotfleischerzeugnisse. Dies gilt nur mit Abstrichen für frische Mettwurst (auch im Rotfleischbereich ein sehr sensibles Erzeugnis), da hier ein höherer Befallsgrad mit Salmonellen zu erwarten ist [266], und für mild gepökelte und geräucherte Produkte wie gepökelte und geräucherte Gänsebrust. Das letztgenannte Erzeugnis hat nur eine begrenzte Haltbarkeit, die bei +4 °C unter Folienverpackung immerhin noch 40 - 55 Tage, bei +20 °C jedoch nur 8 - 12 Tage beträgt [13]. Hierbei beherrschen Laktobazillen, besonders bei vakuumverpackten Erzeugnissen, neben Hefen das mikrobiologische Profil.

5.2.5 Lagerung und Verderb frischen Geflügelfleisches

Faktoren, welche die Haltbarkeit bzw. den Verderb von frischem Geflügelfleisch beeinflussen, werden von PATTERSON [175] in fünf Kategorien unterteilt:

1. solche, die auf die mikrobielle Ausgangsbelastung und die Art der Mikroorganismen auf dem geschlachteten und für die Lagerung hergerichteten Geflügel(fleisch) Einfluss nehmen,
2. die Lagerungstemperatur, die nicht nur die Wachstumsgeschwindigkeit der Mikroorganismen beeinflusst, sondern auch eine Selektion bestimmter Keime bewirkt,
3. die Art des Geflügels (Wassergeflügel, Masthähnchen, Legehennen o.a.),
4. die Art der Umhüllung bzw. Verpackung (Gasdurchlässigkeit der verwendeten Folien),
5. Lagerung in modifizierter Gasatmosphäre.

Unter diesen Einflussgrößen kommt der Lagerungstemperatur sicherlich die größte Bedeutung zu.

Geflügelfleisch ist im gewerblichen Handel bei einer Temperatur von höchstens +4 °C zu halten. Auf der Großhandelsstufe wird darüber hinaus versucht, durch Kühlhaltung des Geflügelfleisches bei ±0 °C eine Verlängerung der Haltbarkeit und damit eine Erweiterung der Verbrauchsfrist zu erreichen. Die Haltbarkeit ist spätestens dann abgelaufen, wenn erste Geruchsabweichungen (ab etwa 10^7 GKZ/cm^3 Haut) und Schleimbildung (ab etwa 10^8 GKZ/cm^3) einsetzen [185]. Dieser Zeitpunkt ist bei Geflügelkörpern, die unverpackt oder mit gasdurchlässiger Folie umhüllt sind, bei einer Lagerungstemperatur von +4 °C nach 6 bis 10 Tagen erreicht [67, 185, 204].

Der Verderb setzt nicht an allen Stellen des Geflügelkörpers zugleich ein. So ist die Muskulatur, abgesehen von den freigelegten Schnittflächen, anfangs nahezu keimfrei. Erst im Lauf der Lagerung kommt es zu einer Penetration der Keime von den Oberflächen in die Tiefe, wobei *Pseudomonas spp.* offenbar besonders aktiv sind, während unbewegliche Bakterien ungeachtet ihrer proteolytischen Eigenschaften im Wesentlichen in den oberflächlichen Gewebsschichten zurückbleiben [239].

In hohem Maß durch frühzeitigen Verderb gefährdet sind die am Ende des Schlachtprozesses besonders stark kontaminierten Bezirke, nämlich die in der Körperhöhle verbliebenen Gewebsreste, Lunge, Nieren sowie die außen- und innenseitig kontaminierten Halshautlappen. Bei Versuchen, in denen Halshaut zur Ermittlung des mikrobiologischen Status von Hähnchen herangezogen wurde, kam es trotz einer Lagerungstemperatur von +2 °C schon nach 7 - 9 Tagen zu Überschreitungen des fiktiven Richtwertes für den aeroben Keimgehalt (10^7 GKZ/cm^3, entspr. 10^8 GKZ/g); dabei hatte offenbar das Kühlverfahren am Ende der Schlachtung (Tauchkühlung, Luftkühlung oder Wasser-Luft-Kühlung) keinen bedeutenden Einfluss auf die Lagerfähigkeit der mit gasdurchlässiger Folie umhüllten Tierkörper ([249, 270]; siehe auch Abb. 5.4).

Mit einer kontinuierlichen Lagerungstemperatur von ±0 °C kann eine über 14 Tage hinausgehende Haltbarkeit erreicht werden [185]. Diese Bedingungen sind allerdings in der Praxis der Geflügelfleischvermarktung kaum durchgehend einzuhalten.

Unterbrechungen der Kühlkette führen zu einem raschen Verderb des Geflügelfleisches.. Bei +20 °C tritt dieser bereits nach wenigen Stunden ein, bei +15 °C nach weniger als 48 Stunden, bei +10 °C nach 2 - 2,5 Tagen - vorausgesetzt, der Keimgehalt (GKZ) lag zuvor bei $< 10^4/cm^3$ Haut [185].

Auf die für den Verderb verantwortliche Mikroflora wurde bereits in Abschnitt 5.1.2 eingegangen. Unter aeroben Bedingungen, d.h. bei unverpacktem, nicht oder mit gasdurchlässiger Folie umhülltem Geflügel verschiebt sich das Keimspektrum bei einer Lagerungstemperatur von +4 °C schon nach wenigen Tagen sehr weitgehend [67]. Von den bei Lagerungsbeginn dominierenden Keimgruppen (Mikrokokken 34 %, Coryneforme 24 %, *Enterobacteriaceae* 16 %, Laktobazillen 16 %) sind nach 4 Tagen nur noch die Coryneformen mit etwa 12 % vertreten (Flavobakterien 40 %, Pseudomonaden 22 %, *Brochothrix thermosphacta* 12 %); bereits nach 6 Tagen beherrschen die Pseudomonaden das Spektrum (63 %, davon *P. fragi* 33 %, *P. fluorescens/P. putida* 27 %, *Alteromonas spp.* 3 %), gefolgt von *B. thermosphacta* (22 %); nach 12 Tagen stellen Pseudomonaden über 80 % der aeroben Gesamtflora, davon 70 % *P. fragi*. Während der gesamten Lagerdauer sind auch *Acinetobacter spp.* und *Moraxella spp.* nachzuweisen. Ihr Anteil an der Gesamtflora geht jedoch erst gegen Ende der Haltbarkeit des Geflügelfleisches gelegentlich über 10 % hinaus [67].

Auch bei höheren Temperaturen (um +10 °C) bleiben Pseudomonaden dominierend [185]. Hier finden allerdings auch *Enterobacteriaceae*, insbesondere psychrotrophe Arten wie *Serratia liquefaciens*, *Enterobacter spp.*, *Hafnia spp.* und *Citrobacter spp.*, die bereits in frisch geschlachtetem Geflügel stärker vertreten sind [152], gute Entwicklungsmöglichkeiten [175, 185].

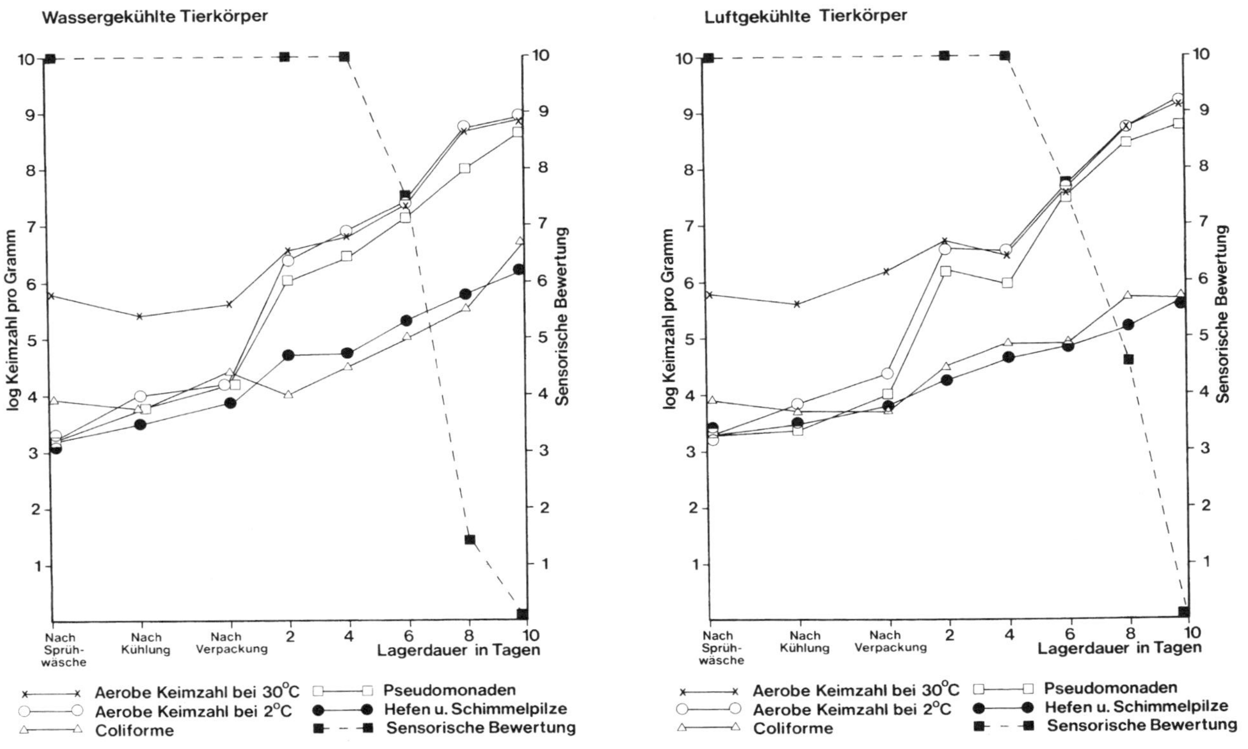

Abb. 5.4 Veränderungen des Keimgehalts (Halshaut) und der sensorischen Wertigkeit von Hähnchenschlachtkörpern bei Kühllagerung (+2 °C)

Bei +20 °C stehen nach eintägiger Lagerdauer *Acinetobacter spp.* und *Moraxella spp.* (58 %) sowie *Enterobacteriaceae* (22 %) im Vordergrund [185].

Zu deutlichen Veränderungen im Keimspektrum kommt es, wenn Geflügelfleisch in einem von der gewöhnlichen Erdatmosphäre abweichenden Gasgemisch aufbewahrt wird. Allein eine Verpackung in einer weitgehend gasdichten Hülle, mehr noch eine Evakuierung der Packung, bewirkt im Lauf der Lagerung bereits eine Veränderung der Massenanteile der Luftkomponenten durch Zunahme der CO_2-Spannung bei gleichzeitiger Abnahme des O_2-Partialdrucks. Hierbei führt weniger das sich vermindernde Sauerstoffangebot (bei +4 °C-Lagerung von Geflügelkörpern in gasdichter Hülle, aber ohne vorangegangene Evakuierung, nach 20 Tagen immerhin noch 12 %!) als vielmehr der steigende CO_2-Gehalt (unter denselben Bedingungen nach 20 Tagen etwa 8 %) nach einiger Zeit zu einer generellen Verzögerung des Bakterienwachstums und zum Verschwinden bestimmter Keimarten [229]. Zwar wird ein unter anderen Bedingungen bereits auf beginnenden Verderb hinweisender Keimgehalt (GKZ) von $10^7/cm^3$ Haut auch hierbei schon nach 8 Tagen erreicht; die Geruchsabweichungen sind aber weniger ausgeprägt als bei konventionell gelagertem Geflügel. Hieraus soll eine um 30 % verlängerte Haltbarkeit resultieren [229].

Eine von den aeroben Lagerungsbedingungen her bekannte Dominanz der Pseudomonaden bei Kühllagerung wird durch eine gasdichte Umhüllung des Geflügelfleisches allein nicht verhindert. Im Gegenteil scheint diese im ersten Abschnitt der Lagerhaltung den Anteil dieser Keimgruppe an der Gesamtflora sogar zu beschleunigen (68 % nach 4 Tagen, 86 % nach 8 Tagen, 68 % nach 12 Tagen, 50 % nach 16 Tagen). Erst nach 20 Tagen, also bei bereits fortgeschrittenem Verderb des Fleisches, erreichen andere Keimarten wie *Aeromonas spp.*, *Vibrio spp.* und Laktobazillen annähernd das Niveau der Pseudomonaden [229].

Bei Lagerung unter Vakuum kann mit einer gegenüber konventioneller Lagerung um die Hälfte verlängerten Haltbarkeit gerechnet werden [71]. Ein weitgehender Austausch der Atmosphäre durch CO_2 eröffnet die Möglichkeit einer Verlängerung der Verbrauchsfrist auf das Doppelte [30] bis Dreifache [200], eine gleichzeitige Erniedrigung der Rest-O_2-Spannung auf $< 0{,}05$ % sogar eine Verlängerung auf das Fünffache gegenüber den nicht unter Schutzgas gelagerten Tierkörpern [71]. Durch Absenkung der Lagerungstemperatur auf -1,5 °C wird schließlich eine Haltbarkeit bis zu 10 Wochen erreicht. Hierbei spielen *Enterobacteriaceae* nur in der Anfangsphase bis zu einem Gesamtkeimgehalt von 10^5/Tierkörper (Ganzkörper-Spülmethode mit 100 ml Peptonwasser) eine dominierende Rolle; später wird die Flora von Laktobazillen beherrscht [30, 71]. *L. monocytogenes* kann sich unter der hohen CO_2-Spannung in Verbindung mit der niedrigen Temperatur nicht vermehren [83].

Für Endverbraucherpackungen ist die CO_2-Begasung weniger geeignet, da das Geflügelfleisch hierbei eine außerordentlich blasse Farbe annimmt [30]. Da die Farbveränderungen unter Luftzutritt reversibel sind, könnte sich das Verfahren für die Lagerung und den Transport zur Verarbeitung eignen.

Eine bessere Farbhaltung bei gleichzeitiger bakterienhemmender Wirkung ist mit einem Schutzgas-Gemisch aus 90 % CO_2 und 10 % O_2 zu erreichen [261]. Die Haltbarkeit wird hiermit trotz des relativ hohen O_2-Gehalts gegenüber konventionell gelagertem Geflügelfleisch um das 2- bis 2,5-fache gesteigert.

Beim mikrobiellen Verderb des Geflügelfleisches entstehen neben anderen Stoffwechselprodukten auch biogene Amine. Einige von ihnen (Cadaverin, Putrescin) korrelieren im Vorkommen offenbar gut mit dem Gesamtkeimgehalt (GKZ) des Geflügelfleisches während der Kühllagerung (+4 °C) und eignen sich daher offenbar als Leitsubstanzen zur schnellen Ermittlung der Keimzahl und des einsetzenden Verderbs [203].

5.2.6 Gefrieren und Auftauen

Eine wesentliche Verlängerung der Haltbarkeit frischen Geflügelfleisches kann durch Gefrier- (< -2 °C) oder Tiefgefrierlagerung (< -18 °C) erzielt werden, wobei darauf hinzuweisen ist, dass gefrorenes Geflügelfleisch in der EU auf allen Handelsstufen bei Temperaturen von unter -12 °C gehalten werden muss. Bei derartig tiefen Gefriertemperaturen kommen sämtliche mikrobiell verursachten Prozesse zum Erliegen, da nicht nur die unteren Temperaturgrenzen für die Vermehrung der meisten Mikroorganismen deutlich unterschritten werden, sondern auch durch Kristallisation des im Fleisch vorhandenen ungebundenen Wassers die Wasseraktivität (a_w) stark abnimmt. Als praktische Minimaltemperatur für das Wachstum der psychrotolerantesten Keime, bestimmter Schimmelpilzarten wie *Cladosporidium herbarum, C. cladosporidioides, Penicillium hirsutum, Chrysosporium pannorum* und *Thamnidium elegans*, wird unter den Bedingungen eines reduzierten a_w-Wertes derzeit eine Temperatur zwischen -5 °C und -6 °C angesehen [145]. Werden Lagerungstemperaturen unterhalb dieses Grenzbereichs eingehalten, kann es nicht zu den durch Schimmelpilze hervorgerufenen Veränderungen wie Schwarz- oder Weißfleckigkeit kommen. Die für diese Verderbserscheinungen verantwortlichen Keime gehören teils zu den oben genannten Schimmelpilz-Spezies, teils handelt es sich um Arten mit weniger ausgeprägter Psychrotoleranz (Temperaturminimum für Wachstum auf gefrorenem Fleisch: -1 °C bis -2 °C). Schimmelpilzbefall von gefriergelagertem Geflügelfleisch kann demnach nur bei erheblichen und länger währenden Temperaturmängeln während der Lagerung auftreten.

Mit dem Einfrieren, das sich bei Tierkörpern in der Regel unmittelbar an den Schlachtprozess anschließt und bei Teilstücken sowie Zubereitungen unverzüglich nach der Zerlegung bzw. Herstellung durchzuführen ist, geht ein Teil der auf dem Geflügelfleisch haftenden Mikroorganismen zugrunde. Während der Gefrierlagerung nimmt die Keimzahl weiter ab, wird aber selten um mehr als 2 Zehnerpotenzen reduziert.

Dabei wird das Keimspektrum zugunsten der kältetoleranteren Psychrotrophen verschoben [196, 197].

Pathogene Keime (*L. monocytogenes*, *Salmonella spp.*, *C. perfringens*) überleben die Gefrierlagerung ebenfalls, wie an den gegenüber frischen Proben kaum reduzierten Nachweisraten bei gefrorenem Geflügelfleisch erkennbar ist ([1, 182, 250]; siehe auch Tab. 5.2).

Mit einem erhöhten hygienischen Risiko ist das **Auftauen** gefrorenen Geflügelfleisches verbunden. Da ein Großteil der Tierkörper, Teilstücke und Schlachtnebenprodukte mit Salmonellen behaftet ist (siehe Abschnitt 5.1.1 - Salmonellen), besteht die Gefahr einer Kontamination anderer Lebensmittel sowie der Geräte und Arbeitsflächen im Küchenbereich. Daher ist beim Entfernen der Schutzhülle um das Gefriergut und beim Umgang mit dem Geflügelfleisch sowie mit der Auftauflüssigkeit besondere Sorgfalt geboten.

Für die Vermehrung der Mikroorganismen auf dem Geflügelfleisch und in der Auftauflüssigkeit ist die Auftautemperatur offenbar ohne Belang, wenn der Auftauprozess mit dem Erreichen einer Kerntemperatur des Fleisches von ±0 °C bis +10 °C beendet wird [252]. Weder bei einer Auftautemperatur von +5 °C noch bei solchen von +15 °C, +20 °C oder +28 °C wurde eine Vermehrung des aeroben Keimgehalts (GKZ) oder der vor dem Tiefgefrieren aufgebrachten Testkeime (*E. coli, S. Enteritidis, L. innocua*) festgestellt. Ein Bakterienwachstum wurde erst mehrere Stunden nach dem Auftauen des Geflügelfleisches beobachtet [252].

5.2.7 Mikrobielle Dekontamination von Geflügelfleisch

Die hohe mikrobielle Belastung frischen Geflügelfleisches und das Ausmaß der Kontamination mit pathogenen Erregern (Salmonellen, *Campylobacter* u.a.) haben frühzeitig zu Überlegungen und Versuchsansätzen geführt, eine Qualitätsverbesserung durch den Einsatz von Stoffen mit keimhemmender Wirkung oder durch andere Behandlungsverfahren zu erreichen. Allerdings ist die Einführung solcher Verfahren in die Praxis an bestimmte Anforderungen geknüpft, die eine allgemeine Verbreitung bei der Geflügelfleischgewinnung bislang verhindert haben:

1. Das Verfahren muss einen deutlich erkennbaren Nutzeffekt haben.
2. Das Geflügelfleisch darf durch die Behandlung nicht nachteilig (gesundheitlich, sensorisch, ernährungsphysiologisch, technologisch) beeinflusst werden; der Frischezustand des Geflügelfleisches muss erhalten bleiben.
3. Auf oder in dem Geflügelfleisch dürfen keine von der Dekontamination herrührenden Rückstände verbleiben.
4. Das Verfahren darf nicht zu unzumutbaren Umweltbelastungen führen und muss gesundheitspolitisch akzeptiert sein.
5. Das Verfahren muss im Einklang mit den Rechtsvorschriften stehen.

Die bislang diskutierten und in einigen Staaten bereits zugelassenen und eingesetzten Verfahren lassen sich nach ihrer Wirkungsweise in zwei Gruppen unterteilen:

1. Chemische Verfahren

   Hierbei werden Stoffe mit keimhemmender Wirkung entweder dem für die Behandlung des Geflügelfleisches verwendeten Trinkwasser oder eigens zur Dekontamination des Fleisches bestimmten Bädern zugesetzt. Im Einzelnen werden verwendet:

- Chlor und seine Verbindungen
- Ozon
- Genusssäuren (Essigsäure, Milchsäure, Zitronensäure)
- andere Stoffe (Trinatriumphosphat, quaternäre Ammoniumverbindungen u.a.)

2. Physikalische Verfahren:

- Behandlung mit ionisierenden oder ultravioletten Strahlen
- Elektrostimulation
- Wasserdampfbehandlung

Die **Chlorung** des für den Schlachtprozess verwendeten Trinkwassers ist außerhalb der EU das bei der Gewinnung von Geflügelfleisch bislang am weitesten verbreitete Verfahren. Dem Brüh-, Wasch- und Kühlwasser wird eine sonst bei Trinkwasser nur in besonderen Fällen (für die Desinfektion im Katastrophenfall) zugelassene Dosierung (Chlor-Konzentration bis zu 200 mg Hypochlorit pro Liter; [19 A]) zugesetzt [52]. Die keimabtötende Wirkung steigt außerdem mit der Dauer der Einwirkung und der Temperatur am Wirkungsort. Reichern sich organische Stoffe (Blut, Futterreste, Darminhalt, tierische Gewebe) im Wasser an, sinkt der Wirkungsgrad durch Bindung des Chlors („Chlorzehrung“).

Bei ausreichender Einwirkungszeit (im Brühbad und während der Tauchkühlung) ist eine Keimreduktion um eine bis zwei Zehnerpotenzen erreichbar [52, 102, 201, 243]. In Betrieben, die auf die Tauchkühlung verzichten, ist die Effizienz der Chlorbehandlung jedoch umstritten. Abgesehen vom Dekontaminationseffekt kommt es bei der Chlor-Anwendung zu Geruchsabweichungen und Farbveränderungen beim Geflügelfleisch und zur Geruchsbelästigung im Betrieb. Einige Keimarten, besonders Staphylokokken, entwickeln bei längerer Anwendung zudem eine Chlorresistenz [154].

In der Europäischen Union ist die Chlorung („hyperchlorination“) von Wasser, das bei der Fleisch- und Geflügelfleischgewinnung verwendet wird, umstritten, da „nur Wasser von Trinkwasserqualität“ verwendet werden darf.

Einen keimreduzierenden Effekt hat auch die Behandlung des Geflügelfleisches mit **Ozon** (O_3). Bei ausreichender Konzentration (> 2 %, m/m) im Kühl- oder Waschwasser und einer Einwirkzeit von mindestens 30 Sekunden ist eine Verminderung der Salmonellenzahl auf Geflügelhaut um das 4- bis 10-fache erreichbar [184]. Allerdings ist die Wirkung gegenüber den auf dem Geflügelfleisch haftenden Mikroorganismen deutlich geringer als gegenüber frei im Kühlwasser schwimmenden Keimen [211].

Die Haltbarkeit ozonbehandelten Geflügelfleisches soll um 1 - 2 Tage verlängert sein [105].

Aus Kostengründen und wegen der Umweltbelastung sowie der ungeklärten Frage der Zulässigkeit hat sich die Ozonbehandlung von Frischgeflügel bislang nicht durchgesetzt.

Eine Behandlung von Geflügelfleisch mit **Genusssäuren** führt ebenfalls zu einer Verminderung des Oberflächenkeimgehalts. Durch Eintauchen (10 Sekunden) in ein 3 %iges Säuregemisch (Essigsäure, Milchsäure, Zitronensäure, Ascorbinsäure) werden sowohl der Gesamtkeimgehalt (GKZ) als auch die Zahl der Salmonellen um etwa eine Zehnerpotenz reduziert; die Differenz zu unbehandeltem Geflügelfleisch bleibt während der Kühllagerung (+10 °C) erhalten [54]. In anderen Publikationen [50, 51] wird die Wirkung (0,6 % Essigsäure, 10 min Einwirkzeit) auf *Enterobacteriaceae* bestätigt, der Gesamtkeimgehalt wird den Ergebnissen zufolge jedoch kaum beeinflusst.

Der keimreduzierende Effekt kann offenbar durch Einblasen von Luft („air injection“) in das Säurebad verstärkt werden [49].

Die seit einiger Zeit propagierte Tauch- oder Spraybehandlung von geschlachtetem Geflügel mit einer 10%igen **Trinatriumphosphat** (Na_3PO_4)-Lösung, bewirkt offenbar eine Reduzierung gramnegativer Keime auf der Fleischoberfläche. In den bislang zu diesem Verfahren veröffentlichten Untersuchungen wurde insbesondere das Verhalten von Salmonellen und *Campylobacter* geprüft. Die Ergebnisse weisen darauf hin, dass beide Keimarten - je nach Anwendungsart und Einwirkzeit der Lösung - um eine bis zwei Zehnerpotenzen reduziert werden [58, 69, 123, 124, 144, 221]. Zu einer Beeinträchtigung der sensorischen Eigenschaften des Fleisches soll es bei diesem Verfahren nicht kommen [93]. Bei allen genannten Behandlungsverfahren ist zu beachten, dass eine nachhaltige Wirkung auf den Keimstatus des Geflügelfleisches nur dann erzielt werden kann, wenn eine Rekontamination nach der Behandlung vermieden wird.

Unter den physikalischen Dekontaminationsverfahren, die das Geflügelfleisch in seinem Frischezustand belassen, hat sicherlich die **Bestrahlung** mit ionisierenden Strahlen die größte Bedeutung. Von der WHO und der FAO wird das Verfahren seit dem Jahr 1980 bis zu einer Bestrahlungsdosis von 10 kGy (KiloGray) auch für Geflügelfleisch uneingeschränkt empfohlen [274]. Auch das Wissenschaftliche Veterinärkomitee der Europäischen Kommission (Vorgängergremium des heute bei der Europäischen Behörde für Lebensmittelsicherheit tätigen wissenschaftlichen Gremiums für die Bewertung biologischer Gefahren) vertrat schon 1986 die Auffassung, dass das Verfahren effektiv und sicher sei und hielt weitere Untersuchungen zur Absicherung der gesundheitlichen Unbedenklichkeit nicht für erforderlich [272].

Die Bestrahlung bewirkt eine deutliche Reduktion aller Mikroorganismen einschließlich Protozoen und mehrzelliger Parasiten, wobei einige gramnegative Bakterien besonders sensibel reagieren. Auf Geflügelfleisch wurden bei Fleischtemperaturen von +10 °C bis +12 °C für einige Keimarten folgende D_{10}-Werte (Strahlendosen, die für eine Keimreduktion um 90 % erforderlich sind) ermittelt [176, 177]:

P. putida	0,08 kGy
E. coli	0,39 kGy
S. aureus	0,42 kGy
L. monocytogenes	0,49 kGy
S. typhimurium	0,50 kGy
Moraxella phenylpyruvica	0,86 kGy

(Salmonellen sind in ihrer Strahlenempfindlichkeit wie *E. coli* einzuordnen.)

Eine erheblich höhere Strahlenresistenz (1,9 kGy bei +5 °C in Putenbrust) besitzen Endosporen von *B.cereus* [236].

Als vertretbarer Kompromiss zwischen erwünschter Keimreduktion und Erhaltung der sensorischen Eigenschaften von Geflügelfleisch wird weithin eine Bestrahlungsdosis von 2,5 kGy angesehen [135, 159, 235, 245]. Diese Behandlung garantiert zwar kein salmonellenfreies Produkt [159], doch werden pathogene Keime und Verderbniserreger so weitgehend reduziert, dass das Gesundheitsrisiko wesentlich gemindert und die Haltbarkeit auf einen 2- bis 3-fachen Zeitraum gegenüber unbehandeltem Geflügelfleisch verlängert wird [135, 139].

Versuche einer Keimreduzierung mit Hilfe von Ultraviolett-Bestrahlung waren weniger erfolgreich. Salmonellen wurden hierdurch nur unerheblich geschädigt [246].

Innerhalb der Europäischen Union haben bislang nur Frankreich, Großbritannien und die Niederlande die Bestrahlung von Geflügel erlaubt. In Deutschland ist die Strahlenbehandlung von Geflügel bislang nicht zugelassen. Von der Möglichkeit, eine Ausnahmegenehmigung nach § 47 a des Lebensmittel- und Bedarfsgegenständegesetzes [16 A] zu beantragen, wurde bislang nicht Gebrauch gemacht.

Auch durch **Elektrostimulation** kann der Oberflächenkeimgehalt reduziert werden [24, 140]. Hierzu sind allerdings längere Einwirkzeiten erforderlich als zur Beschleunigung der postmortalen Glykolyse, für die das Verfahren sonst verwendet wird. Eine keimabtötende Wirkung (Reduktion vermehrungsfähiger GKZ, Coliformer und *S. Typhimurium* um 80 - 85 %) war bei Rindersteaks erst bei einer Stimulation mit 620 V über 60 Sekunden oder durch mehrfache Impulse zu erreichen [24]. Bei Geflügel liegen lediglich Ergebnisse von Untersuchungen an isolierter Haut vor [140].

Versuche einer Dekontamination von Geflügelfleisch mit **Wasserdampf** (20 Sekunden bei +180 bis +200 °C) führten zwar zu einer Reduktion des Oberflächenkeimgehalts (GKZ) um eine bis drei (im Mittel zwei) Zehnerpotenzen, bewirkten aber bei ganzen Tierkörpern keine Verminderung des Anteils salmonellenbehafteter Proben [44]. Außerdem nahmen die dem Dampf ausgesetzten Partien das Aussehen leicht angekochten Fleisches an. Für frisches Geflügelfleisch ist das Verfahren daher ungeeignet.

5.3 Prozesskontrolle, HACCP

Grundsätze der Qualitätssicherung durch gute Herstellungspraxis (GMP - Good Manufacturing Practice) bzw. gute Hygienepraxis (GHP - Good Hygienic Practice) und Anwendung des HACCP (Hazard Analysis and Critical Control Point)-Konzeptes wurden an anderer Stelle (Abschnitt 4) näher beschrieben. Im Folgenden wird auf Möglichkeiten der Anwendung und Erfordernisse von Kontrollmaßnahmen im

Bereich der Geflügelhaltung sowie der Gewinnung und Behandlung von Geflügelfleisch eingegangen.

Eine sinnvolle Prozesskontrolle setzt überschaubare, wiederkehrende und möglichst standardisierte Verfahrensabläufe voraus. Nur so können aus festgestellten Fehlern gezielte Maßnahmen zur Mängelbeseitigung abgeleitet werden.

In der Tierhaltung sind diese Voraussetzungen nur teilweise zu erlangen, da neben den vom Menschen steuerbaren Prozessen (Haltungsmanagement) eine individuelle Komponente, nämlich die Wechselbeziehung zwischen Tier und Umwelt, tritt. Beim Nutzgeflügel, insbesondere bei der Hähnchen- und Putenmast, ist das Ziel eines planmäßigen, von außergewöhnlichen Ereignissen unbeeinflussten Mastablaufs noch am ehesten zu erreichen.

Der für den mikrobiologischen Status des Schlachtgeflügels bedeutsame Abschnitt beginnt nicht erst mit der Aufstallung im Mastbetrieb, sondern bereits in den Elternbeständen. Kontrollmaßnahmen müssen daher die Bereiche

- Zuchtbetriebe (Elternbestände)
- Brütereien
- Mastbetriebe (oder Legehennenbetriebe)

umfassen.

Hygienisches Ziel ist die Aufzucht von Geflügel, das frei von pathogenen Mikroorganismen ist. Die derzeitigen Bemühungen konzentrieren sich - abgesehen von reinen Tierseuchenerregern - auf die Freiheit der Bestände von Salmonellen und Campylobacter.

Für die Einschleppung pathogener Keime in einen Betrieb, ihr Persistieren und ihre Verbreitung von einem Bereich des Betriebes in andere Bereiche kommen eine Reihe von Vektoren in Betracht:

- Geflügel bei der Einstallung
- Einstreu
- Futtermittel und Tränkwasser
- Personal und Besucher
- Nagetiere und Insekten, Wildvögel
- Frischluft.

Bei der Einstallung von Geflügel hat sich das „All in - all out"-Konzept bewährt, bei dem alle Tiere eines Bestandes oder abgeschlossenen Bereiches zugleich eingestallt und später zur Schlachtung abgegeben werden. Hierdurch wird das Risiko einer Keimeinschleppung auf eine Sendung beschränkt, und die Rückverfolgung bei tatsächlich eingetretenen Infektionen wird erleichtert. Für die Neubelegung sollten nur Tiere aus kontrollierten Beständen und Brütereien akzeptiert werden. Gelegentliche Stichprobenuntersuchungen von Tieren sollten vor der Belegung der Ställe auch dann durchgeführt werden, wenn bis dahin noch keine Einschleppung von Erregern auf diesem Weg erfolgt ist.

Die Einstreu muss frei von pathogenen Keimen sein. Eine an sich zu fordernde Sterilisation oder zumindest eine Pasteurisation des Streumaterials wird aus Kostengründen zurzeit noch abgelehnt. In dieser Situation sollte zumindest sichergestellt sein, dass die Einstreu vorher keinen Kontakt mit tierischen Ausscheidungen haben konnte. Hierfür sollte der Lieferant eine Garantie geben. Dennoch sollte auf gelegentliche Stichprobenuntersuchungen durch den Abnehmer nicht verzichtet werden.

Futtermittel sollten nur von zuverlässigen Herstellern und nur bei entsprechenden Garantien des Herstellers bezogen werden. Sie sind bei Einlagerung vor Kontamination durch Nagetiere, Insekten und Wildvögel zu schützen. Gelegentliche Stichprobenkontrollen (mikrobiologische Untersuchungen) sind anzuraten.

Wird Tränkwasser aus dem kommunalen Trinkwassernetz entnommen, kann unterstellt werden, dass dieses regelmäßig mikrobiologisch untersucht wird. Dessen ungeachtet sind die innerbetrieblichen Leitungen gegen Kontamination zu schützen. Wasser aus eigenen Brunnen sollte regelmäßig mikrobiologisch untersucht werden - besonders, wenn es in der Nähe des Betriebes gewonnen wird (Gefahr der Grundwasserverunreinigung). Auf die Verwendung nicht vorbehandelten Oberflächenwassers sollte verzichtet werden!

Personalhygiene ist ein wichtiger Faktor für eine pathogenfreie Aufzucht von Geflügel. Personen (Betriebspersonal, Tierarzt, Handwerker) sollten den belegten Stall nur über eine Hygieneschleuse betreten, in der komplette Schutzkleidung anzulegen ist. Die Schutzkleidung darf nicht in anderen Bereichen, erst recht nicht in anderen Stallungen benutzt werden. Der Kleiderwechsel ist zu kontrollieren, die Zweckbestimmung der Schutzkleidung kann durch bestimmte Farbgebung der Textilien erkennbar gemacht werden.

Nagetiere, Insekten und Wildvögel können nur bei Tierhaltung in geschlossenen Systemen ferngehalten werden. Außerdem sind eine fugenlose Bauweise bei der Errichtung der Stallungen, weiterhin Zu- und Abluftfilter, abgedeckte Abflüsse sowie geschlossene Futter- und Tränkwasserbevorratung und -zuführung erforderlich. Das Freisein der Ställe und Nebenräume von Nagetieren sollte regelmäßig überprüft werden, permanente Bekämpfungsmaßnahmen (auch prophylaktisch) sind anzuraten.

Frischluft sollte bodenfern und nicht aus dem Einflussbereich der Abluft anderer Stallungen entnommen werden. Eine Filtration vor dem Einblasen in den Stall ist ratsam. Die Filter sind regelmäßig auf Funktionsfähigkeit zu überprüfen und zu reinigen.

Von außerordentlicher Bedeutung sind Reinigungs- und Desinfektionsmaßnahmen. Im Bereich der Tierhaltungseinrichtungen sind diese nur nach der Räumung eines Bestandes und vor der Neubelegung durchzuführen. Ein im Jahr 1993 von der WHO in Bakum/Vechta durchgeführter Workshop [275] lieferte wesentliche Anregungen für die Planung, Ausführung und Kontrolle der notwendigen Maßnahmen. Die Vorschläge schließen auch Nagerbekämpfungsprogramme ein. Zwar sind die vorgelegten Strategien hauptsächlich auf die Bekämpfung von *S. Enteritidis* ausgerichtet, sie gelten jedoch weitgehend auch für andere Erreger.

Durch Erfassung aller bei der Tierhaltung in Betracht kommenden kritischen Momente in einer Checkliste, regelmäßige Überprüfung auf Einhaltung und Wirksamkeit der auf die Vermeidung von Infektionen ausgerichteten Sicherheitsvorkehrungen und Maßnahmen sowie eine Dokumentation der Kontrollen können Mängelursachen aufgeklärt, Korrekturen vorgenommen und hierdurch Gefahren gemindert werden.

Obwohl die Tierhaltung sich von Prozessabläufen bei der Lebensmittelherstellung erheblich unterscheidet, sind die Prinzipien des HACCP, wie sie von CODEX ALIMENTARIUS festgelegt wurden [268], auch hier anwendbar. Dies betrifft insbesondere die Festlegung von Betriebsabläufen und von Korrekturmaßnahmen bei Fehlentwicklungen sowie die Dokumentation. Als mikrobiologische Zielwertvorgaben sind für pathogene Keime (spezifiziert auf bestimmte Erreger) Nulltoleranzen zu fordern.

In Deutschland und den meisten anderen Staaten ist man von der Aufzucht von Nutzgeflügel unter annähernd spezifisch pathogenfreien Bedingungen noch weit entfernt. Von Teilen der Geflügelwirtschaft wird überdies bezweifelt, ob Mastgeflügel überhaupt salmonellen- und campylobacterfrei aufgezogen werden kann. Fest steht jedoch, dass einige skandinavische Staaten unter Anwendung radikaler Bekämpfungsprogramme diesem Ziel wesentlich näher gekommen sind und dass hierzulande bisher längst nicht alle Kontroll- und Bekämpfungsmöglichkeiten genutzt wurden. Ob Immunisierungsprogramme (z.B. gegen *S. Typhimurium* und *S. Enteritidis*) und Präimmunisierungsmaßnahmen (kompetitiver Infektionsausschluss durch Verabreichung definierter Bakterienkulturen [40] oder einer Darmflora erwachsener Tiere - „Nurmi-Konzept“ [223]) ohne unterstützende Prophylaxe gegen einen Erregereintrag in die Stallungen mittelfristig zum Erfolg führen werden, muss sich noch erweisen.

Im Schlacht-, Zerlegungs- und Verarbeitungsbereich sind Prozesskontrollen für zugelassene Betriebe in der EU vorgeschrieben [10 A]. Zugelassene Verarbeitungsbetriebe haben darüber hinaus, ungeachtet ihrer Struktur und Größe, ihre Prozessabläufe nach dem HACCP-Konzept zu überprüfen.

Im Verlauf der Schlachtung wird das Geflügel einer Reihe von Bearbeitungsschritten unterworfen, die im Sinne der HACCP-Philosophie zwar als hygienisch kritisch, aber nicht als kritische Lenkungspunkte (critical control points - CCP's) aufzufassen sind: Präventivmaßnahmen gegen die festgestellten Gefahren existieren zwar (z.B. Eingangskontrolle durch mikrobiologische Untersuchungen des Geflügels im Herkunftsbestand), doch können Kontaminationen auf späteren Prozessstufen zur Überschreitung akzeptabler Keimzahlen oder zur Verbreitung pathogener Keime führen, und nachfolgende Bearbeitungsschritte gewährleisten in der Regel keine Ausschaltung oder Beherrschung einer gesundheitlichen Gefahr. Verfahren zur mikrobiellen Dekontamination sind bei Erhaltung des Frischezustands meist nicht ausreichend, wenn sie überhaupt eingesetzt werden. Der Brühvorgang vor dem Rupfen sowie das Abbrausen der Tierkörper können nicht als Bearbeitungsschritte zur Beseitigung pathogener Keime angesehen werden, sollten aber der Reduktion des Oberflächenkeimgehalts dienen.

Eine Übersicht über kritische Hygienepunkte (heute weithin als critical points bzw. CP's bezeichnet) im Schlachtprozess gibt Abb. 5.5. Die Punkte sind teils mikrobiologisch (quantitative Keimgehaltsbestimmung, Überprüfung auf pathogene Keime), teils physikalisch (Temperaturmessung) oder visuell (Untersuchung auf gesundheitlich bedenkliche Veränderungen) zu kontrollieren. (Das graphische Design ist orientiert an einem Vorschlag von STIER [227]).

Es ist zu betonen, dass betriebliche Eigenkontrollen nicht die amtlichen Kontrollen ersetzen können. Sie dienen in erster Linie dem Betrieb zur hygienischen Überprüfung der Prozessabläufe und zur Abstellung von Hygienemängeln. Die Ergebnisse sind jedoch der zuständigen Behörde auf Verlangen vorzulegen; diese hat auch die ordnungsgemäße Durchführung der betrieblichen Kontrollen zu überwachen. Auf diesem Weg können die betriebsseitig erhobenen Befunde auch in behördliche Maßnahmen einfließen.

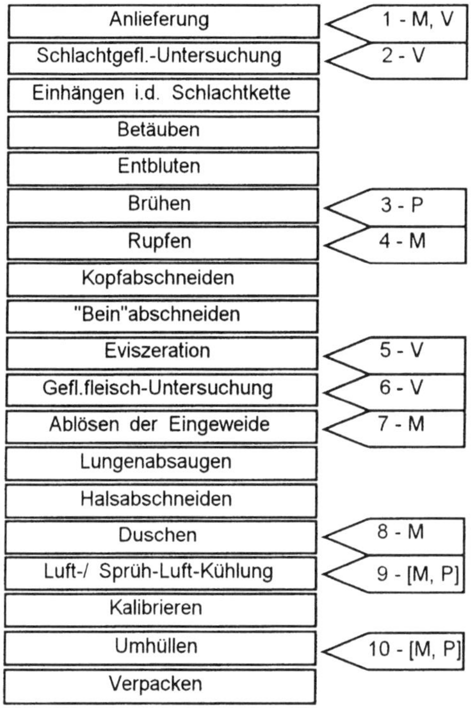

(M = mikrobiologische, P = physikalische, V = visuelle Kontrolle
Erläuterungen zu den einzelnen Punkten im Text)

Abb. 5.5 Kritische Hygienepunkte (CP's) in der Geflügelschlachtung

Erläuterungen zu Abb. 5.5:

1-M,V: Untersuchung auf pathogene Keime im Vorfeld der Anlieferung (Herdenkontrolle im Herkunftsbestand); Untersuchung auf Merkmale von Infektionskrankheiten, besonders Zoonosen, im Vorfeld der Anlieferung (Schlachtgeflügeluntersuchung im Herkunftsbestand). Maßnahmen im Krisenfall (M.i.K.): Meldung betriebsseitig festgestellter Merkmale an die örtliche Überwachungsbehörde; bei amtlicher Feststellung Verbot der Abgabe des Geflügels zur Schlachtung oder Zulassung zur Sonderschlachtung (Schlachtung unter Sicherheitsvorkehrungen); Schlachtbetriebsseitige Vorkehrungen: Annahmeverweigerung oder zeitlich getrennte Schlachtung am Ende eines Schlachttags („logistisches Schlachtkonzept").

2-V: Untersuchung auf Merkmale von Infektionskrankheiten, besonders Zoonosen. M.i.K.: Meldung betriebsseitig festgestellter Merkmale an die örtliche Überwachungsbehörde; bei amtlicher Feststellung Schlachtverbot oder Anordnung der Sonderschlachtung.

3-P: Temperaturkontrolle im Brühcontainer. Zu niedrige Temperaturen erhöhen nicht nur die mikrobielle Kontamination, sondern erschweren auch den Rupferfolg; zu hohe Temperaturen bewirken eine Gewebsschädigung (erhöhte Kontaminationsgefahr!). M.i.K.: Temperaturregulierung.

4-M: Untersuchung auf GKZ und Enterobacteriaceae und koagulasepositive Staphylokokken. M.i.K.: Überprüfung der Rupftechnik, evtl. Auswechseln der Rupffinger, Intensivierung der Reinigungs- und Desinfektionsmaßnahmen.

5-V: Überprüfung des Eviszerationsvorgangs, Feststellung der Anzahl von Zerreißungen der Därme und sonstigen Verunreinigungen. M.i.K.: Aussonderung verunreinigter Tierkörper durch Betriebspersonal, gegebenenfalls Reparatur oder Justierung der Eviszerationsmaschinen.

6-V: Untersuchung auf Merkmale infektiöser Prozesse. M.i.K.: Aussonderung veränderter Tierkörper; Weitergabe der Information an die örtliche Überwachungsbehörde; bei amtlicher Feststellung u.U. Verbot der Fortführung der Schlachtung, gegebenenfalls Beurteilung des unveränderten Geflügelfleisches als „tauglich nach Brauchbarmachung".

7-M: Untersuchung auf GKZ und Enterobacteriaceae. M.i.K.: Verbesserung der Eviszerationstechnik

8-M: Untersuchung auf GKZ und Enterobacteriaceae. M.i.K. (bei mangelndem Wascherfolg): Justierung des Wäschers, vermehrter Einsatz von Wasser schon während der Eviszeration.

9-M,P: Bei Verdacht mangelhafter Reinigung und Desinfektion, besonders in Luft-Sprühkühlanlagen (Feststellung schleimiger Beläge auf Einrichtungsgegenständen): Untersuchung auf psychrotrophe Keime. Temperaturkontrolle (Raumtemperatur, Fleischtemperatur am Ende des Kühlprozesses). M.i.K.: Umgehend gründliche Reinigung und Desinfektion der gesamten Anlage; bei zu hoher Fleischtemperatur nach der Kühlung Intensivierung des Kühlprozesses (evtl. längere Durchlaufzeit).

10-M, P: Bei Feststellung verzögerter Arbeitsabläufe bei der Umhüllung und Verpackung (verlängerte Liegezeiten für Tierkörper ohne ausreichende Kühlung) Untersuchung auf GKZ und Enterobacteriaceae. Temperaturkontrolle des Fleisches. M.i.K.: Organisatorische Maßnahmen zur Beschleunigung der Betriebsabläufe in diesem Abschnitt.

Bei Verwendung der Tauchkühlung sind mikrobiologische Untersuchungen der Tierkörper vor und nach der Kühlung vorzunehmen. Für diese Kontrollen wurden in Deutschland auch Grenzwerte vorgegeben (siehe Abschnitt 5.2.1).

Für die übrigen kritischen Hygienepunkte liegen weder Grenz- noch allgemeingültige Richtwerte vor. Sie sind von den Betrieben unter Zugrundelegung einer GMP individuell festzulegen.

Die Betriebsabläufe im Zerlegungs- und Verarbeitungsbereich ähneln denen bei der Rotfleischbearbeitung. Daher sind auch die Prozesskontrollen in ähnlicher Form vorzunehmen. Sie sind der jeweiligen Betriebsstruktur anzupassen.

Literatur

[1] ADAMS, B.W., MEAD, G.C.: Comparison of media and methods for counting *Clostridium perfringens* in poultry meat and further-processed products. J. Hyg., Cambridge **84** (1980) 151-158.

[2] ADAMS, B.W., MEAD, G.C.: Incidence and properties of *Staphylococcus aureus* associated with turkeys during processing and further processing operations. J. Hyg., Cambridge **91** (1983) 479-490.

[3] ALLERSBERGER, F.; AL-JAZRAWI, A.; KREIDL, P.; DIERICH, M.P.; FEIERL, G.; HEIN, I.; WAGNER, M.: Barbecued chicken causing a multi-state outbreak of *Campylobacter jejuni enteritis*. Infection **31** (2003) 1, 19-23.

[4] AMMON, A.; BRÄUNIG, J.: Lebensmittelbedingte Erkrankungen in Deutschland. Gesundheitsberichterstattung des Bundes, Heft 01/02 (2002).

[5] ANDERSON, D.C., STOESZ, P.A., KAUFMANN, A.F.: Psittacosis outbreak in employees of a turkey-processing plant. Amer. J. Epidemiol. **107** (1978) 140-148.

[6] ANNAN-PRAH, A., JANC, M.: The mode of spread of *Campylobacter jejuni/coli* to broiler flocks. J.Vet.Med. B **35** (1988) 11-18.

[7] ATANASSOVA, V., BERTRAM, J., WENZEL, S.: Molekularbiologische Charakterisierung von Salmonellaisolaten aus Hähnchenprodukten. Arch. Lebensmittelhyg. **45** (1994) 3-5.

[8] ATANASSOVA, V.; ALTEMEIER, J.; KRUSE; p:, DOLZINSKI, B.: Nachweis von *Salmonella* und *Campylobacter* aus frischem Geflügelfleisch - Vergleichende Untersuchungen über kulturelle Methoden. Fleischwirtsch. **78** (1998) 364-366

[9] AUER, B., ASPERGER, H., BAUER, J.: Zur Bedeutung der Schaben als Vektoren pathogener Bakterien. Arch. Lebensmittelhyg. **45** (1994) 89-93.

[10] BAILEY, J.S., FLETCHER, D.L., COX, N.A.: Recovery and serotype distribution of *Listeria monocytogenes* from broiler chickens in the southeastern United States. J. Food Prot. **52** (1989) 148-150.

[11] BAILEY, J.S., FLETCHER, D.L., COX, N.A.: *Listeria monocytogenes* colonization of broiler chickens. Poultry Sci. **69** (1990) 457-461.

[12] BAILEY, J.S. : Control of Salmonella and *Campylobacter* in poultry production. A summary of work at Russell Research Center. Poultry Sci. **72** (1993) 1169-1173.

[13] BAKR, A.A.-A.: Untersuchungen zur Technologie von gepökelten und geräucherten Geflügelfleischprodukten unter dem Aspekt ihrer möglichen Bedeutung für subtropische und tropische Länder. Vet. med. Diss., Freie Univ. Berlin 1987.

[14] BARNES, E.M., SHRIMPTON, D.H.: Causes of greening of uneviscerated poultry carcasses during storage. J. appl. Bact. **20** (1957) 273-285.

[15] BARNES, E.M.: Microbiological problems of poultry at refrigerator temperatures - a review. J. Sci. Food Agric. **27** (1976) 777-782.

[16] BARNES, E.M., IMPEY, C.S.: Psychrophilic spoilage bacteria of poultry. J. appl. Bact. **31** (1968) 97-107.

[17] BARNES, E.M., MEAD, G.C.: Clostridia and salmonellae in poultry processing. In: Gordon, R.F., Freeman, B.M. (Hrsg.), Poultry disease and world economy, Brit. Poultry Sci., Edinburgh (Schottland) 1971, 47-63.

[18] BARNES, E.M., MEAD, G.C., IMPEY, C.S., ADAMS, B.W.: Analysis of the avian intestinal microflora. In: Lovelock, D.W., DAVIS, R. (Hrsg.), Techniques for the study of mixed populations, Academic Press, London 1978, 89-105.

[19] BARNES, E.M.: The hung game bird. In: Mead, G.C., Freeman, B.M. (Hrsg.), Meat quality in poultry and game birds, Brit. Poultry Sci. Ltd., Edinburgh 1980, 219-226.

[20] BARNHART, H.M., PANCORBO, O.C., DREESEN, D.W., SHOTTS jr., E.B.: Recovery of *Aeromonas* hydrophila from carcasses and processing water in a broiler processing operation. J. Food Prot. **52** (1989) 646-649.

[21] BARTELT, E., VOLLMER, H., CHIUEH, L.-C., WEISE, E.: *Campylobacter* im Geflügelfleischbereich. 35. DVG-Tagung Lebensmittelhyg., Garmisch-Partenkirchen 1994, Bericht Teil I 124-128.

[22] BAUMGARTNER, A., HEIMANN, P., SCHMID, H., LINIGER, M., SIMMEN, A.: *Salmonella* contamination of poultry carcasses and human salmonellosis. Arch. Lebensmittelhyg. **43** (1992) 123-124.

[23] BAUMGARTNER, A., GRAND, M., LINIGER, M. SIMMEN, A.: *Campylobacter* contaminations of poultry liver - consequences for food handlers and consumers. Arch. Lebensmittelhyg. **46** (1995) 11-12.

[24] BAWCOM, D.W., THOMPSON, L.D., MILLER, M.F., RAMSEY, C.B.: Reduction of microorganisms on beef surfaces utilising electricity. J. Food Prot. **58** (1995) 35-38.

[25] BEERY, J.T., DOYLE, M.P., SCHOENI, J.L.: Colonization of chicken cecae by Escherichia coli associated with hemorrhagic colitis. Appl. Environ. Microbiol. **49** (1985) 310-315.

[26] BENARD, G., ECKERMANN, A., HEURTELOUP, F., LABIE, C.: Oberflächenkontamination des Brustfleisches von Mastenten mit Salmonellen. Arch. Lebensmittelhyg. **45** (1994) 46-47.

[27] BERGDOLL, M.S.: *Staphylococcus aureus*. In: Doyle, M.P. (Hrsg.), Foodborne bacterial pathogens, Verlag M. Dekker, Inc., New York, Basel 1989, 463-523.

[28] BERNDTSON, E., TIVEMO, M., ENGVALL, A.: Distribution and numbers of Campylobacter in newly slaughtered broiler chickens and hens. Int. J. Food Microbiol. **15** (1992) 45-50.

[29] BEUTEL, H.: Verbot des gemeinsamen Inverkehrbringens von frischem Geflügel- und anderem Fleisch. Mitt. Bayer. Staatsmin. d. Innern (1989), 14.3.1989.

[30] BOHNSACK, U., KNIPPEL, G., HÖPKE, H.U.: Der Einfluß einer CO_2-Atmosphäre auf die Haltbarkeit von frischem Geflügel. Fleischwirtschaft **67** (1987) 1131-1136.

[31] BOLDER, N.M., MULDER, R.W.A.W.: Microbiology of slaughtered geese. In: Mead,

G.C., Freeman, B.M. (Hrsg.), Meat quality in poultry and game birds, Brit. Poultry Sci. Ltd., Edinburgh (Schottland) 1980, 207-209.

[32] Bolder, N.M., Mulder, R.W.A.W.: Faecal materials in transport crates as source of *Salmonella* contamination of broiler carcasses. 6. Sympos. Quality of Poultry Meat, Ploufragan (Frankreich) 1989, Proc. 170-175.

[33] Breuer, J.: *Campylobacter jejuni* und *Campylobacter coli* sowie *Yersinia* spez. in Fleisch und Geflügel. Hyg. Med. **11** (1986) 294-296.

[34] Brieseman, M.A.: A further study of the epidemiology of *Campylobacter jejuni* infections. New Zealand Med. J. **103** (1990) 207-209.

[35] Burow, H.: Dominanz von *Salmonella enteritidis* bei Isolierungen aus Lebensmitteln tierischer Herkunft in Bayern. Fleischwirtschaft **72** (1992) 1045-1050.

[36] Cassar, C.; Chappell, S.; Bennett, G.; Jones, Y.E.; Davies, R.H.: *Salmonella surveillance* data and antibiotic profiles from pigs and chickens in England and Wales between 1991 and 2000. Internat. Sympos. *Salmonella* and *Salmonellosis*, Saint-Brieux, France, 29-31 Mai 2002.

[37] Castillo-Ayala, A.: Comparison of selective enrichment broths for isolation of *Campylobacter jejuni/coli* from freshly deboned market chicken. J. Food Prot. **55** (1992) 333-336.

[38] Charoenpong, C., Chen, T.C.: Microbiological quality of refrigerated chicken gizzards from different sources as related to their shelf-lives. Poultry Sci. **58** (1979) 824-829.

[39] Christensen, S.V.: The *Yersinia enterocolitica* situation in Denmark. Contr. Microbiol. Immunol. **9** (1987) 93-97.

[40] Corrier, D.E., Nisbet, D.J., Hollister, A.G., Scanlan, C.M., Hargis, B.M., Deloach, J.R.: Development of defined cultures of indigenous cecal bacteria to control salmonellosis in broiler chicks. Poultry Sci., **72** (1993), 1164-1168.

[41] Cox, N.A., Del Corral, F., Bailey, J.S., Shotts, E.B., Papa, C.M.: Research note: The presence of *Yersinia enterocolitica* and other *Yersinia species* on the carcasses of market broilers. Poultry Sci. **69** (1990) 482-485.

[42] Cunningham, F.E.: Developments in enrobed products. In: Mead, G.C. (Hrsg.), Processing of poultry, Elsevier Appl. Sci., London, New York 1989, 325-359.

[43] D'Aoust, J.-Y.: *Salmonella*. In: Doyle, M.P. (Hrsg.), Foodborne bacterial pathogens, Verlag M. Dekker, Inc., New York, Basel 1989, 327-445.

[44] Davidson, C.M., D'Aoust, J.-Y., Allewell, W.: Steam decontamination of whole and cut-up raw chicken. Poultry Sci. **64** (1985) 765-767.

[45] Davies, R.; Bedford, S.: Intensive investigation of *Salmonella* contamination in a poultry processing plant. Internat. Sympos. *Salmonella* and Salmonellosis, Saint-Brieux, France, 29-31 May 2002.

[46] De Boer, E., Hartog, B.J.: Occurrence of *Yersinia enterocolitica* in poultry products. In: Mulder, R.W.A.W., Scheele, C.W., Veerkamp, C.H. (Hrsg.), Quality of

Poultry Meat, Spelderholt Inst. Poultry Res., Beekbergen (Niederlande), 1981, 440-446.

[47] DE BOER, E., SELDAM, W.M., STIGTER, H.H.: *Campylobacter jejuni*, *Yersinia enterocolitica* and *Salmonella* in game and poultry. Tschr. diergeneesk. **108** (1983), 831-836.

[48] DE BOER, E.: Vorkommen von Yersinia-Arten in Geflügelprodukten. Fleischwirtschaft **74** (1994) 329-330.

[49] DEODHAR, L.P., SARASWATHI, K., VARUDKAR; A.: *Aeromonas spp.* and their association with human diarrheal disease. J. Clin. Microbiol. 29 (1991) 853-856.

[50] DICKENS, J.A., LYON, B.G., WHITTEMORE, A.D., LYON, C.E.: The effect of an acetic acid dip on carcass appearance, microbiological quality, and cooked breast meat texture and flavour. Poultry Sci. **73** (1994) 576-581.

[51] DICKENS, J.A., WHITTEMORE, A.D.: The effect of acetic acid and air injection on appearance, moisture pick-up, microbiological quality, and *salmonella* incidence on processed poultry carcasses. Poultry Sci. **73** (1994) 82-586.

[52] DICKSON, J.S., ANDERSON, M.E.: Microbiological decontamination of food animal carcasses by washing and sanitizing systems: A review. J. Food Prot. **55** (1992) 133-140.

[53] DOYLE, M.P., SCHOENI, J.L.: Isolation of Escherichia coli 0 157:H 7 from retail fresh meats and poultry. Appl. Environ. Microbiol. **53** (1987) 2394-2396.

[54] DRESEL, J., LEISTNER, L.: Hemmung von Salmonellen bei Schlachttierkörpern von Hähnchen nach Genusssäurebehandlung. Mitt.bl. BAFF, Kulmbach, Nr. **85** (1984) 6040-6046.

[55] DYKES, G.A., GEORNARAS, I., PAPATHANASOPOULOS, M.A., VON HOLY, A.: Plasmid profiles of *Listeria* species associated with poultry processing. Food Microbiol. **11** (1994) 519-523.

[56] EISGRUBER, H., STOLLE, F.A., HIEPE, T.: Salmonellen bei luft-sprüh-gekühlten Hähnchen aus dem Handel. **28**. Wiss.Kongr. DGE, Kiel 1991.

[57] ELLERBROEK, L.: Airborne contamination of chilling rooms in poultry meat processing plants. 40. Int. Congr. Meat Sci. Techn., Den Haag 1994, S. II B. 46.

[58] ELLERBROEK, L.; OKOLOCHA, E.M.; WEISE, E.: Zur Dekontamination von Geflügel mit Trinatriumphosphat und Milchsäure. Fleischwirtsch. **77** (1997) 1092-1094.

[59] ELLERBROEK, L.; WICHMANN-SCHAUER, H.; HAARMANN, M.; DELBECK, F.; FRIES, R.; HELMUTH, R.; MARTIN, G.; NICKOLAI, I.: Vorkommen von Salmonellen bei deutschem Nutzgeflügel und Geflügelfleisch. 1. Selbst schlachtende und direkt vermarktende Geflügelmastbetriebe (Kleinbetriebe). Fleischwirtsch. **81** (2001) 5, 205-208.

[60] ELLERBROEK, L.; WICHMANN-SCHAUER, H.; HAARMANN, M.: Untersuchungen zum Vorkommen von Salmonellen bei deutschem Nutzgeflügel und Geflügelfleisch. BgVV-Hefte 02/2001.

[61] FENLON, D.R.: Wild birds and silage as reservoirs of Listeria in the agricultural environment. J. Appl. Bact. **59** (1985) 537-543.

[62] FLYNN, O.M.J., BLAIR, I.S., MCDOWELL, D.A.: Prevalence of Campylobacter species on fresh retail chicken wings in Northern Ireland. J. Food Prot. **57** (1994) 334-336.

[63] FRIES, R., MÜLLER-HOHE, E., NEUMANN-FUHRMANN, D., WIEDEMANN-KÖNIG, E.: Pilotstudie Geflügelfleischhygiene - Fleischhygienischer Teil. Abschluss-Bericht Tierärztl. Hochschule, Hannover 1988.

[64] FRIES, R.: An approach to hygienic-technological surveillance in poultry meat production. 3. Weltkongress Lebensmittelinfektionen u. -intoxikationen, Berlin 1992, Proceedings Vol. II, 1336-1340.

[65] FRIES, R., KOBE. A.: Herdenbezogene Befunderhebungen im Geflügelschlachtbetrieb (Broiler). Dtsch. tierärztl.Wschr. **99** (1992) 500-504.

[66] FUKUSHIMA, H., HOSHINA, K., NAKAMURA, R., ITO, Y.: Raw beef, pork and chicken in Japan contaminated with *Salmonella sp.*, *Campylobacter sp.*, *Yersinia enterocolitica* and *Clostridium perfringens* - a comparative study. Zbl. Bakt. B. **184** (1987) 60-70.

[67] GALLO, L., SCHMITT, R.E., SCHMIDT-LORENZ, W.: Microbial spoilage of refrigerated fresh broilers. I. Bacterial flora and growth during storage. Lebensm. Wiss. Technol. **21** (1988) 216-223.

[68] GAST, R.K., BEARD, C.W.: Research to understand and control *Salmonella enteritidis* in chickens and eggs. Poultry Sci. **72** (1993) 1157-1163.

[69] GIESE, J.: Experimental process reduces *Salmonella* on poultry. Food Technol. **46** (1992) 112.

[70] GILBERT, R.J., MILLER, K.L., ROBERTS, D.: *Listeria monocytogenes* and chilled foods. Lancet (1989), i, 383-384.

[71] GILL, C.O., HARRISON, J.C.L., PENNEY, N.: The storage life of chicken carcasses packaged under carbon dioxide. Int. J. Food Microbiol. **11** (1990) 151-158.

[72] GLÜNDER, G., HAAS, B., SPIERING, N.: On the infectivity and persistance of Campylobacter spp. in chickens, the effect of vaccination with an inactivated vaccine and antibody response after oral and subcutaneous application of the organism. In: Notermans, S. (Hrsg.), Report on a WHO consultation on epidemiology and control of campylobacteriosis, Bilthoven (Niederlande) 1994, 97-102.

[73] GOBAT, P.-F., JEMMI, T.: Distribution of mesophilic *Aeromonas* species in raw and ready-to-eat fish and meat products in Switzerland. Int. J. Food Microbiol. **20** (1993), 117-120.

[74] GOODERHAM, K.: Duck processing: microbiological and other aspects. In: Mead, G.C., Freeman, B.M. (Hrsg.), Meat quality in poultry and game birds, Brit. Poultry Sci. Ltd., Edinburgh (Schottland) 1980, 175-179.

[75] GÖTZE, U.: Vorkommen von *Clostridium perfringens* bei lebenden Masthähnchen und Möglichkeiten der Kontamination beim Schlachten. Fleischwirtschaft **56**

(1976) 231-235.

[76] GRANT, I.H., RICHARDSON, J.J., BOKKENHEUSER, V.D.: Broiler chickens as potential source of *campylobacter* infections in humans. J. Clin. Microbiol.**11** (1980) 508-510.

[77] GRAW, C.: Luftkühlung und Luft-Sprüh-Kühlung in der Geflügelfleischgewinnung - ein mikrobiologischer Vergleich. Vet.med.Diss., Tierärztl. Hochschule Hannover 1994.

[78] HAAGSMA, J., OVER, H.J., SMIT, T., HOEKSTRA, J.: Een onderzoek naar aanleiding van het optreten van botulismus bij watervogels in 1970 in Nederland. Tschr. diergeneesk. **96** (1971) 1072-1094.

[79] HALL, H.E., ANGELOTTI, R.: *Clostridium perfringens* in meat and meat products. Appl. Microbiol. **13** (1965) 352-357.

[80] HALL; M.A., MAURER, A.J.: The microbiological aspects of a duck processing plant. Poultry Sci. **59** (1980) 1795-1799.

[81] HARMON, S.M., KAUTTER, D.A.: Estimating population levels of *Clostridium perfringens* in foods based on alpha-toxin. J. Milk Food Technol. **39** (1976) 107-110.

[82] HARRY, E.G.: Some characteristics of *Staphylococcus aureus* isolated from the skin and upper respiratory tract of domesticated and wild (feral) birds. Res. Vet. Sci. **8** (1967) 490-499.

[83] HART, C.D., MEAD, G.C., NORRIS, A.P.: Effects of gaseous environment and temperature on the storage behaviour of *Listeria monocytogenes* on chicken breast meat. J. appl. Bact. **70** (1991) 40-46.

[84] HARTUNG, M.: Ergebnisse der Jahreserhebung 1993 über Salmonellenbefunde. 47. Arbeitstgg. ALTS, Berlin 1994, Bericht, 39-43.

[85] HARTUNG, M.: persönl. Mitteilung (1995).

[86] HARTUNG, M.: Bericht über die epidemiologische Situation der Zoonosen in Deutschland für 2001. BgVV-Hefte 06/2002, Berlin.

[87] HENNER, S., SCHNEIDERHAN, M., KLEIH, W.: Salmonellenbefall bei Geflügel unter Berücksichtigung von Probenplänen. Fleischwirtschaft. **60** (1980) 1889-1893.

[88] HENZLER, D.J., OPITZ, H.M.: The role of mice in the epizootiology of *Salmonella* enteritidis infection on chicken layer farms. Avian Dis. **36** (1992) 625-631.

[89] HERMAN, L.; HEYNDRICKX, M.; VANDEKERCHOVE, D.; GRIJSPEERDT, K.; DE ZUTTER, L.: Routes for *Salmonella* contamination of poultry meat: epidemiological study from hatchery to slaughterhouse. Internat. Sympos. *Salmonella* and Salmonellosis, Saint-Brieux, France, 29.-31. May 2002.

[90] HEYNDRICKX, M.; HERMAN, L.; VANDEKERCHOVE, D.; DE ZUTTER, L.: Molecular emidemiology of *Salmonella* contamination of broilers from hatchery to slaughterhouse. Internat. Sympos. *Salmonell*a and Salmonellosis, Saint-Brieux, France, 29.-31. Mai 2002.

[91] HINTON, M., THRELFAL, E.J., ROWE, B. : The invasive potential of *Salmonella enteritidis* phage type 4 infection of broiler chickens: A hazard to public health. Letters Appl. Microbiol. **10** (1990) 237-239.

[92] HINZ, K.-H.: Staphylokokkose. In: Siegmann, O. (Hrsg.), Kompendium der Geflügelkrankheiten, 5. Auflage, Verlag P. Parey, Berlin, Hamburg 1993, 189-192.

[93] HOLLENDER, R., BENDER, F.G., JENKINS, R.K., BLACK, C.L.: Consumer evaluation of chicken treated with a trisodium phosphate application during processing. Poultry Sci. **72** (1993) 755-759.

[94] HUDSON, J.A., MOTT, S.J., DELACY, K.M., EDRIDGE, A.L.: Incidence and coincidence of *Listeria spp.*, motile aeromonads and *Yersinia enterocolitica* on ready-to-eat fleshfoods. Int. J. Food Microbiol. **16** (1992) 99-108.

[95] HUDSON, W.R., MEAD, G.C.: Factors affecting the survival of *Campylobacter jejuni* in relation to immersion scalding of poultry. Vet. Rec. **121** (1987) 225-227.

[96] HUMPHREY, T.J.: The effects of pH and levels of organic matter on the death rates of *salmonellas* in chicken scald-tank water. J. appl. Bact. **51** (1981) 27-39.

[97] HUSU, J., JOHANSSON, T., OIVANEN, L., HIRN, J.: *Listeria monocytogenes* in poultry and poultry meat in Finland. In: Nurmi, E., Colin, P., Mulder, R.W.A.W. (Hrsg.), Prevention and control of potentially pathogenic microorganisms in poultry and poultry meat processing. 8. Other pathogens of concern (no *Salmonella* and *Campylobacter*), Helsinki 1992, Proceedings, 85-91.

[98] IZAT, A.L., GARDNER, F.A., DENTON, J.H., GOLAN, F.A.: Incidence and level of *Campylobacter jejuni* in broiler processing. Poultry Sci., Jg **67** (1988) 1568-1572.

[99] IZAT, A.L., COLBERG, M., DRIGGERS, C.D., THOMAS, R.A.: Effects of sampling method and feed withdrawal period on recovery of microorganisms from poultry carcasses. J. Food Prot. **52** (1989) 480-483.

[100] JACOBS-REITSMA, W.F., BOLDER, N.M., MULDER, R.W.A.W.: Cecal carriage of Campylobacter and *Salmonella* in Dutch broiler flocks at slaughter: a one-year study. Poultry Sci. **73** (1994) 1260-1266.

[101] JACOBS-REITSMA, W.F., BOLDER, N.M., MULDER, R.W.A.W.: Epidemiological studies on Campylobacter spp. in Dutch poultry. In: Notermans, S. (Hrsg.), Report on a WHO consultation on epidemiology and control of campylobacteriosis, RIVM Bilthoven (Niederlande) 1994, 169-173.

[102] JAMES, W.O., PRUCHA, J.C., BREWER, R.L.: Cost effective techniques to control human enteropathogens on fresh poultry. Poultry Sci. **72** (1993) 1174-1176.

[103] JEMMI, T., BONO, M., TELENTI, A., BODMER, T.: Lebensmittelhygienische Bedeutung von Mycobacterium avium subsp. avium. 35. DVG-Tagung Lebensmittelhyg., Garmisch-Partenkirchen 1994, Bericht Teil I, 245-251.

[104] JETTON, P.J., BILGILI, S.F., CONNER, D.E., KOTROLA, J.S., REIBER, M.A.: Recovery of salmonellae from chilled broiler carcasses as affected by rinse media and enumeration method. J. Food Prot. **55** (1992) 329-332.

[105] JINDAL, V., WALDROUP, A., MILLER, M.: Effects of ozonation during immersion chilling on the shelflife of broiler drumsticks. Poultry Sci. **73** (1994), Suppl. 1, 22.

[106] JÖCKEL, J., EISGRUBER, H., KLARE, H.-J.: Geflügelfleisch in der Fleischtheke - Ein Beitrag zur Einschätzung des Salmonellenrisikos. Fleischwirtschaft **72** (1992) 1135-1139.

[107] JONAS, D., POLLMANN, H., BUGL, G.: *Salmonella*-Isolierungen aus Lebensmitteln tierischer Herkunft. Arch. Lebensmittelhyg., Jg. **37** (1986), 65-66.

[108] JONES, F.T., AXTELL, R.C., RIVES, D.V., SCHEIDELER, S.E., TRAVER jr., F.R., WALKER, R.L., WINELAND, M.J.: A survey of *Campylobacter jejuni* contamination in modern broiler production and processing systems. J. Food Prot. **54** (1991) 259-262.

[109] JONES, F.T., AXTELL, R.C., RIVES, D.V., SCHEIDELER, S.E., TARVER jr., F.R., WALKER, R.L., WINELAND, M.J.: A survey of *Salmonella* contamination in modern broiler production. J. Food Prot. **54** (1991) 502-507.

[110] JONES, G.W.: Adhesion to animal surfaces. In: Marshall, K.C. (Hrsg.), Microbial adhesion and aggregation, Dahlem Konferenzen 1984, Springer-Verlag, Berlin, Heidelberg, New York, Tokyo.

[111] JUNI, E., HEYM, G.A.: Psychrobacter immobilis gen. nov. sp. nov.: genospecies composed of Gram-negative, aerobic, oxidase-positive coccobacilli. Int. J. System. Bact. **36** (1986) 388-391.

[112] KACZMARSKI, E.B., JONES; D.M.: *Listeriosis* and ready-cooked chicken. Lancet (1989) i, 549.

[113] KAPPERUD, G., SKJERVE, E., VIK, L., HAUGE, K., LYSAKER, A., AALMEN, I., OSTROFF, S.M., POTTER, M.: Epidemiological investigation of risk factors for *Campylobacter* colonization in Norwegian broiler flocks. Epidemiol. Infect. **111** (1993) 245-255.

[114] KAPPERUD, G.: Risk factors for sporadic *Campylobacter* infections in Norway: a case control study. In: Notermans, S. (Hrsg.), Report on a WHO consultation on epidemiology and control of campylobacteriosis, RIVM Bilthoven (Niederlande) 1994, 57-60.

[115] KARIB, H., SEEGER, H.: Vorkommen von *Yersinien-* und *Campylobacter*-Arten in Lebensmitteln. Fleischwirtschaft **74** (1994) 1104-1106.

[116] KATSARAS, K., SIEMS, H.: Enterotoxin-Nachweis bei hitzeresistenten Stämmen von *Clostridium perfringens* Typ A aus einer Lebensmittelvergiftung. Zbl. Bakt. I. Orig. A **229** (1974) 409-420.

[117] KAUFMAN, V.F., KLOSE, A.A., BAYNE, H.G., POOL, M.F., LINEWEAVER, H.: Plant processing of sub-atmospheric steam scalded poultry. Poultry Sci. **51** (1972) 1188-1194.

[118] KHALAFALLA, F.A.: *Yersinia enterocolitica* bei verarbeitetem Geflügel. Fleischwirtschaft **70** (1990) 351-352.

[119] KIM, J.-W., DOORES, S.: Influence of three defeathering systems on microtopography of turkey skin and adhesion of *Salmonella typhimurium*. J. Food Prot. **56** (1993) 286-291, 305.

[120] KIM, J.-W., KNABEL, S.J., DOORES, S.: Penetration of *Salmonella typhimurium* into turkey skin. J. Food Prot. **56** (1993) 292-296.

[121] KIM, J.-W., DOORES, S.: Attachment of *Salmonella typhimurium* to skins of turkey that had been defeathered through three different systems: scanning electron microscopic examination. J. Food Prot. **56** (1993) 395-400.

[122] KIM, J.-W., SLAVIK, M.F., GRIFFIS, C.L., WALKER, J.T.: Attachment of *Salmonella typhimurium* to skins of chicken scalded at various temperatures. J. Food Prot. **56** (1993) 661-665, 671.

[123] KIM, J.-W., SLAVIK, M.F., PHARR, M.D., RABEN, D.P., LOBSINGER, C.M., TSAI, S.: Reduction of *Salmonella* on post-chill chicken carcasses by trisodium phosphate (Na_3PO4) treatment. J. Food Safety **14** (1994) 9-17.

[124] KIM, J.-W., SLAVIK, F., BENDER, F.G.: Removal of *Salmonella typhimurium* attached to chicken skin by rinsing with trisodium phosphate solution: scanning electron microscopic examination. J. Food Safety **14** (1994) 77-84.

[125] KLEER, J.; BARTHOLOMÄ, A.; LEVETZOW, R.; REICHE, T.; SINELL, H.J.; TEUFEL, P.: Bakterielle Lebensmittel-Infektionen und -Intoxikationen in Einrichtungen zur Gemeinschaftsverpflegung 1985-2000. Arch. Lebensmittelhyg. **52** (2001) 76-79.

[126] KOCH, J.; ALPERS, K.; AMMON, A.: Infektionen mit *Chlamydia psittaci* (Ornithose) beim Menschen. In: HARTUNG, M. (Hrsg.): Bericht über die epidemiologische Situation der Zoonosen in Deutschland für 2001. BgVV-Hefte 06/2002, Berlin.

[127] KOPANIC jr., R.J., SHELDON, B.W., WRIGHT, C.G.: Cockroaches as vectors of *Salmonella*: Laboratory and field trials. J. Food Prot. **57** (1994) 125-132.

[128] KÖSTERS, J.: Yersiniose. In: Siegmann, O. (Hrsg.), Kompendium der Geflügelkrankheiten, 5. Aufl., Verlag P. Parey, Berlin, Hamburg 1993, 194-195.

[129] KRABISCH, P., DORN, P.: Zum qualitativen und quantitativen Vorkommen von Salmonellen beim Masthähnchen (Broiler). Arch. Lebensmittelhyg. **37** (1986) 9-12.

[130] KROVACEK, K., FARIS, A., MANSSON, I.: Growth of and toxin production by *Aeromonas hydrophila* and *Aeromonas sobria* at low temperatures. Int. J. Food Microbiol. **13** (1991) 165-176.

[131] KROVACEK, K., FARIS, A., BALODA, S.B., PETERZ, M., LINDBERG, T., MANSSON, I.: Prevalence and characterization of *Aeromonas spp.* isolated from foods in Uppsala, Sweden. Food Microbiol. **9** (1992) 29-36.

[132] KUJAWSKI, O.E.J. GRAF, HEINTGES, F.: Wildbrethygiene - Fleischbeschau. BLV Verlagsgesellsch., München, Wien, Zürich, 1984.

[133] KWIATEK, K., WOJTON, B., STERN, N.J.: Prevalence and distribution of *Campylobacter spp.* on poultry and selected red meat carcasses in Poland. J. Food Prot. **53** (1990) 127-130.

[134] LAHELLEC, C., COLIN, P., VIGOUROUX, D., PHILIP, P.: Influence de l'utilisation d'un systeme d'echaudage des dindes par aspersion sur l'hygiene de l'environnement d'un abattoir et la qualité des carcasses. Bull. Inform. Stat. Exper. Avicult., Ploufragan, Frankreich **17** (1977) 47-69.

[135] LAMUKA, P.O., SUNKI, G.R., CHAWAN, C.B., RAO, D.R., SHACKELFORD, L.A.: Bacterial quality of freshly processed broiler chickens as affected by carcass pretreatment and gamma irradiation. J. Food Sci. **57** (1992) 330-332.

[136] LEISTNER, L., BEM, Z., DRESEL, J., PROMEUSCHEL, S.: Mikrobiologische Standards für Fleisch. Forschungsbericht BAFF, Kulmbach 1981.

[137] LENZ, F.-C., FRIES, R.: Stufenkontrollen in einem Geflügelschlachtbetrieb (Broiler). 2. Mitteilung: Quantitative Erhebungen. Fleischwirtschaft **63** (1983) 1076-1079.

[138] LEVETZOW, R., WEISE, E., TROMMER, E.: Vorkommen von *Yersinia enterocolitica* bei Schlachtgeflügel des Handels. In: BGA-Tätigkeitsbericht 1988, 299.

[139] LEWIS, S.J., CORRY, E.L.: Survey of the incidence of *Listeria monocytogenes* and other *Listeria spp.* in experimentally irradiated and matched unirradiated raw chickens. Int. J. Food Microbiol. **12** (1991) 257-262.

[140] LI, Y. KIM, J.-W., SLAVIK, M.F., GRIFFIS, C.L., WALKER, J.T., WANG, H.: *Salmonella typhimurium* attached to chicken skin reduced using electrical stimulation and inorganic salts. J. Food Sci. **59** (1994) 23-24, 29.

[141] LIENAU, J.; KLEIN, G.; ELLERBROEK, L.: Analyses to determine the prevalence of *Campylobacter spp.* in poultry during fattening, at slaughter and on the final product. Fleischwirtsch. Internat. (2002) in press.

[142] LILLARD, H.S.: Contamination of blood system and edible parts of poultry with *Clostridium perfringens* during water scalding. J. Food Sci. **38** (1973) 151-154.

[143] LILLARD, H.S., KLOSE, A.A., HEGGE, R.I., CHEW, V.: Microbiological comparison of steam (at sub-atmospheric pressure) and immersion-scalded broilers. J. Food Sci. **38** (1973) 903-904.

[144] LILLARD, H.S.: Effect of trisodium phosphate on *salmonellae* attached to chicken skin. J. Food Prot. **57** (1994) 465-469.

[145] LOWRIE, P.D., GILL, C.O.: Microbiology of frozen meat and meat products. In: Robinson, R.K. (Hrsg.), Microbiology of frozen foods, Elsevier Appl. Sci. Publishers, London, New York 1985, 109-168.

[146] LUBER, P.; BARTELT, E.: *Campylobacter jejuni* und *C. coli* in Geflügelfleisch. In: HARTUNG, M. (Hrsg.): Bericht über die epidemiologische Situation der Zoonosen in Deutschland für 2001. BgVV-Hefte 06/2002, Berlin.

[147] MAJEED, K.N., EGAN, A.F., MACRAE, I.C.: Production of enterotoxins by Aeromonas spp. at 5°C. J. appl. Bact. **69** (1990) 332-337.

[148] MANGOLD, S., WEISE, E., HILDEBRANDT, G.: Zum Vorkommen von Listerien in Tiefkühlkost. Arch. Lebensmittelhyg. **42** (1991) 121-124.

[149] MEAD, G.C., CHAMBERLAIN, A.M., BORLAND, E.D.: Microbial changes leading to

the spoilage of hung pheasants with special reference to the *clostridia*. J. appl. Bact. **36** (1973) 279-287.

[150] MEAD, G.C., ADAMS, B.W., PARRY, R.T.: The effectiveness of in-plant chlorination in poultry processing. Brit. Poultry Sci. **16** (1975) 517-526.

[151] MEAD, G.C.: Microbiology of poultry and game birds. In: Brown, M.H. (Hrsg.), Meat microbiology, Appl. Sci. Publ. Ltd., London, New York 1982, 67-101.

[152] MEAD, G.C., ADAMS, B.W., HAQUE, Z.: Vorkommen, Ursprung und Verderbspotential psychrotropher Enterobacteriaceae auf verarbeitetem Geflügel. Fleischwirtschaft **62** (1982) 1173-1177.

[153] MEAD, G.C.: Significance of the intestinal microflora in relation to meat quality in poultry. 6. Sympos. Quality of Poultry Meat, Ploufragan (Frankreich) 1983, 107-122.

[154] MEAD, G.C., ADAMS; B.W.: Chlorine resistance of *Staphylococcus aureus* isolated from turkeys and turkey products. Letters Appl. Microbiol. 3 (1986) 131-133.

[155] MEAD, G.C.: Hygiene problems and control of process contamination. In: Mead, G.C. (Hrsg.), Processing of poultry, Elsevier Appl. Sci., London, New York 1989, 183-220.

[156] MOLL, A., HILDEBRANDT, G.: Quantitativer Nachweis von Salmonellen in Hühnerklein und -innereien. Arch. Lebensmittelhyg. **42** (1991) 140-144.

[157] MORRIS, G.K., WELLS, J.G.: *Salmonella* contamination in a poultry processing plant. Appl. Microbiol. **19** (1970) 795-799.

[158] MULDER, R.W.A.W., BOLDER, N.M.: The effect of different bird washers on the microbiological quality of broiler carcasses. In: Mulder, R.W.A.W., Scheele, C.W., Veerkamp, C.H. (Hrsg.), Quality of poultry meat, Spelderholt Inst. Poultry Res., Beekbergen (Niederlande) 1981, 306-313.

[159] MULDER, R.W.A.W.: Salmonella radicidation of poultry carcasses. Thesis, Agr. Univ. Wageningen (Niederlande) 1982.

[160] MÜLLER, C., HABERTHÜR, F., HOOP, R.K.: Beobachtungen über das Auftreten von *Salmonella enteritidis* in Eiern einer natürlich infizierten Freilandlegehennenherde. Mitt. Gebiete Lebensm. Hyg. **85** (1994) 235-244.

[161] MÜLLER, H., TÜRK, H., BERGMANN, V.: Tuberkulose bei Fasanen. Mh.Vet.Med. **38** (1983), S. 147-151.

[162] NISHIKAWA, Y., KISHI, T.: Isolation and characterization of motile Aeromonas from human, food and environmental specimens. Epidemiol. Infect. **101** (1988) 213-223.

[163] NOTERMANS, S., JEUNINK, J., VAN SCHOTHORST, M., KAMPELMACHER, E.H.: Vergleichende Untersuchungen über die Möglichkeit von Kreuzkontaminationen im Spinchiller und bei der Sprüh-Kühlung. Fleischwirtschaft **53** (1973) 1450-1452.

[164] NOTERMANS, S., VAN SCHOTHORST, M.: Die Geflügelverarbeitung: Ein besonderes Problem der Betriebshygiene. Fleischwirtschaft **57** (1977) 248-252.

[165] NOTERMANS, S., TERBIJHE, R.J., VAN SCHOTHORST, M.: Removing faecal contamination of broilers by spray-cleaning during evisceration. Brit. Poultry Sci. **21** (1980) 115-121.

[166] NOTERMANS, S., DUFRENNE, J., VAN LEEUWEN, W.J.: Contamination of broiler chickens by *Staphylococcus aureus* during processing: incidence and origin. J. appl. Bact. **52** (1982) 275-280.

[167] NOTERMANS, S.: Epidemiology and surveillance of *Campylobacter* infections. In: Notermans, S. (Hrsg.), Report on a WHO consultation on epidemiology and control of campylobacteriosis, RIVM Bilthoven (Niederlande) 1994, 35-44.

[168] OKREND, A.J.G., ROSE; B.E., BENNETT, B.: Incidence and toxigenicity of Aeromonas species in retail poultry, beef and pork. J. Food Prot. **50** (1987) 509-513.

[169] OOSTEROM, J., NOTERMANS, S., KARMAN, H., ENGELS, G.B.: Origin and prevalence of Campylobacter jejuni in poultry processing. J. Food Prot. **46** (1983) 339-344.

[170] OSTOVAR, K., MACNEIL, J.H., O'DONNEL, K.: Poultry product quality. 5. Microbiological evaluation of mechanically deboned poultry meat. J. Food Sci. **36** (1971) 1005-1007.

[171] OZARI, R., STOLLE, F.A.: Zum Vorkommen von Listeria monocytogenes in Fleisch und Fleischerzeugnissen einschließlich Geflügelfleisch des Handels. Arch. Lebensmittelhyg. **41** (1990) 47-50.

[172] PAGE, L.A.: Experimental ornithosis in turkeys. Avian Dis. **3** (1959) 51-66.

[173] PALUMBO, S.A., MAXINO, F., WILLIAMS, A.C., BUCHANAN, R.L., THAYER, D.W.: Starch ampicillin agar for the quantitative detection of Aeromonas hydrophila. Appl. Environ. Microbiol. **50** (1985) 1027-1030.

[174] PARRY , R.T.: Technological developments in pre-slaughter handling and processing. In: Mead, G.C. (Hrsg.), Processing of poultry. Elsevier Appl. Sci., London, New York (1989) 65-101.

[175] PATTERSON, J.T.: Factors affecting the shelf-life and spoilage flora of chilled eviscerated poultry. In: Mead, G.C., Freeman, B.M. (Hrsg.), Meat quality in poultry and game birds, Brit. Poultry Sci. Ltd., Edinburgh (Schottland) 1980, 227-237.

[176] PATTERSON, M.F.: Sensitivity of bacteria to irradiation on poultry meat under various atmospheres. Letters in Appl. Microbiol. **7** (1988) 55-58.

[177] PATTERSON, M.F.: Sensitivity of Listeria monocytogenes to irradiation on poultry meat and in phosphate-buffered saline. Letters Appl. Microbiol. **8** (1989) 181-184.

[178] PETERSEN, J. (Hrsg.): Jahrbuch für die Geflügelwirtschaft 2003. Verlag E. Ulmer, Stuttgart 2002.

[179] PFEIFFER, J.: Untersuchungen über das Vorkommen *latenter Salmonella-, Yersinia-* und *Campylobacter*-Infektionen bei freifliegenden Vögeln im Bereich des zoologischen Gartens Hannover. Vet.med.Diss. Tierärztl. Hochschule Hannover 1991.

[180] PIETZSCH, O., LEVETZOW, R.: Das Problem der Geflügel-*Salmonellose* in Beziehung zur Geflügel-Kühlung. Fleischwirtschaft **54** (1974) 76-78.

[181] PIETZSCH, O. (Hrsg.): Prevention and control of salmonellosis. WHO Meeting of experts, Berlin 1984.

[182] PINI, P.N., GILBERT, R.J.: The occurrence in the U.K. of *Listeria* species in raw chickens and soft cheeses. Int. J. Food Microbiol. **6** (1988) 317-326.

[183] PLESS, P.; KÖFER, J.: Getrennte Schlachtung von *Salmonella*-positiven und *Salmonella*-negativen Broilerherden als Bestandteil eines Gütezeichenprogramms. Fleischwirtsch. **78** (1998) 187-189

[184] RAMIREZ, G.A., YEZAK jr., C.R., jeffrey, J.S., rogers, T.D., HITCHENS, G.D., HARGIS, B.M.: Potential efficacy of ozonation as a Salmonella decontamination method in broiler carcasses. Poultry Sci. **73** (1994) Suppl. 1, 21.

[185] REGEZ, P., GALLO, L., SCHMITT, R.E., SCHMIDT-LORENZ, W.: Microbial spoilage of refrigerated fresh broilers. III. Effect of storage temperature on the microbial association of poultry carcasses. Lebensm. Wiss. Technol. **21** (1988) 229-233.

[186] REIDA, P., WOLFF, M., PÖHLS, H.-W., KUHLMANN, W., LEHMACHER, A., ALEKSIC, S., KARCH, H., BOCKEMÜHL, J.: An outbreak due to enterohaemorrhagic *E. coli* 0157:H7 in a children day care centre characterized by person-to-person transmission and environmental contamination. Zbl. Bakt. **281** (1994) 534-543.

[187] RENWICK, S.A., MCNAB; W.B., LOWMAN, H.R., CLARKE, R.C.: Variability and determinants of carcass bacterial load at a poultry abattoir. J. Food Prot. **56** (1993) 694-699.

[188] RIGBY, C.E., PETTIT, J.R.: Effect of „transport stress" on *Salmonella typhimurium* carriage by broiler chickens. Canad. J. Publ. Hlth. **70** (1979) 61.

[189] RING, C., WOERLEN, F.: Hygienerisiken durch Stadttauben und Möwen auf einem Schlachtbetriebsgelände. Fleischwirtschaft **71** (1991) 881-883.

[190] RISTIC, M.: Luft-Sprüh-Kühlung und Einfluss auf den Schlachtkörperwert von Broilern. Rdschau Fleischhyg. Lebensm.überw. (RFL) **44** (1992) 147-149.

[191] ROBERTS, T.A.: Heat and radiation resistance and activation of spores of *Clostridium* welchii. J. appl. Bact. **31** (1968) 133-144.

[192] ROBERTS, T.A., THOMAS, A.I., GILBERT, R.J.: A third outbreak of Type *C botulism* in broiler chickens. Vet. Rec. **92** (1973) 107-109.

[193] ROBERTS, T.A., GIBSON, A.M.: The relevance of Clostridium botulinum type C in public health and food processing. J. Food Technol. **14** (1979) 211-226.

[194] ROLLINS, D.M.: Potential for reduction in colonization of poultry by *Campylobacter* from enrivonmental sources. In: Blankenship, L.C. (Hrsg.), Colonization control of human bacterial enteropathogens in poultry, Academic Press., Inc., San Diego, New York, Boston, London, Sydney, Tokyo, Toronto 1991, 47-56.

[195] ROSENFIELD, J.A., ARNOLD, G.J., DAVEY, G.R., ARCHER, R.S., WOODS, W.H.: Serotyping of *Campylobacter jejuni* from an outbreak of enteritis implicating chicken. J. Infect. **11** (1985) 159-165.

[196] RUSSEL, S.M., FLETCHER, D.L., COX, N.A.: Effect of freezing on the recovery of mesophilic bacteria from temperature-abused broiler chicken carcasses. Poultry Sci. **73** (1994) 739-743.

[197] RUSSEL, S.M., FLETCHER, D.L., COX, N.A.: The effect of incubation temperature on recovery of mesophilic bacteria from broiler chicken carcasses subjected to temperature abuse. Poultry Sci. **73** (1994) 1144-1148.

[198] RYU, C.-H., IGIMI, S., INOUE, S., KUMAGAI, S.: The incidence of *Listeria* species in retail foods in Japan. Int. J. Food Microbiol. **16** (1992) 157-160.

[199] SALZER, R.H., KRAFT, A.A., AYRES, J.C.: Effect of processing on bacteria associated with turkey giblets. Poultry Sci., **44** (1965) 952-956.

[200] SANDER, E.H., SOO, H.M.: Increasing shelf life by carbon dioxide treatment and low temperature storage of bulk pack fresh chickens packaged in nylon/surlyn film. J. Food Sci. **43** (1978) 1519-1527.

[201] SANDERS, D.H., BLACKSHEAR, C.D.: Effect of chlorination in the final washer on bacterial counts of broiler chicken carcasses. Poultry Sci. **50** (1971) 215-219.

[202] SCHLIESSER, T.: Mycobacterium. In: Blobel, H., Schließer, T. (Hrsg.), Handbuch der bakteriellen Infektionen bei Tieren, Band V, Verlag G. Fischer, Stuttgart 1985, 155-280.

[203] SCHMITT, R.E., HAAS, J., AMADO, R.: Bestimmung von biogenen Aminen mit RP-HPLC zur Erfassung des mikrobiellen Verderbs von Schlachtgeflügel. Lebensm. Unters. Forsch. **187** (1988) 121-124.

[204] SCHMITT, R.E., GALLO, L., SCHMIDT-LORENZ, W.: Microbial spoilage of refrigerated broilers. IV. Effect of slaughtering procedures on the microbial association of poultry carcasses. Lebensm. Wiss. Technol. **21** (1988) 234-238.

[205] SCHÖNBERG, A., GERIGK, K.: *Listeria* in effluents from the food processing industry. Rev. sci. tech. Off. int. Epiz. **10** (1991) 787-797.

[206] SCHROETER, A., PIETZSCH, O., STEINBECK, S., BUNGE, C., BÖTTCHER, U., WARD, L.R., HELMUTH, R.: Epidemiologische Untersuchungen zum *Salmonella-enteritidis*-Geschehen in der Bundesrepublik Deutschland 1990. Bundesgesundhbl. **34** (1991) 147-151.

[207] SCHROETER, A.; HOOG, B.; HELMUTH, R.: Results of resistance monitoring of Salmonella isolates from cattle, pigs and poultry in Germany (2000-2001). Internat. Sympos. Salmonella and Salmonellosis, Saint-Brieux, France, 29-31 May 2002.

[208] SCHROETER, A.; DORN, CH.; HELMUTH, R.: Bericht des Nationalen Veterinärmedizinischen Referenzlaboratoriums für Salmonellen. In: HARTUNG, M. (Hrsg.), Bericht über die epidemiologische Situation der Zoonosen in Deutschland für 2001. BgVV-Hefte 06/2002, Berlin.

[209] SCHULLERUS, F.R., STÖPPLER; H.: Listerienbelastung bei Lebensmitteln tierischen Ursprungs unter besonderer Berücksichtigung von Umgebungsuntersuchungen. Tierärztl. Umschau, **47** (1992) 27-36.

[210] SCHWARTZ, B., CIESIELSKI, C.A., BROOME, C.V., GAVENTA, S., BROWN, G.R., GELLIN, B.G., HIGHTOWER, A.W., MASCOLA, L.: Association of sporadic listeriosis with consumption of uncooked hot dogs and undercooked chicken. Lancet (1988) ii, 779-782.

[211] SHELDON, B.W., BROWN, A.L.: Efficacy of ozone as a disinfectant for poultry carcasses and chill water. J. Food Sci. **51** (1986) 305-309.

[212] SHIOZAWA, K., KATO, E., SHIMIZU, A.: Enterotoxigenicity of Staphylococcus aureus strains isolated from chickens. J. Food Prot. **43** (1980) 683-685.

[213] SIEGMANN, O. (Hrsg.): Kompendium der Geflügelkrankheiten, 5. Auflage, Kapitel 2.9.3: Nekrotisierende (NE) und ulzerative Enteritis (UE). Verlag P. Parey, Berlin, Hamburg 1993, 218-221.

[214] SIEMS, H., HILDEBRANDT, G., WEISS, H.: Einsatz der Most Probable Number - Technik zum quantitativen Salmonellen-Nachweis. III. Quantitative Bestimmung von Salmonellen im Auftauwasser gefrorener Brathähnchen und Hähnchenbrustfilets. Fleischwirtschaft **61** (1981) 1741-1745.

[215] SIMONSEN, B.: Microbiological criteria for poultry products. In: Mead, G.C. (Hrsg.), Processing of poultry, Elsevier Appl. Sci., London, New York (1989) 221-250.

[216] SIMPSON, V.R., EUDEN, P.R.: Birds, milk, and Campylobacter. Lancet **337** (1991) 975.

[217] SIMS, C.M., DODD, C.E.R., WAITES, C.M.: The identification of sites of cross contamination in a poultry processing unit using molecular typing of enterobacteriaceae. 62nd Ann. Meet. Soc. Appl. Bact., Univ. Nottingham 1993.

[218] SINHA, M., WILLINGER, H., TRCKA, J.: Untersuchungen über das Auftreten von Clostridium perfringens bei Haustieren (Pferde, Rinder, Schweine, Hunde, Katzen und Hühner). Wien. tierärztl. Mschr. **62** (1975) 163-169.

[219] SKOVGAARD, N.: *Listeria*: Food of animal origin. In: Schönberg, A. (Hrsg.), Listeriosis - Joint WHO/ROI consultation on prevention and control. VetMed Hefte BGA, Berlin, Nr. 5/1987, Verlag D. Reimer, Berlin 1987, 110-121.

[220] SKOVGAARD, N., MORGEN, C.A.: Detection of Listeria spp. in faeces from animals, in feeds, and in raw foods of animal origin. Int. J. Food Microbiol. **6** (1988) 229-242.

[221] SLAVIK, M.F., KIM, J.-W., PHARR, M.D., RABEN, D.P., TSAI, S., LOBSINGER, C.M.: Effect of trisodium phosphate on *Campylobacter* attached to post-chill chicken carcasses. J. Food Prot. **57** (1994) 324-326.

[222] SMELTZER, T.I.: Isolation of Campylobacter jejuni from poultry carcasses. Austral. Vet. J. **57** (1981) 511-512.

[223] STAVRIC, S., D'AOUST, J.-Y.: Undefined and defined bacterial preparations for the competitive exclusion of Salmonella in poultry - A review. J. Food Prot., **56** (1993) 173-180.

[224] STELMA jr., G.N.: Aeromonas hydrophila. In: Doyle, M.P. (Hrsg.), Foodborne bacterial pathogens, Verlag M. Dekker, New York, Basel 1989, 1-19.

[225] STEPHAN, F., FEHLHABER, K.: Geflügelfleischgewinnung - Untersuchungen zur Hygiene des Luft-Sprüh-Kühlverfahrens. Fleischwirtschaft **74** (1994) 870-873.

[226] STERN, N.J., DRAZEK, E.S., JOSEPH, S.W.: Low incidence of Aeromonas spp. in livestock feces. J. Food Prot. **50** (1987) 66-69.

[227] STIER, R.: Praktsiche Anwendung von HACCP. In: Pierson, M.D., Corlett jr., D. (Hrsg.), HACCP - Grundlagen der produkt- und prozessspezifischen Risikoanalyse, Behr's Verlag, Hamburg 1993.

[228] STORZ, J., KRAUSS, H.: Chlamydia. In: Blobel, H., Schließer, T. (Hrsg.), Handbuch der bakteriellen Infektionen bei Tieren, Band V, Verlag G.Fischer, Stuttgart 1985, 447-531.

[229] STUDER, P., SCHMITT, R.E., GALLO, L., SCHMIDT-LORENZ, W.: Microbial spoilage of refrigerated fresh broilers. II. Effect of packaging on microbial association of poultry carcasses. Lebensm. Wiss. Technol. **21** (1988) 224-228.

[230] SU, I.-M., TROMMER, E., WEISE, E.: Vorkommen von Aeromonas hydrophila bei Schlachtgeflügel, im Schlachtbetrieb und auf vorverpacktem Geflügelfleisch im Einzelhandel. BgVV-Jahresbericht 1994 (im Druck).

[231] SU, I.-M.: Vorkommen beweglicher Aeromonaden bei Schlachtgeflügel, im Schlachtprozess und auf Geflügelfleisch sowie ihre mögliche pathogenetische Bedeutung für den Menschen. Vet.med.Diss. Techn Univ. Berlin 1996.

[232] TAYLOR, W., GORDON, W.S.: A survey of the types of Cl. welchii present in soil and the intestinal contents of animals and man. J. Path. Bact. **50** (1940) 271-277.

[233] TERNSTRÖM, A., MOLIN, G.: Incidence of potential pathogens on raw pork, beef and chicken in Sweden, with special reference to Erysipelothrix rhusiopathiae. J. Food Prot. **50** (1987) 141-146.

[234] TEUFEL, P.: Änderungsvorschlag zur Untersuchung und Bewertung von Listeria monocytogenes in der amtlichen Lebensmittelüberwachung, 47. ALTS-Tagung Berlin, 21.-23. Juni 1994.

[235] THAYER, D.W.: Extending shelf life of poultry and red meat by irradiation processing. J. Food Prot., **56** (1993) 831-833, 846.

[236] THAYER, D.W., BOYD, G.: Control of enterotoxic Bacillus cereus on poultry or red meats and in beef gravy by gamma irradiation. J. Food Prot. **57** (1994) 758-764.

[237] THAYER, S.G., WALSH jr, J.L.: Evaluation of cross-contamination on automatic viscera removal equipment. Poultry Sci. **72** (1993) 741-746.

[238] THOMAS, C.J., MCMEEKIN, T.A.: Contamination of broiler carcass skin during commercial processing procedures: an electron microscopic study. Appl. Environ. Microbiol. **40** (1980) 133-144.

[239] THOMAS, C.J., O'ROURKE, R.D., MCMEEKIN, T.A.: Bacterial penetration of chicken breast muscle. Food Microbiol. **4** (1987) 87-95.

[240] THOMSON, J.E., KOTULA, A.W.: Contamination of the air sac areas of chicken carcasses and its relationship to scalding and method of killing. Poultry Sci. **28** (1959) 1433-1437.

[241] TODD, E.C.D.: Foodborne disease in Canada - a 10-year summary from 1975 to 1984. J. Food Prot. **55** (1992) 123-132.

[242] TOKUMARU, M., KONUMA; H., UMESAKO, M., KONNO, S., SHINAGAWA, K.: Rates of detection of *Salmonella* and *Campylobacter* in meats in response to the sample size and the infection level of each species. Int. J. Food Microbiol. **13** (1990) 41-46.

[243] TSAI, L.-S., SCHADE, J.E., MOLYNEUX, B.T.: Chlorination of poultry chiller water: chlorine demand and disinfection efficiency. Poultry Sci. **71** (1992) 188-196.

[244] VAN SCHOTHORST, M., NOTERMANS, S., KAMPELMACHER, E.H.: Einige hygienische Aspekte der Geflügelschlachtung. Fleischwirtschaft **52** (1972) 749-752.

[245] VARABIOFF, Y., MITCHELL, G.E., NOTTINGHAM, S.M.: Effects of irradiation on bacterial load and *Listeria monocytogenes* in raw chicken. J. Food Prot. **55** (1992) 389-391.

[246] WALLNER-PENDLETON, E.A., SUMNER, S.S., FRONING, G.W., STETSON, L.E. : The use of ultraviolet radiation to reduce *Salmonella* and psychrotrophic bacterial contamination on poultry carcasses. Poultry Sci. **73** (1994) 1327-1333.

[247] WALLS, I., COOKE, P.H., BENEDICT, R.C., BUCHANAN, R.L.: Sausage casings as a model for attachment of *Salmonella* to meat. J. Food Prot. **56** (1993) 390-394.

[248] WEBER, A., GLÜNDER, G., HINZ, K.-H.: Biochemische und serologische Identifizierung von Yersinien aus Vögeln. J. Vet. Med. B **34** (1987) 148-154.

[249] WEISE, E., LEVETZOW, R., PIETZSCH, O., HOPPE, P.-P., SCHLÄGEL, E.: Mikrobiologie und Haltbarkeit frischen Geflügelfleisches bei Kühllagerung. VetMed Berichte BGA, Berlin, Nr. 1/1980, Verlag D. Reimer, Berlin 1980.

[250] WEISE, E.: Zum Vorkommen von Listerien in geschlachtetem Geflügel des Einzelhandels. 28. DVG-Tagung Lebensmittelhyg., Garmisch-Partenkirchen 1987.

[251] WEISE, E., TEUFEL, P.: Listerien in Lebensmitteln - ein ungelöstes Problem. Ärztl. Lab. **35** (1989) 205-208.

[252] WELLAUER-WEBER, B., WEISE, Z., SCHULER, U., GEIGES, O., SCHMIDT-LORENZ, W.: Hygienische Risiken beim Auftauen von tiefgefrorenem Fleisch und Schlachtgeflügel. Mitt. Gebiete Lebensm. Hyg. **81** (1990) 655-683.

[253] WEMPE, J.M., GENIGEORGIS, C.A., FARVER, T.B., YUSUFU, H.I.: Prevalence of *Campylobacter jejuni* in two California chicken processing plants. Appl. Environ. Microbiol. **45** (1983) 355-359.

[254] WENDLANDT, A., BERGANN, T.: *Listeria monocytogenes* - Zum Vorkommen in einem Schlacht-, Zerlege- und Verarbeitungsbetrieb. Fleischwirtschaft **74** (1994) 1329-1331.

[255] WENGER, J.D., SWAMINATHAN, B., HAYES, P.S., GREEN, S.S., PRATT, M., PINNER, R.W., SCHUCHAT, A., BROOME, C.V.: *Listeria monocytogenes* contamination of turkey franks: Evaluation of a production facility. J. Food Prot. **53** (1990) 1015-1019.

[256] WICHMANN-SCHAUER, H.; ELLERBROEK, L.; DELBECK, F.; FORSTER, S.; FRIES, R.; HAARMANN, M.; HELMUTH, R.; METHNER, U.: Vorkommen von *Salmonellen* bei

deutschem Nutzgeflügel und Geflügelfleisch. 2. Große Hähnchenmast- und -schlachtbetriebe. Fleischwirtsch. **81** (2001) 6, 83-87.

[257] WINBLAD, S.: *Yersinia enterocolitica*. In: Blobel, H., Schließer, T. (Hrsg.), Handbuch der bakteriellen Infektionen bei Tieren, Band IV, Verlag G.Fischer, Stuttgart 1982, 519-535.

[258] YANG, X., BOARD, R.G., MEAD, G.C.: Influence of spoilage flora and temperature on growth of *Staphylococcus aureus* in turkey meat. J. Food Prot. **51** (1988) 303-309.

[259] YUSUFU, H.I., GENIGEORGIS, C., FARVER, T.B., WEMPE, J.M.: Prevalence of *Campylobacter jejuni* at different sampling sites in two California turkey processing plants. J. Food Prot. **46** (1983) 868-872.

[260] ZASTROW, K.-D., SCHÖNEBERG, I.: Lebensmittelbedingte Infektionen und Intoxikationen in der Bundesrepublik Deutschland - Ausbrüche 1992. Bundesgesd.bl. **37** (1994) 247-251.

[261] ZEITOUN, A.A.M., DEBEVERE, J.M.: Verpackung von Geflügelfleisch - Einfluss einer modifizierten Atmosphäre auf die Haltbarkeit frischen Geflügelfleisches. Fleischwirtschaft **72** (1992) 1698-1703.

[262] Bundesamt für Gesundheitswesen (Schweiz): Deutlicher Rückgang gemeldeter *Salmonellose - Campylobacter* weiter zunehmend. Bulletin Nr. **37** (1994) 632-633.

[263] Bundesamt für Gesundheitswesen (Schweiz): Hühnerleberverzehr und Campylobacteriose. Lebensmittel-Info, Bulletin Nr. **10** (1995).

[264] Bundesgesundheitsamt (Deutschland): Empfehlungen des zum Nachweis und zur Bewertung von *Listeria monocytogenes* in Lebensmitteln. Bundesgesundhbl. **34** (1991) 227-229.

[265] Bundesinstitut für gesundheitlichen Verbraucherschutz und Veterinärmedizin, FAO/WHO Collaborating Centre for Research and Training in Food Hygiene and Zoonoses: WHO Surveillance Programme for Control of Foodborne Infections and Intoxications in Europe. Seventh Report 1993 - 1998. Berlin 2001.

[266] Bundesinstitut für gesundheitlichen Verbraucherschutz und Veterinärmedizin: Bundesweite Erhebung zum mikrobiologischen Status von frischen streichfähigen Mettwürsten. Bundesgesundheitsbl. **42** (1999) 965-966.

[267] Bundesinstitut für gesundheitlichen Verbraucherschutz und Veterinärmedizin: Empfehlungen zum Nachweis und zur Bewertung von *Listeria monocytogenes* in Lebensmitteln im Rahmen der amtlichen Lebensmittelüberwachung. http://www.bfr.bund.de/cms/detail.php?template=internet_de_index_js

[268] FAO/WHO Codex Alimentarius Commission: Hazard analysis and critical control point (HACCP) system and guidelines for its application. Joint FAO/WHO Food Standards Programme, Food hygiene basic texts, FAO, Rome 1997.

[269] Kommission der Europäischen Gemeinschaften (Hrsg.): Evaluation of the hygienic problems related to the chilling of poultry carcasses. Inform. Agric. No. 22, Brüssel 1976.

[270] Kommission der Europäischen Gemeinschaften (Hrsg.): Microbiology and shelf-life of chilled poultry carcasses. Inform. Agric. No. 61, Brüssel 1978.

[271] Kommission der Europäischen Gemeinschaften (Hrsg.): Microbiological methods for control of poultry meat. Inform. Agric., Study P. 203, Brüssel 1979.

[272] Kommission der Europäischen Gemeinschaften, Scientific Veterinary Committee: Unpublished data (1986). zitiert in: WHO (Hrsg.), Food irradiation - a technique for preserving and improving the safety of food, Geneva 1988.

[273] Robert Koch-Institut, Zentrum für Infektionsepidemiologie: Bakterielle Gastroenteritiden in Deutschland 2001. Epid. Bull. **50** (2002) 417-422.

[274] World Health Organization: Wholesomeness of irradiated food: report of a Joint FAO/IAEA/WHO Expert Committee. WHO Techn. Report Ser. No. 659, Genf 1980.

[275] World Health Organization: Guidelines on cleaning, disinfection and vector control in Salmonella enteritidis infected poultry farms. Report of a workshop in Bakum/Vechta (Deutschland) 1993. WHO - Veterinary Public Health Unit **94** (1994) 172.

Zitierte Rechtsvorschriften

Gemeinschaftsrecht

[1 A] Richtlinie 92/117/EWG des Rates über Maßnahmen zum Schutz gegen bestimmte Zoonosen bzw. ihre Erreger bei Tieren und Erzeugnissen tierischen Ursprungs zur Verhütung lebensmittelbedingter Infektionen und Vergiftungen

Vom 17. Dezember 1992 (Amtsbl. EG 1993 Nr. L 62, S. 38), zuletzt geändert durch Richtlinie 1999/72/EG (Amtsbl. EG Nr. L 210, S. 12)

[2 A] Richtlinie 71/118/EWG des Rates zur Regelung gesundheitlicher Fragen bei der Gewinnung und dem Inverkehrbringen von frischem Geflügelfleisch

In der Fassung der Richtlinie 92/116/EWG des Rates vom 17. Dezember 1992 (Amtsbl. EG 1993 Nr. L 62, S. 1), zuletzt geändert durch Richtlinie 97/79/EG (Amtsbl. EG 1998 Nr. L 24, S. 31)

[3 A] Richtlinie 64/433/EWG des Rates über die gesundheitlichen Bedingungen für die Gewinnung und das Inverkehrbringen von frischem Fleisch

In der Fassung der Richtlinie 91/497/EWG des Rates vom 29. Juli 1991 (Amtsbl. EG Nr. L 268, S. 69), zuletzt geändert durch Richtlinie 95/23/EG (Amtsbl. EG Nr. L 243, S. 7)

[4 A] Richtlinie 89/101/EWG des Rates zur Angleichung der Rechtsvorschriften der Mitgliedstaaten über tiefgefrorene Lebensmittel

Vom 21. Dezember 1988 (Amtsbl. EG Nr. L 40, S. 34)

[5 A] Richtlinie 94/65/EG des Rates zur Festlegung von Vorschriften für die Herstellung und das Inverkehrbringen von Hackfleisch/Faschiertem und Fleischzubereitungen

Vom 14. Dezember 1994 (Amtsbl. EG Nr. L 368, S. 10), berichtigt 1998 (Amtsbl. EG Nr. L 127, S. 34)

[6 A] Richtlinie 2000/13/EG des Europäischen Parlaments und des Rates zur Angleichung der Rechtsvorschriften der Mitgliedstaaten über die Etikettierung und Aufmachung von Lebensmitteln sowie die Werbung hierfür

Vom 20. März 2000 (Amtsbl. EG Nr. L 109, S. 29), geändert durch Richtlinie 2001/101/EG vom 26. November 2001 (Amtsbl. EG Nr. L 310, S. 19)

[7 A] Verordnung (EWG) Nr. 1906/90 des Rates über Vermarktungsnormen für Geflügelfleisch

Vom 26. Juni 1990 (Amtsbl. EG Nr. L 173, S. 1), zuletzt geändert durch VO (EWG) Nr. 1101/98 vom 25. Mai 1998 (Amtsbl. EG Nr. L 157, S. 12)

[8 A] Richtlinie 91/495/EWG des Rates zur Regelung der gesundheitlichen und tierseuchenrechtlichen Fragen bei der Herstellung und Vermarktung von Kaninchenfleisch und Fleisch von Zuchtwild

Vom 27. November 1990 (Amtsbl. EG Nr. L 268 vom 24.9.1991, S. 41), zuletzt geändert durch Beschluss 95/1/EG (Amtsbl. EG Nr. L 1, S. 1)

[9 A] Richtlinie 92/45/EWG des Rates zur Regelung der gesundheitlichen und tierseuchenrechtlichen Fragen beim Erlegen von Wild und bei der Vermarktung von Wildfleisch

Vom 16. Juni 1992 (Amtsbl. EG Nr. L 268, S. 35), zuletzt geändert durch Richtlinie 97/79/EG (Amtsbl. EG Nr. L 24 vom 30.1.1998, S. 31)

[10 A] Richtlinie 93/43/EWG des Rates vom 14. Juni 1993 über Lebensmittelhygiene (Amtsbl. EG Nr. L 175, S. 1).

[11 A] Entwurf einer Richtlinie zur Überwachung von Zoonosen und Zoonoseerregern und zur Änderung der Entscheidung 90/424/EWG sowie zur Aufhebung der Richtlinie 92/117/EWG (Ratsdokument 8109/02 ADD 1).

[12 A] Entwurf einer Verordnung (EG) zur Bekämpfung von Salmonellen und anderen durch Lebensmittel übertragenen Zoonoseerregern und zur Änderung der Richtlinien 64/432/EWG, 72/462/EWG und 90/539/EWG (Ratsdokument 8109/02 ADD 2).

National (D)

[13 A] Geflügelfleischhygienegesetz - GFlHG -

Vom 17. Juli 1996 (BGBl. I S. 991), zuletzt geändert durch Gesetz vom 7. März 2002 (BGBl. I S. 1046)

[14 A] Geflügelfleischhygiene-Verordnung

In der Fassung der Bekanntmachung vom 21. Dezember 2001 (BGBl. I S. 4098).

[15 A] Verordnung über die hygienischen Anforderungen und amtlichen Untersuchungen beim Verkehr mit Fleisch (Fleischhygiene-Verordnung - FlHV)

In der Fassung der Bek. vom 29. Juni 2001 (BGBl. I S. 1366), zuletzt geändert durch Verordnung vom 14. März 2002 (BGBl. I S. 1081).

[16 A] Gesetz über den Verkehr mit Lebensmitteln, Tabakerzeugnissen, kosmetischen Mitteln und sonstigen Bedarfsgegenständen (Lebensmittel- und Bedarfsgegenständegesetz - LMBG)

In der Fassung der Bek. vom 9. September 1997 (BGBl. I S. 2296), zuletzt geändert durch Gesetz vom 6. August 2002 (BGBl. I S. 3116).

[17 A] Lebensmittelhygiene-Verordnung (LMHV)

Vom 5. August 1997 (BGBl. I S. 2008), geändert durch Verordnung vom 21. Mai 2001 (BGBl. I S. 959)

[18 A] Verordnung über Hackfleisch, Schabefleisch und anderes zerkleinertes rohes Fleisch (Hackfleisch-Verordnung - HFlV)

Vom 10. Mai 1976 (BGBl. I S. 1186), zuletzt geändert durch Verordnung vom 14. Oktober 1999 (BGBl. I S. 2053)

[19 A] Verordnung über die Qualität von Wasser für den menschlichen Gebrauch (Trinkwasserverordnung - TrinkwV)

In der Fassung der Verordnung zur Novellierung der Trinkwasserverordnung vom 21. Mai 2001 (BGBl. I S. 959), geändert durch Verordnung vom 20. Dez. 2002 (BGBl. I S. 4695).

[20 A] Verordnung zum Schutz gegen bestimmte Salmonelleninfektionen beim Haushuhn (Hühner-Salmonellen-Verordnung)

In der Fassung der Bekanntmachung vom 11. April 2001 (BGBl. I S. 543)

[21 A] Verordnung über die Kennzeichnung von Lebensmitteln (Lebensmittel-Kennzeichnungsverordnung - LMKV)

In der Fassung der Bek. der Neufassung vom 15. November 1999 (BGBl. I S. 2464), zuletzt geändert durch Verordnung vom 18. Dezember 2002 (BGBl. I S. 4644)

[22 A] Gesetz zur Verhütung und Bekämpfung von Infektionskrankheiten beim Menschen (Infektionsschutzgesetz - IfSG)

Vom 20. Juli 2000 (BGBl. I S. 1045)

6 Mikrobiologie von Eiern und Eiprodukten

R. STROH

6.1 Einleitung

Obwohl Hühnereier - insbesondere ihre Dotter - aufgrund des hohen Nährstoffgehaltes gegenüber einem Befall durch Mikroorganismen äußerst empfindlich sind, fällt auf, dass sie im Vergleich zu anderen nährstoffreichen Lebensmitteln tierischer Herkunft (wie z.B. Milch oder Fleisch) verhältnismäßig lange haltbar sind, ohne dass hierfür aufwendige technische Maßnahmen (wie z.B. Kühllagerung) ergriffen werden müssten.

Als Erklärung für diesen Sachverhalt bietet sich in augenfälliger Weise die klare Abgrenzung des Eiinhaltes gegenüber seiner Umwelt durch die Eischale an. Es ist aber allgemein bekannt, dass nicht nur Eier mit beschädigten Schalen, sondern auch Eier mit intakten Schalen durch die Tätigkeit von Mikroorganismen verderben können. Deren Wirkung zeigt sich in unterschiedlichen Veränderungen der sensorischen Beschaffenheit (Konsistenz, Farbe und Geruch) der Eiinhalte. Ein solcher Verderb ist meist am äußerlich unbeschädigten Ei ohne Hilfsmittel nicht zu erkennen, sondern zeigt sich erst beim Aufbrechen der Eischale. Diese weitverbreitete Erfahrung spiegelt sich im Gebrauch der Redewendung vom „faulen Ei“ als einem bildhaften Ausdruck für eine mit einem verborgenen oder nur schwer erkennbaren Mangel behaftete Sache wieder.

Darüber hinaus können Bakterien im Eiinneren vorhanden sein, die keine sensorischen Veränderungen des Eiinhaltes bewirken und deren Anwesenheit auch beim geöffneten Ei nicht durch abweichende Beschaffenheit erkennbar ist. Hierzu gehören Krankheitserreger wie zum Beispiel Salmonellen, die bei unsachgemäßem oder unvorsichtigem Umgang mit Eiern zu Erkrankungen bei den Konsumenten führen, wie es in den vergangenen Jahren sehr häufig durch Verwendung von Hühnereiern vorkam, die mit Salmonellen kontaminiert waren.

Dieses Hygienerisiko muss sowohl beim Umgang mit Hühnereiern im Handel und bei ihrer Verwendung im Haushalt als auch bei der Gewinnung und Verarbeitung von Eiprodukten im handwerklichen oder industriellen Maßstab berücksichtigt werden. Um den Verbraucher vor solchen Salmonellenerkrankungen zu schützen, wurden für den gewerblichen Bereich Rechtsvorschriften erlassen, in denen der sachgerechte Umgang mit Hühnereiern und roheihaltigen Speisen [89] sowie die hygienischen Anforderungen an Eiprodukte und deren Herstellung [88] geregelt sind.

6.2 Der Aufbau des Hühnereies: physikalische und chemische Barrieren zum Schutz vor eindringenden Mikroorganismen

Die Wechselwirkung zwischen Hühnereiern und Mikroorganismen wird wesentlich vom Aufbau und von der Zusammensetzung der Eier beeinflusst. Sind andere Lebensmittel tierischer Herkunft (wie Fleisch und Milch) sofort nach ihrer Gewinnung schutzlos dem Befall mit Mikroorganismen und dem daraus folgenden Verderb ausgesetzt, finden sich beim Hühnerei Strukturen, deren Aufgabe darin besteht, den sich im Eiinneren entwickelnden Embryo vor mechanischen Einwirkungen und vor Infektionen mit Mikroorganismen zu schützen. Der Schutz vor Mikroorganismen erstreckt sich gleichzeitig auf die vom Embryo benötigten und im Dotter sowie im Eiklar gespeicherten Nährstoffe.

Die Hauptbestandteile des Hühnereies sind Eidotter, Eiklar und Eischale, wobei jeder dieser Teile wiederum aus weiteren unterschiedlichen Strukturelementen besteht (Abb. 6.1).

6.2.1 Die Eischale

Die auf der Außenseite der Eischale liegende **Cuticula (Schalenhaut)** stellt für die auf die Eioberfläche gelangten Mikroorganismen die erste Hürde dar, die sie daran hindert, in das Ei einzudringen.

Die Cuticula ist eine aus Proteinen, Polysacchariden und Lipiden bestehende, etwa 10 µm dicke Schicht, die das Eindringen von Mikroorganismen durch Verschließen der in der Kristallitschicht der Eischale vorhandenen Poren sehr stark behindert [40]. Zum Zeitpunkt der Eiablage besteht die Schutzwirkung der Cuticula allerdings noch nicht in vollem Umfang, sondern sie entwickelt sich in den ersten Minuten nach dem Ablegen des Eies: die zuerst noch körnig struktutierte Cuticula verbreitet sich gleichmäßig auf der Schale, bildet dadurch eine glatte Oberfläche und trocknet gleichzeitig aus. Dabei füllt und verschließt sie die Poren der Kalkschale [77].

Die volle Schutzwirkung der Cuticula bleibt für eine Zeitspanne von etwa vier Tagen bestehen, lässt dann aber allmählich nach, da durch weiteres Austrocknen Risse in ihr

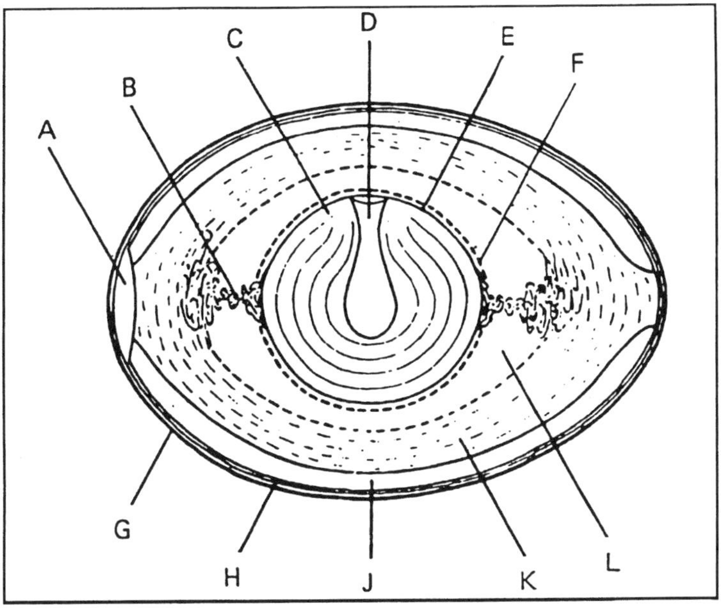

Abb. 6.1 Der Aufbau des Hühnereies (Längsschnitt, nach Brooks, 1960)
A Luftkammer; B Hagelschnüre; C Dotter; D weißer Dotter (mit Latebra, Latebrahals und Keimscheibe); E Dottermembran mit äußerer Membranschicht F; G Kalkschale mit darüber liegender Cuticula; H Schalenmembranen; J äußere dünnflüssige Eiklarschicht; K dickflüssige Eiklarschicht; L innere dünnflüssige Eiklarschicht

entstehen, durch die dann wiederum Muikroorganismen in die Poren der Schale eindringen können [2, 31]. Fehlt die Cuticula bei der Eiablage oder wird sie durch äußere Einflüsse beschädigt, wird ein rasches Eindringen von Mikroorganismen in das Ei durch die Poren der Eischale begünstigt [61].

Die **Kristallitschicht der Eischale** stellt für Mikroorganismen beim Eindringen in das Ei ein nur wenig wirksames Hindernis dar, da sie eine große Zahl von Poren aufweist, die dem Austausch von Sauerstoff, Kohlendioxid und Wasserdampf mit der Umgebung dienen. Diese Poren, deren Zahl zwischen 7 x 10^3 und 17 x 10^3 pro Ei liegt, sind ungleichmäßig über die Schale verteilt, ihre größte Dichte liegt an den beiden Eipolen. Sie haben Durchmesser zwischen 15 und 65 µm auf der Außenseite sowie zwischen 6 und 23 µm auf der Innenseite der Kristallitschicht, sind also so groß, dass Bakterien und andere Mikroorganismen sie ohne weiteres durchdringen können. Der Einfluss verschiedener Faktoren der Schalenqualität (wie z. B. Schalendicke und Zahl der Poren) auf die Geschwindigkeit mit der Mikrooganismen in Eier eindringen, wird von verschiedenen Autoren unterschiedlich bewertet [31].

Unter der Kristallitschicht der Eischale liegen die beiden **Schalenmembranen**, die - außer im Bereich der nach der Eiablage entstehenden Luftkammer - fest aneinander haften. Sie bestehen aus mattenähnlichen, schichtförmig übereinander angeordneten Fasergeflechten unterschiedlicher Dichte. In den Räumen zwischen den Fasern sind eiweißartige Substanzen eingelagert [63]. Die äußere Schalenmembran ist direkt mit der Kristallitschicht der Schale verbunden, während die innere Schalenmembran durch eine dichtfaserige Grenzmembran zum Eiklar hin abgeschlossen wird. Die Schalenmembranen und hier insbesondere die Grenzmembran zum Eiklar sind im Bereich der Schale die letzte und gleichzeitig wirkungsvollste Barriere gegen das Eindringen von Bakterien in das Eiinnere [75]. Sie wirken nach Beobachtungen verschiedener Autoren als „Bakterienfilter". Es wurde festgestellt, dass die Geschwindigkeit, mit der die Schalenmembranen von Bakterien durchdrungen werden können, von der jeweiligen Spezies abhängig ist und zwischen einem und vier Tagen liegen kann [37, 33]. Beim Eindringen von Mikroorganismen in die Schalenmembranen sind keine Veränderungen der Faserstruktur zu beobachten, sondern es werden die Faserzwischenräume besiedelt [63].

6.2.2 Das Eiklar

Das **Eiklar** kann als ein Proteingebilde aus **Ovomucinfasern** in einer wässrigen Lösung zahlreicher glubulärer Proteine aufgefasst werden [86].

Es besteht aus mehreren Schichten unterschiedlicher Viskosität, die - mit Ausnahme der Hagelschnüre - den Dotter umschließen (Abb. 6.1). Die Aufgaben des Eiklars liegen einerseits in der Bereitstellung von Nährstoffen und Wasser für den Embryo, andererseits in der Abwehr von Mikroorganismen, die den Bereich der Eischale durchdrungen haben. Die letztgenannte Aufgabenstellung wird durch das Zusammenwirken einer Reihe verschiedener, sich in ihrer Wirkung gegenseitig ergänzender Eigenschaften, Strukturen und Inhaltsstoffe erfüllt, die eine wachstums- und vermehrungshemmende beziehungsweise keimabtötende Wirkung gegenüber Mikroorganismen zeigen:

Der **pH-Wert** des Eiklars beträgt beim frisch gelegten Ei etwa 7,4-7,6. Durch Abgabe von CO_2 steigt dieser Wert aber innerhalb von 4 bis 5 Tagen auf Werte von 9,5-9,6 an [56, 65, 81] und liegt damit in einem für das Wachstum und die Vermehrung der meisten Bakterien ungünstigen Bereich. Außerdem verstärkt der im alkalischen Bereich liegende pH-Wert des Eiklars auch die bakteriostatischen beziehungsweise bakteriziden Wirkungen anderer Eiklarkomponenten, insbesondere bei Temperaturen von 37 °C und darüber [84].

Ein auffälliger Bestandteil des Eiklars sind die **Hagelschnüre (Chalazae)**. Es handelt sich um elastische Fasern, die auf der einen Seite mit der Dottermembran und auf der anderen Seite mit der inneren Schalenmembran verbunden sind. Sie gestatten dem Dotter eine begrenzte Drehung, lassen aber kaum eine seitliche Lageänderung zu. Ihre Aufgabe besteht darin, den Dotter in der Eimitte zu halten, um ihn vor direktem Kontakt mit der Eischale und so vor einer sich daraus ergebenden Kontaminationsgefahr zu schützen [40].

Außer den Hagelschnüren trägt auch die Wirkung besonderer mechanischer Eigenschaften des Eiklars, das heißt die in verschiedenen Eiklarschichten (chalazifere Eiklarschicht und mittlere zähe Eiklarschicht) zu beobachtende hohe Viskosität, zur Stabilisierung der Lage des Dotters im Eizentrum bei. Die hohe Viskosität dieser Eiklarschichten geht auf das **Ovomucin** zurück. Dieses Glykoprotein bildet - auch durch Bildung eines Komplexes mit Lysozym - hochviskose Gelstrukturen und liegt in den dickflüssigen Eiklarschichten in einem gegenüber dem dünnflüssigen Eiklar erhöhten Anteil vor; die Hagelschnüre enthalten ebenfalls Ovomucin als wesentlichen Baustein. Die bei längerer Lagerung von Eiern allmählich eintretende Verflüssigung des Eiklars wird auf chemische und physikalisch-chemische Veränderungen des Ovomucins zurück geführt [1].

Unter den zahlreichen Proteinfraktionen des Eiklars gibt es einige, die aufgrund ihrer chemischen Eigenschaften bakteriostatische oder bakterizide Wirkungen zeigen: **Conalbumin (Ovotransferrin)** ist ein Glykoprotein, das mit Ionen verschiedener Metalle (wie z.B. Eisen, Kupfer und Zink) Komplexe bildet. Der mit dreiwertigem Eisen entstehende Komplex ist sehr stabil, besonders bei pH-Werten im alkalischen Bereich, wie sie im Eiklar vorliegen. Das durch Conalbumin gebundene Eisen ist für Mikroorganismen nicht verfügbar, so dass Conalbumin bei zahlreichen Mikroorganismen wachstumshemmend wirkt. Diese Wachstumshemmung drückt sich in verlängerten Lag-Phasen (siehe „Mikrobiologie der Lebensmittel-Grundlagen“) und verringerten Vermehrungsraten der Mikroorganismen aus. Es wurde festgestellt, dass der von Conalbumin verursachte bakteriostatische Effekt bei verschiedenen Organismen unterschiedlich stark ist [29]. Mikrokokken zeigen sich empfindlicher als verschiedene Species der Gattung *Bacillus*, die wiederum empfindlicher sind als gramnegative Bakterien. Ein indirekter Beweis dafür, dass der von Conalbumin ausgehende bakteriostatische Effekt auf Störungen des mikrobiellen Eisenstoffwechsels zurück geführt werden kann, ergab sich aus den Beobachtungen, dass Conalbumin die Pigmentproduktion bei Pseudomonaden steigert [29, 35]. Dies ist eine typische Reaktion dieser Organismen bei Wachstum auf Medien mit vermindertem Eisengehalt.

Lysozym ist ein Enzym, das den chemischen Aufbau der Mureinschicht, einem wichtigen Strukturelement im Zellwandaufbau der Bakterien (siehe „Mikrobiologie der Lebensmittel-Grundlagen“) angreift und dadurch insbesondere gegenüber grampositiven Bakterien eine antibiotische Wirkung entfaltet. Die unterschiedliche Empfindlichkeit verschiedener Bakterienspecies gegenüber Lysozym ist unter anderem auf die Angreifbarkeit bestimmter chemischer Strukturen innerhalb der Mureinschicht in Abhängigkeit ihrer räumlichen Exposition zurück zu führen. Als besonders empfindlich gegenüber der Wirkung des Lysozyms haben sich verschiedene Stämme von *Micrococcus lysodeikticus* und *Bacillus megaterium* erwiesen. Relativ unempfindlich gegenüber Lysozym sind aber zum Beispiel *Listeria monocytogenes* und verschiedene Stämme von *Staphylococcus aureus*, wobei hier als Grund wohl Abweichungen im chemischen Aufbau des Mureins zu suchen sind. Die geringere Empfindlichkeit gramnegativer Bakterien gegenüber Lysozym ist darauf zurück zu führen, dass bei diesen Mikroorganismen die Mureinschicht nur einen geringen Anteil (zwischen 5 und 10 %) am Zellwandmaterial hat und - außer bei sehr jungen Zellen - zwischen Ketten von Lipoproteiden und Lipopolysacchariden gelagert ist, wodurch das Lysozym sein Substrat nicht erreichen kann [10].

Es wird angenommen, dass das Lysozym durch Bildung eines unlöslichen Komplexes mit Ovomucin am Zustandekommen der Gelstruktur der zähflüssigen Eiklarfraktionen beteiligt ist und so einen weiteren Beitrag zur Abwehr der in das Eiklar eingedrungenen Mikroorganismen leistet [1].

6.2.3 Der Dotter

Der Dotter besitzt im Gegensatz zum Eiklar keine Inhaltsstoffe mit bakteriostatischen oder bakteriziden Wirkungen, sondern enthält zahlreiche für das Wachstum von Mikroorganismen erforderliche Nährstoffe und Spurenelemente und ist daher ein sehr gutes Nährmedium.

Er wird gegenüber dem umgebenden Eiklar von der aus drei Schichten bestehenden **Dottermembran (Vittelinmemban)** abgegrenzt. Ein wichtiger Bestandteil der Dottermembran ist Lysozym mit einem Anteil von 37 % der in der Membran enthaltenen Proteine [25]; zusammen mit Ovomucin bildet es auch in der Dottermembran eine netzartig aufgebaute komplexe Verbindung [26].

Die Dottermembran ist die letzte Barriere für Bakterien vor dem Eindringen in den Dotter. Neben diesem Beitrag zur Abwehr eindringender Mikroorganismen liegt eine weitere Funktion dieser Grenzschicht darin, den Übertritt von Dotterinhaltsstoffen wie zum Beispiel Eisenionen in das Eiklar zu verhindern und damit die Wirkung der Schutzfunktionen des Eiklars zu unterstützen [2].

6.3 Das Eindringen von Mikroorganismen in Hühnereier

Hühnereier sind trotz ihrer zahlreichen, als Barrieren gegen das Eindringen und die Vermehrung von Mikroorganismen gerichteten Strukturen in mehrfacher Hinsicht gegen mikrobielle Angriffe empfindlich: Dotter oder Eiklar können einerseits bereits vor der Eiablage kontaminiert werden (**primäre Kontamination**), andererseits besteht die Möglichkeit, dass Mikroorganismen nach der Eiablage durch die Schale in das Ei eindringen (**sekundäre Kontamination**) [61, 31]. Dieser Kontaminationsweg ist von entscheidender Bedeutung beim mikrobiellen Verderb von Eiern.

Aus Untersuchungsergebnissen verschiedener Autoren geht hervor, dass der größte Teil (>99 %) der Hühnereier zum Zeitpunkt der Eiablage keine Bakterien enthält [31] und sie erst nach dem Legen von Mikroorganismen besiedelt werden. Die Ermittlung des tatsächlichen Anteils primär kontaminierter Eier gestaltet sich schwierig, da auch unter optimalen Untersuchungsbedingungen gelegentliche Kontaminationen nicht völlig auszuschließen sind [11].

6.3.1 Primäre Kontamination

Eine primäre Kontamination des Eiinhaltes kann bereits im Eierstock, noch vor der Ovulation, durch Übertragung von Keimen aus infiziertem Eierstockgewebe in den Dotter erfolgen (transovarielle Übertragung). Dieser Übertragungsweg konnte für Mikrokokken, Salmonellen und Mycobakterien nachgewiesen werden [9, 34] und hat in den letzten Jahren besondere Beachtung durch das gehäufte Auftreten von Salmonellen-Erkrankungen gefunden, bei denen ein Zusammenhang mit kontaminierten Eiern nachweisbar war [44]. Die primäre Kontamination von Eiern kann aber auch nach der Ovulation bei der weiteren Ausbildung des Eies im Eileiter durch solche Keime erfolgen, die von der Kloake her durch den Legeapparat des Huhnes bis zum Eileiter vorgedrungen sind und dann die Oberfläche des Dotters, das Eiklar, die Schalenmembranen oder die Innenseite der Eischale besiedeln. Auch die Ovarien können auf diesem Wege infiziert werden [59, 31].

6.3.2 Sekundäre Kontamination

Vom Moment der Eiablage an und dem dabei erfolgten Übertritt in die Außenwelt sind Eier einer ungehinderten Besiedlung durch Mikroorganismen ausgesetzt. Diese gelangen mit Schmutz und Kotteilen von den Nestern oder den Käfigteilen, mit Staub aus der Luft sowie durch den Kontakt mit Geräten und Materialien beim Transport ständig auf die Eischalen. Das Ausmaß der sekundären Kontamination wird entscheidend von der Keimbelastung in der unmittelbaren Umgebung der Eier beeinflusst und hängt somit auch in sehr starkem Maße von der Sauberkeit in den Ställen und bei der Weiterbehandlung ab [42, 56, 68]. Auf den Oberflächen von Eischalen wurden von verschiedenen Autoren durchschnittliche Belastungen zwischen 10^3 und 10^6 lebensfähigen Mikroorganismen pro Ei festgestellt. Die Schalen sauberer oder nur leicht verschmutzter Eier sind überwiegend von grampositiven Bakterien besiedelt, wobei fast immer Bakterien der Gattung Micrococcus vorherrschen, begleitet von *Staphylococcus, Arthrobacter, Bacillus, Pseudomonas, Alcaligenes, Flavobacterium, Enterobacter* unter anderem. Die Dominanz der Mikrokokken ist zurück zu führen auf die Toleranz dieser Gattung gegenüber trockenen Umgebungsbedingungen, wie sie in Hühnerställen üblicherweise vorliegen. Auf stark mit Kot verschmutzten Eiern sind dagegen hauptsächlich gramnegative Keime zu finden [9, 83].

Da die Schalen frisch gelegter Eier kurz nach der Ablage noch feucht sind und die Poren in der Kristallitschicht erst nach einigen Minuten durch die sich glättende Cuticula vollständig verschlossen werden, können in dieser Phase Mikroorganismen leicht in die Poren der Eischalen eindringen [77]. Begünstigt wird eine solche Invasion von Bakterien dadurch, dass sich beim Abkühlen von Eiern im Eiinneren ein Unterdruck aufbaut, der zu einer Sogwirkung in den Poren der Eischalen führt. Neben der sich ausbreitenden Cuticula werden so auch Bakterien in die Poren gezogen. Dies geschieht insbesondere dann, wenn sich frisch gelegte Eier in feuchter oder nasser Umgebung befinden [42, 15]. Feuchtigkeit in der Umgebung von Eiern leistet darüber hinaus dem Wachstum von Mikroorganismen Vorschub und erhöht so die Wahrscheinlichkeit, dass Bakterien in Eier eindringen können [56].

6.4 Der Verderb von Hühnereiern durch Mikroorganismen

Mikroorganismen, welche die Poren der Eischalen passiert haben, treffen auf die Schalenmembranen, auf denen ihre weitere Verbreitung im Ei durch das Zusammenwirken der bereits beschriebenen Abwehrmechanismen zunächst unterbrochen wird. Nach einer in ihrer Dauer offenbar auch von der Umgebungstemperatur abhängigen Latenzzeit von etwa 10 bis 20 Tagen beginnt plötzlich eine intensive Vermehrung der eingedrungenen Mikroorganismen, die sich dann rasch im gesamten Eiinhalt ausbreiten, wodurch es zum Verderb der betroffenen Eier kommt [12, 9]. Über die Mechanismen, die den Mikroorganismen das Durchdringen der Schalenmembranen ermöglichen, liegen derzeit keine gesicherten Erkenntnisse vor. Für das plötzliche Einsetzen des Bakterienwachstums werden verschiedene, sich in ihrer Wirkung möglicherweise ergänzende Ursachen vermutet und auch kontrovers diskutiert [59]:

Im Verlauf der Lagerung von Eiern kommt es zu einer Auflösung der Gelstrukturen des Ovomucin-Lysozym-Komplexes und dadurch zu einer Abnahme der Viskosität des Eiklars sowie zu einer Erschlaffung der Hagelschnüre. Dies führt zu einer Zunahme der Bewegungsfreiheit für den Dotter. Da dessen Cithe mit zunehmender Lagerdauer durch Abgabe von Wasser an das umgebende Eiklar geringer wird, erhält er Auftrieb und kommt mit der inneren Schalenmembran in Kontakt. Es wird angenommen, dass an diesen Kontaktstellen Bereiche entstehen, aus denen das Eiklar mit seinen antimikrobiell wirkenden Bestandteilen verdrängt wird und in denen dadurch ein ungehemmtes Wachstum von Mikroorganismen möglich ist [8]. Zahlreiche Mikroorganismen sind in der Lage, den Mangel an essentiell benötigten Eisen-III-Ionen durch Anpassung ihrer Stoffwechselvorgänge auszugleichen. So bildet eine große Zahl von Mikroorganismen Substanzen mit sehr hohem Komplexbildungsvermögen gegenüber Eisen-III-Ionen, mit denen sie in der Lage sind, sich auch in Medien mit extrem niedrigem Eisen-III-Gehalt diese für die Stoffwechseltätigkeit zwingend benötigten Ionen zu beschaffen [70]. Auch Salmonellen und zahlreiche andere gramnegative Bakterien bilden solche Siderophore (Eisenüberträger) und besitzen damit die Fähigkeit, die wachstumshemmende Wirkung des Conalbumins aufzuheben [36, 84].

Außerdem wird angenommen, dass mit zunehmender Lagerdauer Eisen-III-Ionen vom Dotter in das Eiklar diffundieren und so die Bindungskapazität des Conalbumins erschöpft wird. Die nach der Sättigung des Conalbumins noch frei vorliegenden Eisen-III-Ionen stehen dann eingedrungenen Bakterien zur Verfügung und unterstützen deren Wachstum [51].

6.4.1 Am Verderb von Hühnereiern beteiligte Mikroorganismen

Bei den in verdorbenen Eiern anzutreffenden Mikroorganismen handelt es sich - wie der Vergleich zahlreicher Untersuchungen zeigt - um überwiegend aus gramnegativen Bakterien bestehende Mischpopulationen, in denen hauptsächlich die Gattungen *Pseudomonas, Proteus, Acinetobacter, Alcaligenes* und *Escherichia* sowie *Aeromonas, Citrobacter* und *Hafnia* vorkommen. Gelegentlich sind auch grampositive Bakterien aus den Gattungen *Bacillus, Micrococcus* und *Streptococcus* zu finden [3, 11, 31]. Die Zusammensetzung des sich beim Verderb im Eiinneren entwickelnden

Keimspektrums hängt stark von der jeweils herrschenden Temperatur ab: liegt diese unter 30 °C, entwickelt sich eine Flora, die hauptsächlich aus Pseudomonaden besteht. Bei Temperaturen um 37 °C entwickelt sich eine Flora, in der coliforme Keime überwiegen [76].

Es fällt auf, dass sich die Zusammensetzung des Keimspektrums der typischerweise auf Eierschalen anzutreffenden Mikroorganismen völlig von dem Spektrum der Bakterienfloren unterscheidet, die als charakteristische Populationen verdorbener Hühnereier in Erscheinung treten: während auf den Eischalen überwiegend grampositive Bakterien zu finden sind, sind aus dem Inhalt verdorbener Eier fast ausschließlich gramnegative Bakterien zu isolieren [76]. Dieser Sachverhalt ist mit der selektiven Wirkung der hauptsächlich gegen grampositive Bakterien wirksamen antimikrobiellen Schutzeinrichtungen des Hühnereies zu erklären [11].

6.4.2 Verderbserscheinungen bei Hühnereiern

Der von Mikroorganismen verursachte Verderb von Hühnereiern zeigt sich häufig durch vielfältige Veränderungen von Aussehen und Geruch des Eiinhaltes. Die unterschiedlichen Verderbserscheinungen sind meistens nach ihren charakteristischen Merkmalen benannt: zum Beispiel Heueier, Käseeier, rot-, grün- oder schwarzfaule Eier (Tab. 6.1). Sie sind das Ergebnis unterschiedlicher Stoffwechselleistungen der jeweils maßgeblich am Verderb beteiligten Mikroorganismen (Tab. 6.2) und kommen hauptsächlich durch enzymatischen Abbau der eiklar-Proteine, aber auch durch den Abbau von Fetten und Kohlehydraten zustande. Neben verschiedenfarbigen Pigmenten treten Abbauprodukte, wie zum Beispiel Schwefelwasserstoff, Aldehyde, Ketone und Peroxide, durch ihren intensiven Geruch auffallend in Erscheinung. Daneben werden von zahlreichen Bakterien aber auch Stoffwechselprodukte gebildet, die im Ei keine Veränderungen des Aussehens oder des Geruches bewirken, wie zum Beispiel D- und L-Milchsäure sowie Bernsteinsäure [62, 52].

Tab. 6.1 Erscheinungsformen mikrobiellen Verderbs bei Hühnereiern (nach Fehlhaber, 1994)

Bezeichnung	Merkmale bei der Durchleuchtung	Merkmale des Eiinhaltes	verursachende Mikroorganismen
Heuei	schwach verändert, verschleiert, grünlich	dünnflüssiges Eiklar, Dotter zunächst unverändert, später vermischt mit Eiklar; heuartiger Geruch	verschiedene psychrotrophe Bakterien, aerobe Sporenbildner
Käseei	Dotter und Eiklar vermengt, verschieden große feste Stücke	gelblich-schmierig; unangenehm käsiger Geruch; keine Schwefelwasserstoff-Bildung	*E. coli* und andere gramnegative Bakterien, aerobe Sporenbildner
rotfaules Ei	deutlich und meist gleichmäßig rot gefärbt; im fortgeschrittenen Stadium: dunkle, feste Teile darin sichtbar	Dotter und Eiklar vermischt, zunächst flüssig, später pastös; gelb-braun bis rot; Schwefelwasserstoff-Geruch	*Proteus, E. coli, Pseudomonas, Serratia*
weißfaules Ei	dunkler, beweglicher Dotter; bewegliche feste Teile im Eiklar	flüssig, weißgraue Trübung u. Koagula, Dotter oft unregelmäßig koaguliert; süßlich-fauliger, auch säuerlicher Geruch	*Pseudomonas* und andere psychrotrophe Bakterien
grünfaules Ei	grün, grünblau	Eiklar gründlich fluoreszierend, Trübungen, Dotter z. T. koaguliert; fischiger, unangenehmer Geruch	*Ps. fluorescens* *Pseudomonas aeruginosa*
schwarzfaules Ei	völlig oder größtenteils schwarz, Luftkammer sichtbar	Dotter dunkelgrün oder schwarz; wäßriges, weißtrübes Eiklar mit Koagula; starker Fäulnisgeruch	*Proteus* und andere Eiweißzersetzer

Tab. 6.2 Stoffwechselaktivitäten verschiedener Mikroorganismen in Hühnereiern (nach Board, 1967)

Mikroorganismen	Bildung wasser-löslicher Pigmente	Bildung wasser-unlös-licher Pigmente	Lecithin-Spaltung	Eiweiß zerset-zung	Schwefel wasser-stoff-Bildung
Achromobacter	–	–	–	–	–
Aeromonas	–	–	+	++	++
Alcaligenes	–	–	–	–	–
Citrobacter	–	–	–	–	–
Flavobacterium	+ –	–	–	–	–
Proteus	–	–	–	++	++
Pseudomonas putida	+	–	–	–	–
Ps. aeruginosa	+	+	k.A.	k.A.	k.A.
Ps. fluorescens	+	–	+	+	–
Ps. maltophilia	–	+	–	+	+
Salmonella	–	–	–	–	–
Serratia marcescens	–	+	+	+	–

Zeichenerklärung: –; keine Reaktion; +: schwache Reaktion; ++: starke Reaktion; k.A.: keine Angaben

6.5 Pathogene Keime in Hühnereiern

Eine Reihe von Bakterien ist in der Lage, sich im Eiklar und im Dotter zu vermehren, ohne dass dies durch Abweichungen in Aussehen oder Geruch auffallend zu erkennen ist. Hierzu gehören neben *Achromobacter, Alcaligenes* und *Citrobacter* auch Krankheitserreger aus den Gattungen *Listeria, Staphylococcus* und insbesondere *Salmonella*. Während Listerien und Staphylokokken im Zusammenhang mit Hühnereiern keine Bedeutung haben, ergeben sich durch das Vorkommen von Salmonellen in Hühnereiern schwer wiegende Hygieneprobleme.

6.5.1 Salmonellen in Hühnereiern: epidemiologische Situation

Seit Mitte der 80er Jahre wurde weltweit, besonders aber in Nordamerika, Nord- und Westeuropa sowie in einigen Ländern Südamerikas eine sehr starke Zunahme der den Gesundheitsbehörden gemeldeten Erkrankungen durch Salmonella-Infektionen beobachtet. Gleichzeitig wurde in den meisten dieser Länder festgestellt, dass die Häufigkeit des Nachweises der Serovarietät *Salmonella (S.) enteritidis* stark angestiegen war, wobei in Nordamerika hauptsächlich der Phagentyp 8 (PT8) und in Europa der Phagentyp 4 (PT4) dieses Serovars in Erscheinung traten [71, 4, 5, 72, 80, 39, 43].

Epidemiologische Untersuchungen zeigten, dass in den meisten Fällen von Infektionen mit *S. enteritidis* Hühnereier sowie damit hergestellte Lebensmittel eine entscheidende Rolle bei der Übertragung auf den Menschen spielten [23, 47, 20, 16, 17, 53, 87, 7, 55, 90, 44] und dass somit durch die Verwendung von Hühnereiern bei der Zubereitung von Lebensmitteln ein nicht unbeträchtliches Risiko für die Gesundheit der Verbraucher besteht.

Es war allerdings bereits vor diesen Ereignissen bekannt, dass mit Salmonellen kontaminierte Hühnereier als Vektoren für die Übertragung von Salmonellen auf Menschen in Frage kommen. In zahlreichen seit den 30-er Jahren beobachteten Fällen war *Salmonella typhimurium* als Auslöser von *Salmonella*-Ausbrüchen identifiziert worden. Die Beobachtung, dass etwa 1 % der im Rahmen von Untersuchungen auf Befall mit Salmonellen geprüften Hühnereier auf den Schalen mit den Krankheitserregern befallen waren, wurde darauf zurück geführt, dass es bei Verwendung von mit Salmonellen kontaminierten Futtermitteln zum Befall der Tiere kommen kann und dass dadurch eine Kontaminations- und Infektionskette Futtermittel-Huhn-Ei-Mensch entsteht [28].

Die starke Zunahme der durch Hühnereier übertragenen *Salmonella*-Erkrankungen ist im Zusammenhang zu sehen mit der im gleichen Zeitraum zu beobachtenden, annähernd weltweiten Ausbreitung von *S. enteritidis* in Hühnerbeständen. Für diese Ausbreitung gibt es bislang noch keine Erklärung [30], es traten dabei aber einige neuartige Sachverhalte in Erscheinung. So sind bei den allermeisten der mit diesem *Salmonella*-Serovar infizierten Legehennen keine äußerlich erkennbaren Krankheitssymptome und auch kein Nachlassen der Legeleistung festzustellen [82, 47]. Außerdem zeigte sich, dass von solchen Hühnern Eier gelegt werden, die mit *S. enteritidis* kontaminiert sind. Die Krankheitserreger befinden sich aber bei diesen Eiern nicht - wie bisher meistens angenommen - ausschließlich auf der Eischale, sondern wurden auch im Inhalt (Dotter und Eiklar) von eiern mit sauberen und unbeschädigten Schalen nachgewiesen [45, 82, 67].

6.5.2 Salmonellen in Hühnereiern: Kontaminationswege und Entwicklung

Neben der in den meisten Fällen stattfindenden sekundären Kontamination der Eier, das heißt dem Eindringen der Bakterien durch die Schale in das Innere, gelangt *S.*

enteritidis auch auf dem Weg der primären Kontamination, das heißt bereits vor der Eiablage in den Dotter oder das Eiklar.

In der Regel geht der primären Kontamination eine Infektion der Hühner voraus. Diese erfolgt z. B. durch die Aufnahme von Futter, das mit Salmonellen kontaminiert ist. Bei Versuchen mit Legehennen, die auf oralem Weg künstlich mit *S. enteritidis* infiziert wurden, konnte beobachtet werden, dass von einem Teil dieser Hühner Eier gelegt wurden, deren Dotter mit S. enteritidis kontaminiert waren [48, 66]. Nach Schlachtung dieser Tiere wurden in verschiedenen inneren Organen (Leber, Ovarien, Eileiter) Salmonellen gefunden. Außerdem wird angenommen, dass auch von den Ovarien infizierter Muttertiere die zur Aufzucht von Legehennen bestimmten Eier kontaminiert werden [48], so dass zukünftige Zucht- oder Legehennen bereits im embryonalen Stadium infiziert sein können.

Es wurde festgestellt, dass auch in Herden, in denen die meisten der Tiere mit *S. enteritidis* infiziert waren, nur ein verhältnismäßig geringer Anteil der von diesen Herden stammenden Eiern Salmonellen enthielt; der durchschnittliche Anteil der Eier mit kontaminiertem Inhalt wird von verschiedenen Autoren auf Werte zwischen 0,1 und 3 % der insgesamt von infizierten Hühnern gelegten Eier beziffert [47, 38]. In diesem Zusammenhang wurde außerdem beobachtet, dass primär kontaminierte Eier nur in unregelmäßigen Abständen (intermittierend) gelegt werden. Dies erklärt auch, warum bei Untersuchungen von Eiern auf Salmonellenkontamination meist negative Resultate erhalten wurden, insbesondere wenn es sich dabei um Stichproben handelte, die im Groß- oder Einzelhandel gezogen worden waren [47].

Untersuchungen an frisch gelegten, kontaminierten Eiern auf ihre Belastung mit Salmonellakeimen zeigten, dass diese im Inneren meistens nur wenige vermehrungsfähige Salmonellen enthalten: es wurden Keimzahlen festgestellt, die zwischen weniger als 10 und ca. 200 Salmonellen pro Ei lagen. Nur sehr selten fanden sich im Inneren von frisch gelegten kontamineirten Eiern höhere Keimzahlen [45, 38]. Lagerversuche mit Eiern, die auf natürlichem oder künstlichem Wege mit *S. enteritidis* und anderen *Salmonella*-Serovaren kontaminiert wurden, zeigten, dass sich Salmonellen im Eidotter bei geeigneten Temperaturen ungehindert vermehren können, da der Dotter (siehe Abschnitt 6.2.3) keine antimikrobiell wirksamen Bestandteile enthält. Außerdem zeigte sich bei diesen Versuchen, dass Salmonellen, insbesondere aber *S. enteritidis*, gegenüber den antimikrobiellen Wirkungen des Eiklars oft nur wenig empfindlich sind und sich auch hier vermehren können, wobei die Vermehrung der Salmonellen im Eiklar deutlich langsamer erfolgt als im Dotter. Es wurde festgestellt, dass sich Salmonellen im Eidotter bei Temperaturen von 8 °C und niedriger nicht vermehren, während bereits bei 10 °C eine langsame Vermehrung stattfindet [13, 46, 41]. Die Generationszeiten verschiedener *Salmonella*-Serovare liegen bei 10 °C zwischen

18,5 und 23 Stunden, bei 15,5 °C zwischen 2,5 und 5,5 Stunden; sie betragen bei 37 °C nur noch 25 bis 35 Minuten. Bei mit 1 *Salmonella*/g beimpften Eidottern wurden nach 12-stündiger Lagerung bei 37 °C bereits Keimdichten von etwa 108 *Salmonellen*/g festgestellt, bei einer Lagertemperatur von 16 °C wurden in Eidottern nach 4 Tagen Keimdichten von $>10^7$ Salmonellen/g Dotter erreicht [13]. Aus diesen Beobachtungen geht hervor, dass der entscheidende, von außen auf die Entwicklung der Salmonellen im Eidotter einwirkende Faktor die Temperatur ist.

Im Eiklar kommen Salmonellen bei Temperaturen von 10 °C und darunter nicht zur Vermehrung, die Zahl der vermehrungsfähigen Keime nimmt unter diesen Bedingungen sogar langsam ab [46, 21, 69]. Bei Temperaturen von 20 °C und höher veralten sich verschiedene Stämme von *S. enteritidis* und andere *Salmonella*-Serovare sehr unterschiedlich: neben starker Abnahme der Zahl vermehrungsfähiger Salmonellakeime bei 25 °C [13] sowie einer Stagnation ihrer Anzahl [46, 58, 69] wurde mehrfach auch die Vermehrung von Salmonellen im Eiklar (Zunahme der Keimzahl um ca. 5 bis 7 Log-Stufen in 21 bis 35 Tagen) beobachtet [21, 69]. Neben der Temperatur ist auch das Alter von Eiern ein Faktor, der die Entwicklung von Salmonellen im Eiklar beeinflusst: bei Eiern, die vier Wochen lang bei Raumtemperatur gelagert wurden, war eine verringerte baktreriostatische Wirkung des Eiklars auf Salmonellen im Vergleich zu Eiklar aus frischen Eiern festzustellen [69]; mit zunehmendem Alter von Eiern kommt es auch häufiger zum Übertritt von Salmonellen aus dem Eiklar in den Dotter [50].

Darüber hinaus fördern von außen zugeführte Eisen-III-Ionen (z.B. aus dem Wasser zum Reinigen verschmutzter Eischalen) sowie bisher nicht identifizierte Bestandteile im Hühnerkot das Eindringen von Salmonellen in das Eiklar sowie ihre starke Vermehrung in diesem Bereich [22].

6.5.3 Salmonellen in Hühnereiern: Hygieneprobleme

Die epidemiologischen Untersuchungen zahlreicher mit Hühnereiern im Zusammenhang stehenden *Salmonella*-Ausbrüche zeigten, dass ein großer Teil dieser Massenerkrankungen von Einrichtungen zur Gemeisnchaftsverpflegung (Kantinen, Küchen von Krankenhäusern, Altersheimen und Schulen) und Gaststättenbetrieben ausging, wobei in den meisten Fällen einer oder mehrere der nachfolgend aufgeführten Faktoren eine entscheidende Rolle spielte [39]:

- Verwendung roher Eier bei der Zubereitung von Speisen, die danach gar nicht oder nur ungenügend erhitzt wurden,
- Lagerung solcher Speisen bei Raumtemperatur oder ungenügender Kühlung,

- Übertragung von Salmonellen durch unsaubere Arbeitsweise auf andere, bereits fertig zubereitete Speisen (Kreuzkontamination),
- Gewinnung größerer Mengen von Eimasse und deren mehrstündige Lagerung bei ungenügender Kühlung,
- Verwendung alter, bereits mehrere Wochen bei Raumtemperatur gelagerter Eier [74].

Außerdem wurde festgestellt, dass bei Eiern, in denen nach primärer oder sekundärer Kontamination die eingedrungenen Salmonellen während der Lagerung Gelegenheit zur Vermehrung hatten, die gängigen Verfahren der Zubereitung durch Kochen oder Braten nicht ausreichten, um die vorhandenen Salmonellen vollständig abzutöten und dass es somit beim Verzehr solcher Eier oder damit zubereiteter Speisen ebenfalls zum Ausbruch von Salmonellosen kommen kann [49, 32].

6.5.4 Sachgerechter Umgang mit Hühnereiern

Um den Verbraucher vor Gesundheitsgefährdung durch unsachgemäßen Umgang mit Hühnereiern zu schützen, wurde in der Bundesrepublik Deutschland der sachgerechte Umgang mit Hühnereiern durch die Verordnung über die hygienischen Anforderungen an das Inverkehrbringen von Hühnereiern und roheihaltigen Lebensmitteln, kurz **„Hühnereier-Verordnung“** genannt, geregelt [89]. In dieser Verordnung wurden die bereits erläuterten, eine Vermehrung von Salmonellen in Hühnereiern begünstigenden Einflussfaktoren (Abschnitt 6.5.2) berücksichtigt.

Die Verordnung schreibt für den Bereich des gewerbsmäßigen Handels mit Hühnereiern vor, dass Eier innerhalb von 21 Tagen nach dem Legen an den Endverbraucher abgegeben werden müssen. Die Eier müssen vor nachteiliger Beeinflussung (z.B. durch Verunreinigungen, Feuchtigkeit und Witterungseinflüsse, insbesondere Sonneneinwirkung) geschützt und vorzugsweise bei gleichbleibender Temperatur gelagert werden; ab dem 18. Tag nach dem Legen ist die Kühllagerung der Eier (bei Temperaturen von +5 °C bis +8 °C) gefordert. Die Verordnung schreibt weiter vor, dass auf der Verpackung ein Mindesthaltbarkeitsdatum angegeben werden muss, das die Frist von 28 Tagen nach dem Leben nicht überschreiten darf. Im Zusammenhang mit der Angabe des Mindesthaltbarkeitsdatums muss folgender Text stehen: „Verbraucherhinweis: bei Kühlschranktemperatur aufzubewahren - nach Ablauf des Mindesthaltbarkeitsdatums durcherhitzen”.

Die Verordnung regelt darüber hinaus auch den Umgang mit roheihaltigen Lebensmitteln: in Gastronomiebetrieben und Einrichtungen zur Gemeinschaftsverpflegung -

ausgenommen sind Einrichtungen zur Gemeinschaftsverpflegung für alte oder kranke Menschen oder Kinder - dürfen Speisen, bei deren Herstellung rohe Hühnereier oder Bestandteile davon verwendet werden und bei denen keine abschließende, die Abtötung von Salmonellen gewährleistende Hitzebehandlung stattfindet, nur zum unmittelbaren Verzehr vor Ort abgegeben werden. Dabei muss beachtet werden, dass solche Speisen, wenn sie erwärmt verzehrt werden, nicht später als zwei Stunden nach der Herstellung abgegeben werden dürfen. Handelt es sich um kalt zu verzehrende Lebensmittel, müssen diese innerhalb von 2 Stunden nach der Zubereitung auf eine Temperatur von +7 °C oder darunter abgekühlt und gelagert werden. Die Abgabe solcher Speisen an den Verbraucher ist auf eine Zeitspanne von 24 Stunden nach der Herstellung begrenzt. Diese Vorschriften über Kühlung sowie befristete Lagerung und Abgabe gelten auch für Lebensmittel, die in Gewerbebetrieben (wie z.B. Konditoreien oder Metzgereien) unter Verwendung von rohen Hühnereiern hergestellt werden. In Einrichtungen zur Gemeinschaftsverpflegung für alte oder kranke Menschen oder Kinder müssen Lebensmittel, die dort unter Verwendung von rohen Hühnereiern oder Bestandteilen davon hergestellt werden, so erhitzt werden, dass die Abtötung von Salmonellen gewährleistet ist. Darüber hinaus schreibt die Verordnung vor, dass Gastronomiebetriebe und Einrichtungen zur Gemeinschaftsverpflegung von allen unter Verwendung roher Eier zubereiteten und nicht abschließend erhitzten Lebensmitteln, deren Menge 30 Portionen übersteigt, Rückstellproben entnehmen und diese 96 Stunden lang - gerechnet vom Zeitpunkt der Abgabe an den Verbraucher - bei einer Temperatur von höchstens +4 °C aufbewahren. Diese Proben müssen mit Datum und Uhrzeit der Herstellung gekennzeichnet sein und zuständigen Behörden auf Verlangen ausgehändigt werden.

6.6 Eiprodukte

Im Rahmen handwerklicher oder industrieller Herstellung von Lebensmitteln, bei der häufig große Mengen an Eiern benötigt werden, ergeben sich aus den zuvor geschilderten Problemen im Umgang mit Hühnereiern und rohen Eiprodukten und den daher zwingend erforderlichen Hygienemaßnahmen für die betroffenen Betriebe erhebliche technische und organisatorische Schwierigkeiten, deren Lösung im Zukauf vorbehandelter Eiprodukte liegt. Bei diesen handelt es sich um flüssige, eingedickte (konzentrierte), getrocknete oder tiefgefrorene Erzeugnisse aus Eiern (Vollei), ihren verschiedenen Bestandteilen (Eiklar, Eigelb) oder Mischungen dieser Bestandteile, die nach ihrer Gewinnung einer Behandlung zur Abtötung pathogener Keime unterzogen werden müssen.

Die Herstellung solcher Eiprodukte erfolgt in Betrieben, die auf den sachgerechten und vorschriftsmäßigen Umgang mit diesen Erzeugnissen spezialisiert sind. Die Voraussetzungen, die solche Betriebe hinsichtlich ihrer räumlichen und technischen Ausstattung erfüllen müssen sowie die Anforderungen an die mikrobiologische Beschaffenheit von Eiprodukten sind in der Verordnung über die hygienischen Anforderungen an Eiprodukte, kurz **„Eiprodukte-Verordnung"** (EPVO) genannt, festgelegt [88].

Das Hauptziel bei der Herstellung von Eiprodukten ist es, durch Vorbehandlung der Eimasse ein Erzeugnis von einwandfreier hygienisch-mikrobiologischer Beschaffenheit zu erhalten, das - im Rahmen eines festgelegten Untersuchungsumfanges - frei ist von pathogenen Keimen wie Salmonellen und *Staphylococcus aureus*. Gleichzeitig sollen die für die Weiterverarbeitung wichtigen funktionellen Eigenschaften des Eies (wie z.B. Lockerungsfähigkeit, Schaumbildungsvermögen oder Emulgierfähigkeit) so wenig wie möglich beeinträchtigt werden.

6.6.1 Herstellung von Eiprodukten

Die **Gewinnung der Eiprodukte** erfolgt durch die Trennung von Eiinhalt und Eischale. Durch das Entfernen der Schale und die Vermischung von Dotter und Eiklar werden die Barrieren zerstört, die beim intakten Ei den Inhalt vor dem Befall mit Mikroorganismen schützen. Das Eiprodukt ist daher gegenüber einem Befall und Verderb durch Mikroorganismen äußerst empfindlich.

Die Entnahme der Eier aus den Transportbehältnissen zur Beschickung der Aufschlagmaschine über ein Transportband muss in einem Raum erfolgen, der von dem Raum getrennt ist, in die Eier aufgeschlagen werden (unreine Seite). Kommen verunreinigte Eier zur Verarbeitung, müssen diese vor dem Aufschlagen gereinigt und getrocknet werden. Dieser Bearbeitungsschritt muss ebenfalls außerhalb des Aufschlagraumes, das heißt im Bereich der unreinen Seite, erfolgen.

Die Trennung in einen reinen und einen unreinen Bereich bezweckt den Schutz der Eiinhalte vor Kontaminationen bei ihrer Gewinnung und Weiterverarbeitung. Auch beim Aufschlagen oder Aufbrechen der Eier muß so vorgegangen werden, dass eine Kontamination der Eimasse vermieden wird. Daher ist die Gewinnung von Eiprodukten durch Zerdrücken oder Zentrifugieren von Eiern nicht zulässig. Die in den Bearbeitungsbetrieben bevorzugt eingesetzten Maschinen schlagen die Schalen der quer liegenden Eier von unten her mit Messern auf und drücken gleichzeitig die beiden Eipole nach oben, so dass die Eiinhalte auslaufen können, ohne dabei über die Außenseiten der Schalen zu fließen. Mit solchen Maschinen kann auch die Trennung von Eiweiß und Eigelb vorgenommen werden; außerdem machen diese Maschinen das Entfernen von mangelhaften und verdorbenen Eiern durch Kontrollpersonen möglich.

Bevor das rohe Eiprodukt zum wichtigsten Bearbeitungsschritt, der Vorbehandlung, gelangt, wird es von eventuell vorhandenen Schalen- und Membranresten durch Filtrieren oder Zentrifugieren/Separieren befreit, homogenisiert und - sofern die Vorbehandlung nicht unverzüglich durchgeführt wird - auf eine Temperatur von 4 °C oder niedriger abgekühlt und gelagert. Diese Lagerung des rohen, gekühlten Eiproduktes darf höchstens 24 Stunden dauern.

Für die **Vorbehandlung der Eiprodukte** zur Abtötung pathogener Mikroorganismen sind in der Eiprodukte-Verordnung (EPVO) keine bestimmten Verfahren festgelegt; in Deutschland wird nur die Pasteurisation (einschließlich der Pasteurisation durch Heißlagerung von Trockenprodukten) eingesetzt, da andere Verfahren zur Abtötung pathogener Keime in Eiprodukten - wie zum Beispiel Behandlung mit _-Strahlen [60] oder der kombinierte Einsatz von γ-Strahlen und Wärmebehandlung [73] - nicht zugelassen sind.

Die EPVO enthält auch keine Angaben über einzuhaltende Mindestwerte bestimmter Prozessparameter, wie sie zum Beispiel im „Egg Pasteurization Manual" des U.S. Department of Agriculture [85] für die Pasteurisation verschiedener Eiprodukte vorgeschrieben sind (Tab. 6.3), sondern in ihr sind Anforderungen an die mikrobiologische Beschaffenheit der vorbehandelten Eiprodukte festgelegt (Tab. 6.4), deren Einhaltung zur Kontrolle der erfolgreichen Vorbehandlung bei jeder Partie überprüft werden muss. Darüber hinaus schreiben die Bestimmungen der EPVO vor, dass Vorbehandlungsanlagen mit automatischen Temperaturreglern, Registrierthermometern, automatischen Sicherheitssystemen, die unzureichende Erhitzung verhindern sowie mit Schutzvorrichtungen gegen die Vermischung von nicht pasteurisierten Eiprodukten mit pasteurisierten Eiprodukten ausgestattet sein müssen.

Bei den heute gebräuchlichen kontinuierlichen Pasteurisationsverfahren in Röhren- oder Plattenerhitzern werden Vollei und Eigelb auf 64-66 °C erhitzt.

Tab. 6.3 Mindestanforderung an die Erhitzungstemperaturen und –zeiten bei der Wärmebehandlung von Eiprodukten (nach: USDA Pasteurization Manual)

Erhitzungsdauer	3,50 Min.	3,75 Min.
Vollei	60,0 °C	
Eigelb	61,1 °C	
Gezuckertes Eigelb		63,0 °C
Salzeigelb		73,0 °C
Unbehandeltes Eiklar (pH 9)	57,0 °C	
Behandeltes Eiklar (pH 7)	60,0 °C	

Tab. 6.4 Anforderungen an die mikrobiologische Beschaffenheit von Eiprodukten (Eiprodukte-Verordnung, 1993)

Keimart oder Keimgruppe	n	c	m	M	Bezugsgröße
Salmonella	10	0	0		25 g oder ml
Aerobe mesophile Keimzahl	5	2	10^4	10^5	1 g oder ml
Enterobacteriaceae	5	2	10	10^2	1 g oder ml
Staphylococcus aureus	5	0	0		1 g oder ml

Definitionen:

n Anzahl der zu untersuchenden Proben;

c kennzeichnet bei der Untersuchung auf *Salmonella* und *Staphylococcus aureus* die Anzahl der Proben, die nicht über dem Wert m liegen dürfen; bei der Feststellung der aeroben mesophilen Keimzahl und der Enterobacteriaceae ist c die Anzahl der Proben, die zwischen den Grenzwerten m und M liegen dürfen;

m ist bei der Untersuchung auf *Salmonella* und *Staphylococcus aureus* der obere Grenzwert, der von keiner Probe überschritten werden darf; bei der Bestimmung der aeroben mesophilen Keimzahl und der Untersuchung auf *Enterobacteriaceae* ist es der untere Grenzwert, über dem nur die unter c genannte Zahl von Proben liegen darf;

M ist bei der Bestimmung der aeroben mesophilen Keimzahl und der Untersuchung auf *Enterobacteriaceae* der obere Grenzwert, der von keiner Probe überschritten werden darf.

Eine 3,5 Minuten dauernde Erhitzung einer Eimasse auf diese Temperatur bewirkt eine Verminderung der Keimbelastung des Materials um mindestens 99 % [27]. Dies bedeutet, dass die mittlere dezimale Reduktionszeit (D-Wert, siehe „Mikrobiologie der Lebensmittel - Grundlagen“) der in rohen Eimassen vorkommenden Mischpopulationen verschiedener Mikroorganismen unter diesen Bedingungen bei ca. 100-110 Sekunden liegt. Durch Heißhaltestrecken, die der Pasteurisation nachgeschaltet werden können, ist es möglich, den mit der Hitzebehandlung zu erzielenden Abtötungseffekt noch zu verbessern, die mikrobiologische Beschaffenheit des Endproduktes ist aber grundsätzlich von der Keimbelastung des rohen Ausgangsmaterials abhängig. Das bedeutet, dass bei steigender Keimbelastung im rohen Eiprodukt auch im behandelten Eiprodukt mit einer höheren Zahl überlebender Mikroorganismen zu rechnen ist.

Die Wirksamkeit der Pasteurisation von Eiprodukten hinsichtlich der Abtötung von Salmonella-Keimen liegt deutlich über dem oben genannten Durchschnittswert: Versuche mit besonders hitzeresistenten *Salmonella*-Stämmen (S. Senftenberg 775W u.a.) zeigten, dass mit den im USDA-Egg Pasteurization Manual genannten Anforderungen für die Pasteurisation von Vollei eine Verminderung der Salmonellenbelastung um 9 Dezimalstufen erreicht wird; bei einer 2,5 Minuten andauernden Erhitzung auf 64 °C ergibt sich eine Verminderung der Salmonellenbelastung um ca. 60 Dezimalstufen [24]. Somit bieten auch die bereits genannten Verfahrensbedingungen (64-66 °C, 3,5 Minuten) eine mehr als nur ausreichende Sicherheit bei der Abtötung von Salmonellen.

Die Pasteurisation von Eiklar gestaltet sich durch die höhere Hitzeempfindlichkeit dieses Materials wesentlich schwieriger als die Wärmebehandlung von Vollei oder Eigelb: ab 57 °C treten deutliche Schädigungen des nativen Eiklars in Erscheinung [24]. Es ist jedoch möglich, Eiklar durch Einstellen des pH-Wertes auf 7,0 (z.B. mit Milchsäure) und durch Zugabe von Aluminiumsulfat so zu stabilisieren, dass eine Wärmebehandlung bei 60 °C für die Dauer von 3,5 Minuten ohne nennenswerte Schädigung der Eiklarproteine verläuft [6].

Eine andere Form der Pasteurisation findet bei fermentativ entzuckerten, getrockneten Eiprodukten Anwendung: Heißlagerung der Erzeugnisse bei Temperaturen zwischen 55 °C und 70 °C für eine Dauer von bis zu 20 Tagen. Ein nach diesem Verfahren behandeltes Produkt sollte mindestens 7 Tage lang bei der Mindesttepmperatur von 55 °C gelagert werden, um einen ausreichenden Abtötungseffekt zu erzielen [24].

Nach Abschluss der Hitzebehandlung erfolgt die rasche **Abkühlung** der Eiprodukte auf Temperaturen von 4 °C oder niedriger sowie das **Abfüllen** in Transportgebinde oder - im Falle einer weiteren Bearbeitung (z.B. bei der Herstellung von Trockeneiprodukten) - in Lagertanks.

In dieser Phase der Bearbeitung besteht wiederum die Gefahr, dass die Erzeugnisse mit Verderbsorganismen und Krankheitserregern kontaminiert werden, insbesondere durch Kreuzkontaminationen aus anderen Betriebsbereichen. Es muss daher strengstens auf die Einhaltung hygienischer Bedingungen geachtet werden, um Kontaminationen so weit wie möglich zu verhindern.

Bei der Lagerung und beim Transport der Eiprodukte dürfen nach den Bestimmungen der Eiprodukte-Verordnung folgende Temperaturen nicht überschritten werden:

Tiefgefrorene Produkte: -8 °C
Gefrorene Produkte: -12 °C
Gekühlte Produkte: +4 °C

6.6.2 Mikroorganismenflora in wärmebehandelten Eiprodukten

Da es sich bei den in rohen Eiprodukten vorliegenden Mikroorganismenpopulationen um Mischfloren aus verschiedenen Gattungen handelt, die gegenüber Hitzeeinwirkungen unterschiedlich empfindlich sind (d.h. die bei gleichen Temperatur-/Zeit-Beziehungen unterschiedliche D-Werte aufweisen), erfolgt durch die Pasteurisation eine Selektion hitzeresistenter Mikroorganismen. Zu diesen zählen neben anderen Bakterien auch *Enterococcus faecalis* und *Bacillus cereus*, die beim Verderb vorbehandelter Eiprodukte in Erscheinung treten [27]. *Bacillus cereus* ist darüber hinaus auch als Erreger von Lebensmittelvergiftungen von Bedeutung; er kann bei Eiprodukten, die in kleineren Packungen zur Abgabe an Endverbraucher abgefüllt werden, im Falle einer Unterbrechung der Kühlkette zu einem Hygienerisiko werden.

6.6.3 Qualitätsprüfung von Eiprodukten

Außer den bereits genannten Untersuchungen der Eiprodukte auf ihre mikrobiologische Beschaffenheit nach der Wärmebehandlung (Tabelle 6.4) ist in der Eiprodukte-Verordnung noch die Untersuchung jeder Eiprodukte-Partie auf ihre Gehalte an Milch- und Bernsteinsäure sowie auf β-Hydroxybuttersäure vorgeschrieben [88].

Das Ziel dieser Untersuchungen ist es, die hygienisch-mikrobiologische Qualität der zur Herstellung von Eiprodukten verwendeten Rohware zu überprüfen. Bei Milch- und Bernsteinsäure handelt es sich um Stoffwechselprodukte der Kontaminationsflora in rohen und erhitzten Eiprodukten, die dann in erhöhtem Maße vorliegen, wenn die Mikroorganismen ausreichend Gelegenheit zu Wachstum und Vermehrung hatten [62, 52]. Sie erfahren durch die Erhitzung im Verlauf der Pasteurisation keine Veränderung und können somit als Indikatoren für die Verwendung von Rohprodukten schlechter oder unzulässiger Beschaffenheit herangezogen werden. Die darüber hinaus zu bestimmende β-Hydroxybuttersäure weist auf die unzulässige Verwendung befruchteter und bebrüteter Eier hin [78]. Die Untersuchung dieser Parameter erfolgt nach den in der amtlichen Sammlung von Untersuchungsverfahren nach § 35 LMBG aufgeführten Methoden [18].

Neben diesen Methoden gibt es noch ein weiteres Untersuchungsverfahren, das es möglich macht, die mikrobiologische Beschaffenheit der zur Herstellung von Eiprodukten verwendeten Rohware zu überprüfen: mit dem Limulus-Mikrotiter-Test kann das Ausmaß der Belastung von Eiprodukten mit den aus den Zellwänden gramnegativer Bakterien stammenden Lipopolysacchariden vergleichsweise einfach und sehr schnell festgestellt werden. Da Lipopolysaccharide durch die Pasteurisation keine wesentliche Veränderung hinsichtlich ihrer Endotoxin-Aktivität erfahren, ist es mit Hilfe des Limulus-Testes auch möglich, die hygienisch-mikrobiologische Qualität der zur Herstellung von vorbehandelten Eiprodukten eingesetzten Roheimassen noch am wärmebehandelten Endprodukt festzustellen [54, 79]. Auch diese Methode ist mittlerweile in die amtliche Sammlung von Untersuchungsverfahren nach § 35 LMBG aufgenommen worden [19].

Literatur

[1] ACKER, L.; TERNES, W.: Chemische Zusammensetzung des Eies. In: TERNES, W.; ACKER, L.; SCHOLTYSSEK, S: (Hrsg.): Ei und Eiprodukte. Parey, Berlin und Hamburg, S. 90-196, 1994.

[2] BAKER, R. C.: Microbiology of Eggs. Milk and Food Technology **37** (1974) 265-268.

[3] BARNES, E. M.; CORRY, J. L.: Microbial Flora of Raw and Pasteurized Egg Albumen. Journal of Applied Bacteriology **32** (1969) 193-205.

[4] BAUMGARTNER, A.: *Salmonella enteritidis* in Schaleneiern - Situation in der Schweiz und im Ausland. Mitt. Gebiete Lebensm. Hygiene **81** (1990) 180-193.

[5] BEAN, N. H.; GRIFFIN, P. M.: Foodborne Desease Outbreaks in the United States, 1973-1987: Pathogens, Vehicles, and Trends. Journal of Food Protection **53** (1990) 804-817.

[6] BERGQUIST, D. H.: Sanitary Processing of Egg Products. Journal of Food Protection **42** (1979) 591-595.

[7] BINKIN et al.: Egg-related *Salmonella enteritidis*, Italy, 1991. Epidemiology and Infection **110** (1993) 277-237.

[8] BOARD, R. G.: The Course of Microbial Infection of the Hen's Egg. Journal of Applied Bacteriology **29** (1966) 319-341.

(9) BOARD, R. G.: Microbiology of the Egg: A Review. In: CARTER, T. C. (Ed.): Egg Quality, A Study of the Hen's Egg. 4th Symposium on Egg Quality. Oliver & Boyd, Edinburgh, S. (1967) 133-162.

[10] BOARD, R. G.: The Microbiology of the Hen's Egg. Advances in applied Microbiology **11** (1969) 245-281.

[11] BOARD, R. G.: The Microbiology of eggs. In: STADELMANN, W. J.; COTTERILL, O. J. (ed.): Egg Science and Technology. Avi Publishing Company Inc., Westprot, S. 49-64, 1977.

[12] BOARD, R. G.; AYRES, J. C.: Influence of Temperature on Bacterial Infection of the Hen's Egg. Applied Microbiology **13** (1965) 358-364.

[13] BRADSHAW, J. G.; DHIRENDAR, B. S., FORNEY, E.; MADDEN, J. M.: Growth of *Salmo-*

nella enteritidis in Yolk of Shell Eggs from Normal and Seropositive Hens. Journal of Food Protection **53** (1990) 1033-1036.

[14] BROOKS, J.: Mechanism of the multiplication of Pseudomonas in the hen's egg. Journal of applied Bacteriology **23** (1960) 499-509.

[15] BROWN, W. E., BAKER, R. C.; NAYLOR, H. B.: The Microbiology of Cracked Eggs. Poultry Science **45** (1966) 284-287.

[16] BUCHNER, L.; WERMTER, S.; HENKEL, S.: Zum Nachweis von Salmonellen in Hühnereiern unter Berücksichtigung eines Stichprobenplanes. Archiv für Lebensmittelhygiene **42** (1991) 86-89.

[17] BUCHNER, L.; WERMTER, S.; HENKEL, S.; AHNE, B.: Zum Nachweis von Salmonellen in Hühnereiern unter Berücksichtigung eines Stichprobenplanes im Jahr 1991. Archiv für Lebensmittelhygiene **43** (1992) 99-100.

[18] Bundesgesundheitsamt (Hrsg.): Bestimmung von L-Milchsäure, Bernsteinsäure und D-3-Hydroxybuttersäure in Ei und Eiprodukten; Enzymatisches Verfahren, Methode L 05.00-2. Amtliche Sammlung von Untersuchungsverfahren nach § 35 LMBG, Band I/1 a. Berlin: Beuth 1987.

[19] Bundesgesundheitsamt (Hrsg.): Bestimmung von Lipopolysacchariden gramnegativer Bakterien in rohem und wärmebehandeltem Flüssigei sowie Eiprodukten, Methode L 05.00-3. Amtliche Sammlung von Untersuchungsverfahren nach § 35 LMBG, Band I/1a. Berlin: Beuth 1990.

[20] BUROW, H.: Nachweis von *Salmonella enteritidis* bei gewerblich und privat erzeugten Hühnereiern. Archiv für Lebensmittelhygiene **42** (1991) 39-41.

[21] CLAY, C. E.; BOARD, R. G.: Growth of *Salmonella enteritidis* in artificially contaminated hens' shell eggs. Epidemiology and Infection **106** (1991) 271-281.

[22] CLAY, C. E.; BOARD, R. G.: Effect of faecal extract on the growth of *Salmonella enteritidis* in artificially contaminated hen's eggs. British Poultry Science **33** (1992) 755-760.

[23] COYLE, E. F.; PALMER, S. R.; RIBEIRO, C. d.; JONES, H. I.; HOWARD, A. J.; WARD, L.; ROWE, B.: *Salmonella enteritidis* phage type 4 infection: association with hen's eggs. The Lancet II, 8623 (3. Dezember 1988), 1295-1296.

[24] CUNNINGHAM, F. E.: Egg Product Pasteurization. In: STADELMAN, W. J.; COTTERILL, O. J. (Ed.): Egg Science and Technology. Avi Publishing Company Inc., Westport, (1977) S. 161-186.

[25] DE BOECK, ST.; STOCKX, J.: Egg white lysozyme is the major protein of the hen's egg vitelline membrane. International Journal of Biochemistry **18** (1986) 617-622.

[26] DE BOECK, ST.; STOCKX, J.: Mode of interaction between lysozyme and the other proteins of the hen's egg vitelline membrane. International Journal of Biochemistry **18** (1986) 623-628.

[27] DELVES-BROUGHTON, J.; WILLIAMS, G. C.; WILKINSON, S.: The use of the bacteriocin, nisin, as a preservative in pasteurizied liquid whole egg. Letters in Applied Microbiology **15** (1992) 133-136.

[28] DRÄGER, H.: Salmonellosen; ihre Entstehung und Verhütung. 1. Auflage, Berlin 1971, S. 331-335.

[29] FEENEY, R. E.; NAGY, D. A.: Journal of Bacteriology Jg. **64** (1952) 629-643. Zitiert bei: BOARD, R. G.: The Microbiology of the Hen's Egg. Advances in applied Microbiology 11 (1969) 245-281.

[30] FEFLHABER, K.: Übertragungswege der Salmonellen durch Hühnereier. Rundschau für Fleischhygiene und Lebensmittelüberwachung **45** (1993) 264-266.

[31] FEHLHABER, K.: Mikrobiologie von Eiern und Eiprodukten. In: TERNES, W.; AKKER, L.; SCHOLTYSSEK, S. (Hrsg.): Ei und Eiprodukte. Parey, Berlin und Hamburg. (1994) S. 274-311.

[32] FEHLHABER, K.; BRAUN, P.: Untersuchungen zum Eindringen von Salmonella enteritidis aus dem Eiklar in das Dotter von Hühnereiern und zur Hitzeinaktivierung beim Kochen und Braten. Archiv für Lebensmittelhygiene **44** (1993) 59-63.

[33] FLORIAN, M. L. E.; TRUSSEL, P. C.: Bacterial spoilage of eggs. IV. Identification of spoilage organisms. Food Technology **11** (1957) 56-60. Zitiert bei: MAYES, F. J.; TAKEBALLI, M. A.: Microbial Contamination of the Hen's Egg: A Review. Jornal of Food Protection **46** (1983) 1082-1098.

[34] FRITSCHE, K.; ALLAM, M. S. A. M.: Ein Beitrag zur Frage der Kontamination der Hühnereier mit Mycobakterien. Archiv für Lebensmittelhygiene **16** (1965) 248-250. Zitiert bei: KIEFER, H.: Mikrobiologie der Eier und Eiprodukte. Archiv für Lebensmittelhygiene **27** (1976) 218-223.

[35] GARIBALDI, J. A.: Journal of Bacteriology **94** (1967) 1296-1299. Zitiert bei: BOARD, R. G.: The Microbiology of the Hen's Egg. Advances in applied Microbiology **11** (1969) 245-281.

[36] GARIBALDI, J. A.: Role of Microbial Iron Transport Compounds in the Bacterial Spoilage of Eggs. Applied Microbiology **20** (1970) 558-560.

[37] GARIBALDI, J. A.; STOKES, J. L.: Protective role of shell membranes in bacterial spoilage of eggs. Food Research **23** (1958) 283-290. Zitiert bei: MAYES, F. J.; TAKEBALLI, M. A.: Microbial Contamination of the Hen's Egg: A Review. Journal of Food Protection **46** (1983) 1092-1098.

[38] GAST, R. K.; BEARD, C. W.: Detection and Enumeration of Salmonella enteritidis in Fresh and Stored Eggs Laid by Experimentally Infected Hens. Journal of Food Protection **55** (1992) 152-156.

[39] GERIGK, K.: Epidemiologische Aspekte der Salmonellose in Europa und in der Schweiz. Mitt. Gebiete Lebensm. Hygiene **85** (1994) 163-172.

[40] GERKEN, M.; KRAMPITZ, G.; PETERSEN, J.: Morphologischer Aufbau des Eies. In: TERNES, W.; ACKER, L.; SCHOLTYSSEK (Hrsg.): Ei und Eiprodukte. Parey, Berlin und Hamburg, S. 50-81, 1994.

[41] HAMMACK; T. S., SHERROD, P. S., VERNEAL, R. B.; JUNE, G. A.; SATCHELL, F. B.; ANDREWS, W. H.: Research Note: Growth of Salmonella enteritidis in Grade A Eggs During Prolonged Storage. Poultry Science **72** (1993) 373-377.

[42] HARRY, E. G.: The relationship between egg spoilage and the environment of the egg when laid. British Poultry Science **4** (1963) 91-100.

[43] HEIMANN, P.: *Salmonella enteritidis* und humane Salmonellosen. Mitt. Gebiete Lebensm. Hygiene **85** (1994) 187-204.

[44] HOOP, R. K.: *Salmonella enteritidis:* Ansätze zur Überwachung und Bekämpfung in der Eierproduktion. Mitt. Gebiete Lebensm. Hygiene **85** (1994) 173-186.

[45] HUMPHREY, T. J.: The contamination of the contents of intact shell eggs with *Salmonella enteritidis*: prevalence studies with naturally infected hens. IIIrd European WPSA Symposium on Egg Quality. Hohenheimer Geflügelsymposium, Ulmer, Stuttgart, 1989.

[46] HUMPHREY, T. J.: Growth of salmonellas in intact shell eggs: Influence of storage temperature. The Veterinary Record **126** (1990) 292.

[47] HUMPHREY, T. J.: Public health implications of the infection of egg-laying hens with *Salmonella enteritidis* phage type 4. World's Science Journal **46** (1990) 5-13.

[48] HUMPHREY, T. J.; BASKERVILLE, A.; CHART, H.; ROWE, B.: Infection of egg-laying hens with *Salmonella enteritidis* PT4 by oral inoculation. The Veterinary Record **125** (1989) 531-532.

[49] HUMPHREY, T. J.; GREENWOOD, M.; GILBERT, R. J.; ROWE, B.; CHAPMAN, P. A.: The survival of salmonellas in shell eggs cooked under simulated domestic conditions. Epidemiology and Infection **103** (1989) 35-45.

[50] HUMPHREY, T. J.; WHITEHEAD, A.: Egg age and the growth of Salmonella enteritidis PT4 in egg contents. Epidemiology and Infection **111** (1993) 209-219.

[51] HUMPHREY, T. J.; WHITEHEAD, A.; GAWLER, A. H. L.; HENLEY, A.; ROWE, B.: Numbers of Salmonella enteritidis in the contents of naturally contaminated hen's eggs. Epidemiology and Infection **106** (1991) 489-496.

[52] JÄGGI, N.; EDELMANN, U.; KELLER, B.; HUNZIKER, H. R.: Milchsäure- und Bernsteinsäurebildung durch verderbsspezifische Bakterien in pasteurisiertem Flüssig-Vollei bei 22 °C. Mitteilungen aus dem Gebiete der Lebensmitteluntersuchung und Hygiene **81** (1990) 449-460.

[53] JÄGGI, N.; HUNZIKER, H. R.; BAUMGARTNER, A.: Einzel- und Gruppenerkrankungen mit *Salmonella enteritidis* ausgehend von einem verseuchten Legebetrieb. Bulletin des Bundesamtes für Gesundheitswesen **40** (1992) 660-663.

[54] JAKSCH, P.; TERPLAN, G.: Der Limulus-Test zur Untersuchung von Ei und Eiprodukten: Grundlagen, Untersuchungen von Handelsproben und produktionsbegleitende Untersuchungen. Archiv für Lebensmittelhygiene **38** (1987) 47-55.

[55] JERMINI, M.; JÄGGLI, M.; BAUMGARTNER, A.: Salmonella enteritidis-kontaminierte Eier als Ausgangspunkt von Einzel- und Gruppenerkrankungen. Bulletin des Bundesamtes für Gesundheitswesen, **41** (1993) 100-103.

[56] KIEFER, H.: Mikrobiologie der Eier und Eiprodukte. Archiv für Lebensmittelhygiene **27** (1976) 218-223.

[57] KNORR, R.: Qualitätsbeurteilung von Eiprodukten. Hohenheimer Arbeiten. E. Ulmer, Stuttgart 1991.

[58] LOCK, J. L.; BOARD, R. G.: Persistence of contamination of hen's egg albumen in vitro with Salmonella serotypes. Epidemiology and Infection **108** (1992) 389-396.

[59] LOCK, J. L.; DOLMAN, J.; BOARD, R. G.: Observation on the mode of bacterial infection of hen's eggs. FEMS Microbiology Letters **100** (1992) 71-74.

[60] MATIC, ST.; MIHOKOVIC, V.; KATUSIN-RAZEM, B.; RAZEM, D.: The Eradication of *Salmonella* in Egg Powder by Gamma Irradiation. Journal of Food Protection **53** (1990) 111-114.

[61] MAYES, F. J.; TAKEBALLI, M. A.: Microbial Contamination of the Hen's Egg: A Review. Journal of Food Protection **46** (1983) 1092-1098.

[62] MULDER, R. W. A. W.; BOLDER, N. M.; STEVERINK, A. T. G.; MUUSW, B. G.; DEN HARTOG, J. M. P.: Production of succinic and lactic acid by selected pure cultures of microorganisms in whole egg products. Archiv für Geflügelkunde **52** (1988) 255-261.

[63] NEURAND, K.; SCHWARZ, R.: Die Barrierefunktion der Hühnerei-Schalenhaut bei der Salmonellenabwehr. Gesundheitswesen und Desinfektion **65** (1973) 34-36.

[64] POPPE, C.; IRWIN, R. J.; FORSBERG, C. M.; CLARKE, R. C.; OGGEL, J.: The prevalence of *Salmonella enteritidis* and other *Salmonella spp.* Among Canadian registered commercial layer flocks. Epidemiology and Infection **106** (1991) 259-270.

[65] POWRIE, W. D.: Chemistry of eggs and egg products. In: STADELMAN, W. J.; COTTERILL, O. J. (ed.): Egg Science and Technology. Avi Publishing Company Inc., Westport 1977, S. 65-91.

[66] PROTAIS, J.; LAHELLEC, C.: Contamination of laying hens by Salmonella enteritidis: experimental results. IIIrd European WPSA Symposium on Egg Quality. Discussions and Conclusions, Hohenheimer Geflügelsymposium, Ulmer, (1989) Stuttgart, S. 45-47.

[67] PROTAIS, J.; LAHELLEC, C.; BENNEJEAN, G.; MORIN, Y.: QUINTIN, E.: Transmission verticale des Salmonelles chez la poule: Exemple de *Salmonella enteritidis*. Bulletin d' Information, Station Experimentale d' Aviculture de Ploufragan **29** (1989) 37-43.

[68] PROTAIS, J.; LAHELLEC, C.; MICHEL, Y.: Étude de la contamination bactérienne des oeufs en coquille. Bulletin d' Information, Station Expérimentale d'Aviculture de Ploufragan **29** (1989) 31-32.

[69] REGLICH, K.; FEHLHABER, K.: Experimentelle Untersuchungen zum Verhalten von Salmonella enteritidis in Eiklar. Archiv für Lebensmittelhygiene **43** (1992) 101-104.

[70] REISSBRODT, R.: Iron and Micro-organisms. Culture **15** (1994) 5-8.

[71] RIETHMÜLLER, V.: Zunahme des Nachweises von *Salmonella enteritidis* in Stuhlproben und Lebensmitteln. Öffentliches Gesundheitswesen **51** (1989) 166-167.

[72] RODRIGUE, D. C.; TAUXE, R. V.; ROWE, B.: International increase in Salmonella enteritidis: A new pandemic? Epidemiology and Infection **105** (1990) 21-27.

[73] SCHAFFNER, D. F.; HAMDY, M. K.; TOLEDO, R. T.; TIFT, M. L.: *Salmonella* Inactivation in Liquid Whole Egg by Thermoradiation. Journal of Food Science **54** (1989) 902-905.

[74] SCHIEFER, G.; MÖLLER, B.: Zur Vermeidung von Salmonelleninfektionen durch unsachgemäßen Umgang mit Eiern. Fleisch **47** (1993) 364-365.

[75] SCHWARZ, R.; NEURAND, K.: Die Bedeutung der Schalenhautmorphologie im Entenei für eine Besiedlung mit Salmonellen. Deutsche Tierärztliche Wochenschrift 79 (1972) 431-433.

[76] SEVIOUR, E. M.; BOARD, R. G.: The behaviour of mixed bacterial infections in the shell membranes of the hen's egg. British Poultry Science **13** (1972) 33-43.

[77] SPARKS, N. H. C.; BOARD, R. G.: Bacterial penetration of recently oviposited shell of hens eggs. Australian Veterinary Journal **62** (1985) 169-170.

[78] STROH, R.: Die qualitative Beurteilung von Eiprodukten. Eier, Eiprodukte, Teigwaren. Hohenheimer Arbeiten, S. 57-62. E. Ulmer, Stuttgart 1987.

[79] STROH, R.: Zur Anwendung und Beurteilung des Limulus-Tests bei Eiprodukten: Erfahrungen aus der Routine-Analytik. Proc. 34. Arbeitstagung Arbeitsgebiet Lebensmittelhygiene, Teil II, Poster, DVG (1993), S. 211-218.

[80] TAUXE, R. V.: *Salmonella*: A postmodern pathogen. Journal of Food Protection **54** (1991) 563-568.

[81] TERNES, W.; ACKER, L.: Physikalisch-chemische Eigenschaften. In: TERNES, W.; AKKER, L.; SCHOLTYSSEK, S. (Hrsg.): Ei und Eiprodukte. Parey, Berlin und Hamburg, (1994) S. 197-205.

[82] TIMONEY, J. F.; SHIVAPRASAD, H. L.; BAKER, R. C.: Egg transmission after infection of hens with *Salmonella enteritidis* phage type 4. The Veterinary Record **125** (1989) 600-601.

[83] TORGES, H. G.; MATTHES, S.; HARNISCH, S.: Vergleichende Qualitätsuntersuchungen an Eiern aus kommerziellen Legehennenbeständen in Freiland-, Boden- und Käfighaltung. Archiv für Lebensmittelhygiene **27** (1976) 107-112.

[84] TRANTER, H. S.; BOARD, R. G.: The influence of incubation temperature and pH on the antimicrobial properties of hen egg albumen. Journal of Applied Bacteriology **56** (1984) 53-61.

[85] U.S. Department of Agriculture: Egg pasteurization manual. Agricultural research service. Western utilisation research and development division. Albany, California 1967. Zitiert bei: KIEFER, H.: Mikrobiologie der Eier und Eiprodukte. Archiv für Lebensmittelhygiene **27** (1976) 218-223.

[86] VADEHRA, D. V.; NATH, K. R.: Eggs as a source of protein. Critical Reviews in Food Technology **4** (1973) 193-309. Zitiert bei: KNORR, R.: Qualitätsbeurteilung von Eiprodukten. Hohenheimer Arbeiten. E. Ulmer, Stuttgart 1991.

[87] VAN DE GIESSEN, A. W.; DUFRENNE, J. B.; RITMEESTER, W. S.; VAN LEEWEN, W. J.; NOTERMANS, S. H. W.: The identification of *Salmonella enteritidis*-infected poultry

flocks associated with an outbreak of human salmonellosis. Epidemiology and Infection **109** (1992) 405-411.

[88] Verordnung über die hygienischen Anforderungen an Eiprodukte (Eiprodukte-Verordnung) vom 17. Dezember 1993. Bundesgesetzblatt I, 2288-2302.

[89] Verordnung über die hygienischen Anforderungen an das Behandeln und Inverkehrbringen von Hühnereiern und roheihaltigen Lebensmitteln (Hühnereier-Verordnung) vom 5. Juli 1994. Bundesanzeiger Nr. 124 v. 6. 7. 94, 6973, in der Fassung der Änderung vom 16. Dezember 1994, Bundesgesetzblatt I, 3837.

[90] VUGIA, D. J.; MISHU, B.; SMITH, M.; TAVRIS, D. R.; HICKMAN-BRENNER, F. W.; TAUXE, R. V.: *Salmonella enteritidis* outbreak in a restaurant chain: the continuing challenges of prevention. Epidemiology and Infection **110** (1993) 49-61.

7 Mikrobiologie der Fische, Weich- und Krustentiere

7.1 Mikrobiologie der Fische und Fischereierzeugnisse

E. BARTELT, G. SIPOS UND G. KLEIN

Neben verarbeiteten Fischprodukten, die durch Räuchern, Marinieren oder Salzen zur Verlängerung der Haltbarkeit konserviert werden, gelangt Fisch in der Bundesrepublik zu einem großen Anteil als Frischfisch auf den Markt und in die Haushalte der Verbraucher. Gemäß der Fischhygiene-Verordnung versteht man unter Frischfisch unbehandelt gebliebene Ware, die je nach Anforderung gereinigt, ausgenommen, zerteilt und gekühlt gelagert wird. Der Kunde wünscht einwandfreien, bestimmten Frischekriterien entsprechenden frischen Fisch, der ihn durch sein äußeres Erscheinungsbild zum Kauf animiert und in keinem Fall Ekel bei ihm hervorruft. Die Verkaufsfähigkeit sowie die Akzeptanz und Beurteilung des Produktes durch den Verbraucher ist in großem Maße abhängig von der Lagerungsfähigkeit. Diese wird bestimmt durch die Art und die Geschwindigkeit des Verderbs, der wiederum durch bakterielle, autolytische und oxidative Veränderungen und Prozesse während der Lagerung bestimmt wird. Sie sind zurückzuführen auf spezifische intrinsische und extrinsische Faktoren, wie die Temperatur, die Wasserbindungsfähigkeit, den pH-Wert der Muskulatur post mortem, das Redoxpotenzial (Eh) und mikrobiologische Interaktionen oder den Status des Fisches - ausgenommen oder nicht ausgenommen - [10, 48]. Verderb führt zu Veränderungen von Textur und Aroma, zur Minderung des Genusswertes und schließlich zur Genussuntauglichkeit. Aufgrund ihres hohen Eiweiß- und Wassergehaltes, ihres Gehaltes an freien Aminosäuren und anderen löslichen freien stickstoffhaltigen Verbindungen sind Fischmuskelproteine leicht abbaubar, so dass Fische zu den leicht verderblichen Lebensmitteln gezählt werden [39, 76,78].

Auslöser für Qualitätsverschlechterungen bis hin zum sensorisch wahrnehmbaren Verderb des Frischfisches ist eine Kombination aus (1) den im Fisch postmortal verändert ablaufenden Stoffwechselprozessen, aus (2) enzymatischen Autolysevorgängen durch fischeigene Enzyme und aus (3) bakteriellen Abbauprozessen [6, 40].

Postmortale Veränderungen der Bakterienflora und der bakterielle Verderb

Autolytische Veränderungen in der Fischmuskulatur führen zum Verlust von charakteristischem Fischgeruch und -geschmack. Die Endstadien des Verderbs mit der Produktion unangenehmer Geruchsstoffe sind auf Mikroorganismen zurückzuführen. Hierbei ist das Verhältnis zwischen autolytischem und bakteriellem Verderb abhängig von der Anfangskeimbelastung und der Keimart, der Lagerungstemperatur und der Verpackungsart. Wenige Tage post mortem überlagern sich in der Regel die autolytischen und mikrobiellen Veränderungen. Letztere gewinnen das Übergewicht und führen schließlich zum Verderb.

Bei der bakteriologischen Untersuchung von Frischfisch wird bei der Bestimmung der Keime unterschieden in eine Primärflora, die auf und im lebenden gesunden Fisch zu finden ist, und in eine Sekundärflora, die sich nach dem Fang und der Schlachtung der Fische auf der Haut und in der Muskulatur des Fisches post mortem entwickelt. Diese wiederum teilt sich auf in Bakterien, die beim Verderb im Fischgewebe gefunden werden aber keine Verderbsprozesse auslösen („spoilage association"), und in Bakterien, die durch ihren Stoffwechsel und durch Abbau von Fischgewebe und Produktion von Fehlgerüchen und -geschmäckern (off-odours und off-flavours) für den Verderb verantwortlich sind („spoilage bacteria"), den spezifischen Verderbniserregern ("specific spoilage organisms - SSO") [59, 84].

Die Primärflora auf Fischen verschiedener Gewässer

Die poikilotherme Natur des Fisches lässt ein weites Keimspektrum auf Haut, Kiemen und in den Eingeweiden zu. Die Organismen der Umgebungsflora des Wassers finden sich auch auf der Oberfläche und in den Eingeweiden des Fisches, und man geht im Allgemeinen davon aus, dass sich die bakterielle Belastung von Bodenschlamm, Wasser und des aufgenommenen Futters auf die Zusammensetzung der Fischflora auswirkt [92, 113, 133]. Die Fischflora ist abhängig von der Fischart und den ökologisch und klimatisch unterschiedlichen Fanggebieten. In wärmeren Gebieten besteht sie zu einem hohen Prozentsatz aus mesophilen Bakterien, in der gemäßigten und kälteren Zone der Erde dominieren Psychrophile und Psychrotrophe. Horsely [62] stellte bei der Migration von Atlantischem Lachs von Salz- in Süßwasser eine Änderung der Haut- und Kiemenflora als Folge der verschiedenen Wasserkeime aus unterschiedlich belastetem Umgebungswasser fest. Hingegen lassen Ergebnisse einer Untersuchung von Guttmann-Bass et al. [51] den Schluss zu, dass es keinen direkten Zusammenhang von Umgebung und Fischflora gibt. Hier war die

Keimbelastung von Fischen, die in hochgradig verschmutztem Abwasser gehalten wurden, nicht höher als die von Fischen aus dem Handel. Auch einige andere Autoren konnten der allgemein akzeptierten Meinung, die Fischflora sei durch die Umgebung bestimmt, mit ihren Ergebnissen widersprechen. GONZALEZ et al. [42] kamen zu dem Ergebnis, dass wilde und gezüchtete Forellen trotz einer stark unterschiedlichen bakteriellen Belastung des Umgebungswassers vergleichbare Keimzahlen und -arten auf der Haut, in den Kiemen und im Verdauungstrakt aufwiesen. Ebenso zeigten auch ACUFF et al. [4], dass die Keimbelastung des Umgebungswassers nicht immer die Belastung auf der Haut der Fische wiedergibt, diese war um ca. 2 Zehnerpotenzen niedriger als die Wasserkeimzahl.

In den gemäßigten und kälteren Salzwassergebieten mit einer Temperatur von weniger als 10 °C setzt sich die Keimflora zu 95 % aus psychrophilen, gramnegativen, aerob wachsenden, beweglichen Stäbchenbakterien zusammen [65,70]. Dazu zählen *Alcaligenes, Acinetobacter, Flavobacterium, Psychrobacter (Moraxella), Shewanella* (früher *Alteromonas*), *Pseudomonas* spp., *Vibrio* spp. (*Vibrio, Photobacterium*) und *Aeromonas* spp. Grampositive Organismen wie *Bacillus, Micrococcus, Clostridium, Lactobacillus* und coryneforme Bakterien kommen ebenfalls in geringeren Anteilen vor. In wärmeren Gewässern und in den tropischen Ozeanen wird ein höherer Prozentsatz an mesophilen grampositiven Keimen und an Enterobacteriaceae nachgewiesen; diese machen etwa 50 - 60 % der Gesamtflora aus [84].

Auf der äußeren Haut werden pro Quadratzentimeter je nach Umweltbedingungen 10^3 bis 10^4 Kolonie bildende Einheiten (KbE) an Mikroorganismen gemessen, bei ungünstigen Verhältnissen bis 10^8 KbE [120]; dabei liegt die Zahl der für den Fischverderb wichtigen Proteolyten zwischen 10^2 und 10^5 KbE/cm^2.

Im Gegensatz zu den Seefischen findet sich bei **Süßwasserfischen** ein höherer Anteil an mesophilen grampositiven Keimen, wie *Streptococcus, Micrococcus, Bacillus*, Coryneforme [83]. Dominant sind jedoch auch hier die Psychrophilen. Typische Gattungen sind *Aeromonas* spp. und *Pseudomonas* spp. Dabei ist die Jahreszeit, die Art und der Zustand des Gewässers, die Fangmethode und die Art und Lebensweise der untersuchten Fische ausschlaggebend für die unterschiedliche Zusammensetzung und Verteilung der Organismenflora [113].

Keimzahlbestimmungen ergaben auf der Haut frisch gefangener Süßwasserfische Werte kleiner als 10^4 KbE/cm^2 [68, 113]. In Gebieten mit höheren Wassertemperaturen wurden Bakterienzahlen bis $4{,}6 \times 10^7$ KbE/cm^2 ermittelt [3]. Dagegen wird das Fleisch lebender gesunder Fische im Allgemeinen als keimfrei betrachtet und gilt somit als steril [83, 113, 118, 133].

Die Vielfalt der Mikroorganismen im **Gastrointestinaltrakt** der Fische wird zum einen zurückgeführt auf die Umgebung, zum anderen auf Menge und Herkunft der vom Fisch verzehrten Nahrung [65, 70]. Die intestinale Mikroflora von frischem Seefisch besteht zum größten Teil aus Aeromonaden und/oder *Vibrio*, während in Süßwasserfischen neben Aeromonaden auch Flavobakterien und Pseudomonaden vorherrschen können [37, 91, 110, 126]. LARSEN et al. [81] zählten im Darm von Kabeljau bis zu 10^7 KbE/g vibrioähnliche Organismen. *Vibrionaceae* besitzen die Fähigkeit zur Adhärenz an die Schleimhaut des Fischdarms. Bei Aquakulturfischen sollte auch dem Wasserkeim *Plesiomonas shigelloides* Beachtung geschenkt werden, der sich als signifikanter Bestandteil der intestinalen Mikroflora von Felsenbarsch (*Morone saxatilis*) aus Teichanlagen und Durchlauftanks erwiesen hat [90, 91]. Bei einer vergleichenden Untersuchung der Keimflora des Magen-Darm-Traktes von wilden und gezüchteten Süßwasserfischen in Spanien [42] bildeten Aeromonaden 65 % der psychrotrophen Flora in wildem Flusshecht (*Esox lucius*); bei der Meerforelle (*Salmo trutta*) waren Carnobakterien mit 40 % der psychrotrophen Isolate die dominante Gruppe. Im Magen-Darm-Trakt (MDT) von gezüchteten Regenbogenforellen fanden sich hohe Keimzahlen (ca. 45 %) von psychrophilen *Bacillus* sp. und coryneformen Bakterien.

Im Darm ist die Keimflora für den Fisch von physiologischer Bedeutung. Der Intestinaltrakt stellt aufgrund von speziellen Umgebungsparametern, wie pH-Wert, Anaerobiose und Gallensalzen, für bestimmte Mikroorganismen eine ökologische Nische dar. Die Funktion der symbiotisch im Darm lebenden Bakterien wird gekennzeichnet durch die Fähigkeit, Algenzellen als Nährstoffquelle für den Fisch zu verdauen [102], dem Wirt Aminosäuren und bestimmte Vitamine bereitzustellen [38, 124] und möglicherweise präventiv gegen die Besiedelung des Darmes mit pathogenen Organismen zu wirken [97]. Es wird angenommen, dass die natürliche Mikroflora des Magen-Darm-Traktes durch die Fähigkeit zur Produktion bestimmter Enzyme und antibakterieller Substanzen eine Rolle beim Abbau von Makromolekülen und bei der Prävention vor pathogenen Bakterien spielen kann [24, 127]. WESTERDAHL et al. [139] stellten bei 28 % der aus dem Magen-Darm-Trakt von Steinbutt (*Scophtalmus maximus*) isolierten Keime eine Hemmwirkung auf einen *Vibrio anguillarum*-Stamm fest. Diese Keime waren zu 93 % gramnegativ und sensitiv gegen das Vibriostatikum O 129, so dass es sich womöglich um andere *Vibrio*-Arten handelte. In diesem Zusammenhang ist weiterhin bekannt, dass Aeromonaden, *Bacteroidaceae* und Clostridien Amylasen und Proteasen erzeugen und somit bei der Kohlenhydrat- und Eiweißverdauung im Darm des Fisches mitbeteiligt sein können, und dass Milchsäurebakterien und Carnobakterien in der Lage sind, Bakteriozine und andere Bakterien-hemmende Substanzen zu erzeugen [103, 127, 134].

Veränderung der mikrobiologischen Flora während der Lagerung

Es wird angenommen, dass ca. 10 % des weltweiten Fangaufkommens durch bakteriellen Verderb verloren gehen [40, 72]. Die Geschwindigkeit des Verderbs von Fisch ist abhängig von einer optimalen Kühlung unmittelbar nach dem Fang und von der klimatischen Herkunft des Fisches. Eine sofortige Kühllagerung in Eis verlangsamt das bakterielle Wachstum. Fische aus tropischen Gewässern weisen bei einer Kühllagerung in Eis eine längere Haltbarkeit auf als Fische aus kälteren Gewässern, da ihre vorwiegend mesophile Primärflora bei kälteren Temperaturen in ihrem Wachstum besser gehindert werden kann als eine psychrophile [40, 47, 70].

Mit dem Tod des Fisches kommt es zum Erliegen der natürlichen Infektionsabwehr des Körpers, das Immunsystem bricht zusammen und bildet keine natürliche Barriere mehr gegen Keime. Mit zunehmender Lagerungsdauer verändert sich die Primärflora qualitativ und quantitativ zu einer Sekundärflora. Das Eindringen von auf der Oberfläche befindlichen Keimen in das sterile Muskelfleisch kann durch Schuppen, Kiemen oder durch die Haut erfolgen [75, 133]. Von den Kiemen aus verläuft eine Infektion über das Gefäßsystem und die Nieren in die Bauchhöhle und ins Fleisch. Im Gegensatz zu den Kiemen, die für Bakterien ein gutes Wachstumsmedium darstellen und ihnen ein leichtes Eindringen in das Fischinnere bieten, ist ein Eindringen durch die Haut wesentlich schwieriger. Ruskol und Bendsen [108] wiesen erst bei einer Keimbelastung von 10^6 KbE/cm^2 auf der Haut auch in der Muskulatur Bakterien mikroskopisch nach. Die Zeitspanne bis zum Durchdringen der Haut ist von der Fischart und deren Hautbeschaffenheit, wie Hautdicke und Schleim, abhängig. Der Schleim einiger Fischarten enthält antimikrobielle Substanzen, z.B. bestimmte Lysozyme oder verschiedene antibiotisch wirksame Peptide, die das Wachstum von Mikroorganismen unterdrücken können und sich somit auch auf die Haltbarkeit des Produktes auswirken [35, 105, 121]. Der Zusammenhang von Schleimbeschaffenheit, Inhaltsstoffen des Schleimes und Hautdicke wurde auch von anderen Autoren untersucht und diskutiert ([56, 65]; Murray und Flechter, 1976). Eine ausgeprägte Beweglichkeit der Bakterien begünstigt ihre Fähigkeit, die Haut zu durchdringen, ihre proteolytischen Eigenschaften sind dabei nicht entscheidend. Pseudomonaden und Shewanellen sind besonders beweglich, während *Acinetobacter, Flavobacterium* und *Micrococcus* nur selten in die Muskulatur übertreten können.

Weiterhin ist die Schnelligkeit der Bakterieninvasion in die keimfreie Muskulatur des Fisches abhängig von der Art und der Größe des Fisches und wird durch die Fangmethode, durch unzureichende Kühlung, verzögertes Ausnehmen, mechanische Behandlung wie das Filetieren oder durch eine unzureichende Hygiene bei der Verarbeitung begünstigt [27, 136]. Durch betriebshygienische Maßnahmen kann die Entwicklung der Sekundärflora verzögert werden. Dazu gehören konsequente Kühlung, Verwendung steriler Arbeitsgeräte, Ausweiden und sorgfältiges Waschen der Fische.

Für den bakteriellen Verderb ist in erster Linie die psychrotrophe Flora, die während einer Lagerung von Fisch bei Kühlschranktemperaturen dominiert, verantwortlich [58, 118]. Am Ende der Lagerfähigkeit werden Keimzahlen von 10^8 - 10^9 KbE/cm^3 oder g auf der Haut und in der Muskulatur nachgewiesen. Bei Lagerungsversuchen mit Frischfisch muss ein klarer Unterschied zwischen den spezifischen Verderbniserregern ("specific spoilage organisms - SSO") und der vorhandenen gesamten Verderbsflora gemacht werden. Um diese Keime voneinander zu unterscheiden, werden sensorische, mikrobiologische und chemische Untersuchungen zur genaueren Charakterisierung und Differenzierung herangezogen [48]. Die Bakterien werden nach einer sensorischen Verlaufsuntersuchung zum Zeitpunkt der sensorischen Zurückweisung des Produktes ("rejection time") isoliert und auf ihre Fähigkeit zur Bildung von typischen abweichenden Geruchs- und Geschmackskomponenten untersucht. Dazu wird anhand von steriler Fischmuskulatur oder steriler Fischbouillon die Verderbsaktivität der entsprechenden Keime, d.h. deren Fähigkeit, die zum Verderb führenden Stoffwechselprodukte in ausreichenden Mengen zu produzieren, ermittelt.

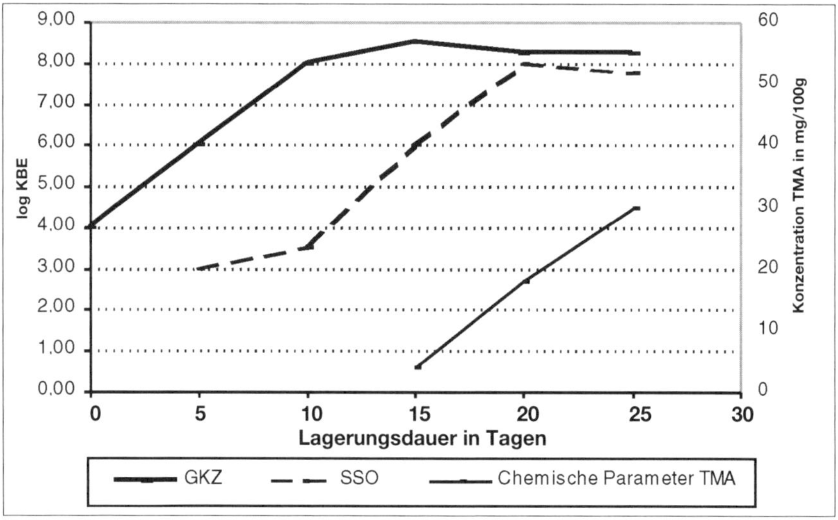

Abb. 7.1.1 Entwicklung der Gesamtkeimzahl (GKZ), der spezifischen Verderbskeime (SSO, specific spoilage organism) und des chemischen Verderbsindikators Trimethylamin (TMA) in Fischen während der Eislagerung (modifiziert nach Gram, 1996)

Abb. 7.1.1 zeigt den Zusammenhang zwischen der Gesamtkeimzahl, den spezifischen Verderbniserregern und chemischen Komponenten (Trimethylamin-TMA) bei der Eislagerung von Seefischen. Nach der Empfehlung der ICMSF (1986) für mikrobiologische Kriterien für frischen Rohfisch darf bei keiner von 5 Stichproben eine aerobe Gesamtkeimzahl (GKZ) von 1×10^7 KbE/g oder cm^7 überschritten werden, und nicht mehr als 3 der Proben dürfen eine Keimzahl zwischen 5×10^5 und 1×10^7 KbE/g oder cm^7 aufweisen ($n = 5$, $c = 3$, $m = 5 \times 10^5$, $M = 1 \times 10^7$).

Auf der Haut wurden in Untersuchungen an eisgelagerten Fischen nach 8 - 10 Tagen Lagerung Gesamtkeimzahlen von 1×10^7 KbE/cm^2 erreicht, womit der Grenzwert der ICMSF überschritten wurde. In der Muskulatur blieb die GKZ jedoch teilweise bis zum 21. Tag unter 5×10^5 KbE/g [109, 116]. In diesen Untersuchungen wurde die Vermehrung von Keimen auf Langschwanz-Seehecht (*Macruronus novaezelandiae*) und auf Doryfisch (*Pseudocyttus maculatus*), einem Tiefseefisch der Familie der Petersfische, in drei Phasen beschrieben: einer typischen anfänglichen Verzögerungsphase (lag-Phase), darauf folgend eine Phase mit exponentiellem Wachstum und schließlich einer stationären Phase. Bei einer Keimbestimmung an eisgelagerten Wittlingen waren am Ende der Lagerungszeit nach 13 Tagen ähnliche Ergebnisse mit Gesamtkeimzahlen auf der Haut von 10^7 - 10^8 KbE/cm^7 nachweisbar. Das Gewebe war bis zum 5. Tag steril und hatte bei Versuchsende eine Keimzahl von 10^6 KbE/g [88]. Bedeutend höher waren die GKZ in einer Untersuchung an Sardinen (*Sardina pilchardus*) [1]. Bereits fangfrische Fische hatten auf der Haut eine Keimbelastung von $2{,}5 \times 10^6$ KbE/cm^7. Die Bakterien drangen schnell in die Muskulatur ein und erreichten nach 24 Stunden bei einer Lagerung bei Raumtemperatur eine Keimzahl von 5×10^8 KbE/g und nach 8 Tagen Eislagerung eine Keimzahl von 6×10^8 KbE/g.

Bedeutende Verderbniserreger auf Fischen

Die wichtigsten Verderbskeime auf Seefischen werden unter anderem durch ihre Fähigkeit charakterisiert, Trimethylaminoxid (TMAO) zu Trimethylamin (TMA) zu reduzieren und H_2S zu bilden und somit off-odour und off-flavour zu produzieren [44]. In der Regel werden Keimzahlen der spezifischen Verderbniserreger SSO von 10^8 - 10^9 KbE/g benötigt, um durch abweichende Stoffwechselprodukte zum Verderb des Fisches zu führen.

Je nach Herkunft der Fische und nach Lagerungstemperatur bildet sich die Verderbsflora unterschiedlich aus. Bei einer aeroben Eislagerung besteht sie bei Fischen tropischer, subtropischer und gemäßigter Zonen hauptsächlich aus *Pseudomonas* ssp. und insbesondere bei Seefischen aus *Shewanella putrefaciens*. Bei wärmeren Lagerungstemperaturen bilden mesophile *Vibrionaceae* zu einem großen Anteil die Verderbsflora [47]. Wenn die Tiere aus verschmutzten Gewässern stammen, werden bei ihrem Verderb oft mesophile *Enterobacteriaceae* nachgewiesen [65]. Diese Keime spielen vor allem bei Fischprodukten eine Rolle und können durch Kontamination bei der Bearbeitung zum Verderb des Produktes beitragen [85]. Neben Lactobacillen fanden TRUELSTRUP HANSEN et al. [131] beim Verderb von vakuumverpackten kalt-geräucherten Lachsen (*Salmo salar*) in geringen Mengen auch *Enterobacteriaceae*. In einer Untersuchung von GORCZYCA et al. [43] bildeten bei höheren Lagerungstemperaturen bewegliche Aeromonaden (*A. hydrophila*) die Hauptverderbnisflora auf aerob gelagerten Regenbogenforellen.

Shewanella putrefaciens

Shewanellen sind gramnegative, bewegliche Stäbchen. Zu diesem Genus werden die Species *Sh. putrefaciens, Sh. baltica* und *Sh. alga* gezählt [141]. *Shewanella putrefaciens* wächst bei einer optimalen Temperatur zwischen 20 °C und 25 °C, aber auch bei 0 °C, vorzugsweise auf Medien mit 6,5 % NaCl-Gehalt [9]. Zahlreiche Studien haben gezeigt, dass *Shewanella putrefaciens* eines der wichtigsten Bakterien beim Verderb von Seefisch bei 0 °C ist [26, 59, 46]. Die taxonomische Einordnung wurde im Laufe der Jahre mehrmals geändert. Ursprünglich wurde *Shewanella* als *Achromobacter* bezeichnet, später zu den Pseudomonaden gerechnet, dann in den Genus *Alteromonas* eingeordet [82]. Aufgrund von genetischen Untersuchungen wurde es in eine eigenständige Gruppe eingeteilt, MAC DONELL und COLLWELL schufen 1985 das neue Genus *Shewanella*. Shewanellen sind in der Lage, H_2S aus schwefelhaltigen Aminosäuren zu bilden. Geeignete Medien für die Isolierung dieser Keime, wie Eisen-Agar [46] oder Lyngby-Agar von Oxoid, enthalten Eisencitrat, Thiosulfat und L-Cystein, so dass es beim Wachstum durch die Bildung von H_2S zu einer FeS-Präzipitation kommt, erkennbar durch die Schwärzung der Kolonien.

In einer Untersuchung von JØRGENSEN et al. [74] an eisgelagertem Kabeljau (*Gadus morhua*) zeigte sich eine starke negative Korrelation der Keimzahl von *Sh. putrefaciens* mit der verbleibenden Haltbarkeit des Fisches, so dass die Keimzahl einen guten Indikator für die restliche Lagerfähigkeit darstellte. *Sh. putrefaciens* ist bei Sauerstoffausschluss in der Lage, sich auch unter anaeroben Bedingungen, durch die Nutzung des Sauerstoffs aus TMAO, bis zu Keimzahlen von 10^6 bis 10^8 KbE/g zu vermehren; das Wachstum von Pseudomonaden wird dagegen unterbunden [104].

***Pseudomonas* spp.**

Pseudomonaden sind obligat aerobe, polar begeißelte, nicht sporenbildende gramnegative Stäbchenbakterien. Ihre minimale Vermehrungstemperatur beträgt -3 bis 0 °C.

Da einige Arten Pigmente, insbesondere Fluoreszein, synthetisieren, lässt sich die Gattung *Pseudomonas* (*P.*) in die Gruppe der fluoreszierenden und der nicht fluoreszierenden Pseudomonaden unterteilen. Einige Arten gelten als primärpathogen für Fische, wie *P. fluoreszenz* oder *P. anguilliseptica* [119]. Pseudomonaden sind in der Umwelt weit verbreitet und kontaminieren Lebensmittel verschiedener Herkunft. Sie nutzen Substrate für ihr Wachstum aus einer Reihe von Materialien, verstoffwechseln die Nicht-Protein-Nitrogen-Fraktion aus tierischen Lebensmitteln und setzen durch Proteasen und Lipasen Aminosäuren und Fettsäuren frei, aus deren Abbau off-odours und off-flavours resultieren. Sie sind besonders beweglich und leicht anpassungsfähig und können aufgrund ihrer proteolytischen Eigenschaften v.a. beim aeroben Fischverderb schnell die dominante Flora bilden [63]. Nach Untersuchungen von Tülsner [133] steigt der Anteil von Pseudomonas-Arten auf Fisch von 22 % nach dem Fang auf 80 % bei der Anlandung. Tabelle 7.1.1 zeigt die qualitative Veränderung der bakteriellen Flora auf der Haut des Fisches nach dem Fang während der Lagerung auf Eis.

Tabelle 7.1.1 Qualitative Veränderung der bakteriellen Flora des Fisches nach dem Fang bei der Lagerung in Eis (nach Tülsner, 1994)

Keimart	Anteil der Keimart an der Gesamtkeimzahl in %		
	Fang	Fischraum	Anlandung
Pseudomonas	22	60	80
Achromobacter	60	20	6
Flavobacterium	7	-	6
Micrococcus	6	12	2
Acrobacter	4	-	-
Bacillus	2	8	6

Pseudomonaden verdrängen auch bei Süßwasserfischen während der Lagerung die anderen Arten [113]. Acuff et al. [4] stellten auf aus Teichen stammenden Tilapia (*Tilapia aurea*) eine psychrotrophe Anfangskeimbelastung von log 2,86 KbE/cm² fest, die nach 19 Tagen mit Keimzahlen von log 7,8 KbE/cm² von Pseudomonaden dominiert wurde. Stenström und Molin (1990) identifizierten von insgesamt 159 Stämmen, die beim Verderb von kühl gelagerten Fischen aus dem Handel isoliert wurden, 38 % als *Shewanella purefaciens* und 46 % als Pseudomonaden, davon 30 % als *P. fragi*, welches fruchtig riechende Verbindungen beim Abbau von Fischgewebe erzeugt.

Im Zusammenhang mit der Konkurrenz von Pseudomonaden und Shewanellen beim Fischverderb wird die Eigenschaft von Pseudomonaden diskutiert, eine hemmende

Wirkung auf andere Bakterien, insbesondere auch auf *Aeromonas sobria, Escherichia coli, Staphylococcus aureus, Listeria monocytogenes* und *Shewanella putrefaciens*, auszuüben. Diese ist zurückzuführen auf die Fähigkeit von Pseudomonaden, Eisen-Chelate mit hoher Affinität, sog. Siderophore, zu bilden. Unter eisenarmen Verhältnissen sind sie entscheidend bei einem Wettkampf der miteinander konkurrierenden Bakterien um Eisen [45, 50]. In diesem Zusammenhang wird auch die Fähigkeit von Pseudomonaden diskutiert, ein Teil des natürlichen Abwehrsystems von Fischen zu sein, da sie durch die Siderophore-Bildung eine hemmende Wirkung auf fischpathogene Aeromonaden ausüben können.

Chemische Parameter des Verderbs

Die durch autolytische Prozesse nach dem Rigor mortis entstandenen niedermolekularen Verbindungen und leicht löslichen Proteine stehen den Verderbniserregern als reiche Nährstoffquelle zur Verfügung. Verschiedene Proteasen und andere hydrolytische Enzyme der psychrophilen und psychrotrophen Organismen können im Fischmuskel auch bei niedrigen Temperaturen sekretiert werden und zu Abbauprozessen führen [134]. Proteine werden durch bakterielle Proteasen zu Peptiden und Aminosäuren und letzten Endes in Indole, Amine, Säuren und ihre Stickstoff- und Schwefelbestandteile abgebaut. Lipasen bauen Lipide in freie Fettsäuren, Glycerin und andere Fettkomponenten ab.

Diese Verbindungen werden sensorisch vom Verbraucher wahrgenommen und führen gegen Ende der Lagerung zur Ablehnung des Produktes. Durch physikochemische Untersuchungen können diese Abbauprodukte in der Fischmuskulatur nachgewiesen werden. Derartige Untersuchungen dienen zur Objektivierung und zur Festigung von Sensorikbefunden. Dazu zählen die Bestimmung des Gehaltes an flüchtigen Aminen wie Monomethylamin (MMA), Dimethylamin (DMA), Trimethylamin (TMA) und flüchtigen Stickstoffbasen (TVB-N), die Konzentration von Hypoxanthin und anderen Stoffwechselabbauprodukten, der K-Wert und die Bestimmung von biogenen Aminen [128].

Tabelle 7.1.2 zeigt die wichtigsten Verderbniserreger bei Fisch und die Verbindungen, die durch bakterielle Abbauvorgänge aus den Nährstoffen des Fischgewebes entstehen.

Werden chemische Parameter zur Bestimmung der Frische der Fischware herangezogen, so sind für die Entwicklung und Höhe der Amingehalte in der untersuchten Fischmuskulatur die Ausgangswerte entscheidend, die im Fisch zum Fangzeitpunkt nachgewiesen werden. Sie bestimmen den weiteren Verlauf der chemischen Parame-

Tab. 7.1.2 Bakterielle Verderbskomponenten (nach Church, 1998)

Spezifische Verderbnisbakterien	Verbindungen
Shewanella putrefaciens	TMA, H_2S, CH_3SH, $(CH_3)_2S$, HX
Photobacterium phosphoreum (v.a. in VP)	TMA, HX
Pseudomonas spp.	Ketone, Aldehyde, Ester, Nicht-HS-Sulphide
Vibrionaceae	TMA, HS
Aerobe Verderbniserreger	NH_3, Essig-, Butan- and Propionsäure

TMA = Trimethylamin; HS = Hydrogensulphid; CH_3SH = Methylmercaptan; $(CH_3)_2S$ = Dimethyl-sulphid; HX = Hypoxanthin; NH_3 = Ammoniak; VP = Vakuumverpackung

ter. Die Ausgangswerte können erhebliche Unterschiede aufweisen, da sie von vielen Faktoren, wie Fischspezies, Fangart, Jahreszeit, Fanggebiet, Ernährungszustand, Reifegrad, Geschlecht und Schleppzeit, abhängig sind. Ihre Kenntnis ist wichtig, um zum Zeitpunkt der Untersuchung mit Hilfe der ermittelten Analysedaten Aussagen über die Frische des Fisches treffen zu können [95].

Eine oft benutzte Methode ist die Bestimmung des TVB-N-Gehaltes in der Fischmuskulatur. TVB-N (Total volatile basic nitrogen) ist eine Mischung aus flüchtigen Aminen. Nach Nieper und Stockemer [94] ist sie neben der organoleptischen Untersuchung die Methode der Wahl bei der Bestimmung der Genusstauglichkeitsgrenze bei den meisten Fischarten. Der TVB-N-Gehalt ist zunächst niedrig und steigt kurz vor dem Verderb rapide an. Er dient somit als Nachweis des Verderbs in der späten Lagerphase und ist weniger ein Gradmesser für Frische. Wenn die zuvor erfolgte sensorische Untersuchung der Fischereierzeugnisse einen abweichenden Befund erbracht hat, kann nach Anlage 3, Kapitel 3 der Fischhygieneverordnung die Untersuchung auf flüchtige Basenstickstoffe zur Befundsicherung durchgeführt werden. Ababouch et al. [2] geben die Grenze der Genusstauglichkeit für Fische der nördlichen Breitengrade mit 25 bis 30 mg TVB-N/100 g an, wohingegen Huss [64] diese Grenze mit 30 bis 35 mg TVB-N/100 g höher festsetzt.

Laut Priebe [98] wird gegenwärtig bei Seefischen die Bestimmung von TMA oder der Summe an TVB-N am häufigsten verwendet, um mit Hilfe eines Laborwertes den Frischegrad des Fischgewebes abschätzen zu können. Besonders bei Magerfischen besteht eine gute Korrelation zwischen dem Sensorikbefund und dem Gehalt an TMA und TVB-N Substanzen. Weniger gute Beziehungen konnten hingegen bei halbfetten und fetten Fischen festgestellt werden. Acuff et al. [4] stellten bei in einer Teichwirtschaft gezüchteten Tilapia (*Tilapia aurea*) einen anfänglichen TVB-N-Gehalt von 15,6 mg/100 g fest, der nach 12 Tagen Lagerung in Eis, dem Ende der Haltbarkeit, auf 26,2 mg/100 g anstieg. Zu diesem Zeitpunkt erreichte die oberflächliche Keimzahl der gramnegativen Flora Werte um 10^6 KbE/cm^2.

Fische besitzen einen einzigartigen osmoregulatorischen Mechanismus, um Dehydration in der marinen Umgebung zu verhindern. Ein wichtiger Osmoregulant ist TMAO, das mit einer Konzentration von bis zu 1 % in Knochenfischen und bis zu 1,5 % in Knorpelfischen vorkommt [28, 40]. In Seefischen findet sich TMAO in Mengen um 1 bis 5 % des Muskelgewebes (Trockengewicht), bei Süßwasserfischen ist TMAO in der Regel kaum nachweisbar [18]. Gramnegative Organismen, v.a. *Shewanella putrefaciens*, können durch die Reduktion des TMAO zu TMA Energie gewinnen. Dagegen ist *Pseudomonas* spp. nicht in der Lage, TMAO als terminalen Elektronenakzeptor zu nutzen und produziert kein TMA auf verderbendem Fisch [49]. Die Reduktion von TMAO zu TMA ist auch vom pH-Wert und von der Gesamtkondition des Fisches nach dem Tod abhängig. Der Zusammenhang zwischen der Gesamtkeimzahl, der Verderbsflora und dem Gehalt an stickstoffhaltigen Verbindungen im Fischmuskel bei der Eislagerung ist in der Abbildung 7.1.2 dargestellt.

Einige endogene Enzyme im Fischgewebe sind in der Lage, TMAO zu Dimethylamin (DMA), Monomethylamin (MMA) und Formaldehyd (FA) zu reduzieren. TMAO ist auch in der Nahrung der Fische zu finden, es ist geruchsneutral und ungiftig, TMA hingegen ist ein Bestandteil des abweichenden Geruchs bei verderbendem

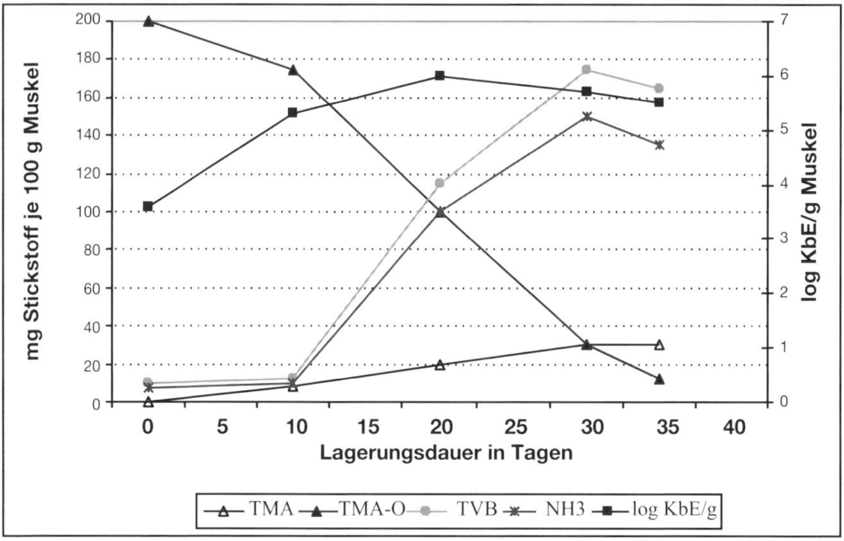

Abb. 7.1.2 Entwicklung der Keimzahl sowie des Gehaltes von TMA und einzelner Stickstoffbasen in mg Stickstoff je 100 g bei der Eislagerung von Dornhai (nach Tülsner, 1994)

Fisch. Die Reduktion von TMAO erfolgt im Muskelgewebe parallel zur Verschlechterung des Frischezustandes. Zunahmen werden ab dem 7. Eislagerungstag, deutlicher vom 12. Tag an festgestellt. Aus diesem Grunde wird die Höhe der TMA-Konzentration oft als Indikator für den bakteriellen Verderb herangezogen. Von Wissenschaftlern werden unterschiedliche Grenzwerte, die den Verderb bestimmen, festgelegt. Huss [64] geht von einer guten Qualität von Fischfleisch aus bei einer Konzentration von < 1,5 mg TMA/100 g, während er 10 bis 15 mg TMA/100 g als Akzeptanzgrenze ansieht. Ababouch et al. [2] hingegen zählen Fische mit weniger als 1 mg TMA/100 g zur ersten Klasse und setzen die Grenze der Verzehrsfähigkeit bei Sardinen etwas niedriger an mit 5 bis 10 mg TMA/100 g.

Für Fischarten ohne oder mit geringem Gehalt an TMAO ist diese Methode ungeeignet. Deshalb sind flüchtige basische Stickstoffverbindungen beim Süßwasserfisch erst dann messbar, wenn er sensorisch bereits verdorben ist [83]. Auch Rodriguez et al. [106] gehen davon aus, dass eine Bestimmung des TMA-Gehaltes bei Regenbogenforellen aufgrund des verschwindend geringen Gehaltes an TMAO in der Muskulatur nicht nützlich ist.

Humanpathogene Mikroorganismen

Übersicht - fakultativ und obligat humanpathogene Bakterien

Huss [65] unterteilt Mikroorganismen in zwei Gruppen (Tabelle 7.1.3), in endemische und in nicht endemische Organismen. Vertreter der ersten Gruppe kommen natürlicherweise in der aquatischen Umwelt des Fisches vor und sind ubiquitär im Wasser oder im Schlamm enthalten. Die Vertreter der zweiten Gruppe werden durch Verschmutzungen in das Wasser eingetragen oder gelangen während des Produktionsprozesses in oder auf den Fisch. Pathogene Organismen werden sowohl den endemischen als auch den nicht endemischen Bakterien zugeordnet. Nicht alle Arten der genannten Bakterien sind pathogen.

Für den Menschen pathogene Keime können durch fäkal kontaminiertes Wasser auf Fischereierzeugnisse übertragen werden und sind oftmals vor allem in Binnen- und Küstengewässern zu finden. Die Ursache hierfür ist häufig das Einleiten ungeklärter Abwässer in Flüsse und Seen. Auf diesem Wege gelangen Enterokokken, *Escherichia coli*, Salmonellen und Shigellen ins Wasser [112]. Ward [135] zitiert eine Arbeit, in der nachgewiesen wurde, dass sich in Fischen, die in Teichen mit einem Abwasserzulauf gehalten wurden, Fäkalkeime ansammelten. Ab einer Belastung von 10^4 KbE/ml Wasser waren diese Bakterien auch in der Fischmuskulatur nachweisbar.

Tab. 7.1.3 Pathogene Bakterien bei Meerestieren (modifiziert nach HUSS, 1995)

Gruppe 1: Endemische Bakterien	*Clostridium botulinum, Vibrio* spp. *V. cholerae, V. parahaemolyticus, Aeromonas hydrophila, Plesiomonas shigelloides, Listeria monocytogenes*
Gruppe 2: Nicht-endemische Bakterien, durch äußere Kontaminationsquelle z.B. Fäkalien	*Salmonella* spp., *Shigella, Escherichia coli, Campylobacter* spp., *Yersinia enterocolitica*
Gruppe 3: Bakterien, die während der Verarbeitung in/auf das Lebensmittel gelangen	*Bacillus cereus, Listeria monocytogenes Clostridium perfringens, Staphylococcus aureus*

Tabelle 7.1.4 zeigt eine Übersicht dieser Keime, die Gesundheitsrisiken beim Verzehr von Fischereierzeugnissen darstellen.

Vibrio spp.

Vibrionen sind gramnegative, fakultativ anaerobe leicht gebogene Stäbchenbakterien mit einer oder mehreren polar angeordneten Geißeln. Sie kommen natürlicherweise häufig in wärmeren Gewässern, in den Mündungstrichtern großer Flüsse, den Küstengebieten der Meere (Lagunen) und in Oberflächenwasser v.a. tropischer Gewässer vor [16, 80]. Ihre Ausbreitung ist jedoch von Jahreszeit und Klimazone abhängig. Es wird von einer positiven Korrelation zwischen der Wassertemperatur und der Nummer der isolierten humanpathogenen Vibrionen aus Meerestieren wie auch der Zahl der Erkrankungen bei Menschen ausgegangen [32]. Nach BRENNER et al. [20] und HUSS [65] bilden Vibrionen die dominante Keimflora bei Salzwasserfischen. Innerhalb des Genus *Vibrio* sind 30 Arten bekannt, davon sind 12 für Mensch und Tier fakultativ oder obligat pathogen [36]. Die für den Menschen als Lebensmittelvergifter bedeutendsten sind *V. cholerae* Biotyp O1, *V. cholerae* non-O1 bzw. O 139 und die halophilen Vibrionen *V. parahaemolyticus* (Kanagawa positiv) und *V. vulnificus*. Diese benötigen für ihre Vermehrung eine Kochsalz-Konzentration, die in der Regel in den Küstengewässern der Ozeane vorherrscht (Optimum 1 - 3 %, Minimum 0,1 - 0,5 %). Für das Wachstum sind höhere Temperaturen notwendig, so dass von Lebensmittelvergiftungen vor allem im Sommer bzw. nach dem Verzehr von Meeresfrüchten aus wärmeren Gewässern berichtet wird. Besonders Muscheln und Krebstiere gelten als Reservoir für Vibrionen, sie werden aber auch bei pelagischen Fischen gefunden (DE PAOLA et al., 1994). Dort siedeln sie sich bevorzugt im Darm an, der eine besonders geeignete Nische für diese Keimart darstellt [81, 86, 129]. Sie besitzen die Fähigkeit zur Chemotaxis in Richtung Haut, Kiemen und Darmschleimhaut, wo sie sich anheften [17]. Ihnen wird auch eine physiologische Bedeutung im

Tab. 7.1.4 Bakterien als Gesundheitsrisiken beim Verzehr von Fischereierzeugnissen (nach Feldhusen, 1999)

Keim	min. Infektionsdosis	Symptome	Kontaminierte Fischereierzeugnisse	Vorkommen und Bedeutung
Clostridium botulinum Typ E	0,1–1 µg Toxin tödlich	Schwäche, Sehstörung, Tod durch Atemlähmung, Herzstillstand	Sporen auf Oberfläche, in Darm, Kiemen; vakuum-verpackte Räucherfische, Konserven	Weltweit, ubiquitär in Aquakulturen, See- und Süßwasser, geringes Risiko bei Einhaltung der Kühlkette (Toxinbildung ab 3,3 °C); Botulismus selten
Clostridium perfringens	10^6-10^8 KbE/g	Durchfall, selten Tod	Sporadisch	Einige Fälle in USA
Salmonella spp.	je Pathogenität ab 10^2 KbE/g	Erbrechen, Durchfall, Fieber,	Im Darm; Garnelen, Weichtiere, Aal und Welsen	Weltweit durch fäkale Kontamination, Risiko wegen Erhitzung i.d.R. gering
Vibrio cholerae Serovar O1, O139	10^3 bis 10^8-10^9 KbE/g	Cholera	Garnelen, Muscheln, Tintenfisch, Meeresfrüchte	Epidemien in Asien, Afrika, Südamerika, geringes Risiko für gesunde Menschen
Vibrio Non-O1		Milde Gastroenteritis		Geringes Risiko für gesunde Menschen
Vibrio parahämolyticus (Kanagawa-pos.)	10^5-10^6 KbE/g	Durchfall, Übelkeit, Erbrechen	Küstenbereichsediment Plankton, im Wasser bei wärmeren Temp., Fisch, Muscheln, Krustentiere, auf Haut, Kiemen, MDT	Häufigste Ursache für Vibrionen -LM-Infektionen in bestimmten Weltregionen (Indien, Japan, Südostasien)
Vibrio vulnificus		Wundinfektion, Tod durch Septikämie	Wasser ab 20 °C, Fisch, Austern, Muscheln, Garnelen	In Deutschland keine Fälle durch Fischverzehr, sonst Infektionen durch Verzehr in USA
Listeria monocytogenes	Ab 100 KbE/g bei Risikogruppen	Akut-septikämisch bei Neugeborenen, Meningitis	Ubiquitär, 3-10 % Menschen als Träger, selten Meerwasser, kalt u.heiß geräuchert, Salzfischerzeugnisse, roher Fisch, Austern,	Infektionen in Verbindung mit Fischereierzeugnissen sehr selten, geringes Risiko

Darm von Fischen zugesprochen, da sie im Darm organische Verbindungen mineralisieren können [30].

V. cholerae wurde als Erreger der klassischen Cholera 1883 von Robert Koch identifiziert und ist eng verwandt mit dem ebenfalls Cholera verursachenden *V. eltor*. Erkrankungen mit diesem Biovar verlaufen etwas leichter als mit dem Biovar *V. cholerae*, der Erreger wird aber nach der Erkrankung eine längere Zeit im Stuhl ausgeschieden und ist resistenter gegen Umwelteinflüsse als *V. cholerae*. Die notwendige Infektionsdosis einer Erkrankung mit *V. cholerae* beträgt 10^6 Erreger. Diese können sich im Dünndarm an das Epithel der Schleimhaut anheften und vermehren sich schnell im alkalischen Milieu, ohne in die Epithelzellen einzudringen. Durch ein Enterotoxin, das Choleratoxin, wird beim Patienten Brechdurchfall ausgelöst, dessen Folge aufgrund des hohen Wasser- und Elektrolytverlustes ein lebensbedrohlicher Kollaps sein kann. Der WHO werden jährlich Hunderttausende Choleraerkrankungen gemeldet, 1995 waren es 208 755 Fälle mit einer mittleren Letalität von 2,4 %, d.h. 5034 Todesfälle [80]. Choleraähnliche Durchfälle werden auch von *V. cholerae* non-O1 ausgelöst. Diese lassen sich nicht mit O1-Serum agglutinieren. Ein weiterer Vertreter der Vibrionen, *V. mimicus*, ist den Choleravibrionen biochemisch sehr ähnlich und kann gelegentlich zu vergleichbaren intestinalen Infektionen führen wie *V. cholerae*.

Der halophile *V. parahaemolyticus* wird vor allem im südostasiatischen und pazifischen Raum bei Fischvergiftungen isoliert. In Japan verdoppelte sich 1998 im Vergleich zum Vorjahr die Zahl der durch diesen Erreger ausgelösten Infektionen, übertraf sogar die Häufigkeit der Salmonellosen [5] und wurde [61] nach HONDA & IIDA [61] in 40 bis 60 % aller bakteriellen Lebensmittelvergiftungen in Japan isoliert. *V. parahaemolyticus* hat sein Wachstumsoptimum bei einer Salzkonzentration von 3 %. Durch den Verzehr unzureichend erhitzter Meeresfrüchte kann sich der Mensch infizieren. Die Erkrankung äußert sich in akutem Brechdurchfall und erhöhter Temperatur. Ausgelöst werden die Symptome durch ein Exotoxin, welches von enteropathogenen Stämmen von *V. parahaemolyticus* gebildet wird. Dieses Toxin bewirkt eine ß-Hämolyse auf Medien mit menschlichen Erythrozyten (Kanagawa-Phänomen). Die aus klinischem Material isolierten Stämme besitzen fast alle diese hämolytische Aktivität, während nur 1 bis 2 % der aus nicht-klinischem Material oder aus Lebensmitteln stammenden Isolate Kanagawa-positiv sind [93, 111].

V. vulnificus kommt in marinen und in Küstengewässern vor und kann nach dem Verzehr von rohen Meeresfrüchten, v.a. von Austern, oder nach Kontakt mit Seewasser Wundinfektionen und primäre Septikämie mit Folgen wie Hautläsionen und Ulzerationen mit tiefgreifenden Nekrosen an den Extremitäten beim Menschen hervorrufen [60]. Von außen gelangen die Erreger durch Hautwunden in den Organismus und führen zu sekundären Septikämien. Ein Enterotoxin ist verantwortlich für Durchfälle. HLADY [57] und BRYAN et al. [22] gehen davon aus, dass besonders bei immungeschwächten Personen oder bei Personen mit chronischen Lebererkrankungen in 50 % der Fälle die Erkrankung tödlich verlaufen kann. In den USA wird dieser Erreger als Hauptursache für Todesfälle nach Lebensmittelvergiftungen durch Meeresfrüchte genannt. DEPAOLA et al. (1994) zeigten, dass die Bakteriendichte an *V. vulnificus* im Eingeweideinhalt einiger am Meeresboden lebender Fische an der nordamerikanischen Golfküste, die sich vorwiegend von Weichtieren und Krustazeen ernährten, um 2 bis 5 Logeinheiten (10^8 KbE/100 g) höher war als im umgebenden Brackwasser. Bei einer indischen Untersuchung von frisch gefangenen und auf dem Markt gekauften Seefischen wurde der Erreger im Darm in 16 % bzw. in 17,8 % der Proben mit Keimzahlen von 15 bis 910 g^{-1} nachgewiesen [129].

Während der Wintermonate, aus Fischen kälterer Gewässer oder aus gekühlten und gefrorenen Lebensmitteln, ist *V. vulnificus* nur schwer oder gar nicht nachweisbar. Bei tieferen Temperaturen ist er als Reaktion auf den temperaturbedingten Stress in der Lage, Formen mit geringer Größe auszubilden, die lebensfähig, aber nicht kultivierbar sind, "viable but non-culturable - VBNC" [96, 138]. Neben *V. vulnificus* ist diese Fähigkeit sowohl für andere Vibrionen als auch für einige *Enterobacteriaceae*, Pseudomonaden, Lactobacillen u.a. beschrieben worden.

***Aeromonas* spp.**

Die Mitglieder des Genus *Aeromonas* spp. sind gramnegative, kurze, gerade sporenlose Stäbchen. Sie sind fakultativ anaerob und haben eine monotrich-polare Begeißelung. Die meisten Arten sind psychrotroph, können sich noch bei Temperaturen von 0 °C bis + 5 °C vermehren und wachsen im Gegensatz zu den meisten Vibrio-Arten auch in NaCl-freien Nährmedien. Das Wachstumsoptimum der Aeromonaden liegt bei 28 °C. Die Gattung wird in zwei Teile aufgeteilt, die beweglichen Aeromonaden und die unbeweglichen Arten *A. media* und *A. salmonicida*. Letztere gilt als obligat pathogen für Fische und verursacht die Furunkulose bei geschwächten Salmoniden, welche sich bei einer Infektion in Form von Hautläsionen und septikämischen Erscheinungen äußert.

Zurzeit zählt man zu der Gruppe der beweglichen Aeromonaden folgende Arten: *A. hydrophila, A. caviae, A. sobria, A. veronii, A. schubertii, A. eucrenophila* und *A. ichthiosmia*. Sie sind ubiquitär in Gewässern zu finden und können in Süßwasser in relativ hohen Konzentrationen vorkommen [65].

Als pathogen für den Menschen gelten insbesondere *A. hydrophila, A. sobria* und *A. caviae*, die bei hospitalisierten, schwerkranken Patienten Infekte verursachen können. Durch ein Enterotoxin werden seltene Gastroenteritiden ausgelöst [77]. Die Infektion kann von Oberflächenwasser und von kontaminierten Lebensmitteln ausgehen. TSAI und CHEN [132] wiesen *A. hydrophila* bei 22,2 % vom Fisch stammenden Lebensmitteln nach, wobei 79,2 % der Stämme ein Hämolysin und 91,7 % ein Cytotoxin produzierten. Entscheidend für die Pathogenität der *A. hydrophila-* und *A. sobria*-Stämme ist ihre Fähigkeit zur Adhäsion und die Bildung von Enterotoxinen [114].

Beim Fischverderb bilden Aeromonaden häufig einen Teil der Verderbsflora und wurden auch als die verantwortlichen Verderbniserreger identifiziert. So zeigte sich, dass Aeromonaden beim Verderb von Süßwasserfischen bei höheren Lagerungstemperaturen eine Rolle spielen [43]. Bei einer Lagertemperatur von 37 °C betrug die Haltbarkeit von Regenbogenforellen 8 bis 10 Stunden. Zum Zeitpunkt der sensorischen Feststellung des Verderbs bestand die Verderbsflora zu 49 % aus *A. hydrophila*. Auch HASSAN et al. [52] isolierten auf Süßwasserfischen, die ohne Eis auf dem Markt gehandelt wurden, in 85 % der Proben fakultativ pathogene Mikroorganismen. Den größten Teil bildete *Aeromonas* spp. (69 %) neben *Vibrio* spp., *Plesiomonas shigelloides* und *Escherichia coli*. Aeromonaden als spezifische Verderbskeime wurden auch von GRAM et al. [47] beim Verderb von Nilhecht (*Lates niloticus*) bei höheren Lagerungstemperaturen (20 bis 30 °C) identifiziert.

In der Schweiz stellten GOBAT und JEMMI [41] hohe Kontaminationsraten an pathogenen Aeromonaden bei Räucherlachs fest. 10,9 bis 14,3 % der heiß- und kaltgeräucherten Proben und 10,5 % der Graved Lachs-Proben erwiesen sich als positiv. Der Grund hierfür könnte in einer möglichen Rekontamination der gekochten oder heiß geräucherten Ware während der weiteren Verarbeitung wie Filetieren und Verpacken zu finden sein. Es handelte sich bei 61,3 % der identifizierten Stämme um *A. hydrophila*, bei 22,5 % um *A. caviae* und bei 16,3 % um *A. sobria*.

Pseudomonas spp.

Auch in der Gruppe der Pseudomonaden finden sich einige für den Menschen pathogene Arten. Die humanmedizinisch bedeutsamste ist *P. aeruginosa*, welches häufig im Erdboden, im Oberflächenwasser, auf Gemüse und Obst zu finden ist [80]. Eine Infektion kann sich v.a. bei Personen mit Defekten in der spezifischen und unspezifischen Abwehr manifestieren. *P. aeruginosa* ist in der Lage, sich im feuchten Milieu, das nur Spuren von Nährsubstraten enthält, zu vermehren und ist äußerst resistent gegen Umwelteinflüsse. Pseudomonaden machen den größten Teil der Primärflora von Fischen aus und bilden auch beim bakteriellen Verderb von See- und Süßwasserfischen bei Kühllagerung die Hauptverderbnisflora.

Clostridien

Clostridien sind anaerobe, grampositive bis gramvariable, peritrich begeißelte Stäbchen. Sie kommen ubiquitär sowohl als Sporen als auch als vegetative Zellen im Erdboden und in den Sedimenten von Seen, Fließgewässern und in Küstennähe vor. Der Genus enthält einige Arten, die für den Menschen pathogen sein können. Dazu werden in erster Linie *C. botulinum* und *C. perfringens* gezählt. Daneben kennt man zahlreiche psychrotrophe, mesophile und thermophile Arten, die Ursache von Lebensmittelverderb sein können [8].

Vegetative Zellen der pathogenen Arten wie *C. botulinum* bilden gefährliche Toxine, die Sporen sind besonders resistent, können normale Kochtemperaturen überleben und wachsen auch in vakuumverpackten Lebensmitteln oder unter modifizierter Atmosphäre. Der am meisten mit dem Fisch vergesellschaftete Typ von *C. botulinum* ist der Typ E. Seine Sporen sind im Bodenschlamm von Süß- und Salzwasser weit verbreitet und kommen im Magen-Darm-Kanal von Fischen vor [69]. Daher ist eine Kontamination des Fisches in seinem natürlichen Lebensraum durch Kontakt mit Sediment oder durch seinen Kot leicht möglich. Durch sofortiges Ausnehmen des Fisches nach dem Fang kann ein großer Teil der Keimbelastung entfernt werden (BGVV, 2000). Die Kontaminationsrate kann verringert werden, wenn die Fische vor der Schlachtung einige Tage genüchtert werden und das Wasser des Beckens regelmäßig von Abfall befreit wird [25].

Die Art *Clostridium botulinum* wird aufgrund seiner Toxinbildung zur Zeit in die Typen A bis G unterschieden. Es gibt proteolytische und nicht proteolytische Stämme. Die Proteolyten bilden die Toxine A, B und F, die Nicht-Proteolyten die Toxine B, E und F. Bei den proteolytischen hitzestabilen Stämmen erfolgt die Toxinbildung unter optimalen Bedingungen erst ab 10 °C; den Verderb erkennt man dabei sensorisch durch die Bildung zahlreicher wahrnehmbarer Fäulnisprodukte wie H_2S und NH_3 [80]. Gefährlicher sind die nicht proteolytischen, hitzeempfindlichen Stämme, die Toxine schon ab 3,3 °C bilden und sich auch bei niedrigeren Temperaturen vermehren können [34, 123]. Sie erzeugen nur geringe Verderbniserscheinungen und werden daher nur schlecht erkannt. Vor allem in verpackten Lebensmitteln wie Frischfisch in modifizierter Atmosphäre (MA) kommt es zu der Unterdrückung der aeroben Verderbnisflora zugunsten der sich anaerob ungehindert vermehrenden nicht-proteolytischen Clostridien [31, 99]. Für den Menschen bedrohlich sind nur die von den *C. botulinum*-Typen A, B, E und F gebildeten Toxine. Sie zählen zu den stärksten bekannten Giften, für das Toxin A wird eine letale Dosis für den Menschen bei oraler Aufnahme von 0,1 bis 1,0 µg geschätzt [80]. Nach Fischgenuss aufgetretene Botulismuserkrankungen wurden fast ausschließlich durch den nicht-proteolytischen Stamm des Typ E ausgelöst, dessen Neurotoxin beim Menschen zentral-nervöse Symptome, Durchfälle und Erbrechen erzeugt [7, 115].

Die Kontamination von Lebensmitteln ist recht häufig und kann vor allem während der Zubereitung und Verarbeitung des Lebensmittels erfolgen. In der jüngsten Zeit wurde weltweit im Durchschnitt jährlich von etwa 450 *C. botulinum*-Ausbrüchen berichtet, davon wurden 12 % durch den Typ E ausgelöst [53]. In Fischprodukten wiesen z.B. Hyytiä et al. [69] bei Untersuchungen mit Gensonden bei 10 bis 40 % der Proben *C. botulinum* nach. Im Lebensmittel ist entscheidend, ob die gegebenen Bedingungen die Vermehrung des Erregers und seine Toxinbildung begünstigen. Durch gängige Konservierungsverfahren bei der Herstellung von Fischkonserven können Sporen des Typs E (80 °C, 15 min), bzw. deren hitzelabiles Toxin (80 °C, 6 min) zerstört werden [37]. Bei unsachgemäßen Konservierungsprozessen können hitzeresistente Sporen auskeimen und vegetative Zellen und Toxine bilden. Ein weiteres Risiko geht von vakuumverpacktem heiß geräuchertem Fisch aus, da unzureichendes Erhitzen beim Räucherungsprozess den Erreger und die Sporen nicht abtötet, und Keime sich in einer anaeroben Atmosphäre leicht vermehren können, während die aerobe Begleitflora reduziert wird und keine Konkurrenz mehr für Clostridien darstellt. Korkeala et al. [79] berichten von zwei Erkrankungen in Deutschland durch den Verzehr von in Finnland geräucherten kanadischen Maränen. Erkrankungen durch Fischverzehr wurden bisher vor allem durch Räucherfische sowie mild gesalzene, unzureichend gesäuerte oder erhitzte Produkte genannt, in allen Fällen handelte es sich aber um anaerob gelagerte Erzeugnisse. Ein Botulismusausbruch durch den Verzehr von geräucherten Forellen aus einer Forellenzuchtanlage in Deutschland [7] ließ Zweifel an der Sicherheit von Zuchtforellen aufkommen, so dass in Folge davon mehrere Untersuchungen durchgeführt wurden [135]. In Dänemark zeigte eine Studie, dass die Häufigkeit des Clostridien-Befalls in Teichanlagen von der Jahreszeit und somit von der Temperatur abhängig ist. So wiesen in den kälteren Monaten 5 - 100 % der Forellen *Clostridium botulinum* auf, in den Sommermonaten dagegen waren 85 - 100 % der Fische aller untersuchten Fischfarmen kontaminiert [67]. In einer englischen Studie wurde in 13 von 17 Forellenfarmen *Clostridium botulinum* nachgewiesen. Bei insgesamt 1 400 untersuchten Forellen betrug die Inzidenz von *Clostridium botulinum* auf Ganzfisch und in den Eingeweiden 9,4 % bzw. 11 % [25].

***Listeria* spp.**

Listerien kommen ubiquitär vor und konnten aus verschiedenen Umweltquellen wie Erdboden, Oberflächenwasser, Pflanzen, Tieren und menschlichen Abfällen und vor allem auch im landwirtschaftlichen Bereich isoliert werden [117]. Es handelt sich um zarte, peritrich begeißelte, bei 20 °C gut bewegliche grampositive Stäbchenbakterien, die aerob kultiviert werden können. Listerien sind gegen physikalische und chemische Einflüsse relativ widerstandsfähig. Für Mensch und Tier können die Arten *L. monocytogenes* und *L. ivanovii* pathogen sein, indem sie ein Hämolysin bilden, das rote Blutkörperchen auflöst. Andere Arten wie *L. innocua* und *L. seeligeri* gelten als apathogen [80]. Im Zusammenhang mit kontaminierten Lebensmitteln wie Milch und Milchprodukten, Fleischprodukten und Meerestieren wird von Epidemien berichtet. Dabei ist *L. monocytogenes* die dominierende pathogene Art, sie ist psychrotroph und vermehrt sich auch bei Kühlschranktemperaturen ab 0 °C, wodurch der Erreger als besonders gefährlich gilt. Die Keime werden mit dem Lebensmittel aufgenommen, gelangen in den Gastrointestinaltrakt und können v.a. bei immungeschwächten oder älteren Personen, aber auch bei kleinen Kindern eine primäre Septikämie oder eine Meningoenzephalitis auslösen. Bei Schwangeren kann die Listeriose fruchtschädigend verlaufen [77]. In Nordeuropa erkranken auf 1 Million Einwohner im Jahr 3 bis 10 Personen an Listeriose, in Deutschland werden ca. 200 Listeriose-Fälle auf 80 Millionen Einwohner pro Jahr geschätzt [13, 23, 87, 125].

Im Zusammenhang mit Fischprodukten werden häufig *Listeria* spp. nachgewiesen. Dabei findet sich der Erreger v.a. in Gewässern mit einem hohen Gehalt an organischem Material, wie Flüssen und Küstengewässern [11]. Bei einer Untersuchung von Wasserproben in Kalifornien fanden Colburn et al. [29] in 81 % der Süßwasserproben und in 33 % der Salzwasserproben *Listeria* spp. Bei 62 % der Isolate handelte es sich um *L. monocytogenes*, dessen Keimzahl sich nach dem Eintrag vom Süß- ins Salzwasser verringerte. Listerien gelangen hauptsächlich nach dem Fang und bei der Verarbeitung durch Kontamination auf den Fisch. In Fisch verarbeitenden Betrieben reichert sich der Erreger in feuchten und kühlen Bereichen an, kann auch auf Edelstahloberflächen einen Biofilm erzeugen und zählt in vielen Betrieben zur unvermeidlichen Hausflora [19, 55, 89, 107, 140]. Für das Jahr 1997 gibt der Deutsche Zoonose-Bericht [12] bei 14,8 % von insgesamt 1 321 untersuchten Fischereierzeugnissen *L. monocytogenes*-positive Befunde an. Davon waren geräucherte, gefrorene, marinierte und gekochte Produkte betroffen. Weagant et al. [137] fanden in 61 % von insgesamt 57 Proben gefrorener Fischprodukte und Meeresfrüchte Listerien, 26 % waren *L. monocytogenes*. Ein Vergleich von kalt und heiß geräucherten Fischprodukten zeigte bei kalt geräucherten Produkten mit 21,25 % eine höhere Inzidenzrate als bei heiß geräucherten mit 8,8 % [54]. Eine Reihe anderer Studien belegen, dass *L. monocytogenes* sich bei 5 °C in kalt geräucherten, vakuumverpackten Fischen, anders als in heiß geräucherten Produkten, innerhalb einer Woche um 1 bis 2 Zehnerpotenzen vermehren kann [37, 66]. Jemmi und Keusch [73] wiesen in ihrer Untersuchung nach, dass *L. monocytogenes* den Heißräucherungsprozess nicht überleben kann (Kerntemperatur 65 °C, 20 min, dann 60 °C, 45 Min). Sie vertreten die Ansicht, dass eine Kontamination des Produktes erst nach dem Verarbeitungsprozess erfolgt.

Nach Empfehlungen des Bundesinstitutes für gesundheitlichen Verbraucherschutz und Veterinärmedizin [14] werden in der Lebensmittelüberwachung für 4 verschiedene Kategorien von Lebensmitteln Beanstandungsgrenzen festgelegt. Drei Kategorien (I, II und III) umfassen verzehrsfertige Produkte. Zur Kategorie I zählen Produkte, die für besonders gefährdete Zielgruppen (Säuglinge, Kleinstkinder, Schwangere, Immungeschwächte) vorgesehen sind, für diese wird eine Nulltoleranz gefordert. Für die Kategorien II und III gilt ein Grenzwert von 100 KbE/g, zur Kategorie IV gehören nicht verzehrsfertige Lebensmittel, die bestimmungsgemäß unmittelbar vor dem Verzehr einem Listerien abtötenden Erhitzungsverfahren unterworfen werden, und für die es keine Grenzwerte gibt. Die Europäische Kommission diskutiert derzeit, dass grundsätzlich die Keimzahl in allen verzehrfertigen Lebensmitteln zum Zeitpunkt des Verzehrs 100 *L. monocytogenes*/g nicht überschreiten sollte. Präventive Maßnahmen umfassen die fachgemäße, hygienisch einwandfreie Herstellung und Lagerung der Lebensmittel durch Anwendung von betrieblichen GHP- und Hygieneregeln (GHP = Gute-Hygiene-Praxis).

Enterobacteriaceae

Zur Familie der *Enterobaceriaceae* werden gramnegative, sporenlose, fakultativ anaerobe Stäbchenbakterien gezählt. Sie können beweglich oder unbeweglich, pathogen oder apathogen sein. Zu den obligat pathogenen Gattungen und Arten gehören *Salmonella, Shigella, Yersinia pestis* und *Y. pseudotuberculosis*. Einige fakultativ pathogene Gattungen, wie *Escherichia, Citrobacter, Klebsiella, Enterobacter* oder *Edwardsiella* kommen physiologisch im Darmtrakt von Mensch und Tier vor. Infolge von Umweltkontaminationen durch Warmblüterfäzes sind diese Darmbakterien ubiquitär verbreitet, so werden einige auch im Erdboden, im Wasser oder auf Pflanzen gefunden [80]. Bei Süßwasserfischen wurden *Enterobacteriaceae* in erster Linie im Darm gefunden ([127, 130] De Paola et al., 1995). Dort sollen sie eine physiologische Rolle spielen. So ist z.B. *E. coli* in der Lage, im Darm von Fischen eine Verbindung der Gruppe der Koagulationsvitamine, Vitamin K_2, zu synthetisieren, so dass hierdurch der normale Bedarf zum Teil oder völlig gedeckt werden kann [124].

Eine große Bedeutung haben *Enterobacteriaceae* beim Verderb von Fischen. Teils wird in Fischprodukten von erhöhten Keimzahlen berichtet. Es kann bei der Verarbeitung zu Kreuzkontamination zwischen Haut und Darm und dem Filet kommen oder eine Kontamination durch das Personal erfolgen. Lyhs et al. [85] wiesen beim Verderb von vakuumverpackten kalt geräucherten Regenbogenforellenfilets bei 85 der insgesamt 620 isolierten Keime *Enterobacteriaceae* nach. Der Erreger wurde auch von Lindberg et al. (1998) in 31 % von 72 Süßwasserfisch-Proben aus dem Einzelhandel gefunden. *Enterobacteriaceae* gelten als Indikatorkeime für eine mangelhafte Hygiene bei der Be- und Verarbeitung im Betrieb. Einige der Vertreter dieser Familien sind für den Menschen pathogen und können eine Vielzahl von Krankheiten hervorrufen.

Als wichtige humanpathogene Vertreter der Familie der *Enterobacteriaceae* sind die **Salmonellen** zu nennen. Diese sind gramnegative, fakultativ anaerobe Stäbchen. Der Genus besteht aus zwei Species, von denen *Salmonella enterica* klinische und epidemiologische Bedeutung besitzt. *S. enterica* wird in weitere Subspecies aufgeteilt, wobei die Subspecies *S. enterica subsp. enterica* etwa 2 500 Serovare umfasst, die durch die Bestimmung der O- und H- Antigene unterschieden werden [16, 80]. Salmonellen sind weltweit verbreitet und können auch im Darm von Mensch und Tier und in fäkal verschmutzten Gewässern vorkommen. In Buchten und Mündungsgewässern zeigten RHODES und KATOR [101] eine Vermehrungs- und Überlebensdauer von Salmonellen und *Escherichia coli* von mehreren Wochen. Salmonellen wurden häufig in Fischen, Krebsen und Muscheln küstennaher Gewässer oder in Binnengewässern, in die Abwässer eingeleitet wurden, gefunden [3, 33, 112, 122]. Diese Fische gelten dann als passive Träger von *Salmonella* spp. und können den Erreger in andere Gewässer transportieren. Bei der Verarbeitung von Frischfisch können die im Magen-Darmtrakt der Fische vorkommenden Keime auf die Oberfläche der Fische und in das Muskelgewebe übertreten und zu einer sekundären Kontamination des fertigen Fischproduktes führen. Weiterhin kann eine Verwendung von Oberflächenwasser bei der Verarbeitung der Fische zu Problemen bei der Konsumware führen, insbesondere der Rohware, da einige Vertreter des Wassergeflügels zu potenten Ausscheidern von Salmonellen und anderen Krankheitskeimen zählen. Erstmalig beschrieb 1914 Müller eine Salmonellose infolge Fischverzehrs [112]. Nach dem Genuss von Fischerzeugnissen, besonders Räucherfischen, kam es in unterschiedlichen Abständen zu Salmonellosen [21]. Eine Salmonellose äußert sich in Entzündungen der Darmschleimhaut, Fieber und Brechdurchfällen und tritt 12 bis 36 Stunden nach der Infektion auf.

Salmonellen gehören weltweit zu den häufigsten Auslösern von durch Lebensmittel ausgelösten Gastroenteritiden. Wie aus dem Trendbericht über den Verlauf und die Quellen von Zoonose-Erkrankungen des BgVV [12] hervorgeht, wurden in Deutschland in 0,66 % von 5 060 untersuchten Fischereiprodukten Salmonellen nachgewiesen. Die überwiegende Zahl an Salmonellosen wird nicht durch Meerestiere, sondern durch andere tierische Erzeugnisse wie rohe Eier oder Geflügelfleisch ausgelöst. Die öffentlichen Gesundheitsorganisationen in Europa und den USA gehen davon aus, dass die Salmonellose-Gefahr durch Fischereierzeugnisse als gering anzusehen ist [100].

Mikrobiologische Kriterien

In der Anlage 1 ist aus einem Entwurf einer Verordnung der Kommission über mikrobiologische Kriterien für Lebensmittel (SANCO/4189/2001 Rev. 6) eine Zusammenstellung der Kriterien für alle Arten tischfertiger Lebensmittel und für bestimmte Kategorien, nämlich der für lebende Muscheln, Stachelhäuter, Manteltiere und Schnecken sowie für Fischereierzeugnisse beigefügt. Enthalten sind ferner Informationen zur Probenahme, Probenaufbereitung und Interpretation der Ergebnisse.

Anlage 1 Mikrobiologische Kriterien (SANCO/4189/2001 Rev. 6)

1. Kriterien für alle Arten tischfertiger Lebensmittel

Lebensmittelkategorie	Mikroorganismus	Probenahmeplan[1] n	c	Grenze M	Analytisches Referenzverfahren[2]	Stufe, für die das Kriterium gilt	Maßnahmen bei nicht zufriedenstellenden Ergebnissen
Tischfertige Lebensmittel, die für Säuglinge und besondere medizinische Zwecke bestimmt sind	*Listeria monocytogenes*	10	0	In 25 g nicht nachweisbar	EN/ISO 11290-1	Ende des Herstellungsprozesses und Erzeugnisse, die sich in Verkehr befinden	Die Partie wird nicht in Verkehr gebracht bzw. vom Markt genommen[3]
Andere als für Säuglinge und besondere medizinische Zwecke bestimmte tischfertige Lebensmittel, die die Vermehrung von *L. monocytogenes* begünstigen können	*Listeria monocytogenes*	5	0	In 25 g nicht nachweisbar[4]	EN/ISO 11290-1	Ende des Herstellungsprozesses[4]	Die Partie wird nicht in Verkehr gebracht[3]
		5	0	< 100 KBE/g[5]	EN/ISO 11290-2	Erzeugnisse, die sich in Verkehr befinden vor Ende der Haltbarkeit	Die Partie wird vom Markt genommen[3]
		5	0	< 100 KBE/g	EN/ISO 11290-2	Erzeugnisse am Ende der Haltbarkeit	Die Partie wird vom Markt genommen[3]

Fortsetzung Anlage 1 Mikrobiologische Kriterien (SANCO/4189/2001 Rev. 6)

1. Kriterien für alle Arten tischfertiger Lebensmittel

Lebensmittelkategorie	Mikroorganismus	Probenahmeplan[1] n	c	Grenze M	Analytisches Referenzverfahren	Stufe, für die das Kriterium gilt	Maßnahmen bei nicht zufriedenstellenden Ergebnissen
Andere als für Säuglinge und besondere medizinische Zwecke bestimmte tischfertige Lebensmittel, die die Vermehrung von *L. monocytogenes* nicht begünstigen können[6]	*Listeria monocytogenes*	5	0	100 KBE/g	EN/ISO 11290-2	Ende des Herstellungsprozesses und Erzeugnisse, die sich in Verkehr befinden	Die Partie wird nicht in Verkehr gebracht bzw. vom Markt genommen[3]
Tischfertige Lebensmittel, die rohes Ei enthalten	Salmonella	5	0	In 25 g/ml nicht nachweisbar	ISO 6579	Ende des Herstellungsprozesses und Erzeugnisse, die sich in Verkehr bef.	Die Partie wird nicht in Verkehr gebracht bzw. vom Markt genommen[3]

[1] n= Anzahl der Probeneinheiten der Stichprobe; c= Anzahl der Probeeinheiten, deren Werte über m liegen.
[2] Es ist die neueste Fassung der Norm zu verwenden.
[3] Die Partie wird als nicht sicher eingestuft. Zusätzlich werden Abhilfemaßnahmen, wie zum Beispiel Verbesserungen in Herstellungshygiene und Auswahl der Rohstoffe, durchgeführt.
[4] Dieses Kriterium gilt nicht, wenn der Lebensmittelunternehmer der zuständigen Behörde nachweisen kann, dass das Erzeugnis den Grenzwert < 100 KBE/g während der gesamten Haltbarkeit einhält, auch wenn am Ende des Herstellungsprozesses L. monocytogenes-Bakterien festgestellt werden.
[5] Der genaue anzuwendende Grenzwert hängt von den Eigenschaften des Erzeugnisses und den Bedingungen während der Haltbarkeit ab; der Grenzwert muss so niedrig sein, dass der Grenzwert von 100 KBE/g am Ende der Haltbarkeit nicht überschritten wird.
[6] Erzeugnisse mit einem pH-Wert von < 4,4 oder a_w < 0,92, Erzeugnisse mit einer Haltbarkeit von weniger als 5 Tagen und lebende Muscheln werden automatisch dieser Kategorie zugeordnet.

Die genannten Kriterien für Listeria monocytogenes gelten für alle tischfertigen Lebensmittel, eine regelmäßige Untersuchung ist jedoch normalerweise nicht sinnvoll für Lebensmittel, wie z.B.:

- tischfertige Lebensmittel, die einer Hitzebehandlung oder einer anderen Behandlung unterzogen wurden, durch die Listeria monocytogenes abgetötet werden, wenn eine erneute Kontamination nach der Behandlung nicht möglich ist, z.B. bei in der Endverpackung hitzebehandelten Erzeugnissen und bei ultrahocherhitzter Milch;
- frisches nicht zerkleinertes und nicht verarbeitetes Obst und Gemüse, ausgenommen Keimlinge;
- Brot, Kekse sowie ähnliche Erzeugnisse;
- in Flaschen abgefülltes oder abgepacktes Wasser, alkoholfreie Getränke, Bier, Apfelwein, Wein, Spirituosen und ähnliche Erzeugnisse;
- Zucker, Honig und Süßwaren;
- lebende Muscheln.

Interpretation der Untersuchungsergebnisse

L. monocytogenes in tischfertigen Lebensmitteln, die für Säuglinge und besondere medizinische Zwecke bestimmt sind, und Salmonellen in tischfertigen Lebensmitteln, die rohes Ei enthalten:
Die mikrobiologische Qualität der untersuchten Partie gilt als:
- zufriedenstellend, wenn alle Werte auf Nichtvorhandensein des Bakteriums hindeuten,
- nicht zufriedenstellend, wenn das Bakterium in einer Probeneinheit festgestellt wird.

L. monocytogenes in sonstigen tischfertigen Lebensmitteln: Die mikrobiologische Qualität der untersuchten Partie gilt als:
- zufriedenstellend, wenn alle Werte < m,
- nicht zufriedenstellend, wenn ein Wert > m.

2. Kriterien für lebende Muscheln, Stachelhäuter, Manteltiere und Schnecken

Lebensmittelkategorie	Mikroorganismus	Probenahmeplan[1] n	Grenze m	Analytisches Referenzverfahren[2]	Stufe, für die das Kriterium gilt	Maßnahmen im Falle nicht zufriedenstellender Ergebnisse
Lebende Muscheln, Stachelhäuter, Manteltiere und Schnecken	*E. coli*	1[3]	< 230/100 g Fleisch und Schalenflüssigkeit	DONOVAN et al., 1998, Communicable Disease and Public Health, 1, 188-196	Erzeugnisse vor dem Inverkehrbringen und im Verkehr befindliche Erzeugnisse	Die Partie wird nicht in Verkehr gebracht bzw. vom Markt genommen[4]
Lebende Muscheln, die gereinigt werden müssen	F-spezifische RNA-Bakteriophagen	1[3]	≥ 95 % Entfernung oder Entfernung ≤ 100 PBE/100g während des Prozesses	ISO 10705-1	Vor und nach dem Reinigungsprozess	Änderung der Temperatur und/oder des Reinigungsprozesses

[1] n= Anzahl der Probeneinheiten der Stichprobe; c= Anzahl der Probeneinheiten, deren Werte zwischen m und M liegen.
[2] Es ist die neueste Fassung der Norm zu verwenden.
[3] Eine Sammelprobe aus mindestens 10 einzelnen Tieren
[4] Das Erzeugnis gilt als nicht sicher. Zusätzlich sind Abhilfemaßnahmen zu ergreifen, wie zum Beispiel Verbesserungen in der Herstellungshygiene, Auswahl von Rohstoffen und Überprüfung des Prozesses.

Probenaufbereitung zur Untersuchung auf F-spezifische RNA-Bakteriophagen

Das Muschelfleisch und die Schalenflüssigkeit von mindestens 10 einzelnen Tieren wird verdünnt (1 Teil Muscheln plus 2 Teile 0,1 % Peptonwasser), homogenisiert und 5 Minuten bei Raumtemperatur bei 2 000 g zentrifugiert. Der Überstand wird einem Assay auf F-spezifische RNA-Bakteriophagen gemäß der Doppelschicht-Agar-Methode (Double Overlay Method; ISO 10705-1) unterzogen, wobei mindestens 10 ml des Überstands (1 ml auf jeder einzelnen der 10 parallelen Platten) verwendet wird. Weitere Verdünnungen können nach Bedarf hergestellt werden. Die nominale Nachweisgrenze des Assays beträgt 30 PBE F-spezifischer RNA-Bakteriophagen je 100 g Muschelfleisch und Schalenflüssigkeit.

Probenahme zur Analyse auf F-spezifische RNA-Bakteriophagen

Die Lebensmittelunternehmen entnehmen insbesondere Proben zur mikrobiologischen Analyse auf F-spezifische RNA-Bakteriophagen, wenn die Verunreinigungslast mit F-spezifischen RNA-Bakteriophagen voraussichtlich am höchsten und/oder die Temperatur des im Prozess verwendeten Meerwassers am niedrigsten ist.

Interpretation der Untersuchungsergebnisse

Die mikrobiologische Qualität der untersuchten Partie gilt als:
- zufriedenstellend, sofern alle Werte < m
- nicht zufriedenstellend, sofern ein Wert > m.

3. Kriterien für Fischereierzeugnisse

Lebensmittelkategorie	Mikroorganismus	Probenahmeplan[1]		Grenze		Analytisches Referenzverfahren[2]	Stufe, für die das Kriterium gilt	Maßnahmen im Fall nicht zufriedenstellender Ergebnisse
		n	c	m	M			
Gekochte Krebs- und Weichtiere	*Salmonella*	5	0	In 25 g nicht nachweisbar		ISO 6579	Ende des Herstellungsprozesses	Die Partie wird nicht in Verkehr gebracht bzw. vom Markt genommen[3]
	Coagulasepositive Staphylokokken, nur Erzeugnisse ohne Panzer bzw. Schale	5	2	100 KBE/g	1000 KBE/g	EN/ISO 6888-1,2	Ende des Herstellungsprozesses	Die Partie wird nicht in Verkehr gebracht bzw. vom Markt genommen[3]
	E. coli nur Erzeugnisse ohne Panzer bzw. Schale	5	2	1 KBE/g	10 KBE/g	ISO 16649-1,2 oder Entwurf 3	Ende des Herstellungsprozesses	Verbesserungen in der Herstellungshygiene
	Gesamtzählung von *Vibrio-parahaemolyticus*	5	2	10 KBE/g	100 KBE/g	ISO 8914 mit Imit MPN-Verfahren	Ende des Herstellungsprozesses	Verbesserung in der Herstellungshygiene

Fortsetzung 3. Kriterien für Fischereierzeugnisse

Lebensmittelkategorie	Mikroorganismus	Probenahmeplan[1]		Grenze		Analytisches Referenzverfahren[2]	Stufe, für die das Kriterium gilt	Maßnahmen im Fall nicht zufriedenstellender Ergebnisse
		n	c	m	M			
Andere als die unten genannten Fischereierzeugnisse von Fischarten der Familien: *Scombridae, Clupeidae, Engraulidae, Coryfenidae, Pomatomidae* und *Scombraesosidae*	Histamin	9	2	100 ppm	200 ppm		Erzeugnisse, die in Verkehr gebracht werden sollen oder sich in Verkehr befinden	Die fragliche Partie wird nicht in Verkehr gebracht bzw. vom Markt genommen[3]
Fischereierzeugnisse, die einem enzymatischen Reifungsprozess in Salzlösung unterzogen und aus Fischarten der folgenden Familien hergestellt werden: *Scombridae, Clupeidae, Engraulidae, Coryfenidae, Pomatomidae* und *Scombraesosidae*	Histamin	9	2	200 ppm	400 ppm		Erzeugnisse, die in Verkehr gebracht werden sollen oder sich in Verkehr befinden	Die fragliche Partie wird nicht in Verkehr gebracht bzw. vom Markt genommen[3]

1 n= Anzahl der Probeneinheiten der Stichprobe; c= Anzahl der Probeneinheiten, deren Werte zwischen m und M liegen.

2 Es ist die neueste Fassung der Norm zu verwenden.

3 Das Erzeugnis gilt als nicht sicher. Zusätzlich sind Abhilfemaßnahmen zu ergreifen, wie zum Beispiel Verbesserungen in der Herstellungshygiene, Auswahl von Rohstoffen und Überprüfung des Prozesses.

Interpretation der Untersuchungsergebnisse

E.coli, coagulasepositive Staphylokokken und Gesamtzählung von *V. parahaemolyticus* in gekochten Krebs- und Weichtieren:
Die mikrobiologische Qualität der untersuchten Partie gilt als:

- zufriedenstellend, sofern alle Werte < m,
- annehmbar, sofern die maximalen c/n-Werte zwischen m and M liegen und die übrigen Werte
- nicht zufriedenstellend, sofern ein Wert oder mehrere Werte > M oder mehr als c/n-Werte zwischen m und M liegen.

Salmonella **in gekochten Krebs- und Weichtieren:**
Die mikrobiologische Qualität der untersuchten Partie gilt als:

- zufriedenstellend, sofern alle Werte auf Nichtvorhandensein von *Salmonella* hindeuten,
- nicht zufriedenstellend, sofern in einer Probeneinheit *Salmonella* festgestellt wird.

Histamine in Fischerzeugnissen von Fischarten der Familien: *Scombridae, Clupeidae, Engraulidae, Coryfenidae, Pomatomidae* und *Scombraesosidae*:
Die mikrobiologische Qualität der untersuchten Partie gilt als:

- zufriedenstellend, sofern der Durchschnittswert < m und die maximalen c/n-Werte zwischen m und M liegen,
- nicht zufriedenstellend, sofern ein Wert oder mehrere Werte > M oder mehr als c/n-Werte zwischen m und M liegen oder wenn der Durchschnittswert > m.

Literatur

[1] ABABOUCH L.H., M.E. AFILAL, H. BENABDELJELIL, F.F. BUSTA: Quantitative changes in bacteria, amino acids and biogenic amines in sardine stored at ambient temperatures (25-28 °C) and in ice. Int. J. of Food Science and Technol., **26** (1991) 297-306

[2] ABABOUCH L.H., L. SOUIBRI, K. RHALIBY, O. OUADHI, M. BATTAL, F.F. BUSTA: Quality changes in sardines (*Sardina pilchardus*) stored in ice and at ambient temperature. Food Microbiology, **13** (1996) 123-132

[3] ABO-ELNAGA I.G.: The bacterial flora of some fresh-water fishes. Arch. f. Lebensmittelhyg., **31** (1980) 181-183

[4] ACUFF G., A.L. IZAT, G. FINNE: Microbial Flora of pond-reared tilapia (Tilapia aurera) held on ice. J. of Food Protection, **47** (1984) 778-780

[5] Anonym: Vibrio parahaemolyticus in Japan, Weekly Epidemiological Record, 74 , (43), 29 October 1999 (1999) 361-363, WHO Geneva

[6] Ashie I.N.A., J.P. Smith, B.K. Simpson: Spoilage and shelf-life extension of fresh fish and shellfish. Critical Reviews in Food Science and Nutrition, **36** (1&2) (1996) 87-121

[7] Bach R., S. Wenzel, G. Müller-Prasuhn, H. Gläsker: Teichforellen als Träger von *Clostridium botulinum* und Ursache von Botulismus. 3. Mitteilung: Nachweis von *Clostridium botulinum* Typ E in einer Teichwirtschaft mit Bearbeitungsbetrieb sowie in frischen und geräucherten Forellen verschiedener Herkunft. Arch. f. Lebensmittelhyg., **22** (5) (1971) 107-112

[8] Baumgart J.: *Clostridium botulinum*. In: J. Baumgart (Hrsg.): Mikrobiologische Untersuchung von Lebensmitteln. Behr's Verlag, Hamburg, Loseblattsammlung, Grundwerk 1994, 6. Ergänzungslieferung 11/98 (1998) Kapitel III.3.2.6

[9] Baumgart J.: Genus *Shewanella*. In: J. Baumgart (Hrsg.): Mikrobiologische Untersuchung von Lebensmitteln. Behr's Verlag, Hamburg, Loseblattsammlung, Grundwerk 1994 12. Ergänzungslieferung 02/01 (2001) Kapitel IV.5.23

[10] Bayliss P.: Chemistry in the kitchen: Fish and fish products. Nutrition & Food Science, No. 1 (1996) 41-43

[11] Ben Embarek P.K.: Presence, detection and growth of *Listeria monocytogenes* in seafood: a review. Int. J. of Food Microbiol., **23** (1994) 17-34

[12] BgVV: Deutscher Trendbericht über den Verlauf und die Quellen von Zoonose-Infektionen. Bundesinstitut für gesundheitlichen Verbraucherschutz und Veterinärmedizin, Berlin (1997)

[13] BgVV: Listerien-Infektionen vermeiden. BgVV Pressedienst vom 17.3.1999 (1999)

[14] BgVV: Empfehlungen zum Nachweis und zur Bewertung von *Listeria monocytogenes* in Lebensmitteln im Rahmen der amtlichen Lebensmittelüberwachung. Stand Juli 2000. (2000) www.bfr.bund.de

[15] BgVV: Gemeinsame Presseerklärung des Robert Koch-Institutes und des Bundesinstituts für gesundheitlichen Verbraucherschutz und Veterinärmedizin: Botulismus nach dem Verzehr von Räucherfisch, Pressedienst vom 10. August 2000 (2000)

[16] Bockemühl J.: Vibrionaceae In: F. Burkhardt (Hrsg.): Mikrobiologische Diagnostik. Verlag Thieme, Stuttgart, New York (1992) 102-108

[17] Bordas M.A., M.C. Balebona, J.M. Rhodriges-Maroto, J.J. Borrego, M.A. Morinigo: Chemotaxis of pathogenic Vibrio strains towards mucus surfaces of gilt-head sea bream (Sparus aurata L.). Appl. Environm. Microbiol., **64** (4) (1998) 1573-1575

[18] Børresen T.: „Chemical composition" in Quality and Quality Changes in Fresh Fish In: FAO Fisheries Technical Papers No. 348, Ed. H.H. Huss, Food and Agriculture Organization, Rome, Italy (1995) 20-33

[19] Bremer P.J., I. Monk, C.M. Osborne: Survival of *Listeria monocytogenes* attached to stainless steel surfaces in the presence or absence of Flavobacterium spp. J. of

Food Protection, **64** (9) (2001) 1369-1376

[20] BRENNER H.A., J. OLLEY, J.A. STATHAM, A.M.A. VAIL: Nucleotide catabolism: Influence on the storage life of tropical species of fish from the North West shelf of Australia. J. Food Science, **53** (1) (1988) 6-11

[21] BRYAN F.: Epidemiology of foodborne diseases transmitted by fish, shellfish and marine crustaceans in the United States, 1970-1980. J. of Food Protection, **43** (11) (1980) 859-876

[22] BRYAN P.J., R.J. STEFFAN, A. DEPAOLA, J.W. FOSTER, A.K. BEJ: Adaptive response to cold temperatures in *Vibrio vulnificus*. Current Microbiology, **38** (1999) 168-175

[23] BUCHANAN R.L., W.G. DAMERT, R.C. WHITING, M. VAN SCHOTHORST: Use of epidemiological and food survey data to estimate a purposefully conservative dose-response relationship for *Listeria monocytogenes* levels and incidence of listeriosis. J. of Food Protection, **60** (8) (1997) 918-922

[24] CAMPBELL A.C., J.A. BUSWELL: The intestinal microflora of farmed dover sole (Solea solea) at different stages of fish development. J. Appl. Bacteriol., **55** (1983) 215-233

[25] CANN D.C., L.Y. TAYLOR, G. HOBBS: The incidence of *Clostridium botulinum* in farmed trout raised in Great Britain. J. Appl. Bacteriology, **39** (1975) 331-336

[26] CHAI, T., C. CHEN, A. ROSEN und R.E. LEVIN: Detection and incidence of specific species of spoilage bacteria on fish. II. Relative incidence of *Pseudomonas putrefaciens* and fluorescent pseudomonads on haddock fillets. Appl. Microbiol., **16** (1968) 1738-1741

[27] CHEN H.C., T. CHAI T.: Microflora of drainage from ice in fishing vessel fish holds. Appl. Environ. Microbiol., **43** (1982) 1360-1365

[28] CHURCH N.: MAP fish and crustaceae-sensor enhancement. Food Science and Technol. Today, **12** (2) (1998) 73-83

[29] COLBURN K.G., C. KAYSNER, C. ABEYTA, M.M. WEKELL: Listeria species in a california coast estuarine environment. Appl. Environ. Microbiol., 56 (7) (1990) 2007-2011

[30] COLWELL R.R., J. KAPER, S.W. JOSEPH: *Vibrio cholera, Vibrio parahaemolyticus* and other vibrios: occurence and distribution in Chesapeake Bay. Science, **198** (1977) 394-396

[31] CONNER D.E, V.N. SCOTT, D.T. BERNARD, D.A. KAUTTER: Potential Clostridium botulinum hazards associated with extended shelf life refrigerated foods: a review. J. of Food Safety, **10** (1989) 131-153

[32] DALSGAARD A.: The occurence of human pathogenic *Vibrio* spp. and *Salmonella* in aquaculture. Int. J. of Food Science and Technol., **33** (1998) 127-138

[33] DURAN A.P., B.A. WENTZ, J.M. LANIER, F.D. MCCLURE, A.H. SCHWAB, R.J. BARNARD, A. SCHWARTZENTRUBER, R.B. READ jr.: Microbiological quality of breaded shrimp during processing. J. of Food Protection, **46** (11) (1983) 974-977

[34] EKLUND M.W.: Significance of Clostridium botulinum in fishery products preserved short of sterilization. Food Technol., **39** (1982) 107-112

[35] ERBAN N., S. JULIEN, N. ORANGE, B. AUPERIN, G. MOLLE: Isolation and characterization of novel glycoproteins from fish epidermal mucus: correlation between their pore-forming properties and their antibacterial activities. Biochimica et Biophysica Acta, **1467** (2000) 271-280

[36] FELDHUSEN F.: Durch Meerestiere übertragene Erkrankungen. Dtsch. tierärztl. Wschr., **106** (8) (1999) 319-325

[37] FELDHUSEN F.: The role of seafood in bacterial foodborne diseases. Microbes and Infection, **2** (2000) 1651-1660

[38] FONG W., K.H. MANN: Role of gut flora in the transfer of amino acids through a marine food chain. Aquat. Sci., **37** (1980) 88-96

[39] FRASER O.P., S. SUMAR: Compositional changes and spoilage in fish- an introduction. Nutrition & Food Science, No.5 (1998) 275-279

[40] FRASER O.P., S. SUMAR: Compositional changes and spoilage in fish (part II)-microbiological induced deterioration. Nutrition & Food Science, No.6 (1998) 325-329

[41] GOBAT P.F., T. JEMMI: Distribution of mesophilic Aeromonas species in raw and ready-to-eat fish and meat products in Switzerland. Int. J. Food Microbiol., **20** (1993) 117-120

[42] GONZÁLEZ C.J., T. LÓPEZ-DÍAZ, M.L. GARCÍA-LÓPEZ, M. Prieto, A. Otero: Bacterial Microflora of wild brown trout (*Salmo trutta*), wild pike (*Esox lucius*) and aquacultured rainbow trout (*Oncorhynchus mykiss*). J. of Food Protection, **62** (11) (1999) 1270-1277

[43] GORCZYCA E., J.L. SUMNER, D. COHEN, P. BRADY: Mesophilic fish spoilage. Food Technology in Australia, **37** (1) (1985) 24-26

[44] GRAM L.: Evaluation of the bacteriological quality of seafood. Int. J. of Food Microbiol., **16** (1992) 25-39

[45] GRAM L.: Inhibitory effect against pathogenic and spoilage bacteria of Pseudomonas strains isolated from spoiled and fresh fish. Appl. and Environment. Microbiol., **59** (7) (1993) 2197-2203

[46] GRAM L., G. TROLLE, H.H. HUSS: Detection of specific spoilage bacteria from fish stored at low (0 °C) and high (20 °C) temperatures. Int. J. of Food Microbiol., **4** (1987) 65-72

[47] GRAM L., C. WEDELL-NEERGAARD, H.H. Huss: The bacteriology of fresh and spoiling Lake Victorian Nile perch. Int. J. of Food Microbiol., **10** (1990) 303-315

[48] GRAM L., H.H. HUSS: Microbiological spoilage of fish and fish products. Int. J. of Food Microbiol., **33** (1996) 121-137

[49] GRAM L., J. MELCHIORSEN: Interaction between fish spoilage bacteria *Pseudomonas sp.* and *Shewanella putrefaciens* in fish extracts and on fish tissue. J. of Appl. Bacteriology, **80** (1996) 589-595

[50] GRAM L., L. RAVN, M. RASCH, J.B. BRUHN, A.B. CHRISTENSEN, M. GIVSKOV: Food spoilage-interactions between food spoilage bacteria. Int. J. Food Microbiol., **78** (2002) 79-97

[51] GUTTMAN-BASS N., N.M. Noe, B. Fattal: Microbiological content and health effect of fishponds enriched with wastewater effluent. Water Science and Technol., **18** (1986) 211-213

[52] HASSAN M.M.,K.M. RAHMAN, A. NAHAR: Studies on the bacterial flora of fish which are potential pathogens for humans. Isolation of various potential human pathogenic organisms from different parts of fish and their significance in initiating human diseases. Bangladesh Medical Research Council Bulletin, **20** (2) (1994) 43-51

[53] HATHEWAY C.L.: Botulism: The present status of the disease. Curr. Top. Microbiol., **195** (1995) 55-75

[54] HEINITZ M.L., J.M. JOHNSON: The incidence of *Listeria* spp., *Salmonella* spp., and *Clostridium botulinum* in smoked fish and shellfish. J. of Food Protection, **61** (3) (1998) 318-323

[55] HERALD P.J., E.A. ZOOTOLA: Attachment of *Listeria monocytogenes* to stainless steel surfaces at various temperatures and pH values. J. of Food Science, **53** (1988) 1549-1562

[56] HJELMLAND K., M. CHRISTIE, J. Raa: Skin mucus protease from rainbow trout (Salmo gairdneri Richardson). Biological significance. J. Fish Biology, **23** (1983) 13-22

[57] HLADY W.G.: Vibrio infections associated with raw oyster consumption in Florida, 1981-1994. J. of Food Protection, **60** (1997) 353-357

[58] HOBBS G.: Submitted paper- Fish: microbiological spoilage and safety. Food Science and Technol. Today, **5** (3) (1991) 166-173

[59] Hobbs G., W. HODGKISS: The bacteriology of fish handling and processing. In: R.Davies (Ed.): Developments in Food Microbiology, Appl. Science Publishers (1982) 71-117

[60] HØI L., J.L. LARSEN, I. DALSGAARD, A. DALSGAARD: Occurrence of *Vibrio vulnificus* biotypes in danish marine environments. Appl. and Environm. Microbiology, **64** (1) (1998) 7-13

[61] HONDA T., T. IIDA: The pathogenicity of Vibrio parahaemolyticus and the role of the thermostable direct haemolysin and related haemolysins. Reviews in Medical Microbiology, **4** (1993) 106-113

[62] HORSLEY R.W.: The bacterial flora of the Atlantic salmon (Salmo salar L.) in relation to its environment. Journal Appl. Bacteriology, **36** (1973) 377-386

[63] HUIS IN'T VELD J.H.J.: Microbial and biochemical spoilage of foods: an overview. Int. J. Food Microbiol., **33** (1996) 1-18

[64] HUSS H.H.: Fresh fish-quality and quality changes. FAO Fisheries series No. 29, Rome (1988)

[65] HUSS H.H. (Ed.): Quality and quality changes in fresh fish. FAO Fisheries technical Paper, No. 348, Rome (1995) FAO

[66] HUSS H.H.: Controll of indigenous pathogenic bacteria in seafood, In: Martin R., et al. (Eds.), Fish Inspection, Quality Control and HACCP- A Gobal Focus, (Proceedings), Technomic Publishing Co., Inc., Lancaster, Pensylvanina, USA (1997)

[67] HUSS H.H., A. PEDERSEN, D.C. CANN: The incidence of *Clostridium botulinum* in Danish trout farms. I. Distribution in fish and in their environment. J. of Food Technol., **9** (1974) 445

[68] HUSSAIN A.M.: Wirkung der Rarisation auf die Mikroflora von vakuumverpackten Forellen (Salmo gairdneri). Arch. f. Lebensmittelhyg., **27** (1976) 223-225

[69] HYYTIÄ E., S. HIELM, H. KORKEALA: Prevalence of *Clostridium botulinum* type E in finnish fish and fishery products. Epidemiol. Infect., **120** (1998) 245-250

[70] ICMSF: International Commission on Microbiological Specification for Foods: Microorganism in Foods. 6. Microbial Ecology of Food Commodities, Volume 2, publ. by Academic Press, Blackie Academic & Professional, London, UK (1998)

[71] ICMSF: International Commission on Microbiological Specification for Foods: Sampling plans for fish and shellfish. In. ICMSF, Microorganisms in Foods, 1. Their significance and methods of enumeration, 2nd edition, University of Toronto Press, Toronto, Canada (1986)

[72] JAMES D.G.: The prospects of fish for the undernourished food and nutrition. FAO, 12 (1986) 22-27

[73] JEMMI T., A. Keusch: Behavior of Listeria monocytogenes during procession and storage of experimentally contaminated hot-smoked trout. Int. J. of Food Microbiol., 15 (1992) 339-346

[74] JØRGENSEN B.R., D.M. GIBSON, H.H. HUSS: Microbiological quality and shelf life prediction of chilled fish. Int. J. Food Microbiol., **6** (1988) 295-307

[75] KARNOP G.: Die Bakteriologie des Verderbens von Frischfisch - ihre Probleme und deren Lösungsmöglichkeiten. Deutsche Lebensmittel Rundschau, **74** (5) (1978) 200-205

[76] KARNOP G.: Die Rolle der Proteolyten beim Fischverderb II. Vorkommen und Bedeutung der Proteolyten als bakterielle Verderbnisindikatoren. Arch. f. Lebensmittelhyg., **33** (3) (1982) 61-66

[77] KAYSER F.H.: Erreger bakterieller Infektionen. In: F.H. Kayser, K.A. Bienz, J. Eckert, J. Lindenmann (Hrsg.): Medizinische Mikrobiologie, Georg Thieme Verlag Stuttgart, New York, 8. Auflage, Kap.4 (1993) 152-274

[78] KIM B.C.:Der Schlachtkörperwert und die Fleischqualität bei Regenbogenforellen. Dissertation zur Erlangung des Doktorgrades der Landwirtschaftlichen Fakultät Göttingen (1984)

[79] KORKEALA H., G. STENGEL, E. HYYTIÄ, B. VOGELSANG, A. BOHL, H. WIHLMAN, P. PAKKALA, S. HIELM: Type *E botulism* associated with vacuum-packaged hot-smoked whitefish. Int J. Food Microbiol., **43** (1998) 1-5

[80] KRÄMER J.: Lebensmittelmikrobiologie, Verlag Eugen Ulmer Stuttgart, Taschenbuch 1421, 3. Aufl. (1997)

[81] LARSEN JL., N.C. Jensen, N.O. Christensen: Water pollution and the ulcer-syndrom in the cod (Gadus morhua) Vet. Sci. Commun., **2** (1978) 201-216.

[82] LEE J.V., D.M. Gibson, J.M. Shewan: A numerical study of some Pseudomonas-like marine bacteria. J. of General Microbiology, **98** (1977) 439-451

[83] LEUPOLD G.: Lebensmittelhygienische Untersuchungen an Regenbogenforellen nach Anwendung verschiedener Betäubungsverfahren. Dissertation zur Erlangung des akademischen Grades Dr.med.vet. an der Veterinärmedizinischen Fakultät der Universität Leipzig (1997)

[84] LISTON J.: Microbiology in fishery science. In: Connel J.J. (Ed.), Advances in Fish Science and Technology, Fishing News Books, Ltd., Farnham, Surrey, England (1980) 138-157

[85] LYHS U., J. BJÖRKROTH, E. HYYTIÄ, H. KORKEALA: The spoilage of vakuum-packed, sodium nitrite or potasium nitrate treated, cold-smoked rainbow trout stored at 4 °C or 8°C. Int. J. of Food Microbiol., **45** (1998) 135-142

[86] MACFARLANE R.D., J.J. MCLAUGHLIN, G.L. BULLOCK: Quantitative and qualitative studies of gut flora in striped bass from estuarine and coastal marine environments. J. of Wildlife Diseases, **22** (3) (1986) 344-348

[87] MANGOLD S.: Vorkommen und Verhalten von Listerien in tiefgefrorenen Lebensmitteln. Dissertation zur Erlangung des akademischen Grades Dr.med.vet an der FU-Berlin (1991)

[88] MEYER C., J. OEHLENSCHLÄGER: Sensorische Bewertung, Mikrobiologie und chemische Kenngrößen von eisgelagertem Wittling (Merlangius merlanus). Inf. Fischwirtschaft, **43** (2) (1996) 89-94

[89] MIETTINEN H., K. AARNISALO, S.M. SALO, A.M. SJÖBERG: Evaluation of surface contamination and the presence of Listeria monocytogenes in fish processing factories. J. Food Protection, **64** (5) (2001) 635-639

[90] NEDOLUHA P.C., D. Weshoff: Microbiological flora of aquacultured hybrid stiped bass. J. of Food Protection, **56** (1993) 1054-1060

[91] NEDOLUHA P.C., D. WESHOFF: Microbiological analysis of striped bass (Morone saxatilis) grown in flow-through tanks. J. of Food Protection, **58** (1995) 1363-1368

[92] NEDOLUHA P.C., D. WESHOFF: Microbiological analysis of striped bass grown in three aquaculture systems. Food Microbiol., **14** (1995) 255-264

[93] NICHIBUCHI M., J.B. KAPER: Minireview: Thermostable direct hemolysin gene of Vibrio parahaemolyticus: a virulence gene acquired by a marine bacterium. Infection and Immunity, **63** (1995) 2093-2099

[94] NIEPER L., J. STOCKEMER: Zur Eignung der Bestimmung des TVB-N-Gehaltes, des TMA-N-Gehaltes sowie von biogenen Aminen zur Beurteilung der Genusstauglichkeit von Rotbarsch. Arch. f. Lebensmittelhyg., **37** (5) (1986) 117-118

[95] OEHLENSCHLÄGER J.: Die Gehalte an flüchtigen Aminen und Trimethylaminoxid in fangfrischen Rotbarschen aus verschiedenen Fanggebieten des Nordatlantik. Arch. f. Lebensmittelhyg., **40** (3) (1989) 55-58

[96] OLIVER J. D.: The viable but non-culturable state in human pathogen *Vibrio vulnificus*. FEMS Microbiology Letters, **133** (1995) 203-208

[97] ONARHEIM A.M., J. RAA: Characteristics and possible biological significance of an autochtonous flora in the intestinal mucosa of sea water fish. In: R. Lesel (ed.), Microbiology in poecilotherms. Elsevier Science Publishers, Amsterdam (1990) 197-201

[98] PRIEBE K.: Beitrag zur Eignung des Histamingehaltes als Maßstab der Verderbnis von Fischen. Arch. f. Lebensmittelhyg., **35** (6) (1984) 123-128

[99] REDDY N.R., H.M. SOLOMON, M.G. ROMAN, E.J. RHODEHAMEL: Shelf life and toxin development by *Clostridium botulinum* during storage of modified-atmosphere-packaged fresh aquacultured salmon fillets. J. of Food Protection, **60** (9) (1997) 1055-1063

[100] REILLY A.: Emerging food safety issues and the seafood sector. Food Safety Unit, Programme of Food Safety and Food Aid, World Health Organization, 20 Avenue Appia, Ch-1211 Geneva 27, Switzerland, Paper presented at the Symposium on Fish Utilization in the Asia-Pacific Region, in conjunction with the 26th Session on the Asia-Pacific Fisheries Commission, Beijing, People's Republic of China, 24-30 September 1998 (1998)

[101] RHODES M.W., H. KATOR: Survival of *Escherichia coli* and *Salmonella* spp. in estuarine environments. Appl. Environ. Microbiol., **54** (12) (1988) 2902-2907

[102] RIMMER F.W., W.J. WIEBE: Fermentative microbial digestion in herbivorous fishes. J. Fish Biology, **31** (1987) 229-236

[103] RINGØ E. H.R. BENDIKSEN, M.S. WESMAJERVI, R.E. OLSEN, P.A. JANSEN, H. MIKKELSEN: Lactic acid bacteria associated with the digestive tract of Atlantic salmon (Salmo salar L.). J. of Appl. Microbiol., **89** (2000) 317-322

[104] RINGØ E., E. STENBERG, A.R. STRØM: Amino acid and lactate carabolism in trimethylamine oxide respiration of *Alteromonas putrefaciens* NCMB 1735. Appl. and Environm. Microbiol., **47** (5) (1984) 1084-1089

[105] ROBINETTE D., S. WADA, T. ARROLI, M.G. LEVY, W.L. MILLER, E.J. NOGA: Antimicrobial activity in the skin of channel catfish Ictalurus punctatus: characterization of broad-spectrum histone-like antimicrobial proteins. Call. Mol. Life Science, **54** (5) (1998) 467-475

[106] RODRIGUEZ C.-J., I. BESTEIRO, C. PASCUAL: Biochemical changes in freshwater rainbow trout during chilled storage. J. of the Science of Food and Agriculture, **79** (1999) 1473-1480

[107] RØRVIK L.M., D.A. CAUGANT, M. YNDESTAD: Contamination pattern of *Listeria monocytogenes* and other *Listeria* spp. in a salmon slaughterhouse and smoked salmon processing plant. Int. J. of Food Microbiol., **25** (1995) 19-27

[108] RUSKOL D., P. BENDSEN: Invasion of S. putrefaciens during spoilage of fish. M. Sc. Thesis, Technological Laboratory and the Technical University, Denmark zit. nach H.H. HUSS (1995) (1992)

[109] RYDER J.M., G.C. FLETCHER, M.G. STEC, R.J. SEELYE: Sensory, microbiological and chemical changes in hoki stored in ice. Int. J. of Food Science and Technol., **28** (1993) 169-180

[110] SAKATA T.: Microflora of healthy animals, In: Methods for microbiological examination of fish and shellfish. Ed. B. Austin und D.A. Austin, Department of Biological Sciences, Heriot-Watt University, Edinburgh, Scotland; Ellis Horwood Limited, West Sussex, England (1989) 141-163

[111] SAKAZAKI R.: Vibrio species: their isolation and identification. Oxoid culture, **7** (1) (1986)

[112] SAUPE C.: Mikrobiell bedingte Gefährdung des Menschen durch Fisch und Fischerzeugnisse und Möglichkeiten ihrer Verhinderung. Monatsheft Vet.-Med., **44** (1989) 54-59

[113] SAUPE C.: Mikrobiologie der Fische- und Fischwaren. In: H. Weber (Hrsg.): Mikrobiologie der Lebensmittel - Fleisch- und Fleischerzeugnissen, 1. Auflage, Behr's Verlag Hamburg (1996) 667-760

[114] SCHUBERT R.: *Aeromonas* und *Plesiomonas*. In: F. Burkhardt (Hrsg.): Mikrobiologische Diagnostik. Verlag Thieme, Stuttgart, New York (1992) 109-111

[115] SCHULZE K.: Botulismus nach dem Verzehr von selbst eingelegten Heringen. Toxin- und Keimnachweis. Arch. f. Lebensmittelhyg., **37** (1986) 125

[116] SCOTT D.N., G.C. Fletcher, J.C. Charles, R.J. Wong: Spoilage changes in the deep water fish, smooth oreo dory during storage in ice. Int. J. of Food Science and Technol., **27** (1992) 577-587

[117] SEELIGER H.P.R., D. JONES: Genus Listeria. In: P.H.A. Sneath (Ed.); Bergey's Manual of Systematic bacterioloyg, The Willams and Wilkens Co., Baltimore, Md., Vol 3 (1986) 1235

[118] SHEWAN J.M., C.K. MURRAY: The microbial spoilage of fish with special reference to the role of psychrophiles. In: A.D.Russel und R.Fuller (Eds.): Cold Tolerante Microbes in spoilage and the Environment, The Society for Applied Bacteriology , Technical Series No. 13, Reading, UK, Academic Press, London, New York (1979) 117-136

[119] SIESENOP U., K.H. BÖHM: Siebzehn Jahre fischbakteriologische Diagnostik an der tierärztlichen Hochschule Hannover-Erfahrungen, Ergebnisse, praktische Hinweise für die Diagnostik, 2. Mitteilung. Tierärztl. Umschau, **55** (2000) 89-96

[120] SKOVGAARD N.: Bacterial association and metabolic activity in fish in North Western Europe. Arch. f. Lebensmittelhyg., **30** (3) (1979) 106-109

[121] SMITH V.J., M.O. FERNANDES, S.J. JONES, G.D. KEMP, M.F. TATNER: Antibacterial proteins in rainbow trout (Oncorhynchus mykiss). Fish & Shellfish Immunology, **10** (2000) 243-260

[122] Son N.T., G.H. Fleet: Behavior of pathogenic bacteria in the oyster, crassostrea commercialis, during depuration, re-laying and storage. Appl. Environm. Microbiol., **40** (4) (1980) 994-1002

[123] Sperber W.H.: Bedingungen, die für das Wachstum und die Toxinproduktion von *Clostridium botulinum* nötig sind. Food Technol., **36** (12) (1982) 89-94

[124] Steffens W.: Vitamin K. In: Grundlagen der Fischernährung. VEB Gustav Fischer Verlag Jena, Kapitel 5.5 (1985) 127-128

[125] Steinmeyer S., G. Terplan: Listerien in Lebensmitteln – eine aktuelle Übersicht zu Vorkommen, Bedeutung als Krankheitserreger, Nachweis und Bewertung, Teil I. dmz Lebensmittelindustrie und Milchwirtschaft, **5** (1990) 150-155

[126] Sugita H., K. Tanaka, M. Yoshnami, Y. Deguchi: Distribution of *Aeromonas* species in the intestinal tracts of river fish. Appl. Environm. Microbiol., **61** (1995) 4128-4130

[127] Sugita H., J. Kawasaki, Y. Deguchi: Production of amylase by the intestinal microflora in cultured freshwater fish. Lett. Appl. Microbiol., **24** (1997) 105-108

[128] Teskeredzic Z., K. Pfeifer: Determining the degree of freshness of Rainbow Trout cultured in brackish water. J. of Food Science, **52** (1997) 1101-1102

[129] Thampuran N., P.K. Surendran: Occurrence and distribution of *Vibrio vulnificus* in tropical fish and shellfish from Cochin (India). Letters in Appl. Microbiol., **26** (1998) 110-112

[130] Toranzo A.E., J.M. Cutrin, B.S. Roberson, S. Nunez, J.M. Abell, F.M. Hetrick, A.M. Baya: Comparison of the taxonomy, serology, drug resistance transfer, and virulence of *Citrobacter freundii* strains from mammals and poikilothermic hosts. Appl. Environm Microbiol., **60** (6) (1994) 1789-1797

[131] Truelstrup Hansen L., T. Gill, H.H. Huss: Effects of salt and storage temperature on chemical, microbiological and sensory changes in cold-smoked salmon. Food Research International, 28 (2) (1995) 123-130

[132] Tsai G.J., T.H. Chen: Incidence and toxigenicity of Aeromonas hydrophila in seafood. Int. J. of Food Microbiol., 31 (1996) 121-131

[133] Tülsner M.: Fischverarbeitung Band 1. Rohstoffeigenschaften und Grundlagen der Verarbeitungsprozesse, Behr's Verlag Hamburg (1994)

[134] Venogupal V.: Extra cellular proteases of contaminant bacteria in fish spoilage: a review. J. of Food Protection, **53** (1990) 341-350

[135] Ward D.R.: Microbiology of Aquaculture Products. Food Technol., November 1989 (1989) 82-86

[136] Ward D.R., N.J. Baj: Factors affecting microbiological quality of seafoods. Food Technol., **42** (1988) 85-89

[137] Weagant S.D., P.N. Sado, K.G. Colburn, J.D. Torkelson, F.A. Stanley, S.C. Shields, C.F. Thayer: The Incidence of Listeria species in frozen seafood products. J. of Food Protection, **51** (8) (1988) 655-657

[138] WEICHART D., S. KJELLEBERG: Stress resistance and recovery potential of culturable and viable but nonculturable cells Vibrio vulnificus. Microbiology, **142** (1996) 845-53

[139] WESTERDAHL A., J. CHRISTER-OLSON, S. KJELLEGBERG, P.L. CONWAY: Isolation and characterization of turbot (Scophtalmus maximus) associated bacteria with inhibitory effects against Vibrio anguillarum. Appl. Environ. Microbiol., **57** (1991) 2223-2228

[140] WONG A.C.: Biofilms in food processing environments. J. of dairy science, **81** (10) (1998) 2765-2779

[141] ZIEMKE F., M.G. HÖFLE, J. LALUCAT, R.ROSSELLÓ-MORA: Reclassification of *Shewanella* putrefaciens Owen's genomic group II Shewanella baltica sp. nov. Int. J. of Systematic Bacteriol., **48** (1998) 179-186

7.2 Mikrobiologie der Muscheln

G. KLEIN UND E. BARTELT

Unter Muscheln werden bivalve Molluscen (Weichtiere) verstanden, die sich mittels Filtern von Meerwasser von Plankton ernähren. In Deutschland werden fast ausschließlich Miesmuscheln (*Mytilus edulis*) geerntet. In Europa und durch Import kommen aber alle Arten von Muscheln vor, darunter Austern, Herz- und Venusmuscheln, Jakobsmuscheln und Trogmuscheln.

Ernte- und Verarbeitungsbedingungen

In Deutschland werden vor allem Miesmuscheln geerntet, die im Wattenmeer von Niedersachsen und Schleswig-Holstein beheimatet sind. Die Erntemenge variiert von Jahr zu Jahr beträchtlich und ist von den Brutfällen abhängig. Miesmuscheln liegen auf dem Meeresboden auf und sind je nach Tidenhub von unterschiedlich tiefem Wasser bedeckt. In anderen Regionen werden sie auch von festen Oberflächen (Pfählen etc.) geerntet. Sie werden mechanisch durch das Ausfahren eines Netzes bis auf den Meeresgrund abgeerntet und in Fischkuttern gesammelt. Danach werden sie gekühlt an Land transportiert und entweder lokal vermarktet oder über Reinigungs- und/oder Verpackungszentren für den Einzelhandel konfektioniert. Muscheln werden in der Regel lebend vermarktet, daneben auch in verschiedenen Zubereitungsformen in gekochtem Zustand. Auf die rechtlichen Rahmenbedingungen für eine Ernte in der EU wird in einem gesonderten Abschnitt eingegangen.

In Reinigungszentren werden die Muscheln mit frischem Meerwasser gewaschen, um sie von grobem Schmutz und Sand zu befreien. Gleichzeitig findet eine Keimreduktion statt. Als Filterorganismen, die täglich bis zu 60 l Meerwasser filtrieren, nehmen sie große Mengen an Partikeln und Verunreinigungen auf und reichern diese an. Darunter können auch pathogene Bakterien und v.a. Viren sein.

Saprophytäre und Verderbsflora

Muscheln sind wegen ihrer bereits erwähnten Filterfunktion Träger der im Erntegebiet vorherrschenden Mikroflora. Darunter befinden sich insbesondere Gram-negative Bakterien wie nicht-pathogene *Vibrio* spp., *Pseudomonas, Acinetobacter, Moraxella* oder *Flavobacterium* [31]. Geringere Anteile Gram-positiver Bakterien können ebenfalls vorkommen. Der Gesamtkeimgehalt kann stark variieren und bis zu 10^4 oder 10^6 KBE/g Gewebe betragen. Coliforme oder *E. coli* gehören nicht zur natürlichen Mikroflora im Meerwasser.

Der Verderb ist durch eine Erhöhung der Gesamtkeimzahl auf über 10^7 KBE/g Gewebe gekennzeichnet mit Anteilen proteolytischer Bakterienarten wie *Pseudomonas* und nicht-pathogener *Vibrio*. Auch saccharolytische Bakterien vermehren sich, die das Glykogen aus dem Gewebe abbauen. Zu ihnen gehören Laktobazillen, die einen Großteil der Verderbsflora ausmachen können. Sie treten aber nicht immer auf. Auf der anderen Seite ist Milchsäure auch zur Verlangsamung des Verderbs ein geeigneter Zusatzstoff, wie experimentell bestätigt wurde [15].

Pathogene Mikroorganismen

An pathogenen Mikroorganismen können natürlich in den Gewässern vorkommende Arten in Betracht kommen und fäkale Kontaminanten, die durch Abwässer und Verschmutzung eingebracht werden. Es handelt sich um verschiedene Bakterienarten und eine Reihe von Virusarten.

Bakterien

Salmonellen können in Muscheln vorkommen, und verzehrsfertige Muscheln werden gegenwärtig amtlicherseits auch auf die Abwesenheit von Salmonellen geprüft [8]. Sie stammen stets aus Quellen fäkaler Verunreinigung und sind meist humanen Ursprungs. Die Nachweisraten reichen von 0 % [17] in Deutschland bis zu 8 % in Großbritannien [6] und hängen von der Qualität und Einstufung der Erntegewässer ab. So sind Gewässer, die als Klasse A (s. Abschnitt Gesetzliche Regelungen) eingestuft sind, nie oder nur in signifikant geringerem Maße von Salmonellenkontaminationen betroffen [13, 19]. Die Vermehrungsfähigkeit von Salmonellen in Muscheln scheint nicht gegeben zu sein [24]. Salmonellen werden bei Reinigungsschritten langsamer entfernt als *E. coli* [30].

In den USA wurden von 1998 bis 1990 402 muschelassoziierte Salmonellenausbrüche festgestellt, die Mehrzahl von ihnen typhoid, mit insgesamt 3270 Erkrankten [26]. In Europa gibt es nur Berichte über vereinzelte Ausbrüche in einzelnen Ländern in den letzten Jahrzehnten [6].

In gekochten Muscheln konnten nur in sehr wenigen Fällen (0,2 %) Salmonellen nachgewiesen werden [21]. Es handelt sich dann stets um Fälle von Kontaminationen im Produktionsprozess nach der Erhitzung und damit um Hygienemängel im Betrieb.

Eine Kontamination mit *Vibrio* spp. ist ein weltweit verbreitetes Problem, das regional unterschiedlich stark ausgeprägt ist. Vibrionen gehören zur natürlichen Flora im Meerwasser, humanpathogene Arten können aber auch aus fäkaler Verunreinigung stammen. Am häufigsten wird *V. alginolyticus*, eine apathogene Art, gefunden [29], dies trifft auch für Deutschland zu [17]. In wärmeren Gewässern sind auch potentiell pathogene Arten häufig vertreten. So finden sich *V. cholerae* non-O1, *V. parahaemolyticus* oder *V. vulnificus* dort natürlicherweise [22]. In Endemiegebieten können auch *Vibrio cholerae* O1-Stämme vorkommen, je nach epidemiologischer Situation auch in hohen Zahlen.

Erkrankungsfälle mit Ausbruchscharakter sind mit diesen potentiell pathogenen Vibrionen verknüpft. Es handelt sich fast immer um nicht oder nicht ausreichend durcherhitzte muschelhaltige Lebensmittel [25]. Andere Spezies sind nur gelegentlich mit Ausbrüchen in Verbindung gebracht worden. *V. vulnificus* ist insbesondere für Personen mit schwerer Grunderkrankung eine Gefährdung und bisher v.a. in Verbindung mit Austern aufgefallen.

Plesiomonas shigelloides und *Aeromonas hydrophila* sind der Vollständigkeit halber als potentiell pathogene Vertreter der Muschelmikroflora zu nennen, die natürlicherweise vorkommen und gelegentlich mit Erkrankungen in Verbindung gebracht werden. Ein sicherer Nachweis für die ursächliche Beteiligung steht aber noch aus. Andere Lebensmittelinfektions- und -intoxikationserreger können auch vorkommen. So wurde *Campylobacter jejuni* mit Ausbrüchen, die durch Muscheln verursacht waren, in Verbindung gebracht [1], und *Staph. aureus* kann ebenfalls aus Muschelfleisch isoliert werden [2]. Im letzteren Fall handelt es sich aber um eine Kontamination durch das Personal während der Verarbeitung und somit letztlich um ein Hygieneproblem.

Die Kontamination von Muscheln mit *Listeria* spp., insbesondere *L. monocytogenes*, wurde kürzlich vom Community Reference Laboratory for Bacteriological and Viral Contamination of Bivalve Molluscs, Weymouth, UK, in einer Literaturübersicht dargestellt [5]. Da Listerien nahezu ubiquitär sind und auch in maritimem Umfeld vorkommen, lassen sie sich auch in Muscheln nachweisen [3]. In Flusswasser werden ebenfalls regelmäßig Listerien nachgewiesen [5]. Es wird von sehr unterschiedlichen Nachweisraten von *Listeria* spp. in Muscheln berichtet, nämlich von 0 % bzw. sehr niedriger Rate (1-3 %) bis über 50 % [5]. In verarbeiteten Muscheln können Listerien wie in jedem verzehrsfertigen Lebensmittel durch Kontamination im Herstellungsprozess vorkommen, darunter auch *L. monocytogenes*. Letztere Spezies, als pathogener Vertreter, wird in frischen Muscheln aus dem Erntegebiet nur äußerst selten nachgewiesen [5]. Die Bedeutung als Lebensmittelinfektionserreger liegt somit hauptsächlich in der Verarbeitungshygiene bei der Herstellung von Muschelerzeugnissen.

Viren

Als Infektionsquelle für den Menschen spielen virale Erreger die Hauptrolle. Vor allem Rotavirus A, Hepatitis A-Virus und Norovirus sind die wichtigsten viralen Infektionserreger. Für Deutschland liegen hierzu nahezu keine Daten zu Nachweisraten vor, es ist aber davon auszugehen, dass v.a. Noroviren auch in Deutschland vorkommen [17]. Außerdem können mit Noroviren kontaminierte Lebensmittel (z.B. Austern) über Importe bzw. durch Verbringen innerhalb der EU auf den deutschen Markt gelangen [4]. Noroviren wurden auch als Norwalk-like Viren (NLV) bzw.

small round viruses (SRV) bezeichnet. Sie kommen in nördlichen Breitengraden vor und sind in Zusammenhang von Ausbrüchen in Altenheimen oder Kreuzfahrtschiffen bekannt. Dabei spielt das Lebensmittel als Infektionsquelle möglicherweise eine wichtige Rolle, zu Ausbrüchen kommt es aber über Hygienemängel und Infektion von Person zu Person. Muscheln können durch ihre Filterfunktion humanpathogene Viren in hohem Maße konzentrieren, so dass auch Viren in sehr niedriger Konzentration, die ins Meerwasser gelangen, zu infektionsfähigen Konzentrationen angereichert werden können. Hepatitis A und Noroviren sind die häufigsten durch Muscheln übertragenen Infektionserreger [20].

Der direkte Nachweis von Viren ist in Routinelaboren nicht möglich und für die Lebensmittelüberwachung nicht praktikabel. Es bestehen noch keine Standardmethoden und die Untersuchungen sind aufwendig und kostenintensiv. Die Virusisolierung und der Nachweis werden molekularbiologisch durchgeführt und im deutschen NRL haben sich folgende Methoden bewährt [17]: Die Virusisolierung und RNA-Extraktion erfolgt nach Kingsley und Richards [16]. Nach Vorversuchen wurde diese Methode als die sensitivste Methode für die RNA-Extraktion bevorzugt, da sie als einzige in einem Dilutionsversuch Viren bis zur Verdünnungsstufe 10^{-5} (entspricht einer Viruskonzentration von 10^{-8} bis 10^{-9} bei einer TID50 von $10^{-5,25}$) nachweisen konnte. Die virologischen Nachweismethoden orientieren sich für den Nachweis von Rotaviren an Elschner et al. [10], für Hepatitis A Virus an Pina et al. [23] und für Noroviren an Schreier et al. [28]. Erschwerend für den Routinenachweis kommt neben dem Fehlen allgemeiner Standards hinzu, dass die Kontaminationsraten sehr gering sind. An der Entwicklung sensitiver Techniken zur effektiven Virusisolierung und -anreicherung wird international gearbeitet, da außerdem das Problem besteht, dass einige Viren nicht anzüchtbar sind. Es gibt zudem zahlreiche natürliche RT-PCR-Inhibitoren im Substrat Muscheln. Bis zur Etablierung standardisierter Nachweismethoden muss somit auf sogenannte Indikatororganismen zurückgegriffen werden.

Daher wird die Anwesenheit von Viren aktuell und in naher Zukunft durch die Indikatororganismen indirekt bestätigt. Indikatororganismen sollten mit Viren vergleichbare Eigenschaften besitzen, um einen verlässlichen Nachweis zu ermöglichen. Insbesondere sollten sie Vertreter der Intestinalflora bei warmblütigen Tieren sein, ihr Vorkommen soll quantitativ höher sein als das Vorkommen der gesuchten Pathogenen (in diesem Falle: Viren), sie sollten zumindest gleich resistent gegen Umwelteinflüsse und Reinigungsprozesse sein wie die Pathogenen. Schließlich sollten sie nicht vermehrungsfähig in der Umwelt sein, sich schnell, einfach und kostengünstig nachweisen lassen, und der Indikatororganismus sollte selbst natürlich nicht pathogen sein. Diesen Anforderungen werden die bisher genutzten bakteriellen Indikatoren (*E. coli*, Fäkal-Coliforme) nur sehr eingeschränkt gerecht. Zum einen sind es Bakterien statt Viren. Somit herrschen andere Größen- und Überlebensverhältnisse. So werden

E. coli bei Reinigungsprozessen sehr viel schneller ausgewaschen als Viren, insbesondere Noroviren [18]. Noroviren benötigen bei den üblichen Wassertemperaturen (max. 8-12 °C) mehrere Tage bis Wochen bis sie vollständig entfernt sind, während *E. coli* bereits nach wenigen Stunden nicht mehr nachweisbar ist. Durch Erhöhung der Temperatur des Reinigungswassers kann die Zeitdauer verkürzt werden [11].

Als alternative Indikatororganismen sind Bakteriophagen und andere Mikroorganismen auf ihre Vor- und Nachteile geprüft worden [19]. Male-specific RNA (FRNA) Bakteriophagen haben physikalische und genetische Ähnlichkeit zu humanen Enteritis-Viren, sie kommen im Abwasser vor und es gibt standardisierte Nachweismethoden (ISO, 1995). Desweiteren kommen Bakteriophagen für *Bacteroides fragilis* in Frage. *B. fragilis* stellt einen wichtigen Anteil im Abwasser dar, er ist nicht natürlich vorkommend, allerdings besteht nur ein stammabhängiger Nachweistest. Somatische Bakteriophagen von *E. coli* stellen eine sehr heterogene Gruppe dar, die den Nachweis erschwert. Eine Standardisierung ist schwierig und eine Reproduzierbarkeit nicht gegeben. Weitere Bakterien und Viren sind ebenfalls geprüft worden. Enterokokken gehören zur normalen Darmflora von Mensch und Tier (insbes. *Enterococcus faecalis*, *E. faecium*, *E. gallinarum* und *E. avium*) und standardisierte Nachweismethoden sind vorhanden. Es handelt sich allerdings wie bei *E. coli* um Bakterien. Bei humanen Enteroviren besteht langjährige Erfahrung mit der Anwendung als Indikatoren für Umweltkontaminationen (z.B. in EU Badewasser-RL), und das humane Adenovirus verhält sich stabil in der Umwelt, und es gibt ein einfaches Nachweisverfahren in Umweltproben.

Proben aus verschmutzten und hoch kontaminierten Gebieten zeigen eine gute Korrelation zwischen *E. coli* (MPN-Verfahren) bzw. allen geprüften Indikatoren und Vorkommen von Noroviren. Proben aus sauberen Gebieten bzw. nach Reinigungsverfahren zeigen bei Enterokokken, *E. coli* (MPN) und humanen Enteroviren nur eine geringe Korrelation zu Noroviren. Bakteriophagen für *Bacteroides fragilis* scheinen nicht in ausreichender Zahl vorhanden zu sein, und der Titer für somatische Bakteriophagen von *E. coli* ist hochvariabel und hat keine gute Korrelation zu Noroviren. Bei humanen Adenoviren besteht eine gute Korrelation zu Noroviren, während FRNA Bacteriophagen die höchste Korrelation zu Noroviren zeigen [19]. Im Vergleich bietet die Untersuchung auf Male-specific RNA (FRNA) Bakteriophagen somit einen vielversprechenden Ansatz. Allerdings ist die Korrelation von FRNA Bakteriophagen nicht in allen Regionen und für alle Viren ein guter Indikator. Am besten geeignet sind sie für den Nachweis von Noroviren, weniger für den Nachweis von Hepatitis A Virus, humanes Adenovirus und Enteroviren [12].

Muscheltoxine

Neben den mikrobiellen Infektionserregern sollen auch die Muscheltoxine ihre Erwähnung finden, die ihren Ursprung im pflanzlichen Ökosystem der Algen haben.

Sie haben weltweit große Bedeutung und sind in Deutschland v.a. bei Importuntersuchungen von Relevanz. Vergiftungen durch Muscheln werden durch eine Vielzahl von Toxingruppen verursacht, die in Algen angereichert werden, v.a. Dinoflagellaten. Die Muscheln filtern diese Algen bei ihrer Nahrungsaufnahme und reichern die Toxine an oder verstoffwechseln sie. Etwa 20 verschiedene Toxine sind verantwortlich für die durch das Paralytic Shellfish Poison (PSP) verursachte Vergiftung, die alle Derivate von Saxitoxin sind. Diarrhetic Shellfish Poison (DSP) ist vor allem durch eine Gruppe von Polyethern mit hohem Molekulargewicht gekennzeichnet, nämlich Dinophysistoxin (DTX1 bis DTX3) und Okadasäure. Die ehemals unter DSP eingereihten Toxine Azaspirsäure (AZA1 bis AZA3), Pectenotoxin (PTX1 und 2) sowie Yessotoxin (YTX u.a.) werden als eigenständige Substanzgruppen betrachtet. Die Vergiftung durch das Amnesic Shellfish Poison (ASP) wird durch die Domoinsäure, eine Aminosäure, verursacht, die als eine Kontamination von Muscheln vorkommen kann. Neurotoxic Shellfish Poison (NSP) schließlich umschließt eine Gruppe von Polyethern, die in hoher Konzentration vorkommen müssen und als Brevetoxine bezeichnet werden. Eine Übersicht zu den einzelnen Toxinen ist in Tabelle 7.2.1 gegeben.

Tabelle 7.2.1: Übersicht zu den Charakteristika der wichtigsten Muscheltoxine

Akronyme	Assoziierte Algen	Toxine	Vorkommen
ASP, Amnesic Shellfish Poison	*Nitzschia pungens, Pseudonitzschia* spp.	Domoinsäure	Ostküste Kanadas
DSP, Diarrhetic Shellfish Poison	*Dinophysis* spp.	Dinophysistoxin, Okadasäure	Südamerika, Europa (Spanien, Frankreich, Skandinavien), Japan
PSP, Paralytic Shellfish Poison	u.a. *Protogonyaulax* und *Gonyaulax* spp., *Alexandrium*	Saxitoxin	Weltweit
NSP, Neurotoxic Shellfish Poison	*Ptychodiscus brevis*	Brevetoxin	USA (Florida, Golf v. Mexiko)
weitere Toxine	wie DSP	Pectenotoxine, Yessotoxine, Azaspirsäure	wie DSP

Gesetzliche Regelungen

Die Kontrolle und die Überwachung der mikrobiologischen Qualität von Muschelerntegebieten, frischen Muscheln und Muschelerzeugnissen ist in der europäischen Gesetzgebung festgeschrieben [8, 9].

Auf dem Gebiet der Muschelüberwachung ist zudem ein Nationales Referenzlabor etabliert. Das Nationale Referenzlaboratorium für die Kontrolle bakterieller und viraler Muschelkontamination hat folgende Aufgaben, die ihm gemäß der Entscheidung des Rates 1999/313/EG übertragen sind:

- Koordinierung der Tätigkeit der nationalen Laboratorien, die in dem betreffenden Mitgliedsstaat mit den bakteriologischen und virologischen Muschelanalysen beauftragt sind.
- Unterstützung der zuständigen Behörde des betreffenden Mitgliedsstaates bei der Gestaltung des Kontrollsystems auf dem Gebiet der bakteriellen und viralen Muschelkontaminationen.
- Durchführung regelmäßiger Vergleichstests zwischen den verschiedenen nationalen Laboratorien, die mit den genannten Analysen beauftragt sind.
- Weitergabe der Informationen des gemeinschaftlichen Referenzlaboratoriums an die zuständigen Behörden und die mit den genannten Analysen beauftragten nationalen Laboratorien.

Dies bedeutet insbesondere, dass die mikrobiologischen Methoden zur Untersuchung von Muscheln vereinheitlicht werden sollen und die Vorschläge auch EU-einheitlich sein sollen. Zur Muscheluntersuchung und zur Beurteilung werden gegenwärtig nur bakteriologische Parameter herangezogen. Verzehrsfertige lebende Muscheln oder Muscheln aus Erntegebieten, die für den direkten Verzehr zugelassen sind, müssen frei von Salmonellen sein (in 25 g), und es dürfen nicht mehr als 230 *E. coli* bzw. 300 Fäkal-Coliforme pro 100g Muschelfleisch und Schalenflüssigkeit nachgewiesen werden. Werden die Werte überschritten, so besteht die Möglichkeit der Reinigung. Die Effektivität der Reinigung wird ebenfalls mit diesen Parametern untersucht.

Der Nachweis von Salmonellen wird in Anlehnung an die entsprechende Methode nach der amtlichen Sammlung nach § 35 LMBG durchgeführt. Für den quantitativen Nachweis von *E. coli* wird ein 5-tube-3-dilution MPN-Verfahren (most probable number) durchgeführt, wie es auch nach der Fischhygiene-Verordnung vorgesehen ist. Den Besonderheiten des Substrates (Meerwassergehalt, aquatische Umgebung) wird durch ein zweistufiges MPN-Verfahren Rechnung getragen, in dem Ausstriche von präsumtiv positiven MPN-Röhrchen auf Selektivagar weiter differenziert werden. Das Verfahren erfolgt in Anlehnung an DONOVAN et al. [7].

Die Einteilung der Erntegebiete erfolgt in 3 Kategorien, wobei die Klasse A Muscheln enthält, die für den unmittelbaren Verzehr geeignet sind. Auch lebende Muscheln im Handel müssen die Anforderungen an die Klasse A erfüllen. Es dürfen keine Salmonellen in 25g Muschelfleisch nachweisbar sein und die Zahl der *E. coli* muss < 230

MPN/100g Muschelfleisch mit Schalenflüssigkeit sein (bzw. < 300 MPN/100g Fäkal-Coliforme). In der Kategorie B befinden sich Gebiete, die Muscheln enthalten, die zum unmittelbaren Verzehr nach Aufbereitung in einem Reinigungszentrum oder zur Umsetzung geeignet sind. Die mikrobiologischen Kriterien sind < 4600 MPN/100g *E. coli* (≥90% der Proben) (bzw. < 6000 MPN/100g Fäkal-Coliforme). In der Kategorie C befinden sich Gebiete, die Muscheln enthalten, die zum unmittelbaren Verzehr nur nach Umsetzung über 2 Monate und evtl. anschließender Reinigung in einem Reinigungszentrum geeignet sind. Die mikrobiologischen Kriterien sind < 60000 MPN/100g Fäkal-Coliforme. Gebiete mit darüber liegenden Werten sind gänzlich gesperrt und dürfen nicht genutzt werden. Darüberhinaus ist bei der Festlegung von Erntegebieten auf die Umgebung zu achten und Umwelteinflüsse sind mit einzubeziehen. So sollten Einleitungen von Abwasser nicht in Muschelerntegebiete führen und auch durch die Gezeiten nicht dorthin gelangen. Außerdem sollten Hafen- oder Yachtanlagen nicht in diesem Bereich liegen, da die Verschmutzung dann nicht kontrollierbar ist. Bei ungewöhnlichen Ereignissen (z.B. Tankerunfall, Unwetter) sind die Gebiete ebenfalls gesondert zu untersuchen.

Zukünftige Regelungen auf Gemeinschaftsebene sehen den Wegfall des Salmonellennachweises vor [6]. Zudem soll nicht mehr auf Fäkal-Coliforme untersucht werden, sondern *E. coli* sollen als Indikatororganismen genutzt werden, da zur Verlässlichkeit von Fäkal-Coliformen als Indikatororganismen kaum Daten vorliegen. Der routinemäßige und standardisierte Virusnachweis soll aber angestrebt werden [27]. Zur Überprüfung der Reinigung von Muscheln sind FRNA-Bakteriophagen als Indikatororganismen vorgesehen mit der Maßgabe, dass nach dem Reinigungsprozess > 95% der Bakteriophagen eliminiert sein müssen oder der Wert ≤ 100 pfu/100g Muschelfleisch und Schalenflüssigkeit liegt. 10 Muscheln bilden dabei bei allen Untersuchungen die Mindestprobenmenge.

Für gekochte Muscheln wird weiterhin der Ausschluss von Salmonellen in 25g Probe relevant sein, und als mikrobiologische Kriterien sind im Herstellungsprozess koagulase-positive Staphylokokken, *E. coli* und *Vibrio parahaemolyticus* zu untersuchen. Die genauen Werte werden noch festgelegt [27].

Muscheltoxine werden ebenfalls durch eine Vielzahl von Regelungen auf EU-Ebene kontrolliert. Die jeweils geltenden Grenzwerte, die z.Zt. einer Überarbeitung unterliegen, sind der aktuellen Fassung der Fischhygiene-Verordnung (FischHV) zu entnehmen.

Literatur

[1] ABEYTA, C. Jr., DEETER, F. G., KAYSNER, C. A., STOTT, R. R., WEKELL, M. M.: *Campylobacter jejuni* in a Washington state shellfish growing bed associated with illness. J. Food Prot. **56**, (1993) 323-325.

[2] Ayulo, A. M. R., Machado, R. A., Scussel, V. M. Enterotoxigenic *Escherichia coli* and *Staphylococcus aureus* in fish and seafood from the southern region of Brazil. Int. J. Food Microbiol. **24**, (1994) 171-178.

[3] Ben Embarek, P. K.: Presence, detection and growth of *Listeria monocytogenes* in seafoods - a review. Int. J. Food Microbiol. **23**, (1994) 17-34.

[4] Beuret, C., Baumgartner, A., Schluep, J. Virus-contaminated oysters: a three-month monitoring of oysters imported to Switzerland. Appl. Environm. Microbiol. **69**, (2003) 2292-2297.

[5] CRL. Listeria and bivalve molluscs. Weymouth, UK (2002).

[6] CRL. Salmonella and bivalve molluscan shellfish. Community Reference Laboratory for monitoring bacteriological and viral contamination of bivalve molluscs. Weymouth, UK (2003).

[7] Donovan, T. D., Gallacher, S., Andrews, N. J., Greenwood, M. H., Graham, J., Russell, J. E., Roberts, D., Lee, R. Modification of the standard UK method for the enumeration of *Escherichia coli* in live bivalve molluscs. Communic. Dis. Publ. Hlth. 1,(1998) 188-196 .

[8] EG. Richtlinie 91/492/EWG des Rates vom 15. Juli 1991 zur Festlegung von Hygienevorschriften für die Erzeugung und Vermarktung lebender Muscheln (ABl. EG Nr. L 268 S. 1) (1991).

[9] EG. Entscheidung der Kommission 91/51/EWG vom 15. Dezember 1993 über mikrobiologische Normen für gekochte Krebs- und Weichtiere (ABl. EG Nr. L 13 S.11) (1993).

[10] Elschner, M., Prudlo, J., Hotzel, H., Otto, P., Sachse, K. Nested reverse transcriptase-chain reaction for the detection of group A rotaviruses. J. Vet. Med. B 49, (2002) 77-81.

[11] Formiga-Cruz, M., Tofiño-Quesada, G., Bofill-Mas, S., Lees, D. N., Henshilwood, K., Allard, A. K., Conden-Hansson, A.-C., Hernroth, B. E., Vantarakis, A., Tsibouxi, A., Papapetropoulou, M., Furones, M. D., Girones, R. Distribution of human virus contamination in shellfish from different growing areas in Greece, Spain, Sweden, and the United Kingdom. Appl. Environm. Microbiol. **68**, (2002) 5990-5998 .

[12] Formiga-Cruz, M., Allard, A. K., Conden-Hansson, A.-C., Henshilwood, K., Hernroth, B. E., Jofre, J., Lees, D. N., Lucena, F., Papapetropoulou, M., Rangdale, R. E., Tsibouxi, A., Vantarakis, A., Girones, R. Evaluation of potential indicators of viral contamination in shellfish and their applicability to diverse geographical areas. Appl. Environm. Microbiol. **69**, (2003) 1556-1563.

[13] Hood, M. A., Ness, G. E., Blake, N. J. Relationship among fecal coliforms, *Escherichia coli* and *Salmonella* spp. in shellfish. Appl. Environm. Microbiol. **45**, (1983) 122-126.

[14] ISO. ISO 10705 - 1:1995. Water quality - Detection and enumeration of bacteriophages - Part 1 Enumeration of F-specific RNA bacteriophages. ISO, Paris (1995).

[15] KATOR, H., FISHER, R. A. Bacterial spoilage of processed sea scallop (*Placopecten magellanicus*) meats. J. Food Prot. **58**, (1995) 1351-1356.

[16] KINGSLEY, D. H., RICHARDS, G. P. Rapid and efficient extraction method for reverse transcription-PCR detection of hepatitis A and norwalk-like viruses in shellfish. Appl. Environ. Microbiol. **67**, (2001) 4152-4157.

[17] KLEIN, G., SCHRADER, C., SÜß, J., WEISE, E. Stand der Methoden, Problemfelder und Ziele im Nationalen Referenzlaboratorium für die Kontrolle bakterieller und viraler Muschelkontamination. 43. Arbeitstagung des Arbeitsgebietes Lebensmittelhygiene in Garmisch-Partenkirchen vom 24.9. - 27.9.2002. Gießen: Deutsche Veterinärmedizinische Gesellschaft, 2003, Tagungsbd. S. 80-83 (2003).

[18] LEE, R. J., YOUNGER, A. D. Developing microbiological risk assessment for shellfish purification. Int. Biodeterioration Biodegradation **50**, (2002)177-183.

[19] LEE, R. J., YOUNGER, A. D. Determination of the relationship between faecal indicator concentrations and the presence of human pathogenic micro-organisms in shellfish. Proceedings of hte 4th International Conference for Molluscan Shellfish Safety im Juni 2002, Santiago de Compostela, Spanien (2003).

[20] LEES, D. N. Viruses and bivalve shellfish. Int. J. Food Microbiol. **59**, (2000) 81-116.

[21] LITTLE, C. L., MONSEY, H. A., NICHOLS, G. L., de Louvois, J. The microbiological quality of cooked, ready-to-eat, out-of-shell molluscs. PHLS Microbiol. Digest **14**, (1997) 196-201.

[22] MATTÉ, G. R., MATTÉ, M. H., RIVERA, I. G., MARTINS, M. T. Distribution of potentially pathogenic vibrios in oysters from a tropical region. J. Food Prot. **57**, (1994) 870-873.

[23] PINA, S., BUTI, M., JARDI, R., CLEMENTE-CASARES, P., JOFRE, J., GIRONES, R. Genetic analysis of hepatitis A virus strains recovered from the environment and from patients with acute hepatitis. J. Gen. Virol. **82**, (2001) 2955-2963.

[24] PLUSQUELLEC, A., BEUCHER, M., LE Lay, C., GUEGUEN, D., LE GAL, Y. Uptake and retention of Salmonella by bivalve shellfish. J. Shellfish Res. **13**, (1994) 221-227.

[25] POPOVIC, T., OLSVIK, O., BLAKE, P. A., WACHSMUTH, K. Cholera in the Americas: foodborne aspects. J. Food Prot. **56**, (1993) 811-821.

[26] RIPPEY, S. R. Infectious diseases associated with molluscan shellfish consumption. Clin. Microbiol. Rev. **7**, (1994) 419-425.

[27] SANCO. SANCO/4198/2001, rev. 6. Draft regulation on microbiological criteria for foodstuffs. EG Kommission, Brüssel (2003).

[28] SCHREIER, E., DÖHRING, F., KÜNKEL, U. Molecular epidemiology of outbreaks of gastroenteritis associated with small round structured viruses in Germany in 1997/98. Arch. Virol. **145**, (2000) 443-453.

[29] SUÑÉN, E., ACEBES, M., FERNÁNDEZ-ASTORGA, A. Occurrence of potentially pathogenic vibrios in molluscs (mussels and clams) from retail outlets in the north of Spain. J. Food Safety **15**, (1995) 275-281.

[30] TIMONEY, J. F., ABSTON, A. Accumulation and elimination of *Escherichia coli* and *Salmonella typhimurium* by hard clams in an in vitro system. Appl. Environm. Microbiol. **47**, (1984) 986-988.

[31] VANDERZANT, C., THOMPSON, C. A. Jr., RAY, S. M. Microbial flora and level of *Vibrio parahaemolyticus* of oysters (*Crassostrea virginica*), water and sediment from Galveston Bay. J. Milk Food Technol. **36**, (1973) 447-452.

7.3 Mikrobiologie der Weichtiere Mollusca

K. Priebe

7.3.1 Schnecken *Gastropoda*

7.3.1.1 Einführung

Von den ca. 105 000 Gastropoda-Arten, die sowohl als Kiemenatmer im Wasser wie auch als Lungenatmer an Land vorkommen [12], werden verhältnismäßig wenige Arten als Lebensmittel genutzt. In Europa sind am bekanntesten die Landlungenschnecken, von denen die Weinbergschnecke *Helix pomatia* als Delikatesse gilt und schon seit dem Mittelalter in extensiver Form kultiviert wird. Seit mehr als 15 Jahren sind auch die weniger wertvollen Achatschnecken (*Achatina* spp.) im Angebot. In Ostasien werden gerne und häufig auch Blasenschnecken (*Ampullarius* spp.) gegessen, die sowohl an das Leben an Land wie im Wasser angepasst sind, was anatomisch-funktionell auf der rechten Körperseite durch die Anlage eines Lungensackes und auf der linken Körperseite durch einen Kiemensack zum Ausdruck kommt. Die meisten Schneckenarten, die als Lebensmittel verwertet werden, kommen im Meer vor (Brandungs- und Gezeitenzone). Dazu zählen die Meerohren (Abalone *Haliotis* spp.), Wellhornschnecken (*Buccinum* spp.) und Strandschnecken (*Littorina* spp.).

Von den Weichteilen der Schnecken wird als Lebensmittel vor allem der Fußmuskel geschätzt. Er ist bei vielen Meeresschnecken kräftig ausgebildet und zeichnet sich infolge seines Bindegewebsreichtums durch eine zähe Konsistenz aus, die sich erst nach längerem Kochen mindert.

Entsprechend der Verschiedenheit der Lebensräume (marin, limnisch, terrestrisch) und der Ernährungsweise (Pflanzen-, Fleisch-, Aasfresser, Filtrierer) ist die originäre Mikroflora qualitativ und quantitativ sehr unterschiedlich.

In aller Regel werden Schnecken durch Erhitzen zum Verzehr zubereitet. In manchen Ländern wird zur Haltbarmachung auch vom Trocknen, Salzen und Marinieren Gebrauch gemacht. Wertvollere Arten werden auch als Vollkonserve in den Verkehr gebracht.

7.3.1.2 Mikrobiologie von Landschnecken

Weinbergschnecken sind ausgesprochene Pflanzenfresser, die im feuchten Buschwerk (nicht nur auf Weinbergen) vorkommen. Die Mikroflora, die in und an ihnen gefunden wird, hängt sehr von der der Pflanzen und der des Bodens ab. So sind in

Weinbergschnecken sowohl Keimarten pflanzlichen Ursprungs wie besonders auch in der Nähe von Siedlungen und Tierhaltung eine saprophytische Flora festzustellen, die mit Anteilen der Intestinalflora von Wirbeltieren vermischt sein kann. Es ist bekannt, dass gewisse Drüsenstoffe der Weinbergschnecke, der Gartenschnecke und der Großen Wegschnecke aufgenommene Keime in ihrem Inneren agglutinieren. Dieser Eigenschaft wird zugeschrieben, dass diese Schnecken in der Volksmedizin bei der Behandlung von Asthma, Keuchhusten und ähnlichen Erkrankungen eine heilende Wirkung haben [12]. Die Fähigkeit der Landlungenschnecken, Cellulose und Chitin zu verdauen, wird der Mitwirkung von in deren Darm vorhandenen Bakterien zugeschrieben [7].

Dies bestätigt auch die Erfahrung, dass sowohl rohe wie auch gekochte Weinbergschneckenweichteile regelmäßig eine aerobe Gesamtkeimzahl (GKZ) von $> 10^6$/g aufweisen, was sicherlich hauptsächlich die initiale Keimkontamination widerspiegelt und erst in zweiter Linie eine Funktion der Erhitzung und der weiteren Gewinnungshygiene ist. Beim Vergleich von gekochten, gekrümmten Weichteilen von Weinbergschnecken (Krümmungsreaktion ist zu werten als Lebenszustand zu Beginn des Kochens) mit gestreckten Weichteilen (bereits vor dem Kochen verendet) war festzustellen [15], dass die GKZ bei gekrümmten Weichteilen stets unter 5×10^6/g lag, während die erschlafften, gestreckten Weichteile stets eine GKZ von mehr als 5×10^6/g aufwiesen.

Die Flora gekochter, überwiegend tiefgefroren vermarkteter Weinbergschneckenweichteile wird beherrscht durch einen hohen Anteil an aeroben Sporenbildnern, da diese in der Sporenform das Kochen nahezu unversehrt überstehen, während die vegetativen Zellen entsprechend dem Grad der Durcherhitzung mehr oder weniger abgetötet sind. Die Zusammensetzung der Mikroflora von Weinbergschneckenfleisch nach der Erhitzung hängt im weiteren Verlauf von der baldigen Kühlung und der Einhaltung der Kühlkette ab. Abgesehen von Vollkonserven wird der Großteil aller Lebensmittel aus Weinbergschnecken heute küchenfertig gewürzt, zubereitet mit Kräuterbutter und abgefüllt in Weinbergschneckengehäusen als Tiefkühlprodukt angeboten. Erfahrungen bei der Untersuchung solcher TK-Produkte aus Weinberg- und Achatschnecken zeigen im Mittel GKZen im Bereich von 10^5 - 10^6/g, wobei in einem relativ hohen Prozentsatz auch Enterokokken und Enterobakterien nachweisbar sind. Ein Einfluss auf die Mikroflora des in Gehäusen abgepackten Erzeugnisses muss dabei dem Reinigungsgrad und damit der mikrobiellen Kontamination des verwendeten Gehäuses zugemessen werden, dessen akkurate Säuberung oftmals zu wünschen übrig lässt.

Hinzuweisen ist darauf, dass Weinbergschnecken, die einer Kontamination mit Salmonellen ausgesetzt wurden, diese Erreger noch über Wochen beherbergen und ausscheiden, ohne selbst gesundheitlich attackiert zu werden [8]. In der Vergangenheit sind Importverbote von Weinbergschnecken aus solchen Ländern verhängt worden, deren Schnecken mit Salmonellen behaftet waren oder die wegen des Ausbruchs von Cholera oder Shigellose eine Kontamination der Schnecken mit den Erregern dieser Seuchen nicht ausschließen konnten.

7.3.1.3 Mikrobiologie und Biotoxikologie von Meeresschnecken

Meeresschnecken weisen eine Mikroflora auf, die mit der von Fischen oder Muscheln aus dem gleichen Meeresgebiet nahezu identisch ist. Sie werden überwiegend in der Gezeitenzone der Meeresküsten oder etwas tiefer gesammelt und gewonnen. In Flussmündungen, wo mit Zufluss von Abwässern aus Siedlungsgebieten (Ästuarien) zu rechnen ist, muss auch mit der Präsenz von Fäkalkeimen und damit auch von Erregern menschlicher Erkrankungen (Bakterien, Viren) gerechnet werden. Von besonderem Einfluss auf die Mikroflora ist auch die Ernährungsweise, z.B. ob es sich um Planktonfiltrierer, Pflanzenfresser, Fleisch fressende Beutetiere oder Aasfresser handelt. Je nach Stellung in der Nahrungskette im Meer können dann Meeresschnecken zeitweise auch Träger von Toxinen sein, die in Muscheln (als PSP- oder DSP-Toxine) und in Fischen (als Tetrodotoxin oder als Ciguateratoxin) bekannt sind und deren natürliche Biosynthese auf Mikroalgen (Dinoflagellaten, Kieselalgen) und/oder auf Bakterien (Vibrionen, Pseudomonaden) zurückgeführt wird [9].

Bereits während der Entdeckung Amerikas machten die spanischen Eroberer nach dem Verzehr tropischer Fischarten mit einer Erkrankung Bekanntschaft, die vor den Einheimischen (Kuba) „ciguatera“ genannt wurde, weil sie zeitweise besonders nach dem Verzehr der Meeresschnecke *Turbo pica* auftrat, die den einheimischen Namen „cigua“ trug [14]. Von dieser Schnecke wird heute auch der Name der Ciguatera-Erkrankung abgeleitet, die in tropischen und subtropischen Zonen nach dem Verzehr von Meeresfischen auftritt, wenn diese in der Nahrungskette das Ciguatera-Toxin des Dinoflagellanten *Gambierdiscus toxicus* aufnehmen. Gelegentliche Vergiftungen des Menschen nach dem Verzehr von Meeresschnecken unter dem klinischen Bild von Lähmungen mit Todesfällen sind von folgenden Schneckenarten mit den entsprechenden Toxinen bekannt [9]:

1. Saxitoxin/Gonyautoxin und Derivate

Turbanschnecken	*Turbo argyrostoma*
	Turbo marmorata
Dachschnecken	*Tectus nilotica*
	Tectus maxima
	Tectus pyramis

2. Tetrodotoxin

Trompetenschnecke	*Charonia sauliae*
Elfenbeinschnecke	*Babylonia japonica*

Ebenso sind nach dem Verzehr von Angehörigen der Familie der Seehasen *Aplysiacea* (Gattung *Aplysia* und *Dolabella*) unter ähnlichem klinischen Bild Lähmungen und Todesfälle aufgetreten. Auf Borneo sind gleiche Vergiftungen nach dem Verzehr der Schnecke *Olivia vidua fulminans* beobachtet worden.

3. Aplysiatoxin

Schnecken der Familie der Seehasen nehmen mit der Nahrung auch bromhaltige Verbindungen auf, die gespeichert werden. Diesem Aplysiatoxin werden bei menschlichen Vergiftungen klinische Symptome zugeschrieben, die dem Bild einer Bromvergiftung (Tremor, Ataxie) gleichen.

4. Surugatoxin

In der Elfenbeinschnecke werden auch Glycoside nachgewiesen (Surugatoxin und Derivate), die für ein Vergiftungsbild, welches von einer starken Mydriasis geprägt ist, verantwortlich gemacht werden. Ungiftige japanische Elfenbeinschnecken, die in einer Meeresbucht ausgesetzt wurden, aus welcher das Auftreten dieser Erkrankung nach dem Verzehr solcher Schnecken bekannt ist (Suruga Bay), wurden dort giftig, während giftige Schnecken aus dieser Bucht nach Umsetzen in andere Gewässer ihre Giftigkeit verloren [4].

5. Tetramethylammoniumhydroxid (Tetramin)

Die Trompetenschnecke *Neptunea antigua* (engl. red whelk) führt nach dem Verzehr schon innerhalb von 30 Minuten im rohen, im gekochten oder eingedosten Zustand zu intensivem Kopfschmerz, Verwirrung, Übelkeit, Erbrechen, Darmreizung und Blutdruckabfall (red whelk poisoning). Ursache dafür ist Tetramethylammoniumhydroxid $C_4H_{12}N$, welches in der Speicheldrüse der Schnecke vorkommt. Nach Entfernen der Speicheldrüse treten die Beschwerden nicht auf. Gleiche Erkrankungen werden auch in Japan bei den beiden verwandten Arten *Neptunea arthritica* und *N. intersculpta* beobachtet [5,6]. Das Tetramethylammoniumhydroxid wurde erstmals aus der Seeanemone *Actinia equina* isoliert und als Thalassin bezeichnet. Die Biosynthese ist nicht geklärt und eine mikrobielle Herkunft nicht ausgeschlossen. Das Toxin kann mit Hilfe kernmagnetischer Protonenresonanzspektroskopie identifiziert und quantifiziert werden [1].

7.3.1.4 Haltbarkeit

Zwar werden Schnecken auch lebend gehandelt, ein Rohverzehr von Schnecken ist jedoch nicht üblich. In der Regel gelangen Schnecken durch Erhitzen durchgegart zum Verzehr.

Einsetzender mikrobiologischer Verderb ist zwar überwiegend eine proteolytische Zersetzung mit dem Entstehen von basischen Abbausubstanzen (NH_3), dennoch macht sich auch die Freisetzung von H_2S fast regelmäßig bemerkbar, da der Anteil schwefelhaltiger Aminosäuren im Gewebeeiweiß relativ hoch ist. In Weinbergschneckenkonserven wird ein leichter Geruch nach Schwefelwasserstoff nicht selten registriert, der während des Sterilisationsprozesses auch aus frisch gewonnenem Schneckengewebe freigesetzt werden kann. Der Schwefelwasserstoffgehalt als Maßstab für den Frischegrad von Schnecken korrespondiert zumindest bei beginnender Zersetzung nicht immer mit dem sensorischen Befund oder der GKZ. Im pazifischen wie im atlantischen Raum wird zum Zweck der Haltbarkeitsverlängerung auch vom Salzen, Marinieren und Trocknen Gebrauch gemacht.

Die recht teuren Seeohren (Abalone) *Haliotis* spp., die in ihren Gewinnungsländern auch strengen artenschutzrechtlichen Vorschriften unterliegen, gelangen auf den europäischen Markt überwiegend als Vollkonserve und müssen daher den Normen dieser Technologie entsprechen. Die Weichteile von Weinberg- und Achatschnecken werden überwiegend gekocht aus den Gewinnungsländern (Mittelmeerraum) eingeführt und hier unter Verbringen in natürliche oder künstliche Schneckengehäuse als küchenfertige TK-Produkte angeboten. Die Haltbarkeit dieser Produkte ist begrenzt durch die überwiegend chemischen Veränderungen an den Lipiden des Substrats.

7.3.1.5 Gesetzliche Vorschriften

Die gekochten Schnecken aller Art haben im Lebensmittelverkehr die Anforderungen der Entscheidung Nr. 93/51/EWG der Kommission des Rates der EU vom 15. Dez. 1992 für gekochte Krebs- und Weichtiere in der Bekanntmachung vom 23. Juni 1994 (BAnz. S. 6994) zu erfüllen. Danach dürfen in den Schnecken weder gesundheitsschädliche Keime noch ihre Toxine in gesundheitsschädigender Menge vorhanden sein (siehe auch tabellarische Übersicht 7.4.1 im Kapitel 7.4). Wie zu zeigen war, nehmen Meeresschnecken von Muscheln oder ähnlich wie Muscheln Toxine auf, die meistens mikrobiellen Ursprungs sind.

7.3.2 Kopffüßer *Cephalopoda*

Aus der Weichtier-Unterklasse Dibranchiata spielen als Lebensmittel die ausschließlich im Meer vorkommenden achtarmigen Kraken *Octobrachia* und zehnarmigen Tintenfische *Decabrachia* eine Rolle. Innerhalb der *Decabrachia* werden die Kalamare (*Sepia* sp.) von den Kurzflossenkalmaren (*Loligo* sp.) unterschieden. Sie werden in allen Meeren der Welt sowohl als Objekte der Küsten- wie auch der Hochseefischerei hauptsächlich mit Angeln oder Schleppnetzen gefangen.

Die mikrobielle Originalflora unterscheidet sich nicht wesentlich von der mariner Fische in vergleichbaren Herkunftsgewässern (*Moraxella, Acinetobacter, Vibrio*), zumal die Kopffüßer auch eine wichtige Nahrungsquelle vieler kommerziell genutzter Meeresfischarten sind. Erwähnenswert ist in diesem Zusammenhang, dass viele Cephalopoden mit Leuchtorganen ausgestattet sind, die bei vielen Arten (*Sepia, Sepioidea, Alloteuthis*) aus einer mit Leuchtbakterien gefüllten ektoblastischen Tasche in Gestalt einer Drüse besteht [7].

Die verschiedenen Tintenfischarten werden je nach Größe als ganze Tierkörper, ausgeweidet oder geschlossen, oder als Teile davon (mit Saugnäpfen besetzte Muskelarme, Mantelkörper als Tuben, Ringe oder Streifen) verwertet. Die mikrobielle Kontamination der nach dem Fang zerlegten und be- oder verarbeiteten Tintenfische entspricht damit auch der angelandeter Seefische. Unter dem Einfluss der Verarbeitungsbedingungen an Land kommt es in Abhängigkeit von der Zeit und den hygienischen Maßnahmen zu der Manifestation einer Verderbsflora wie sie auch bei Seefischen bekannt ist (*Pseudomonas, Alteromonas, Shewanella*). Da auch hier wie bei den meisten Weichtierarten der Anteil von schwefelhaltigen Aminosäuren im Eiweiß dieser Kopffüßer sehr hoch ist, wird das Bild des Verderbs häufig durch schwefelhaltige Eiweißabbauprodukte bestimmt, die wie Schwefelwasserstoff durch putride Geruchskomponenten charakterisiert sind und auch infolge von Metsulfhämoglobin die Gewebe grünlich verfärben. Als Maßstab für den fauligen Verderb des Kurzflossenkalmars *Todarodes pacificus* [16] wird besonders der Agmatin-Gehalt erachtet, der im Verlaufe des Verderbs von 0,2 mg/100 g (frisch gefangen) auf 40 mg/100 g Gewebe ansteigt. Ein ähnliches Verhalten zeigt auch der Putrescin-Gehalt. Aber auch der Anstieg der basischen Aminosäuren Arginin und Ornithin wird als verwertbarer Frischemaßstab empfohlen [10].

Vertreter der Kopffüßer kommen entweder frisch, getrocknet (im pazifischen Raum häufig), als Vollkonserve mit Öl oder anderen Zutaten oder aber heutzutage überwiegend küchenfertig zubereitet (meist blanchiert) und durch Tiefgefrieren haltbar gemacht als Lebensmittel in den Verkehr.

Bei getrockneten Tintenfischen spielt vor allem der Zutritt von Feuchtigkeit die vorbereitende Rolle für die Entwicklung von Hefen, Schimmelpilzen und proteolytischen Bakterien. Die Gesamtkeimzahl (25 °C) bewegt sich bei ganzen tiefgefrorenen Tintenfischen (ca. 80 % der untersuchten Proben) im Bereich zwischen 10^3 bis 10^6/g, während bei weitergehender Zerteilung durch Zunahme der Prozessschritte (Tintenfischringe und -streifen) die mittlere Gesamtkeimbelastung um etwa eine Zehnerpotenz erhöht ist. Hygiene-Indikator-Mikroorganismen werden bei TK-Erzeugnissen relativ selten gefunden. So liegt die Häufigkeit des Nachweises von coliformen Keimen und von Enterokokken auch bei GKZen von > 10^5/g noch unter 10 % des Probenmaterials. *Staphylococcus aureus* wie auch sulfit-reduzierende Clostridien werden bei Tintenfischen, die keine weiteren Zutaten enthalten, sehr selten angetroffen.

Es hängt von den Verzehrsgewohnheiten ab, dass mit dem Auftreten von Lebensmittelvergiftungen nach Tintenfischverzehr sehr selten zu rechnen ist. Dennoch muss erwähnt werden, dass 1955 in Japan der Ausbruch einer Gastroenteritis in der Präfektur Niigata, bei der 20 000 Personen erkrankten, registriert werden musste, der auf den Verzehr roher oder nahezu roher Tintenfische zurückzuführen war. Mikrobielle Ursache war die Kontamination mit *Vibrio parahämolyticus*, einer der ersten großen Ausbrüche, bei der diese Keimart als Lebensmittelvergifter erkannt wurde [13]. Dort, wo *V. parahämolyticus* zur Meeresflora gehört, sollte daher darauf geachtet werden, dass Tintenfische ausreichend durcherhitzt zum Verzehr gelangen. Ein Fall von Gastroenteritis, verursacht durch *Plesiomonas shigelloides*, wurde nach dem Verzehr eines Tintenfischsalates beschrieben [3].

Zu bemerken bleibt, dass ein Iridovirus für eine Erkrankung des Kraken *Octopus vulgaris* unter dem Bild von Muskelveränderungen verantwortlich gemacht wird [11] und in *Sepia vulgaris* Strukturen eines Reovirus festgestellt wurden [2]. Im Zusammenhang mit der bakteriellen Synthese des Tetrodotoxins (Maculotoxin) ist außerdem erwähnenswert, dass durch den Biss des Blauberingelten Kraken *Hapalochlaena maculosa* in australischen Gewässern bei Menschen schwere Erkrankungsfälle mit z.T. tödlichem Ausgang unter dem klinischen Bild der Tetrodotoxikose beobachtet worden sind [9].

Literatur

[1] Anthoni, U.; Christophersen; Nielsen, P.H.: Simultaneous identification and determination of tetramine in marine snails by proton nuclear magnetic resonance spectroscopy. J. Agric. Food Chem. **37** (1989) 705-707.

[2] Dechauvelle, G.; Vago, C.: Particules d'allure virale dans les cellules de l'estomac de la seiche, *Sepia officinales* L. C. R. Hebd. Seances Acad. Sci., Ser. D 272 (1971) 894-896.

[3] GILBERT, R. J.: Bacterial pathogens transmitted by seafood. Vet. Med. Hefte (Berlin) **1** (1991) 121-128.

[4] HABERMEHL, G.: Gifttiere und ihre Waffen. 3. Aufl., Berlin und Heidelberg: Springer-Verlag 1983.

[5] HALSTEAD, B.W.; COURVILLE, D.A.: Poisonous and venomous marine animals of the world Vol. I – Invertebrates. Washington D.C.: US-Government Printing Office 1965.

[6] HASHIMOTO, Y.: Marine toxins and other bioactive marine metabolites. Tokyo: Japan Scientific Societies Press 1979.

[7] KAESTNER, A.: Lehrbuch der Speziellen Zoologie. Bd. 1, Wirbellose 1. Teil, Stuttgart: Gustav Fischer Verlag 1965.

[8] LERCHE, M.; GOERTTLER, V.M.; RIEVEL, H.: Lehrbuch der tierärztlichen Lebensmittelüberwachung. Jena: Gustav Fischer Verlag 1957.

[9] MEBS, D.: Gifttiere. Stuttgart: Wissenschaftl. Verlags GmbH 1992.

[10] OHASHI, E.; OKAMOTO, M.; OZAWA, A.; FUJITA, T.: Characterization of common squid using several freshness indicators. J. Food Sci. 56 (1991) 161-163 u. 174.

[11] RUNGGER, D.; CASTELLI, M.; BRAENDLE, E.; MALSBERGER, R.G.: A viruslike particle associated with lesions in the muscles of *Octopus vulgaris* J. Invertebr. Pathol. **17** (1971) 72-80.

[12] SALVINI-PLAWEN, L. VON: Die Schnecken. Grabfüßer und Muscheln. Die Kopffüßer. in: Grzimeks Tierleben. Bd. 3, München: Deutscher Taschenbuch Verlag 1979, S. 50-225.

[13] SINDERMANN, C.J.: Principal Diseases of marine fish and shellfish. Vol. 2, San Diego: Academic Press 1990.

[14] WICHMANN, S.: Vergiftung durch Ciguatera bei Mensch und Tier. Eine Literaturstudie. Inaug. Diss. Hannover: Tierärztl. Hochschule 1993.

[15] WÖHNER, P.: Staatliches Institut für Gesundheit und Umwelt Saarbrücken, Abt. Veterinärmedizin: persönliche Mitteilung vom 28. Juli 1994.

[16] YAMAKA, H.: Polyamines as potential indices for freshness of fish and squid. Food Review International **6** (1990) 590-602.

7.4 Mikrobiologie der Krebstiere *Crustacea*

K. PRIEBE

7.4.1 Einführung

Aus der Arthropoda-Klasse der „höheren Krebse“ (*Malacostraca*) spielen vor allem Angehörige der Unterordnung der Zehnfüßer *Decapoda* eine Rolle als Lebensmittel. Als aquatische Lebewesen bevölkern die Krebsarten unterschiedliche Lebensräume [3] des Wassers und weisen damit auch eine verschiedenartige originäre Mikroflora auf. Einige Arten sind streng an das Meerwasser gebunden (Hummer, Languste, Kaisergranat, verschiedene Garnelenarten). Andere Arten sind an das Süßwasser angepasst (Flusskrebse, bestimmte Garnelenarten) oder vertragen auch die Brackwasserzone (Wollhandkrabbe, Garnelenarten). Viele Arten sind ausgesprochene Warmwassertiere (*Macrobrachium rosenbergii*, *Penaeus aztecus*). Für andere sind Kaltwassergebiete das angepasste Verbreitungsgebiet (*Lithodidae*, *Pandalus borealis*, *Chionecetes* spp., *Euphausia superba*). Manche Kurzschwanzkrebse verlassen auch zeitweilig oder länger das Wasser (Chinesische Wollhandkrabbe, Palmendieb). Von der Bewegungsweise her unterscheidet man kriechende (*Reptantia*: Hummer, Taschenkrebs) von schwimmenden Arten (*Natantia*: alle Garnelenarten); es gibt aber auch zum Schwimmen befähigte *Reptantia*, wie z.B. die zahlreichen Schwimmkrabbernarten (Strandkrabbe *Carcinus maenas*) oder Angehörige der *Galatheidae* (Furchenkrebs *Pleuroncodes* spp.). Am Boden lebende Arten werden auch regelmäßig mit Keimarten des Gewässersediments kontaminiert sein, während pelagisch lebende Arten hiervon frei sind. In den Ästuarien von Flüssen mit starker Besiedlungsdichte besteht die besondere Kontaminationsgelegenheit mit Abwasserkeimen (*Enterobacteriaceae*).

Neben den wild im freien Gewässer vorkommenden Arten (Tiefseegarnele, Nordseegarnele) wird ein immer umfangreicherer Teil der Welterzeugung von Krebstieren in Aquakulturanlagen (Amerika, Asien, Europa) - teils in extensiver, teils in intensiver Aufzucht - gewonnen. Mit einer solchen Aquakultur sind ebenfalls Einflussfaktoren (Futterstoffe, Wasserqualität, Arzneimitteleinsatz) verbunden, die sich auf die Zusammensetzung der Mikroflora auswirken [42].

Von den Krustentieren, deren Stützgerüst ein starrer, chitinöser Außenpanzer ist, der beim Wachsen des Individuums periodisch abgestoßen und dann neu aufgebaut (soft shell) wird, dient zum Zwecke des Lebensmittelverzehrs bei den Langschwanzkrebsen in erster Linie der große Abdominalmuskel (Hummer, Langusten, Garnelen) und, soweit es die Größe erlaubt, auch die Muskulatur der Lauf- und Scherenbeine

(Hummer). Von den Kurzschwanzkrebsen wird überwiegend die Scheren- und Laufbeinmuskulatur verwertet (Crabmeat). Regional unterschiedlich werden von verschiedenen Krebsarten auch die Gonaden oder andere Eingeweideorgane (Taschenkrebs) verzehrt (brown meat).

Zum Zwecke des Verzehrs - auch einer tierschutzgerechten Tötung wegen - werden die Tiere i.d.R. durch schnelles Abtrennen des Kopfes oder durch einen Stich in den Hinterkopf betäubt und getötet. Als ebenso tierschutz- und praxisgerecht ist das unmittelbare Verbringen in kochendes Wasser anzusehen, weil durch die Hitzedenaturierung gleichzeitig die Schale von der Muskulatur gelöst und damit das manuelle oder maschinelle Schälen erleichtert wird. In diesem Zustand, geschält oder ungeschält, werden die meisten Krebstiere auf der Welt abseits der Erzeugergebiete im Lebensmittelhandel angeboten. Seitdem solche Lebensmittel aber weltweit als Tiefkühlkost vertrieben werden, findet man heute vermehrt auch rohe Erzeugnisse, oft schon geschält, im Angebot. Es ist einleuchtend, dass diese unterschiedlichen Prozessschritte auch das Bild der Mikroflora der Produkte prägen.

Es darf schließlich nicht unerwähnt bleiben, dass auch in Europa gelegentlich Krebstiere (Kaisergranat) roh verzehrt werden. Ebenso gibt es für einzelne Krebstiere eine Lebendvermarktung (Flusskrebs, Hummer, Taschenkrebs, Garnelen) mit allen Problemen des artgerechten Transportes und der artgerechten Haltung.

7.4.2 Mikroflora frischer und gekochter Krebstiere

Abgesehen von septikämischen Infektionskrankheiten dürfte das parenterale Körperinnere der lebenden Krebstiere im allgemeinen als frei von lebenden Mikroorganismen anzusehen sein. Die Muskulatur von gerade gefangenen Krebsen lässt sich daher bei sauberer Verarbeitung nahezu keimarm gewinnen. Die Kiemen und der Darmtrakt sind aber regelmäßig als bakteriell kontaminiert anzusehen, so dass der Verderb hier seinen Ausgang nimmt. Zu den originären Keimen, die überwiegend psychrotroph sind, gehören vor allem Angehörige folgender Genera: *Alteromonas, Shewanella, Micrococcus, Corynebacterium* und *Flavobacterium* [35, 43, 67]. Im Verlaufe der Eislagerung tritt ein Florawechsel durch Kontamination mit terrestrischen Keimarten auf: *Arthrobacter, Pseudomonas, Achromobacter, Bacillus*. Bei einer 12tägigen Eislagerung von Garnelen fiel z.B. der Floraanteil an Mikrokokken mit einem Initialanteil von 33,6 % auf einen Restanteil von 0,8 % zurück. Der Anteil an Flavobakterien verringerte sich im gleichen Zeitraum von 17,8 % auf 2,0 %. Dagegen stieg der Achromobakteranteil von 27,2 % auf 67 % und der Pseudomonasanteil von 19,2 % auf 30,1 % [20]. Wie auch bei tropischen Fischarten umfassen bei tropischen Garnelen mehr als 50 % grampositive Keimarten, meist Bacillus-Arten [40]. Bewegliche Kokken des Genus *Planococcus* (*Pl. citreus, Pl. kocurii*) spielen beim Garnelenverderb ebenfalls eine Rolle [4, 26].

Aus dem Fleisch pazifischer Krabben konnten neben einer bakteriellen Kontamination auch eine Vielzahl von Hefearten isoliert werden: *Rodutorula, Cryptococcus, Torulopsis, Candida* und *Trichosporon*. Sie waren psychrophil, und eine Art verursachte auch Proteolyse [16]. Ein Befall mit Fusarien konnte bei Farmgarnelen in Israel festgestellt werden [12].

Was nun die quantitativen Verhältnisse beim Fang der Krebstiere angeht, so muss hier ein enger Zusammenhang zwischen der Art des Fanggewässers, der Art der Fang- oder Gewinnungstechnik und der Zeitdauer vom Fang bis zur (Erst-) Vermarktung gesehen werden. In der Zeit bis zur Vermarktung erhöht sich die Keimzahl durch Vermehrung, wobei dann auch Keimarten aus dem terrestrischen Umfeld auf den Tieren zu finden sind [72]. Auf den Einzelhandelsmärkten Seattles [1] wies das Fleisch von roh angebotenen Taschenkrebsen eine aerobe Gesamt-Kolonienzahl (GKZ) von 5 x 10^5/g (arithmetisches Mittel) mit einer Schwankungsbreite von 2,5 x 10^3 bis 2,0 x 10^7/g auf. Mit Coliformen waren 85,7 % der Proben behaftet (Befallstärke 3,6 - 460/g MPN). Die Befallsrate mit *E.coli* lag dagegen lediglich bei 9,5 % (Variationsbereich der Befallstärke 3,6 - 9,1/g MPN). Mit *Staphylococcus aureus* waren 62 % der Proben bei einer Befallstärke von 3,6 - 9,3/g MPN kontaminiert. Der Enterokokkengehalt unterschied sich beim Taschenkrebs und ganzen oder geschälten Garnelen nicht. Nahezu 60 % aller Proben waren mit mehr als 10^3/g Enterokokken befallen (Befallstärke 10 bis 5,9 x 10^5/g), wobei ganze Garnelen die eindeutig höchsten Enterokokkengehalte aufwiesen, was hier auf eine originäre Kontamination hinweist. Von den Garnelen zeigten geschälte Exemplare eine höhere GKZ (Mittelwert 2 x 10^5/g, Bereich 1,3 x 10^4-1,6 x 10^6/g) als ganze (Mittelwert 6,3 x $10^{4/}$g, Bereich 3,2 x 10^4 - 1,0 x 10^7/g). Während *E. coli* bei den Garnelen überhaupt nicht nachgewiesen wurde, waren die geschälten sowohl mit Coliformen (Häufigkeit 82,4 %, Bereich 3,6 - 240/g) wie auch mit *Staphylococcus aureus* (Befallsanteil 64,7 %, Bereich 3,6 - 36/g) stärker kontaminiert als ganze Garnelen (Befallsanteil Coliforme 55,6 %, Befallbereich 3,6 - 1100/g; *Staph. aureus* 22,2 %, Bereich 3,0 - 240/g). Letzterer Unterschied ist sicherlich mit dem zusätzlichen Prozessschritt „Schälen" zu erklären.

Beim Vergleich der bakteriellen Kontamination von rohen, gefrorenen Garnelen (n = 657) lagen bei Süßwassergarnelen die GKZ (35 °C), der Coliformengehalt und der *E. coli*-Gehalt stets über denen von Meerwassergarnelen [63]. Die Kontamination mit *Staphylococcus aureus* war bei den roh geschälten Süßwasser- und Meerwassergarnelen stets höher als bei den ganzen Garnelen. Aber 99 % aller Proben erfüllten die von der International Commission on Microbiological Specifications for Foods [31] hinsichtlich der für *Staphylococcus aureus* empfohlenen Werte als gute Qualität (rohe Shrimps: n = 5; c = 2; m = 10^3/g, M = 10^4/g; gekochte Shrimps: n = 5; c = 0; m = 10^3 = M). Deutlich spiegelt sich in diesen Keimzahlen wider, dass Süßwassergarnelen mit Fäkalkeimen regelmäßig stärker und häufiger kontaminiert sind als Meerwassergarnelen, die zwar auch in Küstennähe gefangen werden, aber aus größeren Tiefen stammen, wo die Konzentration des Abwassers bereits verringert ist. Nach den ICMSF-Empfehlungen für die GKZ (rohe Shrimps: n = 5, c = 3, m = 10^6/g, M = 10^7/g; gekochte Shrimps: n = 5, c = 2, m = 5,0 x 10^5, M = 10^7/g) erreichten nach diesen Erhebungen 2 % der ungeschälten und 7 % der geschälten Süßwassergarnelen sowie 1 % der Meerwassergarnelen (geschält und ungeschält) nicht die erforderliche akzeptable Qualität. Nach den für *E. coli* empfohlenen Spezifikationen (rohe Shrimps: n = 5, c = 3, m = 11, M = 500; gekochte Shrimps n = 5, c = 2, m = 11, M = 500) waren 2 % der ungeschälten Süßwassergarnelen und 4 % der geschälten Süßwassergarnelen als nicht akzeptabel zu beurteilen. Die untersuchten Meerwassergarnelen erfüllten dagegen ausnahmslos die Anforderungen bezüglich des Gehaltes an *E. coli*. In keiner der untersuchten Proben wurden *Shigella* spp. und *Vibrio cholerae* gefunden. Salmonellen wurden in 3 Proben (0,5 % der Gesamtzahl) und zwar jeweils 1 Serovar in gekochten, in rohen geschälten Meerwassergarnelen und in geschälten Süßwassergarnelen festgestellt. Auch diese gestreute Verteilung der Kontamination mit Salmonellen zeigt die verschiedenen Möglichkeiten der Herkunft dieser Keime auf, nämlich sowohl durch Kontakt während der Verarbeitung als auch durch Verunreinigung des Fanggewässers.

Bei der Untersuchung von lebenden Garnelen *Crangon crangon* aus den Mündungsgebieten der Flüsse der Deutschen Bucht sind bereits große Schwankungen der GKZ zwischen 10^2 bis 10^7/g zu beobachten [66]. Offensichtlich hängt dies sehr von der Nähe zum Strömungsbereich der großen Flüsse (Elbe, Weser, Jade, Ems) und von der Beschaffenheit des Bodens der Fanggebiete ab, wobei schlammige Gründe häufig mit einer höheren bakteriellen Kontamination einhergehen als sandige. Unter den praktischen Verhältnissen der Nordseegarnelen-Fischerei ist es bei den 6- bis 12stündigen Fangreisen der „Krabbenkutter" für dieses Lebensmittel unumgänglich, diese Fänge bereits an Bord in Meerwasser zu kochen. Würde die Kochung erst später an Land durchgeführt werden, müsste mit einem zu großen Verlust durch Qualitätsabfall oder Verderb gerechnet werden, wodurch dieser Zweig der Küstenfischerei insgesamt in Frage gestellt sein würde.

Dies unterscheidet die Nordseegarnelen-Fischerei von der Fischerei der größeren *Pandalus*- und *Penaeus*-Arten in anderen Meeresgebieten, in denen die Garnelen im rohen Zustand entweder ganz oder geköpft und/oder entdärmt („deveined") an Bord sogar mehrere Tage unter schmelzendem Eis bis zur Anlandung gelagert werden können oder sofort tiefgefroren werden. Diese Arten werden roh angelandet und erst dann gekocht. Die Entfernung des Krustenpanzers (Schälen, peeling) erfolgt überwiegend im gekochten Zustand und zwar maschinell oder manuell, wobei bei letzterem Verfahren ein besonderes Kontaminationsrisiko durch die damit beschäftigten Personen gegeben ist, wenn hygienische Maßnahmen nicht beachtet werden.

Die Nordseegarnelen erfahren bei der etwa 10minütigen Kochung an Bord eine Reduzierung der GKZ um 2 - 3 Zehnerpotenzen [23]. Wenn jedoch bei der Kochung die Temperatur unkontrolliert absinkt, dann muss durch die Verschmutzung des Kochwassers mit einem Anstieg der Keimbelastung gerechnet werden. Nur so und infolge der Verwendung von nicht ausreichend sauberem Meerwasser zum Kühlen („Taufen") der heißen Garnelen lassen sich die mitunter hohen Keimgehalte von unmittelbar nach dem Kochen untersuchten „Krabben" in Höhe von 10^4 - 10^5/g erklären. Um die Haltbarkeit der Garnelen zu verbessern, muss nach dem Kochen die Kontamination mit verunreinigtem Meerwasser unterbunden werden [23] und für eine ununterbrochene Kühlkette vom Zeitpunkt der Kochung, während der Aufbewahrung an Bord, der Anlandung, des Transportes zu den Schälzentren, der Schälung und der weiteren Vermarktung des geschälten Fleisches gesorgt werden [35].

Beim Vergleich der GKZ von Nordseegarnelen *Crangon crangon* mit der von Tiefseegarnelen *Pandalus borealis* und von tropischen Garnelen verschiedener Art im geschälten und gekochten Zustand übersteigen 66 % der Nordseegarnelen und nur 27 % der tropischen Garnelen die GKZ von 10^5/g [34]. Keimarten der Genera *Salmonella, Pseudomonas, Vibrio* und *Clostridium* wiesen 14 % der Nordseegarnelenproben und 37 % der tropischen Garnelenproben auf. Die Verwendung von Konservierungsstoffen wirkte sich deutlich keimsenkend aus. Als guter Indikator für den Hygienestatus erwies sich in diesem Zusammenhang die Bestimmung des Indolgehaltes bei einem Grenzwert von 25 µg/100 g [34].

Auf die Verwendung einer Krebstierart ist besonders hinzuweisen, die seit mehr als 2 Jahrzehnten als Lebensmittel Bedeutung gewonnen hat und möglicherweise als bisher wenig genutzte Ressource eine Rolle in der Zukunft spielen könnte: *Euphausia superba*, der Krill. Er ist die natürliche Nahrungsquelle der Bartenwale in der Antarktis und verkörpert nach der Gesamtpopulation aller Menschen die Tierart mit der größten Biomasse auf unserem Planeten. Es wird daher vermutet, dass eine kontrollierte Befischung des Krills ohne Gefährdung der Nahrungsversorgung der Wale möglich ist. Nach der technologischen Lösung der Schälung des Krills mit einer Rollenspaltmaschine [69] ohne die lästige Fluor-Kontamination aus dem stark fluorhaltigen Krustenpanzer, wird heute geschältes Krillfleisch international (Japan, Polen) als Lebensmittel angeboten. Fangfrischer Krill weist mit 6,5 x 10^2 - 1,1 x 10^3/g keine hohe originäre GKZ auf [37]. Das durch Schälen gewonnene Fleisch weist bei fangfrischer Verarbeitung an Bord unter Beachtung hygienischer Grundsätze nach eigener Erfahrung eine GKZ in der Größenordnung von 10^5/g auf. Es fällt auf, dass nicht selten Laktobazillen bis zu einer Konzentration von 10^4/g an der Flora geschälten Krillfleisches beteiligt sind [25]. Für die Haltbarkeit des durch Kochen gewonnenen Krillfleisches ist die Lagerung im tiefgefrorenen Zustand eine notwendige Voraussetzung, da auch bei konsequenter Kühlung in dem an freien Extraktstoffen reichen Substrat schnell ein mikrobieller Verderb einsetzt.

7.4.3 Möglichkeiten der Haltbarkeitsverlängerung

Über die Maßnahme des Kühlens und des Kochens wurde bereits berichtet. Der Prozessschritt Kochen reduziert zwar ganz wesentlich die mikrobielle Kontamination. Der weitaus größte Teil aller Krustentiere wird dann geschält und die weitere Vermarktung erfolgt in diesem Zustand. Sowohl von der nach der Kochung verbleibenden Restflora baut sich während der Kühlkette eine neue Flora auf, als auch durch die nachträgliche Kontamination bei der Schälung und Lagerung kommen neue Keimarten hinzu, die die Haltbarkeit begrenzen.

Obwohl es erfolgversprechende Untersuchungen gibt, gekochten Krustentieren unter modifizierter Atmosphäre verpackt eine längere Haltbarkeitsstabilität zu geben [41, 49], wird in der Praxis des Vertriebs davon wenig Gebrauch gemacht. Auch konnte gezeigt werden, dass die artifizielle Kontamination gekühlter Shrimps mit Laktobazillen durch deren kompetitive Wirkung den Verderb verzögert [52].

In der Praxis ist das am häufigsten angewendete Verfahren das Tiefgefrieren, wodurch je nach Vorbehandlung und Verpackung Haltbarkeitsfristen von mehr als 12 Monaten erzielt werden. Für die gesundheitlich mikrobielle Unbedenklichkeit solcher gefrorenen Produkte ist wichtig, dass die geschälten und gekochten Produkte häufig nach dem Auftauen nicht unmittelbar verzehrt und auch nicht immer einer weiteren Erhitzung unterzogen werden. Um eine unkontrollierte Kontamination und Keimentwicklung zu vermeiden, müssen daher an das Auftauen, an die Auftauzeit und an den hygienischen Umgang mit solchen aufgetauten TK-Lebensmitteln hohe Ansprüche gestellt werden.

Andere Krustentiererzeugnisse werden auch verpackt unter Kochsalzlake mit oder ohne Konservierungs- oder Säuerungsmittel vertrieben. Hier ist die mikrobiologische Stabilität und Zusammensetzung von der Gewinnungshygiene, dem Kochsalzgehalt, der Art und Menge der verwendeten Konservierungs- und Säuerungsmittel abhängig. Von der Vermarktung als Sterilkonserve, insbesondere im internationalen Handelsverkehr, wird beim Vertrieb des geschälten Fleisches der Kurzschwanzkrebse (Crabmeat) vielfach Gebrauch gemacht [72]. Zu beachten ist hier die auch bei anderen Sterilkonserven erforderliche Temperaturführung zur Abtötung von *Clostridium botulinum*-Sporen (Botulinum-Kochung [62]).

Der Zusatz von Konservierungsstoffen zur Haltbarkeitsverlängerung von nicht sterilisierten Krebszubereitungen, also auch gekochten, geschälten oder ungeschälten Nordseegarnelen, ist nach den Vorschriften der Zusatzstoffzulassungs-Verordnung erlaubt und wird weitgehend auch von der deutschen Nordseegarnelenfischerei praktiziert. Es wird überwiegend Benzoesäure oder deren Natrium-Salz verwendet. Für die Nordseegarnele sind derzeit (2003) bei alleiniger Verwendung von Benzoesäure 4 g pro kg Garnelengewicht statthaft. I.d.R. wird die Benzoesäure oder das Na-Benzoat auf die Garnelen gestreut und dann untergemengt. Es dürfte verständlich sein, dass so eine genaue Dosierung kaum möglich ist und daher Höchstmengenüberschreitungen keine Seltenheit sind. Die Verwendung der Benzoesäure macht es möglich, doch einige Tage mit frisch geschältem Garnelenfleisch unter Beachtung der Kühlkette Handel zu treiben. In nicht geschältem Zustand ist ein Handel von Garnelen auch bei Verwendung von Benzoesäure nur 1 - 2 Tage möglich, da Kiemen und Eingeweideorgane zu schnell faulig werden. Beim Handel mit nicht gefrorener Garnelenmuskulatur wird die Verwendung von Benzoesäure für unverzichtbar gehalten. Dennoch wird in der Praxis einer Tatsache weitgehend keine Aufmerksamkeit geschenkt, nämlich, dass die Benzoesäure nur im sauren Milieu antimikrobielle Eigenschaften aufweist, da sie dann nicht dissoziiert ist. Da erhitzte Garnelenmuskulatur meist ein pH-Milieu von nahe 7,0 hat, kann eine ausreichende Wirkung der Benzoesäure nur erwartet werden, wenn das Fleisch angesäuert wird (z.B. Citronensäure). Von der FAO/WHO wird beim Vorliegen erschwerter Gewinnung von mikrobiologisch einwandfreiem Trinkwasser oder bei besonderen Seuchensituationen (Cholera, Typhus) die Chlorierung des Trinkwassers auch zur Gewinnung von nicht kontaminierten Shrimps empfohlen. Untersuchungen zeigten, dass auch durch eine intensive Chlorierung des Wassers (100 mg Cl_2/Liter) unter Bildung von unterchloriger Säure nur etwa 1 - 3 % des Chlors von dem Garnelenmuskeleiweiß inkorporiert werden [24]. Dennoch bleibt es eine offene Frage, ob derartige über das Trinkwasser durchgeführte Chlorierungen von Shrimps außerhalb von Seuchensituationen statthaft sein können. Langjährige Erfahrungen zeigen, dass Shrimps ausgewählter Provenienzen immer wieder sensorisch durch eine Chlorierung auffallen, obwohl dies ein unzulässiges Behandlungsverfahren darstellt. Als ein nicht selten benutztes Haltbarmachungsverfahren bei Garnelen gilt auch die Behandlung mit ionisierenden Strahlen, wodurch die Keimzahl beträchtlich reduziert wird [28]. In der Bundesrepublik Deutschland ist das Bestrahlen von Lebensmitteln zwar weitgehend verboten, dennoch ist es gerade für Garnelen in einzelnen Mitgliedstaaten der Europäischen Union (Belgien, Frankreich, Großbritannien, Niederlande) erlaubt [22], wobei maximale Strahlendosen bis 7 kGy angewendet werden dürfen.

Auch die Verwendung von Antibiotika zur Haltbarkeitsverlängerung von Krustentieren wurde noch vor 25 Jahren wissenschaftlich bearbeitet und auch empfohlen. Inzwischen hat sich weltweit die Erkenntnis durchgesetzt, dass eine derartige Behandlung von Lebensmitteln aus verschiedenen Gründen schädlich ist und die Verwendung solcher Wirkstoffe anderen Verwendungszwecken vorbehalten bleiben muss. Wenn heute bei Garnelen Antibiotika nachgewiesen werden, handelt es sich i.d.R. um Farmgarnelen, die wegen bakterieller Erkrankungen mit diesen Mitteln behandelt wurden, die Einhaltung der korrekten Dosierung und Wartezeit aber missachtet wurde.

Hinzuweisen ist ferner auf das Entstehen von Schwarzfleckigkeit bei Krustentieren aller Art, wodurch der Genusswert erheblich gemindert ist. Diese Abweichung wird enzymatisch verursacht durch im Muskelgewebe der Krebstiere vorhandene Polyphenoloxidasen. Die enzymatischen Reaktionen und damit das Auftreten der Schwarzfleckigkeit kann durch den Zusatz von Kaliumhydrogensulfit oder anderen Sulfiten begrenzt oder verhindert werden [18]. Der erlaubte Zusatz von SO_2 als dem Anhydrid der schwefligen Säure (maximal 100 mg SO_2/kg bei rohen Krebstieren; maximal 30 mg SO_2/kg bei gekochten Krebstieren) hat auch einen hemmenden Einfluss auf Mikroorganismen [56]. Da Proteolyten jedoch nicht gehemmt werden, ist ein Sulfit-Zusatz ohne haltbarkeitsverlängernde Wirkung.

7.4.4 Lebensmittelvergiftungsbakterien bei Krebstieren

Krebstiere können dann mit Enterobakterien kontaminiert sein, wenn deren Ursprungsgewässer insbesondere mit Abwasser kontaminiert sind. Das können nicht nur Süßgewässer sein, sondern auch mit Siedlungsabwässern verschmutzte Küstengewässer [46] oder Aquakulturanlagen, die mit Brack- oder Süßwasser betrieben werden [21, 57]. Wenn nach ausreichender Kochung bei unhygienischer Verarbeitung Kreuzkontaminationen erfolgen, resultiert in Abhängigkeit von der Zeitdauer und der Temperaturhöhe eine fast ungestörte Vermehrung z.B. von Salmonellen, da dann eine störende Begleitflora kaum vorhanden ist. Unter den Krebstieren werden Salmonellosen am häufigsten nach dem Verzehr von Garnelen registriert, weil sie oftmals in nährstoffreichen, aber verschmutzten Flussmündungen gefangen werden oder Produkte aus Aquakulturanlagen sind. Bei der Weiterverarbeitung kommt als zusätzlicher Faktor für eine *Salmonella*-Kontamination die manuelle Schälung als risikoreicher Prozessschritt dazu. Es ist darauf hinzuweisen, dass etwa 1000 Salmonella-Erkrankungen im heißen Sommer 1947 im nördlichen Niedersachsen auf den Verzehr von Nordseegarnelen zurückzuführen waren, die auf die lokale Verunreinigung umschriebener Garnelenfanggebiete im Mündungsgebiet der Elbe bei Cuxhaven mit kommunalen Abwässern zurückgeführt werden konnten [46].

Lebende Garnelen, die experimentell mit Salmonellen infiziert wurden, schieden die aufgenommenen Salmonellen schon innerhalb der ersten 24 Stunden wieder aus, während die *Salmonella*-Retention in Fischen länger als 30 Tage dauerte [44].

Bei einer 2jährigen Untersuchung von Garnelen aus verschiedenen Brackwasserfarmen südostasiatischer Länder wurden in 16 % der Garnelen und in 22,1 % der Wasserproben Salmonellen isoliert. Von den *Salmonella* Isolaten gehörten 83 % dem Serovar *S. weltevreden*, 11 % *S. anatum*, 8 % *S. wandsworth* und 8 % *S. potsdam* an [57]. Bei der gleichen Untersuchung wurden in 1,5 % der Garnelenproben und in 3,1 % der Teichwasserproben *Vibrio cholerae* non 01 nachgewiesen. Es zeigte sich hier, dass beide Keimarten besonders in der Regenzeit bei den Farmanlagen häufiger vorkamen, in deren Nähe sich menschliche Siedlungsgebiete befanden.

Shigella flexneri Typ 2 war im Jahre 1984 in den Niederlanden die Ursache einer Lebensmittelvergiftung in einem Seniorenheim und trat nach dem Verzehr von Shrimps asiatischer Herkunft auf. Im Verlaufe dieser Ruhrerkrankung waren 140 Personen betroffen mit insgesamt 14 Todesfällen [7].

Aus Süßwassergarnelen wurde erstmals ein enterotoxischer Stamm von *Klebsiella pneumoniae var. pneumoniae* isoliert [64], während in Meerwassergarnelen dieser Nachweis nicht gelang.

Je nach Ursprung, Gewinnungsweise und Verarbeitungsverfahren kann auch *Yersinia enterocolitica* [54] zur Flora von Krabben und Garnelen gehören.

Krebstiere stellen auch die Infektionsquelle für Kanagawa-positive Stämme von *Vibrio parahämolyticus* dar [10, 13, 36], wenn der Verzehr in rohem, nicht ausreichend erhitztem oder nachträglich kontaminiertem Zustand erfolgt. Bei einer Infektionsdosis von 10^6 bis 10^9 Keimen wird beim Menschen eine Gastroenteritis ausgelöst, die seit ihrer Erstbeschreibung im Jahre 1951 in Japan (mit Ausnahme des Nordost-Atlantik) in allen tropischen, subtropischen und in Sommermonaten auch in gemäßigten Zonen vielfach und wiederholt diagnostiziert wird. *V. parahämolyticus* gehört zur Originalflora der Ästuarien und Küstengewässer [61, 70] und wird in moribunden Krebstieren (Blaukrabbe, Hummer, Garnelen) häufig nachgewiesen.

Mit dem Vorkommen von *Vibrio cholerae* muss bei Krebstieren gerechnet werden, die aus Ästuarien und Brackwassergebieten stammen, auch wenn eine fäkale Verunreinigung nicht offensichtlich ist [58]. In Seuchengebieten wird der Gefahr der Ausbreitung der Cholera meist durch Einsatz von über der erlaubten Norm chloriertem Trinkwasser auch zur Keimreduzierung von Krebstieren begegnet. *Aeromonas hydrophila* und *Plesiomonas shigelloides* werden in gekochtem Fleisch von Flusskrebsen bei einer Kühllagerung von unter 8 °C ausreichend gehemmt [30].

Beim Verzehr von gekochten Krebstieren aller Art ist die Enterotoxikose durch *Staphylococcus aureus* keine Seltenheit. Die Ursache der Kontamination und der anschließenden Toxinbildung ist i.d.R. auf mangelnde Personal- und Küchenhygiene oder kontaminierte Zutaten zurückzuführen [15, 45, 47, 58]. Gekochte Krebstiere mit einem Gehalt von > 10^3/g sind als Lebensmittel nicht verkehrsfähig (Entscheidung 93/51/EWG in der Bekanntmachung vom 23.06.94, BAnz. S. 6994). Die Berichte über eine Kontamination von rohen, gekochten, geschälten oder ungeschälten Krustentieren mit *Listeria monocytogenes* sind inzwischen zahlreich [11, 14, 17, 27, 71]. Als psychrotrophe Keimart ist sie auch bei Krustentieren weit verbreitet, insbesondere auch bei Handelsprodukten. Es hat sich herausgestellt, dass die Keimart mit konsequenten hygienischen Maßnahmen einschließlich der üblichen Zubereitung durch Erhitzen unter Kontrolle zu halten ist.

Darauf hinzuweisen ist aber, dass Chitinreste von Krebstieren auf *L. monocytogenes* und anderen Bakterienarten durch Absorption dieser Keime eine protektive Wirkung ausüben, so dass die Resistenz gegenüber bioziden Stoffen (Desinfektionsmittel) erhöht ist [50]. Um *L. monocytogenes* wirksam auszuschalten, müssen die technischen Anlagen zur Verarbeitung von Krebstieren aller Art besonders gründlich von Resten des Krustenpanzers gereinigt werden, damit Desinfektionsmittel ausreichend wirken können.

Eine Kontamination mit Clostridien ist auch bei Krebstieren nicht ausgeschlossen. So kann *Cl. perfringens* [10] wie *Cl. botulinum* [59], hierbei insbesondere der Typ E, in Krebstieren und deren Fleisch nachgewiesen werden, wobei bei letzterer Keimart sogar durch eine Pasteurisierung mit Temperaturen ab 65 °C bereits eine ausreichende Inaktivierung erzielt werden kann. Auf die Möglichkeit der Toxinbildung von *Cl. botulinum* in Verpackungen von Krebsen unter modifizierter Atmosphäre ist ebenfalls hinzuweisen [41, 49]. Ein aerober Sporenbildner wurde als Bombageerreger von eingedostem, pasteurisiertem Crabmeat isoliert [60].

7.4.5 Andere biologisch bedingte Lebensmittelvergiftungen nach dem Verzehr von Krebstieren [51]

In manchen Krabbenarten des indopazifischen Raumes können zeitweise in vivo Giftstoffe gebildet oder mit der Nahrung aufgenommen und akkumuliert werden, so dass sie, obwohl sonst wohlschmeckend und bekömmlich, nach dem Verzehr durch Menschen zu Erkrankungen und u.U. auch zu Todesfällen führen können. Es handelt sich dabei im Wesentlichen um Toxine, die, soweit bisher bekannt, von Bakterien oder Mikroalgen gebildet werden.

In vielen Kurzschwanzkrebsarten *Carpilius* sp., *Eriphia* sp., *Platypodia* sp., *Lophozymus* sp., *Zozymus* sp. und auch Angehörigen der Familien *Grapsidae, Majidae, Porturidae* und *Parthenopidae* wird das Toxin der paralytischen Muschelvergiftung, das Saxitoxin, in recht hohen Konzentrationen, wie auch seine strukturhomologen Gonyautoxine nachgewiesen. Die Gonyautoxine kommen insbesondere in der Rotalge *Jania* sp. vor, die von den Krabben gefressen wird. In den Krabben werden die Gonyautoxine wahrscheinlich bakteriell zu Saxitoxin metabolisert [39].

Manche Krabben enthalten auch Tetrodotoxin, welches nachweislich bakteriell (*Vibrio* sp.) im Darm der Krabbe *Atergatis floridus* gebildet wird. Ebenso können die Eier und das Hepatopankreas der beiden Pfeilschwanzkrebse *Carcinoscorpius rotundicauda* und *Tachypleus gigas* hohe Konzentrationen von Tetrodotoxin enthalten und entsprechende Erkrankungssymptome beim Menschen nach dem Verzehr provozieren.

Ein weiteres Toxin, das in der Krustenanemone *Palythoa* vorkommt und durch Abweichen von den Krabbenarten *Lophozymus pictor, Demania alcalai* und *D. toxica* aufgenommen und akkumuliert wird, das Polyketid Palytoxin, verursacht Gastroenteritis, Muskelschmerz, Blutdruckabfall und schließlich eine Atemlähmung mit einer wie auch bei Saxitoxin- und Tetrodotoxinvergiftungen hohen Mortalitätsrate.

Auch von dem an Land lebenden Kurzschwanzkrebs „Palmendieb", der Kokosnusskrabbe *Birgus latro,* können nach dem Verzehr Krankheitsbeschwerden unter dem Bild von Bewusstseinstrübung, Übelkeit mit Durchfall und Erbrechen auftreten [6].

Im Jahre 1987 wurden erstmals nach dem Verzehr des Pazifischen Taschenkrebses *Cancer magister* und der Messerscheidenmuschel (Razor clams) Vergiftungserscheinungen unter dem Bild der amnestischen Muschelvergiftung beobachtet [73]. Das Gift, die Domosäure, wird von der Kieselalge *Nitzschia pungens forma multiseries* gebildet.

7.4.6 Mikrobielle Krankheitserreger von Krebstieren

Als spezifischer, bakterieller Krankheitskeim für den europäischen wie für den amerikanischen Hummer gilt ein kapselbildender, in Tetraform vorkommender Mikrokokkus, der früher als *Gaffkya homari* [29] beschrieben wurde, heute aber als *Aerococcus viridans var. homari* [38] taxonomisch eingeordnet ist. Er ruft beim Hummer unter dem Bild von Rotverfärbungen am Panzer des Abdomens die sog. Gaffkämie hervor, die sich durch eine hohe Mortalität auszeichnet. Bei erkrankten Hummern ist der Erreger regelmäßig in der Hämolymphe nachweisbar.

Über 30 verschiedene marine Bakterienarten wurden aus Krustentierpopulationen isoliert (*Natantia, Reptantia*), die krankhafte Defekte des Krustenpanzers aufwiesen (shell disease) und von hohen Mortalitätsraten begleitet waren. Nicht immer gelang es aber, bei experimentellen Infektionen mit solchen chitinolytischen Baktieren das entsprechende Krankheitsbild zu erzeugen, so dass diese Keime als fakultativ pathogen aufzufassen sind [61]. Bei Meerwassergarnelen wurde eine Myxobakterienart isoliert [5].

Auch in Aquakulturanlagen von Krustentieren werden Massensterben oft begleitet von pathologisch-anatomischen Veränderungen des Chitinpanzers. Es wurden Keime der Gattungen *Vibrio* (*V. parahämolyticus, V. alginolyticus, V. anguillarum*), *Pseudomonas* und *Aeromonas* isoliert [47]. Auch handelt es sich in aller Regel um eine fakultative Pathogenität, die erst unter Stressfaktoren (Wassertemperatur, Sauerstoffversorgung) realisiert wird.

In diesem Zusammenhang ist auch auf das stammesgeschichtlich früh erworbene Infektionsabwehrsystem des Pfeilschwanzkrebses *Limulus polyphemus* gegenüber gramnegativen Bakterien hinzuweisen. Endotoxine solcher Bakterienarten aktivieren in den Amöbozyten der Hämolymphe dieser Pfeilschwanzkrebse vorhandene Serinproteasen, die dadurch eine Gerinnung der Hämolymphe (Agglutination der Amöbozyten) auslösen. Im sogenannten Limulus-Test dienen Ambozyten dieser Krebsart zum praktischen Nachweis von Endotoxinen in Arzneimitteln, Lebensmitteln und Körperflüssigkeiten von Patienten [8].

Auch Fadenbakterien (*Leuconostoc mucor*) und ähnliche Keimarten besiedeln juvenile Stadien von Garnelen, Krabben und Hummern und finden sich an den verendeten Exemplaren bei Massensterben [19]. Erkrankungen mit Todesfällen durch systemische Infektionen von *Chlamydien* sind bei der Dungeness Krabbe *Cancer pagurus* [65] und von Rickettsien-ähnlichen Mikroorganismen bei der Strandkrabbe *Carcinus maenas*, bei der Königskrabbe *Paralithodes platypus* und bei juvenilen Garnelen beobachtet worden [9, 33]. Todesfälle der Mittelmeerkrabbe *Carcinus mediterraneus* waren vergesellschaftet mit dem Nachweis von *Enterococcus faecalis*, der wahrscheinlich aus Abwasserkontaminationen stammte [55].

Groß ist ebenfalls die Zahl der Fälle bei Krustentieren aller Art und verschiedenen Habitates, bei denen im Zusammenhang mit einem epidemiologischen Auftreten von Erkrankungen und Todesfällen bei den Krebstieren Infektionen mit Hyphomyceten oder Virusstrukturen festzustellen waren [60]. In Europa führte die Krebspest durch den Pilzbefall mit *Aphanomyces astaci* in weiten Gebieten zur Ausrottung des Flusskrebses [32].

7.4.7 Mikrobiologische Normen für Krustentiere als Lebensmittel

Soweit es sich um rohe Krustentiere handelt, hat der Gesetzgeber amtliche Vorschriften über die mikrobiologische Beschaffenheit von rohen Krebstieren nicht geschaffen. Es versteht sich von selbst, dass auch von rohen Fischereierzeugnissen aus Krustentieren nicht die Eignung ausgehen darf, beim Verzehr die Gesundheit des Verbrauchers zu schädigen (§ 8 LMBG). Insofern muss die Kontamination mit infektiösen und gesundheitsschädlichen Keimen oder mit deren Toxinen ausgeschlossen sein. Das Gleiche muss sich auch beziehen auf die Toxine, die von den Krebstieren über Mikroalgen oder über die Nahrung aufgenommen werden. Auch muss das Krebstier vom Frischegrad her der Verkehrsauffassung entsprechen und zum Verzehr geeignet sein (Verbot des § 17 Abs. 1 LMBG). In der Regel werden rohe Krebstiere zum Verzehr durch Erhitzen vorbereitet, so dass die hitzeempfindlichen Mikroorganismen bezüglich ihrer Zahl erheblich reduziert werden.

Zur Verhütung von Gesundheitsschädigungen durch gekochte Krebs- und Weichtiere hat sich jedoch die Europäische Union zum Erlass der Entscheidung Nr. 93/51/EWG über mikrobiologische Normen von gekochten Krebs- und Weichtieren entschieden, weil gekochte Krebs- und Weichtiere vom Verbraucher ohne weitere Erhitzung direkt verzehrt werden und damit ein Risikopotenzial für die Schädigung der Verbrauchergesundheit gegeben ist.

Diese Entscheidung Nr. 93/51/EWG ist durch die Bekanntmachung im Bundesanzeiger Nr. 125, Seite 6994, am 7. Juli 1994 in nationales Recht umgesetzt worden und damit für jedermann verbindlich. Die Entscheidung gilt gleichermaßen für gekochte Muscheln, Schnecken und Tintenfische. Nach dieser Entscheidung ist die Prüfung der Stichproben für Salmonellen nach einem attributiven Zwei-Klassen-Plan vorgesehen, bei dem bei einem Stichprobenumfang von $n = 5$ in keiner der Proben (25 g) Salmonellen nachgewiesen werden.

Die Prüfung auf *Staphylococcus aureus*, auf thermophile Coliforme und *Escherichia coli* erfolgt bei einem Stichprobenumfang von ebenfalls $n = 5$, wobei die Bewertung in einem attributiven Drei-Klassen-Plan vorgenommen wird, mit einem Limit für eine zufriedenstellende Qualität (m) und einem Limit für die Akzeptanz (M), oberhalb dessen die Charge (Sendung, Partie) nicht mehr als Lebensmittel verkehrsfähig ist. Der Buchstabe „c“ bedeutet die Anzahl der Einheiten in der Stichprobe, die bei

Vorliegen von Untersuchungsergebnissen zwischen m und M nicht überschritten werden dürfen, um die Partie noch akzeptabel einstufen zu können.

Diese Normen für gekochte Krebs- und Weichtiere sind im Einzelnen in der tabellarischen Übersicht Nr. 7.4.1 aufgeführt.

Zur tabellarischen Übersicht:

Die Parameter n, m, M und c sind wie folgt definiert:
n = Zahl der Einheiten in der Stichprobe;
m = unterer Grenzwert, bei dessen Unterschreitung die Befunde als zufriedenstellend gelten;
M = oberer Grenzwert, bei dessen Überschreitung die Ergebnisse nicht mehr als zufriedenstellend gelten;
c = Zahl der Einheiten in der Stichprobe mit Befunden zwischen m und M

Die Qualität einer Partie gilt als:
a) zufriedenstellend, wenn die Befunde kleiner oder gleich 3 m sind;
b) akzeptabel, wenn die Befunde Werte zwischen 3 m und 10 m (= M) erreichen und der Quotient c/n kleiner oder gleich 2/5[1)].

Diese Leitlinien sollen es den Erzeugern ermöglichen, den einwandfreien Betrieb ihrer Anlagen zu beurteilen, und ihnen bei der Durchführung von Maßnahmen zur Überwachung der Produktion helfen.

Tabellarische Übersicht 7.4.1

Mikrobiologische Normen für gekochte Krebs- und Weichtiere, Entscheidung der Kommission Nr. 93/51/EWG, BAnz. Nr. 125 vom 7. Juli 1994, S. 6994 (Originalfassung).

1. Pathogene Keime

Keime	Norm		
Salmonella spp.	Keime in 25 g	n = 5	c = 0

Ferner dürfen pathogene Keime und ihre Toxine, die entsprechend der Risikoanalyse zu bestimmen sind, nicht in gesundheitsschädlicher Menge vorhanden sein.

2. Hygienemangel-Nachweiskeime (Produkte ohne Schale)

Keim	Norm (/g)			
Staphylococcus aureus	m = 100	M = 1000	n = 5	c = 2
entweder thermophile Coliforme (44 °C auf festem Nährsubstrat)	m = 10	M = 100	n = 5	c = 2
oder				
Escherichia coli (auf festem Nährsubstrat)	m = 10	M = 100	n = 5	c = 1

3. Indikatorkeime (Leitlinien)

Keim aerobe mesophile Bakterien (30 °C)	Norm (Koloniezahl) n = 5	 c = 2
a) Ganze Erzeugnisse	$m = 10^4$	$M = 10^5$
b) Erzeugnisse ohne Panzer bzw. Schale außer Krabbenfleisch [1)]	$m = 5 \times 10^4$	$M = 5 \times 10^5$
c) Krabbenfleisch [1)]	$m = 10^5$	$M = 10^6$

Anmerkung des Autors

1) gemeint ist das Fleisch der Nordseegarnele *Crangon crangon*

Literatur

[1] Abeyta, C. jr.: Bacteriological Quality of fresh Seafood Products from Seattle Retail Markets. J. Food Protection **46** (1983) 901-909.

[2] Aledesiyun, A.A.: Prevalence of Listeria spp., *Campylobacter* spp., *Salmonella* spp., *Yersinia* spp. and toxigenic *Escherichia coli* on meat and seafood in Trinidad. Food Microbiol. (London) **10** (1993) 395-403.

[3] ALTEVOGT, R.: Höhere Krebse. In Grzimeks Tierleben. Bd. 1, München: Deutscher Taschenbuch Verlag, 1979, S. 468-506.

[4] ALVAREZ, R.J.: Die Bedeutung von *Planococcus citreus* beim Verderb von Penaeus-Garnelen. Zbl. Bakt. Mikrobiol. u. Hyg. Abt. 1, Orig., R.C., Allg., angew. u. ökol. Mikrobiol. **3** (1982) 503-512.

[5] ANDERSON, J.I.W.; CONROY, D. A.: The Significance of disease in preliminary attemps to raise Crustacea in sea water. Bull. Off. Int. Epizoot. **69** (1968) 1239-1247.

[6] BAGNIS, R.: A case of coconut crab poisoning. Clin. Toxicol. **3** (1970) 506.

[7] BIJKERK, H.; VAN OS, M.: Bacillaire dysenterie (*Shigella flexneri* type 2) door garnalen. Nederlandsch Tijdschr. voor Geneesk. **128** (1984) 431-432.

[8] BODE, C.: Der Pfeilschwanzkrebs (*Limulus polyphemus*) – ein Modell für eine Sepsis durch gramnegative Bakterien bei Meerestieren und beim Menschen. FIMA Reihe Bremerhaven, **3** (1988) 99-105.

[9] BROCK, J.A.; NAKAGAWA, L.K.; HAYASHI; THRUYA, S.; VAN CAMPEN, H.: Hepatopancreatic rickettsial infection of penaeid, Penaeus marmarginatus, from Hawai. J. Fish dis. **9** (1986) 73-77.

[10] BRYAN, F.L.: Epidemiologie der durch Lebensmittel verursachten Erkrankungen, die durch Fische, Muscheln und marine Krebse übertragen werden, 1970 bis 1978 in den USA. J. Food Protection **43** (1980) 859-876.

[11] BUDU-AMOAKO, E.; TOORA, S.; WALTON, C.; ABLETT, R.F.; SMITH, J.: Thermal death times for *Listeria monocytogenes* in lobster meat. F. Food Protection **55** (1992) 211-213.

[12] COLORNI, A.: Fusariosis in the shrimp *Penaeus semisulcatus* cultured in Israel. Mycopathologica **108** (1989) 145-147.

[13] DAVIS, J.W.; SIZEMORE, R.K.: Vorkommen von Vibrio-Arten zusammen mit Blaukrabben (*Callinectes sapidus*) aus dem Galvestone Bay, Texas. Appl. and Environm. Microbiol. **43** (1982) 1092-1097.

[14] DORSA, W.J.: MARSHALL, D.L.; MOODY, M.W.; HACKNEY, C.R.: Low temperature growth and thermal inactivation of *Listeria monocytogenes* in precooked crawfish tail meat. J. Food Protection **56** (1993) 106-109.

[15] DURAN, P.; WENTZ, B.A.; LANIER, J.M.; MCCLURE, F.D.; SCHWAB, H.H.: Mikrobiologische Qualität panierter Krabben während der Verarbeitung. J. Food Protection **46** (1983) 974-977.

[16] EKLUND, M.W.; SPINELLI, J.; MIYAUCHI, D.; GRONIGER, H.: Eigenschaften von Hefen, die aus Krabbenfleisch aus dem Stillen Ozean isoliert wurden. Appl. Microbiol. **13** (1965) 985-990.

[17] FARBER, J.M.: *Listeria monocytogenes* in fish products. J. Food Protection **54** (1991) 922-934.

[18] FERRER, G.J.; OTTWELL, G.ST.; MARSHALL, M.R.: Effect of Bisulfite on Lobster shell Phenoloxidase. J. Food Sci. **54** (1989) 478-480.

[19] FISHER, W.S.: Relationship of epibiotic fouling and mortalities of the eggs of the Dungeness crab (Cancer magister). J. Fish. Res. Board Can. **38** (1976) 2849-2853.

[20] FLICK, G.J. JR.; ENRIQUEZ, L.G.; HUBBARD, J.B.: The shelf-life of fish and shellfish. In CHARALAMBOUS, G. (ed.): Handbook of Food and Beverage stability. San Diego: Academic Press Orlando, 1986, S. 113-343.

[21] Food and Agriculture Organisation: Review of the occurence of *Salmonella* in cultured tropical shrimp. FAO Circular No. 815, 1992.

[22] Food and Agriculture Organisation/International Atomic Energy Agency, Wien: Food Irradiation Newsletter, Supplement Vol. 15, No. **2** (1991) 1-15.

[23] GALLHOFF, G.: Untersuchungen zum mikrobiellen und biochemischen Status hand- und maschinengeschälter Nordseegarnelen (*Crangon crangon*). Inaug. Diss., Hannover: Tierärztliche Hochschule, 1987.

[24] GHANBARI, H.A.; WHEELER, W.B.; KIRK, J.R.: The Fate of hypochlorous acid during shrimp processing: A model system. J. Food Sci. **47** (1981) 185-187.

[25] GLOE, A.: Bremerhavener Insitut für Lebensmitteltechnologie und Bioverfahrenstechnik, persönliche Mitteilung vom 5. Juli 1994.

[26] HAO, M.V.; KOMAGATA, K.: A new species of *Planococcus, P. kourii*, isolated from frozen fish, frozen foods, and fish curing brine. J. Gen. Appl. Microbiol. **13** (1985) 441-455.

[27] HARRISON, M.A.; HUANG, G.W.: Thermal death times for *Listeria monocytogenes* in crabmeat. J. Food Protection **53** (1990) 878-880.

[28] HAU, L.B.; LIEW, M.H.; YEH, L.T.: Preservation of grass prawns by ionizing radiation. J. Food Protection **55** (1992) 198-202.

[29] HITCHNER, E.R.; SNIEISZKO, S.F.: A study of a microorganism causing a bacterial disease of lobster. J. Bacteriol. **54** (1947) 48.

[30] INGHAM, ST.C.: Growth of *Aeromonas hydrophila* and *Plesiomonas shigelloides* on cooked crayfish tails during cold storage under air, vacuum, and a modified atmosphere. J. Foods Protection **53** (1990) 665-667.

[31] International Commission on Microbiological Specifications for Foods.: Microorganisms in Food II., Toronto, Canada: University of Toronto Press, 1986.

[32] JOHNSON, P.T.: Diseases caused by viruses, rickettsia, bacteria and fungi. In: PROVENZANO, A. (ed.) „The Biology of the Crustacea“, Vol. 6, 1-70, New York: Academic Press, 1983.

[33] JOHNSON, P.T.: A rickettsia of the Blue king crab, *Paralithodes platypus*. J. Invertebr. Pathol. **44** (1984) 112-113.

[34] JONKER, K.M.; REOSSINK, G.L.; HAMERLINK, E.M.; SCHOUT, L.J.: Chemische und mikrobiologische Untersuchung von Nordsee-, nordischen und tropischen Garnelen. (De Waren) Chemicus **22** (1992) 193-207.

[35] KARNOP, G.: Beeinflussung des Lagerverhaltens von Nordsee-Garnelen durch Vorkühlen an Land. Archiv Lebensmittelhygiene **37** (1986) 21-24.

[36] Karunasagar, J.; Venugopal, M.N.; Karanusagar, I.: Gehalt an *Vibrio parahämolyticus* in indischen Garnelen bei der Verarbeitung für den Export. Canad. J. Microbiol. **30** (1984) 713-715.

[37] Kelly, M.D.; Lukaschewsky, S.; Anderson, C.G.: Bakterienflora des antarktischen Krills (*Euphausia superba*) und einige ihrer enzymatischen Eigenschaften. J. Food Sci. **43** (1978) 1196-1197.

[38] Kocur, M.; Martinec, T.: Proposal for the rejection of the bacterial generic name Gaffkya. Int. Bull. Bacteriol. Nomencl. Taxon. **15** (1995) 177-179.

[39] Kotaki, Y.; Oshima, Y.; Yasumoto, T.: Bacterial transformation of paralytic shellfish toxins in coral reef crabs and a marine snail. Bull. Jap. Soc. Sci. Fisheries **51** (1985) 1005.

[40] Krishnamurthy, B.V.; Karunasagar, I: Mikrobiologie von Garnelen, gehandelt und gelagert in gekühltem Seewasser und Eis. J. Food Sci. Technol. (India) **23** (1986) 148-152.

[41] Launelongue, M.; Finne, G.; Hanna, M.O.; Nickelson, R.; Vanderzant, G.: Charakteristik der Lagerung von Garnelen (*Penaeus aztecus*) ind Einzelpackungen mit Kohlendioxid angereicherter Atmosphäre. J. Food Sci. **47** (1982) 911-913.

[42] Lee, D.O'C.; Wickins, J.F.: Crustacean Farming. Oxford, London, Berlin: Blackwell Scientific Publikations, 1992.

[43] lerche, M.; Goerttler, V.; Rievel, H.: Lehrbuch der tierärztlichen Lebensmittelüberwachung. Jena: Gustav Fischer Verlag 1957.

[44] Lewis, D.H.: Retention of *Salmonella typhimurium* by certain species of fish and shrimp. J. Amer. Vet. Med. Assoc. **167** (1975) 551-552.

[45] Lovell, R.T.; Barkate, J.A.: Vorkommen und Wachstum einiger gesunheitsgefährdender Bakterien in handelsüblichen Süßwasserkrebsen (*Genus Procambarus*). J. Food Sci. **34** (1969) 268-270.

[46] Lütje, A.: Rückblick auf die Nahrungsmittelvergiftungen in Niedersachsen nach dem Genuss von Nordseekrabben im Jahre 1947. Deutsche Tierärztliche Wochenschrift **56** (1949) 17-24.

[47] Madden, R.H.; Kingham, S.: Veränderungen der mikrobiologischen Qualität von *Nephrops norwegicus* während der Verarbeitung zu kleinverpackten Erzeugnissen für den Einzelhandel. J. Food Protection **50** (1987) 460-463.

[48] Malloy S.C.: Bacteria induced shell disease of lobsters (*Homarus americanus*). J. Wildlife Dis. **14** (1978) 2-10.

[49] Matches, I.R.; Layrisse, M.E.: Lagerung von nordpazifischen, kleinen Garnelen (*Pandalus platyceros*) unter kontrollierter Atmosphäre. J. Food Protection **48** (1985) 709-711.

[50] McCharty, S.A.: Attachment of *Listeria monocytogenes* to chitin and resistance to biocides. Food Technol. **46** (1992) 84-87.

[51] Mebs, D.: Gifttiere. Stuttgart: Wissenschaftliche Verlagsgesellschaft, 1992.

[52] MOON, N.J.; BEUCHAT, L.R.; KINHAID, D.T.; HAYS, E.R.: Evaluation of Lactic Acid Bacteria for Extending the shelf life of shrimp. J. Food Sci. **47** (1982) 897-900.

[53] MOTES, M.L. jr.: Incidence of *Listeria* spp. in shrimp, oysters and estuarine waters. J. Food Protection **54** (1991) 170-173.

[54] PAIXOTTO, S.S.; FINNE, G.; HANNA, M.O.; VANDERZANT, C.: Vorkommen, Wachstum und Überleben von *Yersinia enterocolitica* in Austern, Garnelen und Krabben. J. Food Protection **42** (1979) 974-981.

[55] PAPPALARDO, R.; BOEMARE, N.: An intracellular *Streptococcus*, causative agent of a slowly disease in the mediterranean crab, *Carcinus mediterraneus*. Aquaculture **28** (1982) 283-292.

[56] PYLE, M.L.; KOBURGER, J.A.: Erhöhte Empfindlichkeit der Garnelen-Mikroflora gegenüber Hypochlorit nach dem Eintauchen in Natriumsulfit. J. Food Protection **47** (1984) 375-377.

[57] REILLY, P.J.A.; TWIDDY, D.R.: *Salmonella* and *Vibrio cholerae* in brackish water cultured tropical prawns. Int. J. Food Microbiol. **16** (1992) 293-301.

[58] REILY, L.A.; HACKNEY, C.R.: Survival of Vibrio cholerae during cold storage in artically seafood. J. Food Sci. **50** (1985) 838-839.

[59] RIPPEN, TH.E.; HACKNEY, C.R.: Pasteurization od seafood: Potential for shelflife extension and pathogen control. Food Technol. **46** (1992) 88-94.

[60] SEGNER, W.P.: Spoilage of pasteurized crabmeat by a non-toxigenic psychrotrophic anaerobic sporeformer. J. Food Protection **55** (1992) 176-181.

[61] SINDERMANN, C.J.: Principal diseases of marine fish and shellfish. Vol. 2, 2nd ed., San Diego: Academic Press, 990.

[62] SINELL, H.-J.: Einführung in die Lebensmittelhygiene. 3. Aufl., Berlin und Hamburg: Verlag Paul Parey, 1992.

[63] SINGH, D.; CHAN, M.; HOON NG, H., YOUNG, M.O.: Microbiological quality of frozen raw and cooked shrimps. Food Microbiol. **4** (1987) 221-228.

[64] SINGH, B.R.; KULSHRESHTHA, S.B.: Preliminary examination on the enterotoxigenity of isolates of *Klebsiella pneumoniae* from seafoods. J. Food Microbiol. **16** (1992) 349-352.

[65] SPARKS, A.K.; MORADO, J.F.; HAWKES, J.W.: A systemic microbial disease in the Dungeness crab, Cancer magister, caused by a Chlamydia-like organism. J. Invertebr. Pathol. **45** (1985) 204-217.

[66] STÜVEN, K.: 1964, zit. nach GALLHOFF, G. 1987.

[67] SURENDRAN, P.K.; MAHADEVA, I.K.; GOPAKUMAR, K.: Die Reihenfolge der Bakterienstämme während der Eislagerung von 3 tropischen Garnelenarten *Penaeus indicus*, *Metapenaeus dobsoni, M. affinis*. Fishery Technol. **22** (1985) 117-120.

[68] SURKIEWICZ, B.F.; HYNDMANN, J.B.; JANCEY, M.V.: Bakteriologische Kontrolle der Gefriernahrungsmittelindustrie. 2. Mitteilung Gefrostete Garnelen. Appl. Mikrobiol. **15** (1967) 1-9.

[69] SUZUKI, T.; SHIBATA, N.: The utilization of antarctic for human food. Food Reviews International New York, **1** (1990) 119-147.

[70] VIEIRA, R.H.S.F., JARIA, ST.: *Vibrio parahämolyticus* in lobster *Panulirus laevicaudo Latreille*. Revista de Microbiologica **24** (1993) 16-21.

[71] WEAGANT, ST. D. et al.: The incidence of Listeria species in frozen seafood products. J. Food Protection **51** (1988) 655-657.

[72] WENTZ, B.A.; DURAN, A.P.; SWARTZENTRUBER, A.; SCHWAB, A.H.; MCCLURE, D.F.; ARCHER, D.; READ, R.B. jr.: Microbiological Quality of Crab-meat during processing. J. Food Protection **48** (1985) 44-49.

[73] –, –: Giftige Krabben und Muscheln. Informationen der Fischwirtschaft des Auslandes **1** (1992) 21.

D

F

G

H

L

S